統計的
自然言語処理の
基礎

Christopher D. Manning
and
Hinrich Schütze

［著］

加藤恒昭
菊井玄一郎
林 良彦
森 辰則

［訳］

FOUNDATIONS OF
STATISTICAL
NATURAL
LANGUAGE
PROCESSING

共立出版

FOUNDATIONS OF STATISTICAL NATURAL LANGUAGE PROCESSING

By Christopher D. Manning and Hinrich Schütze

©1999 Massachusetts Institute of Technology

Japanese translation published by arrangement with The MIT Press through The English Agency

(Japan) Ltd.

Japanese language edition published by KYORITSU SHUPPAN CO., LTD., ©2017

概要目次

I編　前提知識　　　　　　　　　　　　　　　　　　　　　　　　1
1章　導　　入　　3
2章　数学的基礎　　35
3章　言語学の要点　　73
4章　コーパスに基づく研究　　105

II編　語　　　　　　　　　　　　　　　　　　　　　　　　　135
5章　連　　語　　137
6章　統計的推論：スパースなデータ上のn–グラムモデル　　171
7章　語義の曖昧性解消　　203
8章　語彙獲得　　233

III編　文　　法　　　　　　　　　　　　　　　　　　　　　277
9章　マルコフモデル　　279
10章　品詞のタグ付け　　301
11章　確率文脈自由文法　　337
12章　確率的構文解析　　359

IV編　応用と技法　　　　　　　　　　　　　　　　　　　　407
13章　統計的アライメントと機械翻訳　　409
14章　クラスタリング　　439
15章　情報検索におけるいくつかの話題　　471
16章　テキスト分類　　513

目　　次

表 目 次　　　　　　　　　　　　　　　　　　　　　　　xiii

図 目 次　　　　　　　　　　　　　　　　　　　　　　　xviii

記法一覧　　　　　　　　　　　　　　　　　　　　　　　xxii

まえがき　　　　　　　　　　　　　　　　　　　　　　　xxv

本書の使い方　　　　　　　　　　　　　　　　　　　　　xxix

I編　前提知識　　　　　　　　　　　　　　　　　　　1

1章　導　　入　　　　　　　　　　　　　　　　　　　3

1.1　言語に対する合理主義的方法論と経験主義的方法論　　5
1.2　科学的意義　　7
　　1.2.1　言語学が答えるべき質問　　8
　　1.2.2　カテゴリカルでない言語現象　　11
　　1.2.3　確率的現象としての言語と認知　　14
1.3　言語の曖昧性：なぜ自然言語処理は困難なのか　　16
1.4　汚れ仕事　　18
　　1.4.1　言語資源　　18
　　1.4.2　単語数　　19
　　1.4.3　ジップの法則など　　22

	1.4.4	連語　27
	1.4.5	コンコーダンス　30
1.5	さらに学ぶために　31	
1.6	練習問題　33	

2章　数学的基礎　　　　35

2.1	確率論の基礎　36	
	2.1.1	確率空間　36
	2.1.2	条件付き確率と独立性　38
	2.1.3	ベイズの定理　39
	2.1.4	確率変数　41
	2.1.5	期待値と分散　42
	2.1.6	記法　43
	2.1.7	結合分布と条件付き分布　43
	2.1.8	P の決定　44
	2.1.9	標準的な分布　45
	2.1.10	ベイズ統計　49
	2.1.11	練習問題　53
2.2	情報理論の要点　54	
	2.2.1	エントロピー　54
	2.2.2	結合エントロピーと条件付きエントロピー　57
	2.2.3	相互情報量　60
	2.2.4	雑音のある通信路モデル　61
	2.2.5	相対エントロピーとカルバック・ライブラー・ダイバージェンス　64
	2.2.6	言語との関係：交差エントロピー　65
	2.2.7	英語のエントロピー　69
	2.2.8	パープレキシティ　70
	2.2.9	練習問題　71
2.3	さらに学ぶために　71	

3章　言語学の要点　　　　73

3.1	品詞と形態論　73	
	3.1.1	名詞と代名詞　75
	3.1.2	名詞に伴う語：限定詞と形容詞　78

　　　　　　3.1.3　　動詞　80

　　　　　　3.1.4　　その他の品詞　82

　　　3.2　句構造　84

　　　　　　3.2.1　　句構造文法　86

　　　　　　3.2.2　　依存：項と付加語　91

　　　　　　3.2.3　　X′理論　96

　　　　　　3.2.4　　句構造の曖昧性　97

　　　3.3　意味論と語用論　99

　　　3.4　その他の分野　102

　　　3.5　さらに学ぶために　103

　　　3.6　練習問題　103

4章　コーパスに基づく研究　　　　　　105

　　　4.1　準備　106

　　　　　　4.1.1　　計算機　106

　　　　　　4.1.2　　コーパス　106

　　　　　　4.1.3　　ソフトウェア　108

　　　4.2　テキストの観察　110

　　　　　　4.2.1　　低いレベルの書式に関する問題　111

　　　　　　4.2.2　　トークン化：語とは何か　112

　　　　　　4.2.3　　形態論　119

　　　　　　4.2.4　　文　121

　　　4.3　データのマークアップ　123

　　　　　　4.3.1　　マークアップの枠組み　123

　　　　　　4.3.2　　文法的タグ付け　125

　　　4.4　さらに学ぶために　131

　　　4.5　練習問題　133

II編　語　　　　　　135

5章　連　語　　　　　　137

　　　5.1　頻度　139

　　　5.2　平均と分散　142

　　　5.3　仮説検定　147

　　　　　　5.3.1　　t検定　147

| | | 目　次 | vii |

　　　　　5.3.2　　差の仮説検定　150

　　　　　5.3.3　　Pearson のカイ二乗検定　152

　　　　　5.3.4　　尤度比　155

　　5.4　相互情報量　159

　　5.5　連語とは何か　164

　　5.6　さらに学ぶために　167

6 章　統計的推論：スパースなデータ上の n–グラムモデル 171

　　6.1　ビン：同値類の形成　171

　　　　　6.1.1　信頼性と弁別性　171

　　　　　6.1.2　 n–グラムモデル　172

　　　　　6.1.3　 n–グラムモデルの構築　174

　　6.2　統計的推定　175

　　　　　6.2.1　最尤推定 (Most Likelihood Estimator: MLE)　176

　　　　　6.2.2　Laplace の法則, Lidstone の法則, Jeffreys-Perks の法則　180

　　　　　6.2.3　ヘルドアウト推定　183

　　　　　6.2.4　交差検証（削除推定）　188

　　　　　6.2.5　Good-Turing の推定　189

　　　　　6.2.6　短い補足　192

　　6.3　推定値を組み合わせる　194

　　　　　6.3.1　単純な線形補間　194

　　　　　6.3.2　Katz のバックオフ　195

　　　　　6.3.3　一般的な線形補間　196

　　　　　6.3.4　短い注意書き　198

　　　　　6.3.5　Austen のための言語モデル　199

　　6.4　結論　200

　　6.5　さらに学ぶために　200

　　6.6　練習問題　201

7 章　語義の曖昧性解消 203

　　7.1　方法論に関する準備　206

　　　　　7.1.1　教師あり学習と教師なし学習　206

　　　　　7.1.2　擬似語　206

　　　　　7.1.3　性能の上限と下限　207

viii 目 次

7.2 教師あり曖昧性解消 208
    7.2.1 ベイズ分類 209
    7.2.2 情報理論的アプローチ 212
7.3 辞書に基づく曖昧性解消 214
    7.3.1 意味の定義に基づく曖昧性解消 214
    7.3.2 シソーラスに基づく曖昧性解消 216
    7.3.3 第二言語のコーパスにおける翻訳に基づく曖昧性解消 219
    7.3.4 談話内で意味は一つ，同一の連語で意味は一つ 220
7.4 教師なし曖昧性解消 223
7.5 単語の意味とは何か? 226
7.6 さらに学ぶために 230
7.7 練習問題 231

8章　語彙獲得 233

8.1 評価指標 235
8.2 動詞の下位範疇化 238
8.3 付加の曖昧性 245
    8.3.1 Hindle and Rooth(1993) の方法 247
    8.3.2 前置詞の付加先決定に関する総合的なコメント 250
8.4 選択選好 253
8.5 意味的類似性 259
    8.5.1 ベクトル空間尺度 261
    8.5.2 確率的尺度 266
8.6 統計的自然言語処理における語彙獲得の役割 271
8.7 さらに学ぶために 274

III 編　文　　法 277

9章　マルコフモデル 279

9.1 マルコフモデル 280
9.2 隠れマルコフモデル 282
    9.2.1 なぜ HMM を用いるのか 283
    9.2.2 HMM の一般形 285
9.3 HMM についての三つの基本的な問題 286

	9.3.1	観測の確率を求める　287
	9.3.2	最適な状態系列を求める　291
	9.3.3	三つ目の問題：パラメータの推定　293

9.4　HMM：実装，性質，変種　296

	9.4.1	実装　296
	9.4.2	HMM における変種　297
	9.4.3	複数の観測入力　298
	9.4.4	パラメータの値の初期化　298

9.5　さらに学ぶために　299

10章　品詞のタグ付け　　　　301

10.1　タグ付けのための情報源　303

10.2　マルコフモデルによるタグ付け器　304

	10.2.1	確率モデル　304
	10.2.2	ビタビアルゴリズム　308
	10.2.3	さまざまなバリエーション　310

10.3　隠れマルコフモデルによるタグ付け器　315

	10.3.1	HMM を品詞タグ付けに適用する　315
	10.3.2	HMM 学習における初期化の影響　317

10.4　変換に基づくタグの学習　319

	10.4.1	変換規則　320
	10.4.2	学習アルゴリズム　321
	10.4.3	ほかのモデルとの関係　322
	10.4.4	オートマトン　324
	10.4.5	変換に基づくタグ付けに関するまとめ　326

10.5　別の方法，英語以外の言語　327

	10.5.1	タグ付けに対する別のアプローチ　327
	10.5.2	英語以外の言語　328

10.6　タグ付けの正解率とタグ付け器の適用先　328

	10.6.1	タグ付けの正解率　328
	10.6.2	タグ付けの適用先　331

10.7　さらに学ぶために　334

10.8　練習問題　336

11章　確率文脈自由文法　337

11.1　PCFG のいくつかの特徴　341

11.2　PCFG の三つの基本的な問題　343

11.3　系列の確率　347

11.3.1　内側確率により計算する　347

11.3.2　外側確率により計算する　348

11.3.3　最も尤もらしい文の構文木を求める　350

11.3.4　PCFG の訓練　352

11.4　内側外側アルゴリズムの問題点　355

11.5　さらに学ぶために　356

11.6　練習問題　357

12章　確率的構文解析　359

12.1　いくつかの概念　360

12.1.1　曖昧性解消のための構文解析　360

12.1.2　ツリーバンク　363

12.1.3　構文解析モデル vs. 言語モデル　365

12.1.4　PCFG の独立性の仮定を弱める　367

12.1.5　構文木の確率と導出確率　371

12.1.6　方法は一つだけではない　373

12.1.7　句構造文法と依存文法　377

12.1.8　評価　380

12.1.9　等価なモデル　385

12.1.10　構文解析器を構築する：探索手段　387

12.1.11　幾何平均の利用　390

12.2　いくつかのアプローチ　391

12.2.1　語彙化されていないツリーバンク文法　391

12.2.2　導出履歴を用いる語彙化されたモデル　395

12.2.3　依存構造に基づくモデル　398

12.2.4　議論　401

12.3　さらに学ぶために　402

12.4　練習問題　404

IV 編　応用と技法　　407

13 章　統計的アライメントと機械翻訳　　409

13.1　テキストアライメント　　412

13.1.1　文や段落のアライメント　　413

13.1.2　長さに基づく方法　　416

13.1.3　信号処理技術に基づくオフセットのアライメント　　420

13.1.4　語彙的文アライメント手法　　423

13.1.5　まとめ　　428

13.1.6　練習問題　　428

13.2　語のアライメント　　429

13.3　統計的機械翻訳　　430

13.4　さらに学ぶために　　436

14 章　クラスタリング　　439

14.1　階層的クラスタリング　　445

14.1.1　単一リンククラスタリングと完全リンククラスタリング　　446

14.1.2　群平均凝集型クラスタリング　　450

14.1.3　応用：言語モデルの改善　　452

14.1.4　トップダウンクラスタリング　　455

14.2　非階層的クラスタリング　　456

14.2.1　K 平均法　　458

14.2.2　EM アルゴリズム　　461

14.3　さらに学ぶために　　468

14.4　練習問題　　469

15 章　情報検索におけるいくつかの話題　　471

15.1　情報検索に関する背景知識　　472

15.1.1　情報検索システムに共通する設計の特徴点　　474

15.1.2　評価尺度　　476

15.1.3　確率的順位付け原理　　479

15.2　ベクトル空間モデル　　480

15.2.1　ベクトルの類似度　　481

15.2.2 タームの重み付け 482

15.3 タームの分布のモデル 484

15.3.1 ポアソン分布 485

15.3.2 2-ポアソンモデル 488

15.3.3 K 混合分布 489

15.3.4 逆文書頻度 491

15.3.5 残差逆文書頻度 492

15.3.6 ターム分布モデルの利用 493

15.4 潜在意味インデキシング 493

15.4.1 最小二乗法 495

15.4.2 特異値分解 497

15.4.3 情報検索における潜在意味インデキシング 501

15.5 談話分割 504

15.5.1 テキストタイリング 505

15.6 さらに学ぶために 508

15.7 練習問題 510

16章 テキスト分類 513

16.1 決定木 515

16.2 最大エントロピーモデル 525

16.2.1 一般化反復スケーリング法 527

16.2.2 テキスト分類への応用 530

16.3 パーセプトロン 532

16.4 k 最近傍分類 538

16.5 さらに学ぶために 540

簡易統計表 543

参考文献 545

訳者あとがき 583

索 引 587

表目次

表 1.1	トム・ソーヤにおいて多く現れている語.	20
表 1.2	トム・ソーヤにおける語タイプの出現頻度の頻度.	21
表 1.3	トム・ソーヤを用いたジップの法則の実証的評価.	23
表 1.4	ニューヨークタイムズで最も頻繁に現れるバイグラム連語.	28
表 1.5	フィルタリング後の頻出バイグラム.	29
表 2.1	二つの理論の尤度比.	52
表 2.2	復号化問題としての統計的自然言語処理.	64
表 3.1	名詞の一般的な屈折.	76
表 3.2	英語における代名詞の語形.	77
表 3.3	一般に動詞に記される特徴.	81
表 4.1	電子コーパスを提供する主な組織とその連絡先 URL.	107
表 4.2	*The Economist* の一つの号に現れた電話番号のさまざまな形式.	118
表 4.3	ニュース記事テキストの文の長さ.	123
表 4.4	いくつかのタグセットの大きさ.	126
表 4.5	異なるタグセットの比較:形容詞, 副詞, 接続詞, 限定詞, 名詞, 代名詞関連のタグ.	127
表 4.6	異なるタグセットの比較:動詞, 前置詞, 句読点, 記号関連のタグ.	128
表 5.1	連語を見つける:頻度 $C(\cdot)$ はコーパス中の頻度を表す.	140
表 5.2	連語フィルターのための品詞(タグ)のパターン.	140
表 5.3	連語を見つける:Justeson と Katz の品詞フィルター.	141
表 5.4	'*strong w*' と '*powerful w*' のパターンに最も多く出現する名詞 w.	141

表 5.5	平均と分散に基づいて連語を見つける.	146
表 5.6	連語を見つける：出現頻度 20 のバイグラム 10 個に適用した t 検定.	150
表 5.7	有意に高頻度で *powerful* とともに出現する語（上側の 10 語），および *strong* とともに出現する語（下側の 10 語）.	151
表 5.8	*new* と *companies* の出現の依存性を表す 2×2 の表.	152
表 5.9	対訳コーパスにおける *vache* と *cow* の対応関係.	154
表 5.10	χ^2 を用いた相異なるコーパスにおける単語の独立性の検定.	154
表 5.11	Dunning の尤度比検定を計算する方法.	156
表 5.12	*powerful* のバイグラムのうち，Dunning の尤度比テストで最高スコアとなったもの.	157
表 5.13	Damerau の頻度比検定.	158
表 5.14	連語を見つける：出現頻度頻度が 20 である 10 個のバイグラムを相互情報量の大きい順に並べたもの.	160
表 5.15	対訳形式になった Hansard コーパスにおける *chambre* と *house*，および *communes* と *house* の対応.	161
表 5.16	データスパースネスに起因する相互情報量の問題.	162
表 5.17	Cover and Thomas (1991) および Fano (1961) におけるさまざまな**相互情報量** の定義.	163
表 5.18	BBI Combinatory Dictionary of English における *strength*，および *power* に関する連語.	166

表 6.1	n–グラムモデルに対するパラメータ数の増加.	173
表 6.2	統計的推定の章における記法.	176
表 6.3	*Persuasion* の一つの文の直後に出現する場合の各単語の確率.	179
表 6.4	Church and Gale (1991a) にある AP データの推定頻度.	181
表 6.5	*was* に後続する単語の期待尤度推定.	183
表 6.6	二つのシステムの性能を比較するための t 検定の利用.	187
表 6.7	Austen コーパスにおけるバイグラムとトライグラムの「頻度の頻度」の分布の一部.	191
表 6.8	バイグラムに対する Good-Turing の推定値：調整された頻度と確率.	192
表 6.9	*Persuasion* における Good-Turing によるバイグラム頻度の推定.	192
表 6.10	*Persuasion* で評価した Good-Turing 推定によるバックオフ言語モデル.	200
表 6.11	さまざまな言語モデルに応じたテスト用の節の確率推定.	200

表 目 次 xv

表 7.1	本章で使用する記号の意味.	208
表 7.2	ベイズ分類で用いる *drug* の二つの語義に対する手がかり.	211
表 7.3	三つの曖昧なフランス語の単語の語義推定に対して有用な手がかり.	212
表 7.4	*ash* の二つの語義.	215
表 7.5	Lesk のアルゴリズムによる *ash* の多義解消.	215
表 7.6	シソーラスに基づく曖昧性解消のいくつかの結果.	218
表 7.7	第二言語コーパスを用いて *interest* をどのように曖昧性を解消するか.	219
表 7.8	談話内単一意味制約の例.	221
表 7.9	教師なし曖昧性解消の結果.	226

表 8.1	*F* 値と正解率は異なった目的関数である.	238
表 8.2	いくつかの下位範疇化フレームと動詞，および文の例.	239
表 8.3	Manning のシステムにより学習された下位範疇化フレーム.	243
表 8.4	前置詞句の付加の曖昧性を解消する単純なモデルが失敗する例.	247
表 8.5	選択選好の強度 (SPS).	256
表 8.6	結合の強さは動詞のとる目的語として尤もらしいものとそうでないものを区別する.	257
表 8.7	二値ベクトルに対する類似性尺度.	263
表 8.8	意味的類似性の尺度としてのコサイン値.	266
表 8.9	確率分布の間の（非–）類似性の尺度.	267
表 8.10	LOB コーパスに出現する単語で OALD 辞書にカバーされていない単語の種別.	272

表 9.1	HMM の表記.	286
表 9.2	$O = \{\text{lem, ice\_t, cola}\}$ に対する変数の計算.	291

表 10.1	英語のタグ付けでよく用いられる品詞.	302
表 10.2	タグ付けにおける記法上の規約.	305
表 10.3	ブラウンコーパス中のタグの理想化された遷移回数.	307
表 10.4	ブラウンコーパスにおけるいくつかの単語に対する理想化されたタグの生起回数.	307
表 10.5	タグ付けにおける未知語に対する確率割り当ての例.	311
表 10.6	HMM におけるパラメータの初期化手段.	317
表 10.7	Brill の変換に基づくタグ付け器におけるトリガ環境.	320
表 10.8	変換に基づくタグ付けにおいて学習される変換規則の例.	321
表 10.9	確率的なタグ付けで頻出する誤りの例.	330

表 10.10	品詞タグ付けにおける混同行列の一部.	331
表 11.1	本章における PCFG に関する記法.	339
表 11.2	シンプルな確率文脈自由文法 (PCFG).	340
表 11.3	内側確率の計算.	348
表 12.1	ペンツリーバンクにおける句カテゴリの略記.	365
表 12.2	いくつかの動詞においてよく現れる下位範疇化フレーム（VP を展開した部分木）の頻度.	368
表 12.3	よく見られるいくつかの展開規則による NP が主語もしくは目的語として現れる割合.	370
表 12.4	よく見られるいくつかの展開規則による NP が VP 内部において第一目的語もしくは第二目的語として現れる割合.	370
表 12.5	異なった句構造のスタイルにおける前置詞付加の誤りに対する精度，再現率の結果.	384
表 12.6	統計的構文解析システムの比較.	401
表 13.1	文アライメントに関する論文.	416
表 14.1	異なるクラスタリングアルゴリズムの特徴のまとめ.	444
表 14.2	クラスタリングの章で用いられる記号.	444
表 14.3	クラスタリングで用いられる類似度関数.	446
表 14.4	K 平均クラスタリングの例.	460
表 14.5	混合ガウス分布の一例.	463
表 15.1	英語の小規模なストップリスト.	475
表 15.2	順位付けの評価の例.	476
表 15.3	情報検索においてタームの重み付けに一般的に用いられる三つの量.	482
表 15.4	例となるコーパスにおける二つの語のコレクション頻度と文書頻度.	483
表 15.5	tf.idf による重み付け方式の構成要素.	484
表 15.6	ニューヨークタイムズコーパスにおける 6 単語に対する文書頻度 (df) とコレクション頻度 (cf).	487
表 15.7	六つの語について，k 回出現している文書の実際の数と推定した数.	490
表 15.8	内容の類似度計算における共起の利用の例.	493
表 15.9	文書の相関行列 $E^{\mathrm{T}}E$.	500

表 目 次 xvii

表 16.1	自然言語処理における分類タスクの事例.	513
表 16.2	二値分類器を評価するための分割表.	515
表 16.3	図 16.3 に示された文書 11 の表現形.	518
表 16.4	分割基準としての情報利得の例.	520
表 16.5	ロイターのカテゴリ "earnings"（決算）に対する決定木の分割表.	522
表 16.6	式 (16.4) の形式における最大エントロピー分布の一例.	529
表 16.7	経験分布の一つで，対応する最大エントロピー分布が表 16.6 のものであるもの.	529
表 16.8	ロイターのカテゴリ "earnings"（決算）に対する最大エントロピーモデルにおける素性の重み.	530
表 16.9	テストセットにおける表 16.8 に対応する分布に対する分類結果.	531
表 16.10	"earnings" カテゴリに対するパーセプトロン.	535
表 16.11	表 16.10 のパーセプトロンに対するテストセットにおける分類結果.	536
表 16.12	"earnings" カテゴリに対する 1 最近傍法に基づく分類器の分類結果.	539

図 目 次

図 1.1	ジップの法則.	24
図 1.2	マンデルブロの式.	25
図 1.3	語 *showed* の Key Word In Context (KWIC) 表示.	30
図 1.4	トム・ソーヤにおける *showed* の統語フレーム.	31
図 2.1	条件付き確率 $P(A \mid B)$ の計算を描いた図式.	38
図 2.2	二つのサイコロの目の和についての確率変数 X.	41
図 2.3	二項分布の二つの例：$b(r; 10, 0.7)$ と $b(r; 10, 0.1)$.	47
図 2.4	正規分布曲線の例：$n(x; 0, 1)$ と $n(x; 1.5, 2)$.	48
図 2.5	偏りのあるコインのエントロピー.	57
図 2.6	相互情報量 I とエントロピー H との関係.	60
図 2.7	雑音のある通信路モデル.	62
図 2.8	対称的な二値通信路.	62
図 2.9	言語学における雑音のある通信路モデル.	63
図 3.1	句構造の再帰的な展開の例.	90
図 3.2	前置詞句付加の曖昧性の例.	98
図 4.1	経験的な文境界検出アルゴリズム.	122
図 4.2	いくつかの異なるタグセットでタグ付けされた文.	126
図 5.1	二つの単語が少し離れたバイグラムを捉えるための 3 単語の連語窓の利用.	143
図 5.2	*strong* から相対的に 3 語までの位置に関するヒストグラム.	145

図 目 次　　　　　　　　　　　　　　　　　　　　　　　　　　　　xix

図 7.1　ベイズ曖昧性解消.　211
図 7.2　曖昧性解消のための特徴を選ぶフリップフロップアルゴリズム.　212
図 7.3　Lesk の辞書に基づく曖昧性解消.　215
図 7.4　シソーラスに基づく曖昧性解消.　216
図 7.5　シソーラスに基づく適応的な曖昧性解消.　217
図 7.6　第二言語のコーパスに基づく曖昧性解消.　220
図 7.7　「同一連語単一意味制約」，および「談話内単一意味制約」に基づく
　　　　曖昧性解消.　222
図 7.8　単語の意味クラスタリングに対する EM アルゴリズム.　225

図 8.1　精度と再現率の尺度を考えるための図.　236
図 8.2　複雑な文における付加先.　251
図 8.3　文書–単語行列 A.　262
図 8.4　文書–単語行列 B.　262
図 8.5　修飾語–被修飾語行列 C.　262

図 9.1　マルコフモデルの一例.　281
図 9.2　無茶な飲料販売機．その状態と状態遷移確率.　283
図 9.3　線形補間された言語モデルのための HMM の一部.　285
図 9.4　マルコフ過程のプログラム.　286
図 9.5　トレリスアルゴリズム.　288
図 9.6　トレリスアルゴリズム：一つのノードにおける前向き確率の計算を
　　　　クローズアップしたもの.　289
図 9.7　アークをたどる確率.　294

図 10.1　可視的マルコフモデルによるタグ付け器を訓練するアルゴリズム.　307
図 10.2　可視的マルコフモデルによるタグ付け器のタグ付けアルゴリズム.　309
図 10.3　変換に基づくタグ付けの学習アルゴリズム.　322

図 11.1　二つの構文木とその確率，およびその和としての文の確率.　340
図 11.2　確率的正規文法 (PRG).　345
図 11.3　PCFG における内側確率 β, 外側確率 α.　346

図 12.1　単純化された単語ラティス.　360
図 12.2　ペンツリーバンクにおける構文木.　364
図 12.3　同じ構文木に対する二つの CFG 導出.　371
図 12.4　左隅スタック構文解析器.　374
図 12.5　部分木を依存関係に分解する.　379

図 12.6	PARSEVAL 指標の例.	382
図 12.7	括弧交差数の概念.	383
図 12.8	ペンツリーとほかの木構造の比較.	384
図 13.1	機械翻訳に対する異なる戦略.	410
図 13.2	アライメント（位置合わせ）と対応付け.	414
図 13.3	アライメントのコストの計算.	418
図 13.4	ドットプロットの例.	421
図 13.5	探索の範囲となる枕形の包絡.	425
図 13.6	機械翻訳における雑音のある通信路モデル.	430
図 14.1	22 個の英語の頻出単語に対する単一リンク法でのクラスタリング結果を樹形図（デンドログラム）で示したもの.	440
図 14.2	ボトムアップ型階層的クラスタリング (Bottom-up hierarchical clustering).	445
図 14.3	トップダウン型階層的クラスタリング (Top-down hierarchical clustering).	446
図 14.4	平面上の点の集まり.	447
図 14.5	図 14.4 における点群に対する中間的なクラスタリング.	447
図 14.6	図 14.4 における点群に対する単一リンククラスタリング.	447
図 14.7	図 14.4 における点群に対する完全リンククラスタリング.	449
図 14.8	K 平均クラスタリングアルゴリズム.	458
図 14.9	K 平均アルゴリズムにおける 1 回の反復.	459
図 14.10	ソフトクラスタリングに EM アルゴリズムを用いる例.	461
図 15.1	あるインターネットサーチエンジンにおける ' "glass pyramid" Pei Louvre' の検索結果.	473
図 15.2	精度–再現率曲線の二つの事例.	478
図 15.3	2 次元のベクトル空間の例.	480
図 15.4	ポアソン分布.	486
図 15.5	ターム–文書行列 A の例.	494
図 15.6	次元圧縮.	494
図 15.7	線形回帰の例.	496
図 15.8	図 15.5 の行列に SVD を施した結果の行列 T.	498
図 15.9	図 15.5 の行列に SVD を施した結果の特異値行列.	498
図 15.10	図 15.5 の行列に SVD を施した結果の行列 D^{T}.	498
図 15.11	特異値による大きさの調整，ならびに 2 次元への圧縮を行った後の文書行列 $B_{2\times d} = S_{2\times 2}D^{\mathrm{T}}{}_{2\times d}$.	500

図 目 次 xxi

図 15.12 話題境界同定における結束性スコアに関する三つの分布. 506

図 16.1 決定木の一例. 516
図 16.2 図 16.1 の木の一部に対する幾何学的な解釈. 516
図 16.3 ロイターのニュース記事における話題カテゴリ "earnings"
（決算）の例. 517
図 16.4 決定木の枝刈り. 521
図 16.5 分類正解率は利用可能な訓練データの量に依存する. 523
図 16.6 音韻規則学習の領域におけるデータを決定木が如何に非効率的に
利用するのかという事例. 524
図 16.7 パーセプトロン学習アルゴリズム. 533
図 16.8 パーセプトロンの学習アルゴリズムにおける，誤り訂正の一ステップ.
534
図 16.9 パーセプトロンの幾何学的な解釈. 536

記法一覧

$\cup$	集合の和，結び (union)
$\cap$	集合の積，交わり (intersection)
$A - B, A \backslash B$	集合の差 (difference)
$\overline{A}$	集合 A の補集合 (complement)
$\emptyset$	空集合 (empty set)
$2^A, \mathcal{P}(A)$	集合 A のべき集合 (power set)
$|A|$	集合 A の要素数，デカルト数 (cardinality)
$\sum$	和 (sum)
$\prod$	積 (product)
$p \Rightarrow q$	p が q を含意 (imply) する，論理的推論 (logical inference)
$p \Leftrightarrow q$	p と q が 論理的同値 (logically equivalent) である
$\stackrel{\text{def}}{=}$	であると定義する（"$=$" が曖昧なときにのみ用いる）
$\mathbb{R}$	実数 (real numbers) の集合
$\mathbb{N}$	自然数 (natural numbers) の集合
$n!$	n の階乗 (factorial)
∞	無限 (infinity)
$|x|$	数 x の絶対値 (absolute value)
$\ll$	より，非常に小さい
$\gg$	より，非常に大きい
$f : A \to B$	A に属する値から B への関数 f
$\max f$	f の最大値 (maximum value)

$\min f$	f の最小値 (minimum value)
$\arg\max f$	f がその最大値をとるような引数
$\arg\min f$	f がその最小値をとるような引数
$\lim_{x\to\infty} f(x)$	x を無限に近づけた際の f の極限 (limit)
$f \propto g$	f が g に比例 (proportional) する
∂	偏微分 (partial derivative)
$\int$	積分 (integral)
$\log a$	a の対数 (logarithm)
$\exp(x), e^x$	指数関数 (exponential function)
$\lceil a \rceil$	$i \geq a$ である中で最も小さい自然数 i
$\vec{x}$	実数からなるベクトル: $\vec{x} \in \mathbb{R}^n$
$|\vec{x}|$	$\vec{x}$ のユークリッド長 (Euclidean length)
$\vec{x} \cdot \vec{y}$	$\vec{x}$ と $\vec{y}$ との内積 (dot product)
$\cos(\vec{x}, \vec{y})$	$\vec{x}$ と $\vec{y}$ とがなす角度のコサイン値 (cosine)
c_{ij}	行列 (matrix) C の i 行 (raw) j 列 (column) の要素 (element)
C^{T}	行列 C の転置行列 (transpose)
$\hat{X}$	X の推定値 (estimate)
$E(X)$	X の期待値 (expectation)
$\mathrm{Var}(X)$	X の分散 (variance)
μ	平均 (mean)
σ	標準偏差 (standard deviation)
$\bar{x}$	標本の平均 (sample mean)
s^2	標本の分散 (sample variance)
$P(A \mid B)$	B で条件付けられた (conditional on) A の確率 (probability)
$X \sim \mathrm{p}(x)$	p に従って分布する確率変数 (random variable) X
$\mathrm{b}(r; n, p)$	二項分布 (binomial distribution)
$\begin{pmatrix} n \\ r \end{pmatrix}$	組合せ (combination) もしくは二項係数 (binomial coefficient) (n 個から r 個を選ぶ, 選び方の数)
$\mathrm{n}(x; \mu, \sigma)$	正規分布 (normal distribution)
$H(X)$	エントロピー (entropy)

$I(X;Y)$	相互情報量 (mutual information)
$D(\mathrm{p} \parallel \mathrm{q})$	カルバック・ライブラー・ダイバージェンス (Kullback-Leibler (KL) divergence)
$C(\cdot)$	括弧内の事物の数
f_u	u の相対頻度 (relative frequency)
$w_{ij}, w_{(i)(j)}$	語 (words) $w_i, w_{i+1}, \ldots, w_j$
$w_{i,j}$	w_{ij} に同じ
$w_i, \ldots, w_j$	w_{ij} に同じ
$O(n)$	アルゴリズムの時間的複雑さ
*	非文法的 (ungrammatical) な文 (sentence) もしくは句 (phrase), あるいは 不適格 (ill-formed) な語 (word)
?	文法的 (grammatical) であるかの境界線上にある文, あるいは 受け入れられる (acceptable) かの境界線上にある句
$iff \ldots$	$\ldots$ が成り立つとき, かつそのときに限り

注：以下に示すように, いくつかの章はそこで用いられる記号についての独立した記法一覧の表を有している. 表 6.2 (統計的推論), 表 7.1 (語義曖昧性解消), 表 9.1 (マルコフ・デル), 表 10.2 (タグ付け) 表 11.1 (確率文脈自由文法), 表 14.2 (クラスタリング).

まえがき

オンライン情報，電気通信，そして World Wide Web の時代において，統計的自然言語処理を徹底的に論じた教科書が必要であることには議論の余地がない．企業も政府機関も個人も，ますます大量の，業務や生活に欠かせないテキスト情報に直面しているのに，それらが潜在的に隠し持っている莫大な価値を引き出す術を十分理解できずにいる．

同時に，巨大なテキストコーパスが入手できるようになったことで，言語学や認知科学における言語への科学的方法論も変化している．人工的で小さな領域や個々の文を研究していたのでは検知できなかった，あるいは興味深いと思われなかった現象が，説明されるべき重要な事項の中核に来つつある．ほんのちょっと以前，1990 年代においてさえ，定量的な手法は言語学において不適切とされ，数理言語学の主たる教科書でさえそれをまったく扱わなかったのであるが，現在，言語学理論において，それら定量的な手法は徐々に不可欠なものと認識されつつある．

本書の執筆において，筆者らは，理論と実践，直観と厳密さの釣り合いをとることに尽力してきた．さまざまな手法を，数学のそして言語学の理論的な発想に基礎付けようとしてきたが，それと同時に内容があまりにも無味乾燥にならないようにし，理論的な発想が実用的な問題を解決するにどのように役立つのかを示すようにした．これを実現するために，まず，この分野を理解するのに必要であり，そこに寄与するための基礎を読者である学生たちに与えることとし，確率論，統計学，情報理論，言語学の主要な概念を先に示している．その後，タグ付けや曖昧性解消など統計的自然言語処理が取り組んでいる問題と，重要な研究を選んで，記述している．これによって，学生たちは，すでに示されている基礎に根ざすことができ，言語がもたらす特別の問題も理解しているので，この分野を前に進んでいけるようになると考えている．

本書の基本的な構成を設計した際，何を含め，それらの素材をどう整理する

かについて，多くの決定をしなければならなかった．主たる基準は，本の厚さを扱える程度に納めることであった（完璧に成功したとは言い難い！）．そのため，本書では，確率論，情報理論，統計学，そして統計的自然言語処理で用いられるその他の多くの数学の分野について，完全な紹介は行えていない．この分野で最も重要と思われる話題は取り上げるようにしたが，本書を用いて授業を行う人たちは，特に興味のある数学的基礎をより深く理解させるために，補助的な教材を使う必要がある場合も多々あると思う．

　また，統計的自然言語処理を，そこで用いられる数学的道具立てや理論に関して，一つの統一的な枠組みだけを用いて提示しようという試みもしないこととした．統一的な数学の理論的基盤が望ましいことは間違いないが，現時点では，そのような理論はそもそも存在しない．このため，いくつかの場所で多くの要素が折衷的に入り交じることになっているが，自然言語処理に対して特定の方法論が正しく，それ以外のものよりも優先すると決めつけるのは，まだ時期尚早と考えている．

　ことによると驚かれるかもしれないが，音声認識は扱わないこととした．音声認識は，自然言語処理とは異なる分野として始められ，主に電気工学科で育ち，異なる会議と学会誌を持ち，それ独自の関心を多く抱えている．とはいえ，最近では，ますますの融合と重なり合いが進んでいる．自然言語処理において統計的方法論の復活を引き起こしたのは，音声認識に関する研究であったし，本書で示す手法の多くは最初音声のために開発され，自然言語処理の中に広まっていった．特に，音声認識における言語モデルの研究は本書における言語モデルの議論と広い重なりを持つ．しかも，音声認識は，現在最も成功していて，最も広く応用されている言語処理の分野であると主張することもできる．しかし，この分野を本書に含めなかった実際的な理由がいくつかある．音声については優れた教科書が数多く存在する．この分野は著者らが研究を続け，本当の専門家となったものではない．そして，本書は音声を含めなくてもすでに十分に長いのである．さらに，重なりもあるとはいえ，自然言語処理と音声認識の間には重要な違いもある．音声認識の教科書は信号解析と音響モデルについてひととおり取り上げる必要がある．これらは普通，計算機科学や自然言語処理を背景としている人たちにとって興味がわかず，身近でもない内容である．逆に，音声を学んでいる人たちほとんどは，本書で注目している多くの自然言語処理の話題には興味がないだろう．

　統計的自然言語処理との境界がある意味不明瞭で，それと関連を持つそれ以外の領域として，機械学習，テキスト分類，情報検索，そして認知科学があげられる．これらの領域すべてにおいて，本書では取り扱ってはいないが，内容的には本書に適当であるような研究の例を見つけることができる．最小記述長，誤差逆伝搬法，Rocchio アルゴリズム，そして，言語処理における出現頻度効

まえがき xxvii

果についての心理学的，認知科学的文献等々，多くの重要な概念，手法，問題が本書に含まれていないのは，単に分量からの理由である．

　著者らにとって下すのが最も難しかった決定は，統計的自然言語処理と統計的ではないそれとの境界に関するものであった．著者らが本書の執筆を始めた頃には，この二つには明確な境界線があったが，最近それがどんどんはっきりしないものになってきているように思う．統計的でない研究者もコーパスを利用し，定量的な手法を取り入れることが多くなっている．そして，統計的自然言語処理において，確率的モデルやその他のモデルの構築を始めるにあたっては，目をつぶっての白紙の状態からではなく，現象について明らかになっている科学的知識はすべて利用する必要があることが，今では一般的に認められている．

　そういうわけであるので，多くの自然言語処理研究者が，統計的側面だけを取り上げた教科書を書くことが良識的かと疑問を感じることと思う．そして，著者らが最も望まないことは，この教科書が，一部の人たちが持っている，統計的自然言語処理には言語理論や記号計算の研究は関係ないのだという不幸な見方を助長してしまうことである．とはいえ，複雑で本当に多くの基礎的な事柄があり，自然言語処理のすべてへの導入となるような十分かつ網羅的な教科書を，扱える厚さに納めることはまったく不可能なのだと考えている．繰り返しになるが，素晴らしい教科書は既に何冊もある．統計的な手法と統計的でない手法のより釣り合いのとれた扱いが必要な場合は，それらを補助的な教材として用いていただくことをお薦めする．

　最後に本書のために選んだ書名の適切さについて言及しておく．ここで扱っている分野を**統計的自然言語処理** (*statistical natural language processing*) と呼ぶことは，統計学における標準的な入門書から統計的手法の定義を持ってきている人たちにとっては疑問のあるものと思う．ここで著者らが定義する統計的自然言語処理とは，自動言語処理における定量的な手法すべてからなる．そこには，確率的モデル，情報理論，線形代数も含まれる．確率論は形式的な統計的推論の基礎であるが，著者らは「統計」という用語の意味をより広いものと捉え，データに対するすべての定量的手法をそこに含めている（ほとんどの辞書で誰でも簡単に確認できる定義である）．そのため，曖昧さが生じる可能性はあるのだが，統計的自然言語処理は，ここ 10 年以上にわたって，自然言語処理において，記号的でなく，論理に偏らない研究を参照するために広く使われてきている用語であるため，著者らもこの用語を使い続けることとする．

謝辞：本書を執筆していた 3 年間の間，多くの同僚と友人たちから，初期の草稿へコメントや提案を頂いた．彼ら全員に感謝を表したい．特に，Einat Amitay, Chris Brew, Thorsten Brants, Gary Cottrell, Andreas Eisele,

統計的自然言語処理
(STATISTICAL
NATURAL
LANGUAGE
PROCESSING)

Michael Ernst, Oren Etzioni, Marc Friedman, Éric Gaussier, Eli Hagen, Marti Hearst, Nitin Indurkhya, Michael Inman, Mark Johnson, Rosie Jones, Tom Kalt, Andy Kehler, Julian Kupiec, Michael Littman, Arman Maghbouleh, Amir Najmi, Kris Popat, Fred Popowich, Geoffrey Sampson, Hadar Shemtov, Scott Stoness, David Yarowsky, and Jakub Zavrel. 著者らは特に，Bob Carpenter, Eugene Charniak, Raymond Mooney, そして MIT 出版の匿名の査読者に恩義を感じている．彼らは，内容と説明方法の両方について，多くの改善を提案してくださり，そのお陰で，本書の質や使いやすさは大きく向上したように感じている．自分たちのコメントから導かれたアイディアに気づかれたときは，それぞれに謝辞はなくても，著者らが感謝していることを彼らに感じとっていただければと思う．

さらに，本書を執筆中の第二著者を支援してくださったことに対して，Francine Chen, Kris Halvorsen, そして，Xerox PARC に，第一著者への愛と支援に対して，Jane Manning に，本書の装丁に助言いただいた Robert Dale と Dikran Karagueuzian に，編集者としてずっと助けてくれた Amy Brand に，感謝を捧げたい．

ご意見ご批評：本書の内容を，理解しやすく，包括的で，正しいものにしようと，十分努力したつもりだが，もっとうまくできたはずの箇所が数多くあるのは間違いないことと思う．ご意見やご批評などは電子メールにて，cmanning@acm.org か me@hinrichschuetze.com に送ってほしい．

最後に，統計的自然言語処理で用いられている多くの手法を集め，それらをわかりやすく説明している本書の登場によって，現在そして将来の学生たちが多くの刺激を受け，この分野における急速で継続的な進歩を確かなものにすることの助けになること，それだけを希望する．

Christopher Manning

Hinrich Schütze

February 1999

本書の使い方

おおよそのところ，本書は，統計的自然言語処理に焦点を当てた大学院レベルの1セメスタの講義に適当となるように執筆されている．実際には，1セメスタで扱おうと思うよりはやや多めの素材が含まれている．ただ，そのような豊富さは，教師に取捨選択の大きな余地を与えると思う．学生については，事前に，プログラミングの経験を持ち，形式言語と記号的な構文解析手法にある程度の馴染みがあることを想定している．さらに，集合論，対数，ベクトルと行列，積和，積分などの数学的概念について初歩的な基礎を身につけていると考えている．ただし，高校を卒業した学生が適切に身につけているだろうもの以上を望むわけではない．学生は記号的自然言語処理の授業を先に受けていてももちろん構わないが，その基礎の多くを前提とするようなことはしていない．確率論，統計学，言語学については，必要な背景の簡単な要約を本書に含めている．著者らの経験では，統計的自然言語処理手法を学ぼうとする人たちの多くがこれらの分野に関しての知識を事前に持っていないことが多いためである（たぶん，時が経てば状況は変わると思うが）．とはいえ，補助的な教材を用いてこれらの分野について学ぶことは，それを構築している適切な基盤を身につけるために，学生にとっておそらく必要だろうし，将来の研究者になるためにも役に立つこととなるだろう．

本書を読むのに，そしてこれを用いて授業をするのに最も良い方法を考えてみる．本書は四つの部分からなっている．前提知識（I編），語（II編），文法（III編），そして応用と技法（IV編）である．

前提知識（I編）は，その他の部分の前提となる数学的，言語学的基礎を配置している．ここで導入される概念と技法は，本書全般を通じて参照される．

語（II編）は，統計的言語処理における語を中心とした研究を扱っている．連語，n–グラムモデル，語義曖昧性解消，語彙獲得の四つの章からなるが，これらは単純なものから複雑な言語現象へと自然に進むように配置されている．た

だし，それぞれの章は独立して読むことが可能である．

　文法（III編）の四つの章は，マルコフモデル，タグ付け，確率文脈自由文法，そして，確率的構文解析であるが，お互いに依存しているので，順序よく教えていった方がよい．ただし，タグ付けの章は，マルコフモデルの章を時々参照する必要があるとはいえ，独立したものとして読むことができる．

　応用と技法（IV編）の題材は，統計的アライメントと機械翻訳，クラスタリング，情報検索，テキスト分類という，四つの応用と技術である．これらの章も，いくつかあるお互いの関係について適当に言及していただきつつ，興味と許された時間に応じて，別々に扱うことができる．

　本書では，背景もしくは基礎となる多くの材料をⅠ編にまとめるという構成をとっているが，本書に基づいて授業を行う際に，その先頭でそれらすべてを丁寧に説明していくことはお薦めしない．著者らが一般にとっている方法では，講義の最初のおよそ6時間でⅠ編の中の本当に中心的な部分を復習するに留めている．その中には，確率論の本当の基礎（2.1.8節まで），情報理論（2.2.7節まで），そして基本的な実用的知識が含まれる．この実用的知識の一部は4章に含まれているし，その他はそれぞれの組織が何を持っているかに応じた個別事項となろう．著者らは，普通，言語学の背景をあまり持たない学生に対して，3章の内容は読んでおくようにと宿題として残すようにしている．言語学的な概念に関するいろいろな知識は多くの章で必要となるが，12章は特にそれらと関連が深く，教師はこの時点で統語に関連する概念を復習したくなるのではと思う．最初の方の節のこれら以外の素材については，授業を通じて，「知るのが必要になったら」という基準で導入していけばよいだろう．

　Ⅱ編の話題は，馴染みがあって興味深い話題，特に学生のプログラミング課題の良い基礎となるようなものを授業の最初の方で提示できるようにしたいという要望に一部導かれている．連語関係（5章），語義曖昧性解消（7章），付加の曖昧性（8.3節）が，この点で特にうまくいくことに気がついている．付加の曖昧性を早めに扱うことは，統計的自然言語処理において言語学的な概念や構造に役割があることを示すのにも効果的である．6章の内容の多くは，比較的詳細で参考資料的な素材である．音声認識や光学的文字認識などの応用に興味のある人たちはこれら全部を扱おうと思うだろうが，n-グラムの言語モデルが興味の焦点でないのであれば，6.2.3節まで読む程度でよいと思うかもしれない．尤度や最尤推定の概念，いくつかのスムージング手法（学生が自分自身の確率モデルを構築する際には普通必要となる），そしてシステムの性能を評価する適切な手法を理解するには，それで十分である．

　全般にわたって多くの相互参照を行うように努めたので，もし望むのであれば，ほとんどの章は独立したものとして教えることができる．適当なところで，参照されている以前の素材を含めていくようにすればよい．このことは，特に，連語，語彙獲得，タグ付け，情報検索の章にあてはまる．

練習問題：各章のそこかしこ，または章末に練習問題をおいている．これらはその難しさも扱う範囲も本当にさまざまである．以下のようなおおざっぱな分類を試みている．

★　簡単な問題で，本文の理解を問うものから，数学的な変形操作，簡単な証明，何かの例を考えるような問題までに及ぶ．

★★　より実質的な問題で，多くはプログラミングかコーパス調査を含んでいる．これらの多くは 2 週間以上の期間で行う課題とするのが適当である．

★★★ 大きく，困難で，広がりを持ち，決まった答えのない問題である．多くは，学期末課題とするのが適当である．

WEB サイト
(WEBSITE)

Web サイト：最後に，学生と教師のみなさんに，参考**Web サイト** (*website*) にある素材や参考文献を活用していただくことをお薦めする．http://nlp.stanford.edu/fsnlp の URL で直接アクセスすることもできるし，MIT 出版の Web サイト http://mitpress.mit.edu で，本書を探してそこから辿ることもできる．

Ⅰ編

前提知識

1章

導　入

"統計的考察は，言語の運用と発達を理解するにあたって本質的なものである."
(*Lyons 1968: 98*)

"文法的な発話を産出でき，理解できるという人間の能力は，統計的な近似やその類の概念に基づいてはいない." (*Chomsky 1957: 16*)

"大事なのは語ではなくてその意味であるとあなたは述べ，意味を語と同じ種類のものと考えていながら，同時に語とは異なるものとも捉えている．ここに語があり，そこに意味がある．ちょうど，お金と，それで買うことができる牛のように（しかし，お金とその使用を対比させてみたまえ)."
(*Wittgenstein 1968,*
哲学探求 (*Philosophical Investigations*), *§120*)

"我々が「意味」という語を用いる多くの場合—すべてではないかもしれないが—，それは以下のように定義できる．語の意味とは言語におけるその使用である." (*Wittgenstein 1968, §43*)

"さて，語 '*is*' は二つの異なる意味（コピュラとしての，そして等価の記号としての）で使用されていると私が述べながら，その意味はその使用であるとは言いたくないとしたら，それは奇妙ではないだろうか．その使用とは，つまり，コピュラとしてそして等価の記号として，ということなのだから." (*Wittgenstein 1968, §561*)

　　言語科学の目的は，会話やテキストやその他のメディアにおいて，我々の周りを取り巻くさまざまな言語的な観察を特徴付け，説明できるようにすることである．その一部は，人間がどうやって言語を獲得し産出し理解するかという認知的な側面に関連し，その一部が，言語的な発話と世界との関係の理解に関係する．そしてさらにその一部が，それを通じて言語が伝達されるような言語の構造の理解に関係する．この最後の問題に取り組むために，人々は言語表現を構成するために使われる**規則** (*rule*) が存在すると主張した．この基本的な方法論は長い歴史を持ち，その起源は少なくとも 2000 年前まで遡ることができるが，今世紀になって，言語学者たちが，ある言語における適格な発話と不適

規則 (RULE)

格な発話がどのようなものであるかを記述しようとする詳細な文法を探究するようになり，それはますます形式性を高め，かつ厳格なものとなってきた．

しかし，この構想には問題があることが明らかになってきている．実は，そのことは早い時期にエドワード・サピア (Edward Sapir) によって注目されており，彼はその問題を「すべての文法には漏れがある」(Sapir 1921: 38) という有名な格言にまとめている．適格な発話を，不適格とみなされるその他すべての単語列から明確に分離するような，正確かつ完全な特徴付けはそもそも不可能なのである．これは，人々が自分たちの伝達要求に合うようにいつも「規則」を広げたり歪めたりすることによる．とはいえ，確かに，そのような規則が完全に根拠を持たないというわけではない．ある言語の統語的規則，例えば基本的な英語において，名詞句が，任意要素である限定詞，いくつかの形容詞，それらに続く一つの名詞からなるという規則はその言語における大半のパターンを捉えている．しかし，我々はどういうわけかそれらを緩める．これは言語使用の創造性として説明される．

本書では，この問題に正面から取り組む方法論を探求していく．文を文法的なものと非文法的なものに分けることから始めるのではなく，「我々の言語使用において一般的に現れるパターンは何だろうか」と問う．これらのパターンを見つけ出すために用いる主な道具立ては，事物の数え上げ，あるいは統計学として知られるものである．このため，本書の科学的基盤は確率論の中に見いだされることになる．さらにこの問題を単なる科学的な質問として扱うだけでなく，言語の統計モデルがどのように構築され，それが多くの自然言語処理 (NLP) タスクでどれだけ成功裡に用いられているかを示そうと思う．実用上の有用性は理論の妥当性とはもちろん同じものではないが，言語の統計モデルが有用であることは，その基本となる方法論に何らかの正当性があると確かめることに繋がるだろう．

統計的自然言語処理の方法論を身につけるためには，相当な数の理論的道具立てを習得する必要がある．しかし，たくさんの理論を掘り下げる前に，この節では，しばらくの間，本書で扱っていく自然言語処理の方法論をより広い文脈の中に位置付けることを試みる．まずは，なぜ多くの人々が自然言語処理に統計的な方法論を採用しようとしているのか，その企てにどのように取り組むべきなのかについて，各人がある程度の見通しを持つべきであると考えるからである．そこで，この最初の節では，言語学と自然言語処理において統計的な方法論をとることを動機付ける哲学的な論題や中心となる考え方を検討していく．そしてその後，テキストに関連する統計量を眺めることで何を学べるかを探求することを始め，それを通じて汚れ仕事に手を染めていく．

1.1 言語に対する合理主義的方法論と経験主義的方法論

　一部の言語学者と多くの自然言語処理実用技術者は，テキストを扱っているだけで十分幸せで，言語の心的表象と書かれた形式におけるその現れとの関係について考えることなどはほとんどしない．このような方向性に共感する読者の方は実用に関する節まで読み飛ばしてしまおうと思われるかもしれない．しかし，実用を指向する人たちも，自分たちのモデルの中にどのような先験的知識を組み入れるかという問題に向かい合う必要がある．そのような先験的知識が人間の頭脳において尤もらしいと想定されるものと明らかに異なるとしてもである．この節では，この問題の背後にある哲学的論題について，簡単に議論することとする．

合理主義者
(RATIONALIST)

　およそ 1960 年から 1985 年にかけての間，言語学，哲学，人工知能，自然言語処理のほとんどは，**合理主義者** (*rationalist*) の方法論に完全に支配されていた．簡単に言うと，合理主義的方法論は，人間の心の中の知識の重要な部分は感覚刺激によって導かれるのではなく，事前に，おそらくは遺伝的な継承によって，決定されているという信念で特徴付けられる．言語学においては，合理主義者の立場は，生得的な言語能力を擁護するノーム・チョムスキー (Noam Chomsky) の議論が広く受け入れられることによって，その分野を支配することとなった．人工知能においては，合理主義者の信念は，知的システムを構築するために，人間の頭脳が最初にそうであった状態を模すために多くの初期知識と推論機構を手作業で作り上げるという試みを支持するという姿勢に見ることができる．

刺激の不足
(POVERTY OF
STIMULUS)

　チョムスキーは，彼が**刺激の不足** (*poverty of stimulus*) の問題（例えば，Chomsky 1986: 7）として受け止めたもののために，この生得的な構造を擁護している．彼は，子供たちが自然言語のように複雑なものを彼らが幼い頃に耳にするような限られた入力（しかも質もさまざまで，解釈も定まってない）だけから学ぶことができるとは考えにくいと主張している．合理主義者の方法論では，言語の主たる部分は生得的なものであり，人間の遺伝的継承の一部として脳の中に配線されているのだとみなすことで，この難しい問題をかわそうとしてきた．

経験論者
(EMPIRICIST)

　経験論者 (*empiricist*) の方法論も，脳の中に一定の認知的能力が存在すると仮定することから始める．したがって，二つの方法論の違いは絶対的なものではなく程度の問題である．まったく何もない石版，**ラブラ・ラサ**からはいかなる学習も行えないので，感覚入力を，別の仕方ではなくある特定の仕方で構造化し一般化することを指向させるような脳内の初期構造を仮定しないわけにはいかない．しかし，経験論的方法論の主張の力点は，さまざまな言語の構成要素やその他の認知領域（例えば，形態論的構造や格標識などの理論）に固有の詳細な原理や手続きを，人間の脳は最初から持っているわけではないと仮定す

ることにある．そうではなくて，赤ん坊の脳が最初から持っているのは連想や
パターン認識や一般化というような一般的な操作であり，自分に与えられる豊
かな感覚入力にこれらを適用することで，子供は自然言語の詳細な構造を学ん
でいくと考えるのである．経験主義は，1920 年から 1960 年の間，上で述べた
すべての分野（もちろん，当時存在したものに限られるが）で支配的であって，
現在，また盛り返しているように見える．自然言語処理において経験論的方法
論をとるならば，一般的な言語モデルを適切に仮定し，その後，多量の言語使用
に対して統計的，パターン認識的，機械学習的手法を適用することでパラメー
タの値を導出することで，複雑かつ広範囲にわたる言語の構造を学ぶことがで
きると示唆される．

コーパス (CORPUS)　　一般に統計的自然言語処理では，実世界の文脈の中で状況付けられた多量の
言語使用を実際に観察し，処理の対象とすることは難しい．そこで代わりに，
単にテキストを用い，テキストの文脈を，実世界の文脈において言語を状況付
けるものの代用とみなす．テキストの集まりは**コーパス** (*corpus*) と呼ばれる．
「コーパス (corpus)」は「集まり」を意味するラテン語で，そのようなテキス
トの集まりが複数あるときには**コーポラ** (*corpora*) と呼ぶ．このようなコーパ
スに基づく方法論を採用することで，「単語は何を連れとしているかで特徴付
けられる」（Firth 1957: 11）というモットーを作り出した英国の言語学者 J.
R. ファース (J. R. Firth) による経験論的考え方の初期の主張に注意を向ける
ことになる．ただし，経験論的なコーパスに基づく方法論は**アメリカ構造主義
者** (*American structuralist*)（ポスト–ブルームフィールド派），特にゼリグ・
ハリス (Zellig Harris) の中により明らかに見ることができるだろう．例えば，
Harris (1951) は言語の構造を自動的に発見するような手続きを見つけ出す試
みであった．この仕事は計算機での実装を意識したものではなく，計算論的に
単純すぎるかもしれないが，ここにも，優れた文法記述はテキストコーパスの
簡潔な表現を提供するものであるという考えを見いだすことができる．

**生成言語学者
(GENERATIVE
LINGUIST)**

**言語能力
(LINGUISTIC
COMPETENCE)**

**言語運用
(LINGUISTIC
PERFORMANCE)**

　　言語への二つの科学的な方法論における詳細な哲学的扱いを述べることは，こ
こでは適当でないが，合理主義者と経験論者の方法論の違いについて，あといく
つか注意しておくことにする．合理主義者と経験論者は異なった対象を記述しよ
うとしている．チョムスキー派の言語学者（あるいは**生成言語学者** (*generative
linguist*)）は人間の心的な言語部門（I 言語）を記述しようと務めている．これ
はテキストのような言語データ（E 言語）を間接的な証拠として，母語話者の
言語的直観に補われてそれと知られるものである．経験論的方法論は，実際に
生じた E 言語を記述することに興味がある．そのため，Chomsky (1965: 3–4)
は，母語話者の心の中にあると考えられる言語構造の知識を反映した**言語能力**
(*linguistic competence*) と，記憶の限界や，気を散らせるような環境からの雑音
など，すべてのことに影響される実世界での**言語運用** (*linguistic performance*)
との間に重要な区別をおいている．生成言語学者は言語能力を切り離してそ

1.2 科学的意義

れだけを記述できると考えるのに対し，経験論的方法論では，そのような考え
は一般には否定され，言語の実際の使用を記述することが求められている．

　この違いは，最近見られる計算機処理分野でのさまざまな経験論的手法への
関心の復活の底流をなすものである．人工知能の第2期（つまり，およそ1970
年から1989年までの間）の研究において，研究者は人間の心の科学に関わっ
ており，それに取り組む最良の方法は，知的に振る舞うことを目指した小さな
システムを構築することであると考えていた．この方法論は多くの大事な問題
を明らかにし，現在でも利用されているような手法を導いたのであるが，一方
でこれらの研究は，それが本当に小さな（しばしば「おもちゃ」と非難される）
問題しか扱っておらず，そこで用いられる手法の一般的な効率について客観的
な評価をほとんど行っていないということで批判されても仕方のないものだっ
た．近年では工学的実用的解法がより強調されるようになっている．主として，
実世界に存在する生のテキストそのものを扱うことができる手法と，それぞれ
の手法がいかにうまく働くかの比較可能で客観的な評価が求められている．こ
のような新しい重点は，その分野がしばしば「自然言語処理」でなく，「言語技
術」あるいは「言語工学」と呼ばれることにも反映されている．後で述べるよ
うに，そのような目的には統計的自然言語処理の方法論が好まれる．自動学習

帰納 (INDUCTION)　（**知識の帰納** (*induction*)）や曖昧性の解消に優れるためであるが，この方法論
が言語の科学においても重要な役割を持っていることも大きな理由である．

　最後の注意として，チョムスキー派の言語学者は，原則の間の競合という概

カテゴリカル　念は認めるものの，文が満たすか満たさないかのいずれかであるような**カテゴ**
(CATEGORICAL)　**リカル** (*categorical*) な原則に依存している．一般に，これはアメリカ構造主義
でも同様である．これに対して，統計的自然言語処理が従う方法論は，シャノ
ン (Shannon) の研究から引き出されたもので，その目的は，どの文が「ありふ
れて」いてどの文が「稀」であるかを述べられるように，言語学的事象に確率
を割り当てることである．この帰結として，チョムスキー派の言語学者が極め
て稀なタイプの文のカテゴリカルな判断に集中する傾向があるのに対し，統計
的自然言語処理の実務家は言語使用全体の中で生じる関連や選好についての適
切な記述に興味を持つ．実際，ありふれたタイプの文に集中することで実世界
での高い性能が得られることがしばしばなのである．

1.2　科学的意義

　本書で紹介される手法の応用は，まさに**応用的**な性質を持っている．実際，近
年，自然言語処理において統計的手法に熱い視線が注がれているのは，主に，従
来の自然言語処理の手法では解決できなかった実問題に実質的な解答を与えて
くれるだろうという見込みを皆が統計的手法に感じていることから引き出され
ている．とはいえ，もし統計的な手法が単なる実用的工学的方法論であり，科

学が未だ明らかにすることができない言語の困難な問題への近似的解法に過ぎないのであるとしたら，その重要性は比較的限られたものとなるだろう．まずはじめに，そうではないこと，言語研究の一つの方法論として，どのような言語形式が用いられるかの頻度，言い換えれば統計，に関心を持つことには，明らかで説得力のある科学的理由があることを強調しておきたい．

1.2.1　言語学が答えるべき質問

　言語研究は一体どんな質問に関わっているのだろうか．まず最初に，二つの基本的な質問に答えることを考えてみよう．

- 人はどんなことをどんな形で話しているのか？
- それらのことは，世界について何を述べ，訊ね，求めているのか？

我々の関心は，この二つの基本的な質問からすぐに広がっていってしまい，言語の知識は人間にどのように獲得されるのか，それらは実時間で文を理解したり生成したりする際にどう働くのかなどの問題を考えたくなる．しかし，今はこれら二つの基本的な質問に集中してみよう．第一の質問は言語の構造に関するあらゆる面を取り扱い，第二の質問は，意味論や語用論や談話など，発話がいかに世界に結びついているかに関係する．第一の質問はコーパス言語学の主要な取り組みである．ただし，語の利用のパターンは深い認識を代理するものとして振る舞っていると捉えることができ，そのことを通じて，コーパスに基づく手法を用いて第二の質問に取り組むことができる．とはいえ，コーパスにおいてパターンがより直接的に表しているのは言語の統語的構造であるし，統計的自然言語処理の主な研究は，人はどんなことをどんな形で話しているかという第一の質問を扱うものであるから，ここではそちらから始めることとする．

　伝統的な言語学（構造主義的言語学/生成言語学）はこの質問にどうやって答えようとしているのだろうか．そこでは，人々が普段どんなことを話しているかを記述しようという試みは抽象化されてしまい，その代わり，言語の根底にあるとされる（そして，生成的方法論では話者の頭の中にあると仮定される）**言語能力文法** (*competence grammar*) を記述することが試みられる．これらの理論が，人々がどんなことを話しているかという質問を扱うのは，単にその答えが，言語能力文法に認可された文の集まり，つまり文法的な文があり，その他の語の並びは非文法的であるということを示唆するからで，その程度のものに過ぎない．この**文法性** (*grammaticality*) の概念は，文が構造的に適格であるかによってのみ判断されるべきで，人々が話しそうなことであるかとか，それが意味的に異常であるかとかにはよらないとされている．文法的であるが，意味的には奇妙で人々が話すとは期待できない文の例として，チョムスキーは，*Colorless green ideas sleep furiously*（無色で緑色の考えが怒り狂って眠る）

1.2 科学的意義　　　　　　　　　　　　　　　　　　　　　　　　　　　　　9

をあげている．統語的文法性はカテゴリカルな二値の選択である[1]．

　さて，初めのうちは，文法的な文と非文法的な文の区別はそう悪いものと思われない．非母語話者が本当におかしなこと，非文法的なことを話したときにはすぐに気がつくし，そのような文を文法的なものに直すこともできる．対して，母語話者は，会話でのひどい言い間違いを除けば，普段，文法的な文を産出する．しかし，もっと深く考えなければならないとする理由が少なくとも二つある．第一に，文法的な文と非文法的な文との二分割を維持するのは単純な場合では尤もらしく思われるかもしれないが，さまざまな文を検討するにつれてだんだん無理がでてくる．第二に，そのこととは別に，さまざまな文や文のタイプがどのような頻度で用いられるかに関心を持つことには多くの理由があり，文を単に文法的なものと非文法的なものに分割することはこの点について情報を与えない．例えば，本当にしばしば，非母語話者は，統語的には決して非文法的ではないのであるが，何かちょっと奇異な文を話したり書いたりする．以下は学生の作文からの例である．

(1.1)　　　In addition to this, she insisted that women were regarded as a different existence from men unfairly.

このような文に対して，我々は，伝えたいことは理解できるが，もうちょっと違う表現とした方がよいと思うというような対応をする．このようなコメントは，表現の特定の様式における**慣習性** (*conventionality*) に関する言及である．しかし，慣習とは，簡単に言えば，原理的にはほかの方法も可能であるのに，人々は頻繁にある方法で何かを表現したり行ったりするという仕方にほかならない．

慣習性 (CONVEN-TIONALITY)

　文が，文法的なものと非文法的なものの二つの集合に綺麗に分かれないということは，少しでも言語学に関わった人にはよく知られている．理論言語学者が興味を持つ多くの複雑な文において，それらが文法的か否かを人間が判断することは難しい．例として，van Riemsdijk and Williams (1986) からの引用である以下の文（もちろん適当に選んだというわけではない）の文法性を判断することに挑戦していただきたい．ちなみにこの本は研究論文でさえなく，教科書である．解答は脚注[2]にあるが，自分で答える前にカンニングしないこと．

(1.2)　　　a. John I believe Sally said Bill believed Sue saw.

───────────

[1] チョムスキーの 1980 年代の理論，統率束縛理論 (Goverment-Binding Theory: GB) のある版では，ある種の制約に従わない文は単に奇妙ですが，別の制約に従わないものは本当にとんでもないということを示唆しており，これによりある程度の段階性を取り入れている．しかし，GB にせよそれ以外にせよ，形式的理論では，このような概念はほとんど支持されていない．言語学者は，星と疑問符の非公式の体系（非文法的から疑わしいまでを，* > ?* > ?? > ? で表現する）を用いて，最初は文を段階付けて評価するが，その段階性は，文法の原則を考案しようとする際には，文法的／非文法的の二値の区別に変換されてしまう．

[2] 解答は a. 文法的，b. 非文法的，c. 文法的，d. 文法的，e. 非文法的，f. 文法的，g. 文法的，h. 非文法的

b. What did Sally whisper that she had secretly read?

c. John wants very much for himself to win.

d. (Those are) the books you should read before it becomes difficult to talk about.

e. (Those are) the books you should read before talking about becomes difficult.

f. Who did Jo think said John saw him?

g. That a serious discussion could arise here of this topic was quite unexpected.

h. The boys read Mary's stories about each other.

どの文が文法的かの判断において，ほとんどの人が一つ以上の文で，van Riemsdijk and Williams と意見を異にすることがわかる．この結果は生成言語学がいったい何を記述しようとしているのかについての深刻な疑問を喚起する．そもそも記述しようとしているものがあるのかさえ疑問となる．

この困難さは，言語学の文献で，判断の困難さや事実の不明瞭さへ言及が多いことへと繋がっている．そこでは，あたかも，それぞれの文が文法的であるかのカテゴリカルな判断はともかく存在するのだけれども，人間にはその答えをうまく導くことが困難であるかのように扱われている．しかも，これらの明らかな困難さにもかかわらず，多くの理論言語学者は，そのような観察が（言語運用の効果であると切り捨てることで）自分たちの関心の領域の外にあるとするような枠組みの中で研究を続けている．これでは持ちこたえられないと思われる．一方で，ほとんどの単純な文は明らかに受け入れられるか否かのいずれかであることにも気づくべきで，望ましい理論はそのような観察も説明できるべきである．おそらく，正しい方法論は，心理学の文献で記述されているさまざまな**カテゴリカル知覚** (*categorical perception*) とそれが並行的であると気づくことであろう．例えば，/p/の音と/b/の音とを区別する，有声音の開始時点は連続的な変数である（そしてその典型的な値は言語によって異なる）が，人間には結果としてカテゴリカルに認知される．そしてこのことが，音韻的産出におけるすべての動きや変化が連続空間で生じているにもかかわらず，カテゴリカルな音素に基づく音韻の理論を広く可能としている理由である．同様に統語論においても特定の目的にはカテゴリカルな理論でたぶん十分であろう．しかし，複雑で入り組んだ文の文法性判断が困難であるということは，文法的非文法的の二値分類を言語使用のすべての領域まで拡張することの不適切性を示していると考えるべきである．

カテゴリカル知覚
(CATEGORICAL
PERCEPTION)

1.2.2 カテゴリカルでない言語現象

さらに，文法性判断を与えることについての前述の困難さをおいても，言語を隅々まで覗き込んでいってみると，言語がカテゴリカルであるという仮定が破綻している明らかな証拠や，利用の頻度に関する考察が言語の理解に本質的であるような状況を目にすることができる．このことは，**言語に対するカテゴリカルな見方** (*categorical view of language*) が多くの目的にとって十分であるとはいえ，それが制限を伴った近似であると捉えるべきであると示唆している（それはちょうどニュートン力学が多くの目的に有用でありながら制限を持つのと同じである）[3]．

言語において，カテゴリカルでない現象の事例が見られるのは，一つに，言語変化の歴史を眺めるときである（ほかにも，社会言語学的な変動や，言語獲得における競合的な仮説において見ることができる）．ある言語の語や文法は時間とともに変化する．特に語はその意味と品詞が変化していく．例えば，英語の *while* は，以前，もっぱら 'time' を意味する名詞としてだけ使われていた．現在では，この用法は主に *to take a while* のような定型句で生き延びている程度で，主に従属節を導く補文標識 (*While you are out, ...*) として用いられるようになっている．1742 年のある日まで *while* は単なる名詞であって，その翌日，補文標識に変化したとカテゴリカルな主張することは，たとえ，それが言語コミュニティ全体についてではなく，ある個人の話者についての主張であったとしても，馬鹿げている．そうではなく，変化は徐々に起こったと考えられる．一つの仮説は，ある語のさまざまな文脈での利用の頻度が徐々に変化し，その語が正式に属するカテゴリにおける語の使用の典型的な傾向から離れ，異なるカテゴリのより似た語の使用の傾向へと向かい，そしてその異なるカテゴリの語として再解釈されるようになったというものである．その変化の間，カテゴリカルに収まらない振る舞いの証拠が見られると期待できる．

品詞の混成： *near*

一見したところ，語 *near* は，文 (1.3a) でのように形容詞としても，文 (1.3b) でのように前置詞としても用いることができるようである．

(1.3)　　　a. We will review that decision in the near future.

　　　　　b. He lives near the station.

near が形容詞であるという証拠は，文 (1.3a) でのように限定詞と名詞の間に

言語に対する
カテゴリカルな見方
(CATEGORICAL
VIEW OF
LANGUAGE)

---

[3] 言語学や自然言語処理に馴染みのない読者はこの節を理解が困難だと感じ，読み飛ばしたいと考えるかもしれない．その場合は，3 章を読んだ後，ここに戻ってほしい．歴史的な例文はさまざまな古い時代の綴りを含んでいる．英語の綴りの標準化は比較的近代の出来事なのである．声に出して読んでみると，それがそれらの現代語を察するのに役立つことがしばしばある．

現れるというその標準的な形容詞の位置にも見られるし，*We nearly lost* のように接尾辞 *–ly* を加えることで副詞を形成するという事実にも見られる．同様に *near* が前置詞である証拠は，文 (1.3b) のように *live* のような動詞に対して場所を表す補語となる句の主辞となるという前置詞の標準的な役割を担うことや，そのような句が，一般に前置詞句だけを修飾するような *right* によって *He lives right near the station* のように修飾されることに見られる（*He swam right across the lake* と *??That's a right red car* を比較してみるとよい）．ただしここまででは，この事実は驚くようなことではない．英語の多くの語は複数の品詞を持っている．例えば，*They saw a play* と *They play lacrose* における *play* のように，多くの語が名詞でありかつ動詞である．しかし，ここで面白いのは，*near* が同時に形容詞的特徴と前置詞的特徴を示し，カテゴリカルであるべき品詞の混成として振る舞うように見える点である．これは次のような文で見られる．

(1.4)　　　a. He has never been nearer the center of the financial establishment.

　　　　　b. We live nearer the water than you thought.

比較級の形での実現 (*nearer*) は，形容詞（と副詞）の証拠である．ほかの品詞は比較級や最上級の形にはならない[4]．一方で，文法理論は形容詞や名詞は直接目的語をとらないと述べており，例えば，*unsure **of** his beliefs* や *convenient **for** people who work long hours* のように形容詞の後に前置詞を挿入する必要がある．その意味で，*nearer* は場所を示す句の主辞である前置詞として振る舞い，そして直接目的語をとっている．したがって，これらの文において，*nearer* は，形容詞と前置詞それぞれに独特で，他方の品詞では持ちえないような特徴を同時に表している．つまり，普通はカテゴリカルに区別される二つの品詞の混成とも言えるような状態を呈していることになる．

言語変化：*kind of* と *sort of*

kind of と *sort of* という語の並びの新しい用法は，特定の構文での使用頻度の違いが，見かけ上はカテゴリの変化といえるものを導きうるという，説得力のある例となっている．現代の英語では，*kind of* と *sort of* の表現は少なくとも二つの異なる用法を持つ．その一方では，*sort* や *kind* が名詞として機能し，その後に前置詞句を導く前置詞としての *of* が続いている．これは，*What sort of animal made these tracks?* のような文における用法である．しかし，これ

---

[4] 思慮深い読者は，いくつかの前置詞が，たぶん比較級と関連し，*–er* で終わるような関連形 (*upper, downer, inner, outer*) を持つことに気づかれたかもしれない．しかし，これらの前置詞は，標準的な形容詞の最上級から類推されるような形である最上級を持たないことに注意すべきで，この点でそれ（つまり，*nearest*）を持つ *near* とは異なる．加えて，これら *–er* の形式が前置詞的には用いられないことにも注意すべきである．つまり，*John lives inner Sydney than Fred.* と言うことはできない．

1.2 科学的意義 13

らの表現はもう一つ別の用法を持つ．それは *somewhat* や *slightly* に似た，程度を表す修飾語句としか考えらないようなものである．

(1.5) a. We are kind of hungry.

    b. He sort of understood what was going on.

ここでは，それが現れる文脈，つまり主語となる名詞句と動詞の間，から考えて，*kind/sort of* が一般的な名詞–前置詞の並びとしては振る舞っていないといえる．この文脈には，普通，名詞–前置詞の並びを挿入することはできないからである（例えば，**He variety of understood what was going on* とは言えない）．

 歴史的に見ると，*kind* や *sort* は明らかに名詞であった．何よりも，限定詞に後続し，前置詞句に後続されうることでそれがわかる．

(1.6) a. A nette sent in to the see, and of alle kind of fishis gedrynge. [1382]

    b. I knowe that sorte of men ryght well. [1560]

程度を表す修飾語句であることが間違いないような用法は 19 世紀になって初めて現れる．

(1.7) a. I kind of love you, Sal—I vow. [1804]

    b. It sort o' stirs one up to hear about old times. [1833]

この新しい構文は別の言語からの借用ではないようである．むしろ，一つの言語に閉じた内的な発展のように見受けられる．どうやってこのような革新が生じたのであろうか．

 kind/sort of を形容詞に先行させるとき以下の二つの曖昧な読みがあることに気づくと，尤もらしい仮説を立てることができる．

(1.8) a. [NP a [kind] [PP of [NPdense rock]]]

    b. [NP a [AP [MOD kind of] dense] rock]

そして，16 世紀から 19 世紀の間に，この [Det {*sort/kind*} of AdjP N] という枠組みでの *kind/sort of* の使用が著しく増加しているのである．

(1.9) a. Their finest and best, is a kind of course red cloth. [c. 1600]

    b. But in such questions as the present, a hundred contradictory views may preserve a kind of imperfect analogy. [1743]

（ここでの *course* は *coarse* の綴りの異形であることに注意してほしい．）こ

の環境において，*sort/kind of* は，前置詞が後続した名詞の主辞が占めうる位置を満たしているが，同時にそれは，（異なる統語構造を持つ）程度を表す修飾語句が占めうる位置を満たしている．この用法がより一般的になるにつれ，*kind/sort of* は典型的な程度を表す修飾語句が占めうる位置での使用がより一般的になっていった．言い換えれば，統語的に，程度を表す修飾語句としてより捉えられやすくなっていった．さらに，これらそれぞれの名詞の意味は程度を表す修飾語句と容易に考えうるようなものでもあった．このような使用頻度の変化が統語的な分類（統語カテゴリ）の変化を引き起こし．やがて，動詞句を修飾するなど，ほかの文脈での *kind/sort of* の使用へと拡大していったものと思われる．

ここまでの議論は次のように一般化できる．言語変化は，（外的，内的要因によって）急激に生じることもないではないが，一般には穏やかに進む．この進みつつある緩やかな変化の詳細は，使用の頻度を調査し，さまざまな関係の多様な影響力に敏感となることでのみ，理解することができる．そして，このようなモデル化に必要なのは，カテゴリカルな観察ではなく，統計的な観察なのである．

統計的自然言語処理を複雑な言語現象を説明するために利用しようという試みはまだ数えるほどしかないが，理論言語学の視点から見てこの本が扱っている内容が刺激的であるのは，言語を見つめるこの新しい方法が，カテゴリカルでない現象や言語変化などを，既存のどのようなものよりもうまく説明できる可能性を持つからである．

1.2.3　確率的現象としての言語と認知

言語の科学的理解の一部に確率を持ち込むことのより根本的な擁護論は，人間の認知が確率的であり，したがって，言語も，認知の不可欠な部分であるから，同様に確率的であるに違いないというものである．これまで示してきたような，言語においてカテゴリカルに収まらない例に対するよくある反応は，それらは周辺的で稀であるというものである．ほとんどの文は明らかに文法的であるか，明らかに文法的でないかのいずれかであるし，ほとんどの場合で，語は混成なしで，ただ一つの品詞として用いられる．しかし，言語と認知が全体として，確率的に説明されるのが最も適切であるとしたら，確率論は言語の説明理論の中心を占めることになる．

認知に対して確率的な方法論をとることは，我々が不確定性と不完全な情報で満ちた世界に生きているということで，擁護される．この世界とうまく交わっていけるためにはそのような類の情報を扱える必要がある．ある川を歩いて渡ることができるかどうかを判断したいという状況を考えてみよう．水の流れがゆっくりであるのを見て，それにさらわれることはおそらくないだろうと考える．このあたりにはピラニアやワニはいないことはほぼ間違いない．川を渡る

1.2 科学的意義 15

ことがどの程度安全かを評価するためにすべての情報が統合されていく．ここ
で，誰かが「あちらにある高い木に向かって歩いていけば水は膝までの深さし
かないよ」と告げたとする．このとき，この言語情報は組み入れられるべきも
う一つの情報源である．単語列を処理し，文全体の意味がどんなものかを考え，
意思決定の中で重み付けることは，流れを見たり，水の速度がどの程度かを考
えたり，感覚情報を考慮に入れたりすることと原理的に変わりはない．要する
に，言語のために用いられている認知的処理は，それ以外の形式の感覚入力や
その他の形式の知識の処理のために使われているものと同じか，少なくとも非
常に似ているのではないかということである．これらの認知的処理は，確率的
な処理として，あるいは少なくとも，不確定性や不完全な情報を扱いうる定量
的な枠組みを採用することで，最もうまく形式化することができる．

　言語学において定量的な手法が重要な役割を持つことに共感するか否かで，
言語における事実が何かは大きく違って見えることになる．有名な例はチョム
スキーの見解で，確率論は**文法性** (*grammaticality*) の概念を形式化するのに
不適切であると述べている．彼は，コーパス中の発話から文の確率を計算する
と，そこに含まれていない文すべてに，文法的なものであれ非文法的なもので
あれ，同じ低い確率が割り当てられてしまい，それでは言語の生産性を説明で
きないと主張している (Chomsky 1957: 16)．このような議論は概念の確率的
表現一般に否定的なバイアスを持っている人だけに意味をなす．**背が高い**とい
う概念の認知的表現を考えてみよう．身長 7 フィートの人に会ったとき，それ
までそのような身長の人を見たことがなかったとしても，容易に**背の高い人**だ
と認識し，その人を分類不可能であると考えることはない．同様に，別の初め
て見る身長，例えば，4 フィートの人を間違いなく**背の高い人**ではないと認識
することも簡単だろう．本書では，このような類の一般性を容易に学習し表現
でき，初めて出会う例についても正しい判断を下せるような確率モデルを眺め
ていく．実際，ほとんどの統計的自然言語処理で初見の出来事についても良い
確率的推定を導くことができる．確率的枠組みにおいては，学習データに含ま
れていないすべての事例が同じ扱いを受けるというような前提はまったく成り
立たない．

　言語の（そして認知一般の）確率的モデルへの懐疑は，よく知られた初期の
確率的モデル（1940 年代から 1950 年代に発展したものである）が極端に単純
化されたものであったことが原因だと考えている．確かに，これらの単純化さ
れすぎたモデルが人間の言語の複雑さを正しく扱えないのは明らかで，確率的
モデル一般が不適切に見えてしまうのも無理からぬことであった．本書を通じ
て鼓舞したいと思う見解の一つは，複雑な確率的モデルは，複雑な非確率的モ
デルと同様に説明力を持つし，それに加えて，認知一般，特に言語に満ち満ち
ている不確定性や不完全性の類を含んだ現象をも説明できるという利点を持つ
ということである．

文法性 (GRAMMAT-
ICALITY)

これらの論点は，統計的自然言語における意味論の取り扱いと関係する．先にも述べたように既存の統計的自然言語処理のほとんどは低いレベルの文法的処理に集中している．そして，統計的方法論で意味を扱うことが今後可能となるだろうかという疑問がしばしば発せられている．しかし，この質問に答えるのが難しいのは，主に「意味」が何かという定義が明らかでないからである．実用的な場面であれば，「意味」はある言語による記号表現と捉えることで十分なことが多い．英語表現を SQL のようなデータベース検索言語に翻訳するというような場合である．このような翻訳であれば統計的自然言語処理を用いて行えることは間違いない（翻訳処理については，13 章で議論する）．しかし，統計的自然言語処理の観点からすれば，意味は，語や発話が用いられる文脈の分布の中に存在すると考える方がより自然である．哲学的には，この考えは，後期のウィトゲンシュタイン (Wittgenstein) の著作（つまり，Wittgenstein (1968)）でとられている立場と近いものになる．本章先頭の引用にもあるように，そこでは，ある語の意味はその使用の環境によって定義される（**意味の使用理論** (*use theory of meaning*)）と考えられている．このような構想に基づいて，多くの統計的自然言語処理研究は意味に関する問題に取り組んでいるのである．

意味の使用理論 (USE THEORY OF MEANING)

1.3 言語の曖昧性：なぜ自然言語処理は困難なのか

自然言語処理システムは，普通，少なくとも「誰が何を誰にしたか」に答えられる程度まで，テキストの構造を明らかにしなければならない．古典的な構文解析システムは，与えられた語がある品詞に属するという選択を前提に，文法的らしく見えるようなありうる構造を列挙するという観点からこの問題に答えようとする．例えば，適当な文法の下で，標準的な自然言語システムは，文 (1.10) が三つの統語的分析，しばしば**構文木** (*parse*) と呼ばれる，を持つと出力する．

構文木 (PARSE)

(1.10)　　Our company is training workers.

三つの異なる構文木は木 (1.11) のように表現できる．

(1.11)

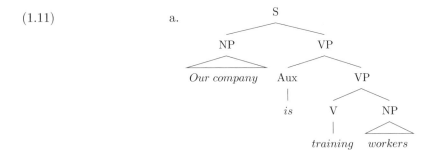

1.3 言語の曖昧性：なぜ自然言語処理は困難なのか

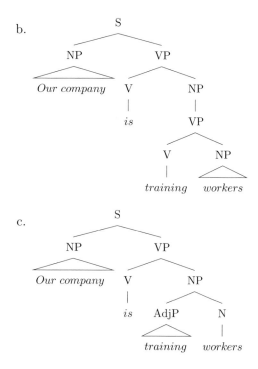

(a) は人間が認めるもので，*is training* が動詞群を構成している．その他の二つは *is* が主動詞で，(b) では，残りが動名詞句（*Our problem is training workers* と同じ構造）で，(c) では，*training* が *workers* を修飾している（*Those are training wheels* と同じ構造）．後者二つは意味的に奇妙であるが，現状の多くのシステムは意味解析は（たとえ行われたとしても）統語解析の後に行われるので，この時点では排除されない．このため，文が長くなり，文法が網羅的になるに従って，このような曖昧性が恐ろしいほど多数の構文木を生み出すことになる．例えば，Martin et al. (1987) は，彼らのシステムが文 (1.12) に対して 455 の構文木を得たと報告している [5]．

(1.12)　　List the sales of the products produced in 1973 with the products produced in 1972.

したがって，実用的な自然言語処理システムは，語の意味，語の品詞，統語構造，そして意味のスコープにおける曖昧性解消の判断を行うことに長けている必要がある．しかし，結果として生じる曖昧性を最少にしつつ扱える文の範囲を最大にしようという目標は，記号論的な自然言語処理ではそもそも矛盾している．文法が扱おうとする範囲を稀で一般的でない構文にまで広げると，その分そのまま，ありふれた文に対する望ましくない構文木の数が増加することになってしまう．そのような構文木の数を絞ろうと思えば，多様な文は扱えない．深い理解を含んだモデルを探し出そうという，構文解析と曖昧性解消への人工

---

[5] 同様の例は，Church and Patil (1982) にも見られる．

知能的な方法論が試みられたが，その経験からわかったのは，人手による統語的
制約や選好規則は構築に時間を要し，規模を拡大することが容易ではなく，言
語において広く用いられる比喩 (Lakoff 1987) の扱いに弱いということである．
一例をあげれば，古典的方法論では，**選択制限** (*selectional restriction*) を用
いて，例えば，*swallow* のような動詞は生物をその主語に，物理的事物をその
目的語に要求するとする．しかし，このような制限は，以下に示すような，日
常的で誰にも明らかであるような比喩表現での *swallow* の使用を許さなくして
しまう．

選択制限
(SELECTIONAL
RESTRICTION)

(1.13)   a. I swallowed his story, hook, line, and sinker.

              b. The supernova swallowed the planet.

人手による規則の作成と人手による調整に頼った曖昧性解消の方略は，知識獲
得の隘路を生み出し，しかも，日常的に目にするようなテキストで評価してみ
るとお粗末な結果しか得られない．

    統計的自然言語処理の方法論では，コーパスから語彙的構造の選好を自動的
に学習することによって，これらの問題を解決しようとしている．そこでは，
品詞ラベルのような統語カテゴリだけを用いて構文解析を行うのではない．例
えば，どの語がお互いにグループを作りやすいかなど，さまざまな情報が語と
語の間の関係の中に存在することを認識し，この共起に関する知識をより深い
意味的関係を覗き込む窓として利用する．特に，統計的モデルの利用は曖昧性
の問題に良い解を与える．統計的モデルは頑強で，容易に一般化でき，誤りや
新しいデータが存在しても瓦解することなく質よく振る舞うからである．した
がって，統計的自然言語処理の手法は，日常的に目にするようなテキストを扱う
大規模システムにおける優れた曖昧性解消を提供するものとなる．さらに，統
計的自然言語処理モデルのパラメータは，たいてい，テキストコーパスから自
動的に推定することができ，この自動学習の可能性は，自然言語処理システム
を構築する人的努力を減らすだけでなく，人間の言語獲得に関して，興味深い
科学的論点を喚起することになる．

1.4 汚れ仕事

1.4.1 言語資源

言語資源 (LEXICAL
RESOURCE)

    動機については十分述べた．実際にはどう進めていくのか．まず最初に，**言
語資源** (*lexical resource*) を入手する必要がある．計算機可読なテキスト，辞
書，シソーラス，そして，それらを処理するツールである．本書全体を通じて
参照することになるので，ここで，それらのうちで重要ないくつかについて簡
単に説明しておく．それらを実際に入手するためのより詳しい情報については，
それぞれの Web サイトを参照してほしい．

ブラウンコーパス
(BROWN CORPUS)

均衡コーパス
(BALANCED
CORPUS)

ランカスター–オス
ロ–ベルゲン・コー
パス (LANCASTER-
OSLO-BERGEN
CORPUS)

スザンヌコーパス
(SUSANNE
CORPUS)

ペンツリーバンク
(PENN
TREEBANK)

カナダ議会議事録
(CANADIAN
HANSARDS)

二言語コーパス
(BILINGUAL
CORPUS)

並行テキスト
(PARALLEL TEXT)

WordNet

同義語集合
(SYNSET)

ブラウンコーパス (*Brown corpus*) は，おそらく最もよく知られたコーパ
スである．100 万語を含む注釈付きコーパスで，ブラウン大学によって 1960
年代から 1970 年代にかけて編纂された．ブラウンコーパスは，**均衡コーパス**
(*balanced corpus*) で，つまり，その時点でのアメリカ英語の代表的な標本とな
るように設計されている．扱われているジャンルは，プレス記事，小説，科学
文書，法律文書などである．残念ながら，ブラウンコーパスの入手は有償であ
る．ただし，研究目的であれば比較的安価である．自然言語研究を行っている
多くの研究機関は所有していることが多いので，周りに訊ねてみることをお薦
めする．ランカスター–オスロ–ベルゲン・コーパス (*Lancaster-Oslo-Bergen
corpus*)（LOB コーパス (*LOB corpus*)）は，ブラウンコーパスをイギリス英
語で複製したものである．

スザンヌコーパス (*Susanne corpus*) は，ブラウンコーパスから 13 万語分
を抜き出したもので，無償で入手できるという利点がある．加えて，文の統語
構造の情報が注釈付けられている．対して，ブラウンコーパスは語の単位で曖
昧性解消がされているだけである．統語情報が注釈付けられた（もしくは構文
解析された）文からなるより大きなコーパスとして，ペンツリーバンク (*Penn
Treebank*) がある．そのテキストは**ウォール・ストリート・ジャーナル** (*Wall
Street Journal*) からとられている．こちらの方がより広く利用されているが，
無償ではない．

カナダ議会議事録 (*Canadian Hansards*) は，カナダ議会の議事録であり，**二
言語コーパス** (*bilingual corpus*) の最もよく知られた例である．二言語コーパ
スとは，お互いに翻訳関係にある二つの言語の**並行テキスト** (*parallel text*) を
含んだものである．このような並行テキストは統計的機械翻訳やその他の多言
語自然言語処理に重要である．カナダ議会議事録も有償の資源である．

テキストに加えて，辞書も必要である．*WordNet* は英語の電子化辞書であ
る．その中で，語は階層的に組織化されている．それぞれのノードは同一（もし
くは同一に近い）意味を持つ語からなる**同義語集合** (*Synset*) からなっている．
そのほか，部分全体関係のような語の間の関係も定義されている．WordNet は
無償でインターネットからダウンロードできる．

▽ コーパスに関するより詳しい記述は 4 章にある．

1.4.2 単語数

テキストを入手した後，低いレベルのデータ構造や分類や処理について，さ
まざまな興味深い課題に直面することになる．実際，問題となることは非常に
多く，4 章全体がそれらに費やされてしまったほどである．しかし，しばらく
の間は，用いるテキストが語の列として表現されているとして話を進める．こ
の節での検討の対象としては，マーク・トウェイン (Mark Twain) 作の**トム・
ソーヤ** (*Tom Sawyer*) を用いることとする．

20   第 1 章　導　入

表 **1.1**　トム・ソーヤにおいて多く現れている語.

語	頻度	用法
the	3332	限定詞（冠詞）
and	2972	接続詞
a	1775	限定詞
to	1725	前置詞，動詞不定詞標識
of	1440	前置詞
was	1161	助動詞
it	1027	（人称／虚辞）代名詞
in	906	前置詞
that	877	補文標識，指示詞
he	877	（人称）代名詞
I	783	（人称）代名詞
his	772	（所有）代名詞
you	686	（人称）代名詞
Tom	679	固有名詞
with	642	前置詞

　最初に訊ねてみたくなるありきたりの質問がいくつかある．このテキストで最も多く現れている語は何だろうか．それへの回答は**表 1.1** に示してある．文法的に重要な役割を持つような短い単語がリストのほとんどを占めていることに気づくだろう．これら，限定詞，前置詞，補文標識などは，一般に**機能語** (*function word*) と呼ばれる．このリスト中で本当に例外的な語は *Tom* の一つだけで，その頻度は明らかに選択したテキストを反映している．これは重要な点である．一般に，得られる結果は用いたコーパスや標本に依存する．このような変則性を避けようと巨大で多様な標本が用いられるが，一般に，すべての英語の本当に「代表的な」標本を利用しようという目標はある意味キマイラ的であり，コーパスはそれを構築する際に用いた素材を反映することになる．例えば，言語学の研究論文からの素材が含まれていたら，*ergativity*, *causativize*, *lexicalist* という単語はたぶん現れるだろうが，そうでなければ，いくら大きなものであっても，それらの語が一つでもコーパスに含まれることはほとんど考えられない．

　このテキストにはいくつの語が含まれているだろうか．この質問は 2 通りに解釈できる．単にこのテキストの長さについての質問であれば，そこにいくつの**語トークン** (*word token*) が含まれているかと訊ねることで区別される．答えは 71,370 語である．これは，どのような基準に照らしても極めてい小さなコーパスであり，いくつかの基本的な点を示すための大きさしかない．トム・ソーヤはほどほどに長い小説ではあるが，オンラインテキストでは 0.5 メガバイトをやや下回るほどの大きさしかない．広い範囲を扱おうとする統計的文法のためには，もう何桁か大きいテキストの集まりが求められることもしばしばである．異なる語はいくつあるのか．もしくは，このテキストにはいくつの**語タイプ** (*word type*) が含まれているか．答えは 8,018 語である．これはこの長さのテキストとしてはかなり小さい数字であり，おそらく**トム・ソーヤ**が子供

機能語
(FUNCTION WORD)

語トークン
(WORD TOKEN)

語タイプ
(WORD TYPE)

表 1.2 トム・ソーヤにおける語タイプの出現頻度の頻度.

語の頻度	頻度の頻度
1	3993
2	1292
3	664
4	410
5	243
6	199
7	172
8	131
9	82
10	91
11–50	540
51–100	99
> 100	102

トークン (TOKEN)

タイプ (TYPE)

向けに口語体の文章で書かれていることを反映している（例えば，同じ大きさのニュース記事の標本は，11,000 語を少し超える数の語タイプを含んでいた）. 一般に，このように何かのそれぞれの出現である**トークン** (*token*) と表現されているそれぞれのものである**タイプ** (*type*) とを区別することができる. タイプに対するトークンの比率を計算することもできる. これは，それぞれのタイプが用いられた頻度の単純な平均である. **トム・ソーヤ**ではこの比率は 8.9 である[6].

この統計量は，このコーパスにおいて，それぞれの語が「平均して」9 回ずつ現れていることを示している. しかし，統計的自然言語処理での最も大きな問題の一つは語のタイプの分布が非常に偏っていることである. **表 1.2** は，どのくらいの数の語がどのくらいの頻度で現れているかを示している. いくつかの語は大変多く，700 を超える頻度で現れ，それぞれがこの小説全体の語の 1%以上を占めていることになる（表 1.1 にそれらを含め頻度の高い 12 語が示されている）. 全体としては，最もよく現れる 100 語がこのテキストの語トークンの半分よりやや多く (50.9%) を占めている. 対照的にほとんど半分の語タイプ

弧語 (HAPAX

LEGOMENA)

(49.8%) はコーパスにおいてただ 1 回しか現れていない. そのような語は「一度だけ読む」というギリシャ語を用いて，**弧語** (*hapax legomena*) と呼ばれる. このような語だけでなく，大部分の語タイプが極めて稀にしか現れないことに注意すべきである. 90%以上の語タイプは 10 回かそれ未満しか現れていない. それにもかかわらず，この稀な語がテキストのかなりの部分を構成している. テキストの 12%は 3 回以下しか現れない語である.

これらの簡単な統計量は，それ自体で暗号法での応用で利用することができ

---

[6] この比率を単独で「テキストの複雑さ」のようなものの指標として用いることは適切ではない. その値がテキストの長さに応じて変化するためである. 適切な比較のためには，例えば，1,000 語の窓で算出するなど，テキストの長さに対して正規化を行う必要がある.

たり，文章のスタイルや誰が著者であるかを示すものであったりする．しかし，テキストにおける語の分布に関するこのような単純な統計量は，言語学的にはほとんどまったく重要性を持たない．本節の後半で，言語学的にもう少し興味深い研究方法を検討し始めていく．とはいえ，これらの初歩的な統計量だけでもすでに統計的自然言語処理が困難である理由が語られている．コーパス中でまったく，もしくはほとんど観察されない語の振る舞いは詳細に予測することが困難なのである．より大きなコーパスを利用すればこのような問題は解消すると最初は思われるかもしれない．ところがこの期待は裏切られる．むしろ，より大きなコーパスではトム・ソーヤでは見かけることがなかった多くの語が，1回か2回だけ現れることになる．このような稀な語のロング・テイルの存在は，初期のコーパス言語学の最も有名な成果であるジップの法則 (Zipf's law) の基礎となっている．次節ではこれについて述べる．

1.4.3 ジップの法則など

彼の著作人間の振る舞いと最小労力の原理 (*Human Behavior and the Principle of Least Effort*) において，ジップ (Zipf) は，人間のすべての状況において本質的な基礎を提供する統一的な原理として，最小労力の原理を見いだしたと述べている（この本では人間の性についての怪しげな主張さえもなされている）．最小労力の原理は，人々はその予測される仕事の割合の平均を（つまり，今すぐしなければならない仕事だけでなく，その場でお粗末に振る舞った結果生じるかもしれない将来の仕事もしかるべく考慮に入れて）最小化するように行動すると主張する．この理論の証拠となるのが，ジップが明らかにしたいくつかの経験則で，これらの経験則に関する彼の議論は，彼自身が研究を始めた分野であるところの，言語における統計的分布を明らかにした法則から始められている．ここでは，彼の一般的な理論についての論評は避け，彼が示した言語に関するいくつかの経験則についてだけ言及することとする．

有名な法則：ジップの法則

ある言語において，それぞれの語（タイプ）が大きなコーパスでどの程度頻繁に現れるかを数え，出現頻度の順にリストを作成したとする．それを通じて，順位 (RANK) ある語の出現頻度 f と，その語のリストにおける位置，つまり**順位** (*rank*) と呼ばれるもの r との関係を明らかにすることができる．ジップの法則では，その関係が以下のように表されると述べている．

$$(1.14) \qquad f \propto \frac{1}{r}$$

あるいは，

$$(1.15) \qquad f \cdot r = k \quad \text{であるような定数 } k \text{ が存在する．}$$

1.4 汚れ仕事 23

表 1.3 トム・ソーヤを用いたジップの法則の実証的評価.

語	頻度 (f)	順位 (r)	$f \cdot r$	語	頻度 (f)	順位 (r)	$f \cdot r$
the	3332	1	3332	turned	51	200	10200
and	2972	2	5944	you'll	30	300	9000
a	1775	3	5235	name	21	400	8400
he	877	10	8770	comes	16	500	8000
but	410	20	8400	group	13	600	7800
be	294	30	8820	lead	11	700	7700
there	222	40	8880	friends	10	800	8000
one	172	50	8600	begin	9	900	8100
about	158	60	9480	family	8	1000	8000
more	138	70	9660	brushed	4	2000	8000
never	124	80	9920	sins	2	3000	6000
Oh	116	90	10440	Could	2	4000	8000
two	104	100	10400	Applausive	1	8000	8000

これは，例えば，50 番目に多く現れる語の頻度が，150 番目に多く現れる語の頻度の 3 倍であると述べていることになる．頻度と順位の間のこの関係は，Estoup (1916) によって最初に発見されたようであるが，ジップによって広く発表され，彼の名前を持ち続けている．この結果は，実際には法則ではなく，ある経験的事実の粗い近似による特徴付けとみなされるべきものである．

表 1.3 は，トム・ソーヤを用いて，ジップの法則を実証的に評価してみたものである．そこでは，ジップの法則は近似的に成り立っているが，頻度の最も高い 3 語については相当はずれているし，さらに，100 位前後の順位の語については，積 $f \cdot r$ がやや膨らむ傾向にあることに気づく．これらのわずかな膨らみについては，ジップ自身による多くの研究でも言及されている．とはいえ，ジップの法則は，人間の言語の語の頻度分布の粗い記述として有用である．数少ない高頻度の語があり，中くらいの数の中頻度の語があり，多くの低頻度の語が存在する．ジップはここに深遠な重要性を見いだした．彼の理論によれば，話し手と聞き手の両方が自分たちの労力を最小化しようとしている．話し手の労力は一般的な語からなる小さな語彙を用いることで節約され，聞き手の労力はそれぞれは稀な語の大きな語彙の利用によって（メッセージの曖昧性が減少するため）小さくなる．相対立する二つの要求の最も経済的な妥協点が頻度と順位との反比例関係で，これがジップの法則を裏付けているようなデータから読みとれると主張される．しかし，本書にとって，ジップの法則の主な結論は，ほとんどの語において，それらの使用に関するデータは極めてスパース（疎）であるという実際的な問題である．多くの出現例が得られるのはほんの数語に過ぎない．

ジップの法則を導出することの適切性や可能性は，マンデルブロ (Mandelbrot) によって幅広く研究されている (Mandelbrot 1954)．ここで示した例に比べて，より大きなコーパスではジップの予測によりよく適合することもしばし

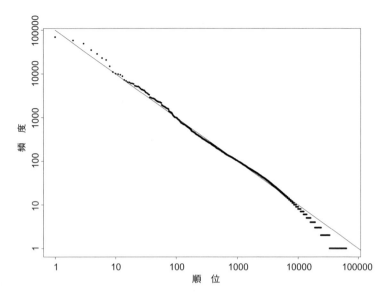

図 1.1 ジップの法則．X 軸に順位，Y 軸に頻度をともに対数目盛で描いている．それぞれの点はあるコーパス（ブラウンコーパス）のそれぞれの語についての順位と頻度に対応する．直線は $k = 100{,}000$ としてジップによって予測される順位と頻度の関係，つまり，$f \times r = 100{,}000$ の直線である．

ばであるが，Mandelbrot (1954: 12) は，"bien que la formule de Zipf donne l'allure générale des courbes, elle en représente très mal les détails [ジップの式は曲線の一般的な形状を与えてはくれるが，その細部を検討してみるとひどく悪い．]" と記している．図 **1.1** はあるコーパス（ブラウンコーパス）の語について，順位–頻度を両対数目盛で描いたものである．ジップの法則は，このグラフが傾き -1 の直線になることを予測する．ところが，特に低い順位と高い順位において，この直線はうまくあてはまらないとマンデルブロは述べている．この例では，この直線は数の若い順位で小さすぎる値となるし，10,000 位を超える順位では大きすぎる．

実際に得られる語の分布によりよく適合させるために，マンデルブロは，以下に示すより一般的な順位と頻度の関係を導いている．

(1.16) $$f = P(r + \rho)^{-B} \quad \text{または} \quad \log f = \log P - B \log (r + \rho)$$

ここで，P，B，ρ はパラメータで，この三つで，テキストにおける語の使用の豊かさを示している．式 (1.14) に示した原型と同じく，順位と頻度との分布は双曲線のままである．この式を両対数目盛で描くと，r（順位）が大きい値のときは，ジップの式と同じように，傾き $-B$ で減少する直線によく近似される．一方，その他のパラメータを適切に与えると，トム・ソーヤの場合に見たような，最も頻度の大きい語では予測される頻度が小さくなり，その後，膨らみがでるような曲線をモデル化することができる．図 **1.2** のグラフは，先ほどのコーパスで，確かに，マンデルブロの式がジップの法則よりもよく適合して

1.4 汚れ仕事

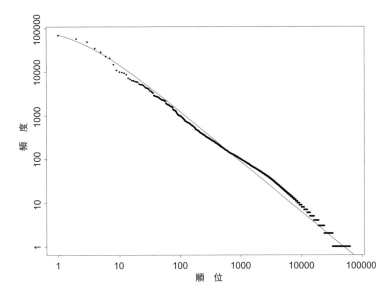

図 1.2 マンデルブロの式．X 軸に順位，Y 軸に頻度をともに対数目盛で描いている．それぞれの点はあるコーパス（ブラウンコーパス）のそれぞれの語についての順位と頻度に対応する．曲線は $P = 10^{5.4}$, $B = 1.15$, $\rho = 100$ としたときにマンデルブロの式によって予測される順位と頻度の関係である．

いることを示している．左上のわずかな膨らみと $B = 1.15$ というより大きい傾きが，低い順位と高い順位の両端で，図 1.1 に示されたジップの予測よりも良いモデル化を行っている．

$B = 1$, $\rho = 0$ とすると，マンデルブロの式はジップによって与えられたものに簡単化される（練習問題 1.3 を参照のこと）．ここで観察したのと同様のデータに基づいて，マンデルブロは，ジップのより単純な式は一般には成り立たない，"lorsque Zipf essayait de représenter tout par cette loi, il essayait d'habiller tout le monde avec des vêtements d'une seule taille [ジップがすべてをこの（つまり，彼の）法則で表現しようとするのなら，それは，同じ裁ち方をした服をすべての人に着せようとするようなものだ．]" と論じている．しかし一方で，ガウス（正規）分布，つまり「釣鐘曲線（ベルカーブ）」では適切にモデル化できず，双曲線分布でモデル化されるような事象が，この世界には数多くあると強調したという点に，マンデルブロは，ジップの研究の重要性を見いだしている．これは，パレート (Pareto) によって経済学の分野でそれ以前に発見されていた事実でもある．

その他の法則

統計的自然言語処理の文献においてジップの法則といえば，常に上述の法則を指すが，実は，ジップは，それ以外にも言語に関する数多くの経験則を提案している．それらも最小労力の原理を示すために用いられたものである．少な

くとも二つの法則が，統計的自然言語処理の観点から興味深い．一つは，ある
語が持つ意味（語義）の数がその語の頻度と関係することを示唆する．ここで
もジップは，会話において話し手の労力の節約の観点からはすべての意味を持
つ一つの語が好まれ，聞き手の労力の節約には，それぞれに意味が異なる別々
の語で表現されることが好まれるとし，この二つの力が同じ程度に強いと仮定
すると，ある語の持つ意味の数 m は以下の法則に従うと主張する．

$$(1.17) \qquad\qquad m \propto \sqrt{f}$$

もしくは，先ほどの法則を前提として，

$$(1.18) \qquad\qquad m \propto \frac{1}{\sqrt{r}}$$

ジップはこの結論に実証的な根拠を見いだしている（彼の研究では，10,000 位
付近の頻度の語は平均して 2.1 個の意味を持ち，5,000 位付近の語は平均して
約 3 個，2,000 位付近の語は平均して約 4.6 個の意味を持っている）．

　もう一つの経験則は内容語が固まって出現するという傾向に関するものであ
る．ある語について，あるテキストにおけるその語のそれぞれの出現の間隔が
何行，あるいは何ページであるかを調べることができる．そして，その間隔の
大きさ I の頻度 F を計算する．26,000 語のコーパスにおける出現頻度が 24 以
下の語において，ジップは，ある間隔の大きさ I の頻度 F が間隔の大きさ I と
逆関係にあることを見つけ出した（$F \propto I^{-p}$，ジップの研究によれば p はおよ
そ 1 から 1.3 の間をとる）．言い換えると，たいていの場合，内容語はその語の
別の出現の近くに出現する．

▽ 語の意味の話題は 7 章で議論される．内容語の凝集については 15.3 節で議
　論される．

　ジップによるその他の法則として，語の頻度と語の長さが逆関係にあること
や，語や形態素の出現頻度が大きくなるにつれてそれが用いられる異なる並べ
替えの数（複合語や形態論的に複雑な形式にほぼ対応する）が多くなることが
言われている．さらに，音素の頻度と歴史的変化を扱った法則もある．

べき法則の重要性

　ジップの法則についての最後の所見として，自然現象の記述として，ジップ
の法則，より一般的にいえば「べき法則」がどの程度驚くべきもので興味深いか
については議論があることに触れておく．無作為に生成されたテキストがジッ
プの法則に従うことが示されている (Li 1992)．これを示すためには，まず，ア
ルファベット 26 文字と空白から無作為に文字を出力する生成器を構築する（つ
まり，これら 27 の記号それぞれが次に生成される確率はすべて等しい）．多少
の簡単化をすると，生成される単語の長さが n となる確率は $\left(\frac{26}{27}\right)^n \frac{1}{27}$ となる．
空白以外の文字が n 回生成され，その後に空白が続く確率である．このような

生成器によって生成された語は，マンデルブロが示唆した形のべき法則に従うことを示すことができる．注目すべきは，(i) 長さ n の場合に比べて長さ $n+1$ の語（タイプ）は 26 倍存在する，(ii) 長さ $n+1$ の語（トークン）に対して，長さ n の語（トークン）は一定の比率でより頻繁に出現する，の 2 点で，この二つの相反する傾向が結びついてマンデルブロの法則に見られる規則性が生み出される．練習問題 1.4 を参照のこと．

実際．まず事象を数え，その後にそれらをその頻度に従って順位付けるという，ジップの分布を計算するのに用いたのと同じ手順を適用した場合，広い範囲の確率分布がべき法則に従う (Günter et al. 1996)．この角度から見ると，ジップの法則は，言語の特徴付けという意味では価値が小さいように思われる．しかし，その本質的な洞察は生きている．つまり，言語に対して頻度に基づく方法論をとることを難しくしているのは，ほとんどすべての語は稀にしか現れないという事実である．ジップの法則はこの洞察を見事に要約している．

1.4.4　連語

連語
(COLLOCATION)

辞書編纂者や言語学者たち（ただし生成言語学に傾倒する人たちは稀であるが）は**連語** (*collocation*) に長い間関心を寄せている．連語とは，任意の言い回しもしくは一般に受け入れられている用法で，それ全体として認知され，その部分の単なる合計以上の何かを持つようなものである．連語には，複合語 (*disk drive*) や句動詞 (*make up*)，その他の決まり文句 (*bacon and eggs*) が含まれる．それらは多くの場合特別の意味を持ち，慣用的であるが，必ずしもそうである必要はない．例えば，本書を執筆している時点では，オーストラリアの官僚たちは，*international best practice* という表現を好んで使っているが，この表現に慣用的なものがあるようには見えない．単に二つの形容詞が名詞を修飾しているという生産的な構造で，意味的にも構成的である．しかし，そうであっても，定型表現としてある種の含意を伴ってこの句が頻繁に用いられることから，それは連語とみなされるべきものである．実際，ほかの人がそれを用いるのを聞いて人が繰り返すようなあらゆる表現が連語の候補となりうる．

▽連語は 5 章で詳細に議論される．その後，機械翻訳（13 章）や情報検索（15 章）などの統計的自然言語処理の分野で連語が重要であることを見る．機械翻訳においては，語はそれがどのような連語の中に現れたかに応じて異なった訳を持つかもしれない．情報検索システムは，「興味のある」句，つまり連語であるものだけを索引としたいと考えるかもしれない．

辞書編纂者も，連語が語の用法として頻繁に現れること，複数の語からなる単位として独立した存在であり，たぶん辞書に含めるべきであろうことの二つの理由から，連語に興味を持ち続けている．連語については理論的な関心もある．多くの言語使用において，人々はある程度まで自分が耳にした句や構文を再利用している．このことは，チョムスキー一派が焦点を当てているような言

表 1.4　ニューヨークタイムズで最も頻繁に現れるバイグラム連語.

頻度	語 1	語 2
80871	of	the
58841	in	the
26430	to	the
21842	on	the
21839	for	the
18568	and	the
16121	that	the
15630	at	the
15494	to	be
13899	in	a
13689	of	a
13361	by	the
13183	with	the
12622	from	the
11428	New	York
10007	he	said
9775	as	a
9231	is	a
8753	has	been
8573	for	a

語の創造性があまり強調されるべきでなく，むしろ，ハリディ (Halliday) 一派のような，言語はその語用論的社会的文脈から切り離せないとする方法論に重きを置くべきであることを裏付けている．

　さて，連語はいくつの語からなっていてもよいし（*international best practice* のように），連続していなくても構わない（*make [something] up* のように）が，簡単な場合に限ることとし，連続した二つの語からなる連語を自動的に同定する方法を考えてみる．前述したように，連語は頻繁に用いられる．ということで，試すべき最初の方法は，単に，テキストから最も多く現れる 2 語の系列を見つけ出すというものである．これは簡単に実現でき，**ニューヨークタイムズ** (*New York Times*) のテキストから作成したコーパス（139 ページを参照のこと）での結果は**表 1.4** に示すとおりである．残念ながら，この方法は，このテキストに現れる連語を獲得することにうまく成功していないようである．表に示された語の対（それは普通，**バイグラム** (*bigram*) と呼ばれる）が頻繁に現れることは驚くに当たらない．これらは単に，それぞれが極めて頻繁に現れる語からなる一般的な統語的構造を表しているだけである．一つの問題は，連語を構成している語の出現頻度による正規化を行っていないことにある．*the* や *of* や *in* が極めて頻繁に出現する語であることと，前置詞句と名詞句の統語的構造から一般に限定詞が前置詞の後にくることを考えれば，*of the* や *in the* が頻繁に観察されることは当然予想される．しかし，このことはその系列が連語であることを意味しない．次の段階として必要であると自明なことは，何らかの形でそれぞれの語の出現頻度を考慮に入れることである．それを行う手法に

バイグラム
(BIGRAM)

1.4 汚れ仕事

表 1.5 フィルタリング後の頻出バイグラム．品詞フィルタリングを行った後の，
1990 年ニューヨークタイムズコーパスにおいて最も頻繁に現れるバイグラム．

頻度	語 1	語 2	品詞パターン
11487	New	York	A N
7261	United	States	A N
5412	Los	Angeles	N N
3301	last	year	A N
3191	Saudi	Arabia	N N
2699	last	week	A N
2514	vice	president	A N
2378	Persian	Gulf	A N
2161	San	Francisco	N N
2106	President	Bush	N N
2001	Middle	East	A N
1942	Saddam	Hussein	N N
1867	Soviet	Union	A N
1850	White	House	A N
1633	United	Nations	A N
1337	York	City	N N
1328	oil	prices	N N
1210	next	year	A N
1074	chief	executive	A N
1073	real	estate	A N

ついては，5 章で見ていくこととする．

　そこまで自明というわけではないが，非常に有効な修正方法の一つは，連語
を**フィルタリング**し，興味深い連語となることが稀であるような品詞（もしく
は統語カテゴリ）を持つものを取り除くというものである．前置詞を第 1 語，
冠詞を第 2 語に持つような，興味深い連語は絶対存在しない．2 語からなる連
語として頻出する二つのパターンは，「形容詞 名詞」と「名詞 名詞」である（後
者は**名詞–名詞複合語**（*noun-noun compound*）と呼ばれる）[7]．**表 1.5** は，形
容詞–名詞，名詞–名詞のバイグラムだけを残したときに，コーパスから選ばれ
る連語（バイグラム）を示している．*last year* や *next year* など，いくつか例
外はあるが，ほとんどすべてが辞書に載せたいような句となっている．

名詞–名詞複合語
(NOUN-NOUN
COMPOUND)

　ここに示した「連語発見」の旅は，統計的自然言語処理におけるモデル化と
データ分析との間の行き来を示す良い例となっている．最初のモデルは，連語
とは単に頻繁に現れるバイグラムであるというものであった．このモデルに基
づいた結果を分析することで，問題を明らかにし，より精密なモデル（連語と
は，頻繁に現れるバイグラムで，特定の品詞パターンを持つものである）に行
き着いた．*next year* のようなバイグラムが誤って選ばれてしまうので，この
モデルには，さらなる洗練が必要である．そうではあるが，ここでは一度連語
の検討から離れ，5 章でこの先を続けることとする．

---

[7] 訳注：日本語では，二つ以上の名詞からなる複合語を指す「名詞連続複合語」という用語も
よく用いられる．

```
 1    could find a target. The librarian   "showed off" - running hither and thither w
 2    elights in. The young lady teachers   "showed off" - bending sweetly over pupils
 3    ingly. The young gentlemen teachers   "showed off" with small scoldings and other
 4    seeming vexation). The little girls    "showed off" in various ways, and the littl
 5    n various ways, and the little boys    "showed off" with such diligence that the a
 6    t genuwyne?'' Tom lifted his lip and    showed the vacancy. "Well, all right," sai
 7    is little finger for a pen. Then he     showed Huckleberry how to make an H and an
 8    ow's face was haggard, and his eyes     showed the fear that was upon him. When he
 9    not overlook the fact that Tom even     showed a marked aversion to these inquests
10    own. Two or three glimmering lights     showed where it lay, peacefully sleeping,
11    ird flash turned night into day and     showed every little grass-blade, separate
12     that grew about their feet. And it     showed three white, startled faces, too. A
13    he first thing his aunt said to him     showed him that he had brought his sorrows
14    p from her lethargy of distress and     showed good interest in the proceedings. S
15    ent a new burst of grief from Becky     showed Tom that the thing in his mind had
16    shudder quiver all through him. He      showed Huck the fragment of candle-wick pe
```

図 **1.3** 語 *showed* の Key Word In Context (KWIC) 表示.

1.4.5 コンコーダンス

文脈付きキーワード
(KEY WORD IN
CONTEXT)

　データ探索の最後の実例として，動詞がその中に現れる統語フレームに興味があるとしてみよう．このようなフレームを計算機に自動的に獲得させるような研究がずっと続けられているが，ここでは，単に計算機を適切なデータを見つけ出すツールとして使うこととする．この目的のためには，KWIC（**文脈付きキーワード** (*Key Word In Context*)）コンコーダンス・プログラムがよく使われる．これは，**図 1.3** のようなデータ表示を生成する．この表示では，興味のある語のすべての出現が，両側に周囲の文脈を示されて，縦一列に並べられる．一般に KWIC プログラムでは，左右の文脈を使って出現を並べ替えることができる．ただし，特定の語にではなく，統語フレームに関心がある場合，このような並べ替えの利用は限られたものとなる．図 1.3 のデータは小説トム・ソーヤにおける語 *showed* の出現を示している．*showed off* が 5 回用いられている（実はこれらすべてはテキストの同じ段落に含まれている）．すべて引用符で囲われているが，これは，たぶん，この時代にはこれが新語であったか，マーク・トウェインがこの表現を俗語とみなしたからであろう．これらはすべて自動詞の用法で，いくつかは前置詞句の修飾を伴っている．それ以外を見ると，直接目的語だけをとる単純な他動詞用法が 4 例 (6, 8, 11, 12) ある．ただし，これらには興味深い相違があって，8 の主語は動作主格でないし，12 は「見えるようにする」の意味で使われている．見せられる人を加えた二重目的語動詞の用法が 16 に見られる．3 例で見せられる人を直接目的語の名詞句としており，見せる内容を *that* 節 (13,15) か，不定形の疑問形の補文 (7) で表現している．その他の例 (10) では，定形の疑問形の補文を伴っているが，見せられる人への言及は省略されている．最後に，2 例が，前置詞句が後続する名詞句を目的語としているが，これら，*show an aversion PP[to]* と *show an interest PP[in]* は極めて慣用的な構文である (9, 14)．これらは極めて慣用的であると

$$\text{NP}_{agent} \text{ showed off } (\text{PP}[with/in]_{manner})$$

$$\text{NP}_{agent} \text{ showed } (\text{NP}_{recipient}) \left(\left\{ \begin{array}{l} \text{NP}_{content} \\ \text{CP}[that]_{content} \\ \text{VP}[\text{inf}]_{content} \\ how \text{ VP}[\text{inf}]_{content} \\ \text{CP}[where]_{content} \end{array} \right\} \right)$$

$$\text{NP}_{agent} \text{ showed NP}[interest] \text{ PP}[in]_{content}$$

$$\text{NP}_{agent} \text{ showed NP}[aversion] \text{ PP}[to]_{content}$$

図 **1.4** トム・ソーヤにおける *showed* の統語フレーム.

はいえ，完全に固定化したものではなく，ともに目的語の名詞句を生産的に修飾してより複雑な名詞句とすることが可能である．ここまでで見つけられたパターンは図 **1.4** のように整理することができる．

　動詞の出現のパターンに関する情報をこのように収集することは，外国語学習者のための辞書編纂のような目的のためだけでなく，統計的構文解析器を制御する指針として用いるためにも有用である．統計的自然言語処理研究の実質的な部分は，コンコーダンスの多数の行や連語の候補を示したリストなど，多量のデータを詳細に調べることである（もしくは，そうあるべきである！）．プロジェクトの初期には，それは重要な現象を理解するために行われ，その後，初期のモデル化を精緻化するために行われ，最後には，達成したことを評価するために行われる．

1.5　さらに学ぶために

　チョムスキー (Chomsky 1965: 47ff, 1980: 234ff, 1986) は，言語に対する合理主義的方法論と経験主義的方法論の違いを論じ，合理主義者の立場を擁護する議論を展開している．これらの議論に対して最近なされた「経験主義者」からの詳細な応答が Sampson (1997) である．生成（計算）言語学の背景を持ち，統計的自然言語処理がそれらに対して何ができるのか，これまでの古典的関心とどう関連するのかを知りたい人には，Abney (1996b) が良い出発点になろう．最初の帰納を可能とするためには特定の種類の一般化を選好していなければならないという観察は Mitchell (1980) によって機械学習の論文の中で指摘されている．彼はこの選好を**バイアス** (*bias*) と名付けている．ファースの研究は英国のコーパス言語学の伝統におけるいくつかの流れの中で極めて影響力のあるもので，Stubbs (1996) で詳細に説明されている．統計的自然言語処理からの参照はおそらく AT&T での研究からが最初である．例えば，Church and Mercer (1993: 1) を参照のこと．ハリディ一派による言語への方法論は，Halliday (1994) に示されている．

バイアス (BIAS)

　言語学における**文法性** (*grammaticality*) の判断についての網羅的な議論は，Schütze (1996) や Cowart (1997) に見られる．Cowart は，その判断に話者

文法性 (GRAMMAT-
ICALITY)

の集団を利用することを提案しており，これは本書での方法論とよく一致し，逆にチョムスキーらがとっている1人の話者の文法を探究するという方法論とは対立する．カテゴリカル知覚に関する文献へは，Harnad (1987) から入っていくとよい．

Lauer (1995b: ch. 3) は，意味に確率分布を持ち込む方法論を提唱している．意味表現への写像に関する統計的自然言語処理研究についてのその他の参考文献は12章の「さらに学ぶために」を参照のこと．

kind/sort of の議論は，Tabor (1994) に基づいている．引用する場合はそちらを調べること．Tabor は，ここで議論したような統語的変化が使用頻度の変化に起因しうることを示すようなコネクショニスト・モデルを提案している．段階的な統語的変化についての興味深い最近の研究成果は**文法化** (*grammaticalization*) の文献 (Hopper and Traugott 1993) で見つけることができる．

文法化 (GRAMMAT-ICALIZATION)

認知において確率的な機構が重要な役割を果たすことを提案しているのは，Anderson (1983, 1990) と Suppes (1984) の2人である．コネクショニズムを含むさまざまな認知アーキテクチャについて論じた最近の論文集としては Oaksford and Chater (1998) を参照のこと．言語は認知的現象として最もよく説明できるという見方は，認知言語学者の中心的な信条である (Lakoff 1987; Langacker 1987, 1991) が，認知言語学の形式化として確率論を支持する認知言語学者は多くない．Schütze (1997) も参照のこと．

小説トム・ソーヤはインターネット上でパブリックドメインとなっており，現在，Virginia Electoric Text（Web サイトを参照のこと）などから入手することができる．

ジップの研究は彼の博士論文 (Zipf 1929) から始められた．主著は Zipf (1935) と Zipf (1949) の2冊である．ジップが当時の言語学者に厳しく論評されていたことは興味深い（例えば，Kent (1930) や Prokosch (1933) を参照のこと）．それらの批判の一部は的を射ており，ジップの主張が誇張であることを指摘している（Kent (1930: 88) は，「音声学や音韻学の多くの問題は一つの壮大で一般的な式によってひとまとめに解決されるべきものではない」と書いている）．一方で，それらの批評は，その時代においてさえ，言語学における統計的手法の適用についてある種の躊躇があったことを反映している．それでも，Martin Joos や Morris Swadesh など，傑出したアメリカ構造主義者たちは，統計的研究のためのデータ収集に従事するようになった．Joos (1936) は，言語学において統計手な手法を用いるべきか否かの疑問は，ジップの特定の主張とは別に評価されるべきだと強調している．

ジップの法則に関するマンデルブロの検討は，Mandelbrot (1954) だけでなく Mandelbrot (1983) にもまとめられている．特に38, 40, 42章を参照のこと．マンデルブロは，彼の生涯の研究の方向性（フラクタルやマンデルブロ集

合など彼の有名な研究に導いたもの）を決めたのは Zipf (1949) のレビューを読んだからだと述べている.

　コンコーダンスは，最初，重要な文芸作品や宗教的著作のために手作業で作成された．計算機によるコンコーダンス作成は，記事のタイトルや梗概を分類し索引化する目的で，1950 年代後半に始められた．Luhn (1960) は最初のコンコーダンス・プログラムを開発し，*KWIC* という新語を造り出した.

KWIC

1.6　練習問題

練習問題 1.1　　　　　　　　　　[★★　言語学のある程度の知識を必要とする]

言語についての，できれば，言語変化に関連する，カテゴリカルでない現象の別の事例を考えてみよ．例えば，以下の文の対を眺め，それらが提起する問題を検討せよ．（それらの問題は単に単語に二つのカテゴリを割り当てることで解決できるだろうか，それともカテゴリの混交の証拠だろうか.）

(1.19)　　　　a. On the weekend the children had *fun*.

　　　　　　　b. That's the *funnest* thing we've done all holidays.

(1.20)　　　　a. Do you get much *email* at work?

　　　　　　　b. This morning I had *emails* from five clients, all complaining.

練習問題 1.2　　　　　　　　　　[★★　4 章読了後に試みる方がおそらくよい]

別のテキストを用いて，1.4 節の結果を再現してみよ（もしくは，ここで使ったものと同じテキストを用いてもよい，そうすれば結果の確認が容易になる．その場合でも，期待できるのはここに示したものと似たような結果だけであることに注意すること．何を単語とするか，大文字小文字の区別をどう取り扱うかなどのさまざまな細部によって細かい数字は変わってくるからである).

練習問題 1.3　　　　　　　　　　　　　　　　　　　　　　　　　　　[★]

$B = 1$, $\rho = 0$ とすることで，マンデルブロの法則がジップの法則に簡単化できることを示せ.

練習問題 1.4　　　　　　　　　　　　　　　　　　　　　　　　　　[★★]

26 ページに示したような無作為文字生成器（a から z までの文字と空白を 1/27 の等確率で生成する）で生成されたテキストについて，表 1.3 に相当する表を作成せよ.

練習問題 1.5　　　　　　　　　　　　　　　　　　　　　　　　　　[★★]

連語の同定の方法について，本章で述べた手法よりも優れたものを検討せよ.

練習問題 1.6　　　　　　　　　　　　　　　　　　　　　　　　　　[★★]

上記の練習問題ができたなら，その手法を実際に試し，どの程度うまく動くかを確認せよ.

練習問題 1.7　　　　　　　　　　　　　　　　　　　　　　　　　　[★★]

テキストファイルから KWIC 表示を得るプログラムを作成せよ．利用者が興味のある語と周辺文脈の大きさを指定できるようにすること.

2章

数学的基礎

"1786 年に，ドイツで彼らがある種の政治的な調査に従事しており，それに *Statistics*（統計学）という名前を与えていることを見いだした．しかし，ドイツにおいて，*Statistical*（統計的）という言葉は，ある国家における政治的強みを究明することを目的とした調査や，州の問題に関する質問を意味していたので，私はその語に異なった概念を当てはめることとした．私がその語に付け加えた意味付けは，国の状態についての調査であること，その住民によって享受されている幸福の量の究明を目的としていること，そして，将来への改善の手段であることである．それでも，新しい語は公衆の注意をより惹き付けるように思えたので，この語を使うことを決意したのである．"

(*Sir J. Sinclair* スコットランド統計研究 (*Statist. Acc. Scot.*). *XX.* 付録 *p. xiii, 1798*)

"この世界における真の論理は確率の計算である．それによって，理性的な人間の心の中にある，もしくはあるべきである尤もらしさの大きさを考慮に入れることができるのである．"

(*James Maxwell 1850*)

　本章では，確率論と情報理論の導入的な題材を提示する．また，次章では言語学の基本的な知識を示す．統計的自然言語処理の分野で独創性のある研究を行うためには，確率と統計，情報理論，言語学のうちの一つ以上の分野についての網羅的な知識を持っていることが望ましいし，望ましいだけでなく，おそらく必要である．本書においては，これら三つの分野について，網羅的で牽引力のある導入を提供することはできないが，それでも，その後に本書で扱うすべてを理解するのに十分な素材をまとめて示そうと思っている．ただし，情報科学もしくは計算言語学的な視点での構文解析についての知識は有しているものと仮定する．同様におおむね大学 1 年生のレベルで持っているような程度の数学の記号と手法も身につけているものとする．集合論，関数と関係，積和，多項式，微積分，ベクトルと行列，対数などの基本的なトピックがそれに当たる．本書で用いる数学的記法は「記法一覧」にまとめられている．

本章と次章で扱う分野のいずれかにすでに精通しているのであれば，それについてはざっと目を通すようにすればよい．馴染みがないトピックについては，まずはその節を通読するのがおそらく一番よいと思うが，その中で説明されている手法が用いられているときには，そこを読み直すことが必要になることも多いと思う．本章と次章では応用については述べておらず，その後のための準備的な理論が示されている．

2.1 確率論の基礎

本節では，これ以降の本書の内容を理解するために必要となる確率論の要点を描く．

2.1.1 確率空間

確率論 (PROBABILITY THEORY)

確率論 (*probability theory*) は，何かが起こることがどの程度尤もらしいかという予測を扱う．例えば，誰かが 3 枚のコインを投げたとき，3 枚とも表が出ることはどの程度尤もらしいだろうか．本書での最終的な目的は言語を扱うことであるが，まずは，コインやサイコロの例から始めることとする．それらの振る舞いはより単純で簡単だからである．

実験 (EXPERIMENT) 試行 (TRIAL)

物事の尤もらしさの概念は，**実験** (*experiment*)（あるいは**試行** (*trial*)）の概念を通じて形式化される．実験とはそれを通じて観察が行われる作業工程で，この専門的な意味では，3 枚のコインを投げることは一つの実験である．実験の手順が明確に定義されていることが何よりも重要である．実験に対して，**基本結果** (*basic outcome*)（あるいは**標本点** (*sample point*)）の集まりを仮定することができる．これを**標本空間** (*sample space*) Ω と呼ぶ．標本空間は，たかだか可算無限個の基本結果を持つような**離散的** (*discrete*) なものでもよいし，（例えば，身長の計測のように）不可算無限個の基本結果からなる**連続的** (*continuous*) なものでもよい．言語への応用では，そしてこの導入でも，有限個の基本結果を持つ離散的標本空間を主に扱っていくことになる．**事象** (*event*) A を Ω の部分集合とする．例えば，コインの実験において，1 枚目は表が出て，2 枚目と 3 枚目は裏が出るというのが一つの基本結果で，表が出たものが 1 枚，裏が出たものが 2 枚であるようなすべての結果が事象の例となる．Ω は確実に起こる事象，つまり実験で起こりうる結果のすべてからなる空間を表し，$\emptyset$ は起こりえない事象を表す．実験のある結果は一つの事象でなければならない．確率論の基礎は事象の集合 $\mathcal{F}$ が，その要素の補演算と可算回の合併に閉じていて，極大要素 Ω を持つことである．これらの性質を持つ集合は**完全加法族** (*σ–field*) と呼ばれる．これらの条件は，事象の集合，つまり**事象空間** (*event space*) を標本空間のベキ集合（つまり，標本空間のすべての部分集合からなる集合，しばしば 2^Ω と記される）とすることで簡単に満たすことができる．

基本結果 (BASIC OUTCOME)

標本空間 (SAMPLE SPACE) 離散的 (DISCRETE) 連続的 (CONTINUOUS) 事象 (EVENT)

完全加法族 (σ–FIELD) 事象空間 (EVENT SPACE)

2.1 確率論の基礎 37

確率は 0 から 1 までの数値で，0 は不可能であることを，1 は確実であることを表す．**確率関数** (*probability function*)（**確率分布** (*probability distribution*) とも呼ばれる）は，確率質量 (probability mass) 1 を標本空間 Ω 全体に振り分ける．形式的には離散的な確率関数は以下の性質を満たす任意の関数 $P\colon \mathcal{F} \to [0,1]$ である．

確率関数
(PROBABILITY
FUNCTION)
確率分布
(PROBABILITY
DISTRIBUTION)

- $P(\Omega) = 1$

交わりのない
(DISJOINT)

- 可算加法性：**交わりのない** (*disjoint*) 集合 $A_j \in \mathcal{F}$（つまり，$j \neq k$ において $A_j \cap A_k = \emptyset$）について

(2.1)
$$P\Big(\bigcup_{j=1}^{\infty} A_j\Big) = \sum_{j=1}^{\infty} P(A_j)$$

$P(A)$ を事象 A の確率と呼ぶ．これらの公理が述べているのは，いくつかの，例えば三つの異なる可能性を含んだ事象は，それぞれの可能性の確率の和であるような確率を持つこと，そして，実験はいずれかの基本結果をその結果とするので，いずれかの基本結果が得られる確率は 1 であることである．初歩的な集合論を用いることで，これらの公理から確率関数のいくつかの特性をさらに導くことができる．練習問題 2.1 を参照のこと．

確率空間
(PROBABILITY
SPACE)

正しく基礎付けられた**確率空間** (*probability space*) は，標本空間 Ω，事象の完全加法族 $\mathcal{F}$，確率関数 P からなる．統計的自然言語処理への応用では，利用しようとするモデルに対して適切に確率空間を定義するように常に努めなければならない．そうでないと，そこで利用される数値はその場限りのただの尺度でしかなく，いずれの数学的理論の支援も得られないことになる．とはいえ，実際には，そのあたりは手が抜かれることも多かったし，そのような手抜きは続いている．

例題 1： イカサマのないコインを 3 回投げたとき，2 回表が出る可能性はどのくらいか．

解法： 実験手順は明らかで，標本空間は，

$$\Omega = \{HHH, HHT, HTH, HTT, THH, THT, TTH, TTT\}$$

Ω におけるそれぞれの基本結果は同じ程度に起こりやすいので，その確率は 1/8 である．このような，それぞれの基本結果が同じ程度に起こりやすい状況は**一様分布** (*uniform distribution*) と呼ばれる．一様分布である基本結果からなる有限の標本空間においては，$P(A) = \frac{|A|}{|\Omega|}$ である（ここで，$|A|$ は集合 A の要素数）．今，関心のある事象は，

一様分布 (UNIFORM
DISTRIBUTION)

$$A = \{HHT, HTH, THH\}$$

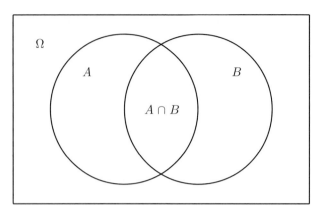

図 **2.1** 条件付き確率 $P(A\,|\,B)$ の計算を描いた図式．結果が B に含まれると知った後では A の確率は $P(A\cap B)/P(B)$ となる．

であるので
$$P(A) = \frac{|A|}{|\Omega|} = \frac{3}{8}$$

2.1.2 条件付き確率と独立性

実験の結果についての部分的な知識を持っていることがしばしばあり，そのことは当然どのような結果がおこりうるかに影響を与える．この知識は，**条件付き確率** (*conditional probability*) という概念を通じて獲得される．これは，ある知識が得られたことによって更新された，事象の確率である．このような追加の知識を考慮する前の事象の確率は事象の**事前確率** (*prior probability*) と呼ばれ，追加の知識を用いることで得られる新しい確率は事象の**事後確率** (*posterior probability*) といわれる．例題 1（3 枚のコインを投げて 2 枚が表となる可能性）に戻れば，もし最初のコインが投げられ表が出たとすれば，残った四つの可能な基本結果のうちの二つが，表が 2 枚となるものなので，2 枚が表になる確率はこの時点で $\frac{1}{2}$ となる．事象 B が生じたこと $(P(B) > 0)$ が与えられた下での事象 A の条件付き確率は，

条件付き確率 (CONDITIONAL PROBABILITY)

事前確率 (PRIOR PROBABILITY)

事後確率 (POSTERIOR PROBABILITY)

$$(2.2) \qquad P(A\,|\,B) = \frac{P(A\cap B)}{P(B)}$$

もし $P(B) = 0$ であっても以下が成り立つ．

$$(2.3) \qquad P(A\cap B) = P(B)P(A\,|\,B) = P(A)P(B\,|\,A)$$
[剰余法則 (The multiplication rule)]

集合の交わりは対称である $(A\cap B = B\cap A)$ ので，条件付けはどちらの方向にも行うことができる．この結果は図 **2.1** のような図解を眺めることで，思い描くことができる．

連鎖法則 (CHAIN RULE)

この法則を複数の事象に一般化したものが，**連鎖法則** (*chain rule*) で，これ

2.1 確率論の基礎　　　　　　　　　　　　　　　　　　　　　　　　　　　　　39

は本書全般を通じて活用されることになる重要な帰結である.

$$(2.4) \qquad P(A_1 \cap \ldots \cap A_n) = P(A_1)P(A_2 \mid A_1)P(A_3 \mid A_1 \cap A_2) \cdots P(A_n \mid \cap_{i=1}^{n-1} A_i)$$

▽ 連鎖法則は，9 章で述べるマルコフモデル (Markov model) の性質の導出など，統計的自然言語処理の随所で用いられる.

独立
(INDEPENDENCE)

もし $P(A \cap B) = P(A)P(B)$ であれば，二つの事象 A, B はお互いに**独立** (*independent*) である. $P(B) = 0$ でない限り，このことは $P(A) = P(A \mid B)$ である（つまり，B が成り立つと知ることが，A の確率に影響を与えない）ということに等しい. この等価性は連鎖法則から簡単に導くことができる.

非独立
(DEPENDENCE)

$P(A \cap B) = P(A)P(B)$ でなければ，事象は依存しており，**非独立** (*dependent*)

条件付き独立
(CONDITIONAL
INDEPENDENCE)

である. また，$P(A \cap B \mid C) = P(A \mid C)P(B \mid C)$ のとき，A と B は C に関して**条件付き独立** (*conditionally independent*) であると呼ばれる.

2.1.3 ベイズの定理

ベイズの定理
(BAYES'
THEOREM)

ベイズの定理 (*Bayes' theorem*) によって，事象の間の依存の順序を逆転させることができる. つまり，$P(A \mid B)$ を用いて $P(B \mid A)$ を計算できる. この関係は $P(B \mid A)$ の値を決めるのが難しいときに有益である. これは何度も何度も使うことになる中核的な関係であるが，実は式 (2.2) と式 (2.3) で導入された条件付き確率の定義と連鎖法則からの簡単な帰結である. つまり，

$$(2.5) \qquad P(B \mid A) = \frac{P(B \cap A)}{P(A)} = \frac{P(A \mid B)P(B)}{P(A)}$$

正規化定数
(NORMALIZING
CONSTANT)

右辺の分母 $P(A)$ は，確率関数とすることを保証するための**正規化定数** (*normalizing constant*) と捉えることができる. このため，もし単に，事象 A が与えられたときに，ある集合の中でどの事象が最も起こりやすいかだけに興味があるのであれば，これを無視することができる. つまり，分母はすべての場合に共通であるので，以下を得る.

$$(2.6) \qquad \arg\max_{B} \frac{P(A \mid B)P(B)}{P(A)} = \arg\max_{B} P(A \mid B)P(B)$$

一方で，以下の関係を用いることで分母 $P(A)$ を計算することもできる.

$$P(A \cap B) = P(A \mid B)P(B)$$

$$P(A \cap \overline{B}) = P(A \mid \overline{B})P(\overline{B})$$

から，以下が得られる.

$$P(A) = P(A \cap B) + P(A \cap \overline{B}) \qquad [\text{加法性 (additivity)}]$$

$$= P(A \mid B)P(B) + P(A \mid \overline{B})P(\overline{B})$$

B と $\overline{B}$ は集合 A を二つの交わりのない部分（一方は空であるかもしれない）

に分割することに使われ，それぞれの条件付き確率を計算し，加法性を利用してこれらを合計することができる．より一般的には，A を分割する集合 B_i の集まり（これを A の**分割** (*partition*) と呼ぶ）があれば，つまり，$A \subseteq \cup_i B_i$ であり，B_i に交わりがなければ，

分割 (PARTITION)

$$(2.7) \qquad P(A) = \sum_i P(A \mid B_i)P(B_i)$$

ここから，以下のような，先ほどと等価で，しかもより詳細なベイズの定理の別版を得ることができる．

ベイズの定理：もし $i \neq j$ について $A \subseteq \cup_{i=1}^{n} B_i$, $P(A) > 0$, かつ $B_i \cap B_j = \emptyset$ であれば，

$$(2.8) \qquad P(B_j \mid A) = \frac{P(A \mid B_j)P(B_j)}{P(A)} = \frac{P(A \mid B_j)P(B_j)}{\sum_{i=1}^{n} P(A \mid B_i)P(B_i)}$$

例題 2： 稀に見られる統語的構文，例えば，寄生空所 (parasitic gap) に関心があるとしよう．これは平均すると，100,000 文に 1 度ほど観察される．言語学者のジョーは寄生空所を持つ文を同定しようと複雑なパターンマッチャ（照合器）を開発した．これはなかなか良いものであったが，完璧なものではなく，もし文が寄生空所を持っていればそれを確率 0.95 で言い当てるが，寄生空所を持っていない文についても確率 0.005 で寄生空所があると誤って判断してしまう．このテストである文が寄生空所を含むとされたとしよう．このとき，本当にそうである確率はどのくらいか．

解法： G を文が寄生空所を持っているという事象とし，T をテストが陽性であるという事象とする．求めたいものは以下のようになる．

$$\begin{aligned} P(G \mid T) &= \frac{P(T \mid G)P(G)}{P(T \mid G)P(G) + P(T \mid \overline{G})P(\overline{G})} \\ &= \frac{0.95 \times 0.00001}{0.95 \times 0.00001 + 0.005 \times 0.99999} \approx 0.002 \end{aligned}$$

ここでは，その構文（寄生空所）を持つか否かを分割として，分母で用いている．ジョーのテストは極めて信頼性が高いように見えるが，それを使っても期待したほどには助けにならないことがわかる．このテストが寄生空所を含んでいると同定する文が本当にそれを含んでいるのは，平均すれば，500 文に 1 文だけである．このお粗末な結果は，文が寄生空所を含んでいるという事前確率が非常に低いことに起因する．

▽ベイズの定理は，2.2.4 節で述べられる雑音のある通信路モデルで大事な役割を果たす．

2.1 確率論の基礎

第一の サイコロ	第二のサイコロ											
	1	2	3	4	5	6						
6	7	8	9	10	11	12						
5	6	7	8	9	10	11						
4	5	6	7	8	9	10						
3	4	5	6	7	8	9						
2	3	4	5	6	7	8						
1	2	3	4	5	6	7						
x		2	3	4	5	6	7	8	9	10	11	12
$\mathrm{p}(X=x)$		$\frac{1}{36}$	$\frac{1}{18}$	$\frac{1}{12}$	$\frac{1}{9}$	$\frac{5}{36}$	$\frac{1}{6}$	$\frac{5}{36}$	$\frac{1}{9}$	$\frac{1}{12}$	$\frac{1}{18}$	$\frac{1}{36}$

図 2.2 二つのサイコロの目の和についての確率変数 X. 表の上部の項目は元になる基本結果それぞれに対する X の値を示している. 下部 2 行は pmf（確率質量関数）p(x) を示している.

2.1.4 確率変数

確率変数 (RANDOM VARIABLE)

確率変数（*random variable*）とは, 単に, 実数の集合 $\mathbb{R}$ について, $X\colon \Omega \to \mathbb{R}^n$（一般に $n=1$）であるような関数 X である. 確率変数を用いることで, 注目している問題ごとに異なるような不定型な事象空間を扱う必要がなくなり, その事象空間と関係した数値の確率を議論できるようになる. 特定の確率分布で数値を生成するような抽象的な**確率過程**（*stochastic process*）を考えるわけである（確率過程における確率に当たる語 *stochastic* は, 単に, 「確率的」とか「無作為に生成された」を意味する語であるが, 特に, ある確率分布を背景に生成されたとみなされるような結果の系列を指す際に一般的に用いられる用語である）.

確率過程 (STOCHASTIC PROCESS)

離散的な確率変数は, $\mathbb{R}$ の可算な部分集合 S に対して, $X\colon \Omega \to S$ であるような関数 X である. 特に, $X\colon \Omega \to \{0,1\}$ である場合は, X は**指標確率変数**（*indicator random variable*）もしくは**ベルヌーイ試行**（*Bernoulli trial*）と呼ばれる.

指標確率変数 (INDICATOR RANDOM VARIABLE)
ベルヌーイ試行 (BERNOULLI TRIAL)

例題 3: 二つのサイコロを投げて得られる事象を考える. 出た目の和 $S = \{2,\ldots,12\}$ について離散的な確率変数 X を定義することができ, それは**図 2.2** のように示される.

確率変数の値域は数値であるので, 事象を直接扱うよりも, この確率変数の値を扱う方が, 数学的処理が容易になることが多い. 特に, 確率変数 X に対して**確率質量関数**（*probability mass function*: pmf）を定義することができる. これは, 確率変数がさまざまな数値を値とする確率を与えるものである.

確率質量関数 (PROBABILITY MASS FUNCTION)

(2.9)   **pmf** $\mathrm{p}(x) = \mathrm{p}(X=x) = P(A_x)$ ここで $A_x = \{\omega \in \Omega : X(\omega) = x\}$

pmf は, それらが変数の場合も含めて, 小文字のローマン体で示す. 確率変数 X が pmf p(x) に従って分布するとき, $X \sim \mathrm{p}(x)$ と記述する.

p(x) > 0 となるのは, 可算個の点, 例えば, $\{x_i : i \in \mathbb{N}\}$, においてだけで

あり，その他の点では $\mathrm{p}(x) = 0$ である．そうでないと確率の制約を満たさないことになる．離散的な確率変数では以下が成り立つ．

$$\sum_i \mathrm{p}(x_i) = \sum_i P(A_{x_i}) = P(\Omega) = 1$$

逆に，これらの制約を満たす任意の関数は確率質量関数とみなすことができる．▽ 確率変数は，2.2 節での情報理論の導入全般において利用される．

2.1.5 期待値と分散

期待値
(EXPECTATION)
平均 (MEAN)

期待値 (*expectation*) とは，確率変数の**平均** (*mean, average*) である．
X が，$\sum_x |x|\mathrm{p}(x) < \infty$ であるような pmf $\mathrm{p}(x)$ を持つ確率変数であるとき，その期待値は

(2.10)
$$E(X) = \sum_x x\mathrm{p}(x)$$

例題 4： 一つのサイコロを転がし，Y をその際に出た目の値とすると，

$$E(Y) = \sum_{y=1}^{6} y\mathrm{p}(y) = \frac{1}{6}\sum_{y=1}^{6} y = \frac{21}{6} = 3\frac{1}{2}$$

これは，何回もサイコロを投げて出た目を合計し，それを投げた回数で割ることで得られる平均として期待されるものである．

もし Y が $Y \sim \mathrm{p}(y)$ であるような確率変数であれば，任意の関数 $g(Y)$ は新しい確率変数を定義する．もし $E(g(Y))$ が定義されると，

(2.11)
$$E(g(Y)) = \sum_y g(y)\mathrm{p}(y)$$

例えば，g を線形関数 $g(Y) = aY + b$ とすると，$E(g(Y)) = aE(Y) + b$ となる．また，$E(X + Y) = E(X) + E(Y)$ であり，X と Y が独立であれば，$E(XY) = E(X)E(Y)$ である．

分散 (VARIANCE)

確率変数の**分散** (*variance*) は，確率変数の値が試行にわたって一貫しているか，大きく変動しているかの指標である．それは，変数の値が平均してどの程度，変数の期待値からはずれているかを知ることによって測定される．

(2.12)
$$\begin{aligned} \mathrm{Var}\,(X) &= E\big((X - E(X))^2\big) \\ &= E(X^2) - E^2(X) \end{aligned}$$

標準偏差
(STANDARD
DEVIATION)

よく利用される**標準偏差** (*standard deviation*) は分散の平方根である．一般に，特定の分布やデータ集合について議論するとき平均は μ で，分散は σ^2 で表される．したがって，標準偏差は σ と記述されることになる．

例題 5： 例題 3 で示された確率変数，二つのサイロの目の和，の期待値と分

2.1 確率論の基礎 43

散はいくらか.

解法: 期待値は,例題 4 の結果と,式 (2.11) もしくは以下の期待値の組合せの式を用いて,

$$E(X) = E(Y + Y) = E(Y) + E(Y) = 3\frac{1}{2} + 3\frac{1}{2} = 7$$

分散は以下で得られる.

$$\mathrm{Var}\,(X) = E\left(\left(X - E(X)\right)^2\right) = \sum_x \mathrm{p}(x)\,(x - E(X))^2 = 5\frac{5}{6}$$

二つのサイコロを転がした結果は 7 のまわりに集中するので,この分布の分散は,値が 2 から 12 までの一様分布を返すような「11 面のサイコロ」のそれより小さい.そのような一様に分布した確率変数 U の場合,その分散は,$\mathrm{Var}\,(U) = 10$ となる.

▽ 2.2 節で見るように,期待値の計算は情報理論において重要である.分散は 5.2 節で用いられる.

2.1.6 記法

ここまでの節で,確率関数である P と,確率変数の確率質量関数である p とだけを区別してきた.しかし,$P(\cdot)$,$\mathrm{p}(\cdot)$ のそれぞれもいつも同じ関数を指しているというわけではない.異なった確率空間を議論するときは常に異なった関数を扱うことになる.時にはこれらの異なった関数に添字を付与して,何について議論しているかを明らかにすることもある.しかし,普通は,単に P と記し,文脈と,関数の引数となる変数の名前に頼って,曖昧さを取り除くようにしている.一つの式がしばしば多くの異なる確率関数に言及しており,それらすべてが曖昧なまま P として参照されていることを理解しておくことが肝要である.

2.1.7 結合分布と条件付き分布

複数の確率変数を一つの標本空間上に定義すると,結合(もしくは多変量)確率分布 (joint (multivariate) probabilistic distribution) が得られる.二つの離散確率変数 X, Y の結合確率質量関数は

$$\mathrm{p}(x, y) = P(X = x, \, Y = y)$$

周辺分布
(MARGINAL
DISTRIBUTION)
結合 pmf と関連して,周辺 pmf (marginal pmf) がある.これはそれぞれの変数の値における確率質量を別々に合計したもので,以下で示される.

$$\mathrm{p}_X(x) = \sum_y \mathrm{p}(x, y) \qquad \mathrm{p}_Y(y) = \sum_x \mathrm{p}(x, y)$$

一般には周辺質量関数だけでは結合質量関数は決まらないが，X, Y が独立であれば，$\mathrm{p}(x, y) = \mathrm{p}_X(x)\,\mathrm{p}_Y(y)$ となる．例えば，二つのサイコロを転がして両方が 6 となる確率は，二つの事象が独立であるので，次のように計算できる．

$$\mathrm{p}(Y = 6, Z = 6) = \mathrm{p}(Y = 6)\mathrm{p}(Z = 6) = \frac{1}{6} \times \frac{1}{6} = \frac{1}{36}$$

結合分布と事象の交わり (intersection) の確率とには，類似した特徴がある．まず，条件付き pmf を結合分布を用いて定義することができる．

$$\mathrm{p}_Y(y) > 0 \text{ であるような } y \text{ において} \quad \mathrm{p}_{X|Y}(x|y) = \frac{\mathrm{p}(x, y)}{\mathrm{p}_Y(y)}$$

そして，確率変数に関する連鎖法則を導くこともできる．例えば，

$$\mathrm{p}(w, x, y, z) = \mathrm{p}(w)\mathrm{p}(x \,|\, w)\mathrm{p}(y \,|\, w, x)\mathrm{p}(z \,|\, w, x, y)$$

2.1.8　P の決定

　　ここまでは，一つの確率関数 P を仮定し，コインやサイコロなどの簡単な例に対して，それに自明な定義を与えていた．では，言語を扱うときにはどうすべきであろうか．*The cow chewed its cud* のような文の確率について何が言えるだろうか．一般に，言語に関する事象においては，サイコロの場合とは違って，P は未知である．つまり，P は**推定** (*estimate*) される必要がある．この
推定
(ESTIMATATION)
推定は，データの標本に基づいて，P がどのようでなければならないかに関する証拠を眺めることで行われる．ある結果が生じる回数の割合はその結果の**相
相対頻度
(RELATIVE
FREQUENCY)
対頻度** (*relative frequency*) と呼ばれる．N 回の試行において，ある結果 u が生じた回数が $C(u)$ であるとすると，$\frac{C(u)}{N}$ が u の相対頻度である．相対頻度は f_u と記されることが多い．経験的には，多くの回数の試行がなされると，相対頻度は一定の値に安定していく．このような値が存在することが，確率推定を計算することの基礎となっている．

　　確率推定を可能とする手法は，本書の主なトピックであり，特に 6 章で扱われる．これらの手法の多くで共通しているのは，P を推定する際に，言語に関するある現象について，統計学で広く研究されてきているようなよく知られた分布の一族（二項分布や正規分布など）のいずれかによって，それをモデル化することが容認できるという仮定を置くことである．特に，言語に関する事象においては，二項分布を容認できるモデルとして用いることができる場合が多い．次節
パラメトリック
(PARAMETRIC)
で二つの分布の族を紹介する．このような手法は**パラメトリック** (*parametric*) な手法と呼ばれ，いくつかの利点がある．つまり，データが生成される過程の明示的な確率モデルが仮定されているので，その分布曲線のほとんどの特徴はすでに決まっている．このため，その一族の範囲で特定の確率分布を決定するために必要となるのは，いくつかのパラメータを同定することだけである．いくつかのパラメータを決定するだけであるから，必要となる訓練データの量は

2.1 確率論の基礎   45

多くないし，適切な確率推定のためにどの程度の訓練データが必要かも計算することができる．

しかし，言語現象の一部（特定のトピック分類に属する新聞記事における語の分布など）は変則的で，このような方法論では問題が起こる．例えばもし，データが二項分布に従うと仮定しているのに，実際のデータがまったくそうではない場合，得られる確率推定は大きく誤ることになる．

そのような場合には，データの背後にある分布に仮定を置かず，広い範囲のさまざまな分布に十分対応できるような手法を用いることになる．このような手法は，**ノンパラメトリック** (*non-parametric*) な，もしくは**分布によらない** (*distribution-free*) 手法と呼ばれている．ある確率事象を多くの回数計測して経験的に P を推定するような単純なものは，ノンパラメトリックな手法である（離散的な分布が得られることになるが，推定される確率密度関数が十分滑らかな曲線であることを仮定するだけで，内挿によってそれらのデータから連続分布を作り出すことができる）．しかし，6 章でもこのトピックを扱うが，訓練データの数は限られておりその不足に対処するために，経験的に得られた回数には修正やスムージングが必要になることがしばしばである．そのようなスムージングの手法は普通，ある特定の分布が背後にあると仮定しており，そのことでパラメトリックな手法の世界に戻ってしまうことになる．また，データがどのように生成されるかについて，システムに事前に与えられる情報が少ないので，それを補うために大量の訓練データを必要とするのが普通で，それがノンパラメトリックな手法の欠点となる．

▽データの背後にある分布が知られていないような場合の自動分類においてノンパラメトリックな手法が使われる．そのような手法の一つに最近傍法 (nearest neighbor classificiation) があり，これによるテキスト分類が 16.4 節で紹介される．

2.1.9 標準的な分布

実際の場面で一般的に言及されるようないくつかの確率質量関数がある．特に，それらの関数では一般に，その基本的な形態は同じで，採用されている定数だけが異なっている．統計学はこのような関数の一族について，長い間研究を続けてきている．そこでは，関数の一族は**分布** (*distribution*) と呼ばれ，その一族に属するそれぞれの関数を決めるための数値は**パラメータ** (*parameter*) と呼ばれる．パラメータは特定の pmf を議論する際には定数であり，分布の一族に注目する場合には変数となる．分布の引数として記述する場合，確率変数である引数とパラメータとはセミコロン (;) で区切って区別するのが普通である．本節では，離散分布から一つ（二項分布），連続分布から一つ（正規分布）を例にあげ，分布の概念を簡単に紹介する．

ノンパラメトリック
(NON-
PARAMETRIC)
分布によらない
(DISTRIBUTION-
FREE)

分布
(DISTRIBUTION)
パラメータ
(PARAMETER)

離散分布：二項分布

二項分布
(BINOMIAL
DISTRIBUTION)

　　二項分布 (*binomial distribution*) は，2 種類の結果しか持たない試行（つまり，ベルヌーイ試行）の系列によって得られるものである．それぞれの試行はお互いに独立である必要がある．二項分布に従う典型例として，（イカサマがあるかもしれない）コインを繰り返し投げるというものがある．さて，言語コーパスを考えたとき，次の文がその前の文に本当に依存していないなどということは決して成り立たない．したがって，二項分布の利用は常に近似でしかない．ただ，多くの目的において，語の間の依存はそこそこ急速に減衰するので，独立を仮定して構わないとされている．何かがあるかないか，ある特徴を有しているか否かを問題とし，ある試行と次の試行とが依存しあう可能性を無視するのであれば，少なくとも暗黙には二項分布を利用していることになる．実際，このため，二項分布は統計的自然言語処理の応用で極めて頻繁に出現する．その例としては，英語文のうち何パーセントが単語 *the* をその中に含んでいるかの推定を得るためにコーパスを調査したり，ある動詞に注目して，そのそれぞれの現れについてその用法が他動詞的か否かを記していくことで，動詞が他動詞的に用いられるのがどの程度一般的であるかをコーパス調査を通じて明らかにしたりすることが挙げられる．

　　二項分布の一族は，1 回の試行における成功の確率 p を与えられて，n 回の試行で成功する回数 r を得る．つまり，

$$(2.13) \quad \mathrm{b}(r;n,p) = \binom{n}{r} p^r (1-p)^{n-r}, \quad \text{ここで} \binom{n}{r} = \frac{n!}{(n-r)!r!}, \quad 0 \le r \le n$$

項 $\binom{n}{r}$ は，順序を考えずに n 個の中から r 個を選び出すさまざまな可能性の数を示している．二項分布の例をいつくか**図 2.3** に示す．二項分布は，期待値 np と分散 $np(1-p)$ を持つ．

　　例題 6： R が，表の出る確率が p であるような（偏っているかもしれない）コインを n 回投げたときに表が出る回数を値とするとする．すると以下の二項分布を得る．

$$\mathrm{p}(R=r) = \mathrm{b}(r;n,p)$$

（r 回表が出て $n-r$ 回裏が出るというような基本結果の確率はすべて $p^r(1-p)^{n-r}$ で，それが $\binom{n}{r}$ 通り存在するという計算から，これを示すことができる．）

▽二項分布は，6 章の n-グラムの計算，8.2 節の仮説検定など，本書のさまざまな場所に現れる．

▽2 種類の結果を持つ二項試行は，それぞれの試行が 3 種類以上の基本結果を持つ多項試行に一般化することができて，これは**多項分布** (*multinomial distribution*) によってモデル化できる．6 章で議論するような 0 次の n-グラムモデルは多項分布のわかりやすい例である．

多項分布
(MULTINOMIAL
DISTRIBUTION)

2.1 確率論の基礎　　47

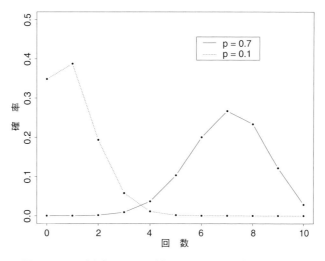

図 **2.3**　二項分布の二つの例：b($r; 10, 0.7$) と b($r; 10, 0.1$).

▽本書で議論し利用するその他の離散分布として，ポアソン分布 (Poisson distribution) (15.3.1 節) がある．5.3 節ではベルヌーイ分布が議論されるが，これは試行が 1 回だけしかないという二項分布の特別な場合で，b($r; 1, p$) として求めることができる．

連続分布：正規分布

　ここまで，離散的な確率分布と離散的な確率変数を見てきた．しかし，高さや長さの計測値など，多くの事柄は，実数 $\mathbb{R}$ 上の連続領域を持つと考えることで正しく理解される．本書では，連続分布の数学的議論に立ち入ることはしない．点が間隔となり，和が積分になるということ以外はだいたい離散分布から類推できる結果となるとだけ述べれば十分である．ただ，時には，連続確率分布に言及する必要が出てくるので，ここで一つの例をあげておくこととする．確率論と統計におけるすべての研究で中心的な，正規分布である．

　人々の身長や知能指数など，この世界の多くの事柄について，一つの分布が得られる．この分布は新聞などでは**釣鐘曲線** (ベルカーブ，*bell curve*) として知られているが，統計学では**正規分布** (*normal distribution*) と呼ばれる．いくつかの正規分布がどのような曲線になるかを図 **2.4** に示している．描かれた関数，つまり確率密度関数 (probability density function: pdf) の値は，x 軸上の点の確率そのものを与えるのではない（実際，連続分布において，ある点の確率は常に 0 である）．そうではなく，x 軸のある範囲に収まる結果となる確率が，その領域と x 軸と関数の曲線とで囲まれた領域で与えられているのである．

　正規分布は平均 μ と標準偏差 σ の二つのパラメータを持ち，その曲線は以下の式で表される．

釣鐘曲線
(BELL CURVE)
正規分布 (NORMAL
DISTRIBUTION)

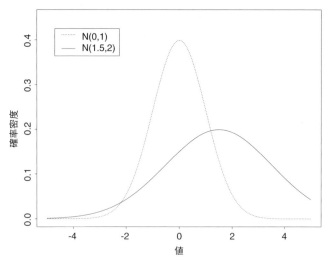

図 **2.4** 正規分布曲線の例：n(x; 0, 1) と n(x; 1.5, 2).

(2.14)
$$\mathrm{n}(x;\mu,\sigma) = \frac{1}{\sqrt{2\pi}\sigma}e^{-(x-\mu)^2/(2\sigma^2)}$$

標準正規分布
(STANDARD NORMAL DISTRIBUTION)

$\mu = 0$, $\sigma = 1$ の曲線は**標準正規分布** (*standard normal distribution*) と呼ばれる．この曲線で囲まれるいくつかの領域の値を付録に示している．

ガウス分布
(GAUSSIAN)

これらの曲線を「釣鐘曲線」と呼ぶよりは「正規分布」と呼ぶ方がずっとよいのだが，もし統計的自然言語処理やパターン認識の分野の人たちと馴染んでいきたいのであれば，「正規分布」の代わりに**ガウシアン（ガウス分布**, *Gaussian*)と呼ぶことを学び，適当なタイミングで「たぶん，これは 3-ガウシアンでモデル化できるんじゃないかな」などとコメントできるようになると素晴らしい[1]．

統計の多くの事例では，離散的な二項分布が連続的な正規分布で近似される．図 2.3 と図 2.4 を比べてみるとそれらの曲線の形が基本的によく似ているのがわかる．そのような近似は，二つの基本結果が生じる確率がともにある程度の大きさを持つか，データの量が十分大きいとき（だいたい，$np(1-p) > 5$ のとき）に許される．しかし，自然言語においては，ある句の生起のような事象，例えば，*shade tree mechanics* という句の存在は極めて稀で，仮に大量のデータを持っていたとしても，適切な二項分布と近似される正規分布との間には大きな差が生じることになる．このため，正規分布への近似は賢いやり方ではありえない．

▽ 14 章で議論するように，ガウス分布はクラスタリングで用いられる．なお，ここでは，1 次元つまり一変量の正規分布だけを議論したが，そこでは，こ

---

[1] カール・フリードリヒ・ガウス (Carl Friedrich Gauss) は，実験データのモデル化に正規分布を初めて用いた人間である．天文学者や測量技師が同じ値を反復して計測する際に生じる誤差のモデル化にそれが利用された．ただし，正規分布それ自体はアブラーム・ド・モアブル (Abraham de Moivre) によって発見されている．

2.1 確率論の基礎   49

れを多次元に一般化したもの（多変量正規分布）を紹介する.

▽ 本書で議論するその他の連続分布として，1.4.3 節で議論される双曲線分布
(hyperbolic distribution) と 5.3 節で仮説検定に用いられる t 分布がある.

2.1.10 ベイズ統計

頻度論者の統計
(FREQUENTIST
STATISTICS)

    ここまで，正統派である**頻度論者の統計** (*frequentist statistics*) について簡
単に紹介してきた. すべての人が統計の正しい哲学的基礎に関して合意してい
るわけではなく，正統派と主に対立するのは，統計に関するベイズ (Bayes) の
考え方である**ベイズ統計** (*Bayesian statistics*) である. 実はベイズ一派の中で
も議論があるので，ここでは，哲学的な問題について長く議論することはしな
い. ただ，ベイズの手法は統計的自然言語処理において非常に有益で，後の章で
扱うことになるので，ベイズの方法論について簡単に紹介しておきたいと思う.

ベイズ統計
(BAYESIAN
STATISTICS)

ベイズ更新

最尤推定
(MAXIMUM
LIKELIHOOD
ESTIMATION)

    1 枚のコインを手にとり，それを 10 回投げたら，8 回表が出たとしよう. そ
のとき，頻度論者の見方によれば，そのコインは 10 回のうち 8 回表が出るよ
うなコインであるという結論になる. これは**最尤推定** (*maximum likelihood
estimation*) と呼ばれるもので，6.2.1 節でさらに議論される. しかし，そのコ
インを調べてみて，何もおかしなところがないように見えるのであれば，この結
論を受け入れようという気にはならない. むしろ，ずっと試していれば，この
コインは同じ回数で表と裏が出るのであって，10 回のうち 8 回が表だったとい
うのは標本の数が少ないときにしばしば起きるような類のことなのではないか
と考えようとするだろう. 言い換えると，それに反する明らかな証拠を目の前
にしてもその人の信念に影響を与え続ける**事前信念** (*prior belief*) というもの
が存在する. ベイズ統計はこの信念の程度を測るもので，事前信念から始まり，
それが証拠に出会って更新されていく様子をベイズの定理に従って計算する.

事前信念
(PRIOR BELIEF)

    例えば，μ_m を $P(表) = m$ であると主張するモデル (model)[2] とする. s
を，表が i 回，裏が j 回という結果であるようなある観察の系列とすると，
$0 \leq m \leq 1$ である任意の m において，

$$（2.15） \qquad P(s \,|\, \mu_m) = m^i(1-m)^j$$

頻度論者の観点では，下式で定義される MLE（最尤推定）を求めることになる.

$$\arg\max_m P(s \,|\, \mu_m)$$

---

[2] ここでモデルとは，この世界の何かを説明するために構築される理論的建造物一般を指して
いる. 確率的モデルであれば，分布の種類とパラメータの値からなることもある. というこ
とで，式 (2.15) においては，その記法に若干いい加減なところがある. これまでは，事象空
間の部分集合である事象を条件付けに用いてきたが，ここではモデルによる条件付けを行っ
ている. この程度の自由は許していただくこととする.

そのためには，この多項式を微分して，最大値を求めるが，これは幸いにして直観に合う答え，$\frac{i}{i+j}$，表が 8 回で裏が 2 回であれば 0.8 を与えてくれる．

一方，ある人が，そのコインはおそらく普通のイカサマのないコインであろうとの信念を定量化したいと考えたとする．これは，さまざまなモデル μ_m が真であることがどの程度尤もらしいかという事前確率分布を仮定することで行われる．大部分の確率質量を $\frac{1}{2}$ の近くに持ってきたいので，$\frac{1}{2}$ を中心とするガウス分布のようなものが適当であるが，多項式でないと微分が大変になるので，ここでは，ガウス分布の代わりに，事前信念が以下の分布でモデル化されると仮定する．

$$(2.16) \qquad P(\mu_m) = 6m\,(1 - m)$$

この多項式は，その分布が $\frac{1}{2}$ を中心とし，0 から 1 の範囲でのその曲線の下の領域の面積が 1 となって便利であるので選んでいる．

観察の系列 s を得ると，コインのイカサマのなさについての新しい信念が知りたくなる．これは，式 (2.15) と式 (2.16) からベイズの定理を用いて，

$$(2.17) \qquad \begin{aligned} P(\mu_m \,|\, s) &= \frac{P(s \,|\, \mu_m) P(\mu_m)}{P(s)} \\ &= \frac{m^i (1 - m)^j \times 6m(1 - m)}{P(s)} \\ &= \frac{6m^{i+1}(1 - m)^{j+1}}{P(s)} \end{aligned}$$

ここで $P(s)$ は s の事前確率である．しばらくの間，この値は μ_m に依存せず，この式を最大にする m を見つける際には無視できるとしよう．であれば，分子を微分して最大値を見つけることができる．8 回が表，2 回が裏の場合には以下となる．

$$\arg\max_m P(\mu_m \,|\, s) = \frac{3}{4}$$

ここでの事前信念は弱い（与えた多項式は $\frac{1}{2}$ を中心とするが非常になだらかな曲線になっている）ので，コインが偏っていると信じる方向に大きく動くことになるが，0.8 にはならないということが大事である．もしより強い事前信念を仮定していれば，$\frac{1}{2}$ からの動きはより小さくなったはずである（練習問題 2.8 を参照のこと）．

しかし，分母 $P(s)$ についてはどう解釈すればよいだろうか．実際に観察されたのは s だけであるので，$P(s)$ は 1 であると考えたくなるかもしれない．しかし，それはこの式の意味するところではない．そうではなくて，以前，式 (2.8) で見たように，μ_m の確率で重み付けられたすべての $P(s \,|\, \mu_m)$ を合計して得られる**周辺確率**（*marginal probability*）なのである．この場合は連続であるので，積分となり，以下で与えられる．

周辺確率
(MARGINAL
PROBABILITY)

$$(2.18) \qquad P(s) = \int_0^1 P(s \mid \mu_m) P(\mu_m) dm$$

$$= \int_0^1 6m^{i+1}(1-m)^{j+1} dm$$

これはたまたま，統計学者によって詳しく研究されている別の連続分布，ベータ関数の一例となっており，参考書を紐解けば，以下のようになることがわかる．

$$(2.19) \qquad P(s) = \frac{6(i+1)!(j+1)!}{(i+j+3)!}$$

正規化係数
(NORMALIZATION
FACTOR)

しかし大事なことは，この分母は，式 (2.17) で計算される $P(\mu_m \mid s)$ が確かに確率関数となることを保証する**正規化係数** (*normalization factor*) であることである．結局，$P(s)$ は $P(\mu_m \mid s)$ には依存しないので，先ほどのとおり最大化に関しては無視してよいことになる．

　一般的には，データは順次入手され，それぞれはお互いに独立であると無理なく仮定できるので，事前確率分布から始めて，新しいデータが入手されるたびに事後確率の最大値を計算することで，信念を更新していく．この場合の事後確率はしばしば MAP 確率と呼ばれる．そしてこれが新しい事前信念となり，続

ベイズ更新
(BAYESIAN
UPDATING)

くデータに対して同じ過程が繰り返される．この過程は**ベイズ更新** (*Bayesian updating*) と呼ばれる．

ベイズ決定理論

　そして，この新しい方法論を用いて行えることがもう一つある．どのモデルもしくはモデルの一族が，あるデータをよりうまく説明するかを評価することである．一連のコイン投げを実際に見ることができず，塀の向こう側で結果を叫んでいるのが聞こえるだけとしてみよう．これまで仮定してきたように，もしかしたら偏っているかもしれない一枚のコインが投げられた結果が報告されているのかもしれない．これを理論 μ とする．これはモデルの一族で，コインの偏りを表現するパラメータを一つ持っている．しかし，もう一つの理論として，それぞれの回で 2 枚のイカサマのないコインが投げられていて**両方が裏**のときには「裏」と叫ばれ，そうでない場合は表とされていることを考える．この新しい理論を ν と呼ぶ．ν によれば，s を表が i 回，裏が j 回であるような特定の系列だとすると，

$$(2.20) \qquad P(s \mid \nu) = \left(\frac{3}{4}\right)^i \left(\frac{1}{4}\right)^j$$

　これらの理論の一方は自由なパラメータを一つ（コインの偏り m）持ち，他方はパラメータを持たないことに注意してほしい．観察の前にはこれらの理論は等しく尤もらしいとする．具体的には，

$$(2.21) \qquad P(\mu) = P(\nu) = \frac{1}{2}$$

表 **2.1** 二つの理論の尤度比. 左3列は10回のデータからなる系列 s, 右3列は20回のデータからなる系列についての値を示している.

報告された10回の結果			報告された20回の結果		
表	裏	尤度比	表	裏	尤度比
0	10	4.03×10^4	0	20	1.30×10^{10}
1	9	2444.23	2	18	2.07×10^7
2	8	244.42	4	16	1.34×10^5
3	7	36.21	6	14	2307.06
4	6	7.54	8	12	87.89
5	5	2.16	10	10	6.89
6	4	0.84	12	8	1.09
7	3	0.45	14	6	0.35
8	2	0.36	16	4	0.25
9	1	0.37	18	2	0.48
10	0	0.68	20	0	3.74

これで, 観察し与えられたデータに対してどちらの理論がより尤もらしいかを計算してみることができる. 再びベイズの定理を用いて, 次のように書き下す.

$$P(\mu \mid s) = \frac{P(s \mid \mu)P(\mu)}{P(s)} \qquad P(\nu \mid s) = \frac{P(s \mid \nu)P(\nu)}{P(s)}$$

記法が急に変わっているので混乱するかもしれないが, ここで $P(s \mid \mu)$ として記述されている値は式 (2.19) で単に $P(s)$ と書かれていた値である. 式 (2.19) での議論では, 理論 μ_m が正しいと仮定し, m を決定しようとしていた. 一方, ここで $P(s)$ と書かれているものは, μ が成り立つかどうかがわからない状態での s の事前確率である. 簡単にするために, これら二つのモデルの**尤度比** (*likelihood ratio*) を計算することができる. 分母の $P(s)$ 項は打ち消され, 残りについては式 (2.19), 式 (2.20), 式 (2.21) を用いて変形し, 以下を得る.

尤度比
(LIKELIHOOD
RATIO)

(2.22)
$$\begin{aligned}
\frac{P(\mu \mid s)}{P(\nu \mid s)} &= \frac{P(s \mid \mu)P(\mu)}{P(s \mid \nu)P(\nu)} \\
&= \frac{\frac{6(i+1)!(j+1)!}{(i+j+3)!}}{\left(\frac{3}{4}\right)^i \left(\frac{1}{4}\right)^j}
\end{aligned}$$

この比率が1より大きければ理論 μ を選び, そうでなければ ν を選ぶべきである (もしくは, 一般には, この比率の対数をとって, その値が0より大きいか小さいかを見る).

さまざまな表と裏のさまざまな組合せについて, この比率を計算することができる. 表 **2.1** は10回と20回の系列について, 尤度の値を示したものである. 表の回数が少ないときは, 尤度比は1より大きく, 偏ったコインの理論 μ が優勢である. この理論は, (自由なパラメータがあるために) どのようなデータとも大きく矛盾することはないためである. 一方, 2枚のイカサマのないコインの理論 ν に沿ったときに期待される値に分布が近くなってくる (表が裏よりかなり多くなる) と, 尤度比は1より小さくなり, より単純な2枚のイカサマの

2.1 確率論の基礎　　　　53

ないコインの理論が優るようになる．利用できるデータが多くなるにつれて，2
枚のイカサマのないコインの理論が優るようになるためには，表の割合が $\frac{3}{4}$ に
より近くなることが求められる．検討すべき理論が二つだけで，このような尤
度比で優った方を採用する場合，**ベイズの最適決定** (*Bayes optimal decision*)
と呼ばれるものを行っていることになる．

ベイズの最適決定
(BAYES OPTIMAL
DECISION)

▽この手法を一般化すれば，多くの理論がある場合も，それらすべてを比較し
　最も尤もらしいものを決定することができる．この手法の例とベイズ決定理
　論についての全般的な議論は，7.2.1 節で語義曖昧性解消を議論している中
　に見つけることができる．

2.1.11　練習問題

練習問題 2.1　　　　　　　　　　　　　　　　　　　　　　　　　　　　　[⋆]

この練習問題は，本書で必要とする集合論に関する手法を示すもので，確率論のいく
つかの有用な結果をまとめている．集合論と確率関数を定義する公理を用いて，以下
を示せ．

　a. $P(A \cup B) = P(A) + P(B) - P(A \cap B)$　　[加法規則 (the addition rule)]
　b. $P(\emptyset) = 0$
　c. $P(\overline{A}) = 1 - P(A)$
　d. $A \subseteq B \Rightarrow P(A) \leq P(B)$
　e. $P(B - A) = P(B) - P(A \cap B)$

練習問題 2.2　　　　　　　　　　　　　　　　　　　　　　　　　　　　　[⋆]

以下の標本空間を仮定する．

$$(2.23) \qquad \Omega = \{\ \text{名詞である}, \text{複数の s を持つ}, \text{形容詞である}, \text{動詞である}\ \}$$

さらに以下の値を持つ関数 $f : 2^\Omega \to [0, 1]$ を仮定する．

x	$f(x)$
{ 名詞である }	0.45
{ 複数の s を持つ }	0.2
{ 形容詞である }	0.25
{ 動詞である }	0.3

確率分布として問題のないような形で f を 2^Ω のすべての要素にまで拡張することが
できるか．もしできないとすれば，これらのデータはどのようにして確率的にモデル
化するべきであるか．

練習問題 2.3　　　　　　　　　　　　　　　　　　　　　　　　　　　　　[⋆]

「3 文字からなる単語の後にピリオドがあり，このピリオドが（文末を示す標識では
なく）省略を表している」という事象の確率を，以下の仮定の下で計算せよ．

$$(2.24) \qquad P(\text{略語である} \mid 3 \text{文字の単語である}) = 0.8$$

$$(2.25) \qquad P(3 \text{文字の単語である}) = 0.0003$$

練習問題 2.4　　　　　　　　　　　　　　　　　　　　　　　　　　　　　[⋆]

以下の表で定義される X と Y は独立に分布しているといえるか．

x		0	0	1	1
y		0	1	0	1
$\mathrm{p}(X=x, Y=y)$		0.32	0.08	0.48	0.12

練習問題 2.5 [⋆]

例題 5 において，二つのサイコロの目の和の期待値を一つのサイコロを転がしたときの期待値を用いて計算した．二つのサイコロの期待値を直接計算しても同じ結果が得られることを示せ．

練習問題 2.6 [⋆⋆]

過去 2 年間で受講した授業であなたが得た成績を考える．まずそれらを適当な数値尺度に変換せよ．それらを適切にモデル化する分布はどのようなものか．

練習問題 2.7 [⋆⋆]

二項分布でモデル化するのが適当と考えられる言語現象を見つけよ．それのパラメータ p の最も良い推定はどのようなものか．

練習問題 2.8 [⋆⋆]

$i = 8, j = 2$ のときに，式 (2.15) の最大値が 0.8 で，式 (2.17) の最大値が 0.75 となることを確認せよ．事前信念が式 (2.16) の代わりに以下の式で与えられるとしたとき，

$$P(\mu_m) = 30m^2(1-m)^2$$

表が 8 回，裏が 2 回である一つ系列を観察した後の MAP 確率はいくつになるか（理論 μ_m とコインにイカサマがないという事前信念を仮定するものとする）．

2.2 情報理論の要点

情報理論の分野は 1940 年代にクロード・シャノン (Claude Shannon) によって発展を遂げた．その初期の解説論文が Shannon (1948) で報告されている．シャノンは，雑音のある電話線のような，不完全な通信路を介して伝送できる情報の量を最大化することに興味を持っていた（ただ実は，彼の関心の多くは第二次大戦中の暗号解読に由来している）．任意の「情報」源と任意の「通信路」について，シャノンは，次の二つの値についての理論的最大値を決定できるようにしたかったのである．(i) データ圧縮，これはその後，エントロピー H で（より基礎的には，コルモゴロフ複雑性 K で）与えられることがわかった．(ii) 伝送速度，これは通信路容量 C で与えられる．シャノン以前には，メッセージをより高速に送信しようとすれば，伝送中により多くの誤りが発生するのは避けられないとみなされていた．しかし，シャノンは，メッセージにおける情報の伝送が通信路容量よりも遅い速度で行われるのであれば，メッセージの伝送が誤る確率を望むだけ小さくできることを示したのである．

2.2.1 エントロピー

アルファベット
(ALPHABET)

$\mathrm{p}(x)$ を，記号（もしくは，**アルファベット** (*alphabet*)）の離散集合 $\mathcal{X}$ 上の確率変数 X の確率質量関数とする．

$$\mathrm{p}(x) = P(X=x), \quad x \in \mathcal{X}$$

2.2 情報理論の要点 55

例えば，2枚のコインを投げ，表の出た枚数を数えるとすると，次のような確率質量関数を持つ確率変数を得る．

$$\mathrm{p}(0) = 1/4, \ \mathrm{p}(1) = 1/2, \ \mathrm{p}(2) = 1/4$$

エントロピー
(ENTROPY)
自己情報量 (SELF-
INFORMATION)

エントロピー（*entropy*）（もしくは**自己情報量**（*self-information*））は，ある確率変数の不確かさの平均値である．

(2.26)
$$\text{エントロピー} \quad H(\mathrm{p}) = H(X) = -\sum_{x \in \mathcal{X}} \mathrm{p}(x) \log_2 \mathrm{p}(x)$$

エントロピーはある確率変数の情報の量を計測する．普通はビット (bit) を単位として計測される（このため，対数の底は 2 である）が，ほかの値を底としても結果は線形に変化するだけである．本書では，特に記さない限り対数は 2 を底とするものとする．また，この定義を意味あるものにするために，$0 \log 0 = 0$ と定義する．

例題 7： 8 面体のサイコロを転がした結果を報告しているとする．このとき，エントロピーは，

$$H(X) = -\sum_{i=1}^{8} \mathrm{p}(i) \log \mathrm{p}(i) = -\sum_{i=1}^{8} \frac{1}{8} \log \frac{1}{8} = -\log \frac{1}{8} = \log 8 = 3 \text{ bits}$$

結果は期待したとおりのものである．確率変数の情報の量であるエントロピーは，その変数の結果を伝送するのに必要なメッセージの長さと考えることができる．8 面体のサイコロを転がした結果を送ろうとしたとき，最も効率的な方法は，結果を単純に二値 3 桁のメッセージとして符号化することである．

1	2	3	4	5	6	7	8
001	010	011	100	101	110	111	000

それぞれの結果の伝送コストは 3 ビットで，これより低い平均伝送コストを持つようなより賢い符号化の方法は存在しない．一般に，最適な符号は，確率 $\mathrm{p}(i)$ のメッセージを $\lceil -\log \mathrm{p}(i) \rceil$ ビットで伝達できる．

エントロピーの式の先頭にあるマイナス記号は対数の中に動かすことができて，それによって逆数の形となる．

(2.27)
$$H(X) = \sum_{x \in \mathcal{X}} \mathrm{p}(x) \log \frac{1}{\mathrm{p}(x)}$$

統計学の背景を持たない人たちは，このような式をそれぞれの x についての $\mathrm{p}(x) \log (1/\mathrm{p}(x))$ という値の合計だと考えることが多い．数学的には申し分ないのだが，このような式について考えるとき，それは正しくない．そうではなくて，$\sum_{x \in \mathcal{X}} \mathrm{p}(x) \cdots$ の部分は定型句と考えるべきなのである．この定型句は

式の残りの部分（x の関数となっているはずである）について，x ごとの確率を重みとして重み付き平均をとることを表している．以前も見たように，専門的にはこの成句は**期待値** (*expectation*) を定義している．つまり，

$$H(X) = E\left(\log \frac{1}{\mathrm{p}(X)}\right)$$ (2.28)

例題 8：単純化したポリネシア語 単純化したポリネシア語[3) は文字の無作為な系列であるかのように見える．それぞれの文字の確率は以下のように示される．

$$
\begin{array}{cccccc}
\text{p} & \text{t} & \text{k} & \text{a} & \text{i} & \text{u} \\
1/8 & 1/4 & 1/8 & 1/4 & 1/8 & 1/8
\end{array}
$$

したがって，文字ごとのエントロピーは，

$$
\begin{aligned}
H(P) &= -\sum_{i \in \{p,t,k,a,i,u\}} P(i) \log P(i) \\
&= -\left[4 \times \frac{1}{8}\log\frac{1}{8} + 2 \times \frac{1}{4}\log\frac{1}{4}\right] \\
&= 2\frac{1}{2} \text{ bits}
\end{aligned}
$$

1 文字を伝送するのに平均して $2\frac{1}{2}$ ビットを必要とする，以下のような符号を設計できることから，この結果が正しいとわかる．

$$
\begin{array}{cccccc}
\text{p} & \text{t} & \text{k} & \text{a} & \text{i} & \text{u} \\
100 & 00 & 101 & 01 & 110 & 111
\end{array}
$$

この符号ではより頻度の高い文字を送るのにより少ない数のビットを使うように設計されている．そうでありながら曖昧さなく復号できるようになっていて，0 から始まる符号は長さが 2 であり，1 から始まる符号は長さが 3 である．このような符号の設計については情報理論における多くの研究があるが，ここではこれ以上の議論は行わない．

20 の質問
(TWENTY
QUESTIONS)

「**20 の質問** (*twenty questions*)」ゲーム[4) を借りて，エントロピーを考えることができる．「それは t か a ですか」や「子音ですか」などのはい・いいえで回答できる質問をすることができるとすると，確実に一つの文字を同定するために平均して $2\frac{1}{2}$ 回の質問をすることが必要になる（もちろん，良い質問をしたとしての話である！）．言い換えると，エントロピーは，確率変数の可能な値とそれに結び付けられた確率からなるような「探索空間」の大きさの指標であると解釈できる．

エントロピーには以下の特徴がある．(i) $H(X) \geq 0$. (ii) $H(X) = 0$ であるのは，X が確定していて新しい情報を与えないときである．(iii) エントロ

---

3) ハワイ語など，ポリネシアの言語はアルファベットの数が少ないことで知られている．

4) 訳注：米国や日本でテレビ番組にもなったクイズの形式．

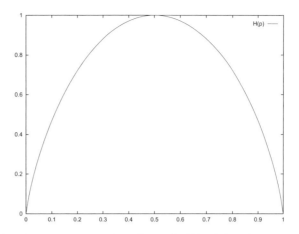

図 2.5 偏りのあるコインのエントロピー．水平軸は偏りのあるコインが表を出す確率を示す．垂直軸はそのコインを投げたときのエントロピーである．

ピーはメッセージの長さとともに増加する．偏りがあるかもしれないコインを投げた結果を伝送するために必要な情報は，表が出る確率 p と，コインが投げられた回数に依存する．1 回のコイン投げのエントロピーを**図 2.5** に示す．複数回の場合，それぞれは独立であるので，グラフ中の数値に投げた回数を乗ずることでエントロピーが得られる．

2.2.2 結合エントロピーと条件付きエントロピー

離散的な確率変数の対 $X, Y \sim p(x, y)$ の結合エントロピーは，その二つの値を特定するために平均して必要な情報の量である．これは次のように定義される．

$$H(X, Y) = -\sum_{x \in \mathcal{X}} \sum_{y \in \mathcal{Y}} p(x, y) \log p(x, y) \tag{2.29}$$

$X, Y \sim p(x, y)$ について，一方の X が与えられた際の離散的確率変数 Y の条件付きエントロピーは，相手側が X をすでに知っているという状況で Y を伝達するために，追加的な情報を平均してどの程度提供することが必要であるかを表す．

$$\begin{aligned} H(Y \mid X) &= \sum_{x \in \mathcal{X}} p(x) H(Y \mid X = x) \\ &= \sum_{x \in \mathcal{X}} p(x) \left[-\sum_{y \in \mathcal{Y}} p(y \mid x) \log p(y \mid x) \right] \\ &= -\sum_{x \in \mathcal{X}} \sum_{y \in \mathcal{Y}} p(x, y) \log p(y \mid x) \end{aligned} \tag{2.30}$$

エントロピーにも連鎖法則がある．

$$(2.31) \qquad H(X,Y) = H(X) + H(Y \mid X),$$

$$H(X_1,\ldots,X_n) = H(X_1) + H(X_2 \mid X_1) + \cdots + H(X_n \mid X_1,\ldots,X_{n-1})$$

確率の連鎖法則で積であったものは，対数であるために，ここでは和となっている．

$$
\begin{aligned}
H(X,Y) &= -E_{\mathrm{p}(x,y)}\left(\log \mathrm{p}(x,y)\right) \\
&= -E_{\mathrm{p}(x,y)}\left(\log\left(\mathrm{p}(x)\mathrm{p}(y \mid x)\right)\right) \\
&= -E_{\mathrm{p}(x,y)}\left(\log \mathrm{p}(x) + \log \mathrm{p}(y \mid x)\right) \\
&= -E_{\mathrm{p}(x)}\left(\log \mathrm{p}(x)\right) - E_{\mathrm{p}(x,y)}\left(\log \mathrm{p}(y \mid x)\right) \\
&= H(X) + H(Y \mid X)
\end{aligned}
$$

例題 9：単純化されたポリネシア語，再訪　科学的な思考として大事なのは，モデルと現実を区別することである．単純化されたポリネシア語は確率変数ではないのだが，確率変数であると近似（あるいはモデル化）されていた．この言語についてもう少し学ぶこととしよう．さらなる現地調査の結果，単純化されたポリネシア語は音節構造を持つことが明らかになった．つまり，すべての語は CV（子音–母音）の系列からなっていることがわかった．これにより，音節の子音である C と母音である V という二つの確率変数を用いたより良いモデルが示唆される．それらの結合分布 $P(C,V)$，周辺分布 $P(C,\cdot)$，$P(\cdot,V)$ は以下で与えられる．

(2.32)

	p	t	k	
a	$\frac{1}{16}$	$\frac{3}{8}$	$\frac{1}{16}$	$\frac{1}{2}$
i	$\frac{1}{16}$	$\frac{3}{16}$	0	$\frac{1}{4}$
u	0	$\frac{3}{16}$	$\frac{1}{16}$	$\frac{1}{4}$
	$\frac{1}{8}$	$\frac{3}{4}$	$\frac{1}{8}$	

　ここでは，周辺確率は音節ごとのものが記されているので，文字ごとでの文字の確率を2倍したものになっている．文字の確率は以下となる．

(2.33)
$$
\begin{array}{cccccc}
\mathrm{p} & \mathrm{t} & \mathrm{k} & \mathrm{a} & \mathrm{i} & \mathrm{u} \\
1/16 & 3/8 & 1/16 & 1/4 & 1/8 & 1/8
\end{array}
$$

いくつかの方法で結合分布のエントロピーを求めることができる．ここでは連鎖法則を用いる[5]．

---

[5] この計算では，$H\left(\frac{1}{2},\frac{1}{2},0\right)$ など，そのエントロピーを計算するような有限の値の分布について，それを確率の系列として表現するという，変則的であるが便利な記法を採用している．

$$H(C) = 2 \times \frac{1}{8} \times 3 + \frac{3}{4}\left(2 - \log 3\right)$$

$$= \frac{9}{4} - \frac{3}{4}\log 3 \text{ bits} \approx 1.061 \text{ bits}$$

$$H(V \mid C) = \sum_{c=p,t,k} \mathrm{p}(C=c)H(V \mid C=c)$$

$$= \frac{1}{8}H\left(\frac{1}{2}, \frac{1}{2}, 0\right) + \frac{3}{4}H\left(\frac{1}{2}, \frac{1}{4}, \frac{1}{4}\right) + \frac{1}{8}H\left(\frac{1}{2}, 0, \frac{1}{2}\right)$$

$$= 2 \times \frac{1}{8} \times 1 + \frac{3}{4}\left[\frac{1}{2} \times 1 + 2 \times \frac{1}{4} \times 2\right] = \frac{1}{4} + \frac{3}{4} \times \frac{3}{2}$$

$$= \frac{11}{8} \text{ bits} = 1.375 \text{ bits}$$

$$H(C,V) = H(C) + H(V \mid C)$$

$$= \frac{9}{4} - \frac{3}{4}\log 3 + \frac{11}{8}$$

$$= \frac{29}{8} - \frac{3}{4}\log 3 \approx 2.44 \text{ bits}$$

得られた 2.44 ビットは一つの音節全体のエントロピー（以前の単純化されたポリネシア語では $2 \times 2\frac{1}{2} = 5$ であったもの）である．この言語についての理解が進んだために，今では不確かさが大きく減少し，そのため，以前に比べて，見たものに驚く度合が平均して少なくなっている．

メッセージに含まれる情報の量はメッセージの長さに依存するので，普通，文字ごと，語ごとのエントロピーを議論するのが好まれる．長さ n のメッセージについて，文字/語ごとのエントロピー（これは**エントロピーレート** (*entropy rate*) とも呼ばれる）は [6]，

エントロピーレート
(ENTROPY RATE)

$$(2.34) \qquad H_{\text{rate}} = \frac{1}{n}H(X_{1n}) = -\frac{1}{n}\sum_{x_{1n}} \mathrm{p}(x_{1n})\log \mathrm{p}(x_{1n})$$

例えば，あなたが一生の間に話すすべての語を書き起こしたものやあなたが購読している地方紙へと送られてくる記事すべてからなるコーパスなど，ある言語をトークン $L = (X_i)$ の系列からなる確率的な過程であると仮定すると，人間の言語 L のエントロピーをその確率過程のエントロピーレートとして計算することができる．

$$(2.35) \qquad H_{\text{rate}}(L) = \lim_{n \to \infty} \frac{1}{n}H(X_1, X_2, \ldots, X_n)$$

ここでは，ある言語のエントロピーレートを，その言語の標本のエントロピーレートの，その標本が限りなく長くなったときの極限として捉えている．

---

[6] 本書を通じて，二つ並んだ添字は，何かの部分系列を示すために用いることとする．つまり，ここでは，確率変数の系列 $(X_i, \ldots, X_j)$ を表すために X_{ij} を用いており，同様に $x_{ij} = (x_i, \ldots, x_j)$ である．この記法はあまり一般的ではないが，系列が話題の中心となる場合には非常に便利である．ということで，この記法を記憶して，気を付けていてほしい．

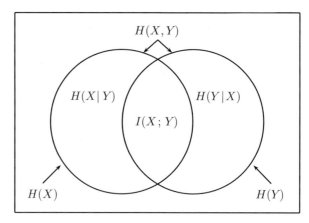

図 2.6 相互情報量 I とエントロピー H との関係.

2.2.3 相互情報量

エントロピーの連鎖法則によって,

$$H(X,Y) = H(X) + H(Y\,|\,X) = H(Y) + H(X\,|\,Y)$$

したがって,

$$H(X) - H(X\,|\,Y) = H(Y) - H(Y\,|\,X)$$

相互情報量
(MUTUAL INFORMATION)

この差は, X と Y との間の**相互情報量** (*mutual information*) と呼ばれる. これは, 他方を知ることによる一方の確率変数の不確かさの減少であり, 言い換えると, 一方の確率変数が含んでいる, 他方についての情報の量である. 図 **2.6** に相互情報量の定義とそれとエントロピーとの関係を描いている（Cover and Thomas (1991: 20) から転用）.

相互情報量は, 二つの変数に共通する情報についての, 対称で非負の尺度である. 相互情報量を変数の間の依存の度合いの尺度と考える場合も多い. しかし, 以下の理由から, 実際には独立性の尺度と考える方がより適切である.

- それは二つの変数が独立であるときにだけ 0 となる. しかし
- 二つの依存した変数に対して, 相互情報量は, 依存の程度に応じて大きくなるだけでなく, 変数のエントロピーにつれても大きくなる.

相互情報量 $I(X;Y)$[7] について, 以下の式が簡単に計算できる.

(2.36)
$$\begin{aligned}
I(X;Y) &= H(X) - H(X\,|\,Y) \\
&= H(X) + H(Y) - H(X,Y) \\
&= \sum_x \mathrm{p}(x) \log \frac{1}{\mathrm{p}(x)} + \sum_y \mathrm{p}(y) \log \frac{1}{\mathrm{p}(y)} + \sum_{x,y} \mathrm{p}(x,y) \log \mathrm{p}(x,y)
\end{aligned}$$

---

[7] 相互情報量については, 二つの引数をセミコロンで区切るという規約が一般的である. 理由はよくわからない.

$$= \sum_{x,y} \mathrm{p}(x,y) \log \frac{\mathrm{p}(x,y)}{\mathrm{p}(x)\mathrm{p}(y)}$$

$H(X\,|\,X) = 0$ であるので，以下が成り立つ．

$$H(X) = H(X) - H(X\,|\,X) = I(X;X)$$

この式は，エントロピーが自己情報量とも呼ばれるのはなぜか，完全に依存しあう変数の間の相互情報量が定数でなく，そのエントロピーに依存するのはどうしてかという理由の両方を示してる．

条件付き相互情報量と相互情報量の連鎖規則も導くことができる．

$$I(X;Y\,|\,Z) = I((X;Y)\,|\,Z) = H(X\,|\,Z) - H(X\,|\,Y,Z) \tag{2.37}$$

$$I(X_{1n};Y) = I(X_1;Y) + \cdots + I(X_n;Y\,|\,X_1,\ldots,X_{n-1}) \tag{2.38}$$

$$= \sum_{i=1}^{n} I(X_i;Y\,|\,X_1,\ldots,X_{i-1})$$

本節では，二つの確率変数の間の相互情報量を定義した．それらの分布の特定の点の間の**自己相互情報量** (*pointwise mutual information*) が議論されることもしばしばである．

自己相互情報量
(POINTWISE
MUTUAL
INFORMATION)

$$I(x,y) = \log \frac{\mathrm{p}(x,y)}{\mathrm{p}(x)\mathrm{p}(y)}$$

この値は，要素の間の結びつきについての指標としてしばしば用いられてきたが，5.4 節で述べるように，この指標の利用には問題もある．

▽相互情報量は，語のクラスタリング（14.1.3 節）など，統計的自然語処理で頻繁に用いられる．語義曖昧性解消（7.2.2 節）にも姿を見せる．

2.2.4 雑音のある通信路モデル

シャノンは，情報理論を用いることで，電話線を通じての，もしくはより一般的に任意の通信路を通じての通信の目標を，次のようにモデル化した．通信路に雑音がある状況で，メッセージの通信を，通信量と正確性の観点から最大化すること．通信路の出力はその入力に確率的に依存することが仮定されている．一般に，**圧縮率** (*compression*) と伝送の正確性との相克がある．前者は**冗長性** (*redundancy*) を取り除くことで達成される．後者は，雑音があっても入力を回復させることができるようにするために，制御された冗長性を加えることで達成される．誤りの検出と修正が可能であるために十分な冗長性を持たせつつ，それが占める空間が最小となるようにメッセージを符号化することが目標である．そうなれば，受け手にとっては，受け取ったメッセージは　もともとのメッセージに最も近いものに復号されることになる．この過程を**図 2.7** に示した．

圧縮率
(COMPRESSION)
冗長性
(REDUNDANCY)

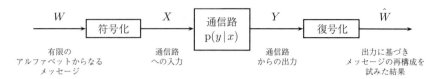

図 2.7 雑音のある通信路モデル.

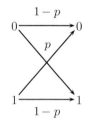

図 2.8 対称的な二値通信路．入力の0もしくは1は，伝送の過程において，確率 p で反転する．

容量 (CAPACITY)　　情報理論において通信路を特徴付ける中心概念は，**容量** (*capacity*) である．通信路容量は，出力から入力を復元できなくなる確率をいくらでも小さくしたままで，その通信路を通して情報を伝達できる速度 (rate) である．記憶を持たない通信路においては，通信路容量は相互情報量によって以下のように決定されるとシャノンの第2定理で述べられている．

(2.39)
$$C = \max_{p(X)} I(X;Y)$$

この定義によれば，すべての可能な入力の分布 p(X) の中で，入力と出力との相互情報量を最大にするような入力符号 X を設計することができれば，通信路容量に達することができるのがわかる．

一つの例として，図 **2.8** に示したような対称的な二値の通信路（二元対称通信路）を考えてみる．すべての入力記号は 0 か 1 で，通信路の雑音がそれぞれの記号を確率 p で反転させて出力してしまう．次のことがわかる．

$$I(X;Y) = H(Y) - H(Y|X)$$
$$= H(Y) - H(\mathrm{p})$$

したがって，

$$\max_{p(X)} I(X;Y) = 1 - H(\mathrm{p})$$

相互情報量は符号のエントロピーを最大化することで最大化されるので，そのためには，入力，ひいては出力を一様にすればよく，そのときのエントロピーは1である．これを用いてこの最後の行が得られる．エントロピーは非負であ

図 2.9 言語学における雑音のある通信路モデル.

るので，通信路容量 $C \leq 1$ である．通信路容量はエントロピーが 0 のときに限って 1 ビットとなる．これは $p = 0$ で，通信路が間違いなく 0 を 0 と，1 を 1 として伝送する場合か，もしくは，$p = 1$ で，常にそれらのビットを反転させてしまう場合にあたる．雑音に完全に埋もれた二値通信路，0 も 1 も同じ確率で 0 か 1 として伝送してしまうような通信路（つまり，$p = \frac{1}{2}$）では，X と Y の間の相互情報量がなくなってしまい，容量 $C = 0$ となる．このような通信路は通信の役に立たない．

シャノンによって通信路の二つの重要な特性を示しえたことが，通信理論の初期に成し遂げられた大きな成果である．まず，通信路容量は厳密に定義できる概念である．言い換えると，それぞれの通信路について，可能な分布 p(X) に対して $I(X;Y)$ の最小上界が存在する．次に，多くの実際的な応用において，最善の通信路容量に近づくのは簡単で，その通信路が最善もしくは最善に極めて近い速度で情報を伝送できるように適切な符号を設計することができる．容量の概念は，通信システムの設計でシャノン以前に行われていた当て推量の多くを排除することになった．ある通信路に対してその符号化がどの程度よいのかを厳密に評価し，最善もしくは最善に近い性能を持ったシステムを設計できるようになったのである．

雑音のある通信路モデルは統計的自然言語処理に重要で，その単純化した版は 1970 年代の定量的自然言語処理の復興の核心をなすものであった．1950 年代から 1960 年代にかけての初期の定量的自然言語処理の後の，最初の大規模な定量的プロジェクトにおいて，IBM の T. J. ワトソン研究所 (T. J. Watson research center) の研究者は音声認識と機械翻訳をともに雑音のある通信路の問題として定式化した．

雑音のある通信路モデルを通じて言語学を行う場合，符号化の段階を制御することはしない．最も尤もらしい入力を得られるように出力を復号化しようとするだけであり，つまり，図 2.9 に描かれたような通信路を扱うことになる．自然言語処理の多くの問題が，ある出力を与えられて，そこから最も尤もらしい入力を決定する試みとして捉えられる．それは，以下のように決定することができる．出力確率が定数であることに注意して，ベイズの定理を用いることで，

$$(2.40) \quad \hat{I} = \arg\max_i \mathrm{p}(i\,|\,o) = \arg\max_i \frac{\mathrm{p}(i)\mathrm{p}(o\,|\,i)}{\mathrm{p}(o)} = \arg\max_i \mathrm{p}(i)\mathrm{p}(o\,|\,i)$$

言語モデル (LANGUAGE MODEL) ここでは二つの確率分布が考慮されている．p(i) は**言語モデル** (*language model*) で，入力となる言語の「語」の系列の分布である．p($o\,|\,i$) は**通信路確**

表 2.2 復号化問題としての統計的自然言語処理.

応用	入力	出力	$\mathrm{p}(i)$	$\mathrm{p}(o\,|\,i)$
機械翻訳	L_1 の語系列	L_2 の語系列	言語モデルの $\mathrm{p}(L_1)$	翻訳モデル
光学的文字認識 (OCR)	実際のテキスト	誤りを含んだテキスト	言語テキストの確率	OCR 誤りのモデル
品詞 (POS)タグ付け	POS タグの系列	英単語の系列	POS 系列の確率	$\mathrm{p}(w\,|\,t)$
音声認識	語系列	音声信号	語系列の確率	音響モデル

通信路確率 (CHANNEL PROBABILITY) 率 (*channel probability*) である.

例として，テキストを英語からフランス語に翻訳することを考える．翻訳における雑音のある通信路モデルでは，正しいテキストはフランス語であるのだが，不幸にして，それが伝送される間に雑音のある通信路を通ることで，英語になってしまったと仮定する．つまり，テキスト中に見られた語 *cow* は実は *vache* であったものであり，雑音のある通信路によって歪曲され *cow* になってしまったのである．翻訳のためにしなければならないことは，そもそものフ **復号化 (DECODE)** ランス語を復元する，もしくは，フランス語を得るために英語を**復号化** (*decode*) することだけである [8].

翻訳において雑音のある通信路モデルが適切であるかについては，自然言語処理研究者の中で多くの熱い議論が繰り返し盛り上がっている．しかし，それが，驚くべき数の重要な研究を導いた，洗練された数学的枠組みであることには疑問の余地はない．このモデルについては 13 章でより詳しく論じる．統計的自然言語処理におけるこのほかの多くの問題が，復号化の問題の具体例と見ることができる．その一部を**表 2.2** に示した．

2.2.5 相対エントロピーとカルバック・ライブラー・ダイバージェンス

相対エントロピー (RELATIVE ENTROPY) 二つの確率質量関数 $\mathrm{p}(x), \mathrm{q}(x)$ について，それらの**相対エントロピー** (*relative entropy*) は以下のように得られる．

$$(2.41) \qquad D(\mathrm{p}\,\|\,\mathrm{q}) = \sum_{x\in\mathcal{X}} \mathrm{p}(x) \log \frac{\mathrm{p}(x)}{\mathrm{q}(x)}$$

ここで再び，$0\log\frac{0}{q}=0$ で，それ以外では $\mathrm{p}\log\frac{\mathrm{p}}{0}=\infty$ と定義する．相対エン **カルバック・ライブラー・ダイバージェンス (KULLBACK-LEIBLER DIVERGENCE)** トロピーは，**カルバック・ライブラー・ダイバージェンス** (*Kullback-Leibler divergence*) という名前でも知られており，（同じ事象空間についての）異なる二つの確率分布がどの程度異なるかの指標である．期待値として表現すると以

---
[8] もしこれを読まれているのがフランス人であれば，英語が実は歪曲されたフランス語で，*clarté*（明快）な言語を不必要に曖昧にしたものであるという見解に同感していただけるかもしれない．

2.2 情報理論の要点 65

下となる.

$$D(\mathrm{p} \| \mathrm{q}) = E_{\mathrm{p}} \left(\log \frac{\mathrm{p}(X)}{\mathrm{q}(X)} \right) \tag{2.42}$$

つまり，p と q の間の KL ダイバージェンスは，分布 p を持つ事象を，それからややはずれた分布 q に基づいた符号へと符号化した場合に失われるビット数の平均である.

この量は常に非負で，p = q であるとき，そのときに限り $D(\mathrm{p} \| \mathrm{q}) = 0$ である．これらの理由から，「KL 距離」という名称を用いる執筆者も何人かいる．しかし，相対エントロピーは計量 (metric)（この語が数学で使われる意味では[9]）ではない．つまり，p と q について対称ではないし（練習問題 2.12 を参照のこと），**三角不等式** (*triangle inequality*)[10] も満たさない．このため，本書では「KL ダイバージェンス」の名称を用いる．とはいえ，イメージとしては，相対エントロピーを二つの確率分布の「距離」と考える人も多い．それは二つの pmf がどのくらい近いかの指標を与えてくれるためである.

三角不等式
(TRIANGLE
INEQUALITY)

実は相互情報量はある結合分布がどの程度独立から離れているかの指標である.

$$I(X;Y) = D(\mathrm{p}(x,y) \| \mathrm{p}(x)\mathrm{p}(y)) \tag{2.43}$$

条件付き相対エントロピーと，相対エントロピーの連鎖法則を導くこともできる (Cover and Thomas 1991: 23).

$$D\left(\mathrm{p}(y \,|\, x) \| \mathrm{q}(y \,|\, x)\right) = \sum_x \mathrm{p}(x) \sum_y \mathrm{p}(y \,|\, x) \log \frac{\mathrm{p}(y \,|\, x)}{\mathrm{q}(y \,|\, x)} \tag{2.44}$$

$$D\left(\mathrm{p}(x,y) \| \mathrm{q}(x,y)\right) = D\left(\mathrm{p}(x) \| \mathrm{q}(x)\right) + D\left(\mathrm{p}(y \,|\, x) \| \mathrm{q}(y \,|\, x)\right) \tag{2.45}$$

▽KL ダイバージェンスは，8.4 節で選択選好を測るのに利用される.

2.2.6 言語との関係：交差エントロピー

これまで，エントロピーの概念を検討し，それがメッセージを伝達するための効率的な符号をどのように導くかの概要を見てきた．しかし，これは言語の理解とどう関係するのだろうか．エントロピーが不確かさの指標であるという考えに戻るとその秘密がわかる．何かについてより多く知るほど，ある試行の結果に対する驚きは少なくなるので，エントロピーは減少する.

以前示した例を使って，このことを説明できる．例題 8 と 9 で取り上げた単純化したポリネシア語をもう一度考えることにしよう．この言語は 6 種類の文字からなる．最も簡単な符号化はこの言語のそれぞれの文字に 3 ビットを使

---

[9] 訳注：*metric* には「メートル法」の意味がある.
[10] 三角不等式は以下のとおり．任意の 3 点 x, y, z について，$d(x, y) \le d(x, z) + d(z, y)$.

うものである．これは，この言語の適切なモデル（ここでの「モデル」は単な
る確率分布である）が一様分布モデルであると仮定することに等しい．ところ
が，もしすべての文字が同じような頻度で現れるわけではないことに気付けば，
その頻度に注目することで，この言語の 1 次モデルを作成することができる．
このモデルは一文字あたり 2.5 ビットというより低いエントロピーをもたらす
（このような頻度の観察が言語を伝送するより良い符号の設計にどう用いられ
るかはすでに示したとおりである）．さらにその後，この言語の音節構造に気付
き，その音節構造を組み込んだより良いモデルに発展させることができた．得
られたモデルは，一文字あたり 1.22 ビットとさらに低いエントロピーを持つ．
ここで本質的であるのは，モデルが言語の構造をより多く獲得していれば，そ
のモデルのエントロピーはより低くなることで，言い換えれば，エントロピー
はモデルの質の指標として用いることができるのである．

　見方を変えれば，エントロピーはどのくらい驚くかの程度とも捉えられる．
単純化されたポリネシア語のテキストについて，次にどんな語がくるかを予測
することに挑戦してみよう．つまり，w を次の語，h をこれまで見てきた語の
履歴として，$P(w \mid h)$ を検討する．次の語を見たときの**驚き**（*surprise*）の指
標は，単純化されたポリネシア語の語の分布についてのモデル m によって語
w に割り当てられた条件付き確率を使って導くことができる．驚きは**自己エン
トロピー**（*pointwise entropy*）と呼ばれる値，$H(w \mid h) = -\log_2 \mathrm{m}(w \mid h)$ で
測ることができる．モデル m に基づく予測器が，与えられた履歴 h から w が
続くのが確実だと予測し，それが正しければ，w を見ることによってこの予測
器が得られる情報は $-\log_2 1 = 0$ であり，言い換えれば，この予測器はまっ
たく驚かない．逆に，この予測器が履歴 h には w は続きえないと考えていた
ら，つまり，$\mathrm{m}(w \mid h) = 0$ であれば，この予測器に与えられる情報は無限大
（$-\log_2 0 = \infty$）となる．この場合，このモデルは限りなく驚くのだが，これは
普通とてもよくないことである．一般には，それぞれの事象について，モデル
はこの両極端の間の確率を予測する．このため，次の語を見たとき，ある程度
の情報を得る．つまり，ちょっとは驚く．目標はこの驚きの大きさをできるだ
け小さく保つことである．語ごとの予測器の驚きを足し合わせることで，驚き
の総和の表現が得られる．

驚き (SURPRISE)

自己エントロピー
　　(POINTWISE
　　ENTROPY)

$$H_{\text{total}} = -\sum_{j=1}^{n} \log_2 \mathrm{m}(w_j \mid w_1, w_2, \ldots, w_{j-1})$$
$$= -\log_2 \mathrm{m}(w_1, w_2, \ldots, w_n)$$

この式の第 2 行は連鎖法則によっている．驚きの概念がテキストの大きさに依
存しないようにするために，この指標をテキストの長さで正規化すると都合のよ
いことが多い．この正規化された指標は予測器の語ごとの驚きの平均を与える．
　ここまでの議論はやや厳密でなかったが，これを相対エントロピーの概念を

用いて数学的に厳密なものにできる．経験論的な現象があったとする．統計的自然言語処理では，ある言語の発話が普通その例となる．数値への写像を仮定することで，これを確率変数 X を通じて表現することができる．そして，これらの発話にわたるある確率分布が存在すると仮定する．例えば，*Thank you* は *On you* より頻繁に現れると仮定する．これにより，$X \sim \mathrm{p}(x)$ となる．

さて，残念ながら，この経験論的な現象についての $\mathrm{p}(\cdot)$ がどんなものかはわからない．しかし，いくつかの具体例，例えば発話のコーパスを見ることで，p がおおむねどのようであるかを推定することができる．言い換えると，最善の推定に基づいて，実際の分布のモデル p を作り出すことができる．このモデルの作成において，確率モデルをできるだけ正確なものにするために行うべきことは，$D(\mathrm{p} \| \mathrm{m})$ の最小化である．再び残念なことに，普通，この相対エントロピーは計算できない．やはり，p がどんなものかわからないからである．しかし幸いにして，処理することができる量で，これに関連するものとして，交差エントロピーがある．

真の確率分布 $\mathrm{p}(x)$ を持つ確率変数 X ともう一つの pmf q（普通は p のモデル）との間の**交差エントロピー**（*cross entropy*）は以下で与えられる．

交差エントロピー
(CROSS ENTROPY)

$$(2.46) \qquad H(X, \mathrm{q}) = H(X) + D(\mathrm{p} \| \mathrm{q})$$
$$= -\sum_x \mathrm{p}(x) \log \mathrm{q}(x)$$
$$(2.47) \qquad = E_{\mathrm{p}} \left(\log \frac{1}{\mathrm{q}(x)} \right)$$

（この式の証明は練習問題 2.13 として読者にとっておくこととする）．

2.2.2 節で言語のエントロピーを定義したように，モデル m に対する言語 $L = (X_i) \sim \mathrm{p}(x)$ の交差エントロピーを以下で定義できる．

$$(2.48) \qquad H(L, \mathrm{m}) = - \lim_{n \to \infty} \frac{1}{n} \sum_{x_{1n}} \mathrm{p}(x_{1n}) \log \mathrm{m}(x_{1n})$$

この量も p がわからないと計算できないように見えるので，大した進歩はないように思えるかもしれない．ところが，この言語が「良い」性質を持っているという仮定ができると，その言語の交差エントロピーは以下で計算することができる．

$$(2.49) \qquad H(L, \mathrm{m}) = - \lim_{n \to \infty} \frac{1}{n} \log \mathrm{m}(x_{1n})$$

この第 2 の形式を使えば，確率モデルがわかり，多量の発話があるだけで，それらに基づいて交差エントロピーを計算できる．つまり，実際に極限をとるのではなく，十分に大きい n を用いた計算で近似を行うのである．

$$(2.50) \qquad H(L, \mathrm{m}) \approx -\frac{1}{n} \log \mathrm{m}(x_{1n})$$

この指標は，驚きの平均値である．我々の目標はこの値を最小化しようとすることである．$H(X)$ は（未知であっても）ある定まった値なので，このことは，モデルの確率分布がどれほど実際の言語使用からずれているかの指標である相対エントロピーを最小化することと等価である．追加される唯一の条件は，モデルを評価するために用いるテキストが，モデルのパラメータを推定するために用いた訓練コーパスの一部ではなく，独立のテストセットであることである．交差エントロピーは，テストデータ中の語にモデルが割り当てた平均確率が大きいほど，小さい値となる．一般に，モデルの交差エントロピーをより小さくすることで，応用においてより高い性能を得られるようになる．ただ，相対的な順位が問題となるのならともかく，その大きさの程度だけが問題であるときは，必ずしもそうなるとは限らない（モデルの交差エントロピーの計算について，より実用的な例は 6.2.3 節を参照のこと）．

ところで，式 (2.48) から式 (2.49) への変形を行ってよいのはなぜだろうか．言語の交差エントロピーのための下式はその中に期待値が埋め込まれている．

$$(2.51) \qquad H(L, \mathrm{m}) = \lim_{n \to \infty} \frac{1}{n} E\left(\log \frac{1}{\mathrm{m}(X_{1n})}\right)$$

期待値はすべての可能な系列にわたっての重み付き平均であることを思い出してほしい．一方で，この式では極限を求めることで，言語使用のますます長い系列を見ていくようになっている．ということで，この変形の基になっている発想は，直観的に言えば，言語を大量に見れば，それでその「典型」を見たことになるというものである．であれば，もう言語のすべての標本を平均する必要はない．この特定の標本から与えられるエントロピーレートの値はおよそ正しいのである．

数学的に厳密な表現をすると，以下に示すように，$L = (X_i)$ が定常エルゴート過程 (stationary ergodic process) であると仮定すると上の結果を証明できる，ということになる．これはシャノン–マクミラン–ブライマンの定理 (Shannon-McMillan-Breiman theorem) からの帰結であって，漸近的等分配性 (Asymptotic Equipartition Property) としても知られている．

定理： もし H_{rate} が有限の値を持つ定常的エルゴート過程 (X_n) のエントロピーレートであれば，1 の確率で，

$$-\frac{1}{n} \log \mathrm{p}(X_1, \dots, X_n) \to H_{\mathrm{rate}}$$

この定理の証明は省略する．Cover and Thomas (1991: ch. 3,15) を参照のこと．**エルゴート過程** (*ergodic*) とは，大まかに言えば，いくつかある下位状態の一つに入り込んでそこから抜け出せなくなるようなことのない過程である．エルゴート過程でないものの例としては，一方はずっと 0 を生成し続け，他方はずっと 1 を生成し続けるという二つの状態があり，最初にそのいずれかが選ば

れるというものである。エルゴード過程でない場合は，非常に長い系列を観察
したとしても，必ずしも，そこからその過程の典型的な振る舞いがどんなもの
か（例えば，再度開始したときに何が起こりそうか）が得られるとは限らない。

定常的
(STATIONARY)

定常的 (*stationary*) な過程とは，時間によって変化しない過程である。これ
は言語については明らかに成り立たない。新しい表現が常に加わっているし，
一方でいくつもの表現が死に絶えていく。であるので，言語への応用で交差エ
ントロピーを計算する際にこの結果を用いることは必ずしも適切ではない。し
かし，ある期間のテキストを切り出したもの（1年間の新聞記事など）について
は，言語はほとんど変化しないと十分仮定することができ，この近似を受け入
れることができる。いずれにせよ，これは一般的に用いられている手法である。

2.2.7 英語のエントロピー

前述したように，英語は一般的には定常エルゴード過程ではない。しかし，そ
れでも，さまざまな統計的近似によってそれをモデル化することができる。代

n–グラムモデル
(*n*–GRAM MODEL)
マルコフ連鎖
(MARKOV CHAIN)

表的なものとして，英語では，*n*–**グラムモデル** (*n*–*gram model*)，あるいは**マル
コフ連鎖** (*Markov chain*) として知られるモデル化が行われる。6章と9章で
その詳細を議論するが，これらのモデルでは，我々の記憶が限られたものあるこ
とが仮定される。入力における次の語の確率が，それ以前の k 語にのみ依存す

マルコフ仮定
(MARKOV
ASUUMPTION)

ると仮定するのである。これは k 次の**マルコフ近似** (*Markov approximation*)
を与える。

$$P(X_n = x_n \mid X_{n-1} = x_{n-1}, \ldots, X_1 = x_1)$$
$$= P(X_n = x_n \mid X_{n-1} = x_{n-1}, \ldots, X_{n-k} = x_{n-k})$$

例えば文字単位で考えると，テキストにおける次の文字を，それに先立つ k 文
字から予想しようというものである。英語の冗長性から，これはたいてい容易
に行える。例えば，コピーのミスで各行の末尾の1文字か2文字が欠けている
ような論文であっても，学生たちが何の苦もなく理解してしまうことがこれを
証明している。

英語における文字，二重字（つまり，2文字の系列）等々の数を調査してい
くと，英語のエントロピーの上界を得ることができる[11]。単純化された英語の
モデルを何か仮定し，あるテキストに対してその交差エントロピーを計算する
ことで，$D(\mathrm{p} \| \mathrm{m}) \geq 0$, $H(X, \mathrm{m}) \geq H(X)$ であるので，英語の本当のエント
ロピーの上界が得られる。シャノンは，英語を27の記号（アルファベット26
文字と空白だけを考え，大文字小文字の区別や句読点は無視した）だけからな
ると仮定して，これを行った。彼が導いた推定値は以下のとおりである。

---

[11] より厳密に言えば，集計したテキストに基づいた推定値が得られる。その使われたテキスト
が英語全体の代表とみなせる程度に限り，この集計は，「英語」についてのものとして有効で
ある。文字のレベルで作業している範囲では，この問題はさほど厳しくないが，単語のレベ
ルでの作業となると，非常に重要な点となる。これについては4章で述べる。

(2.52)

モデル	交差エントロピー (ビット)	
0 次	4.76	（一様分布モデル，つまり $\log 27$）
1 次	4.03	
2 次	2.8	
シャノンの実験	1.3 (1.34)	(Cover and Thomas 1991: 140)

最初の 3 行は，モデルの次元が大きくなると，つまり，文字（1 次）や二重字（2 次）の頻度についての情報を用いると，英語のモデルは改善され，得られる交差エントロピーが小さくなることを示している．シャノンは英語のエントロピーについてより厳密な上界を求めようとして，被験者実験に基づいた結果を導いている．人間が与えられたテキストにおいて次の文字を推測するのがどの程度得意かを調査したのである．この実験では，英語のエントロピーについて，より小さい上界が得られた（シャノンが用いた同じテキストを使ってより多くの被験者で行われたその後の実験では，括弧内に示した 1.34 の値が得られた）．

もちろん，英語の本当のエントロピーはさらに小さいに違いない．（あまり多くはないかもしれないが）人間が気付いていないような，人々の語り方のパターンが存在するのは疑いない．しかし，現状において構築できる統計的言語モデルは人間の持つものよりまだまだだいぶ劣っている．したがって，どのような英語発話が普通で一般的なものに聞こえ，どのようなものが異常で特殊であるかがわかるような，英語話者と同じ程度に優れたモデルを構築するというのが，現時点での目標となっている．

▽n–グラムモデルについては，6 章で再度議論する．

2.2.8 パープレキシティ

パープレキシティ
(PERPLEXITY)

　音声認識の分野では，交差エントロピーよりも**パープレキシティ**（*perplexity*）がよく用いられる傾向にある．この二つの関係は簡単で，

$$(2.53) \qquad \text{perplexity}(x_{1n}, \text{m}) = 2^{H(x_{1n}, \text{m})}$$

$$(2.54) \qquad\qquad\qquad = \text{m}(x_{1n})^{-\frac{1}{n}}$$

音声認識の研究者がパープレキシティによって与えられる，対数をとっていない大きな数値での報告を好むのは，「パープレキシティを 950 からたった 540 にまで減少させることに成功しました」と報告する方が，「交差エントロピーを 9.9 から 9.1 ビットまで減少させました」と述べるよりもずっと簡単にスポンサを感心させられるからではないかと疑っている．とはいえ，パープレキシティは直観的な意味付けもちゃんと持っている．パープレキシティの値が k であることは，平均すれば，それぞれの段階で k 個の等確率の選択肢のどれかを言い当てなければならない場合と同じ程度に驚くような状況にあるということを意味している．

2.2.9 練習問題

練習問題 2.9 [⋆]

（短い）テキストを一つ選び，そのテキスト中の文字の相対頻度を計算せよ．その結果を真の確率と仮定して，その分布のエントロピーを計算せよ．

練習問題 2.10 [⋆]

別のテキストを選び，同じ方法で文字の確率分布をもう一つ計算せよ．二つの分布の間の KL ダイバージェンスはどのくらいか（第二の分布は「スムージング」する必要があるので，すべてのゼロを小さな値 ϵ に置き換えなければいけない）．

練習問題 2.11 [⋆]

表 2.2 に示した例から類推して，語義曖昧性解消の問題を雑音のある通信路モデルの枠組みで考えてみよ．語義曖昧性解消とは，曖昧な語がそのいずれの意味で用いられているかを決定する問題（例えば，*plant* について，'industrial plant' と 'living plant' とを区別する）で，7 章で扱われる．

練習問題 2.12 [⋆]

$D(p \| q) \neq D(q \| p)$ であるような，二つの分布 p, q の例を見つけ出すことで，KL ダイバージェンスが対称でないことを示せ．

練習問題 2.13 [⋆]

式 (2.46) の最初の 2 行に示された等式を証明せよ．

練習問題 2.14 [⋆]

扱っている過程が定常エルゴード過程であるという前提の下で，式 (2.49) を用いるという，より簡単な交差エントロピーの計算方法を得ることができた．実際の英語について，エルゴード性と定常性という性質が近似的にしか成り立たないことを示すような自然言語の特徴を列挙せよ．

練習問題 2.15 [⋆⋆]

シャノンの実験を再現せよ．テキストを一文字ずつ表示していくプログラムを作成し，それを見たことのないテキストで実行せよ．英語のエントロピーについてのシャノンの推定値を確認することができるか．

練習問題 2.16 [⋆⋆]

直前の練習問題での実験を，「平易」なテキスト（例えばニュースグループへの投稿）と「難解」なテキスト（例えばあまり精通してない分野の科学技術論文）とで繰り返してみよ．異なる推定値が得られたか．もし推定値が異なるのであれば，英語のエントロピーのについて異なる推定値を出してしまうことを説明するような，その実験が持っているであろう問題は何かを考えよ．

2.3 さらに学ぶために

Aho et al. (1986: ch. 4) は計算機科学における構文解析を扱っている．Allen (1995: ch. 3) は，計算言語学における構文解析を扱っている．本書で用いている数学のほとんどは Cormen et al. (1990) の第一部で扱われているが，ベクトル空間と行列については，そこに含まれないので，Strang (1988) など，線形代数の入門書を参照してほしい．

基本的な確率論については，多くの優れた入門書がある．いくつか素晴らしいものを大まかな難しさの順に簡単なものからあげるとすると，Moore and McCabe (1989), Freedman et al. (1998), Siegel and Castellan (1988), DeGroot (1975) となる．Krenn and Samuelsson (1997) は，統計的自然言

語処理の読者を想定した，より網羅的な入門書として特にお薦めする．残念なことに，統計学の教科書となるようなほとんどの入門書は，生物学や心理学などの実験科学で利用される仮説検定を中心としたシラバスに従ってしまっている．これらについての関心は，統計的自然言語処理に深く関連する内容からは離れてしまっている場合も多い．Mitchell (1997) のような機械学習の定量的な手法を扱った本を眺めることも助けになるかもしれない．

　情報理論についてここで扱った範囲は，その分野の表面をちょっとかじった程度に過ぎない．Cover and Thomas (1991) は網羅的な導入を提供してくれる．

　Brown et al. (1992b) は，英語テキストの巨大なコーパスで訓練を行い，次の語の予測に基づいて英語のエントロピーが 1 文字あたり 1.75 ビットであると示している．

3章

言語学の要点

本章では，これ以降の本書での議論を理解するために必要となる言語学の基本的な概念を導入する．それらの一部は学校で学んだことの復習かもしれないが，それにとどまらず，自然言語処理で重要な，付加 (attachment) の曖昧性や句構造などの統語的現象についてより深く掘り下げる．統語論（文構造）だけでなく，形態論（語の構成）と意味論（意味）についても一部扱う．最後の節ではこれら以外の言語学の領域を概観し，さらに学ぶための文献を提示する．

3.1 品詞と形態論

統語カテゴリ
(SYNTACTIC
CATEGORY)
文法カテゴリ
(GRAMMATICAL
CATEGORY)
品詞 (PART OF
SPEECH)
名詞 (NOUN)
動詞 (VERB)
形容詞
(ADJECTIVE)
代用検査
(SUBSTITUTION
TEST)

言語学者はある言語の語を，同じような統語的振る舞いをし，典型的に持つ意味の種類が似ているというようなクラス（集合）に分類する．これらの語のクラスは，たまに**統語カテゴリ** (*syntactic category*) とか**文法カテゴリ** (*grammatical category*) とか呼ばれることもあるが，普通はより伝統的な名前である**品詞** (*part of speech*: POS) と呼ばれている．重要な三つの品詞は，**名詞** (*noun*)，**動詞** (*verb*)，**形容詞** (*adjective*) である．**名詞** (*noun*) は典型的には人々，動物，概念，物に言及する．原型的な**動詞** (*verb*) は文における動作を表現するのに使われる．**形容詞** (*adjective*) は名詞の属性を記述する．語が同じクラスに属するかについての最も基本的な検査は**代用検査** (*substitution test*) である．形容詞は (3.1) で示した枠組みの中に現れる語として選び出すことができる．

(3.1)

$$
\text{The}
\left\{
\begin{array}{l}
\text{sad} \\
\text{intelligent} \\
\text{green} \\
\text{fat} \\
\ldots
\end{array}
\right\}
\text{one is in the corner.}
$$

文 (3.2) において，名詞 *children* は（年齢の若い）人々の集団を参照し，名詞 *candy* はある種の食物を参照する．

(3.2)   Children eat sweet candy.

動詞 *eat* は，子供たちがキャンディに対して何を行っているかを記述している．形容詞 *sweet* はキャンディの属性を伝えている．つまり，そのキャンディは甘いのである．多くの語が複数の品詞を持っている．*candy* は動詞（*Too much boiling will candy the molasses* でのように）でもあり，少なくともイギリス英語では，*sweet* は名詞でもありえて，*candy* とほぼ同じ意味を持つ．語のクラスは普通二つに分類される．**開いたクラス** (*open word class*)，あるいは**語彙的カテゴリ** (*lexical category*) は，名詞，動詞，形容詞などで，たいへん多くの語を含み，新しい語が日常的に加わっていく．**閉じたクラス** (*closed word class*)，あるいは**機能的カテゴリ** (*functional category*) は，前置詞や限定詞などの品詞（*of, on, the, a* などの語が含まれる）からなり，数えられるほどの語から構成され，それらの語は明確な文法的用法を持っている．語のさまざまな品詞は，普通，オンラインの**辞書** (*dictionary*) に列挙されている．そのような辞書は**レキシコン** (*lexicon*) とも呼ばれる．

伝統的な品詞の体系では，語はだいたい八つの分類で区別されるが，コーパス言語学者は普通，語のクラスについてより細かい分類をしようとする．これらのクラスの名前として，定着している略号の集まり，一般に**POS タグ**と呼ばれるものがある．本章では，統語カテゴリを導入することもあり，ブラウンコーパスで用いられている略号を重要なカテゴリに与えることとする．例えば，ブラウンコーパスでは形容詞は JJ という記号を使ってタグ付けされている．その先駆的な役割から，ブラウンコーパスのタグは特に広く知られている．▽4.3.2 節でいくつか有名なタグセットについて，簡単な紹介と比較を行う．

語の分類は，名詞の**単数形** (*singular*)（例えば *dog*）から**複数形** (*plural*)（*dogs*）を構成するなどの**形態論的過程** (*morphological process*) と体系的に関連づいている．言語は生産的であるため，形態論は自然言語処理において重要である．さまざまなテキストで以前には見たこともなく，編纂され手許にある辞書に含まれていない語や語形に出会う．それでも，これらの新しい語の多くは既知の語と形態論的に関係しているため，形態論的過程を理解していれば，その新しい語の統語的，意味的特徴について多くの推測を行うことができる．

英語において形態論を扱えることは確かに重要なのであるが，フィンランド語のような屈折の激しい言語に至っては，重要を通り越してまぎれもなく本質的なこととなる．英語では，規則変化動詞は四つの異なる形を持ち，不規則変化動詞もたかだか八つの形を持つ程度である．形態論なしで，語形を列挙するだけでも，結構な量をこなすことができる．これとは対照的に，フィンランド語の動詞は，10,000 以上の語形を持つ．フィンランド語のような言語にとって，すべての動詞の語形を巨大な一覧として並べ上げるのは退屈で非実用的な作業ということになる．

屈折 (INFLECTION)
接頭辞 (PREFIX)
接尾辞 (SUFFIX)
原形 (ROOT FORM)

語彙素 (LEXEME)

派生 (DERIVATION)

複合
(COMPOUNDING)

　形態論的過程の主なものは，屈折，派生，複合である．**屈折** (*inflection*) は，単数形，複数形のような文法的な区別を示すために**接頭辞** (*prefix*) や**接尾辞** (*suffix*) を用いて行われる，語の**原形** (*root form*) からの体系的な変更である．屈折は語のクラスや意味を大きく変えることはなく，時制や数，そして複数性などの特徴を変更する．ある語のすべての屈折形は，一つの**語彙素** (*lexeme*) が具現化したものとしてまとめられることが多い．

　派生 (*derivation*) は屈折と比べると体系的ではない．派生は統語カテゴリの抜本的な変化を引き起こし，意味の変化を伴うこともしばしばである．例としては（接尾辞 *-ly* が付加されることによる）形容詞 *wide* から副詞 *widely* の派生がある．*it is widely believed* のような句における *widely* は「巨大で広く分布した人々の集団の中で」という意味を持ち，*wide* の中核的意味（広大な領域に広がっている）からのズレがある．副詞の形成も複数形の屈折に比べると体系的でない．*old* や *difficult* のようないくつかの形容詞は副詞を持たず，**oldly* や **difficultly* は英語の語ではない．これ以外の派生の例をいくつかあげておく．接尾辞 *-en* は形容詞を動詞に変換する (*weak-en*, *soft-en*)，接尾辞 *-able* は動詞を形容詞に変換する (*understand-able*, *accept-able*)，接尾辞 *-er* は動詞を名詞に変換する (*teach-er*, *lead-er*)．

　複合 (*compounding*) では，二つ，もしくはそれ以上の語を結合して，新しい語を作る．英語には，名詞–名詞複合語が多数ある．それらは二つの異なる名詞の組合せによる名詞である．例としては，*tea kettle*, *disk drive*, *college degree* などである．これらは（普通は）分離した語として書き記されるが，一つの語として発音され，辞書に掲載されることが普通期待されるような一つの意味的な概念を表す．そのほか，形容詞，動詞，前置詞などの品詞を含んだ複合語もある．*downmarket*, (*to*) *overtake*, *mad cow disease* などである．

　続いて，英語の主な品詞を紹介する．

3.1.1　名詞と代名詞

　名詞は典型的には，人々，動物，物など，この世界に存在するモノを参照する．例として，以下があげられる．

(3.3)　　　dog, tree, person, hat, speech, idea, philosophy

　英語は，ほかの多くの言語と比べて形態論的に貧弱であり，名詞は複数形というたった一つの屈折を持つだけである．これは一般的には接尾辞 *-s* を付加することで形成される．以下にいくつかの名詞についてその単数形と複数形を示す．

(3.4)　　　dog : dogs　　tree : trees　　　　　person : persons

　　　　　　hat : hats　　speech : speeches　　woman : women

　　　　　　idea : ideas　philosophy : philosophies　child : children

表 3.1 名詞の一般的な屈折.

屈折の分類	具体例
数	単数 (singular), 複数 (plural)
性	（文法的）女性 (feminine), （文法的）男性 (masculine), 中性 (neuter)
格	主格 (nominative), 属格 (genitive), 与格 (dative), 対格 (accusative)

複数の接尾辞は，*hats* の /s/，*boys* の /z/，*speeches* の /əz/ という 3 種類の発音がある．最後の場合は書き言葉では *e* が挿入されることで示される．*women* のようないくつかの語形はこの規則的なパターンに従わず，**不規則変化** (*irregular*) と呼ばれる．

不規則変化
(IRREGULAR)

数（単数と複数）は，名詞に記される一般的な文法的区別の一つである．多くの言語を通じて名詞に共通するその他の二つの屈折は，性と格で，それらを**表 3.1** に示している．

英語は性に関する屈折の体系を持たないが，三人称単数の代名詞については，*he*（男性），*she*（女性），*it*（中性）と性によって異なる語形を持つ．名詞の性に関する屈折の例として，ラテン語の女性は *–a* で終わり，男性は *–us* で終わる．例えば，*fili-us* は「息子，男性の子供」で，*filla* は「娘，女性の子供」である．この二つのラテン語がそうであるように，いくつかの言語においては，文法的性はその語が参照する人間の生物学的性別と密接に関連している（女性 → （文法的）女性，男性 → （文法的）男性，いずれでもないもの → 中性）が，そうではなく，性がそれとは関係なく自由で文法的なものであるような言語もある．言語学者が好む例であるが，「娘」を意味するドイツ語 *Mädchen* は，中性である．

格 (CASE)

いくつかの言語において，名詞は，文における異なる機能（主語，目的語など）を持つ場合に，異なる語形で現れる．そのような語形は**格** (*case*) と呼ばれる．例えば，「息子」を意味するラテン語は，動詞の主語では *fillus* で，目的語のときは *fillium* である．多くの言語が，場所格，道具格などの格に対応した豊かな格に関する屈折の一覧を有している．英語には本当の意味での格の屈折はない．体系的に示される格との関係は属格についてのものだけである．属格は所有者を示す．例えば，*the woman's house* という句はその女性が家を所有していることを表している．属格は一般に *'s* で記されるが，*s* で終わる語の後では単に *'* だけとなる．後者には，*the students' grievances* のような一般的な複数形の名詞の場合が含まれる．*'s* は一見すると格による屈折のように見えるが，実際には，**接語** (*clitic*) という名前で呼ばれるもので，**句接辞** (*phrasal affix*) としても知られる．名詞に付加されて現れるだけでなく，*the person you met's house was broken into* でのように，名詞を修飾する名詞以外の語の後にも現れることができるためである．

接語 (CLITIC)

代名詞 (PRONOUN)

代名詞 (*pronoun*) は，名詞とは別の小さな語のクラスであり，談話の文脈において何らかの点で顕著な人物やモノを参照する変数のように振る舞う．例え

3.1 品詞と形態論

表 3.2 英語における代名詞の語形．二人称の語形では，再帰形を除いて数は区別されない．三人称の単数では性が区別される．

	主格	対格	所有格	第二所有格	再帰形
タグ	PPS (3 単)	PPO	PP$	PP$$	PPL
	PPSS (1 単, 2 単, 複)				(複には PPLS)
1 単	I	me	my	mine	myself
2 単	you	you	your	yours	yourself
3 単 男	he	him	his	his	himself
3 単 女	she	her	her	hers	herself
3 単 中	it	it	its	its	itself
1 複	we	us	our	ours	ourselves
2 複	you	you	your	yours	yourselves
3 複	they	them	their	theirs	themselves

ば，文 (3.5) における代名詞 *she* は，それが使用された文脈において最も顕著な（文法的に女性の）人物を指す．ここでは，Mary である．

(3.5) After *Mary* arrived in the village, *she* looked for a bed-and-breakfast.

代名詞は，その先行詞の数を明らかにすることに加えて，人称も表現する（一人称＝話し手，二人称＝聞き手，三人称＝その他の談話要素）．英語において代名詞だけが，それが文の主語として使われたか目的語として使われたかで異なる語形で現れる．それらの形は，それぞれ，**主格** (*nominative, subjective case*)，**対格** (*accusative*)，あるいは**目的格** (*objective case*) である．代名詞は，**所有代名詞** (*possessive pronoun*) という特殊な形も持つ．これは *my car* でのようにそれが所有者の場合で，属格の語形であると見ることができる．ちょっと奇妙だが，英語代名詞はもう一つ別の所有格の語形を持つ．これは「第二」所有人称代名詞と呼ばれ，*a friend of **mine*** でのように，前置詞 *of* の目的語が所有者を示す際に用いられる．最後に，**再帰代名詞** (*reflective pronoun*) がある．これは普通の（人称）代名詞と同じように使われるが，同じ文中の近くにある先行詞，一般にはその文の主語を参照するところが異なる．例えば，文 (3.6a) の *herself* は必ず Mary を参照するが，文 (3.6b) の *her* は Mary を参照できない（つまり，Mary は鏡の中に写った自分以外の女性を見たのである）．

主格 (NOMINATIVE, SUBJECTIVE CASE)
対格 (ACCUSATIVE)
目的格 (OBJECTIVE CASE)
所有代名詞 (POSSESSIVE PRONOUN)
再帰代名詞 (REFLECTIVE PRONOUN)

(3.6) a. Mary saw herself in the mirror.

b. Mary saw her in the mirror.

照応形 (ANAPHOR)

再帰代名詞（と，*each other* のような特定の表現）はしばしば**照応形** (*anaphor*) と呼ばれ，テキスト中で非常に近くにあるものを参照することで知られる．人称代名詞も同様に以前に議論された人や物を参照するが，やや遠いところに現れたものであることが多い．代名詞のすべての語形とそれらのブラウンタグを**表 3.2** にまとめた．

ブラウンタグ： NN が単数名詞 (*cnady, woman*) のブラウンタグである．ブ

固有名
(PROPER NAME)

ラウンタグセットは，**固有名詞**（もしくは**固有名** (*proper name*)）と**副詞性名詞**

副詞性名詞
(ADVERBIAL
NOUN)

(*adverbial noun*) の二つの特別な名詞を区別する．固有名詞は，*Mary, Smith, United States* のような名前で，特定の人物やモノを指す．固有名詞は一般に大文字で始められる．固有名詞のタグは NNP である[1]．副詞性名詞（タグは NR）は，*home, west, tomorrow* のような名詞で，時刻や場所など，記述されている出来事の状況についての情報を提供するために，修飾句なしで用いられる．これらは**副詞** (*adverb*)（後述）と似たような機能を持つ．ここまであげてきたタグはそれぞれの複数形に対応するものを持つ．NNS（複数名詞），NNPS（複数形の固有名詞），NRS（複数形の副詞性名詞）である．多くは所有格もしくは属格の場合の拡張子を持つ．NN\$（所有格の単数名詞），NNS\$（所有格の複数名詞），NNP\$（所有格の単数固有名詞），NNPS\$（所有格の複数固有名詞），NR\$（所有格の副詞性名詞）である．代名詞のタグは表 3.2 に示している．

3.1.2 名詞に伴う語：限定詞と形容詞

限定詞
(DETERMINER)

名詞以外の多くの品詞は，普通，名詞に伴って現れる．**限定詞** (*determiner*) は，名詞が行う特定の参照の仕方についての情報を与える．限定詞の一種とし

冠詞 (ARTICLE)

て**冠詞** (*article*) がある．冠詞 *the* は，すでに知られている，あるいは一意に決定できる何かもしくは何者かについて語っていることを示す．*the tree* といえるのは，すでにその木を参照をしたことがある場合か，ある木のそばに立っていてその木を参照することが自明であるというな，文脈から参照物が明らかであるような場合である．冠詞 *a*（もしくは *an*）は，それで語られている人やモノがこれまでは言及されていなかったことを示す．*a tree* といった場合，その木について

指示詞
(DEMONSTRATIVE)

いてこれまで言及していないし，どの木であるかを文脈から推論することもできない．このほかの限定詞としては，*this* や *that* などの**指示詞** (*demonstrative*) がある．

形容詞
(ADJECTIVE)

形容詞 (*adjective*) は名詞の属性を記述するのに用いられる．以下にいくつかの形容詞をあげる（斜字体としている）．

(3.7)
  a *red* rose, this *long* journey, many *intelligent* children,
  a very *trendy* magazine

限定的
(ATTRIBUTIVE)
連体的
(ADNOMINAL)

これらのように名詞を修飾する形容詞の用法は**限定的** (*attributive*)，あるいは**連体的** (*adnominal*) と呼ばれる．形容詞には**叙述的** (*predicative*) という用法も

叙述的
(PREDICATIVE)

あり，その場合 *be* の補語として現れる．

---

[1] 実際には固有名詞のブラウンタグは NP であるが，これを NNP に置き換えるペンツリーバンク (Penn Treebank) の方針に従った．言語学において NP が名詞句を意味するという伝統をそのまま維持できるためである．同様に後述するいくつかの関連するタグについても N を重ねるというペンツリーバンクの方針に従った．

(3.8)　　　The rose is *red*. The journey will be *long*.

多くの言語では，名詞と同様に，冠詞や形容詞も，格，数，性の区別が表現される．その場合，冠詞や形容詞が名詞と**一致** (*agreement*) するという．つまり，それらは同じ格，数，性を持つのである．英語の場合，形容詞の形態論的変化は，すでに述べた –*ly* などの接尾辞付加による派生と，**比較級** (*comparative*) (*richer, trendier*) と**最上級** (*superlative*) (*richerst, trendiest*) の形成である．主に短い一部の形容詞だけが，接尾辞 –*er* と –*est* を付加することによって形態論的に比較級と最上級を形成する．それ以外のものには，**迂言形** (*periphrastic form*) が用いられる (*more intelligent, most intelligent*)．迂言形とは，補助的な語，この場合は *more* や *most* を伴ってなされる形成である．形容詞の原形 (*rich, trendy, intelligent*) は，比較級や最上級との対比では**原級** (*positive*) と呼ばれる．比較級や最上級は形容詞によって記述されている属性がどの程度名詞に当てはまるかのさまざまな程度を比較する．以下の例は説明するまでもないだろう．

一致 (AGREEMENT)

比較級 (COMPARATIVE)

最上級 (SUPERLATIVE)

迂言形 (PERIPHRASTIC FORM)

原級 (POSITIVE)

(3.9)　　　John is rich, Paul is richer, Mary is richest.

ブラウンタグ： 形容詞 (の原級) のブラウンタグは JJ, 比較級は JJR, 最上級は JJT である．「意味的に」最上級であるような形容詞，*chief, main, top* のために特別なタグ JJS がある．数は形容詞の一部である．*one, two, 6,000,000* などの基数はタグ CD となり，*first, second, tenth, mid-twentieth* などの序数は，タグ OD となる．

冠詞のブラウンタグは AT となる．*this, that* のような単数の限定詞はタグ DT となり，複数の限定詞 (*these, those*) は DTS, 単数複数いずれにもなりうるもの (*some, any*) は DTI, そして，「二重接続」限定詞 (*either, neither*) は DTX となる．

限量子 (QUANTIFIER)

限量子 (*quantifier*) は，「すべての」，「多くの」，「いくつかの」のような概念を表現する語である．限定詞の *some* と *any* は，限量子として振る舞うことができる．限量子に対応するその他の品詞のタグとしては，ABN (前置限量子：*all, many*) と PN (名詞性代名詞：*one, something, anything, somebody*) がある．文の先頭で，存在を表現するために用いられる *there* のタグは EX である．

疑問代名詞 (INTERROGATIVE PRONOUN)

疑問限定詞 (INTERROGATIVE DETERMINER)

名詞とともに，あるいは名詞の代わりに現れる語の最後のグループは，**疑問代名詞** (*interrogative pronoun*) と**疑問限定詞** (*interrogative determiner*) であり，これらは疑問文と関係節で用いられる．これらのタグは，WDT (*wh*–限定詞：*what, which*), WP$ (所有格 *wh*–代名詞：*whose*), WPO (目的格 *wh*–代名詞：*whom, which, that*), そして WPS (主格 *wh*–代名詞：*who, which, that*) となっている．

3.1.3 動詞

動詞は, 動作 (she **threw** the stone), 活動 (She **walked** along the river), 状態 (I **have** $50) を記述するのに用いられる. 英語の規則変化動詞は以下の形態論的語形を持つ.

原形 (BASE FORM)
- **原形** (root もしくは base form): walk
- **三人称単数現在形**: walks
- **動名詞と現在分詞**: walking
- **過去形と過去/受身分詞**: walked

現在時制
(PRESENT TENSE)
これらの形の多くはそれぞれ, 複数の機能を果たす. 原形は**現在時制** (present tense) のために用いられる.

(3.10)   I walk. You walk. We walk. You (guys) walk. They walk.

三人称単数形は, もう一つの現在時制形である.

(3.11)   She walks. He walks. It walks.

不定詞
(INFINITIVE)
原形は to を伴って**不定詞** (infinitive) として用いられる.

(3.12)   She likes to walk. She has to walk. To walk is fun.

さらに原形は, 法助動詞 (modal) に続いたり, 原形不定詞 (bare infinitive) としても使われる.

(3.13)   She shouldn't walk. She helped me walk.

進行形
(PROGRESSIVE)
–ing 形は, **進行形** (progressive) (ある動作が進行中であることを示す) に用いられる.

(3.14)   She is walking. She was walking. She will be walking.

動名詞 (GERUND)
さらに –ing 形は, **動名詞** (gerund) としても用いられる. これは, 動詞が名詞の性質の一部もしくは全部を得るような派生である.

(3.15)   This is the most vigorous walking I've done in a long time. Walking is fun.

–ed 形は, ある動作が過去に生じたことを示す過去時制の役割を果たす.

(3.16)   She walked.

現在完了
(PRESENT PERFECT)
さらに, **現在完了** (present perfect) の構成において過去分詞として機能する.

(3.17)   She has walked.

3.1 品詞と形態論 *81*

表 **3.3** 一般に動詞に記される特徴.

特徴の分類	具体例
主語の数	単数, 複数
主語の人称	一人称 (*I walk*), 二人称 (*you walk*), 三人称 (*she walks*)
時制	現在時制, 過去時制, 未来時制
アスペクト	進行, 完了
ムード/モダリティ	可能法 (possibility), 仮定法 (subjunctive), 非現実相 (irrealis)
分詞	現在分詞 (*walking*), 過去分詞 (*walked*)
態	能動 (active), 受動 (passive), 中間 (middle)

過去完了
(PAST PERFECT)

過去完了 (*past perfect*) においても同様である.

(3.18)

    She had walked.

不規則変化
(IRREGULAR)

    多くの動詞は**不規則変化** (*irregular*) をし, 過去時制（過去形）と過去分詞では形が異なる. *drive* や *take* がその例である.

(3.19)

    a. She *drove* the car. She has never *driven* a car.

    b. She *took* off on Monday. She had already *taken* off on Monday.

    ちょうど名詞に数や格の特徴が記されるのが普通であるように, 動詞にも普通いくつかの特徴が記される. **表 3.3** は, 多くの言語に共通して動詞に記される文法的な特徴をまとめたものである. これらの特徴は, 英語の語末における *–s*, *–ing*, *–ed*の場合のように, 形態論的に（**統合的** (*synthetic*) とも呼ばれる）示されたり, **動詞群** (*verb group*) において動詞に付随する語である**助動詞** (*auxiliary*) を用いて（**分析的** (*analytical*) とも呼ばれる）示されたりする. 英語では, アスペクトやムードや一部の時制の情報を表現するために *have*, *be*, *will*（やその他）の助動詞を用いる. 現在完了と過去完了は, 文 (3.17) と文 (3.18) で見たように, *have* を伴って形成される. 進行形は文 (3.14) にあるとおり, *be* を伴う. 英語における過去形の場合のような直接の屈折と対比して, 助動詞を用いて構成される形は**迂言形** (*periphrastic form*) と呼ばれる.

統合的形式
(SYNTHETIC FORM)
動詞群
(VERB GROUP)
助動詞
(AUXILIARY)
分析的形式
(ANALYTICAL
FORM)

迂言形
(PERIPHRASTIC
FORM)
法助動詞 (MODAL
AUXILIARY,
MODAL)

    英語においては, **法助動詞** (*modal auxiliary, modal*) という特別な特徴を持った動詞のクラスがある. 法助動詞は, 普通の動詞が持ついくつかの形を持たず（不定形や進行性が存在しない）. 常に動詞群の先頭に現れる. 以下に示すように, これらは可能 (*may, can*) や義務 (*should*) などの法 (モダリティ) を表現する.

(3.20)

    a. With her abilities, she *can* do whatever she wants to.

    b. He *may* or *may* not come to the meeting.

    c. You *should* spend more time with your family.

英語において，未来時制は助動詞 *will* を伴うことで形成されるが，その振る舞いはその他の法の場合とまったく同様である．

(3.21)   She *will* come. She *will* not come.

ブラウンタグ：　ブラウンタグセットでは，原形 (*take*) に対して VB，三人称単数 (*takes*) に対して VBZ，過去形 (*took*) に VBD，動名詞と現在分詞 (*taking*) に対して VBG，過去分詞 (*taken*) には VBN が用いられる．法助動詞 (*can, may, must, could, might, ...*) のタグは MD である．*be, have, do* は時制やムードの形成に重要なので，ブラウンタグセットでは，これらのすべての形に対して異なるタグを用意している．ここでは省略するが，それらについては表 4.6 に列挙している．

3.1.4　その他の品詞

副詞，前置詞，不変化詞

副詞 (ADVERB)　　**副詞** (*adverb*) は，形態論的派生の例としてすでに見てきたものである．副詞は，形容詞が名詞を修飾するのと同じように，動詞を修飾する．副詞は，場所，時刻，様態，程度を規定する．

(3.22)   a. She *often* travels to Las Vegas.

　　　　 b. She *allegedly* committed perjury.

　　　　 c. She started her career off very *impressively*.

often などのような一部の副詞は形容詞から派生したものではなく，そのため接尾辞 *–ly* を伴っていない．
　一部の副詞は形容詞（文 (3.23a)，文 (3.23b)）やほかの副詞（文 (3.23c)）を修飾することもできる．

(3.23)   a. a *very* unlikely event

　　　　 b. a *shockingly* frank exchange

　　　　 c. She started her career off *very* impressively.

程度の副詞
(DEGREE ADVERB)
性状詞
(QUALIFIER)
前置詞
(PREPOSITION)

very のような特定の副詞は，形容詞と副詞を修飾する役割に特化されており，動詞を修飾しない．それらは**程度の副詞** (*degree adverb*) と呼ばれる．このために，その出現の分布がほかの副詞とはまったく異なり，**性状詞** (*qualifier*) という別の品詞とみなされることもしばしばである．
　前置詞 (*preposition*) は，典型的には空間の関係を表現する語で，その大部分は短いものである．

(3.24)	*in* the glass, *on* the table, *over* their heads, *about* an interesting idea, *concerning* your recent invention

不変化詞
(PARTICLE)
句動詞
(PHRASAL VERB)

ほとんどの前置詞が**不変化詞** (*particle*) との二つの機能を有している．不変化詞は前置詞の一種で，動詞と強い繋がりを作り出すことで，いわゆる**句動詞** (*phrasal verb*) を形成する．句動詞は，それを形成する動詞とは異なる統語的意味的特徴を持つような独立した辞書項目 (lexical entry) とみなすのが最もよい．以下にいくつか例をあげる．

(3.25)	a. The plane *took off* at 8am.
	b. Don't *give in* to him.
	c. It is time to *take on* new responsibilities.
	d. He was *put off* by so much rudeness.

時には，これらの構文は前置詞が動詞から離れた形で生じることがある．

(3.26)	a. I didn't want to *take* that responsibility *on* right now.
	b. He *put* me *off*.

これらの句動詞は，それを作り上げている動詞や前置詞からは予測できない，特殊化した固有の意味を持つ．

　文の意味がわからないと，前置詞と不変化詞を区別できない場合も時々ある．文 (3.27a) の *up* は前置詞であり，文 (3.27b) のそれは不変化詞である．文 (3.27a) における傾斜を走るという字義どおりの意味から，文 (3.27b) での巨額の請求を積み上げてしまうという比喩的な意味へと意味の変化があることで，それがわかる．

(3.27)	a. She ran up a hill.
	b. She ran up a bill.

ブラウンタグ：　副詞のタグは RB（一般的な副詞：*simply, late, well, little*），RBR（比較級の副詞：*later, better, less*），RBT（最上級の副詞：*latest, best, least*），*（*not*），QL（性状詞：*very, too, extremely*），QLP（後置性状詞：*enough, indeed*）である．副詞と疑問詞の機能をかねる品詞を表す二つのタグ，WQL（*wh*–性状詞：*how*）と WRB（*wh*–副詞：*how, when, where*）がある．
　前置詞のブラウンタグは IN で，不変化詞はタグ RP を持つ．

等位接続詞
(COORDINATING
CONJUNCTION)

接続詞と補文標識

　残された重要な語の分類は，等位接続詞と従属接続詞である．**等位接続詞**

等位接続
(COORDINATE)

(*coordinating conjunction*) は，（普通）同じ分類に属する二つの語あるいは句を「等位結合 (conjoin)」もしくは**等位接続** (*coordinate*) する.

- husband *and* wife [名詞]
- She bought *or* leased the car. [動詞]
- the green triangle *and* the blue square [名詞句]
- She bought her car, *but* she also considered leasing it. [文]

節 (CLAUSE)

従属接続詞
(SUBORDINATING
CONJUNCTION)

この最後の例に示したように，二つの文（もしくは**節** (*clause*)）を繋ぐのも，等位接続詞の機能の一つである. 同じことが**従属接続詞** (*subordinating conjunction*) によっても行われる. 以下の例において，従属接続詞は斜字体で示している.

(3.28)　　　 a. She said *that* he would be late.　　[陳述]

　　　 b. She complained *because* he was late.　　[理由]

　　　 c. I won't wait *if* he is late.　　[条件]

　　　 d. She thanked him *although* he was late.　　[譲歩]

　　　 e. She left *before* he arrived.　　[時間的関係]

補文標識 (COMPLE-
MENTIZER)

(3.28a) における *that* のような従属接続詞の場合や，動詞の項 (argument) を導入するような *for* の用法は，接続詞ではなく**補文標識** (*complementizer*) と捉えられることが多い. 等位接続と従属接続の差は，その名前が示唆するとおり，等位接続は二つの文を同等のものとして結びつけるのに対し，従属接続は従となる文を主たる文に付加する点にある. 従となる文が表現するのは，たいてい，陳述，理由，条件，譲歩，あるいは時間的に関係した出来事である.

ブラウンタグ:　等位接続詞のタグは CC，従属接続詞のタグは CS である.

3.2　句構造

語順
(WORD ORDER)

語は好き勝手な順序で現れるわけではない. 言語は**語順** (*word order*) についての制約を持っている. しかし，文の中の語が，まるで首飾りのビーズのように，品詞の系列として一列に並べられていると考えるのも適切ではない. そうではなくて，語は**句** (*phrase*) を構成する. 句とは，一連の語が集まって一つの単位としてまとまったものである. **統語論** (*syntax*) は語順や句の構造についての規則性や制約に関する学問である.

句 (PHRASE)
統語論 (SYNTAX)

構成要素
(CONSTITUENT)

基本となる発想は，ある語の集まりが**構成要素** (*constituent*) として振る舞うことである. ある構成要素は，それがいくつかの特定の場所に現れうるこ

とと，それを同じように展開できるという統語的な可能性を持つことで，それと判断される．(3.29) と (3.30) の例は，名詞とその修飾要素がまとまった構成要素について，その現れる位置と句の展開のされ方が証拠となることを示したものである．

(3.29)   a. I put *the bagels* in the freezer.

    b. *The bagels*, I put in the freezer.

    c. I put in the fridge *the bagels* (that John had given me).

(3.30) $\left\{\begin{array}{c}\text{She}\\ \text{the woman}\\ \text{the tall woman}\\ \text{the very tall woman}\\ \text{the tall woman with sad eyes}\\ \dots\end{array}\right\}$ saw $\left\{\begin{array}{c}\text{him}\\ \text{the man}\\ \text{the short man}\\ \text{the very short man}\\ \text{the short man with red hair}\\ \dots\end{array}\right\}$.

範列的関係 (PARADIGMATIC RELATIONSHIP)
範疇 (PARADIGM)
体系的集成 (SYNTAGMA)
統合的関係 (SYNTAGMATIC RELATIONSHIP)
連語 (COLLOCATION)

これはソシュール（Saussure）派の言語学における**範列的関係** (*paradigmatic relationship*) という概念である．特定の統語的位置においてお互いに置き換えうるすべての要素は（上例の名詞句という構成要素のように）一つ**範疇** (*paradigm*) に属している．範列的関係はこのような範疇に関する関係である．それに対して，二つの語が，例えば *sewed clothes, sewed a dress* のような句（もしくは**体系的集成** (*syntagma*)）を構成するとき，それらは**統合的関係**，あるいは**連辞的関係** (*syntagmatic relationship*) にあるという．統合的関係にある語の中で重要なものとして，**連語** (*collocation*)（5 章）がある．

本節では，主な句の種類のいくつかについて簡単に述べ，言語学者が句構造をモデル化するのに用いる手法を紹介する．結論としては，英語の文は全体として典型的には以下に示すような句構造を持つことが示される．

(3.31)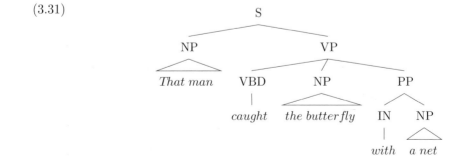

文全体にはカテゴリ S が与えられる．文は普通，主語である名詞句と動詞句に書き換えられる．

名詞句
(NOUN PHRASE)

主辞 (HEAD)

名詞句： 名詞句 (*noun phrase*: NP) の中には普通，名詞が埋め込まれており，名詞句は，その名詞に関する情報が集められた統語的単位となる．この名詞は名詞句の**主辞** (*head*)，つまり，その句の統語的性質を決定する中心的な要素と呼ばれる．名詞句は一般に動詞の**項** (*argument*)，つまり，動詞が描写する行為や活動や状態の参加者となる．名詞句は，普通，任意の限定詞，0 個以上の形容詞句，主辞となる名詞，そして場合によっては前置詞句や修飾節のような後置修飾要素いくつかからなり，これらの要素がこの順序で現れる．名詞に対する修飾節は**関係節** (*relative clause*) と呼ばれる．以下は，これらの可能性の多くを示す大きな名詞句である．

関係節
(RELATIVE
CLAUSE)

(3.32)　　The homeless old man in the park that I tried to help yesterday

前置詞句
(PREPOSITIONAL
PHRASE)

補語
(COMPLEMENT)

前置詞句： 前置詞句 (*prepositional phrase*: PP) は，前置詞が主辞となり，**補語** (*complement*) として名詞句を含む．主な句の種類いずれの中にでも現れることができるが，特に名詞句や動詞句の中に現れるのが一般的である．その場合，普通は，空間的，時間的場所やその他の属性を表現する．

動詞句
(VERB PHRASE)

動詞句： 名詞が名詞句の主辞となるのと似て，動詞が動詞句 (*verb phrase*: VP) の主辞である．一般に，動詞句はその文において動詞に統語的に依存するすべての要素から構成される（ただし，ほとんどの文法理論において，動詞句は主語となる名詞句を含まない）．(3.33) に動詞句の例をいくつか示す．

(3.33)　　a. *Getting to school on time* was a struggle.

　　　　　b. He *was trying to keep his temper.*

　　　　　c. That woman *quickly showed me the way to hide.*

形容詞句
(ADJECTIVE
PHRASE)

形容詞句： 複雑な形容詞句 (*adjective phrase*: AP) はあまり一般的でないが，以下の文で太字で示した句のような例がある．*She is **very sure of herself**; He seemed a man who was **quite certain to succeed**.*

3.2.1　句構造文法

文の統語解析は，どのようにして語の意味から文の意味を決定するかを教えてくれる．例えば，それは，ある文で記述されている出来事において，誰が誰に何をしたかを教えてくれる．以下を較べてみよう．

3.2　句構造　　87

(3.34)　　　Mary gave Peter a book.

(3.35)　　　Peter gave Mary a book.

文 (3.34) と文 (3.35) には，同じ単語が使われている．しかし，それらは異なった意味を持っている．第一の文では，本がメアリからピーターへ移動した．第二の文ではピーターからメアリに移動している．誰が誰に何をしたかの推論を可能にしているのは語順なのである．

ラテン語やロシア語など，いくつかの言語では，意味を変えることなく，文の中の語をいろいろな順序で並べることができる．それらの言語では，誰が誰に何をしたかを示すのに格標識が用いられる．この種類の言語は**自由語順** (*free word order*) 言語と呼ばれる．そのような言語では，語順は，誰が行為者かを示すのには用いられず，むしろ主に談話構造を示すのに用いられるのが普通である．そうではない英語のような言語では，文の中で語が動き回れる範囲はより限定されている．英語において，基本的な順序は主語–動詞–目的語である．

自由語順 (FREE WORD ORDER)

(3.36)　　　*The children* (主語) *should* (助動詞) eat *spinach* (目的語).

一般に，この順序が変更されるのは，特定の種類の「ムード」を表現するときだけである．**疑問文** (*interrogative*)（質問 (question)）では，主語と先頭の助動詞が**倒置** (*inversion*) される．

疑問文 (INTERROGATIVE)
倒置 (INVERSION)

(3.37)　　　*Should* (助動詞) *the children* (主語) eat *spinach* (目的語)?

もし陳述 (statement) が助動詞を含まないようなものであれば，*do* の適当な屈折形が文の先頭に現れる (*Did he cry?*)．**命令文** (*imperative*)（要求 (command)，依頼 (request)）には，主語が存在しない（話しかけられた人がそうであろうと推測される）．

命令文 (IMPERATIVE)

(3.38)　　　Eat spinach!

基本となる文は，疑問文や命令文と対比する場合には，**平叙文** (*declarative*) と呼ばれる．

平叙文 (DECLARATIVE)

語順の規則性は，**書換規則** (*rewrite rule*) によって確保されていることが多い．書換規則は，「記号 → 記号*」の形式をしており，統語カテゴリを表現する左辺の記号を右辺の記号列に書き換えてよいことを述べている．ある言語の文を生成するためには**開始記号** (*start symbol*) 'S'（文を意味する）から始める．そして，以下が書換規則の例である．

書換規則 (REWRITE RULE)

開始記号 (START SYMBOL)

$$
\begin{array}{llll}
(3.39) & \text{S} & \rightarrow \text{NP VP} & \text{AT} \rightarrow \textit{the} \\
& \text{NP} \rightarrow \left\{ \begin{array}{l} \text{AT NNS} \\ \text{AT NN} \\ \text{NP PP} \end{array} \right\} & \text{NNS} \rightarrow \left\{ \begin{array}{l} \textit{children} \\ \textit{students} \\ \textit{mountains} \end{array} \right\} \\
& \text{VP} \rightarrow \left\{ \begin{array}{l} \text{VP PP} \\ \text{VBD} \\ \text{VBD NP} \end{array} \right\} & \text{VBD} \rightarrow \left\{ \begin{array}{l} \textit{slept} \\ \textit{ate} \\ \textit{saw} \end{array} \right\} \\
& \text{PP} \rightarrow \text{IN NP} & \text{IN} \rightarrow \left\{ \begin{array}{l} \textit{in} \\ \textit{of} \end{array} \right\} \\
& & \text{NN} \rightarrow \textit{cake}
\end{array}
$$

レキシコン
(LEXICON)

右列に並んでいる規則は，前節で紹介された統語カテゴリ（あるいは品詞記号）を対応する種類の語に書き換える．文法のこの部分は**レキシコン** (*lexicon*) として分離されることも多い．これらの書換規則の本質は，ある統語カテゴリが，別の一つもしくはそれ以上の統語カテゴリもしくは語に書き換えられることにある．書き換えられるかどうかは，そのカテゴリだけに依存しており，周囲の文脈には依存しない．そのため，このような句構造文法は普通，**文脈自由文法**（*context free grammar*）と呼ばれる．

文脈自由文法
(CONTEXT FREE
GRAMMAR)

これらの規則に従って，文を導出することができる．導出 (3.40), (3.41) はその簡単な二つの例である．

(3.40)　　S
　　　　→ NP VP
　　　　→ AT NNS VBD
　　　　→ *The children slept*

(3.41)　　S
　　　　→ NP VP
　　　　→ AT NNS VBD NP
　　　　→ AT NNS VBD AT NN
　　　　→ *The children ate the cake*

終端ノード
(TERMINAL NODE)
非終端ノード
(NONTERMINAL
NODE)
局所木
(LOCAL TREE)

句構造を表現するより直観的な方法に木がある．木の葉ノードは**終端ノード**（*terminal node*）と，内側のノードは**非終端ノード**（*nonterminal node*）と呼ばれる．そのような木において，それぞれの非終端ノードとその直接の娘（下位ノード）たちが書換規則の1回の適用に対応する．これらは**局所木**（*local tree*）とも呼ばれる．娘たちの順序が語順を作り出す．木は唯一の根ノードを持ち，それが文法の開始記号である．木 (3.42), (3.43) は導出 (3.40), (3.41) に対応する．木のそれぞれのノードは**構成要素**（*constituent*）であると考えることができる．

3.2 句構造

(3.42)
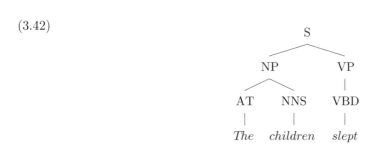

(3.43)
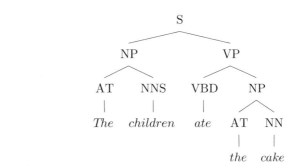

括弧付け
(BRACKETING)

文の要素を表示する第三のそして最後の方法は，（ラベル付き (*labeled*)）**括弧付け** (*bracketing*) によるものである．括弧の集まりで要素を区切り，時には非終端ノードの種類を示すためのラベルが加えられる．木 (3.43) のラベル付き括弧付けは (3.44) となる．

(3.44) [$_\text{S}$ [$_\text{NP}$ [$_\text{AT}$ *The*] [$_\text{NNS}$ *children*]] [$_\text{VP}$[$_\text{VBD}$ *ate*] [$_\text{NP}$ [$_\text{AT}$ *the*] [$_\text{NN}$ *cake*]]]]

再帰性
(RECURSIVITY)

書換規則について，自然言語の統語理論のほとんどが有している重要な特性が**再帰性** (*recursivity*) で，これは，書換規則を任意の回数適用できるような状況があるという事実を示している．ここで例とした文法では，PP が NP を含んでおり，そしてその NP は別の PP を含むことができる．そのため，図 **3.1** に例を示すような再帰的な展開が可能である．ここで，前置詞句をなす系列は，"NP → NP PP; PP → IN NP" という循環した書換規則を複数回適用することによって生成されている．ここではこの循環が 2 回繰り返されているが，3 回，4 回，そして 100 回繰り返すことも可能である．

再帰性によって，VP や NP のような一つの非終端記号を多数の語に展開することが可能になる（例えば，図 3.1 では，記号 VP は，*ate the cake of the children in the mountains* の 9 語に展開されている）．このために，共通したある書換規則によって生成され，統語的に結びついている二つの語が，導出過程が進むにつれて，間に挟まる多くの語に隔てられてしまうということが起こりうる．このような現象は，文の中で遠く離れた場所に現れていても，二つの語が統語的に依存しうるということで，**非局所的依存関係** (*non-local dependency*) と呼ばれる．

非局所的依存関係
(NON-LOCAL DEPENDENCY)

主語と動詞の一致
(SUBJECT-VERB AGREEMENT)

非局所的になりうる依存の一つの例として，**主語と動詞の一致** (*subject-verb agreement*) がある．数や人称において，文の主語と動詞が一致するというもの

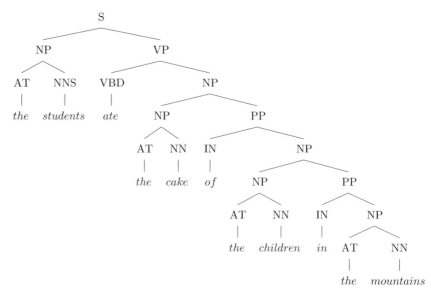

図 3.1　句構造の再帰的な展開の例.

である．*I walk, You walk, We walk, They walk* に対して，*She walks, He walks, It walks* となる．つまり，主語が三人称単数であるとき，そのときに限り，動詞も三人称単数を表す語尾の *–s* を持つ．以下の例のように，それ以外の語や句が間に入っても主語と動詞は一致する．

(3.45)　　　The **women** who found the wallet **were** given a reward.

もし直接隣り合っている語だけに注目すると，*the wallet was* ということになる．文を完全に統語解析することで *The women* が主語であり，*to be* の屈折形が複数となるべきことが明らかになる．

WH–移動
(WH-EXTRACTION)
長距離依存関係
(LONG-DISTANCE DEPENDENCY)

　非局所的依存関係のもう一つの重要な事例は，*wh–*移動 (*wh-extraction*) のような**長距離依存関係** (*long-distance dependency*) として知られる一群である [2]．この名前は，文 (3.46b) における *which book* のような句は，その基底となる位置（文 (3.46a) でのような動詞の後）から，その「表層」での位置（文 (3.46b) でのような文の先頭）へと，移動させられる（あるいは取り出される）という理論に基づいている．

(3.46)　　　a. Should Peter buy *a book*?

　　　　　　b. *Which book* should Peter buy?

---

[2] 音声関連の文献では，「長距離依存関係」という用語は普通，トライグラムでモデル化できる範囲を超えたすべての現象を指す．ここでは，それらの現象には「非局所的依存関係」の用語を与え，「長距離依存関係」という語は，言語学で一般的な意味，つまり，句構造木のノードをいくつでもまたがって現れることができるような依存関係を表現するためにとっておくことにする．

3.2 句構造

このような移動理論に賛同するかはともかく，*buy* と *which book* との間の長距離依存関係を認識しなければならないのは明らかである．そうでなければ，*book* が *buy* の項であると主張することができなくなってしまう．

▽ 局所的依存関係をモデル化する n–グラムのような統計的自然言語処理の方法論にとって，局所的でない現象は難しい課題である．n–グラムモデルは文 (3.45) の *wallet* の後の語を *were* ではなく *was* と予測する．これらの問題は 11 章の先頭でさらに議論される．

空ノード (EMPTY NODE)

さまざまな句構造文法が有している最後の特徴は**空ノード** (*empty node*) である．空ノードは非終端記号が空文字列に書き換えられたときに現れる．例えば，主語なしで *Eat the cake!* とも言えることを表すために，NP → ∅ という規則を付け加えることが考えられる．この規則は非終端記号 NP を空文字列に書き換えることを許している．これは，木においてノードの下に ∅ や e を置くことで表現される．この記法を用いると文 (3.46b) の構文木は (3.47) の構造で与えられる．

(3.47)

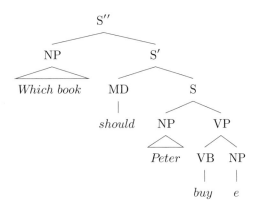

文脈自由 (CONTEXT-FREE)

本書でこれまで展開してきた句構造の単純なモデルは，言語が**文脈自由** (*context-free*) であるとの見方をとっている．例えば，'VP' を 'VBD NP' に，その後 '*sewed* NP' に展開したとする．ここで，この NP は何でも好きな名詞句に置き換えることができる．動詞 *sewed* が与えてくれる文脈は NP をどう展開するかの決定において利用することができない．このような文脈を利用できないことが文脈自由文法の鍵となる特徴である．この VP を *sewed clothes* のような自然な句に展開することもできるが，*sewed wood blocks* のような馬鹿げた展開を選択することも簡単である．

▽ どうやって必要な依存関係を組み込むかは統計的構文解析の主たるトピックであり，12 章で議論される．

3.2.2 依存：項と付加語

依存 (DEPENDENCY)
従属詞 (DEPENDENT)

文法を構成するもう一つ重要な概念に**依存** (*dependency*) と**従属詞** (*dependent*) がある．以下のような文において，

(3.48)　　　Sue watched the man at the next table.

Sue と *the man* は見るという出来事に依存している従属詞である．そのこと
を動詞 *watch* が二つの項を持つという．*at the next table* という PP は *man*
の従属詞である．それが *man* を修飾しているからである．

　ほとんどの場合，名詞句は動詞の項である．動詞の項はさまざまなレベルで
記述される．一つに，項は**意味役割** (*semantic role*) によって分類される．行
為の**動作主** (*agent*) は何かをしている人もしくはモノで，**被動者** (*patient*) は，
それ対して何かがされる人，あるいはモノである．**道具格** (*instrument*) や**目
的** (*goal*) など，その他の意味的な関係を表す役割もある．一方で，文法的な関
係に基づいて項の統語的な可能性を記述することもできる．すべての英語動詞
は**主語** (*subject*) をとり，それは動詞の前に現れる名詞句である．多くの動詞
は**目的語** (*object*) もとり，これは普通，動詞の直後に現れる名詞句である．代
名詞の場合，それが動詞の主語の場合は主格の形で，目的語の場合は目的格の
形となる．以前の例を文 (3.49) として再掲するが，そこでは，*children* は *eat*
の主語（子供たちが食べるという行為の動作主である），*sweet candy* が *eat* の
目的語（甘い飴がそれに対して行為が行われるモノで，行為の被動者である）で
ある．

(3.49)　　　Children eat sweet candy.

candy の形態論的語形は変化していない．英語においては，目的格で用いられ
たときにその形を変えるのは代名詞だけである．

　いくつかの動詞は，自分の後に目的語となる名詞句を二つとる．どちらも目
的格となる．

(3.50)　　　She gave him the book.

この文において，*him* は**間接目的語** (*indirect object*)（結果として何かを受け
取った人，**受け手** (*recipient*) を示している），*the book* は**直接目的語** (*direct
object*)（被動者を示している）である．このような動詞は，ほかに，授受の動
詞，通信の動詞がある．

　　　a. She *sent* her mother the book.

(3.51)

　　　b. She *emailed* him the letter.

このような動詞はその項について別の表現をすることができ，そこでは受け手
が前置詞句として現れる．

(3.52)　　　She sent the book to her mother.

格標識を持つ言語では，普通これらの NP は区別され，被動者は対格で，受け
手は与格で表現される．

3.2 句構造 93

意味役割と文法的機能の間には体系的な結びつきがある．例えば，動作主は普通，主語である．しかし，そこから逸脱することもあり，例えば，*Bill recieved a package from the mailman* では，動作主として現れているのは郵便集配人 (*the mailman*) である．意味役割と文法的機能との関係は，態の交替によっても変化する（態は表 3.3 に示された特徴の一つであるが，ここまで議論していなかった）．多くの言語に**能動態** (*active voice*) と**受動態** (*passive voice*) の区別（簡単に**能動** (*active*)，**受動** (*passive*) とも呼ばれる）がある．能動態が動詞の項を表現する無標の方法で，動作主が主語，被動者が目的語として表現される．

能動態
(ACTIVE VOICE)
受動態
(PASSIVE VOICE)

(3.53)　　　Children eat sweet candy.

受動態では，被動者が主語となり，動作主は斜格（oblique）に格下げされる．英語の場合，これによって二つの項の順序が逆転する．動作主は *by* を前置詞とする前置詞句によって表現されることになる．受動態は助動詞 *be* を伴った過去分詞によって形成される．

(3.54)　　　Candy is eaten by children.

英語以外の言語では，受動態への交替が，格標識の変化と動詞の形態的変化を伴うだけこともある．

下位範疇化

これまでも見てきたように，動詞が異なると，それと関連する事物（人，動物，モノ）の数も異なってくる．そのような違いの一つが**他動詞** (*transitive*) と**自動詞** (*intransitive*) の対比である．他動詞は（直接）目的語を持つが，自動詞は持たない．

他動詞
(TRANSITIVE)
自動詞
(INTRANSITIVE)

(3.55)　　　a. She brought a bottle of whiskey.

　　　　　　b. She walked (along the river).

文 (3.55a) において，*a bottle of whiskey* は *brought* の目的語である．動詞 *bring* を目的語なしで用いることはできない．例えば，*She brought* とは言えない．動詞 *walk* は自動詞の例である．文 (3.55b) には目的語がない．ただし，活動の場所を表現する前置詞句を持っている．

統語論研究者は，動詞の従属詞を分類しようとしている．彼らが行う最初の分類は，項と付加語の区別である．主語，目的語，間接目的語は項である．一般に**項** (*argument*) は，動詞の活動に中心的に関わる事物を表現する．NP で表現されることが多いが，PP, VP, あるいは節で表現されることもある．

項 (ARGUMENT)

(3.56)　　　a. We deprived him *of food*.

b. John knows *that he is losing.*

補語
(COMPLEMENT)

項は主語と，主語でない項に細分類される．後者はまとめて**補語** (*complement*) と呼ばれる，

付加語 (ADJUNCT)

付加語 (*adjunct*)[3] は，動詞とそれほど強く結びついていない句である．多くの補語が必須（義務的）である（例えば，*bring* の目的語は必須である）のに対し，付加語は常に任意となる．さらに，補語に比べると簡単に動き回ることができる．典型的な付加語の例は，動詞が記述する行為や状態について，その時刻，場所，様態を表現する句で，以下のようなものである．

(3.57)

a. She saw a Woody Allen movie *yesterday.*

b. She saw a Woody Allen movie *in Paris.*

c. She saw the Woody Allen movie *with great interest.*

d. She saw a Woody Allen movie *with a couple of friends.*

従属節
(SUBORDINATE CLAUSE)

従属節 (*subordinate clause*)（文に含まれる文）は，付加語にも下位範疇化に関わる項にもなりえて，動詞へのさまざまな関係を表現することができる．先に見た (3.28) の例では，(a) に含まれている節は項で，それ以外は付加語である．

付加語と補語を区別するのが難しい場合もある．文 (3.58) の前置詞句 *on the table* は項であり（それは *put* によって下位範疇化され，省略できない），文 (3.59) の前置詞句は付加語である（任意であり，省略できる）．

(3.58)

She put the book *on the table.*

(3.59)

He gave his presentation *on the stage.*

伝統的な項と付加語の区別は，伝統的な言語学が基礎としているカテゴリカルな考え方をそのまま反映したものである．次に示すように，それらの中間的程度を持つと判断される場合も多い．

(3.60)

a. I straightened the nail *with a hammer.*

b. He will retire *in Florida.*

斜字体で記された PP が，動詞によって記述されている出来事に中心的に関わっているとみなすべきか否かは明らかではない．統計的自然言語処理の方法論では，そのようなカテゴリカルな判断ではなく，動詞とその従属詞との関連の程度について議論する方が適切であろう．

───────────

[3] 訳注：補語，付加語と呼ばれるが，実際には語でなく句である．また「付加」は，adjunct だけでなく，attachment の訳語としても使われるので注意が必要である．

下位範疇化 (SUB-
CATEGORIZATION)

それがどのような補語を認めるかに従った動詞の分類を，**下位範疇化** (*subcat-egorization*) と呼ぶ．そして，ある動詞が特定の補語を**下位範疇化する** (*sub-categorizes for*)[4)] という言い回しを使う．例えば，*bring* は目的語を下位範疇化する．以下に，下位範疇化される項をその例文とともに列挙する．

- 主語．　*The children* eat candy.
- 目的語．　The children eat *candy*.
- 前置詞句．　She put the book *on the table*.
- 叙述的形容詞．　We made the man *angry*.
- 原形不定詞．　She helped me *walk*.
- ***to* 不定詞**．　She likes *to walk*.
- 分詞句．　She stopped *singing that tune* eventually.
- ***That* 節**．　She thinks *that it will rain tomorrow*. *that* は普通省略できる：She thinks *it will rain tomorrow*.
- 疑問節．　She is wondering *why it is raining in August*. She asked me *what book I was reading*.

これらの補語のほとんどは，NP や AP など，すでに見てきた句要素であるが，最後の二つはそうではなく，文より大きい単位である．*why it is raining in August* という節は *it is raining in August* という完全な文とその前に追加的な構成要素が加わって成り立っている．そのような「大きな節」は S′（「エスバー」と発音される）要素と呼ばれる．関係節や主節疑問も S′ 要素と分析される．

ある動詞がとりうる項のパターンが複数あることも多い．ある動詞がそれらを伴って現れるような特定の項の組合せは**下位範疇化フレーム** (*subcategorization frame*) と呼ばれる．以下は英語で一般的な下位範疇化フレームである．

下位範疇化フレーム
(SUBCATEGORIZA-
TION FRAME)

- 自動詞．　NP[主語]．*The woman walked.*
- 他動詞．　NP[主語], NP[目的語]．*John loves Mary.*
- 二重目的語動詞．　NP[主語], NP[直接目的語], NP[間接目的語]．*Mary gave Peter flowers.*
- **PP を伴う自動詞**．　NP[主語], PP．*I rent in Paddington.*
- **PP を伴う他動詞**．　NP[主語], NP[目的語], PP．*She put the book on the table.*
- 文補語．　NP[主語], 節．*I know (that) she likes you.*
- 文補語を伴う他動詞．　NP[主語], NP[目的語], 節．*She told me that Gary is coming on Tuesday.*

[4)] 訳注：下位範疇化は動詞の分類であるが，動詞が補語を下位範疇化する，下位範疇化されるのは補語であるという用法が慣用となっている．

下位範疇化フレームは補語が従うべき**統語的な**規則を表現している．同様に
意味的な規則もあり，それは**選択制限** (*selectional restriction*) もしくは**選択**
選好 (*selectional preference*) と呼ばれる．例えば，動詞 *bark* は犬を主語とす
ることを好むし，動詞 *eat* は食べられるものを目的語とすることを好む．

選択制限
(SELECTIONAL
RESTRICTION)
選択選好
(SELECTIONAL
PREFERENCE)

(3.61)　　　*The Chihuahua* barked all night.

(3.62)　　　I eat *vegetables* every day.

厳しい選択選好に違反した文は奇異な印象を与える．

(3.63)　　　a. *The cat* barked all night.

　　　　　　b. I eat *philosophy* every day.

▽ 選択選好については，8.4 節でさらに議論される．

3.2.3　X′ 理論

これまで示してきた句構造規則は，自然言語における句がどのように構成さ
れるかについての系統性を予測するものではないし，節においてさまざまな従
属詞が現れることについての規則性を主張するものでもない．しかし，現代の
統語論は，そのような規則性が数多く存在することを強調している．そこにお
ける重要な発想は，ある語がある句の**主辞** (*head*) となることである．名詞句や
前置詞句という言い方をするのは，それらが，それぞれ名詞や前置詞とその従
属詞すべてからなる構成要素だからである．そして名詞や前置詞がそれぞれの句
の主辞となる[5]．言語学者はさらに，句において従属詞が主辞のまわりにどの
ように配置されるかについても広く成り立つ系統性があると主張する．主辞は
その補語とともに小さな構成要素を構成する．この構成要素は付加語によって
修飾され，より大きな構成要素を形作る．そして最後にこの構成要素は，限定詞
のような**指定辞** (*specifier*) と結合し，それ以上大きくなれない，最大の句を作
り出す．文においては，主語が指定辞となる．この一般的な構図の例を (3.64)
に示す．

主辞 (HEAD)

指定辞 (SPECIFIER)

---

[5] ただし，一般的な扱いにおいての動詞句では，主語は動詞に従属しているが句に含まれず，
それ以外の従属詞で構成されるので，やや変則的ということになる．

(3.64)

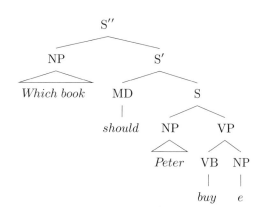

中間的な成分は N′（「エヌバー」と発音される）ノードなどと呼ばれる．ここで述べたのは基本的にバーレベルが 2 の理論（ここでは，XP を X″ と考える）であるが，名詞が任意の個数の形容詞句によって修飾されることを示すために，N′ のレベルで修飾詞の再帰的な**付加** (*adjunction*) を許している点でやや複雑になっている．より少ないもしくはより多くのバーレベルを持つ理論を唱える人たちもいる．

付加
(ADJUNCTION)

この議論の最後の段階は，語順の違いはあるが，これらの構成要素の構成は句のタイプをまたがって共通していることである．この考えは X′ 理論と呼ばれる．ここで，X は語彙的カテゴリをまたがる変数を表している．

3.2.4 句構造の曖昧性

生成
(GENERATION)
構文解析
(PARSING)
構文木 (PARSE)

これまでは，書換規則を文の**生成** (*generation*) のために用いてきた．これらは，**構文解析** (*parsing*) で用いられるのがより一般的である．構文解析は，ある特定の語の系列を生じさせるような導出，もしくは句構造木を再構築する処理である．ある文から構築された句構造木は**構文木** (*parse*) と呼ばれる．例えば，木 (3.43) は文 (3.41) の構文木である．

統語的曖昧性
(SYNTACTIC
AMBIGUITY)

多くの場合，ある一つの語の系列を生じさせるような多くの異なる句構造木が存在する．英語の包括的な文法に基づいた構文解析器は普通一つの文に数百の構文木を見つけ出す．この現象は，句構造の曖昧性，もしくは**統語的曖昧性** (*syntactic ambiguity*) と呼ばれる．「導入」の文 (1.10) で見た *Our company is training wokrer* は統語的に曖昧な文の例である．統語的曖昧性の中で特によく現れるのが，**付加の曖昧性** (*attachment ambiguity*) である．

付加の曖昧性
(ATTACHMENT
AMBIGUITY)

付加の曖昧性は，ある句が二つの異なるノードから生成されうるような場合に生じる．例えば，(3.39) に示した文法に従うと，文 (3.65) における前置詞句 *with a spoon* を生成するのに二つの方法がある．

(3.65)　　　The children ate the cake with a spoon.

それは，図 **3.2** (a) の構文木に示すように動詞句の子供としても生成されるし，

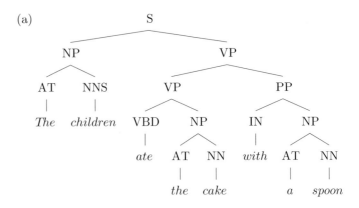

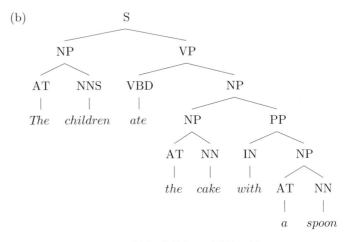

図 **3.2** 前置詞句付加の曖昧性の例.

図 3.2 (b) の構文木に示すようにある名詞句の子供としても生成されうる.

付加が異なると意味も異なってくる.動詞句への「高い」付加では,子供たちがケーキを食べているときに使っていた道具についての言及を作り出すし,名詞句への「低い」付加は,食べられたケーキがどんなであったかを語ってくれる(スプーンが添えられた (*with a spoon*) ケーキであって,例えば,アイシングの施された (*with icing*) ケーキではなかったのである).このため,付加の曖昧性の解決は正しい意味解釈を見つけ出すためにも重要となりうる.

袋小路
(GARDEN PATH)

統語的曖昧性の中でよく研究されているものに袋小路(ガーデンパス,*garden path*)という現象がある.袋小路文は,突然それ以上進めないことが明らかになるような小道に読み手を導く.例えば,そこにくるはずはないような余計な語が,文の中に突然現れていたりする.

(3.66)   The horse raced past the barn fell.

文 (3.66) は Bever (1970) からの引用で,おそらく最も有名な袋小路文の例である.*barn* まで読み進んだとき,ほとんどの人が「その馬は馬小屋を通り過

て走った」にほぼ相当する意味を持つ構文木を頭の中に作り出している．しか
し，そこで，*fell* という，この構文木にはそのまま付け加えることができない余
計な語があることに気づく．読み手は，*raced* まで後戻りしてまったく異なっ
た構文木，「かつて馬小屋を通り過ぎるまで走らされた馬が倒れた」という意味
に対応するものに作り直さざるをえないことになる．袋小路という現象は，最
初，間違った構文木を採用するようにだまされ，その後，後戻りして正しい構
文木を作り出すように強いられる現象である．

　袋小路文が話し言葉で問題となることはほとんどない．普通，意味的な選好，
会話の公準に従うという話し手の寛大さ，そして，イントネーションのパター
ンによって，袋小路の現象は防がれる (MacDonald et al. 1994, Tanenhaus
and Trueswell 1995)．このことを文 (3.66) にも見ることができる．イント
ネーションの区切りが *horse* と *raced* の間に置かれ，*raced* が主節の動詞では
なく，縮約関係節を導入していることのヒントを聞き手に与える．一方で，書
き言葉としての英語において複雑な文を読むとき，袋小路は本当の問題となる．

　統語的曖昧性によって複数の構文木を持つ文の例を見てきた．ほとんどがこ
のような文である．一方で，構文木を一つも持たない文もありうる．理由の一
つは，その文を生成するのに使われる規則が文法に含まれていないことである．
その他の可能性として，文が**非文法的** (*ungrammatical*) もしくは統語的に適格
(well-formed) でないことがありうる．以下は非文法的な文の例である．

非文法的
(UNGRAMMATICAL)

(3.67)　　　　*Slept children the.

非文法性を，意味的な異常性から区別することが重要である．以下に示したよ
うな文は奇妙であるが，それはその意味解釈がつじつまの合わないものである
のが気になるからであって，解釈をまったく持たない文 (3.67) とは事情が異
なる．

(3.68)　　　a. Colorless green ideas sleep furiously.

　　　　　　b. The cat barked.

以前に導入した統語的不適格さを示すアスタリスク記号に対して，意味的，語
用論的，さらには文化的に奇妙であることを示すのに，井桁記号（#）がしば
しば用いられる．

3.3　意味論と語用論

　意味論は，語や構文や発話の意味についての学問である．意味論は，個々の
語の意味に関する研究（**語彙意味論** (*lexical semantics*)）と，個々の語の意味
がどのように組み合わさって文（もしくはさらに大きな単位）の意味となって
いくかに関する研究との二つの分野に分けられる．

語彙意味論
(LEXICAL
SEMANTICS)

語彙意味論の一つの方法論は，語の意味がお互いにどのように関係しあうかを研究するものである．例えば，WordNet でのように，語を語彙的階層へと組織化することができる．WordNet では，**上位関係** (*hypernymy*)，**下位関係** (*hyponymy*) が定義されている．**上位語** (*hypernym, hyperonym*)[6] とは，より一般的な意味を持つ語である．例えば，*animal* は *cat* の上位語である．**下位語** (*hyponym*) はより特殊化した意味を持つ語で，*cat* は *animal* の下位語である（一般に，w^1 が w^2 の上位語であるとき，w^2 は w^1 の下位語となる）．**反意語** (*antonym*) は，反対の意味を持つ語で，*hot* と *cold*，*long* と *short* がこの関係にある．**部分全体関係** (*meronymy*) もある．*tire* は *car* の**部分語** (*meronym*) で，*leaf* は *tree* の部分語である．部分に対する全体は**全体語** (*holonym*) と呼ばれる．

同義語 (*synonym*) は，同じ意味（あるいは非常によく似た意味）を持つ語である．*car* と *automobile* は同義語である．**同綴異義語** (*homograph*) は，同じように記述されるが，実際には（歴史的，概念的に見て）関係がないような異なる意味を持つ語である[7]．例としては，*suit*（「起訴」と「一組の衣服」），*bank*（「川岸」と「金融機関」）がある．もし語の**意味** (*meaninng, sense*) が関連しあっていたら，それは**多義語** (*polyseme*) と呼ばれる．語 *branch* はその意味（「枝，植物の自然な細分割」と「支部など，分割されてはいるが依存している中央組織の部分」）が関連しているので，多義的である．同綴異義性と多義性のいずれを持つ場合も，語彙的**曖昧性** (*ambiguity*) があるといわれる．同綴異義語の一種で，綴りが同じというだけでなく発音も同じ場合は，**同音同綴異義語** (*homonym*) と呼ばれる．したがって，魚の一種の *bass* とピッチの低い音である *bass* は，同綴異義語であるが，同音同綴異義語ではない．

▽ 語の意味の曖昧性解消は 7 章の話題である．

個々の語の意味が得られた後，それらを文全体の意味に組み上げていかなければいけない．全体の意味がその部分の意味から厳密に予測できるという**構成性** (*compositionality*) の原理に自然言語は必ずしも従わないので，これは難しい問題となる．語 *white* は以下の表現の中で実にさまざまな色を示している．

(3.69)　　　white paper, white hair, white skin, white wine

白髪は灰色であるし，色白の肌は実際にはバラ色であり，白ワインは本当は黄色である（それでも，黄色いワインと聞くと，あまり飲みたいとは思わない）．*white hair, white skin, white wine* など一連の表現は**連語** (*collocation*) の例である．部分の意味の合計に，それらの部分からは予測できない意味的な要素が加わって，全体の意味となっている．

▽ 連語は 5 章の話題である．

---

[6] 規範的には後者が正しいが，前者がより一般的に使われる．

[7] 訳注：発音が同じで異なる意味を持つ語は同音異義語 (homophone) と呼ばれる．

3.3 意味論と語用論 101

慣用句 (IDIOM)　　　語の意味と句の意味の関係が完全に不透明であるとき，その句を**慣用句** (*id-iom*) と呼ぶ．例えば，*kick the bucket* は，死ぬという過程を表現していて，バケツを蹴ることとは何の関係もない．慣用句の成り立ちについて歴史的な説明はできるかもしれないが，現在使われている言語という観点では，それは完全に非構成的である．名詞–名詞複合語の一つ，行末を示す文字を意味する *carriage return* がもう一つの例となる．ほとんどの若者は，その語源，新しい行を始めるためにタイプライタのキャリッジ (*carriage*) がページの左マージンの位置まで戻る (*return*) こと，に気付いていないだろう．

　　　ここでは詳細に論じられないが，大きな要素の意味を組み上げることには，こ
スコープ (SCOPE)　れ以外にも重要な問題がたくさんある．その一つは**スコープ** (*scope*) の問題である．限量子や演算子はいくつかの句や節に広がるスコープを持っている．以下の文において，限量子 *everyone* が否定の *not* より広いスコープを持つという解釈（誰1人としてその映画に行かなかった）も，否定が限量子より広いスコープを持つという解釈（皆がその映画に行ったわけではない，少なくとも1人はその映画に行かなかった）の両方が可能である．

(3.70)　　　　Everyone didn't go to the movie.

この文の意味の正しい表現を導くためには，文脈に照らしてどちらの解釈が正しいかを決定しなければならない．

談話 (DISCOURSE)　　　語と文の次に考えなければならない大きな単位は，**談話** (*discourse*) である．談話研究では，テキストにおける文の間の隠れた関係を明らかにすることが模索されている．説明や物語の談話では，続く文が，それに先立つ文の例示，詳細
談話解析　　　化，再陳述などのいずれであるかを記述しようとする．会話ではターンとそこ
(DISCOURSE　　に含まれている言語行為（質問，陳述，要求，同意など）との関係をモデル化
ANALYSIS)　　することが必要とされている．**談話解析** (*discourse analysis*) での中心的な問
照応関係　　　題として，**照応関係** (*anaphoric relation*) の解決がある．
(ANAPHORIC
RELATION)
(3.71)　　　　a. Mary helped *Peter* get out of the cab. *He* thanked her.

　　　　　　　b. Mary helped *the other passenger* out of the cab. *The man* had
　　　　　　　　asked her to help him because of his foot injury.

照応関係は，同じ人やモノを参照する名詞句の間に成り立つ関係である．文 (3.71a) における名詞句 *Peter* と *He*，そして文 (3.71b) における *the other passenger* と *The man* はそれぞれ同じ人を参照している．照応関係の解決は**情
情報抽出　　　報抽出** (*information extraction*) において重要である．情報抽出では，自然災
(INFORMATION　害，テロリストの襲撃，企業買収など，指定された分類の出来事に関するテキス
EXTRACTION)　トが走査される．目的は，その出来事の関係者や，それに加えてそのような出来事に典型的な情報（例えば，企業合併における買収価格）を同定することで

ある．この目的を達成するためには，参加者を追跡し記録する必要があり，参照関係の正しい同定が不可欠となる．

(3.72)　　Hurricane Hugo destroyed 20,000 Florida homes. At an estimated cost of one billion dollars, the disaster has been the most costly in the state's history.

(3.72) に示した短い談話において，*Hurricane Hugo* と *the disaster* が同じ事物を参照していることを同定できると，*Which hurricanes caused more than a billion dollars worth of damage?* という質問に *Hugo* という回答を行うことができる．

語用論
(PRAGMATICS)

　　談話解析は，**語用論** (*pragmatics*) の一部である．語用論では，世界に関する知識や言語の規約が字義どおりの意味とどのように関わるかを研究する．照応関係は，それが世界知識に制約されるので，語用論に関わる現象である．例えば，談話 (3.72) における参照関係の解決において，台風が災害の一種であることが知られていないといけない．統計的自然言語処理では，語用論のほとんどの分野は大きな注目を集めていない．統計的手法で複雑な世界知識をモデル化することが難しいことと，訓練データが少ないことの両方がその理由である．その中で，注目を集め始めている二つの分野として，参照関係の解決と対話における言語行為のモデル化がある．

3.4　その他の分野

　　言語学は，伝統的に，音声論，音韻論，形態論，統語論，意味論，語用論に細分類される．音声論は，言語の物理的な音に関する研究で，子音，母音，イントネーションなどの現象が扱われる．音韻論の主題は，言語における音の体系の構造である．音声論と音韻論は音声認識と音声合成で重要となるが，本書では音声を扱わないので，これらについては扱わない．音声論と音韻論のいくつかの必要な概念について，それに言及する際に紹介するにとどめる．

社会言語学 (SOCI-
OLINGUISTICS)
歴史言語学
(HISTORICAL
LINGUISTICS)

　　言語のさまざまなレベルを扱う研究分野に加えて，言語の特定の側面に注目するような言語学の下位分野もある．**社会言語学** (*sociolinguistics*) は，社会構造と言語の相互作用を研究する．時間をわたっての言語の変化は**歴史言語学** (*historical linguistics*) の主題である．言語類型論は，さまざまな言語が言語的道具立てをその一覧の中からどのように用いているか，それらの道具立ての使い方に基づいて言語がどのように分類されるかを研究する．言語獲得研究は子供がどのように言語を学ぶかを調査する．心理言語学は言語の実時間での産出と認知に関する問題や，脳内での言語の表現方法に注目する．これらの分野の多くで，定量的な手法が利用される可能性が十分にある．ただし数理言語学は，数学的ではあるが，定量的ではない手法を用いる方法論を指すのに普通使われている．

3.5 さらに学ぶために

言語学の数多くの下位分野についての詳細な紹介記事を Newmeyer (1988) に見つけることができる．現在，これらの多くの分野において，広い範囲でのコーパスの利用や，統計的自然言語処理からの定量的な手法の適用など，統計的自然言語処理からの影響を感じることができる．

De Saussure (1962) は，構造主義言語学の歴史における画期的著作である．言語学のこの分野についての，非専門家向けの素晴らしく詳細な概説は Cambridge Encyclopedia of Language (Crystal 1987) で得られる．最近の一般書としては Pinker (1994) も見るとよい．Marchand (1969) は，英語における語の派生の可能性についての徹底的網羅的な研究を紹介しいてる．Quirk et al. (1985) は英語の包括的な文法を示している．最後に，統語論（や多くの形態論と意味論）の用語を調べる辞典として，Trask (1993) がよい．

音声認識と音声合成のよくできた入門書として，Waibel and Lee (1990), Rabiner and Juang (1993), Jelinek (1997) がある．

3.6 練習問題

練習問題 3.1 [⋆]
以下の一節に含まれる語の品詞は何か．

(3.73) The lemon is an essential cooking ingredient. Its sharply fragrant juice and tangy rind is added to sweet and savory dishes in every cuisine. This enchanting book, written by cookbook author John Smith, offers a wonderful array of recipes celebrating this internationally popular, intensely flavored fruit.

練習問題 3.2 [⋆]
名詞–名詞複合語の例を五つ考えよ．

練習問題 3.3 [⋆]
以下の文における主語，直接目的語，間接目的語を明らかにせよ．

(3.74) He baked her an apple pie.

練習問題 3.4 [⋆]
以下の二つの文はその意味においてどのような違いがあるか．

(3.75) a. Mary defended her.
b. Mary defended herself.

練習問題 3.5 [⋆]
英語における (a) 平叙文 (b) 命令文 (c) 疑問文，それぞれの標準的な語順はどのようなものか．

練習問題 3.6 [⋆]
以下の形容詞と副詞の，比較級と最上級の語形はどのようなものか．

(3.76) good, well, effective, big, curious, bad

練習問題 3.7　　　　　　　　　　　　　　　　　　　　　　　　　　　　　　[⋆]

以下の動詞について，原形，三人称単数現在形，過去形，過去分詞，現在分詞を示せ.

(3.77)　　　　throw, do, laugh, change, carry, bring, dream

練習問題 3.8　　　　　　　　　　　　　　　　　　　　　　　　　　　　　　[⋆]

以下の文を受動態に変えよ.

(3.78)　　　　a. Mary carried the suitcase up the stairs.

　　　　　　　b. Mary gave John the suitcase.

練習問題 3.9　　　　　　　　　　　　　　　　　　　　　　　　　　　　　　[⋆]

前置詞と不変化詞の違いは何か. 以下の文において，*in* はどのような文法的機能を持っているか.

(3.79)　　　　a. Mary lives in London.

　　　　　　　b. When did Mary move in?

　　　　　　　c. She puts in a lot of hours at work.

　　　　　　　d. She put the document in the wrong folder.

練習問題 3.10　　　　　　　　　　　　　　　　　　　　　　　　　　　　　[⋆]

他動詞と自動詞の例をそれぞれ三つずつあげよ.

練習問題 3.11　　　　　　　　　　　　　　　　　　　　　　　　　　　　　[⋆]

補語と付加語の違いは何か. 以下の文において，斜字体で示した句は補語と付加語のいずれか. またどのような種類の補語，あるいは付加語であるか.

(3.80)　　　　a. She goes to Church *on Sundays*.

　　　　　　　b. She went *to London*.

　　　　　　　c. Peter relies *on Mary* for help with his homework.

　　　　　　　d. The book is lying *on the table*.

　　　　　　　e. She watched him *with a telescope*.

練習問題 3.12　　　　　　　　　　　　　　　　　　　　　　　　　　　　　[⋆]

以下の文において，斜字体で示した句は付加の曖昧性を持つ例である. 可能な二つの解釈はどのようなものか.

(3.81)　　　　Mary saw the man *with the telescope*.

(3.82)　　　　The company experienced growth in classified advertising *and preprinted inserts*.

練習問題 3.13　　　　　　　　　　　　　　　　　　　　　　　　　　　　　[⋆]

以下の句は，構成的か，それとも非構成的か.

(3.83)　　　　to beat around the bush, to eat an orange, to kick butt, to twist somebody's arm, help desk, computer program, desktop publishing, book publishing, the publishing industry

練習問題 3.14　　　　　　　　　　　　　　　　　　　　　　　　　　　　　[⋆]

句動詞は，構成的か，それとも非構成的か.

練習問題 3.15　　　　　　　　　　　　　　　　　　　　　　　　　　　　　[⋆]

以下の文において，*a few actors* と *everybodyy* のどちらも文の中で広いスコープをとることができる. どのような意味の違いが生じるか.

(3.84)　　　　A few actors are liked by everybody.

4章

コーパスに基づく研究

　本章は，コーパスに基づく研究を行うための準備についてのいくつかの簡単な助言から始まる．統計的自然言語処理で必要となる主なものは，計算機，コーパス，ソフトウェアである．計算機やコーパスのさまざまな詳細は急激に変化していくものであるので，それらについて長々と論じることには意味はない．さらに，すべての面で理想的という状況でなくても，所属する組織で与えられた計算機とコーパスとで進めていかなければならない場合も多い．ソフトウェアについては，本書ではプログラミング技能そのものを教えようとは考えていなくて，本書で述べられているアルゴリズムの実装に興味を持ったような読者は，それを**適当な**プログラミング言語でプログラムできるものと仮定している．とはいえ，本節では，プログラミング言語とツールについて，一般的に有益と思われるいくつかの指針を与えることにする．

　その後，本章は，書式 (format) に関する興味深い問題と，「生データ (raw data)」，つまり何らかの電子形式での平文テキストを扱う際に出会う問題をとりあげる．無視されることが多いが，大変重要な問題として，研究課題での本当の処理を始める前にテキストに対して行うべき低いレベルの処理がある．この後で見ていくように，何が語であるか，何が文であるかを決めていくにあたっては，多くの難しい課題がある．実際には，これらの決定は，完璧とはいえない経験的な手法に基づいてなされる．だからこそ，それらの手法の不正確さがその後の結果全部に影響を与えることを意識しておくことが大事である．

　本章の最後では，データのマークアップ（注釈付け）を考える．文章の構造や意味に関するさまざまな情報を明示するためにテキストに注釈やタグなどを書き加えていく処理で，しばしば人手で行われる．このようなマークアップは有用であるが，どのような種類や内容のものを用いるか，それ自体が問題となる．本書では SGML（と，その一種である XML）によるマークアップの初歩を紹介し，その後，品詞をマークアップするためにコーパスで用いるべきタグ

セットの選択のような，実質的な課題に目を向けていく．

4.1 準備

4.1.1 計算機

テキストコーパスは通常巨大である．大量のテキストを扱うためには非常に多くの計算資源が必要になる．その処理の初期には，このことがコーパス利用における主たる制約であった．ブラウンコーパスの構築に関する研究を始めた最初の頃（1960 年代），その一覧を作成するためにコーパス中のすべての語をソートするだけで，（経過時間で）17 時間の処理時間を要した．当時の計算機（IBM7070）がおよそ 40 キロバイトの主記憶に相当する容量しか持たず，そのためソートアルゴリズムは，ソート途中のデータを磁気テープ装置に記憶させる必要があった．現在では，この程度の量のデータのソートは普及型の計算機でも数分以内で行える．

コーパスを蓄積するために多量の空間が必要なだけではない．統計的自然言語処理はコーパスからさまざまな種類の頻度情報を収集する処理からなっているため，コーパスへの高速なアクセスも求められる．大きなハードディスク容量と大きな主記憶を備えた計算機が必要になるということである．世の中は急速に変化しているので，ハードウェアに対する要求についてこれ以上詳細に述べても意味はないだろう．幸いにして，すべての変化は良い方向に向かっている．必要なものは，ある程度のパーソナルコンピュータに安価に行えるほどのRAM の拡張を施した程度のものであろう（それでも，たった数年前でさえ，十分な主記憶とハードディスクを備え，相応に高速な計算機を入手するためにはかなりの金額が必要だったのである）．

4.1.2 コーパス

言語学的目的のためにテキストコーパスを配布している主な組織の一部を選んで，**表 4.1** に示した．これらの組織のほとんどはコーパスの提供に対してある程度の対価を求めている[1]．もし予算がそれに満たないようであれば，現在では無料のテキストが得られるさまざまな場所がある．それは，電子メールやWeb ページから，Web 上の無料で入手できる書籍，雑誌，ミニコミ誌などまで幅広い．これらの無料の情報源からは，言語学的マークアップがなされたコーパスを入手することはできないが，そこそこの精度でそのようなマークアップを自動で行ってくれるツールがあることも多いし，いずれにしても，生のテキストをどう扱うかについて検討するとそれ自体にさまざまな課題が伴ってくる．

---

[1] 価格は本当にさまざまであるが，学術組織や非営利組織であれば CD1 枚あたり 100〜200 米ドル程度が普通であり，素材の収集や加工に要する実際の費用を反映した値段となっている．

表 4.1 電子コーパスを提供する主な組織とその連絡先 URL.

Linguistic Data Consortium (LDC)	http://www.ldc.upenn.edu
European Language Resources Association (ELRA)	http://www.icp.grenet.fr/ELRA/
International Computer Archive of Modern English (ICAME)	http://nora.hd.uib.no/icame.html
Oxford Text Archive (OTA)	http://ota.ahds.ac.uk/
Child Language Data Exchange System (CHILDES)	http://childes.psy.cmu.edu/

オンラインで入手できるテキストの情報はこのほか，Web サイトにも掲載している．

　コーパスを扱っていくとき，そこから生み出される統計的分析の結果や予測が妥当であるかに注意する必要がある．コーパスはある一群の規範に沿って収集された素材テキストからなる特別な集合体である．例えば，ブラウンコーパスは，1961 年に用いられていたアメリカ英語の書き言葉を代表する標本として設計された (Francis and Kučera 1982: 5–6)．その構築において採用されたいくつかの規範は，実際の出版の割合に比例して特定のテキストを含め，韻文である詩作は，「それが特殊な言語学的問題を引き起こす」 (p. 5) ために含めないというものであった．

　その結果として，ブラウンコーパスから得られた予測は，イギリス英語や，アメリカ英語の話し言葉では必ずしも成り立たない．例えば，2.2.7 節で示した英語のエントロピーの推定値はその推定に用いたコーパスに強く依存する．詩作は意味的な期待に，そして文法的な期待にさえ逆らうことがありうるので，詩作のエントロピーはほかの書き言葉テキストのそれよりも大きいことが予測される．したがってブラウンコーパスのエントロピーは詩作のエントロピーを算定するのにはあまり役立たない．より日常的な例はテキスト分類（16 章を参照のこと）で，開発の時点で訓練に用いたテキストが 1, 2 年を経ることでその代表性を失ってしまい，システムの性能が時間が経つにつれて大きく劣化することが起こりうる．

代表的な標本
(REPRESENTATIVE SAMPLE)

　一般的に論点となるのは，あるコーパスが，興味の対象である母集団の**代表的な標本** (*representative sample*) であるかどうかである．ある標本は，その標本において見い出されたことが，その母集団においても一般的に成り立つようであるとき，代表的といわれる．代表性を判断する手法については，コーパス言語学の文献で詳細に扱われているので，本書では議論しない．また，事前に決定された重要性の規範に従って，テキストの下位分類それぞれがコーパスにおいて占める割合を決定しつつ集められたコーパスを，**均衡コーパス** (*balanced corpus*) と呼ぶが，その作成についてもこれらの文献を参照するよう指摘しておく．統計的自然言語処理では，コーパスは，興味の対象である領域における一定の量のデータである．それをどう構築したかには言及しないのが普通である．そのような場合，均衡性への配慮よりも，訓練テキストの量が多いことの

均衡コーパス
(BALANCED CORPUS)

方が有益であるので，単純に，利用できるテキストをすべて用いることになる．

　まとめると，あるコーパスが代表的であるかを決定する簡単な方法はない．しかし，統計的自然言語処理を行う際にそれを心にとどめておくことは重要である．あるコーパスを選択するときや，ある結果を報告するときに，答えるようにすべき最低限の質問は，そのコーパスが代表しているのはどのような種類のテキストであり，得られた結果は興味の対象である分野に適用できるかである．▽品詞タグ付けの正解率に対するコーパスの変動の影響については，10.3.2 節で議論する．

4.1.3　ソフトウェア

　テキストコーパスを閲覧し，必要なデータを得るための分析をしてくれるソフトウェアは多数存在している．ただ，ここでは，読者が自分自身のソフトウェアを自分で記述することを全般に仮定している．ということで，本当に必要なソフトウェアは，平文テキストのエディタと，お好みの言語のコンパイラもしくはインタプリタということになる．とはいえ，テキストコーパスを検索するような特定目的のツールが役に立つこともある．それらのツールのいくつかについては，後で言及する．

テキストエディタ

　ファイルの内容がどうなっているかをできるだけそのままの形で表示してくれる平文テキストのエディタが望ましい．ほぼ標準的で安価な選択は，Unix（もしくは Windows）では Emacs，Windows では TexPad，Macintosh では BBEdit である．

正規表現

　多くの場合に，そして，多くのプログラムやエディタやそのほかで，文字の系列で表せるような単純なものではなく，より複雑なパターンをテキスト中から見つけ出すことがしばしば必要になる．そのような照合で，最も一般的で広く普及している記法が**正規表現** (*regular expression*) である．ここでは，パターンを，有限状態機械で認識できるような**正規言語** (*regular language*) を用いて記述する．もしまだ正規表現に馴染んでいないとしたら，早めにそれに精通しておくことをお薦めする．正規表現は多くの平文テキストエディタ（Emacs, TextPad, Nisus, BBEdit, . . .），ツール（grep や sed など）で利用することができるし，多くのプログラミング言語（Perl や C など）に組み込まれていたり，ライブラリとして用意されていたりする．正規表現への入門は Hopcroft and Ullman (1979), Sipser (1996), Friedl (1997) で見いだすことができる．

正規表現
(REGULAR
EXPRESSION)
正規言語
(REGULAR
LANGUAGE)

プログラミング言語

現在，ほとんどの統計的自然言語処理研究が C/C++でなされている．一般に，C/C++のような言語でのコーディングによって得られる効率のよさが，多量のデータ集合を扱い，巨大なテキストを処理する必要性に応えるためである．しかし，その周辺に付属するさまざまなテキスト処理においては，人間の労力を削減してくれるようなより経済的な言語がほかにもたくさんある．多くの人が，テキストの一般的な準備や変形に Perl を使っている．Perl は言語の文法の中に正規表現を統合しており，これが特に強力である．おおむね，このような処理では，すべてを C で記述するより，インタプリタ言語を用いた方が早い．できることは限られてしまうが，旧世代は Perl ではなく awk を使い続けているかもしれない．それ以外の選択として，プログラミングの純粋主義者により好まれる Python がある．ただし，Python での正規表現の利用は，Perl においてほどには簡単でない．著者の 1 人は Prolog をまだかなり利用している．組み込みのデータベース機能と複雑なデータ構造を簡単に扱える点で，Prolog はある種の処理に優れている．しかし，Prolog も，Perl が持つような正規表現の簡単な利用方法は有していない．そのほかに，SNOBOL/SPITBOL や Icon のようにテキスト処理のために開発され，人文系の計算分野で好まれている言語もある．しかし，これらの言語が統計的自然言語処理の研究者の間に浸透してくるとは考えにくい．ここ数年，Java の評判が上がっている．C ほど高速ではないが，Java は，オブジェクト指向，自動的なメモリ管理の提供，多くの有益なライブラリなど，多くの魅力を有している．

プログラミング技法

この節の内容は，計算機アルゴリズムの一般的知識の代用となるものを目指したものではなく，役に立つヒントを二つ，簡単に紹介しておくものである．

語のコーディング：普通，統計的自然言語処理では多くの語を扱うが，C(++)のようなプログラミング言語が提供している語を扱う機能は極めて限定されている．統計的自然言語処理や情報検索で一般的に使われる手法は，入力の時点で，語を数値に写像する（そして，出力のために必要になったときだけ語に復元する）というものである．数値に対しては等価性の検査がより簡単かつ高速に行えるなど，この手法には多くの利点がある．また，これによって，すべての語トークンが，一つの数字である語タイプに写像される．実際の方法はさまざまである．大きな**ハッシュ表** (*hash table*)（ハッシュ関数が，オブジェクトの集まりを指定した範囲の整数，例えば，$[0,\ldots,127]$ に写像する）を維持管理するのも良い方法である．ハッシュ表を使えば，ある語がすでに現れているかも効率的に調べることができ，そうであればその番号を返し，そうでなければ

その語を追加してそれに新しい番号を与えることができる. 用いられる数字は語の配列のインデックスでもよいし (65,000 語もしくはそれ以下の数の語を扱う応用では, 16 ビット整数で蓄積できるので, 特に効率的である), ハッシュ表に蓄積された基準形文字列のアドレスでもよい. 語への復元が特に必要なく, 文字列をそのまま印刷できるので, この方法は特に出力において便利である.

さまざまな木構造など, ほかにも有用なデータ構造がある. Cormen et al. (1990) や Frakes and Baeza-Yates (1992) などのアルゴリズムに関する書籍を参照のこと.

頻度情報の収集: 多くの統計的自然言語処理研究で, 最初の処理は, 確率を推定する基礎となるような, さまざまな観察結果の頻度を収集することである. そのための一見自明な方法は, (行列などの) 巨大なデータ構造を用意し, それを用いて興味のある出来事それぞれを数えていくというものである. しかし, この方法は, 実用上はうまくいかないことも多い. ほとんど規則性なくアクセスされる巨大なアドレス空間を主記憶上に必要とするからである. 利用されている計算機がこれらの表すべてについて十分な主記憶を持たない限り, プログラムはスワップを頻繁に繰り返し, 実行速度は大きく低下してしまうことになる. 多くの場合, これより良い結果を得られるデータ収集プログラムは, それぞれの観察結果の事例を単に書き出してしまうもので, その後にそれらの事例をソートし, 計数するプログラムを走らせればよい. 実際には, この後半の処理はすでにあるシステムのユーティリティ (Unix システムにおける sort と uniq など) で実現できることも多い. ほかでも多く見られるが, この方略は特に CMU-Cambridge Statistical Language Modeling toolkit でたいへん上手に用いられている. これらは Web から入手することができる (Web サイトを参照のこと).

4.2 テキストの観察

マークアップ
(MARKUP)

テキストは, 生の形式か, 何らかの**マークアップ** (注釈付け, *markup*) をされた形かのいずれかで入手される. マークアップとは, 計算機ファイルにある種の記号を付け加えるときに使われる用語で, その記号は, 実際には, そのファイル中のテキストの一部ではなく, そのテキストの構造や書式に関する情報を説明するようなものである. テキストを扱うほとんどすべての計算機システムが何らかのマークアップを利用している. 商用のワードプロセッサソフトウェアもマークアップを用いているが, WYSIWYG (見たままが得られる) 表示を採用し, 利用者にはそれを見せないようにしている. 統計的自然言語処理でコーパスを扱うときは, 普通, 目で見ることができる明示的なマークアップが求められる. このことが, コーパス言語学者の道具箱に入れられる最初のツールが平文テキストエディタであることの理由の一部である.

4.2 テキストの観察 111

　人間の言語は，低いレベルであっても自動処理を難しくするような多くの特徴を持っている．ここでは，注意を払うべき基本的な問題のいくつかを議論する．議論は，**英語**テキストにおける最も基本的な問題が中心である．とはいえ，それらは必ずしも英語だけの問題ではない．

4.2.1　低いレベルの書式に関する問題

書式と内容におけるゴミ

　コーパスの元になったデータにもよるが，扱うことができず，ふるい落としておくべきゴミであるような，さまざまな書式や内容が含まれている場合がある．文書のヘッダや区切り，植字を指定する記号，表や図，計算機ファイルでの文字化けしたデータなどがこれに含まれる．もしデータが*OCR*（光学的文字認識）を用いて得られたものであれば，その OCR 処理の過程で，ヘッダやフッタ，（表，図，脚注などの）浮動素材がテキストの段落に割って入るなどの問題が生じているかもしれない．語が誤認識されているという OCR 誤りも普通含まれる．もしプログラムが連続した英語テキストだけを扱うように設計されているなら，表や図のようなそれ以外の内容はゴミとして認識される必要がある．多くの場合，ゴミとなるこれらの内容はその後の処理を始める前にふるい落としておく必要がある．

OCR

大文字と小文字

　ブラウンコーパスの原典はすべて大文字で記されていた（文字の前の * 印が出典となるテキストで大文字であったことを示すために使われた）．大文字だけからなるテキストは，最近ほとんど見かけない．しかし，現代のテキストにおいても大文字をどう取り扱うかの問題は残っている．特に，いくつかの文字が大文字であるという点だけが異なりそれ以外では同一であるような二つの語トークンがあるとき，それらを同じものとして扱うべきかが問題となる．定冠詞の用法や名詞句の構造を分析したいなど，多くの目的では，*the, The, THE* は同じものとして扱いたい．その実現は簡単で，すべての語を大文字もしくは小文字に変換すればよい．しかし，そうしたいのと同時に，普通は，*Richard Brown* と *brown paint* の *Brown* を二つの異なる語タイプとして区別したいと考えることが問題となる．多くの状況で**固有名**（*proper name*）を区別し，別扱いすることは簡単であるが，時にはそうでない場合もある．文の先頭（英語では標準的にこの位置の語はすべて大文字で始まる）にある大文字と，見出しや表題でのように，すべての語が大文字で始められている系列での大文字だけを小文字に変換し，その他の位置の大文字は固有名と仮定して，大文字をそのまま残しておくというのが，簡単な経験則となる．この経験則はかなりうまく働くが，もちろん問題もある．最初の問題は，文の終わりを正しく同定しなけれ

固有名
(PROPER NAME)

ばならないことである．後述するように，これはいつでも簡単というわけではない．ある分野（例えば，**くまのプーさん**（*Winnie the Pooh*））では，*a Very Important Point* のように，それが固有名であると示すためではなく，とても重要なことだと強調するために語が大文字で始められることがある．いずれにせよ，この経験則は，文の先頭に現れた固有名や大文字だけからなる系列の中に現れた固有名を誤って小文字としてしまう．たいていの場合，このような誤りは容認できるが（普通は固有名に比べると一般の語が十分多いので），推定値に良くない偏りを与えてしまう場合もある．固有名の一覧を（できれば，それが人名，地名，組織名のいずれであるかの情報と一緒に）管理して，より良い処理を試みることもできる．しかし，一般に，正確に固有名の同定を実現する簡単な解決法はない．

4.2.2　トークン化：語とは何か

トークン (TOKEN)

語 (WORD)

トークン化
(TOKENIZATION)

普通，処理の早い段階で行われるのは，入力テキストを**トークン** (*token*) と呼ばれる単位に分割することである．それぞれのトークンは**語** (*word*) もしくは数字や句読点などで，この処理は**トークン化** (*tokenization*) と呼ばれる．句読点の扱いはさまざまである．普通，文の境界は明らかにしておこうとする（後の 4.2.4 節を参照のこと）が，文中に現れる句読点はただ単にはずしてしまう．これはおそらく賢い方法ではない．最近の研究では，すべての句読点に情報が含まれていることが強調されている．完璧な表現ではないにしても，カンマやダッシュのような句読点記号は，テキストの細かい構造や何が何を修飾していそうかについての手がかりを与えてくれる．

何を語とみなすかというのは言語学において盛んに論じられている問題であり，多くの場合，言語学者は，音韻的な語や統語的な語など，さまざまなレベルでの語があり，それらすべてが同じである必要はないと示唆して終わりにしてしまう．哀れな計算言語学者にどうすればよいといっているのだろうか．Kučera and Francis (1967) は，**図形的語** (*graphic word*) という実用的な概念を提案し，それを「アルファベット文字の連続からなる文字列で，どちらかの側に空白を伴うもの，ハイフンとアポストロフィは含んで構わないが，その他の記号類は含まない」と定義した．しかし，実用的で作業可能な定義を求めるだけだとしても，残念なことに，世の中はそんなに簡単ではない．Kučera and Francis も，実際には直観に頼っていたようで，厳しく見ればその定義に従っていないような，*$22.50* のような数値や金額を，語とみなしている．事態はさらに悪くなりうる．特にニュースグループや Web ページのようなオンラインの素材を用いるときにはそうだが，新聞記事だけにとどまったとしても，おそらくは語とみなさざるをえないようなさまざまな奇妙な表現が見いだされる．*Micro$oft* や *C|net* なる Web 会社への参照，:-) のような句読点記号から作られた多彩な形式の笑顔などである．これらの化け物はおいておいたとしても，語トーク

図形的語
(GRAPHIC WORD)

4.2 テキストの観察　　　　　　　　　　　　　　　　　　　　　　　　　　113

ンを扱うことは極めて難しい仕事である．英語における主たる手がかりは，単

空白文字
(WHITESPACE)
語の間の空白やタブや行頭などの**空白文字** (*whitespace*) であるが，この印でさ
えも必ずしも信用できるものではない．主な問題を以下に述べる．

ピリオド

　語は常に空白記号で囲まれているわけではない．多くの場合，カンマ，セミコ
ロン，ピリオド（フルストップ）などの句読点記号が後に付属している．一見す
るとこれらの句読点を語トークンから取り除くのは簡単なようであるが，ピリ
オドの場合は問題がある．ほとんどのピリオドが文末を示す句読点記号である
が，そのほかに，*etc.* や *Calif.* のような省略を示すピリオドがある．これら省
略を示すピリオドは，おそらく，語の一部として残すべきであろうし，時には，
そうすることが重要である場合もある．例えば，*Wash.* を Washinton 州の略
称であるとして，動詞 *wash* の大文字で始められた形から区別することができ
る．特に注意すべきは，etc. のような略語が文末に現れるとき，そこには一つ
だけしかピリオドがないことで，文末を示す，省略を示すという二つの役割を
一つのピリオドが同時に果たしているのである．この例はこの段落の前の方で

重音省略
(HAPLOLOGY)
Calif. の場合に生じている[2)]．形態論では，この現象は**重音省略** (*haplology*)
と呼ばれている．どの句読点記号が文末を示しているかを明らかにするという
問題については 4.2.4 節でさらに議論する．

アポストロフィと単一引用符

　I'll や *isn't* など，英語の短縮形をどう捉えるかも難しい問題である．先の定
義に従えば，これは一つの**図形的語**とみなされるが，多くの人は，それらは *I
will* や *is not* の短縮形で，そこには実は二つの語があるという強い直観を持っ
ている．このため，いくつかの処理系は（ペンツリーバンクのようないくつか
のコーパスも）このような短縮形を二つの語に分割しているが，一方で分割し
ていないものもある．分割しない場合の影響を考えてみよう．伝統的な文法規
則の最初のものは，

　　　S　⟶　NP　VP

であるが，短縮形を含んだ *I'm right* などの文では，これが自明であるとは言
えなくなる．一方で，分割した場合には，*'s* や *n't* などの奇妙な語がデータに
加わることになる．

　the dog's や *the child's* などの句は，それらが *the dog is* や *the dog has* の
短縮形でない場合は，普通，*dog* の属格や所有格である *dog's* を含んでいると
捉えられる．しかし，3.1.1 節で議論したように，これは英語については実は正

[2)] 訳注：原著では，「*etc.* や *Calif.* のような」の部分が *such as in etc. and Calif.* となっ
ており，そこで文が終わっている．

接語 (CLITIC)

しくない．'s は**接語** (*clitic*) であり，*The house I rented yesterday's garden is really big.* でのように名詞句の別の要素に付加することができる．ということで，*dog's* を一つの語とするか二つの語とするかもまた不明確であり，ペンツリーバンクはここでも二つの語とすることを選択している．正書法における語の末尾の単一引用符は特にやっかいな場合である．通常それらは引用の末尾を示すので，語の一部とすべきではないが，*s* に続いたものは，*the boys' toy* のように，複数所有格の（発音されない）標識となっていることがある．もしほかの所有格をそうしているのであれば，この場合は語の一部として取り扱うべきということになる．トークン化において，このような場合の多くで，どちらの機能を果たしているかを決定する簡単な手法は存在しない．

ハイフネーション：同じ語を表すさまざまな形式

入力に含まれるハイフンの扱いは，最も困難な問題の一つである．ハイフンを間に挟んだ文字の系列は 1 語か，それとも 2 語か．直観的な答えは，またしても，あるときは 1 語，あるときは 2 語である．これはテキスト中のハイフンがさまざまな出自を持つことを反映している．

一つの出自は印刷の体裁である．テキストの行端をうまく揃えるために単語を分割しハイフンを挿入することが伝統的に行われる．組版そのものに由来するデータの場合，このような改行に関連したハイフンが存在するかもしれない．行末のハイフンを探して，それを取り除き，その行の末尾と次の行の先頭とにある語の部分を繋ぎ合わせるのは，簡単な処理のように思われるかもしれない．しかし，ここにも重音省略の問題がある．もしほかの理由からハイフンが必要で，それがたまたまテキストの境界に置かれるようになった場合，現れるハイフンは二つではなく，ただ一つである．このため，行末のハイフンを削除することが常に正しいというわけではない．そして一般に，どのハイフンが改行に関するものでどれがそうでないかを検出することは困難である．

このような改行に関連するハイフンが存在しない場合（実際，本当の電子テキストでは存在しないのが普通である）であっても，困難な問題は残る．ハイフンを伴うものの一部は明らかに 1 語として扱うのが最良である．*e-mail, co-operate, A-1-plus*（*A-1-plus commercial paper* の中でのように財政指標として現れる場合）などがそれに当たる．1 語として扱おうと思うことが多いが，異論の多いものもある．*non-lawyer, pro-Arab, so-called* などがその例となる．このようなハイフンは語彙的ハイフン (lexical hyphen) とも名付けられるもので，普通，語を構成する小さな要素の前もしくは後に挿入され，時には母音の連続を分割する目的でも使われる．

ハイフンの三番目の分類は，正しい語の集まりを示すために挿入されるものである．一般的な原稿編集 (copy-editing) では，複合的な前置修飾部をハイフ

4.2 テキストの観察

ンで繋ぐように実践されている．この文の始めに現れた例 [3] や，以下の例のような場合である．

(4.1)　　a. the once-quiet study of superconductivity

　　　　b. a tough regime of business-conduct rules

　　　　c. the aluminum-export ban

　　　　d. a text-based medium

そして，ハイフンは，それ以外の場所，ある意味で引用として見られるような句や，量や比率を表す句などにも現れる．

(4.2)　　a. the idea of a child-as-required-yuppie-possession must be motivating them

　　　　b. a final "take-it-or-leave-it" offer

　　　　c. the 90-cent-an-hour raise

　　　　d. the 26-year-old

これらの場合，おそらくハイフンで繋がれたものをそれぞれ別の語として扱いたくなるだろう．多くのコーパスで，この種類のハイフンは極めて一般的であるので，これらを別々の語に分割しない場合は，語彙数が（主に辞書に載っていない項目によって）大きく増加してしまうし，テキストの統語構造が見えにくくなってしまう [4]．

　これらに関連して，特に問題となるのは，これらの多くの場合でハイフンの用いられ方にひどく一貫性がないことである．あるテキストである権威筋は *cooperate* を用い，ほかは *co-operate* を用いる．もう一つの例として，ダウジョーンズ (Dow Jones) のニュースでは，*database, data-base, data base* のすべてを見ることができる（第一のものと第三のものが一般的で，第一のものはソフトウェアの文脈で優勢であるのに対し，第三のものは企業の資産の議論によく現れる．ただし，その用法に明確な意味的な区別はない）．身近なところで，この節の最初の方を見返してみよう．その最初の草稿で，著者らは，（まったく意図せず）*markup, mark-up, mark(ed) up* のすべてを使ってしまっていた．注意深い校閲者であれば，これを見つけて，一貫性を求めるだろうが，利用されている多くのテキストは，そのように注意深い校閲者の目を経ていない．いずれにせよ，普通は，このような件について異なる基準を採用しているさま

---

[3] 訳注：原著では *copy-editing practice* が文の始まりである．
[4] 一つの可能性は，これらを分割して，そこに元テキストではハイフンで繋がれていたというマークアップを残すことである．このようなマークアップについては本章の後半で議論する．この方法であれば，情報は失われない．

ざまな情報源からのテキストを利用している．注意すべきは，このことにより，

語彙素 (LEXEME)

一つの**語彙素** (*lexeme*)（一つの意味を持った一つの辞書項目）と考えるのが一番よいようなものに対して，複数の形式を許し，さらには，あるときは1語，別のときは2語と扱っていることもありうるということである．

最後に，イギリスにおける印刷の体裁に関する規約では，ダッシュとそのまわりの語の間に空白を入れるのに対し，アメリカにおける印刷の体裁に関する規約では，*the words—like this* のように語に直接接する長いダッシュを用いる．この長いダッシュは特殊な文字によって表示されたり，計算機ファイルにおいて，複数のダッシュが用いられたりするが，伝統的な計算機文字セットの制約から，時にはただ一つのハイフンで表示されることもありうる．これによりすでに述べた困難さの度合いがさらに増すことになる．

複数の「語」を表現する同一の形式

ここまで，概して，違いを押しつぶし，異なる文字の系列を実は同じ語であるとみなすことが必要であると示唆してきた．それと反対の問題に着目することも重要である．同一の文字の系列を異なる単語であるとして扱いたい場合もある．これは，**同綴異義語** (*homograph*) において生じる．同綴異義語では，道

同綴異義語 (HOMOGRAPH)

具を表す名詞の *saw* と動詞 *see* の過去形の *saw* のように，二つの語彙素が重複した形を有している．このような場合，*saw* の出現を二つの異なる語彙素に割り振りたくなるかもしれない．

▽これを自動的に行う方法については7章で論じられる．

その他の言語における語分割

多くの言語は，語の間にまったく空白を置かず，そのため，空白文字で区切るという基本的な語分割アルゴリズムがまったく役に立たない．そのような言語には，中国語，日本語，タイ語など主な東アジアの言語/書記法が含まれる．古代ギリシャ人も語の空白のない古代ギリシャ語を記述していた．空白は（アクセント記号などと一緒に）その後やってきた人々によって導入された．これ

語分割 (WORD SEGMENTATION)

らの言語においては，**語分割** (*word segmentation*) は，より中心的で挑戦的な課題である．

ドイツ語では，たいていの場合，語の空白は維持されているが，複合名詞が一つの語として記述される．例えば，*Lebensversicherungsgesellschaftsange-stellter* は「生命保険会社社員」を意味する1語である．これは，多くの点で言語学的に意味をなすことで，少なくとも音韻論的には，複合語は一つの語である．しかし，処理の目的では，このような複合語を分割したいし，少なくとも語の内部構造を意識したいと考えるときもある．その処理は，限定された語分割の課題ということになる．通例でないとはいえ，複合語を結合してしまうことは英語でも時々起こる．特にそれが一般的で，特殊化した意味を持つ場合にそ

うなる．前述したように，*data base* と *database* の両方が見られるし，別の例として，*hard disk* がより一般的とはいえ，計算機関連の雑誌では時々 *harddisk* も見かける．

単語の切れ目を示していない空白文字

ここまで扱ってきたのは，語の境界が空白文字で示されていないような文字の系列を分割して語を得るような問題であった．しかし，いくつかのものを一つにまとめたいという逆の問題もある．そこでは，空白文字で区切られている複数のものを，全部で一つの語として扱いたいのである．ありうるのは，ドイツ語複合語の問題を逆に処理するような場合である．*database* を 1 語として処理するとしたら，それが *data base* と記述されていても 1 語として処理したくなるだろう．より一般的な事例としては，電話番号のようなもので，*9365 1837* を一つの「語」とみなしたい場合や，複数の部分からなる名称である *New York* や *San Francisco* の場合がある．特に難しいのは，この問題がハイフネーションと絡んでくる以下のような句の場合である．

(4.3)   the New York-New Haven railroad

ここでは，ハイフンは直接隣り合っている図形的語だけをまとまっていると表現しているわけではない．*York-New* を意味的な単位と扱うことは大きな間違いとなる．

言語学的にも興味深いその他の事例もある．多くの目的で，**句動詞** (*phrasal verb*) (*make up, work out*) を一つの語彙素とみなすことが好まれる（3.1.4 節）．しかし，多くの場合に不変化詞は動詞から離れて現れる（*I couldn't* **work** *the answer* **out**）ため，そのような扱いは難しく，一般に，句動詞であるという可能性の同定は，その後の処理にゆだねざるをえない．*in spite of*，*in order to*，*because of* など，ある種の定型句を一つの語彙素として扱いたい場合もある．しかし，普通のトークン化処理ではこれらは別々の語とみなされる．これ

複製タグ
(DITTO TAG)

らの問題の一部への対処が LOB コーパスでは実装されている．そこでは，**複製タグ** (*ditto tag*) と呼ばれる手段を用いて，*because of* のような特定の語の対に，それが一つの品詞（ここでは前置詞）を持つことがタグ付けられている．

特定の意味分類の情報に対するさまざまなコーディング

前節の電話番号の例について，あまりしっくりこない，説得力がないと感じられた読者も多いことと思う．そういう人たちにとって電話番号は 812-4374 のような形で書かれるものだからである．しかし，たとえ多言語テキストを扱わないとしても，英語圏内のさまざまな国からのテキストや，様式についての異なった規約に従って書かれたテキストを扱うような応用においては，印刷の体裁に関わる違いを扱う準備をしておく必要がある．特に，電話番号など，い

表 **4.2** *The Economist* の一つの号に現れた電話番号のさまざまな形式.

電話番号	国	電話番号	国
0171 378 0647	UK	+45 43 48 60 60	Denmark
(44.171) 830 1007	UK	95-51-279648	Pakistan
+44 (0) 1225 753678	UK	+411/284 3797	Switzerland
01256 468551	UK	(94-1) 866854	Sri Lanka
(202) 522-2230	USA	+49 69 136-2 98 05	Germany
1-925-225-3000	USA	33 1 34 43 32 26	France
212. 995.5402	USA	++31-20-5200161	The Netherlands

くつかの項目は，明らかに同じ意味分類に属しながら，数多くの形式で現れる．電話番号のいくつかの形式を関係する国名とともに**表 4.2** に示す．すべて雑誌 *The Economist* のある号の広告から集めたものである．電話番号では，空白，ピリオド，ハイフン，括弧，さらにはスラッシュがさまざまに使われ，数字をさまざまにまとめあげている．その形式は一つの国の中でも一貫していないこともしばしばである．加えて，電話番号は，国番号か国内遠距離通話番号（市外局番）のいずれかを含んでいたり，その両方を示そうしていたり（表にある UK の最初の 3 件はその例である），市内番号だけを示していたりする．そして，括弧やプラス記号など，そのための記号を使ってそれを明示している場合もあれば，そうでない場合もある．このような無数の形式を扱おうとすることは，**情報抽出** (*information extraction*) での定番の問題である．この問題については，主に，その形式を照合できるような正規表現を注意深く人手で作成していくということで対処してきたが，そのような方法は脆弱であるため，特定の意味分類に対応する表現形式を学習するような自動的な手法に対して，大きな関心が寄せられている．

情報抽出
(INFORMATION
EXTRACTION)

▽本書では情報抽出を網羅的に扱うことはしないが，10.6.2 節に，それについての多少突っ込んだ議論がある．

音声コーパス

本書での議論は書かれたテキストに限ってのものであり，音声コーパスの書き起こしを扱う場合は，それ特有のさらに困難な課題が付け加わる．書き言葉に比べて，音声コーパスは，普通，より多くの短縮形が音声的により多くの種類の表現として見られ，発音の揺れもあり，断片的文も多く，*er* や *um* などのフィラーが含まれる．例 (4.4) は，LDC が提供している Switchboard コーパスからとったものであるが，対話の書き起こしの典型的な抜粋となっている．

(4.4)　　　Also I [cough] not convinced that the, at least the kind of people that I work with, I'm not convinced that that's really, uh, doing much for the progr-, for the, uh, drug problem.

4.2.3 形態論

　もう一つの案件は，*sit, sits, sat* のような語形を区別したままとするか，同じものとしてまとめてしまうかである．ここでの論点は大文字小文字の議論でのものと同じであるが，言語学的により興味深いものと伝統的にみなされてきた．最初は，それらの語形を一つにまとめ，語彙素に基づいて処理することは，なすべき正しいことのように感じられる．これを行うことは，文献で**ステミング** (*stemming*) と呼ばれていて，接辞を取り除いて語幹 (stem) のみを残す処理がなされる．もしくは，**見出し語化 (レンマ化，*lemmatization*)** と呼ばれている，現れている屈折形の**見出し語** (*lemma*) もしくは**語彙素** (*lexeme*) を見つけ出そうとする処理が行われることもある．後者は，語彙素についての曖昧性解消が必要となる．例えば，*lying* の使用が，「横たわる」の意味の動詞 *lie-lay* と「嘘をつく」の意味の動詞 *lie-lied* のいずれを示しているかを判断しなければならない．

ステミング
(STEMMING)

見出し語化
(LEMMATIZATION)
見出し語 (LEMMA)

　情報検索 (IR) 分野での広範囲に及ぶ経験論的な研究から，ステミングを行っても古典的な IR システムの性能向上に寄与しないことが示されている (Salton 1989, Hull 1996)．ここでの性能はさまざまな検索質問にわたっての平均として測定されるもので，ステミングが大きく寄与する質問もいくつかあるが，逆にそれによって性能が落ちる質問もある．これは，ある意味，特に言語学的な直観からは驚くべき結果で，なぜそうなるかを理解することが大事である．主に三つの理由がある．

　第一に，同じ語幹のさまざまな語形をまとめるのは良いことのように見えるが，一方で多くの情報がそれによって失われる．例えば，*operating* は，*Bill is operating a tractor* でのように迂言形で時制を示す語形として使われることもありうる（3.1.3 節）が，*operating systems* や *operating cost* でのような名詞的，形容詞的な用法で用いられるのが普通である．*operating system* の検索を考えてみると，屈折した語について行った方が，*operat–* と *system* を含むすべての段落を探し出すよりも良い性能を出す理由は想像に難くない．もう一つの例として，*business* と入力したときにステミングによって，*busy* を含んだ文書の検索がなされるような場合，結果に有益となることはめったにないと考えられる．

　第二に，形態素解析は，一つの語トークンを複数に分割する．しかし，しばしば，密接に関連した情報は塊 (chunk) としてまとめておいた方が有益である．語彙数の爆発が引き起こされるが，それにもかかわらずこのことはいえる．実際，さまざまな統計的自然言語処理の分野で，頻出する複数語表現を一つの独立した語トークンとみなすことでシステムの性能を向上させられている．屈折した語は，多くの場合，塊として有用で効果的な大きさなのである．

　第三に，最近は多言語の研究が増えているとはいえ，ほとんどの情報検索研

究は英語について行われてきている．英語は形態論的変化が少ないため，形態論について工夫した扱いをする必要性はさほど大きいものではない．多くのほかの言語はより豊かな屈折と派生の体系を持ち，形態素解析への差し迫った必要性がある．そのような言語では，すべての語のすべての屈折形を個々に列挙するような**全語形辞書** (*full-form lexicon*) は，ともかく大きくなりすぎる．例えば，バントゥー語群（中央および南アフリカで用いられている）の動詞は豊かな形態論を有する．以下はハヤ語（タンザニア）からとった語形で，主語と目的語との一致が接頭辞に含まれ，時制も示している．

全語形辞書
(FULL-FORM
LEXICON)

(4.5)
akabimúha
a-ka-bi-mú-ha
1SG-PAST-3PL-3SG-give
'I gave them to him.'

歴史的な理由から，バントゥー語族の正書法では，これらの多くの形態素をその間に空白記号を挟んで表記してきた．しかし，「連結的」な正書法を採用している言語においては，形態素解析がぜひとも必要になる．動詞語幹の前に現れる，代名詞と時制の標識についての網羅的な体系があり，語幹の後にも本当に多くの形態素が続くことが可能で，可能な組合せが巨大な体系を作り出している．フィンランド語も，それぞれの動詞に何百万もの屈折形があることで有名な言語である．

　ここまでの議論から，豊かな形態論を持つ言語については，屈折形態素を取り除くことは有効で，派生形態素を取り除くことは有効でないと，結論したくなるかもしれない．しかし，その仮説は，十分な屈折形態論がある言語において，興味の対象である課題に関して，注意深く検定してみる必要がある．

　情報検索 (IR) からの先ほどの結論が統計的自然言語処理のいずれかやすべてに当てはまるとは限らないと認識することは重要である．それどころか，すべての IR にも当てはまるわけではないかもしれない．形態素解析はほかの応用において大いに有用であるかもしれない．ステミングは，IR システムの非対話的な評価においては寄与しなかった．そこでは，検索質問が提示され，それ以上の情報なく処理され，結果は返された文書集合の適切さで評価される．しかし，対話的な文脈での IR では，一定の原則に基づいた形態素処理は有益である．そして，実はこのような文脈でこそ，IR は評価されるべきである．ただし，原則に基づいていることが大事で，計算機は *business* から *busy* のような奇妙な語幹が導かれても気にかけないが，利用者はそうではない．彼らは，*business* が *busy* にステミングされることや，*busy* がその中に含まれた文書が返されることを理解できない．

　ステミングに対して利用者が対話的に関与する可能性について，体系的に研究されていないことも事実である．利用者の関与は，*saw*（「切断の道具」の意

味ではなく「見る」の意味の語幹がほしい）の場合や，語幹が必要なとき（*ar-bitrariness* から *arbitrary* はほしい）とそうでないとき（*business* から *busy* はいらない）があるような派生の場合には，非常に有益だと思われる．一方で，人間による入力が必要かもしれないという示唆は，少ない知識を用いる環境での自動ステミングの難しさを示している．しかし，そのような環境こそ，統計的自然言語処理が（信念として，そして実用的な理由から）仮定してきたものなのである．

▽ステミングと IR 全般については，15 章でさらに議論する．

4.2.4 文

文とは何か

文とは何かという質問への最初の答えは，「'.', '?', '!' で終わっている何か」ということになる．ピリオド記号の一部だけが文の末尾を示し，それ以外は略号を表したり，これら二つの機能を同時に果たしていたりするという問題については，すでに論じたとおりである．とはいえ，この基本的な経験則はかなり良いところまで行っていて，一般に約 90%のピリオドが文境界を示している (Riley 1989)．このほかに注意すべき落とし穴がいくつかある．上記以外の句読点が，文とみなしたいものを区切っていることが時々ある．前後の一方もしくは両方にコロン，セミコロン，ダッシュ（':', ';', '—'）の区切り記号を伴うものはそれ自体を文として扱うのが一番よい．以下の ':' はその例である．

(4.6)　　　The scene is written with a combination of unbridled passion and sure-handed control: In the exchanges of the three characters and the rise and fall of emotions, Mr. Weller has captured the heart-breaking inexorability of separation.

これと関連するのが，文は必ずしも綺麗に系列として並んでおらず，時にはぶざまな入れ子になって埋め込まれているという事実である．普通は，埋め込まれているものはそれ自身を文とはせず，節と考えるのであるが，そのような分類は，直接話法の引用で文の一部を示すなどの場合には，うまく働かない．

(4.7)　　　"You remind me," she remarked, "of your mother."

そのような直接話法に関する第二の問題は，標準的な組版の方法（特に北米において）では文末の句読点の後に引用符がおかれることである．したがって，上の例において，文の終わりはピリオドの後ではなく，それに続く引用部の閉じ記号の後となる．

ここまで述べたことから，経験的な文分割のアルゴリズムの主要部はおよそ図 **4.1** に示すようであることが示唆される．実用において，ほとんどのシステムがこの類の経験的アルゴリズムを用いていた．開発において十分な労力をか

- 仮の文境界を ., ?, ! (場合により ;, :, ─を含む) のすべての出現の後に置け.
- もし引用符が後続していたら, 文境界をその後に移動せよ.
- 以下の状況であれば, ピリオドによる仮の文境界をないものとせよ:

  - *Prof.* や *vs.* など, 普通, 文末にはこず. 大文字で始まる固有名が続くのが普通であるような類の既知の略号に後続している場合.
  - 既知の略号に後続しており, その後が大文字で始まる語でない場合. これによって, 文中や文末に現れる, *etc.* や *Jr.* などの略号のほとんどの用法を正しく扱うことができる.

- 以下の場合には, ? や ! による仮の文境界をないものとせよ:

  - 小文字（もしくは既知の固有名）が後続している場合.

- これら以外の仮の文境界を文境界とせよ.

図 **4.1** 経験的な文境界検出アルゴリズム.

ければ, それらは少なくとも, その応用が意図されている分野のテキストでは, 極めてうまく動作する. しかし, トークン化のほかの部分と同様に, このような解法は, 経験的な処理に共通する問題に苦しめられることになる. トークン化処理を実装する人たちの側には多くの人手作業と分野に関する知識を要求し, でき上がったものは, 脆弱で分野依存となりがちである.

　文境界検出について, 経験的でなくより原則に基づいた手法に関する研究が近年増加している. Riley (1989) は, 文境界の決定に統計的分類木を用いた. 分類木の素性には, ピリオドの前と後に続くの語の系列の大文字小文字の別と長さ, そして, さまざまな語が文境界の直前, 直後に現れる事前確率（これらの計算には注釈付けられた訓練データが多量に必要になる）が含まれる. Palmer and Hearst (1994, 1997) は, このようなデータ獲得の必要を避けて, 直前, 直後の語の品詞分布を用い, ニューラルネットワークによって文境界を推定した. これによって頑強で, ほぼ言語から独立しており, 高性能（約 98〜99％の正解率）な文境界検出アルゴリズムが得られる. Reynar and Ratnaparkhi (1997) と Mikheev (1998) は, この問題に最大エントロピー法を用い, 後者は文境界の推定において 99.25％の正解率を達成した [5].

▽ 文境界検出は分類問題とみなすことができる. 分類と, 分類木や最大エントロピー法などの手法については 16 章で議論する.

文の実態

　言語学の授業や, 伝統的な計算言語学の練習問題で扱われる文は普通短い. その理由の少なくとも一部は, これまで使われてきた構文解析器が文の長さの指数に比例する実行時間を要し, 12 語程度を超える文を扱うことが非現実的であったからである. 多くの分野のテキストにおいて, 典型的な文はもっとずっ

---

[5] 専門用語としての**正解率** (*accuracy*) は, 8.1 節で定義し議論する. とはいえ, その定義は直観的な理解と一致するものである. つまり, 正しく分類を行えた回数の割合である.

4.3 データのマークアップ

表 4.3 ニュース記事テキストの文の長さ．「割合」列はそれぞれの範囲の割合を百分率で示しいてる．「累積%」は，「長さ」に示している値の対の大きい方までの累積度数である．

長さ	頻度	割合	累積%
1–5	1317	3.13	3.13
6–10	3215	7.64	10.77
11–15	5906	14.03	24.80
16–20	7206	17.12	41.92
21–25	7350	17.46	59.38
26–30	6281	14.92	74.30
31–35	4740	11.26	85.56
36–40	2826	6.71	92.26
41–45	1606	3.82	96.10
46–50	858	2.04	98.14
51–100	780	1.85	99.99
101+	6	0.01	100.00

と長いということは理解しておかないといけない．ニュース記事では，文の長さの最頻値（最も一般的な文の長さ）は普通 23 語程度である．ニュース記事テキストの例から文の長さをまとめたものを**表 4.3** に示す．

4.3 データのマークアップ

平文テキストのコーパスでも，テキスト中に存在している構造を引き出すことで多くのことが可能であるが，より多くのことを簡単に学ぶことができるので，その構造の一部が明示されているようなコーパスがしばしば活用されてきた．このためのマークアップ（注釈付け）は，人手で行われたり，自動で行われたり，その両方の手段を組み合わせて行われたりする．構造を学習する自動的手法は本書の後の方で扱われる．ここでは，マークアップの基本について述べる．テキストは，文や段落の境界など，少ない種類の基本的な構造だけがマークアップされていることもあれば，ペンツリーバンクやスザンヌコーパスのようにすべての完全な統語構造など，多くの情報がマークアップされていることもある．しかし，よく見られる最も一般的な文法的マークアップは，語に対する品詞のコーディングである．ここではこれに注目することとする．

4.3.1 マークアップの枠組み

テキストの構造をマークアップするためにさまざまな枠組みが用いられてきた．黎明期には，それらは必要に応じて，場当たり的に開発されていた．初期のものの例として重要なのは COCOA 形式で，これはテキストにヘッダ情報（著者や日付，題目などを与える）を含めるために用いられた．この情報は，山括弧に囲まれ，最初の文字が分野の意味分類を示していた．それ以外にもこの類の場当たり的な枠組みで，現在でも頻繁に利用されているものもある．これ

から詳細に議論していくが，最も一般的な文法的マークアップの形式は，それぞれの語に品詞タグを加えることで，語の品詞を明らかにするというものである．これらのタグは普通，それぞれの語の後にスラッシュかアンダーラインが置かれ，その後に品詞名を示す短い符号が置かれるような形で示されている．ペンツリーバンクは Lisp 風の括弧付けの形式を用いて，テキスト上に木構造をマークアップしている．

しかし，現在，圧倒的な差をつけて最も一般的で支持を得ているマークアップの形式は SGML (the *Standard Generalized Markup Language*) を用いるものである．SGML は，各人にテキストの文法，特にそこに含める注釈の種類を定義することを許す汎用的な言語である．近年随所で目にする HTML は SGML コーディングの一つの具体例である．テキスト・エンコーディング・イニシアティブ (TEI) は，詩や小説から，辞書のような言語学的資源までにわたる，さまざまな種類の人文系のテキスト資源のマークアップに適するように，SGML のコーディングの枠組みを定義しようという大きな試みである．注意しておくべきもう一つの略号は XML である．*XML* は，特に Web 応用のため設計され，簡易化された SGML の下位集合を定義している．とはいえ，XML が商業的要素を重視していることや，基となった SGML の仕様において，どちらかといえば難解かつ専門的で，古めかしいともいえる複雑さを避けていることから，この XML という下位集合は，Web 応用だけでなく，その他の目的に対しても同様に広く採用されるのではないかと考えられる．

本書では，SGML を深く掘り下げることはしない．この先進んでいくのに必要な初歩的な知識を与えるだけとする．SGML では，それぞれの文書の型は，**文書型定義** (*Document Type Definition*: DTD) と呼ばれる，文書の適正な構造を定める文法を持つように規定されている．例えば，そこには，段落は一つもしくは複数の文からなり，それ以外の要素を含まないという規則を記すことができる．SGML 構文解析器は，与えられた文書が DTD に従っているかを検証する．しかし，統計的自然言語処理においては，DTD は普通無視され，与えられたどんな文書もただ処理される．SGML は一つもしくは複数の要素からなり，この要素は再帰的な埋め込み構造を持つことがある．要素は普通，開始タグで始まって終了タグで終わり，その間に文書内容を持つ．タグは山括弧に挟まれており，終了タグはスラッシュ記号で始まる．開始タグには，タグ名だけでなく，追加的な属性と値の情報を含めることができる．SGML 要素のいくつかの例を以下に示す．

(4.8)   a. `<p><s>And then he left.</s>`
           `<s>He did not say another word.</s></p>`

         b. `<utt speak="Fred" date="10-Feb-1998">That is an ugly couch.</utt>`

4.3 データのマークアップ   *125*

例 (4.8a) に示した，タグ s を文に，タグ p をパラグラフに使うような構造に
関するタグ付けは，特に広く流布しているものである．例 (4.8b) では，属性と
値を含んだタグを示している．(対応する終了タグを持たない) 一つのタグだけ
からなる要素も許されている．XML では，そのような空要素はスラッシュ記
号で終わる特別なタグ名で表すことが規定されている．

　一般に，手軽な形で SGML でコーディングされたテキストを利用しようと
いう場合，山括弧の中のいくつかのタグは解釈し，そのほかは無視するという
ことになる．このほかに注意すべき SGML の文法要素は，文字参照と実体参
照である．これらはアンド記号で始まりセミコロンで終わる．文字参照は標準
的な ASCII 文字セット（から SGML 注釈記号として取り分けられているもの
を除いたもの）に含まれてない文字を，その数値コードで表現する方法である．
実体参照では，DTD で定義された（もしくは事前に定義されているいくつか
の実体の）記号名を用いる．実体参照は，どんなテキストにでも展開されうる
が，普通，特殊文字を記号名を用いてコーディングするのに使われる．文字参
照と実体参照の例をいくつか (4.9) に示す．これらはブラウザでの表示や印刷
では (4.10) のようになるはずである．

(4.9) a. < is the less than symbol

   b. résumé

   c. This chapter was written on &docdate;.

(4.10) a. < is the less than symbol

   b. résumé

   c. This chapter was written on January 21, 1998.

SGML について知っておくべきことはまだまだあり，章末の「さらに学ぶため
に」にも参考文献をいくつか提示している．ただし，XML 関係者から「手に
負えない Perl ハッカー」と揶揄される人たちがなんとかやっていくには，ここ
に書いたことでまあ十分である．

4.3.2 文法的タグ付け

　一般に分析の最初の段階は，文法的なタグを自動的に付与することである．
このタグが示す分類は伝統的な品詞にほぼ似ているが，それよりかなり詳細で
あることも多い（例えば，形容詞の比較級や最上級，名詞の単数と複数が区別さ
れる）．本節では，このタグセットの性質を検討していく．どのようなタグセッ
トが使われてきたのか，なぜさまざまなタグセットが使われるのか，どれを選
ぶべきかが議論される．

表 **4.4** いくつかのタグセットの大きさ.

タグセット	基本の大きさ	タグ全体
Brown（ブラウン）	87	179
Penn（ペンツリーバンク）	45	
CLAWS1	132	
CLAWS2	166	
CLAWS c5	62	
London-Lund	197	

文	CLAWS c5	Brown	Penn	ICE
she	PNP	PPS	PRP	PRON(pers,sing)
was	VBD	BEDZ	VBD	AUX(pass,past)
told	VVN	VBN	VBN	V(ditr,edp)
that	CJT	CS	IN	CONJUNC(subord)
the	AT0	AT	DT	ART(def)
journey	NN1	NN	NN	N(com,sing)
might	VM0	MD	MD	AUX(modal,past)
kill	VVI	VB	VB	V(montr,infin)
her	PNP	PPO	PRP	PRON(poss,sing)
.	PUN	.	.	PUNC(per)

図 **4.2** いくつかの異なるタグセットでタグ付けされた文.

▽タグ付けを自動で行う方法は 10 章の主題である.

タグセット

　歴史的に見て最も影響力のあったタグセットは, 米国ブラウンコーパス (Ameir-can Brown corpus) のタグ付けに使われたもの（**ブラウンタグセット** (*the Brown tag set*)）と, ランカスター大学で開発され, ランカスター–オスロ–ベルゲン・コーパスと最近ではブリティッシュ・ナショナル・コーパス (BNC) に用いられた一連のタグセット（CLAWS1 から CLAWS5 まで, CLAWS5 は *c5* **タグセット** (*c5 tag set*) とも呼ばれる）であろう. 近年の計算言語学関連の研究では, **ペンツリーバンク・タグセット** (*Penn Treebank tag set*) が最も広く使われるようになっている. これはブラウンタグセットの簡易版である. タグセットの大きさ（タグの種類数）について**表 4.4** に簡単にまとめた. **図 4.2** は, いくつかのタグセットに基づいてタグ付けを行った文の例を示している. これらのタグセットはすべて英語のためのものである. 一般に, タグセットは特定の言語の形態論的な分類が組み込まれているので, ほかの言語にそのまま適用するわけにはいかない（ただし, 設計の指針を転用することはできる）. ほかの言語についても多くのタグセットが開発されている.

　細部においては正確であると保証できないが, およそ伝統的な品詞に従った構成で, いくつかのタグセットを並べてみようとしたものが**表 4.5** と**表 4.6** である. ほぼアルファベット順に並べているが, 区別されないことのある分類を

ブラウンタグセット
(BROWN TAG SET)

c5 タグセット
(C5 TAG SET)

ペンツリーバンク・
タグセット
(PENN TREEBANK
TAG SET)

表 4.5 異なるタグセットの比較：形容詞，副詞，接続詞，限定詞，名詞，代名詞関連のタグ.

分類	例	Claws c5	Brown	Penn
形容詞	happy, bad	AJ0	JJ	JJ
形容詞, 序数	sixth, 72nd, last	ORD	OD	JJ
形容詞, 比較級	happier, worse	AJC	JJR	JJR
形容詞, 最上級	happiest, worst	AJS	JJT	JJS
形容詞, 最上級, 意味的	chief, top	AJ0	JJS	JJ
形容詞, 基数	3, fifteen	CRD	CD	CD
形容詞, 基数, one	one	PNI	CD	CD
副詞	often, particularly	AV0	RB	RB
副詞, 否定	not, n't	XX0	*	RB
副詞, 比較級	faster	AV0	RBR	RBR
副詞, 最上級	fastest	AV0	RBT	RBS
副詞, 不変化詞	up, off, out	AVP	RP	RP
副詞, 疑問	when, how, why	AVQ	WRB	WRB
副詞, 程度 & 疑問	how, however	AVQ	WQL	WRB
副詞, 程度	very, so, too	AV0	QL	RB
副詞, 程度, 後置	enough, indeed	AV0	QLP	RB
副詞, 名詞的	here, there, now	AV0	RN	RB
接続詞, 等位	and, or	CJC	CC	CC
接続詞, 従属	although, when	CJS	CS	IN
接続詞, 補文標識 *that*	that	CJT	CS	IN
限定詞	this, each, another	DT0	DT	DT
限定詞, 代名詞	any, some	DT0	DTI	DT
限定詞, 代名詞, 複数	these, those	DT0	DTS	DT
限定詞, 前置限定詞	quite	DT0	ABL	PDT
限定詞, 前置限量詞	all, half	DT0	ABN	PDT
限定詞, 代名詞 or 二重接続	both	DT0	ABX	DT (CC)
限定詞, 代名詞 or 二重接続	either, neither	DT0	DTX	DT (CC)
限定詞, 冠詞	the, a, an	AT0	AT	DT
限定詞, 後続辞	many, same	DT0	AP	JJ
限定詞, 所有格	their, your	DPS	PP$	PRP$
限定詞, 所有格, 第二	mine, yours	DPS	PP$$	PRP
限定詞, 疑問	which, whatever	DTQ	WDT	WDT
限定詞, 所有格 & 疑問	whose	DTQ	WP$	WP$
名詞	aircraft, data	NN0	NN	NN
名詞, 単数	woman, book	NN1	NN	NN
名詞, 複数	women, books	NN2	NNS	NNS
名詞, 固有, 単数	London, Michael	NP0	NP	NNP
名詞, 固有, 複数	Australians, Methodists	NP0	NPS	NNPS
名詞, 副詞的	tomorrow, home	NN0	NR	NN
名詞, 副詞的, 複数	Sundays, weekdays	NN2	NRS	NNS
代名詞, 名詞的 (不定)	none, everything, one	PNI	PN	NN
代名詞, 人称, 主語	you, we	PNP	PPSS	PRP
代名詞, 人称, 主語, 三人称単数	she, he, it	PNP	PPS	PRP
代名詞, 人称, 目的語	you, them, me	PNP	PPO	PRP
代名詞, 再帰	herself, myself	PNX	PPL	PRP
代名詞, 再帰, 複数	themselves, ourselves	PNX	PPLS	PRP
代名詞, 疑問, 主語	who, whoever	PNQ	WPS	WP
代名詞, 疑問, 目的語	who, whoever	PNQ	WPO	WP
代名詞, 存在の there	there	EX0	EX	EX

表 4.6 異なるタグセットの比較：動詞，前置詞，句読点，記号関連のタグ．'not' となっている項目は，それがタグ付けで無視され，独立したトークンとして扱われないことを示す．

分類	例	Claws c5	Brown	Penn
動詞, 原形 現在形 (不定形でないもの)	take, live	VVB	VB	VBP
動詞, 不定形	take, live	VVI	VB	VB
動詞, 過去時制	took, lived	VVD	VBD	VBD
動詞, 現在 現在分詞	taking, living	VVG	VBG	VBG
動詞, 過去/過去分詞	taken, lived	VVN	VBN	VBN
動詞, 現在 三人称単数 –s 形	takes, lives	VVZ	VBZ	VBZ
動詞, 助動詞 do, 原形	do	VDB	DO	VBP
動詞, 助動詞 do, 不定形	do	VDB	DO	VB
動詞, 助動詞 do, 過去	did	VDD	DOD	VBD
動詞, 助動詞 do, 現在分詞	doing	VDG	VBG	VBG
動詞, 助動詞 do, 過去分詞	done	VDN	VBN	VBN
動詞, 助動詞 do, 現在三人称単数	does	VDZ	DOZ	VBZ
動詞, 助動詞 have, 原形	have	VHB	HV	VBP
動詞, 助動詞 have, 不定形	have	VHI	HV	VB
動詞, 助動詞 have, 過去	had	VHD	HVD	VBD
動詞, 助動詞 have, 現在分詞	having	VHG	HVG	VBG
動詞, 助動詞 have, 過去分詞	had	VHN	HVN	VBN
動詞, 助動詞 have, 現在三人称単数	has	VHZ	HVZ	VBZ
動詞, 助動詞 be, 不定形	be	VBI	BE	VB
動詞, 助動詞 be, 過去	were	VBD	BED	VBD
動詞, 助動詞 be, 過去, 三人称単数	was	VBD	BEDZ	VBD
動詞, 助動詞 be, 現在分詞	being	VBG	BEG	VBG
動詞, 助動詞 be, 過去分詞	been	VBN	BEN	VBN
動詞, 助動詞 be, 現在, 三人称単数	is, 's	VBZ	BEZ	VBZ
動詞, 助動詞 be, 現在, 一人称単数	am, 'm	VBB	BEM	VBP
動詞, 助動詞 be, 現在	are, 're	VBB	BER	VBP
動詞, 法助動詞	can, could, 'll	VM0	MD	MD
不定詞標識	to	TO0	TO	TO
前置詞, to	to	PRP	IN	TO
前置詞	for, above	PRP	IN	IN
前置詞, of	of	PRF	IN	IN
所有	's, '	POS	$	POS
間投詞 (or その他の独立詞)	oh, yes, mmm	ITJ	UH	UH
句読点, 文末記号	. ! ?	PUN	.	.
句読点, セミコロン	;	PUN	.	:
句読点, コロン or 省略記号	: ...	PUN	:	:
句読点, カンマ	,	PUN	,	,
句読点, ダッシュ	–	PUN	–	–
句読点, ドル記号	$	PUN	not	$
句読点, 左括弧	([{	PUL	(	(
句読点, 右括弧	)] }	PUR	)	)
句読点, 引用符, 左	' "	PUQ	not	"
句読点, 引用符, 右	' "	PUQ	not	"
外国語 (英語辞書にないもの)		UNC	(FW-)	FW
記号	[fj] *		not	SYM
記号, アルファベット	A, B, c, d	ZZ0		
記号, 箇条書き記号	A A. First			LS

まとめているために、そこからずれている場合もある。この分類体系では、追加的な記述のない分類は、その語がより詳細な下位分類のいずれにも属さないような場合に限って付与するという非該当規約を用いている。例えば、何も付いていない形容詞という分類は、比較級、最上級、数値などではない形容詞に用いられる。完全なブラウンタグセットは、タグセットを拡張する二つの方針のためにより大きくなっている。まず、一般的なタグにはハイフンと TL（見出し語を表す）のような属性が後続しうる。また外国語の語の場合には、FW という外国語タグの後にハイフンと品詞割り当てが続く。そしてブラウンタグの枠組みは、*you'll* のように、複数の語彙素と考えたいことがあるような図形的語に対して、「結合タグ」を利用している[6]。普通、これらの項目は、プラス記号で結ばれた二つのタグでタグ付けされる。ただし、否定については、＊ が加えられるだけである。したがって、*isn't* は BEZ＊ と、*she'll* は、PPS+MD とタグ付けされることになる。さらに、*children's* のような所有格については、'$' が末尾にくるようなタグ付けがなされる。普通これらのタグは所有格でない原形のタグから透過的に導かれる。例えば、この場合は NNS$ となる。ここに示した比較では、これらのタグセット拡張の技法は無視されている。

　ざっと見ただけでも、これらのタグセットに大きな違いがあるのがわかる。その一部は、タグセット全体の大きさに起因する。当然、より大きなタグセットはより細かい区別を立てることになる。ただ、それが唯一の差というわけではない。タグセットによって異なる領域で区別立てをしようとする場合もある。例えば、c5 タグセットは全体としてペンツリーバンク・タグセットより大きく、いくつかの領域でより多くの区別を行っているが、より少ない区別立てを選択している領域もある。一例として、ペンタグセットは区切り記号を 9 種類に分類しているが、c5 タグセットではたった 4 種類である。おそらく、これは何を重要と考えるかの意見の違いを反映しているのだろう。タグセットは語の分類をどうするかというより基本的な点で一致していないこともある。例えば、ペンタグセットは従属接続詞を単純に前置詞とみなしている（生成言語学の研究での扱いと整合する）が、c5 タグセットではこれらを別々に扱い、ほかの種類の接続詞と暗黙のまとめあげを行っている。ここでいう暗黙のまとめあげとは、ある種のタグの集まりに対して、その名前の先頭の 1 文字または 2 文字を同じものとすることで、その関係を暗に示しているということで、これはすべてのタグセットで行われている。このまとめあげは、人間の目には明らかではあるが、形式的には単に異なる記号であり、計算機プログラムは普通これらを同じ族として捉えることはないという意味で、暗黙的である。ただし、ほかのタグセットには、例えば、International Corpus of English (Greenbaum 1993)

---

[6] 以前の議論と比較してしてほしい。この手法は、ロンドン–ランド (London–Lund) コーパスなど、いくつかのほかのコーパスでも用いられている。ただし、最近のタグ付けの傾向は、このような図形的語を二つに分割する方向に向かっている。

で採用されているものの一つなど，上位のタグがその下位分類の特徴を表現する属性によって詳細化されていくという明示的なシステムを採用しているものもある．何をコーディングすべきかについての考え方において明らかな発展があった場合もある．初期のタグセットでは，ある種の性状詞や限定詞の扱いなど多くの領域において非常に細かい区別を立てていた．これらは一般的な語ではあったが種類としてはほんの少数であった．最近のタグセットでは，一般にそのような領域についてはより少ない区別を立てるようになっている．

タグセットの設計

どのような特徴がタグセットの設計の指針となるべきであろうか．標準的に考えると，タグセットというものは2種類の素性をコーディングしている．ひとつは，分類の目標となるような特徴で，これは語の文法的分類に関して利用者に有益な情報を伝えるものである．もう一つは，予測のための特徴で，こちらはそれが存在する文脈でのほかの語の振る舞いを予測するために有益な情報をコーディングする．この二つの役割は重なることは間違いないが，必ずしも同一というわけではない．

品詞 (PART OF SPEECH) 品詞 (*part of speech*) という概念は実は複雑である．それは，品詞がさまざまな背景に動機付けられて定められているためで，意味的な（一般には概念的と呼ばれる）背景，統語的な分布に関する背景，形態論的な背景などがある．これらに基づく品詞はしばしば矛盾を起こす．予測の目的では，近くの語の振る舞いを最もよく予測するような品詞の定義を用いたいだろうから，それは分布に厳密に従ったタグとなるだろう．しかし実用においては，しばしば，概念的，形態論的範疇を反映したタグが用いられてきた．例えば，*-ing* で終わる英語の現在分詞の一つの用法は動名詞であり，これは名詞として振る舞う．しかし，ブラウンコーパスでは，普通これは VBG タグでタグ付けされる．これは分詞の動詞的用法のためにとっておいた方が良いタグである．このことは，以下に示すように，明らかな名詞複合語でも起こっている．

(4.11)   Fulton/NP-TL County/NN-TL Purchasing/VBG Department/NN

理想的には，異なる分布を持つ語には異なるタグを付与したい．そうすれば，その情報をさまざまな処理の助けとして利用できる．そう考えると，一部のタグ，例えばペンツリーバンク・タグセットなどは，有益な予測をするには粗すぎるということになる．例えば，補文標識の *that* は普通の前置詞とはまったく異なる分布を持つし，程度の副詞と否定の *not* も一般の副詞とはまったく異なる分布を持つが，これらの区別はいずれもこのタグセットに現れていない．直観に従って，区別立てを加えたり除いたりするという変更もよく行われる．例えば，Charniak (1996) は，助動詞が異なった分布をすることから，それにほかの動詞と同じタグを付与するというペンツリーバンクの決定を疑問視し，助

動詞のタグを，AUX タグに付け替えることを進めた．一般には，品詞の体系における区別立てのこのような変更がそのタグセットによる予測能力にどの程度影響するかは体系的に評価されていない．同じタグセットを予測と分類に用いる限りは，そのような変更を行うことは両刃の剣となるだろうと考えられる．有用な区別を表現するためにタグを分割すれば，予測の情報としては優れたものとなろうが，分類作業は困難になろう[7]．この理由から，タグセットの大きさと自動タグ付けの性能については，必ずしも，簡単な関係が成り立つわけではない．

4.4 さらに学ぶために

ブラウンコーパス
(BROWN CORPUS)

ブラウンコーパス (*Brown corpus*)（ブラウン大学現代アメリカ英語標準コーパス）は，1961 年以降ののアメリカ英語書き言葉，100 万語あまりからなる．それは，W. Nelson Francis and Henry Kučera によって，編纂・記録された (Francis and Kučera 1964, Kučera and Francis 1967, Francis and Kučera 1982)．ブラウンコーパスの初期の処理の詳細については Henry Kučera の電子メール（corpora メーリングリストに Katsuhide Sonoda によって，1996 年 9 月 26 日に投稿された）からとった．LOB（ランカスター–オスロ–ベルゲン (Lancaster–Oslo–Bergen)）コーパスは，1970 年代におけるブラウンコーパスのイギリス英語での複製として構築された (Johansson et al. 1978, Garside et al. 1987)．

固有名の同定は情報抽出における大きな課題である．その入門としては Cardie (1997) を見よ．

注意深く設計され，実証的に検証されているトークン化規則集合として，スザンヌコーパス (Susanne Corpus) で用いられたものがある (Sampson 1995: 52–59)．

句読法
(PUNCTUATION)

Nunberg (1990) は，**句読法** (*punctuation*) の重要さについて，言語学的な視点から述べている．言語学において何を語と扱うかの導入的な議論は，Crowley et al. (1995: 7–9) に見ることができる．Lyons (1968: 194–206) は，より詳細な議論を提示している．ハイフネーションの節で用いた例は主にダウジョーンズのニュース記事からの実例である．そのほかは，corpora メーリングリストへの Robert Amsler と Mitch Mracus からの 1996 年の電子メールメッセージで，感謝して使わせていただいている．

形態素解析については，さまざまなシステムが存在し利用可能である．そのうちのいくつかは Web サイトに掲載されている．知識を用いずにステミングを行う効果的な手法は，Kay and Röscheisen (1993) で見つけることができる．

[7) 非常に異なった分布を持つ二つの集まりを一つにまとめてしまっている場合はその限りでない．そのような場合は，それを分割することで，分類も簡単に行えるようになることがしばしばである．

Sproat (1992) には，形態論が自然言語処理に与える問題についての興味深い議論があり，本書のドイツ語複合名詞の例はそこからとっている．

COCOA (COunt and COncordance on Atlas) 形式は ICAME が作成した一連のコーパスで用いられ，LEXA などのソフトウェアとも関連する (Hickey 1993)．

SGML と XML については，さまざまな書籍で記述されており (Herwijnen 1994, McGrath 1997, St. Laurent 1998)，短くて読みやすい入門を含めて，多くの情報を Web 上で見つけることができる（Web サイトを参照のこと）．

テキスト・エンコーディング・イニシアティブ (Text Encoding Initiative: TEI)（1994 P3 版）の指針は，McQueen and Burnard (1994) として出版されている．その 2 章には SGML への読みやすい導入が含まれている．ただ，一般には，実際の指針を読むよりも，Ide and Véronis (1995) などの指導書や，Web サイトに列挙されているサイトを手始めに Web 上の情報を眺めていく方がよいかもしれない．本当に献身的な標準化の担い手でもない限り，TEI の複雑な全体像には圧倒されることとなる．最近の発展形には，この標準を基にして，削り落として人間が使える版とした TEILite や，TEI に適合した SGML の一具体例で特に言語工学コーパスのために設計された the Corpus Encoding Standard などもある．

CLAWS (Constituent-Likelihood Automatic Word-tagging System, 構成要素の蓋然性に基づく自動語タグ付けシステム) の初期の研究とそのタグセットは Garside et al. (1987) に記述されている．本文中で言及したより最近の c5 タグセットは Garside (1995) からとっている．ブラウンタグセットについては Francis and Kučera (1982) に記述があり，ペンタグセットについては Marcus et al. (1993) に，そして Santorini (1990) により詳細な記述がある．

本書は，コーパスを言語学研究でどのように用いるかの入門書ではない（ただ，そのような研究に有用な多くの手法やアルゴリズムを含んではいる）．一方で，最近立て続けに，**コーパス言語学** (*corpus linguistics*) の新しい教科書が出版されている (McEnery and Wilson 1996, Stubbs 1996, Biber et al. 1998, Kennedy 1998, Barnbrook 1996)．これらの書籍には，標本の選び方や均衡のさせ方など，コーパス設計の課題について，本書で述べた内容より詳しい議論が含まれている．特に代表性を持ったコーパスを設計する問題を扱ったものとして，Biber (1993) を参照のこと．

コーパス言語学
(CORPUS
LINGUISTICS)

さまざまなタグセットのさらなる詳細は Garside et al. (1987) の付録 B や，AMALGAM プロジェクトの Web ページ（Web サイトを参照のこと）に集められている．AMALGAM の Web サイトにはそこで用いられているトークン化の規則の記述もあり，経験則に基づく文分割およびトークン化の例として利用することができる．Grefenstette and Tapanainen (1994) もトークン化に

ついて議論しており，知識をあまり用いない単純な経験則を採用した実験の結果を提示している．

4.5 練習問題

練習問題 4.1 [★★]

本文で議論したように，たいていの目的にとって，ハイフンで繋がれたもののうち，一部は語として扱いたい（例えば，*co-worker*, *Asian-Ameircan*）し，ほかのものはそうしたくない（例えば，*ain't-it-great-to-be-a-Texan*, *child-as-required-yuppie-possession*）ように思われる．コーパス中からハイフンで繋がれたものを見つけ出し，どの形式は語として扱いたく，どの形式はそうでないかについての基準を提案せよ．その決定はどのような理由に基づいているか（どのような選択が適切であるかは，要求によって異なる）．さらに，ハイフンで繋がれた系列のうち，分割すべきもの，例えば複合名詞の末尾でない要素としてだけ現れるものなど，を同定する手法を提案せよ．

$[_\mathrm{N}[$child-as-required-yuppie-possession$]$ syndrome$]$

練習問題 4.2 [★★ 言語学者向け]

関心のある言語学の問題（非構成要素等位接続，省略，慣用句，重名詞句転移，随伴，動詞交替，等々）を一つ取り上げる．その問題に関連して，有用なデータを一般的なコーパスから見つけ出すことが期待できるかを考えよ．なぜできるか，なぜできないかも合わせて答えよ．もし可能であると考えるのであれば，その現象の例を，生コーパス，あるいは統語構造付きのコーパスから見つけ出す適当な方法があるかを考えよ．この二つの質問の答えが肯定的であれば，実際にコーパスから例をいくつか見つけ出して，発見した興味深い内容を報告せよ．

練習問題 4.3 [★★]

文境界検出アルゴリズムを開発せよ．それがどの程度うまく働くか評価せよ（ACL-DCI CD-ROM (Church and Liberman, 1991) のウォール・ストリート・ジャーナルの節の構築においては，比較的簡単な文境界検出アルゴリズムが使われており，その結果は修正されておらず，多くの誤りが残ったままになっている．もしこのコーパスが利用可能であれば，自分が開発したアルゴリズムによる結果と，コーパス中に記されている文境界とを比較してみるのも面白い．うまくいけば，それよりかなり良い性能で動作するシステムを記述することができるはずである）．

II編

語

5章

連　語

"わたしが「けさの食事はおいしかった」と言うとき、明らかに、むずかしいことを懸命に考えているのではない。伝えたいのは、記号を用いて習慣的な表現の溝にはめられた、楽しい記憶にすぎない。(中略) それは、あたかも、エレベーターを動かすほどの馬力を出せる発電機が、玄関の呼びりんに電流を送るだけのために運転されているようなものだ。"　　(エドワード・サピア著 (安藤貞雄訳)『言語』岩波書店, *1998*, 第 *1* 章より抜粋)

　　連語 (*collocation*) とは二つ以上の単語からなる慣用に従った物事の言い方である. Firth (1957: 181) によれば「連語とは単語を習慣的, あるいは慣習的 (habitual or customary) にどう配置するかを述べたもの」である. 連語には *strong tea* や *weapons of mass destruction* のような名詞句や *make up* のような句動詞 (phrasal verb), *the rich and powerful* などその他の決まり文句 (stock phrase) などがある. 特に興味深いのは, 些細であるが簡単には説明できない, しかし, その言語の母語話者なら誰でも知っているような単語の用法のパターンである. 英語の場合, なぜ *a stiff breeze* と言うのに ??*a stiff wind* とは言わないのだろうか (ところが *strong breeze* や *a strong wind* は OK). あるいは, なぜ *broad daylight* と言うのに ?*bright daylight* や *narrow darkness* とは言わないのだろうか.

構成性 (COMPOSI-
TIONALITY)
　　連語の特徴は意味の**構成性** (*compositionality*) が限定的にしか成立しないことである. ここで, ある言語表現が構成的であるとはその言語表現全体の意味が部分の意味から推測できるということである. 連語は部分の意味を組み合わせたものに通常何らかの意味が追加されている点で「完全に構成的」とは言えない. *strong tea* の場合, *strong* は「豊富な活性成分を持っている」という意味になるわけであるが, これは, 「大きな物理的な力を持っている」という, この単語の基本的な意味と密接に関係してはいるが微妙に異なる. イディオムは非構成的な表現の最も極端な例である. *Kick the bucket* (くたばる) や *to hear it through the grapevine* (風のたよりに聞く) というイディオムはそれぞれ

に含まれる単語の意味と間接的で歴史的な関係を持つだけである．これらのイディオムを使うとき，バケツ (bucket) やブドウのつる (grapevine) の話はしていない．一方，連語の多くはここまで非構成的ではない．例えば，本書の前の方で例としてあげた international best practice は部分の意味から全体の意味がほぼ規則的に構成できるが，何らかの意味が付け加わっている．この表現は，通常，経営の効率性について説明するときに使われ，例えば，料理のやり方について述べるのには使われないだろう．文字どおりの意味であれば後者の用法でも問題ないはずなのであるが．

用語 (TERM)
専門用語
(TECHNICAL TERM)
専門用語句
(TERMINOLOGICAL
PHRASE)
専門用語抽出
(TERMINOLOGY
EXTRACTION)

連語とかなり重なり合う概念として，**用語** (term)，**専門用語** (technical term)，**専門用語句** (terminological phrase) などがある．名称から示唆される通りこれらはいずれも専門的な文書から（**専門用語抽出** (terminology extraction) という処理によって）抽出される連語のことである．なお本章における用語 (term) は情報検索で使われるものとは意味が異なることに注意してほしい．情報検索における「用語」には単語と句の双方が含まれる．したがって，この章で我々が使う方が狭い意味になる．

連語は次にあげるような多くの応用で重要である：自然言語生成（出力が自然であり powerful tea や to take a decision といった誤りを避ける），計算論的辞書編纂学（辞書に掲載すべき重要な連語を自動的に選定する），構文解析（解析結果が曖昧なとき自然な連語の方を選ぶ），コーパス言語研究（例えば言語を通して文化的なステレオタイプの強化が起こるといった社会現象の研究 (Stubbs 1996)）．

連語が興味深い理由の一つはソシュールやチョムスキーから続く構造主義言語学がその伝統として検討を怠ってきた領域であることによる．一方，ファース (Firth)，ハリデー (Halliday)，シンクレア (Sinclair) などの名前に結びついている英国言語学は連語のような現象に伝統的に興味を注いできた．構造主義言語学は句や文の特徴について一般性のある抽象化を行うことに集中している．こ

意味の文脈理論
(CONTEXTUAL
THEORY OF
MEANING)

れとは対照的にファースの**意味の文脈理論** (Contextual Theory of Meaning) は文脈の重要性を強調している．例えば，（架空の理想的な話者ではなく）どういう社会的な設定のもとで発話がなされるか，（孤立した文ではなく，）会話，あるいはテキストにおいて前後にどういう文が存在するか，そして連語，すなわち周辺の単語の作る文脈の重要性（ファースの有名な「格言」である「単語は何を連れとしているかで特徴付けられる」で端的に述べられる）などである．これらの文脈特徴は構造主義言語学において典型的な抽象的な扱いによって簡単に失われる．

言語の文脈的な見方において重要と思われる問題の良い例がハリデーのあげた strong tea と powerful tea である (Halliday 1966: 150)．英語では powerful tea とは言わず strong tea と言う決まりがある．もちろん英語の話者であれば慣用的でない前者でも意味は理解できる．おそらく，これらの例から英語の興

味深い構造的な性質は何も得られないだろう．しかし，ある言語文化において
さまざまな物質をどういう立場で捉えるかということに関して何らかの興味深
いこと（なぜ *powerful* という単語はヘロインのような薬を形容するのには使
えても煙草や紅茶やコーヒーを形容するのには使えないのか）を物語ってくれ
るかもしれない．そして，慣用的に正しい英語を学ぼうとする者に対してこの
違いを教えることは明らかに重要である．言語使用の社会的な意味付けや言語
教育はまさにファースのアプローチに従う英国の言語学者たちが興味を持って
いた種類の問題なのである．

この章では連語を見つける多くの手法を紹介する．具体的には，頻度による
選択，単語とその共起語の間の距離の平均と分散に基づく選択，仮説検定，相
互情報量である．その後，連語とは何かという問題に立ち戻り，すでに提案さ
れているさまざまな定義，および，あるフレーズが連語かどうかをテストする
方法についても論じる．最後にさらに読み進めるための文献を示す．

本章で使う例は 1990 年 8 月から 11 月までのニューヨークタイムズの記事
4 か月分を参照コーパス (reference corpus) としてそこからとっている．この
コーパスは約 115MB のテキストで，語数はざっと 1,400 万語である．比較を
容易にするために，本章で述べる各手法をこのコーパスに適用する．この章の
大部分でニューヨークタイムズから抜き出す例は隣接する 2 語からなる固定的
な句（バイグラムともいう）のみである．しかしながら，これは便宜的にそうし
ただけであることに留意しておきたい．一般的に，固定的につながった単語の
組合せだけでなく，可変な（間にほかの語が入ったり順序が逆転したりするよ
うな）単語の組合せも連語になりうる．実際，平均と分散に関する節（5.2 節）
では緩く結びついた種類について調べる．

5.1 頻度

テキストコーパス中の連語を見つける一番簡単な方法は出現数を数えるとい
うことで間違いない．もし二つの単語が何回も一緒に出現したなら，それはこ
れら 2 単語の組が，単なる組合せによる機能ではうまく説明できない特別な機
能を持っている証拠である．

予測できることであるが，単に出現数が最大のものをいくつか取り出すだけ
ではあまり面白い結果は出てこない．**表 5.1** はコーパス中に出てくるバイグラ
ム（隣り合う 2 語）のうち最も数の多いものから順に並べて出現数を併記した
ものである．*New York* 以外のすべてのバイグラムは機能語 (function word)
の組である．

しかしながら，次に述べるような非常に単純なヒューリスティックスを使え
ばこの結果を相当改善できる (Justeson and Katz 1995b)．それは「句」にな

表 5.1 連語を見つける：頻度 $C(\cdot)$ はコーパス中の頻度を表す.

$C(w^1\ w^2)$	w^1	w^2
80871	of	the
58841	in	the
26430	to	the
21842	on	the
21839	for	the
18568	and	the
16121	that	the
15630	at	the
15494	to	be
13899	in	a
13689	of	a
13361	by	the
13183	with	the
12622	from	the
11428	New	York
10007	he	said
9775	as	a
9231	is	a
8753	has	been
8573	for	a

表 5.2 連語フィルターのための品詞（タグ）のパターン．これらのパターンは Justeson と Katz によって頻繁に出現する単語列から連語らしいものを識別するのに使われた.

品詞（タグ）のパターン	例
A N	*linear function*
N N	*regression coefficients*
A A N	*Gaussian random variable*
A N N	*cumulative distribution function*
N A N	*mean squared error*
N N N	*class probability function*
N P N	*degrees of freedom*

りそうな品詞のパターンだけを通すようなフィルターにかけることである[1].
Justeson and Katz (1995b: 17) は**表 5.2** のようなパターンを提案した．表のそれぞれのパターンの右は彼らが用いたテストセットから得られた例である．これらのパターンで A は形容詞，P は前置詞，そして，N は名詞を表す.

　表 5.3 はこのフィルターを通した後に得られたフレーズを頻度の高い順に並べたものである．驚くほど良い結果である．この表で非構成的なフレーズではないと考えられるのは次のたった三つ，*last year, last week, first time* だけである．*York City* は Justeson と Katz のフィルターを我々が実装した際のちょっとした誤りによるものである．きちんと実装すると品詞パターンに合う最長の句を選ぶようになるので，*York City* を含むより長いフレーズである *New York City* が見つかるだろう.

---

[1] 同じようなアイディアは Ross and Tukey (1975) と Kupiec et al. (1995) にもある.

5.1 頻度 *141*

表 5.3 連語を見つける：Justeson と Katz の品詞フィルター.

$C(w^1\ w^2)$	w^1	w^2	Tag Pattern
11487	New	York	A N
7261	United	States	A N
5412	Los	Angeles	N N
3301	last	year	A N
3191	Saudi	Arabia	N N
2699	last	week	A N
2514	vice	president	A N
2378	Persian	Gulf	A N
2161	San	Francisco	N N
2106	President	Bush	N N
2001	Middle	East	A N
1942	Saddam	Hussein	N N
1867	Soviet	Union	A N
1850	White	House	A N
1633	United	Nations	A N
1337	York	City	N N
1328	oil	prices	N N
1210	next	year	A N
1074	chief	executive	A N
1073	real	estate	A N

表 5.4 '*strong w*' と '*powerful w*' のパターンに最も多く出現する名詞 *w*.

w	$C(strong, w)$	w	$C(powerful, w)$
support	50	force	13
safety	22	computers	10
sales	21	position	8
opposition	19	men	8
showing	18	computer	8
sense	18	man	7
message	15	symbol	6
defense	14	military	6
gains	13	machines	6
evidence	13	country	6
criticism	13	weapons	5
possibility	11	post	5
feelings	11	people	5
demand	11	nation	5
challenges	11	forces	5
challenge	11	chip	5
case	11	Germany	5
supporter	10	senators	4
signal	9	neighbor	4
man	9	magnet	4

strong と *powerful* を含む 20 個の最も順位の高いフレーズはすべて A N という形である（A は *strong* か *powerful* のいずれかである）. これを**表 5.4** に示す.

繰り返すが, この方法は簡単であるにもかかわらず, 得られた結果が驚くほ

ど正確である．例えば，*strong challenge* と *powerful computers* は正解であ
り，*powerful challenge* と *strong computers* は間違いという根拠を与えてく
れる．しかしながら，頻度に基づく方法の限界も見てとることができる．*man*
と *force* という二つの名詞はいずれの形容詞とも一緒に使われている（*strong*
force はこのリストのずっと下の方の頻度 4 のところに出てくる）．このような
場合に対処するためにはより洗練された分析が必要である．

strong tea も *powerful tea* も先に述べたニューヨークタイムズコーパスに
は出てこない．しかし，大きなコーパスであるウエブを検索すれば 799 個の
strong tea と 17 個の *powerful tea* の用例が出てくることから（後者のほとん
どは誤った連語の例として連語に関する計算言語学の文献に掲載されているも
のである），正しいフレーズは *strong tea* であることがわかる [2]．

連語を見つけるための Justeson と Katz の方法は重要な点を示していて大
いに参考になる．それは，わずかな言語学的知見（品詞が重要であるというこ
と）と組み合わされた単純な定量的方法（今回の場合は頻度）が上手くいくとい
うことである．本章では以降，最も頻度の高い品詞タグが動詞や名詞や形容詞
であるような単語を残し，それ以外を排除するための「ストップ語リスト」を
利用する．

練習問題 5.1 [⋆]
連語発見に有益な品詞のパターンを表 5.2 に追加せよ．三つ以上の品詞タグのパター
ンも含めること．

練習問題 5.2 [⋆]
あなたの名前が出現する文書（電子メール，大学の成績表や通知）を用意せよ．Justeson
と Katz のフィルターによってあなたの名前は連語と判断されるか．

練習問題 5.3 [⋆]
ニューヨークタイムズには *strong tea* も *powerful tea* も出現していないため，本文
中では World Wide Web を補助的なコーパスとして利用した．Justeson と Katz の
方法を改変して World Wide Web を最後の手段として利用できるようようにせよ．

5.2 平均と分散

頻度に基づく方法は固定的なフレーズを見つけるのにはうまくいく．しかし，
連語を構成する二つの単語はもっと柔軟な関係で並んでいることが多い．*knock*
という動詞，および最も頻繁にこの動詞の項 (argument) になる *door* という
単語について考えてみよう．次に示すのはドア (door) をノックする (knock)
という表現の例である．

(5.1)　　　a. she knocked on his door

　　　　　b. they knocked at the door

---

[2] この検索は 1998 年 3 月 28 日に AltaVista 検索エンジンを使って行った．

文　　　　: *Stocks crash as rescue plan teeters*
バイグラム: *stocks crash*　*stocks as*　*stocks rescue*
　　　　　crash as　*crash rescue*　*crash plan*
　　　　　as rescue　*as plan*　*as teeters*
　　　　　rescue plan　*rescue teeters*
　　　　　plan teeters

図 5.1　二つの単語が少し離れたバイグラムを捉えるための 3 単語の連語窓の利用.

c. 100 women knocked on Donaldson's door

d. a man knocked on the metal front door

　knocked と *door* の間に現れる単語は多様であり，これらの 2 語の間の距離も一定ではないので，固定的なフレーズに対する手法ではうまくいかないだろう．しかしながら，これらの単語の出現パターンを見ると，英語においてドアを叩くという状況を表現する適切な動詞は *knock* であって，*hit* や *beat*, *rap* ではないと判断するのに十分な規則性がある．

　ここで，固定的なフレーズとして現れる連語と可変な（固定的でない）連語について若干の注意を記すべきだろう．話を簡単にするために，本章のほとんどの部分においては固定的な連語，しかも，バイグラム（連続する 2 語）しか扱っていない．しかし，連続する 2 語に適用可能な方法を連続しない 2 語の組に拡張する方法は容易に考えることができる．その方法とは，（一つの単語の通常前後 3, 4 語の幅の）連語のための「窓」を定め，**図 5.1** に示すように，この窓の中の**すべて**の 2 単語の組を連語関係を持つ拡張されたバイグラム（のリスト）に加える．そして，この拡張バイグラムの集合を使って以降の処理を行う．

　一方，この節で述べる平均と分散に基づく方法はその定義自体において二つの単語がどういう間隔で出現するか，というパターンを考慮している．もし，2 語間の間隔のパターンが比較的，予測可能であるならば，*knock⋯door* という必ずしも固定的なフレーズとは限らない連語が存在する証拠が得られたことになる．この論点については後でもう一度触れる．そして，連語とは何かというより深い議論はこの章の最後で行う．

平均 (MEAN)
分散 (VARIANCE)

　knocked と *door* の関係を見つける一つの方法は，コーパスにおいて二つの単語の間のオフセット (offset)（符号付きの距離）の**平均** (*mean*) と**分散** (*variance*) を計算することである．ここで平均とはオフセットの単純平均である．例えば文 (5.1) の例では *knoked* と *door* の間の距離の平均を次のように計算する．

$$\frac{1}{4}(3 + 3 + 5 + 5) = 4.0$$

（この計算では Donaldson's が *Donaldson*, 引用符 (')，*s* という三つの単語に分解されるとみなしている）．もし，*door* が *knoked* の前に出現したなら，オフセットは負の数になる．例えば，*the door that she knocked on* の場合は −3

になる．ここでは *knocked* を中心に前後9語の窓内の位置に限定して分析を行うことにする．

分散は個々のオフセットがどれだけ平均からばらついているかという尺度であり，次の式で推定する．

(5.2)
$$s^2 = \frac{\sum_{i=1}^{n} (d_i - \bar{d})^2}{n-1}$$

ここで n は2語の組が何回出現したか，d_i は i 番目の組におけるオフセット，d はオフセットの標本平均（サンプルの平均）である．もしオフセットがすべての組で同じ場合，分散は0になる．一方，オフセットがランダムに分布していたならば（これは二つの単語が偶然同時に現れ，これらの間に特段の関係がない場合に相当する），分散は大きくなる．慣例に従って，分散の平方根をとって **標本偏差** (*sample deviation*) $s = \sqrt{s^2}$ とし，二つの単語の間のオフセットがどの程度ばらつくかを評価するのに用いる．上の場合の *knock/door* の四つの例の標本偏差は次のように 1.15 となる．

標本偏差 (SAMPLE DEVIATION)

$$s = \sqrt{\frac{1}{3}\left((3-4.0)^2 + (3-4.0)^2 + (5-4.0)^2 + (5-4.0)^2\right)} \approx 1.15$$

平均と偏差によってコーパス中の二つの単語の距離の分布の特徴がわかる．この情報を使って偏差の小さい2語の組を見つければ連語を発見することができる．偏差が小さいということは二つの単語がいつも同じ相対位置で出現することを意味する．偏差が0というのは二つの単語が常にまったく同じ相対位置で出現することを意味する．

分散が示す情報は，ある語とほかの語との距離の分布のピークによっても説明することができる．図5.2は三つの場合を示している．*strong* の *opposition* からの距離の分布はピークが −1（*strong opposition* に対応する）にある．したがって，*strong* の *opposition* に対する分散は小さい ($s = 0.67$)．平均は −1.15 であるが，これは *strong* が通常は −1 の位置に現れていることを表す（−4 が1回出現というノイズを無視すれば）．

本節では注目する単語を中心として9語という窓幅に限定して検討してきた．これは連語が本質的に局所的な現象であることによる．なお，二つの単語の間の関係を見る場合に，位置0の出現数は常に0であることにも注意してほしい．例えば *strong* が *opposition* に対して0の位置に出現することはできない．なぜなら0の位置には *opposition* がすでに存在しているからである．

図 5.2 の二番目の図には，*support* に対する *strong* の位置の頻度分布が描かれている．この図では負の位置のいくつかで頻度が大きくなっている．例えば，−2 の位置に約 20 回の出現がある．これは *strong leftist support* や *strong business support* などの用例によるものである．このような大きなばらつきがあるために先ほどより大きな偏差 s(1.07) が得られ，平均は −1 と −2 の間の −1.45 となる．

5.2 平均と分散

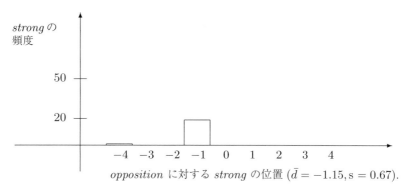
opposition に対する strong の位置 ($\bar{d}=-1.15, s=0.67$).

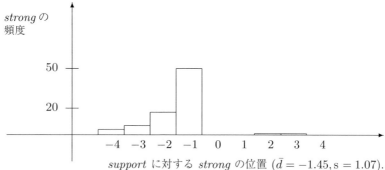
support に対する strong の位置 ($\bar{d}=-1.45, s=1.07$).

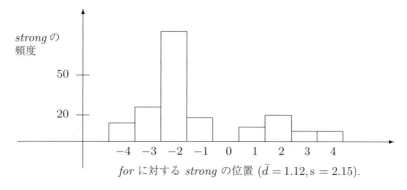
for に対する strong の位置 ($\bar{d}=1.12, s=2.15$).

図 **5.2** *strong* から相対的に 3 語までの位置に関するヒストグラム．

最後の例として *for* に対する *strong* の出現位置の分布を見るとより一様に散らばっている．*strong* は *for* より前に出現する傾向はあるものの（平均は -1.12 で負である），*for* の周辺ならどこにでも出現しやすい．$s = 2.15$ という大きい偏差がばらつきが大きいことを表している．このことはまた，*for* と *strong* が注目すべき連語を形成していないことも示している．

表 **5.5** の単語の組は上述のアプローチによって見つけることができる連語の種類を表している．*New York* のように平均が 1.0 に近くて偏差が小さいものは Justeson と Katz の頻度に基づくアプローチでも見つかる種類の連語である．平均が 1.0 よりずっと大きいものは，偏差が小さい場合に意味のあるフレーズがあることを表している．*previous / games*（距離 2）は *previous*

表 5.5 平均と分散に基づいて連語を見つける．12 個の単語対の間の距離の標本偏差 s と標本平均 $\bar{d}$.

s	$\bar{d}$	Count	Word 1	Word 2
0.43	0.97	11657	New	York
0.48	1.83	24	previous	games
0.15	2.98	46	minus	points
0.49	3.87	131	hundreds	dollars
4.03	0.44	36	editorial	Atlanta
4.03	0.00	78	ring	New
3.96	0.19	119	point	hundredth
3.96	0.29	106	subscribers	by
1.07	1.45	80	strong	support
1.13	2.57	7	powerful	organizations
1.01	2.00	112	Richard	Nixon
1.05	0.00	10	Garrison	said

10 games や *in the previous 15 games* に対応し，*minus / points* は例えば *minus 2 percentage points* や *minus 3 percentage points* などに対応する．また，*hundreds/dollars* は *hundreds of billions of dollars* や *hundreds of millions of dollars* などに対応する．

表 5.5 のまん中の四つの例に示すように，偏差が大きいということは二つの単語の間に考慮すべき関係がないことを意味する．ここで，一様分布の場合は多くの人が予想するように平均が 0 に近い傾向があることに注意しよう．より面白いのはこれらの中間の場合，すなわち，連語の分布において少し離れた距離の頻度が大きいときである．いくつかの例は図 5.2 の *strong {business} support* ですでに見た．ほかの中程度の偏差の例は *powerful { lobbying } organizations, Richard { M. } Nixon, Garrison said / said Garrison* などである（*Richard M. Nixon* を次の四つのトークンに分割していることを忘れないでほしい *Richard, M, ., Nixon*）．

この節で紹介した，偏差に基づく連語検出の方法は Smadja によるものである．ただし，いくらかの単純化を施している．特に，Smadja (1993) は位置のヒストグラムにおいて「平らな」ピーク，すなわち，深い谷が周りにないピーク（例えば図 5.2 の strong / for の組合せで -2 のところ）を除外している．Smadja (1993) はこの方法が用語抽出において極めてうまくいくこと（推定精度 80%）を示している．また，自然言語生成のための適切なフレーズを選ぶ処理でもうまくいくことを示している．

Smadja の連語概念はほかのものより制約が緩い．*knocked / door* の組合わせはテキスト生成には非常に有用であるかもしれないけれども，専門用語としての連語にはならないだろう．分散に基づく連語の検出は，固定的なフレーズと比べて緩い関係にあり，間に挿入される要素や相対的な位置が可変であるような単語の組合せを見つけたい場合に適切な方法といえる．

5.3 仮説検定

これまでにきちんと述べなかった問題の一つは，頻度が高いことや分散が小さいことは偶然起こりうるということである．*new companies* のように出現頻度の高い二つの単語 (*new, companies*) からバイグラムが構成されている場合，特に連語ではなかったとしても，これら二つの単語がまったく偶然に何回も一緒に出現することが予測できる．

我々が本当に知りたいのは二つの単語が偶然よりも頻繁に一緒に出現するかどうかである．あることがらが偶然かどうかを見積もることは統計学の古典的な問題であり，仮説検定と呼ばれている．我々の問題では，二つの単語の間に偶然以上の結びつきがないことを表す**帰無仮説** (*null hypothesis*) H_0 を定式化し，H_0 が真であると仮定してこの事象（二つの単語の共起）が起こる確率 p を計算する．そしてもし p が十分低い場合は（典型的には，**有意水準** (*significance level*) $p < 0.05, 0.01, 0.005, 0.001$ などとして）H_0 を棄却し，そうでなければ H_0 が成り立ちうるとする [3]．

> 帰無仮説 (NULL HYPOTHESIS)
>
> 有意水準 (SIGNIFICANCE LEVEL)

頭に入れておくべき重要なことは，これが二つの事象が同時に起こることを分析するためのデータ解析の方法であるということである．先と同様，我々はデータ中の特定のパターンを探している．このとき，どれだけのデータを調べたかということも考慮する必要がある．注目に値するパターンを発見した場合でも，それが偶然出現したものではないということが確証できるだけの十分な量のデータを調べた結果でないならば，その発見は割り引いて考える必要がある．

どのようにしてこの仮説検定の方法を連語検出に適用したらよいだろうか．まず必要なのは，二つの単語が連語を形成しないという帰無仮説の定式化である．連語を形成しない二つの単語 w^1, w^2 の組について，その2語が互いに完全に独立に出現すると仮定する．この場合，二つの単語がこの順に連続して出現する確率は単純に次の式で与えられる．

$$P(w^1 w^2) = P(w^1)P(w^2)$$

このモデルの意味は，二つの単語が共起する確率は個々の単語が単独で出現する確率の積ということである．本節の終わりで議論するように，これは過度に単純化したモデルであり，経験的に正確ではない．しかし，当面の帰無仮説としてこの独立性を採用することにする．

5.3.1 t 検定

次に必要なことは，特定の2語の並びがどの程度起こりやすいか，あるいは起こりにくいかを評価する統計的検定手法である．連語の発見のために広く使

---

[3] 有意水準 0.05 は実験科学において通常受け入れられている最も弱い証拠である．統計的自然言語処理タスクでは，通常，大量のデータが利用できるということから，より厳しい有意水準を達成できることが期待できる．

われている検定手法は t 検定である．t 検定は測定値の集合を一つのサンプルと考えてその平均と分散を調べる．ここで，帰無仮説は「このサンプルが平均 μ の分布から取り出されたものである」とする．この検定では，測定値の平均と予測される平均との差をデータの分散によって調整したものを用いる．これにより，ある平均と分散（あるいはもっと極端な平均と分散）のサンプルを平均 μ の正規分布から取り出したと仮定した場合に，このことがどの程度尤もらしいかがわかる．このサンプル（あるいはより極端なサンプル）が得られる確率を決定するために次の式で与えられる t 統計量を計算する．

$$(5.3) \qquad t = \frac{\bar{x} - \mu}{\sqrt{\frac{s^2}{N}}}$$

ここで $\bar{x}$ は標本平均，s^2 は標本分散，N は標本サイズ，そして μ は分布の平均である．もし t 統計量が十分大きければ我々は帰無仮説を棄却できる．t 統計量が十分大きいかどうか判断するには，付録に載せた t 分布表を見る（あるいは統計学の参考書に載っているもっと良い表を見るか，適切なソフトウエアを使う）必要がある．

　t 検定の適用例を示そう．帰無仮説として，ある集団の男性の身長の平均を 158cm とする．ここで，200 人の男性の身長の測定結果として $\bar{x} = 169$，$s^2 = 2600$ が得られたとしよう．これが一つのサンプルである．知りたいことはこのサンプルが上述の集団から得られたものなのか（帰無仮説），別のより背の高い集団から得られたものなのかということである．上記の式に当てはめると次のような t 値が得られる．

$$t = \frac{169 - 158}{\sqrt{\frac{2600}{200}}} \approx 3.05$$

信頼水準 0.005 のところの t 値を見ると 2.576 となっている [4]．サンプルから得られた t 値は 2.576 より大きいので我々は信頼度 99.5% で帰無仮説を棄却できる．すなわち，我々は誤りの可能性 0.5% 以下で，このサンプル（測定値の集合）が平均 158cm の集団から得られたものではないと判断することができる．

　t 検定をどのようにして連語の検出に使うかについて理解するために *new companies* に関する t 値を計算してみよう．この場合，平均と分散を得るためのサンプルは何だろうか．比率や頻度に対して t 検定を適用するための標準的な拡張手法がある．テキストコーパスを N 個のバイグラムからなる長い列と考えよう．サンプルは注目しているバイグラムが出現したら 1 そうでなければ 0 をとるような指標確率変数 (indicator random variable) とする．

　最尤推定を用いて *new* と *company* の確率を計算する．我々のコーパスには *new* が 15,828 回，*company* が 4,675 回出現し，全体では $N = 14,307,668$

---

[4] サンプル数 200 は自由度 199 を意味する．これは t 値を考える場合，自由度 ∞ とほぼ同じとみなせる．$t = 2.576$ という値は表においてこれに対する行から得たものである．

個のトークンが存在しているので，次のようになる．

$$P(new) = \frac{15828}{14307668}$$

$$P(companies) = \frac{4675}{14307668}$$

帰無仮説は *new* と *companies* の出現が独立ということであるから

$$H_0 : P(new\ companies) = P(new)P(companies)$$
$$= \frac{15828}{14307668} \times \frac{4675}{14307668} \approx 3.615 \times 10^{-7}$$

となる．もし，帰無仮説が真であるなら，*new companies* に対して 1，それ以外に 0 を付与して単語バイグラムをランダムに生成する過程は実質的に *new companies* の出現に対して $p = 3.615 \times 10^{-7}$ であるようなベルヌイ試行 (Bernoulli trial) である．この分布の平均は $\mu = 3.615 \times 10^{-7}$，分散は $\sigma^2 = p(1-p)$ であり（2.1.9 節を見よ），後者は p と近似できる．ここで分散 $\sigma^2 = p(1-p) \approx p$ が成り立つのはほとんどのバイグラムについて p が小さいからである．

コーパスを調べると 14,307,668 個のバイグラムのうち *new companies* は 8 回出現することがわかった．したがって，このサンプルにおける平均は $\bar{x} = \frac{8}{14307668} \approx 5.591 \times 10^{-7}$ と計算できる．これで t 検定に必要なものはすべて揃った．t は次のようになる．

$$t = \frac{\bar{x} - \mu}{\sqrt{\frac{s^2}{N}}} \approx \frac{5.591 \times 10^{-7} - 3.615 \times 10^{-7}}{\sqrt{\frac{5.591 \times 10^{-7}}{14307668}}} \approx 0.999932$$

この 0.999932 という t 値は $\alpha = 0.005$ に対する臨界値 2.576 以下である．ということは「*new* と *company* が独立に出現し，連語を構成しない」という帰無仮説を棄却できない．これは正しい結果であるように思われる．*new companies* という句は完全に構成的であり，また，連語の地位に昇格させるために必要な新たな意味が付加されていない（t 値が 1 に近いのが少し怪しげであるが，これは偶然である．練習問題 5.5 を見よ）．

表 5.6 はコーパスにちょうど 20 回出現する 10 個のバイグラムの t 値を示している．上位 5 個のバイグラムについては個々の単語が独立して生起しているという帰無仮説を $\alpha = 0.005$ で棄却することができる．したがって，これらは連語の良い候補である．残りの 5 個のバイグラムは有意差テストに失格したので良い連語の候補とはみなさない．

頻度に基づく方法の場合，これら 10 個のバイグラムの間に順位をつけることができない．なぜなら，出現頻度がまったく同じだからである．表 5.6 の頻度を見ると，t 検定はバイグラムの頻度（$C(w^1\ w^2)$）を当該バイグラムを構成する各単語の頻度に対する相対値にして考慮している．両方の単語の出現頻度に対して高い割合でバイグラムが出現しているか (Ayatollah Ruhollah, videocasette

表 5.6 連語を見つける：出現頻度 20 のバイグラム 10 個に適用した t 検定.

t	$C(w^1)$	$C(w^2)$	$C(w^1\,w^2)$	w^1	w^2
4.47	42	20	20	Ayatollah	Ruhollah
4.47	41	27	20	Bette	Midler
4.47	30	117	20	Agatha	Christie
4.47	77	59	20	videocassette	recorder
4.47	24	320	20	unsalted	butter
2.37	14907	9017	20	first	made
2.24	13484	10570	20	over	many
1.37	14734	13478	20	into	them
1.22	14093	14776	20	like	people
0.80	15019	15629	20	time	last

recorder)，あるいは少なくとも一方の単語の出現頻度に対して高い割合でバイグラムが出現していれば (unsalted)，t 値は大きくなる．この判断基準は直観に合っている．

この章のほかの部分と異なり，表 5.6 の分析にはいくつかのストップ語が含まれている．ストップ語を取り除いてしまうと有意性のない例を見つけることが難しくなるからである．コーパスで検証したほとんどのバイグラムは偶然より有意に多く出現する．今回のコーパスで 20 回出現する 831 個のバイグラムのうち 824 個については独立性を意味する帰無仮説が棄却される．しかし，本当に連語に分類すべきものはこれらのうちのほんのわずかである．このように，バイグラムのうち独立でない単語の組の割合が驚くほど高い ($\frac{824}{831} \approx 0.99$) のは，単語をランダムに生成する場合と比べてではあるが，言語が非常に規則的であって，予想もつかないようなことがほとんど起こらないからである．まさに，この規則性に基づいて，以降の章で論じる単語の多義性解消や確率的構文解析のようなことができるのである．t 検定やほかの統計的検定は連語を順位付けする手法として有用であるが，有意水準自体はそれに比べて重要ではない．実際，本章で引用したほとんどの論文で有意水準にはまったく触れられていない．使われているのはスコアとスコアを使って得られた順位である．

5.3.2 差の仮説検定

t 検定は上記と少しばかり異なる別の連語検出問題に使うことができる．それは，二つの単語を最もよく区別できるような共起パターンを持つ単語を見つける問題である．例えば，計算論的辞書編纂学において *strong* の意味と *powerful* の意味を最もうまく区別するような単語を見つけたい場合があるかもしれない．これを t 検定を用いて行う方法が Church and Hanks (1989) によって示されている．**表 5.7** は *strong* よりも *powerful* と一緒に出現する方が顕著に多い 10 個の単語（表の上から 10 語）と *powerful* よりも *strong* と一緒に出現する方が顕著に多い単語（表の下から 10 語）を示している．

t スコアは，二つの独立な正規母集団の平均を比較できるように t 検定を拡張

5.3 仮説検定

表 5.7 有意に高頻度で *powerful* とともに出現する語（上側の 10 語），および *strong* とともに出現する語（下側の 10 語）.

t	$C(w)$	$C(strong\ w)$	$C(powerful\ w)$	Word
3.1622	933	0	10	computers
2.8284	2337	0	8	computer
2.4494	289	0	6	symbol
2.4494	588	0	6	machines
2.2360	2266	0	5	Germany
2.2360	3745	0	5	nation
2.2360	395	0	5	chip
2.1828	3418	4	13	force
2.0000	1403	0	4	friends
2.0000	267	0	4	neighbor
7.0710	3685	50	0	support
6.3257	3616	58	7	enough
4.6904	986	22	0	safety
4.5825	3741	21	0	sales
4.0249	1093	19	1	opposition
3.9000	802	18	1	showing
3.9000	1641	18	1	sense
3.7416	2501	14	0	defense
3.6055	851	13	0	gains
3.6055	832	13	0	criticism

した次の式で計算される.

$$(5.4) \qquad t = \frac{\bar{x}_1 - \bar{x}_2}{\sqrt{\frac{s_1{}^2}{n_1} + \frac{s_2{}^2}{n_2}}}$$

ここで，帰無仮説は「差の平均が 0 ($\mu = 0$)」であるから $\bar{x} - \mu = \bar{x} = \frac{1}{N} \sum (x_{1_i} - x_{2_i}) = \bar{x}_1 - \bar{x}_2$ となる．分母は二つの母集団の分散の和である．これは二つの独立な確率変数の差の分散が個々の分散の和になるからである.

これで表 5.7 を説明することができる．表の t 値はベルヌイ試行を仮定して計算したものである（t 検定を用いる基礎的な方法を最初に紹介したときと同じである）．もし連語であるかどうか調べたい単語が w（*computers* あるいは *symbol*）であり，v^1 と v^2 が比較したい単語（e.g., *powerful* と *strong*）であるとすれば，$\bar{x}_1 = s_1^2 = P(v^1 w)$, $\bar{x}_2 = s_2^2 = P(v^2 w)$ となる．ここで再度 $s^2 = p - p^2 \approx p$ の近似を用いると

$$t \approx \frac{P(v^1 w) - P(v^2 w)}{\sqrt{\frac{P(v^1 w) + P(v^2 w)}{N}}}$$

のようになり，次のように単純化できる.

$$(5.5) \qquad t \approx \frac{\frac{C(v^1 w)}{N} - \frac{C(v^2 w)}{N}}{\sqrt{\frac{C(v^1 w) + C(v^2 w)}{N^2}}}$$

$$= \frac{C(v^1 w) - C(v^2 w)}{\sqrt{C(v^1 w) + C(v^2 w)}}$$

表 **5.8** *new* と *companies* の出現の依存性を表す 2×2 の表．コーパス中に *new companies* が 8 回出現し，二つ目の単語が *companies* で一つ目の単語が *new* でないバイグラムが 4,667 個，一つ目の単語が *new* で二つ目の単語が *companies* でないバイグラムが 15,820 個，どちらの単語も適切な位置に含まないバイグラムが 14,287,173 個ある．

	$w_1 = new$	$w_1 \neq new$
$w_2 = companies$	8	4667
	(*new companies*)	(e.g., *old companies*)
$w_2 \neq companies$	15820	14287173
	(e.g., *new machines*)	(e.g., *old machines*)

ここで $C(x)$ はコーパス中に x が出現した回数である．

t 検定のこの式の応用先として Church and Hanks (1989) が示唆したのは辞書編纂学 (lexicography) である．表 5.7 のデータは *strong* と *powerful* の違いを明示した精密な辞書項目を記述したい辞書編纂者にとって有用である．有意性の高い連語に基づいて，Church と Hanks は，これらの違いが，物事の固有の性質に言及しているのか，外在的な性質に言及しているのかにあると分析した．例えば，特定の年齢・性別のグループからの *strong* support という表現は，当該グループが支持に大きく関与しているものの，そのグループが何かを行使する力を持っているとは限らないことを意味する．したがって *strong* は固有の性質について言っている．一方 *powerful* supporter というのは物事を動かす力を持っている人のことをいう．本書で扱っているコーパスに現れる多くの連語に Church と Hanks の分析が当てはまる．しかし，二つの単語の間の意味の違いはより複雑である．というのは，どういうものが固有の性質でどういうものが外在的な性質かは，文化に根差した物事の捉え方といった微妙なことに依存しているからである．例えば，*strong tea* と言う一方，*powerful drags* と言うが，これらの違いが物語るのは，二つの形容詞の意味的な差というより，*tea* や *drug* に対する英語話者の捉え方である (Church et al. 1991: 133).

5.3.3 Pearson のカイ二乗検定

t 検定を利用する方法は批判を受けてきた．なぜならこの方法は確率を近似的に正規分布であると仮定しているからである．正規分布の仮定は一般的には正しくない (Church and Mercer 1993: 20)．正規分布を仮定せずに独立性を検定する方法として χ^2 検定（「カイにじょうけんてい」と読む）がある．最も単純なケースとして，χ^2 検定を**表 5.8** のような 2 行 2 列の表に対して適用する．この検定の本質は表に示される「観測された頻度」と「独立を仮定した場合の期待頻度」とを比較することである．もし，観測頻度と期待頻度との差が大きい場合，独立であるという帰無仮説を棄却する．

表 5.8 は先に示した参照用コーパス中の *new* と *companies* の分布を表している．$C(new) = 15,828$, $C(companies) = 4,675$, $C(new\ companies) = 8$,

であったこと，そして，コーパスに $N = 14{,}307{,}668$ 個のトークンがあったことを思い出そう．このことは，最初のトークンが *new* 以外で，かつ，二番目のトークンが *companies* であるバイグラムの個数が $4667 = 4675 - 8$ 個であることを意味する．表の下半分も同じように計算できる．

X^2 値は表のすべてのマス目に対して，観測された値と期待値の差の二乗を期待値の大きさで割ってスケールを変換し，総和を求めたものであり，次のようになる．

$$(5.6) \qquad X^2 = \sum_{i,j} \frac{(O_{ij} - E_{ij})^2}{E_{ij}}$$

ここで i は表の行に対応し，j は列に対応する．O_{ij} は (i, j) 要素の観測値であり，E_{ij} はこの要素の期待値である．

X^2 の値は漸近的に χ^2 分布になることが証明できる．別の言い方をすると，もし，データ数が大きければ，X^2 は χ^2 分布になる．この近似がどのくらいよいかについては後で考える．

期待頻度 E_{ij} は周辺確率 から，すなわち，行と列の合計を割合に変換することによって計算する．例えば，セル $(1, 1)$ (*new companies*) の期待頻度はバイグラムの一番目の単語として *new* が出現する周辺確率にバイグラム の二番目の単語として *company* が出現する周辺確率を掛けたもの（にコーパスのバイグラムの総数を掛けたもの）であり，次のようになる．

$$\frac{8 + 4667}{N} \times \frac{8 + 15820}{N} \times N \approx 5.2$$

すなわち，もし *new* と *companies* が完全に独立に出現するなら我々のコーパスのサイズの場合 *new companies* というバイグラムが平均 5.2 回出現する，ということである．

χ^2 検定はどのような大きさの表にでも適用することができるが，2 行 2 列の表の場合，検定統計量は次のようなより単純な形となる（練習問題 5.9 を見よ）．

$$(5.7) \qquad X^2 = \frac{N(O_{11}O_{22} - O_{12}O_{21})^2}{(O_{11} + O_{12})(O_{11} + O_{21})(O_{12} + O_{22})(O_{21} + O_{22})}$$

この式によれば，表 5.8 の値に対して次の X^2 値が得られる．

$$\frac{14307668(8 \times 14287173 - 4667 \times 15820)^2}{(8 + 4667)(8 + 15820)(4667 + 14287173)(15820 + 14287173)} \approx 1.55$$

付録の χ^2 分布表を見ると，$\alpha = 0.05$ の水準の確率に対する臨界値は $\chi^2 = 3.841$ である（この統計量は 2 行 2 列の表に対して自由度 1 である）．このことから，我々は「*new* と *companies* が相互に独立に出現する」という帰無仮説を棄却できない．ゆえに *new companies* は連語の良い候補とはいえない．

表 5.9 対訳コーパスにおける *vache* と *cow* の対応関係. χ^2 検定をこの表に適用することにより, *vache* と *cow* が対訳関係にあるかどうか判定することができる.

	cow	¬ *cow*
vache	59	6
¬ *vache*	8	570934

表 5.10 χ^2 を用いた相異なるコーパスにおける単語の独立性の検定. この検定はコーパス類似性の尺度として用いることができる.

	corpus 1	corpus 2
word 1	60	9
word 2	500	76
word 3	124	20
	...	

　この結果は t 検定で得たものと同じである. 一般に, 連語を見つける問題において, t 統計量と χ^2 統計量の間の差は大きくないと思われる. 例えば, 我々のコーパス中で t スコアの最も大きい 20 個のバイグラムは χ^2 スコアの最も大きい 20 個のバイグラムに等しい.

　しかしながら, χ^2 検定は t 検定において正規分布が仮定できないような広い範囲の確率事象に対しても妥当である. より広範な連語検出の問題に χ^2 検定が適用されているのは, おそらくこのことが理由であろう.

　統計的自然言語処理における χ^2 検定の初期の応用の一つは対訳コーパスから対訳関係にある単語の対を抽出する処理であった (Church and Gale 1991b)[5]. **表 5.9** (の仮想的な対訳コーパス) からは英語の *cow* に対するフランス語訳が *vache* であることが強く示唆される. この表は英語側に *cow* が出現し, かつ, フランス語側に *vache* が出現するような対訳が 59 組あったことなどを示している. X^2 値はここでは非常に高く 456400 である. このことから, *cow* と *vache* が独立に起こるという帰無仮説を高い信頼性で棄却することができる. これら二つの単語は対訳の良い候補である.

　χ^2 の面白い応用の一つはコーパスの類似性の指標に利用することである (Kilgarriff and Rose 1998). ここで $n = 500$ のように大きな n について n 行 2 列の表を作る. これを図式的に書くと**表 5.10** のようになる. もし, どの単語についても出現回数の比率が同じであれば (表 5.10 を見るとすべての単語はコーパス 1 の方にコーパス 2 のざっと 6 倍出現している), 「二つのコーパスがもともと同じコーパスから取り出されたものである」という帰無仮説を棄却することができない. この場合, 二つのコーパスの類似性が高いと解釈することができる. 一方, 比率が著しく異なる場合, X^2 スコアは高くなり, コーパス

---

[5] 彼らが実際に利用するのは ϕ^2 統計量で, 単に X^2/N という値である. この統計量は有意性を測るものではないが, 片方の変数に対するもう片方の変数の変動の割合を測るものである. 彼らは訳語対の順位付けを行っているだけなので, 有意性は重要ではない.

間の類似性は非常に低いという証拠になる.

正規分布を仮定しているがゆえに, t 検定を適用することが問題であったのと同様に, 2 行 2 列の表の各要素の数値が小さい場合, χ^2 検定を適用することには問題がある. Snedecor and Cochran (1989: 127) はもし総サンプル数が 20 以下であるか, あるいは総サンプル数が 20 から 40 の間で, かつ, 各セルの期待値が 5 以下である場合には, χ^2 検定を使わないように勧めている.

5.3.4 尤度比

尤度比は仮説検定のもう一つの別のアプローチである. 以下でこの方法がスパースなデータに対して χ^2 検定より適切な方法であることがわかるだろう. **尤度比** (*likelihood ratio*) には χ^2 検定より解釈しやすいという別の利点もある. 尤度比は, 単純に, 一方の仮説が他方よりどれだけ尤もらしいかということを表す数値なのである.

尤度比検定を連語検出に適用するためにバイグラム $w^1 w^2$ の共起頻度に関する二つの仮説を調べてみよう (Dunning 1993).

尤度比
(LIKELIHOOD RATIO)

- **仮説 1.** $P(w^2 \mid w^1) = p = P(w^2 \mid \neg w^1)$
- **仮説 2.** $P(w^2 \mid w^1) = p_1 \neq p_2 = P(w^2 \mid \neg w^1)$

仮説 1 は二つの単語が独立な場合を定式化したものである (w^2 の出現は直前の w^1 の出現とは独立である). 仮説 2 は依存関係がある場合を定式化したものであり, 検出すべき連語である良い証拠となる [6].

この式の p, p_1, p_2 を例によって最尤推定値を使って求めよう. c_1, c_2, c_{12} をそれぞれコーパス中の w^1, w^2, および $w^1 w^2$ の出現数とすると, 最尤推定値は次のようになる.

$$(5.8) \qquad p = \frac{c_2}{N} \qquad p_1 = \frac{c_{12}}{c_1} \qquad p_2 = \frac{c_2 - c_{12}}{N - c_1}$$

ここで次の二項分布を仮定する.

$$(5.9) \qquad \mathrm{b}(k; n, x) = \binom{n}{k} x^k (1-x)^{(n-k)}$$

そうすると, 我々が実際に観測した, w^1, w^2, $w^1 w^2$ の出現数の組の尤度は, 仮説 1 の場合は $L(H_1) = \mathrm{b}(c_{12}; c_1, p)\mathrm{b}(c_2 - c_{12}; N - c_1, p)$ となり, 仮説 2 の場合は $L(H_2) = \mathrm{b}(c_{12}; c_1, p_1)\mathrm{b}(c_2 - c_{12}; N - c_1, p_2)$ となる. **表 5.11** にこの議論をまとめる. $L(H_1)$ と $L(H_2)$ の二つの尤度は最後の 2 行, それぞれ $w^1 w^2$ と $\neg w^1 w^2$, の出現頻度に対する尤度を掛け合わせることで得られる.

したがって, 尤度比 λ の対数は次のようになる.

---

[6] もし仮説 2 が真であるなら $p_1 \gg p_2$ であると想定する. $p_1 \ll p_2$ は稀であるから, これは無視する.

表 5.11 Dunning の尤度比検定を計算する方法. 例えば, 仮説 H_2 の尤度は最右列の一番下の 2 行の積.

		H_1	H_2
$P(w^2 \mid w^1)$		$p = \frac{c_2}{N}$	$p_1 = \frac{c_{12}}{c_1}$
$P(w^2 \mid \neg w^1)$		$p = \frac{c_2}{N}$	$p_2 = \frac{c_2 - c_{12}}{N - c_1}$
c_1 個のうち c_{12} 個のバイグラムが $w^1 w^2$		$\mathrm{b}(c_{12}; c_1, p)$	$\mathrm{b}(c_{12}; c_1, p_1)$
$N - c_1$ 個のうち $c_2 - c_{12}$ 個のバイグラムが $\neg w^1 w^2$		$\mathrm{b}(c_2 - c_{12}; N - c_1, p)$	$\mathrm{b}(c_2 - c_{12}; N - c_1, p_2)$

$$
\begin{aligned}
(5.10) \qquad \log \lambda &= \log \frac{L(H_1)}{L(H_2)} \\
&= \log \frac{\mathrm{b}(c_{12}; c_1, p)\mathrm{b}(c_2 - c_{12}; N - c_1, p)}{\mathrm{b}(c_{12}; c_1, p_1)\mathrm{b}(c_2 - c_{12}; N - c_1, p_2)} \\
&= \log L(c_{12}, c_1, p) + \log L(c_2 - c_{12}, N - c_1, p) \\
&\quad - \log L(c_{12}, c_1, p_1) - \log L(c_2 - c_{12}, N - c_1, p_2)
\end{aligned}
$$

ここで $L(k, n, x) = x^k (1 - x)^{n-k}$ である.

表 5.12 はニューヨークタイムズコーパス ($N = 14,307,668$) にこの検定を適用したときの *powerful* を含むバイグラムのうち尤度比の最上位 20 個である. なぜ λ ではなく $-2 \log \lambda$ としたかについては, 後で説明する. 我々は 6 回以下の稀なのも含めてすべてのバイグラムを考慮する. 稀なものも含めるのはこの検定手法が低頻度のバイグラムに対してもうまくいくからである. 例えば, 2 回しか出現しない *powerful cudgels* というバイグラムも連語候補に入っている.

尤度比の利点の一つは直感的な解釈ができるところである. 例えば, *powerful computers* というバイグラムは「*computers* という単語が *powerful* の直後に出現しやすい」と仮定した方がそれぞれの出現頻度から予測される確率よりも $e^{0.5 \times 82.96} \approx 1.3 \times 10^{18}$ 倍だけ起こりやすい. この数値は数表を見ないと解釈できない t 検定や χ^2 検定のスコアよりも解釈しやすい.

さらに, 尤度比検定は χ^2 検定よりスパースデータに対して適切であるという利点もある. では尤度比検定をどのように仮説検定に使うのだろうか. もし λ がある式の尤度比であるとすると, $-2 \log \lambda$ は漸近的に χ^2 分布に近づく (Mood et al. 1974: 440). したがって, 表 5.12 の値を使って, 仮説 H_2 に対する帰無仮説 H_1 を検定することができる. 例えば, *powerful cudgels* については表の 34.15 を使って, このバイグラムに対する H_1 を有意水準 $\alpha = 0.005$ で棄却することができる (($\,$自由度 1 に対する$\,$) 臨界値は 7.88 である. 付録の χ^2 分布表を参照のこと).

ここで必要となる尤度比の式は, パラメータ空間の一部における最尤推定値とパラメータ空間全体における最尤推定値の間の尤度比である. 式 (5.10) に示す尤度比において, パラメータ空間全体とは組 (p_1, p_2) 全体の空間である. ここで, p_1 は w^1 が先行するときの w^2 の確率, p_2 は w^1 以外の単語が先行す

5.3 仮説検定   157

表 5.12 *powerful* のバイグラムのうち，Dunning の尤度比テストで最高スコアとなったもの．

$-2\log\lambda$	$C(w^1)$	$C(w^2)$	$C(w^1w^2)$	w^1	w^2
1291.42	12593	932	150	most	powerful
99.31	379	932	10	politically	powerful
82.96	932	934	10	powerful	computers
80.39	932	3424	13	powerful	force
57.27	932	291	6	powerful	symbol
51.66	932	40	4	powerful	lobbies
51.52	171	932	5	economically	powerful
51.05	932	43	4	powerful	magnet
50.83	4458	932	10	less	powerful
50.75	6252	932	11	very	powerful
49.36	932	2064	8	powerful	position
48.78	932	591	6	powerful	machines
47.42	932	2339	8	powerful	computer
43.23	932	16	3	powerful	magnets
43.10	932	396	5	powerful	chip
40.45	932	3694	8	powerful	men
36.36	932	47	3	powerful	486
36.15	932	268	4	powerful	neighbor
35.24	932	5245	8	powerful	political
34.15	932	3	2	powerful	cudgels

るときの w^2 の確率である．式 (5.8) で計算した最尤推定値を仮定するなら対象データに対する最大尤度を得る．部分空間は $p_1 = p_2$ とした場合であり，式 (5.8) の推定値によって対象データに対する最大尤度がわかる．もし，λ がこの種の二つの尤度の比（片方が部分空間における最大尤度，もう一方が全空間における最大尤度）であるならば，$-2\log\lambda$ は漸近的に χ^2 になる．ここで，「漸近的に」とは大雑把に言うと「数が十分大きいならば」ということである．個々のケースについて数が十分大きいかどうかを判断するのは難しいが，Dunning は低頻度の場合の χ^2 の近似として，式 (5.10) の尤度比の方が，例えば式 (5.6) の X^2 統計量より良いことを示している．したがって，尤度比検定は一般にピアソンの χ^2 検定より連語検出に適している[7]．

相対頻度比：ここまでは，一つのコーパス内での連語の根拠について考えてきた．相異なる二つ以上のコーパスの**相対頻度** (*relative frequency*) の比も連語の発見に用いることができる．この場合発見対象の連語はほかのコーパスと比べたときにそのコーパスを特徴付けるものである (Damerau 1993)．相対頻度の比は仮説検定のパラダイムにはうまく適合しないが，尤度比と解釈できるのでここで扱うことにする．

相対頻度
(RELATIVE
FREQUENCY)

　表 5.13 は参照用のコーパス（1990 ニューヨークタイムズコーパス）にちょ

---

[7] しかしながら，もし 2×2 の分割表における期待値が 1.0 より小さい場合は $-2\log\lambda$ でさえも χ^2 によってうまく近似できない場合がある (Read and Cressie 1988, Pedersen 1996)．

表 5.13 Damerau の頻度比検定. 1990 年のニューヨークタイムズコーパスに 2 回出現した 10 個のバイグラム. 1989 年の頻度に対する 1990 年の頻度の比の降順に並べ替えてある.

Ratio	1990	1989	w^1	w^2
0.0241	2	68	Karim	Obeid
0.0372	2	44	East	Berliners
0.0372	2	44	Miss	Manners
0.0399	2	41	17	earthquake
0.0409	2	40	HUD	officials
0.0482	2	34	EAST	GERMANS
0.0496	2	33	Muslim	cleric
0.0496	2	33	John	Le
0.0512	2	32	Prague	Spring
0.0529	2	31	Among	individual

うど 2 回出現した 10 個の バイグラムを示す. これらのバイグラムは 1990 年の参照用コーパスにおける相対頻度と 1989 年のコーパス (こちらも 8 月から 9 月の間の記事である) における相対頻度の比に従って並び替えている. 例えば, *Karim Obeid* は 1989 年のコーパスには 68 回出現しているので, 相対頻度比 r は次のようになる.

$$r = \frac{\frac{2}{14307668}}{\frac{68}{11731564}} \approx 0.024116$$

表 5.13 のバイグラムの多くは 1990 年と比べて 1989 年により広まりを見せたニュース項目と関連している. 具体的には, (1989 年に拉致された) ムスリム Seik Abdul Karim Obeid, 東ヨーロッパの共産主義国家の消滅 (*East Berliners, EAST GERMANS, Prague Spring*), *John Le Carre* の著した小説「ロシアハウス (*The Russia House*)」, 住宅年開発省 (*Department of Housing and Urban Development*: HUD) のスキャンダル, 10 月 17 日のサンフランシスコ・ベイエリアの地震などである. しかし, *Miss Manners* や *Among individual* といった間違いもある. 前者は 1990 年にニューヨークタイムズに掲載されなくなったコラムニストであり, 後者はレポーターの Phillip H. Wiggins が株式市況で好んで使ったフレーズだが (*Among individual Big Board issues ...*), 彼も 1990 年にこの新聞で記事を書くのをやめている.

この例は頻度比が主に**主題**に**特有**の連語を見つけるのに便利だということを示している. Damerau の提案した応用例は一般的なテキストと特定の主題のテキストを比べることである. 特定の主題のテキストに最も頻繁に出現する語句は当該主題領域に特有の語彙の一部になることが多い.

練習問題 5.4 [★★]
自分の選んだコーパスにおいて, t 検定で最も顕著に独立性が低いバイグラムのいくつかを示せ.

練習問題 5.5 [★]
new companies に対する t 値が 1.0 に近いということは偶然の一致である. このこ

とを次の出現頻度を持つコーパスに対して *new companies* の t 値を計算することによって示せ $C(new) = 30,000$, $C(companies) = 9,000$, $C(new\ companies) = 20$, コーパスサイズ $N = 15,000,000$.

練習問題 5.6 [⋆]

分散を取り入れることによって 5.2 節 の方法を改良することができる. 実際, Smadja はこれを行っており, Smadja (1993) に書かれたアルゴリズムはそれゆえ t 検定と類似している.

$\bar{x}$ と s^2 を 5.2 節で計算した平均と分散で置き換え, さらに, (a) $\mu = 0$, および (b) $\mu = \text{round}(\bar{x})$, すなわち, 最も近い整数と仮定することによって, 可能な連語に対する式 (5.3) の t 統計量を計算せよ. ここではバイグラムの検定を行っているわけではなく, ある固定された数の単語列の中に出現する単語のペアの連語の検定を行っていることに注意してほしい.

練習問題 5.7 [⋆⋆]

本節で指摘したように, あらかじめストップ語を取り除いた場合, ほぼすべてのバイグラムは偶然より著しく頻繁に出現する. 機能語を取り除かない場合, バイグラムの多くが偶然よりも少ない回数しか出現しないことを確かめよ.

練習問題 5.8 [⋆⋆]

差の t 検定を自分で選んだコーパスに適用せよ. 次の単語対, あるいは当該コーパスにおいて適当な単語対について調べること: *man / woman, blue / green, lawyer / doctor*.

練習問題 5.9 [⋆⋆]

式 (5.6) から式 (5.7) を導け.

練習問題 5.10 [⋆⋆]

自分の選んだコーパスの最初の部分と二番目の部分を最もうまく識別する用語を見つけよ.

練習問題 5.11 [⋆⋆]

上の練習問題をコーパス中のランダムに選んだ部分に対して適用せよ. 識別する用語が顕著に少なくなることがわかるだろう. しかし, 全部なくなるわけではない. なぜだろうか. 同じ情報源から生成したコーパスの間には差がありえないのだろうか. この練習問題をいくつかの有意水準でやってみよ.

練習問題 5.12 [⋆⋆]

自分で選んだ二つのコーパスについてこれらのコーパスの類似性の値を計算せよ.

練習問題 5.13 [⋆⋆]

Kilgarriff と Rose のコーパス類似性尺度はコーパスの均一性を評価することにも利用できる. その方法は次の通りである. まず, コーパスをランダムに分割する処理を繰り返して, コーパスの 2 つ組をたくさん作る. 次にこれらの二つ組の各々に検定を適用する. もしほとんどの二つ組に対する検定で類似性が示されるなら, コーパスは均質である. この検定を自分の選んだコーパスに適用せよ.

5.4 相互情報量

自己相互情報量
(POINTWISE
MUTUAL
INFORMATION)

　情報理論に基づいて意味のある連語を発見する尺度の一つが**自己相互情報量** (*pointwise mutual information*) (Church et al. 1991, Church and Hanks 1989, Hindle 1990) である. Fano (1961: 27–28) は特定の二つの事象 x', および y' (ここでは特定の 2 語の出現) の間の相互情報量を当初は次のように定義した.

表 5.14 連語を見つける：出現頻度頻度が 20 である 10 個のバイグラムを相互情報量の大きい順に並べたもの.

$I(w^1, w^2)$	$C(w^1)$	$C(w^2)$	$C(w^1\ w^2)$	w^1	w^2
18.38	42	20	20	Ayatollah	Ruhollah
17.98	41	27	20	Bette	Midler
16.31	30	117	20	Agatha	Christie
15.94	77	59	20	videocassette	recorder
15.19	24	320	20	unsalted	butter
1.09	14907	9017	20	first	made
1.01	13484	10570	20	over	many
0.53	14734	13478	20	into	them
0.46	14093	14776	20	like	people
0.29	15019	15629	20	time	last

$$\text{(5.11)} \qquad I(x', y') = \log_2 \frac{P(x'y')}{P(x')P(y')}$$

$$\text{(5.12)} \qquad = \log_2 \frac{P(x' \mid y')}{P(x')}$$

$$\text{(5.13)} \qquad = \log_2 \frac{P(y' \mid x')}{P(y')}$$

2.2.3 節で紹介したこの種の相互情報量はおおよそのところ一つの単語が別の単語の予測にどの程度役立つかという尺度に対応する.

　情報理論における相互情報量は**二つの確率変数**の間で定義されており，ここで定義したような**確率変数の特定の二つの値**に対して定義されているものではない（2.2.3 節の定義を参照のこと）．これら二つの種類の相互情報量はかなり違うものであることを以下で見ていこう.

　上述の定義を表 5.6 の 10 個の連語に適用すると t 検定のときと同じ順序に並ぶ（**表 5.14**）．いつものように，確率値を最尤推定で与えると次のようになる.

$$I(Ayatollah, Ruhollah) = \log_2 \frac{\frac{20}{14307668}}{\frac{42}{14307668} \times \frac{20}{14307668}} \approx 18.38$$

　では（自己）相互情報量 $I(x', y')$ とは正確に言うと何の尺度なのだろうか. Fano は式 (5.12) の定義について次のように述べている.

　　[y'] で表現されいる事象の生起によって，[x'] で表現される事象の生起についてもたらされる情報は式 (5.12) のように表現される.

例えば，相互情報量の尺度を用いると，$Ayatollah$ がコーパスの i 語目に出現するという情報の情報量は $Ruhollah$ が $i+1$ 語目に出現することがわかったときに 18.38 ビット増加することがわかる. あるいは，式 (5.12) と式 (5.13) は等価であるから，コーパス中の $i+1$ 語目に出現する $Ruhollah$ の情報の量は i 語目に $Ayatollah$ が出現したことがわかったときに 18.38 ビット増えるとも言える. また，不確かさが 18.38 ビット減る，ということもできる. さらに別の言

5.4 相互情報量 161

表 5.15 対訳形式になった Hansard コーパスにおける *chambre* と *house*, および *communes* と *house* の対応. 相互情報量によると (*communes, house*) の組のスコアが高い, 一方 χ^2 検定によると正しい翻訳である (*chambre, house*) の方がスコアが高い.

	chambre	$\neg$ *chambre*	MI	χ^2
house	31,950	12,004		
$\neg$ *house*	4793	848,330	4.1	553610
	communes	$\neg$ *communes*		
house	4974	38,980		
$\neg$ *house*	441	852,682	4.2	88405

葉では, ある位置の単語が *Ayatollah* であることを知ったなら次に *Ruhollah* が出現することの確からしさがずっと増える, ということができる.

残念ながら, 多くの論者が指摘しているように, この「情報の増加」という尺度は, 多くの場合, 二つの事象の間に興味深い対応関係があるかどうかを測る上で良い尺度とはいえない (ここでの議論は主に Church and Gale (1991b) と Maxwell (1992) に基づいている). **表 5.15** に示す Hansard コーパスのフランス語と英語の単語の対応関係の頻度の二つの例を見てみよう. Hansard コーパスとはカナダ議会の議事録のコーパスであり, アライメント (対訳文間の対応付け) がなされている. *chambre* や *communes* を含むフランス語文の英訳文に *house* という単語がしばしば出現する理由は, Hansard コーパスにおいて *house* の最も普通の用法が *House of Commons* というフレーズであり, このフレーズがフランス語の *Chambre des communes* に対応しているからである. しかし, 簡単にわかるように *house* の訳語として *communes* は *chambre* より不適切である. なぜならほとんどの *house* はフランス語側の文に *communes* がなくても出現するからである. この表に示すように χ^2 検定は正しい対応を推測できるが, 相互情報量は正しくないペア (*communes, house*) の方を好ましいものとしてしまう.

相互情報量の式 (5.12) の定義を見て, $I(chambre, house)$ と $I(communes, house)$ の値を比べれば, 我々は二つの尺度の違いを簡単に説明できる.

$$\log \frac{P(house \mid chambre)}{P(house)} = \log \frac{\frac{31950}{31950+4793}}{P(house)} \approx \log \frac{0.87}{P(house)}$$
$$< \log \frac{0.92}{P(house)} \approx \log \frac{\frac{4974}{4974+441}}{P(house)} = \log \frac{P(house \mid communes)}{P(house)}$$

フランス語側で出現する単語が *communes* である場合と *chambre* である場合のいずれの場合に英語側で *house* が出現する可能性が高くなるかというと, *communes* の方である. *communes* に対する相互情報量がより大きいということは, *communes* によって不確実性がより大きく減少することを反映している. しかし, 上述の例が示すように不確実性が低下するということと我々が定量化したいものとはうまく対応しない. これとは対照的に, χ^2 は確率的に依存

表 **5.16** データスパースネスに起因する相互情報量の問題．この表は参照コーパスの最初の 1000 文書に 1 回出現したバイグラムを示している．表の左半分は参照コーパスの最初の 1000 文書の相互情報量スコアの降順に並べたもので，右半分はコーパス全体の相互情報量スコアを使って同様に並べたものである．これらの例が示すとおり，大きなコーパスを使っても多くのバイグラムはうまく特徴が捉えられておらず，また，相互情報量はデータスパースネスに起因する推定値の不正確さに影響を受けやすいことがわかる．

I_{1000}	w^1	w^2	w^1w^2	Bigram	I_{23000}	w^1	w^2	w^1w^2	Bigram
16.95	5	1	1	Schwartz eschews	14.46	106	6	1	Schwartz eschews
15.02	1	19	1	fewest visits	13.06	76	22	1	FIND GARDEN
13.78	5	9	1	FIND GARDEN	11.25	22	267	1	fewest visits
12.00	5	31	1	Indonesian pieces	8.97	43	663	1	Indonesian pieces
9.82	26	27	1	Reds survived	8.04	170	1917	6	marijuana growing
9.21	13	82	1	marijuana growing	5.73	15828	51	3	new converts
7.37	24	159	1	doubt whether	5.26	680	3846	7	doubt whether
6.68	687	9	1	new converts	4.76	739	713	1	Reds survived
6.00	661	15	1	like offensive	1.95	3549	6276	6	must think
3.81	159	283	1	must think	0.41	14093	762	1	like offensive

していることの直接的な検定であるから，二つの単語の結びつきの程度として解釈でき，したがって，翻訳語対や連語の品質の尺度として解釈できる．

表 **5.16** は連語の発見に相互情報量を使うことに関する二つ目の問題を示している．具体的には参照コーパスの最初の 1000 個の文書の中に 1 度だけ出現した 10 個のバイグラムと，同じ 1000 個の文書を用いて計算したこれらの相互情報量が表示されている．表の右側はコーパス全部（約 23,000 文書）から計算した相互情報量である．

大きい方の 23,000 文書のコーパスの方がより良い推定値になっており，したがって，より良いランキングになっている．*marijuana growing* と *new converts*（ほぼ間違いなく連語である）は上に上がり，*Reds survived*（断じて連語ではない）は順位を下げている．しかしながら，衝撃的なのは 10 倍の大きさのコーパスを使っても 6 個のバイグラムは依然として 1 回しか出現していないということであり，その帰結として，最尤推定値は不正確で，相互情報量も不自然に大きな値になっている．これら六つはすべて連語ではないので，相応の低い順位にするような尺度が必要であろう．

今まで見てきたどの尺度も低頻度の事象に対してはうまくいかない．しかし，データスパースネスが相互情報量において特に難しい問題であるという証拠がある．それを理解するために，相互情報量が，バイグラム確率 $P(w^1w^2)$ と個々の単語の確率の積 $P(w^1)P(w^2)$ との対数尤度比になっているということに着目しよう．二つの極端なケースを考えてみる．二つの単語の出現が完全に依存している（常に一緒に出現する）場合と完全に独立している（一方の出現が他方の出現に何の情報も与えない）場合である．完全に依存している場合は次のようになる．

$$I(x,y) = \log \frac{P(xy)}{P(x)P(y)} = \log \frac{P(x)}{P(x)P(y)} = \log \frac{1}{P(y)}$$

5.4 相互情報量

表 5.17 Cover and Thomas (1991) および Fano (1961) におけるさまざまな**相互情報量**の定義.

記号	定義	現在の用法	Fano
$I(x,y)$	$\log \frac{\mathrm{p}(x,y)}{\mathrm{p}(x)\mathrm{p}(y)}$	自己相互情報量	相互情報量
$I(X;Y)$	$E\log \frac{\mathrm{p}(X,Y)}{\mathrm{p}(X)\mathrm{p}(Y)}$	相互情報量	平均 MI/ MI の期待値

すなわち，完全な依存関係にあるバイグラムについては，頻度が低くなれば相互情報量は**増加する**.

完全に独立であれば次のようになる.

$$I(x,y) = \log \frac{P(xy)}{P(x)P(y)} = \log \frac{P(x)P(y)}{P(x)P(y)} = \log 1 = 0$$

相互情報量は独立性については良い尺度であるということができる．0 に近い値は独立であることを示しているからである．しかし依存性の尺度としてはよくない．なぜなら，依存性に対してはスコアが個々の単語の頻度に左右されているからである．ほかの条件が同じなら，低頻度の単語からなるバイグラムは高頻度の単語からなるバイグラムより高いスコアになる．これは我々が尺度に対して求めるものと逆である．頻度が高いことは根拠がより多いことを意味し，連語とすべき根拠が多いバイグラムが高い順位になる方がよい．これに関して提案されている一つの方法は，カットオフを用いて頻度 3 以上の単語に限定するというものである．しかしながら，そのような手を使っても根本的な問題は解決せず，その影響を軽減するだけにとどまる.

自己相互情報量は連語に関する直感的な概念をあまりうまく捉えないので，実用的な応用において利用可能であっても使われないことがしばしばある (Fontenelle et al. 1994: 81)．さもなければ定義を $C(w^1 w^2) I(w^1, w^2)$ のように変更して，低頻度の表現に有利であるという定義の偏りを補償する (Fontenelle et al. 1994: 72; Hodges et al. 1996).

ここで述べたような相互情報量の定義はコーパス言語学では常識的なものであるが，情報理論においてはそれほど一般的ではない．情報理論における相互情報量は本節で用いた量の**期待値** (*expectation*) である.

期待値
(EXPECTATION)

$$I(X;Y) = E_{\mathrm{p}(x,y)} \log \frac{\mathrm{p}(X,Y)}{\mathrm{p}(X)\mathrm{p}(Y)}$$

この章で用いた定義は自己相互情報量という名の古いものである（2.2.3 節，Fano 1961: 28; Gallager 1968）．**表 5.17** に新旧の用語をまとめる．一方の量は他方の量の期待値であり，これら二つの相互情報量はまったく異なるものである.

相互情報量のこの例は何が自明であるべきかを示している．それは，ある数学的概念が何を定式化しているかを確認することが重要だということである.

ここで使った自己相互情報量 $\left(\log \frac{\mathrm{p}(w^1w^2)}{\mathrm{p}(w^1)\mathrm{p}(w^2)}\right)$ の概念とは一方の単語の出現を知ったときに他方の単語の出現に関する不確実性の減少の量を測る尺度であった．しかし，すでに見たように，そのような尺度は本節で対象としているような種類の言語的性質を獲得する上で有効性は限られている．

練習問題 5.14 [★★]
5.1 節の Justeson と Katz の品詞フィルターは本章で述べた連語発見の方法のどれにでも適用できる．連語発見の方法を一つ選んで品詞フィルターを取り入れる変更を施せ．変更された手法はどのような利点を持つか．

練習問題 5.15 [★★★]
翻訳用ワークベンチのための連語発見ツールを設計し実装せよ．一つの手法，または，翻訳者が選択できる複数の手法の組合せのいずれかを使うこと．

練習問題 5.16 [★★★]
辞書編纂者用ワークベンチのための連語発見ツールを設計し実装せよ．一つの手法，または翻訳者が選択する複数の手法の組合せのいずれかを使うこと．

練習問題 5.17 [★★★]
多くのニュースサービスがニュース記事中で各企業への言及箇所にタグ付けしている．例えば，*General Electric Company* について言及するすべての表現（例，GE, General Electric, or General Electric Company）には違う表記であっても同じタグが付与されている．会社名を検出するための連語発見ツールを設計し実装せよ．表記のバリエーションを見つける作業の一部を自動化するにはどうしたらよいか．

5.5 連語とは何か

　連語の概念は言語学に馴染みのない読者にとって混乱させられるものかもしれない．この節では連語とは何かについてもう少し詳細に議論しよう．

　連語には実のところ複数の異なった定義がある．計算言語学や統計学の論文の何人かの著者は連語を「特別な振る舞いをする 2 個以上の**連続した単語の並び**」と定義している．例えば Choueka (1988) の定義は次のとおりである．

> 連語は二つ以上の連続する単語の並びであって，統語的かつ意味的な単位としての特徴を持ち，かつ，その直接的であいまい性のない意味や言外の意味 (connotation) が個々の構成語の本来の意味や言外の意味からは直接導けないものである．

　この章で提示したほとんどの例は隣接する単語を想定したものだった．しかし，言語学に基づく大半の研究では連続的でないフレーズでも連語になりうる．下記は連語の典型的な言語学的基準であり（例えば Benson (1989) や Brundage et al. (1992)），その中心をなすものは非構成性である．

- **非構成性**：連語の意味はその部分の意味の素直な合成ではない．（*kick the bucket* のような慣用句の場合みたいに）部分の自由な組合せとはまったく違う意味を持つか，あるいは部分からは推測できない言外の意味を持つ，さもなければ追加的な意味要素を持つ．例えば，*white wine, white hair, white*

5.5 連語とは何か

woman はすべて少しずつ異なった色を表すので，連語とみなすことができる．

- **置換不可能性**：連語は，その一部を別の単語で置き換えることができない．たとえ文脈の中で置換する単語が同じ意味を持っていたとしても不可能である．例えば，*yellow* が白ワインの色（黄色がかった白である）を述べる上で *white* と同じくらい良い表現だとしても *white wine* の代わりに *yellow wine* とは言えない．

- **修飾不可能性**：連語の多くは単語を追加したり文法的な変形を加えたりすることなど，自由に修飾を加えることができない．これは特に慣用句のような固定的表現において真実である．例えば，*to get a frog in one's throat*[8] の *frog* を修飾して *to get an ugly frog in one's throat* とすることはできない．普通 *frog* のような名詞は *ugly* のような形容詞で修飾することができるが，同様に例えば *people as poor as church mice* のようにイディオム中の単語を単数から複数に変更するとおかしな表現になる．

単語の組合せが連語かどうかを判断する割と良い方法は別の言語に翻訳してみることである．逐語的に翻訳することができなければ，それは連語であることの証拠である．例えば，*make a decision* をフランス語に逐語的に翻訳すると *faire une décision* という正しくない表現になる．フランス語では *prendre une décision* としなければならない．このことは *make a decision* が英語の連語であるという証拠である．

何人かの論者は連語の概念をさらに一般化している．彼らは複数の単語が相互に強く結びついただけで連語に含めている．このような連語には *doctor-nurse* や *plane-airport* のように構成する単語が必ずしも共通の文法的単位でかつ一定の順序で出現するとは限らないものまで含まれる．しかし，連語の方は「文法的に束縛された要素が特定の順序で出現するもの」という狭い意味に限定し，「同じ文脈で使われやすい単語」という一般的な現象には**連想** (*association*) や**共起** (*co-occurrence*) という言葉を使うというのがおそらく最もよいだろう．

連想
(ASSOCIATION)
共起
(CO-OCCURRENCE)

もし統計的分析や計算機が不要なほど大量の時間と労力が利用できるとして，純粋に言語学的分析によって検出される連語のタイプを調べることは有益である．そのような純粋に言語学的な分析の例が BBI Combinatory Dictionary of English である (Benson et al. 1993). **表 5.18** にこの辞書に載っている *strength* と *power* の連語（あるいはこの辞書で好んで使われる呼び方で言えば「組合せ (combination)」）のいくつかを示す[9]．すぐわかるように，ここでは，より広い文法的パターンが考慮されている．特に前置詞や不変化詞を含むパターンが多く入っている．手作業で作ったということから当然期待できるように，連語の品質は計算機で作ったものよりもよい．

---

[8] 訳注：声がガラガラである．
[9] *strong* と *powerful* の連語を示すことはできない．というのは，形容詞はこの辞書の見出しに入っていないからである．

表 5.18 BBI Combinatory Dictionary of English における *strength*, および *power* に関する連語.

strength	power
to build up ~	to assume ~
to find ~	emergency ~
to save ~	discretionary ~
to sap somebody's ~	~ over [several provinces]
brute ~	supernatural ~
tensile ~	to turn off the ~
the ~ to [do X]	the ~ to [do X]
[our staff was] at full ~	the balance of ~
on the ~ of [your recommendation]	fire ~

　　連語の概念に関する議論の終わりに，特別に述べておくべきいくつかの連語の種類について見ておこう．

軽量動詞
(LIGHT VERB)

　　make, take, do のような意味的な内容に乏しい動詞は *make a decision* や *do a favor* などの連語において**軽量動詞** (*light verb*) と呼ばれる．なぜ *take a decision* とはいわず *make a decision* というのかは *make, take, do* の意味からは説明できない．しかしながら，計算機で言葉を扱うときに，特定の名詞にどのような軽量動詞を組み合わせるのが正しいかを決める必要があり，もし機械可読辞書からこの情報が得られない場合はコーパスからこの情報を獲得しなければならない．Dras and Johnson (1996) はこの問題に対する一つのアプローチを検討した．

動詞–不変化詞構造
(VERB PARTICLE
CONSTRUCTION)
句動詞
(PHRASAL VERB)

　　動詞–不変化詞構造 (*verb particle construction*)，あるいは **句動詞** (*phrasal verb*) は英語のレキシコンにおいて特に重要な項目である．英語の多くの動詞は *to tell off* や *to go down* のように主動詞と不変化詞とから構成されている．これらの動詞はほかの言語ではしばしば一つの語彙素 (lexime) となっている（例えば，フランス語では *réprimander* や *descendre*）．この種類の構造はしばしば隣接しない連語の好例である．

固有名詞
(PROPER NAME)

　　固有名詞（**固有名** (*proper name*) とも呼ばれる）は語彙的な連語とはかなり異なるが計算言語学では常に連語に分類される．これらはテキスト中で正確に同じ形で繰り返し出現する表現を見つけるという定型表現検出法に最も適合している．

用語表現
(TERMINOLOGICAL
EXPRESSION)

　　用語表現 (*terminological expression*)，あるいは用語句とは技術の分野における概念や事物に言及する表現である．用語句の多くはかなり構成的であるが（例えば *hydraulic oil filter*），一つの技術文書において一貫して扱われているかどうか確認するために，これらの用語句を認識することは重要である．例えば，マニュアルを翻訳する場合，すべての *hydraulic oil filter* の出現箇所が同じ用語に翻訳されていることを確認する必要がある．もし，複数種類の訳語が使われていたなら，たとえ同じような意味だったとしても，翻訳されたマニュアルの読者は混乱して二つの異なった事物のことかもしれないと考えてしまう

可能性がある.

連語という用語が適用できる現象は幅広いことを見てきたが, その最後の例として, 連語の不変性 (連語をどの程度まで書き換えることが許されるか) にも多くのレベルがあることを指摘しておきたい. 一方の極端として *answer* と *reply* のような同義語に近い語の微妙な用法の違いを記述した辞書の用法欄がある (*diplomatic answer* と *stinging reply*). このタイプの連語は自然な文章を生成するには重要であるが, ここで連語を構成する単語を間違えても致命的な誤りになることは少ない. もう一方の極端は固有名詞やイディオムのような完全に固定的な表現である. これらはひととおりの表現の仕方のみしか許されず, ちょっとした逸脱によって意味がまったく変わってしまう. 幸運なことは, 連語が構成的でなくなり重要になるにつれて, 自動的に獲得するのが簡単になることである.

5.6　さらに学ぶために

Stubbs (1996) は英国の伝統的な経験論的言語学についてより詳細に議論している.

t 検定は一般的な統計学のほとんどの本に載っている. 標準的な参考書は Snedecor and Cochran (1989: 53), および Moore and McCabe (1989: 541) である. Weinberg and Goldberg (1990: 306), および Ramsey and Schafer (1997) は数学的な背景知識の少ない学生にも取り組みやすいだろう. χ^2 検定についてはこれらの図書にカバーされているが, 本書で論じた, より専門的な検定については範囲外である.

連語の自動検出に関する最初の文献は Church and Hanks (1989) であり, その拡張版が Church et al. (1991) である. Church らは勃興しつつあったコーパスに基づく辞書編纂という分野へ人々の注目を引きつけ, 実際の言語使用をより反映した網羅的な辞書を構築するために, コーパスから得られる根拠, および計算機に基づく手法, そして人間の判断を組み合わせた 計算論的辞書編纂学の方法を開発した.

辞書編纂者がコーパスデータの自動処理を活用する方法は多い. 辞書編纂者は大量の用例を見て辞書項目を記述する. もし, 連語などの基準に従って用例が自動的に並べ替えられていればこの作業は非常に効率的になる. 例えば, 句動詞は個別の単語ではないため, 辞書において時に無視されるが, コーパスに基づく方法によりこれらの重要性が辞書編集者にとって明確になる. さらに, 均衡コーパス (balanced corpus) によってどの用法が最も頻度が高く, したがってその辞書の利用者にとって最も有用かも明らかになる. t 検定のような差の検定は用法欄を記述したり単語の間の用法の際を反映した正確な記述を行ったりするのに有用である. これらのテクニックのいくつかは次世代の辞書のため

に利用されている (Fontenelle et al. 1994).

結果的に，新しい形態の辞書はここで述べたような成果に基づいて作成されるだろう．辞書エントリーとコーパス中の用例が相互にサポートしあい，一貫した全体として組織化される，COBUILDD 辞書はすでにこの性質のいくつかを備えている (Sinclair 1995). 電子辞書においてページ数が増えることはさほど問題ではないので，興味を持つ利用者のためにコーパス中の多数の用例を辞書エントリーに統合することが可能である．

単言語辞書の編纂において統計的なコーパス分析は価値があることを述べてきたが，少なくとも訳文が対応付けされたコーパスが利用可能であれば，二言語辞書にも同じように当てはまる (Smadja et al. 1996).

連語のほかの重要な応用分野の一つは情報検索である．もし，利用者の検索クエリと文書との類似性がこれらの間で共通する単語でなく，共通する連語に基づいて決定されれば，情報検索はより正確になる (Fagan 1989; Evans et al. 1991; Strzalkowski 1995; Mitra et al. 1997). 連語発見と情報検索における自然言語処理については Lewis and Sparck Jones (1996)，および Krovetz (1991) を，情報検索におけるフレーズ利用に関する非統計的手法については Nevill-Manning et al. (1997) を参照してほしい．Steier and Belew (1993) はサブドメインから一般的なドメインに変わるにつれてフレーズの扱い（例えば重み付与）をどのように変えるべきかに関する面白い研究を発表している．例えば，医学論文の分野において *invasive procedure* は完全に構成的で，あまり興味深くない連語であるが，多くの専門分野の領域の論文がまざった論文集に「輸出された」ときには注目すべき非構成的な連語になる．

連語の別の二つの重要な応用である，自然言語生成 (Smadja 1993) と言語横断情報検索 (Hull and Grefenstette 1998) については項目を挙げるだけにする．

触れることができなかった重要な領域として，連語の一種とみなすことができる固有名詞の発見がある．固有名詞は全部を辞書に載せることができない．なぜなら新しい人物や場所やほかの事物が出現し，常に名前が与えられるからである．固有名詞には独自の課題がある．これらは，共参照（IBM と International Business Machines が同じ事物を指すのか），多義解消（AMEX が American Exchange を指すのはどういうときで，American Express を表すのはどういうときか），分類（テキスト中の新たな固有名詞は人名なのか地名なのか会社名なのか）などである．このテーマにおける初期の研究として Coates-Stephens (1993) がある．McDonald (1995) は固有名詞検出と分類の手がかりとなる語彙意味パターン (lexico-semantic-pattern) に着目している．Mani and MacMillan (1995) と Paik et al. (1995) も固有名詞をそのタイプによって分類する方法を提案している．

z スコア (*z* SCORE)

連語とすべきかどうかを測るのによく使われる尺度として我々が触れること
のできなかったものに *t* 検定の近い親戚といえる *z* **スコア** (*z* *score*) がある
(Fontenelle et al. 1994; Hawthorne 1994). これはテキスト分析のためのい
くつかのパッケージとワークベンチで使われている. *z* スコアは分散が既知で
ある場合にのみ適用すべきであるが, 統計的言語処理の応用においてほぼ間違
いなく分散が既知であることはない.

フィッシャーの正確確率検定 (exact test) は観測された結果がどの程度期待
から外れているかを判断するために使われる別の統計的検定である. *t* 検定や
χ^2 検定とは対照的に非常に少ない頻度にも適合性がある. しかしながら, 計算
するのは困難であり, また, 実用上, 得られた結果が, 例えば, χ^2 検定から大
きく異なるのかどうかは定かでない (Pedersen 1996).

連語を発見するほかのアプローチは単語列の中で次の（あるいは前の）単語
が何であるかについて不確実性が低い, あるいは高い点を見つけることである.
不確実性が高いところはフレーズの境界になりがちであり, 連語の始点, また
は終点である. 一方, 不確実性が低いところは連語の内側になりがちである.
フレーズや連語を見つけるこの種の情報を用いる二つの方法については Evans
and Zhai (1996) と Shimohata et al. (1997) を参照してほしい.

6章

統計的推論：スパースなデータ上の n-グラムモデル

統計的推論
(STATISTICAL
INFERENCE)

統計的自然言語処理は自然言語の分野で**統計的推論** (*statistical inference*) を行うことを目指している．統計的推論とは，一般的に，ある確率分布に従ういくらかのデータを用いて，この分布に関する推論を行うことである．例えば，英語コーパス中の前置詞句の修飾先を大量に調べて，英語の前置詞句一般の修飾先の推定を試みることである．本章ではこの問題を次の三つの内容に分けて議論する（三つはかなり重なっている）：訓練データを同値類に分けること，同値類それぞれに関して統計的推定方法を見つけること，そして，複数の推定方法を統合することである．

言語モデルの構築
(LANGUAGE
MODELING)

統計的推定の例として**言語モデルの構築** (*language modeling*) という古典的な課題について検討してみよう．解くべき課題は，与えられた単語列のすでに見た部分の直後にどういう単語が現れるかを予測することである．この課題は音声認識や光学的文字認識の基礎であり，誤字訂正，手書き文字認識，統計翻訳にも使われている．Shannon (1951) において，テキスト中の次の文字を当てる問題が提起されたことにちなんで，この種の課題は**シャノンゲーム** (*Shannon game*) と呼ばれる．この課題については多くの研究があり，実際，多くの推定手法がまずはこの課題のために開発されている．しかしながら，本章で開発する手法はシャノンゲームだけでなく，語義の曖昧性解消や確率的構文解析などのほかの課題で直接利用することができる．単語の予測は手法の開発対象として明確でわかりやすい課題であるというだけである．

シャノンゲーム
(SHANNON GAME)

6.1 ビン[1]：同値類の形成

6.1.1 信頼性と弁別性

物事のある特徴を推測するために，モデルにおいてこの特徴の推測に有用な

---

[1] 訳注：本章で「ビン」というのは液体などを入れる「瓶」のことではなく，値がある区間に入るデータの集まりのことである．

別の特徴を見つけたい．ここで，過去の状況が将来を予測する手がかりになる（すなわち，モデルがおおよそ定常的である）とすると，これは分類の問題に帰着する．すなわち，**分類用の特徴** (*classificatory feature*) に基づいて**目標とする特徴** (*target feature*) の予測を試みる[2]．これを行う際には，分類用の特徴の値によってデータをいくつかの同値類に分け，この同値類のどれに分類できるかを手がかりに，新たなデータに対して目標とする特徴の値を推定する．この方法は暗黙的に**独立性の仮定** (*independence assumption*) を置いている．すなわち，データが（分類用の特徴以外の）ほかの特徴には依存していない，あるいは，無視してもよいくらい依存関係が薄いということである．依存関係がありそうな分類用の特徴が多ければ多いほど，目標とする特徴に関する確率分布を推定するための条件をより細かく分解できる．言い換えると，データを多くの**ビン** (*bins*) に分けることによってより細かく**弁別** (*discreminate*) することができる．反対に，多くのビンに分けることによって，学習データが非常に少ないビンや全然存在しないビンができてしまうならば，そのビンについては統計的に信頼できる推定を行うことができない．これらの二つの間の良い妥協点を見つけることが我々の最初の目標である．

分類用の特徴
(CLASSIFICATORY FEATURE)
目標とする特徴
(TARGET FEATURE)
独立性の仮定
(INDEPENDENCE ASSUMPTION)

ビン (BINS)
弁別
(DISCREMINATE)

6.1.2 n–グラムモデル

次の単語を予測するという問題は次の確率関数 P の推定を試みることである．

$$(6.1) \qquad P(w_n \mid w_1, \ldots, w_{n-1})$$

履歴 (HISTORY)

このような統計の問題では先行する単語列である**履歴** (*history*) の分類を利用して次の単語を予測する．大量のテキストを調べることで，ある単語列の後にどういう単語が出現するかを推定する．

この問題において，テキスト内の個々の履歴を相互に無関係なものとして考えることはできないだろう．ほとんどの場合，我々は聞いたことのない文に遭遇するだろうし，その場合，予測の拠り所となる履歴とまったく同じものは過去に存在しない．また，たとえ最初の方は聞いたことのある文と同じであったとしても，終わりは別の単語になるかもしれない．そんなわけで，次にどんな単語が出てきそうかをうまく予測できるように複数の履歴を何らかの類似性によってグループ化する方法が必要である．履歴をグループ化する一つの方法は**マルコフ性の仮定** (*Markov assumption*) を置くことである．マルコフ性の仮定とは直前の局所的な文脈，すなわち，履歴の最後の数語のみが次の単語に影響する，と仮定することである．もし履歴の最後の $n-1$ 語が等しいときにこれらの履歴を一つの同値類にするなら，それは $n-1$ 次のマルコフモデル，あるいは n–グラムモデルになる．

マルコフ性の仮定
(MARKOV ASSUMPTION)

---

[2] 訳注：例えば，シャノンゲームの場合，ある単語列 W に対して目標とする（＝予測すべき）特徴とは次に出現しそうな単語，分類用の特徴とは W の最後の1単語などである．

6.1 ビン：同値類の形成　　　　　　　　　　　　　　　　　　　173

表 6.1 n–グラムモデルに対するパラメータ数の増加.

モデル	パラメータ数
1st order (bigram model):	$20,000 \times 19,999 = 400$ million
2nd order (trigram model):	$20,000^2 \times 19,999 = 8$ trillion
3th order (four-gram model):	$20,000^3 \times 19,999 = 1.6 \times 10^{17}$

　モデル構築の話に入る前に休憩がてら n–グラムにまつわる名称について述べ
ておこう．人々が普通使う n–グラムモデルは $n = 2, 3, 4$ の場合であり，これ
らはそれぞれ，**バイグラム** (*bigram*)，**トライグラム** (*trigram*)，**フォーグラム**
(*four gram*) と呼ばれる．西洋古典に通じた教養のある読者にはここまで読ん
ださけで本書を閉じて，この分野は無教養な工学系の輩に任せておけと考える
のに十分だろう．グラムはギリシア語由来であり，ギリシャ語の数接頭辞[3] と
組み合わせて使うべきである．シャノンは実際**ダイグラム** (*digram*) という用
語を使った．だが，ここ数十年来の教養レベルの低下に伴いダイグラムという
用語は生き残らなかった．そういうことではあるのだが，規範的でない言語学
者の我々としては仲間たちが使っている英語とギリシャ語とラテン語を奇妙に
混ぜ合わせたこれらの用語は実に面白いと思う．というわけで本書ではこれら
の用語を排除したりはしない[4]．

バイグラム
(BIGRAM)
トライグラム
(TRIGRAM)
フォーグラム
(FOUR GRAM)
ダイグラム
(DIGRAM)

　n–グラムモデルの n は原則としてかなり大きくしたい．なぜなら

(6.2)　　　　　Sue swallowed the large green ___ .

のような単語列が存在するからである．*swlallowed* は下線部にどういう単語が
現れるかということに対しておそらく相当強く影響する．*pill*（錠剤）や，ひょっ
とすると *frog*（蛙）は出てくるかもしれないが，*tree* や *car* や *mountain* で
はたぶんないだろう．これら三つの単語が *the large green* ___ の下線部に出現
する単語としてはかなり自然であるにもかかわらずである．しかしながら，（n
を大きくして）データをあまりに多くのビンに分けてしまうと，推定すべきパ
ラメータ (*parameters*) の数が多くなるという問題がある．例えば，もし発話
者の語彙サイズを控えめに見積もって 20,000 語だとすると，**表 6.1** に示すよ
うなパラメータ数になる[5]．

パラメータ
(PARAMETERS)

　このことから，5–グラムモデルやその種のモデルは便利かもしれないが，た
とえ相当大きいと考えられるコーパスがあったとしても実用的ではないことが

---

[3] 訳注：mono-, di-, ...

[4] 教養をひけらかそうとして，*four-gram* の代わりに *quadgram* という用語を使う人もいる．
しかし，これはラテン語の接頭辞として本当は正しい用法ではない（*quadrigram* が正しい，
参考 *quadrilateral*）．正しい用法はギリシャ語の数接頭辞を付けて "a *tetragram* model"
であるというのは脇に置くとしよう．

[5] あるモデルの空間が与えられたとき（ここでは単語 n–グラムモデル），パラメータはこのモ
デルの空間におけるモデルを確定するために定めなければならない数値のことである．確率
分布については特段の仮定を設けていないので，推定すべきパラメータの数はビンの数と対
象とする特徴量の数から 1 引いたものを掛けた値である（1 を引くのは，確率の和が 1 であ
るという制約によって，特徴量の最後の値に対する確率値が自動的に決まるからである）.

すぐわかる．普通は n–グラムの体系としてバイグラムかトライグラムを（より小さな語彙サイズで）使っている．

パラメータ数を減らす一つの方法は n を小さくすることである．しかし，n–グラムだけが単語の出現履歴の同値類を作る方法ではないということを知っておくのは重要である．同値類を作る方法には**ステミング** (*stemming*)（単語の屈折語尾を取り除くこと）や（既存のシソーラスや帰納的なクラスタリングによって）意味的なクラスにグループ分けするなどが考えられる．これらを使うと n–グラムを構成する語彙のサイズを効果的に減らすことができる．n–グラムをまったく使わないという手もある．n–グラムより少しばかり複雑にはなるが，履歴を同値類に分ける方法は無数にある．先の例を見ると節の中の述語に関する知識が役に立ちそうである．このことから次の単語を予測するのに直前の単語と直前の述語（どんなに前に出現していてもよい）に基づいて単語を予測するモデルを考えることができる．しかし，このモデルを実装するのはより難しい，なぜなら節の中心となる述語をかなり正確に同定する方法が必要になるからである．そういうわけで本章では n–グラムだけを使うことにする．ほかの方法については 12 章と 14 章で説明する．

本章では，文の構造をまったく参照することなく，単純に直前の 2 語のみを調べることによって次の単語を予測する方法をとる．言語学の背景を持つ者なら誰でも，このような考えはほとんど馬鹿げたものに見えるだろう．しかしながら，実際のところ，非常に局所的な文脈に出現する単語の共起や意味的，統語的な関係は次に出てくる単語を予測するのにとても有用であり，そのような予測を用いるシステムは驚くほどうまく動く．確かに，次に出てくる単語を当てるという純粋に線状的 (linear) な課題においてトライグラムモデルを打ち負かすのは難しい．

ステミング
(STEMMING)

6.1.3　n–グラムモデルの構築

本章の最後の数節では実際にモデルを構築して結果を調べる．読者は本書のWeb サイトのツールとデータを使って自身でやってみることができるはずである．ここで使うのは Jane Austin の小説で本書の Web サイトにある．このコーパスには二つの利点がある．(i) Project Gutenberg の成果であり，自由に使うことができる．(ii) それほど大きくはない．コーパスが小さいともちろんそれは不利である．上述のように n–グラムモデルには多数のパラメータがあるため，大量のデータで訓練したときに最もうまくいく．しかしながら，そのような訓練には多くの計算時間とディスク領域が必要である．ということで教科書の例題としては小さなコーパスの方がずっと適切である．それでも読者はディスクに 40 MB の空き容量があることを確認してから例題をやってみるのがよいだろう．

例によって，最初のステップはコーパスの前処理である．Project Gutenberg

の Austin のテキストは非常に綺麗なアスキーファイルである. にもかかわらず, ピリオドやカンマなどが直前の単語にくっついているといったいつもの問題があるので, 単に空白で切り離すだけでなくもう少し処理を加えないといけない. ここでは極めて単純な「検索置換法」によって空白で区切られた単語の列に変換する（詳しくは Web サイトを見てほしい）. 後で述べるように, *Persuasion* をテスト用にとっておいて *Emma, Mansfield Park, Northanger Abbey, Pride and Prejudice, Sense and Sensibility* をモデル構築用のコーパスにする. その結果, 単語数 $N = 617,091$, 語彙サイズ V が 14,585 の（小さい）訓練用のテキストができる.

　我々が行ったようにすべての句読点を取り去ることで, ファイルは文字どおり単語の長い列になる. 文の始まりは特徴的であり, 一般に文と文の間に強い依存性はないと考えられている. そのため, テキスト中の文の境界に印をつける. 最も普通には SGML タグ<s>と</s> で各文を囲む. 文の先頭の確率計算の際は直前の文の最後の単語に依存させるのではなく,「文頭」という文脈を考える. ただし, 大文字と小文字は元のままにしたことを付け加えておかなければならない. 大文字で始まる単語が不完全ながらも文の始まりの印になっている.

6.2　統計的推定

　訓練データのいくらかが一つのビンに分配されたとしよう. 第二の目標はこれらのデータをもとに良い確率推定値を導くことである. n–グラムの例に関しては $P(w_1 \cdots w_n)$, および推定すべき課題である $P(w_n \mid w_1 \cdots w_{n-1})$ を求めたい. ここで,

$$P(w_n \mid w_1 \cdots w_{n-1}) = \frac{P(w_1 \cdots w_n)}{P(w_1 \cdots w_{n-1})}$$

(6.3)

であるから, 条件付き確率分布をうまく推定することは単純に（分類のための特徴を考えず, すべて一つのビンに入っている場合の）n–グラムの確率分布を適切に推定する解を見つけるという小さい問題とみなすことができる [6].

　訓練テキストが N 単語から構成されているとしよう. $n-1$ 個のダミーの開始記号をテキストの先頭に追加すれば, コーパスは N 個の n–グラムから構成されているということになり, テキスト中のすべての単語について条件として考慮する単語の数が同じになる. B を推定目標の特徴量がとる値の数としよう. 単語を予測する場合, この数は語彙サイズ V になり, n–グラムの確率を

---

[6] しかしながら, スムージングにおいては, 右辺式 (6.3) の n–グラムの確率推定値をスムージングするか, 条件付き確率分布を直接スムージングするか, という選択肢が存在する. 多くの方法で, 等しい結果にはならない. なぜなら, 後者においては V 個の特徴量を持つ条件付き確率分布を別々かつ大量にスムージングする必要があるからである. V^n 個の特徴量を持つ一つの大きな多項分布を推定するのではない.

表 **6.2** 統計的推定の章における記法.

N	訓練サンプルの数
B	推定目標の特徴の多項分布における値の数
V	語彙サイズ
w_{1n}	訓練データにおける n–グラム $w_1 \cdots w_n$
$C(w_1 \cdots w_n)$	訓練データにおける n–グラム $w_1 \cdots w_n$ の頻度
r	一つの n–グラムの頻度
$f(\cdot)$	モデルにおける頻度の推定値
N_r	訓練データで r 回出現した特徴値の（タイプ）数
T_r	追加データにおける頻度 r の n–グラムの総数
h	先行単語の「履歴」

推定する場合は V^n になる．$C(w_1, \ldots, w_n)$ を訓練テキスト中の特定の n–グラムの頻度とし，訓練テキスト中の頻度が r であるような n–グラムの種類数を N_r で表す（すなわち，$N_r = |\{w_1 \cdots w_n : C(w_1 \cdots w_n) = r\}|$）．このような「頻度の頻度」は以下で述べる推定法ではごく普通に用いられる．以上の記法を表 **6.2** にまとめる．

6.2.1 最尤推定 (Most Likelihood Estimator: MLE)

相対頻度からの MLE 推定

同値類をどのように作るかに関わりなく，最終的にはある個数の訓練サンプルがそれぞれのビンに入ることになる．ここで，直前の 2 語から次の単語を推定するトライグラムモデルを使うことにして，予測したい単語の直前の 2 語が *comes across* であるようなビンに注目しよう．あるコーパスにおいて *comes across* が 10 回出現していて，そのうち直後が *as* であるものが 8 個，*more, once* が各 1 個であったとする．ここでの問題は次の単語を推定するのに使う確率をどう見積もるかである．

相対頻度
(RELATIVE
FREQUENCY)

（少なくとも頻度主義の見地から）最初の明白な答えは確率推定値として**相対頻度** (*relative frequency*) を用いることである．

$$P(as) = 0.8$$

$$P(more) = 0.1$$

$$P(a) = 0.1$$

$$P(x) = 0.0, \quad x \text{ が上述の 3 語以外のとき}$$

最尤推定値
(MAXIMUM
LIKELIHOOD
ESTIMATE)

この推定値は**最尤推定値** (*maximum likelihood estimate*: MLE) と呼ばれ，次のように定義できる．

(6.4)
$$P_{\mathrm{MLE}}(w_1 \cdots w_n) = \frac{C(w_1 \cdots w_n)}{N}$$

(6.5)
$$P_{\mathrm{MLE}}(w_n \mid w_1 \cdots w_{n-1}) = \frac{C(w_1 \cdots w_n)}{C(w_1 \cdots w_{n-1})}$$

6.2 統計的推定

データを固定して，このデータが与えられたときのある分布（今の場合はトライグラムモデル）におけるすべての可能なパラメータ値の割り当ての空間を考えたとき，統計学者はこれを**尤度関数** (*likelihood function*) と呼ぶ．　最尤推定と呼ばれるのは，この推定値が訓練データに対して最大の確率となるようなパラメータになっているからである[7]．推定式は上述のとおりである．この方法は，訓練コーパスに存在しない事象に対して確率質量を無駄に割り当てるようなことはしない．そうではなく，通常の確率論の制約を満たす範囲で出現した事象の確率をできる限り高く見積っているのである．

尤度関数
(LIKELIHOOD FUNCTION)

しかし，最尤推定は一般に自然言語処理には向いていない．問題は我々の扱うデータが（たとえ大きなコーパスを使っていたとしても）スパース (sparse) であることに起因する．少数の単語が何回も出現し，大多数の単語はめったに出現しない．したがって，後者を含む n–グラムはさらに稀にしか現れない．最尤推定は出てきていない事象には確率 0 を割り当てる．一般に，長い系列の確率は部分の確率を掛け合わせて求められるので，確率を推定したい文の中に，訓練コーパスに出現していない n–グラムが出てくると，その確率 0 が全体に波及して文の確率としては好ましくない推定値（確率 0）になってしまう[8]．先の例についていうと MLE は *comes across* の直後に *the* や *some* といったほかの単語が出現しうるということを捉えていない．

データがスパースである例として，Bahl らは，150 万単語の IBM Laser Patent Text コーパスを訓練データとして学習した後，同じコーパスの別の部分からとってきたテストデータで評価するとトークン数にして 23% のトライグラムが訓練データにないものだったと報告している．このコーパスは最近の基準からいうと小さいコーパスであるから，より多くのデータを集めればデータスパースネスの問題は簡単に解決してしまうと思うかもしれない．これは一見期待できるように見えるが（*come across* を 100 個も集めれば *the* や *some* が直後に表れるものはあるだろうが），実際にはまったく一般的な解決策ではない．言語には，一定数のよく出現する事象がある一方で，出現が**稀な事象**の確率分布は確率の小さい方向にどこまでいってもゼロにはならず，これらの事象が出現するようなデータを集めきることはできない[9]．例えば，*come across* の直後には任意の数（数字）が現れうるが，訓練テキストに出てこない数字は

稀な事象
(RARE EVENTS)

---

[7] ある n–グラムが二項分布をなす確率変数である（すなわち，各 n–グラムが次の n–グラムから独立である）ことを仮定したときにそうなる．しかし，これはまったく正しくない（が有用な）仮定である．第一に各 n–グラムは重なり合っているので，部分的に次の n–グラムを決めている．第二に，15.3 節で議論するように，内容語は密集して出現する（もしある単語を一度論文で使ったなら，その単語は再び使うことになりがちである）．

[8] このことを別の言い方で説明するなら，もし，確率モデルが実際に出現する事象に確率 0 を割り当てると実際の（データからの）確率分布に対する交差エントロピーと KL ダイバージェンスはともに無限大に発散する．換言すると我々がモデル化しようとするものに近い確率関数を作る上で最悪の仕事をしているということである．

[9] Cf. ジップの法則 — 1.4.3 節で述べたように，単語の頻度とその頻度の順位はおおよそ反比例の関係にある．

必ずある．一般に訓練テキストに出現しない事象が適用時には出現することに対応できる推定方法を考案しなければならない．

そのような方法はいずれも，過去に出現した事象の確率を少し小さい値に割り引いて，余った確率・質量を出現していない事象に割り当てることによって効果的に働く．それゆえこれらの方法はしばしば**ディスカウント** (*discounting*) 法と呼ばれる．ディスカウントの処理はしばしば**スムージング** (*smoothing*)[10] と呼ばれる．というのは確率ゼロを含む確率分布よりも確率ゼロを含まない分布の方が「スムーズ（滑らか）」だからである．後の節で多くのスムージング法を調べる．

ディスカウント (DISCOUNTING)
スムージング (SMOOTHING)

Austin の n–グラムモデルに対して MLE を使う

Austin コーパスに基づいて，我々はさまざまな n の値に対する n–グラムモデルを作成した．これを行うプログラムは非常に直接的に作成できる．n–グラムの頻度と $(n-1)$–グラムの頻度を数えて割り算すれば最尤推定による確率が推定できる．本書の Web サイトにはこれを行うソフトウエアがある．

実用システムではすべての単語に対して実際に n–グラムを計算することはない．よく出てくる k 個の単語に対してのみ n–グラムを計算し，ほかの単語はすべて辞書外単語（未知語）として`<UNK>`のような一つのトークンに置き換えるのが普通である．通常，この処理は訓練データに 1 回しか出現しない単語（**弧語** (*hapax legomena*)）に対して行う．いくつかの分野で役に立つ別の方法として，頻度の低い数字が意味的にも分布的にも明らかに似通っていることに注目して，二つの辞書外単語を設定し，一方を数字，他方を数字以外にするというやり方もある．単語分布はジップの法則に従うので，頻度の小さいものを除くことでモデルの品質にはっきりわかるほど影響を与えることなく，パラメータ領域（と構築しようとしているシステムに要するメモリ量）を大きく減らすことができる（弧語はトークン数の半分を占めるがタイプ数にすればほんのわずかに過ぎない）．

弧語 (HAPAX LEGOMENA)

我々は訓練コーパスから計算した条件付き確率を使ってテストコーパスである *Persuasion* の文内の各単語の後続単語の確率を計算した．テストコーパスの問題は後ほど詳しく考えるが，異なるデータで試してみることは重要である．さもなければモデルによってどの程度言語のパターンを予測できるかに対する公正なテストとはいえなくなる．これらの確率分布 —— 実際に出現した後続単語を太字で示している —— を**表 6.3** に示す．ユニグラム分布は文脈を完全に無視し，単に個々の単語の出現頻度のみを使う．しかしこれがまったく役に立たないかというとそうではない．というのはこの *she was inferior to both sisters* という節のように，ほとんどの語がありふれた単語だからである．バイグラムモ

---

[10] 訳注：平滑化と訳される場合もある．

表 6.3 *Persuasion* の一つの文の直後に出現する場合の各単語の確率．次に続く単語の確率分布をさまざまな n に対する n–グラムモデルの最尤推定値で計算する．各単語に対して推定された尤度の順位を最初の列に示す．実際に次に出てきた単語は表の一番上に斜体で，表内には太字で示す．

In person

	she		*was*		*inferior*		*to*		*both*		*sisters*	
1-gram	$P(\cdot)$		$P(\cdot)$		$P(\cdot)$		$P(\cdot)$		$P(\cdot)$		$P(\cdot)$	
1	the	0.034	the	0.034	the	0.034	the	0.034	the	0.034	the	0.034
2	to	0.032	to	0.032	to	0.032	**to**	**0.032**	to	0.032	to	0.032
3	and	0.030	and	0.030	and	0.030			and	0.030	and	0.030
4	of	0.029	of	0.029	of	0.029			of	0.029	of	0.029
...												
8	was	0.015	**was**	**0.015**	was	0.015			was	0.015	was	0.015
...												
13	**she**	**0.011**			she	0.011			she	0.011	she	0.011
...												
254					both	0.0005			**both**	**0.0005**	both	0.0005
...												
435					sisters	0.0003					**sisters**	**0.0003**
...												
1701					**inferior**	**0.00005**						
2-gram	$P(\cdot\|person)$		$P(\cdot\|she)$		$P(\cdot\|was)$		$P(\cdot\|inferior)$		$P(\cdot\|to)$		$P(\cdot\|both)$	
1	and	0.099	had	0.141	not	0.065	**to**	**0.212**	be	0.111	of	0.066
2	who	0.099	**was**	**0.122**	a	0.052			the	0.057	to	0.041
3	to	0.076			the	0.033			her	0.048	in	0.038
4	in	0.045			to	0.031			have	0.027	and	0.025
...												
23	**she**	**0.009**							Mrs	0.006	she	0.009
...												
41									what	0.004	**sisters**	**0.006**
...												
293									**both**	**0.0004**		
...												
∞					**inferior**	**0**						
3-gram	$P(\cdot\|In,person)$		$P(\cdot\|person,she)$		$P(\cdot\|she,was)$		$P(\cdot\|was,inf.)$		$P(\cdot\|inferior,to)$		$P(\cdot\|to,both)$	
1	UNSEEN		did	0.5	not	0.057	UNSEEN		the	0.286	to	0.222
2			**was**	**0.5**	very	0.038			Maria	0.143	Chapter	0.111
3					in	0.030			cherries	0.143	Hour	0.111
4					to	0.026			her	0.143	Twice	0.111
...												
∞					**inferior**	**0**			**both**	**0**	**sisters**	**0**
4-gram	$P(\cdot\|u,I,p)$		$P(\cdot\|I,p,s)$		$P(\cdot\|p,s,w)$		$P(\cdot\|s,w,i)$		$P(\cdot\|w,i,t)$		$P(\cdot\|i,t,b)$	
1	UNSEEN		UNSEEN		in	1.0	UNSEEN		UNSEEN		UNSEEN	
...												
∞					**inferior**	**0**						

デルは単語を予測するのに一つ前の単語の助けを借りる．一般に，これは非常に助けになり，ずっと良いモデルになる．いくつかの場合，次に出現する単語の実際の確率推定値は桁違いに大きくなる (*was, to, sisters*)．しかしながら，バイグラムモデルだからといって確率推定値を高めることが保証されているわけではない．*she* に対する推定値は実際には下がる．なぜなら *she* は Austen の小説（主に女性に関する本である）で一般にとてもよく出てくるのだが，*person* の直後には出てきにくい（*in person* のような副詞句が使われていたら，それは十分ありうることなのだが）．*was* の後の *inferior* を予測できなかったのはデータスパースネスの問題が起こり始めていることを示している．

　トライグラムモデルがうまくいくとき，その結果は眩いばかりである．例えば，このモデルによれば *person she* の後に *was* が出てくる確率推定値が 0.5

となる．しかしトライグラムモデルは一般には次の二つのケースのいずれかに
陥ってしまい使えない．一つは先行するバイグラムが訓練データにまったく出
現していない場合であり，後続単語の確率分布を計算することができない．も
う一つは，先行するバイグラムの直後にわずかな単語しか出現しない場合で．
データはスパースであるから，推定値がほとんど信頼できない．例えば，先の
表に示すとおり，*to both* というバイグラムは訓練テキストに 9 回出現し，その
うち 2 回については *to* が後続し，あと 7 回はすべて異なる単語が後続してい
る．これは統計モデルを適切に構築するには十分な密度のデータではない．4–
グラムモデルはまったく使えない．実際，4–グラムモデルは数千万単語ほどの
データで学習できない限り使えない．

この表を調べると明白な戦略が見えてくる．高次のモデルはそのモデルがい
くらかでも役に立つのに十分なデータがあれば利用する．もし，十分なデータが
なければ低次のモデルにバックオフする．これは広く用いられている戦略であ
るが，後で述べる推定値の組合せの節で論じるとおり，それ自体では *n*–グラム
推定に関する完全な解決にはなっていない．例えば，訓練データにおいて極めて
多くの単語が *was* の後に出現する—トークン数で 9,409，タイプ数で 1,481—．
しかしながら，*inferior* は含まれていない．同様に，極めて多くの単語が訓練
テキスト全体に含まれているが，完全にありふれた単語である *decides* や *want*
など多くの語が出現していない．したがって，推定値の組合せ方にかかわりな
く，訓練テキストにたまたま現れなかった単語や *n*–グラムに対してゼロでない
確率推定値を与えることが絶対に必要となる．ということで，我々はこの問題
に最初に取り組もう．

6.2.2 Laplace の法則，Lidstone の法則，Jeffreys-Perks の法則

Laplace の法則

最尤推定の明らかな失敗のせいで我々はもっと良い推定方法を見つけなけれ
ばならなくなった．最も古い解決法は Laplace の法則 (1814, 1995) を利用す
ることである．この法則に従うと次のようになる．

$$(6.6) \qquad P_{\mathrm{Lap}}(w_1 \cdots w_n) = \frac{C(w_1 \cdots w_n) + 1}{N + B}$$

1–加算 (ADD ONE)   これはしばしば俗に **1–加算** (*add one*) と呼ばれ，確率空間のほんの一部を未
出現の事象に割り当てる効果がある．この方法はその場しのぎの無原則な方法
ではなく，実は，事象の事前分布として一様分布（すべての *n*–グラムが同じよ
うに尤もらしいという確率分布）を仮定した場合のベイズ推定値であることが
導ける．

しかしながら，ラプラスの法則による推定値は語彙サイズに依存することに

6.2 統計的推定　　181

表 **6.4** Church and Gale (1991a) にある AP データの推定頻度. 最初の五つの列が訓練データ中で実際に r 回出現したバイグラムに対してさまざまな推定法を用いて計算された頻度を示す. r は最尤推定値, $f_{\text{empirical}}$ はテストセットに対する評価, f_{Lap} は「1–加算」法, f_{del} は削除補間法（訓練データを用いた 2 分割交差検定）, f_{GT} は Good-Turing 推定である. 右側の 2 列は頻度の頻度, およびある頻度のバイグラムがそれより後のテキストで何回現れたかを示す.

$r = f_{\text{MLE}}$	$f_{\text{empirical}}$	f_{Lap}	f_{del}	f_{GT}	N_r	T_r
0	0.000027	0.000295	0.000037	0.000027	74 671 100 000	2 019 187
1	0.448	0.000589	0.396	0.446	2 018 046	903 206
2	1.25	0.000884	1.24	1.26	449 721	564 153
3	2.24	0.00118	2.23	2.24	188 933	424 015
4	3.23	0.00147	3.22	3.24	105 668	341 099
5	4.21	0.00177	4.22	4.22	68 379	287 776
6	5.23	0.00206	5.20	5.19	48 190	251 951
7	6.21	0.00236	6.21	6.21	35 709	221 693
8	7.21	0.00265	7.18	7.24	27 710	199 779
9	8.26	0.00295	8.18	8.25	22 280	183 971

　　注意する必要がある. 大きな語彙における n–グラムのようなスパースなデータに対してラプラスの法則を適用すると, 未出現の事象に対して過大な確率を与えてしまう.

　　Church and Gale (1991a) がバイグラムのさまざまな確率推定方法に関して論じたいくつかの例を考えてみよう. 4,400 万単語の Associated Press (AP) 通信社のコーパスには 400,653 の異なる単語がある（大文字と小文字の区別は残し, ハイフンで分けることなどをしている）. この語彙サイズは 1.6×10^{11} 個のバイグラムがありうることを示しており, 先験的にはそれらのどれもがコーパスに出現しうる. また, P_{Lap} の計算において, B は N よりはるかに大きい. このような状況でラプラスの方法は不満足な結果にしかならない. Church and Gale はコーパスの半分（語トークン数 2200 万, 語タイプ数 V=273,266 語）を訓練データに使った. **表 6.4** はラプラスの法則を含むさまざまな推定方法を

期待頻度の推定値
(EXPECTED
FREQUENCY
ESTIMATE)

使った場合の**期待頻度の推定値**（*expected frequency estimate*）である. 確率推定値は頻度推定値を n–グラムの数（N=2200 万）で割ったものである. ラプラスの法則では r 回出現した n–グラムの確率推定値は $(r+1)/(N+B)$ であるから, 頻度の推定値は $f_{\text{Lap}} = (r+1)N/(N+B)$ となる. これらの推定頻度はしばしば人間にとって確率より解釈しやすく, ディスカウントの効果を簡単に見ることができる.

　　観測していないバイグラムの各々には非常に低い確率値が与えられているが, そのようなバイグラムが非常に多いため確率質量の 99.97%[11)] が出現していないバイグラムに割り当てられている. これは多すぎるし, より頻度の高い事象の確率推定値を大きく減らすという代償を払っている. しかし, 多すぎるとい

[11)] これは次のように計算される $N_0 \times P_{\text{Lap}}(\cdot) = 74,671,100,000 \times 0.000295/22,000,000 = 0.9997$.

うのはどうしたらわかるのだろうか．出現していない n–グラムがテキストを増やした場合に何回出現するかという経験的な推定値を表の 2 列目に示す．これを見ると，訓練データに出現していない n–グラムの頻度はラプラスの法則の予測値より相当小さく，その一方で訓練データに出現していた n–グラムは予測値より非常に多く出現している [12]．実際のところ，経験論的なモデルによれば先のテキスト中のバイグラムのうち過去に出現していないバイグラムはたった9.2%だけであることがわかっている．

Lidstone の法則と Jeffreys-Perks の法則

この過大評価に対処するために統計的な実践の枠内で多項分布の問題に対して通常利用されているのが Lidstone の連続の法則 (law of succession) である．この法則では 1 を加えるのではなく，（通常 1 より小さい）ある正の値 λ を加える．

$$(6.7) \qquad P_{\mathrm{Lid}}(w_1 \cdots w_n) = \frac{C(w_1 \cdots w_n) + \lambda}{N + B\lambda}$$

この方法は保険数理士の Hardy と Lidstone によって開発され Johnson が最尤推定値と一様事前分布の線形補間（以下を見よ）とみなせることを示した．このことは $\mu = N/(N + B\lambda)$ として下記のようにするとわかるだろう．

$$(6.8) \qquad P_{\mathrm{Lid}}(w_1 \cdots w_n) = \mu \frac{C(w_1 \cdots w_n)}{N} + (1 - \mu)\frac{1}{B}$$

λ の値として最も広く使われているのは $\frac{1}{2}$ である．この値は最尤推定によって最大化されるのと同じ量の期待値として理論的に正当化でき，それゆえ名前が付いており Jeffreys-Perks の法則，あるいは**期待尤度推定** (*expected likelihood estimation*: ELE) (Box and Tiao 1973: 34–36) と呼ばれる．

期待尤度推定
(EXPECTED
LIKELIHOOD
ESTIMATION)

実際，これはしばしば助けになる．例えば，小さい λ を選ぶことによって未出現の事象に過剰な大きさの確率空間が与えられてしまうという上述の反論を避けることができる．しかし，まだ二つの反論が残っている．一つ目は λ の適切な値を前もって推測する良い方法が必要なことである．二つ目は Lidstone の法則によるディスカウントは最尤推定による頻度に対して常に線形の推定値を与えるが，低頻度の部分が経験分布とはあまり合わないということである．

Austen にこれらの方法を適用する

前述の方法はそれぞれ固有の問題を持ってはいるが，特に ELE について Austen のコーパスへの適用を試みる．これまでの方法によればテストコーパスの *she was inferior to both sisters* という節に対して導ける唯一の確率推定値はユニグラムであり，その値は 3.96×10^{17} である（の上部の太字の確率

---

[12] 表中の天文学的数字を扱うのはなかなか困難である．同じ内容で規模の小さい例は練習問題 6.2 にある．

6.2 統計的推定   *183*

表 **6.5** *was* に後続する単語の期待尤度推定.

順位	単語	MLE	ELE
1	not	0.065	0.036
2	a	0.052	0.030
3	the	0.033	0.019
4	to	0.031	0.017
…			
=1482	inferior	0	0.00003

を掛け合わせる). ほかのモデルの場合はデータスパースネスのため確率推定値はゼロ, または未定義になる.

ここで条件付き分布を直接スムージングすることによりバイグラムモデルとELE を使ってこの文の確率を計算しよう. 14585 個の語タイプを含む訓練コーパスには was が 9409 回出現し, このうち not が後続するものは 608 回である. これらより, $P(not\,|\,was)$ は $(608+0.5)/(9409+14585\times0.5)=0.036$ となり, $P(not\,|\,was)$ は (ほぼ半分の値に!) 削減される. ほかの単語に対して類似した計算を行うと, **表 6.5** の最後の列に示すような結果になる. 尤度による単語の順序は変わらないが訓練コーパスに出現する語の確率推定値は削減され, そうでない語, 特に実際に次に出現する語である *inferior* にはゼロでない確率が与えられる. これをほかのバイグラム確率に対しても続けると, この言語モデルによって今考えている文の確率が 6.89×10^{-20} になることがわかる. 残念ながらこの確率推定値は実際にはユニグラム頻度に基づく MLE 推定値より低い. これは ELE モデルを構築する際に, 出現した n–グラムに対する MLE 推定値から大きな値が削減されていることを反映している. この結果によってGale and Church (1990a,b) の論文のスローガンである「不適切な文脈の推定はしないほうがまし」ということが実証される. しかし, このことが今まで作ってきたモデルがまったく役に立たないことを意味するわけではない. モデルによって推定される確率値が特に低い場合でも候補に対しておおよその順序を付けるのには使える. 例えば, モデルによって *she was inferior to both sisters* が *inferior to was both she sisters* よりずっと尤もらしい節であることがわかる. 一方, ユニグラムによる推定ではどちらにも同じ確率値を与えてしまう.

6.2.3 ヘルドアウト推定

未出現の事象の全体に対して 46.5%の確率空間を割り振ることが過大であるということはどのようにしたらわかるのだろうか. 一つの方法はデータによってテストすることである. 追加のテキストをとってきて (同種のテキストからであることが想定されている), 訓練テキストに r 回出現したバイグラムがこの追加テキスト中に何回出てくるかを調べることができる. このアイディアを実現したものが Jelinek and Mercer (1985) による**ヘルドアウト推定** (*held out*

ヘルドアウト推定
(HELD OUT
ESTIMATOR)

estimator) である.

ヘルドアウト推定

任意の n–グラム $w_1 \cdots w_n$ に対して

$$C_1(w_1 \cdots w_n) = 訓練データにおける w_1 \cdots w_n の頻度$$
$$C_2(w_1 \cdots w_n) = ヘルドアウトデータにおける w_1 \cdots w_n の頻度$$

とする. N_r が頻度 r の n–グラムのタイプ数であることを思い出そう. ここで,

$$(6.9) \qquad T_r = \sum_{\{w_1 \cdots w_n : C_1(w_1 \cdots w_n) = r\}} C_2(w_1 \cdots w_n)$$

とする. T_r は訓練テキスト中で r 回出現したすべての n–グラムがヘルドアウトデータで出現した回数である. したがって, これらの n–グラムの平均頻度は $\frac{T_r}{N_r}$ となり, このような n–グラムの確率推定値は次のようになる.

$$(6.10) \qquad P_{\mathrm{ho}}(w_1 \cdots w_n) = \frac{T_r}{N_r T} \qquad ここで C_1(w_1 \cdots w_n) = r かつ T = \sum_{r=0}^{\infty} T_r$$

開発とテストのためのデータセット

訓練データ
(TRAINING DATA)

統計的自然言語処理において犯してはならない誤りの一つは**訓練データ** (*training data*) でテストすることである. しかし, なぜこれがいけないのだろうか. テストするのは, あるモデルがどのくらいうまくいくかを評価したいからである. これが遂行できるのは, 過去に見たことのないデータに対する「公正なテスト」である場合にのみである. 一般に, データのサンプルから帰納的に作成

過学習
(OVERTRAINING)

されたモデルは**過学習** (*overtraining*) される傾向にある. 過学習というのは, 将来起こりうる事象について, 多くの可能性を十分に考えることなく, モデルの訓練に使ったデータの事象と同様であると期待することである (例えば, 株式市場のモデルは時々この誤りによって損害を被る). そういうわけで異なったデータでテストすることは本質的に重要である. この好例として (2.2.6 節の) クロスエントロピーの計算がある. クロスエントロピーを計算するためには, テキストの大きなサンプルを用意し, モデルに従って, このサンプルテキストにおける単語あたりのエントロピーを計算する. これはモデルの品質の一つの尺度であり, そのテキストが取り出された言語自体のエントロピーに対する上

テストデータ
(TEST DATA)

限を与える. しかしながら, これが真であるのは**テストデータ** (*test data*) が訓練データから独立であり, かつ, その言語の複雑さを示すのに十分な量である場合に限られる. もし訓練データに対してテストをすればクロスエントロピーは本当のエントロピーより簡単に低くなる. 最も露骨にやる場合, 訓練データを丸ごと覚えておくようなモデルを作って次の単語を確率 1 で予測すればよい.

6.2 統計的推定 185

たとえそこまでしないとしても，訓練データでテストするなら MLE が素晴らしい言語モデルとなることがわかるだろう．これは正しい結果とはいえないのであるが．

つまり，データを扱うときにはいつもまず初めに訓練に使う部分とテストに使う部分を分けておかなければならない．テストデータは通常，全体のほんの一部（5–10%）になるだろうが，信頼できる結果を得るのに十分な量が必要である．モデルを作る際，ヒントを得るために自分のパターン発見能力を使いたくなるかもしれないが，訓練データだけに目を向けるべきである．テストデータを見てはいけない．カンニングになってしまう．たとえテストデータを丸暗記するほど直接的でないにせよ，やってはならない．

しかしながら，通常，別の理由から，訓練データとテストデータのそれぞれをさらに二つに分けたくなるだろう．n–グラムのヘルドアウト推定など多くの統計的自然言語処理の手法では訓練データのある部分から頻度を求め，別の**ヘルドアウトデータ** (*held out data*) や**検証データ** (*validation data*) での結果に基づいてこの頻度をスムージングしたり，モデルのベースとなるパラメータを推定したりする．ヘルドアウトデータは最初に使う訓練データとテストデータの双方から独立である必要がある．通常，ヘルドアウトデータを使う段階では最初の訓練データの頻度から推定したパラメータの数よりかなり少ない数のパラメータの推定を行う．したがって，ヘルドアウトデータは最初の訓練データよりずっと少ない量でよい（通常は約 10%）．にもかかわらず，どのような付加的なパラメータについても正確に推定できるだけの十分なデータであることが重要である．さもなければ顕著な性能の劣化が起こりうる（Chen and Goodman (1996: 317) が示すように）．

ヘルドアウトデータ
(HELD OUT DATA)
検証データ
(VALIDATION
DATA)

典型的な統計的自然言語処理研究のパターンはアルゴリズムを書き，それを訓練してテストし，うまくいかないことを書き出して，アルゴリズムを修正し，これらを繰り返す（しばしば何回も！）というものである．しかし，これを何度も繰り返すとテストデータのいくつかの側面を見てしまうことになる．それだけでなく，アルゴリズムをいろいろ変えてその性能を見るということは，テストセットの中身を秘かに調べていることになってしまう．つまり，モデルをいろいろと変えてテストすることはやはり過学習につながる．正しいやり方は二つのテストセットを用意することである．一つは手法をいろいろと変えて試すための**開発用テストセット** (*development test set*) であり，もう一つは当該手法の性能として論文に掲載する最終的な結果を求めるための**最終テストセット** (*final test set*) である．最終テストセットに対する性能は開発テストセットに対するそれより若干低くなることを覚悟しないといけない（時々ラッキーなことはあるだろうが）．

開発用テストセット
(DEVELOPMENT
TEST SET)
最終テストセット
(FINAL TEST SET)

ここまでの議論ではデータのどの部分をテストデータとして選ぶかということについては不問に付してきた．実はこの問いに対する見解については二つの

学派に分かれる．一方の学派は，データ全体から小さい部分（文，あるいは n–グラム）をランダムに選んだものを集めてテストデータとし，残りを訓練用に使うのがよいと考える．この方法の利点はテストデータが訓練データと（ジャンルや言語の使用域，著者，語彙の点で）できる限り似たものになっているということである．すなわち，テストデータのできる限り正確なサンプルで訓練するということである．もう一方の学派の方法は，ある大きな連続する塊をテストデータとして分けておくというものである．こちらの利点は先と逆である．実際に，どのような自然言語システムでもいずれは訓練データと若干異なるデータに対して適用することになる．なぜなら時の経過により話題や構造の点で言語の用法は変わっていくからである．したがって，訓練データから見て同質とはいえないテストデータを選ぶことで，このことを少しばかり模倣するのが最善であると考えられるのである．程度の差はあるが，パラメータのヘルドアウト推定を用いるとき，テストデータを選ぶのと同じやり方でヘルドアウトデータを選ぶのが最もよい．なぜなら，こうすることによりヘルドアウトデータがテストデータのより良い模倣になるからである．この選択の仕方がシステムの結果を比べるのが難しいという理由の一つである．ほかのことがすべて同じである場合，二番目の方法を使うと性能がほんの少しばかり低くなるだろう．

　テストに関してもう一つ別の事柄について説明させてほしい．初期のころはテストデータに対して単にシステムを走らせて一つの性能値（パープレキシティや正解率など）を示すだけだった．しかし，これはあまり良いテスト方法とは

分散 (VARIANCE)　いえない．なぜならシステムの性能の**分散** (*variance*) について何もわからないからである．ずっと良い方法はテストデータを例えば 20 個くらいの細かいサンプルに分割してそれぞれに対して試験結果を出すことである．これらの結果を使うと，先と同じように性能の平均を出すことができる上に，性能がどの程度変動しうるかを示す分散も計算することができる．この方法と訓練データとして連続的な領域をとる方法を一緒に用いる場合はデータのさまざまな部分からテストデータをとってくるべきである．なぜなら，データセットにはいくつかの「簡単な」部分があるということが知られており，コーパスのさまざまな部分を使って広い範囲からテストデータをとることで偏りの少ない結果を得ることができるからである．

　この方向で続けると，一つのシステムの平均的なスコアがほかのシステムより純粋な偶然として高くなりうる．特に，システム内での分散が大きいときに起こりがちである．したがって，システム間で意味のある比較を行うためには平均スコアを比べるだけでは不十分で，その代わりに平均と分散の双方を考慮にいれた統計的検定を適用する必要がある．得られた差が偶然生じうるということが統計的検定によって棄却されたときにのみ，自信を持って，あるシステ

6.2 統計的推定

表 6.6 二つのシステムの性能を比較するための t 検定の利用. 各データ・セットの平均を計算するので,分散の計算における分母と自由度は $(11-1)+(11-1)=20$ となる. データからは system 1 が優位であることの明確な根拠は得られない. 平均スコアが明確に違うにもかかわらず,標本分散が高すぎていかなる決定的な結論も導けない.

	System 1	System 2
scores	71, 61, 55, 60, 68, 49,	42, 55, 75, 45, 54, 51
	42, 72, 76, 55, 64	55, 36, 58, 55, 67
total	673	593
n	11	11
mean $\bar{x}_i$	61.2	53.9
$s_i^2 = \sum (x_{ij} - \bar{x}_i)^2$	1,081.6	1,186.9
df	10	10

$$\text{Pooled } s^2 = \frac{1,081.6+1,186.9}{10+10} \approx 113.4$$

$$t = \frac{\bar{x}_1 - \bar{x}_2}{\sqrt{\frac{2s^2}{n}}} = \frac{61.2 - 53.9}{\sqrt{\frac{2 \cdot 113.4}{11}}} \approx 1.60$$

ムがほかのシステムより優れているということができる[13].

t 検定 (t TEST)　　　二つのシステムを比較するために (5.3.1 節で導入した) t **検定** (t *test*) を用いる例を**表 6.6** に示す (Snedecor and Cochran (1989: 92) を改変している). ここで,二つのシステムの分散が同じであるという仮定のもと (実際,1,081.6 と 1,186.9 は十分近いので,これは理にかなっているように見える),データを全部集めて求めた標本分散の推定値 s^2 を用いている. 付録の t 分布表を調べると,システム 1 がシステム 2 よりよいという仮説を危険率 $\alpha = 0.05$ 以下で棄却するための t スコアの臨界値は $t = 1.725$ である (自由度 20 の片側検定を用いる). 今の例の t スコアは $t = 1.60 < 1.725$ であるから,このデータは有意性のテストに通らない. 平均値を見るとかなり異なっているように見えるが,スコアの分散が大きいためにシステム 1 が優位であると結論付けることはできないのである.

テストデータに対するヘルドアウト推定を用いる

　n–グラムの頻度 $C(w_1 \cdots w_n)$ が,当該 n–グラムの将来の出現頻度を予測するために使える唯一のものである限り,テストデータの確率を最大化するような確率パラメータのディスカウントされた推定値の正解はテストデータに対するヘルドアウト推定を使って求めることができる. これを経験的に行うということは,訓練データに r 回出現した n–グラムがテスト用テキストには実際のところ何回現れるかを調べることである. 表 6.4 に示す経験的推定値 $f_{\text{empirical}}$ は AP コーパス全体の 4,400 万個のバイグラムを同じサイズの訓練セットとテストセットにランダムに分け,テストセットに対するヘルドアウト推定によっ

---

[13] 統計的アルゴリズムや機械学習のアルゴリズムを比較するための検定手法に関する体系的な議論は (Dietterich 1998) にある. Mooney (1996) は語義の曖昧性解消に対する良い事例研究である.

て求めたものである．ほかの推定値が 2,200 万語の訓練コーパスのみから計算
したものであるのに対し，$f_{\mathrm{empirical}}$ はテストセットを見ることによって経験的
に求められた正解とみなすことができる．

6.2.4 交差検証（削除推定）

上で議論した $f_{\mathrm{empirical}}$ 推定値はテストデータで実際に何が起こったかとい
うことを調べて求めた．一方，ヘルドアウト推定の考えは訓練データを二つに
分割することで同じ効果を達成できるというものである．一方のデータで頻度
を数えて推定を行い，もう一方のデータで推定値を修正する．このアプローチ
の唯一のコストは推定を行うための訓練データが減って確率推定値の信頼性が
低くなることだけである．

訓練データのいくらかを頻度計算にのみ使い，残りのいくらかを確率推定値
のスムージングにのみ使うのではなく，より効率的なやり方が可能である．そ
れはいくつかに分けた訓練データのそれぞれの部分を最初の学習データとヘル
ドアウトデータの両方で使うというやり方である．一般に，統計学におけるそ
のような方法は**交差検証** (*cross-validation*) と呼ばれる．

交差検証 (CROSS-
VALIDATION)

削除推定 (DELETED
ESTIMATION)

Jelinek and Mercer (1985) は 2 分割の交差検証を用い，**削除推定** (*deleted*
estimation) と呼んだ．訓練データの a 番目の部分において r 回出現した n–グ
ラムの種類の数を N_r^a としよう．また，これらの n–グラムの b 番目の部分に
おけるトークン数を T_r^{ab} であるとしよう．訓練データとみなす部分に応じて標
準的なヘルドアウト推定は次のいずれかになる．

$$P_{\mathrm{ho}}(w_1 \cdots w_n) = \frac{T_r^{01}}{N_r^0 N} \ \text{または} \ \frac{T_r^{10}}{N_r^1 N} \qquad \text{ここで } C(w_1 \cdots w_n) = r$$

より効率的な削除補間推定は頻度の計数とスムージングを入れ替えて行い，
二つの値を N_r^0 と N_r^1 における単語数に応じて重み付きで平均する：

$$(6.11) \qquad P_{\mathrm{del}}(w_1 \cdots w_n) = \frac{T_r^{01} + T_r^{10}}{N(N_r^0 + N_r^1)} \qquad \text{ここで } C(w_1 \cdots w_n) = r$$

大きな訓練コーパスの場合，訓練データに対する削除推定は訓練データのみを
使うヘルドアウト推定よりうまくいくし，実際に表 6.4 は経験的に得られた正
解に非常に近い結果になることを示している [14]．それにもかかわらず，小頻度
の事象に対しては正しくない部分がある．訓練データに 1 回だけ現れた事象を
過小評価する一方で，未出現の事柄の期待頻度を過大評価してしまう．テキス
トを二つの部分に分けることにより，対象の確率を $\frac{N}{2}$ 個のサンプルに何回現れ
たかによって推定する．このとき，サイズ $\frac{N}{2}$ のサンプルに r 回現れたトーク

---

[14] データに基づく経験的な正解はヘルドアウト推定から得られるのだが，テストデータを見た
結果に基づいたヘルドアウト推定であることを思い出してほしい．Chen and Goodman
(1998) は小さな訓練コーパスに対してはヘルドアウト推定の方が削除補間より性能がよい
ことを見いだしている．

ンの確率をサイズ N のサンプルに r 回現れたトークンの確率の二倍とみなす.
しかしながら,訓練データのサイズが大きくなるに従って,ヘルドアウトデー
タ中に未出現の n-グラムの比率,すなわち,未出現の n-グラム確率は減少す
る(訓練データサイズの増加によるこの減少は無視できない).小さな訓練コー
パスを使うと未出現の n-グラムを過大評価してしまうのはこのためである.

LEAVING-ONE-
OUT
　交差検証には別のやり方もある.特に,Ney et al. (1997) は Leaving-One-
Out と呼ぶ方法を検討した.これは最初の訓練コーパスとして $N-1$ 語 (tokens)
を使い,残りの1語を一種のシミュレートされたテストのためのヘルドアウト
データとして使うというものである.この処理を N 回繰り返してすべてのデー
タを順番にヘルドアウトする.この訓練方法の利点はデータの特定の部分が観
測できなかったときにモデルがどのように変わるかという影響を探っていること
である.Ney et al. は結果として得られた式と広く使われている Good-Turing
法との強い結び付きを示した.これについては次に触れることとしよう[15].

6.2.5　Good-Turing の推定

Good-Turing の推定

　Good (1953) の方法は項目の頻度,あるいは確率が二項分布に従うという
仮定に基づいて,これらを推定する Turing の方法に依拠している.本当は単
語や n-グラムは二項分布に従うわけではないのだが,この方法は大規模な語彙
から得られた大量の観測データに適しており,n-グラムに対してうまく動く.
Good-Turing 推定における確率推定値は $P_{\mathrm{GT}} = r^*/N$ という形式をとる.こ
こで,r^* は補正された頻度である.Good-Turing 法の基礎となる定理による
と,すでに出現した項目の頻度は

(6.12)
$$r^* = (r+1)\frac{E(N_{r+1})}{E(N_r)}$$

となる.ここで E は確率変数の期待値である(この式の導出に関する議論は
Church and Gale (1991a), Gale and Sampson (1995) を見よ).未出現の
項目の確率の和としてとっておく確率質量はしたがって $E(N_1)/N$ である(練
習問題 6.5 を見よ).

　$E(N_r)$ は,データから得られる経験的な推定値 N_r に置き換えることができ
るように思われる.しかしながら,このことをすべての r 対して一様に行うこ
とはできない.経験的な推定値は r が大きいときに非常に信頼性が低いからで
ある.特に最大頻度の n-グラムの確率は推定値ゼロになってしまう.という
のは補正に必要なこの頻度より1大きい頻度の n-グラムはデータ中に存在し
ない (!) からである.そこで,実際には次の二つの解決策のうちいずれかが使

---

[15] しかしながら,Chen and Goodman (1996: 314) は1回につき1語を除外することには
問題があり,削除補間において除外する部分をより大きなかたまりにする方が好ましいこと
を指摘している.

われる．一つはある定数 k（例えば 10）を決めて，$r < k$ を満たす頻度に対してのみ Good-Turing の再推定を用いるという方法である．低頻度語のタイプ数は膨大であるので，経験的な「頻度の頻度」をその期待値の代わりに利用しても正確さを損なわない．一方，高頻度語に対する MLE 推定値はもともと正確なので値をディスカウントする必要がない．もう一つの方法は，ある関数 S を (r, N_r) の観測値にフィッティングし，スムージングされた $S(r)$ を期待値として使うというものである（これはフィッティングした曲線に応じた結果となる—Good (1953) はいくつかのスムージングの方法を論じている）．未出現の事象に割り当てられる確率質量 $\frac{N_1}{N}$ は一様分布，あるいはより洗練された方法により分配される（6.3 節の「推定を組み合わせる」を参照のこと）．未知の事象に対して一様分布を想定すると以下を得る．

Good-Turing Estimator: もし $C(w_1 \cdots w_n) = r > 0$ ならば，

$$(6.13) \qquad P_{\mathrm{GT}}(w_1 \cdots w_n) = \frac{r^*}{N} \qquad \text{ここで } r^* = \frac{(r+1)S(r+1)}{S(r)}$$

もし $C(w_1 \cdots w_n) = 0$ ならば，

$$(6.14) \qquad P_{\mathrm{GT}}(w_1 \cdots w_n) = \frac{1 - \sum_{r=1}^{\infty} N_r \frac{r^*}{N}}{N_0} \approx \frac{N_1}{N_0 N}$$

　Gale and Sampson (1995) は単純で効率的なアプローチを提示している．この単純 Good-Turing という方法は二つのアプローチを効果的に組み合わせている．彼らはスムージングのための曲線として単純に「べき曲線 (power curve)」 $N_r = ar^b$（適切な双曲線関係を与えるために $b < -1$ とする）を使い，この式の対数形式 $\log N_r = \log a + b \log r$ に対する単純な線形回帰で a と b を推定する（線形回帰は 15.4.1 節やすべての統計の入門書に載っている）．しかしながら，彼らはこのような単純な曲線がおそらく r の値が大きいときにしか適切でないことを示しており，小さい r の値に対しては N_r を直接使っている．頻度の小さい方から見ていき，出現数から直接求めた r^* とスムージングされた関数を用いて計算した値との間に顕著な違いがなくなるまで出現数を使う．そして，それより頻度が大きいものについてはスムージングされた推定値を使う [16]．表 6.4 の Good-Turing の列 f_{GT} とデータから得られた正解と比較するとわかるように，単純 Good-Turing による推定値はよすぎるほどである．

　これらのどのようなアプローチをとった場合でも，適切な確率分布になることを保証するためには，すべての推定値の**再正規化**（*renormalize*）が必要であ

再正規化
(RENORMALIZE)

---

[16] r^* の推定値の差が次の式で与えられる Good-Turing 推定値の標準偏差の 1.65 倍を超える場合には顕著な差があると判断する．

$$\sqrt{(r+1)^2 \frac{N_{r+1}}{N_r^2} \left(1 + \frac{N_{r+1}}{N_r}\right)}$$

6.2 統計的推定

表 6.7 Austen コーパスにおけるバイグラムとトライグラムの「頻度の頻度」の分布の一部.

	Bigrams				Trigrams		
r	N_r	r	N_r	r	N_r	r	N_r
1	138741	28	90	1	404211	28	35
2	25413	29	120	2	32514	29	32
3	10531	30	86	3	10056	30	25
4	5997	31	98	4	4780	31	18
5	3565	32	99	5	2491	32	19
6	2486		$\cdots$	6	1571		$\cdots$
7	1754	1264	1	7	1088	189	1
8	1342	1366	1	8	749	202	1
9	1106	1917	1	9	582	214	1
10	896	2233	1	10	432	366	1
	$\cdots$	2507	1		$\cdots$	378	1

る．これには，（式 (6.14) のように）未出現の事象に与えられる確率質量を調整するか，たぶんこちらの方がよさそうだが，（Gale and Sampson (1995) が提案するように）未出現の事象の確率の和を $\frac{N_1}{N}$ のままにして，既出現の事象すべての推定値を再び正規化するかのいずれかである．

Austen における「頻度の頻度」

頻度の頻度
(COUNT-COUNTS)

　グットチューリングの推定を行うには，まず**頻度の頻度** (*count-counts*) を計算する．**表 6.7** にバイグラムとトライグラムの各頻度に関する頻度のリストを示す．これらの数字はジップ派の分布（1.4.3 節）を連想させるが，作成方法の詳細が違うことと単語列を数えていることから，より極端な分布になっている．**表 6.8** は再推定されたバイグラムの頻度 r^* と対応する確率を表している．

　未出現のバイグラム用にとってある確率質量は $N_1/N = 138741/617091 = 0.2248$ である．バイグラムのタイプ数は語彙サイズ（$V = 14585$）の二乗であり，199,252 個のバイグラムがすでに出現しているので，一様分布を仮定すると，未出現の任意のバイグラムの確率は $0.2248/(14585^2 - 199252) = 1.058 \times 10^{-9}$ となる．もし，バイグラム確率を Good-Turing の推定値によるものとし，ユニグラム確率は直接 MLE を用いるとしてバイグラムモデルの条件付き確率推定を行うならば最初の部分は次のようになる．

$$P(she \mid person) = \frac{f_{\mathrm{GT}}(person\ she)}{C(person)} = \frac{1.228}{223} = 0.0055$$

　これを続けると **表 6.9** のようになる．この表の数値は表 6.3 のバイグラム推定値と比べることができる．得られた推定値は一般に極めて適切である．これらの数字を掛け合わせることにより，最終的に "person she..." という英語の節の確率推定値として 1.278×10^{-17} が得られる．これは ELE の推定値より少なくともずっと大きい値ではあるが，未出現のバイグラムの確率がすべて等しい（一様分布）と仮定したことによる悪影響が残っている．

表 6.8 バイグラムに対する Good-Turing の推定値：調整された頻度と確率. Web サイト上のソフトウエアを使って求めたもの.

r	r^*	$P_{\mathrm{GT}}(\cdot)$
0	0.0007	1.058×10^{-9}
1	0.3663	5.982×10^{-7}
2	1.228	2.004×10^{-6}
3	2.122	3.465×10^{-6}
4	3.058	4.993×10^{-6}
5	4.015	6.555×10^{-6}
6	4.984	8.138×10^{-6}
7	5.96	9.733×10^{-6}
8	6.942	1.134×10^{-5}
9	7.928	1.294×10^{-5}
10	8.916	1.456×10^{-5}
$\cdots$		
28	26.84	4.383×10^{-5}
29	27.84	4.546×10^{-5}
30	28.84	4.709×10^{-5}
31	29.84	4.872×10^{-5}
32	30.84	5.035×10^{-5}
$\cdots$		
1264	1263	0.002062
1366	1365	0.002228
1917	1916	0.003128
2233	2232	0.003644
2507	2506	0.004092

表 6.9 *Persuasion* における Good-Turing によるバイグラム頻度の推定.

$P(she \mid person)$	0.0055
$P(was \mid she)$	0.1217
$P(inferior \mid was)$	6.9×10^{-8}
$P(to \mid inferior)$	0.1806
$P(both \mid to)$	0.0003956
$P(sisters \mid both)$	0.003874

6.2.6 短い補足

Ney and Essen (1993) と Ney et al. (1994) は二つのディスカウントモデルを提案している. 一つ目の絶対ディスカウントモデルにおいてはすべてのゼロでない MLE 頻度から小さな定数の値 δ を減じ，それによって余った値を未出現の事象に均等に分配する.

絶対ディスカウント (Absolute discounting)：もし $C(w_1 \cdots w_n) = r$ ならば，

$$(6.15) \qquad P_{\mathrm{abs}}(w_1 \cdots w_n) = \begin{cases} (r - \delta)/N & (r > 0 \text{ のとき}) \\ \frac{(B - N_0)\delta}{N_0 N} & (\text{上記以外のとき}) \end{cases}$$

6.2 統計的推定

（B は対象とする特徴値の数であることを思い出してほしい）．次の線形ディスカウントでは，ゼロでない MLE 頻度に対して 1 よりわずかに小さい同じ定数を掛けて値を割り引き，余った確率質量を新しい事象に分配する．

線形ディスカウント（Linear discounting）：もし $C(w_1 \cdots w_n) = r$ ならば，

$$(6.16) \qquad P(w_1 \cdots w_n) = \begin{cases} (1-\alpha)r/N & （r > 0 \text{ のとき}） \\ \alpha/N_0 & （上記以外のとき） \end{cases}$$

これらの推定方法は，未出現の事象の確率をゼロではなくある小さな値 ϵ にし，ほかの確率値を減少させて確率の和を 1 にする，という工学においてよく使われるやり方と同じである．二つの方法の違いはこのディスカウントの方法として，定数を引くか，1 より小さい定数を掛けるかの違いである．もう一度表 6.4 の数字を見てみよう．絶対ディスカウントは良い推定値を出しているように見える．$f_{\mathrm{empirical}}$ の数字を調べると，一度だけ出現したバイグラム（が過小評価されていること）を除いて $\delta \approx 0.77$ が良好なようである．一般に適切な δ の値を推定するにはヘルドアウトデータを使うことができるだろう．絶対ディスカウントのアプローチを拡張した方法は以下で議論するように非常にうまくいく．線形ディスカウントは正しいとは言い難い．一般に訓練テキスト中では頻度が大きくなるにつれて，補正なしの MLE 推定値が正確になる．一方，線形ディスカウントはこの傾向を近似すらしない．

Lidstone の法則の欠点はモデルにおいて対象とする特徴値（単語）のタイプ数に依存することである．未出現の値のいくらかはデータスパースネスの問題に起因するだろうが，原理的に出現しえないもの (principled gaps) がそれよりずっと多いかもしれない．Good-Turing 推定は過去に出現していない事象の推定値が特徴値の数に依存しないというモデルである．Ristad (1995) は自然な系列は可能な値の一部しか使わない，という仮説を掘り下げ，**系列の自然則** (*natural law of succession*) に関するいくつかの式を導出した．それらの中には出現頻度 $C(w_1 \cdots w_n) = r$ の n–グラム に対する次の確率推定値が含まれる．

系列の自然則
(NATURAL LAW OF
SUCCESSION)

$$(6.17) \qquad P_{\mathrm{NLS}}(w_1 \cdots w_n) = \begin{cases} \frac{r+1}{N+B} & （N_0 = 0 \text{ のとき}） \\ \frac{(r+1)(N+1+N_0-B)}{N^2+N+2(B-N_0)} & （N_0 > 0 \text{ and } r > 0 \text{ のとき}） \\ \frac{(B-N_0)(B-N_0+1)}{N_0(N^2+N+2(B-N_0))} & （上記以外のとき） \end{cases}$$

この法則の主な特徴は次のとおりである：(i) もしすべての特徴の値がデータ中に存在しているなら Laplace の法則になる．(ii) 未出現の事象に割り当てられる確率質量の和はコーパスの語トークンの数 N の二乗で減少する．(iii) 未出現の事象に割り当てられる確率値の和は対象とする特徴値の数 B とは独立なので語彙サイズが大きくなっても問題はない．

6.3 推定値を組み合わせる

ここまで検討してきた方法はすべて n-グラムの頻度 r のみを使って将来現れるテキストにおける頻度に関する最も良い近似を行おうとするものであった. しかし, まったく出現していないか, ごく稀にしか出現していない n-グラムすべてに対して同じ推定値を与えるのではなく, n-グラム中に現れる $(n-1)$-グラムの頻度を見ることで, より良い推定値が得られる可能性がある. もし $(n-1)$-グラム自体も出現が稀であれば n-グラムに対する推定値も小さいし, $(n-1)$-グラムの頻度がある程度あれば, n-グラムの確率をより高く推定することができる [17]. Church and Gale (1991a) はこの考え方について深い検討を行い, 未出現のバイグラムの確率推定値を, 構成するユニグラムの確率から推定する方法を示した. 彼らの方法では未出現のバイグラムを構成する二つのユニグラムについて, 独立性を仮定した同時確率 $P(w_1)P(w_2)$ を計算し, この値に基づいて, これらのバイグラムをグループに分ける. 各グループに対して Good-Turing 推定により補正した頻度を求め, 正規化して確率値にする.

しかしこの章ではこれをさらに一般化して, 相異なるさまざまなモデルから得られた複数の確率推定値をいかにして組み合わせるかという問題について検討する. もし, 履歴に基づいて次に何がくるかを予測するモデルが複数あった場合, これらを組み合わせてより良いモデルが作れるとよい. この背後にある考え方はスムージング, あるいは単にさまざまな情報源を組み合わせることである.

n-グラムモデルについては異なった次数のさまざまなモデルをうまく組み合わせることが成功の秘訣である. 単純に, さまざまな次数の n-グラムの MLE 推定値を以下に示すような単純な線形補間によって組み合わせることで非常に良い言語モデルになる (Chen and Goodman 1996). さらにうまくやることもできるが, 上述の手法を単純に使うだけではなく, 下記で示すような組合せ方を一緒に使うことが必要である.

6.3.1 単純な線形補間

トライグラムモデルにおいてスパースネスの問題を解決する一つの方法はスパースネスの影響をより受けにくいユニグラムやバイグラムと混ぜることである. 複数の確率推定値があるときはいつでもこれらの線形結合を作ることができる. この線形結合はそれぞれの確率のおよぼす影響に応じて重み付けをして別の確率関数になるようにしたものである. 統計的自然言語処理の業界では, この手法は普通, **線形補間** (*linear interpolation*) と呼ばれているが, ほかの分野では**(有限) 混合モデル** ((finite) *mixture models*) と呼ぶのが普通である.

線形補間 (LINEAR INTERPOLATION)
混合モデル (MIXTURE MODELS)

---

[17] しかし, もし $(n-1)$-グラムの頻度が非常に高い場合は, やはり推定値は低くしないといけない. なぜなら n-グラムが出現していないないことが当該特徴量が原理的に欠損していることを意味するからである.

6.3 推定値を組み合わせる 195

（トライグラム，バイグラム，ユニグラムの各モデルの組合せのように）最も識
別する力が大きい関数の条件付けの一部を全ての補間される関数が用いるとき，

削除補間 (DELETED この手法は通常**削除補間** (*deleted interpolation*) と呼ばれる．トライグラム言
INTERPOLATION) 語モデルからの削除補間のような n–グラム言語モデルを補間するための最も
基本的な方法は次のとおりである．

(6.18)
$$P_{\mathrm{li}}(w_n \mid w_{n-2}, w_{n-1})$$
$$= \lambda_1 P_1(w_n) + \lambda_2 P_2(w_n|w_{n-1}) + \lambda_3 P_3(w_n \mid w_{n-1}, w_{n-2})$$

ここで $0 \le \lambda_i \le 1$ かつ $\sum_i \lambda_i = 1$　である．

　重みは手作業で与えてもよいが，一般的には最もうまく動くような重みの組
合せを見つけたい．これは 9.2.1 節で述べるような期待値最大化 (EM) アルゴ
リズムやほかの数値計算アルゴリズムの簡単な応用で自動的に行うことができ
る．例えば Chen and Goodman (1996) は Press et al. (1988) に示されて
いる Powell のアルゴリズムを用いている．Chen and Goodman (1996) はこ
の単純なモデルが（過去に出現していない履歴を扱い，辞書未登録語用に確率質
量を留保しておくために若干複雑になっているけれども）非常にうまくいくこ
とを示している．彼らはこれをベースラインモデルとして実験している（7.1.3
節を見よ）．

6.3.2 Katz のバックオフ

バックオフモデル **バックオフモデル** (*back-off models*) においては，複数のモデルがそれらの
(BACK-OFF 詳細度に依存した順序で用いられる．推定に利用する文脈に関して十分信頼で
MODELS) きる情報を持つと思われるモデルのうち最も詳細なものが用いられる．バック
オフは平滑化や情報源の組合せのために利用可能である．

　バックオフ n–グラムモデルは Katz (1987) が提案した．n–グラムの推定値
は順繰りに履歴の短いものに後退（バックオフ）してもよいというものである．

(6.19)
$$P_{\mathrm{bo}}(w_i \mid w_{i-n+1} \cdots w_{i-1}) = \begin{cases} (1 - d_{w_{i-n+1}\cdots w_{i-1}}) \frac{C(w_{i-n+1}\cdots w_i)}{C(w_{i-n+1}\cdots w_{i-1})} \\ \qquad (C(w_{i-n+1} \cdots w_i) > k \text{ のとき}) \\ \alpha_{w_{i-n+1}\cdots w_{i-1}} P_{\mathrm{bo}}(w_i \mid w_{i-n+2} \cdots w_{i-1}) \\ \qquad (\text{上記以外のとき}) \end{cases}$$

もし，対象とする n–グラム が k 回より多く（k は普通 0 か 1 に設定する）出
現したなら，最初の行にあるようにその n–グラム推定値を使う．この際，バッ
クオフによって推定される未出現の n–グラムのために MLE 推定値から一定
量だけディスカウント（関数 d で表す）する．MLE 推定値は何かしらの方法
でディスカウントする必要がある．そうしないと低次のモデルに分配すべき確
率質量がなくなってしまう．ディスカウントを計算する一つの方法は先に述べ
た Good-Turing 推定である．これは Katz が実際に用いた方法でもある．も

し n–グラムが訓練データ中に存在しないか k 回以下しか現れないなら，短い n–グラムの推定値を利用する．その際，このバックオフ確率に正規化係数 α を掛ける．これはディスカウント処理によって捻出された確率質量だけをバックオフによって推定された n–グラム全体に分配するためである．直前の履歴の $(n-1)$–グラムが未出現である場合については，w_i をどのように選んでも最初の行が適用できないためバックオフ係数 α の値が 1 となることに注意しよう．もし，2 行目が選ばれるなら $(n-1)$–グラム推定値を仲立ちにしてこのバックオフが再帰的に行われる．この再帰処理は可能であれば繰り返し行われ，4–グラムから始まって最後はユニグラム頻度に基づいて次の単語の確率を推定することができる．

データが大量に存在しないときのバックオフは一般的にはリーズナブルな結果を与えるが，実際にはいくつかの状況で良くない結果になってしまう．ここで，バイグラム $w_i w_j$ が多数出現しており，w_k がありふれた単語であるにもかかわらず，$w_i w_j w_k$ というトライグラムが出現していない場合を考えてみよう．どこかの時点で，この状況には意味があり，おそらくこのトライグラムが文法的にありえないこと（文法的ゼロ；grammatical zero）を表していると結論づけるべきであり，バックオフを機械的に適用してバイグラム推定値 $P(w_k \,|\, w_j)$ に基づき $P(w_k \,|\, h)$ を推定することは避けるべきだろう．Rosenfeld and Huang (1992) はこの修正を行うためにもっと複雑なバックオフモデルを提案している．

バックオフモデルは時々批判にさらされる．その理由は，データを増加した場合に，バックオフアルゴリズムによって，推定の基盤となる n–グラムモデルの次数が変化し，突然確率値が変わることがあるからである．にもかかわらず，この方法は単純であり実際にうまく動く．

6.3.3　一般的な線形補間

単純な線形補間において，重みは単に一つの数値であった．しかし，重みが履歴の関数であるような，より一般的で強力なモデルを定義することができる．k 個の確率関数 P_k について線形補間モデルの一般形式は次のようになる．

$$(6.20) \qquad P_{\mathrm{li}}(w \,|\, h) = \sum_{i=1}^{k} \lambda_i(h) P_i(w \,|\, h)$$

ここで $\forall h,\ 0 \le \lambda_i(h) \le 1$ かつ $\sum_i \lambda_i(h) = 1$ である．

線形補間はモデルを組み合わせる方法として非常に一般的であることから，ごく普通に使われている．線形補間に怪しげなモデルをランダムに付け加えても，EM アルゴリズムを使って良い重み付けを行うことができれば悪さはしない．しかし，線形補間では一部のモデルが適切に利用されない可能性がある．これは，異なった種類の履歴が異なった重みになるように履歴が注意深く分類されていない場合に起こりうる．例えば，もし λ_i が複数の n–グラムモデルの

補間において単なる定数であるなら，トライグラム推定値が（データが多数あって）非常によい場合でも非常に悪い場合でも，いつも同じ重みでユニグラム推定値と組み合わされてしまう．

　一般的に，重みは個々の履歴に応じて付与されているわけではない．$w_{(i-n+1)(i-1)}$ のそれぞれに対して個別に $\lambda_{w_{(i-n+1)(i-1)}}$ を設定することは一般的には適切ではない．というのはデータスパースネスの問題をより悪化させるからである．そうではなく，履歴の何らかの同値類を使いたい．Bahl et al. (1983) は λ を $C(w_{(i-n+1)(i-1)})$ に応じてビンに分け，同じ頻度を持つ履歴のパラメータを同一にするという方法を試みた．

　Chen and Goodman (1996) はパラメータ λ をビンに分けるこの方法ではなく，次式に示すようなゼロでない要素ごとの頻度の平均を用いてグループ分けする方がよいことを示した．

$$(6.21) \qquad \frac{C(w_{(i-n+1)(i-1)})}{|\{w_i : C(w_{(i-n+1)i}) > 0\}|}$$

これはすなわち，n–グラム $w_{i-n+1} \cdots w_{i-1} w^x$ のうち頻度がゼロでないものの頻度の平均である．これがうまくいく理由は，言語の統語的な性質によってある単語列の後に出現可能，あるいは出現することが多い単語には強い構造的な制約があることによる．統計的自然言語処理におけるほとんどの言語モデルは各単語の後にどのような語が出現しても良いようになっており，このことによって，ちょっとした言い間違いなどのさまざまな例外現象を扱うことができる．にもかかわらず，多くの状況において何が通常起こりうるかは文法的により強く制約されている．頻度が 0 である n–グラム のうちのいくらかは単にデータ中に出現していないだけであるが，ほかの n–グラムはありえない表現をひねりだしてしまうような「文法的ゼロ」，つまり，その言語の文法的規則に適合していないということである．例えば，Austen 訓練コーパスにおいて，*great deal* と *of that* というバイグラムはいずれも 178 回出現している．このうち *of that* の直後には 115 種類の異なる単語が出現している．これを平均すると 1.55 であり，名詞句内においていかなる副詞，形容詞，名詞が後続しても適格であることを反映している．また，大文字で始まる文頭単語も可能である．したがってこの例では文法的ゼロは極めて少ない（主に動詞と前置詞くらいである）．一方，*great deal* の直後に続く語はたった 36 種類であり，平均すると 4.94 である．この場合も次の文の文頭単語は可能性の一つであるが，それ以外では文法的に可能な語はかなり限られており，それらは接続詞，前置詞，形容詞の比較級である．特に，前置詞 *of* が 38% を占める．平均が高いということはこのバイグラムの直後に多くの文法的ゼロが存在することを示しており，この位置に未出現の新語が現れる頻度の推定値は小さいとするのが正しい．

　最後に，バックオフモデルは，実のところ，一般的な線形補間モデルの特殊

なケースであることに注意してほしい．バックオフモデルにおいて $\lambda_i(h)$ という関数は，バックオフモデルによって選択されるであろうモデルの係数に関するものを 1 とし，それ以外の履歴 h に対してはゼロとなるように決められる．

6.3.4 短い注意書き

WITTEN-BELL ス
ムージング
(WITTEN-BELL
SMOOTHING)

Bell et al. (1990) と Witten and Bell (1991) はテキスト圧縮の改善を目指して多くのスムージング・アルゴリズムを発表して いる．彼らの「手法 C」は *Witten-Bell* スムージング (*Witten-Bell smoothing*) と呼ばれ，音声言語モデルのスムージングに使われてきた．考え方は（過去には未出現の）新しい事象の確率を，訓練データを処理していく各時点で推定することによってモデル化するというものである．特筆すべきはこの確率が履歴に対して相対的に算出されることである．したがって，例えば *sat in* の直後に新しい単語が出現する確率を計算するには，訓練データで *sat in* の直後に何回新しい単語が出てきたかを計算すればよい．これは，*sat in* で始まるトライグラムのタイプ数とちょうど同じになる．ゆえに，この方法は一般化された線形補間といえる．

$$
(6.22) \quad P_{\mathrm{WB}}(w_i \,|\, w_{(i-n+1)(i-1)}) = \lambda_{w_{(i-n+1)(i-1)}} P_{\mathrm{MLE}}(w_i \,|\, w_{(i-n+1)(i-1)})
$$
$$
+ (1 - \lambda_{w_{(i-n+1)(i-1)}}) P_{\mathrm{WB}}(w_i \,|\, w_{(i-n+2)(i-1)})
$$

ここで，新出の n–グラムに与えられる確率質量は次のようになる．

$$
(6.23) \quad (1 - \lambda_{w_{(i-n+1)(i-1)}})
$$
$$
= \frac{|\{w_i : C(w_{i-n+1} \cdots w_i) > 0\}|}{|\{w_i : C(w_{i-n+1} \cdots w_i) > 0\}| + \sum_{w_i} C(w_{i-n+1} \cdots w_i)}
$$

しかしながら，Chen and Goodman's (1998) の実験結果によると，この方法は言語モデルに対するスムージングの方法としては本節で述べたほかの方法ほどはよくないようである（訓練セットが小さいときには特に性能が悪い）．

線形逐次抽象化
(LINEAR
SUCCESSIVE
ABSTRACTION)

Samuelsson (1996) は**線形逐次抽象化** (*Linear Successive Abstraction*) と呼ばれる，ヘルドアウトデータなしに削除補間型のモデルのパラメータを決める方法を開発した．Samuelsson の結果によれば，品詞タグ付けに対しては通常の削除補間と類似した性能を示している．しかし，n–グラム言語モデルに対する評価は不明である．

これら以外のスムージング手法としては以下の Chen and Goodman (1996) による単純であるが極めてうまくいく手法がある．まず，MacKay and Peto (1990) は次の式でスムージングされた分布について論じている．

(6.24)
$$P_{\mathrm{MP}}(w_i \,|\, w_{i-n+1} \cdots w_{i-1})$$
$$= \frac{C(w_{i-n+1} \cdots w_i) + \alpha P_{\mathrm{MP}}(w_i \,|\, w_{i-n+2} \cdots w_{i-1})}{C(w_{i-n+1} \cdots w_{i-1}) + \alpha}$$

ここで α は Lidstone の法則の精神に従って，加算する頻度の値を表すが，より次数の低い分布に振り分けられている．Chen and Goodman (1996) は加算する値を，次の式に示すように1回だけ出現した単語の数に比例させるべきであるとしている．

(6.25)
$$\alpha = \gamma\big(N_1(w_{i-n+1} \cdots w_{i-1}) + \beta\big)$$

ここで $N_1(w_{i-n+1} \cdots w_{i-1}) = |\{w_i : C(w_{i-n+1} \cdots w_i) = 1\}|$ であり，β と γ はヘルドアウトデータで最適化する．

Kneser and Ney (1995) は拡張された絶対ディスカウントに基づくバックオフモデルを開発している．このディスカウント方法は，バックオフする分布を推定するためのより正確な方法を新たに与えている．Chen and Goodman (1998) はこの方法，およびこの方法に対する彼らが提案する拡張がいずれも優れたスムージング性能を持つことを明らかにしている．

6.3.5 Austen のための言語モデル

補間とバックオフの導入により，ついに，Austem コーパスに対する最高レベルの言語モデルが構築できる．CMU-Cambridge Statistical Language Modeling Toolkit（Web サイトを参照のこと）を使って基本的には Katz (1987)[18]．のアプローチに従って，Good-Turing 推定によるバックオフ言語モデルを構築した．そして，テストセット *Persuasion* に対して，これらの言語モデルのクロスエントロピー（とパープレキシティ）を計算した．結果を表 **6.10** に示す．表 **6.11** は各後続語に対して推定された確率，および節 (clause) のサンプルに対してその確率を推定するのに使われた n–グラムの次数 (n) を示す．うれしいことに，我々の確率推定値は最終的には最初に導入したユニグラム推定値より大きくなった．

テストデータに対して，トライグラムモデルはバイグラムモデルを全体としては凌駕している一方で，例として使った節に注目するとバイグラムモデルの方がより高い確率を与えている．また，全体として，4–グラムモデルはトライグラムモデルより若干性能が低い．学習データが少ないことを考えるとこれは予想される結果である．一般的に言って，バックオフモデルは不適切に長い文脈を単純に無視することが下手である．したがって，利用可能なデータ量に対して過度に長い n–グラムにした場合，モデルの性能は損なわれがちになる．

---

[18] このパッケージで実装されている Good-Turing スムージングのバージョンは低い頻度（出現頻度7回より少ない単語）だけをディスカウントしている．

表 6.10 *Persuasion* で評価した Good-Turing 推定によるバックオフ言語モデル.

Model	Cross-entropy	Perplexity
Bigram	7.98 bits	252.3
Trigram	7.90 bits	239.1
Fourgram	7.95 bits	247.0

表 6.11 さまざまな言語モデルに応じたテスト用の節の確率推定. ユニグラム推定は以前の MLE ユニグラム推定値. ほかの二つの推定値はバックオフ言語モデル. 最後の列はモデルによって節全体に対して付与された確率推定値である.

	$P(she\,|\,h)$	$P(was\,|\,h)$	$P(inferior\,|\,h)$	$P(to\,|\,h)$	$P(both\,|\,h)$	$P(sisters\,|\,h)$	Product
Unigram	0.011	0.015	0.00005	0.032	0.0005	0.0003	3.96×10^{-17}
Bigram	0.00529	0.1219	0.0000159	0.183	0.000449	0.00372	3.14×10^{-15}
n used	2	2	1	2	2	2	
Trigram	0.00529	0.0741	0.0000162	0.183	0.000384	0.00323	1.44×10^{-15}
n used	2	3	1	2	2	2	

6.4 結論

数多くのスムージング手法が利用可能であり,それらはしばしば同じように良い数値を出す.スパースデータの問題を回避する上で Good-Turing 推定に加えて線形補間,あるいはバックオフを使う方法は現状において非常に優れた代表的なやり方といえる.Chen and Goodman (1996, 1998) はさまざまなスムージングアルゴリズムに関して広範な評価を行っている.Chen and Goodman (1998) の結論によると彼らが開発した Kneser-Ney のバックオフ・スムージングの改変版が通常は最高の性能を与える.この結果は Church and Gale (1991a) らが 200 万語以上のテキストで訓練したバイグラムモデルについて調べた Good-Turing 推定手法によって塗り替えられており,2, 3 桁多い量のテキストで学習したトライグラムモデルについても同じことが成り立つだろうということが推察できる.しかし,ほかの環境下では,この (改良版 Kneser-Ney) 手法がほかの手法と比べて同等かそれ以上の精度を出すものと思われる.単純なスムージング手法は予備的な検討において適切であるかもしれないが,できる限り最高の性能のシステムを構築しようとするなら避けるのが望ましい.複数の確率モデルを組み合わせてスパースデータに対処するより良い方法を求めて,活発な研究が続けられている.

6.5 さらに学ぶために

言語モデルの分野における統計的推論の重要な研究として Katz (1987), Jelinek (1990), Church and Gale (1991a), Ney and Essen (1993), Ristad (1995) があげられる.推定手法に関するほかの議論は Jelinek (1997) と Ney et al. (1997) にある.Gale and Church (1994) では 「1–加算」 について詳細な議論が展開されている.Good-Turing 推定に関する読みやすい記述とし

ては (Gale and Sampson 1995) がある．Chen and Goodman (1996, 1998) のさまざまな平滑化手法に関する広範な実験的比較は特にお勧めである．

パラメータのさまざまな値に関する最尤推定の概念を最初に定義したのは Fisher (1922) である．相対頻度が本当に最尤推定値であるという証明は Ney et al. (1997) を見てほしい．

最近，モデルを組み合わせるための最大エントロピー法の利用が増えている．本書では最大エントロピーモデルについて後の 16 章で述べる．言語モデルへの応用については Lau et al. (1993) と Rosenfeld (1994, 1996) を参照してほしい．

6.2.2 節で参照した初期の研究については Lidstone (1920), Johnson (1932), Jeffreys (1948) にある．これに関する議論は Ristad (1995) を参照のこと．Good (1979: 395–396) は Good-Turing 平滑化のアイディアに関する Turing の最初の開発について述べている．この論文は拡充されて Britton (1992) に収録されている．

6.6 練習問題

練習問題 6.1 [★★]

（訓練データとは異なる）テストデータ中の未出現の n–グラムの比率を調べよ．次のどれか，あるいはすべてについて調べること．(i) モデルの次数 (i.e., n), (ii) 訓練データのサイズ, (iii) 訓練データのジャンル, (iv) テストデータと訓練データでジャンル，分野，発行年がどのくらい似ているか

練習問題 6.2 [★]

Laplace の法則の問題の小規模な例として，1000 語からなる潜在的な語彙から 100 語をサンプリングしたときの確率を Laplace の法則を使って推定せよ．ただし，この語彙のうち，9 語は 10 回出現し，2 語は 5 回出現し，989 語は未出現であるとする．

練習問題 6.3 [★]

ELE が確率関数を作るということを用いて，特に

$$\sum_{w_1\cdots w_n} P_{\text{ELE}}(w_1 \cdots w_n) = 1$$

であることを示せ．

練習問題 6.4 [★]

下の Austin テストコーパスのユニグラムとバイグラム頻度を用いて，6.2.2 節中のテスト節 *she was inferior to both sisters* に対する ELE 推定値を確認せよ（コーパス中で *she* の前の単語が *person* であったという事実を用いる）．

w	$C(w)$	w_1w_2	$C(w_1w_2)$
person	223	person she	2
she	6,917	she was	843
was	9,409	was inferior	0
inferior	33	inferior to	7
to	20,042	to both	9
both	317	both sisters	2

練習問題 6.5 [⋆]

Good-Turing 推定の根拠が適切であることを示せ. すなわち, 次を示すこと.

$$\sum_{w_1 \cdots w_n} P_{\mathrm{GT}}(w_1 \cdots w_n) = \frac{f_{\mathrm{GT}}(w_1 \cdots w_n)}{N} = 1$$

練習問題 6.6 [⋆⋆]

本章では未出現のバイグラムを一様分布としてバイグラムモデルを用いて *she was inferior to both sisters* の Good-Turing による確率推定値を計算した. この結果を再度導け. そして, 同じことをトライグラムモデルで試みよ. どのくらいうまくいくだろうか.

練習問題 6.7 [⋆⋆]

本書の Web サイトで示されている (あるいは読者自身の) ソフトウエアを用いて一つのコーパスに対して言語モデルを構築せよ. オプションをどのように与えれば, 最良の言語モデルになるか実験せよ. 言語モデルのよさはクロスエントロピーで評価すること.

練習問題 6.8 [⋆⋆]

異なる分野の二つのコーパスを調達し, それぞれを訓練セットとテストセットに分けよ. 各分野の訓練データに基づいて二つの言語モデルを構築せよ. 各分野に対する言語モデルに対して当該分野のテストセットを使ってクロスエントロピーを計算せよ. また, テストセットを交換してクロスエントロピーを計算せよ. クロスエントロピーはどのくらい変わるだろうか.

練習問題 6.9 [⋆⋆]

与えられたテキストに対する単語 n–グラムモデルを学習するプログラムを書け (この練習問題において本当に必要というわけではないが, たぶんスムージングを行うとよい). Usenet のニュース・グループの記事[19], あるいは別のジャンルのほかのテキストを対象に別のモデルを学習し, このモデルに基づいてランダムなテキストを生成せよ. n を変えた場合の出力の違いがどの程度はっきりわかるだろうか. ニュースグループそれぞれの性質が生成されたテキストに明確に保持されているだろうか.

練習問題 6.10 [⋆⋆]

テキストの短い断片がどういう言語で書かれいるかの推定を試みるプログラムを作れ. 訓練は言語が既知であるテキストを使う. 例えば, 次の各行はそれぞれ異なった言語のテキストである.

      doen is ondubbelzinnig uit
      prétendre à un emploi
      uscirono fuori solo alcune
      look into any little problem

もし西洋の諸言語に関する知識を少しでも持っていれば, たぶんこれらがどの言語かを当てることができるだろう. これは分類問題であり, 本章で議論した言語モデルのどれかをうまく使うべきものである (ヒント:文字 n–グラム v.s. 単語 n–グラムを考えよ) (これはほかの研究者によっても検討されてきた:特に参照すべきは Dunning (1994) である. 本書の Web サイトには既存の多くの言語識別システムの参照先が載せてある. そこにはこの問題の解答として独自に作ったものも入っている).

---

[19] 訳注:1990 年代に広く使われたインターネット上のジャンル別掲示板のようなもの.

7章

語義の曖昧性解消

> "最も重要な結論は次のようなことである．使用場面から切り離された単語の意味は明快で首尾一貫した概念にはならない．単語の持つ複数の意味は，複数に分ける合理的な根拠がなければ定義できない．また，行う価値がある区別とそうでない区別とを分類する文脈が必要である．人々にとって *pike* のような同音異義語は稀なのである．*pike* の場合，この単語を含む文を扱うときは常にこの単語が魚の意味なのか武器の意味なのかを区別しなければならない."
>
> (*Kilgarriff 1997: 19*)

　本章では語義の曖昧性解消 (word sense disambiguation) に関する統計的自然言語処理の分野における研究成果を概観する．ここでは，最も重要な語義の曖昧性解消アルゴリズムのいくつかを紹介し，必要な言語資源や性能について説明する．

語義 (SENSES)
　語義の曖昧性解消とはどういうものだろうか．解くべき問題は，多くの単語が複数の意味 (meaning)，あるいは**語義** (*senses*) を持つことに起因する．こ
曖昧性
(AMBIGUITY)
れらの単語が文脈中に現れるとき，どのように解釈すべきかという**曖昧性** (*ambiguity*) が生じる．曖昧性の最初の例として ウエブスターの New Collegiate Dictionary (Woolf 1973) に載っている *bank* という単語の二つの語義について考えてみよう．

- 湖や川，海などの境界を形作る盛り上がった土地
- 資産の保管やローンの交換，お金に関する問題解決，クレジットの延長，送金などを行う機関

曖昧性解消
(DISAMBIGUATION)
　曖昧性解消 (*disambiguation*) のタスクとは単語の持つ複数の語義のうちのどの語義がこの単語の特定の出現において想起されるかを決めることである．これは単語の出現の文脈を見ることによって行われる．

　以上が文献における語義の曖昧性解消という問題の通常の解釈である．単語は辞書やシソーラスやほかの辞書類にしばしばあるような有限個の互いに区別

できる語義を持っていて，プログラムの仕事はこの単語が出現する文脈に基づいてその用例に合った語義をともかく選ぶこととされる．しかしながら，多義解消をこのように説明するのはまったく満足できるものでないことを最初に認識しておきたい．*bank* という単語はたぶん最も有名な多義語の例であろうが，これは極めて例外的なのである．より典型的なのは単語が相互に何かしら関連し合う多様な語義を持っており，どこに線を引くかが明確ではないような状況である．例えば，*title* という単語を考えてみよう．辞書には次のような語義が載っている．

- 本や彫刻，芸術作品等の名前
- 映画の開始部分にある素材
- （土地の）法的所有の権利
- 前記権利の証拠となる文書
- 人物の名前に付与される尊称
- 文学作品 [**提喩** (*synecdoche*)（部分で全体を，全体で部分を表す比喩）としての意味]

提喩
(SYNECDOCHE)

一つのアプローチは，語義を単に，ある特定の辞書に掲載されている意味，と定義するというものである．しかしこれは科学的な見地から満足できるものではない．なぜなら，辞書にあげられている語義の数と種類は辞書ごとに大きく異なるからである．これは，より網羅的な辞書がより完全になりうるという理由だけでなく，単語の用法を複数の語義にまとめる方法に根源的に起因することなのである．そして，これらの語義のまとめ方はしばしば極めて恣意的に見える．例えば，上述の語義のリストでは，資産に対する法的な所有権とこれを示す文書とを二つの語義として区別している．しかし，「ある概念」から「その概念を示すもの」に語義が拡張するパターンの境界は漠然としており，たぶん別の区別の仕方もあったはずである．例えば，人々が絵画のタイトルについて話しているときにも同様の曖昧性が存在する．ある画廊で，ある人が次のようなコメントを述べるかもしれない．

(7.1)   This work doesn't have a title.

この文の意味として考えられるのは，その作品には作者がタイトルを付けていない，というものか，単に，画廊において通常絵の横に付けてあるタイトルを書いた札がない，というものであろう．同様にはっきりしないのは，本や彫刻や美術作品，音楽が一つのグループにまとめられているのに，なぜ映画だけ別扱いなのかである．この二つ目の映画に関する定義は一つ目の定義の特殊な場合と見ることもできるだろう．一つの語義が複数のテキストで頻繁に，かつ特徴的に使われるとき，辞書に掲載されているいくつかの語義が同じ辞書に掲載されているほかの語義の特殊な場合になっているのは多くの辞書で普通に起

こる．この問題が示すのは，ほとんどの単語について語の用法，すなわち，語義の定義は，例えば，5 種類のチーズがあってそのどれかに決めることができるといったものではなく，煮込み料理のようなものと考えるべきということだろう．後者においては明確にほかと区別できるものもいくらかはあるが，その間を埋めているのは境界のはっきりしない混ざりものである．

このような哲学的な観点からの疑念にもかかわらず，多義解消の問題が自然言語処理の多くの応用において重要であることは明らかである．英語からドイツ語への自動翻訳システムで *bank* を訳すとき，上述の一番目の語義である（「湖や川の境界」）の場合は *Ufer* と訳し，二番目の語義の（「金融機関」）の場合は *Bank* と訳さなければならない．情報検索システムにおいて，「金融機関」に関する検索クエリの場合には *bank* という単語が二番目の語義で使われている文書のみを出力する必要がある．システムの動作が処理対象のテキストの意味に依存している場合，多義解消は有用であり，必須とさえ言える．

ところで，別の種類の曖昧性として，単語が複数の品詞を持ちうるということがある．例えば，*butter* は名詞として使われるだけでなく，*You should butter your toast* のように動詞としても使われる．品詞としての単語の用法を決めることを（品詞）**タグ付け** (*tagging*) と呼び 10 章で議論する．これらの二つの曖昧性の概念はどのように関係しているのだろうか．単語を名詞としてではなく動詞として使用するということは，異なった意味を含む明らかに異なった用法であるから，語義の曖昧性解消問題といえるだろう．逆の言い方をすると，単語を語義の違いによって分けることは，品詞ではなく意味のタグを用いたタグ付けの問題といえる．実際，二つのトピックは，一部は問題自体の違いによるものであり，一部は解こうとする手法の違いによるものといえる．一般的に，近傍の構造的手がかり（例：直前の単語は冠詞であるか？）は，品詞を決めるのには最も有用であるが，同じ品詞のどの意味かを決めるのにはまったく役に立たない．逆に，離れた位置にある複数の内容語は，しばしば意味がどれかを決めるのには極めて効果的であるものの，品詞を決めるのにはほとんど効果がない．したがって，ほとんどの品詞タグ付けモデルは近傍の文脈を用いる一方で，語義の曖昧性解消手法はしばしばより広い文脈の内容語を用いようとする．

曖昧性と曖昧性解消の特質は語義の曖昧性解消システムで学習に使えるデータによって大きく変わる．本章では，最初の節で方法論を説明した後，続く三つの節でそれぞれ 3 種類の学習データを扱う手法を説明する．7.2 節 ではラベル付き学習セットに基づく曖昧性解消である**教師あり曖昧性解消**について述べ，7.3 節 では シソーラスなどの語彙的リソースに基づく曖昧性解消である**辞書に基づく曖昧性解消**について記述する．7.4 節では学習データとしてラベルなしのテキストコーパスのみ利用できる場合の方法である **教師なし曖昧性解消**について扱う．最後に意味に対する考え方に関する深い議論と，さらに学ぶための文献案内で結びとする．

タグ付け
(TAGGING)

7.1 方法論に関する準備

語義の曖昧性解消に関していくつかの重要な方法論的課題が存在する．これらは自然言語処理一般に関連するものであるが，曖昧性解消の分野で特に注目されてきた．その課題とは，「教師あり学習」か「教師なし学習」かという問題，人工的な評価データの利用に関する問題，そして，アルゴリズムの性能について意味のある解釈をするための性能の上限と下限を決めるという問題である．

7.1.1 教師あり学習と教師なし学習

多くのアルゴリズムが，教師あり学習を含むか教師なし学習を含むかによって分類できる (Duda and Hart 1973: 45)．**教師あり学習** (*supervised learning*) という用語は訓練に使う個々のデータの真の状態（ここでは語義のラベル）が既知であることを意味し，**教師なし学習** (*unsupervised learning*) という用語は訓練用データの真の状態を知らないということを意味する．それゆえ，教師なし学習はしばしば**クラスタリング** (*clustering*) のタスクと見ることができる (14 章)，教師あり学習は**分類** (*classification*) のタスク (16 章)，あるいは同じ意味で，いくつかのデータ点から外挿して関数の形を決める関数当てはめ (function-fitting) のタスクと捉えられる．

教師あり学習
(SUPERVISED LEARNING)
教師なし学習
(UNSUPERVISED LEARNING)
クラスタリング
(CLUSTERING)
分類
(CLASSIFICATION)

しかし，統計的自然言語処理の領域において，物事はしばしばこれほど単純ではない．ラベル付きの訓練データを作ることは非常にコストがかかるので，ラベルなしデータから学習できるようにしたいと考える．その代わりに，アルゴリズムに対して最初に多くの**知識源** (*knowledge source*) を与える．知識源の例としては，辞書や対訳テキストのような，より豊かな構造を持つデータがある．ほかの方法では，最初にラベル付きの学習データを「種」としてシステムに与え，このデータを教師なし学習によって増やしていく．さまざまな手法をあらかじめ決められた分類に無理やり当てはめるのではなく，単に，**その手法を使うにはどういう知識源が必要か**という質問に対する正確な答えを求めるのが一番理にかなっている．後で見るように，似たような情報を得ることができる知識源の組合せは複数ありうる（例えば，対訳コーパスと似た情報を持つものとして単言語コーパスと対訳辞書の組合せがある）．

知識源
(KNOWLEDGE SOURCE)

7.1.2 擬似語

語義の曖昧性解消アルゴリズムの性能をテストするためには，実際に出現する大量の多義語に対して手作業によって正解の語義を選んでおく必要がある．これには時間と労力がかかる．このように，テストデータの入手が難しい場合，人工的なデータを使ってテキスト処理アルゴリズムを比較したり改善したりするのがしばしば便利である．語義の曖昧性解消の分野における人工的データは**擬似語** (*pseudowords*) と呼ばれる．

擬似語
(PSEUDOWORDS)

7.1　方法論に関する準備　　　　　　207

　　Gale et al. (1992e) と Schütze (1992a) は二つ以上の普通の単語から擬似
語（すなわち，作り物の多義語）を作る方法を示している．例えば，*banana-
door* という擬似語を作る場合，コーパス中のすべての *banana* および *door* を
banana-door という人工的な「単語」に置き換える．擬似語は，手作業のラベ
ル付けが不要なので大量の訓練データ，評価データを簡単に作ることができる．
擬似語で置き換えたコーパスを多義性のある入力テキストとみなし，元のテキ
ストを曖昧性が解消されたテキストとみなすわけである．

7.1.3　性能の上限と下限

　　アルゴリズムの性能を定量化することは重要であるが，そのアルゴリズムが
タスクの難しさに対して相対的にどの程度うまくいったかという議論なしには
数値による評価自体，無意味である．例えば，90%の精度は，英語テキストの品
詞タグ付けでは容易に達成可能であるが，既存のどの機械翻訳システムにとっ
ても能力の及ばない彼方にある．アルゴリズムの上限と下限を見積もることは
性能を表す数値を理解する一つの方法であり (Gale et al. 1992a)，多くの自然
言語処理の問題に対して良いアイディアである．このことが特に当てはまるの
は，システムを比較するための標準化された評価セットがない場合である．

上限　　　　　性能の**上限** (*upper bound*) として用いられるのは，通常，人間の性能である．
(UPPER BOUND)　語義の曖昧性解消の場合，人間の判断が，与えられた文脈における正しい語義と
一致しないなら，自動処理でもうまくいかないだろう．アルゴリズムが，ある
限定された文脈表現しか使わない場合，例えば，多義語の前後 3 単語ずつしか
参照しない場合，上限を決めることは特に興味深い．うまく行かない場合，そ
れは文脈表現の持つ情報が不十分で人間でもあまり正しくできないほどなのか
もしれない．このことを評価するためには，文脈的手がかりを同じように限定
した上で人間がどの程度うまくできるかを調べるとよい[1]．

　　語義の曖昧性解消における性能の上限は Gale et al. (1992a) によって明確
に示された．Gale et al. は次のタスクで実験を行った：被験者は同じ単語が出
現する二つの例文を見て同じ意味かどうか判断する．このタスクの性能の上限
は 97% から 99%の間という結果になった．しかしながら，Gale らのテスト
で使ったほとんどの単語は明確に違いのある少数の語義しか持たないものであ
る．このような単語とは対照的に先にあげた *title* のように意味が互い関連して
重なり合っているような曖昧語（特に高頻度語）は大量に存在する．複数の人
間による判断が一致するかどうかは曖昧性の種類に依存する．明確に区別でき
る複数の語義を持つ単語については一致の度合いが大きいし（95% 以上），関
連する多くの語義を持つ単語については低い（たぶん 65% から 70%にしかな

---

[1] しかしながら，このような人工的な制約を加えた文脈に対しては，計算機の方が人間より上
手に語義の推定に役立つ情報を見つけられるかもしれない．

表 **7.1**　本章で使用する記号の意味.

記号	意味
w	多義語
$s_1, \ldots, s_k, \ldots, s_K$	多義語 w の持つ語義群
$c_1, \ldots, c_i, \ldots, c_I$	コーパスにおける w の文脈
$v_1, \ldots, v_j, \ldots, v_J$	曖昧性解消の文脈的特徴として使われる単語

らない) [2]．また，yes-no で答えられるタスクの方が単語を任意にクラスタリングするタスクより簡単である．

　このことは，ある曖昧性解消アルゴリズムが有効かどうかを判断するためには個々の曖昧な単語の性質を見る必要があることを意味する．*bank* のような単語については 90%レベルの性能を目指すべきであるが，*title* や *side, way* のような語義の境界のぼやけたケースではより緩い基準にするべきだろう．

下限
(LOWER BOUND)

　下限（*lower bound*），あるいはベースライン（baseline）は最も単純なアルゴリズムによる性能を表す数値そのもののことである．最も単純なアルゴリズムとは，普通，最も頻度の高い語義をすべての文脈に対して割り当てる方法である．ベースラインは常に必要である，なぜなら生の性能値では特定の単語の多義解消がどれほど難しいかを見積もることが難しいからである．正解率 90%は同じくらいの確率の 2 つの語義を持つ多義語に対する結果としては素晴らしい．しかし，同じ正解率でも二つの語義の出現頻度が 9 対 1 の単語に対してこれが達成できるのは自明である．頻度の大きい方の語義をいつも選べばよい．

▽上限と下限は，分類タスクで，かつ評価尺度が正解率という場合に最も意義がある．ほかの評価尺度，特に精度と再現率については 8.1 節 で議論する．

7.2　教師あり曖昧性解消

　教師ありの曖昧性解消では曖昧性解消済のコーパスが訓練用に使える．訓練データは出現する多義語 w に対して (通常，文脈的に適切な語義 s_k という) 意味ラベルを付与したものである．この設定では，教師あり多義解消は統計的分類問題（16 章のテーマである）の一例とみなせる．行うべきことは，新たな出現例をその文脈 c_i に基づいて正しく分類するような分類器 (classifier) を構築することである．本章で使う記号を**表 7.1** に示す．

　語義の曖昧性解消に適用されてきた多くの教師ありアルゴリズムのうち，ここでは二つを取り上げる．これらは統計的言語処理における二つの重要な理論的アプローチであるベイズ分類（Gale et al. (1992b) の提案したアルゴリズム）と情報理論（Brown et al. (1991b) の提案したアルゴリズム）の例となっている．また，これらの手法により，多様な情報源が曖昧性解消にうまく使え

---

[2] (Jorgensen 1990) を見よ．異なるタスクの間での判断の一致を正確に比較するには，起こりうる偶然の一致（区別すべき語義の数に依存する）を考慮して補正する必要がある．これにはカッパ係数 (Siegel and Castellan 1988; Carletta 1996) が使える．

ることが明らかになる．一つ目のアプローチは多義語が出現する文脈を構造の
ない bag-of-words[3] として取り扱う．このアプローチでは文脈中の多くの単
語の情報を統合して用いる．二つ目のアプローチは文脈の中で文の構造に影響
を受けやすいただ一つの有益な特徴（単語）しか参照しない．しかしこの特徴
は多くの「情報提供者」の可能性の中から注意深く選択される．

7.2.1　ベイズ分類

　これから紹介する単語の意味に対するベイズ分類の考え方は多義語の周辺の
広い範囲の単語を調べるというものである．各内容語は多義語の語義のうちど
れと一緒に出現しやすいかという有用な情報を潜在的に持っている．分類器は
特徴選択 (feature selection) を行わない．その代わり，すべての特徴から得ら
れる証拠を組み合わせて使う．ここで述べる定式化は Gale et al. (1992b) に
従っている．分類器の教師あり訓練では多義語に対して正しい語義がラベル付
けされているコーパスが存在することを前提としている．

ベイズ分類器
(Bayes
classifier)
　ベイズ分類器 (*Bayes classifier*) はどのクラスに分類するか選ぶ際にベイズ
ベイズ決定則
(Bayes decision
rule)
決定則 (*Bayes decision rule*) を適用する．ベイズ決定則とは誤りの確率を最
小化する規則である (Duda and Hart 1973: 10–43).

(7.2) 　　　　　　　ベイズ決定則 (**Bayes decision rule**)
　　　もし $s_k \neq s'$ に対して $P(s' \,|\, c) > P(s_k \,|\, c)$ なら s' に決定せよ．

　ベイズ決定則は誤り確率を最小にするという点で最適であるといえる．決定
する場合ごとに条件付き確率が最大になるようなクラス（語義）を選ぶので，最
小の誤り率になる．これによって，決定を繰り返した場合（例えば，数ページ
のテキストに出現する w すべてに対する多義解消）の誤り率も可能な限り小さ
くなる．

ベイズ則
(Bayes' rule)
　我々は通常 $P(s_k \,|\, c)$ の値を知らない．しかし，2.1.10 節で示したベイズ則
(*Bayes' rule*) を用いてこれを計算することができる：

$$P(s_k \,|\, c) = \frac{P(c \,|\, s_k)}{P(c)} P(s_k)$$

事前確率 (PRIOR
PROBABILITY)
　$P(s_k)$ は語義が s_k である**事前確率** (*prior probability*)，すなわち，文脈の情報
がない場合に s_k である確率である．$P(s_k)$ は，文脈からの根拠となるデータ
事後確率
(POSTERIOR
PROBABILITY)
を取り入れた式 $\frac{P(c \,|\, s_k)}{P(c)}$ を掛けることによって更新され，**事後確率** (*posterior
probability*) $P(s_k \,|\, c)$ となる．

　もし正しい分類を選ぶことだけが目的であれば $P(c)$ を省いて分類タスクを
単純化することができる（$P(c)$ はすべての語義に対して定数であるから，どれ
が最大になるかについては影響を与えない）．さらに確率の対数をとって計算を

---

[3] 訳注：bag については注 4) 参照のこと．

単純化することもできる．以上より，w に付与するのは以下で与えられる語義 s' となる．

$$
\begin{aligned}
s' &= \arg\max_{s_k} P(s_k \mid c) \\
&= \arg\max_{s_k} \frac{P(c \mid s_k)}{P(c)} P(s_k) \\
&= \arg\max_{s_k} P(c \mid s_k) P(s_k) \\
&= \arg\max_{s_k} \left[\log P(c \mid s_k) + \log P(s_k) \right]
\end{aligned}
\tag{7.3}
$$

ナイーブベイズ (NAIVE BAYES)　Gale et al. の分類器は**ナイーブベイズ** (*Naive Bayes*) 分類器と呼ばれるベイズ分類器の一つである．　ナイーブベイズは効率がよいことと，多くの特徴から得られる証拠を組み合わせることができることから機械学習において広く使われている (Mitchell 1997: ch. 6)．この方法が適用できるのは，分類を決定する基盤となる世界の状態が属性 (attributes) の並びで記述されるときである．今回の場合，w の文脈を，この単語が出現する文脈中の単語 v_j により記述する．

ナイーブベイズの仮定 (NAIVE BAYES ASSUMPTION)　**ナイーブベイズの仮定** (*Naive Bayes assumption*) とは，記述に用いられる属性がすべて条件付き独立である場合をいう．

(7.4)　**ナイーブベイズの仮定**　$P(c \mid s_k) = P(\{v_j \mid v_j \text{ in } c\} \mid s_k) = \prod_{v_j \text{ in } c} P(v_j \mid s_k)$

多義性解消の分野において，ナイーブベイズの仮定により二つの帰結がもたらされる．一つ目は文脈中のすべての構造と語順は無視されるということである．これはしばしば*bag-of-words* モデルと呼ばれる[4]．もう一つの帰結は bag の中に，ある単語が存在するかどうかは bag の中の別の単語とは無関係ということである．　これは明らかに正しくない．例えば，*president* は *poet* を含む文脈よりも *election* を含む文脈の方に出現しやすい．しかし，ほかの多くの場合と同様，仮定を単純化することにより，このような欠点があるにもかかわらず極めて効率的に動作する洗練されたモデルが構築できる．ナイーブベイズの仮定は複数の属性の間に強い条件付き依存性がある場合には明らかに不適切なのであるが，これでうまくいく場合は驚くほど多い．その理由の一つは属性の間の依存性によって確率の推定値が不正確になったとしても依然最適な決定が行われるからである (Domingos and Pazzani 1997; Friedman 1997)．

BAG-OF-WORDS

ナイーブベイズの仮定によって次に示すような修正版の分類規則が得られる．

(7.5)　**ナイーブベイズの決定規則 (Decision rule for Naive Bayes)**
もし $s' = \arg\max_{s_k} [\log P(s_k) + \sum_{v_j \text{ in } c} \log P(v_j \mid s_k)]$ ならば，s' に決定せよ．

---

[4] 'bag' は集合と似ているが同じ要素が複数個存在していてもよい（式 (7.4) において '∈' でなく 'in' という記号を使うのは c を 'bag' と考えるからである）．

7.2 教師あり曖昧性解消 211

```
 1:  Comment: 訓練
 2:  for all w の語義 s_k do
 3:      for all  語彙中の単語 v_j do
 4:          P(v_j | s_k) = C(v_j,s_k) / Σ_t C(v_t,s_k)
 5:      end for
 6:  end for
 7:  for all w の語義 s_k do
 8:      P(s_k) = C(s_k) / C(w)
 9:  end for
10:  Comment: 曖昧性解消
11:  for all w の語義 s_k do
12:      score(s_k) = log P(s_k)
13:      for all 文脈窓 c 内の単語 v_j do
14:          score(s_k) = score(s_k) + log P(v_j | s_k)
15:      end for
16:  end for
17:  次の s' を選ぶ s' = arg max_{s_k} score(s_k)
```

図 **7.1**　ベイズ曖昧性解消.

表 7.2　ベイズ分類で用いる *drug* の二つの語義に対する手がかり. Gale et al. (1992b: 419) のものを調整.

語義	語義の手がかり
medication	*prices, prescription, patent, increase, consumer, pharmaceutical*
illegal substance	*abuse, paraphernalia, illict, alcohol, cocaine, traffickers*

$P(v_j | s_k)$ と $P(s_k)$ はラベル付きの訓練コーパスを用いた最尤推定により，できれば適切なスムージングを加えて次のように計算する.

$$P(v_j | s_k) = \frac{C(v_j, s_k)}{\sum_t C(v_t, s_k)}$$

$$P(s_k) = \frac{C(s_k)}{C(w)}$$

ここで $C(v_j, s_k)$ は訓練コーパス中で w の語義が s_k であるときの文脈における v_j の出現数であり，$C(s_k)$ は訓練コーパスにおける s_k のすべての出現数，$C(w)$ は多義語 w の総出現数である. 図 **7.1** にアルゴリズムの概要を示す.

Gale, Church, Yarowsky ら (1992b, 1992c) はこのアルゴリズムに基づく曖昧性解消の精度が Hansard コーパスに出現する 6 個の多義語 *duty, drug, land, language, position, sentence* に対して約 90% であると報告している.

表 7.2 に Hansard コーパス中の *drug* の二つの語義に対して良い手がかりとなる単語の例を示す. 例えば，*prices* は 'medication' という語義の良い手がかりである. このことは $P(prices | \text{'medication'})$ が大きく $P(prices | \text{'illicit substance'})$ が小さいことを意味し，*prices* を含んでいる *drug* の文脈について，'medication' に対するスコアが大きくなり，'illegal substance' に対するスコアが小さくなるという効果がある（計算結果は図 7.1 の 14 行目）.

表 **7.3** 三つの曖昧なフランス語の単語の語義推定に対して有用な手がかり.

曖昧語	特徴	例: 値 → 語義
prendre	目的語	$mesure \rightarrow to\ take$ $décision \rightarrow to\ make$
vouloir	時制	$present \rightarrow to\ want$ $conditional \rightarrow to\ like$
cent	左隣の単語	$per \rightarrow \%$ $number \rightarrow c.\ [money]$

1: $\{t_1, \ldots, t_m\}$ を二つの集合 $P = \{P_1, P_2\}$ にランダムに分割する
2: **while** 精度が改善している **do**
3: $\quad \{x_1, \ldots, x_n\}$ を $I(P;Q)$ を最大化する $Q = \{Q_1, Q_2\}$ に分割する
4: $\quad \{t_1, \ldots, t_m\}$ を $I(P;Q)$ を最大化する $P = \{P_1, P_2\}$ に分割する
5: **end while**

図 **7.2** 曖昧性解消のための特徴を選ぶフリップフロップアルゴリズム.

7.2.2 情報理論的アプローチ

ベイズ分類器は曖昧性解消を行うために文脈窓内のすべての単語の情報の利用を試みた. そしてこれを実現するために, いくぶん非現実的な独立性の仮定を用いた. 一方, 以下で述べる情報理論に基づくアルゴリズムはこれと反対の道を行く. この手法では多義語がどの語義で使われているかを高い信頼性で示す文脈的特徴を一つのみ見つけようとする. Brown et al.'s (1991b) があげているフランス語の単語に対するこのような特徴の例を**表 7.3** に示す. 動詞 *prendre* についてはその目的語が良い特徴となる: *prendre une mesure* は *to **take** a measure* と訳され, *prendre une décision* は *to **make** a decision* と訳される. 同様に, 動詞 *vouloir* についてはその時制, *cent* はその左隣の単語がそれぞれの単語の多義性を解消するための良い特徴である (表 7.3).

特徴をうまく利用するためには, 多義語の語義に応じてとりうる特徴の値が分類されていなければならない. 例えば *mesure* は *to take*, *décision* は *to make* に対応する. Brown et al. はこの目的のために次に示す**フリップフロップ・アルゴリズム** (*Flip-Flop algorithm*) を用いている. $t_1, \ldots, t_m$ を多義語の翻訳候補とし, $x_1, \ldots, x_n$ を特徴のとりうる値としよう. この場合のフリップフロップ・アルゴリズムを**図 7.2** に示す. このアルゴリズムは, 二つの語義のどちらかを選ぶものである. 三つ以上の語義への拡張については Brown et al. (1991a) を参照のこと. ここで 2.2.3 節の相互情報量の定義を思い出そう.

フリップフロップ・
アルゴリズム
(FLIP-FLOP
ALGORITHM)

$$I(X;Y) = \sum_{x \in X} \sum_{y \in Y} \mathrm{p}(x,y) \log \frac{\mathrm{p}(x,y)}{\mathrm{p}(x)\mathrm{p}(y)}$$

フリップフロップ・アルゴリズムにおける繰り返しにより相互情報量 $I(P;Q)$ は単調増加することが示されている. したがって停止条件は当然ながら $I(P;Q)$ が増加しないか, 増加してもその増分が顕著でないかのいずれかである.

7.2 教師あり曖昧性解消

　例として，動詞 *prendre* をその目的語に基づいて翻訳することを考えてみよう．ここで，$\{t_1, \ldots, t_m\} = \{take, make, rise, speak\}$，および $\{x_1, \ldots, x_n\} = \{mesure, note, exemple, décision, parole\}$ であるとする (Brown et al. 1991b: 267)．語義の分割の初期値として P を $P_1 = \{take, rise\}$ と $P_2 = \{make, speak\}$ とする．特徴値をどのような分割 Q にすれば $I(P; Q)$ は最大になるだろうか? その答えは明らかに利用するデータに依存するが，ここでは次のように仮定しよう．*prendre* は目的語が *mesure, note, exemple* のとき *take* に翻訳され (*take a measure* や *take notes*，*take an example* に対応する)，*décision* や *parole* と共起するとき *make* や *speak*，*rise* に訳される (*make a decision, make a speech, rise to speak* に対応する)．

　このとき，$I(P; Q)$ を最大化する分割は $Q_1 = \{mesure, note, exemple\}$ と $Q_2 = \{décision, parole\}$ である．なぜなら特徴の値をこのように分けると P_1 と P_2 の訳語を最もうまく識別できる情報になるからである．誤った判断を行うのは *prendre la parole* を *rise to speak* に翻訳すべき場合であるが，これは避けられない．なぜならば，*rise* と *speak* が別々の分類に入っているからである．

　アルゴリズムの次の二つのステップは P を $P_1 = \{take\}$，および $P_2 = \{make, rise, speak\}$ のように分割し，Q をそのままにしておく．この分割は *take* については常に正しい．もし，*take* 以外の訳語である *make, rise, speak* の間の区別も行いたければ三つ以上の語義を考慮する必要がある．

　単純な全数探索によって最適な訳語の分割とこれらに対する特徴語を求めるには指数時間を要する．しかし，フリップフロップ・アルゴリズムは分割定理 (Breiman et al. 1984) に基づくことにより，特定の特徴に対して最適な値の分割を線形時間で検索することができる．このアルゴリズムをすべての可能な特徴に対して実行し，最も相互情報量の大きい特徴を選ぶ．Brown et al. はこの特徴が，*prendre* については目的語（目的格），*vouloir* については時制，*cent* についてはその直前の語であることを示した（表 7.3）．

　特徴とその値の区分が決まれば曖昧性解消は次に示すとおり簡単である．

1. 出現する多義語に対して，特徴の値 x_i を求める．
2. もし x_i が Q_1 に含まれるなら，その出現箇所の多義語を語義 1 に決める．もし，x_i が Q_2 に含まれるなら，語義 2 に決める．

Brown et al. (1991b) は，情報理論に基づくこのアルゴリズムを翻訳システムに組み込んだところ，性能が 20% 改善（100 文のうち正解が 37 文から 45 文に増加）したと報告している．

　我々はこのアルゴリズムを **教師あり** (*supervised*) と呼ぶ．その理由はラベル付きの学習セットが必要だからである．もっとも Brown et al.'s (1991b) の研究では，例えば，フランス語で出現する各 *cent* に対してその語義ではなく

英語の訳語で「ラベル付け」している．ただし，これらのラベルは語義そのものではない．例えば，フランス語の単語 *cent* のラベルのいくつかは（英語の）*per* や，0，*one*, 2, 8 などの数字である．このアルゴリズムはラベルを次の二つのクラスにグループ分けする．$Q_1 = \{per\}$ と $Q_2 = \{0, one, 2, 8\}$ この二つは *cent* の二つの語義と解釈でき，それぞれ，英訳では ％（％記号），および *cent*（バリエーションとして *c.* と *sou* も）に対応する．すなわち，ラベルと語義の対応関係は多対一である．

7.3 辞書に基づく曖昧性解消

もし単語の出現に対してその意味区分に関する情報が何もない場合，頼みの綱として語義の一般的な特性を拠り所にすることができる．本節では辞書やシソーラスにおける語義の定義に基づいて曖昧性を解消する手法について述べる．これについては3種類の互いに異なる情報が使われてきた．Lesk (1986) は辞書中の語義の定義を直接活用している．Yarowsky (1992) は単語の意味的な区分（Roget のシソーラスの分類から導いたもの）を文脈の意味分類と曖昧性解消に適用する方法を示している．Dagan and Itai (1994) の方法では，異なった語義に対する訳語を対訳辞書から抽出し，外国語のコーパスにおける分布を解析して曖昧性解消に用いている．最後に，テキスト中での多義語の意味の分布を注意深く調べることによって曖昧性解消がどのくらい大きく改善するかを示す．通常，多義性のある単語は一つの談話や連語の中で一つの意味でしか使われない（**談話内単一意味仮説** と **同一連語単一意味仮説**）．

7.3.1 意味の定義に基づく曖昧性解消

Lesk (1986) の出発点となるアイディアは単純なもので，辞書における意味定義は語義の良い特徴となっている可能性が高いというものである[5]．*cone* の二つの語義が次のように定義されていたとしよう．

1. マツ類，あるいは胞胚や花粉を放出する包葉（ほうよう）の集合体，あるいは松かさで通常は縦長状に配列されている．
2. 松かさと形状が似ているもの：アイスクリームを入れる松かさの形をしてパリッとしたウエハースなど．

もし *tree* または *ice* が *cone* と同じ文脈中に出現したなら，定義にこれらの単語が含まれている語義である可能性が高い．すなわち *tree* の場合は一番目の語義であり，*ice* の場合は二番目の語義である．

多義語 w の各語義 $s_1, \ldots, s_K$ に関する辞書記述をそれぞれ bag-of-words

---

[5] Lesk はアルゴリズムの最初の提案者として Margaret Millar と Laurence Urdang をあげている．

7.3 辞書に基づく曖昧性解消 215

1: **for all** w の 語義 s_k **do**
2: 　　スコア $(s_k) = \text{overlap}(D_k, \bigcup_{v_j \text{ in } c} E_{v_j})$
3: **end for**
4: 次式を満たす s' を選ぶ $s' = \arg\max_{s_k}$ スコア (s_k)

図 7.3 Lesk の辞書に基づく曖昧性解消. D_k は語義 s_k の辞書記述に出現する単語の集合. E_{v_j} は単語 v_j の辞書記述に出現する単語の集合（すなわち, v_j のすべての語義定義に出現する語の集合の和集合）.

表 7.4 *ash* の二つの語義.

語義		定義
s_1	tree	a tree of the olive family
s_2	burned stuff	the solid residue left when combustible material is burned

表 7.5 Lesk のアルゴリズムによる *ash* の多義解消. スコアは文脈と語義の定義の両方に共通の単語（語尾変化は無視）の数である [6]. 最初の文は 'burned stuff' という語義になる. なぜなら一つの単語が語義 s_2, *burn* との間で共通であり, ほかの語義定義と共通の単語がないからである. 二番目の例では語義定義 s_1 ('tree') と共通の単語は *tree* である.

スコア		文脈
s_1	s_2	
0	1	This cigar burns slowly and creates a stiff *ash*.
1	0	The *ash* is one of the last trees to come into leaf.

で表現したものを $D_1, \ldots, D_K$ とし, E_{v_j} を w の使用されている文脈 c の中に現れる単語 v_j の辞書定義を bag-of-words で表現したものとする（$s_{j_1}, \ldots, s_{j_L}$ を v_j の語義とすると, $E_{v_j} = \bigcup_{j_i} D_{j_i}$ となる. 我々は w の文脈に出現する単語 v_j における語義の区別を単に無視している）. そうすると, Lesk のアルゴリズムは 図 **7.3** のようになる. 重なりを表す関数 (overlap) として, 単に, 語義 s_k の定義 D_k と文脈中の単語 v_j の定義の 和集合 $\bigcup_{v_j \text{ in } c} E_{v_j}$ に共通して現れる単語の数を返すものを用いることができる. あるいは表 8.7 に示すどのような類似性関数を使ってもよい.

Lesk のあげた一例として単語 *ash* に関する語義を**表 7.4** に示す. **表 7.5** の二つの文脈については語義定義の記述と共通の単語の数をスコアにすることにより正確に曖昧性解消される.

辞書から導かれたこの種の情報はそれ自体では語義の曖昧性解消を高品質に行うには不十分である. Lesk はいくつかの曖昧語に対してこのアルゴリズムを適用すると精度は 50% から 70%の間になると報告している. 彼は性能を向上させるためのさまざまな最適化方法を提案している. 例えば, 一つのテキストに対してこの手法を何回か繰り返す方法がある. v_j の定義に出現するすべての単語 E_{v_j} を使う代わりに, 直前の繰り返しで決まる文脈的に適切な語義に対する語義記述中の単語のみを使う. このような繰り返しアルゴリズムによって最

---
[6] 訳注：これまでの説明と異なり, ここでは文脈中の単語そのものを使っている.

1: **Comment** 与えられているもの: 文脈 c
2: **for all** w の語義　s_k **do**
3:　　　$\text{score}(s_k) = \sum_{v_j \text{ in } c} \delta(t(s_k), v_j)$
4: **end for**
5: 次の式を満たすような s' を選ぶ
6:　$s' = \arg\max_{s_k} \text{score}(s_k)$

図 **7.4**　シソーラスに基づく曖昧性解消. $t(s_k)$ は語義 s_k の主題コードであり, $t(s_k)$ が v_j の主題コードの一つであるときに限り, $\delta(t(s_k), v_j) = 1$, それ以外のとき, $\delta(t(s_k), v_j) = 0$ である. スコア (score) は語義 s_k の主題コードに適合する単語の数.

終的にはテキスト中の各単語の正しい語義に落ち着くことが期待できる. Pook and Catlett (1988) はほかの改善方法をあげている. それは, 文脈中の各単語についてシソーラス中の同義語を追加するというものである. このアルゴリズムは辞書に基づく方法とシソーラスに基づく方法を結合している.

7.3.2　シソーラスに基づく曖昧性解消

　シソーラスに基づく曖昧性解消は, ロジェ (Roget 1946) のようなシソーラス, あるいはロングマン辞書 (Procter 1978) のような主題カテゴリの付いた辞書において付与されている意味カテゴリ分類を利用する. シソーラスに基づく曖昧性解消における基本的な推論の仕方は, 文脈中の単語の意味カテゴリが文脈全体の意味カテゴリを決め, 逆に, この文脈全体の意味カテゴリがそこで使われている単語の意味を決めるというものである.

　シソーラスに基づく単純なアルゴリズムとして, 次のような方法が Walker (1987: 254) によって提案されている. この方法で使われている基本的な情報は辞書中で各単語に対して割り当てられている主題コード (*subject code*) である. もし, その単語に複数の主題コードが付いているなら, これら各々は当該単語の相異なる語義に対応するものと考える. 文脈 c に出現する多義語 w の語義 s_k の主題コードを $t(s_k)$ とする. このとき, 文脈中の各単語のうちシソーラスにおいて $t(s_k)$ が主題コードに含まれるものの数を数え, 図 **7.4** に示すように最大のカウント数を持つ語義を選ぶことで, w の曖昧性を解消する.

　Black (1988: 187) が Walker のアルゴリズムを五つの曖昧な単語に適用したところ, 精度 50% となり, ある程度しか成功しなかった. しかしながら, 実験に使った単語は難しく, 曖昧性の高い単語で, 具体的には *interest, point, power, state terms* であった.

　このアルゴリズムの問題の一つは, 単語をトピックに一般的に分類したものが特定の分野で応用するにはしばしば不適切であるということである. 例えば, *mouse* はシソーラス中で哺乳類動物と電子デバイスの両方に掲載されているが, コンピュータマニュアルにおいてこの単語が「哺乳類」というシソーラスカテゴリであるとする証拠はほとんどない. 一般的なトピック分類はカバレー

7.3 辞書に基づく曖昧性解消　　　　　　　　　　　　　　　　　　　　　*217*

```
 1:  Comment 単語のカテゴリ分類に基づいて文脈を分類する
 2:  for all コーパス中の文脈 c_i do
 3:      for all シソーラスカテゴリ（＝トピック）t_l do
 4:          score(c_i, t_l) = log[ P(c_i|t_l)/P(c_i) P(t_l) ]
 5:      end for
 6:      t(c_i) = {t_l | score(c_i, t_l) > α}
 7:  end for
 8:  Comment 文脈の分類に基づいて単語を分類する
 9:  for all 語彙中の単語 v_j do
10:      V_j = {c | v_j in c}
11:  end for
12:  for all トピック t_l do
13:      T_l = {c | t_l ∈ t(c)}
14:  end for
15:  for all 単語 v_j, トピック t_l do
16:      P(v_j|t_l) = |V_j ∩ T_l| / ∑_j |V_j ∩ T_l|
17:  end for
18:  for all トピック t_l do
19:      P(t_l) = (∑_j |V_j ∩ T_l|) / (∑_l ∑_j |V_j ∩ T_l|)
20:  end for
21:  Comment 曖昧性解消
22:  for all c    において生起している w の語義 s_k do
23:      score(s_k) = log P(t(s_k)) + ∑_{v_j in c} log P(v_j|t(s_k))
24:  end for
25:  次式を満たす s' を選ぶ s' = arg max_{s_k} score(s_k)
```

図 7.5　シソーラスに基づく適応的な曖昧性解消．単語の意味分類に適応しシソーラスに基づく曖昧性解消を行う Yarowsky のアルゴリズム．16 行の $P(v_j|t_l)$ は単語 v_j を含む話題 t_l の文脈の割合を用いて推定する．

ジの点でも問題がある．*Navratilova*[7] は「スポーツ」という分類のとても良い目印ではあるが，1960 年代からのシソーラス辞書に *Navratilova* という単語は入っていないし，そもそも固有名詞自体がまったく入っていない可能性がある．

図 **7.5** は Yarowsky (1992) によって提案された，トピック分類をコーパスに適応させるアルゴリズムである．このアルゴリズムはコーパス中で t_i の文脈に偶然以上に出現した単語を分類 t_i に追加する．例えば *Navratilova* という単語がほかの文脈よりもスポーツの文脈でより多く出現するなら，この単語はスポーツの分類に追加される．

図 7.5 に示す Yarowsky のアルゴリズムは 7.2.1 節で紹介したベイズ分類器を適応と多義解消の両方で利用している．まず，コーパスにおける文脈 c_i とシソーラスにおけるカテゴリ t_l の各組合せのスコアを計算する．例えば，文 (7.6) はシソーラスで *tennis* が 'sports' に関する単語としてリストされていることを想定すると，シソーラスにおける「スポーツ」カテゴリにおいて高い値をとる．Yarowsky の実験において文脈は単に多義語の前後 100 語の窓内の単語で

---

[7] 訳注：テニス選手の名前．

表 7.6 シソーラスに基づく曖昧性解消のいくつかの結果. 表は三つの多義語の意味, 対応する Roget のカテゴリ, 図 7.5 のアルゴリズムによる精度を示す. Yarowsky (1992) を調整.

単語	語義	ロジェの分類	精度
bass	musical senses	MUSIC	99%
	fish	ANIMAL, INSECT	100%
star	space object	UNIVERSE	96%
	celebrity	ENTERTAINER	95%
	star shaped object	INSIGNIA	82%
interest	curiosity	REASONING	88%
	advantage	INJUSTICE	34%
	financial	DEBT	90%
	share	PROPERTY	38%

あった.

(7.6)　　　It is amazing that Navratilova, who turned 33 earlier this year, continues to play great tennis.

ナイーブベイズの仮定を置くことにより, この score(c_i, t_l) を $\log P(t_l \,|\, c_i)$ として計算できる. ここで $P(t_l \,|\, c_i)$ は以下のようになる.

(7.7)
$$P(t_l \,|\, c_i) = \frac{P(c_i \,|\, t_l)}{P(c_i)} P(t_l)$$
$$= \frac{\prod_{v \,\text{in}\, c_i} P(v \,|\, t_l)}{\prod_{v \,\text{in}\, c_i} P(v)} P(t_l)$$

　次に 6 行目で閾値 α を用いてシソーラスのどのカテゴリがこの文脈において際立っているかを決める. カテゴリに対して良い根拠となるような文脈のみを割り当てるためにはこの閾値をかなり大きな値にするべきである.

　ここでシソーラス中の意味カテゴリを手持ちのコーパス (文脈の集合 $\{c_i\}$ として表現されている) に合うように調整することができる. 16 行で, $P(v_j \,|\, t_l)$ は分類 t_l を含むすべての文脈のうち単語 v_j を含む文脈の割合として推定される. もし v_j がシソーラスに含まれているなら, これは v_j の意味カテゴリをコーパスに適応させることになる (例えば *stylus* がシソーラス中で 'writing' のカテゴリにしか入っていなかったとしても, コンピュータ用語としてのスコアが高くなるだろう). また, もし v_j がシソーラスに含まれていない場合, この単語は適切なカテゴリに追加されるだろう (*Navratilova* のケース). t_l の事前確率は単純に相対頻度として計算するが, 意味カテゴリを持たない文脈や, 一つ以上の意味カテゴリを持つ文脈があること考慮して調整する (19 行).

　16 行で計算する $P(v_j \,|\, t_l)$ の値は, この後, 先に述べたベイズアルゴリズム (図 7.1) と類似した曖昧性解消で利用している. Yarowsky (1992) は最尤推定値のいくつかをスムージングすることを勧めている.

　表 7.6 に Yarowsky (1992) からのいくつかの結果を示す. この方法は *bass*

表 **7.7** 第二言語コーパスを用いて *interest* をどのように曖昧性を解消するか.

	語義 1	語義 2
定義	法的な共有 legal share	注目, 関心 attention, concern
訳語	*Beteiligung*	*Interesse*
英語の連語	*acquire an interest*	*show interest*
前記の翻訳	*Beteiligung erwerben*	*Interesse zeigen*

と *star* のように. シソーラスカテゴリと語義との対応がうまくとれている場合に精度の高い結果となる. もし一つの語義がいくつかのトピックにまたがっているとき, このアルゴリズムは失敗する. Yarowsky はこれらを語義の間での **話題に独立な区別** (*topic-independent distinction*) と呼んでいる. 例えば, *interest* の「利益 (advantage)」という意味 (**私利** (*self-interest*) におけるような) は特定の話題と関連がない. 私利は音楽, 娯楽, 宇宙探検, 金融, そのほかで出現しうる. それゆえ, 話題に基づく分類はこの語義についてはうまくいかない.

話題に独立な区別
(TOPIC-
INDEPENDENT
DISTINCTION)

7.3.3 第二言語のコーパスにおける翻訳に基づく曖昧性解消

辞書に基づくアルゴリズムの三つ目は対訳辞書における訳語を用いる方法である (Dagan et al. 1991; Dagan and Itai 1994). 適用対象の言語 (曖昧性解消を行いたい言語) を **第一の言語** と呼び, 対訳辞書における翻訳先の言語を **第二の言語** と呼ぼう. 例えば, もし英語の曖昧性解消をドイツ語のコーパスを利用して行いたいならば, 英語が第一の言語, ドイツ語が第二の言語であり, 英独辞書 (英語の見出し語に対してドイツ語の訳語が与えられている) が必要になる.

Dagan と Itai のアルゴリズムの基本的な考え方をうまく説明したものが **表 7.7** である. 英語の *interest* はドイツ語訳の異なる二つの語義を持つ. 語義 1 の場合は *Beteiligung* (「当該企業の 50% の利益 (interest)」におけるような **法的共有権**) と訳され, 語義 2 の場合は *Interesse* (「数学に対する彼女の興味 (interest)」におけるような **興味, 関心**) と訳される (*interest* には別の語義もあるがここでは無視する). 英語の文章に *interest* が出現した場合の曖昧性を解消するためには, どういう句の中でこの語が出現したかを同定し, ドイツ語のコーパスでこの句のドイツ語における出現例を探す. もしこの句がドイツ語において, *interest* の一方の訳語のみに出現するなら, *interest* がこの句で使われる場合は, 常にこの訳語に対応する語義を割り当てる.

例として, *interest* が *showed interest* という句で使われたとしよう. *show* のドイツ訳である 'zeigen' は *Interesse* のみに対応して出現する. というのは「法的共有権」は通常 zeigen (show) の目的語にならないからである. *to show interest* の中の *interest* は **興味, 関心** という意味であると結論付けることができる. 一方, 唯一頻繁に現れる *acquired an interest* という句の訳語は *erwarb*

1: **Comment** Given: w が $R(w, v)$ という関係で出現する文脈 c
2: **for all** w の語義 s_k **do**
3: $\quad$ score$(s_k) = |\{c \in S \mid \exists w' \in T(s_k), v' \in T(v) : R(w', v') \in c\}|$
4: **end for**
5: 次の s' を選ぶ $s' = \arg\max_{s_k}$ score(s_k)

図 7.6 第二言語のコーパスに基づく曖昧性解消. S は第二言語のコーパス, $T(s_k)$ は語義 s_k に対する可能な訳語の集合, $T(v)$ は v に対する可能な訳語の集合. 一つの語義に対するスコアはこの語義に対する第二言語における訳語のうち, v の訳語と一緒に出現した頻度.

eine Beteiligung であるが, これは「興味, 関心」という意味での *interest* は通常 erwarb (acquire) の目的語にはならないからである. このことは *acquire* の目的語としての *interest* の用法は第一の語義である「法的共有権」に対応していることの証拠となる.

この考え方を単純に実装したアルゴリズムを**図 7.6** に示す. 上述の例で関係 R は 'is-object-of' であり, 目標は $R(interest, show)$ における *interest* の曖昧性解消である. これを行うために, 第二言語において *interest* の二つの語義に対する訳語がそれぞれ *show* の訳語と共起する数を数える. $R(Interesse, zeigen)$ の数は $R(Beteiligung, zeigen)$ の数より多いだろうから, *Interesse* に対応する語義「興味, 関心」を選ぶ.

Dagan と Itai が用いたアルゴリズムはもっと複雑である. 判断の信頼性が高い場合にのみ多義性を解消する. ヘブライ語の *ro'sh* という単語を考えてみよう. この単語には英訳として *top* と *head* がある. Dagan と Itai は *stand at head* という関係で 10 個, *stand at top* という関係で 5 個の例を見つけた. このことはヘブライ語の *'amad be-ro'sh* に対して *stand at head* の方がより尤もらしい翻訳であることを正しく示している. しかしながら, そのように決めると翻訳のかなりの部分 (おおよそ $\frac{5}{5+10} \approx 0.33$) を占める "stand at head" が不正解になってしまう. 多くの場合, 高い確率で間違うよりは決定を避ける方が賢明である. 大きなシステムで各構成要素がある誤り率を持つような場合, この例のような約 0.67 という正解率は受け入れがたい. もしある文に対して五つの処理が適用され, それぞれがエラー率 0.33 の場合, システム全体の精度は 14%に下がる: $(1 - 0.33)^5 \approx 0.14$. Dagan と Itai は誤りの確率を見積もる方法を示した. そして, 信頼水準 (confidence level) が 90% より高いときのみ決定を行った.

7.3.4 談話内で意味は一つ, 同一の連語で意味は一つ

今まで見てきた辞書に基づくアルゴリズムはテキスト中の各単語を別々に処理している. しかし, テキスト中に出現する単語の間には制約があるので, これを曖昧性解消に使うことができる. この節ではそのような制約に焦点を当てた Yarowsky (1995) の研究について検討する. その制約とは次の二つである.

7.3 辞書に基づく曖昧性解消

表 7.8 談話内単一意味制約の例．表は二つの異なった文書 d_1 と d_2 における *plant* の文脈を示している．d_1 の最後の文脈は曖昧性解消のための十分な局所的情報を持っていない（ラベルが "?" の部分）．d_2 の最後の文脈では局所的な情報だけだと誤りに陥っている．談話内単一意味制約を利用してこれらの場合に対処することができる．この制約により，分類できない文脈や誤って分類された文脈を「生物 (living)」に割り当てることができる．Yarowsky (1995) を調整した．

談話	初期ラベル	文脈
d_1	living	the existence of *plant* and animal life
	living	classified as either *plant* or animal
	?	Although bacterial and *plant* cells are enclosed
d_2	living	contains a varied *plant* and animal life
	living	the most common *plant* life
	living	slight within Arctic *plant* species
	factory	are protected by *plant* parts remaining from

- **談話内単一意味制約 (one sense per discourse)**．多義語は一つの文書内において一貫した一つの意味でのみ使われる．

- **同一連語単一意味制約 (one sense per collocation)**．曖昧性を解消しようとする単語の意味に対して近傍の単語は強力かつ一貫した手がかりを与える．ただし，多義語と近傍単語との相対的な距離や順序，統語構造の影響を受ける．

一番目の制約の例として *plant* という単語について考えてみよう．この制約は *plant* が最初に出現したときに「生物 (living being)」という意味で使われていたならそれ以降に出現する場合もこの意味で使われるだろう，というものである．**表 7.8** は二つの例を示している．この制約は曖昧性解消用のテキストが短い文書の集合である場合，あるいは 15.5 節で述べるような方法で小さな文章に分割できるときに，特に有用である．後で示すように，語義に関するこの単純な性質を極めて有効に利用することができる．

二番目の制約は統計的な多義解消のほとんどの研究が依拠している基本的な想定を明示的にしたものである．それは，単語の意味が，句内に存在する別の単語などの一定の文脈的特徴に強く相関しているというものである．Yarowsky (1995) のアプローチは Brown et al. (1991b) の情報理論に基づく方法と似ており，7.2.2 節で紹介したように，ある特定の文脈に対して最も強い連語の特徴を選び，この特徴のみに基づいて多義解消する．連語の特徴は以下の比率に基づいてランク付けされる．

$$(7.8) \qquad \frac{P(s_{k_1} \mid f)}{P(s_{k_2} \mid f)}$$

これは基本的には連語 f における語義 s_{k_1} の出現数を連語 f における語義 s_{k_2} の出現数で割ったものである（語義や連語の出現数が少ない場合には，ここでもスムージングは重要である．Yarowsky (1994) を参照のこと）．

```
 1:  Initialization
 2:  for all  w の語義 $s_k$ do
 3:      $F_k = s_k$ の辞書定義における連語
 4:  end for
 5:  for all  w の語義 $s_k$ do
 6:      $E_k = \emptyset$
 7:  end for
 8:  Comment 同一連語単一意味制約
 9:  while （少なくとも一つの $E_k$ が前回の繰り返しで変化している）do
10:      for all w の語義 $s_k$ do
11:          $E_k = \{c_i \mid \exists f_m : f_m \in c_i \wedge f_m \in F_k\}$
12:      end for
13:      for all  w の語義 $s_k$  do
14:          $F_k = \{f_m \mid \forall n \neq k \frac{P(s_k \mid f_m)}{P(s_n \mid f_m)} > \alpha\}$
15:      end for
16:  end while
17:  Comment 談話内単一意味制約
18:  for all 文書 $d_m$ do
19:      $d_m$ 内の w の最も数 の多い語義 $s_k$ に決める
20:      $d_m$ の w のすべての出現を語義 $s_k$ に割り当てる
21:  end for
```

図 **7.7** 「同一連語単一意味制約」，および「談話内単一意味制約」に基づく曖昧性解消.

最も強い特徴のみに頼ることは異なった情報源を統合する必要がないという利点を持つ．7.2.1 節で用いたナイーブベイズや本節で説明した辞書に基づく方法などのように，多くの統計的な手法では証拠データを統合する際に独立性を仮定している．独立性はめったに成り立たないので，証拠を全部組み合わせるのではなく，一つの信頼できる証拠のみを利用することの方が時としてよい．より複雑なやり方は証拠となる情報源の間の依存性を正確にモデル化する方法である（16 章を参照のこと）.

図 **7.7** は Yarowsky の提案した両方の制約を組み合わせたアルゴリズムの図式的な説明である．このアルゴリズムでは繰り返し処理によって各語義 s_k に対する二つの独立な集合を構築する．F_k は特徴的な連語の集合を保持している．E_k はその時点で語義 s_k に割り当てられた多義語 w の文脈の集合である．

3 行目で F_k を s_k の辞書記述，あるいはほかの情報源（例えば，辞書編纂者が入力した連語の集合や人手でラベル付けした小さな訓練データから抽出した連語など）で初期化する．E_k は空集合に初期化する．

繰り返し処理では，まず，F_k に含まれる特徴的な連語を持つすべての文脈を E_k に割り当てる（11 行目）．例えば， もし「show の目的語である」が $F_{「注目，関心」}$ の連語（パターン）の一つであれば，interest が動詞 show の目的語であるようなすべての文脈を $E_{「注目，関心」}$ に割り当てる．次に，この更新された E_k から最も特徴的な連語を選ぶことで特徴的な連語 F_k を更新する（14 行目）.

7.4 教師なし曖昧性解消

アルゴリズムのこの部分が終了した後,「談話内単一意味制約」を適用する.すなわち,すべての多義語 w に対して,文書,あるいは談話全体において最頻の語義を割り当てる（20 行目）．表 7.8 にこの処理の二つの例を示す.

Yarowsky はこのアルゴリズムが非常に効果的であることを示しており,実装のバージョンにもよるが,90.6% から 96.5% の間の正解率を達成している.談話の制約（18〜21 行目）を入れることでエラー率は 27%低下する．ラベル付きの訓練サンプルが不要なことを考えるとこのアルゴリズムの性能は驚くほどよい.

7.4 教師なし曖昧性解消

前節で述べた曖昧性解消法では基本的な語彙資源,または,小さな訓練セット,または,シードとするわずかばかりの連語のサンプルが必要であった．これらは求められるものとしてはわずかなように見えるが,このような少量の情報さえ利用できない場合がある．特に,専門分野の情報を扱うときには,辞書が存在しないことがあり,しばしばこのような状況に陥る [8]．例えば,情報検索システムはどのような領域のテキスト集合でも扱えなければならないが,このための一般用の辞書は専門分野の文書集合にはあまり役に立たない．化学文献の抄録集の文書はほとんどが一般的な分類でいう「化学」の分野の文書なのである．一般用のシソーラスに基づく曖昧性解消アルゴリズムはそういうわけでほとんど役に立たない．だからといって,曖昧な単語の意味を定義したり,新たな文書集合を扱うための訓練データを提供したりすることをシステムの利用者に期待するわけにはいかない．近年のオンライン文書の爆発的な増大により,曖昧性解消のために必要な外部情報資源が利用できないというケースが増えている.

意味タグの付与 (SENSE TAGGING)

もし曖昧性解消が**意味タグの付与** (*sense tagging*),すなわち,文中の多義語に対して一方の語義か他方の語義かをラベル付けすることであるならば,完全に教師なしの曖昧性解消は厳密な意味では不可能である．意味タグを付与するにはそれぞれの語義に対する何らかの特徴付けを与えることが必要である．これとは異なり,語義を **区別する**だけならば完全に教師なしで行うことができる．その方法とは,曖昧な単語の出現する文脈をいくつかのグループにクラスタリングし,ラベル付けはせずに,これらを区別することである．このような意味識別アルゴリズムはいくつか提案されている．ここではそのうちの一つである**文脈グループ識別** (*context-group discrimination*) と呼ばれる手法について説明する．この手法は主に Schütze (1998) に基づいている [9]．この手法は7.2.2 節で述べた Brown et al. のアプローチと似ていることも注記しておきた

文脈グループ識別 (CONTEXT-GROUP DISCRIMINATION)

---

[8] 医療用語や科学用語など専門用語辞書が存在する領域もいくつかはある.

[9] 議論を一貫させるために Schütze によるモデルの代わりに,7.2.1 節 および 7.3.2 節で紹介した確率モデルを再び使う.

い．Brown et al. (1991b) は 多義語の**訳語** をクラスタリングしている．このとき，訳語は曖昧な単語の出現事例に対する一種のラベル付けと考えることができる．しかし，ここではラベル付けされていない出現例をクラスタリングする完全に教師なしのアルゴリズムについて調べることにしよう．

確率モデルは Gale et al. （7.2.1 節）が開発したものと同じものを用いる．語義 $s_1, \ldots, s_k, \ldots, s_K$ を持つ多義語 w に対して，w が特定の語義 s_k で用いられている文脈について，そこで使われている単語 v_j の条件付き確率 $P(v_j \mid s_k)$ を推定する．

Gale et al. のベイズ分類器とは対照的に教師なし曖昧性解消のパラメータ推定にはラベル付きの訓練データ集合は用いない．その代わり，まず，パラメータ $P(v_j \mid s_k)$ をランダムな値に初期化する．次に，$P(v_j \mid s_k)$ を EM アルゴリズム （14.2.2 節）によって再推定する．ランダムな初期化の後，w の各文脈 c_i に対してその文脈が語義 s_k から生成された確率 $P(c_i \mid s_k)$ を計算する．各文脈に対するこの暫定的な分類を訓練データとして利用し，与えられたモデルの尤度を最大にするように $P(v_j \mid s_k)$ を再推定する．このアルゴリズムの各段階の定義を 図 **7.8** に示す．

EM アルゴリズムは，モデルが与えられたとき，データの対数尤度をステップごとに増加させることが保証されている．したがって，このアルゴリズムの終了条件は（ステップ 1 に示した式で計算される）尤度が大きくは上昇しなくなったときである．

モデルのパラメータが推定できたら，w の文脈に出現する各単語 v_j を使ってそれぞれの語義の確率を計算する．このことによって当該文脈の曖昧性を解消することができる．ここでもナイーブベイズ (7.4) を仮定し，次のベイズ決定規則 (7.5) を用いる．

$$s' = \arg\max_{s_k} \left[\log P(s_k) + \sum_{v_j \text{ in } c} \log P(v_j \mid s_k) \right] \text{ となる } s' \text{ に決定する}$$

曖昧な単語の意味分類の粒度は語義の数 K の値をある範囲で変えてこのアルゴリズム走らせることにより選ぶことができる．より多数の語義に分ければモデルはより構造化され，データをより良く説明することができる．したがって，新たな語義を追加すればモデルが与えられたときのデータの対数尤度の最適値は大きくなる．このとき，追加された語義ごとにこの対数尤度がどのくらい上昇するかを調べることができる．もし，新たに追加した語義によって尤度が大きく上昇したなら，追加した語義がデータの重要な部分を説明したからであり，追加した語義を含めた語義の数が正しいことが裏付けられる．もし，対数尤度がそこそこしか上昇しない場合，新たに追加した語義はデータのランダムな変

1. **初期化** モデルのパラメータ μ をランダムな値に初期化する．パラメータは $P(v_j \,|\, s_k)$, $1 \le j \le J$, $1 \le k \le K$, および $P(s_k)$, $1 \le k \le K$ である．
   計算 モデル μ が与えられたときのコーパス C の対数尤度を個々の文脈 c_i の確率 $P(c_i)$ の総積として計算する（ここで $P(c_i) = \sum_{k=1}^{K} P(c_i \,|\, s_k) P(s_k)$）．

$$l(C|\mu) = \log \prod_{i=1}^{I} \sum_{k=1}^{K} P(c_i \,|\, s_k) P(s_k) = \sum_{i=1}^{I} \log \sum_{k=1}^{K} P(c_i \,|\, s_k) P(s_k)$$

2. $l(C \,|\, \mu)$ が改善される限り繰り以下を返す．

   (a) **E-step.** $1 \le k \le K$, $1 \le i \le I$ に対して，s_k から c_i が生成したときの事後確率 h_{ik} を次のように推定する．

$$h_{ik} = \frac{P(s_k) P(c_i \,|\, s_k)}{\sum_{k=1}^{K} P(s_k) P(c_i \,|\, s_k)}$$

   $P(c_i \,|\, s_k)$ は，今やよく知っているナイーブベイズの仮定を置き次のように計算する．

$$P(c_i \,|\, s_k) = \prod_j P(v_j \,|\, s_k)^{C(v_j \text{ in } c_i)}$$

   (b) **M-step.** $P(v_j \,|\, s_k)$ と $P(s_k)$ のパラメータを最尤推定によって再推定する．

$$P(v_j | s_k) = \frac{\sum_i C(v_j \text{ in } c_i) \cdot h_{ik}}{\sum_j \sum_i C(v_j \text{ in } c_i) \cdot h_{ik}}$$

$$P(s_k) = \frac{\sum_{i=1}^{I} h_{ik}}{\sum_{k=1}^{K} \sum_{i=1}^{I} h_{ik}} = \frac{\sum_{i=1}^{I} h_{ik}}{I}$$

図 **7.8** 単語の意味クラスタリングに対する EM アルゴリズム．K は望ましい語義の数（すなわちクラスタ数），$c_1, \ldots, c_i, \ldots, c_I$ はコーパス中の多義語に対する文脈，$v_1, \ldots, v_j, \ldots, v_J$ は曖昧性解消の素性として使われる単語である．

動を吸収しただけであり，おそらく正当なものとはみなされないだろう [10]．

語義の数を決めるもっと単純な方法は，利用できる訓練データの量に依存させることである．この方法は Schütze and Pedersen (1995) により情報検索の応用分野で正当性が示されている．

教師なし曖昧性解消の利点は，辞書よりも細かい用法の区別ができるように容易に適応させることができる点である．ここでも，役に立つ応用先は情報検索である．銀行強盗の文脈における「物理的な銀行」と企業合併の文脈における「抽象的な企業としての銀行」を区別することは，仮に辞書には反映されていないとしても極めて適切なものであろう．

もし教師なしアルゴリズムを語義数の多い単語，例えば $K = 20$，に対して実行すると，辞書の語義はより細かい文脈の違いに分割されるだろう．例えば，*suit* の「裁判 (lawsuit)」という語義は「民事裁判 (civil suit)」や「刑事裁判 (criminal suit)」などに分かれるだろう．通常，作成されたクラスタは辞書中

---

[10] 6 章で述べたように，検証用データを用いることで最適な語義の数を自動的に決めることができる．

表 **7.9** 教師なし曖昧性解消の結果. 表は異なる初期条件に対する 10 回の実験結果
の平均 μ と標準偏差 σ を表している. データは (Schütze 1998: 110) のも
のを用いた.

単語	語義	精度	
		μ	σ
suit	lawsuit	95	0
	the suit you wear	96	0
motion	physical movement	85	1
	proposal for action	88	13
train	line of railroad cars	79	19
	to teach	55	31

の語義とうまく合わない. あまり出現しない語義や, 連語がほとんど存在しな
い語義は, 教師なし曖昧性解消ではほかの語義と区別されにくい. *This suits
me fine* に出てくるような「適切である (to be appropriate for)」という意味
の *suit* の用法に示される語義は発見されにくい. しかし, このような識別しに
くい語義は特定の話題領域に結びついた語義よりも内容に乏しい. 情報検索シ
ステムでは 'suit' について「民事裁判」と「刑事裁判」のような用法のタイプ
を区別する方が, 動詞の「適切である (to suit)」という語義を分離するよりお
そらく重要だろう.

　表 **7.9** に教師なし曖昧性解消の結果のいくつかを示す. 乱数による初期化
(図 7.8 の Step 1) に伴う性能のばらつきを考慮する必要があることに注意し
よう. この表は 10 回の試行に対する平均精度と標準偏差を示している, 特定
の話題分野と明確に対応する語義に対してこのアルゴリズムはうまく動き, ば
らつきは小さい. *suit* という単語がこの例である. しかし, 例えば *train* とい
う単語に対する「教える (to teach)」という語義のように, 文章の話題分野と
無関係な語義を持つ単語についてはうまくいかない. この失敗は話題分野の情
報だけで動作するほかの方法の場合と変わらない. 話題分野から独立した語義
については, 平均的に性能が悪いことに加えて値の変動も極めて大きい. 概し
て言うと, 性能は辞書に基づくいくつかのアルゴリズムより 5%から 10%低い.
これは訓練や意味定義のための語彙的データを利用していないことから予想で
きることである.

7.5 単語の意味とは何か?

　ここまで語義の曖昧性解消に関するさまざまなアプローチを見てきた. 本節
では単語の意味とは正確にはどういうものかという疑問に立ち返ってみよう.
単語の意味を, 単語が意味するものの心的表象とみなすことは自然な考え方で
ある. しかし, 意味の心的表象についてほとんどわかっていないことを考える
と, 被験者の中に意味がどのように表象されているかを決定する実験を設計す
ることは難しい. いくつかの研究では被験者に文脈をクラスタリングすること

7.5 単語の意味とは何か?

を指示している. 被験者は, 曖昧な単語を含む文が書かれているカードの束を渡され, これを同じ意味どうしにグループ分けするように指示される. これらの実験は多くの洞察を与えてきたが (例えば, 意味の類似性の概念に関する研究, Miller and Charles (1991) を見よ), 実際の言語理解や生成における単語の用法と意味をどの程度適切にモデル化できたかははっきりしない. 言語的な類似性を判断することは人々が自然な状況で直面するタスクではないので, 被験者間でのクラスタリングの結果の一致度は低い (Jorgensen 1990).

曖昧性に関する多くの心理学的実験におけるほかの問題は, これらの実験が, 単語の「語義」に対して被験者が考える日常的な意味, または被験者の内省に依存していることである. 意味の真の心的表象を捉える上で内省が妥当な方法かどうかは明らかでない. というのは内省による方法はほかの多くの現象の説明に失敗しているからである. 例えば, 人々は自分の不合理な経済学的判断を後付けの理屈によって合理的なものであったとみなす傾向がある (Kahneman et al. 1982).

最もよく使われている方法は辞書中の語義の定義を用いるやり方であり, コーパス中の各単語をこれらの定義に基づいて被験者にラベル付けさせる方法である. このやり方の是非についての見解は分かれる. 何人かの研究者によると, 判断結果は先に述べたとおり, よく一致する (Gale et al. 1992a). 多くの多義語が**偏った分布** (*skewed distribution*) をしている場合, すなわち, 当該単語のほとんどすべての出現において, ある一つの語義だけが用いられている場合, 平均的によく一致するというのは尤もなことである. Sanderson and van Rijsbergen (1998) はこのような偏った分布は実は多義語において多く見られると論じている.

偏った分布
(SKEWED
DISTRIBUTION)

しかし, (Gale et al. 1992a) で行われたように多義語をランダムに選ぶ場合, 判断者間の一致の実際を反映しないというバイアスが生じる. 被験者間で揺れの最も大きい多義語の多くは頻出語である. したがって, タイプ数で計算したとき不一致度が高くなくても, トークン数で計算すると不一致度が高めになる可能性がある. Jean Véronis (p.c., 1998) の最近の実験によると, フランス語の頻出語である *correct, historique, économie*, および *comprendre* のテキストでの出現例について, 判断者の間で完全な一致をみた単語は一つもなかったとのことである. Véronis の実験で被験者間の不一致が生じたのは辞書記述が漠然としていたり, コーパス中の用例における意味が本当に曖昧だったりしていたからである.

辞書をさらに明確に記述することができるのだろうか. Fillmore and Atkins (1994) はこの問題を辞書編纂学の観点から論じている. 何人かの著者 (Kilgarriff 1993; Schütze 1997; Kilgarriff 1997) は, 一つの単語に対して複数の語義が同時に使われうる, あるいは同時に活性化する**同時活性化** (*co-activated*) が起こるのは単語の意味に元来備わった性質であると述べている. これが原因で

同時活性化
(CO-ACTIVATED)

被験者間での不一致が高い割合で発生するのである．もちろん，複数の意味の使われ方がかなり特別なために，自然言語処理システムが処理に失敗しても許されると思われる．文 (7.9) のようなダジャレも存在する．

(7.9)　　　　In AI, much of the I is in the beholder.

しかし Kilgarriff (1993) はこのような複数の意味の同時利用は通常の言語において極めてよく起こることであると論じている．文 (7.10) の例では *competition* の二つの意味である「競争すること」と「競争参加者」がおそらく活性化する．

(7.10)　　　　For better or for worse, this would bring competition to the licensed trade.

規則的な多義性
(SYSTEMATIC
POLYSEMY)

「同時活性化」は，多くの場合，**規則的な多義性** (*systematic polysemy*)，すなわち，特定の種類の単語に適用され意味を変えたり，拡張したりするような語彙意味論的な規則による多義性を引き起こす（規則的な多義性については Apresjan (1974), Pustejovsky (1991), Lakoff (1987), Ostler and Atkins (1992), Nunberg and Zaenen (1992), Copestake and Briscoe (1995) を，また，最近の計算言語学分野での研究については Buitelaar (1998) を見てほしい）．*competition* という単語は好例である．多くの英単語でこの例と同様の「*X* をすること」と「*X* をする人物」という意味の交替 (alternation) がある．例えば，*organization, administration, formation* などもこの性質を示す．

これとは別の種類の規則的な多義性として，ほぼすべての単語が固有名詞として使われうることがあげられる．いくつかは頻度が高く，この現象も実際上，無視できない．*Brown, Bush,* および *Army* がその例である．

曖昧性の大きい単語について，判断者間で語義選択が一致せず，曖昧性解消アルゴリズムの性能が低いという問題への対策としては，例えば，別の言語でも存在するような，粗い区別しか考慮しないという考え方がある (Resnik and Yarowsky 1998)．規則的な多義性については多くの言語で同様の現象があるので，*competition* の二つの意味（「競合すること」と「競合者」）は，ある言語の辞書に別の意味として掲載されていたとしても，別の言語では区別していないかもしれない．この戦略は構文解析など自然言語処理のほかの分野で用いられているのと似ている，構文解析ではより簡単な「浅い解析」という問題を定義することにより，最難問である，語句の付加の曖昧性の解消を回避している．

語義の曖昧性解消に対するクラスタリングのアプローチ（文脈グループ識別）も同様の戦略をとっている．定義により，自動クラスタリングはうまく区別できる用法のグループを見つけるだけであり，解ける問題のみに限定して解こうとしているのである．限定された範囲の解は極めて有用である．例えば，訳語の曖昧性の多くは粗いので，粗い意味の区別しかできないシステムでも十分有用

である．実際，文脈グループ識別は情報検索にうまく適用されている (Schütze and Pedersen 1995).

このような応用指向の意味の捉え方には利点がある．その利点とは曖昧性解消をその一部として含む応用処理が評価可能ならば（例えば機械翻訳における翻訳精度や 8 章で導入する情報検索における再現率と精度など），曖昧性解消の評価も容易ということである．曖昧性解消の精度の直接的な評価や異なったアルゴリズムの間での比較はもっと難しい．しかし，将来において標準的な評価セットができれば容易になるだろう．多くの機械学習アルゴリズムの比較評価については Mooney (1996) を，また曖昧性の大きい単語 (*hard,serve*, and *line*) の多義解消については Towell and Voorhees (1998) を参照してほしい．複数のアルゴリズムに対する体系的な評価が *Senseval* プロジェクトの一部で行われている（残念ながらこの章の執筆後である）．Web サイトを見てほしい．

SENSEVAL

語義の捉え方に影響を与えている要因はほかにもある．それは，たとえ暗黙的であるとしても，曖昧性解消に利用される**情報の種類** である．これらを列挙すると，共起（bag-of-words モデル），文法関係の情報（主語，目的語，その他），ほかの文法的情報（品詞など），連語（同一連語単一意味制約），談話（談話内単一意味制約）などである．例えば，もし共起情報だけを利用するならば，認識される意味は，分野と結びついた意味，すなわち「話題分野」の意味の区別のみである．意味を区別する上で bag-of-words モデルが不適切であることは Justeson and Katz (1995a) によって強調されている．Leacock et al. (1998) は話題分野と連語情報の組合せを見て両方を用いたときに最も良い結果を得ている．Choueka and Lusignan (1985) は前後に隣接する数語の文脈を与えるだけで人間が驚くほどうまく意味の区別を行える一方，より広範な文脈情報を与えても曖昧性解消の精度はさほどよくならないことを示した．しかしながら，このことがより広い文脈が計算機にとって役に立たないということを意味するわけではない．Gale et al. (1992b) は多義語の前後いずれか約 50 語にも有用な情報があることを（彼らのアルゴリズムを用いて）示している．そして，非常に遠くの (何千語も離れた) 位置にある語義の違いに関する情報を検出できることを示している．

品詞ごとに適切な情報の種類は異なり，また適切さの度合も異なる．動詞はその項（主語や目的語）の情報を使うことで一番うまく多義解消できる．つまり局所的な情報が重要だということである．多くの名詞は（*suit* や *bank* のように）話題分野で区別できる意味を持つので，広い文脈が有用である可能性が高い．

単語の多義性解消について研究すべきことは多い．とりわけ，代表的な多義語の例に対してアルゴリズムを評価することが必要になるだろう．これについてはまだほんの一部の研究者しか取り組んでいない．より徹底した評価を行う

ことで，本章で述べた曖昧性解消アルゴリズムの長所と短所を完全に理解することができるだろう．

7.6 さらに学ぶために

語義の曖昧性解消の統計的手法と非統計的手法の両方に関する最近の優れた議論は Ide and Véronis (1998) である．Guthrie et al. (1996) も参照のこと．語義の曖昧性解消に関連する面白い問題として，**文境界同定** (*sentence boundary identification*)(4.2.4 節) がある．ここでの課題はピリオドが略語を示すのにも文末を示すのにも使われるという点にある．Palmer and Hearst (1997) はこの問題をピリオドの二つの「意味」の曖昧性解消のタスク，すなわち，略語の終端か文の終端かこれら両方か，を区別する問題とみなした．

文境界同定
(SENTENCE
BOUNDARY
IDENTIFICATION)

この章を貫く縦糸はそれぞれのアプローチで利用される語彙資源の量と種類であった．以下のコメントでは，まず，教師あり手法，辞書に基づく手法，教師なし手法というタイトルに適合するほかのいくつかの手法について述べ，その後，本章の構成にうまく入らなかった研究について述べる．

二つの重要な教師あり学習の方法として，記憶に基づく学習とも呼ばれる k 最近傍法 (KNN) (260 ページを参照のこと)，および対数線形モデルがある．k 近傍法に基づく曖昧性解消は (Dagan et al. 1994, 1997b) によって導入された．彼らは k 近傍法のアプローチがスパースデータに有利であることを強調している．Ng and Lee (1996)，および Zavrel and Daelemans (1997) を見てほしい．対数線形モデルの一種である分解モデル (decomposable model) はナイーブベイズの一般化とみなすことができる．すべての特徴を独立と考えて訓練するのではなく，いくつかの特徴を相互に依存した部分集合としてグループ化する．独立性は異なる部分集合の間の特徴にのみ仮定し，ナイーブベイズ分類のような，すべての特徴の間が独立である，という仮定は置かない．Bruce and Wiebe (1994) は分解モデルを曖昧性解消に適用して良い結果を得ている．

語彙資源を拠り所とするほかの曖昧性解消アルゴリズムとして，Karov and Edelman (1998) や Guthrie et al. (1991), Dini et al. (1998) がある．Karov and Edelman (1998) はコーパスと辞書の双方を活用した定式化により，優れた多義解消結果を示している．Guthrie et al. (1991) は Procter (1978) の主題分野コードを Yarowsky (1992) のシソーラスクラスと似た方法で利用している．Dini et al. (1998) は 変換に基づく学習（10.4.1 節）を多義語に対するシソーラスカテゴリのタグ付けに適用している．

クラスタリングを用いる方法に関する論文として Pereira et al. (1993), Zernik (1991b), Dolan (1994), Pedersen and Bruce (1997), Chen and Chang (1998) がある．Pereira et al. (1993) では Schütze (1998) と似た方法で単語の文脈をクラスタリングしているがクラスタリングの定式化が異なる．

彼らはクラスタリング結果に基づく曖昧性解消アルゴリズムについて直接述べてはいないが，この種の教師なしで文脈をクラスタに割り当てる方法は曖昧性解消と等価であるから，曖昧性解消はその素直な拡張と考えられる．彼らが利用したクラスタリングアルゴリズムについては 14.1.4 節 を参照のこと．Chen and Chang (1998) と Dolan (1994) はいくつかの細分化された意味を一つの「上位の意味」にまとめることで意味表現を構築している．この種の細分化された意味をクラスタリングすることは辞書に記載されている意味に比べて粗い意味分類を構築する上で有用であり，また二つの辞書の間の意味の定義を関係付ける上でも役に立つ．

多義解消へのさまざまなアプローチで生じる重要な問題はいかにして異なった種類の証拠を組み合わせるかである．これについては Cottrell (1989), Hearst (1991), Alshawi and Carter (1994), Wilks and Stevenson (1998) らがそれぞれ別の提案を行っている．.

本章では統計的なアプローチしか扱っていないが，単語の多義解消の研究には人工知能と計算言語学の分野で長い歴史がある．二つのよく参照される成果として，人手で作成した多義解消規則による方法 (Kelly and Stone 1975) と多義解消のための選択制限を活用する方法 (Hirst 1987) がある．非統計的手法による多義解消に関する優れた概要は上述の (Ide and Véronis 1998) にある．

7.7　練習問題

練習問題 7.1 [⋆]
多義解消精度の下限はどれだけ多くの情報が利用できるかに依存する．ある単語のすべての出現に対して，最も頻度の高い語義を割り当てた場合よりも下限値が低くなるのはどういうときか説明せよ（ヒント：下限値を計算するのにはどういう知識が必要か）．

練習問題 7.2 [⋆⋆]
教師ありの語義の曖昧性解消アルゴリズムは作成も訓練も簡単である．本章で述べた方法のいずれかを実装するか，あるいは独自のものを設計して実装せよ．性能の良さはどのくらいか．訓練データは Linguistic Data Consortium（DSO コーパス）や WordNet プロジェクト (semcor) から入手可能である．これらへのリンクは本書の Web サイトを参照してほしい．

練習問題 7.3 [⋆⋆]
疑似語を使って人工的な学習データとテストデータを作成せよ．これらのデータを使って教師ありアルゴリズムを評価せよ．

練習問題 7.4 [⋆⋆]
ウエブ（本書の Web サイトを参照のこと）から Roget のシソーラスをダウンロードし，シソーラスに基づくアルゴリズムの実装と評価を行うこと．

練習問題 7.5 [⋆⋆]
7.2 節の二つの教師あり手法は次の二つの側面で違いがある．一つは用いる特徴量の数（一つか多数か）であり，もう一つは数学的な手法（情報理論か ベイズ分類か）である．一つの特徴のみを用いるベイズ分類器，および複数の特徴を用いる情報理論的手法を設計するにはどうすればよいか．

練習問題 **7.6** [★★]

密接に関連し「共活性化」すると語義に関する議論に照らして疑似語が曖昧性をどの程度うまくモデル化しているかを論じよ.

練習問題 **7.7** [★★]

Lesk のアルゴリズムでは意味記述と文脈の両方に出現している単語の個数を数えるが, これは最適ではない. なぜなら *try* や *especially* のような「内容の薄い語」やストップ語のせいで分類ミスが生じるからである. Lesk のアルゴリズムを改良して識別にとって適切な値になるような重みを単語に付与する方法を考えよ.

練習問題 **7.8** [★]

情報理論に基づく多義解消と Yarowsky (1995) のアルゴリズムは特徴を一つのみ使う. これら二つのアプローチについて, 相違点とほかの類似点について論じよ.

練習問題 **7.9** [★]

複数の種類の曖昧性（用法のタイプ, 同形異義語, そのほか）に対して,「談話内単一意味」制約の妥当性を論じ, この制約でうまく行きそうな曖昧性の例とそうではない例を示せ.

練習問題 **7.10** [★★]

適当なコーパスを選び, 談話内単一意味制約を評価せよ. 一つの多義語が複数出現している記事や本の章などを見つけ, それらが何回異なった意味で使われているか調べよ.

練習問題 **7.11** [★]

教師なし多義解消の節では多義語の持つ語義の数を決める基準について述べた. ほかの基準を思いつくだろうか. (a) 辞書が利用可能（だが対象単語は入っていない）; (b) シソーラスが利用可能（だが, 対象単語は入っていない）である状況を想定せよ.

練習問題 **7.12** [★]

あなたがよく知っている二つの言語に対して, 一方の言語で曖昧な単語を他方の言語に翻訳すると異なった単語になる例, および二つ以上の語義を持つ単語が一つの単語に翻訳される例をそれぞれ三つずつあげよ.

練習問題 **7.13** [★]

教師なし多義解消を訓練セットとは別のテストセットで評価することは重要だろうか, あるいは教師なしであることの性質として訓練セットとテストセットを分けることは不必要なのだろうか（ヒント：別のテストセットは重要でありうる. なぜだろうか. Schütze (1998: 108) を見よ）.

練習問題 **7.14** [★]

本章の冒頭で論じた *title* のいくつかの語義は規則的な多義性と関係がある. 同様の規則的な多義性を持つほかの単語を探せ.

練習問題 **7.15** [★★]

多義解消アルゴリズムを一つ選び, 文境界推定に適用せよ.

8章

語彙獲得

"それはマラッカの言葉でドゥリオンと呼ばれ，とてもおいしい.....
ほかのどんなものより風味に優れ，かつて見たことも味わったことも
もない."

(*Parke* 訳 *Mendoza* 著，中国の歴史，*p.393*（原著），*1588*)

語彙獲得 (LEXICAL ACQUISITION)

　5 章のトピックは**連語**，すなわち，特別な意味を持っていたり，自然言語処理において特別な振る舞いをしたりする単語の組合せや句をコーパスから獲得することであった．本章ではもう少し網を広げて，単語に関してさらに複雑な統語的，意味的な性質を獲得する方法について調べてみよう．**語彙獲得** (*lexical acquisition*) の一般的な目標は，大規模なテキストコーパスにおける単語の出現パターンを調べることによって，既存の機械可読辞書に欠けている部分を埋めるためのアルゴリズムや統計的な手法を開発することである．連語以外にも多くの語彙獲得の課題がある．例えば，選択選好（例えば動詞 *eat* が通常，食物を直接目的語にとること），下位範疇化フレーム（例えば *contribute* の受け手が *to* で始まる前置詞句になること），意味カテゴリ分類（辞書に入っていない新しい単語の意味カテゴリは何であるか）などの獲得である．ちなみに，我々は計算機がオンラインテキストから語彙情報を学習する能力について，そこそこうまくいく範囲についてのみ議論するのであり，ヒトの言語獲得の仕方をモデル化するのとは方向が異なる．しかし，本章のモデルは，言語的な刺激が欠乏していることを根拠に生得的な言語能力を想定する古典的なチョムスキー派の主張の土台を密かに崩すことになる．

　機械可読辞書には自然言語処理における興味深い単語の特徴の多くが完全には含まれていない．これは自然言語の生産性 (productivity) のためである．我々は常に新しい単語を作り出したり，古い単語に対する新しい用法を作り出したりしている．今日使われている言葉を完璧にカバーする辞書を編纂できたとしても，ものの数ヶ月で不完全になってしまうことは避けられない．これが統計的自然言語処理において語彙獲得がなぜ重要かという理由である．

語彙的 (LEXICAL)
レキシコン
(LEXICON)

ここで**語彙的** (*lexical*) という用語と**レキシコン** (*lexicon*) という用語が何を意味するかを手短かに説明しよう．Trask (1993: 159) はレキシコンを次のように定義している．

語彙項目
(LEXICAL ENTRIES)

> ある言語の文法の一部であり，当該言語のすべての単語，あるいは形態素のすべての**語彙項目** (*lexical entries*) を含み，また個々の文法理論に依存してほかのさまざまな情報を含む．

定義の前半の（「すべての単語の語彙項目」）という部分によれば，レキシコンとは計算機で読むことができる（すなわち，機械可読な）形式に拡張された辞書の一種と考えてよさそうである．困ったことは，従来の辞書が計算機のためではなく，人間の利用者の要望に合うように書かれていることである．とりわけ，既存の辞書には定量的な情報が完全に欠けている．そのような情報が人間の読者にとってあまり役に立たないためである．したがって，統計的自然言語処理のための語彙獲得の重要な課題の一つは既存の辞書を定量的な情報によって拡張することである．

定義の後半の（「個々の文法理論に依存して，ほかのさまざまな情報を含む」）という部分では語彙情報と非語彙情報との間に明確な境界がないという事実に注意すべきことが示されている．S → NP VP のような一般的な統語規則が語彙的情報ではないことは間違いないが，前置詞句の付加 (attachemnt)[1] の曖昧性についてはどうだろうか．これはある意味で統語的な問題であるが，次の例で示すように動詞，および前置詞の補語名詞の語彙的な特性によって解くことができる．

(8.1)　　　a. The children ate the cake with their hands.

b. The children ate the cake with blue icing.

我々はコーパスから，食べることは手を使ってできる行為であることや，ケーキは糖衣 (icing) をその一部に含む物体であることを学習することができる．*ate* と *hands*，*cake* と *icing* の依存性を獲得すれば，文 (8.1) の例の付加先について，*with their hands* は *ate* に付加し，*with blue icing* は *cake* に付加するという風に曖昧性を正しく解消することができる．

ある意味，ほとんどすべての統計的自然言語処理には単語の特徴と紐付くパラメータの推定が含まれるので，統計的自然言語処理の研究の多くにはこれに関わる語彙獲得が含まれる．実際，すべての言語的知識は単語に関する知識であると主張する言語理論もあり（依存文法 (Mel'čuk 1988)，範疇文法 (Wood 1993)，木結合文法 (Schabes et al. 1988; Joshi 1993)，「ラジカルな語彙主義」(Karttunen 1986)）．それらによると，言語について知るべきことは語彙

---

[1] 訳注：「係り先」の方が馴染みがあるかもしれないが言語学における定訳の「付加（先）」を用いた．

8.1 評価指標

のみであり，それゆえ，独立した存在としての文法は完全に不要である．一般的に，個々の単語のレベルで最も簡単に概念化される単語の特徴は「語彙獲得」という表題でカバーされる範囲に含まれる．本書では連語の検出，および語義の曖昧性解消にそれぞれ 1 章ずつを当てたが，その理由は単に，これら二つの問題がそれぞれで完結しており，統計的自然言語処理における中心課題として別々に扱う根拠があるからである．しかし，これらは本章に含まれる課題と同じ程度に語彙獲得の例になっている．

本章で扱う四つの主要な領域は，動詞の下位範疇化（動詞がその項について表現する統語的な手段），付加の曖昧性（例は文 (8.1)），選択選好（「食べる行為の対象は通常食物である」といった動詞の項に対する意味的な特徴付け），そして，単語間の意味的類似度である．これらの議論に先立って，まず，語彙獲得手法やほかの統計的自然言語処理システムで使われているいくつかの評価指標を紹介し，上記 4 領域の説明の後，統計的自然言語処理における語彙獲得の意義に関するより深い議論と文献案内で章を締めくくることにしよう．

8.1 評価指標

自然言語処理における最近の重要な方向性は自然言語処理システムに対する厳密な評価基準を用いるようになってきたことである．うまくいったことを示す究極の証拠は，綴り訂正であれ求人広告の要約であれ，応用タスクでの性能改善を示すことであるのは一般的に合意されている．にもかかわらず，システムの開発過程では（パープレキシティのような）何らかの人工的な性能スコアによってシステムの構成要素を評価し，構成要素に施した改善が応用におけるシステム全体の性能向上に反映できそうかどうかを見積もることがしばしば好都合である．

情報検索 (Information Retrieval: IR) の評価では精度 (precision)[2] と再現率 (recall) という概念が頻繁に用いられる．これらはこの章で述べるようないくつかのシステムにおける統計的自然言語処理モデルを評価する研究にも重なる．多くの問題において，大きなデータ集合中で見つけたい，すなわち，目標とする部分集合（例えば，関連文書の集合や，ある単語が特定の意味で使われているような文の集合など）が存在する．我々のシステムはある部分集合（システムが，関連すると判断した文書の集合や，ある単語が特定の意味で使用されていると判断した文など）の上で評価を行う．この状況を図 8.1 に示す．システムが選んだグループ（部分集合）と目標とするグループは指標確率変数 (indicator random variable) と考えられ，二つの変数は 2×2 分割表に表すことができる．

---

[2] 訳注：以前は「適合率」と訳されることが多かった．

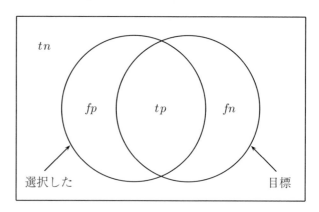

図 8.1 精度と再現率の尺度を考えるための図．真の陽性と偽陽性，真の陰性と偽陰性に対する領域が目標（正解の）集合と選択した集合によって示されている．精度は $tp/|$選択した$|$ であり，選択した要素全体における目標（正解）要素の割合である．再現率は $tp/|$目標$|$ であり，目標の要素全体における選択した要素の割合である．また，$|$選択した$| = tp + fp$，および $|$目標$| = tp + fn$ である．

(8.2)

システム	実際のデータ	
	目標（正解）	目標でない（誤り）
選択した	tp	fp
選択しなかった	fn	tn

真の陽性 (TRUE POSITIVES)
真の陰性 (TRUE NEGATIVES)
偽陽性 (FALSE POSITIVES)
第二種の過誤 (TYPE II ERRORS)
偽陰性 (FALSE NEGATIVES)

各々の欄の数字はそれぞれの領域の頻度，または個数を表している．tp（**真の陽性** (*true positives*)）と tn（**真の陰性** (*true negatives*)）は我々のシステムが正解した場合である．誤ったものを選んでしまったケースの fp は**偽陽性** (*false positives*)，**偽りの採用**，**第二種の過誤** (*Type II errors*) と呼ばれる．選ぶべきものを偽と判定して選び損ねたケースの fn は**偽陰性** (*false negatives*)，または，**偽りの棄却**，**第一種の過誤** (*Type I errors*) と呼ばれる．

精度 (*precision*) はシステムが選んだもののうち，正解の割合として定義される．

$$(8.3) \quad 精度 = \frac{tp}{tp + fp}$$

再現率 (*recall*) は選ぶべきもの（目標）のうちでシステムが選んだものの割合として定義される．

$$(8.4) \quad 再現率 = \frac{tp}{tp + fn}$$

第一種の過誤 (TYPE I ERRORS)
精度 (PRECISION)
再現率 (RECALL)

情報検索のような応用では精度と再現率は一般にトレードオフの関係にある（例：すべての文書を出力すれば再現率は 100% になるが精度は非常に低くなる）．このトレードオフは 15.1.2 節に図示するように精度–再現率曲線としてプロットできる．自然言語処理応用においてそのようなトレードオフは時とし

てさほど意味をなさないが，選んだ要素のうちどれかがほかのものより確実な
とき（8.2 節における下位範疇化フレームの学習のように），精度と再現率のト
レードオフと同じ状況が存在する．

E 値
(E MEASURE)
F 値
(F MEASURE)

トレードオフが存在することから，精度と再現率を組み合わせて性能全体を示
す一つの尺度があれば便利である．一つの方法は van Rijsbergen (1979: 174)
によって導入された E 値（E measure）の変種である F 値（F measure）であ
る．ここで $F = 1 - E$ である．F 値は下記のように定義される．

$$F = \frac{1}{\alpha\frac{1}{P} + (1-\alpha)\frac{1}{R}}$$

(8.5)

ここで P は精度，R は再現率，そして α は精度と再現率の重みを定める係数
である．$\alpha = 0.5$ が P と R の均等重みとしてしばしば選ばれる．この α の
値を使うと F 値は $2PR/(R+P)$ という式に単純化できる．

ここで，次のような質問が出るのはもっともである．「ちょっと待ってくれ．
表 (8.2) を見ると，$tp + tn$ はシステムが正解した数で，$fp + fn$ は間違った
数である．なぜ，単純に正解の割合や誤りの割合を使わないのか？」そのよう

正解率
(ACCURACY)
誤り率
(ERROR RATE)

な指標は存在し，それぞれ**正解率**（accuracy），**誤り率**（error rate）と呼ばれ
る．しかし，これらはしばしば良い尺度ではないことがわかる．理由は，この
定義に tn が含まれることにある．tn は選ぶべき目標でもなく，かつ，システ
ムにも選ばれなかったデータの数であるが，この数は通常膨大なため，他の数
がかすんでしまうからである．そのような場合，精度と再現率には三つの利点
がある．

- 正解率は，重要であるが値が小さい tp, fp, fn があまり反映されない．一
  方，精度と再現率はこれらを反映しやすい．単純に何も出力しないことで正
  解率は非常に高くなってしまう．
- ほかが同じであれば，正解率は誤りの数のみに影響を受けるが，F 値は真の
  陽性が多い結果をより重視する傾向がある．これは，システムの出力に目標
  外の項目（ゴミ）が入ってしまうという代償を払っても，何らかの事物を見
  つけたい，という我々の直感に合っている．
- 精度と再現率を用いることで，システムの出力中のゴミと，目標のうち出力
  できなかった項目に異なるコストを与えることができる．

表 8.1 は正解率と F 値（$\alpha = 0.5$ とする）で評価がどの程度異なるかを示す．

あまり頻繁に使われない尺度として，目標外のデータの個数に対する誤って
選んだ目標外の個数の比率である**フォールアウト**（fallout）がある．

フォールアウト
(FALLOUT)

$$\text{fallout} = \frac{fp}{fp + tn}$$

(8.6)

フォールアウトは偽陽性を避けるようなシステムを作ることがいかに難しいか

表 8.1 F 値と正解率は異なった目的関数である．この表は精度，再現率，F 値 ($\alpha = 0.5$)，および正解スコアは，100,000 個の項目のうち 150 個が目標であるようなデータから選んだある個数の項目に対する正解率である．表 (a) は F 値の増加を示しているが正解スコアは下がっている．表 (b) は同一の正解スコアを示しているが，F 値は増加している．正解率は分類誤りの数にのみ影響を受けるものの，F 値の偏りは真の陽性を最大化する方向性にある．

	tp	fp	fn	tn	Prec	Rec	F	Acc
(a)	25	0	125	99,850	1.000	0.167	0.286	0.9988
	50	100	100	99,750	0.333	0.333	0.333	0.9980
	75	150	75	99,700	0.333	0.500	0.400	0.9978
	125	225	25	99,625	0.357	0.833	0.500	0.9975
	150	275	0	99,575	0.353	1.000	0.522	0.9973
(b)	50	0	100	99,850	1.000	0.333	0.500	0.9990
	75	25	75	99,825	0.750	0.500	0.600	0.9990
	100	50	50	99,800	0.667	0.667	0.667	0.9990
	150	100	0	99,750	0.600	1.000	0.750	0.9990

を表す尺度として時々使われる．もし，目標外の要素数が非常に多い場合，fp が大きいことによる精度の低下は避けられないかもしれない．というのは，目標外データが大量にあれば，それらのうちいくつかをシステムが誤って選択してしまうことは避けられないからである．

ROC 曲線 (ROC curve)　いくつかの工学領域において，再現率とフォールアウトのトレードオフは精度と再現率のトレードオフより一般的である．いわゆる**ROC 曲線**（*ROC curve*, receiver operating characteristic の略）がどの程度のレベルのフォールアウト（目標外の全事象のうち，どれだけが偽陽性か）が再現率に影響を与えるか，あるいはその感度（目標の全事象の一部としての真の陽性）を示すのに使われる．感度調整つまみの付いた強盗警報機を考えてみてほしい．ROC 曲線はある一定の偽陽性率に対して真の陽性の比率の期待値を教えてくれる．例えば，警報が 100 回鳴ったうち，1 回は強盗でないという偽陽性率に対して，真陽性率の期待値は 95％ であるかもしれない（その意味は 5％ の強盗が検出できないだろうということである）．

▽ 統計的構文解析で用いられる評価尺度は 12.1.8 節で議論する．また，情報検索における評価は 15.1.2 節でさらに議論する．

8.2 動詞の下位範疇化

下位範疇化する (SUBCATEGORIZE FOR)　3.2.2 節で議論したように，動詞はさまざまな文法カテゴリを**下位範疇化する**（*subcategorize for*）．すなわち，動詞は意味的な項 (argument) を適切な統語的手段で表現する．動詞がそこに出現しうる特定の文法カテゴリの集合のことを**下位範疇化フレーム** (*subcategorization frame*) と呼ぶ．下位範疇化フレームの例を**表 8.2** に示す．なお，英語の動詞はいつも主語を下位範疇化するので，

下位範疇化フレーム (SUBCATEGORIZATION FRAME)

8.2 動詞の下位範疇化

表 8.2 いくつかの下位範疇化フレームと動詞，および文の例．NP, S, INF はそれぞれ名詞句，節，不定詞句に対応する文法カテゴリー．(adapted from (Brent 1993: 247)).

フレーム	機能	動詞	例
NP NP	subject, object	greet	She greeted me.
NP S	subject, clause	hope	She hopes he will attend.
NP INF	subject, infinitive	hope	She hopes to attend.
NP NP S	subject, object, clause	tell	She told me he will attend.
NP NP INF	subject, object, infinitive	tell	She told him to attend.
NP NP NP	subject, (direct) object, indirect object	give	She gave him the book.

主語は下位範疇化フレームから省かれることがある．

　この現象を下位範疇化と呼ぶのは異なる動詞が同じ意味的な項の集合を伴うとき，これらの動詞は同じ範疇（カテゴリ，category）に属すると考えることができるからでである．このような範疇は意味的な項をさまざまな**統語的**手段を使って表現するいくつかの**下位範疇**を持つ．例えば，意味的な項である**対象** (*target*) と**受容者** (*recipient*) を持つ動詞の範疇はこれらの項を目的語と前置詞句で表現する下位範疇（例えば，*He donated a large sum of money to the church* における *donate*）や，二重目的語をとるほかの下位範疇を持つ（例えば，*He gave the church a large sum of money* における *give*）.

　動詞に対して可能な下位範疇化フレームを知ることは構文解析にとって重要である．(8.7) の対照的な 2 文がその理由を示す．

(8.7)　　　a. She told the man where Peter grew up.

　　　　　b. She found the place where Peter grew up.

　もし，*tell* が NP NP S（主語，目的語，節）という下位範疇化フレームを持ち，*find* がそのようなフレームを持たず，NP NP（主語，目的語）という下位範疇化フレームを持つことを知っているなら，最初の文の場合は（文 (8.8a) に示すように）*where*–節を *told* に，二番目の文の場合は（文 (8.8b) に示すように）*place* にいずれも正しく依存させることができる．

(8.8)　　　a. She told [the man] [where Peter grew up].

　　　　　b. She found [the place [where Peter grew up]].

　不運なことに多くの辞書には下位範疇化の情報がない．たとえそれを掲載するいくつかの辞書 (e.g., Hornby 1974) を手に入れたとしても多くの動詞の情報は不完全である．ある集計によると，構文解析誤りのうち下位範疇化フレームが辞書にないことによるものは 50％に達する[3]．英語の下位範疇化情報の最

---

[3] John Carroll, "Automatic acquisition of subcategorization frames and selectional preferences from corpora," "Practical Acquisition of Large-Scale Lexical Information" ワークショップにおける講演 CSLI, Stanford, on April 23,1998.

も包括的な語彙資源は (Levin 1993) である．しかし，この上質な出版物でさえ，すべての下位範疇化フレームをカバーしているわけではなく，動詞が複数の下位範疇化フレームを持つとき，それぞれに対する相対頻度などの定量的な情報もない．そして言語の生産性に対処するためには，たとえより良い言語資源があったとしてもコーパスからの獲得が必要なのである．

　下位範疇化フレームを学習するための単純で効果的なアルゴリズムが Brent (1993) によって提案され，*Lerner* というシステムに実装された．動詞 v がフレーム f を持つかどうかを，コーパスを根拠にして決めたいとしよう．Lerner はこの判断を次の二つのステップで行う．

- **手がかり作成 (Cues)**：フレームの存在を高い確度で示す単語および文法カテゴリの正規表現パターンを定義する．確度は誤りの確率を用いて定式化する．特定の手がかりフレーズ c^j に対して，このフレーズ c^j に基づいてフレーム f を動詞 v に割り当てた場合にどのくらい誤りを起こしやすいかを示す誤り確率 ϵ_j を定義する．
- **仮説検定 (Hypothesis testing)**：基本的な考え方として，まず当該フレームがこの動詞に対しては適切でないと仮定する．これが帰無仮説 H_0 である．もし手がかりフレーズ c^j によって高い確率で帰無仮説 H_0 が間違っていることが示されるならこれを棄却する．

手がかり作成： Brent (1993: 247) が下位範疇化フレーム "NP NP"（他動詞）の手がかりとして用いている正規表現パターンは次のとおりである．

(8.9)　　　フレーム "NP NP" の手がかり：
　　　　　(OBJ | SUBJ_OBJ | CAP) (PUNC | CC)

ここで，OBJ は *me* や *him* のような目的格であることが明白な人称代名詞，SUBJ_OBJ は *you* や *it* のような主語と目的語双方になりうる代名詞，CAP は先頭が大文字の英単語，PUNC はピリオドなどの句読点（パンクチュエーション記号），CC は *if* や *before*，*as* のような従属接続詞である．

　このパターンが作られたのは，動詞が本当に "NP NP" というフレームをとるときにのみ出現しそうだからである．(8.9) におけるパターン "CAP PUNC" と照合に成功する (8.10) のような文を考えてみればよい．

(8.10)　　　[...] greet-V Peter-CAP,-PUNC [...]

上述のパターンが出現しているにもかかわらず，対応するフレームを動詞が許さない (8.11) のような文を想像することができる（(8.11) と照合するパターンは *came*-V *Thursday*-CAP ,-PUNC である）．しかし，このようなことはほとんど起こりそうにない．なぜなら，動詞の直後に大文字化された単語が出現しその後に句読点類が現れるのは，動詞が目的語をとって，ほかのいかなる構

8.2 動詞の下位範疇化 241

文要素も必要としない場合がほとんどだからである（もちろん主語は例外である）．したがって，(8.9) のような手がかりとともに出現する動詞に対して，'NP NP' のようなフレームに決めた場合の誤り確率は極めて低い．

(8.11)　　　I came Thursday, before the storm started.

注意しておきたいのは手がかりの信頼性と出現頻度の間にはトレードオフがあるということである．"OBJ CC" というパターンは "CAP PUNC." と比べておそらく誤りにはなりにくい手がかりであろう．しかし，もし，(8.9) のうち信頼できるもののみに絞った場合，手がかりの出現を見つけるために，動詞の多くの出現を精査しなければならず，出現数が最も多いいくつかの動詞のみにしか適用できない可能性がある．この問題については後ほど再検討する．

仮説検定：　フレームの手がかりが定義されたなら，コーパスを分析して動詞とフレームの組合せについてこれらが一緒に出現する頻度を数えることができる．動詞 v^i がコーパス中で合計 n 回出現しており，そのうち，フレーム f^j に対する手がかりとともに出現した回数が $m \leq n$ であるとしよう．その場合，v^i が f^j を持たないという帰無仮説 H_0 を次の誤り確率で棄却することができる．

(8.12)　　　$$p_E = P(v^i(f^j) = 0 \mid C(v^i, c^j) \geq m) = \sum_{r=m}^{n} \binom{n}{r} \epsilon_j{}^r (1 - \epsilon_j)^{n-r}$$

ここで $v^i(f^j) = 0$ は「動詞 v^i がフレーム f^j を持たないということ」の略記法，$C(v^i, c^j)$ は v^i が手がかり c^j とともに出現した回数，ϵ_j は手がかり f^j の誤り率，すなわち，当該動詞の出現に対して，実際にはそのフレームが使われていないのに，手がかり c^j を見つける確率である．

仮説検定の基本的な考え方を思い出してみよう（5 章，147 ページ）．p_E は帰無仮説 H_0 が正しい場合にデータを観測する確率である．もし p_E が小さければ，H_0 を棄却することができる．なぜなら起こりそうにない事象が起こったということは H_0 が間違っているということになるからである．このように推論することが誤りである確率が p_E なのである．

式 (8.12) においては二項分布を仮定している（2.1.9 節）．動詞の 1 回ごとの出現を独立したコイン投げと考える．コインの表に対応するのが，手がかりがうまく働かない場合（すなわち，手がかりは出現するが対応するフレームは出現していない場合）であり，その確率は ϵ_j，裏に対応するのが，手がかりがうまく動く場合（すなわち，手がかりが出現して当該フレームが存在するか，手がかりが出現しておらず誤りに至らない場合）であり，その確率は $1 - \epsilon_j$ である[4]．以上より，もしこのフレームに対して m 回以上の手がかりを観測した

---

[4] Lerner はここで省略した三番目の構成要素を持っている：各フレームに対して ϵ_j を決める方法である．興味のある読者は Brent (1993) を調べてほしい．

なら H_0 を誤って棄却する確率は p_E である．もしある適切な有意水準 α, 例えば，$\alpha = 0.02$ に対して $p_E < \alpha$ であるならば，帰無仮説を棄却する．$p_E \geq \alpha$ の場合，動詞 v^i はフレーム f^j を持たないだろうとみなせる．

評価実験によると Lerner は精度に関する限りうまくいく．ほとんどの下位範疇化フレームに対して動詞に割り当てられたフレームの 100% 近くが正しい (Brent 1993: 255)．しかし再現率に関して Lerner はそれほどよくない．Brent (1993) のあげた 6 個のフレームについての再現率は 47% から 100% になる．しかし，もし動詞を語トークンではなく語タイプの集合からランダムに選んだとすると，低頻度語が多くなってこれらの値はより悪くなるだろう[5]．低頻度動詞は既存の辞書に網羅的には掲載されていないだろうから，これらの動詞に対する性能のよさは高頻度動詞に対する性能よりも疑いなく重要である．

Manning (1993) は低再現率の問題に，品詞タガーとこのタガーの出力に対する手がかり検出（すなわち，(8.9) のようなパターンとの正規表現照合）で対応した．この方法は品詞タガーと手がかり検出という誤りを含みがちな二つのシステムを組み合わせるので誤りがさらに増えることが懸念される．しかし，仮説検定の枠組みにおいて，これは必ずしも問題にはならない．下位範疇化フレームの目印としての手がかりの信頼性は実際上問題ではないというのが基本的な洞察である．信頼できない目印であっても十分な頻度があり，かつ，適切な仮説検定を行えば，動詞の下位範疇化フレームを信頼性よく決定するのに役立てることができる．例えば，誤り率 $\epsilon_j = 0.25$ の手がかり c^j が 80 回のうち 11 回出現したとすると，c^j の信頼性が低いにもかかわらず v^i が c^j を持たないという帰無仮説を $p_E \approx 0.011 < 0.02$ の危険率で棄却することができる．

信頼性の低い手がかりと品詞タガーの出力に基づく追加的な手がかりにより，利用できる手がかりは顕著に増加する．その結果，ずっと多くの動詞の出現箇所でフレームに対する手がかりが存在することになる．しかしながら，より重要なことは，信頼性の高い手がかりを持たない下位範疇化フレームも多いということである．例として，*he relies* **on** *relatives* における *on* や *she compared the results* **with** *earlier findings* における *with* のような前置詞に対する下位範疇化がある．動詞の後に出現する前置詞のほとんどは下位範疇化されないので，前置詞を下位範疇化する動詞に対する信頼できる手がかりは単に存在しない．Manning の方法は信頼性の低い手がかりしか存在しないものを含め，より多くの下位範疇化フレームを学習することができる．

表 8.3 は Manning の結果の例を示している．これを見ると精度が高いことがわかる．誤りは三つだけであり，このうち二つの誤りは前置詞句 (PPs) の *to bridge between* と *to retire in* である．前置詞句が（下位範疇化される）項な

---

[5] 前者の選択方法の場合，評価データ中にある動詞が出現する確率はブラウンコーパスにおいて動詞の語トークンにおける出現確率に等しくなり，低頻度動詞がより少なくなる方向にバイアスがかかる．

8.2 動詞の下位範疇化 243

表 **8.3** Manning のシステムにより学習された下位範疇化フレーム. 各動詞に対して, この表は学習された下位範疇化フレームのうち正解と不正解の数, および Oxford Advanced Learner's Dictionary(OALD) (Hornby 1974) に掲載されているフレームの数を示している Manning (1993) を引用.

動詞	正解	不正解	OALD
bridge	1	1	1
burden	2		2
depict	2		3
emanate	1		1
leak	1		5
occupy	1		3
remark	1	1	4
retire	2	1	5
shed	1		2
troop	0		3

のか, (下位範疇化されない) 付加部 (adjunct) なのかを決めることはしばしば難しい. *retire* が *John retires in Malibu* のような文で前置詞句である *in Malibu* を下位範疇化すると主張することができる. 動詞と補語前置詞句の関係は単なる副詞修飾よりは近い関係に含めることができるからである (例えば, ジョンが最終的に Malibu に住むという意味だと推測することができる). しかし, OALD は「名詞句 *in*–前置詞句」を下位範疇化フレームとして掲載していないし, 評価する際にもそれを正解の基準として使っていた.

表の三つ目の誤りは remark に対して誤って自動詞のフレームを割り当てたことである. これはおそらく, 文 (8.13) に示すような, *remark* が (主語以外の) どのような項もとらないように見える文に起因すると思われる.

(8.13) "And here we are 10 years later with the same problems," Mr. Smith remarked.

表 8.3 の再現率は比較的低い. ここでの再現率は OALD に掲載されている下位範疇化フレームのうち正しく同定できたものの比率である. 精度が高く再現率が低いことはここで用いられた仮説検定による帰結である. つまり, この方法はうまく検証できる下位範疇化フレームのみを見つける. 逆に, ほとんど出現しない下位範疇化フレームは検出できない. 例えば, *he leaked the news* にあるような *leak* の他動詞的用法はコーパス中の出現数が不十分なため検出できない.

表 8.3 は単なる例である. 40 個すべての動詞に対する精度は 90%であり, 再現率は 43%である. これらの結果を改善する一つの方法は動詞の下位範疇化フレームに関する事前知識を取り入れることだろう. 辞書編纂者の仕事の助力なしに生データのみから学習できることは主張としては魅力的であるが, 事前知識を考慮に入れると結果はずっと良くなるだろう. 同じパターンが, ある動

詞に対する未登録の下位範疇化フレームの強い証拠になりうる一方で，別の動詞の異なったフレームに対する証拠となっているかもしれない．もし，下位範疇化検出の入力をより構造的にして，品詞タグ付け器だけではなく構文解析器も用いるならば，これは特に当てはまるだろう．事前知識を指定する最も単純な方法は辞書に掲載されている下位範疇化フレームに，より高い事前確率を与えることである．

　事前知識によって精度が改善される例を示そう．ある統語パターン（例えば，動詞 名詞句 文）を分析したところ，二つの下位範疇化パターン f^1 (subject, object) と f^2 (subject, object, clause) がありえて，f^1 のほうがやや確率が高いことがわかったとしよう．文 (8.8) がその例である．構文解析器は，二つのフレームの事前確率が同じ動詞については f^1 (subject, object) を選び，何らかの事前知識によって f^1 に比べて f^2 に高いバイアスがかかっている動詞に対しては f^2 (subject, object, clause) を選ぶだろう．例えば，もし *email* という動詞が *tell* と同じようなコミュニケーションに関する動詞であることがわかっていれば，節を持たないフレームは好ましくないと考えて，*I emailed my boss where I had put the file with the slide presentation* という文に対して解析器は正解の f^2 (subject, object, clause) を選ぶだろう．このような，下位範疇化辞書に基づくシステムは仮にその辞書が不完全であっても，先に述べたようなシステムよりもコーパスをうまく使っているといえ，それゆえより良い結果に至るだろう．

練習問題 8.1 [⋆]

信頼性の低い手がかりを含めることにまつわる潜在的な問題は，信頼性の高い手がかりの効果を「薄め」てしまうことである．一つの正規表現パターンに信頼性の低い手がかりを混ぜると再現率が下がってしまう．この問題を解決するために，どのように仮説検定を修正できるだろうか．ヒント：多項分布を考えてみよう．

練習問題 8.2 [⋆]

ある動詞に対するある下位範疇化フレームが非常に稀であるとしよう．このようなフレームを Brent と Manning の方法で検出するのが難しいことを論じよ．

練習問題 8.3 [⋆]

ある動詞における低頻度の下位範疇化フレーム f^j に対する仮説検定を行う際に，この動詞の出現データのうちで当該フレームのインスタンスとなりうる可能性があるデータのみの集合を事象空間にすることにより，仮説検定精度を改良することができるだろうか．ほとんどの場合に他動詞として使われる（直接目的語名詞句をとる）が一つの前置詞句のみを下位範疇化する出現例がいくつかある動詞を考えてみよう．本節で述べた方法を適用すると自動詞として使われる可能性に対する反例として他動詞用法のデータが用いられてしまう．しかし，事象空間を適切に縮小すると，このようにはならない．このアプローチの有利な点と不利な点を論じよ．

練習問題 8.4 [⋆]

固定された有意水準（Brent の仕事では $\alpha = 0.02$）を設定して下位範疇に分類する（動詞が特定のフレームをとるか否か決める）方法における難しい問題として，下位範疇へ分類したもののうちなるべく多くが正解となり（高い精度），かつ，見つけ損なうフレームの数が多くならないような（高い再現率）閾値を決定する問題がある．一つの下位範疇に属すかどうかという二値分類を行う代わりに $P(f^j \,|\, v^i)$ を決めるという確率的な枠組みを用いることでこの問題が回避できるかもしれないことを論じよ．

8.3 付加の曖昧性 245

練習問題 8.5 [★]

構文解析と事前確率に基づく下位範疇化フレーム獲得のアプローチにおいて，確率的な解析と事前知識をどのように組み合わせて下位範疇化フレームの事後確率の推定を行うことができそうか．事前分布が $P(f^j \mid v^i)$ という形式で与えられ，コーパスに対する構文解析によって $P(s_k \mid f^j)$ （動詞 v^i がフレーム f^j を持つ文のうち，文 k が出現する確率）という形式の推定値が与えられることを想定せよ．

8.3 付加の曖昧性

自然言語の構文解析のあらゆるところに存在する課題として付加の曖昧性の解消がある．一般的には 12 章で検討する問題であるが，文の統語構造を決定しようとするとき，木構造の二つ以上の異なったノードに付加する可能性がある句がしばしば存在する．この場合，どれが正しい付加かを決めなければならない．前置詞の付加 (PP attachment) は付加の曖昧性のうち，統計的自然言語処理の文献において最も注目を集めた問題である．この問題の例は 3 章 の文 (3.65) で示したが，文 (8.14) に再掲する：

(8.14)   The children ate the cake with a spoon.

この文は，前置詞句 *with a spoon* の付加先に応じて，子供たちがスプーンを用いてケーキを食べていた，という（前置詞句が *ate* に付加する）意味か，多くのケーキのうち，子供たちはスプーンが添えてある方を食べたという（前置詞句が *cake* に付加する）意味のいずれかになる．

後者の読みはこの前置詞句の場合は変であるが，前置詞句が *with frosting* であれば自然である．上記の二つの付加の仕方に対応する二つの構文木の違いについては 3 章 の図 3.2 を見てほしい．この種の統語的曖昧性は目的語の名詞句の後に前置詞句が存在するすべての文で起こりうる．文 (1.12) に対してなぜこれほど多くの解析結果が存在するかというと，それは統語的にさまざまな場所に付加しうる多くの前置詞句（と分詞的な関係節）が存在するからである．ここでは Hindle and Rooth (1993) による，語彙的情報に基づいて**前置詞句** (*prepositional phrases, PP*) の付加先を決める方法を紹介する．

どうやってこのような曖昧性を解消するのだろうか．*with a spoon* がケーキを区別する目印であるという文脈を考えることはできるが，上の例では食べるのに使う道具とみて，動詞に付加する方を選ぶというのが自然だろう．これは自然に出現する多くの文でも成立する．

(8.15)   a. Moscow sent more than 100,000 soldiers into Afghanistan ...

              b. Sydney Water breached an agreement with NSW Health ...

これらの各例文について，一つの付加のみが合理的な解釈になる．文 (8.15a) で，前置詞句 *into Afghanistan* は文 *send* を主辞とする動詞句に付加し，文 (8.15b) では，*with NSW Health* は *agreement* を主辞とする名詞句に付加す

る．これらの例の場合，語彙的な選好性 (preferences) が曖昧性解消のために用いられる．実際，多くの場合にいくつかの簡単な語彙統計でどの付加先が正しいかを決めることができる．いくつかの簡単な統計とは基本的には動詞と前置詞の共起頻度，および名詞と前置詞の共起頻度である．コーパス中で *into* が *send* とともに出現するケースが大量にある一方で，*into* が *soldier* とともに出現するケースがほんの少ししかない，ということがわかったとしよう．その場合，文 (8.15a) における *into* を主辞とする前置詞句は *send* に付加し，*soldiers* には付加しないことが確信できる．

この情報を用いた簡単なモデルは下記の尤度比 λ である（cf. 5.3.4 節 の尤度比）．

$$(8.16) \qquad \lambda(v, n, p) = \log \frac{P(p \mid v)}{P(p \mid n)}$$

ここで $P(p \mid v)$ は動詞 v の後に p を主辞とする前置詞句が現れる確率，$P(p \mid n)$ は名詞 n の後に p を主辞とする前置詞句 が出現する確率である．$\lambda(v, n, p) > 0$ のとき，付加先を動詞とし，$\lambda(v, n, p) < 0$ のとき，名詞とする．

このモデルの難点は，「ほかがすべて同じであれば句が構文木の『低い』所に付加する傾向にある」という事実を無視していることである．前置詞句の付加の曖昧性の場合，低いノードは名詞句になる．

例えば，図 3.2 (b) の木では前置詞句 *with a spoon* を低い方のノードである名詞句に付加する一方，図 3.2 (a) の木では高い方のノードである動詞句に付加する．低い方に付加を決めるということは局所的な処理に対する選好ということで説明できる．我々が前置詞句を処理するとき，名詞句は頭の中でまだ新鮮なため，こちらを前置詞句の付加先にする方が簡単なのである．

ニューヨークタイムズから持ってきた以下の例を見ると，付加先として低いノードの方がよいということを考慮に入れるのが重要なことがわかる．

(8.17) Chrysler confirmed that it would end its troubled venture with Maserati.

前置詞 *with* は end (e.g., *the show ended with a song*)，および *venture* (e.g., *the venture with Maserati*) の後に頻繁に出現している．**表 8.4**[6]，の**ニューヨークタイムズ**コーパスから得られたデータを式 (8.16) に入れると，付加先は動詞であると推測される．

$$P(p \mid v) = \frac{607}{5156} \approx 0.118 > 0.107 \approx \frac{155}{1442} = P(p \mid n)$$

しかし，この決定は誤りである．このモデルが間違っているのは式 (8.16) が動詞にも名詞にも同じくらい付加しそうな場合，低いノードに付加するというバ

---

[6] 5 章のテキストの一部を使った．

8.3 付加の曖昧性 247

表 **8.4** 前置詞句の付加の曖昧性を解消する単純なモデルが失敗する例.

w	$C(w)$	$C(w, with)$
end	5156	607
venture	1442	155

イアスを無視しているからである. このバイアスを定式化した前置詞句の付加
先の確率モデルを考えてみよう.

8.3.1 Hindle and Rooth (1993) の方法

Hindle and Rooth (1993) による確率モデルを準備するにあたり, まず事象
空間を定義する. ここでは前置詞句の付加先に関して潜在的に曖昧な文を考え
ている. そこで, 他動詞（目的語名詞句を持つ動詞）, 他動詞に後続する名詞句
（目的語名詞句）, そして, 名詞句に後続する前置詞句という3つの要素を持つ
ようなすべての節から構成される事象空間を定義する[7]. 目標はそれぞれの節
について前置詞句の付加の曖昧性を解消することである.

モデルの複雑性を下げるために, 一度に一つの前置詞のみに着目する（すな
わち, 異なる前置詞を主辞とする複数の前置詞句の間の相互作用はモデルに含
めないことにする. 練習問題 8.8 を見よ）. もし同じ前置詞を持つ二つの前置
詞句が連続して存在する場合, 最初の前置詞句の振る舞いのみをモデル化する
（練習問題 8.9）.

確率モデルを単純化するために, 特定の前置詞が特定の動詞と名詞のどちら
に付加するかということは問わない. そうではなく, ある前置詞がある動詞, あ
るいは名詞に付加することが一般にどれほど尤もらしいかを推定する. 以下の
二つの問題の答えを考えてみよう. これらは指標確率変数 (indicator random
variables) VA_p と NA_p の集合によって定式化される.

VA_p: p を主辞とし, 動詞 v の後に出現し, v に付加する前置詞句が存在する
   か ($\mathrm{VA}_p = 1$), あるいは存在しないか ($\mathrm{VA}_p = 0$)?
NA_p: p を主辞とし, 名詞 n の後に出現し, n に付加する前置詞句が存在する
   か ($\mathrm{NA}_p = 1$), あるいは存在しないか ($\mathrm{NA}_p = 0$)?

注意してほしいのは, 上記において前置詞 p は特定の出現例を指しているので
はなく, 出現例のいずれも指すということである. したがって, ひとつの p に
関して NA_p と VA_p が両方とも 1 になることがありうる. 例えば, 次の文中
の $p = on$ が, そのような例である.

(8.18)   He put the book [*on* World War II] [*on* the table].

---

[7] ここでの我々の用語法は若干手抜きである. というのは前置詞句の付加先が名詞句の場合,
前置詞句は実際には名詞句の一部だからである. したがって, 厳密に言うと前置詞句は名詞
句に後続するのではない. 我々が「名詞句」というとき, それは補語や付加部を持たないベー
ス名詞句 のことである.

"$v \ldots n \ldots \text{PP}$", という列を含む節に対して，前置詞 p を主辞とする前置詞句 PP が動詞 v，および名詞 n に付加する確率を v と n がわかっている条件で計算したい．

$$(8.19) \qquad P(\text{VA}_p, \text{NA}_p \,|\, v, n) \;=\; P(\text{VA}_p \,|\, v, n) P(\text{NA}_p \,|\, v, n)$$

$$(8.20) \qquad\qquad\qquad\qquad\quad =\; P(\text{VA}_p \,|\, v) P(\text{NA}_p \,|\, n)$$

式 (8.19) は，二つの付加先の条件付き独立性を仮定している．すなわち，ある前置詞句が n を修飾しているかどうかは，同じ前置詞を主辞とする前置詞句が v を修飾しているかどうかとは独立であることを仮定している．また，式 (8.20) においては，前置詞句が動詞を修飾しているかどうかは名詞に依存しないし，名詞を修飾しているかどうかは動詞に依存しないと仮定している．

一つの前置詞が動詞に付加することと名詞に付加すること（i.e., VA_p，および NA_p）を独立の事象として扱うことは一見直感に反することのように見える．というのは今考えている問題は名詞に付加するか動詞に付加するかという二者択一だからである．すなわち，これら二つは独立ではなく，動詞に付加するならば名詞に付加しないこと，そして逆も然りということを含意するように思われる．しかし，文 (8.18) ですでに見たように，VA_p と NA_p の定義によればどちらも真になって構わない．独立性を仮定する利点は，二つの変数の同時確率分布を導くよりも別々に推定した方が簡単になるということである．以下では関連する量をラベル付けされていないコーパスからどのようにして推定できるかについて見ていこう．

ここで，目的語名詞の直後の前置詞句の付加先を決めたいとしよう．$\text{NA}_p = 1$ の確率を計算することにより式 (8.20) に基づいて推定値を計算できる．

$$P(\text{Attach}(p) = n \,|\, v, n) \;=\; P(\text{VA}_p = 0 \lor \text{VA}_p = 1 \,|\, v) \times P(\text{NA}_p = 1 \,|\, n)$$

$$=\; 1.0 \times P(\text{NA}_p = 1 \,|\, n)$$

$$=\; P(\text{NA}_p = 1 \,|\, n)$$

したがって，$\text{VA}_p = 0$ か $\text{VA}_p = 1$ かを考える必要はない．理由は文中の動詞を修飾しているほかの前置詞句があったとしても，名詞主辞の直後の前置詞句の状態を決める要因にはならないからである．

$\text{VA}_p = 1$ かつ $\text{NA}_p = 1$ ならば $\text{Attach}(p) = v$ が真にならないということを確認するために，二つの前提が何を意味するか見てみよう．まず，二つの前置詞句があっていずれの主辞もタイプが p でなければならない．これはいかなる前置詞句も動詞，または名詞のいずれか一つのフレーズのみにしか付加することができないからである．第二に二つの前置詞句の最初に出現するものは名詞に付加し，二番目のものは動詞に付加しなければならない．もし付加先が逆だとすると括弧付けが交差してしまう．したがって，$\text{VA}_p = 1$ かつ $\text{NA}_p = 1$

8.3 付加の曖昧性

であることは p を主辞とする前置詞句のうち最初のものが名詞に付加し，動詞には付加しないことを意味する．この場合 $\mathrm{Attach}(p) \neq v$ が成り立つ．

対照的に考えると，句構造木の中で交差があってはならないことから，前置詞 p を主辞とする最初の前置詞句が動詞に付加するためには $\mathrm{VA}_p = 1$ かつ $\mathrm{NA}_p = 0$ が成り立たなければならない．式 (8.20) の適切な値を置き換えることによって次が得られる．

$$P(\mathrm{Attach}(p) = v \,|\, v, n) = P(\mathrm{VA}_p = 1, \mathrm{NA}_p = 0 \,|\, v, n)$$
$$= P(\mathrm{VA}_p = 1 \,|\, v) P(\mathrm{NA}_p = 0 \,|\, n)$$

$P(\mathrm{Attach}(p) = v)$ と $P(\mathrm{Attach}(p) = n)$ を尤度比 λ によって評価することができる．

$$(8.21) \qquad \lambda(v, n, p) = \log_2 \frac{P(\mathrm{Attach}(p) = v \,|\, v, n)}{P(\mathrm{Attach}(p) = n \,|\, v, n)}$$
$$= \log_2 \frac{P(\mathrm{VA}_p = 1 \,|\, v) P(\mathrm{NA}_p = 0 \,|\, n)}{P(\mathrm{NA}_p = 1 \,|\, n)}$$

λ が大きな正の値のとき動詞に付加し，大きな負の値のとき名詞に付加するという選択を行うことができる．また，λ がゼロに近い値の場合でも選択することができる（λ が正の場合は動詞に付加し，λ が負のとき名詞に付加する）が，誤る確率は高い．

式 (8.21) に必要な確率である $P(\mathrm{VA}_p = 1 \,|\, v)$ と $P(\mathrm{NA}_p = 1 \,|\, n)$ をどのようにして見積もればよいだろうか．最も簡単な方法は使い慣れた最尤推定に頼ることである．

$$P(\mathrm{VA}_p = 1 \,|\, v) = \frac{C(v, p)}{C(v)}$$
$$P(\mathrm{NA}_p = 1 \,|\, n) = \frac{C(n, p)}{C(n)}$$

ここで，$C(v)$ と $C(n)$ はコーパス中の v と n の出現頻度，$C(v, p)$ と $C(n, p)$ はそれぞれ p が v に付加する頻度，および p が n に付加する頻度である．残された難問はラベルなしのコーパスから付加先を決めることである．いくつかの文では付加先は自明である．

(8.22)   a. The road *to London* is long and winding.

     b. She sent him *into the nursery* to gather up his toys.

文 (8.22a) において斜体で示した前置詞句は名詞に付加しなければならない．なぜなら，それより前に動詞がないからである．また文 (8.22b) における斜体の前置詞句は動詞に付加しなければならない．これは *him* のような代名詞には付加することができないからである．これらに基づいて $C(road, to)$ と

$C(send, into)$ に対する頻度を 1 上げることができる．しかし，多くの文は曖昧である．そもそも，このために付加の曖昧性解消の自動処理が必要なのである．

Hindle and Rooth (1993) はラベルなしデータから $C(v, p)$ と $C(n, p)$ を求めるヒューリスティックスを提案している．その手法は本質的に三つのステップからなる．

1. すべての曖昧でない出現（例えば文 (8.22a) や文 (8.22b)）を数えて初期モデルを構築する．
2. 初期モデルをすべての曖昧なケースに適用して，λ が閾値を超えるかどうかによって適切な出現数を割り当てる（例えば，$\lambda > 2.0$ なら動詞に付加し，$\lambda < -2.0$ なら名詞に付加する）．
3. 残りの曖昧なケースに対してはその数を均等に分配する（すなわち，出現数を 0.5 倍して $C(v, p)$ と $C(n, p)$ に加える）．

文 (8.15a) の再掲である文 (8.23) はこの手法が適用される例である (Hindle and Rooth 1993: 109–110).

(8.23)　　　　Moscow sent more than 100,000 soldiers into Afghanistan ...

まず，尤度比に必要な二つの確率を推定する．頻度データは Hindle and Rooth のテストコーパスからとっている：

$$P(\text{VA}_{into} = 1 \,|\, send) = \frac{C(send, into)}{C(send)} = \frac{86}{1742.5} \approx 0.049$$

$$P(\text{NA}_{into} = 1 \,|\, soldiers) = \frac{C(soldiers, into)}{C(soldiers)} = \frac{1}{1478} \approx 0.0007$$

頻度が整数でないのはヒューリスティックスの最後まで曖昧さが残ったケースで名詞と動詞に頻度を均等に分配したからである．また次式も得られる．

(8.24)　　　　$P(\text{NA}_{into} = 0 \,|\, soldiers) = 1 - P(\text{NA}_{into} = 1 \,|\, soldiers) \approx 0.9993$

これらの数字を式 (8.21) に代入すると次の尤度比が得られる．

$$\lambda(send, soldiers, into) \approx \log_2 \frac{0.049 \times 0.9993}{0.0007} \approx 6.13$$

すなわち，動詞に付加する方が格段に（$2^{6.13} \approx 70$ 倍も）尤もらしく，この例では正しい推測になっている．もし，すべての場合について付加先を一つに決めなければならないなら，この手続きは一般的に 80% の正解率を与える．再現率を犠牲にして精度を上げたいなら，λ がある閾値を超えるものだけについて付加先を決めるとよい．Hindle and Rooth (1993) は，例えば $\lambda = 3.0$ にすると精度が 91.7% 再現率が 55.2% であったと報告している．

8.3.2　前置詞の付加先決定に関する総合的なコメント

構文解析に関する初期の心理言語学の文献では，曖昧性を解消するために構

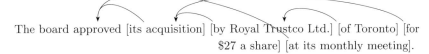

図 8.2 複雑な文における付加先.

造的なヒューリスティックスを利用することが強調されている．しかし，今まで見てきた前置詞句の付加先推定のような場合，それらはほとんど役に立たない．まったく同じ品詞（単語クラス）の並びでも，ある構文構造が正しい場合もあれば，別の構造が正しい場合もある．Ford et al. (1982) が示唆するように，この問題には語彙的な選好が非常に有効だと思われる．

本節で示したモデルにはいくつかの大きな限界がある．一つは，このモデルで考慮されているのが前置詞，付加先の名詞，動詞の三つのみになっていることである．しかし，ほかの情報がしばしば重要なことがある（研究によると，v, n, p の三つ組だけでなく，ほかの情報を加えることにより人間による判断の精度が 5% 向上することが示唆されている）．とりわけ，文 (8.25) のような文においては前置詞句内の名詞句の主辞名詞の情報が明らかに重要である．

(8.25)　　a. I examined the man with a stethoscope

　　　　　b. I examined the man with a broken leg

ほかにも重要な情報がある．例えば，Hindle and Rooth (1993) によると（目的語の）名詞の前に最上級の形容詞がある場合は付加先が名詞句に偏っている（彼らのデータにおいて）．Hindle and Rooth はおそらく最上級の形容詞の出現が少ないという理由でこの条件を省いたのだろう．しかしながら，尤度比アプローチの長所の一つはほかの要因を（それらが独立とみなせる前提で）原則に従って取り込めることである．ほかの多くの研究がさまざまな特徴量を用いている．特筆できるのは，前置詞句内部の主名詞が何かという情報である (Resnik and Hearst 1993; Brill and Resnik 1994; Ratnaparkhi et al. 1994; Zavrel et al. 1997; Ratnaparkhi 1998)．Franz (1996) によると，対数線形モデルのアプローチには多くの特徴量を入れることができるが，付加先推定と基本的な結びつきの強さを示すほとんどのパラメータが品詞を表す変数に縮退してしまうという代償を払うことになる．

二番目の重大な限界は，Hindle and Rooth (1993) において，名詞句の直後の前置詞句が，先行する名詞か動詞のいずれかを修飾する，という最も基本的なケースしか考慮していないということである．しかし，前置詞句の付加先には名詞，動詞以外の多くの可能性がある．Gibson and Pearlmutter (1994) は心理言語学的な研究がこの特別な場合のみに過度に集中しているために大きく偏ったものになっていると論じている．目的語名詞句との間にほかの前置詞

句が存在する前置詞句は，先行する前置詞句，目的語名詞，先行する動詞のいずれにも付加する可能性がある．図 **8.2** にテキスト中で起こる，離れた付加や複雑な付加のさまざまなパターンを示す．付け加えると，複文においては，前置詞句は単に直前にある動詞だけではなく構文的に上位の動詞を修飾するかもしれない．より深い議論については Franz (1997) や 練習問題 8.9 を参照してほしい．

付加に関するほかの問題

付加の曖昧性は前置詞句だけでなくさまざまな種類の副詞句や分詞句や節，あるいは**複合名詞** (*noun compound*) で生じる．構文解析における等位接続のスコープの問題は付加先の決定に似ているがここでは立ち入らない．

複合名詞 (NOUN COMPOUND)

三つ以上の名詞の並びで構成される名詞句は左枝分かれ構造 [[N N] N] か，右枝分かれ構造 [N [N N]] をとる．例えば，*door bell manufacturer* は左枝分かれである．[[*door bell*] *manufacturer*]．「ドアのベル」の製造会社のことであって，「ベルの会社」が何かしらドアに関係があるというわけではない．*woman aid worker* という句は右枝分かれ名詞句の例である．[*woman* [*aid worker*]] の場合，この句は女性の救助隊員のことであり，女性救助 (*woman aid*) に関する労働者ではない．左枝分かれはおおよそのところ，前置詞句が動詞に係ること ([V N P]) に対応しており，右枝分かれは名詞に係ること ([V [N P]]) に対応している．

前置詞句に対して開発した先の方法は直接的に名詞複合語に適用することができる．しかしながら，データスパースネスの問題は前置詞句より名詞複合語の方がより深刻なものになる．なぜなら，前置詞が高頻度語であるのに対してほとんどの名詞はそうでないからである．この理由により，単語のクラスに基づく意味的な一般化を付加先の情報と組み合わせて用いるのが一つの方法である．Lauer (1995a) はこの問題に対する一つの取り組みである（前置詞句の付加先の問題に対する意味クラスの利用についてはさほど明確に成功とはいえないが Resnik and Hearst (1993) が調べている）．クラスに基づく一般化の別の例は次の節で議論する．

付加の曖昧性に対する最後のコメントとして，前置詞句の多くは付加先に関して決定不能性 ('indeterminacy') を示すことに注意してほしい (Hindle and Rooth 1993: 112)．

文 (8.26) における前置詞句 *with them* について考えてみよう．

(8.26) We have not signed a settlement agreement *with them*.

一般にある人物 X と契約するとき，ほとんどの場合それは X との契約書に署名することである．しかし，X と一緒に（契約書に）署名することでもある．文 (8.26) における *with them* のような前置詞句を動詞に付加するべきか名詞

に付加するべきかは明白ではないし，これらの**両方**に付加するべきなのかもはっ
きりしない．Lauer (1995a) は複合名詞の相当の部分でこの種の付加先の決定
が不能性が存在することを見いだした．これは統計的自然言語処理の研究から
明らかになった，おそらく重要な洞察の例である．Hindle and Rooth の研究
より以前においては，計算言語学者は付加先の決定し難さがいかに広範なもの
かを一般に知らなかった（Church and Patil (1982) のような反例はある）．

　この事実を知れば，どこに付加するか決定しにくい場合は単に付加先を気に
しなくてよいということもできる．しかし，このような現象があるので，文の
意味に対して前置詞句がどのように寄与するかを決める新しい方法を探る必要
がありそうなこともわかる．付加先が一つに決められないという現象が示唆す
るのは，現在の統語論的形式化が行っているような，前置詞句の意味が常に付
加先の名詞句や動詞句に媒介されて全体に波及する，という考え方はあまりよ
くないということなのかもしれない．

練習問題 8.6 [⋆]

最尤推定ではいつものことだが，データがスパースなときに精度が悪いという問題が
ある．推定処理を 6 章で示されているいずれかの手続きを用いて修正せよ．Hindle
and Rooth (1993) は彼らの実験において「1-加算法」を用いている．

練習問題 8.7 [⋆]

Hindle and Rooth (1993) は $C(v, p)$ と $C(n, p)$ を決めるのに部分的に解析された
コーパスを用いている．未解析のコーパスを使えるかどうか，またそのために，どの
ような課題に取り組まなければならないかを論じよ．

練習問題 8.8 [⋆]

二つの異なる前置詞を主辞とする二つの前置詞句が含まれる文を考えてみよう．例え
ば，"He put the book on Churchill in his backpack." のような文である．本節で
述べてきたモデルは，前置詞 *on* に適用すれば *on Churchill* の付加先を *put* にし，
in に適用すれば，*in his backpack* の付加先を *book* にすることもありうる．しかし，
この結果は付加が交差するので正しくない．異なった前置詞を主辞とする二つの前置
詞句を持つ文に対して矛盾のない付加先決定を行うモデルを作れ．

練習問題 8.9 [⋆⋆]

次の形における二番目の前置詞句の付加先を決めるモデルを開発せよ．

$$V \ldots N \ldots PP\ PP.$$

一つ目の前置詞句には三つの付加先の可能性がある：具体的には動詞，名詞，最初の
前置詞句の中の名詞である．

練習問題 8.10 [⋆]

次の二つの違いに着目しよう．a) 本節における付加先の曖昧性の解消方法，b) 前節
の下位範疇化フレームの獲得手法と 5 章における連語を獲得する方法．前置詞句の
付加先の場合，何が**予測可能**かに興味がある．我々は訓練コーパスから将来起こりそ
うなことに最も適合するパターンを選ぶ（例えば，*send* の後の *in* を主辞とする前置詞
句）．下位範疇化と連語の場合，何が**予測不可能**かに興味がある．すなわち，モデル
が正しければ出現し得ないパターンである．この違いを論じよ．

8.4 選択選好

　ほとんどの動詞は項 (argument) として特定の種類の語句をとりやすい．こ

選択選好
(SELECTIONAL
PREFERENCE)
選択制限
(SELECTIONAL
RESTRICTION)

のような規則性のことを**選択選好** (*selectional preference*)，または**選択制限** (*selectional restriction*) と呼ぶ．例として，動詞 *eat* は目的語として食べ物をとりやすく，*think* は主語として人間を，*bark* は主語として犬をとりやすいということがあげられる．項に対するこれらの**意味的**な制約は先に見た目的語，前置詞句，不定詞句などの下位範疇化についての**統語的**制約と類似している．ここで，**選好** (*preferences*) という用語を**規則** (*rules*) と対立するものとして扱う．というのは選好は暗喩その他の拡張された意味によって上書きされるからである．例えば *eat* は *eating one's words*（前言を撤回する）や *fear eats the soul*（不安は魂を食い尽くす[8]）といった表現の場合，食べ物ではない目的語をとる．

統計的自然言語処理にとって選択選好を獲得することは多くの理由で重要である．もし，durian という語が機械可読辞書にないとき，選択制限から意味の一部を推定することができる．文 (8.27) の場合，*durian* が食べ物の一種であると推測できる．

(8.27)　　　Susan had never eaten a fresh durian before.

選択選好のほかの重要な利用法として，文の解析結果の順位付けがある．動詞の項が「自然な」解析結果であれば，あまり典型的でない解析結果よりも高いスコアを与える．これによって，統語的な基準では差がつかない解析結果の優劣をつけることができる．選択選好に基づいて文の意味的な整合性をスコア付けすることは，文の意味を完全に理解することを試みるよりも自動処理の見込みがある．というのは，選択選好において捉えられる意味的規則性はしばしばかなり強く，項と動詞の統語的な結びつきも強固なため，ほかの意味的情報や世界知識と比べてコーパスから獲得しやすいからである．

ここで Resnik (1993, 1996) によって提案された選択選好のモデルを紹介しよう．原理的にこのモデルは文法的な依存関係にあるどのようなフレーズの組にでも適用できる．例えば，動詞 ↔ 主語，動詞 ↔ 直接目的語，動詞 ↔ 前置詞句，形容詞 ↔ 名詞，名詞 ↔ 名詞（二つの名詞が複合語をなす場合）などである．しかし，ここでは動詞と直接目的語の場合，すなわち，直接目的語が動詞に依存して意味的に制限されたクラスの名詞句になっている場合のみを考える．

選択選好の強度
(SELECTIONAL
PREFERENCE
STRENGTH)

このモデルは選択選好を「選択選好の強度」と「選択的結合（の強さ）」という二つの概念で定式化する．**選択選好の強度** (*Selectional preference strength*) とは動詞がどのくらい強く直接目的語を制約するかという度合いである．この値は，直接目的語一般の事前分布（動詞一般に対する直接目的語の分布）と，扱おうとしている動詞の直接目的語の分布との間の KL ダイバージェンスとして定義する．

モデルを単純化するために二つの仮定を置く．まず，直接目的語の名詞句のう

---
[8] 訳注：こういうタイトルの映画があるらしい．

ち**主名詞** のみを考える（例えば，*Susan ate the green apple* における *apple*）．
その理由は，動詞との適合性を考える上で主名詞が名詞句の中で決定的な部分
になっているからである．二つ目は個々の名詞を扱う代わりに名詞のクラスを
考える．他と同様，クラスに基づくモデルを導入することで一般化とパラメー
タ推定が容易になる．これらの仮定により，選択選好の強度 $S(v)$ は次のよう
に定義できる．

$$(8.28) \qquad S(v) = D(P(C \mid v) \,\|\, P(C)) = \sum_c P(c \mid v) \log \frac{P(c \mid v)}{P(c)}$$

ここで $P(C)$ は名詞のクラス（C とする）全体の確率分布であり $P(C \mid v)$ は
v の直接目的語の位置にくる名詞のクラスの確率分布である．名詞のクラスはど
のような語彙資源のものでも使うことができる．Resnik (1996) は WordNet
を用いている．

選択的結合
(SELECTIONAL
ASSOCIATION)

選択選好の強度に基づいて，動詞 v と特定の名詞クラス c の**選択的結合**（*se-
lectional association*）は次のように定義できる．

$$(8.29) \qquad A(v, c) = \frac{P(c \mid v) \log \frac{P(c \mid v)}{P(c)}}{S(v)}$$

すなわち，動詞 v とクラス c の選択的結合は，この動詞に関する選択選好の強
度の全体 $S(v)$ に対する当該クラスの割合 $P(c \mid v) \log \frac{P(c \mid v)}{P(c)}$ である．

最後に（名詞クラスに対する結合の強さではなく）個々の名詞に結合の強さ
を割り当てる規則が必要である．もし名詞 n が一つのクラス c にのみ属してい
る場合，単純に $A(v, n) \overset{\text{def}}{=} A(v, c)$ と定義する．もしこの名詞が複数のクラス
に所属している場合，当該名詞の結合の強さはその名詞の所属するクラスの結
合の強さの中で最大のものと定義する．

$$(8.30) \qquad A(v, n) = \max_{c \in \text{classes}(n)} A(v, c)$$

文 (8.31) の *chair* のような名詞は多義性があるので複数の名詞クラスに所属
する．

$$(8.31) \qquad \text{Susan interrupted the chair.}$$

曖昧性解消
(DISAMBIGUATION)

chair の場合は家具と人（「議長」の意味）という二つのクラスの候補が
ある．$A(v, n)$ を $A(v, c)$ の最大値と同じにすることにより，名詞の**曖昧性
解消**（*disambiguation*）を行うことになる．文 (8.31) においては結合の強さ
$A(interrupt, chair)$ を人クラスに基づくものとする．なぜなら，人々をさえぎ
ることは家具をさえぎることより相当ありがちなことだからである．すなわち

$$A(interrupt, \text{people}) \gg A(interrupt, \text{furniture})$$

表 8.5 選択選好の強度 (SPS). 三つの動詞の項に対する四つの名詞クラスの分布と選択選好の強度（仮想的なデータに基づく）.

Noun class c	$P(c)$	$P(c \mid eat)$	$P(c \mid see)$	$P(c \mid find)$
people	0.25	0.01	0.25	0.33
furniture	0.25	0.01	0.25	0.33
food	0.25	0.97	0.25	0.33
action	0.25	0.01	0.25	0.01
SPS $S(v)$		1.76	0.00	0.35

それゆえ

$$A(interrupt, chair) = \max_{c \in \text{classes}(chair)} A(interrupt, c)$$
$$= A(interrupt, \text{people})$$

このように *interrupt* と *chair* の結びつきの強さを決める副産物として *chair* の曖昧性解消ができるわけである.

表 8.5 の仮想的なデータ（(Resnik 1996: 139) に基づいている）はモデルをさらに説明するのに役立つ. この表は目的語名詞句のクラス（四つしかないと仮定している）の事前分布と三つの動詞に対する事後分布とを示している. 動詞 *eat* は項として圧倒的に食べ物を選好する一方, *see* に対する分布は事前分布と変わらない. これは, 物理的な実体はすべて *see* の目的語になりうるからである. また find は最初の三つのクラスでは一様分布であるが, *actions* は選好しない. なぜなら, *actions* は実体を伴ったものとは言いがたいからである.

これらの三つの動詞の選択選好の強度は SPS の行に示されている. この数字は三つの動詞に対する我々の直感とよく合っている. *eat* は自身のとる項に関して極めて特殊であり, *find* はさほど特殊ではない. *see* は（この仮想的データに関する限り）選択選好がない. ここで, SPS は動詞を知ることで増加する項に関する情報量という明確な解釈があることに注意しよう. *eat* の場合, SPS は 1.76 であり, 二者択一をほぼ 2 回することに相当する. これは四つのクラス（人, 家具, 食べ物, 行為）から一つを選ぶ, すなわち *eat* によって *food* が選ばれるのに必要な二者択一質問の数である（底が 2 の対数は SPS, および結合の強さを計算するのに使われる）.

動詞と名詞の結合の強さを計算することで,「食べ物」のクラスが *eat* (8.32) から強く選好され,「行為」のクラスが *find* (8.33) からは選好されないことがわかる. この例ではモデルが選択選好（正の数）だけでなく, 選択「非選好」（負の数）も定式化できていることを示している.

$$(8.32) \qquad A(eat, \text{food}) = 1.08$$

$$(8.33) \qquad A(find, \text{action}) = -0.13$$

see は四つのどの名詞のクラスとも結合の強さがゼロであるが, これは *see* がその項に対して強い制約を与えていないという直感に対応している.

8.4 選択選好

表 8.6 結合の強さは動詞のとる目的語として尤もらしいものとそうでないものを区別する. 表の左半分は典型的な目的語を示し, 右半分はそうでない目的語を示す. 多くの場合, 結合の強さ $A(v,n)$ は目的語の典型性の良い予測指標である.

Verb v	Noun n	$A(v,n)$	Class	Noun n	$A(v,n)$	Class
answer	*request*	4.49	speech act	*tragedy*	3.88	communication
find	*label*	1.10	abstraction	*fever*	0.22	psych. feature
hear	*story*	1.89	communication	*issue*	1.89	communication
remember	*reply*	1.31	statement	*smoke*	0.20	article of commerce
repeat	*comment*	1.23	communication	*journal*	1.23	communication
read	*article*	6.80	writing	*fashion*	−0.20	activity
see	*friend*	5.79	entity	*method*	−0.01	method
write	*letter*	7.26	writing	*market*	0.00	commerce

残された問題は動詞 v が与えられたときにクラス c の直接目的語が出現する確率 $P(c\,|\,v) = \frac{P(v,c)}{P(v)}$ を推定することである. $P(v)$ の最尤推定値はすべての動詞に対する v の相対頻度 $C(v)/\sum_{v'} C(v')$ である. Resnik (1996) は $P(v,c)$ に対して次の推定値を提案している.

$$(8.34) \qquad P(v,c) = \frac{1}{N} \sum_{n \in \text{words}(c)} \frac{1}{|\text{classes}(n)|} C(v,n)$$

ここで, N はコーパス中の動詞–目的語の対の総数, $\text{words}(c)$ はクラス c のすべての名詞の集合, $|\text{classes}(n)|$ は n が属する名詞のクラスの数, そして $C(v,n)$ は, 動詞が v であり目的語の主名詞が n であるような動詞–目的語対の数である. $P(v,c)$ を推定するこの方法は名詞の曖昧性解消の問題を回避している. もし二つのクラス c_1, c_2 の要素である名詞 n が動詞 v と一緒に出現するなら, 出現量の半分を $P(v,c_1)$, もう半分を $P(v,c_2)$ に割り当てる.

これまでのところ, 我々は仮想的な例しか示していない. **表 8.6** では Resnik によるブラウンコーパスを用いた実験 (Resnik 1996: 142) からいくつかの実データを示す. 表の動詞と名詞は心理言語学の研究 (Holmes et al. 1989) からとられている. 左半分と右半分はそれぞれ典型的な目的語と典型的でない目的語である. ほとんどの動詞に対して結合の強さはどちらの目的語が典型的なものかを正確に予測している. 例えば, *see* に対しては *friend* が *method* より自然な目的語であることを正しく予測している. モデルの誤りのほとんどは, 名詞が複数のクラスに属するとき, 最も結合の強いクラスを選ぶという曖昧性解消を行っていること (c.f. 先に述べた *chair* の例) に起因する. たとえある名詞が目的語として典型的ではなかったとしても, 目的語として尤もらしい解釈が稀にでもあれば, 典型的であると見積もられてしまう. この例として *hear* がある. *story* と *issue* はともに情報伝達の一つの形態という意味を持つが, *issue* についてこの意味は稀である. それでもモデルによって稀な解釈が選ばれる. なぜならこの意味の方が動詞 *hear* の目的語として, よりふさわしいからである.

選択選好という特定の問題から離れて, Resnik はこのモデルによって動詞が

暗黙的目的語の交替
(IMPLICIT OBJECT
ALTERNATION)

いわゆる**暗黙的目的語の交替** (*implicit object alternation*) （あるいは**未指定の** (*unspecified*) **目的語の交替** Levin (1993: 33) を見よ）という性質を持つかどうかをどの程度予測できるか調べた．動詞 *eat* は食べられるものを明示的に表す場合と，それを暗黙的なままにしておく場合との間で交替が起こる．(8.35b).

(8.35) 　　a. Mike ate the cake.

　　b. Mike ate.

　　この現象に対する Resnik の説明は，動詞が目的語に強い制約を課せば課すほど，目的語の暗黙化を許すようになり，直観的には *eat* のように動詞が強い選択選好を持つ場合は動詞だけから目的語に関する情報が得られるので陽に目的語を述べる必要がない，というものである．Resnik は選択選好の強さが動詞に対する暗黙的な目的語の許容性に関する良い指標であることを明らかにした．

　　ここに至って Resnik のモデルがなぜ選択選好の強度 (SPS) を主要概念として定義するのか，そして，結合の強さがそこから導かれるのかが理解できる．SPS は結合の強さと同様に，暗黙の目的語の出現を説明する基本的な現象として見ることができる．

　　これに代わる考え方としては，結合の強さを $P(c\,|\,v)$，あるいはもし中間的なクラスを持ち込みたくなければ $P(n\,|\,v)$ として直接定義するということが考えられる．$P(n\,|\,v)$ を計算するアプローチには分布クラスタリング（14 章で述べる Pereira et al. (1993) の研究），および名詞の類似度の計算方法が含まれる．もし名詞の類似性尺度が使えるなら，$P(n\,|\,v)$ は v の項の位置に出現する n に類似した名詞の分布から計算できる．このアプローチについては次節を見てほしい．

練習問題 8.11　　　　　　　　　　　　　　　　　　　　　　　　　[⋆]
上で述べたように，名詞のさまざまな語義に対する結合の強さを計算することによって選択選好のモデルを名詞の曖昧性解消に使うことができる．この方法は名詞にどのような語義があって，それらがどのクラスに所属するかを知っていることを前提としている．選択選好を用いて，どのような語義を持つかわからない名詞に対してその語義を見つけるにはどうしたらよいか．

練習問題 8.12　　　　　　　　　　　　　　　　　　　　　　　　　[⋆]
下記の二つの文の *fire* のように動詞も曖昧性を持ちうる．

(8.36) 　　a. The president fired the chief financial officer.
　　b. Mary fired her gun first.

選択選好のモデルによって動詞の曖昧性を解消するにはどうすればよいか．二つのシナリオについて検討せよ．一つは動詞に意味ラベルが付与された訓練コーパスがある場合，もう一つはそのような訓練データがない場合である．

練習問題 8.13　　　　　　　　　　　　　　　　　　　　　　　　　[⋆]
この章で議論したモデルは名詞に対して最大の結合強度を持つ語義を割り当てる．このアプローチは事前確率を考慮に入れていない．名詞の語義のうち極端に稀なものが動詞の目的語名詞句として最もよく適合するとしても，その語義を選びたくはない．例：名詞 *shot* の稀な語義として *John was reputed to be a crack shot.* におけるよ

うな「marksman (射撃の名手)」という語義がある．*John fired a shot* という文における *shot* に対して，理論的には *John laid off a marksman.* という語義に対応するものを選ぶだろう．どのようにすれば事前確率を使ってこのような間違った解釈を避けることができるだろうか．

練習問題 8.14 [★★]

上述のアプローチにおいて wordNet は名詞のクラスの階層のない集合として扱われているが，実際は階層構造を持っている．階層に表れている情報（例えば，'dog' クラスは 'animal' クラスの下位クラスであり，'animal' クラスは 'entity' クラスの下位クラスである）をどのように使うことができるだろうか．

練習問題 8.15 [★★]

動詞も階層構造を持ちうる．より良いパラメータ推定をするために動詞の階層構造をどう使えばよいだろうか．

練習問題 8.16 [★]

本節でのモデルの前提の一つは動詞の選択選好において目的語の名詞句の適合性を決めるのが主名詞であるというものである．しかし，Resnik (1996: 137) で指摘されているとおり，これはいつも正しいとは限らない．否定を含む例（*you can't eat stones*）および特定の形容詞修飾を含む例（*he ate a chocolate firetruck*; *the tractor beam pulled the ship closer*）において，*stones* も *firetrucks* も *eat* の選択選好に適合しない．しかしながら，これらの文はすべて適切である．このことについて論じよ．

練習問題 8.17 [★]

Hindle and Rooth (1993) の方法では初期パラメータの推定，構造多義の解消，多義解消されたサンプルを使ったパラメータの再推定を何回か繰り返す．式 (8.34) の名詞クラスの事前確率を推定するにはこのアプローチをどのように使えばよいか．手法で用いている式はクラスの一様分布を仮定しているが，これを改良することが目標となるだろう．

練習問題 8.18 [★]

Resnik のモデルでは結合の強さが選択選好の強さの割合として表現されている．これには，選択選好を $P(n \mid v)$ と定式化することに基づくアプローチに比べて面白い違いがある．$P(n \mid v)$ の等しい二つの名詞–動詞対を比較せよ．もし v_1 の選択選好の強さが v_2 のそれよりずっと大きいとき，$A(v_1, c(n_1)) \ll A(v_2, c(n_2))$ となる．したがって，二つのモデルは異なった予測をする．これらの違いを論じよ．

8.5 意味的類似性

　意味の獲得は語彙獲得における聖杯と呼ぶべきものである．もし自動的に意味獲得ができるならば，多くの応用課題（例えば，テキスト理解や情報検索など）が統計的自然言語処理によって見違えるようなものになるだろう．残念なことに，自動処理システムにおいて運用可能な方法で意味をどのように表現するかという問題には未解決の部分が多い．このため，単語の意味的性質を獲得する

意味的類似性
(SEMANTIC
SIMILARITY)

ほとんどの研究は**意味的類似性** (*semantic similarity*) に焦点を絞っている．未知の単語が既知の単語にどのくらい似ているか（あるいは似ていないか）を測る相対的な尺度を自動獲得することは意味が実際に何であるかを決めることよりはるかに簡単である．

　その限界にもかかわらず，意味的類似度は有用な尺度である．意味的類似度

一般化
(GENERALIZATION)

は意味的に似ている単語は振る舞いも似ている，という想定のもと，**一般化** (*generalization*) のために利用される．前節で述べた選択選好はその一例であ

る．文 (8.37)（前節の文 (8.27)）において，*durian* が *eat* の項としてどの程度適切かということを調べたいとしよう．

(8.37)　　Susan had never eaten a fresh durian before.

ここで *durian* については *apple, banana, mango* と意味的に似ているという知識しかないものとしよう．*apple, banana, mango* は *eat* の選択選好に完璧に適合している．そこで，*apple, banana, mango* の振る舞いを，意味的に似ている *durian* を含めて一般化し，*durian* も eat の目的語として適切であると仮定することができる．これはさまざまな方法で実装可能である．*durian* の振る舞いを決めるとき，意味的に最も類似したもの（たとえば *mango*）のみを使うこともできるし，意味的に近い順に一定数の語を，この例の場合は *durian* との意味的な類似性に応じて重み付けして組み合わせて使うこともできる．

クラスに基づく一般化 (CLASS-BASED GENERALIZATION)　類似性に基づく一般化は**クラスに基づく一般化** (*class-based generalization*) の近い親戚である．類似性に基づく一般化においては，単語を一般化する際に一般化しようとする単語と意味的に近い語のみを考える．これに対し，クラスに基づく一般化では，一般化しようとする単語が一番所属しやすいと考えられるクラス内のすべての単語を考慮する（練習問題 8.20 を参照のこと）．

意味的類似性は情報検索における質問拡張にも用いられる．検索者自身の検索要求語は，探したい文書に含まれる単語と異なるかもしれない．利用者がロシアの宇宙飛行に関する文書を探すのに *astronaut* という単語を使った場合，質問拡張システムは *astronaut* と cosmonaut との意味的類似性に基づいて *cosmonaut* という語を提示することができる．

k 最近傍法 (k NEAREST NEIGHBORS)　意味的類似性のほかの利用場面には，いわゆるk **最近傍法** (*k nearest neighbors*, KNN とも書く）による分類がある（16.4 節を見よ）．まず各要素にカテゴリが付与されている訓練データ集合が必要である．要素は単語（群），カテゴリは通信社で使われているような話題分野（「金融」,「農業」,「政治」など）になるだろう．KNN 分類においては未知の要素に対して，近傍の k 個の中で最も優勢なカテゴリを割り当てる．

意味領域 (SEMANTIC DOMAIN)　話題分野 (TOPIC)　意味的類似性尺度の獲得の詳細に立ち入る前に，意味的類似性が，一見した場合と異なり直観的でもなく明確な概念でもないことを補足させてほしい．ある人々にとって意味的類似性は同義性の拡張であり，例えば *dwelling/abode* のような同義に近いものである．意味的類似性は，しばしば二つの単語が同じ**意味領域** (*semantic domain*)，あるいは**話題分野** (*topic*) に属するということを意味する．この理解によれば，実世界において一緒に出現する事物を指す単語，例えば，*doctor, nurse, fever, intravenous* は類似していることになる．しかし，これらはまったく違う事物を指す単語であり，品詞さえ異なるものもある．

文脈的交換可能性 (CONTEXTUAL INTERCHANGE-ABILITY)　意味的類似性の概念にさらに強固な基礎付けを与えたのが Miller and Charles (1991) である．彼らは意味的類似性の判断が**文脈的交換可能性** (*contextual in-*

8.5 意味的類似性 261

terchangeability），すなわち，一つの単語がある文脈においてほかの単語に交換できる度合いで説明できることを示した．

ここで，意味的類似性に関するすべての概念に対して，曖昧性が問題を引き起こすことに注意しよう．もしある単語が多義性のある別の単語の一つの語義と意味的に類似しているとき，他の語義と類似していることはめったにない．例えば，*litigation* が *suit* という単語に類似しているのは後者が法律的な意味の場合であり，衣服の意味の場合は類似していない．多義語に対する意味的類似性とは通常「語義のうち適切なものと類似している」ということを表す．

8.5.1 ベクトル空間尺度

意味的類似性のさまざまな種類の尺度の概念はベクトルの類似性尺度によって最もうまく説明することができる．我々が意味的類似性を計算したい二つの単語をそれぞれ多次元空間上のベクトルで表現する．図 **8.3**，図 **8.4**，図 **8.5** にそのような多次元空間の例（作例）を示す（図 15.5 も参照のこと）．

行列 (MATRIX)　図 8.3 の**行列** (*matrix*) は**文書空間** (*document space*) 上のベクトルとして
文書空間　単語を表したものである．a_{ij} は単語 j が文書 i に出現した数である．単語間
(DOCUMENT　の類似性は，これらが各文書においてどのくらい共通して出現するかによって
SPACE)　定まると考える．文書空間において *cosmonaut* と *astronaout* は類似していない（共通して出現している文書が一つもない），一方，*truck* と *car* はいずれも文書 d_4 に出現するので似ている．

単語空間　図 8.4 の行列は単語を**単語空間** (*word space*) 上のベクトルとして表現して
(WORD SPACE)　いる．b_{ij} は単語 j が単語 i と共起した数を表す．共起の範囲は文書，段落，あるいはほかのどのような単位に定めてよい．二つの単語が同じ単語と共起する度合いに応じて，これらの単語が類似しているとする．ここでは *cosmonaut* と *astronaut* は先の文書空間のときよりも類似している．なぜなら，これらの単語はいずれも *moon* と共起しているからである．

図 8.4 では共起の範囲を図 8.3 の文書としている．言い換えると，次の関係
転置 (TRANSPOSE)　が成り立つ．$B = A^T A$（ここで $\cdot^T$ は**転置** (*transpose*)，すなわち行と列を入れ替える操作（$X_{ij}^T = X_{ji}$）を表す）．

修飾語空間　図 8.5 の行列は名詞（名詞句の主名詞）を**修飾語空間** (*modifier space*) 上の
(MODIFIER SPACE)　ベクトルとして表現したものである．c_{ij} は主名詞 j が修飾語 i によって修飾された数を表す．二つの主名詞がどの程度多くの修飾語から共通して修飾されるかに応じてこれらの主名詞が類似しているとする．*cosmonaut* と *astronaut* は類似している．しかし，面白いことに，今回，*moon* は *cosmonaut* とも *astronaut* とも類似していない．これは図 8.3 の文書空間や図 8.4 の単語空間とは対照的である．このことから，異なった空間は異なった種類の意味的類似性を捉えていることがわかる．文書空間や単語空間で区別されない共起情報の種類として**話**
話題の類似性　**題の類似性** (*topical similarity*)（同じ分野に関係がある単語）がある．これ
(TOPICAL
SIMILARITY)

	cosmonaut	astronaut	moon	car	truck
d_1	1	0	1	1	0
d_2	0	1	1	0	0
d_3	1	0	0	0	0
d_4	0	0	0	1	1
d_5	0	0	0	1	0
d_6	0	0	0	0	1

図 **8.3** 文書–単語行列 A.

	cosmonaut	astronaut	moon	car	truck
cosmonaut	2	0	1	1	0
astronaut	0	1	1	0	0
moon	1	1	2	1	0
car	1	0	1	3	1
truck	0	0	0	1	2

図 **8.4** 文書–単語行列 B.

	cosmonaut	astronaut	moon	car	truck
Soviet	1	0	0	1	1
American	0	1	0	1	1
spacewalking	1	1	0	0	0
red	0	0	0	1	1
full	0	0	1	0	0
old	0	0	0	1	1

図 **8.5** 修飾語–被修飾語行列 C. 一番上の行の名詞（あるいは名詞句の主辞）が一番左の列の形容詞によって修飾されている.

は，主名詞–修飾語情報より粒度が粗い類似性である．*astronaut* と *moon* は同じ分野（宇宙探査）に属するが，これらは明らかにまったく異なった性質を持つ実体である（人間と天体）．異なった性質は異なった修飾語に対応するので，なぜ二つの単語が主名詞–修飾語の尺度では類似していないのかがわかる[9]．

　三つの尺度は，各行列の列ではなく**行**の類似性（同じことであるが転置した行列の列の類似性）を見ると面白い解釈ができる．行列をこのように見ると，A は文書間の類似性を表している．これが，情報検索における文書間の類似性や文書と検索語の間の類似性を定義する標準的な方法である．行列 C は転置すると修飾語の間の類似性を定義している．例えば，*red* と *old* はそれらがともに *car* と *truck* を修飾するという点で類似している．行列 B は**対称**であるから（行列 $A^T A$ は常に対称である），二つの行の類似性と二つの列の類似性の間に何の違いもない．

　ここまでベクトルの類似性の直観的な概念の魅力を述べてきた．**表 8.7** はこの概念を正確にするために提案されたいくつかの尺度の定義である（(van Rijsbergen 1979: 39) を調整している）．最初は **二値ベクトル** (*binary vector*)

二値ベクトル
(BINARY VECTOR)

---

[9] 単語の類似性を連想関係と修飾語・被修飾語関係のそれぞれで定義することとその得失については Grefenstette (1996) や Schütze and Pedersen (1997) を参照してほしい.

8.5 意味的類似性 263

表 **8.7** 二値ベクトルに対する類似性尺度.

類似性尺度	定義
一致係数 (matching coefficient)	$\lvert X \cap Y \rvert$
Dice 係数 (Dice coefficient)	$\frac{2\lvert X \cap Y \rvert}{\lvert X \rvert + \lvert Y \rvert}$
Jaccard（あるいは Tanimoto）係数	$\frac{\lvert X \cap Y \rvert}{\lvert X \cup Y \rvert}$
重複係数	$\frac{\lvert X \cap Y \rvert}{\min(\lvert X \rvert, \lvert Y \rvert)}$
コサイン	$\frac{\lvert X \cap Y \rvert}{\sqrt{\lvert X \rvert \times \lvert Y \rvert}}$

すなわち，各要素の値が 0 か 1 のものだけを考える．二値ベクトルを記述する最も単純な方法はゼロでない値を持つ次元の集合とするものである．例えば図 8.5 の *cosmonaut* に対するベクトルは {*Soviet*, *spacewalking*} という集合で表現でき，表 8.7 に示すような集合演算によって類似性が計算できる．

最初の類似性尺度は単に二つのベクトルの要素（次元）のうちどちらもゼロでないものの数を数える**一致係数** (*matching coefficient*) である．ほかの尺度と異なり，この尺度はベクトルの次元数や非ゼロ要素の数を考慮していない[10]．

一致係数
(MATCHING
COEFFICIENT)
DICE 係数 (DICE
COEFFICIENT)

Dice 係数 (*Dice coefficient*) は，非ゼロ要素の総数で割ることによって長さの正規化を行ったものである．分子に 2 をかけているのは値が 0.0 から 1.0 になるようにするためであり，1.0 は同一のベクトルであることを表す．

JACCARD 係数
(JACCARD
COEFFICIENT)

Jaccard 係数 (*Jaccard coefficient*) は共通要素が少数の場合に Dice 係数より強い（非ゼロ要素の数に比例する）ペナルティを与えている．これらの尺度は両方とも 0.0（非ゼロ要素の重複がまったくない）から 1.0（完全に一致する）までの値をとるが，重複が少ない場合は Jaccard 係数の方がより小さい値になる．例えば，二つのベクトルがともに 10 個の非ゼロ要素を持ち，このうち一つのみが重複している場合，Dice 係数の値は $2 \times 1/(10+10) = 0.1$ であるのに対し，Jaccard 係数の値は $1/(10+10-1) \approx 0.05$ である．Jaccard 係数は化学の分野で化合物の間の類似性尺度としてしばしば利用されている (Willett and Winterman 1986).

重複係数 (OVERLAP
COEFFICIENT)

重複係数 (*overlap coefficient*) は包含の尺度という色合いがある．一方のベクトルのすべての非ゼロ要素が他方のベクトルでも非ゼロ要素である，あるいはその逆なら（言い換えると $X \subseteq Y$ または $Y \subseteq X$ ならば）値は 1 になる．

コサイン (COSINE)

コサイン (*cosine*) は非ゼロ要素の数が同じベクトルについては Dice 係数と同じになる（練習問題 8.24 を見よ）．しかし，非ゼロ要素の数が大きく違うときにペナルティを与えない．例えば，もし一方のベクトルが非ゼロ要素を一つ持ち，他方のベクトルが非ゼロ要素を 1000 個持っていて，共通の要素が一つのみだった場合，Dice 係数は $2 \times 1/(1+1000) \approx 0.002$ になるがコサインは

---

[10] これは類似性判断における我々の確信度を反映する上で望ましい．Hindle (1990) はこの性質を持つ名詞間の類似性を推奨している．

$1/\sqrt{1000 \times 1} \approx 0.03$ となる．このコサインの性質は統計的自然言語処理において重要である．というのは我々はしばしばデータ量の大きく異なる単語などを比較することあるが，データ量が違うというだけでこれらが類似していないことにはしたくないからである．

ここまでは二値ベクトルについて見てきた．二値ベクトルは各次元について1ビットの情報しか持っていない．言語的な対象に対するより強力な表現は実数値の**ベクトル空間** (*vector space*) である．ここでは線形代数の体系的な入門には立ち入らないが，本書で必要なベクトル空間の基礎的な概念について簡単に復習しよう．次元数 n の実数値ベクトル $\vec{x}$ は n 個の実数値の列である．ここで x_i は $\vec{x}$ の i 番目の要素 (i 次元目の値) を示す．ベクトルの要素は本来，カラム（縦ベクトル）として記述するのが適切である．

ベクトル空間
(VECTOR SPACE)

$$(8.38) \qquad \vec{x} = \begin{pmatrix} x_1 \\ x_2 \\ \vdots \\ x_n \end{pmatrix}$$

ベクトルの長さ
(LENGTH OF A VECTOR)

しかし，しばしば括弧に入れて行（横）ベクトルとして記述する．n 次元の実数値ベクトルのベクトル空間を $\mathbb{R}^n$ と書く．したがって $\vec{x} \in \mathbb{R}^n$ である．ユークリッド空間において**ベクトルの長さ** (*length of a vector*) は次のように定義される．

$$(8.39) \qquad |\vec{x}| = \sqrt{\sum_{i=1}^{n} x_i^2}$$

最後に二つのベクトルの内積 (dot product) を次のように定義する：$\vec{x} \cdot \vec{y} = \sum_{i=1}^{n} x_i y_i$.

二値ベクトルの類似性尺度の最後で説明したコサインは実数値ベクトルにおいても最も重要な類似性尺度である．コサイン尺度は二つのベクトルのなす角のコサイン値である．値域は同じ方向を指す場合の 1.0 ($\cos(0°) = 1.0$) から直交する場合の 0.0 を経て ($\cos(90°) = 0.0$)，逆方向を指す場合の -1.0 まで ($\cos(180°) = -1.0$) である．

実数値ベクトル空間における二つの一般的な n 次元ベクトル $\vec{x}$ と $\vec{y}$ に対してコサイン尺度は次のように定義される．

$$(8.40) \qquad \cos(\vec{x}, \vec{y}) = \frac{\vec{x} \cdot \vec{y}}{|\vec{x}||\vec{y}|} = \frac{\sum_{i=1}^{n} x_i y_i}{\sqrt{\sum_{i=1}^{n} x_i^2} \sqrt{\sum_{i=1}^{n} y_i^2}}$$

正規化相関係数
(NORMALIZED CORRELATION COEFFICIENT)

この定義はコサインの別の解釈を強調している．それは**正規化相関係数** (*normalized correlation coefficient*) である．x_i と y_i の相関のよさを計算して，それを二つのベクトルの（ユークリッド空間上の）長さで割ることにより x_i と y_i の大きさに合わせて調整したものである．

正規化
(NORMALIZATION)

以下で定義されるユークリッドノルムが 1 であるとき，ベクトルが**正規化されている** (*normalized*) という．

$$(8.41) \qquad |\vec{x}| = \sqrt{\sum_{i=1}^{n} x_i^2} = 1$$

正規化されたベクトルに対してはコサインは単なるドット積である．

$$(8.42) \qquad \cos(\vec{x}, \vec{y}) = \vec{x} \cdot \vec{y}$$

ユークリッド距離
(EUCLIDEAN
DISTANCE)

二つのベクトルの間の**ユークリッド距離** (*Euclidean distance*) は，ベクトル空間でこれら二つのベクトルがどのくらい離れているかを示す．

$$(8.43) \qquad |\vec{x} - \vec{y}| = \sqrt{\sum_{i=1}^{n} (x_i - y_i)^2}$$

コサインの面白い性質は，正規化されたベクトルに適用すれば，類似度の順序関係がユークリッド距離と同じになるということである．すなわち，もし，二つのベクトルのうちどちらが三つ目のベクトルに近いかを知りたいだけなら，コサインとユークリッド距離は正規化されたベクトルに対しては同じ答えになる．以下の導出はコサインとユークリッド距離による順位付けがなぜ同じになるかを示している．

$$(8.44) \qquad \begin{aligned} (|\vec{x} - \vec{y}|)^2 &= \sum_{i=1}^{n} (x_i - y_i)^2 \\ &= \sum_{i=1}^{n} x_i^2 - 2\sum_{i=1}^{n} x_i y_i + \sum_{i=1}^{n} y_i^2 \\ &= 1 - 2\sum_{i=1}^{n} x_i y_i + 1 \\ &= 2(1 - \vec{x} \cdot \vec{y}) \end{aligned}$$

最後に，コサインは二つの確率分布の類似性尺度としても用いられる (Goldszmidt and Sahami 1998)．二つの確率分布 $\{p_i\}$ と $\{q_i\}$ をまず $\{\sqrt{p_i}\}$ と $\{\sqrt{q_i}\}$ に変換する．得られた二つのベクトルのコサイン距離は $D = \sum_{i=1}^{n} \sqrt{p_i q_i}$ という値になるが，これは $\{p_i\}$ と $\{q_i\}$ の幾何平均の総和と解釈できる．

表 8.8 は 5 章で述べている**ニューヨークタイムズ**コーパスに対して計算されたいくつかのコサイン類似度を示している．まず図 8.4 における 20,000×1,000 次元の単語対単語の共起行列を作る．各行には頻度の高い順に 20,000 単語を選び，列には頻度の高い順に 1000 単語を選んだ（なお，いずれの場合も最も頻度の高い 100 語はあらかじめ除いている）．共起頻度をそのまま使う代わりに，頻度が 1 以上のものについては対数重み関数 $f(x) = 1 + \log(x)$ の値を用いた（15.2.2 節を見よ）．また，二つの単語が 25 語以内に出現した場合にこれらが 1 回共起すると定義した．表は行列の行の間のコサイン類似度を示す．

表 **8.8** 意味的類似性の尺度としてのコサイン値. 左列の五つの単語各々に対して, 表は単語間の共起行列に適用した場合のコサイン尺度によって最も類似した単語を表している. 例えば, *sauce* は *garlic* に最も近い単語であり, 両者のベクトル間のコサイン値は 0.732 である.

対象語	近傍語							
garlic	*sauce*	.732	*pepper*	.728	*salt*	.726	*cup*	.726
fallen	*fell*	.932	*decline*	.931	*rise*	.930	*drop*	.929
engineered	*genetically*	.758	*drugs*	.688	*research*	.687	*drug*	.685
Alfred	*named*	.814	*Robert*	.809	*William*	.808	*W*	.808
simple	*something*	.964	*things*	.963	*You*	.963	*always*	.962

いくつかの単語対については, 単語空間のコサインが意味的類似性の良い尺度になっていることがわかる. *garlic* の近傍の語は一般的に garlic に近い意味を持つ単語である (*cup* という例外を除いて). 同じことが *fallen* についてもいえる. しかし, 文法的な区別は反映されていないことに注意してほしい. 共起情報は語順や文法的依存性にあまり影響を受けないからである (過去分詞 *fallen* と過去形 *fell* はお互いに近い所にある). *engineered* という単語は類似性尺度がコーパスに依存していることを示している. ニューヨークタイムズにおいて, この単語はしばしば遺伝子工学の文脈で使われている. 自動車雑誌の記事になると, *engineered* に近い単語は大きく異なったものになるだろう. 最後に *Alfred* と *simple* はこの類似性尺度の限界を示している. *Alfred* と距離の近い単語のいくつかは名前であるが, これは品詞の類似性であり, 意味的類似性とは異なる. *simple* に近い単語はまったくランダムである. *simple* は頻繁に出現し, コーパス中の至る所に分散している. このため, 共起情報は単語の意味を特徴付けるには有用でない.

ここまでの例はベクトル空間が表現手段として単純であるという利点を持つことを示している. 2 次元や 3 次元の空間でベクトルを可視化することは簡単である. 類似性をベクトルの向きが同じである度合いと同一視することも直感に合う. 加えて, ベクトル空間による尺度は計算が簡単である. 直観的な単純さと計算の効率性が, おそらく情報検索においてベクトル空間尺度, 特に単語–文書行列, が長く使われてきたことの主な理由であろう (Lesk 1969; Salton 1971a; Qiu and Frei 1993). 単語–単語行列, 修飾語–単語行列におけるベクトル尺度を用いた研究は, より最近のものである (Grefenstette 1992b; Schütze 1992b). ベクトルに基づく類似性尺度が意味的類似性の心理学的概念 (例えばある単語の別の単語に対する**プライミング** (*priming*) 効果の強さ) に対応することを示す研究については (Grefenstette 1992a) や (Burgess and Lund 1997) を参照してほしい.

プライミング
(PRIMING)

8.5.2 確率的尺度

ベクトル空間に基づく尺度の問題点はコサインを除いて二値データ (yes か

8.5 意味的類似性

表 **8.9** 確率分布の間の（非–）類似性の尺度.

（非–）類似性尺度	定義
KL ダイバージェンス	$D(p \| q) = \sum_i p_i \log \frac{p_i}{q_i}$
情報半径 (IRad)	$D(p \| \frac{p+q}{2}) + D(q \| \frac{p+q}{2})$
L_1 ノルム	$\sum_i |p_i - q_i|$

no か）にしか適用できないことである．コサインのみが定量的情報を扱える
ベクトル空間の尺度であるが固有の問題も抱えている．コサインを計算するこ
とはユークリッド空間を前提にしている．これはコサインが三角形の二辺の長
さの比として定義されているからである．したがって，長さの尺度であるユー
クリッド距離が必要になる．しかし，確率や頻度のベクトル（ほとんどの意味
的類似性のもととなる表現がこれらである）を扱う場合，ユークリッド空間を
選ぶ理由は薄弱である．ユークリッド距離で考える場合，確率 0.0 と 0.1 の間
の距離と確率 0.9 と 1.0 の間の距離は同じになる．しかし，前者が「事象が起
こりえない」ことと「10 回のうち 1 回起こる」こと，という大きな違いである
のに対して，後者は 10%という小さな違いに過ぎない．ユークリッド距離は正
規分布する量に関しては適切であるが，頻度や確率には適していないのである．

図 8.3, 図 8.4, 図 8.5 のような頻度の行列は行の各要素をその行の要素
の総和で割ることにより簡単に条件付き確率の行列に変換することができ
る（最尤推定値を用いることに相当する）．例えば，図 8.5 の行列において，
$(American, astronaut)$ のエントリーは $P(American \mid astronaut) = \frac{1}{2} = 0.5$
となる．こうすると意味的類似性を定義する問題は二つの確率分布の類似性（あ
るいは非類似性）を定義する問題に帰着する．

KL ダイバー
ジェンス
(KL DIVERGENCE)

表 **8.9** は Dagan et al. (1997b) が調査した確率分布の間の三つの非類似性
尺度を示している．**KL ダイバージェンス** (*KL divergence*) については 2.2.5
節で導入したのですでに知っていると思う．KL ダイバージェンスは分布 q が分
布 p をどの程度よく近似しているか，あるいはより正確には，真の分布が p であ
るとき，分布 q を仮定することでどの程度情報が失われるかという尺度である．
KL ダイバージェンスには実際の応用において二つの問題がある．一つは $q_i = 0$
かつ $p_i \neq 0$ という「次元」があるとき（これは，特に単純な最尤推定値を使っ
た場合，しばしば起こるだろう）値が ∞ になることである．二つ目は KL ダイ
バージェンスが非対称，すなわち，通常 $D(p \| q) \neq D(q \| p)$ となることである．
意味的類似性や我々が使おうとしているほかの多くの類似性は対称的というの
が我々の直感に合うので，次が成り立つべきである．$\text{sim}(p, q) = \text{sim}(q, p)$[11].

---

11) クラスタリングにおいては非対称性も理にかなっている場合がある．というのは，クラスタ
リングの際には，クラスタに入れるべき単語と当該クラスタを表現するものという二つの異
なった実体の類似度を計算するからである．ここで問題としているのはクラスタがどの程度
うまくその単語を代表しているかであって，厳密な意味での類似性とは違う．Pereira et al.
(1993) を参照のこと．

情報半径
(INFORMATION
RADIUS)

表 8.9 の 2 番目の尺度は, **情報半径** (*information radius*)（あるいは Dagan et al. (1997b) によると平均に対する総ダイバージェンス）であり，これは上述の二つの問題を克服する．この尺度は対称的であり ($\mathrm{IRad}(p,q) = \mathrm{IRad}(q,p)$) 無限の値になるという問題もない．なぜなら，もし $p_i \neq 0$ または $q_i \neq 0$ であれば $\frac{p_i+q_i}{2} \neq 0$ となるからである．IRad の直観的な解釈は「もし p と q に対応する二つの単語（あるいは一般的には確率変数）をこれらの平均分布で記述したらどの程度の情報が失われるか．」という質問に対する答えにある．IRad は分布が等しいときの 0 から，分布の差が最大のときの $2\log 2$ までの値をとる（練習問題 8.26 を見よ）．いつものように，$0\log 0 = 0$ としている．

L_1 ノルム
(L_1 NORM)
マンハッタンノルム
(MANHATTAN
NORM)

三番目の尺度は Dagan et al. (1997b) が考案した L_1 ノルム (L_1 *norm*)（あるいはマンハッタン (*Manhattan*) ノルム）である．この尺度も対称的であり任意の p と q に対して適切に定義されているという望ましい特性を持つ．我々はこの尺度を**分布間で異なる事象の全体に占める割合の期待値**と解釈する．すなわち，分布 p と分布 q の間で異なるであろう事象がどのくらい割合を占めそうかという期待値である．その理由は $\frac{1}{2}L_1(p,q) = 1 - \sum_i \min(p_i, q_i)$ であり，$\sum_i \min(p_i, q_i)$ は同じ結果（事象）となる試行の割合の期待値だからである [12]．

例として，図 8.5 のデータから計算される下記の条件付き分布を考えてみよう．

$$p_1 = P(Soviet \mid cosmonaut) = 0.5$$
$$p_2 = 0$$
$$p_3 = P(spacewalking \mid cosmonaut) = 0.5$$
$$q_1 = 0$$
$$q_2 = P(American \mid astronaut) = 0.5$$
$$q_3 = P(spacewalking \mid astronaut) = 0.5$$

ここで次が得られる．

$$\frac{1}{2}L_1(p,q) = 1 - \sum_i \min(p_i, q_i) = 1 - 0.5 = 0.5$$

---

[12] 下記の導出が $\frac{1}{2}L_1(p,q) = 1 - \sum_i \min(p_i, q_i)$ であることを示す．

$$
\begin{aligned}
L_1(p,q) &= \sum_i |p_i - q_i| \\
&= \sum_i [\max(p_i, q_i) - \min(p_i, q_i)] \\
&= \sum_i [(p_i + q_i - \min(p_i, q_i)) - \min(p_i, q_i)] \\
&= \sum_i p_i + \sum_i q_i - 2\sum_i \min(p_i, q_i) \\
&= 2\left(1 - \sum_i \min(p_i, q_i)\right)
\end{aligned}
$$

ここで，$\sum_i \min(p,q) \geq 0$ であるから，$0 \leq L_1(p,q) \leq 2$ となることに注意してほしい．

8.5 意味的類似性

したがって，もしコーパス中の *cosmonaut* と *astronaut* の大量の用例においてそれぞれと共起する形容詞の集合を見れば，二つの集合の重なりは，*space-walking* とそれぞれの名詞とが共起する割合に対応して 0.5 になると期待できる．

Dagan et al. (1997b) は三つの非類似性尺度 (KL, IRad, L_1) を 8.4 節の選択選好の問題と似た問題で比較した．彼らは動詞の項として名詞が適合しているかを見るのではなく，名詞の述語として動詞が適合しているかを調べた．例えば，*make* と *take* という動詞の選択肢が与えられたとき，名詞 *plans* の述語動詞として適切なのは *make* か (*make plans*)，あるいは，名詞 *actions* の述語動詞として適切なのは *take* か (*take actions*)，といった問題を類似性尺度を使って決める．

以下は類似性尺度を使って条件付き確率 $P(\text{verb} \mid \text{noun})$ を計算する方法である．なおこの条件付き確率は，Dagan et al. (1997b) が「適合のよさ (goodness of fit)」の尺度として用いたものである．

$$(8.45) \qquad P_{\text{SIM}}(v \mid n) = \sum_{n' \in S(n)} \frac{W(n, n')}{N(n)} P(v \mid n')$$

ここで，v は動詞，n は名詞，$S(n)$ は類似性尺度において n に近い名詞の集合である[13]．$W(n, n')$ は非類似性尺度から導出された類似性尺度であり，$N(n)$ は次式の正規化係数である：$N(n) = \sum_{n'} W(n, n')$．

この定式化では非類似性尺度 (KL, IRad or L_1) を類似性尺度 W に変換する必要がある．変換式として以下の三つが用いられた．

$$(8.46) \qquad W_{\text{KL}}(p, q) = 10^{-\beta\, D\,(p\|q)}$$

$$(8.47) \qquad W_{\text{IRad}}(p, q) = 10^{-\beta\, \text{IRad}\,(p\|q)}$$

$$(8.48) \qquad W_{L_1}(p, q) = \left(2 - L_1(p, q)\right)^{\beta}$$

パラメータ β は性能が最大になるように調整できる．

Dagan et al. (1997b) は IRad が KL ダイバージェンスや L_1 より常に性能が良いことを示している．このことにより，彼らは IRad が一般的には最良の尺度であるとして推奨している．

本書における意味的な類似性，および非類似性の短い調査はこれで終わりである．ベクトル空間尺度は考え方が単純であるという点と一般化に直接利用できる類似性の値が得られるという点で優れている．しかし，計算された値の明快な解釈はできない．確率的な非類似性尺度は理論的により強固な基盤を持つが，最近傍の一般化に使えるような類似性尺度を得るためには，追加的な変換

---

[13] 実験では $S(n)$ としてすべての名詞の集合を選んだが，対象とする単語に近いと考えられるものだけに絞ることもできる．

を必要とする．どちらのアプローチも，類似性を使って既知の単語に関する知識を語彙にない単語に転移させることにより，コーパスから単語の意味的な特性を獲得する上で価値がある．

練習問題 8.19 [★]

類似性に基づく一般化は，「類似しているものは類似した振る舞いをする」という前提に依存している．この前提は，2 回出現する**類似**という単語が同じ概念を示しているなら反論の余地はない．しかし，これら各々の解釈が異なってしまうという罠に簡単に陥ってしまう．その場合，類似性に基づく一般化は不正確な結果をもたらす．

このような危険をはらむ場合の例，すなわち，複数の単語がある側面では似ているが別の側面から見ると極めて違う振る舞いをするという例を見つけよ．

練習問題 8.20 [★]

類似性に基づく一般化とクラスに基づく一般化は見かけよりずっと密接に関連している．類似性に基づく一般化は最も近いものを見つけ，類似性に従ってこれらに重みを与える．クラスに基づく一般化は最も有望なクラスを見つけ，最も単純な場合は新しい単語をそのクラスの平均として一般化する．しかし，クラスに基づく一般化は，すべてのクラスからの根拠を統合し，要素が各クラスにどのくらいよく適合するかに応じて重みを付与することにより，類似性に基づく一般化のように見せることができる．

二つのタイプの一般化の間の関係を論じよ．効率性を考慮するとどうなるか．

練習問題 8.21 [★]

図 8.3 のような共起行列はどのように共起が定義されているかによって異なったタイプの情報を表現している．以下の共起の定義について，どのようなタイプの単語が *fire* と類似していると思うか．文書内の共起，文内の共起，右側の最大 3 語以内の語との共起，右隣の語との共起（最後に示した右隣の語との共起がどのように統語的カテゴリを発見するのに使われるかには Finch and Chater (1994) と Schütze (1995)の研究を参照してほしい）．

練習問題 8.22 [★★]

本章で見てきた尺度はベクトルや確率分布などの単純なものを比較するものであった．しかし，木構造などのより複雑な構造の間で意味的類似性を測る試みもある（一例はSheridan and Smeaton (1992)）．木構造の間の（意味的（？）な）類似性 はどのようにしたら測ることができるだろうか．どのようなアプローチをとれば「平らな」構造より優れた尺度になるだろうか．

練習問題 8.23 [★]

図 8.3 の見出し行から二つの単語を選び，図 8.3 から 8.5 の三つの行列の各々に対して表 8.7 の各尺度を適用することにより，要素ペア間の類似性を計算せよ．

練習問題 8.24 [★]

二つのベクトルの非ゼロ要素が同じであるとき，Dice 係数とコサインが等しくなることを示せ．

練習問題 8.25 [★]

意味的類似性は文脈依存でありうる．例えば，その形を話題にしているとき，電子とテニスボールは類似しているといえるし（どちらも球形である），大きさを話題にしているときは類似していない．

どの程度まで類似性が文脈依存であるか，そして，どういうときに文脈依存性が正しい一般化を妨げるかについて論じよ．

練習問題 8.26 [★]

平均とのダイバージェンス (IRad) の上限が $2 \log 2$ であることを示せ．

練習問題 8.27 [★]

図 8.3 の見出し行から二つの単語を選び，図 8.3 から図 8.5 までの行列それぞれに対して表 8.9 の三つの非類似性尺度の値を計算せよ．KL ダイバージェンスを計算する

ために確率をスムージングする必要があるだろう. 非類似性尺度は KL ダイバージェンスについては非対称だろうか.

練習問題 8.28 [★★]
L_1 ノルムとユークリッドノルムは両方とも Minkowski ノルム L_p の特別な場合である.

$$(8.49) \qquad L_p(a, b) = \sqrt[p]{\sum_i |a_i - b_i|^p}$$

この文脈において, ユークリッドノルムは L_2 ノルムとも呼ばれる. したがって, L_1 ノルムは確率分布に対してはユークリッドノルムより適切であるとみなせる.

ベクトルに対して用いられる別のノルムは L_∞ である. これは $p \to \infty$ のときの L_p である (Salton et al. 1983). L_∞ に対応するよく知られた関数は何か.

練習問題 8.29 [★]
表 8.9 の非類似性尺度の一つが 0 であることはほかの二つの尺度も 0 であることを含意するか.

練習問題 8.30 [★]
もし二つの確率分布が表 8.9 の尺度の一つにおいて最も類似性が低い場合, ほかの二つの尺度においても類似性が最も低いといえるか (例: $\mathrm{IRad}(p, q) = 2\log 2$).

8.6 統計的自然言語処理における語彙獲得の役割

統計的自然言語処理において語彙獲得は鍵となる役割を果たす. なぜなら利用可能な語彙資源にはいつも何らかの欠損があるからである. これについてはいくつかの理由がある.

一つの理由は手作業で語彙資源を作成するコストである. 多くの種類の語彙情報について, 専門の辞書編纂者は自動処理に比べて正確かつ網羅的にデータを収集するだろう. しかし, 手作業による辞書はその作成コストが高いので利用することができない. 一つの語彙エントリーをゼロから作るのに必要な時間は 30 分と見積もられている (Neff et al. 1993; 明らかにこれはエントリーの複雑さに依存している. したがって手作業で資源を作ることは極めて高価になりうる).

辞書編纂者を含め, 人間にとって収集が難しい種類のデータは, よく知られているとおり, 定量的な情報である. このことから, 語彙獲得の定量的な部分はほとんどいつも自動的に行う必要がある. 定性的な部分について優れた語彙資源がたとえ使えたとしてもこれは避けられない.

より一般的にいうと, 多くの語彙資源は人間が使うために設計されている. 定量的情報が欠けている (人間にとってはあまり重要ではないかもしれない) ことの裏面は, 通常の辞書項目を解釈するのに必要になるような文脈情報に計算機がアクセスできないことである. このことは Mercer (1993) によってうまく表現されている. 曰く, 「(対訳) 辞書を読んで新しい言語を身に付けることはできない」. 一つの例として, いくつかの辞書では不規則な複数形である *postmen* は *postman* の項目の例外欄に掲載されていない. というのは人間の読者にとっ

表 8.10 LOB コーパスに出現する単語で OALD 辞書にカバーされていない単語の種別.

カバー範囲の問題の種類	例
固有名詞	*Caramello, Château-Chalon*
外国語	*perestroika*
記号	*R101*
数式	x_1
標準的でない英語	*havin'*
略語	自然言語処理
ハイフン付きの単語	*non-examination*
ハイフンの省略	*bedclothes*
negated adjective	*unassailable*
副詞	*ritualistically*
専門用語	*normoglycaemia*
質量名詞の複数形	*estimations*
そのほか	*deglutition, don'ts, affinitizes* (VBZ)

て *postman* の複数形は *man* の複数形からの類推によって *postmen* となることが自明だからである. この種の問題に対する最良の解決策は, 多くの場合, 自動的な手段で人手による資源を拡張することである.

生産性
(PRODUCTIVITY)

これらの考察は自動的な語彙獲得を動機付ける理由として重要ではあるが, 語彙獲得が重要な理由の中心は言語が本来持つ**生産性** (*productivity*) である. 自然言語は常に流動的であり, 新たな名前や事物, 人物, 概念に言及するための名前や単語を作ることによって世界の変化に対応している. 言語資源はこれらの変化に歩調を合わせて更新され続けなければならない. いくつかの単語クラスはほかのものより漏れができやすいかもしれない. ほとんどの文書は我々が見たことのない固有名詞について述べるだろうが, 新しい助動詞や前置詞が作られることはめったにないだろう. しかし, 言語の創造性は名前に限られてはいない. 多くのテキストで新しい名詞や動詞が高い割合で出現する. 辞書に含まれている単語についても語彙獲得手法の適用が必要かもしれない. というのも, そのような単語に対して新たな意味や新たな統語用法パターンが作られるからである.

語彙資源が利用可能であったとしても, どのようにしたら自動的に学習すべき語彙情報の量を見積もることができるのだろうか. ざっとした見積もりを行うには, ジップの法則を用いたり, テキスト中で新たな単語や用法の出現する割合を推定するためのほかの方法を試してみたりすればよい (6 章や, 例えば Baayen and Sproat (1996), Youmans (1991) を参照してほしい).

語彙のカバー範囲
(LEXICAL
COVERAGE)

より詳細な分析は Sampson (1989) にある. Sampson は, 70,000 項目近い辞書 (the OALD, Hornby 1974) の**カバー範囲**を LOB コーパスの中の 45,000 単語分について調べたところ (数字は単語に入れていない), トークン数で約 3% の単語が辞書に入っていないことを発見した. 辞書のカバー不足の問題となった単語の種類を見ておくことは有益である. **表 8.10** に Sampson が見い

だした主要な種類とそれらの例を示す.

辞書にない単語のうち半分余りが固有名詞である.残りの半分は表に示すようにほかの種類である.カバー不足の問題のいくつかはより大きな辞書を使えば発生しないことが期待できそうである (いくつかの高頻度の固有名詞や *unassailable* のような単語).しかし,Sampson の知見によれば,コーパス中でトークン数にして 1〜2% の単語は相当大きな辞書にすら掲載されていないと予測できる.なおこの種の研究は文字列レベルで辞書に存在しないもののみを扱っていることにも注意しておくべきである.既知語ではあるものの,新しい意味や新しい構文で使われている単語の割合を見積もることはずっと難しい.最後の点は 1〜2% の未知語は記事でプロフィールを述べている人物の名前や新しい科学現象の略語など,文書において最も重要な単語である傾向が強いことである.したがって,新しい単語がテキスト中でごく少量であったとしても,これらの単語の性質を捉えて処理できるような表現方式をシステムが備えておくことは最も重要なことである.

自然言語処理を適切に行う上で,辞書,および人手による知識ベースに限界があることが自然言語処理研究者にとって明らかになるまでに長い年月を要した.初期の自然言語処理の研究戦略は,構文解析と知識表現という二つの最も基本的と考えられた問題に取り組むために,話題領域を小さく限定していた.小さな領域に対象を絞り込んだ結果として,初期の研究は「大規模なテキストに対する汎用性が何もなく」,「計算言語学の成果の多くは意味的,統語的に極めて限定された,部分的な言語 (sub-language) 以外には適用できなかった」(Ide and Walker 1992).

80 年代の終わりに部分領域から大規模コーパスや頑健なシステムに興味が移ったとき,語彙のカバー範囲の問題が中心に出てきた.これは音声認識の研究に触発されたことにもよる.コーパスからの語彙獲得の初期の研究の一つは SRI International の Walker and Amsler (1986) によって開発された FORCE4 システムのために行われた.それ以来,語彙獲得は統計的自然言語処理の最も活発な分野の一つになっている.

語彙獲得の将来はどのようになるだろうか.一つの重要な流れは語彙獲得の過程を適切な方向に制約する事前知識の源をより真剣に調べることである.これは,「何もない所」を出発点としてすべてをコーパスから獲得しようとする初期の研究とは対照的である.事前知識は WordNet における単語階層のような**離散的** (*discrete*) なものでもよいし,**確率的**なものでもよい.後者の例として,目的語の名詞クラスの事前分布を動詞の辞書項目から推定し,この事前分布をコーパスによって修正することがあげられる.事前知識を簡単に設定できたり,自動獲得における誤りを簡単に修正できたりするようなインタフェースの構築にも多くの研究がなされるだろう.

事前知識の一つの重要な知識源は言語理論であろう.統計的自然言語処理に

おいてそれは驚くほど活用されていない．今まで述べてきた言語的な洞察に基づいて獲得過程を適切に制約する試みに加え，言語理論を獲得の基礎として用いている Pustejovsky et al. (1993) や Boguraev and Pustejovsky (1995), Boguraev (1993) を参照してほしい．二つ目と三つ目の論文はケンブリッジ大学で行われた計算論的辞書学の重要な研究のまとめ（詳細は Boguraev and Briscoe (1989) に述べられている）になっている．これらの研究の大部分は非統計的なものであるが，語彙資源からの経験論的な獲得手法と理論言語学とをいかにして組み合わせるかについて重要な洞察を含んでいる．

語彙獲得において，辞書はテキストコーパスを除いて唯一の重要な情報源である．ほかの情報源として，百科事典，シソーラス，地名辞典 (gazeteers)，専門用語集があげられるほか，一般的でない単語や名前の統語的・意味的な性質を知るのに役立ちそうな参考資料やデータベースは何でも含まれる．

読者は本書がなぜテキスト資源のみに限定しているのか不思議に思ったかもしれない．音声や画像，ビデオはどうだろうか．語彙獲得はテキストに焦点を絞ってきた．それは音声や画像データから自動的に抽出できる特徴量に比べて単語の方が意味内容に関してより曖昧性の少ない記述子であるという理由による．しかし，音声認識や画像理解の研究が進むに従って，テキスト以外のメディアが提供するもっと豊かな文脈によって単語の言語表現を意味付けることができるようになることを期待したい．平均的な教養レベルの人が読む量は 100 万語レベルだが，音声として聞く量はその 10 倍と推計されている．この豊かな情報源を使って人間の言語獲得と同じ機能を果たすことができれば語彙獲得の有効性におけるブレークスルーが期待できるだろう．

8.7 さらに学ぶために

語彙獲得については多くの書籍や論文誌の特集号がある：Zernik (1991a), Ide and Walker (1992), Church and Mercer (1993), Boguraev and Pustejovsky (1995). 最近の研究は *Computational Linguistics, Natural Language Engineering, Computers and the Humanities* といった雑誌の最近の号に掲載されている．以下では本書で触れることができなかった語彙獲得の研究のいくつかを指摘する．

付加の曖昧性の解消に対する別のアプローチとして，変換に基づく学習 (Brill and Resnik 1994)，および対数線形モデル (Franz 1997) がある．Collins and Brooks (1995) はデータスパースネスの問題に対処するためにバックオフモデルを用いた．名詞句における付加の曖昧性はロマンス諸語でも起こる．フランス語については Bourigault (1993) を，イタリア語については Basili et al. (1997) を参照してほしい．

選択選好に対する Resnik の情報理論的アプローチに代わるものとして，最

小記述長の枠組みを用いた Li and Abe (1995) の研究がある．Li and Abe (1996) は動詞の二つ以上の項の間の依存性を考慮するように拡張している．例えば，*drive* は *car* を主語としてとることができるが (*This car drives well*)，これは目的語がないときのみ可能である．この種の規則性は動詞のすべての項を同時に見ないと発見できない．初期の（確率的ではないがコーパスに基づく）選択選好の研究については Velardi and Pazienza (1989) と Webster and Marcus (1989) を参照してほしい．

動詞の選択選好に関する情報がひとたび得られたなら，この知識を本章の最初で見た下位範疇化フレームの獲得に利用することができる．Poznański and Sanfilippo (1995) と Aone and McKee (1995) はこのアプローチをとっている．例えば，「受益者 (beneficiary)」，または「受容者 (recipient)」というタイプの名詞句をとる動詞は *to*–前置詞句を下位範疇化する傾向にある．

意味的類似性とは別の話題になるが，意味の獲得の領域で注目されつつあるものとして，階層の自動的な拡張がある．Hearst and Schütze (1995) と Hearst (1992) は既存の意味階層に新しい単語を挿入するシステムについて述べている．また Coates-Stephens (1993) と Paik et al. (1995) は固有名詞に対して同じことを行っている．Riloff and Shepherd (1997) と Roark and Charniak (1998) では階層のないカテゴリ構造（単純化した意味階層とみなせる）を仮定して単語をカテゴリに割り当てている．

コーパスからの獲得が試みられた別の二種類の重要な意味情報として反意語 (Justeson and Katz 1991) とメタファ (Martin 1991) がある．

非テキストデータが活用する価値のある情報源であることは先に述べた．発話の文脈表現を自動構築する問題が解けた場合にそのようなデータを語彙獲得にどのように活かすことができるか検討しているいくつかの研究プロジェクトがある．Suppes et al. (1996) は言語形式と文脈内における意味の間での行動に基づく照合の重要性を指摘している．これは感覚情報からの受動的な語義の獲得とは対立的である．Siskind (1996) は，（現実的な学習の状況ではよくあることだが）文脈的な表現にたとえ高い曖昧性があったとしても語彙獲得はうまくできることを示している．

意味獲得に関する情報源の紹介の最後に，形態論情報 (morphology) の利用に関する研究について述べる．ある特定の意味のタイプを含意する形態論的な規則性の例として進行形があげられる．英語においては非状態動詞のみが進行形で出現する．過度な単純化にはなるが，コーパス中で *he is running* が見つかって，*he is knowing* が見つからなかったなら，*know* が状態動詞で *run* が非状態動詞であることが推定できる．この方向の研究は Dorr and Olsen (1997), Light (1996), Viegas et al. (1996) を参照してほしい．これらはいずれも統計的なアプローチをとっていないが，このような形態論的な情報は統計的な手

法を適用する上で肥沃な大地となるであろう.

　締めくくりとして,語彙獲得に興味を持つ誰にとっても注意深く学ぶべき二つの重要な非統計的な研究領域を読者に示しておきたい.これらは極めて重要なものを秘めている.なぜなら,これらは統計的なアプローチと記号的なアプローチを組み合わせる方法(例えば,連語を正規表現で絞り込む (Justeson and Katz 1995b) など)について示唆を与えるからである.また,これらの洞察内容は非統計的な枠組みだけではなく統計的な枠組みでも表現されるため,将来の統計的な研究の価値ある基盤になる.

　最初の領域は Boguraev and Briscoe (1989) と Jensen et al. (1993) によって著された統語的,意味的な知識ベースを機械可読辞書から構築する研究である.これら二つの文献は語彙獲得のための辞書の強みと弱みについて学ぼうとする人々にとって良い出発点である.統計的自然言語処理のいささか偏った考え方のために,本書ではコーパスからの獲得に焦点を絞ったが,将来のほとんどの研究はコーパスと辞書を組み合わせた獲得になると思われる.

　二つ目の領域は正規表現照合の自然言語処理への適用である(例については,Appelt et al. (1993), Jacquemin (1994), Voutilainen (1995), Sproat et al. (1996), Jacquemin et al. (1997) を見よ).語彙獲得においては純粋に記号的な情報により扱うことができる現象やステップがあり,これらは正規言語でモデル化できる(英語の単語への分割が一例である).そのような場合,有限状態オートマトンはほかの方法では勝負にならないほど処理が速く単純である (Roche and Schabes 1997; Levine et al. 1992).

III編

文　法

9章

マルコフモデル

隠れマルコフモデル (HMM: Hidden Markov Models) は，近年の音声認識システムにおいて，主要な統計的モデリングとして用いられてきた．いろいろな限界があるにもかかわらず，各種の HMM は最も成功したモデルとしてこの領域でよく用いられている．本章では HMM の基本的な理論を展開し，その適用について述べる．また，基本的な HMM の拡張や，実装手法に関する技術的な参考情報を提示する．

隠れマルコフモデル (HMM)

マルコフモデル (MARKOV MODELS)

隠れマルコフモデル (*HMM*) とはマルコフ過程に確率的な働きを持たせたものに過ぎない．我々はすでに 2 章と 6 章において，n–グラムモデルにおけるマルコフ過程の例を見た．**マルコフ過程・マルコフ連鎖・マルコフモデル** (*Markov processes/chains/models*) は，アンドレイ・マルコフ（チェビシェフの学徒）によって最初に生み出された．その当初の目的はまさに言語学的なものであった (Markov 1913)．すなわち，ロシア語の文学作品における文字系列をモデル化しようとしたのである．その後，マルコフモデルは汎用性のある統計的道具立てとして発展した．我々は，単純で基本的なマルコフモデルのことを，HMM と区別する際には，**可視的マルコフモデル** (*Visible Markov Models*: VMM) と呼ぶ．

可視的マルコフモデル (VISIBLE MARKOV MODELS)

文における単語の順列について調べることは，文の統語構造を理解するための最初のステップであるので，我々は，この章を「文法」の部の最初の章に置いた．これは，本章で見ていくように，実際には VMM によって行われる．一方，HMM は隠れた構造を付加的に仮定することにより，より上位の抽象化レベルを扱うことができる．単語の順列についていえば，カテゴリのレベルにおける順列を扱うことが可能となる．本章で HMM の理論を導入した後，次章では品詞タグ付けにおける HMM の適用について見ていく．「文法」の部の最後の二つの章は，句構造などの文法において核となる概念の確率的な定式化を取り扱う．

9.1 マルコフモデル

　互いに**独立**ではない確率変数の系列（おそらく時間系列）を考慮したいことはしばしば起こる．特に各変数の値が系列における前方の要素に依存する場合が多い．そのような性質を持つ多くのシステムにおいて，将来の確率変数を予測するために必要なものは，現時点での確率変数の値であって，系列における確率変数の過去のすべての値ではない．例えば，大学の図書館が所有する蔵書の数を表す確率変数があるとき，どのくらいの本を現時点で所有しているかがわかっていれば，明日の蔵書数を予測することができるだろう．その際は，前の週，あるいは前の年にどのくらいの蔵書があったかは必要ない．すなわち，系列の要素は現在の要素がわかる限り，過去の要素とは条件的に独立である．

　$X = (X_1, ..., X_T)$ を確率変数の系列とする．各値は，状態空間を表すある有限集合 $S = \{s_1, \ldots, s_N\}$ からとられるとすると**マルコフ性**（*Markov property*）は以下のように表される．

マルコフ性の仮定
(Markov assumption)

履歴の限定性：

$$(9.1) \qquad P(X_{t+1} = s_k \mid X_1, \ldots, X_t) = P(X_{t+1} = s_k \mid X_t)$$

時間的不変性（定常性）：

$$(9.2) \qquad = P(X_2 = s_k \mid X_1)$$

　このとき，X はマルコフ連鎖であるという．あるいは X はマルコフ性を持つという．マルコフ連鎖は，確率的な遷移行列 (transition matrix) A を用いて，以下のように書くことができる．

$$(9.3) \qquad a_{ij} = P(X_{t+1} = s_j \mid X_t = s_i)$$

ここで，$a_{ij} \geq 0, \forall i, j$, および $\sum_{j=1}^{N} a_{ij} = 1, \forall i$ である．

　さらには，マルコフ連鎖におけるそれぞれの初期状態の確率を表すベクトル Π を規定することが必要である．

$$(9.4) \qquad \pi_i = P(X_1 = s_i)$$

ここで，$\sum_{i=1}^{N} \pi_i = 1$ である．マルコフモデルが常に一定の初期状態 s_0 から始まるということであれば，このようなベクトルは必要ではなくなる．この場合，s_0 からの状態遷移を遷移行列 A に含めることにより，もともとは Π に記録していた確率を示すことができる．

　以上のような一般的な記述から，6 章 で見た単語の n–グラムモデルはマルコフモデルであることが明らかになる．マルコフモデルは，事象の線状な系列の確率をモデル化するために用いることができる．例えば自然言語処理におい

9.1 マルコフモデル

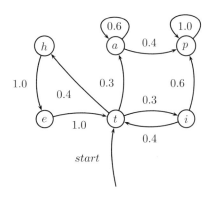

図 **9.1** マルコフモデルの一例.

ては，音声認識における妥当な音素の系列や，対話システムにおける発話行為の系列のモデル化のために用いられる．

一方で，マルコフ連鎖を 図 **9.1** に示すような状態図として表すこともできる．状態は状態名をラベルに持つノードとして表されるが，特に単一の初期状態は始点を持たない入アークにより識別される．可能な状態遷移は有向アークとして表され，アークの始点の状態から終点の状態への遷移確率がそのアークにラベルとして与えられる．確率がゼロである状態遷移は状態図には含めない．ここで注意すべきことは，あるノードから出ていくアークに与えられた確率の和は 1 になることである．このような表現によれば，マルコフモデルは，アークに対して確率が割り振られた（非決定的な）有限状態オートマトンであることは明らかであろう．マルコフ性は，対応する有限状態オートマトンが存在することを保証する．つまり，次にどの状態に遷移するかは現時点でどの状態に存在するかのみにより決まり，それより長い依存関係は存在しない．

可視的マルコフモデルにおいては，機械がどのような状態を遷移してきたかを観測することができる．このため，状態の系列，あるいはそれを定める決定関数をモデルの出力と見ることができる．

ある状態系列（すなわち確率変数の系列）$X_1, \ldots, X_T$ の確率は，マルコフ連鎖から容易に計算することができる．すなわち次式のように，状態遷移図，あるいは状態遷移行列に記述されている遷移確率を掛け合わせればよい．

$$\begin{aligned}
& P(X_1, \ldots, X_T) \\
&= P(X_1)P(X_2 \mid X_1)P(X_3 \mid X_1, X_2) \cdots P(X_T \mid X_1, \ldots, X_{T-1}) \\
&= P(X_1)P(X_2 \mid X_1)P(X_3 \mid X_2) \cdots P(X_T \mid X_{T-1}) \\
&= \pi_{X_1} \prod_{t=1}^{T-1} a_{X_t X_{t+1}}
\end{aligned}$$

図 9.1 に示されるマルコフモデルから，t, i, p という状態遷移の確率は以下のように計算できる．

$$P(t, i, p) = P(X_1 = t)P(X_2 = i \mid X_1 = t)P(X_3 = p \mid X_2 = i)$$
$$= 1.0 \times 0.3 \times 0.6$$
$$= 0.18$$

そうすることが多くの場合に自然であるかということには関わりなく，ある過程をマルコフ過程として表現できるかどうかが重要であることに注意しよう．例えば，6 章 で見た単語 n–グラムモデルを再検討してみよう．$n \geq 3$ の場合のモデルはより長い履歴を参照することになり，履歴の限定性を満たさないので，それはマルコフモデルではないと考えるかもしれない．しかしながら，任意の n–グラムモデルは可視的マルコフモデルとして再定式化できる．つまり，適切な範囲の履歴を新たな状態として表現すればよく，この場合，状態は $(n-1)$–グラムを表現する．例えば 4–グラムモデルでは，$(was, walking, down)$ というトライグラムを一つの状態と考えればよい．一般に，状態空間を複数の過去の状態のクロス積とすることにより，任意の固定長の履歴を同様に表現することができる．直前より前の状態を考える場合，$\boldsymbol{m}$ 次の $(m^{th}\ order)$ マルコフモデルという言葉を使うことがある．言うまでもなく，m は次の状態を予測する際に参照する過去の状態の数である．つまり，n–グラムモデルは $(n-1)$ 次のマルコフモデルである．

練習問題 9.1 [★]
表 4.2 に示したような電話番号のいずれかを表現するマルコフモデルを考え，図 9.1 のように表せ．

9.2 隠れマルコフモデル

HMM では，モデルによってもたらされる状態系列を知ることはできない．ただ，その確率関数がわかるだけである．

例題 1： 「無茶な」飲料販売機を考えてみよう．この販売機は，「だいたいコーラ」(CP: cola preferring) と「たぶんアイスティー」(IP: iced tea preferring) の二つの内部状態を持ち，購入が行われるたびに **図 9.2** に示す遷移確率に従って状態が変化する．

販売機にお金を入れるとき，状態が CP のときには常にコーラが出てきて，状態が IP のときには常にアイスティーが出てくるのであれば，それは可視的マルコフモデルである．しかし，この販売機は無茶な飲料販売機なので，必ずしもこうはならず，ただそのような傾向があるだけである．そこで，状態遷移に応じてどの飲料が出てきそうかを表す**記号出力確率** ($emission\ probability$) を導入することが必要になる．

記号出力確率
(EMISSION
PROBABILITY)

$$P(O_t = k \mid X_t = s_i, X_{t+1} = s_j) = b_{ijk}$$

9.2 隠れマルコフモデル

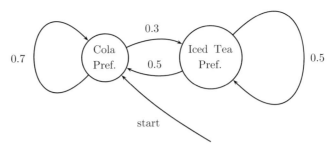

図 9.2 無茶な飲料販売機．その状態と状態遷移確率．

この販売機の場合，出てくる飲料は実際には状態 s_j とは独立なので，以下のような確率行列で表すことができる．

(9.5)
状態ごとの出力確率

	コーラ (cola)	アイスティー (ice_t)	レモネード (lem)
CP	0.6	0.1	0.3
IP	0.1	0.7	0.2

もし，販売機が常に「だいたいコーラ」状態 (CP) で起動されるとすると，出てくる飲料の系列が {lem, ice_t} である確率はどれほどであろうか．

解法： 観測した飲料の系列をもたらす，ありうる状態遷移のすべての経路を求め，それらの確率を合計する必要がある．この販売機はいつも CP 状態で起動されるので，機械が初期状態以外の二つの時点において上記の二つの状態のいずれを遷移するかによって，四つの可能性がある．したがって，{lem, ice_t} という出力系列の確率は以下のように計算される．

$$0.7 \times 0.3 \times 0.7 \times 0.1 + 0.7 \times 0.3 \times 0.3 \times 0.1 +$$
$$0.3 \times 0.3 \times 0.5 \times 0.7 + 0.3 \times 0.3 \times 0.5 \times 0.7 = 0.084$$

練習問題 9.2 [★]
販売機がいつも IP 状態で起動されるとすると，{cola, lem} という出力系列が得られる確率はどれほどか．

9.2.1 なぜ HMM を用いるのか

HMM は，観測される事象が潜在する事象によって確率的に生成されるとみなせる場合に有用である．よく知られた利用例としては，テキスト中の単語へのタグ付け（品詞，あるいはほかの分類ラベルを単語に割り当てること）がある．すなわち，潜在する品詞のマルコフ連鎖がテキストにおける単語を生成していると考える．このようなモデルについては 10 章で詳しく議論する．

この一般的なモデルが適切であるような状況で HMM が大変に有用である
ことにはさらなる理由がある．それは，HMM が期待値最大化 (Expectation
Maximization) アルゴリズム（EM アルゴリズム）によって効率的に訓練でき
るクラスのモデルであることである．何らかの HMM により生成されたと仮定
できる十分な量のデータが与えられるならば，観測されたデータを最もよく説
明できるモデルパラメータを EM アルゴリズムによって自動的に訓練すること
ができる．この際，HMM の構造は固定であり，アークの確率を求めることに
なる．

我々が HMM をどう利用できるかの別の例証は，n–グラムモデルの線形補間
におけるパラメータの生成である．文の確率を推定する方法については，すで
に 6 章 で議論した．

$$P(\text{Sue drank her beer before the meal arrived})$$

という確率は n–グラムモデルを用いて計算された．しかし，例えばトライグラ
ムモデルのように固定された n を用いることは，いわゆる疎なデータの問題に
よりうまくいかない可能性がある．6.3.1 節で見たように，n–グラム確率の推
定値をスムージングするアイディアの一つは，以下の例のように，さまざまな
n に対して**線形補間** (*linear interpolation*) することである．

線形補間 (LINEAR
INTERPOLATION)

$$P_{\text{li}}(w_n \mid w_{n-1}, w_{n-2}) = \lambda_1 P_1(w_n) + \lambda_2 P_2(w_n \mid w_{n-1})$$
$$+ \lambda_3 P_3(w_n \mid w_{n-1}, w_{n-2})$$

このようにすれば，トライグラムのカバレージが疎であったとしても，ある
特定の単語がどの程度の確率で生起しうるかを知ることができる．そして問
題は，いかにしてパラメータ λ_i を設定するかとなる．これらのパラメータが
（$\sum_i \lambda_i = 1$ という制約のもとで）どのような値をとるべきかについては，妥当
な推測が可能であるだけでなく，実際にこれらの最適値を自動的に見い出すこ
とが可能である (Jelinek 1990)．

本質的に重要なことは，ユニグラム，バイグラム，トライグラム確率のいず
れを使うべきかを表現する隠れ状態を伴う HMM が構成可能であるということ
である．これらの隠れ状態のそれぞれに入るアークの最適な重みは，HMM の
訓練アルゴリズムが決定する．つまり，λ_i の値を定めることは，それぞれの n–
グラムモデルによって定まるべき確率質量を定めることになる．

具体的には，単語ペアごとに四つの状態を持つ HMM を設定する．基本的な
単語ペアに対して一つ，残りの三つは，次の状態を決定するための各 n–グラム
の選択を表現する．このような HMM の一部を 図 **9.3** に示す．HMM がどの
ようにして，先に見た式と同じ確率を割り当てるかに注意しよう．単語 w^c が
$w^a w^b$ に続くあり方は 3 通りあるので，次状態において w^c を観測する確率は，
それぞれの n–グラム確率に対応するパラメータ λ_i を乗じたものの和となる．

9.2 隠れマルコフモデル

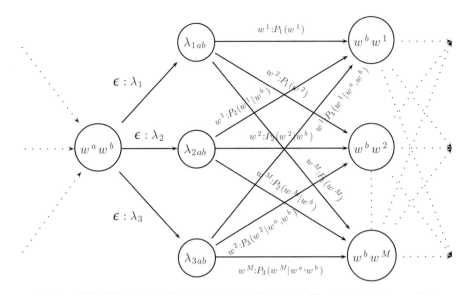

図 9.3 線形補間された言語モデルのための HMM の一部．アーク上の $o:p$ という表記は，この遷移が確率 p で起こり，そのとき o が確率 1 で出力されることを表す．

本章で検討する HMM 訓練アルゴリズムをこのネットワークに対して適用すると，パラメータ λ_{iab} の初期の推定値を改善することができる．ここで，以下の二つの点を注意しておきたい．一つは，このような変換は，**ϵ 遷移** (*epsilon transition*)（出力シンボルを作り出さない状態遷移）を導入することで可能となっていることである．もう一つは，すでに示したように，各単語ペアが独立したパラメータ λ_{iab} を持つことである．しかし，これらのパラメータを別々に調節することは，疎なデータの問題を悪化させるので望ましくない．それよりも，ある固定された i に対して，すべての（あるいは少なくとも同じクラスの）λ_{iab} が同じ値を持つように拘束したい．これは，**共有化状態** (*tied states*) により行うことができる．基本的な HMM に対するこれらの拡張に関する議論は，さらに 9.4 節 で行う．

ϵ 遷移 (EPSILON TRANSITION)

9.2.2 HMM の一般形

一つの HMM は，(S, K, Π, A, B) の五つ組で規定される．ここで，S は状態の集合，K は出力記号の集合である．また，Π, A, B はそれぞれ，初期状態，状態遷移，記号出力に関する確率を表す．本章で用いる記法を **表 9.1** にまとめる．確率変数 X_i は，状態名を対応する整数に対応させる．この扱いにおいては，時刻 t において出力される記号は，時刻 $t, t+1$ の状態の双方に依存する．このような HMM は，図 9.3 に示すように，記号がアークによって出力されると見ることができるので，しばしば**アーク出力型 HMM** (*arc emission HMM*) と呼ばれる．一方で，**状態出力型 HMM** (*state emission HMM*) も考

アーク出力型 HMM(ARC EMISSION HMM)

状態出力型 HMM(STATE EMISSION HMM)

表 9.1 HMM の表記.

状態集合	$S = \{s_1, \ldots s_N\}$
出力記号	$K = \{k_1, \ldots, k_M\} = \{1, \ldots, M\}$
初期状態確率	$\Pi = \{\pi_i\},\ i \in S$
状態遷移確率	$A = \{a_{ij}\},\ i, j \in S$
記号出力確率	$B = \{b_{ijk}\},\ i, j \in S, k \in K$
状態系列	$X = (X_1, \ldots, X_{T+1}),\ \ X_t : S \mapsto \{1, \ldots, N\}$
出力系列	$O = (o_1, \ldots, o_T),\ \ o_t \in K$

1: $t = 1$
2: 状態 s_i で確率 π_i（すなわち $X_1 = i$）として開始する
3: **while** True **do**
4:     状態 s_i から状態 s_j へ確率 a_{ij} で遷移する（すなわち $X_{t+1} = j$）
5:     観測記号 $o_t = k$ を確率 b_{ijk} で出力する
6:     $t = t + 1$
7: **end while**

図 9.4 マルコフ過程のプログラム.

えることができる．状態出力型 HMM においては，時刻 t において出力される記号は，時刻 t における状態のみに依存する．例題 1 の HMM は状態出力型 HMM である．しかしこの HMM は，$\forall j', j'',\ b_{ij'k} = b_{ij''k}$ となるようなパラメータ b_{ijk} を導入することにより，アーク出力型 HMM として扱うこともできる．これに関するさらなる議論は 9.4 節で行う．

HMM の仕様が与えられれば，ただちにマルコフ過程の実行をシミュレートし，可能な文の産出を行うことが可能である．このためのプログラムを図 **9.4** に示す．しかし，このプログラムの実行自体よりもむしろ興味あることは，ある HMM によって特定のデータ集合が生成されたと仮定することよって，潜在する状態系列とその確率を計算することである．

9.3 HMM についての三つの基本的な問題

HMM に関しては，以下の三つの基本的問題に対する答えを知りたい．

1. モデル $\mu = (A, B, \Pi)$ が与えられたとき，ある観測データ系列の確率 $P(O \,|\, \mu)$ をいかにして効率的に計算するか．
2. 観測データ系列 O とモデル μ が与えられたとき，この観測データ系列を最もよく説明する隠れ状態系列 $(X_1, \ldots, X_{T+1})$ をいかにして定めるか．
3. 観測データ系列 O と，モデルパラメータ μ を変動させることにより構成される可能なモデルの空間が与えられたとき，いかにして観測データを最もよく説明するモデルを見つけるか．

9.3 HMM についての三つの基本的な問題 287

通常，我々が扱う問題は，先の飲料販売機のようなものではない．我々はパラメータを事前には知らないので，データから推定する必要がある．これはまさに上記の三つ目の問題である．最初の問題は，モデルの中でどれが最良かを定める際に用いることができる．二つ目の問題は，マルコフ連鎖においてどのような経路がたどられたかを推測する問題である．推測された隠れ経路は，10章で見るように，品詞タグ付けのような分類の問題に用いることができる．

9.3.1 観測の確率を求める

観測データの系列 $O = (o_1, \ldots, o_T)$ とモデル $\mu = (A, B, \Pi)$ が与えられたとき，$P(O \mid \mu)$（モデルが与えられたときの観測の確率）を効率よく計算したい．この計算過程はしばしば，**復号化**（*decoding*）と呼ばれる．

復号化 (DECODING)

任意の状態系列 $X = (X_1, \ldots, X_{T+1})$ に対して，

$$
(9.6) \quad
\begin{aligned}
P(O \mid X, \mu) &= \prod_{t=1}^{T} P(o_t \mid X_t, X_{t+1}, \mu) \\
&= b_{X_1 X_2 o_1} b_{X_2 X_3 o_2} \cdots b_{X_T X_{T+1} o_T}
\end{aligned}
$$

であり，

$$
(9.7) \quad P(X \mid \mu) = \pi_{X_1} a_{X_1 X_2} a_{X_2 X_3} \cdots a_{X_T X_{T+1}}
$$

である．また，

$$
(9.8) \quad P(O, X \mid \mu) = P(O \mid X, \mu) P(X \mid \mu)
$$

であるから，

$$
(9.9) \quad
\begin{aligned}
P(O \mid \mu) &= \sum_{X} P(O \mid X, \mu) P(X \mid \mu) \\
&= \sum_{X_1 \cdots X_{T+1}} \pi_{X_1} \prod_{t=1}^{T} a_{X_t X_{t+1}} b_{X_t X_{t+1} o_t}
\end{aligned}
$$

となる．

この導出は単純である．まさに，例題 1 において観測系列の確率を計算を行った過程にほかならない．それぞれの可能な状態系列に対応して生起する観測の確率を足し合わせるだけである．しかし残念ながら，これを直接実行することは，極めて非効率である．一般的な場合（任意の状態から開始し，任意の状態遷移が可能である場合）においては，この計算は $(2T + 1) \cdot N^{T+1}$ 回の乗算を必要とする．

練習問題 9.3 [★]
この計算量を確認せよ．

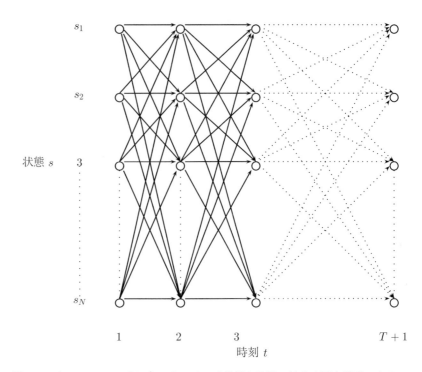

図 **9.5** トレリスアルゴリズム．トレリスは状態と時間に対する正方配列である．(s_i, t) におけるノードは，$X_t = i$ を含む状態系列の情報を保持する．線はノード間の接続を示す．ここでは，完全に相互接続された HMM を示している．このような HMM では，任意の状態からほかの任意の状態へ遷移が許される．

動的計画法
(DYNAMIC PROGRAMMING)
メモ化
(MEMOIZATION)

このようなオーダーの計算量を避ける一般的な手段は，**動的計画法** (*dynamic programming*)，あるいは**メモ化** (*memoization*) と呼ばれる手段である．これらの手段においては，部分的な計算結果を後から再計算しなくて済むように記憶しておく．この考え方は汎用的なものであり，計算言語学だけでなく，より一般的なコンピュータ科学のさまざまな場所（一般的な入門としては Cormen et al. (1990: ch. 16) を参照のこと）で現れる．計算言語学におけるチャートパージングはその一例である．HMM のようなアルゴリズムを動的計画法として記述する際には，**トレリス** (*trellises*)（**ラティス** (*lattices*) とも呼ばれる）が用いられる．まず，各時刻における状態を表す行列を考え，各時刻にそれぞれの状態に存在する確率を計算する．このような状況は図 **9.5** や図 **9.6** のような図によればよりわかりやすいであろう．トレリスは，ある時刻にある状態に達する HMM のすべての初期の部分経路の確率を記録することができる．より長い部分経路の確率は，一つ短い部分経路から計算することができる．

トレリス (TRELLIS)
ラティス
(LATTICES)

前向き計算
(FORWARD PROCEDURE)

前向き計算

これらの図に示されるキャッシングの方法は，**前向き計算** (*forward procedure*)

9.3 HMMについての三つの基本的な問題

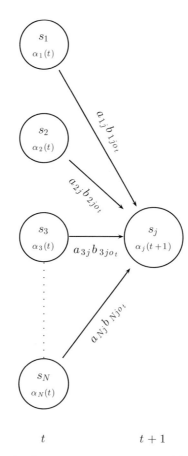

図 9.6 トレリスアルゴリズム：一つのノードにおける前向き確率の計算をクローズアップしたもの．前向き確率 $\alpha_j(t+1)$ は，s_j に入ってくる各アークに対して，その遷移確率とアークの始点ノードにおける前向き確率の積の総和をとることで計算される．

と呼ばれる．前向き計算では，以下の前向き変数 $\alpha_i(t)$ を用いる．

(9.10)
$$\alpha_i(t) = P(o_1 o_2 \cdots o_{t-1}, X_t = i \,|\, \mu)$$

前向き変数 $\alpha_i(t)$ は，$o_1 \cdots o_{t-1}$ の観測データが得られたときに，時刻 t において状態 i に達する全確率を表し，トレリス中では (s_i, t) に保存される．この値は，トレリス中の各ノードに入ってくるすべてのアークの確率を足し合わせることによって計算される．以下の手順によって，トレリス中の前向き変数を左から右の方向へ計算していく．

1. 初期化
$$\alpha_i(1) = \pi_i, \quad 1 \leq i \leq N$$

2. 帰納

$$\alpha_j(t+1) = \sum_{i=1}^{N} \alpha_i(t) a_{ij} b_{ijo_t}, \quad 1 \le t \le T, 1 \le j \le N$$

3. 合計

$$P(O \mid \mu) = \sum_{i=1}^{N} \alpha_i(T+1)$$

このアルゴリズムにおいて必要な乗算はたかだか $2N^2T$ 回であり，単純な方法よりずっと効率的である．

後向き計算

後向き計算
(BACKWARD
PROCEDURE)

　時間に沿った計算結果は必ずしも前向きにキャッシュしておかなくても，後向き（時間進行と逆方向）に行うこともできる．**後向き計算** (*backward procedure*) は，時刻 t における状態 s_i に対して，それ以降の観測系列の全確率を表す後向き変数 $\beta_i(t)$ を計算する．このようなやや直感的ではない計算法を導入する本当の理由は，前向き確率と後向き確率を組み合わせることが，パラメータの再推定という三つ目の問題を解くために特に重要であるということにある．

　後向き変数を次のように定義し

(9.11)
$$\beta_i(t) = P(o_t \cdots o_T \mid X_t = i, \mu)$$

以下の手順によって，トレリス中の後向き変数を右から左の方向へ計算していく．

1. 初期化

$$\beta_i(T+1) = 1, \quad 1 \le i \le N$$

2. 帰納

$$\beta_i(t) = \sum_{j=1}^{N} a_{ij} b_{ijo_t} \beta_j(t+1), \quad 1 \le t \le T, \ 1 \le i \le N$$

3. 合計

$$P(O \mid \mu) = \sum_{i=1}^{N} \pi_i \beta_i(1)$$

　表 9.2 に前向き，後向き変数，および後に説明するほかの変数の計算を示す．これらは例題 1 の飲料販売機において $O = \{\text{lem, ice\_t, cola}\}$ という飲料の系列が観測された場合の値である．

前向き計算，後向き計算を組み合わせる

　より一般的には，与えられた観測系列の確率を計算するために，以下のように前向き，後向きのキャッシングを任意に組み合わせることができる．

9.3 HMM についての三つの基本的な問題　　　　　　　　　　　　　　　　*291*

表 **9.2**　$O = \{\text{lem, ice\_t, cola}\}$ に対する変数の計算.

	出　力		
	lem	ice_t	cola
時刻 (t):	1	2	3	4
$\alpha_{CP}(t)$	1.0	0.21	0.0462	0.021294
$\alpha_{IP}(t)$	0.0	0.09	0.0378	0.010206
$P(o_1 \cdots o_{t-1})$	1.0	0.3	0.084	0.0315
$\beta_{CP}(t)$	0.0315	0.045	0.6	1.0
$\beta_{IP}(t)$	0.029	0.245	0.1	1.0
$P(o_1 \cdots o_T)$	0.0315			
$\gamma_{CP}(t)$	1.0	0.3	0.88	0.676
$\gamma_{IP}(t)$	0.0	0.7	0.12	0.324
$\widehat{X_t}$	CP	IP	CP	CP
$\delta_{CP}(t)$	1.0	0.21	0.0315	0.01323
$\delta_{IP}(t)$	0.0	0.09	0.0315	0.00567
$\psi_{CP}(t)$		CP	IP	CP
$\psi_{IP}(t)$		CP	IP	CP
$\hat{X}_t$	CP	IP	CP	CP
$P(\hat{X})$	0.01323			

$$P(O, X_t = i \mid \mu) = P(o_1 \cdots o_T, X_t = i \mid \mu)$$
$$= P(o_1 \cdots o_{t-1}, X_t = i, o_t \cdots o_T \mid \mu)$$
$$= P(o_1 \cdots o_{t-1}, X_t = i \mid \mu)$$
$$\times P(o_t \cdots o_T \mid o_1 \cdots o_{t-1}, X_t = i, \mu)$$
$$= P(o_1 \cdots o_{t-1}, X_t = i \mid \mu) P(o_t \cdots o_T \mid X_t = i, \mu)$$
$$= \alpha_i(t) \beta_i(t)$$

よって，

$$(9.12) \qquad P(O \mid \mu) = \sum_{i=1}^{N} \alpha_i(t) \beta_i(t), \quad 1 \le t \le T + 1$$

となる．先に示した一連の式は，この式の特別な場合となっている.

9.3.2　最適な状態系列を求める

　二つ目の問題は，「観測データを最もよく説明する状態系列を求めること」のように少し漠然と示されていた．というのは，この問題の解法は一つではないからである．一つのやり方は，状態系列中の各状態を個別に定めることである．すなわち，各時刻 t, $1 \le t \le T + 1$ に対して，$P(X_t \mid O, \mu)$ を最大化するような X_t を求める.

　$\gamma_i(t)$ を

$$(9.13) \qquad \begin{aligned} \gamma_i(t) &= P(X_t = i \mid O, \mu) \\ &= \frac{P(X_t = i, O \mid \mu)}{P(O \mid \mu)} \\ &= \frac{\alpha_i(t)\beta_i(t)}{\sum_{j=1}^{N} \alpha_j(t)\beta_j(t)} \end{aligned}$$

のように定式化しよう.

すると, 個別に最もありうる状態 $\widehat{X_t}$ は,

$$(9.14) \qquad \widehat{X_t} = \operatorname*{arg\,max}_{1 \le i \le N} \gamma_i(t), \quad 1 \le t \le T + 1$$

のように書ける.

この量は, 正しく推測されると期待される状態の数を最大化する. しかしながら, 状態の**系列**としては, ありえないものを与える可能性がある. このため, 通常はこのような方法ではなく, ビタビアルゴリズム (Viterbi algorithm) と呼ばれるアルゴリズムが用いられる. このアルゴリズムは, 最もありうる状態系列を効率的に計算する.

ビタビアルゴリズム

通常, 求めたいものは, 次式で表される最もありえそうな完全な経路である.

$$\operatorname*{arg\,max}_{X} P(X \mid O, \mu)$$

ある固定された O に対してこれを求めるためには, 以下を求めればよい.

$$\operatorname*{arg\,max}_{X} P(X, O \mid \mu)$$

ビタビアルゴリズム
(VITERBI
ALGORITHM)

トレリスを用いてこのような経路を効率よく計算するアルゴリズムが**ビタビアルゴリズム** (*Viterbi algorithm*) である. 次のように $\delta_j(t)$ を定義する.

$$\delta_j(t) = \max_{X_1 \cdots X_{t-1}} P(X_1 \cdots X_{t-1}, o_1 \cdots o_{t-1}, X_t = j \mid \mu)$$

この変数は, トレリス中の各点に対して, そのノードへ到達する経路の中で最もありうるものの確率を保持する. 一方, これに対応する変数 $\psi_j(t)$ は, この最もありうる経路を導いた入アークのノードを保持する. 動的計画法を用いることによって, トレリス全体において最もありうる経路を以下のように計算する.

1. 初期化

$$\delta_j(1) = \pi_j, \quad 1 \le j \le N$$

2. 帰納

$$\delta_j(t+1) = \max_{1 \le i \le N} \delta_i(t) a_{ij} b_{ijo_t}, \quad 1 \le j \le N$$

9.3 HMM についての三つの基本的な問題   *293*

バックトレースを保持する.

$$\psi_j(t+1) = \arg\max_{1 \le i \le N} \delta_i(t)a_{ij}b_{ijo_t}, \quad 1 \le j \le N$$

3. 終了とバックトラッキングによる経路の復元. 最もありうる状態系列は, 右から逆方向に以下のように計算される.

$$\hat{X}_{T+1} = \arg\max_{1 \le i \le N} \delta_i(T+1)$$

$$\hat{X}_t = \psi_{\hat{X}_{t+1}}(t+1)$$

$$P(\hat{X}) = \max_{1 \le i \le N} \delta_i(T+1)$$

これらの計算において, 同点の場合が生じる. そのような場合は, 一つの経路がランダムに選択されると仮定する. 実際の応用においては, 最適な状態系列を求めるだけでなく, n–ベストの系列, あるいは, ありうる経路によるグラフ構造を求めることが望まれる. このためには, 各ノードにおいて上位 m ($< n$) 個の前の状態を保持する必要がある.

表 9.2 は, これら双方の解釈において最もありうる状態群と状態系列の計算を示している. ただし, この例に関して言えば, 両者は同等となることが示せる.

9.3.3　三つ目の問題：パラメータの推定

観測系列が与えられたとき, それを最もよく説明できるモデルパラメータ $\mu = (A, B, \pi)$ の値を求めたい. これは, 最尤推定 (Maximum Likelihood Estimation) を用いる場合, $P(O \mid \mu)$ を最大化する値を求めることを意味する.

(9.15)
$$\arg\max_{\mu} P(O_{\text{training}} \mid \mu)$$

解析的な手法によって $P(O \mid \mu)$ を最大化する μ を求める手法は知られていない. しかしながら, 反復的な山登りアルゴリズムによって局所的な最適解を求めることができる. このアルゴリズムは, **バウム・ウェルチのアルゴリズム** (Baum-Welch algorithm), または**前向き後向きアルゴリズム** (*Forward-Backward algorithm*) と呼ばれる. このアルゴリズムは, 14.2.2 節でより詳しく議論される**期待値最大化法** (*Expectation Maximization method*) の特殊なケースである. このアルゴリズムは, 以下のように動作する. 我々は真のモデルを知ることはないが, 観測系列の確率を何らかのモデル (おそらくはランダムに選択する) を用いて計算することができる. この計算過程を調べることによって, どの状態遷移, どの記号出力が最もよく行われたかを知ることができるので, これらの確率を増加させることによって, 観測系列に対してより高い確率を与えるようにモデルを更新することができる. この最大化の過程はしばしば, モデルの**訓練** (*training*) と呼ばれる. モデルの訓練は**訓練データ** (*training data*) に対して行われる.

前向き後向きアルゴリズム (Forward-Backward algorithm)
期待値最大化アルゴリズム (EM algorithm)

訓練 (training)
訓練データ (training data)

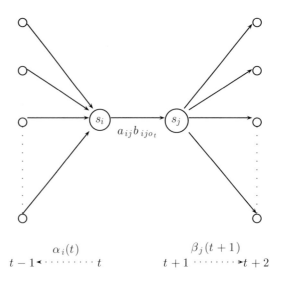

図 9.7 アークをたどる確率．観測系列とモデルが与えられると，時刻 t において状態 s_i から s_j へ至るマルコフ過程の確率を計算できる．

$p_t(i,j), 1 \leq t \leq T, 1 \leq i,j \leq N$ を以下に示すように定義しよう．これは，観測系列 O が与えられたとき，時刻 t において特定のアークをたどる確率である．図 **9.7** を参照のこと．

(9.16)
$$\begin{aligned}
p_t(i,j) &= P(X_t = i, X_{t+1} = j \mid O, \mu) \\
&= \frac{P(X_t = i, X_{t+1} = j, O \mid \mu)}{P(O \mid \mu)} \\
&= \frac{\alpha_i(t) a_{ij} b_{ijo_t} \beta_j(t+1)}{\sum_{m=1}^{N} \alpha_m(t) \beta_m(t)} \\
&= \frac{\alpha_i(t) a_{ij} b_{ijo_t} \beta_j(t+1)}{\sum_{m=1}^{N} \sum_{n=1}^{N} \alpha_m(t) a_{mn} b_{mno_t} \beta_n(t+1)}
\end{aligned}$$

$\gamma_i(t) = \sum_{j=1}^{N} p_t(i,j)$ であることに注意せよ．

さて，時刻のインデックスに関して加算することにより，期待回数を得ることができる．

$$\sum_{t=1}^{T} \gamma_i(t) = O \text{ における状態 } i \text{ からの遷移の期待回数}$$

$$\sum_{t=1}^{T} p_t(i,j) = O \text{ における状態 } i \text{ から } j \text{ への遷移の期待回数}$$

反復計算は，ある適当なモデル μ（事前に選択されているか，もしくは，ランダムに選択されている）から開始する．次に，現在のモデルを O に適用してみて，各モデルパラメータの期待値を推定する．この後，最もよく用いられる

9.3 HMM についての三つの基本的な問題

経路（ただし確率的な制約を満たすもの）の値を最大化する．この過程はモデルパラメータ μ が最適値に収束するまで繰り返される．

再推定の式は次のようになる．

$$(9.17) \qquad \hat{\pi}_i = \text{時刻 } t = 1 \text{ で状態 } i \text{ にある期待頻度}$$

$$= \gamma_i(1)$$

$$(9.18) \qquad \hat{a}_{ij} = \frac{\text{状態 } i \text{ から } j \text{ への遷移の期待回数}}{\text{状態 } i \text{ からの遷移の期待回数}}$$

$$= \frac{\sum_{t=1}^{T} p_t(i,j)}{\sum_{t=1}^{T} \gamma_i(t)}$$

$$(9.19) \qquad \hat{b}_{ijk} = \frac{\text{状態 } i \text{ から } j \text{ への遷移で } k \text{ が観測される期待回数}}{\text{状態 } i \text{ から } j \text{ への遷移の期待回数}}$$

$$= \frac{\sum_{\{t:o_t=k,1 \le t \le T\}} p_t(i,j)}{\sum_{t=1}^{T} p_t(i,j)}$$

すなわち，$\mu = (A, B, \Pi)$ から $\hat{\mu} = (\hat{A}, \hat{B}, \hat{\Pi})$ を導出する．さらには，バウムによって証明されたように，以下が成立する．

$$P(O \,|\, \hat{\mu}) \ge P(O \,|\, \mu)$$

これは EM アルゴリズムの一般的な性質である（より詳しくは 14.2.2 節 を参照のこと）．それゆえ，パラメータ再推定を繰り返すことにより，モデルを改良していくことが可能になる．通常は，結果が顕著に改善しなくなるまで，再推定の過程を反復する．**局所的最大値** (*local maxima*)（あるいは鞍点）にトラップされる可能性があるため，このパラメータ再推定の計算過程は，最適なモデルが得られることを保証するものではない．興味のあるほとんどの場合においては，尤度関数は複雑な非線形の形状をしており，多くの局所的最大値を持つ．にもかかわらず，バウム・ウェルチの再推定は，HMM のパラメータ推定においておおむね有効である．

局所的最大値
(LOCAL MAXIMA)

この節を終えるにあたり，例の無茶な飲料販売機の HMM のパラメータをバウム・ウェルチのアルゴリズムによって再推定してみよう．これまでに使用してきたモデルを初期状態のモデルとすると，観測系列 {lem, ice_t, cola} に対する訓練により，次のように $p_t(i,j)$ の値を求めることができる．

(9.20)

時刻 (j)

		1			2			3		
		CP	IP	γ_1	CP	IP	γ_2	CP	IP	γ_3
i	CP	0.3	0.7	1.0	0.28	0.02	0.3	0.616	0.264	0.88
	IP	0.0	0.0	0.0	0.6	0.1	0.7	0.06	0.06	0.12

このとき，パラメータは以下のように再推定される．

		オリジナル			再推定		
Π	CP	1.0			1.0		
	IP	0.0			0.0		

		CP	IP		CP	IP	
A	CP	0.7	0.3		0.5486	0.4514	
	IP	0.5	0.5		0.8049	0.1951	

		cola	ice_t	lem	cola	ice_t	lem
B	CP	0.6	0.1	0.3	0.4037	0.1376	0.4587
	IP	0.1	0.7	0.2	0.1463	0.8537	0.0

練習問題 9.4 [⋆]

この HMM，および観測系列に対して，バウム・ウェルチのアルゴリズムをさらに実行すると，極限においてそれぞれのパラメータはどのような値となるか．また，それはなぜか．

この例において，バウム・ウェルチのアルゴリズムが奇妙な動きをする理由は明らかであろう．訓練系列が短すぎるので，この飲料販売機の奇妙な振る舞いを正確に表現することは難しい．

練習問題 9.5 [⋆]

Π においてゼロであるパラメータの値は，ゼロのままであることに注意しよう．これは偶然の帰結だろうか．さらにバウム・ウェルチの再推定を繰り返したとすると，B においてゼロになるようなパラメータの値はどのようになるか．ゼロとなるパラメータに対するバウム・ウェルチの再推定に関して，どのような一般化ができるか．

9.4 HMM：実装，性質，変種

9.4.1 実装

これまでの理論はさておき，HMM の実装においては実際的な問題がいくつかある．HMM を用いたタグ付けが効率的で正確であるためには，実装にも注意を払う必要がある．最も明白な問題は，積算を繰り返すことにより，確率値が非常に小さな数となることである．たとえ倍精度演算を用いたとしても，浮動小数点のアンダーフローを引き起こす可能性がある．

ビタビアルゴリズムにおける演算は，積算，および最大値要素の選択に限られるので，演算は対数をとることによって実行することができる．対数を用いることにより，浮動小数点のアンダーフローの問題だけでなく，積算を和算に転換することによる速度の向上を達成することができる．ビタビアルゴリズムは実行時のアルゴリズムであるので，この効率良い実装はとりわけ重要である．これに対し，訓練アルゴリズムはオフラインでゆっくり実行することが許される．

前向き後向きアルゴリズムでもまた，浮動小数点のアンダーフローを防ぐための対策が必要である．合計和を求める必要があるので，対数を用いることは難しい．一般的な解決法は，補助的な**スケーリング係数** (*scaling coefficient*)

スケーリング係数
(SCALING
COEFFICIENT)

9.4 HMM：実装，性質，変種

を用いることである．スケーリング係数の値を時刻 t につれて大きくし，これを確率に乗ずることにより，計算機における浮動小数点の範囲に収まるようにすることができる．各反復の最後の段階でパラメータの値を再推定する際に，これらのスケーリング係数はキャンセルできる．この方法についての詳細な議論やほかの実装上の問題は，Levinson et al. (1983), Rabiner and Juang (1993: 365–368), Cutting et al. (1991), そして Dermatas and Kokkinakis (1995) などの文献で扱われている．ほかのやり方としては，和をとる必要はあるにせよ，とにかく対数を使うというものもある．適当なスケーリング係数を用いて，それぞれの加算を効率よく計算できる．

(9.21)

> **function** log_add
>> **if** $y - x > \log big$ **then**
>>> y
>>
>> **else if** $x - y > \log big$ **then**
>>> x
>>
>> **else**
>>> $\min(x, y) + \log(\exp(x - \min(x, y)) + \exp(y - \min(x, y)))$
>>
>> **end if**
>
> **end function**

このアルゴリズムにおいて，big というのは，10^{30} といった十分に大きな値である．このような大きな数の数値計算を行うアルゴリズムにおいては，丸め誤差に注意する必要があるが，それはこの章の範囲を超える．

9.4.2 HMM における変種

　HMM には，有限状態機械の場合と同様に，本質は同様ながら細部が異なる変種が多数存在する．その一つは，記号をまったく出力しないようなアーク遷移を許すというものである．このような遷移は，ϵ 遷移 (*epsilon transition*)，あるいは，**空遷移** (*null transition*) と呼ばれる．また，出力の分布を，たどったアークの両端の状態ではなく，その一方のみに依存させることもよく行われる．例の飲料販売機はその良い例である．このモデルにおける出力は，たどったアークの関数ではなく，選択された状態の関数になる．このようなモデルは，10 章で見るように，品詞タグ付けの自然なモデルと対応するので，統計的な自然言語処理においてよく用いられる．この章でアークによる記号出力のモデルを提示したことを適切でないと考える向きもあるだろう．しかし，状態による記号出力のモデルをアークによる記号出力のモデルを用いてシミュレートすることは自明であるのに対し，その逆はもっと難しい．出力が状態から出てくるものをより単純なモデルであると考える必要はなく，出力はアークから得るものと考えていればよい．ただし，出力の分布は特定のノードから出ていくすべ

ϵ 遷移 (EPSILON TRANSITION)
空遷移 (NULL TRANSITION)

てのアーク（あるいは特定のノードに入っていくすべてのアーク）において，たまたま同一であるとみなすことになる.

以上から一般的な方略が考えられる. HMM における問題は，モデルを規定するために多くのパラメータを推定しなければならなく，十分な量のデータが得られなければ，これらのすべてを正確に推定することは大変に困難であるという点にある. このような状況に対処するために最も単純な方略は，あるアーク群，あるいは状態群における確率分布は互いに等しいという前提を置くことである. このような手法は，**パラメータの共有化** (*parameter tying*) と呼ばれる. これにより，**共有化状態** (*tied states*), あるいは**共有化アーク** (*tied arcs*) を得る. モデルのパラメータの数を削減するためのほかの可能性としては，いくつかの事柄が不可能である（すなわち確率がゼロ）と決めることである. つまり，モデルに構造的なゼロを導入することになる. いくつかの事柄の可能性をゼロにすることには，モデルに多くの構造を持ち込むことであり，これによりパラメータ再推定アルゴリズムの性能は大きく改善されうるが，このようなやり方が適切である状況は限られる.

パラメータの共有化
(PARAMETER TYING)
共有化状態
(TIED STATES)
共有化アーク
(TIED ARCS)

9.4.3 複数の観測入力

ここまで単一の入力の系列に関するアルゴリズムを示してきた. では，複数の入力に対してはどのように訓練を行うことができるだろうか. これまでに仮定してきた種類の HMM においては，すべての状態はほかのすべての状態と非ゼロの遷移確率で結ばれていた. このようなモデルは，**エルゴディックモデル** (*ergodic model*) と呼ばれ，シンプルな解法が存在する. すなわち，すべての観測系列を連結し，一つの長い入力として訓練を行えばよい. この方法における唯一の実質的な不都合は，初期状態の確率 π_i を適切に再推定するために十分なデータが得られないという点である. また，全結合でない HMM が用いられることもある. 例えば，**フィードフォワードモデル** (*feed forward model*) では，状態の順序付きの集合が存在し，各時刻においては，同じかより高い順位の状態にのみ進むことができる. もし，HMM が全結合でない（すなわち構造的なゼロを含む）ならば，あるいは初期確率の再推定が行えることを望むならば，複数入力による系列に対しても機能するように再推定の定式化を拡張する必要がある. 入力が互いに独立であると仮定できるならば，これは大変に単純である. ここではその定式化を示すことはしないが，確率的文脈自由文法 (PCFG) における同様の定式化を 11.3.4 節において示す.

エルゴディック
モデル
(ERGODIC MODEL)

フィードフォワード
モデル (FEED FORWARD MODEL)

9.4.4 パラメータの値の初期化

再推定過程が保証することは，局所的な最大値が見つかるということだけである. 大局的な最大値を見つけようとするならば，パラメータ空間において大局的な最適解になるべく近い領域から HMM を開始する必要がある. このため

には，ランダムな初期値から始めるのではなく，良いパラメータの値を大まか
に推定しておくのがよい．実際のところ，出力パラメータ $B = \{b_{ijk}\}$ に対し
て良い初期値を選んでおくことはとりわけ重要である．これは，ランダムな初
期推定によっても十分満足できる解が得られる A や Π の場合とは異なる点で
ある．

9.5 さらに学ぶために

　ビタビアルゴリズムは，Viterbi (1967) によって最初に定式化された．隠れ
マルコフモデルの背景にある数学理論は，1960 年代の後半から 70 年代の前半
にかけて，バウムと彼の同僚によってに発展させられた (Baum et al. 1970)．
音声認識における利用は，防衛分析研究所 (Institute for Defense Analysis)
の Jack Ferguson による講義において提唱された．音声処理への適用は，1970
年代に CMU の Baker (1975)，および IBM の Jelinek と彼の同僚によりま
ず行われた (Jelinek et al. 1975; Jelinek 1976) 後に，別途，品詞タグ付けな
どのほかの言語のモデル化に対する適用が行われた．

　HMM のアルゴリズムに関しては，音声認識への適用に関して良い参考資料
が多くある (Levinson et al. 1983; Knill and Young 1997; Jelinek 1997)
が，特によく知られているものとして，Rabiner (1989)，Rabiner and Juang
(1993) がある．これらの文献は，本章で扱ったような離散的な HMM だけで
なく，出力として実数値をとるような連続的な HMM も扱っており，音声認識
に HMM を適用する際に有用な情報を包括的に提供している．一方で，我々の
HMM の記述は Paul (1990) によるものに最も近い．

　本章においては，固定された HMM のアーキテクチャを前提とし，その範囲
内で最適なパラメータの学習について紹介した．しかしながら，新たな問題に
対して，どのような大きさや形状の HMM を用いるべきであろうか．しばしば，
次章での品詞タグ付けへの適用において示されるように，問題の性質がアーキ
テクチャを決定付ける．この原則が当てはまらないような場合には，データを
なるべく適切に記述できる範囲で，最もコンパクトな HMM を探索するという
原理に関する研究がある (Stolcke and Omohundro 1993)．

　HMM は，バイオ情報学において遺伝子系列を解析するためにも広く用いら
れている．例えば，Baldi and Brunak (1998)，Durbin et al. (1998) を参照
のこと．言語学者から見れば，たった四つの記号 [1] によるアルファベット上で
どんな問題があるかはよくわからないが，バイオ情報学は研究資金に恵まれた
領域であり，そこでは隠れマルコフモデルに関する新たな技法を適用してみる
ことができるだろう．

---

[1] 訳注：DNA を構成する アデニン (A)，チミン (T)，グアニン (G)，シトシン (C) の四つ
の塩基のこと．

10章

品詞のタグ付け

　自然言語処理研究の究極の目的は，言語を解析し理解することにある．これまでの章で見てきたように，この目的を達成するためには多くの課題を解決する必要がある．このため，自然言語処理における多くの研究は，この究極の目的へ向けた中間的なタスクに取り組んできた．すなわち，完全な理解はさておき，言語に固有ないくつかの構造を理解しようとしてきた．そのようなタスクの一つとして，品詞タグ付け（あるいは単に**タグ付け** (*tagging*)）がある．タグ付けは，文を構成する各単語に対し，その品詞を表すラベル（タグ）を付与するタスクである．つまり，各単語が名詞，動詞，形容詞，あるいはそれ以外の何であるかを決定する．次のタグ付けされた文の例を見てみよう．

タグ付け
(TAGGING)

(10.1)　　　The-AT representative-NN put-VBD chairs-NNS on-IN the-AT table-NN.

　本章で用いる品詞タグを**表 10.1** に示す．これらのタグは，ブラウン・ペンタグセット (Brown/Penn tag sets)（4.3.2 節参照）に準拠している．同じ文に対して，上記とは異なるタグ付けも可能であることに注意しておきたい．例えば，*put* に対して金融の領域における「オプション売り」(*option to sell*) の意味を持つ名詞を割り当てるのはその一例である．

(10.2)　　　The-AT representative-JJ put-NN chairs-VBZ on-IN the-AT table-NN.

　しかしながら，このタグ付けは意味的には不整合な解釈を生じさせる．また，名詞としての *put* や自動詞としての *chairs* は稀な用法であることから，統語的にもありそうもないタグ付けとなっている．

　この例は，タグ付けが限定的ではあるが統語的曖昧性解消の一例であることを示している．多くの語は複数の統語的なカテゴリを担う．タグ付けにおいては，文中における語の使われ方を参照し，可能性の中からどの統語的カテゴリが最もありうるかを決定する．

表 **10.1** 英語のタグ付けでよく用いられる品詞.

タグ	品詞
AT	冠詞
BEZ	*is* という語
IN	前置詞
JJ	形容詞
JJR	形容詞比較級
MD	法助動詞
NN	単数または質量名詞
NNP	固有名詞単数形
NNS	名詞複数形
PERIOD	. : ? !
PN	人称代名詞
RB	副詞
RBR	副詞比較級
TO	*to* 不定詞
VB	動詞原形
VBD	動詞過去形
VBG	動詞現在分詞，動名詞
VBN	動詞過去分詞
VBP	動詞非三人称単数現在形
VBZ	動詞三人称単数現在形
WDT	*wh*–疑問限定詞 (*what, which*)

　タグ付けは，完全な構文解析木を組み上げるのではなく，文中の各語の統語的なカテゴリを定めるだけであるので，より限定された範囲の問題である．例えば前置詞句の正しい付加先を見つけることは，タグ付けの範囲を超える．タスクのこの限定性ゆえに，タグ付けは構文解析よりも簡単な問題であり，得られる正解率も一般には高い．最も有効なアプローチによれば，96%から97%の単語トークンは正しく曖昧性解消できる．一方で，このような一見高い正解率は，単語単位に求めたものに過ぎず，数字から受ける印象ほどに良いものではないことにも注意しておく必要がある．例えば，単語単位で96%の正解率があったとしても，新聞記事などの多くのジャンルにおける文は平均して20以上の単語からなるので，ほぼ1文ごとに一つのタグ付けの誤りがあることになる．

　たとえ限定的な情報であるにせよ，タグ付けで得られる情報は有用なものであり，情報抽出，質問応答，そして，浅い構文解析のために用いられる．タグ付けが言語解析の表現の中間的ではあるが有用なレイヤにあり，完全な構文解析よりも扱いやすいという洞察は，コーパス言語学（1960年から70年代にブラウン大学で Francis と Kučera により主導された (Francis and Kučera 1982)）の研究による．

　以下の各節では，マルコフモデルによるタグ付け，隠れマルコフモデルによるタグ付け，変換に基づくタグ付けについて取り扱う．本章の最後においては，これらとは異なるアプローチによる手法の正解率についても議論していくが，まずは，タグ付けにおいて利用できる情報についての一般的な考察から始める．

10.1 タグ付けのための情報源

ある文脈において生起している単語の品詞はどのようにすれば正しく定めることができるだろうか．基本的には二つの情報源がある．一つは，対象とする単語の周辺文脈に現れる別の単語のタグを参照することである．もちろん，対象の単語の周辺文脈に現れる単語の品詞にも曖昧性があるが，いくつかの品詞系列がよく現れるという観察事実が重要である．例えば，AT JJ NN のような品詞系列はよく現れるが，AT JJ VBP のような品詞系列はほとんど現れることはない．よって，*a new play* という句における *play* に対しては，VBP ではなく NN をタグ付けすればよい．このような**連辞的** (*syntagmatic*) な構造情報は，タグ付けにおいて最も明白な情報源であるが，実際にはこれだけでは不十分である．例えば Greene and Rubin (1971) は，このような連辞的なパターンを利用した決定論的な規則に基づくタグ付け器を開発したが，その単語単位の正解率はたかだか77%程度であった．この結果によれば，タグ付けの問題はそこそこ難しい問題であるということになる．その一つの理由は，英語においては内容語の多くが多品詞語であることによる．例えば英語においては，ほぼすべての名詞は動詞に転用できるという極めて生産的な過程がある．実際，*Next, you flour the pan* における ***flour*** や *I want you to web our annual report* における ***web*** は名詞ではなく動詞である．つまり，ほぼすべての名詞は動詞としても辞書に登録しておくべきであるが，そうしてしまうと正しいタグ付けのために欠かせない制約情報を失うという問題がある．

以上の検討結果から二つ目の情報源に行き当たる．すなわち，単語それ自身が正しいタグに関して多くの手がかりを与えるということである．*flour* は確かに動詞として用いられる可能性があるにせよ，名詞として用いられる場合の方が圧倒的に多いだろう．このような単語自身が持つ情報の有用性は Charniak et al. (1993) によって強く示唆された．彼らは各単語に対して最も一般的な品詞を単純に割り当てるという単能な (dumb) タグ付け器を用いることで，90%という驚くべき正解率が得られること[1]を示してみせた．この結果をみれば，タグ付けは一見極めて簡単そうだということになる．もちろん理想的な条件があればという制限が付くのだが，この点については後で触れる．結果として，このような単能なタグ付け器は，それ以降の研究においてベースラインの性能を与えるものとして用いられることとなった．現代のタグ付け器はすべて，連辞的情報（タグの系列に着目する）と語彙的な情報（単語固有の情報からタグを予測する）を何らかの手段で統合している．

語彙的な情報が有用であるのは，ある単語がとりうる品詞は複数あったとしても，それらの分布には著しい偏りがあることによる．多品詞の単語であっても，特定の品詞として用いられることが多い．とりわけ，特定の品詞が本来的

連辞的
(SYNTAGMATIC)

---

[1] この方法の一般的な有効性はそれ以前にも Atwell (1987) で言及されていた．

で，ほかの品詞が派生的である場合にはこのような傾向にある．結果として，品詞に関する「言葉の部分」(part of speech) という言葉の使われ方については，いくぶんの葛藤が生じることになる．伝統的な文法においては，特定の文脈における単語が「形容詞として用いられている名詞」のように分類される場合があった．しかしこれは，語彙素 (lexeme) の本来的な品詞と文脈によって定まる単語の品詞とを混同している．本章では，現代の言語学と基本的には同様に，後者の考え方（文脈に応じた品詞）を採用する．にもかかわらず，ある単語のとりうる品詞分布は，多くの追加の情報を与える．特に，偏った分布というのは，決定論的なアプローチよりも統計的なアプローチが適しているであろう一つの理由である．決定論的なアプローチにおいては，ある語は動詞か動詞ではないかのどちらかになるため，稀な用法である品詞は切り捨てられてしまう（そうすることで全体的な性能は上がる）だろう．これに対して統計的なアプローチでは，ある語は名詞である**事前** (*a priori*) 確率が極めて高いが，動詞あるいはそれ以外の品詞として用いられる確率もわずかにあるというような扱いができる．つまり，純粋にシンボリックなアプローチよりも，定量的な情報の方が統語的な曖昧性解消のために必要な言語学的な知識を表現するのに適している可能性がある．

10.2 マルコフモデルによるタグ付け器

10.2.1 確率モデル

マルコフモデルによるタグ付けにおいては，テキスト中のタグ系列はマルコフ連鎖であるとみなされる．9 章で議論したように，マルコフ連鎖は以下の二つの性質を持つ．

- 履歴の限定性： $P(X_{i+1} = t^j \mid X_1, \ldots, X_i) = P(X_{i+1} = t^j \mid X_i)$
- 時間的な不変性（定常性）： $P(X_{i+1} = t^j \mid X_i) = P(X_2 = t^j \mid X_1)$

これらの性質により，ある単語のタグはその直前のタグにのみ依存し（履歴の限定性），時間によって変化しない（時間的な不変性）．例えば，定形動詞が文頭の代名詞の直後に生起する確率が 0.2 であるとすると，この確率は文の後続する（文頭ではない）部分（あるいは別の文）をタグ付けする際でも変わることはない．ほとんどの確率モデルと同様に，上記の二つのマルコフ連鎖の性質は現実を近似しているに過ぎない．例えば履歴の限定性の性質は，*Wh*–抽出 (Wh-extraction)[2] のような長距離依存の関係をモデル化できない．実際この問題は，自然言語をマルコフモデルによってモデル化することに対するチョムスキーによる有名な反論の中核をなしている．

---

[2] 訳注：*Wh*–移動 (Wh-movement) とも呼ばれる．本来は主語や目的語の位置にあった名詞句が疑問の焦点となり，文頭の *Wh*–疑問詞として現れるという考え方．

10.2 マルコフモデルによるタグ付け器

表 10.2 タグ付けにおける記法上の規約.

w_i	コーパスの i 番目の場所にある単語
t_i	w_i のタグ
$w_{i,i+m}$	i から $i+m$ の間の単語列
	(別の記法: $w_i \cdots w_{i+m}, w_i, \ldots, w_{i+m}, w_{i(i+m)}$)
$t_{i,i+m}$	単語列 $w_i \cdots w_{i+m}$ に対するタグ列 $t_i \cdots t_{i+m}$
w^l	辞書における l^{th} 番目の単語
t^j	タグセットにおける j^{th} 番目のタグ
$C(w^l)$	訓練セットにおける w^l の生起回数
$C(t^j)$	訓練セットにおける t^j の生起回数
$C(t^j, t^k)$	t^j, t^k というタグ連続の生起回数
$C(w^l : t^j)$	t^j としてタグ付けされる w^l の生起回数
T	タグセットにおけるタグの総数
W	辞書における単語の総数
n	文の長さ

練習問題 10.1 [⋆]

マルコフ連鎖によって適切にモデル化できないような言語現象にはほかにどのようなものがあるだろうか. また, これらの現象において共通して見られる言語の一般的な性質とはどのようなものか.

練習問題 10.2 [⋆]

言語をモデル化する上で, 時間的な不変性が問題になるのはなぜか.

Charniak et al. (1993) に従い, **表 10.2** に示す記法を用いることにする. タグ付けしようとするコーパスにおける文の特定の場所にある単語とその品詞を下付きの添字を用いて表す. 一方, 単語辞書で示される単語のタイプやタグセットにおけるタグのタイプを表すために上付きの添字を用いる. このコンパクトな記法を用いると, 履歴の限定性の性質は次のように書くことができる.

$$P(t_{i+1} \mid t_{1,i}) = P(t_{i+1} \mid t_i)$$

タグ系列の持つ規則性を学習するために人手によってタグ付けされたテキストを**訓練セット** (*training set*) と呼ぶ. タグ t^j に後続するタグ t^k の最尤推定値は, あるタグに引き続くそれぞれのタグの相対頻度を用いることにより, 以下のように計算される.

$$P(t^k \mid t^j) = \frac{C(t^j, t^k)}{C(t^j)}$$

例えば, *a new play* という句のタグ付けの例を継続して考えると, $P(\text{NN} \mid \text{JJ}) \gg P(\text{VBP} \mid \text{JJ})$ となることが想定されるだろう. 実際, ブラウンコーパスによれば, 前者は 0.45 程度であるのに対し, 後者は 0.0005 ほどに過ぎない.

$P(t_{i+1} \mid t_i)$ の推定確率があれば, 特定のタグ系列の確率を計算できる. 実際に必要なのは, 与えられた単語の系列に対して最も確率の高いタグの系列を見いだすことである. あるいは, ここでのマルコフモデルにおける状態はタグであるので, 最も確率の高い状態系列を見いだすことといっても等価である. マ

ルコフモデルにおいては，ある状態から次へ遷移する際にある確率で単語が出力されると考える．これは，9 章で提示した HMM の記号出力確率 b_{ijk} と同様である．

$$P(O_n = k \mid X_n = s_i, X_{n+1} = s_j) = b_{ijk}$$

異なる点は，タグ付けされたコーパスがあるならば，状態（あるいはタグ）の系列を直接観測できることである．ここで，各タグはそれぞれ異なる状態に対応している．また，ある単語がある状態（タグ）から出力される確率も最尤推定 (Maximum Likelihood Estimation) により次のように直接的に推定することができる．

$$P(w^l \mid t^j) = \frac{C(w^l : t^j)}{C(t^j)}$$

以上で，文 $w_{1,n}$（文は単語系列である）における最適なタグ系列 $t_{1,n}$ を計算するための準備が整った．ベイズ則を適用することにより，以下のような書き換えを行うことができる．

$$(10.3) \qquad \underset{t_{1,n}}{\arg\max} \, P(t_{1,n} \mid w_{1,n}) = \underset{t_{1,n}}{\arg\max} \frac{P(w_{1,n} \mid t_{1,n})P(t_{1,n})}{P(w_{1,n})}$$
$$= \underset{t_{1,n}}{\arg\max} \, P(w_{1,n} \mid t_{1,n})P(t_{1,n})$$

この式は，訓練コーパスから推定されるパラメータに還元することができる．履歴の限定性（式 (10.5)）に加え，単語に関して以下の二つを仮定する．

- 単語は相互に独立に生起する（式 (10.4)）．
- 単語はタグによってのみ規定される（式 (10.5)）．

$$(10.4) \quad P(w_{1,n} \mid t_{1,n})P(t_{1,n}) = \prod_{i=1}^{n} P(w_i \mid t_{1,n})$$
$$\times P(t_n \mid t_{1,n-1}) \times P(t_{n-1} \mid t_{1,n-2}) \times \cdots \times P(t_1 \mid t_0)$$
$$(10.5) \qquad\qquad\qquad = \prod_{i=1}^{n} P(w_i \mid t_i)$$
$$\times P(t_n \mid t_{n-1}) \times P(t_{n-1} \mid t_{n-2}) \times \cdots \times P(t_1 \mid t_0)$$
$$(10.6) \qquad\qquad\qquad = \prod_{i=1}^{n} \big[P(w_i \mid t_i) \times P(t_i \mid t_{i-1}) \big]$$

（記法を簡略化するため，文に先立っては仮想的な状態 $t_0 = \text{PERIOD}$ が存在すると仮定する．）

練習問題 10.3 [★]

上記で導入したものは簡単化のための仮定である．単語の独立性 (10.4)，ならびに，それ以前や以降のタグからの独立性 (10.5) が成立しない現象の例を二つあげよ．

10.2 マルコフモデルによるタグ付け器 307

```
1: for all タグ t^j do
2:     for all タグ t^k do
3:         P(t^k | t^j) = C(t^j, t^k) / C(t^j)
4:     end for
5: end for
6: for all タグ t^j do
7:     for all 単語 w^l do
8:         P(w^l | t^j) = C(w^l : t^j) / C(t^j)
9:     end for
10: end for
```

図 **10.1** 可視的マルコフモデルによるタグ付け器を訓練するアルゴリズム．ほとんどの実装においては，$P(t^k | t^j)$ と $P(w^l | t^j)$ を推定するために何らかのスムージングを適用する．

表 **10.3** ブラウンコーパス中のタグの理想化された遷移回数．例えば，NN は AT の後に 48,636 回生起する．

前方のタグ	後続するタグ					
	AT	BEZ	IN	NN	VB	PERIOD
AT	0	0	0	48636	0	19
BEZ	1973	0	426	187	0	38
IN	43322	0	1325	17314	0	185
NN	1067	3720	42470	11773	614	21392
VB	6072	42	4758	1476	129	1522
PERIOD	8016	75	4656	1329	954	0

表 **10.4** ブラウンコーパスにおけるいくつかの単語に対する理想化されたタグの生起回数．例えば，*move* は NN として 36 回生起する．

	AT	BEZ	IN	NN	VB	PERIOD
bear	0	0	0	10	43	0
is	0	10065	0	0	0	0
move	0	0	0	36	133	0
on	0	0	5484	0	0	0
president	0	0	0	382	0	0
progress	0	0	0	108	4	0
the	69016	0	0	0	0	0
.	0	0	0	0	0	48809
合計（全単語）	120991	10065	130534	134171	20976	49267

さて，与えられた文に対する最適なタグ系列を定めるための最終的な定式化は以下のようになる．

$$(10.7) \qquad \hat{t}_{1,n} = \underset{t_{1,n}}{\arg\max}\, P(t_{1,n} \mid w_{1,n}) = \underset{t_{1,n}}{\arg\max} \prod_{i=1}^{n} P(w_i \mid t_i) P(t_i \mid t_{i-1})$$

マルコフモデルによるタグ付け器を訓練するためのアルゴリズムを 図 **10.1** にまとめる．次節では，タグ付け器が訓練されたとき，それを用いてどのようにタグ付けを行うかについて述べる．

練習問題 10.4 [★]

表 10.3 のデータがあるとき，図 10.1 の手順によって，$P(\text{AT} | \text{PERIOD})$, $P(\text{NN} | \text{AT})$, $P(\text{BEZ} | \text{NN})$, $P(\text{IN} | \text{BEZ})$, $P(\text{AT} | \text{IN})$, および $P(\text{PERIOD} | \text{NN})$ に対する最尤推定値を求めよ．ただし，各タグの総生起回数は**表 10.4** から求めよ．

練習問題 10.5 [★]

表 10.4 のデータがあるとき，図 10.1 の手順によって，$P(\textit{bear} | t^k)$, $P(\textit{is} | t^k)$, $P(\textit{move} | t^k)$, $P(\textit{president} | t^k)$, $P(\textit{progress} | t^k)$, および $P(\textit{the} | t^k)$ に対する最尤推定値を求めよ．ただし，各タグの総生起回数は表 10.4 から求めよ．

練習問題 10.6 [★]

以下の二つの確率を計算せよ．

$P(\text{AT NN BEZ IN AT NN} | \textit{The bear is on the move.})$
$P(\text{AT NN BEZ IN AT VB} | \textit{The bear is on the move.})$

10.2.2　ビタビアルゴリズム

　長さ n の文に対するすべてのありうるタグ系列 $t_{1,n}$ を式 (10.7) で計算することはできるが，その計算量は対象となる文の長さ n に対して指数オーダーで増加する．この計算は，9 章で導入したビタビアルゴリズムにより効率化できる．ビタビアルゴリズムは，(1) 初期化，(2) 帰納，(3) 終了と経路の復元の三つのステップからなることを思い起こそう．計算を行うべき関数は二つある．一つは，単語 i において状態 j にある（すなわち，単語 i のタグが j である）確率を計算する $\delta_i(j)$ であり，もう一つは，単語 $i+1$ において状態 j にある場合に，単語 i において最もありうる状態（タグ）を与える $\psi_{i+1}(j)$ である．これから先の記述を読み進める前に，9.3.2 節 に示したビタビアルゴリズムに関する議論を再読しておくとよい．モデルにおける状態はタグに対応するので，今後も状態をタグと呼ぶ（ただし，これが当てはまるのはバイグラムタグ付け器の場合のみであることに注意）．

　初期化ステップは，タグ PERIOD に確率 1.0 を割り当てる．

$$\delta_1(\text{PERIOD}) = 1.0$$

$$\delta_1(t) = 0.0 \quad (t \neq \text{PERIOD の場合})$$

すなわち，文はピリオドで区切られ，便宜的にテキストにおける先頭の文の前にも仮想的なピリオドがあるものとする．

　帰納のステップは 式 (10.7) による．ここで，9.3 節 との関係でいえば，$a_{kj} = P(t^j | t^k)$, および $b_{jkw^l} = P(w^l | t^j)$ であり，以下が成り立つ．

$$\delta_{i+1}(t^j) = \max_{1 \leq k \leq T} \left[\delta_i(t^k) \times P(t^j | t^k) \times P(w_{i+1} | t^j) \right], \quad 1 \leq j \leq T$$

$$\psi_{i+1}(t^j) = \arg\max_{1 \leq k \leq T} \left[\delta_i(t^k) \times P(t^j | t^k) \times P(w_{i+1} | t^j) \right], \quad 1 \leq j \leq T$$

　また，終了と経路復元のステップは，以下のようになる．ここで，$X_1, \ldots, X_n$ は，単語列 $w_1, \ldots, w_n$ に対して選択されるタグ系列を表す．

```
1:   Comment: 入力: 長さ n の文
2:   Comment: 初期化
3:   δ₁(PERIOD) = 1.0
4:   δ₁(t) = 0.0   t ≠ PERIOD に対して,
5:   Comment: 帰納
6:   for i=1 to n do
7:      for all tags tʲ do
8:         δᵢ₊₁(tʲ) = max_{1≤k≤T}[δᵢ(tᵏ) × P(tʲ|tᵏ) × P(wᵢ₊₁|tʲ)]
9:         ψᵢ₊₁(tʲ) = arg max_{1≤k≤T}[δᵢ(tᵏ) × P(tʲ|tᵏ) × P(wᵢ₊₁|tʲ)]
10:     end for
11:  end for
12:  Comment: 終了と経路の復元
13:  X_{n+1} = arg max_{1≤j≤T} δ_{n+1}(j)
14:  for j=n to 1 step -1 do
15:     Xⱼ = ψ_{j+1}(X_{j+1})
16:  end for
17:  P(X₁,…,Xₙ) = max_{1≤j≤T} δ_{n+1}(tʲ)
```

図 **10.2**　可視的マルコフモデルによるタグ付け器のタグ付けアルゴリズム.

$$X_n = \underset{1 \le j \le T}{\arg\max}\, \delta_n(t^j)$$

$$X_i = \psi_{i+1}(X_{i+1}), \quad 1 \le i \le n-1$$

$$P(X_1, \ldots, X_n) = \max_{1 \le j \le T} \delta_{n+1}(t^j)$$

　図 **10.2** に可視的マルコフモデルによるタグ付け器のアルゴリズムをまとめる.

練習問題 10.7   [⋆]
これまでの演習問題で求めた推定確率に基づき, ビタビアルゴリズムを用いて以下の文をタグ付けせよ.

(10.8)　　　The bear is on the move.

練習問題 10.8
タグ系列の確率に関するより大きなデータセットといくつかの練習問題がウェブサイトで利用可能である.

用語に関するノート：マルコフモデル vs. 隠れマルコフモデル　タグ付けに用いる際に, 本章におけるマルコフモデルが隠れマルコフモデルとして扱われていることに読者はすでにお気づきであろう. これは, タグ付きのコーパスがあれば, 訓練時においてはマルコフモデルにおける状態を観測することができるのに対し, タグ付け時には単語しか観測されないということによる. マルコフモデルによるタグ付けの方法論は, 可視的モデル, 隠れモデルの双方のマルコフモデルが混合したものとなっている. すなわち, 訓練時には可視的なマルコフモデルを構成し, 新しいコーパスをタグ付けする際には隠れマルコフモデルとして扱う.

10.2.3 さまざまなバリエーション

未知語

これまで，コーパス中の単語が生成される確率を推定する方法について見てきた．しかし，タグ付け対象の文の多くの単語がコーパスに出現しているとは限らない．いくつかの単語は辞書にも登録されていないかもしれない．これまでに述べたように，ある単語がいろいろな品詞として用いられる事前確率（あるいは，その単語において最も一般的な品詞）を知ることは，タグ付けを行う際に大きな役割を果たす．これは一方で，タグ付け器にとって未知語が大きな問題であることを意味する．実際のところ，異なるコーパスに対するいろいろなタグ付け器の正解率の違いは，未知語の出現比率，あるいは未知語の品詞推定の方法論によることが多い．

未知語に対する最も単純なモデルは，それがどんな品詞（ただし，前置詞や冠詞などではなく，名詞，動詞といった内容語に限る）にもなりうると仮定するものである．つまり，未知語には辞書全体における品詞分布を与える．このやり方は，いくつかの場合においては有効であるが，これらの単語に対する語彙的な情報が欠けているので，タグ付け器の正解率を著しく低下させる．このため，これらの未知語の持つほかの属性や，出現文脈により，未知語の語彙的確率の推定を改良することが試みられてきた．例えば，*-ed* で終わる単語は過去形または過去分詞であることが多いといったような形態論的な手がかりを未知語の品詞に関する推論に用いることができる．Weischedel et al. (1993) は，次の三つのタイプの情報に基づいて単語の生成確率を推定している：ある品詞タグが (1) 未知語を生成する確率（この確率は，例えば PN（人称代名詞）などのいくつかのタグについてはゼロとなる）；(2) 大文字で始まる（キャピタライズされた）単語を生成する確率；(3) ハイフンや特定の接尾辞で終わる単語を生成する確率．

$$P(w^l \mid t^j) = \frac{1}{Z} P(未知語 \mid t^j) P(大文字で始まる単語 \mid t^j)$$
$$P(ハイフンや特定の接尾辞で終わる単語 \mid t^j)$$

ここで，Z は確率としての意味を持たせるための正規化定数である．このモデルにより，未知語に対する誤り率は 40%以上から 20%以下に減少した．

Charniak et al. (1993) は，これとは別のモデルを提案した．そのモデルは，原形と接尾辞の両方に着目し，例えば，*do-es*（動詞）と *doe-s*（名詞の複数形）といった複数の形態素の解釈を区別する．

未知語に関するほとんどの研究は，素性間の独立性を仮定している．しかし，独立性はしばしば良くない仮定となりうる．例えば，大文字で始まる単語は未知語となりやすいので，Weischedel et al. のモデルにおいては，「未知語」と「大文字で始まる」は独立ではない．Franz (1996, 1997) は，素性間の依存関

10.2　マルコフモデルによるタグ付け器　　　　　　　　　　　　　　　311

表　**10.5**　タグ付けにおける未知語に対する確率割り当ての例．例えば，$P(未知語 = yes \,|\, \text{NNP}) = 0.05$ であり $P(\text{ending} = -ing \,|\, \text{VBG}) = 1.0$ である．

素性	素性値	NNP	NN	NNS	VBG	VBZ
未知語	yes	0.05	0.02	0.02	0.005	0.005
	no	0.95	0.98	0.98	0.995	0.995
大文字で始まる	yes	0.95	0.10	0.10	0.005	0.005
	no	0.05	0.90	0.90	0.995	0.995
末尾	$-s$ で終わる	0.05	0.01	0.98	0.00	0.99
	$-ing$ で終わる	0.01	0.01	0.00	1.00	0.00
	$-tion$ で終わる	0.05	0.10	0.00	0.00	0.00
	それ以外	0.89	0.88	0.02	0.00	0.01

主効果
(MAIN EFFECTS)
相互作用
(INTERACTIONS)

係を取り入れた未知語のモデルについて検討し，**主効果** (*main effects*)（ある素性それ自体の効果）だけでなく，**相互作用** (*interactions*)（「未知語」と「大文字で始まる」の間のような依存関係）をもモデル化する対数線形モデルを提案した．ベイズ推論によるアプローチについては，Samuelsson (1993) を参照のこと．

練習問題 10.9　　　　　　　　　　　　　　　　　　　　　　　　　　　　[⋆]

作例された**表 10.5** のデータと Weischedel et al. の未知語モデルが与えられたとして，$P(fenestration \,|\, t^k)$，$P(fenestrates \,|\, t^k)$，$P(palladio \,|\, t^k)$，$P(palladios \,|\, t^k)$，$P(Palladio \,|\, t^k)$，$P(Palladios \,|\, t^k)$，および $P(guesstimating \,|\, t^k)$ を計算せよ．ただし，NNP, NN, NNS, VBG, および VBZ だけがとりうるタグであるとせよ．直感的に正しそうな推定が得られたか．また，結果を改善するには，ほかにどんな素性を用いることができるか．

練習問題 10.10　　　　　　　　　　　　　　　　　　　　　　　　　　　[⋆⋆]

ウェブサイトにあるデータを用いて表 10.5 にある推定確率を改善せよ．

トライグラムによるタグ付け器

　基本的なマルコフモデルによるタグ付け器は，いろいろなやり方で拡張することができる．ここまでのモデルは，直前のタグに基づいて予測を行った．これは，直前のタグと現在のタグが処理の基本的な単位であることから，**バイグラムタグ付け器** (*bigram tagger*) と呼ばれる．バイグラムタグ付け器によるタグ付けは，単語の確率が最も高くなる品詞バイグラムを選択していく過程であると考えることができる．

バイグラムタグ
付け器 (BIGRAM
TAGGER)

　より多くの文脈を取り込めば，より正確な予測を行うことができる可能性がある．例えば，RB（副詞）というタグは，動詞の過去形 (VBD)，過去分詞 (VBN) どちらの前方にも現れうるので，*clearly marked* という単語系列は，一つ前の単語に関する履歴しか記憶しないマルコフモデルにおいては本質的に曖昧である．**トライグラムタグ付け器** (*trigram tagger*) は，二つ前までの単語に関する記憶を保持することで，より多くの場合の曖昧性解消を行う．例えば，*is clearly marked* に対しては VBN を，*he clearly marked* に対しては VBD

トライグラムタグ
付け器 (TRIGRAM
TAGGER)

を予測する．というのは，*is clearly marked* についての候補である "BEZ RB VBN" というトライグラムは "BEZ RB VBD" よりも頻度が高く，*he clearly marked* に対する "PN RB VBD" という候補は "PN RB VBN" よりも頻度が高いからである．おそらくはタグ付けに関して最も引用された研究である Church (1988) で述べられているトライグラムタグ付け器は，多くの自然言語処理研究者に品詞タグ付けに対する関心を引き起こした．

内挿と可変長履歴

しかしながら，より長い履歴によって予測を条件付けることは，いつもうまくいくとは限らない．例えば，短距離の統語的依存関係は通常はカンマを越えることはないので，カンマの前に生起した品詞を知ったとしても，カンマの後ろの品詞を正しく決定することには役立たない．実際のところ，トライグラムによる品詞タグ付け器は，疎なデータの問題が原因となって，バイグラムによるタグ付け器よりも予測正解率が悪い場合がある．つまり，稀な事象から推定されたトライグラム確率によって，誤った推定がより高い確率を持つ場合が増えてしまう可能性がある．

この問題を解決する一つの方法は，ユニグラム，バイグラム，トライグラムの各確率を線形補間することである．

$$P(t_i \,|\, t_{1,i-1}) = \lambda_1 P_1(t_i) + \lambda_2 P_2(t_i \,|\, t_{i-1}) + \lambda_3 P_3(t_i \,|\, t_{i-1,i-2})$$

線形補間の手法は 6 章 で扱われており，HMM を用いてパラメータ λ_i を推定する手法は 9 章 で扱われている．

何人かの研究者は，誤り分析や先験的な言語学的な知見を用いて，より低い次元のマルコフモデルを選択的に拡張している．例えば Kupiec (1992b) は，一次の HMM が *the bottom of* を系統的に "AT JJ IN" と誤ってタグ付けすることを発見した．そこで彼は，この一次のモデルをこの構文のために特別に準備したネットワークにより拡張し，"AT JJ" の後に前置詞がくることはないことを学習させることができた．この方法は，一次の記憶では十分でない場合に，人手により選択的に高次の状態を導入していることになる．

関連する手法として，可変記憶マルコフモデル (Variable Memory Markov Model: VMMM) (Schütze and Singer 1994) がある．VMMM は，バイグラムやトライグラムのような固定長の状態ではなく，混在した「長さ」の状態を持つ．VMMM に基づくタグ付け器は，直近の二つのタグを記憶する状態（トライグラムに相当）から，直近の三つのタグを記憶する状態（4–グラムに相当）や，記憶のない状態（ユニグラムに相当）への遷移を許す．特定の系列を記憶するための記号の数は，情報理論的な基準に基づいて訓練時に決定される．線形補間とは対照的に，VMMM はすべての系列に対して一定の重み付け和を用いるのではなく，現在の系列の予測のために用いる記憶の長さを条件付けする．VMMM

10.2 マルコフモデルによるタグ付け器 313

は状態を分割することによりトップダウン的に構成される．別の方法としては，
このようなモデルを**モデルマージ** (*model merging*) によりボトムアップに構築
する方法がある (Stolcke and Omohundro 1994a; Brants 1998).

モデルマージ
(MODEL MERGING)

Ristad and Thomas (1997) によって提案された階層的な非出力型マルコフ
モデル (hierarchical non-emitting Markov model) は，さらに強力なモデル
である．非出力遷移（単語を出力しない状態間の遷移，あるいは等価的には空
の単語 ϵ を出力すると考えてもよい）を導入することにより，任意の長さの距
離を持つ状態間の依存関係を格納することができる．

スムージング

線形補間は推定をスムージングする一つの方法である．また，6 章で議論した
いずれの推定手法もスムージングのために用いることができる．例えば Char-
niak et al. (1993) は，以下のような 1–加算 (Adding One) に類似した方法
を用いている．しかし一般的に言って，この方法は適正な確率分布を与えない
ことに注意してほしい．

$$P(t^k \,|\, t^j) = (1 - \epsilon)\frac{C(t^j, t^k)}{C(t^j)} + \epsilon$$

単語生成確率をスムージングすることは，遷移確率をスムージングすること
よりも重要である．というのは，稀な単語は多く存在しており，これらは訓練
コーパスには現れない可能性が高いからである．この問題についても 1–加算が
用いられてきた (Church 1988). Church は，辞書中に存在する単語のすべて
の品詞の頻度に 1 を加算することによって，単語 w^l に関してありうるすべて
の品詞 t^j に対して確率がゼロにならないことを保証している．

$$P(t^j \,|\, w^l) = \frac{C(w^l : t^j) + 1}{C(w^l) + K_l}$$

ここで K_l は，w^l がとりうる品詞の数を表す．

練習問題 10.11　　　　　　　　　　　　　　　　　　　　　　　　　　[⋆]
1–加算法を用いて，練習問題 10.4 と練習問題 10.5 の確率推定値を再計算してみよ．

可逆性

これまで，マルコフモデルを左から右へ「復号化」する（タグ付けする）と
いうように記述してきたが，結局のところは，右から左へ逆方向に復号化して
も結果は同じである．どうしてそうなるかを以下の導出により示す．

(10.9)
$$\begin{aligned}
P(t_{1,n}) &= P(t_1)P(t_{1,2} \,|\, t_1)P(t_{2,3} \,|\, t_2)\ldots P(t_{n-1,n} \,|\, t_{n-1}) \\
&= \frac{P(t_1)P(t_{1,2})P(t_{2,3})\ldots P(t_{n-1,n})}{P(t_1)P(t_2)\ldots P(t_{n-1})} \\
&= P(t_n)P(t_{1,2} \,|\, t_2)P(t_{2,3} \,|\, t_3)\ldots P(t_{n-1,n} \,|\, t_n)
\end{aligned}$$

初期状態と終了状態（タグ付けにおいては，両者は PERIOD のタグに相当する）の確率が等しいと仮定すると，前向きと後向きの確率は等しくなる．したがって，方向性は問題ではなくなる．ここで述べたタグ付け器は左から右の方向性で動くが，Church のタグ付け器は逆方向に動く．

最大尤度：系列 vs. タグごと

9 章 で指摘したように，ビタビアルゴリズムは，最もありうる状態（タグ）の系列を見いだす．すなわち，$P(t_{1,n} \mid w_{1,n})$ を最大化する．あるいは，すべての i に対して $P(t_i \mid w_{1,n})$ を最大化することもできる．この場合は，t_i までの異なるタグ系列の確率を加算することになる．

一例として，文 (10.10) を検討しよう．

(10.10)　　　Time flies like an arrow.

これまでの訓練コーパスから計算した遷移確率に従って，(10.11a) と (10.11b) はありうるタグ付け（確率 0.01）であり，(10.11c) はありそうもないタグ付け（確率 0.001）であると仮定しよう．また，$P(\text{VB} \mid \text{VBZ})$ の遷移確率がゼロであることから (10.11d) は ありえないタグ付けであると仮定しよう．

(10.11)　　　a. NN VBZ RB AT NN.　　　$P(\cdot) = 0.01$

　　　　　　b. NN NNS VB AT NN.　　　$P(\cdot) = 0.01$

　　　　　　c. NN NNS RB AT NN.　　　$P(\cdot) = 0.001$

　　　　　　d. NN VBZ VB AT NN.　　　$P(\cdot) = 0$

この例においては，(10.11a) と (10.11b) が同等にありうるタグ系列 $P(t_{1,n} \mid w_{1,n})$ として得られるだろう．しかし，すべての i に対して $P(t_i \mid w_{1,n})$ を最大化するならば，(10.11c) が得られるだろう．なぜなら，$P(X_2 = \text{NNS} \mid \textit{Time flies like an arrow}) = 0.011 = P(\text{b}) + P(\text{c}) > 0.01 = P(\text{a}) = P(X_2 = \text{VBZ} \mid \textit{Time flies like an arrow})$ であり，$P(X_3 = \text{RB} \mid \textit{Time flies like an arrow}) = 0.011 = P(\text{a}) + P(\text{c}) > 0.01 = P(\text{b}) = P(X_3 = \text{VB} \mid \textit{Time flies like an arrow})$ だからである．

Merialdo (1994: 164) が行った実験によれば，タグごとの尤度を最大化する場合と，系列全体の尤度を最大化する場合で正解率に大きな差異はない．なぜそうなるかは，直感的に明らかだろう．ビタビアルゴリズムはタグ遷移に影響を受けるが，もしどこかで間違いが起これば，いくつかのタグ連続が誤ったものとなる可能性がある．これに対し，タグごとの処理においては，ある単語に対する誤りがほかの単語のタグ付けに影響することはない．誤りは相互に関係なく，バラバラに起こりうる．しかし実際のところ，上記の "NN NNS RB

AT NN" のような不整合な系列はあまり有用ではないので，系列を扱うビタ
ビアルゴリズムはマルコフモデルを用いたタグ付けに適した手法である.

10.3　隠れマルコフモデルによるタグ付け器

　マルコフモデルに基づくタグ付け器は，大規模なタグ付けされた訓練セット
があるときにうまく動く．しかし，大規模な訓練セットが得られない場合もし
ばしばある．また，利用可能な訓練テキストとは異なる単語生成確率を持つよ
うな特定の領域におけるテキストのタグ付けを行いたい場合もある．さらには，
まったく訓練コーパスが存在しないような外国語のテキストをタグ付けしたい
場合もあるだろう．

10.3.1　HMM を品詞タグ付けに適用する

　訓練データがない場合も HMM によってタグ系列の有する規則性を学習でき
る．9 章 で示したように，HMM は以下のような要素からなることを思い出
そう．

- 状態の集合
- 出力記号の集合
- 初期状態の確率
- 状態遷移確率
- 記号出力確率

可視的マルコフモデルの場合と同様に，状態はタグに対応する．出力記号は，
辞書中の単語，あるいは以下で見るように単語のクラスからなる．

　HMM のすべてのパラメータは，ランダムに初期化することもできるが，こ
れではタグ付けの問題を十分に制約付けることができない．そこで通常は，モ
デルのパラメータに制約を与えるために辞書の情報を用いる．出力記号が単語
からなる場合，それがとりうる品詞として辞書に登録されていない品詞に対し
ては，単語を生成する確率（すなわち記号出力確率）をゼロに設定する．つま
り，*book* の辞書項目に，とりうる品詞として登録されていない JJ（形容詞）が
book の品詞候補になることはない．あるいは，可能なタグの集合が等しい単語
群を同値クラスとしてグループ化することも考えられる．例えば *bottom* や *top*
について，JJ と NN という二つの品詞のみが辞書に登録されているのであれ
ば，JJ-NN というクラスにグループ化することができる．このような手法は，
最初は Jelinek (1985) によって，次いで Kupiec (1992b) によって提案され
た．我々は，タグ j によって単語（あるいは単語クラス）l が出力される確率を
$b_{j.l}$ と書く．このことは，可視的マルコフモデルの場合と同様に，タグの「出
力」はどのようなタグ（状態）が後続するかには依存しないことを意味する.

- **Jelinek の方法**

$$b_{j.l} = \frac{b_{j.l}^{\star} C(w^l)}{\sum_{w^m} b_{j.m}^{\star} C(w^m)}$$

ここで分母は，辞書中のすべての単語 w^m に対して和をとっている．また，

$$b_{j.l}^{\star} = \begin{cases} 0 & (t^j \text{ が } w^l \text{ のとりうる品詞でないとき}) \\ \frac{1}{T(w^l)} & (\text{上記以外のとき}) \end{cases}$$

である．ただし，$T(w^j)$ は，w^j がとりうるタグの数．

　Jelinek の方法は，$P(w^k \mid t^i)$ に対する最尤推定として HMM を初期化することに相当する．また，単語は可能なタグのそれぞれに対して同じ確率で起こるということが仮定されている．

- **Kupiec の方法**

　まず同じ品詞群をとりうるすべての単語を u_L という「メタ単語」としてグループ化する．ここで L は，1 から T までの整数の部分集合であり，T はタグセット中の異なるタグの数を表す．

$$u_L = \{w^l \mid j \in L \leftrightarrow t^j \text{は } w^l \text{がとりうる品詞 }\}, \quad \forall L \subseteq \{1, \ldots, T\}$$

例えば，NN $= t^5$，および JJ $= t^8$ であるとすると，$u_{\{5,8\}}$ は辞書中の単語の中で，NN と JJ の二つのみをとりうる単語の集合となる．

　次に，これらのメタ単語 u_L を Jelinek の方法における単語と同様に扱う[3]．

$$b_{j.L} = \frac{b_{j.L}^{\star} C(u_L)}{\sum_{u_{L'}} b_{j.L'}^{\star} C(u_{L'})}$$

ここで，$C(u_{L'})$ は $u_{L'}$ 中の各単語の生起頻度の和であり，分母はすべてのメタ単語 $u_{L'}$ に対する和である．また，

$$b_{j.L}^{\star} = \begin{cases} 0 & (j \notin L \text{ のとき}) \\ \frac{1}{|L|} & (\text{上記以外のとき}) \end{cases}$$

であるが，ここで，$|L|$ は L におけるインデックスの数である．

　Kupiec の方法の利点は，単語ごとに独立したパラメータ集合を細かくチューニングしない点にある．同値クラスを導入することによりパラメータの総数は相当に削減することができ，これらのより小さな集合に対する推定は，より高い信頼性で行うことができる．一方でこのような利点は，Jelinek の方法の場合のように，単語ごとに正確にパラメータを推定するのに十分な訓練データがある場合には欠点となる．Merialdo (1994) によって行われたいくつかの実験

---

[3] Kupiec が実際に行った初期化は，ここに示したものと少し異なる．ここでは，Jelinek と Kupiec の手法の類似性をよりわかりやすく示すことを重視した．

10.3 隠れマルコフモデルによるタグ付け器 *317*

> **表 10.6** HMM におけるパラメータの初期化手段. D0, D1, D2, および D3 は辞
> 書の初期化であり, T0 と T1 は, Elworthy により検討されたタグ遷移の
> 初期化である.
>
> D0 タグ付けされた訓練コーパスからの最尤推定による.
> D1 語彙確率による順序付けのみ利用する.
> D2 全体のタグ確率に比例した語彙確率を与える.
> D3 単語に許容されるすべてのタグに等しい語彙確率を与える.
>
> T0 タグ付けされた訓練コーパスからの最尤推定による.
> T1 すべての遷移に等しい確率を与える.

は, 各単語に対して別々のパラメータセットの教師なし推定を行うと, 誤りが
引き起こされることを示した. しかし, この議論は頻出単語に対しては成立し
ない. そこで, Kupiec は 100 の最頻出単語は同値クラスとしてまとめること
なく, 1 語ごとに独立したクラスとして扱った.

訓練: 初期化が完了した後, 隠れマルコフモデルを 9 章 で述べた前向き後向
きアルゴリズムを用いて訓練する.

タグ付け: 先に言及したように, VMM によるタグ付けと HMM によるタグ
付けの違いは, どのようにタグ付けを行うかではなく, どのようにモデルを**訓
練する**かにある. 訓練後に得られるものは, どちらの場合も隠れマルコフモデ
ルである. このため, 訓練したモデルをタグ付けに適用する際には両者に違い
はない. 可視的マルコフモデルによるタグ付けの場合とまったく同様に, 隠れ
マルコフモデルの場合もビタビアルゴリズムによりタグ付けを行う.

10.3.2 HMM 学習における初期化の影響

前向き後向きアルゴリズムによる訓練を停止させるための手っ取り早い方法
は, 対数尤度基準を用いる (対数尤度がそれ以上改善しなくなったら訓練を停
止する) ことである. しかしながら, タグ付けにおいては, この基準はしばし
ば過学習を引き起こすことが示されている. この問題は, Elworthy (1994) に
よって詳しく検討された. Elworthy は, **表 10.6** に示すような異なった初期条
件から HMM を訓練した. D0 と T0 の組合せは, 本章の冒頭で述べた可視的
マルコフモデルの訓練と対応している. D1 は, 語彙確率の順位付けを利用する
(例えば, *make* という単語は NN よりも VB としてタグ付けされやすい) が,
確率の値はランダム化される. D2 は, すべての単語に対して同一の品詞のラン
キングを与える. 例えば, 最もよく現れるタグ t^j に対する事後確率 $P(w|t^j)$
は, ほかのタグ t^k に対する事後確率 $P(w|t^k)$ より大きくする. D3 は, ある
単語についてどのようなタグがありうるかという情報だけを保持する. このた
め, ランキングは必ずしも正しいとは限らない. T1 はすべての遷移確率がほぼ

等しくなるような初期化を行う[4].

Elworthy (1994) は，初期条件が異なる組合せに対する三つの異なった訓練パターンを見いだしている．**典型的** (*classical*) なパターンでは，訓練の各繰り返しごとにテストセットに対する性能が安定して上昇する．この場合は対数尤度による停止条件が適切である．**早期に最大化** (*early maximum*) するパターンにおいては，何回かの繰り返し（多くの場合は 2, 3 回）の間は性能が上昇するが，その後は低下する．**初期に最大化** (*initial maximum*) するパターンにおいては，初回の繰り返しから性能低下が生じる．

典型的
(CLASSICAL)

早期に最大化
(EARLY MAXIMUM)

初期に最大化
(INITIAL
MAXIMUM)

HMM を適用する典型的なシナリオは，辞書は利用可能であるもののタグ付きの訓練コーパスが存在しないという状況（D3 あるいは D2，および T1 という条件）である．このシナリオにおいては，訓練は早期に最大化するパターンに従う．そのため，実際の問題としては過学習にならないよう十分注意しなければならない．その一つの方法は，各繰り返しごとにタグ付け器をヘルドアウト検証セットを用いてテストし，性能が低下するところで訓練を停止することである．

Elworthy はまた，それほど大規模でなくともタグ付き訓練コーパスが利用可能であれば，前向き後向きアルゴリズムが性能を低下させるという Marialdo の知見を確認している．つまりこの場合，D0，および T0 に従って初期化したとすれば，初期における最大化パターンに遭遇していることになる．しかしながら，訓練とテストのコーパスがまったく異なるものである場合，何回かの繰り返しを行うことにより性能は向上する（早期の最大化パターン）という面白い現象が生じる．このようなことは，実際にはよく起こる．というのは，タグ付け対象のテキストと同様のタイプのタグ付き訓練コーパスが利用できないという状況はしばしば起こるためである．

以上をまとめると，処理対象のテキストと類似したタイプの訓練テキストが十分にあるならば，可視的マルコフモデルを用いるべきである．もし訓練テキストが利用可能ではないか，または，訓練時のテキストがテスト時のテキストと大きく異なるが，少なくとも語彙的な情報が利用可能であれば，前向き後向きアルゴリズムを限られた繰り返し回数だけ実行するべきである．語彙的な情報がまったく得られない場合に限って，例えば 10 回以上といったより多い回数の繰り返しを行うべきであるが，この場合には良い性能は期待できない．このような失敗の状況は，前向き後向きアルゴリズムの欠陥によるものではない．前向き後向きアルゴリズムは，HMM のパラメータを調整することによって訓練データの尤度を最大化するだけである．交差エントロピーを減少させるためにアルゴリズムが利用する変化は，あらかじめ定められたタグセットに従うよ

---

[4] 一般には，まったく同じ確率を与えることは EM アルゴリズムにとってよいことではない．というのは，本来ならば容易に避けることができる局所解に陥りやすくなるからである．そこで D3 と T1 では，同確率を避けるためにわずかに撹乱された，ほぼ等しい確率が与えられるものとしている．

うに単語にタグ付けするという真の目的関数と一致するとは限らない．そのため，タスクの性能を最適化することはできない．

練習問題 10.12 [⋆]

上記で HMM によるタグ付けを導入した際，辞書情報なしにモデルパラメータをランダムに初期化することは，EM アルゴリズムにとって有用な初期条件ではないと述べた．これはなぜか．もし限られた数の品詞（例えば，前置詞，動詞，副詞，形容詞，名詞，冠詞，接続詞，助動詞の八つ）だけがあり，HMM はランダムに初期化されるとすると，どんなことが起こりうるだろうか．ヒント：EM アルゴリズムは，対数尤度（最大化すべき量）に大きな影響を与えるような高頻度の事象を重んじる．

このような初期化は D3 とはどう異なるか．

練習問題 10.13 [⋆]

EM アルゴリズムは，与えられたデータに対して，各繰り返しにおいてモデルの対数尤度を改良する．このことは，タグ付けの正解率は訓練をさらに行うことにより時に減少することがあるという Elworthy や Merialdo による結果とどのように整合するだろうか．

練習問題 10.14 [⋆]

Jelinek や Kupiec のパラメータの初期化方法によって得られた重要な事前知識は，どの単語の生成確率をゼロとし，どれを非ゼロとするかである．ここでの暗黙の仮定は，初期状態において生成確率がゼロとされた確率は，訓練の間もゼロにとどまるということである．9 章における前向き後向きアルゴリズムの記述を参照し，このことが成り立つことを示せ．

練習問題 10.15 [⋆⋆]

Xerox のタグ付け器を入手し，Web サイトのテキストをタグ付けしてみよ．

10.4 変換に基づくタグの学習

マルコフモデルの前提となっているマルコフ性の仮定は，自然言語の統語論的ないろいろな性質を捉えるには大雑把すぎるということを強調してきた．では，なぜもっと洗練されたモデルを用いないのかという疑問が生じる．直前のタグだけでなくそれより前の単語にタグによって条件付けることもできるし，トライグラムよりもっと長い文脈（4–グラム，あるいはもっと高次でも）を用いることもできる．

しかしながら，このような方法は非常に多くのパラメータが必要になるため，実際的ではない．トライグラムに基づくタグ付け器であったとしても，最尤推定では頑健性が十分でないため，スムージングや補間が必要となる．この問題は，ここまでに導入したマルコフモデルよりも複雑なモデルを用いる場合，とりわけ遷移確率を単語によって条件付ける場合にさらに悪化しうる．

そこで，ここからは変換に基づくタグ付け (Transformation-based tagging) を扱う．変換に基づく手法は，より広範囲な語彙的，あるいは統語的な規則性を用いることができる点が優れている．特に，タグを複数の単語やより長い文脈によって条件付けることができる．変換に基づくタグ付けは，初期の不正確なタグ付けをより誤りの少ないものに変換するための変換規則を選択し配列することにより，単語とタグの間の複雑な相互依存性を表現する．変換に基づく

表 10.7 Brill の変換に基づくタグ付け器におけるトリガ環境．例：5 行目は，「タグ t^j が前方三つの場所のいずれかに生起する」というトリガ環境を表す；9 行目は，「タグ t^j が二つ前の場所に生起し，タグ t^k は現在の場所の次に生起する」というトリガ環境を表す．

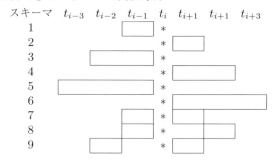

タグ付け器を訓練するのに必要な決定は，マルコフモデルの多数のパラメータを推定するよりもずっと少ない．

変換に基づくタグ付け器の重要な要素は以下の二つである．

- どの「誤り訂正」の変換が許容されるかの基準
- 学習アルゴリズム

入力データとしては，タグ付きコーパスと辞書が必要である．まずは辞書を用いて，訓練コーパス中の各単語に最も頻度の高いタグを割り当てる．次に学習アルゴリズムは，最初のタグ付けをより正解に近いものに変換するための変換規則のランク付きリストを作る．このランク付きリストは，新しいテキストをタグ付けするために使うことができる．ここでも，まずは各単語について最も頻度の高いタグを選択し，次に変換規則を適用する．以下では，これらの要素をより詳しく見ていく．

10.4.1 変換規則

各変換規則は，トリガ環境と書換規則の二つの部分からなる．書換規則は $t^1 \to t^2$ の形をしており，これは「タグ t^1 をタグ t^2 で置き換える」ことを表す．Brill (1995a) は，**表 10.7** に示すようなトリガ環境を設定している．ここで，アスタリスクは書換候補の場所を示し，ボックスはトリガを探索する領域を表す．例えば 5 行目は，「書換箇所の前方の三つの場所のいずれかにタグ t^j が存在する」というトリガ環境を示す．

これらのトリガ環境から学習される変換規則の例を**表 10.8** に示す．最初の変換規則は，TO タグの後にある名詞 (NN) タグを動詞 (VB) タグに付け替えることを指定している．ただし，より詳細なトリガが設定された後続する変換規則では，単語のタグが NN に戻される（例：go to school における school を NN に戻す）こともある．表 10.8 における二つ目の変換規則は，原形と過去形が同じである動詞（例：cut や put）に適用される．法助動詞が先行する

10.4 変換に基づくタグの学習

表 10.8 変換に基づくタグ付けにおいて学習される変換規則の例.

書き換え前のタグ	書き換え後のタグ	トリガ環境
NN	VB	直前のタグが TO
VBP	VB	直前三つのうちのどれかのタグが MD
JJR	RBR	次のタグが JJ
VBP	VB	直前二つの単語のいずれかが *n't*

場合，これらの動詞が過去形となることはほぼないので，VBP を VB へと変更する．三つ目の変換規則の例は，*more valuable player* 中の *more* のタグを JJR から RBR に変更する．

表 10.8 における最初の三つの変換規則は，タグによってトリガされるのに対し，四つ目の変換規則は単語によってトリガされる（ペンツリーバンクにおいては，*don't* や *shouldn't* のような単語は法助動詞と *n't* に分割される）．二つ目の変換規則と同様に，この規則も動詞過去形 (VBP) を原形 (VB) に変える．先行する *n't* は，後続する動詞が過去形ではなく原形である可能性が高いことを示すためである．

単語によってトリガされる環境は，現在の単語とともに単語とタグの組合せ（例：「現在の単語が w^i で，引き続くタグが t_j」）によっても条件付けられる．

タグや単語にトリガされる変換規則に加えて，さらに別の変換規則のタイプがある．**形態素にトリガされる変換規則**は，未知語の処理を一般的なタグ付けの方法論に洗練されたやり方で統合する．初期段階では，未知語は大文字で始まれば固有名詞 (NNP) として，そうでなければ一般名詞 (NN) としてタグ付けされる．次に，「未知語の接尾辞が –*s* であれば，NN を NNS に置き換える」のような形態素にトリガされる変換規則が誤ったタグ付けを修正する．これらの変換規則は，タグ付けにおける変換が妥当であれば同一のアルゴリズムで学習される．以下では，この学習アルゴリズムを記述する．

10.4.2 学習アルゴリズム

変換に基づくタグ付けの学習アルゴリズムは，最適な変換規則を選択し，その適用順序を決定する．**図 10.3** にそのアルゴリズムを示す．

まず最初は，各単語に対して，その最頻のタグを割り当てる．ループ中の各繰り返しにおいては，誤りを最も減少させる変換規則を選ぶ（3 行目）．ここで誤り $E(C_k)$ は，タグ付きコーパス C_k において誤ってタグ付けされた単語の数を表す．事前に指定された閾値 ϵ よりも大きい誤り数の減少を導く変換規則がなくなった時点でアルゴリズムは停止する．この手続きは，変換規則の最適な系列を求める一種の貪欲探索 (greedy search) になっている．

どのように変換規則を適用するか，すなわち，$u_i(C_k)$ をいかに正確に計算するかに関して，二つの決定を行う必要がある．まず，変換規則は入力の左から右へ向けて適用するものと定める．次いで，変換規則の結果が即時的なもの

```
1:  $C_0$ = 各単語がその最頻のタグでタグ付けられたコーパス
2:  for k=0 to ∞ step 1 do
3:      $v = E(u_i(C_k))$ を最小化する変換規則 $u_i$
4:      if $(E(C_k) - E(v(C_k))) < \epsilon$ then break
5:      end if
6:      $C_{k+1} = v(C_k)$
7:      $\tau_{k+1} = v$
8:  end for
9:  出力系列: $\tau_1, \ldots, \tau_k$
```

図 10.3 変換に基づくタグ付けの学習アルゴリズム. C_i は i 番目の繰り返しにおけるコーパスのタグ付け, E は誤り率を表す.

か, 遅れて効力を発するものかを定める必要がある. 即時的に効力を発する場合, 同じ変換規則の適用は相互に影響しうる. Brill は, より単純な遅れて効力を発する変換規則を実装している. これによれば, 例えば「直前のタグが A なら B に置き換える」という規則は, AAAA というタグ系列を ABBB へと変換する. これは, 即時的な効力を持つ変換規則によれば, ABAB というタグ系列となるところである.

このタグ付けモデルの興味深い展開は, HMM に基づくタグ付けの代替手段となる**教師なし**学習に用いることである. HMM に基づくタグ付けと同様に, 教師なしタグ付けにおいて利用可能な情報は, 各単語についてどんなタグがありうるかということである. 多くの単語が一つのタグしかとりえないという事実は有用な手がかりであり, 変換規則を選択するためのスコア関数として用いることができる. 例えば, *The can is open* における *can* のタグ付けにおいては, "AT __ BEZ" という文脈において曖昧性のない単語のほとんどは名詞であるということから, NN が正しいタグであると推定することができる. Brill (1995b) は, この考えに基づき正解率 95.6% を達成したシステムについて述べている. 達成された正解率は教師なしの手法としては注目に値する結果である. とりわけ興味深いことは, 過学習が起きないということであり, これは過学習が起きがちな HMM と著しい対照をなしている. この点については, 後ほどまた触れる.

10.4.3 ほかのモデルとの関係

決定木

変換に基づく学習は, 16.1 節で述べる決定木 (decision tree) といくつかの類似性を有している. 決定木は, すべての葉ノードを分類するメカニズムとみなすことができる. すなわち, あるノードにより支配されるすべての葉ノードは, そのノードの多数派のクラスによってラベル付けされる. 木を下降する際に, ある子ノードの葉ノードがその親ノードのラベルと異なる場合, それらの葉ノードのラベルを付け直す. このように決定木を見れば, 変換に基づく学習

との類似性が明確になる．変換に基づく学習においても，データを順次より小さなサブセットに分割しながら再ラベル付けを繰り返す．

Brill (1995a) で示されたように，変換に基づく学習は決定木よりも原理的に強力である．つまり，決定木では解決できないが，変換に基づく学習によって解決できる分類問題が存在する．しかし，変換に基づく学習のこの「過分な強力さ」を自然言語処理の応用において活かせるかは明らかではない．

これらの二つの方法の実際的な違いは，決定木においては各ノードにおいて訓練データが分割され，各ノードに対しては異なった「変換規則」の系列が適用されることにある．この系列は，木の根からそのノードに至る経路に対応している．変換に基づく学習においては，学習された変換規則のリストの各変換規則はすべてのデータに適用され，トリガ環境が適合すれば書き換えが行われる．結果として，最も注目する性能指標（タグ付けにおいてはタグ付けの誤り数）に従った直接的な最小化を行うことができる．このことは，HMM や決定木において用いられるエントロピーのような指標が間接的であることと対照的である．もし決定木学習において直接的にタグ付け誤りを最小化するなら，各葉ノードにおいて 100%の正解率を達成することは容易である．しかしこれらの葉ノードは，たまたま訓練セットに現れた属性に依存することから汎化性能に乏しいので，新しいデータに対する性能は低いものとなる．変換に基づく学習は，このような過学習に対して驚くほど頑健であるように見える (Ramshaw and Marcus 1994)．このことは，常にデータセット全体から学習することができるという事実によって部分的に説明できる．

このような頑健性の対価は，探索が必要な変換規則系列の空間が巨大となることである．このため，単純な実装による変換に基づく学習は極めて非効率なものとなるが，空間の探索はより知的かつ効率的に行うことが可能である (Brill 1995a)．

確率モデルとの比較の一般論

決定木を含む確率モデルと比較すると，変換に基づく学習は確率論が提供する標準的な方法の恩恵を受けることはない．例えば，「k–ベスト」タグ付けを実現するための確率モデルには余分な仕事は必要なく，タグ付けモジュールは，確率が付与された複数のタグ付けの仮説を後続するモジュール（例えば構文解析器）に引き渡せばよい．

これに対し，変換に基づくタグ付けを「k–ベスト」なタグ付けを得るように拡張するためには，いくつかの単語は複数のタグをとりうるようにする必要があり，このためには，「もし ... なら，タグ B に加えタグ A も候補とする」という形式の規則も許容することが考えられる．しかしながら，各タグがどの程度ありうるかを評価しなければならないという問題は残る．最良のタグは，ある状況においては次善のものより 100 倍も高い確率を持つかもしれないが，ほ

かの状況においてはすべてのタグが同程度の確率を持つこともありうる．このようなタイプの知識は，構文解析を行うためには非常に重要であろう．

学習手法の重要な特徴は，どのように事前知識を表現するかにある．変換に基づくタグ付けと確率的な手法は，ここでは異なった利点を持つ．ほとんどすべての適切なトリガ環境に対してテンプレートを定めることは，変換に基づく学習において適切な一般化をするように学習器にバイアスを与える上で強力な手段を提供する．表 10.7 に示したテンプレートは自明のように見えるが，それは，我々が統語的な規則性に関する知識を持っているからに過ぎない．例えば，「文中の前方の偶数番目の場所は名詞である」のような明らかに不適切なテンプレートも多く存在しうるのである．

対照的に，確率的マルコフモデルでは，例えば最もありうるタグが 10 倍なのか 1.5 倍程度なのかといった，ある単語に対する異なった事前尤度をより正確に表現することが容易に行える．一方で，変換に基づくタグ付けにおいて，我々が学習器に与えることができる断片的な知識は，どのタグが最もありうるかということに限られる．

10.4.4 オートマトン

本書では規則に基づく手法は扱わないといいながら，なぜ変換に基づくタグ付けを取り上げるのかを不審に思われるかもしれない．変換に基づくタグ付けは規則の要素を含んでいるが，定量的な要素も含んでいる．本書における統計的自然言語処理とは，コーパスベース，あるいはコーパス統計から得られる定量的な手法を用いるということであり，確率論の枠組みを用いるということには必ずしも限定されない．変換に基づくタグ付けにおける変換規則は定量的な基準により選択されるので，上記の基準から言えば統計的な自然言語処理手法の一つということになる．

しかしながら，変換規則の定量的評価は，誤り率がどの程度改善するかという観点で訓練時にのみ行われる．学習が完了すれば，変換に基づくタグ付けは純粋にシンボリックなものである．このことは，変換に基づくタグ付け器をシンボリックなオブジェクトに変換できることを意味する．このようなオブジェクトはタグ付けの正解率においては同等でありながら，時間的な効率性のような優位性をもたらす可能性がある．

このアプローチは，Roche and Schabes (1995) により提案された．彼らは変換に基づくタグ付け器をそれと等価な**有限状態トランスデューサ** (*finite state transducer*) に変換している．ここで有限状態トランスデューサとは，各アークに入力と出力の記号ペア（アークをたどる際にいくつかの記号が出力される場合もある）を持つような有限状態オートマトンである．有限状態トランスデューサは，入力文字列を走査し，出力文字列へと変換する．この際，アークをたどるごとに入力記号を取り込み，そのアークにおいて指定された出力記号を出力

有限状態トランス
デューサ
(FINITE STATE
TRANSDUCER)

10.4 変換に基づくタグの学習

する.

Roche と Shabes によって提案された構成アルゴリズムは四つのステップからなる.まず,各変換規則は有限状態トランスデューサへと変換される.次に,このトランスデューサはその**局所的展開** (*local extension*) へと変換される.簡単にいうと,トランスデューサ f_1 の局所的展開 f_2 とは,入力文字列に対して f_2 を一度走らせたとき,入力文字列の各位置において f_1 を走らせたときと同等の効果が得られるというトランスデューサである.このステップでは,特に以下のような場合に注意が払われる.「左側の二つの記号のうちの一つが C であるとき,A を B に置き換える」という変換規則を実装するトランスデューサがあると仮定しよう.このトランスデューサは,入力記号 A と出力記号 B のペアを持つアークを持つことになる.このため,"CAA" のような入力系列に対して,"CAA" を正しく "CBB" へと変換するためには,トランスデューサを二つ目,三つ目の 2 箇所で都合 2 度走行させる必要がある.局所的拡張は,一つのパスでこのような変換を行うように構成される.

三つ目のステップでは,すべてのトランスデューサを,個々のトランスデューサを独立に走行させた場合と同じ効力を持つような一つのトランスデューサにまとめる.この単一のトランスデューサは,一般的に非決定的に動作する.このトランスデューサは一つの事象(例えば「場所 i で C が起こった」)をメモリ中に記録しなければならないが,二つの経路(一つは先行する C に影響を受けたタグが後に生起する;もう一つはそのようなタグは生起しない)を起動することによりこれを行う.適切な方の経路はさらに継続され,不適切な経路は入力中の適当な場所において「削除」されることになるだろう.この手の非決定性は効率的ではないので,四つ目のステップでは,非決定的なトランスデューサを決定的なトランスデューサへと変換する.しかし,この変換は一般には可能ではない.というのは,非決定的なトランスデューサは任意の長い系列をメモリ中に記録ことができるのに対し,決定的なトランスデューサではこのような記録ができないからである.しかしながら,Roche と Scabes は,変換に基づくタグ付けにおいて用いられる変換規則は,このような性質を持つトランスデューサをもたらさないことを示した.すなわち,変換に基づくタグ付け器は常に決定的な有限状態トランスデューサに変換できる.

決定的な有限状態トランスデューサの大きな利点はその速度である.変換に基づくタグ付け器は,R を変換規則の数,K をトリガ環境の長さ,n を入力テキストの長さとしたとき,テキストをタグ付けするのに RKn ステップを要する (Roche and Schabes 1995: 231).対照的に,有限状態トランスデューサは,入力テキストの長さに対して線形(プラス小さな定数)の計算量で済む.基本的には,単語を一つ読み込むたびに,辞書から最頻のタグ(初期状態)を検索し,正しいタグを出力して次の状態に遷移する.これにより,1 秒あたり数万語の処理が可能となり,マルコフモデルに基づくタグ付けの速度を一桁ほど

も速くできる．このことは，トランスデューサに基づくタグ付けは入力テキストをディスクから読み込むといった操作に非常に小さなオーバーヘッドを付け足すだけであり，必要な処理時間は構文解析やメッセージ理解といった後続する処理に比較すれば無視できることを意味する．

隠れマルコフモデルを有限状態トランスデューサへ変換する研究も存在する (Kempe 1997)．しかし，ビタビアルゴリズムの実行において必要となる浮動小数点演算をオートマトンは完全には模倣できないので，完全な等価性を達成することはできない．

10.4.5 変換に基づくタグ付けに関するまとめ

変換に基づくタグ付けの大きな利点は，これまでに見た確率論的なモデルよりもよりリッチな事象の集合によって，必要な決定を条件付けできることにある．例えば，前方（左）からだけでなく，後方（右）からの情報も同時に利用することができ，個々の単語（それらのタグだけではなく）が近傍の単語のタグ付けに影響を及ぼすことができる．変換に基づくタグ付けがよりリッチなトリガ環境を取り込むことができる一つの理由は，それが実数値による確率よりも単純な二値情報を主に扱うという点にあるだろう．

変換規則は，確率的なタグ付けにおける状態遷移や単語生成の確率よりも理解しやすく修正しやすいといわれてきた．しかしながら，系列をなしている変換の一つを変更することによる影響を見通すことは難しい場合がある．というのは，多数の変換がある順序に従って適用される場合，これらの間に複雑な相互作用が生じ，それぞれの変換の適用は前段における出力に依存する可能性があるからである．

変換に基づくタグ付けに関する理論的基盤は研究途上にある．例えば，変換に基づく学習が過学習に対して顕著に頑健であるという事実は，これまでのところ経験的な結果であり，その機序がよく理解されているわけではない．

いずれにせよ，変換に基づくタグ付けにおける学習とタグ付けは，どちらもとても単純で直感的である．この単純さが変換に基づくタグ付け器と確率的なタグ付け器の間の選択を行うための本質的な基準となるか，あるいは不確かさやある種の事前知識を扱う上での確率的モデルの強みがより重要なポイントとなるかは，いろいろな要因により定まるだろう．これらの要因には，タグ付け器がどのようなタイプのシステムの構成要素であるか，あるいはそのシステムの一要素として，規則に基づくアプローチと確率的アプローチのどちらがより整合性が高いかといったことが含まれる．

変換に基づく学習のタグ付け以外への適用には，構文解析 (Brill 1993b)，前置詞句の修飾先の決定 (Brill and Resnik 1994)，単語の語義曖昧性解消 (Dini et al. 1998) などがある．

練習問題 10.16 [⋆]

変換に基づく学習は，貪欲探索の形態をとっている．貪欲探索によって変換規則の最適な系列を見いだすことが期待できるだろうか．あるいは，ほかのやり方にはどんな方法があるだろうか．

練習問題 10.17 [⋆]

Brill (1995a) で示されたトリガ環境の多くは，前方の文脈を参照しているが，これはなぜか．同様の傾向は英語以外の言語においても想定することができるだろうか．

練習問題 10.18 [⋆]

Brill (1995a) における可能なトリガ環境の集合は，単語とタグで異なっている．例えば，「前方の三つのタグのうち一つが X である」はトリガ環境として許容されるが，「前方の三つの単語の一つが X である」は許容されない．この違いはどのような理由によると考えられるか．単語，タグに対する探索空間の大きさの違いを考慮して考えよ．

練習問題 10.19 [⋆]

最頻のタグを選択するという初期化以外には，すべての単語に同じタグ（例えば NN）を割り当てる，あるいはほかのタグ付け器（変換に基づくタグ付け器がそれを改良できるものである必要があるが）の出力を用いるといった方法が考えられる．さまざまな初期化が持つ相対的な優位性について議論せよ．

練習問題 10.20 [⋆⋆]

Brill のタグ付け器を入手し，Web サイトのテキストをタグ付けしてみよ．

10.5 別の方法，英語以外の言語

10.5.1 タグ付けに対する別のアプローチ

タグ付けは，ここ 10 年ほどの間，自然言語処理における最も活発な研究領域の一つであった．本章では，その中から三つの重要なアプローチを紹介できたのみである．これら以外にも多くの確率的，あるいは定量的な方法がタグ付けに適用されてきた．それには，16 章で紹介する以下の手法が含まれる：ニューラルネットワーク (Benello et al. 1989)，決定木 (Schmid 1994)，記憶に基づく学習（または k 最近傍法）(Daelemans et al. 1996)，最大エントロピーモデル (Ratnaparkhi 1996)[5]．

最小限の人手の介入によってタグ付きコーパスを構築しようとする研究もある (Brill et al. 1990)．この問題は，タグ付き訓練コーパスが存在しない言語を処理しなければならない場合，あるいは既存のタグ付けコーパスとこれから処理しようとするテキストの差異が大きく，既存のタグ付きコーパスが有用でない場合に生じる．

また，自動的にタグの集合を構成する方法を探求してきた研究者もいる．このような方法があれば，特定の言語や特定の種別のテキストに対して適切な統語的カテゴリ群を作ることができる (Schütze 1995; McMahon and Smith 1996)．

---

[5] 最も高い性能を持つ Ratnaparkhi の統計的タグ付け器が入手可能である．Web サイトを参照のこと．

10.5.2 英語以外の言語

本書では，英語の品詞タグ付けのみを扱ってきた．英語は，単語系列中のタグ付け対象の単語の位置に基づいてその文法的カテゴリを推論するのに特に適した言語である．多くのほかの言語では語順はもっと自由なので，ある単語の品詞を定めるのに周辺の単語から得られる情報の寄与は大きくない．しかしながら，これらの言語においては，さまざまな単語の語尾変化のあり方が品詞に関するより多くの情報をもたらしてくれることが多い．あるタグ付け器が高水準な多言語の自然言語処理における有用な前処理となりうるかの完全な評価を行うには，さまざまな言語に対する十分な実験結果が必要となる．

このような留保条件にもかかわらず，少なくともヨーロッパ言語に対しては，結構な数のタグ付けの研究が行われてきている．これらの研究によれば，ほかの言語に対するタグ付け正解率も英語の場合と同様である (Dermatas and Kokkinakis 1995; Kempe 1997)．しかし，タグセット（一般にタグセットは言語共通ではない．どのタグセットも対象の言語における特定の機能カテゴリを表現する）には互換性がないため，これらの比較を行うことは難しい．

10.6　タグ付けの正解率とタグ付け器の適用先

10.6.1　タグ付けの正解率

タグ付けに関して現在報告されている正解率のレベルは，単語単位で計算した場合，おおむね95%から97%程度である．何人かの研究者は曖昧性のある単語に対してのみ正解率を示している．この場合の正解率は一般に低くなる．タグ付けの性能は，以下に示すような要因に大いに影響される．

- **利用可能な訓練データの量**：一般的に言って，多いほどよい．
- **タグセット**：通常，タグセットが大きくなると，潜在的な曖昧性がより高くなり，タグ付けのタスクが困難になる（しかし 4.3.2 節の議論も参照のこと）．例えば，前置詞の *to* と不定詞マーカである *to* を区別するタグセットも，区別しないタグセットもある．後者のタグセットを用いるならば，そもそも *to* のタグ付けを誤ることはない．
- **訓練コーパスと辞書の相違，および訓練時と適用時におけるコーパスの相違**：もし，訓練テキストと実際の適用先のテキストが同じソースから得たもの（例えば，同じ時期の特定の新聞）であれば，高い正解率が得られるだろう．通常，研究論文で提示される結果は，このような状況から得られたものである．一方，もし適用対象のテキストが訓練テキストとは異なる時期の異なるソースであったり，さらには異なるジャンル（例えば科学分野のテキストと新聞

10.6　タグ付けの正解率とタグ付け器の適用先　　　　　　　　　　　　　　329

記事）のものだとすると，良い性能は期待できないだろう [6]．

- **未知語**：上記のポイントとも関連して，辞書の網羅性の問題がある．つまり，多くの未知語が存在すれば，性能は顕著に悪くなると考えられる．特定の技術分野におけるテキストをタグ付けしようとするなら，辞書に存在しない単語（専門用語）の割合は相応に高くなる可能性がある．

　これらの四つの条件のいずれかが変われば，タグ付けの正解率も大きく影響を受ける可能性がある．訓練セットが小規模だったり，タグセットが大きなものであったり，テストコーパスが訓練コーパスと顕著に異なっていたり，あるいは想定するよりも多くの未知語が存在するといった状況では，タグ付け器の性能はこれまでに示したようなレベルからは随分と悪いものになるだろう．これらの外的な条件は，しばしばタグ付けの方法論の選択よりも重要であることを強調しておかねばならない．とりわけ，これらのタグ付けの方法の報告されている正解率の違いが0.5％程度であれば，外的な条件による影響の方が支配的となる．

　外的要因の影響はまた，驚くべき高性能を達成する単能な (dumb) タグ付け器（単語に対して最も頻度が高いタグを常に選ぶ）を評価する際にも考慮する必要がある．このようなタグ付け器は，条件が良ければ90％ほどの正解率を達成する (Charniak et al. 1993)．このような高い正解率に対する驚きは，Charniak et al. (1993) が用いている辞書がタグ付けの適用領域であるブラウンコーパスに基づいていることを知れば，多少は軽減される．この資源を構築するために，相当の人手によるタグ付け作業が行われており，そのおかげで今や，ブラウンコーパス中の各単語に対して，どの品詞の頻度が最も高いかなどはたやすく知ることができる．したがって，このような辞書の情報を用いるタグ付け器がある程度うまく動くのは驚くに値しない．ブラウンコーパスを前処理するのに最初に用いられた自動タグ付け器の正解率はたかだか77％程度であった (Greene and Rubin 1971)．この低い正解率は，ある程度は確率的な手法を用いていないことによるが，適用領域におけるコーパスにおいて，どの単語が異なる品詞としてどの程度用いられるかの頻度を提供する大規模な辞書をこのタグ付け器が用いることができなかったことがより大きな理由である．

　良い辞書があり，最頻のタグを選択する方略がうまくいく場合においても，90％から100％の間の良好な正解率をどうやって達成するかは依然として重要である．例えば，単語あたり97％の正解率を持つタグ付け器が15語からなる文のタグ付けにおいてすべての単語を正しくタグ付けできる確率は，63％程度に過ぎない．しかし，もし単語あたりの正解率が98％あれば，文全体では74％まで向上する．つまり，小さな改善でも実際の適用の場面における顕著な違いに

---

[6] 訓練セットに対する類似度の違いによる性能に関する調査については，Elworthy (1994) や Samuelsson and Voutilainen (1997) を参照のこと．

表 **10.9**　確率的なタグ付けで頻出する誤りの例.

正しいタグ	タグ付けの誤り	例
名詞単数形	形容詞	*an executive order*
形容詞	副詞	*more important issues*
前置詞	不変化詞	*He ran up a big . . .*
過去形	過去分詞	*loan needed to meet*
過去分詞	過去形	*loan needed to meet*

つながる可能性がある.

　最もうまくいくタグ付けの方法論の一つは，定量的ではない手法によって
ヘルシンキ大学で開発された EngCG （**英語制約文法** (*English Constraint Grammar*)）である. Samuelsson and Voutilainen (1997) は，特に訓練とテスト用のコーパスが同じソースではない場合に，EngCG の性能がマルコフモデルに基づくタグ付け器の性能を上回ることを示した[7]. EngCG においては，人手により作成された規則から有限状態オートマトンが構成される (Karlsson et al. 1995; Voutilainen 1995). この基本的な考え方は，ある意味で変換に基づく学習に類似している. 違いは，アルゴリズムではなく人間が誤り率を最小化するように規則集合を繰り返し的に修正するところにある. 繰り返しの各回においては，その時点での規則集合がコーパスに対して適用され，最も深刻な誤りが正しく扱われるように規則を修正することが試みられる. この方法論は，タグ付けのための小規模なエキスパートシステムを準備することに相当し，手慣れた人が規則によるタグ付け器を作成するのであれば，その労力は HMM によるタグ付け器（これがより一般的であったとしても）を構築するよりも小さいと主張されている (Chanod and Tapanainen 1995).

　いくつかの頻繁に見られるタグ付けの誤り例を提示することにより，タグ付けの正解率に関する留意点を締めくくることにしよう. 表 **10.9** は，よく見られるタグ付け誤りの例（Kupiec (1992b) による）を示す. 例として示されている句や句断片はすべて曖昧性があり，マルコフモデルが利用するものよりも多くの統語的・意味的な文脈が必要である. 例えば統語的には，*executive* という単語は形容詞にも名詞にもなりうる. *more important issue* という句は「より多くの」重要な問題を指すこともあるし，「より重要な」問題を指すこともある. *up* という単語は，*running up a hill* では前置詞として使われているが，*running up a bill* においては *running* と結びつく不変化詞 (particle) として使われている. また，Kupiec (1992b) からの以下の二つの文例が示すように，*needed* は過去分詞にもなるし過去形にもなりうる.

(10.12)　　a. The loan needed to meet rising costs of health care.

---

[7] 論文で報告されている EngCG の正解率は 99%を上回る. これはマルコフモデルによるタグ付け器の正解率の 95%より良好である. しかし EngCG は曖昧性を完全には解消せず，状況によっては二つ以上のタグセットを返してくるので，厳密な比較は困難である.

表 **10.10** 品詞タグ付けにおける混同行列の一部. 表の各行は各タグに対応し，各セルはそのタグが割り当てられるべきトークンに対して実際に各列のタグが割り当ててられた割合を示す（完全な混同行列においては，各行に対する各列の値の和は 100% となる. この表は一部に過ぎないので，そうはならないことに注意）. 本表は (Franz 1995) による.

正しい タグ	タグ付け器によるタグ							
	DT	IN	JJ	NN	RB	RP	VB	VBG
DT	99.4	.3			.3			
IN	.4	97.5			1.5	.5		
JJ		.1	93.9	1.8	.9		.1	.4
NN			2.2	95.5			.2	.4
RB	.2	2.4	2.2	.6	93.2	1.2		
RP		24.7		1.1	12.6	61.5		
VB			.3	1.4			96.0	
VBG			2.5	4.4				93.0

b. They cannot now handle the loan needed to meet rising costs of health care.

混同行列
(CONFUSION
MATRIX)

表 10.10 は，タグ付け器に対する**混同行列** (*confusion matrix*) の一部を示している (Franz 1995). 各行は，タグ付け器によってあるカテゴリの単語に対してどのようなタグが割り当てられたかを示す. その結果はさほど驚くべきものではない. というのは，単語が複数のカテゴリに属する傾向がある場合に誤りは起こるからである. 特に指摘しておきたいことは，不変化詞 (particle) のタグ付けの正解率が高くないことである. これは，不変化詞はすべて前置詞としても用いることができることによる. 実際のところ，不変化詞と前置詞の区別は微妙なところがあり，人手でタグ付けされたコーパスにおいてさえ，高い正解率を得ることは難しいと考える向きもある [8].

10.6.2 タグ付けの適用先

タグ付けについての関心の広がりは，多くの自然言語処理の応用において，テキストを統語的に曖昧性解消しておくことが望ましいという考えに基づいている. このような品詞タグ付けの究極の動機を考えれば，タグ付けそのものに関する論文の方が，当面の関心があるタスクに対するタグ付けの適用に関する論文より多いということは驚くべきことである. ここでは，タグ付け器の適用先として最も重要なアプリケーションについて要点を述べる.

部分的構文解析
(PARTIAL
PARSING)

ほとんどの適用先では，タグ付けの後に**部分的構文解析** (*partial parsing*) という追加の処理ステップが必要とされる. 部分的構文解析は，統語的解析の詳細のいろいろなレベルに関連しうる. 最も単純な部分的構文解析器は文における名詞句を検出する機能だけを持つ. より洗練されたアプローチは，名詞句に文法的な機能（主語，直接目的語，間接目的語など）を割り当て，例えば「この

---

[8] そのため，12 章 において示すように，確率的構文解析器の評価においてはこれらの区別をしないことがしばしばである.

名詞句は右側にあるいずれかの句に付加する」といったような，付加に関する部分的な情報を与える．

マルコフモデルを用いて名詞句の認識を行う洗練された方法が存在する（(Church 1988) を参照のこと．ただし，より優れた記述は Abney (1996a) に見られる）．この方法では，タグ付け器の出力を受け取り，タグのバイグラムの系列を構成する．例えば，NN VBZ RB AT NN という系列は，NN-VBZ VBZ-RB RB-AT AT-NN のように変換できる．このタグバイグラムの系列は，次の五つの記号を用いてタグ付けられる．すなわち，名詞句の先頭，名詞句の末端，名詞句の内部，名詞句の外側（当該のタグバイグラムは名詞句の一部ではない），そして，名詞句の間（このタグバイグラムのすぐ右側とすぐ左側に名詞句が存在する）の五つである．このとき名詞句は，「名詞句の先頭」の記号（あるいは「名詞句の間」の記号）と「名詞句の末端」の記号（あるいは「名詞句の間」の記号）の間のすべてのタグの系列（「名詞句の内部」の記号を両者の間にとる）となる．

最もよく知られている部分的構文解析のアプローチは，Hindle (1994) によって 80 年台の前半に開発された Fidditch，および Abney (1991) による「チャンクによる構文解析」(parsing by chunks) である．これらの二つのシステムはタグ付け器が普及する以前のものであるので，タグ付け器を利用することはない．Grefenstette (1994) を参照のこと．浅い構文解析と完全な構文解析の間のギャップを埋めようとするアプローチとして，XTAG システム (Doran et al. 1994)，およびチャンクタグ付け (Brants and Skut 1998; Skut and Brants 1998) の二つがある．これらは，現在の部分的構文解析よりも野心的である．

タグ付け器を前段として部分的構文解析器を構築する多くのシステムでは，タグ付け結果との間でマッチングを行うための正規表現による手段を備えている．例えば単純な名詞句は，一つの冠詞 (AT)，任意の数の形容詞 (JJ)，一つの単数形名詞 (NN) の系列として定義されるだろう．これは，"AT JJ* NN" という正規表現パターンと対応する．これらのシステムは最終的な適用先に焦点を置いており，決して「部分的構文解析」という特別な名称で表される解析過程に重きを置いているわけではない．部分的構文解析とタグ付けに関する優れた概説としては，Abney (1996a) がある．

タグ付けと部分的構文解析の連動の重要な適用先の一つとして，**語彙獲得** (lexical acquisition) がある．これについては，8 章を参照のこと．

情報抽出
(INFORMATION
EXTRACTION)

もう一つの重要な適用先は**情報抽出** (*information extraction*) である．情報抽出はまた，メッセージ理解 (message understanding)，データ抽出 (data extraction)，テキストデータマイニング (text data mining) などと呼ばれることもある．情報抽出の目的は，前もって定められたテンプレートのスロットに埋めるべき内容を見つけることである．例えば，気象通報に関するテンプレートは，竜巻，吹雪といった気象条件のタイプ，サンフランシスコ・ベイエリア

といった気象事象の場所，1998年の1月11日 (日) のような気象事象の日時，停電，交通事故などの気象事象の影響についてのスロットを持つだろう．タグ付けと部分的構文解析は，これらのスロットを埋めるものとしての実体，およびそれらの間の関係を同定する過程を助ける．情報抽出についての最近の概説にはCardie (1997) がある．ある意味で情報抽出はタグ付けに似ている．違いは，タグが文法的な品詞ではなく，意味的なカテゴリであることである．しかしながら実際には，この両者ではまったく異なった手法が利用されている．これは，局所的な系列が意味的カテゴリに関して与える情報が文法的カテゴリに関する情報より少ないためである．

　タグ付けと部分的構文解析は，情報検索において適切な索引語を見つけるためにも用いられる．ユーザのクエリと文書を照合するための最も良い単位は，必ずしも個々の単語とは限らない．*United State of America* や *secondary education* といった句は，単語単位に分解されればその意味の主要な部分が失われてしまう．情報検索の性能は，タグ付けと部分的構文解析によって名詞句の認識が行われ，個々のタームよりも意味ある単位を用いてクエリと文書の照合が行われれば，向上する可能性がある (Fagan 1987; Smeaton 1992; Strzalkowski 1995)．関連する研究領域として，句の正規化がある．そこでは，タームのバリエーションが統一され，単一の基本単位として表現される．例えば，*book publishing* と *publishing of books* は同じ基本単位として扱われる．Jacquemin et al. (1997) を参照のこと．

質問応答
(QUESTION
ANSWERING)

　タグ付けの適用先として最後に示すのは，**質問応答** (*question answering*) システムである．質問応答システムは，質問として表現されたユーザのクエリに対して回答を与えようとする．多くの場合，場所，人，日付などを表す名詞句が回答となる (Kupiec 1993b; Burke et al. 1997)．例えば，「誰がケネディ大統領を殺害したか?」という質問に対して，情報検索システムは適合文書のリストを返すが，質問応答システムは端的に「オズワルド」と回答する．クエリを解析して，どのようなタイプの実体をユーザが探そうとしているかを定め，それが質問中で言及されているほかの名詞句とどのように関係しているかを調べるためには，タグ付けと部分的構文解析が必要となる．

　さて，多少否定的な結果をもって本節を終えることにしよう．最良の語彙化された確率的構文解析器 (lexicalized probabilistic parsers) は，タグが付与されていないテキストを入力とするが，タグ付けも行えてしまうため，タグ付け器をその前処理として用いる必要はない (Charniak 1997a)．こうなると，タグ付け器の役割は，必ずしもあらゆる適用先において望まれるような前処理段階ということではなく，むしろ多くの適用タスクに対して十分な情報を与える高速で軽量な構成要素ということになるだろう．

10.7 さらに学ぶために

マルコフ連鎖を用いた自然言語のモデル化に関する初期の研究は，60年台前半には廃れてしまった．これは部分的には，チョムスキーによるマルコフモデルの不適切さに関する批判 (Chomsky 1957: ch. 3) が原因である．訓練データが不足していたこと，自然言語に対する経験的手法を実行するために必要な計算資源が十分でなかったことなども要因にあげられる．しかし，チョムスキーの批判は依然として有効である．すなわち，マルコフモデルは自然言語を完全にモデル化することなどできない．なぜならば，自然言語の有する再帰的構造の多くをモデル化できないからである (これへの反論としては Ristad and Thomas (1997) を参照のこと)．しかしながら，認知現象としての言語を完全に説明する理論に依拠していなくとも，特定のタスクを達成するといった技術的な目標を達成できるのであれば，そのようなアプローチが受け入れられるというように状況は変わってきた．

最も初期のタグ付け器は，単に辞書中にある単語のカテゴリを検索するものであった．連辞的な文脈に基づいてタグを割り当てようとする最もよく知られたプログラムは，Klein and Simmons (1963) で示された規則に基づくプログラムであった．ほぼ同じアイディアは Salton and Thorpe (1962) にも見られる．Klein and Simmons は，おそらくは「コード」や「コーディング」と同様の意味で「タグ」，や「タグ付け」という用語を使っている．最も初期の確率的なタグ付け器として知られているものとして Stolz et al. (1965) がある．このプログラムはまず，辞書，形態論的な規則，その他のアドホックな規則を用いて，いくつかの単語（すべての機能語を含む）にタグを割り当てる．残された内容語は，タグ系列から計算された条件付き確率を用いてタグ付けされる．言うまでもなく，これは根拠のある確率モデルではない．

研究上の賞賛は二つのグループに向けられるべきである．一つはブラウン大学であり，もう一つはランカスター大学である．彼らは多大な資源を投入し，ブラウンコーパス，ランカスター・オスロ・ベルゲン (LOB) コーパスという大規模なコーパスをタグ付けした．両グループとも，コーパス研究をさらに進めるためには，タグ情報が付与されたコーパスが大変に重要であることを知っていたのである．これら二つのタグ付きコーパスがなければ，品詞タグ付けの進歩は不可能でなかったとしても困難であったろう．大量のタグ付きデータが利用可能となったことは，タグ付けが活発な研究領域となったことの重要な要因である．

ブラウンコーパスの構築においては，TAGGIT と呼ばれる規則に基づくタグ付け器 (Greene and Rubin 1971) により，自動的に前処理のタグ付けが行われた．このタグ付け器は，単語に対するタグを制限するためだけに語彙情報を適用し，周辺文脈から曖昧さなくタグ付けできる場合にのみタグ付け規則を

適用した．タグ付け器の出力は数年にわたる人手の作業により修正され，後に行われる定量的な研究の多くにおける訓練データとして利用された．

最初のマルコフモデルに基づくタグ付け器は，LOB コーパスのタグ付け作業の一部として，ランカスター大学において作成された (Garside et al. 1987; Marshall 1987)．このタグ付け器の特徴は，部分的にはより高次の文脈も参照しながら，タグのバイグラム系列の確率を利用するところにあった．しかしながら，ある単語に対する別の品詞にそれぞれの確率を割り当てるために，アドホックなディスカウント係数が用いられた．単語の確率だけでなくタグの遷移確率をも利用するマルコフモデルによるタグ付け器は，Church (1988) と DeRose (1988) により提示された．

自然言語処理において定量的な手法が復興し始めた初期の頃は，研究コミュニティにおける確率論の知識レベルは低かった．このため，初期の論文ではマルコフモデルを用いてタグを計算するのに，式 (10.13) ではなく式 (10.14) を用いるというような誤りが頻繁に見られた．一見すると式 (10.14) はより直感的であるように見える．結局のところ，やりたいことは入力の単語に対するタグを定めることであるから，単語のタグが単語によって条件付けられていると仮定することは，それほど的外れとは言えない．しかし実際には式 (10.14) は誤っており，これを用いることは性能の低下を招く (Charniak et al. 1993).

$$(10.13) \qquad \arg\max_{t_{1,n}} P(t_{1,n} \mid w_{1,n}) = \prod_{i=1}^{n} \left[P(w_i \mid t_i) \times P(t_i \mid t_{i-1}) \right]$$

$$(10.14) \qquad \arg\max_{t_{1,n}} P(t_{1,n} \mid w_{1,n}) = \prod_{i=1}^{n} \left[P(t_i \mid w_i) \times P(t_i \mid t_{i-1}) \right]$$

Church と DeRose の研究は，計算言語学における統計的手法の復興のキーとなるものであったが，実際にはマルコフモデルによるタグ付けの研究は，ニューヨーク州，およびパリにある IBM の研究センターでその以前から行われていた．Jelinek (1985)，および Derouault and Merialdo (1986) は，広く引用されている．それより以前の参考文献としては，Bahl and Mercer (1976) や Elaine Rich にその成果が帰属する Baker (1975) がある．その他の確率的なタグ付けに関する初期の研究としては，Eeg-Olofsson (1985), Foster (1991) がある．

名詞派生動詞
(DENOMINAL
VERB)

名詞の動詞への転用（**名詞派生動詞** (*denominal verb*)），およびその生産性に関する言語学的な議論は Clark and Clark (1979) で行われている．Huddleston (1984: ch. 3) は，品詞に関する伝統的な定義とその問題点，現代の構造的言語学における品詞，あるいは単語クラスの概念に関する優れた議論を含んでいる．

10.8 練習問題

練習問題 10.21 [⋆]

通常，タグ付けしようとするテキストは，文単位に区切られてはいない．文境界を定めるアルゴリズムは，コーパス処理の実践的な課題の概要とともに 4 章で紹介した．

文境界の検出は，本章で導入したタグ付けの手法に統合することが可能であろうか．その場合，どのような変更を行う必要があるだろうか．また，タグ付けの一貫として行う文境界の検出はどの程度有効であると想定できるか．

練習問題 10.22 [⋆⋆]

MULTEXT タグ付け器を入手し，Web サイトにあるいくつかの非英語テキストをタグ付けしてみよ．

11章

確率文脈自由文法

　　人々はさまざまなことを書いたり，話したりする．お酒が入ったカジュアルな会話においても，人々が話すことには構造と規則性がある．言語学における統語論のゴールは，そのような構造を明らかにすることである．ここまで，統語論は単語の順序と配列を記述するためだけに用いられてきた．これらの記述は単語そのものに対して行うこともあれば，単語のカテゴリに対して行うこともあった．本章では，これらの n–グラムモデルや HMM に基づくタグ付けモデルといった線状の制約の範囲を超えて，より複雑な文法的な概念に対する考察を開始する．

　　最も伝統的な文法においても，統語論は単なる 1 次元の順序以上の何かを示すことを意図していた．すなわち統語論は，どのようにして単語がグループを形成し，それらが主辞と依存部として相互に関係するかを示す．ここ 50 年来の主要な方法は，3 章で見たように，文に対して木構造を関係付けることであった．このような木に基づくモデルはマルコフモデルとは異なり，言語が持つ複雑な再帰構造を表すことを可能とする．例えば Kupiec (1992b) は，彼自身の HMM に基づくタグ付け器において問題となる構文として，以下のようなものをあげている．

(11.1)　　　　The velocity of the seismic waves rises to ...

　この例で問題となるのは，単数形の動詞 (*rises*) が複数形の名詞 (*waves*) の直後に生起することは通常は想定されないことである．Kupiec による対処法は，HMM モデルを拡張することにより，名詞句構造の基本的な範囲を認識できるようにすることであった．このような拡張は，基本となる 1 次の HMM の上に高次の文脈的拡張として実現される．この方法の技術的な詳細はさておき，動詞の一致 (agreement) に関する本質的な観察事実は，木 (11.2) に示すように，単語の線状な順序ではなく文の階層的な構造を反映しているということである．

(11.2)

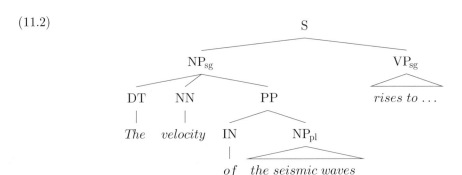

動詞 *rise* は，先行する名詞句の主部である *velocity* という名詞と数の一致を示すのであり，語順的に先行する名詞 *waves* と数の一致を示すのではない．

確率文脈自由文法
(PROBABLISTIC
CONTEXT FREE
GRAMMAR)
PCFG

再帰的な埋め込みに関する最も単純な確率的なモデルは，**確率文脈自由文法** (*Probabilistic Context Free Grammar*: PCFG) である（しばしば，**確率論的** (*Stochastic*) **文脈自由文法** (*Context Free Grammar*) とも呼ばれる）．PCFG は，CFG における各規則にその書き換えがどの程度行われやすいかを表す確率を追加したものである．本章では，PCFG について詳しい議論を行う．それには，以下のような理由がある．PCFG は，木構造に対する最も単純で自然な確率的モデルである．背景にある数学はよくわかっており，処理アルゴリズムは HMM において用いられるものの自然な発展形である．また 12.1.9 節で述べるように，PCFG はほかの確率的な条件付けのさまざまな形式化をシミュレートできるのに十分な一般的な計算論的な道具立てを提供する．にもかかわらず，PCFG は統語的構造の確率的モデルを構築するための多くのやり方のうちの一つであることを認識しておくことは重要である．次章では，確率的構文解析の領域をより一般的に調べていく．

PCFG は以下の要素からなる．

- 終端記号の集合：$\{w^k\}$, $k = 1, \ldots, V$
- 非終端記号の集合：$\{N^i\}$, $i = 1, \ldots, n$
- 開始記号：N^1
- 書換規則の集合：$\{N^i \to \zeta^j\}$, (ζ^j は終端記号，または非終端記号からなる系列）
- 以下のような制約を持つ書換規則に対応した確率値の集合．

(11.3) $$\forall i \quad \sum_j P(N^i \to \zeta^j) = 1$$

本章で $P(N^i \to \zeta^j)$ と書くときは，常に $P(N^i \to \zeta^j \,|\, N^i)$ を意味することに注意せよ．これは，ある主辞があるとき，その娘たち[1]に確率的な分布を与え

---

[1] 訳注：構文木を家系図に見立てた表現がよく使われる．例えば，あるノードが直接支配する直下のノードを娘 (daughter)，娘を支配する直上のノードを親 (parent) という．

表 11.1 本章における PCFG に関する記法.

記法	意味
G	文法 (PCFG)
$\mathcal{L}$	言語（文法によって生成，または受理される）
t	構文木
$\{N^1, \ldots, N^n\}$	非終端記号の集合（ただし，N^1 は開始記号）
$\{w^1, \ldots, w^V\}$	終端記号の集合
$w_1 \cdots w_m$	構文解析される単語系列
N_{pq}^j	非終端記号 N^j が 系列中の p から q までを覆う
$\alpha_j(p, q)$	外側確率（式 (11.15)）
$\beta_j(p, q)$	内側確率（式 (11.14)）

ることを意味する．このような文法は，ある言語における文の解析・生成の双方に用いられる．以下の記述では，これらの書き方を比較的自由に切り替える．

　文を PCFG で解析する前に，いくつかの記法を確立しておく必要がある．解析対象の文は単語の系列 $w_1 \cdots w_m$ として表現され，その部分系列 $w_a \cdots w_b$ は，w_{ab} により表される．文法による一つの書換操作を矢印 $\to$ により表す．一つ，あるいはそれ以上の書換操作の結果として，非終端記号 N^j を単語系列 $w_a \cdots w_b$ に書き換えることができるとき，N^j は単語系列 $w_a \cdots w_b$ を**支配す**

支配
(DOMINATION)

る (*dominates*) といい，$N^j \stackrel{*}{\Longrightarrow} w_a \cdots w_b$，あるいは yield $(N^j) = w_a \cdots w_b$ と書く．この状況を木 (11.4) に示す．ここでは，非終端記号 N^j を根とする部分木が入力単語系列中の $w_a \cdots w_b$ のすべて，そしてそれだけを支配している．

(11.4)

$$N^j$$
$$\overline{\triangle}$$
$$w_a \cdots w_b$$

非終端記号 N_j が入力系列中の場所 a から b までを覆う (span) が，この部分系列中の単語が実際にどのようなものかを規定せずに抽象化して表す場合，N_{ab}^j と書く．これらの記法を **表 11.1** にまとめる．

　ある文が文法 G から生成される確率は，以下で与えられる．

(11.5)
$$P(w_{1m}) = \sum_t P(w_{1m}, t) \quad (t \text{ は入力文の構文木})$$
$$= \sum_{\{t : \text{yield}(t) = w_{1m}\}} P(t)$$

PCFG モデルにおける一つの構文木の確率を計算することは容易である．すなわち，全体の構文木に含まれる局所的な部分木を生成するための規則の確率をすべて積算すればよい．

例題 1： **表 11.2** の文法を仮定するとき，*astronomers saw stars with ears* という文は，**図 11.1** に示す二つの確率付きの構文木を持つ．

表 11.2 シンプルな確率文脈自由文法 (PCFG). 非終端記号は S, NP, PP, VP, P, V. 習慣により, N^1 で示される開始記号を S と書く. 終端記号は単語であり, 斜体で書かれる. この表は文法規則とその確率を示している. NP の規則は見慣れない形になっているが, これは, この文法がチョムスキー標準形の形式となっているからである. その利用についてはこの節で後述する.

S → NP VP	1.0	NP → NP PP	0.4
PP → P NP	1.0	NP → *astronomers*	0.1
VP → V NP	0.7	NP → *ears*	0.18
VP → VP PP	0.3	NP → *saw*	0.04
P → *with*	1.0	NP → *stars*	0.18
V → *saw*	1.0	NP → *telescopes*	0.1

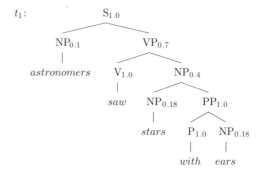

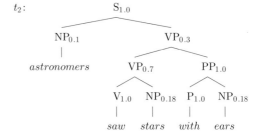

$$P(t_1) = 1.0 \times 0.1 \times 0.7 \times 1.0 \times 0.4 \times 0.18 \times 1.0 \times 1.0 \times 0.18$$
$$= 0.0009072$$
$$P(t_2) = 1.0 \times 0.1 \times 0.3 \times 0.7 \times 1.0 \times 0.18 \times 1.0 \times 1.0 \times 0.18$$
$$= 0.0006804$$
$$P(w_{15}) = P(t_1) + P(t_2) = 0.0015876$$

図 11.1 二つの構文木とその確率, およびその和としての文の確率. 入力文は *astronomers saw stars with ears* であり, 文法は表 11.2 のものを使用. 構文木における非終端記号は, それが支配する部分木が持つ確率値を添字としている.

このモデルにおける仮定はどのようなものだろうか. 必要となる条件は以下のようなものである.

- 場所に関する不変性. 部分木の確率は, それが支配する単語が入力の単語系列中のどこに存在するかには依存しない. これは HMM における時間に関す

る不変性に似ている.

$$(11.6) \qquad \forall k \quad P(N^j_{k(k+c)} \to \zeta) \text{ が等しい}$$

- 文脈自由性. 部分木の確率は，その範囲外にある単語には依存しない.

$$(11.7) \qquad P(N^j_{kl} \to \zeta \,|\, w_k \dots w_l \text{ の範囲外のすべて}) = P(N^j_{kl} \to \zeta)$$

- 先祖からの独立性. 部分木の確率は，導出においてその部分木の外側にあるノードには依存しない.

$$(11.8) \qquad P(N^j_{kl} \to \zeta \,|\, N^j_{kl} \text{ の範囲外にあるすべての先祖ノード}) = P(N^j_{kl} \to \zeta)$$

これらの条件を用いることで，構文木の確率の計算は各規則に割り当てられた確率を単に積算すればよいということがわかる. しかしながら具体的な例を説明するためには，ある非終端記号に対する異なるトークン列に対応するそれぞれの出現が区別できるようにしておく必要がある. そこで，ある非終端記号に対する特定の出現を $^i N^j$ における左上部の添字により表すことにする. すると以下のようになる.

$$
P\left(\begin{array}{c} {}^1\mathrm{S} \\ \diagup\diagdown \\ {}^2\mathrm{NP} \quad {}^3\mathrm{VP} \\ \diagup\diagdown \quad | \\ \textit{the} \;\; \textit{man} \;\; \textit{snores} \end{array} \right)
$$

$$= P({}^1\mathrm{S}_{13} \to {}^2\mathrm{NP}_{12} \; {}^3\mathrm{VP}_{33}, {}^2\mathrm{NP}_{12} \to \textit{the}_1 \; \textit{man}_2, {}^3\mathrm{VP}_{33} \to \textit{snores}_3)$$

$$= P({}^1\mathrm{S}_{13} \to {}^2\mathrm{NP}_{12} \; {}^3\mathrm{VP}_{33}) P({}^2\mathrm{NP}_{12} \to \textit{the}_1 \; \textit{man}_2 \,|\, {}^1\mathrm{S}_{13} \to {}^2\mathrm{NP}_{12} \; {}^3\mathrm{VP}_{33})$$

$$\quad P({}^3\mathrm{VP}_{33} \to \textit{snores}_3 \,|\, {}^1\mathrm{S}_{13} \to {}^2\mathrm{NP}_{12} \; {}^3\mathrm{VP}_{33}, {}^2\mathrm{NP}_{12} \to \textit{the}_1 \; \textit{man}_2)$$

$$= P({}^1\mathrm{S}_{13} \to {}^2\mathrm{NP}_{12} \; {}^3\mathrm{VP}_{33}) P({}^2\mathrm{NP}_{12} \to \textit{the}_1 \; \textit{man}_2) P({}^3\mathrm{VP}_{33} \to \textit{snores}_3)$$

$$= P(\mathrm{S} \to \mathrm{NP} \; \mathrm{VP}) P(\mathrm{NP} \to \textit{the man}) P(\mathrm{VP} \to \textit{snores})$$

上記では，連鎖規則により確率を展開した後，まず文脈自由性の仮定を課し，次に場所の不変性の仮定を課している.

11.1 PCFG のいくつかの特徴

ここでは，PCFG を用いるいくつかの理由を示すとともに，その限界についても考察する.

- 大規模で多様なテキストコーパスをカバーするように文法を拡張していくと，文法の曖昧性は増大する. ほとんどの文（単語系列）に対して多くの統語構造が対応しうるようになるが，PCFG はそれぞれの統語構造に蓋然性（plausibility）の指標を与えることができる.

文法推論
(GRAMMAR
INDUCTION)
極限における同定
(IDENTIFICATION
IN THE LIMIT)
否定的証拠
(NEGATIVE
EVIDENCE)

- ただし，PCFG がそれぞれの統語構造に対して十分に納得できる蓋然性を与えるとは限らない．というのは，その確率の推定は純粋に構造的な要因によるものであり，単語の共起といった要因は考慮されないからである．

- PCFG は**文法推論** (*grammar induction*) に適している．Gold (1967) は，**極限における同定** (*identification in the limit*) の意味において，非文法的な**否定的証拠** (*negative evidence*) を利用することなしに，CFG を学習することはできないことを示した．すなわち，対象の文法によって生成されるデータを望むだけ観察できたとしても，その文法を同定することはできない．これに対し，PCFG は正例だけから学習することができる (Horning 1969)．（もっとも，文法導出をゼロから行うことは困難であり，未解決な問題である．そのため，12 章で見るように，木構造が付与されたコーパスを対象とする学習が行われてきた．）

- 頑健性．現実世界のテキストには多くの文法的なミス，非流暢さ，そして誤りが含まれる．PCFG においては，ありえない文には単純に低い確率を与えることで，文法からは何も排除することなく，この問題をある程度扱うことができる．

- PCFG は英語の確率的な言語モデルを与える（CFG ではこれはできない）．

- エントロピーによって測る際の PCFG の予測能力 は，同じ数のパラメータを持つ有限状態文法（例：HMM）よりも優れている傾向にある（この比較において，パラメータの数は以下のように計算する．V 個の非終端記号，n 個の非終端記号を持つ PCFG は，$n^3 + nV$ 個のパラメータを持つのに対し，K 状態，M 出力を持つ HMM は，$K^2 + MK$ 個のパラメータを持つ．PCFG の場合の指数 3 は HMM の場合の指数 2 よりも大きいが，用いられる非終端記号の数は通常かなり小さい．人工的な文法に関するこの手の議論については，Lari and Young (1990) を参照のこと）．

- 実際には，PCFG は n–グラム $(n > 1)$ より劣る英語の言語モデルである．n–グラムモデルは局所的な語彙文脈をある程度考慮に入れるが，PCFG は局所的な語彙文脈は利用しないためである．

- PCFG のみでは良いモデルとは言えないが，トライグラムモデルと組み合わせることにより，その利点を発揮することが期待できる．PCFG における規則を単語のトライグラム（および構文木におけるいくつかの付加的な文脈依存の知識）で条件付ける初期の実験は，Magerman and Marcus (1991)，および Magerman and Weir (1992) で行われている．より良い解法については 12 章で議論する．

- PCFG は，必ずしも望ましくないある種のバイアスを持つ．ほかの条件がみな同等だとすると，より小さい構文木の確率は，より大きな構文木の確率より大きくなる．これ自体は，Frazier's (1978) の最小付加ヒューリスティック (Minimal Attachment heuristic) とも符合するもので，必ずしも悪いとい

うわけではないが，ある適当な長さで最も頻度が高くなるような，実際の文に適合したモデルを与えることができない．例えば 表 4.3 は，*Wall Street Journal* において最も頻度が高い文長は，23 語前後であることを示している．PCFG は非常に短い文に対しては過剰な確率を割り当てる．同様に，PCFG による構文解析では，ほかの条件がみな同等であれば，展開の数が小さい非終端記号がこれが多い非終端記号より好まれる．これは，個々の書き換えがより高い確率を持ちうることに起因する（練習問題 12.3 を参照のこと）．

ここで，PCFG が言語モデルを規定するということを強調しておくべきである．まず，式 (11.3) にすべての規則が従うとすると，$\sum_{\omega \in \mathcal{L}} P(\omega) = \sum_t P(t) = 1$ となると考えるかもしれない．しかし実際のところ，これが真となるのは，**規則の確率質量** (*probability mass of rules*) が有限な導出により算出される場合に限られる．例えば，以下の文法を考えよう．

規則の確率質量
(PROBABILITY
MASS OF RULES)

(11.9)

$$\text{S} \rightarrow rhubarb \quad P = \tfrac{1}{3}$$
$$\text{S} \rightarrow \text{S S} \qquad P = \tfrac{2}{3}$$

この文法は *rhubarb ... rhubarb* というパターンのすべての文字列を生成するが，これらの文字列の確率は次のようになる．

(11.10)

rhubarb	$\tfrac{1}{3}$
rhubarb rhubarb	$\tfrac{2}{3} \times \tfrac{1}{3} \times \tfrac{1}{3} = \tfrac{2}{27}$
rhubarb rhubarb rhubarb	$\left(\tfrac{2}{3}\right)^2 \times \left(\tfrac{1}{3}\right)^3 \times 2 = \tfrac{8}{243}$
...	

この言語の確率は，$\tfrac{1}{3} + \tfrac{2}{27} + \tfrac{8}{243} + \ldots$ という無限数列の和であり，その値は $\tfrac{1}{2}$ に収束する．つまり全確率質量の半分は，この言語の文字列を生成することのない無限個の構文木の中に消えてしまっていることになる．このような分布は，確率に関する文献では**不整合** (*inconsistent*) と呼ばれるが，「不整合」という用語は自然言語処理の領域では違った意味を持つので，本書ではこのような分布を**不適切** (*improper*) と呼ぶ．実際問題においては，不適切な分布は大きな問題とはならない．というのは，ほとんどの場合は推定される確率値の大きさを比較することだけに意味があるからである．さらに，構文木が付与された訓練コーパスから PCFG のパラメータを推定する限り（12 章を参照のこと），常に適切な (proper) 確率分布が得られることが Chi and Geman (1998) により示されている．

不整合
(INCONSISTENT)

不適切 (IMPROPER)

11.2 PCFG の三つの基本的な問題

HMM の場合と同様に，三つの基本的な問題に解を与える必要がある．

- 文法 G のもとで，文 w_{1m} の確率 $P(w_{1m} \mid G)$ を求める．
- 文に対して最も確率の高い構文木 $\arg\max_t P(t \mid w_{1m}, G)$ を定める．
- 文の確率を最大化するように文法 G の文法規則に確率を割り当てる．
$$\arg\max_G P(w_{1m} \mid G)$$

チョムスキー標準形
(CHOMSKY
NORMAL FORM)

本章では，**チョムスキー標準形** (*Chomsky Normal Form*: CNF) に限定して議論を進める．CNF の規則は，以下に示すような単項，または二項の形に制限されている．

$$N^i \to N^j \ N^k$$
$$N^i \to w^j$$

CNF 形式の PCFG のパラメータは以下のようになる．

(11.11)
$$P(N^j \to N^r \ N^s \mid G) \quad n \text{ を非終端記号の数としたとき，}$$
$$n^3 \text{ 要素のパラメータ行列}$$
$$P(N^j \to w^k \mid G) \quad V \text{ を終端記号の数としたとき，}$$
$$nV \text{ 個のパラメータ}$$

各 $j = 1, \ldots, n$ に対して，次式の制約が存在する．

(11.12)
$$\sum_{r,s} P(N^j \to N^r \ N^s) + \sum_k P(N^j \to w^k) = 1$$

この制約は，表 11.2 に示す文法では満たされているように見える（慣習的にここに現れていない規則の確率は 0 とする）．任意の CFG は，弱い意味で等価なチョムスキー標準形の CFG によって表すことができる[2]．

PCFG に関する確率をいかに効率的に計算できるかを見るために，まず HMM から**確率的正規文法** (*probabilistic regular grammar*: PRG) へ，次に PRG から PCFG へという順序で検討していこう．以下のような形式の規則を持つ PRG を考える．

確率的正規文法
(PROBABILISTIC
REGULAR
GRAMMAR)

$$N^i \to w^j \ N^k \ \text{ または } \ N^i \to w^j, \ \text{および 開始状態 } N^1$$

これは HMM に関して行ったことと似ている．異なる点は，HMM においては以下のように，同じ長さの系列ごとに一つの確率分布が存在するのに対し，

$$\forall n \quad \sum_{w_{1n}} P(w_{1n}) = 1$$

---

[2] 二つの文法 G_1 と G_2 が等しい言語 L を生成する（確率的な等価性としては同じ文が同じ確率を持つ）とき，これらは弱い意味で等価であるという．一方，さらにこれらが同じ木構造を持つ（確率的な場合にはこれらの木構造が同じ確率を持つ）とき，二つの文法は強い意味で等しいという．

11.2 PCFG の三つの基本的な問題

図 **11.2** 確率的正規文法 (PRG).

PCFG，あるいは PRG においては，以下のように，ある文法によって生成される言語 $\mathcal{L}$ におけるすべての系列に対して一つの確率分布が存在することである．

$$\sum_{\omega \in \mathcal{L}} P(\omega) = 1$$

この違いを見るために，以下の例を検討しよう．

$$P(\textit{John decided to bake a})$$

この単語系列は文の冒頭に生起すると考えられるので，HMM では高い確率を持つだろう．一方，これは完結した発話ではないので，PRG や PCFG においては非常に低い確率しか持たないだろう．

図 **11.2** に示すように，PRG は HMM と大まかに関係付けることができる．まず開始状態を追加し，ここから HMM の各状態への遷移を与える．この遷移確率は HMM の初期状態確率である Π とする．さらに，系列の終端を表現するために，しばしば**シンク状態** (*sink state*) と呼ばれる終了状態を HMM に接続する．いったんシンク状態に陥るとそこから脱出することはない．HMM の各状態からは，基本的な HMM 内で遷移を続けることもできるし，シンク状態へ移ることも可能である．シンク状態への遷移は，PRG における系列が終端することとみなされる．

シンク状態
(SINK STATE)

以上は，RPG を HMM へ対応付ける基本的な考え方であった．RPG は HMM として実装することも可能であり，この場合，状態は非終端記号に対応し終端記号は出力記号に対応する．この様子を次に示す．

```
状態:   NP   ⟶   N′   ⟶   N′   ⟶   N⁰   ⟶   シンク状態
         |         |         |         |
出力:   the       big       brown      box
```

HMM において，前向き確率，後向き確率を効率的に計算した方法を思い起こしてみよう．それは次のような式で表された．

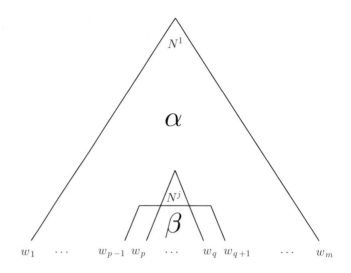

図 11.3 PCFG における内側確率 β, 外側確率 α.

$$\text{前向き確率} \quad \alpha_i(t) = P(w_{1(t-1)}, X_t = i)$$
$$\text{後向き確率} \quad \beta_i(t) = P(w_{tT} \mid X_t = i)$$

さて，次のような木構造として表される PRG による構文木を再び検討しよう．

(11.13)

```
         NP
        /  \
      the   N'
           /  \
         big   N'
              /  \
           brown  N⁰
                  |
                 box
```

この木において，前向き確率は，あるノードとその上にあるすべての確率に対応する．一方，後向き確率は，あるノードの下にあるすべての確率に対応する．以上から，PCFG におけるより一般的な状況を扱うアプローチが示唆される．すなわち，図 11.3 に示されるような内側確率，外側確率を以下に定義する．

(11.14) $\qquad$ 外側確率 $\quad \alpha_j(p,q) = P(w_{1(p-1)}, N^j_{pq}, w_{(q+1)m} \mid G)$
(11.15) $\qquad$ 内側確率 $\quad \beta_j(p,q) = P(w_{pq} \mid N^j_{pq}, G)$

内側確率 $\beta_j(p,q)$ は，非終端記号 N_j から単語系列 $w_p \cdots w_q$ が生成される全確率である．外側確率 $\alpha_j(p,q)$ は，開始記号 N^1 から始まった導出が非終端記号 N^j_{pq}，および $w_p \cdots w_q$ の外側にあるすべての単語を生成する確率である．

11.3 系列の確率

11.3.1 内側確率により計算する

一般的に，単語系列に対するすべての可能な構文木の確率を単純に加算することではその単語列の確率を効率的に計算することはできない．というのは，そのような構文木は指数オーダー個ありうるからである．ある単語系列の確率を効率よく求める一つの方法として，内側確率に基づく動的計画法アルゴリズムの一種である**内側アルゴリズム** (*inside algorithm*) がある．

内側アルゴリズム (INSIDE ALGORITHM)

(11.16)
$$P(w_{1m} \,|\, G) = P(N^1 \stackrel{*}{\Longrightarrow} w_{1m} \,|\, G)$$

(11.17)
$$= P(w_{1m} \,|\, N^1_{1m}, G) \quad = \beta_1(1, m)$$

部分的な単語系列の内側確率は，部分系列の長さに対する帰納法によって計算される．

基底ケース： 規則 $N^j \to w_k$ の確率 $\beta_j(k,k)$ を以下のように計算したい．

$$\beta_j(k,k) = P(w_k \,|\, N^j_{kk}, G)$$
$$= P(N^j \to w_k \,|\, G)$$

帰納： $p < q$ について $\beta_j(p,q)$ を計算したい．チョムスキー標準形の文法による帰納ステップであるので，最初の規則は，$N^j \to N^r\ N^s$ という形をしており，これを利用して帰納ステップを進めることができる．すなわち，以下のように系列を二つに分割し，それぞれの結果を合計すればよい．

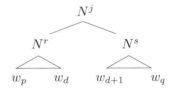

すると，任意の $j, 1 \leq p < q \leq m$ に対して，以下を得る．

$$\beta_j(p,q) = P(w_{pq} \,|\, N^j_{pq}, G)$$
$$= \sum_{r,s} \sum_{d=p}^{q-1} P(w_{pd}, N^r_{pd}, w_{(d+1)q}, N^s_{(d+1)q} \,|\, N^j_{pq}, G)$$
$$= \sum_{r,s} \sum_{d=p}^{q-1} P(N^r_{pd}, N^s_{(d+1)q} \,|\, N^j_{pq}, G) P(w_{pd} \,|\, N^j_{pq}, N^r_{pd}, N^s_{(d+1)q}, G)$$
$$\times P(w_{(d+1)q} \,|\, N^j_{pq}, N^r_{pd}, N^s_{(d+1)q}, w_{pd}, G)$$
$$= \sum_{r,s} \sum_{d=p}^{q-1} P(N^r_{pd}, N^s_{(d+1)q} \,|\, N^j_{pq}, G) P(w_{pd} \,|\, N^r_{pd}, G)$$
$$\times P(w_{(d+1)q} \,|\, N^s_{(d+1)q}, G)$$

表 11.3 内側確率の計算. 表のセル (p,q) は内側アルゴリズムによって計算された非ゼロの確率 $\beta_i(p,q)$ を示す. 内側確率の再帰的計算は, 表の対角成分から始まり表の右上の角へ向かって進んでいく. 表 11.2 の単純な文法においては, 説明を要するセルは $(2,5)$ だけである. このセルの値は以下の式によって計算される. $P(\text{VP} \to \text{V NP})\beta_\text{V}(2,2)\beta_\text{NP}(3,5)+P(\text{VP} \to \text{VP PP}) \times \beta_\text{VP}(2,3)\beta_\text{PP}(4,5)$.

	1	2	3	4	5
1	$\beta_\text{NP} = 0.1$		$\beta_\text{S} = 0.0126$		$\beta_\text{S} = 0.0015876$
2		$\beta_\text{NP} = 0.04$ $\beta_\text{V} = 1.0$	$\beta_\text{VP} = 0.126$		$\beta_\text{VP} = 0.015876$
3			$\beta_\text{NP} = 0.18$		$\beta_\text{NP} = 0.01296$
4				$\beta_\text{P} = 1.0$	$\beta_\text{PP} = 0.18$
5					$\beta_\text{NP} = 0.18$
	astronomers	*saw*	*stars*	*with*	*ears*

$$= \sum_{r,s} \sum_{d=p}^{q-1} P(N^j \to N^r N^s)\beta_r(p,d)\beta_s(d+1,q)$$

ここでは, まず連鎖規則を用いて分割を行っている. 次に, PCFG における文脈自由性の仮定に基づき, 内側確率の定義に従って結果を書き換えている. このような再帰的な関係を用いて, 内側確率はボトムアップに効率よく計算できる.

例題 2: 上記の方程式は禍々しいが, 内側確率の実際の計算は比較的単純である. 特定の構成素が二つのより小さな構成素から組み上げられるすべてのやり方を, これらの二つの小さな構成素のラベル, およびその支配範囲を変化させながら求める. 表 11.3 に, 表 11.2 の文法を用いて図 11.1 で検討した文を解析する際の内側確率の計算を示す. 計算過程は, **構文解析の三角表** (*parse triangle*) を用いて示されている. 表の各要素は, 行のインデックスから列のインデックスまでにまたがる区間を支配しうるノードを記録している.

構文解析の三角表
(PARSE TRIANGLE)

▽ この例の文法と文を用いてさらに計算することは読者の練習問題として残されている.

11.3.2 外側確率により計算する

単語系列の確率は外側確率を用いることでも計算できる. 任意の $k, 1 \le k \le m$ に対し, 以下が成り立つ.

$$(11.18) \quad P(w_{1m} \,|\, G) = \sum_j P(w_{1(k-1)}, w_k, w_{(k+1)m}, N_{kk}^j \,|\, G)$$

$$= \sum_j P(w_{1(k-1)}, N_{kk}^j, w_{(k+1)m} \,|\, G)$$

$$\times P(w_k \,|\, w_{1(k-1)}, N_{kk}^j, w_{(k+1)n}, G)$$

$$(11.19) \quad = \sum_j \alpha_j(k,k) P(N^j \to w_k)$$

11.3 系列の確率 349

外側確率はトップダウンに計算することができる。以下に見るように，外側確率の帰納的な計算には内側確率が必要である。そこで，まず内側確率を計算してから，外側確率を**外側アルゴリズム** (*outside algorithm*) により計算する。

外側アルゴリズム
(OUTSIDE
ALGORITHM)

基底ケース： 基底ケースは，木の根に当たる非終端記号 N^i の外側に何もない場合である。

$$\alpha_1(1, m) = 1$$
$$\alpha_j(1, m) = 0 \quad (j \neq 1 \text{ の場合})$$

帰納ケース： 非終端ノード N_{pq}^j は次の図に示すように親ノードの左側の娘であるか，

(11.20)

もしくは次の図のように，親ノードの右側の娘である。

(11.21)

そこで以下のように，これら双方の場合の確率を足し合わせる。

$$\alpha_j(p, q) = \left[\sum_{f,g} \sum_{e=q+1}^{m} P\left(w_{1(p-1)}, w_{(q+1)m}, N_{pe}^f, N_{pq}^j, N_{(q+1)e}^g\right) \right]$$
$$+ \left[\sum_{f,g} \sum_{e=1}^{p-1} P\left(w_{1(p-1)}, w_{(q+1)m}, N_{eq}^f, N_{e(p-1)}^g, N_{pq}^j\right) \right]$$

$$= \Big[\sum_{f,g} \sum_{e=q+1}^{m} P\big(w_{1(p-1)}, w_{(e+1)m}, N_{pe}^f\big) P\big(N_{pq}^j, N_{(q+1)e}^g \mid N_{pe}^f\big)$$

$$\times P\big(w_{(q+1)e} \mid N_{(q+1)e}^g\big) \Big] + \Big[\sum_{f,g} \sum_{e=1}^{p-1} P\big(w_{1(e-1)}, w_{(q+1)m}, N_{eq}^f\big)$$

$$\times P\big(N_{e(p-1)}^g, N_{pq}^j \mid N_{eq}^f\big) P\big(w_{e(p-1)} \mid N_{e(p-1)}^g\big) \Big]$$

$$= \Big[\sum_{f,g} \sum_{e=q+1}^{m} \alpha_f(p,e) P(N^f \to N^j\ N^g) \beta_g(q+1,e) \Big]$$

$$+ \Big[\sum_{f,g} \sum_{e=1}^{p-1} \alpha_f(e,q) P(N^f \to N^g\ N^j) \beta_g(e, p-1) \Big]$$

HMM の場合と同様に，内側確率と外側確率の積を求めることができ，以下を得る．

$$\alpha_j(p,q)\beta_j(p,q) = P(w_{1(p-1)}, N_{pq}^j, w_{(q+1)m} \mid G) P(w_{pq} \mid N_{pq}^j, G)$$
$$= P(w_{1m}, N_{pq}^j \mid G)$$

しかしここでは，一つの非終端ノードを仮定するという事実が重要である（HMM の場合は，各時刻においてどこかの状態にいることは自明であった）．それゆえ，文の確率，**および単語 p から 単語 q を覆う何らかの構成素が存在する確率**は以下のように計算される．

(11.22)
$$P(w_{1m}, N_{pq} \mid G) = \sum_{j} \alpha_j(p,q)\beta_j(p,q)$$

前終端
(PRETERMINAL)

ここで，CNF 形式の文法を用いていることから，木全体，および各終端ノードを支配する非終端ノードが常に存在することは明らかである．その娘が単一の終端ノードであるような非終端ノードを**前終端 (preterminal) ノード**と呼ぶ．木全体，および各終端記号を支配する非終端記号が存在する場合に限って式 (11.17) および式 (11.19) が成立し，系列の全確率を得ることができる．式 (11.17) は $\alpha_1(1,m)\beta_1(1,m)$ と等しく，根ノード N^1 の存在を利用している．これに対し，式 (11.19) は $\sum_j \alpha_j(k,k)\beta_j(k,k)$ と等しく，各単語 w_k の上位には前終端ノード N^j が存在するという事実を利用している．

11.3.3　最も尤もらしい文の構文木を求める

最尤の構文木を求めるためのビタビ型のアルゴリズムは，和が最大となるような要素を見いだすように内側アルゴリズムを変更し，その最大値を与える規則を記録することにより構成することができる．このアルゴリズムは，PCFG の独立性の仮定から，HMM の場合と同様に動作する．結果として，計算量が $O(m^3 n^3)$ の PCFG 解析アルゴリズムが得られる．

HMM のためのビタビアルゴリズムの核心は，アキュムレータ $\delta_j(t)$ を定義

11.3 系列の確率 351

することであった. これは時刻 t において状態 j から遷移するトレリスにおける経路の最大確率を記録する. HMM と PCFG の間の関係を PRG を検討することによって再確認しよう. 今回は我々が求めたいものは, ある非終端ノードを根とし, ある部分系列を覆う部分構文木の中で最も高い確率を持つものである. PRG のアキュムレータ δ は, 以下のように定式化できる.

$$\delta_i(p, q) = \text{部分構文木 } N^i_{pq} \text{ の最大の内側確率}$$

動的計画法を用いることにより, 文の最尤の構文木を以下のように計算することができる. 初期ステップは, 葉ノードにおける単項規則に対して確率を割り当てる. 帰納ステップにおいては, 適用される最初の規則は二項規則であることはわかっている. しかしここでは, そのような規則全体に対して確率値を合計したものではなく, 最も確率の高いものを見つけ, それを ψ 変数に記録する. この値は, 最も高い確率を与えた規則適用の形を記録する三つの整数(左の娘ノードのインデックス, 右の娘ノードのインデックス, 分割点)のリストである.

1. 初期化
$$\delta_i(p, p) = P(N^i \to w_p)$$

2. 帰納
$$\delta_i(p, q) = \max_{\substack{1 \le j,k \le n \\ p \le r < q}} P(N^i \to N^j \ N^k)\delta_j(p, r)\delta_k(r+1, q)$$

バックトレースを次のように記録する.

$$\psi_i(p, q) = \underset{(j,k,r)}{\arg\max} P(N^i \to N^j \ N^k)\delta_j(p, r)\delta_k(r+1, q)$$

3. 終了とバックトラックによるパスの読み出し. 文法の開始記号は N^1 であるので, これを根とする最大確率の構文木の確率は以下で与えられる[3].

(11.23) $$P(\hat{t}) = \delta_1(1, m)$$

このような最大確率を持つ木 $\hat{t}$ を再構成したい. これは, $\hat{t}$ がノード集合 $\{\hat{X}_x\}$ であるとみなし, この集合を実際に構成することによって行うことができる. 文法は初期記号を持つので, 木の根のノードは N^1_{1m} である. 次に, ある非終端ノードの左側, 右側の娘ノードをいかにして構成するかの一般論を示す. この過程を再帰的に適用することにより, 木全体を再構成すること

---
[3] あるいは, 文全体を支配する任意のカテゴリを持つ最尤のノードを次式で計算することもできる.
$$P(\hat{t}) = \max_{1 \le i \le n} \delta_i(1, m)$$

ができる. もし $X_x = N_{pq}^i$ がビタビ構文木に存在し, $\psi_i(p, q) = (j, k, r)$, であるなら, 以下が成り立つ.

$$\text{left}(\hat{X}_x) = N_{pr}^j$$
$$\text{right}(\hat{X}_x) = N_{(r+1)q}^k$$

ここで, バックトレースの式における 'arg max' に関してであるが, 最大値を与える構文木は一つとは限らないことに注意しておく. 最大値を与える構文木が複数存在する場合, 構文解析器はそれらの中からランダムに一つを選択することにする. というのは, 同点のものをすべて保存しておくというのは問題を著しく複雑にするからである.

11.3.4 PCFG の訓練

PCFG の訓練 (training) は, 文法の学習 (learning) や文法導出の問題と関係するが, より狭い範囲の意味を持つ. すなわちここでは, 終端記号の数, 非終端記号の数, あるいは開始記号の名前といった文法の構造は事前に与えられていると仮定する. さらには, 文法規則の集合も事前にわかっているものとする. もちろんすべての書換規則がありうると考えることもできるが, 一方で, あらかじめ与えられた構造が文法には存在することを仮定することもできる. 例えば, いくつかの非終端記号は, 終端ノードに書き換えられるという役割のみを果たす前終端記号であると考えるといったことである. このような枠組みを前提とすれば, 文法を訓練することとは, 単純に最適な確率をそれぞれの文法規則に割り当てる過程とみなすことができる.

HMM の場合と同様に, EM による訓練アルゴリズムを構成する. このアルゴリズムは, **内側外側アルゴリズム** (*inside-outside algorithm*) と呼ばれる. このアルゴリズムにより, 対象とする言語におけるアノテーションされていない文集合から PCFG のパラメータを訓練することが可能となる. ここでの基本的な前提は, 良い文法は訓練コーパス中の文の生起確率を高くするということである. よって, 訓練データの尤度を最大化するような文法を探索することになる. 以下ではまず, 単一の文に対する基本的な訓練を提示し, 次にこれを, 多くの文からなる大規模訓練コーパスを対象とするという現実的な状況へと拡張する. その際は, 文の間の独立性を仮定する.

内側外側アルゴリズム
(INSIDE-OUTSIDE
ALGORITHM)

規則の確率を決定するためには, 以下の計算を行う必要がある.

$$\hat{P}(N^j \to \zeta) = \frac{C(N^j \to \zeta)}{\sum_\gamma C(N^j \to \gamma)}$$

ここで, $C(\,\cdot\,)$ は, 特定の規則が使われる回数を表す. もし解析済のコーパスが利用可能であれば, これらの確率は, 12 章で議論するように直接計算することができる. 一方, 解析済のコーパスが利用可能ではないというより一般的な

状況にあれば，隠れデータの問題を扱う必要がある．すなわち，各規則に対する確率関数を定めたいのだが，直接的にわかるのは文の確率だけである．規則の確率が不明であるから相対頻度を計算することはできず，推定を順次高めていくような繰り返しアルゴリズムを用いる必要がある．終端記号，非終端記号の数，各規則の確率の初期推定値（おそらくは単にランダムに選定されたもの）が定まっているような文法の形態をまずは考えよう．訓練文の各構文木の確率をこの文法に従って計算し，各規則が使われる各場所での確率を合算し，各規則が用いられた回数の期待値を求める．これらの期待値は，次の段階では各規則の確率の推定値を改善するために用いられる．このようにして，考慮中の文法に対する訓練コーパスの尤度を増加させることができる．

次式を見てみよう．

$$\alpha_j(p,q)\beta_j(p,q) = P(N^1 \stackrel{*}{\Longrightarrow} w_{1m}, N^j \stackrel{*}{\Longrightarrow} w_{pq} \mid G)$$
$$= P(N^1 \stackrel{*}{\Longrightarrow} w_{1m} \mid G)P(N^j \stackrel{*}{\Longrightarrow} w_{pq} \mid N^1 \stackrel{*}{\Longrightarrow} w_{1m}, G)$$

すでに $P(N^1 \stackrel{*}{\Longrightarrow} w_{1m})$ の計算方法はわかっているので，この確率を π としよう．すると，以下のように書ける．

$$P(N^j \stackrel{*}{\Longrightarrow} w_{pq} \mid N^1 \stackrel{*}{\Longrightarrow} w_{1m}, G) = \frac{\alpha_j(p,q)\beta_j(p,q)}{\pi}$$

また，非終端記号 N^j が導出において何回用いられるかの推定値は次のようになる．

$$(11.24) \qquad E(N^j \text{ が導出で用いられた}) = \sum_{p=1}^{m}\sum_{q=p}^{m} \frac{\alpha_j(p,q)\beta_j(p,q)}{\pi}$$

前終端記号を扱わない場合，β の帰納的定義を上記の確率に代入して，$\forall r,s,p<q$ に対して，以下のように書ける．

$$P(N^j \to N^r\ N^s \stackrel{*}{\Longrightarrow} w_{pq} \mid N^1 \stackrel{*}{\Longrightarrow} w_{1m}, G)$$
$$= \frac{\sum_{d=p}^{q-1}\alpha_j(p,q)P(N^j \to N^r\ N^s)\beta_r(p,d)\beta_s(d+1,q)}{\pi}$$

つまり，この特定の規則が導出中に何回用いられるかの推定値は，このノードが支配しうる範囲の単語列が利用された確率を合算したものから求めることができる．

$$(11.25) \qquad E(N^j \to N^r\ N^s\text{という形で } N^j \text{ が利用された})$$
$$= \frac{\sum_{p=1}^{m-1}\sum_{q=p+1}^{m}\sum_{d=p}^{q-1}\alpha_j(p,q)P(N^j \to N^r\ N^s)\beta_r(p,d)\beta_s(d+1,q)}{\pi}$$

さて，最大化ステップでは，次を求めたい．

$$P(N^j \to N^r\ N^s) = \frac{E(N^j \to N^r\ N^s\text{という形で } N^j \text{ が利用された})}{E(N^j \text{ が利用された})}$$

そのための再推定の式は次のようになる.

(11.26)
$$\hat{P}(N^j \to N^r \ N^s) = (11.25)/(11.24)$$
$$= \frac{\sum_{p=1}^{m-1} \sum_{q=p+1}^{m} \sum_{d=p}^{q-1} \alpha_j(p,q) P(N^j \to N^r \ N^s) \beta_r(p,d) \beta_s(d+1,q)}{\sum_{p=1}^{m} \sum_{q=p}^{m} \alpha_j(p,q) \beta_j(p,q)}$$

前終端記号についても同様に計算する.

$$E(N^j \to w^k | N^1 \overset{*}{\Longrightarrow} w_{1m}, G) = \frac{\sum_{h=1}^{m} \alpha_j(h,h) P(N^j \to w_h, w_h = w^k)}{\pi}$$
$$= \frac{\sum_{h=1}^{m} \alpha_j(h,h) P(w_h = w^k) \beta_j(h,h)}{\pi}$$

上記の $P(w_h = w^k)$ はもちろん 0 か 1 のどちらかであるが, 先ほどの場合となるべく似た形にするため, 二つ目の形式を使う. すなわち, 次式のようにする.

(11.27)
$$\hat{P}(N^j \to w^k) = \frac{\sum_{h=1}^{m} \alpha_j(h,h) P(w_h = w^k) \beta_j(h,h)}{\sum_{p=1}^{m} \sum_{q=p}^{m} \alpha_j(p,q) \beta_j(p,q)}$$

HMM の場合とは異なり, 複数の訓練事例を扱うという問題を避けることはできない. つまり, HMM の場合のように文の連結を用いることはできないのである. 訓練のための文集合 $W = (W_1, \ldots, W_\omega)$ があるとしよう. ここで各文は, $W_i = w_{i,1} \cdots w_{i,m_i}$ である. f_i, g_i, および h_i を以前の式における共通項としよう. これらはそれぞれ, 分岐するノード, 前終端ノード, それから, 任意の場所における非終端記号の利用を表す. 文 W_i から以下を計算する.

(11.28)
$$f_i(p,q,j,r,s) = \frac{\sum_{d=p}^{q-1} \alpha_j(p,q) P(N^j \to N^r N^s) \beta_r(p,d) \beta_s(d+1,q)}{P(N^1 \overset{*}{\Longrightarrow} W_i \mid G)}$$
$$g_i(h,j,k) = \frac{\alpha_j(h,h) P(w_h = w^k) \beta_j(h,h)}{P(N^1 \overset{*}{\Longrightarrow} W_i \mid G)}$$
$$h_i(p,q,j) = \frac{\alpha_j(p,q) \beta_j(p,q)}{P(N^1 \overset{*}{\Longrightarrow} W_i \mid G)}$$

もし訓練コーパスの各文が独立であると仮定するならば, 訓練コーパス全体の尤度は, 文法から計算される各文の確率の積で求められる. それゆえ, 再推定の過程においては, 次のような再推定の式を与えるように複数の文からの影響を合算することができる. この式の分母は, 当該の非終端記号を終端記号, あるいは非終端記号に展開するすべての可能性を考慮していることに注意してほしい. これは, 非終端記号の各展開の和が 1 になるべきことを示す式 (11.3) による確率的制約を満たすためである.

(11.29)
$$\hat{P}(N^j \to N^r \ N^s) = \frac{\sum_{i=1}^{\omega} \sum_{p=1}^{m_i-1} \sum_{q=p+1}^{m_i} f_i(p,q,j,r,s)}{\sum_{i=1}^{\omega} \sum_{p=1}^{m_i} \sum_{q=p}^{m_i} h_i(p,q,j)}$$

および,

$$(11.30) \qquad \hat{P}(N^j \to w^k) = \frac{\sum_{i=1}^{\omega} \sum_{h=1}^{m_i} g_i(h,j,k)}{\sum_{i=1}^{\omega} \sum_{p=1}^{m_i} \sum_{q=p}^{m_i} h_i(p,q,j)}$$

外側内側アルゴリズムは，訓練コーパスにおける推定確率の変化が十分小さくなるまで，パラメータ再推定の過程を繰り返す．このモデルに基づくコーパスの確率は，改善されるか，少なくとも悪くなることはないことが保証されている．つまり次式が成り立つ．

$$P(W \mid G_{i+1}) \geq P(W \mid G_i)$$

11.4 内側外側アルゴリズムの問題点

ここまで PCFG の長所について述べてきたが，とはいえ，PCFG にも以下のような問題がある．

1. HMM のような線形の計算量を持つモデルに比べると低速である．各文ごとに行われる訓練の各繰り返しの計算オーダーは，m を文の長さ，n を文法における非終端記号の数とすると，$O(m^3n^3)$ になる．

局所的最大値
(LOCAL MAXIMA)

2. **局所的最大値** (*local maxima*) はより深刻な問題である．Charniak (1993) は，PCFG 導出（ランダムに初期化されたパラメータによって，シンプルな英語風の PCFG から生成した人工的なデータを用いた）における 300 回の各試行それぞれにおいて，すべて異なった局所的最大値が検出されたと報告している．言い換えれば，アルゴリズムはパラメータの初期値に大きく影響される．ということで，ほかの学習方法を試す良い機会であるかもしれない（例えば，ニューラルネットワークが局所的最大値にとらわれるのを避けるために焼きなまし法がうまく用いられてきた (Kirkpatrick et al. 1983; Ackley et al. 1985) が，この方法は大規模な PCFG のためには計算量が大きすぎる）．ほかの部分的な解法には，いくつかのパラメータをゼロに初期化することにより規則を制限する，文法の最小化を行う，あるいは「貪欲な」終端記号から非終端記号を切り離すといったものがある．このような方法論は，Lari and Young (1990) で議論されている．

3. Lari and Young (1990) は，人工言語に対する実験に基づき，文法学習が成功するためには，対象とする言語を記述するために理論的に必要なもの以上の非終端記号が必要であることを示した．彼らの実験においては，n 個の非終端記号からなる文法によって生成されたテキストからその文法をうまく学習するには，おおむね $3n$ 個の非終端記号が典型的には必要であったという．これは最初の問題（学習速度の問題）をより深刻なものにする．

4. EM アルゴリズムは訓練コーパスの確率を増加させることを保証するが，アルゴリズムが学習する非終端記号が NP や VP といった通常の言語的な解析において望まれるような類の非終端記号を学習することを保証する

ものではない．たとえ言語学者に馴染みのあるような類の文法で初期化を行ったとしても，訓練のやり方によっては，意図したような非終端カテゴリの意味をまったく違ったものにしてしまう可能性がある．これは，唯一守るべき制約は開始記号は N^1 であるということだけであることによる．文法の性質に対してさらに制約を課すこともオプションとなりうる．例えば，それぞれの非終端記号を終端記号，または非終端記号のどちらかのみを生成するように制約することが考えられる．このような文法の形式を用いると，上記に示したような再推定の数式は単純化される場合がある．

以上から，アノテートされていないコーパスから文法を導出することは，PCFG の場合は原理的に可能であるが，実際問題としては極めて困難である．次章で示す方法論の多くは，基本的な PCFG を用いることに伴う限界のいくつかを，別の方法により解決している．

11.5　さらに学ぶために

弱い意味，あるいは強い意味での文法の等価性，チョムスキー標準形，任意の CFG をさまざまな標準形式に変換するアルゴリズムなどに関する包括的な議論は (Hopcroft and Ullman 1979) で行われている．自然言語を対象として CFG による構文解析を行う標準的な技法については，多くの人工知能や自然言語処理の教科書（例えば (Allen 1995)）に記述されている．

確率的な CFG すなわち PCFG の研究は 1960 年代後半から 1970 年台の初頭に開始され，当初は多くの研究がなされた．Booth (1969) や，それに続く Booth and Thomson (1973) により本章に示したような PCFG 記法が与えられた．彼らの結果において特筆すべきことは，文脈自由文法による出力系列の確率分布に関して，PCFG によっては生成できないものがあることを示し，PCFG が適切な確率分布を定義するための必要十分条件を導いたことである．この時期のほかの研究としては，Grenander (1967)，Suppes (1970)，Huang and Fu (1971) やいくつかの博士論文 (Horning 1969; Ellis 1969; Hutchins 1970) がある．確率論においては，木構造は通常は**枝分かれ過程** (*branching process*) と呼ばれており，Harris (1963) や Sankoff (1971) で議論されている．

枝分かれ過程
(BRANCHING PROCESS)

1970 年代になると確率的な形式言語に関する研究はほぼ絶滅し，PCFG は音声の研究コミュニティにおいて，たまに試みられるモデルとして生き残った．内側外側アルゴリズムの提案とその収束に関する性質の形式的な証明は，Baker (1979) により与えられた．本書の記述は，Lari and Young (1990) に準拠している．この論文は外側内側アルゴリズムの複雑性に関する証明を提供しており，この研究は，Lari and Young (1991) でさらに展開された．

本章で示したアルゴリズムを任意の PCFG に拡張する方法については，Charniak (1993), あるいは Kupiec (1991, 1992a) を参照のこと[4]. Jelinek et al. (1990), および Jelinek et al. (1992a) は, PCFG の総括的な紹介を行っている. これらの報告, あるいは Jelinek and Lafferty (1991) や Stolcke (1995) は, 内側およびビタビアルゴリズムを左から右へと漸進的に進めるやり方を示している. これは, 音声認識のための言語モデルを検討する際に大変に有用である.

PCFG の訓練に関する節では, 固定された文法構造を仮定した. この場合, そもそもその文法構造をどのように定め, それを自動的に学習できるかという疑問が当然のものとして生じる. **ベイズモデル併合** (*Bayesian model merging*), あるいは**最小記述長** (*minimum description length*: MDL) のアプローチ (Stolcke and Omohundro 1994b; Chen 1995) によって適切な文法構造を自動的に決定しようといういくつかの研究例があるが, 現在においても文法構造の枠組みを定めるというタスクは, 言語学者の直感を頼ることによって行われることが普通である.

ベイズモデル併合
(Bayesian model
merging)
最小記述長
(minimum
description
length)

PCFG はバイオ情報学においてもしばしば用いられている (例えば, Sakakibara et al. 1994) が, その利用は HMM ほどは盛んではない.

11.6 練習問題

練習問題 11.1   [★★]
以下のような, 文の部分構造を表す部分的な構文木の確率を考えてみよう.

$$P \left(\begin{array}{c} \text{NP} \\ \text{Det} \quad \text{N}' \\ \text{Adj} \quad \text{N} \end{array} \right)$$

一般に, 部分木が大きくなるに従い, 既存の訓練コーパスからこのような木の確率を正確に推定することは難しくなる (疎なデータの問題).

すでに見たように, PCFG では, 局所的な部分木の同時確率からこのような木の確率を推定するアプローチをとる.

$$P \left(\begin{array}{cc} \text{NP} & \text{N}' \\ \text{Det} \quad \text{N}' & , \quad \text{Adj} \quad \text{N} \end{array} \right)$$

しかし, これらの局所的な部分木の確率分布が独立であると仮定すること (すなわち, 求めたい部分構造の確率をそれが含む局所的な部分木の確率の積とみなすこと) はどの程度妥当であろうか.

ペンツリーバンクのような構文解析されたコーパスを利用し, いくつかの良く現れる部分木において, このような独立性の仮定が妥当であるかを調べてみよ. もし妥当で

---

[4] チャート法による構文解析を知っている人にとっては, この拡張は容易に理解できるだろう. チャートにおいては, 規則のドットを動かす際に新たに完成した部分木の確率と, この規則の確率を積算し, 最も確率の高いものを記録する. 任意の PCFG を解析するためには, 適切な確率が付与されたこの仮想的な文法を用いることができる. すなわち, 仮想的な文法では, ある構成素を完成させる規則はオリジナルの規則と等しい確率を持つが, このほかのすべての規則は確率 1 を持つ.

ないならば，経験的に良い確率の推定が行えるような局所的な部分木の確率の組合せ方があるかを検討してみよ．

練習問題 11.2 [★]

表 11.3 の構文解析の三角表を用いて，表 11.2 に示す文法によって，*astronomers saw stars with ears* という文の外側確率を計算せよ．三角表の右上の隅から始め，対角線にそって処理を進めよ．

練習問題 11.3 [★]

astronomers saw stars with ears という文の内側，外側確率と表 11.3 と 練習問題 11.2 の結果を用い，内側外側アルゴリズムの 1 回の繰り返しを行うことにより，表 11.2 の文法の確率を再推定してみよ．まず最初は，表 11.3 に示した内側確率を特定の部分木とそれを得るために用いられた規則に結びつけてみよ．それに続く繰り返し過程によって，規則の確率はどんなふうに収束するだろうか．また，それはなぜか．

練習問題 11.4 [★★★]

構文木においてノードが支配しうる区間を 表 11.3 のような解析表に記録することは，CFG を解析するための Cocke-Kasami-Younger (CKY) アルゴリズムの本質である．CKY 法によって PCFG 構文解析器を実現することはそんなに難しくはなく，良い演習となるだろう．これができれば次には，チョムスキー標準形ではなくもっと一般的な文脈自由文法を扱えるように構文解析器を拡張したくなるに違いない．自分でやってみてもよいし，「さらに学ぶために」のところで示された適当な論文を当たってみてもよいだろう．別の方法としては，一般的な CFG をチョムスキー標準形に変換する文法変換を実現するという方法がある．その際は，特にこの目的のために目印が付けられた追加のノードを導入する必要があるが，このようなノードはそもそものCFG による構文木を表示するときに消去すればよい．対象とする CFG が空ノード（展開しても何も生じない非終端ノード）を含まないように制限されている限りは，このタスクは容易である．

練習問題 11.5 [★★★]

単に単語系列としての文を構文解析するのではなく，構文解析器を音声認識器と接続するのであれば，図 12.1 に示すような単語ラティスに対する構文解析が必要になるだろう．そこで，PCFG による構文解析器を単語ラティスを対象としても動くように拡張してみよ（PCFG による構文解析器の実行時間は単語ラティス中の単語の数に依存するので，大きな音声ラティスを扱うことは不可能である．ただし，CPU の性能は常に進化することが期待できるだろう）．

12章

確率的構文解析

チャンキング
(CHUNKING)

構文解析を実際に行うことは，**チャンキング** (*chunking*) の考え方を素直に実装することにより行える．すなわち，より上位レベルの構造の単位を認識していくことにより，文の記述をコンパクトにしていく．さまざまな文におけるチャンクの規則性を捉える一つの方法は，検出したチャンクの構造を説明するような文法を学習することである．これは，**文法推論** (*grammar induction*)

文法推論
(GRAMMAR
INDUCTION)

の問題である．文法推論の問題は，注釈付けがされていないテキストを入力として構造を学習する経験論的な課題であり，多くの研究が行われてきたが，ここではそれらを紹介することはしない．文法推論の技術は，有限状態言語 (finite state languages) に関してはある程度明らかになっているが，文脈自由 (context-free) 言語，あるいは人間の言語の複雑性のかなりの部分を扱うのに必要なより複雑な言語に対しては非常に困難な問題である．テキストコーパスから**何らか**の形式を有する構造を導出することはさほど困難なことではない．共通する部分系列を認識することによってチャンクを形成する任意のアルゴリズムは，文に対して特定の形式を持つチャンク表現を作り出す．これらは，句構造木として解釈することもできるが，このようにして得られる表現は，通常の言語学や自然言語処理で扱われるような句構造とは似ていないものであることが多い．

　苦労して開発した文法推論メカニズムがたまたま作り出した統語的構造と類似した統語的構造を**誰か**が提案するかもしれないということに関して，統語論の領域では多くの議論と見解の不一致がある．このことは，統語構造のモデルに対する根拠となりうるし，実際そのように扱われてきた．しかしながら，このアプローチは多分に循環論的である．というのは，見いだされる構造は学習プログラムの非明示的な導出バイアスに依存しているからである．このことは，別の方向性を示唆する．自分のモデルがどんな構造を見いだすかについては，実際に構造を作り出すより**前**に把握しておく必要がある．つまり，文を構文解析することによって何をしたいかをまず定めておくべきである．構文解析の目

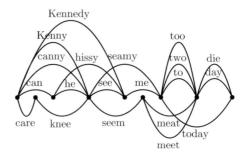

図 12.1　単純化された単語ラティス.

標としては，さまざまなものが考えられる．統語的構造は意味解釈のための最初のステップとして使うこともできるし，情報検索においてインデクシングすべき句チャンク (phrasal chunks) を検出するためにも使える．あるいは，言語モデルにおける n–グラムモデルを凌駕する確率的構文解析器を構築するということも考えられる．これらのタスクのいずれにおいても，任意の文に対して役に立つ構造を割り当てることのできるシステムを作ることが大きな目標となる．すなわち，**構文解析器** (*parser*)（またはパーサ）を構築するということである．全くの白紙からこの目標に立ち向かう必要はなく，単に有用な統語的構造を作り出したいということであれば，持てるだけの事前情報を使うべきであり，本章ではそのようなアプローチをとる．

構文解析器 (PARSER)

本章は二部構成となっている．前半部では，いくつかの一般的な概念やアイディア，関連する幅広いアプローチを紹介する．これらは統計的構文解析の研究においてさまざまなところで出会うような汎用性を持っている（その組合せはさらによく見られるだろう）．後半部では，上記のようなアイディアに基づく実際の構文解析システムを調査し，それらがどのように動作するかを検討する．

12.1　いくつかの概念

12.1.1　曖昧性解消のための構文解析

確率を構文解析器で用いることには，少なくとも三つの異なる目的がある．

単語ラティス (WORD LATTICE)

- **文を決定するための確率**　一つの可能性は，構文解析器を**単語ラティス** (*word lattice*) 上の言語モデルとして用いることである．すなわち，ラティスにおける経路を用いてどのような単語系列が最も高い確率を持つかを定める．音声認識器のような応用においては入力文は不確かであるため，いくつかの仮説を導入する必要がある．これらの仮説は，通常は図 12.1 に示すような単語ラティスとして表される[1]．ここでの構文解析器のなすべきことは，発話

---

[1] あるいは，n–ベストリスト (*n–best list*) によって表現してもよい．しかしながら，これは曖昧性を掛け合わせで増大させてしまうというありがたくない影響を持っている．これは音声信号において本来的な不確かさとはまた違った種類の問題である．

12.1 いくつかの概念

者がしゃべったであろうことを決定するための言語モデルとして機能することである．構文解析器のこのような利用に関する最近の例として，Chelba and Jelinek (1998) がある．

- **構文解析を高速化するための確率** 二つ目の目的は，構文解析器の探索空間を枝刈りするために確率を用いることである．ここでのタスクは，全体の結果を害することなく最良の構文解析結果をより速く見つけることを可能にすることである．この目的を達するための最近の研究は Caraballo and Charniak (1998) である．
- **構文木を選択するための確率** 入力文に対して可能な多くの構文木の中から最尤な構文木を選ぶために構文解析器を用いることができる．

本節，また，本章では構文木の確率に関する三つ目の利用法に焦点を置く．すなわち，曖昧性解消のために統計的構文解析器を用いる．

曖昧性解消という目的のためにキーとなるのは，与えられた文に対する木構造を得ることであり，これは 1 章で論じた問題である．例えば，文 (12.1) の意味を定めるためには，文中にどのような意味ある単位があり，これらがどのように関係しているかを定める必要がある．とりわけ，文 (12.1) に対する正しい構文木が，木 (12.2a)，木 (12.2b)，木 (12.2c)，または木 (12.2d)，あるいは木 (12.2e) のどれかという曖昧性を解消せねばならない．

(12.1) The post office will hold out discounts and service concessions as incentives.

(12.2)

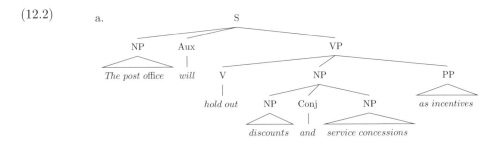

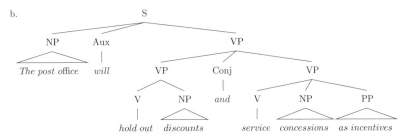

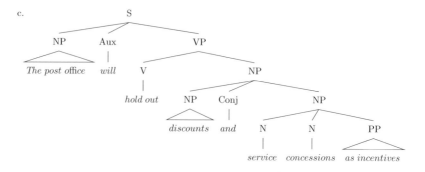

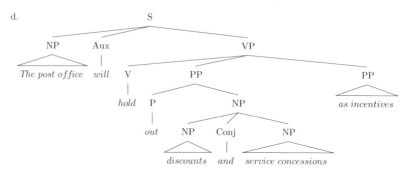

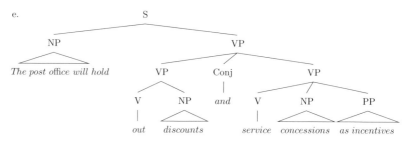

計算言語学の本を読むと，このような曖昧性は稀で人工的であるという印象を持つかもしれない．というのは，この手の本は，*pens and boxes* とか，*seeing men with telescopes* のような少し不自然な例文を提示していることが多いが，それは，単純で短い例文は利用しやすいという理由による．実際のところ，上記のような曖昧性は至る所に生じる．文 (12.1) の例にいくぶんの新鮮さを与えるため，次のようなアプローチをとってみよう．まず，ウォール・ストリート・ジャーナルの記事をランダムに選び，その冒頭の文を利用して曖昧性の問題を確認してみよう．曖昧性を見いだすことは難しくはないだろう[2]．もしまだ曖昧性解消問題の重要さに関して懐疑的であるなら，本章を読み進む前にまず練習問題 12.1 に取り組んでみるとよい．

---

[2] 最初の文を実際に用いるのはやめておこう．というのは，新聞における多くの文と同様に，それは長すぎるからである．例えば 38 語からなるような文の構文木を 1 ページに掲載することは難しい．それはこんな文である．*Postmaster General Anthony Frank, in a speech to a mailers' convention today, is expected to set a goal of having computer-readable bar codes on all business mail by 1995, holding out discounts and service concessions as incentives.*

12.1 いくつかの概念 363

これらの曖昧性はどのように扱えばよいだろうか．古典的なカテゴリカルなやり方では，いくつかの曖昧性は純粋に統語的な曖昧性とみなされるため，これらに対応するすべての構文木を返すことは構文解析器の仕事である．また，構文解析器がおかしな結果を出力するのは文法が悪いためとみなされることがあるため，文法の記述者は少しでもましな構文木を出力させるために文法を改良することになる．例えば，文法の記述者は，木 (12.2d) は排除すべきと感じるかもしれない．というのは，*hold* という動詞は名詞句を目的語にとり，*hold* の下位範疇化フレームはその制約を実装すべきであるからである．しかし，そのようにすると，構文解析器は *The flood waters reached a height of 8 metres, but the sandbags held.* のような文を扱うことができなくなるかもしれないので，実際にはそれは好ましくない

対照的に，統計的なマインドを持つ言語学者は，パーサが作り出す構文木の数にはさほどの興味は持たないだろう．通常，文法にはカテゴリカルな基本があり，構文木の数は定まった有限個である．しかし，統計的なマインドを持つ言語学者は，彼らの文法が相当に寛容であってもよいと考えることが多く，実際にそのとおりである．彼らにとってより重要なのは，文法によって生成される構文木の確率分布なのである．統語的にありうるが著しく尤度の低い多くの構文木から，たかだか数個の正しいと思われる構文木を区分することが必要である．あるいは，多くの場合は，おそらくは正しいであろう最良の構文木にのみ興味がある．統計的な構文解析器は，普通は曖昧性解消を行い，各構文木がどの程度ありうるかを点数付けする．しかしながら，統計的でない構文解析器においては，その結果である構文木群は，意味的なモデルや世界知識を用いて選択を行う次のステップのモデルに先送りされる．これに対して，統計的な構文解析器は通常，その場において曖昧性解消を行おうとする．その際は，単語についてのいくつかの拡張された考え方や，カテゴリの特定の繋がり（コロケーション）を意味的知識や世界知識の代替として用いる．このようなやり方は，単語の使われ方がその意味に関する何らかの手がかりを与えているというアイディアを実現するものである．

12.1.2 ツリーバンク

ツリーバンク
(TREEBANK)

ペンツリーバンク
(PENN
TREEBANK)

純粋な文法推論のアプローチは，求めるような構文木を作らない傾向にあることはすでに指摘した．この問題に対する一つの明確なアプローチは，求めたい構文木の例を学習ツールに与えることであろう．このような例となる構文木の集まりを**ツリーバンク** (*treebank*) と呼ぶ．統計的な構文解析器を構築する際に正しく解析された文の集合は有用であるので，多くの研究者，研究グループがツリーバンクを構築してきた．これらの中で群を抜いて最もよく利用されていて，サイズと利用可能性の要件を兼ね備えたものは，**ペンツリーバンク** (*Penn Treebank*) である．

```
( (S (NP-SBJ The move)
    (VP followed
        (NP (NP a round)
            (PP of
                (NP (NP similar increases)
                    (PP by
                        (NP other lenders))
                    (PP against
                        (NP Arizona real estate loans)))))
    ,
    (S-ADV (NP-SBJ *)
            (VP reflecting
                (NP (NP a continuing decline)
                    (PP-LOC in
                            (NP that market))))))
    .))
```

図 **12.2** ペンツリーバンクにおける構文木.

ペンツリーバンクにおける構文木の一例を図 **12.2** に示す．この例は，ペンツリーバンクにおける構文木の主な特徴のほとんどを表している．構文木は，Lisp 流の括弧付けによって表されている．単語群を句にまとめるやり方は，極めてフラット（例えば *Arizona real estate loans* といった句における複合語の内部構造の曖昧性解消は行われない）であるが，現代の統語論で認められているような主要な句のタイプは忠実に表現されている．このツリーバンクでは，文法的，意味的な機能を示すために，いくつかの工夫が行われている．例えば，この図における **-SBJ** や **-LOC** といったタグは，主語や場所格を表す．また，暗黙の主語 (understood subject) や抽出ギャップ (extraction gap) を示すために空ノードが用いられている．図 12.2 の例において，副詞節における「暗黙の主語」を表すために導入された空ノードは，＊で表されている．表 **12.1** にペンツリーバンクで用いられている句カテゴリ（これらは基本的に 3 章の議論に従っている）をまとめる．

後ほど検討すべき一つの奇妙な点は，入れ子になった名詞句 (NP) による階層的な構造として複合名詞句が表現されることである．図 12.2 においては，*similar increases* で始まる名詞句がこれに当たる．しばしば基底名詞句（基底NP：base NP）と呼ばれる下位の名詞句ノードは，唯一の主辞名詞と，それに先立つ定冠詞や形容詞といった要素を含む．一方，それより上位の一つ（あるいはしばしば二つ）の名詞句ノードは，下位の名詞句ノードとそれに引き続く項要素や修飾子を含む．多くの現代の統語理論の基準から言えば，ペンツリーバンクにおけるこの構造は適切ではない．というのは，NP の後置修飾子 (postmodifiers) は主辞とともにある種の N′ ノードの下位に属するとされ，定冠詞より下位にあるとされるからである（3.2.3 節を参照のこと）．一方でこの構成は，Abney (1991) が提唱する**チャンキング** (*chunking*) の考え方をうまく捉えている．ここでは，主辞名詞と主辞に前置する修飾子は一つのチャンク

チャンキング
(CHUNKING)

12.1　いくつかの概念

表 12.1　ペンツリーバンクにおける句カテゴリの略記．左のカラムにはよく現れるカテゴリを集めている．この表には，いくつかの特殊なものに対する稀なカテゴリも含まれている．

S	単純な節 (文)	CONJP	複数語による接続句
SBAR	補文標識を伴う S′ 句	FRAG	断片
SBARQ	*Wh*–疑問 S′ 句	INTJ	間投詞
SQ	*Yes/No* 疑問の逆順の S′ 句	LST	リストマーカ
SINV	平叙文の逆順の S′ 句	NAC	構成素でないグループ
ADJP	形容詞句	NX	名詞句内部の名詞構成素
ADVP	副詞句	PRN	括弧
NP	名詞句	PRT	分詞
PP	前置詞句	RRC	縮約関係節
QP	限量子句（名詞句内部）	UCP	不均衡な等位接続節
VP	動詞句	X	不明 または 不明確
WHNP	*Wh*–名詞句	WHADJP	*Wh*–形容詞句
WHPP	*Wh*–前置詞句	WHADVP	*Wh*–副詞句

を形成するのに対し，後置する句修飾子は異なるチャンクに属する点が注目に値する．いずれにせよ，構文解析のいくつかの研究は，ペンツリーバンクの構造を直接採用し，基底名詞句を構文解析の基本単位としている．

ツリーバンクを用いる場合においても，例として与えられる構文木中に非明示的に存在する文法的な知識を抽出するという文法推論の問題が存在する．しかし多くの方法にとって，この文法推論は自明である．例えば，ツリーバンクから PCFG を決定する場合，局所的な木構造の頻度を数え上げる以上のことは必要なく，数え上げの結果を正規化するだけで確率値が得られる．

多くの人は，言語学者には文法よりもツリーバンクを構築してもらった方がよいと考えている．というのは，現実に現れた文に対して正しい構文木を与える方が，特定の規則や文法要素のすべての可能な実現形を規定するよりも容易だからである．これは，言語学者にとっても文法的な構成要素のすべての可能性を頭の中で直ちに考えることは非常に困難であるという点で正しいと思われる．しかしながら，ツリーバンクを可能とするためには少なくとも暗黙の文法を想定しておく必要がある．多人数によるツリーバンク構築のプロジェクトでは通常，暗黙の文法を明示的にしていくことが求められる．実際，ペンツリーバンクにおける作業マニュアルは 300 ページを超えるものとなっている．

12.1.3　構文解析モデル vs. 言語モデル

構文解析とは，与えられた文 s に対し，ある文法 G に従う構文木を計算することである．確率的な構文解析においては，可能な構文木群のそれぞれがどの程度尤もらしいかという観点でランキングを与えたい．あるいは，最尤の (most likely) 構文木を求めたい．このように考えると，確率的な**構文解析モデル** (*parsing model*) を定義することが最も自然であろう．つまり，文 s に対する構文木 t の確率を以下のように評価する．

構文解析モデル
(PARSING MODEL)

$$(12.3) \qquad P(t\,|\,s,G) \quad ここで \quad \sum_t P(t\,|\,s,G) = 1$$

確率的な構文解析モデルが与えられたとき，構文解析器の行うべきことは文に対する最尤の構文木 $\hat{t}$ を以下のように求めることである．

$$(12.4) \qquad \hat{t} = \arg\max_t P(t\,|\,s,G)$$

これは通常は素直に実行できるが，しばしば実際的な理由により，ある種のヒューリスティックやサンプリングを行う構文解析器が用いられる．これらは多くの場合は最尤の構文木を見いだすが，見いだせない場合もある．

　直接的に構文解析モデルを推定することもできて，実際，そのような研究もなされてきたが，特定の文に条件付けられた確率を用いることには多少の奇妙さもつきまとう．一般に，確率の推定値はもっと一般的なデータに基づく必要がある．通常よく行われるアプローチは，適当な**言語モデル** (*language model*) を定義することから始める．この言語モデルは，文法によって生成されるすべての構文木に確率を割り当てる．こうすることにより，同時確率 $P(t,s\,|\,G)$ を調べることができる．文は構文木から決定されると考える（文の単語列は構文木の葉ノードから再構成できる）ならば，$P(t,s\,|\,G)$ は $P(t\,|\,G)$ にほかならない．ただし，t により s が実現されない場合は 0 となる．このようなモデルにおいては，$P(t\,|\,G)$ というのは，特定の文に対して文法 G が与える一つの解析木の確率である．以下では，文法による確率の条件付けを省略し，この確率を単に $P(t)$ と書く．

言語モデル
(LANGUAGE
MODEL)

　言語モデルにおいては，確率は言語 $\mathcal{L}$ 全体に対するものなので，以下が成り立つ．

$$(12.5) \qquad \sum_{\{t:\ \mathrm{yield}\,(t)\in\mathcal{L}\}} P(t) = 1$$

ある文 s の確率 $P(s)$ は以下で計算される．

$$(12.6) \qquad \begin{aligned} P(s) &= \sum_t P(s,t) \\ &= \sum_{\{t:\ \mathrm{yield}\,(t)=s\}} P(t) \end{aligned}$$

これは，言語モデルから構文解析モデルを素直に作ることができることを意味する．単純に言語モデルにおける解析木の確率を上記の値で除する．これにより，最良の構文木は次式で与えられる．

$$(12.7) \qquad \hat{t} = \arg\max_t P(t\,|\,s) = \arg\max_t \frac{P(t,s)}{P(s)} = \arg\max_t P(t,s)$$

つまり，可能な構文木の中から選択を行う際の構文解析モデルとして常に言語

モデルを利用することができる。しかしながら、言語モデルはほかの目的（例えば、音声認識、あるいは言語のエントロピーを推定するための言語モデル）にも用いることができる。

　一方で、任意の構文解析モデルを言語モデルへと変換する方法は存在しない。にもかかわらず、IBM による一連の研究は、11 章で論じたような PCFG による構文解析モデルのバイアスを考慮し、直接的に構文解析モデルを作る方が言語モデルを介して間接的に構文解析モデルを定義するよりもよいだろうというアイディアを探求した (Jelinek et al. 1994; Magerman 1995)。このように直接的に定義された構文解析モデルは、Collins (1996) などのほかの研究でも用いられた。ただし、この研究においては、計算される全確率は特定の文に条件付けされているが、ある構文木の確率を構成するアトミックな確率は、それぞれの文に依存するのではなく、訓練コーパス全体から推定される。さらに、Collins (1997) は、明示的な言語モデルを介して構文解析の確率が計算されるように彼の初期モデル (Collins 1996) を改良し、これにより構文解析器の性能を著しく向上させた。つまり、言語モデルは必ずしも構文解析モデルより優先されるべきものではないにしろ、モデリングにおいてはより良い基盤を提供するものと考えられる。

12.1.4　PCFG の独立性の仮定を弱める

文脈と独立性の仮定

　言語理解の研究においては、人間は発話の文脈を利用して、聞きとる言語の曖昧性解消を行っていると広く考えられている。このような文脈の利用にはいろいろな形式がある。例えば、TV を見ている、あるいは酒場にいるといった状況に関すること、誰が話すのを聞いているかといった話者に関すること、さらには、会話の直前の文脈も考えられる。先行する談話文脈は後続する文の解釈に影響するだろう。このような影響は心理言語学の文献では**プライミング** (*priming*) として知られている。人々は、奇妙な解釈よりも意味的に直観的な解釈を優先的に発見するだろう。最近の研究ではさらに、このような多くの情報源が文を解析する際にリアルタイムで取り込まれることが示されている[3]。先に示した PCFG モデルにおいては、これらの要因はいずれも構文木の確率には関与しないという独立性の仮定を効果的に用いていた。しかし実際のところは、これらの情報源には関連性があるので、確率的な構文木の曖昧性解消を行う際に利用できるはずである。たとえ談話の文脈やその意味を直接にモデル化しないにせ

プライミング
(PRIMING)

---

[3] この最後の言明については議論がないわけではない。チョムスキー流の言語に対するアプローチに影響された心理言語学の研究は永らく、人は統語的な構文木をまず作った後、これらに対する曖昧性解消を行うという議論を試みてきた（例としては Frazier 1978 がある）。これに対し、いくつかの最近の研究 (Tanenhaus and Trueswell 1995; Pearlmutter and MacDonald 1992) は、意味的、あるいは文脈的な情報が文理解において即座に取り込まれると主張している。

表 12.2 いくつかの動詞においてよく現れる下位範疇化フレーム（VP を展開した部分木）の頻度．このデータは，VP を展開するために使われる規則は，動詞の語彙的な特徴に大きく依存することを示している．頻度は動詞の形式についてのタグの違いを無視している．句の名前は 表 12.1 に示されたとおりであり，タグは 表 4.5 と表 4.6 に示したペンツリーバンクのタグである．

	動詞			
部分木	*come*	*take*	*think*	*want*
VP → V	9.5%	2.6%	4.6%	5.7%
VP → V NP	1.1%	32.1%	0.2%	13.9%
VP → V PP	34.5%	3.1%	7.1%	0.3%
VP → V SBAR	6.6%	0.3%	73.0%	0.2%
VP → V S	2.2%	1.3%	4.8%	70.8%
VP → V NP S	0.1%	5.7%	0.0%	0.3%
VP → V PRT NP	0.3%	5.8%	0.0%	0.0%
VP → V PRT PP	6.1%	1.5%	0.2%	0.0%

よ，局所的な曖昧性解消においては，コロケーションを用いることによって，これらの要素を近似することができるだろう．また，先行するテキストはより広い談話の文脈を示すもの（例えば，テキストのジャンルやトピックを検出して利用できる）として用いることもできる．PCFG よりも優れた統計的構文解析器を構築するためには，これらの情報源の少なくともいくつかを取り込むことが望まれる．

語彙化

PCFG の独立性に関する前提に起因して，二つの比較的独立した弱点がある．

語彙化
(LEXICALIZATION)

最もよく指摘されることは，**語彙化** (*lexicalization*) が考慮されないということである．PCFG において VP が動詞と二つの名詞句に展開される確率はその動詞がどのような動詞であるかとは独立であるが，*hand* や *tell* といった二重目的語をとる動詞ではより高くなるはずなので，このことを考慮しないのはおかしなことである．表 **12.2** は，ペンツリーバンクのデータを用いて，いくつかのよく見られる下位範疇化フレームの確率が VP の主辞となる動詞によって異なる様子を示している [4]．このことから，構文木の構造を決定する際には，文中で実際に用いられている単語の情報をもっと取り込むべきであることが示唆される．

ほかのいくつかの問題の場合でも同様に，語彙化の必要性は明白である．一つの明らかなケースは，句が付加する場所の選択の問題である．8 章で詳しく論じたように，ほとんどの場合は，句の語彙的な内容が句の正しい付加位置を定めるのに十分な情報を提供する．これに対し，句の統語カテゴリは通常はほと

---

[4] いくつかの低頻度ではあるが非ゼロのエントリーはツリーバンクの誤りであるという考えを捨てきれないかもしれないが，機能的なタグが無視されているため，*last week* のような時間を表す名詞句は自動詞の直後に現れうることに注意しよう．

んど有効な情報を与えることはない．標準的な PCFG が n–グラムモデルに大きく劣る点は，単語間の語彙的な依存性を扱うことができないことである．さて，CFG を語彙化する最も単純で一般的なやり方は，句ノードのそれぞれを主辞の単語によってマークすることである．この方法によれば，木 (12.8a) の構文木は木 (12.8b) のように語彙化される．

(12.8)

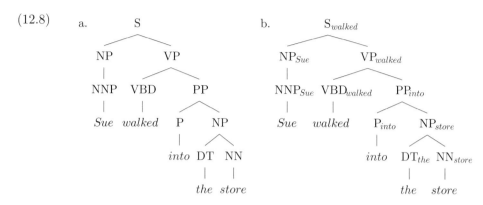

この語彙化のモデルにおける中心的な考え方は，主辞と依存部の間には強い依存関係があるということである．主辞名詞とそれを修飾する形容詞，あるいは動詞と目的語となる名詞句（さらにはその主辞となる名詞）が強い依存関係の例である．この考え方は多くの場合は正しく，よって効果的な方略でもあるが，このような主辞の間に成立する依存関係だけでなく，主辞でない単語間にも何らかの依存関係がある場合があることも指摘しておくべきだろう．例えば，文 (12.9) の目的語の名詞句において，主辞に後置する修飾子である *of the two*, *to solve* のいずれも主辞に前置する修飾要素である *easier* に依存している．

(12.9) I got [NP the easier problem [of the two] [to solve]].

これに対して，名詞句の主辞である *problem* による条件付けは決して強くはない．このような例をさらに二つ示す．主辞は太字で表されており，非主辞の依存関係にある単語は斜体で表されている．

(12.10) a. Her approach was *more quickly* **understood** *than mine*.

b. He lives in what must be the *farthest* **suburb** *from the university*.

練習問題 8.16 も参照のこと．

構造的な文脈に依存する確率

純粋に構造的な基盤という観点からも PCFG には欠陥がある．PCFG に内在する考え方は，確率は文脈自由であるということである．例えば，名詞句がある構造に展開される確率は，その名詞句が構文木においてどこに位置するかということには依存しない．もしほかの欠陥を取り除こうとして何らかの手段

表 12.3 よく見られるいくつかの展開規則による NP が主語もしくは目的語として現れる割合．対数オッズ比によりソートしてある．このデータは NP の展開規則がその親ノードに大きく依存する（すなわち，主語になるか目的語になるか）ことを示している．

展開	主語としての割合	目的語としての割合
NP → PRP	13.7%	2.1%
NP → NNP	3.5%	0.9%
NP → DT NN	5.6%	4.6%
NP → NN	1.4%	2.8%
NP → NP SBAR	0.5%	2.6%
NP → NP PP	5.6%	14.1%

表 12.4 よく見られるいくつかの展開規則による NP が VP 内部において第一目的語もしくは第二目的語として現れる割合．このデータは非終端記号の展開における構造的な文脈の重要性を示す別の例である．

展開	第一目的語としての割合	第二目的語としての割合
NP → NNS	7.5%	0.2%
NP → PRP	13.4%	0.9%
NP → NP PP	12.2%	14.4%
NP → DT NN	10.4%	13.3%
NP → NNP	4.5%	5.9%
NP → NN	3.9%	9.2%
NP → JJ NN	1.1%	10.4%
NP → NP SBAR	0.3%	5.1%

で PCFG を語彙化したとしても，この構造的な文脈自由性の仮定は変わらない．しかし実際には，このような文法的な前提は誤っている．例えば **表 12.3** は，ペンツリーバンクにおいて，ある名詞句ノードが展開される確率は，主語の位置，目的語の位置によって大きく異なることを示している．代名詞，固有名詞，定名詞句は，主語の位置により多く生起するのに対し，後置修飾子を含む名詞句や冠詞を伴わない名詞は，目的語の位置により生起しやすい．このことは，主語は文内の主題を表すことが多いという事実を反映している．ほかの例として，**表 12.4** は二重目的語をとる動詞における第一目的語，第二目的語を表す名詞句の展開の確率を比較している．代名詞が第二目的語になりにくいことはよく知られており，'NP SBAR' という展開が第二目的語になりやすいという傾向は，「重い」要素は節の最後に表れやすいというよく知られた傾向を反映している．しかしながら，ほかの影響を調べるためには，より包括的なコーパスの分析が必要である．例えば，なぜ冠詞を伴わない複数形名詞が二重目的語の場所に生起することが少ないかは自明ではない．しかしながら，分布の文脈依存性はやはり明白な性質である．

　これらの観察事実の要点は，PCFG に基づくものよりも良い確率的構文解析器が語彙的，構造的な文脈を十分考慮に入れることで構築できるであろうということである．その際の課題は，多くのパラメータの必要性に起因する疎なデータの問題を避けつつ，多くの区別を可能とするような要因を見つけることであ

12.1　いくつかの概念　　　　　　　　　　　　　　　　　　　　　　　　　　　371

(a)	S	(b)	S
	NP VP		NP VP
	N VP		N VP
	astronomers VP		*astronomers* VP
	astronomers V NP		*astronomers* V **NP**
	astronomers *saw* NP		*astronomers* V N
	astronomers *saw* N		*astronomers* V *telescopes*
	astronomers *saw* *telescopes*		*astronomers* *saw* *telescopes*

図 12.3　同じ構文木に対する二つの CFG 導出.

る．本章の後半で述べるシステムは，このような方向性によるいくつかのアプ
ローチを提示している．

12.1.5　構文木の確率と導出確率

　PCFG の枠組みでは，構文木の確率をそれが含む局所的な部分木の確率を単
純に掛け合わせることにより求める．ここで，局所的な部分木の確率はそれを
作り出した規則により与えられる．構文木は，その各ノードにおいて，そのノー
ドのラベルのみに条件付けられた，何らかの選択を行う分岐の過程をコンパク
トに記録したものであると考えることができる．3 章で見たように，生成的な
統語モデル[5]においては，各文は文法によって生成される．開始記号から始め，
句構造標識 (phrase marker) におけるすべての葉ノードが終端記号（すなわ
ち単語）となるまで適用されるトップダウンの書換系列により導出が行われる．
例えば，図 **12.3** (a) は，表 11.2 の文法を用いて文が導出される様子を示し
ている．この各段階においては，一つの非終端記号が文法に従って書き換えら
れる．このような書換システムを確率的なものにする最も単純な方法は，導出
における各選択点 (choice point) に対して確率分布を与えることである．例え
ば最終ステップでは，N を 単語 *telescopes* に書き換えているが，文法に従っ
ている限りはほかの単語を選んでも構わない．導出過程において線状に並ぶス
テップの系列は，標準的な確率過程と直接的に対応付けることができる．この
確率過程における状態は文法の生成規則である．生成的な文法は言語における
すべての文を生成することができるので，導出モデルは必然的に言語モデルで
もある．

　したがって，ある構文木の確率を求める方法は，その構文木の導出の確率を
求める方法と同等である．一般的に，ある構文木を導出する方法は複数ある．
例えば，木 (12.11) を得る導出は，図 12.3 (a) だけではなく，図 12.3 (b) の
ようなものも考えられる．ここでは，ボールドで示す二つ目の名詞句が動詞よ
り先に書き換えられている．

---

[5] Chomsky (1957) の本来の意味による．チョムスキーのより最近の著作では，「生成的」と
いうのは「形式的」以上の意味は持たない (Chomsky 1995: 162) としている．

(12.11)
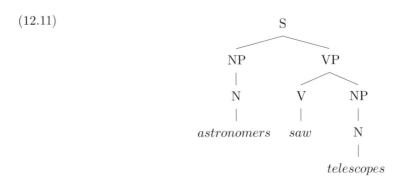

以上から一般的に，構文木の確率を推定するには，次式を計算する必要がある．

(12.12) $$P(t) = \sum_{\{d\,:\,d \text{ は } t \text{ の一つの導出}\}} P(d)$$

しかしながら，PCFG を含む多くの場合，このような余計な複雑さは不要である．PCFG の場合には，導出の順序を変えたとしても最終的な確率は同じであることは明白である（ただし証明はやや難しい）[6]．導出のある段階で，どのノードを書き換えるべきかに関する確率分布に対してどのような仮定を置くとしても，構文木の最終的な確率は同じである．このため，それぞれの構文木に対して，唯一の導出を選択する方法を見つけることができればよい．このような導出を**正準導出** (*canonical derivation*) と呼ぶことにしよう．例えば，図 12.3 (a) における最左の導出（各ステップで右辺の最左の非終端記号を展開する）を正準導出とすることができる．これが可能であれば，次が成り立つ．

正準導出
(CANONICAL
DERIVATION)

(12.13) $$P(t) = P(d), \quad \text{ここで } d \text{ は } t \text{ の正準導出}$$

このような単純化の可能性は，モデルにおける確率的な条件付けの性質に依存する．PCFG の場合，確率は親ノードにのみ依存するので，ほかのノードがすでに書き換えられているかどうかは問題にならない．より多くの文脈が利用される，あるいは構造の同じ部分を生成するのに別の方法があるのであれば，構文木の確率を導出に依存させることもできる．これに関しては，12.2.1 節と 12.2.2 節を参照のこと [7]．

α_u を α_v に書き換えるステップ r_i を $\alpha_u \xrightarrow{r_i} \alpha_v$ と書くことにしよう．ある導出の確率を計算するために連鎖規則を用い，前のステップに条件付けられる確率を導出の各ステップに割り当てる．標準的な書換文法に対して，これは以下のようになる．

(12.14) $$P(d) = P(\text{S} \xrightarrow{r_1} \alpha_1 \xrightarrow{r_2} \alpha_2 \xrightarrow{r_3} \ldots \xrightarrow{r_m} \alpha_m = s) = \prod_{i=1}^{m} P(r_i \mid r_1, \ldots r_{i-1})$$

---
[6] この証明は，この種の導出を木のマッピングに利用することに基づいている．これは Hopcroft and Ullman (1979) で展開されている．
[7] そのような場合においても，正準形の導出確率の推定によって構文木の確率を近似することができるが，このようなやり方は性能面に決定的に悪い影響をもたらすう．

12.1 いくつかの概念   *373*

履歴に基づく文法
(HISTORY-BASED
GRAMMAR)

上記における条件付けの項，すなわち，すでに適用された書換規則群は，構文解析の履歴であるとみなすことができる．これを h_i と書くことにすると $h_i = (r_1, \ldots, r_{i-1})$ である．このような考え方は，**履歴に基づく文法** (*history-based grammar*: HBG) の考え方につながる．HBG は IBM によって最初に検討された．全部の履歴をモデル化することはできないので，通常は，等価化関数 π によって履歴の同値類を作る必要がある．そして上記の式を次のように推定する．

(12.15)
$$P(d) = \prod_{i=1}^{m} P(r_i \mid \pi(h_i))$$

HBG の枠組みは PCFG を特殊ケースとして包含する．PCFG の等価化関数は，句構造標識に存在する最左の非終端ノードを返す．これにより，$\mathrm{leftmost}_{\mathrm{NT}}(\alpha_i) = \mathrm{leftmost}_{\mathrm{NT}}(\alpha_i')$ であるとき，またそのときに限り，$\pi(h_i) = \pi(h_i')$ となる．

12.1.6 方法は一つだけではない

11 章で CFG を確率付きに拡張した方法はとても自然なので，それ以外のやり方は存在しない，あるいは少なくとも唯一の賢明な方法であると思うかもしれない．PCFG（確率文脈自由文法）という用語の利用は，このような見方を裏付けている．しかし，これは必ずしも真実ではないということを認めるべきである．カテゴリカルな文脈自由文法（強い意味，あるいは弱い意味で等価な結果をもたらすあまりにも多くの可能性と構文解析法が存在する）の場合とは異なり，確率的な文法においては，異なった方法論は通常は異なった確率文法を導く．確率的な見方において重要なことは，異なったものの確率が何によって条件付けられるかということ（あるいは違う言い方をすれば，どのような独立性の仮定を置くか）である．確率文法はある場合に等価（例えば，左から右へ動作するHMM が逆方向に動作するものと同じ結果をもたらす）であっても，条件付けが根本から変わるとすると，例え同じカテゴリカルな基盤を持っていたとしても，異なった確率文法となる．このような例として以下では，CFG に基盤を置く確率文法の別の構築方法を検討する．それは，確率的左隅文法 (Probabilistic Left-Corner Grammars: PLCG) である．

確率的左隅文法

トップダウン構文
解析 (TOP-DOWN
PARSING)

PCFG は**トップダウン構文解析** (*top-down parsing*) の確率版であると考えることができる．PCFG の解析各段階においては，親ノードの知識だけを基に子ノードを予測しようとする．別の構文解析手法は，異なった確率的条件付けのモデルを提示する．通常，このような条件付けは，**トップダウン，ボトムアップの情報の混合**である．一つのありうる方法は，左隅構文解析の方略によるも

```
 1:  Comment: 初期化
 2:  開始記号 $\overline{S}$ をスタックのトップに置く
 3:  Comment: 構文解析器
 4:  while 何かアクションが実行可能 do 以下のいずれかを実行
 5:     actions
 6:     [シフト] 次の入力シンボルをスタックのトップに置く
 7:     [付加] $\alpha\overline{\alpha}$ がスタックのトップにあるなら,両者をスタックから除去する
 8:     [予測] $\alpha$ がスタックのトップで,$A \rightarrow \alpha\,\gamma$ なら,$\alpha$ を $\overline{\gamma}A$ で置き換える
 9:     end actions
10:  end while
11:  Comment: 終了
12:  if 入力が空 かつ スタックが空 then
13:     exit 成功
14:  else
15:     exit 失敗
16:  end if
```

図 **12.4**　左隅スタック構文解析器.

のである.

左隅構文解析器
(LEFT CORNER
PARSER)

　左隅構文解析器 (*left corner parser*)(Rosenkrantz and Lewis 1970; Demers 1977) は,ボトムアップ処理,トップダウン処理の組合せにより動作する.目標カテゴリ(構築しようとする木構造の根)から開始し,単語系列の左隅をチェックする(すなわち次の終端記号をシフトする).もし左隅が目標カテゴリと同一であればそこで停止するが,そうでなければ左隅から可能な部分木を一つ予測する.このために文法規則を探索し,左隅のカテゴリを規則右辺の最初の要素とする規則を見つける.この予測された部分木の残された子ノードは新たな目標カテゴリとなり,これらのそれぞれに対して,左隅構文解析が再帰的に行われる.この部分木が完成したときは,これを左隅として,同じ目標カテゴリから左隅構文解析を再帰的に実行する.この過程をより正確に記述するために,シンプルな左隅構文認識器の擬似コードを図 **12.4** に示す[8].この構文解析器では,語彙的な要素は例えば N $\rightarrow$ *house* のように,規則の右辺に導入されているものとする.また,スタックを水平に記述する際は,そのトップは左側にあるものとしている.この構文解析器の動作は,すでに発見された,あるいはこれから探索する構成素を要素とするスタックを用いて記述される.後者は,スタック上ではバーが上部に付与されたカテゴリとして表現される.α は単一の終端記号,または非終端記号,あるいは文法において空カテゴリを許すなら空系列を表す.また,γ は空かもしれない終端記号,非終端記号の系列を表す.この構文解析器は,**シフト** (*shifting*),**予測** (*projecting*),**付加** (*attaching*) という3種類の操作を有する.これらの操作に対して確率分布を割り当てる.いつ「シフト」を行うかは決定的に定まる.スタックのトップの要素が探索対象であるカテゴリ $\overline{C}$ であるとき,シフトを行わなければなら

シフト (SHIFTING)
予測 (PROJECTING)
付加 (ATTACHING)

---

[8] ここでの記述は,Mark Johnson and Ed Stabler, 1993 による未発表稿による.

ず，また，シフトを適切に行うことができるのは，このような状況の場合だけ
である．しかし，何をシフトするかについては確率分布に従う．シフトでない
場合は，「付加」，「予測」のどちらを行うべきかを決定する必要がある．ここで
唯一の興味ある選択肢は，左隅カテゴリと目標カテゴリが同一である場合に付
加を行うかどうかである．それ以外の場合は予測を行うことになる．最終的に
は，左隅カテゴリ (lc)，目標カテゴリ (gc) が与えられたとき，ある部分木を予
測する確率が必要である．このモデルにおいては，この最後の操作に対する確
率を以下のような形で計算する．

$$P(\text{SBAR} \to \text{IN S} \mid lc = \text{IN}, gc = \text{S}) = 0.25$$

$$P(\text{PP} \to \text{IN NP} \mid lc = \text{IN}, gc = \text{S}) = 0.55$$

　左隅構文解析器における操作を反映した言語モデルを作るために，解析にお
ける各ステップを導出における一つのステップとみなす．別の言い方をすると，
左隅確率を用いて構文木を生成する．つまり前節と同様に，一つの構文木の確
率はこの木を導出した左隅導出確率により表すことができる．左隅生成におい
ては，各構文木は唯一の導出を有するので，次式が成り立つ．

$$P_{\text{lc}}(t) = P_{\text{lc}}(d), \quad \text{ここで } d \text{ は } t \text{ の左隅導出}$$

また文の左隅確率は，これまでのように次式で計算できる．

$$P_{\text{lc}}(s) = \sum_{\{t:\ \text{yield}\,(t)=s\}} P_{\text{lc}}(t)$$

　ある導出の確率は，導出における各操作の確率の積として表すことができる．
$(C_1, \ldots, C_m)$ を構文木 t の左隅導出 d における操作系列であるとすると，連
鎖規則を適用することにより，次式を得る．

$$P(t) = P(d) = \prod_{i=1}^{m} P(C_i \mid C_1, \ldots, C_{i-1})$$

　実際問題としては，解析過程におけるそれぞれの決定の確率を履歴の全体に
よって条件付けることはできない．ここで説明するような最も単純な左隅モデ
ルでは，解析過程における各決定の確率は解析の履歴とはほぼ独立であって，構
文解析器の状態にのみ依存すると仮定する．特に各決定の確率は，左隅カテゴ
リ，およびスタックのトップにある目標カテゴリにのみ依存すると仮定する．
　左隅構文解析器の基本的な操作は，シフト，付加，もしくは左隅による予測
である．上述の独立性の仮定のもとでは，シフトの確率は単純にある左隅の子
ノード (lc) が現在の目標カテゴリ (gc) のもとでシフトされる確率である．こ
れを P_{shift} としよう．いつシフトを行うかは決定的に定められる．目標カテゴ
リ（すなわちバーが付けられたカテゴリ）がスタックのトップにある（それゆ

え，左隅カテゴリは存在しない）ならば，シフトを行う必要があり，また，これ以外の場合にシフトを行うことはできない．シフトを行わないならば，付加か予測を選択しなければならない．前者を P_{att} としよう．付加がゼロでない確率を持つのは，左隅カテゴリと目標カテゴリが等しいときのみであるが，すべてのカテゴリのペアに対してこの確率を定義する．付加を行わない場合，左隅に基づいてある構成素を確率 P_{proj} で予測する．以上より，基本的な操作 C_i の確率は，P_{shift}，P_{att}，および P_{proj} の確率分布を用いて以下のように表現できる．

$$(12.16) \qquad P(C_i = \text{shift } lc) \quad = \begin{cases} P_{shift}(lc \,|\, gc) & （トップが \ gc \ のとき） \\ 0 & （上記以外のとき） \end{cases}$$

$$(12.17) \qquad P(C_i = \text{attach}) \quad = \begin{cases} P_{att}(lc, gc) & （トップが \ gc \ でないとき） \\ 0 & （上記以外のとき） \end{cases}$$

$$(12.18) \qquad P(C_i = \text{proj } A \to \gamma) \ = \begin{cases} (1 - P_{att}(lc, gc))P_{proj}(A \to \gamma \,|\, lc, gc) \\ \qquad\qquad\qquad （トップが \ gc \ でないとき） \\ 0 \qquad\qquad\quad （上記以外のとき） \end{cases}$$

ここで，これらの操作は以下の制約に従う．

$$(12.19) \qquad\qquad \sum_{lc} P_{shift}(lc \,|\, gc) = 1$$

$$(12.20) \qquad\qquad もし \ lc \neq gc \ ならば，\ P_{att}(lc, gc) = 0$$

$$(12.21) \qquad\qquad \sum_{\{A \to \gamma:\ \gamma = lc \ ...\}} P_{proj}(A \to \gamma \,|\, lc, gc) = 1$$

ここまでの議論から，以下の点を注意しておく．「シフト」と「予測」のそれぞれの選択の確率の和は 1 である．つまり，これらはお互いに相補的であり，それぞれの基本的な操作においてとりうる操作の確率の和は 1 になる．さらに，導出過程において行き詰まりはありえない．というのは，A が gc の可能な左隅構成素でないならば，$P_{proj}(A \to \gamma \,|\, lc, gc) = 0$ となるからである．以上により，これらの確率によって言語モデルが定義される [9] ことが示された．すなわち，$\sum_s P_{lc}(s \,|\, G) = 1$ が成り立つ．

Manning and Carpenter (1997) は，このような形式の PLCG の初期の研究を述べている．上記で用いられた独立性の仮定は非常にドラスティックであるが，通常の PCFG よりは多少リッチな確率モデルを実現できる．というのは，基本的な左隅構文解析のアクションは，部分木の確率ではなく目標カテゴリによって条件付けられるからである．例えば，NP が主語の位置にある場合と目的語の位置にある場合では目標カテゴリが異なるので，この NP を展開する確率は変わりうる．つまり，表 12.3 に示したような分布上の差異を捉えるこ

---

[9] 確率質量が有限個の木に集められることについては 11 章で議論した．

とができる[10]. このようなことを考慮し，Manning and Carpenter (1997) は，PLCG が基本的な PCFG より優れていることを示している．

ほかの方法

左隅構文解析器は，左から右へ漸進的に動作し，トップダウン，ボトムアップの予測を組み合わせるという点で特に興味深い．一般化された左隅構文解析 (Generalized Left Corner Parsing) モデルの一族が有する優位性は，練習問題 12.6 において議論される．とはいえ，CFG の構文解析アルゴリズムに基づいて確率的な構文解析器を作る方法はほかにもありうる．実際，それまでにもさまざまなアプローチが検討されてきた．

例えば，ボトムアップのシフト・リデュース構文解析器は明白な一つの可能性であり，一般化 LR 構文解析 (Generalized LR parsing) (Tomita 1991) の確率版を作ることを目指した一連の研究がある．この領域における初期の研究は Briscoe and Carroll (1993) であるが，彼らのモデルは確率的な観点からは不適切である．というのは，このモデルでは LR 解析表が単一化に基づく構文解析器を制御するのであるが，単一化の失敗によって構文解析自体が失敗するという状況が確率分布に反映されていないからである．より堅固な確率的な LR 構文解析器は，Inui et al. (1997) で提案されている．

12.1.7 句構造文法と依存文法

文の構造を記述するために句構造木を用いるのが，現代の言語学，および自然言語処理における支配的な流れであった．しかし，それに変わる手段として，単語間の依存関係に基づいて言語構造を記述するという流れもある．実際にはより古い歴史を持つこのような枠組みは，**依存文法** (*dependency grammar*) と呼ばれる．依存文法においては，一つの単語が文の主辞となり，それ以外の単語は文の主辞に依存するか，あるいは依存関係の系列を通して主辞の単語に接続するほかの単語に依存する．依存関係は通常，(12.22) に例示するように，曲がった矢印によって表される．

依存文法
(DEPENDENCY
GRAMMAR)

(12.22)

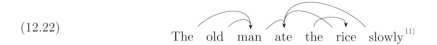

統計的自然言語処理において依存関係に依拠することが有益であるとしても，句構造と依存構造モデルの関係について理解しておきたいと思うことだろう．複合名詞の曖昧性解消に関する研究（252 ページを参照のこと）において，Lauer (1995a,b) は依存構造モデルは隣接モデル (adjacency model) よりよい

---

[10] ただし，表 12.4 にあるようなものは捉えることはできない．
[11] 訳注：最近の依存文法の表示では矢印の向きが逆となっていることが多い．

ことを主張した．従来の研究は，*phrase structure model* というような複合名詞に対して，木 (12.23) に示すような二つの木構造が可能であるとしており，コーパスから得られる連語の結びつきの強さの比較（*phrase*↔*structure* と *structure*↔*model*）に基づいて曖昧性解消を行おうとしてきた．

(12.23)
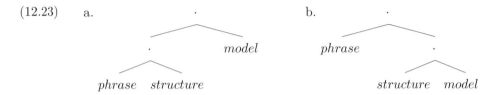

一方で Lauer は，(12.24) に示すように，依存構造の観点から曖昧性を扱うべきだと主張した．(12.24) における二つの構造の相違は，*phrase* が *structure* に依存するか，もしくは，*model* に依存するかの違いである．彼はこのモデルを隣接モデルと比較し，依存構造モデルが隣接モデルより優れていることを示した．

(12.24)

Lauer による従来研究の問題点の指摘は正しく，また，依存構造モデルの動きもわかりやすく示された．しかし，これだけでは依存文法の句構造文法に対する本質的な優位性を示すことにはならない．木 (12.25) にも示されているように，隣接モデルにおける問題点は木構造の解釈にある．すなわち，隣接モデルは N^y, N^v のノードのみを考慮しており，N^x や N^u について考慮していない．

(12.25)
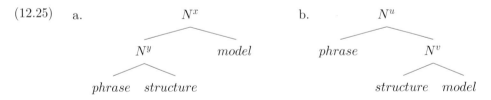

もし，N^x や N^u といったノードも考慮できるように，また，句構造木を明示的に語彙化するように隣接モデルを修正しようとするならば，英語の複合名詞では右側が主辞となることから，N^y は *structure* と，N^v は *model* と対応付けられることになる．このようにすると，二つのモデルが等価となることは明白であろう．すなわち，語彙化された PCFG のモデルにおいては，$P(N^x) = P(N^v)$ であることから，二つの可能性のどちらを選ぶかは，$P(N^y)$ と $P(N^u)$ を比べることにより行うことになる．結局これは，*phrase* → *structure* と *phrase* → *model* の結びつきの強さを比較することとまったく等価である．

実際，さまざまな種類の依存文法とこれらに対応する句構造のタイプの間に

図 **12.5** 部分木を依存関係に分解する．

は同型性が認められる．方向性のないアークを用いる依存文法は，すべての規則が少なくとも一つの終端ノードを含む句構造文法と等価である．また，より一般的な依存文法では方向性のあるアークを用いるが，これはバーレベルが 1 である X' 文法と等価である．すなわち，文法における各終端記号 t に対して非終端記号 $\bar{t}$ が存在し，文法における規則は $\bar{t} \to \alpha\ t\ \beta$ という形に限定される．ここで，α, β は非終端記号の系列（空系列の可能性もあるが）である（3.2.3 節と比較のこと）．依存文法においてよくある別のオプションは，依存関係にラベルを付与することである．結局のところこれは，（X' 文法で非明示的に達成されるように）各局所木の子ノードの一つを**主辞** ($head$) であるとラベル付けするだけでなく，すべての子ノードをある関係でラベル付けすることと等価である．確率的な条件付けが同等であるという条件においては，等価性に関する結論は双方の文法の確率版へと持ち越されることになる [12]．

主辞 (HEAD)

にもかかわらず，依存文法は確率的構文解析において利用価値があり，徐々に一般的なものになってきている．その背景には二つの利点があるように思われる．多くの構文的曖昧性を解消するためには，語彙情報が重要であることはすでに論じた．依存文法はまさに単語間の依存関係を直接利用するものであるので，曖昧性解消は単語間の依存関係によってより直接的に扱うことができる．大きな上位構造（つまり句構造木）を文に設定する必要はなく，文中の単語より構造上の高い位置で曖昧性解消のための判断を行う必要もない．とりわけ，句構造をどのように語彙化すればよいかを心配する必要はない．これは，文における単語に直接結びつかない構造を考える必要がないことの利点である．実際，依存文法家たちは，句構造木における上部構造のほとんどは，文を理解する上で必要のない無駄なものだと論じている．

依存関係に基づくアプローチの二つ目の利点は，依存関係が句構造規則を分解し，それぞれの確率を推定する方法をもたらすという点である．ペンツリーバンクから構文解析器を導出する場合，その木構造が非常にフラットであることから，多くの子ノードを持つ頻度の低い木が現れることが問題となる．未知のデータにおいては，このようなタイプの未知の木が多く出現する．これは，PCFG にとっては大いに問題である．というのは，局所的な部分木全体の確率を一度に推定しようとするからである．これに対し，依存文法ではそれぞれの主辞と依存部の二項関係の確率を個別に推定しようとする点に留意しておこう．

---

[12] つまり，2 あるいは 3 のレベルを持つ X' スキーマ（これらは現代的な句構造文法において広く用いられている）を依存文法では表現することはできないということである．

図 **12.5** (a) のような部分木にそれまでに遭遇したことがなければ，PCFG モデルにおいては，デフォルト的な「未知の木」に対する確率によってバックオフするのがせいぜいであろう．しかし (b) に示すように，もし木を依存関係の集合に分解しておくならば，(c) や (d) のような木にそれまでに遭遇しているとすれば，(a) の木の確率を十分リーズナブルに推定できることが期待される．このようなやり方は，「未知の木」の確率を単にバックオフするのに比べるとかなりよいと考えられるが，さらに独立性の仮定を追加する必要性があることには留意しておかねばならない．例えば，VP に対する PP 付加（依存文法の言葉では前置詞が動詞に依存する）の確率は，VP 中にいくつの NP が存在するか（すなわち，何個の名詞が動詞に依存しているか）とは独立であると仮定することになる．結局のところ，依存関係において完全な独立性を仮定することは良い結果をもたらさないので，依存関係の相対的な順序付けを扱うための何らかのシステムが必要となる．これらの問題を解決するために，実際のシステムは後で議論するように，依存関係間に何らかの条件付けを許すさまざまな方法論を採用している．

12.1.8 評価

　一つの重要な問題は，統計的な構文解析器がうまく動作していることをどのように評価するかということである．もし構文解析のモデルではなく，言語モデルを開発しているのであれば，ヘルドアウトデータに対する交差エントロピーを計算することにより，その評価を行うことができる．単にデータをよりよく予測できるような構造をデータ中に発見しようということが目標であれば，このような方法で十分である．しかし，すでに述べたように，我々がやりたいことは，心理的に妥当な構文木を作り出せるような確率的構文解析器を構築することである．交差エントロピーを計算することに意味があるにしても，我々の目的に対して十分な整合性があるとはいえない．つまり，交差エントロピー，あるいはパープレキシティは，弱い意味でのモデルの確率的等価性を評価するに過ぎず，我々がほかのタスクにおいて重要視するような木構造の評価は行っていない．特に，弱い意味で確率的に等価な文法は等しい交差エントロピーを持つが，これらが強い意味で等価でない場合は，タスクに即してどちらかの文法を選択することになるだろう．

　文に対して特定の構文木に興味をいだくのはなぜか．人々が構文解析それ自体に興味をいだくことはほとんどないであろう．おそらく我々の究極の目的は，情報抽出，質問応答，翻訳といった応用システムを構築することであろう．構文解析器を評価するより良い手段は，このような応用システムに構文解析器を実装し，タスクに即した評価によって違いを調べることであろう．このような違いは，実際，構文解析のコミュニティの外部の人が気にかけるような違いでもある．

12.1 いくつかの概念 *381*

しかし，単純性とモジュラリティに対する要求の観点からは，構文解析器自体をシンプルかつ容易に評価でき，どの構文解析器がタスクに応じてより良い性能を発揮するかを予測できる指標を持つことが望まれる．ある種の構文木が応用タスクにおいて有用であるということがわかっているなら，文を人手で構文解析した結果（正解とみなすことができる）とプログラムによって出力された構文木を比較すればよいように思われる．しかしながら，どうすれば構文解析という営み自体を評価することができるだろうか，言い換えれば，最大化しなければならない**客観的基準** (*objective criterion*) は何であろうか．最も厳しい基準は，出力した構文木が完全に正しければ構文解析器に 1 点を与え，少しでも間違えれば得点は与えないというものであろう．これを **構文木の正解率** (*tree accuracy*)，あるいは**厳密な一致** (*exact match*) による基準という．これは最も達成が厳しい基準であるが，理にかなった基準でもある．というのは，PCFG に対するビタビアルゴリズムのように，たいていの標準的な構文解析手法はこの指標を最大化するからである．つまり，これは構文解析器が何を最大化するかに適合した客観的な基準であるという点で理にかなっている．ただし，構文解析器が最大化しようとする基準を評価に用いることは明らかに本末転倒である．厳密な基準は，特に部分的に正しい解析結果では使いようがないタスクにおいては，リーズナブルな客観的基準でもある．例えば，データベースの問い合わせにおいては，演算子のスコープを間違えることは致命的であり，システムが部分的に正しい構文木を出力したとしても役には立たない．

一方で，学生などの構文解析器の設計者にとっては，大体正しい構文解析結果に対して部分点が得られることは望ましいことであり，また，部分的に正しい構文解析結果で十分に役に立つ場合もある．いずれにせよ，構文解析器の評価において最もよく利用されている指標は，**PARSEVAL 指標** (*PARSEVAL measure*) である．この指標はもともとは，統計的ではない構文解析器の性能を比較する目的で作られた．PARSEVAL 指標は，構文木の構成要素を評価する．構文解析結果である構文木，および正解の構文木に対する PARSEVAL 指標の計算例を **図 12.6** に示す．PARSEVAL 指標には三つの基本的な指標がある．**精度** (*precision*) は，解析結果における括弧がどの程度，正解と一致しているかを測る．**再現率** (*recall*) は，正解における括弧がどの程度，解析結果に再現されているか（出力されているか）を測る．また，**括弧交差数** (*crossing brackets*) は，ある構文木の構成素のどのくらいがほかの構文木における構成素境界と交差しているかの平均を与える．**図 12.7** は，括弧交差数の概念の理解を助けるための図である．この手の誤りは，しばしば重大な問題とみなされる．構文木ごとに木のサイズと独立に交差する括弧を求めるのではなく，交差しない括弧の割合を表す非交差の正解率 (non-crossing accuracy) を求めることもよく行われる．オリジナルの PARSEVAL 指標には，異なる統語理論に基づく構文木を比較するという目的があったため，ノードのラベルや単項分岐

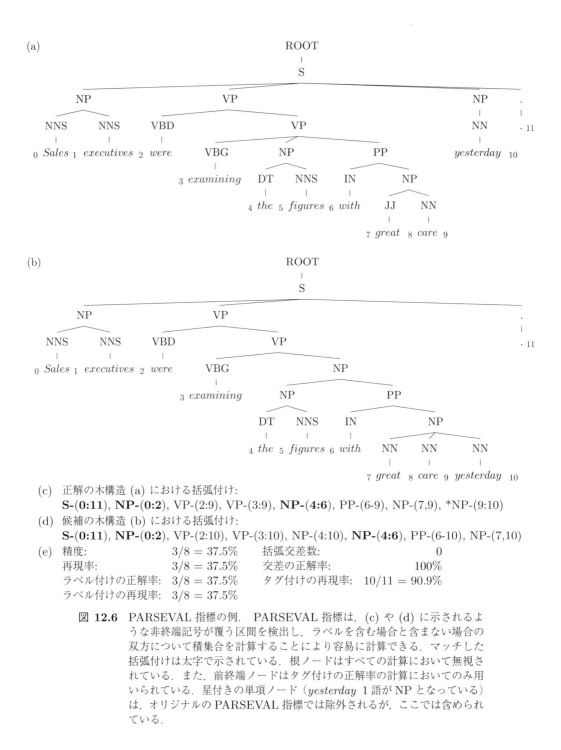

図 12.6　PARSEVAL 指標の例．PARSEVAL 指標は，(c) や (d) に示されるような非終端記号が覆う区間を検出し，ラベルを含む場合と含まない場合の双方について積集合を計算することにより容易に計算できる．マッチした括弧付けは太字で示されている．根ノードはすべての計算において無視されている．また，前終端ノードはタグ付けの正解率の計算においてのみ用いられている．星付きの単項ノード (yesterday 1 語が NP となっている) は，オリジナルの PARSEVAL 指標では除外されるが，ここでは含められている．

図 12.7 括弧交差数の概念. 括弧 B_1 は, 括弧 B_2, B_4 の双方と交差する. ほかの括弧は整合的である. 括弧交差数の考え方を導く直観は, 交差する括弧があると単一の木構造として表現できない, ということである.

(unary branching) のノードは無視しているほか, いくつかのアドホックな木構造の正規化を行っていた. しかし, 人手による構文解析結果を再現することが構文解析器の目的であるならば, ノードのラベルを考慮することは自然である. 実際にそのような評価が行われており, そのための評価指標をラベル付き精度・再現率 (labeled precision and recall) という. また, 単項ノードは考慮にいれるべき (根ノードの場合を除く) であるのに対し, 前終端ノードは考慮にいれるべきではない [13].

PARSEVAL 指標は, さほど弁別的ではない. 以下に見るように, Charniak (1996) は, 語彙をまったく考慮しない単純な PCFG によるペンツリーバンクの構文解析が, この指標によれば驚くほど良好であることを示している. このちょっと驚くべき結果は, 特にペンツリーバンクにおいて仮定されている類の木構造に対して, PARSEVAL 指標が甘い指標であることを示唆している. まず, 自然言語処理における困難さは, 連続して正しい決定をしなければならないことにあるにもかかわらず, この指標は一つ一つの決定のレベルでの成否を評価しているに過ぎない. 最終的な成功率は各決定における成功率のべき乗となるので, 一般にはとても低いものになってしまう.

それ以上に, ペンツリーバンクの木構造の特性のいくつかが, これらの指標に特に甘くなるという問題がある. 括弧交差数の指標についていえば, ペンツリーバンクの木構造がフラットであるという傾向に助けられている. 括弧の数が少なければ, 交差する括弧の数が少なくなるのは当然である. 精度や再現率に影響するような問題を引き起こす括弧付けを定めることも避けられている.

---

[13] ペンツリーバンクにおいては, すべての構文木はラベルのない最上位ノードを持っている. これを根ノードと呼ぶ. このやり方は, 根ノードを S や NP といった任意のラベルに書換規則を用いることができるという点で有用である (ニュース記事においては驚くほど多くの「文」が実際には名詞句である). このノードや前終端ノードを考慮に入れることにより, 精度や再現率の数字は上昇する. というのは, これらは単項ノードであることから間違えようがないからである. ラベル付きの評価において前終端ノードのラベルを考慮するかどうかは, もう少し議論の余地がある. これらを考慮するとすると, 品詞タグ付けの評価が構文解析器の評価に組み込まれることになるが, これは分離すべきだという人もいる. 単項ノードの連鎖もこれらの評価指標についてのいくつかの問題を提起する. これらの指標はノードの支配的な順序を捉えることができない. また, 複数のノードが同じカテゴリを持っている場合には, 再現率の計算に注意が必要である. さらに, ペンツリーバンクを用いて多くの統計的な構文解析器を評価することに関しては, これらの構文解析器がアドホックな正規化を行っている可能性があり, 文の内部の句読点の扱いや ADVP と PRT といったカテゴリの区別をきちんと行っていないことも多いことに注意が必要である.

ペンツリーでの VP 付加	(VP saw (NP the man) (PP with (NP a telescope)))
ペンツリーでの NP 付加	(VP saw (NP (NP the man) (PP with (NP a telescope))))
ほかの場合での VP 付加	(VP saw (NP the (N′ man)) (PP with (NP a (N′ telescope)))))
ほかの場合での NP 付加	(VP saw (NP the (N′ man (PP with (NP a (N′ telescope))))))

図 12.8　ペンツリーとほかの木構造の比較.

表 12.5　異なった句構造のスタイルにおける前置詞付加の誤りに対する精度, 再現率の結果.

	誤り	評定された誤り		
		精度	再現率	括弧交差数
ペンツリー	NP ではなく VP	0	1	0
	VP ではなく NP	1	0	0
ほかの場合	NP ではなく VP	2	2	1
	VP ではなく NP	2	2	1

例えば, ペンツリーバンクでは複合名詞の内部構造に関する曖昧性解消は行われておらず, 以下に示す例のように, 複合名詞は完全にフラットな構造を持つ. また, 主辞に前置される修飾語も同様なフラットな構造を持っている（最初の例はペンツリーバンクにおいて問題のある実践の例でもある. すなわち, 複合名詞中のハイフンで繋がれた最後尾でない部分 (“stock-index”) の品詞が形容詞になっている）.

(12.26)　　　[NP a/DT stock-index/JJ arbitrage/NN sell/NN program/NN]

　　　　　　[NP a/DT joint/JJ venture/NN advertising/NN agency/NN]

　　ペンツリーバンクの風変わりな特性が指標の向上に結びついているほかの例としては, 名詞を主辞とする後置修飾子に与えられる非標準的な付加構造がある. この一般形は, (NP (NP the man) (PP in (NP the moon))) のような構造である. 8.3 節ですでに議論したように, よくある構造的な曖昧性は, 前置詞句が先行する名詞句, 動詞句のどちらか, あるいはもっと上位に存在する先行するノードのいずれかに付加するかによって生じる. このような曖昧性の解消には, 文法構造よりも語彙的な情報や文脈的な制約が重要である. ここで, 上記のような付加構造は, 誤った決定をすることによるペナルティを減ずるということを指摘しておく. ペンツリーバンク流の構造と, 言語学において一般に仮定されるような N′ 構造に対する異なった括弧付け（図 12.8）に対する前置詞付加の誤りは 表 12.5 に示すように整理できる. ここからもペンツリーバンクの木構造の寛容さが見てとれる. 付加を誤りながらも交差する括弧は存在しないので, 精度や再現率への影響は最小に抑えられている [14].

　　一方で, PARSEVAL 指標が厳しすぎるように思われる観点も少なくとも一つ存在する. 複雑な右枝分かれ構造を持つ文に出現するように, 非常に上位の

---

[14] この比較では, ペンツリーバンク流でない木構造は単項の括弧を含んでいることを仮定しているが, そうではなくても比較結果の一般的な傾向は変わらない. ただし, ペンツリーバンク流でない場合の誤り率はわずかではあるが小さくなる.

ノードに付加すべき構成素を構文解析器が誤って非常に低い位置に付加したとすると，このたった一箇所の付加誤りによって右枝分かれ構造におけるすべてのノードが誤ってしまうことになり，精度と再現率の双方が大きな影響を受ける．これが図 12.6 に示した良くない結果の原因である．この例では候補となる構文木には二つの付加誤りがあるが，結果の指標に大きく影響する誤りは，*yesterday* を低いところではなく，高いところに付加する誤りである（この構文解析器は残念ながら時に関する名詞についての知識が足りなかった）．

ここまでの議論が示すことは，これらの指標は完全ではないということである．なので，これらを置き換える何かを導入すべきだと考えるかもしれない．一つの考え方は依存関係を見ることである．すなわち，文中の依存関係のどれほどが正しく抽出できたかを調べるのである．しかしながら，ペンツリーバンクにおいては依存関係の情報は示されていないので，これを適切に行うのは難しい．与えられた句構造木から依存関係を抽出することはおおむね正しくできるが，合意された正解 (gold standard) が提示されている訳ではないのである．

適用タスクによって構文解析器を評価するという考えに戻るなら，PARSEVAL 指標における成功が実タスクに結びつくかを調べるべきである．構文解析における多くの小さな誤りは，意味解釈のタスクなどには影響しないかもしれない．このような結果は，Bonnema (1996), Bonnema et al. (1997) によって示唆されている．例えば，ある実験において正しい意味解釈が得られたのは 88% であったが，そのときの構文解析結果の正解率は 62% に過ぎなかった．PARSEVAL 指標とタスクにおける性能の間の相関については，英語からドイツ語への翻訳タスクに関して，Hermjakob and Mooney (1997) が大まかな検討を行っている．このタスクでは，PARSEVAL 指標と受け入れ可能な翻訳が生成される割合の間には，高い相関があった．ラベル付き精度が意味的に妥当な翻訳と最も高い相関 (0.78) を示したのに対し，括弧交差数との相関はもっと低いもの (0.54) であった．目的タスクにおける性能と直結するほかの評価基準があるかどうか，また，異なるタスクにはそれをよりよく予測する別の評価基準があるかは，まだ解決されていない問題である．しかしながら現時点では，構文解析器を相互に比較するという目的においては，PARSEVAL 指標は適切なものだと考えられている．

12.1.9 等価なモデル

二つの確率文法を比較する際，それらが表面的な違いがあるという理由で異なっているとみなすことは容易である．しかし本質的に調べるべきことは，どんな情報を用いて何の予測に関する条件付けを行っているかということである．この問いに対する答えが等しいならば，確率モデルは等価である．

条件付けに関しては，特に以下の三つの異なった観点が考えられる．すなわち，より多くの導出履歴を覚えておくこと，句構造木におけるより大きな文脈

を見ること，決定論的なやり方で木構造の語彙を強化すること，の三つである．

簡単な例を見てみよう．Johnson (1998) は，PCFG において親の非終端ノード $\mathcal{P}$ を書き換える際に祖母ノード $\mathcal{G}$ を付加的な文脈情報として用いる利点を実証している．例えば，木 (12.27) の木構造を考えてみよう．

(12.27)

木 (12.27) における名詞句のノードを展開するとき，NP_1 については $P(\text{NP} \to \alpha \mid \mathcal{P} = \text{NP}, \mathcal{G} = \text{S})$ を用い，NP_2 については $P(\text{NP} \to \alpha \mid \mathcal{P} = \text{NP}, \mathcal{G} = \text{VP})$ を用いることになる．このモデルはまた，表 12.3 に示したような，主語，目的語となる名詞句の確率分布の差を捉えることも可能である（ただし，依然として 表 12.4 に示したような分布の差を捉えることはできない）．祖母ノードの情報を取り込むことは驚くほど効果的である．Johnson は，この単純なモデルが先に導入した確率的左隅モデルよりも優れていて，さらには，PCFG モデルに対する単純ではあるが最も効果のある拡張であることを示している．ただし，このモデルにおける語彙化は不十分であり，祖母ノードの情報を取り込むことにより導入される疎なデータの問題を扱うために付加的な扱いが必要であることについても注記している．

しかし，ここで指摘しておきたいことは，先に述べたように，このモデルを三つの異なった観点から検討できることである．すなわち，より多くの導出履歴を用いること，構文木の文脈をより考慮すること，カテゴリラベルを充実させることの三つである．最初の観点は，履歴に基づく文法と同様に導出に関わっている．導出履歴の等価性をより細かいレベルで分類しようというわけである．二つの導出履歴が等価であるためには，句構造標識において同じ最左非終端記号が存在するだけでなく，これらが同一のカテゴリを書き換えた結果である必要がある．すなわち，次が成り立たなければならない．

$$\pi(h) = \pi(h') \text{ iff } \begin{cases} \text{leftmost}_{\text{NT}}(\alpha_m) = \text{leftmost}_{\text{NT}}(\alpha'_m) = N^x \text{ かつ} \\ \exists N^y : N^y \to \ldots N^x \ldots \in h \land N^y \to \ldots N^x \ldots \in h' \end{cases}$$

もし二つの非終端記号が異なる等価クラスであるならば，これらは異なった書換確率を持ちうる（通常は持つ）ことになる．

これとは異なり，新しいモデルをシンプルに木構造の確率の観点から考えることもできる．この場合，部分木を構成するノードだけでなく周辺の文脈を考慮して局所的な部分木の確率を求めることになる．しかし，一度にあらゆる方向の周辺文脈を見てもうまくはいかないだろう．そのようなことを行うと，確率的モデルや構文解析手法に関する良い基盤を失ってしまうことになる．つまり，

12.1　いくつかの概念　　　387

文脈を適切に使うには方向性を重視しなければならないのである．もし木構造
をトップダウンに構築しようとしているなら，木の上位からの望むだけの文脈
を取り込むことができるだろう．導出過程の等価クラスを求めることは，部分
木の等価クラスを求めることと等価である．祖母ノードの同一性だけを考慮に
入れるというのは，このようなやり方で文脈を充実させるシンプルな例である．

さもなくば三つ目の方法として，Johnson が実際に行ったように，付加的な
文脈情報を表せるように木のラベルの語彙を拡張した汎用の PCFG 構文解析
器を用いることも考えられる．Johnson はシンプルに，非終端ノードのそもそ
ものラベルとその親ノードのラベルを連結したラベルを用いた．この方法によ
れば，例えば木 (12.27) における NP_1 は，NP-S となる．新しい構文木にお
ける二つのノードは，オリジナルの木構造において双方ともが同じラベルを持
つだけでなく，親ノードも同じラベルを持つとき，そして，その場合に限って
等価である．Johnson はこれらの新しい木に対して標準的な PCFG 構文解析
器を適用し，オリジナルの木に対して付加的な文脈情報を用いることの効果を
シミュレートした．以上の三つの手法はいずれも等価な確率モデルを作り出す．
しかし，新たな構文解析器を作るよりも変換された木構造を作り出すプログラ
ムを書く方が大体の場合は容易であるから，三つ目の方法が特に優れているよ
うに思われる．

12.1.10　構文解析器を構築する：探索手段

ある種のクラスの確率文法に対しては，最大確率を持つ構文解析結果を多項
式時間で見いだす効率的なアルゴリズムが存在する．このようなアルゴリズム
は，ボトムアップに計算される導出過程における各ステップを格納する**タブロー**
(*tableau*) と呼ばれる表を用いる．このような表において，二つの部分的な導出
が表の一つのセルに置かれるなら，これらの両方は同様に，より大きな部分的
な導出や，全体の導出へと展開されうる．しかし，より低い確率を持つ一方の
導出は，全体の導出において常により低い確率を導くので，削除して差し支え
ない．すでに前の章で見てきたように，このようなアルゴリズムは一般に，**ビ
タビアルゴリズム** (*Viterbi algorithm*) として知られている．

より複雑な形式の統計的文法を用いる場合は，ビタビアルゴリズムは使えな
い．それには二つの理由がある．一つには，これらの文法形式に対する表を用い
るアルゴリズムが知られていないことがある．二つ目は，導出確率を表にキャッ
シュすることで効率的に構文解析結果の確率を計算することに関係している．
ビタビアルゴリズムは，構文木に対して最も高い確率を持つ導出を見いだす方
法である．これが可能であるためには，すでに以前に議論したように，各構文
木に対して唯一の正準導出が定義できることが必要である．もし導出と構文木
の間に一対一の関係が成り立たないなら，最尤な構文木を発見する効率的な多
項式時間アルゴリズムは存在しない．このような例は，12.2.1 節で見ることに

タブロー
(TABLEAU)

ビタビアルゴリズム
(VITERBI
ALGORITHM)

なる.

そのようなモデルにおいては，最尤の構文木を見いだすための「復号化の問題 (decoding problem)」は指数オーダーの計算時間を要する. つまり，巨大な探索空間を効率的に探索する方法が必要となる. 構文解析の問題をこのように探索の問題と考えるならば，人工知能の分野で開発されてきた優れた探索手法を適用することができる. しかしまずは，統計的自然言語処理のコミュニティにおいて最もよく知られているスタック復号化アルゴリズムから検討しよう.

スタック復号化アルゴリズム

スタック復号化アルゴリズムは，雑音のある通信路を通って伝送される情報の復号化のために，Jelinek (1969) によって最初に提案された. しかしこの方法は，統計的自然言語処理に頻出する任意の木構造状の探索空間を探索する方法でもある. 例えば，導出型の構文解析モデルは，木構造状の探索空間を持つ. というのは，導出の各段階における各選択肢はさらに選択肢群に展開されるという構造を持つためである. このアルゴリズムは，人工知能分野で**均一コスト探索** (*uniform-cost search*) アルゴリズムとして知られているアルゴリズムの一例である. このアルゴリズムでは，最もコストの小さい葉ノードを常に最初に展開していく.

均一コスト探索
(UNIFORM-COST
SEARCH)

スタック復号化アルゴリズムは，優先度付きキューによって記述できる. 優先度付きキューとは順序付きリストであり，要素をプッシュする操作，そして，最上位の要素をポップする操作が許される. 優先度付きキューは，ヒープデータ構造を用いることにより効果的に実装できる[15]. まず一つの要素を持つ優先度付きキュー（これは構文解析器の初期状態である）から開始し，次に，「各ステップにおいて，キューのトップにある最大確率の要素を取り出し n ステップ目の導出を $n+1$ ステップ目の導出へと展開する（一般にこれを行うやり方は複数ある）」というループに入る. 展開により長くなった導出は優先度キューに戻され，その確率に基づいてソートされる. このプロセスは，優先度付きキューのトップに，全体に対する導出が置かれるまで繰り返される. 無限長の優先度付きキューを仮定できるなら，このアルゴリズムは最尤の構文木を見いだすことが保証されている. というのは，より高い確率を持つ部分的な導出は，より確率の低いものよりも先に展開されるからである. すなわちこのアルゴリズムは，完備（解が存在するならそれを見つけられることが保証されている）であり，最適（多くの解の中で最良のものを見つけることが保証されている）である. 通常はキューのサイズは有限であることが仮定されるので，常に最良の構文木を見つけ出すことは保証されないが，たいていの場合は最良の構文木を発見できる効率的なヒューリスティック手法である. いくつかの最良な部分結果

---

[15] Cormen et al. (1990) などのアルゴリズムに関する多くの本で説明されている.

ビームサーチ
(BEAM SEARCH)

のみを保存し展開していくようなシステムを**ビームサーチ** (*beam search*) と呼ぶ．**ビーム** (*beam*) は固定されたサイズであってもよいし，ビーム内で最良の要素に対して一定の係数 α 内の範囲にある要素をすべて保持するようになっていてもよい．

　上述したように，この手法の最もシンプルなバージョンは，最も高い確率を持つ要素をヒープから取り出し，n ステップ目の導出から $n+1$ ステップ目の導出において，これを展開するすべてのやり方を見いだす．このとき，次の構文解析のステップとしてどれが適切であるかを検討し，$n+1$ ステップ目における導出をヒープへと戻す．Jelinek (1969) は，このような方法とは異なる最適化手段（John Cocke によるとされている）について述べている．その方法においては，次のステップとして最も高い確率を持つもののみを適用し，最も高い確率を持つ $n+1$ 目のステップの導出のみをスタックへプッシュする．このとき，n ステップ目における状態を示すポインタや，選択肢としてありえたほかの展開についての継続情報も保持する．その後，その状態がスタックからポップされる際は，最も高い確率を持つ $n+2$ 目のステップの導出を決定し，その上にプッシュするだけでなく，継続情報を獲得し，二番目に高い確率の規則を適用し，$n+1$ 目のステップにおいて二番目に高い確率を持つ導出の上に，（おそらくはそれ自身の継続情報とともに）プッシュする．継続情報を利用するこの方法は，実際においては，スタック復号化アルゴリズムを用いた効率的な構文解析において要求されるビームのサイズを小さくするために非常に有効である．

A*探索

　均一コスト探索は非効率になる場合がある．というのは，すべての部分的な導出を（幅優先探索の場合と同様に）ある範囲に対して展開するからである．この際，これらがより高い確率を持つ全体の導出に結びつくかどうかは直接は考

最良優先探索
(BEST-FIRST
SEARCH)

慮されない．これと対照的な方法として，**最良優先探索** (*best-first search*) がある．この方法は，完全な解への近さを判断して展開するものを決定する．しかし本当にほしい方法は，これらの両方を統合するものである．すなわち，すでに行った導出のステップとこれから行うべきものとの両方に基づいて，最尤の構文解析結果へと導く導出を展開する方法である．すでに行った導出の確率を計算することは容易である．難しいのは，これから行うべき過程の確率を見積もることであり，この際は楽観的な推定を選択することが必要である．つまり，これから行うべきステップの推定確率が常に実際にかかるコストと同じか大きくなるようにする．これを可能とする探索アルゴリズムは，完備であり最適

A*探索
(A* SEARCH)

であることが証明できる．このようなアルゴリズムは**A*探索** (*A* search*) アルゴリズムと呼ばれる．このアルゴリズムは，完全な導出へ最も効率的に到達するであろう部分的導出をとるように構文解析器を制御する．特に A*探索は，

これより小さい探索空間で動作することが保証されているほかの最適アルゴリズムが存在しないという意味で, **最適に効率的** (*optimally efficient*) である.

最適に効率的
(OPTIMALLY
EFFICIENT)

ほかの方法

ここまでの探索手法に関する議論はごく表面的なものである. より詳しい情報は, 例えば Russell and Norvig (1995: ch. 3–4) のような多くの人工知能の教科書で知ることができる.

ビタビアルゴリズムが利用可能でない場合(効率的な訓練は困難であり EM アルゴリズムも利用できない)について述べ, この節を終える. ビタビアルゴリズムが使えない場合においても, ほかの方法が適用可能である. IBM で検討されている一つのアプローチは, ツリーバンク全体の尤度を最大化するように決定木を成長させるというもの(12.2.2 節を参照のこと)である.

12.1.11 幾何平均の利用

標準的な確率的なアプローチのいずれにおいても, 確率値をたくさん掛け算することになる. このような掛け算の系列は連鎖規則によって正当化されるが, 通常は, モデルを実行可能なものとするために多くの条件的独立性が仮定される. これらの仮定はしばしば正当なものではなく, 結果として多くの誤差が蓄積することになる. 特に依存性のモデル化の失敗は, 木構造の推定確率が大変に低くなりがちなことを意味する. ほかにも二つの問題がある. 一つは, 疎なデータの問題である. 低頻度な未知の構成物に対する推定確率はとても低くなる. もう一つの問題は, PCFG のような欠陥のあるモデルにおいては, 短い文と長い文を比べたとき, より高い確率が前者に割り当てられるというバイアスである. 結果として, より大きな構文木を持つ文, 言い換えれば, より長い導出の履歴を持つ文は, 既存の統計的構文解析器では, 不当に扱われがちである. この問題に対しては, 導出の各段階で幾何平均を計算する(あるいはこれと等価であるが, 対数確率の平均をとる)ことが提案されている (Magerman and Marcus 1991; Carroll 1994). これは, 確率的なアプローチの世界から**アドホック**なスコアリング関数の世界への転換(大雑把な仮定によるものだが)である. このようなアプローチは, 実際問題としては相応に有効である場合もあるが, しょせんは対症療法的なものに過ぎない. チャート法による構文解析を高速化するという目標に対して Caraballo and Charniak (1998) は, 構成素を導く文法規則群の確率の幾何平均を用いる方が, その構成素自体の確率を単純に用いるよりも, 展開の対象となっているエッジを点数付けする際に有効であることを示している. この理由としては, PCFG モデルがより小さな構文木に高い確率を与えるようにバイアスされていること, 構文木のほかの部分の確率を考慮していないことがあげられる. しかし彼らは, 構文木のよさに関するより良い確率的指標を開発することにより, さらに高速化ができることを示そ

うとしている.

12.2 いくつかのアプローチ

本章の以下の部分では,これまでに示したアイディアを統計的構文解析器に組み込む方法を検討する.提示する内容は概要的なものに過ぎないが,現在利用されている最先端の方法を概観する.

12.2.1 語彙化されていないツリーバンク文法

確率的な構文解析器は,単語を扱うように語彙化されているか,単語のカテゴリに基づくかというという点で区分できる.まず,後者の非語彙化構文解析器について述べる.非語彙化構文解析器において,解析すべき入力「文」は単語カテゴリのリストに過ぎない.言うまでもなく単語カテゴリは,通常の構文木における前終端記号に相当する.よって,明らかに文中に現れる語を扱うよりも少ない情報しか構文解析器には与えられない.高い性能を持つ語彙化された構文解析器については後半で述べるが,一般的な理論的興味の観点を離れてみれば,非語彙化構文解析器は少ない終端記号を扱うので構築がしやすい.つまり,計算の効率性やスパースなデータのスムージングについて必要以上に悩む必要はない.

ツリーバンクからの PCFG の推定：Charniak (1996)

Charniak (1996) は,どうすれば構文解析器が語彙情報を使わずともうまく動くかという重要かつ経験的な課題に取り組んでいる.彼はペンツリーバンクを対象とし,その品詞や句構造カテゴリを用い（ただし,機能に関するタグは利用しない）,局所木の相対頻度を用いて規則の確率を推定し,最尤な PCFG を導出した.この際,スムージングや規則の結合などは行わずに未知の文を構文解析し,その結果を調べた[16].

その結果,文法の性質は驚くほど良好であった.精度,再現率,括弧交差数の各指標は,最良の語彙化された構文解析器（表 12.6 を参照のこと）に比べ,かけ離れて悪いということはなかった.なぜこのような驚くべき結果が得られたのかを考えてみることは興味深い.このような構文解析器は,同じ構造的な文脈を持つ付加の曖昧性に遭遇したとき,常に同じ選択を行う.それゆえ,しばしば誤りを起こす（8.3 節と比較）.にもかかわらず,予想外に良い結果が得られた理由の一つとしては,すでに 12.1.8 節で議論したように,評価指標がペンツリーバンク向きであることが考えられる.しかし,古典的な付加の曖昧性解消のような興味深い決定において意味的・語彙的な情報が明らかに必要であ

---

[16] 本書の説明では,やや簡単化を行っている.Charniak は,AUX タグによって助動詞を記録し,「右枝分かれの修正」を取り入れるなどの工夫をすることで,構文解析器が右枝分かれの構造を選好するようにしている.

るとしても，構文解析における決定の多くは多分にありふれたものであり，語彙化されていない PCFG でもうまく扱えるということなのだろう．精度，再現率，括弧交差数といった指標は平均的な性能を表すものであり，その範囲では単なる PCFG であっても結構うまくいくということである．

これ以外の興味深い結果としては，ペンツリーバンクにおける構成素はフラットで多分岐であり，それらの多くが個別には稀であるという事実にも関わらず，導出された文法に関してスムージングを行うことなしに，良好な結果が得られたということがある．Charniak が示したように，ペンツリーバンクから導出された文法は，文において次にどのような品詞が生起するかといったカテゴリカルな制約を与えることはなく，それゆえにどのような文も解析できる．テストセットに現れるいくつかの稀な局所木は，訓練データには存在しなかったということは確かであろうが，それらが最尤の構文木中に生起することはほとんどないということである．これは，スムージングの有無には関係しない．よって，このような条件下では，単純に最尤推定を行っても実害はないことになる．

部分的な教師なし学習：Pereira and Schabes (1992)

ここまでに，実際的なサイズの PCFG におけるパラメータの推定空間がいかに大きなものであり，工夫のない EM アルゴリズム では使い物にならないことを議論してきた．すなわち，EM アルゴリズムは常に局所的な最大値にトラップされてしまう大きな問題がある．確率をパラメータ空間における適当な範囲内に収めようとする手法が Pereira and Schabes (1992) や Schabes et al. (1993) で試みられた．まず，45 の品詞タグを終端記号とし，15 の非終端記号を持つチョムスキー標準形の文法を記述し，これをツリーバンク中の生の文ではなく，非終端ラベルを無視し括弧付けだけを残したデータにより訓練した．彼らは，ペンツリーバンク中のノードと交差していない構文木だけを考慮するように制約を加えた内側外側アルゴリズムの一種を用いた．彼らの構文解析器は常に二分木の構成素を作成するが，任意のスタイルの括弧付けから学習することもできる．この場合，構文解析器はこれらは文の部分的な括弧付けであるとみなす．本書ではこの内側外側アルゴリズムの式を示すことはしないが，その基本的な考え方は，いかなる構成素もツリーバンクにおける括弧付けと整合しないのならば，その再推定式における寄与をゼロにしてしまうというものである．括弧付けは考慮すべき規則の分割点の数を減らすので，括弧付けされた訓練コーパスは内側外側アルゴリズムの速度を向上させることができる．

Pereira and Schabes (1992) は，小規模なテストコーパスを用いて基本的な方法の有効性を示した．興味深いことに，括弧付けされていない訓練データで訓練された文法，括弧付けされた訓練データで訓練された文法の双方は，非常に似通った交差エントロピーに収束した．ただし，ツリーバンク中に存在する望ましい括弧付けが再現できたかという点では大きな違いがあった．入力が

括弧付けされていない場合では，テスト文中のたった37%の括弧しか正しくなかったのに対し，括弧付けされた文で訓練された場合では，90%のものが正しかった．さらには，括弧付けされていないデータに対するEM訓練は交差エントロピーを減少させることはできたものの，パラメータをランダムに初期化させた場合に得られたモデルと比べて，構文解析器の括弧付けの正解率を向上させるには十分ではなかった．この結果は本章の冒頭の議論と関係している．すなわち，現在の学習手法は低エントロピーのモデルを見いだすことには有効であるが，加工されていないテキストから統語的な構造を獲得するには不十分であり，推定された文法が通常考えられる文構造と一致することはごく稀である．現時点においては，実際の生データから通常想定されるような言語の階層的な構造を決定することは未解決の問題である．あるいは現状の帰納的な手法では，このようなことが達成可能だという証拠も非常に乏しい．

Schabes et al. (1993) は，より長い文を含むより大きなコーパスでテストしたが，その結果は同様であった．ただし，ここでは一つの興味深いアイディアが試された．それは，ペンツリーバンクのフラットな n 分木構造を均一な右枝分かれの二分木へと変換するというものである．この括弧付けにより，内側外側アルゴリズムを最大限に高速化しようとした．

構文木から直接に構文解析する：データ指向構文解析

これまでに検討してきた文法に基づく手法に対する興味深い代替案として，ツリーバンク中の部品に対して直接的に統計量を計算するという方法が考えられる．ツリーバンクから文法を導くのではなく，ツリーバンクをそれまでに調べた構文解析結果を保持する母体と考え，この中で有用と考えられる断片を構文解析器に利用させる．この方法の明らかな一つの利点として，PCFGのような形式のモデルでは素直に扱うことが難しい *to take advantage of* のような慣用的なチャンクをうまく扱えることがある．このようなアプローチは，データ指向構文解析 (Data-Oriented Parsing: DOP) というフレームワークとして Rens Bod と Remko Scha (Sima'an et al. 1994; Bod 1995; Bod 1996; Bod 1998) によって検討された．本節では，DOP1 モデルを見ていく．

木 (12.28) に構文構造を示す二つの文があるとしよう．

(12.28)

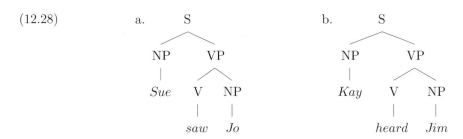

このとき，*Sue heard Jim* のような新しい文は，これまでに見た木構造の断片を組み合わせることにより解析することができる．例えば，以下のような二つの木構造の断片を組み合わせることができる．

(12.29)

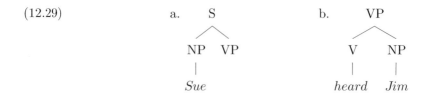

コーパスにおけるこのような木構造の断片の確率は，あるノードを展開する際に独立性を仮定して，それぞれの確率を掛け合わせることで計算できる（各断片におけるノードはすべての子ノードを持つか，まったく子ノードを持たないかであるので，この例では VP を親ノードとする断片は 8 通りあり，木 (12.29b) のような構造は 1 回だけ生起するので，その確率は 1/8 となる）．この例ではこの構文木が唯一の導出であるが，一般には多数のものが存在する．このコーパスにおける別の例を見てみよう．例えば，以下のような三つの木構造の断片の組合せを考えることができる．

(12.30)

モンテカルロ・シミュレーション (Monte Carlo simulation)

この DOP モデルにおいては，基本的に一つの構文木について複数の異なった導出が存在するので，ビタビアルゴリズムでは最尤の構文木を効率よく見つけることができないという文法の例 (Sima'an 1996) である（練習問題 12.8 も参照のこと）．そこで，**モンテカルロ・シミュレーション** (*Monte Carlo simulation*) を用いて構文解析を行う．この手法では，ランダムサンプルをとることによって，ある事象の確率を推定する．多数の導出をランダムに作り出し，これらを用いることで最尤の構文木を推定するのである．十分大きな数のサンプルがあるとき，推定を望むだけ正確にすることができるが，当然，構文解析の速度は低下する．

DOP アプローチは，コーパスから直接に予測を行うという意味で，記憶に基づく学習 (Memory-Based Learning: MBL) のアプローチ (Zavrel and Daelemans 1997) に類似している．ただし，MBL は少数の類似した例から予測を行うのに対し，DOP モデルは，コーパス全体における統計量を用いるところが異なる．

DOP モデルは新たな考え方を提示するものではあるが，これまで見てきた PCFG とそれほどかけ離れたものではないということを認識しておくことも重

要である．結局のところ，S → NP VP，VP → V NP といった形で文法規則を書く代わりに，木構造の断片を書いていることに相当するからである．

(12.31)

$$S \qquad\qquad VP$$
$$\overbrace{\quad} \qquad\qquad \overbrace{\quad}$$
$$NP \quad VP \qquad\qquad V \quad NP$$

また，ツリーバンクを用いて文法規則に対して推定しようとする確率は，ツリーバンクにおける相対頻度に基づいて DOP モデルに割り当てる確率と完全に等しい．

確率的木構造
置き換え文法
(PROBABILISTIC
TREE
SUBSTITUTION
GRAMMAR)

PCFG とこの方法の相違は，深さが 1 である局所木のみを持つか，より深い木構造の断片を持ちうるかの違いである．このモデルは，**確率的木構造置き換え文法** (*Probabilistic Tree Substitution Grammar*: PTSG) として形式化されている．それは，11 章で PCFG を定義したように五つの部分からなるが，規則の集合の代わりに，任意の深さを持つ木構造断片の集合を持つ．木構造断片のトップノード，内側のノードは非終端ノードであって，葉ノードは終端ノードでも非終端ノードでもよい．これらの木構造断片に対し，確率関数が確率を割り当てる．PTSG は PCFG の一般化になっており，確率的にはより強力である．というのは，木構造断片，あるいは全体の木構造にも特定の確率を与えることができるからである．このようなことは，規則の確率を掛け合わせていく PCFG では不可能である．Bod (1995) は，深さ 1 の木構造断片による PCFG モデルから始めて，徐々により大きな木構造断片を取り入れることにより，構文解析の正解率が顕著に改善していくことを示した（これは，Johnson (1998) による木構造の上位ノードからの文脈の有用性を示した結果を反映している）．つまり，DOP モデルは，より多くの条件付け文脈を用いる確率的モデルを構成する別の手段を提供する．

12.2.2　導出履歴を用いる語彙化されたモデル

履歴に基づく文法 (History-based grammar: HBGs)

語彙的な情報やほかの豊富な付加情報を含む導出の履歴に基づく確率的な手法は，IBM における大規模な実験によって検討され，その内容は Black et al. (1993) で報告されている．この研究では，最左導出と構文木の一対一の対応を用いることで，可能な導出すべてにわたる加算を避けている．ここでの基本的なアイディアは，すべての過去の決定が導出における引き続く決定に影響を与えるというものであった．しかし，1993 年のモデルにおいては，条件付けに利用される素性は，今展開しようとしているノードから導出の根ノードに至る経路，およびそのノードが親のノードの（左から右へ見た）何番目の子であるかと

いうことに限定された[17]．Black et al. (1993) は決定木 (decision tree) を用いて，現在のノードの展開を決めるうえで導出履歴におけるどの素性が重要であるかを定めた．決定木については 16.1 節 において詳しく述べるが，高い予測力を持つ等価クラスに履歴を分割するツールであると考えればよい．

ほかの多くの研究とは異なり，この研究ではランカスター大学で開発された独自のツリーバンクを用いている．1993 年の実験においては，コーパス中で最もよく出現する 3,000 語でカバーされる文に範囲を限定しており，これにより疎なデータの問題をうまく避けている．Black et al. は，人手により作られた広いカバーレッジを持つ素性に基づく単一化文法を取り上げ，まずこれを PCFG へと変換した．変換においては，いくつかの素性や素性・値のペアを無視したり，グループ化することにより，いくつかのラベルから等価クラスが作られた．次に，この PCFG は，内側外側アルゴリズムの一種によって再推定された．この際には上記の Pereira and Schabes (1992) による研究と同様に，交差する括弧を避けることが行われた．

Black et al. は，句構造ノードが語彙的な主辞 H_1，二次的主辞 H_2 の両方の単語を継承するように，彼らの文法の語彙化を行った．語彙的な主辞は，よく知られているように句構造の主辞であるのに対し，二次的主辞というのは，何かしら役立つことが期待されるほかの単語を指す．例えば前置詞句において，語彙的主辞は前置詞であるが，補語の位置にある名詞句の主辞が二次的主辞となる．さらに彼らは，50 個ほどの統語的，意味的なカテゴリからなる集合，$\{Syn_p\}$，および $\{Sem_p\}$ を定義し，これらを非終端ノードを分類するために用いた．HBG 構文解析器においては，これらの二つの素性，二つの語彙的主辞，そしてノードにおいて適用される規則 R は，親ノードにおける同一の素性，ならびに親ノードの何番目の子ノードが展開されるかを表すインデックス I に基づいて予測される．

以上より，計算しようとする確率は以下のようになる．

$$P(Syn, Sem, R, H_1, H_2 \mid Syn_p, Sem_p, R_p, I_{pc}, H_{1p}, H_{2p})$$

この同時確率は，連鎖規則により分解され，それぞれの素性は別個に決定木を用いることによって推定される．

この IBM の研究を貫くアイディアは，言語学者には構文解析における選好を改善するために文法に手を入れてもらうのではなく，とにかくすべての文を解析できるような構文解析器を作ってもらおうというものである．ひとたびそのような構文解析器が得られれば，ツリーバンクの情報を学習することにより統計的な構文解析器を得ることができ，これを導出履歴における解析ステップ

---

[17] 単純に親ノードの n 番目の子であるといった素性を用いることは，言語学的には真っ当でないように見える．というのは，ほかの子ノードにどのような情報があるのかは誰にもわからないからである．しかし，このようなやり方は表 12.4 に示したようなさまざまな分布を扱う上で有用な手がかりを与える．

で条件付けることによって，正しい解析結果を予測するように改善できる．この HBG 構文解析器は，7 から 10 語からなる文によってテストされ，既存の単一化に基づく構文解析器と性能が比較された．単一化に基づく構文解析器は 60%の文を正しく構文解析したが，HBG 構文解析器は 75%の文を正しく解析できた．つまり，この統計的構文解析器は，IBM の言語学者が人手で開発した最良の曖昧性解消規則に対して，誤り率を 37%減少させることに成功した．

SPATTER

HBG の研究は言語モデルに基づくものであったが，IBM のその後の研究は，構文解析モデルを直接作ることを目指す方向に進展した．Jelinek et al. (1994) で報告された初期の研究は，Magerman (1994, 1995) において SPATTER モデルとして展開された．以下ではこれを解説する．

SPATTER もまた導出における確率を決定することにより動作するが，単語から出発し，その上に構造を作るというようにボトムアップに動作する．構文解析におけるある種の決定を予測する際に有効な導出履歴の素性を選び出すために，ここでも決定木が用いられた．SPATTER は，局所的な句構造木を構文解析における個々の決定に分解するというトレンドを作った．ただし，ほかの多くの研究が何らかの依存文法を用いていたのに対し，ある指定されたノードより上部でどのような分岐が起こるかを予測するといういくぶん変わった方法を用いていた．

SPATTER における構文木は，**単語**，**品詞タグ**，**非終端ラベル**，そして木の形状を表す**展開** (extensions) によって表現される．品詞タグ付けは構文解析内の過程として行われる．文法は完全に語彙化されているので，主辞である子ノードの単語と品詞タグは，常に非終端ノードへと転送される．いくつかの単語から開始し，それらが形成する部分木を予測しようとする場合，その状況は次の図のように表される．

(12.32)
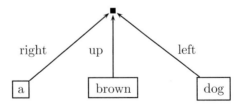

一つのノードは展開を予測している．展開はノードを親ノードへとつなぐ矢印のタイプを表すが，これには 5 種類のものが存在する．二つ，あるいはそれ以上の分岐を持つ部分木に対して，**right** は最も左にある子ノードに，**left** は最も右にある子ノードに割り当てられる．これらの間にある子ノードに対しては，**up** が割り当てられる．一方で，唯一の子ノードに対しては **unary**，木の

根ノードに対しては **root** が与えられる（ここで，**right** と **left** が通常の意味と逆になっていることに注意）．

単語の品詞タグを含むこれらの素性は，決定木モデルによって予測される．あるノードにおける素性は，その時点ですでに定まっている周辺，および下位のノードから予測される．この決定木モデルは以下のような質問[18]を利用している．ここで，X は上記の四つの素性（単語，品詞タグ，非終端ラベル，展開）のいずれかを表す．

- 現在のノードにおける素性 X は何か？
- 現在のノードの $\{$ 一つ/二つ $\}$ $\{$ 左/右 $\}$ のノードにおける素性 X は何か？
- 現在のノードの $\{$ 左/右 $\}$ から $\{$ 最初/二番目 $\}$ の子の場所における素性 X は何か？
- ノードにはいくつの子ノードがあるか？
- ノードが覆う区間？
- [タグについて:] 前方二つの品詞タグは何か？

構文解析器は異なる導出系列を調べることができるので，最良の予測情報が得られる場所から始めることが可能である（ただし実際には導出順序は相応に制約されている）．ある構文解析結果の確率は，これらの導出の確率の和を計算することにより求められる．

展開に関する素性などの SPATTER のいくつかの素性は風変わりであり，その帰結として，システムは訓練にも実行にも多大な計算パワーが必要な大規模で複雑なものとなった（決定木の訓練やスムージングのアルゴリズムは特に計算パワーを要する）．しかし，SPATTER がうまく動くことは明白であり，ツリーバンクから性能の良い統計的構文解析器を自動的に導出できることを実証した．得られた構文解析器は，人工的でないテキスト扱う能力に関して，人手で構築された既存の構文解析器を明らかに上回る性能を示した．

12.2.3 依存構造に基づくモデル

Collins (1996)

より最近になって，Collins (1996, 1997) は，ツリーバンクに基づくよりシンプルで直感的な確率的構文解析モデルを提案した．これは，これまで検討してきたモデルよりも高速に動作し，性能も同等かそれ以上である．

Collins (1996) は，語彙化された，全体的に依存文法的な枠組みを導入している．ただし，ペンツリーバンクにおける基底 NP がまとまったチャンクとして扱われる点は異なる[19]（構文解析におけるこのようなチャンクの利用は，Abney

---

[18] 訳注：Magerman (1995) の記述に合わせて，原著から若干の表現の修正を行っている．
[19] 訳注：(12.33) の依存構造において，[The woman] や [the next row] がチャンクを表す．

(1991) による扱いの影響を残している). オリジナルのモデルはやはり構文解析のモデルであり, 文は以下に示すように, 文における基底 NP, およびほかの単語の集合 (B) とそれらの間の依存関係の集合 (D) として表現される.

(12.33)

$$[\text{The woman}] \text{ in } [\text{the next row}] \text{ yawned.}$$

このとき, 次式により依存構造の確率を評価する.

$$P(t\,|\,s) = P(B, D\,|\,s) = P(B\,|\,s) \times P(D\,|\,s, B)$$

品詞タグ付けは, Ratnaparkhi (1996) による最大エントロピー法のタグ付け器を用いた別プロセスで実行される. NP を同定するための Church (1988) のアイディア (10.6.2 節を参照のこと) を用いて基底 NP に対する推定確率を求める. 単語間の各ギャップ G_i は, NP の先頭, 最後, その間, これらのいずれでもない, のいずれかとして分類される. w_u から始まる長さ m の基底 NP β の確率は, 予測されたギャップ素性を用いて以下のように与えられる.

$$P(\beta|s) = \prod_{i=u+1}^{u+m} \hat{P}(G_i\,|\,w_{i-1}, t_{i-1}, w_i, t_i, c_i)$$

ここで, c_i は単語の間のカンマの有無を表す. この確率のスムージングには, 削除補間 (deleted interpolation) が用いられた.

依存構造モデルに関して Collins は, 各基底 NP をその主辞の単語で置き換え, 句読点類を除くことで文を縮約した. ただし, 句読点類は構文解析を制御するのに用いられる. Collins のアプローチが優れている点は, ペンツリーバンクの句構造を直接に利用しながら, そこから依存構造の記法を自動的に導いた点にある. 依存関係はその主辞と二つの子の構成素に基づいて名前付けされる. 例えば木 (12.34) に示すような部分木において, PP と動詞の間の依存関係は, VBD_VP_PP とラベル付けられる.

(12.34)

$$
\begin{array}{c}
\text{VP} \\
\diagup \quad \diagdown \\
\text{VBD} \quad \text{PP} \\
| \qquad \diagup\diagdown \\
\textit{lived} \quad \textit{in a shoe}
\end{array}
$$

言い換えれば, 依存関係の名前は純粋にカテゴリラベルから作られ, 構文解析器において利用したい機能的な情報の多くを担うことになる. このような利点にもかかわらず, このシステムにはいくつかの限界がある. 例えば, この方法によるラベルは, 二重目的語をとる動詞の二つの目的語を区別できない.

各依存関係は互いに独立であると仮定されるが，これはあまり現実的でないことがある．文の主述語から離れた場所の各単語 w_m は，ある依存関係 $R_{w_m, h_{w_m}}$ によって何らかの主辞 h_{w_m} に依存する．以上から，D は依存関係の集合 $\{d(w_i, h_{w_i}, R_{w_i, h_{w_i}})\}$ として記述され，次式を得る．

$$P(D \mid S, B) = \prod_{j=1}^{n} P\big(d(w_j, h_{w_j}, R_{w_j, h_{w_j}})\big)$$

Collins は，二つの単語・品詞タグペア $\langle w_i, t_i \rangle$ と $\langle w_j, t_j \rangle$ が，ペンツリーバンクにおける同一の縮約された文において，関係 R で現れる確率を自明な方法で計算する．つまり，ある依存関係で現れる場合とすべての関係における場合を数え上げ，以下のように確率として正規化する．

$$\hat{F}(R \mid \langle w_i, t_i \rangle, \langle w_j, t_j \rangle) = \frac{C(R, \langle w_i, t_i \rangle, \langle w_j, t_j \rangle)}{C(\langle w_i, t_i \rangle, \langle w_j, t_j \rangle)}$$

このモデルは，依存関係の「距離」に応じた条件付けによってさらに複雑化された．ただし距離は，実際の距離だけでなく，依存関係の方向，その間に動詞を含むかどうか，その間に存在するカンマの数なども要因とするアドホックな関数により評価される．

この構文解析器は，可能性の刈り込みに関するヒューリスティックを実装したビームサーチを効率化のために用いている．全体のシステムは 15 分程度で訓練可能であり，高速に実行可能である．また，かなり小さいビーム幅でも良好に動作する．Collins の構文解析器は SPATTER をわずかに上回る性能を示したが，その主な進歩性は，よりシンプルで高速なシステムによってこの良好な性能を達成したところにある．Collins は，語彙情報を用いない場合についての評価も行い，語彙情報は 10%程度のラベル付き精度・再現率の向上に寄与することを示した．この結果で少し奇妙なことは，語彙化されていないバージョンの性能が Charniak の PCFG 解析器より劣るという点である．この理由としては，局所的な部分木を互いに独立な依存関係へと分解したことが考えられる．語彙化されたモデルにおいては，このような扱いはデータスパースネスの問題の解決に有用であるが，逆に言えば，基本的な PCFG モデルでうまく利用されていた，ある種の（統計的な）依存関係の情報は適切に捉えられていないという可能性がある．

語彙化された依存構造に基づく言語モデル

Collins (1997) は Collins (1996) の研究を生成的な言語モデルとして再開発した（当初の研究は確率的には欠陥のある構文解析モデルであった）．彼は，徐々に複雑性が増していくモデルの系列を作り，性能が改善していくことを確かめた．言語モデルの一般的なアプローチは，親ノードと主辞の利用から始まり，主辞の左側，右側両方の依存関係を順に生成することをモデル化していっ

12.2 いくつかのアプローチ

表 12.6 統計的構文解析システムの比較. LR = ラベル付き再現率, LP = ラベル付き精度, CB = 括弧交差数. n/a は結果が示されていないことを意味する (Charniak (1996) は, 87.7%という非交差正解率を報告している).

	40 語以下の文			
	% LR	% LP	CB	% 0 CBs
Charniak (1996) PCFG	80.4	78.8	n/a	n/a
Magerman (1995) SPATTER	84.6	84.9	1.26	56.6
Collins (1996) のベスト	85.8	86.3	1.14	59.9
Charniak (1997a) のベスト	87.5	87.4	1.00	62.1
Collins (1997) のベスト	88.1	88.6	0.91	66.5

た. 最初のモデルにおいては, 各依存要素の確率はほかの依存要素とは基本的に独立であった (各依存要素は, 親と主辞のノードカテゴリ, 主辞の語彙要素, さらには, 依存関係の距離や間に存在する単語や句読点により定まる複合的な素性に依存する). 依存要素は, このために設定した擬似非終端記号 STOP が生成されるまで継続的に生成される.

Collins は, 次により複雑なモデルを作り, ある主辞に対する複数の依存要素との間における統計的な依存関係を捉えることを試みた. とりわけ興味深いのは, モデルが伝統的な言語学の成果を取り込むようになったことである. 二つ目のモデルでは, 項 (argument) と付加語 (adjunct) との区別を利用し, 主辞の下位範疇化フレームをモデル化した. 下位範疇化フレームは各主辞ごとに予測され, さらに依存要素の生成は, まだ生成されていないと予測されている下位範疇化された項の集合によって条件付けられる. 下位範疇化をモデル化しようとすることにより顕在化する問題は, 暗黙的な目的語の交替 (8.4 節) や, *Wh*–移動のような過程により, 下位範疇化されたさまざまな項が通常の場所に必ずしも現れないことである. 最終的なモデルにおいて Collins は, *Wh*–移動を確率モデルに取り込もうと試みた. このために, 痕跡 (trace) と共索引付けされたフィラー (coindexed filler) (ペンツリーバンクではこれが表示されている) が用いられた. 二つめのモデルは最初のモデルより顕著に良い性能を示したが, この最終的なモデルは複雑さの割には顕著な改良をもたらさなかった.

12.2.4 議論

いくつかの構文解析システムの性能比較を**表 12.6** に示す[20]. 本書の執筆の時点では, 広いカバレッジを持つ統計的構文解析器としては, Collins のものが最も良い成績を出した. IBM の研究における有用な要素を組み込むことによって, その性能がさらに改善するかを調べることは今後の研究課題である. 例え

---

[20] これらのシステムはいずれもペンツリーバンクを用いて訓練されており, やはりペンツリーバンクにおける 2〜40 語からなる未知の文を用いてテストされている. しかし, 句読点の扱い, いくつかの非終端記号の違いを無視するかどうかなどの詳細は異なっており, 厳密な意味での比較は難しい. SPATTER の結果は, Collins (1996) が同じテストセットで SPATTER を走行させた結果であり, Magerman (1995) で報告されている結果とは多少異なっている.

ば，モデルのパラメータを推定する際にヘルドアウトデータを利用すること，決定木を用いること，あるいはより洗練された削除推定手法 (deleted estimation technique) を適用することなどがあげられる．以上に加え，まったく異なる構文解析技法を用いながらも Collins の構文解析器と同等の良い成績を示すシステムがほかにもあること，ほかの技法によって，さらに性能を改善できる可能性があることを指摘しておく．例えば，Charniak (1997a) は，適度に語彙化された通常の文法規則に対する推定確率を用いている．あるノードを展開するための規則は，ノードのカテゴリ，その親ノードのカテゴリ，その語彙的な主辞に基づいて予測される．それぞれの子ノードの主辞は，子ノードのカテゴリ，その親ノードのカテゴリ，語彙的な主辞に基づいて予測される．Charniak は，いくつかの最近の最高水準の統計的構文解析器で用いられている条件付けや，結果の良否を決める要素についての示唆に富む分析結果を提示している．

品詞タグ付けの場合と同様に，リッチな語彙資源（基本的にはペンツリーバンク）を利用し，統計的な技法を用いることにより，構文解析の性能は新たなレベルへと進展した．しかし，最近の段階的な進歩は顕著ではあるが，それほど華々しいものではないことも注意しておく．Charniak (1997a: 601) は，次のように述べている．

> 目標が例えば 95% のラベル付き精度・再現率を達成することだとしたら，基本的な方式を徐々に改善することで目標を達成することは難しいと考えられる．

つまり，質的なブレークスルーを達成するには，意味的によりリッチな語彙資源や統計的なモデルが必要になるだろう．

12.3 さらに学ぶために

文法推論に関するさまざまな研究は，隔年で開催される International Colloquium on Grammar Inference の論文集 (Carrasco and Oncina 1994; Miclet and de la Higuera 1996; Honavar and Slutzki 1998) で調べることができる．

制限のないテキストに対する現世代の確率的構文解析の研究は，DARPA の音声言語コミュニティにおいて活発化している．このコミュニティの研究では，Chitrao and Grishman (1990) や Magerman and Marcus (1991) といった初期の論文が頻繁に引用されている．中でも後者は，異なった場所に生起する名詞句のさまざまな構造的特性に関する初期の代表的な参考文献である．

統計的構文解析に関する初期の研究の別の流れは，ランカスター大学による．Atwell (1987) や Garside and Leech (1987) は，Church (1988) の名詞句同定と類似した構成素境界の検出器について述べている．小規模なツリーバン

クを用いて訓練された PCFG が可能な構成素からの選択を行うために用いられる. また, 擬似焼きなまし法 (simulated annealing) の適用可能性についての議論も示されている. 彼らのシステムは, おおむね 50%の文に対して「受容可能な」構文解析結果を求めることができると報告されている.

統計的構文解析におけるほかの重要な研究領域は, パターン認識のコミュニティによりなされている. この領域の開拓者は King-Sun Fu である. 特に Fu (1974) が参考になる.

品詞タグ付けを含む統計的構文解析に関するわかりやすい入門としては, (Charniak 1997b) がある. ペンツリーバンクの設計については, Marcus et al. (1993) と Marcus et al. (1994) で議論されている. このデータは, 言語データコンソーシアム (Linguistic Data Consortium: LDC) から入手できる.

PARSEVAL 指標
(PARSEVAL
MEASURE)

オリジナルの**PARSEVAL 指標** (*PARSEVAL measure*) は, Black et al. (1991), あるいは Harrison et al. (1991) で述べられている. さまざまな構文解析の評価指標や, これら相互の関係, また, いろいろな目的関数のために適した構文解析アルゴリズムの調査については, Goodman (1996) が参考になる.

依存文法
(DEPENDENCY
GRAMMAR)

依存文法 (*dependency grammar*) の考え方は中世のアラブの文法家まで遡ることができるが, 明確な形式的な記述は Tesnière (1959) による. おそらく最も初期の確率的依存文法は, Lafferty et al. (1992) による確率的リンク文法モデルである. 単語が双方向にリンク可能であるというやや奇妙な性質を除けば, リンク文法は依存文法の一つの異表記形態とみなすことができる. 依存構造に基づく統計的構文解析器に関するその他の研究には, Carroll and Charniak (1992) がある.

統計的構文解析に関する最新の活発な研究に関しては, いくつかの論文を議論するに留まった. Collins (1997) の解析器に匹敵する性能をまったく異なる文法モデルによって達成したシステムは, Charniak (1997a) や Ratnaparkhi (1997a) で述べられている. このほかの最新の依存構造に基づく統計的構文解析器については, Eisner (1996) が参考になる. これはある意味で Collins (1997) と類似している.

ここで述べたほとんどの確率的構文解析手法は, 文脈自由を基盤としているが, より強力な文法フレームワークの確率版に関する研究もいくつか行われている.

木接合文法
(TREE-ADJOINING
GRAMMAR)

Resnik (1992) や Schabes (1992) は, 確率的な**木接合文法** (*Tree-Adjoining Grammar*: TAG) について議論している. 主辞駆動句構造文法 (Head-driven Phrase Structure Grammar: HPSG) (Pollard and Sag 1994) や, 語彙機能文法 (Lexical-Functional Grammar: LFG) (Kaplan and Bresnan 1982) のような単一化に基づく文法の確率版に関する初期の研究 (Brew 1995) では, 不適切な確率分布が用いられていた. これは, 単一化文法の枠組みにおける依存関係の扱いが適切ではなかったことによる. この問題に関する強固な補強は, Abney (1997) により行われている. Smith and Cleary (1997) も参照のこ

と. Bod et al. (1996) や Bod and Kaplan (1998) は，LFG のための DOP
アプローチについて検討している.

変換に基づく学習
(TRANSFORMATION-
BASED LEARNING)

変換に基づく学習 (*Transformation-based learning*)（このアプローチの一般的な紹介は 10 章にある）は，構文解析や文法推論にも適用されている (Brill 1993a,b; Brill and Resnik 1994).

Hermjakob and Mooney (1997) は，機械学習の技法（決定リスト）を用いた非確率的な構文解析器をツリーバンク構文解析に適用し，良好な結果を得ている. この研究成果に基づき彼らは，将来の統計的自然言語処理の研究では意味的クラスの素性に価値を置くべきであると主張している. 確かに既存の統計的自然言語処理は統語的な側面を重視しすぎる傾向があるが，これは現時点で利用可能なツリーバンクからは統語的な素性の方が情報を得やすいという理由による.

音声認識 (SPEECH
RECOGNITION)

Chelba and Jelinek (1998) は，**音声認識** (*speech recognition*) における言語モデルとして，トライグラムよりも統計的構文解析器が優れていることを最初に明確に実証した. 彼らは，本質的に依存文法と等価な，語彙化された二分木形式の文法を用い，まだ上位の構成素に組み入れられていない直前の二つの主辞に基づいて単語を予測した.

意味的構文解析
(SEMANTIC
PARSING)

本章のほとんどは，構文解析が最終の目的であるように記述されている. これには，構文解析の性能がまだ十分でなく，音声認識や言語理解といった上位レベルのタスクで用いられることが少ないという理由がある. しかし，**意味的構文解析** (*semantic parsing*) に対する関心は高まっている. 意味的構文解析とは，統語的な処理と意味的な処理を統合したプロセスによって構文木から文の意味表現を組み立てようとする試みである. 最近のレビュー論文として，(Ng and Zelle 1997) がある. Miller et al. (1996) は，航空券予約タスクを対象とし，単語から談話までのすべてにわたって文を処理することを統計的に訓練するシステムについて述べている.

12.4 練習問題

練習問題 12.1 [⋆]

本章の冒頭では，以下の *Wall Street Journal* の記事の二つ目の文を参照した.

(12.35)　　The agency sees widespread use of the codes as a way of handling the rapidly growing mail volume and controlling labor costs.

この文について，文法に合致した統語構造を少なくとも五つ以上導け. もしこれができなければ，次の 練習問題 12.2 に取り組むべきである.

練習問題 12.2 [⋆⋆]

書換規則からなる文法を参照し，入力文に対してありうるすべての構文木を返す文脈自由文法に基づく構文解析器を書け. その構文解析器と (12.36) の文法を用いて，練習問題 12.1 の文を解析してみよ. いくつの構文木が得られたか（答えはおそらく 83 であろう. この文法の形式は，通常の句構造文法で用いられるオプション表記などを導入していないので冗長で美しくはないが，これを処理する構文解析器を記述するのは容易である).

12.4 練習問題 405

(12.36)　　　a. S → NP VP

　　　b. VP → { VBZ NP | VBZ NP PP | VBZ NP PP PP }

　　　c. VPG → VBG NP

　　　d. NP → { NP CC NP | DT NBAR | NBAR }

　　　e. NBAR → { AP NBAR | NBAR PP | VPG | N | N N }

　　　f. PP → P NP

　　　g. AP → { A | RB A }

　　　h. N → { *agency, use, codes, way, mail, volume, labor, costs*}

　　　i. DT → { *the, a* }

　　　j. VBZ → *sees*

　　　k. A → { *widespread, growing* }

　　　l. P → { *of, as* }

　　　m. VBG → { *handling, controlling* }

　　　n. RB → *rapidly*

　　　o. CC → *and*

構文解析器を書くときは，各規則に確率を付加できるよう配慮しておくこと．これは，後で議論するような実験において，その構文解析器を用いるためである．

練習問題 12.3 [⋆]

11 章 では，展開をほとんど持たない非終端記号を用いることに対して，PCFG が誤ったバイアスを与えてしまうことを示唆した．下記に示すような訓練コーパス（ツリーバンク）が与えられたと仮定しよう．ここで，'$n×$' は訓練コーパスにおいて木構造が何回現れたかを示す．本文中で議論した最尤推定を適用した場合，このツリーバンクからどのような PCFG が得られるか．その文法を用いて '$a\ a$' という文字列を解析させるとどのような構文木が最尤となるか．これは妥当な結果だろうか．11 章におけるバイアスの問題は正しく示されたか．議論せよ．

$$\left\{ \begin{array}{ccccc} \text{S} & \text{S} & \text{S} & \text{S} & \text{S} \\ 10 \times \text{B B}, & 95 \times \text{A A}, & 325 \times \text{A A}, & 8 \times \text{A A}, & 428 \times \text{A A} \\ a\ a & a\ a & f\ g & f\ a & g\ f \end{array} \right\}$$

練習問題 12.4 [⋆⋆]

CFG の最左導出と n–グラムモデルを組み合わせることにより，句構造を利用する確率的に健全な (probabilistically sound) 言語モデルを作ることは可能だろうか．もし可能だとすると，どのような独立性の仮定が必要となるか（面白そうなアプローチを思いついたならそれを実装してみよ）．

練習問題 12.5 [⋆]

PLCG は，ある名詞句が主語，目的語の位置にある場合の展開に関して異なった確率を持ちうるが，本文中の脚注では，PLCG は表 12.4 に示すような二重目的語構文の二つの目的語における名詞句の分布の違いを捉えることはできないことを注記した．なぜそうなのかを説明せよ．

練習問題 12.6 [⋆⋆⋆]

Demers (1977) が示したように，左隅構文解析器，トップダウン構文解析器，ボトムアップ構文解析器は，より大きな族である一般化左隅構文解析器 (Generalized Left-Corner Parser) の中に位置付けることができ，これらの振る舞いの違いは，さまざまなアクションを行う前に入力をどのくらい参照するかの違いに帰着する．ということは，これまでに議論したものとは異なる確率的モデルを一般化左隅構文解析の枠組の中で実現する可能性があることが示唆される．では上記以外に，どのような有用なものが考えられるか．また，それらに適した確率的モデルはどのようなものか．

練習問題 12.7 [⋆⋆]

12.2.1 節では，語彙化されていない構文解析器は，同じ構造的状況においては，常

に同じ付加を選択することを指摘した.しかし,8.3節で議論した前置詞句付加の問題を考えてみると,前置詞句が名詞付加,動詞付加のどちらかを常に選択せねばならないということを意味するわけではない.これはなぜか.コーパスを調査し,PCFGが区別できるような場合を,同様に区別できるようにするのに役立つ要素がないかを検討せよ.

練習問題 12.8 [★]

DOP構文解析ではなぜビタビアルゴリズムの考え方を適用できないのかを実感してみよう.PCFG構文解析によって木 (12.37a),木 (12.37b) に示すような二つの構成素/部分的導出があり,木 (12.37a) における $P(N^i)$ > 木 (12.37b) における $P(N^i)$ であるとすると,木 (12.37b) の構造を棄却することができる.これは,木 (12.37b) を利用して作られるより大きな構文木が,木 (12.37a) に相当する部分だけが異なり,ほかが同じである木よりも低い確率を持つためである.このようなことはDOPモデルでは実現できない.これはなぜか.ヒント:木 (12.37c) の木構造断片がコーパスに存在すると考えてみよ.

(12.37)
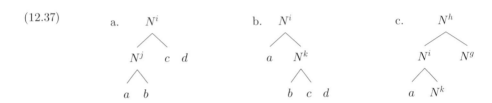

練習問題 12.9 [★★★]

ペンツリーバンクを用いて,あなた自身の統計的構文解析器を作成し,訓練とテストを行ってみよ.検討すべき明確な仮説を取り入れることができたなら,あなたの結果はほかの人にも役立つものになるだろう.

IV 編

応用と技法

13章

統計的アライメントと機械翻訳

"どの言語が符号化されているかがわからない場合でもうまくいくと信じられている強力で新しい機械的な暗号化の方法について，公式なことは何も知らないが推測や推論によりかなりわかっているとすると，翻訳の問題はひょっとすると暗号の一つの問題として扱うことができるのではないかと思うのは自然なことではないか．ロシア語の記事を見たときに，私は‘これは実際には英語で書かれているが，何か不思議な記号で符号化されている．私はこれから復号化の作業に移る．'というのである．"

(Weaver 1955: 18, 1947 年に彼が書いた手紙を引用)

"あることをすることが難しいと知る一番いい方法は，それをやってみることである．そのため，ここに至り，私は MIT の人工知能研究所に移った ..."

"最初の重要な発見は，その問題が難しいということであった．もちろん，最近ではこのことは当たり前のこととなっている．しかし，1960 年代においては，ほとんど誰もマシンビジョンが難しいということを認識していなかった．深刻に捉えるべき問題がいくつかあることがやっと認識されるまで，1950 年代にいくつかの大失敗により機械翻訳分野がたどったのと同じ経験を，我々の分野も経なければならなかった．"

(Marr 1982: 15)

　機械翻訳 (machine translation: MT)，すなわち，テキストや音声に対するある言語から別の言語への自動翻訳は，自然言語処理における最も重要な応用の一つである．異なる文化から来た人々がお互いに簡単に会話できるようにする機械を構築するという夢は，自然言語処理の研究者である我々が自分の専門性を正当化するために（さらには財団から資金を得るために）用いられる，最も魅力的なアイディアの一つである．

　残念ながら機械翻訳は非常に難しい課題である．近年，翻訳プログラムと称する安価なパッケージソフトウェアを購入することができることは事実である．それらは，翻訳結果を後編集する能力のある翻訳者や，ある外国語を十分熟知しており，誤りの含まれた翻訳結果を手助けとして原文を解読できる人々にとっては十分ではあるものの，低品質の翻訳結果を生成する．多くの自然言語処理

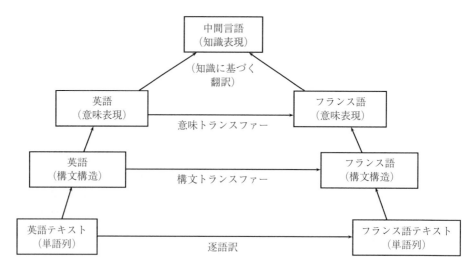

図 13.1 機械翻訳に対する異なる戦略．例はいずれも，英語（原言語，原文）からフランス語（目的言語，対象文）への翻訳の場合である．語に基づく方式では原文を逐語的に翻訳する．トランスファー方式は原文の（統語もしくは意味の）構造表現を構築し，それを目的言語の構造表現に変換し，この表現から目的言語の文字列を生成する．意味方式では，例えば，曖昧性解消がなされた限量子の作用域を持つ，構文木などよりも豊かな意味表現を用いる．中間言語方式では，言語非依存の知識表現を介して翻訳を行う．(Knight 1997: figure 1) より翻案.

研究者の目標はそうではなく，目的言語として流暢に読め，誤りがないものに近い出力を生成することである．非常に限定されたいくつかの領域（例えば天気予報 (Isabelle 1987)）に対するものを除いて，既存のシステムはこの目標からは遠い．

なぜ機械翻訳は難しいのであろうか．この問に答える最も良い方法は，今までに追い求められてきた機械翻訳のさまざまなアプローチを見ることである．図 **13.1** に，いくつかの重要なアプローチを模式的に示す．

逐語的
(WORD FOR WORD)

最も単純なアプローチは**逐語訳** (*word for word translation*) をすることである（図 13.1 における一番下の矢印）．これに関する明らかな問題の一つは，異なる言語の語の間で一対一対応がないことである．語彙的曖昧性が一つの理由である．7 章において議論した例の一つは，英単語の *suit* であった．これは，「訴訟 (lawsuit)」もしくは「一揃いの服 (set of garments)」のいずれかを意味するかに応じて，異なるフランス語訳を持つ．*suit* のような曖昧な語に対して正しいフランス語訳を選ぶためには，個々の語よりも広い文脈を見る必要がある．

構文トランスファー
アプローチ
(SYNTACTIC
TRANSFER
APPROACH)

逐語訳アプローチにおけるもう一つの課題は，言語が各々違う語順を持つことである．素朴な逐語訳は，通常，目的言語側で語順を間違う．この問題は**構文トランスファーアプローチ** (*syntactic transfer approach*) によって扱われる．まず，原テキストを構文解析し，次に，原テキストの構文木を（適切な規

則を用いて）目的言語の構文木に変換する．そして，その構文木から翻訳結果を生成する．我々は再び曖昧性の問題，ここでは構文的曖昧性の問題に直面することに注意されたい．原テキストを正しく曖昧性解消できることを前提としているからである．

構文トランスファーアプローチは語順に関する問題を解消するが，しばしば構文として正しい翻訳が不適切な意味を持つことがある．例えば，英文 'I like to eat' に対応するドイツ語文 *Ich esse gern* は，動詞–副詞の構文であり，直訳すれば *I eat readily* （あるいは *willingly, with pleasure, gladly*）となる．*I like to eat* の意味を表すことに利用できる動詞–副詞構文は英語には存在しない．そのため統語的アプローチは，ここでは機能しない．

意味トランスファーアプローチ
(SEMANTIC TRANSFER APPROACH)

意味トランスファーアプローチ (*semantic transfer approach*) においては，原文の意味（これは，おそらくは図 13.1 の矢印により示されるとおり構文解析による中間段階を経由して導出される）を表現し，その意味から翻訳を生成する．これは，構文的な乖離がある事例を解決するが，これであっても，すべての場合に対して機能するほど十分に一般化されているわけではない．それは，翻訳の字義どおりの意味が仮に正しくとも，わかりにくさの点において依然として不自然になりうるからである．古典的な例の一つに，英語とスペイン語における移動の方向と様態を表現する仕方がある (Talmy 1985)．スペイン語においては，方向は動詞を用いて表現し，様態は別の句によって表現される．

(13.1)   La botella entró a la cueva flotando.

英語話者は，すこし努力すれば，その直訳 'the bottle entered the cave floating' を理解することができるかもしれない．しかしながら，テキスト中にそのような直訳があまりにも多く存在するとすれば，読みにくくなってしまう．正しい英訳は，移動の様態を動詞により，方向を前置詞により表現する．

(13.2)   The bottle floated into the cave.

中間言語
(INTERLINGUA)

直訳によらない方法の一つに，**中間言語** (*interlingua*) を経由する翻訳がある．中間言語は，知識表現の定式化の一つであり，特定の言語が意味を表現する仕方とは独立している．例えば欧州共同体において必要とされる，多数の言語を対象とした翻訳の問題に対し，中間言語は効率よく対処できるというさらなる長所を持つ．考えられうるすべての言語対に対して $O(n^2)$ 個の翻訳システムを構築する代わりに，各言語と中間言語の間を翻訳する $O(n)$ 個のシステムを構築するだけでよい．これらの利点の一方で，効率がよく包括的な知識表現の定式化を設計することの困難さや，ある自然言語からある知識表現言語への翻訳において解決すべきたくさんの曖昧さに起因する，実践にまつわる重大な問題が中間言語アプローチには存在する．

この中で，統計的手法がその役目を果たすのはどこであろうか．理論的には，

図 13.1 の矢印の各々を確率モデルに基づき実装することができる．例えば，「英語テキスト（単語列）」から「英語（構文構造）」への矢印は確率的構文解析器（11 章と 12 章を参照のこと）により実装することが可能である．例えば語義曖昧性解消器のように，この図に示されていない部品もまた，統計的に実装可能である．このような選択された部品に対する確率に基づく実装は，実際のところ現時点の機械翻訳における統計的手法の主な用途である．多くのシステムは，確率的な部品と確率的でない部品の混成である．しかし，完全に統計的な翻訳システムもいくつかあり，そのようなシステムの一つについて 13.3 節で述べる予定である．

確率に基づく構文解析や語義曖昧性解消などのように，機械翻訳のために行われている確率に基づく研究の多くがすでに別の章で取り扱われているのであれば，それではなぜ機械翻訳に関する独立した章が必要なのであろうか．いくつかの機械翻訳固有の問題（確率的トランスファーなど．「さらに学ぶために」を参照のこと）以外にも，機械翻訳の文脈において主に登場するタスクが一つある．**テキストアライメント**（*text alignment*, **テキストの位置合わせ**）である．テキストアライメントは，本来，翻訳過程の一部ではない．テキストアライメントは，むしろ，対訳辞書や並行文法などの語彙資源を作成する際に多く用いられ，その結果として，機械翻訳の品質を向上させるものである．

驚くことに，統計的自然言語処理においては，機械翻訳固有の問題に関する研究よりもテキストアライメントに関する研究のほうが多い．これは部分的には，先に述べたように，構文解析器や曖昧性解消器などの機械翻訳システムの多くの部品が機械翻訳固有のものではないことによる．このため，本章の大半は，テキストアライメントに関するものとなっている．我々は次に，語のアライメントについて簡単に議論する．これは，並行テキストから対訳辞書を導出する際に，テキストアライメントの後に必要となるステップである．最後の二つの節では，完全に統計的な機械翻訳システムを構築する試みのうち最もよく知られているものについて述べ，さらに学ぶためにいくつか示唆を与えて締めくくる．

13.1 テキストアライメント

並行テキスト
(PARALLEL TEXT)
二言語テキスト
(BITEXT)
議会議事録
(HANSARD)

さまざまな研究において，統計的自然言語処理の手法が多言語テキストに対して適用されてきた．これらの研究の多くでは，**並行テキスト** (*parallel text*) や**二言語テキスト** (*bitext*) を利用している．そこでは，文書の翻訳により，同じ内容記述が複数の言語で得られる．最もよく利用されてきた並行テキストは，カナダ，スイス，香港などの複数の公用語が利用される国々における**議会議事録** (*Hansard*) やその他の公文書である．そのようなテキストを利用する一つの理由は，大量に入手することが容易であるからであるが，これらのテキストの

性質もまた統計的自然言語処理の研究者にとって都合がよかったのではないかと考える．正確さが求められるために，この種の資料の翻訳者は非常に首尾一貫した直訳を用いるからである．ほかの情報源（複数の言語で出版されている新聞や雑誌の記事など）も用いられてきたし，また別の情報源はより簡単に入手可能である（宗教や文学の作品は多くの言語においてしばしば自由に利用可能である）が，それらは，一貫した時代やジャンルのテキストを大量に供給しているわけではなく，直訳がほとんど含まれない傾向にあるため，良い結果を得ることが難しい．

アライメント
（ALIGNMENT,
位置合わせ）

　並行テキストがオンラインで利用可能であるとした場合，最初のタスクは，ある言語における句や文が別の言語のどの句や文に対応しているのかということを注釈付けする，大規模な**アライメント**（*alignment,* **位置合わせ**）を実施することである．この課題はよく研究されており，極めて良好な方法がいくつも提案されている．これが達成されたとすると，二番目の課題は，どの単語がどの単語に翻訳されるのかを学習することである．これは，テキストから対訳辞書を獲得する問題とみなすこともできる．本節では，テキストアライメント問題を取り扱う．次節では，単語アライメント，ならびに位置合わせされたテキストからの対訳辞書の導出を扱う．

13.1.1　文や段落のアライメント

　テキストアライメントは，多言語テキストコーパスを利用する際にほとんど必須となる最初のステップである．テキストアライメントは，後続の節で考察する二つのタスク（対訳辞書編纂，機械翻訳）に用いることができるだけではなく，語義曖昧性解消や多言語情報検索といった他領域における知識源として多言語コーパスを用いる際の最初のステップでもある．テキストアライメントはまた，翻訳者を補助する便利で実用的な道具となりうる．製品取扱説明書を扱う場合などの多くの状況において，文書は定期的に改訂され，その都度，さまざまな言語に翻訳される．人間の翻訳者にかかる負担を軽減するためには，次のようにすればよい．まず，古い文書と改訂された文書の位置合わせ (aligning)を行い，変更箇所を検出する．その後，古い文書をその翻訳に位置合わせをし，最後に新しい文書の変更箇所を古い文書の翻訳の中に切り貼りする．これにより，翻訳者は変更箇所を翻訳するだけでよい．

　入力の一文を出力の一文に翻訳することは，もちろん，最も普通の状況ではある．しかし，翻訳者が必ずしもそのようにするわけではない．それが，テキストアライメントが自明でない理由である．例え翻訳対象が極めて技術的な領域におけるものであったとしても，出力テキストが目的言語において流暢になるように，人間の翻訳者がどの程度翻訳対象を変更し再配置をするかについて，本章の冒頭で知っておくことは，実際，重要であろう．例として，**図 13.2** に示すような，ある文書の英語版，ならびにフランス語版からの抜粋について考

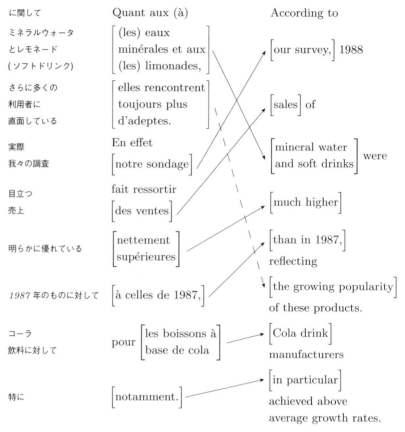

図 13.2 アライメント（位置合わせ）と対応付け．中央ならびに右のカラムはフランス語版ならびに英語版を示しており，互いの翻訳であるとみなせる部分を矢印が結んでいる．左のカラムにあるテキストはフランス語のテキストをかなり直訳したものである．

える．両言語のテキストはいずれも二文から構成されてはいるが，両言語における内容や構成は極めて異なる．かなりの並べ替え（かぎ括弧によるグループ化と矢印により不完全にではあるが表示されている）が行われているだけではなく，末尾の英単語列である *achieved above-average growth rates* のように，テキストの大きな部分が消えてしまうこともある．この内容は，並べ替え後のフランス語版においては，ソフトドリンク，「特にコーラ飲料 (*in particular, cola drinks*)」，の売り上げが一般にどのようにより高いのかについて述べているという事実から，暗示されるものである．

　文アライメントの問題においては，一方の言語におけるある文グループが，内容として，別の言語のある文グループに対応しているということを試みる．ここで，挿入や削除を許すために，一方の文グループは空であってもよいとする．

ビーズ (BEAD)　このようなグループ化は，文のアライメント，もしくは，**ビーズ** (*bead*) と呼ばれる．文列がアライメントされているというのにあたって，二つの言語におけ

13.1 テキストアライメント

る文列間で内容がどれくらい重複していなければならないのかという疑問がある．具体的な基準を与えている研究においては，1, 2 語の重複では，通常，十分であるとはみなされない．一方で，節が一つ重複していれば，その他が如何に異なっていても，その文列はアライメントの一部をなしているとされる．一文が一文に翻訳される最も一般的な場合は，1 対 1 の文アライメントと呼ばれる．アライメントの約 9 割が通常この種類のものであると示唆する研究がいくつかある．しかし，翻訳者が文を分割したり結合したりして 1 対 2，2 対 1 の文アライメントを生じさせることがあり，時には，1 対 3 や 3 対 1 の文アライメントになることさえある．

　この枠組みを用いる際には，各文はいずれか一つのビーズにしか現れ得ない．そのため，図 13.2 において一番目のフランス語文全体が一番目の英語文に翻訳されているのにも関わらず，これを 1 対 1 のアライメントとすることはできない．なぜならば，二番目のフランス語文も，その多くが一番目の英語文に現れているからである．つまり，これは 2 対 2 のアライメントの例なのである．文レベルで位置合わせを行っている場合，翻訳者がある文中の一部分をほかの文に移動したときには，原言語側の文グループが，その翻訳におけるある文グループと並行であるということでしか，この状況を記述することはできない．さらなる問題は，現実のテキストにおいては**交差依存関係** (*crossing dependency*) が驚くほどたくさん見られることである．交差依存関係は，文の順序が翻訳過程で変わってしまうことによって生じる (Dan Melamed, p.c., 1998)．ここで示すアルゴリズムは，このような場合について正確に扱うことはできない．統計的な文字列マッチングに関する文献に習い，**アライメント** (*alignment*) の問題では交差依存関係を許さないという制限を加えると，アライメントの問題と**対応付け** (*correspondence*) の問題を区別することができる．この制限が加わると，文の順序の並べ替えもまた，多対多のアライメントとして記述されなければならない．これらの制限を与えることにより，2 対 2，2 対 3，3 対 2 の場合を見つけることがある．そして，少なくとも理論的には，さらに珍しいアライメントの構成を見つけることもあろう．最後に，故意に，あるいは間違いにより，翻訳の過程で文が削除されたり加わったりすることもあり，1 対 0 や 0 対 1 のアライメントが生じる．

　相当な数の論文が，さまざまな言語の間の並行テキストにおいて文の位置合わせを行うことについて調査してきた．代表的な論文を**表 13.1** に示す．概して，これらの手法はいくつかの次元に沿って分類することができる．まずは，単純な長さに基づく手法か，語彙（あるいは文字列）に基づく内容を用いる手法かである．二番目は，一方のテキストにおけるどの位置がもう一方のテキストにおけるどの位置と対応するのかという観点から平均的なアライメントを与える手法と，文の位置合わせをして文ビーズを構成する方法との対比である．ここで，これらの手法のいくつかについて，主要な特徴を概観し比較する．この

交差依存関係
(CROSSING
DEPENDENCY)

アライメント
(ALIGNMENT)
対応付け (CORRE-
SPONDENCE)

表 13.1 文アライメントに関する論文. この表はテキストアライメントに関する異なる手法を一覧にしたものであり, テストベッドとして用いられた言語とコーパス, ならびに (列「基礎となるもの」に) アライメントが基づいている情報の種類を掲載している.

論文名	言語	コーパス	基礎となるもの
Brown et al. (1991c)	英語, フランス語	カナダ議会議事録	語数
Gale and Church (1993)	英語, フランス語, ドイツ語	UBS (The Union Bank of Switzerland) の報告書	文字数
Wu (1994)	英語, 広東語	香港議会議事録	文字数
Church (1993)	いろいろなもの	いろいろなもの (議会議事録を含む)	信号の 4-グラム
Fung and McKeown (1994)	英語, 広東語	香港議会議事録	語彙的信号
Kay and Röscheisen (1993)	英語, フランス語, ドイツ語	サイエンティフィック アメリカン	語彙 (確率的ではない)
Chen (1993)	英語, フランス語	カナダ議会議事録 EEC 議事録	語彙
Haruno and Yamazaki (1996)	英語, 日本語	新聞, 雑誌	語彙 (辞書も含む)

考察においては, 二つの言語における並行テキストを S と T とし, それぞれ, 文の連続 $S = (s_1, \ldots, s_I)$, ならびに $T = (t_1, \ldots, t_J)$ であるとする. 三言語以上の場合には, 対を作ってアライメントを行うことにより, 二言語の問題に還元する. 我々が考察する手法の多くは動的計画法を用いてテキスト間の最良のアライメントを見つけるので, 読者は Cormen et al. (1990: ch. 16) など動的計画法の入門を復習したくなるかもしれない.

13.1.2　長さに基づく方法

　文アライメントに関する初期の研究の多くは, 並行コーパスにおいて, ある単位で測ったテキストの長さをただ比較するというモデルを用いていた. テキスト中で利用できるより豊かな情報を無視しており奇異に感じられるが, このようなアプローチが極めて効果的であり, かつ, その効率のよさにより大規模テキストを高速に位置合わせできるということが明らかになった. 長さに基づく方法の理論的根拠は, 短い文が短い文に翻訳され, 長い文は長い文に翻訳されるということである. 長さは, 通常, 語数や文字数によって定義される.

Gale and Church (1993)

　アライメントの統計的アプローチでは, 二つの並行テキスト S ならびに T が与えられたときに, 最も高い確率を与えるアライメント A を見つけようとする.

$$\text{(13.3)} \qquad \arg\max_A P(A \mid S, T) = \arg\max_A P(A, S, T)$$

この式に含まれる確率を推定するために, 多くの方法では位置合わせされたテキ

ストを位置合わせされたビーズの系列 $(B_1, \ldots, B_K)$ に分解する．そして，あるビーズの生起確率は，そのビーズ内の文列にのみ依存し，ほかのビーズの生起確率と独立であるとする．このとき，

$$(13.4) \qquad P(A, S, T) \approx \prod_{k=1}^{K} P(B_k)$$

ここで問題は，ビーズの中の文が与えられたときに，（例えば1対1や2対1など）ある種類のアライメントビーズの生起確率をどのように推定するかである．

Gale and Church (1991, 1993) の手法は，単純に，原文ならびに翻訳文の文字数で測った長さによるものである．ここでの仮説は，ある言語におけるより長い文は，別の言語のより長い文に対応するはずであるということである．これは，異論がなさそうであり，少なくとも類似の言語で直訳である場合において，アライメントを行うのに十分な情報であることがわかる．

彼らの実験で用いられた UBS (The Union Bank of Switzerland) コーパスは，英語，フランス語，ドイツ語で並行文書を提供している．同コーパスのテキストは段落レベルでは苦労せずに位置合わせを行うことができる．なぜならば，コーパスの中で段落構造が明確に注釈付けられており，このレベルにおける取り違いはチェック済みで，人手で解消されているからである．論文中で示されている実験においては，この最初のステップが重要であった．なぜならば，Gale and Church (1993) は，段落情報を無視し，文書全体に対してアルゴリズムを適用すると，誤りの数が3倍になったと報告しているからである．しかし，彼らが議論しているアルゴリズムを二度適用することで，事前の段落アライメントの必要性を回避可能であると彼らは示唆している．すなわち，まず，文書内で段落の位置合わせを行い，次に，段落内で文の位置合わせを行う．Shemtov (1993) は，このアイディアを発展させ，動的計画法に基づくアルゴリズムの変種を生み出している．これは，単に文レベルだけではなく，段落レベルにおいて削除や挿入を扱うのに特に適している．

Gale and Church (1993) のアルゴリズムでは，文の長さを用いて，L_1 におけるある数の文のアライメントが，L_2 におけるある数の文とどれくらい起こりやすいのかを評価している．この研究では可能なアライメントを $\{1$対$1, 1$対$0, 0$対$1, 2$対$1, 1$対$2, 2$対$2\}$ に限定している．これにより，最も確率の高いテキストアライメントを，動的計画法に基づくあるアルゴリズムで簡単に見つけることができる．そのアルゴリズムは，二つのテキスト間でとりうる距離の最小値，すなわち，最も可能性の高いアライメントを見つける．$D(i, j)$ を，文列 $s_1, \ldots, s_i$ と $t_1, \ldots, t_j$ との間における，最小コストのアライメントであるとする．このとき，$D(0, 0) = 0$ 等の自明で出発点となる事例を用いて $D(i, j)$ を再帰的に定義し，計算することができる．

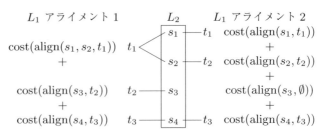

図 13.3 アライメントのコストの計算. 二つの異なるアライメントのコストが計算されている. 左列のもの (t_1 が s_1, s_2 と, t_2 が s_3 と位置合わせされている) と右列のもの (s_3 が空文と位置合わせされている) がある.

$$D(i,j) = \min \begin{cases} D(i,j-1) + \text{cost}(0 \text{ 対 } 1 \text{ のアライメント } \text{align}(\emptyset, t_j)) \\ D(i-1,j) + \text{cost}(1 \text{ 対 } 0 \text{ のアライメント } \text{align}(s_i, \emptyset)) \\ D(i-1,j-1) + \text{cost}(1 \text{ 対 } 1 \text{ のアライメント } \text{align}(s_i, t_j)) \\ D(i-1,j-2) + \text{cost}(1 \text{ 対 } 2 \text{ のアライメント } \text{align}(s_i, t_{j-1}, t_j)) \\ D(i-2,j-1) + \text{cost}(2 \text{ 対 } 1 \text{ のアライメント } \text{align}(s_{i-1}, s_i, t_j)) \\ D(i-2,j-2) + \text{cost}(2 \text{ 対 } 2 \text{ のアライメント } \text{align}(s_{i-1}, s_i, t_{j-1}, t_j)) \end{cases}$$

例えば, 図 **13.3** に示されるように, 二つのテキストを位置合わせするコストを計算し始められる. 動的計画法によれば, すべての可能なアライメントを効率よく調べ, 最小コストのアライメント $D(I,J)$ を見つけることができる. 動的計画法に基づくこのアルゴリズムは二次多項式計算量ではあるが, 段落におけるアンカー (anchor) の間でのみ実行されるので, 実際には, 高速に処理が進められる.

ここで, アライメントの各々の種類に対してコストを決定することが残っている. これは, ビーズ中の各言語の文列について文字数で測った長さ l_1, l_2 に基づき行われる. 一方の言語の各文字が, もう一方の言語においてランダムな数の文字を生じさせると仮定する. これらの確率変数は独立であり, 同じ分布をとると仮定され, その乱数性は平均 μ, 分散 s^2 の正規分布によってモデル化できる. これらのパラメータはコーパスに関するデータから推定される. μ については, 著者らは各テキストの長さを比較した. ドイツ語/英語 = 1.1, フランス語/英語 = 1.06 であったので, 彼らは μ を 1 にモデル化することとした. s^2 は, 段落の長さの差の二乗値を用いて推定している.

このとき, 上述のコストは, 一方の言語における文のリストと他方のリストとの間の距離尺度の観点により決定される. 距離尺度 δ は, 二つのリストにおける文長の和の差を, コーパス全体の平均, 分散と比較するものである. すなわち, $\delta = (l_2 - l_1\mu)/\sqrt{l_1 s^2}$. コストは次式で得られる.

$$\text{cost}(l_1, l_2) = -\log P(\alpha \text{ align} \mid \delta(l_1, l_2, \mu, s^2))$$

13.1 テキストアライメント 419

ここで α align は許される照合の型の一つ（1 対 1, 2 対 1 など）である．負の対数は，このコストを「距離」尺度としてみなせるようにするためのものである．すなわち，最も確率の高いアライメントが最も近い「距離」に対応するとともに，「距離」を単純に加算できる．上記の確率はベイズ則を用いて $P(\alpha\ \mathrm{align})P(\delta\,|\,\alpha\ \mathrm{align})$ により計算できるので，プログラムはこの第 1 項により最もありふれている 1 対 1 照合に対してより高い事前確率を与えることになる．

　このように，本質的には，各ビーズにおいて二つの言語の文列の長さができるだけ同じになるようにビーズの位置合わせをする．この方法は，（少なくとも，英語，フランス語，ドイツ語のように同族言語において）よく機能する．基本手法は 4%の誤り率であるが，Gale and Church の手法では，疑わしいアライメントを検出する手法を用いることにより，最良の場合，ほんの 0.7%の誤り率でコーパスの 80%を生成できる．同手法は，1:1 アライメントにおいて最もよく機能し，誤り率は 2%である．より難しいアライメントに対しては誤り率が高くなる．特に 1 対 0 や 0 対 1 のアライメントは正しく得ることができなかった．

Brown et al. (1991c)

　Brown et al. (1991c) の基本アプローチは，Gale and Church の手法に類似するが，文長を文字数ではなく語数で比較することにより機能する．Gale and Church (1993) は，翻訳の前後で，語数のほうが文字数よりも分散が大きいので，この手法はさほどよくないと主張している．これら論文間の主要な差異の一つに目標の違いがある．すなわち，Brown et al. では記事全体を位置合わせしたいのではなく，その先の研究で使用するのに適した，位置合わせ済みのコーパスの部分集合を生成したい．そのため，より高いレベルの文書部分に対するアライメントにおいては，語彙的なアンカーを用いて，適切に位置合わせができていない部分を単純に捨て去っている．この手法をカナダ議会議事録の書き起こしに対し適用した結果，二つの言語における対応部分が異なる場所に現れることが時折起こるが，この「悪い」テキストは単純に無視することができるということがわかった．用いられたモデルにおけるほかの違いは，過度に気にする必要のあるものではないが，彼らが EM アルゴリズムを用いて，モデルの各種パラメータを自動的に設定している点に注意されたい（13.3 節を参照のこと）．彼らは，少なくとも，1 対 1 のアライメントについて，非常に良い結果を報告しているが，このアルゴリズムは語の一致を無視している（単に文長を見ている）ので時には小さなパッセージが間違って位置合わせされてしまうことに注意すべきであろう．

Wu (1994)

Wu (1994) では，まず最初に，香港議会議事録 (Hong Kong Hansard) から得た英語と広東語による並行テキストのコーパスに対し Gale and Church (1993) の手法を適用する．同論文では，このような同族ではない言語を扱うときに，Gale and Church のモデルの基礎をなす統計的な仮定のいくつかが，明確に成立するというわけではないと報告しているが，それにもかかわらず，見いだしパッセージのいくつかを除いては，処理結果が Gale and Church によって報告されているものよりも悪いというわけではないと Wu は報告している．正解率を向上させるために，Wu は語彙的手がかりを用いることを検討した．これにより，この研究は 13.1.4 節で扱う語彙的手法の方向に向かった．ついでに言えば，Wu による 500 文からなるテストセットには，3 対 1, 1 対 3, 3 対 3 のアライメントが各々一つずつ含まれていた．これらのアライメントは，非常に稀であるとみなされており，Wu の手法を含む，我々が考察する手法のほとんどが生成できない．

13.1.3 信号処理技術に基づくオフセットのアライメント

ここで述べる手法を関連付けるものは，これらが文のビーズの位置合わせをしようとするのではなく，二つの並行テキストにおける位置オフセットの位置合わせをしようとすることである．それにより，一方のテキストにおけるどの位置オフセットがもう一方のテキストにおけるどの位置オフセットに位置合わせされるのかをおおよそ示そうとしている．

Church (1993)

カナダ議会議事録のような綺麗なテキストにおいては，上述の長さに基づく方法はよく機能するが，雑音の乗った光学文字認識 (OCR) の出力や，未知のマークアップ規約が含まれるファイルを扱うといった現実世界の状況においては破綻する傾向にあると Church (1993) は述べている．OCR プログラムは，段落境界や句読点を認識し損なうこともあるし，浮動素材（見出し，脚注，表など）は，位置合わせされるテキストの線形順序を惑わせることもある．そのようなテキストにおいては，段落や文の境界を見つけることさえも難しいことがある．電子化テキストはこれらの問題のほとんどを回避することができるが，雑音として扱うべき未知のマークアップ規約を含むこともある．Church のアプローチは，同語源語を用いてアライメントを誘導する．**同語源語** (*cognate*) は，借用や言語学的に共通の祖先からの継承などにより，言語を超えて類似した語のことであり，例えばフランス語の *supérieur* と英語の *superior* がその例である．しかし，(Simard et al. (1992) のように) 同語源の単語を考慮したり，(次に解説する方法のように) 語彙的な対応物を発見するのではなく，こ

同語源語
(COGNATE)

13.1 テキストアライメント

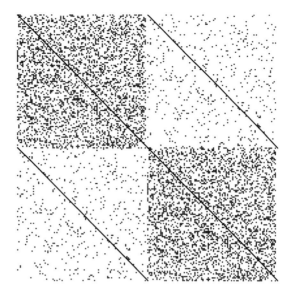

図 **13.4** ドットプロットの例．原テキストと翻訳テキストは連結されている．位置 x と位置 y の間に対応がある場合，そしてその場合にのみ，各座標 (x, y) に点がふられる．原テキストは，翻訳テキストに対する場合よりも自分自身に対するほうが，よりランダムな対応を持つ．これは，左上のより濃い色，ならびに同様に，右下のより濃い色を説明するものである．対角が黒いのは，各テキストがそれ自身と完全に一致するからであり（左上と右下の対角），また，原テキストとその翻訳の間に対応があるからである（左下と右上の対角）．

の手法では文字列レベルで同語源のものを発見することにより機能する．この方法は，原言語と目的言語の間で同一の文字列が十分に存在するということに依存しているが，Church は，同語源語が数多く存在する言語群だけではなく，ラテン文字を用いるほとんど任意の言語においてこのことが起こりうると示唆している．なぜならば，通常，多くの固有名や数字が存在するからである．彼は，ラテン文字が含まれない表記体系であっても，名称や数字（あるいはコンピュータのキーワード！）が大量に散在するとすれば，この方法が機能すると示唆している．

ドットプロット (DOT-PLOT)
　ここで用いられた方法は，ドットプロット (*dot-plot*) を構築するものである．原テキストと翻訳テキストが連結され，その後，両軸にこのテキストを持つ正方形のグラフが作られる．連結されたテキストにおいて，位置 x と位置 y が照合するときに，座標 (x, y) に点が記される．Church (1993) においては照合の単位は文字 4–グラムである．そして，さまざまな信号処理技術を用いて，得られたプロットを圧縮する．ドットプロットは特徴的な外見をしており，概略，図 **13.4** に示すとおりである．各位置 (x, x) には点があるので，対角に直線が存在する．また，左上ならびに右下に二つの色の濃い四角形がある（原文と翻訳の間よりも，原文はそれ自身と，翻訳もそれ自身と似ているため）．しかし，テキストアライメントにおける重要な情報はそれ以外の二つの部分，つまり，

色のより薄い象限で見つけられる．これらの各々は，二言語のテキスト間を照合するものであり，それゆえ，**二言語テキストマップ** (*bitext map*) と呼ばれるものを表現している．これらの象限においては，より薄くておおむね直線の対角線が二本存在する．これらの線は二言語に現れる同語源語の性質によるものであり，そのため，原文ならびに翻訳文において同一の文字列が現れることがしばしばある．ヒューリスティックによる探索により，対角に沿って最適な経路が見つけられるが，それが，二つのテキストにおけるオフセットの観点でのアライメントを与える．このアルゴリズムの詳細については触れないが，実際には，ドットプロット全体を計算しないようにさまざまな手法が用いられる．また，低頻度の n–グラムが照合した際により高い重要度を付与するように，（ありふれた n–グラムは単純に無視しつつ）頻度の逆数により n–グラムに重み付けをする．ここでは，文列全体をビーズとして位置合わせしようとしているのではなく，それゆえ，われわれが議論するほかの多くの手法と比較可能な性能値を示すことができないことに注意されたい．おそらくそのため，この論文は，誤り率が「しばしばとても低い」と示唆をしはするものの，性能に関する定量評価を提供していない．さらに，現実問題としてこの方法はよく機能することが多いが，並行テキストの位置合わせ問題に対する完全に汎用の解にはとてもならない．テキストとその翻訳の間で同一の文字系列がまったく現れないか極端に少ない場合には，完全に失敗してしまうからである．この問題は，東欧やアジアの言語のように異なる文字集合が使われる場合に生じる可能性がある（そのような場合においても，両側に現れる数字や外国語名がしばしば存在するのではあるが）．

二言語テキストマップ
(BITEXT MAP)

Fung and McKeown (1994)

Fung and Church (1994) における初期の研究を踏襲して，Fung and McKeown (1994) では，(i) 既知の文境界がなくても（先に述べたように，OCR においては句読点が度々消えてしまう），(ii) ある部分に対応する部分が翻訳側になかったり，あるいはその逆であったりするような，粗い並行テキストしかなくても，(iii) 関係が薄い言語の組であっても，機能するアルゴリズムを探求している．特に，彼女らはこの技術を英語と広東語（中国語）の並行コーパスに適用したいと考えた．この手法ではアライメントの点を与える小規模な対訳辞書を導出する．各語について，ある**信号** (*signal*) が**到来ベクトル** (*arrival vector*) の形で生成されると考える．到来ベクトルは，注目している語について，各出現間に現れる（別の）語の数を表す整数の並びである[1]．例えば，ある語が語のオフセット群 (1, 263, 267, 519) の位置に現れるとすれば，到来ベクトルは (262, 4, 252) となる．次に，英語と広東語の単語についてベクトルが比較され

到来ベクトル
(ARRIVAL
VECTOR)

---

[1] 中国語は単語に分かち書きされないので，これができるかどうかは，これより前にあるテキスト分割の段階に依存する．

13.1 テキストアライメント 423

る. 英語のある語と広東語のある語について, 出現の場所や頻度があまりにも
かけ離れていれば, それらは照合しないと考え, そうでなければ, 動的時間収縮
法 (Dynamic Time Warping: DTW) により信号間の類似度を計算する. 動
的時間収縮法は, 音声認識で用いられる動的計画法に基づく標準的なアルゴリズ
ムであり, 潜在的に長さが異なる信号の位置合わせを行うものである (Rabiner
and Juang 1993: sec. 4.7). 英語と広東語におけるそのような組のすべてに対
し, 非常に類似している信号の組を数十個保存して, 小規模な対訳辞書を構築
し, テキストアライメントのアンカーとする. Church のドットプロットと同
様の方法において, この語の組の出現が各々, 英語テキスト対広東語テキスト
のグラフにおける点となる. そして同様に, 対角に沿った直線上により強い信
号が見られる（図 13.4 と同じような図が生成される）ことが期待される. 同
様に動的計画法に基づくアルゴリズムによりテキスト間の最良の照合が見つけ
られ, それが, 二つのテキスト間におけるオフセットの粗い対応関係を与える.
したがって, この第二段階は一つ前に述べた手法とよく似ているが, こちらの
手法は, 本質的に言語非依存であり, 語彙的内容に対し感度が高いという特長
を持つ.

13.1.4 語彙的文アライメント手法

　ここまでの手法が取り組んできたことは, 雑音があり不完全な入力に直面し
た際に長さに基づく手法が頑健性に欠けるという問題を解決しようとすること
であった. しかし, それらは, 文の位置合わせをするという目標を捨て去り, 単
にテキストのオフセットを位置合わせすることによりなされたものであった.
本節では, 一番目の手法のように, 文のビーズの位置合わせをしつつも, 語彙
的情報を用いてアライメントの過程を導くために, より頑健である手法につい
ていくつか概観する.

Kay and Röscheisen (1993)

　Brown et al. (1991c) や Gale and Church (1993) における初期の提案で
は, 文における実際の語彙的内容を, ほとんど, もしくは, まったく用いていな
ない. しかし, 語彙的な情報はアライメントにおける数多くの確証を与え, (報
告書においてリストのような項目群が現れるときにしばしば生じるように) 二
つの言語において似た長さの文の系列が現れるといった場合においてもよく機
能するように見える. そこで Kay and Röscheisen (1993) では, 語彙項目に
よる部分的なアライメントを用いて, 文のアライメントを誘導する. 語彙的な
手掛りを用いるということは, この手法においては, より高いレベルの段落ア
ライメントをあらかじめ行う必要がないことを意味する.

　この手法は一種の収束過程を含む. 語レベルでの部分的なアライメントによ
り, 文レベルの最尤のアライメントが誘導されると, 今度は, その文レベルのア

ライメントを用いて，語レベルのアライメントが精錬される，等々である．ここでの語のアライメントは，二つの語の分布が同じであれば，それらは対応するはずであるという仮説に基づいている．その各ステップは基本的に次のとおりである．

- 両テキストにおける最初と最後の文がそれぞれ位置合わせされると仮定する．これらは初期アンカーとなる．
- ほとんどの文が位置合わせされるまで次を実行する．

包絡 (ENVELOPE)

1. 原言語と目的言語における文リストの直積から，可能なアライメントの包絡 (*envelope*) を形成する．アライメントのうち，アンカーを跨いでいたり，アンカーからの各々の距離があまりにも異なるものは取り除く．図 **13.5** のように可能なアライメントが枕形になるようにして，アンカーからの距離が増えるに従って，差が大きくなることを許容する．

2. これら可能性のある部分アライメントにおいて，共起する傾向にある語の組を選ぶ．語の組について，一方の語が現れるほとんどの文が，もう一方の現れる文と位置合わせ可能であるという意味において，語の出現分布が類似しており，なおかつ，アライメントが偶然によるものでないという程度に十分に頻度があるのであれば，そのような語の組を選ぶ．

3. 原文と対象文の組で，可能な語彙的対応を多く含むものを見つける．最も信頼性が高いいくつかの組を用いて，部分的なアライメントの集合を誘導する．これは，最終結果の一部でもある．これらアライメントの結果を記録するとともに，アンカーのリストに加える．そして，上述の各ステップを繰り返す．

焼きなましの
スケジュール
(ANNEALING
SCHEDULE)

このアプローチの正解率は，**焼きなましのスケジュール** (*annealing schedule*) に依存する．もし，各反復で多くの組を信頼がおけるものとして採用すると，反復の回数は少なくて済むが，その代わりに，結果が悪化する可能性がある．典型的には，満足のいく結果を得るためには，5回程度の反復が必要とされる．この手法では可能なアライメントの種類について何の制限もなく，とても頑健であり，「悪い」文は最終的なアライメントにおいてただ何とも対応しないだけである．結果もよい．サイエンティフィックアメリカンの記事において，Kay and Röscheisen (1993) では4パス（4回の反復）の後に96%のカバレッジを達成し，残ったものは1対0と0対1の照合であった．議会議事録の1000文において5パスを行うと，七つの誤りがあった．そのうち五つは主アルゴリズムによるものではなく，彼らが用いた素朴な文境界検出アルゴリズムによるものであった．一方で，この方法は計算量が多い．大規模なテキストについて，端点のアンカーだけがある状況から始めると，非常に大きな包絡を探索することとなる．さらに，テキストの大きな部分があちこちに移動したり，削除されたり

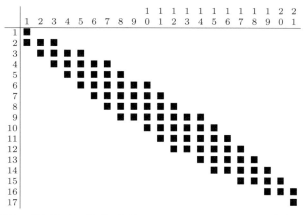

図 13.5 探索の範囲となる枕形の包絡．L_1 テキストにおける文が縦軸 (1–17) 上に示されており，L_2 テキストにおける文が横軸 (1–21) 上に示されている．両テキストの先頭の間，ならびに文の組 $(17, 21)$ の間にすでにアンカーがある．'■' は，二つの対応する文が，アルゴリズムの現在の繰り返しにおいて考慮されているアライメントの集合の中にあることを示している．(Kayand Röscheisen 1993: figure 3) に基づく．

する場合に，枕形の包絡を用いて探索範囲を多少なりとも制限すると問題を引き起こす可能性がある．ある文に対する正しいアライメントが探索の包絡の外側に位置することがあるからである．

Chen (1993)

Chen (1993) では，処理を進めながら簡単な語対語の翻訳モデルを構築することによって文アライメントを行う．このとき，最良のアライメントは，その翻訳モデルが与えられた状況下でコーパスが生成される尤度を最大化するものである．この最良のアライメントは，ここでも動的計画法を用いて見つけ出される．Chen は，従来の長さに基づく手法は頑健性に欠けており，また，従来の語彙的な手法は遅すぎて大規模タスクに対しては現実的ではないのに対して，彼の手法は頑健であり，(簡単な翻訳モデル，ならびに最良のアライメントの探索を改善する閾値に基づく手法のため) 実用に十分な速さを持つうえに，従来の手法よりも正確である，と主張している．

同モデルは，アライメントのコストを推定する際に翻訳モデルが用いられる点以外は，Gale and Church (1993) のそれに似ている．つまり，二つのテキスト S と T の位置合わせを行うために，これらを文ビーズ B_k の系列に分割する．文ビーズは，以前述べたように各言語について 0 以上の文を保持しており，ビーズの系列がコーパスを被覆するようにする．

$$B_k = (s_{a_k}, \ldots, s_{b_k}; t_{c_k}, \ldots, t_{d_k})$$

そして，文ビーズ間の独立性を仮定して，最も確率の高いコーパスのアライメ

ント $A = B_1, \ldots, B_{m_A}$ を次式で決定する.

$$\arg\max_A P(S, T, A) = \arg\max_A P(m_A) \prod_{k=1}^{m_A} P(B_k)$$

項 $P(m_A)$ は, m_A 個のビーズからなるアライメントが生起する確率であるが, Chen はその分布が, コーパス中の文数より大きく適当な高い値 ℓ までは一様であり, その後は 0 となると示唆して, この項を実質的には無視している.

　このときタスクは, あるビーズに対して, 各文の長さだけに基づくモデルよりも正確に確率推定とコスト計算を与えるような翻訳モデルを決定することである. Chen は, 簡潔さと効率のよさのために, かなり単純な翻訳モデルに限るべきであると主張している. 用いたモデルでは, 語順の問題や翻訳時に 2 語以上に対応する語が存在する可能性を無視している. それは**語のビーズ** (*word bead*) を用い, 1 対 0, 0 対 1, 1 対 1 の語ビーズに制限している. このモデルの本質は, ある語がもう一方の語によく翻訳されるのであれば, それに対応する 1 対 1 の語ビーズの確率が高くなり, 同じ語を用いる 1 対 0 と 0 対 1 の語ビーズの確率の積よりもかなり高くなるということにある. この翻訳モデルは, 13.3 節で導入されるモデルにとても近いので, ここではその詳細については省略する. このプログラムはアライメントの確率について, ビーズ中の文から導出される可能な語ビーズの構成にわたって和をとるのではなく, 単に最良の値を選ぶ. 実際のところ, それは最良のものを必ずしも見つけない. なぜならば, 最良の語ビーズ構成を貪欲探索するからである. プログラムはまず推定上のアライメントとなる 1 対 0 と 0 対 1 のビーズの構成から始め, 1 対 0 や 0 対 1 のビーズをアライメントの確率が最も改善するように貪欲に 1 対 1 のビーズに置き換えていくことを, 改善されなくなるまで行う.

語のビーズ
(WORD BEAD)

　Chen のモデルのパラメータは, ビタビ版の EM アルゴリズムにより推定される[2]. このモデルは人手で位置合わせされた 100 文対からなる小さなコーパスからブートストラップにより得られる. その後, 各言語から得た（注釈のない）2 万の対応文からなる集合において漸増版の EM アルゴリズムを用いて, パラメータを再推定する. このモデルは最後にデータ全体を通した 1 パスによりコーパスの位置合わせを行う. 最良の全体的なアライメントを得る手法については, Gale and Church (1993) と同様に, 動的計画法が用いられる. しかし, （二次多項式計算量である動的計画法ではなく線形探索となるように）閾値手法が計算速度の観点から用いられている. ビームサーチが用いられ, 先頭部の部分的なアライメントのうち, 最良の部分的アライメントとほぼ同等によいもののいくつかがビームの中で管理される. 探索を限定するこの技法は一般に

---

[2] 標準の EM アルゴリズムにおいては, 各データ項目に対し, あることを行うすべての方法にわたって和を求め, パラメータの期待値を得る. 時には, 計算上の理由から, 各データ項目に対してあることを行う最良の方法の確率をそのまま用いるような簡便法が採用されることもある. この手法は, ビタビ版の EM アルゴリズムと呼ばれる. これは発見的手法ではあるが, 適度に効果的でありうる.

とても効果的であるが，一方のテキストにおいて大きな領域の削除や挿入があると問題を引き起こす（元の動的計画法では，そのような事態に対してより一層に頑健に違いないが，Simard and Plamondon (1996) を参照のこと）．しかし，Chen は，大きな領域の削除を検出することは簡単である（すべてのアライメントの確率が低くなり，探索ビームの幅が広くなる）と示唆しており，そのときには，特別な手続きが起動され，削除の後ろにある明らかなアライメントを探索する．その後，通常のアライメント過程がその場所から再開される．

　この手法は大規模アライメントのために用いられた．英語とフランス語の各々について，カナダ議会議事録と EEC 議事録から得た数百万文が対象である．Chen は，出力されたアライメントが Brown et al. (1991c) の結果と異なる箇所を調べて，誤り率を推定している．彼は，全テキストに対して誤り率が 0.4% であると推定しているが，ほかの研究者はもっと高い誤り率か，あるいはテキストの部分集合に対してのみ同様の誤り率を報告している．最後に Chen は，誤りのほとんどが，利用した「恐ろしくよいわけではない」文境界検出手法によることが明らかであり，翻訳モデルのさらなる改善がアライメントの改善につながる見込みはなく，むしろ，アライメント過程をより遅くしてしまう傾向にあると示唆している．しかし，この研究では，照合を 1 対 0, 0 対 1, 1 対 1, 2 対 1, 1 対 2 に限定しているため，時折生じる稀なアライメントを発見しそこねることに注意されたい．このモデルをほかの型のアライメントに拡張することは直截的に見えるが，実際には Gale and Church の手法は稀なアライメント型を発見することにあまり成功していない．Chen は，含まれるアライメントの型に応じて破綻した結果を示していない．

Haruno and Yamazaki (1996)

　Haruno and Yamazaki (1996) は，構造的に異なる言語において短いテキストの位置合わせを行おうとする際に，上記の方法がいずれも効果的に機能しないと主張している．彼らの提案した手法は本質的に Kay and Röscheisen (1993) の変種であるが，この論文にはいくつかの興味深い観察が述べられている [3]．まず，彼らは，日本語と英語のように構造的に大きく異なる言語においては，語彙的照合において機能語を含めることが実際にはアライメントの妨げとなるので，彼らはすべての機能語を除外し，内容語に対してのみ語彙的照合を行うことを提案している．これは，品詞タグ付け器を用いて両言語の語を分類することにより実現されている．次に，短いテキストの位置合わせを行おうとする場合には，繰り返し現れる語が十分にないので，Kay and Röscheisen (1993) が述べる技法では信頼のおけるアライメントを求めることができない．そこで，彼

---

[3] 一方，相互情報量を語の照合に用いたり（5.4 節の議論を参照のこと．t スコアを使用して，頻度が低いときの相互情報量の低信頼性を排除することを追加してはいるが，それは部分的な解決に過ぎない），辞書から得た知識をコーパスの統計量と組み合わせるアドホックなスコア関数を用いている点において，彼らの手法の詳細にはいくつかの疑問が残る．

らはオンライン辞書を用いて照合可能な語の対を見つけようとした．これら両技法は，初期の統計的自然言語処理を特徴付ける知識の乏しいアプローチから，知識が豊富なアプローチへの移行を示すものである．現実的な目的においては，タグ付け器やオンライン辞書のような知識源が広く利用できるので，単にイデオロギーを理由としてそれらを用いないというのはばかげているように思う．一方で，より技術的なテキストを扱う場合について，Haruno and Yamazaki は，テキスト内で語の対応を見つけることが依然として重要であると指摘している．これは，辞書を用いることがその代替にならないからである．そのため，いくつかの手法を組み合わせることにより，極めて異なる言語間における短いテキストであっても，かなり良い結果を達成することができた．

13.1.5 まとめ

結論としては，統制された翻訳環境から綺麗なテキストを得ることができるのであれば，文アライメントは難しい問題ではなく，よく機能する方法が今では数多くある．一方で，現実世界の問題で直訳が少なかったり，同語源語が少なく異なる記法を持つ言語群が対象であったりする場合には無視できない問題が提起されうる．語彙項目間の関係を何らかの方法でモデル化する手法は，この種の状況においてより一層一般的かつ頑健である．信号処理技法と全文アライメント技法はいずれも，ある文とその翻訳の間の照合の詳細構造に対する粗い近似となる（図 13.2 に示される照合の詳細な微細構造と今一度比較せよ）が，両者は異なる性質を持つ．どれを用いるかの選択は，対象となる言語，求められる正解率，想定されているテキストアライメントの応用より決められるべきである．

13.1.6 練習問題

練習問題 13.1 [⋆]

読者が知っている二つの言語において，長さに基づくアプローチにおける基本的な仮定が破綻する，すなわち，短い文と長い文が互いに翻訳となる例を見つけよ．長さが語数により定義される場合には，そのような実例を見つけるのがより簡単であろう．

練習問題 13.2 [⋆]

Gale and Church (1993) は，語数の分散のほうがより大きいので，文字数で長さを測ることが望ましいと主張している．語数に基づく長さがより変わりやすいということに同意するか．それはなぜか．

練習問題 13.3 [⋆]

図 13.4 に示したドットプロット図は実際には正確ではない．主対角線に対して対称ではないからである（確認してみよ）．そうなるべきである．それはなぜか．

13.2 語のアライメント

対訳辞書
(BILINGUAL
DICTIONARY)
用語データベース
(TERMINOLOGY
DATABASE)

位置合わせされたテキストの一般的な利用方法は，**対訳辞書** (*bilingual dictionary*) や**用語データベース** (*terminology database*) を導出することである．これは通常二つのステップでなされる．まず，テキストアライメントが語のアライメントへと拡張される（語とテキストのアライメントが同時に誘導されるアプローチをとらない限り）．次に，頻度などの基準を用いて，対訳辞書に収録するのに十分な根拠がある，位置合わせされた組が選定される．例えば，語のアライメントの実例 "*adeptes – products*"（図 13.2 から導出されるアライメントの一つ）がただ一つだけが存在する場合，おそらくそれを辞書に含めることはしないであろう（*adeptes* はこの文脈では 'users' を意味し，'products' は意味しないので，ここでは正しい判断である）．

関連
(ASSOCIATION)

語のアライメントに対する一つのアプローチが 5.3.3 節において手短に議論された．それは，関連 (association) の度合いに基づく語のアライメントである．Church and Gale (1991b) で用いられた χ^2 値などの関連度は，二言語テキストから語のアライメントを計算する効率の良い手法である．多くの場合，特に，確信度に対し高い閾値を用いた場合，満足のいくものである．しかし，L_1 のある語が L_2 の 2 語以上と頻繁に生起する状況においては，関連度は誤りをもたらすことがある．*house* が間違って，*chambre* ではなく *communes* に翻訳されてしまうというのが一つの例である．これは，議会議事録において，*House* が，フランス語の句 *Chambre de Communes* の中の両単語と最もよく生起するからである．

純粋な関連度では無視されるような情報源を考慮に入れると，*chambre↔house* のような語の対を同定可能である．すなわち，ある一つの語は，平均的には，他方の言語におけるただ一つの語の翻訳結果であるという事実がそれである．もちろん，これは，位置合わせされたテキストにおける一部の語についてのみ成り立つのではあるが，その一方で，1 対 1 対応を仮定することで高精度の結果が得られることが示されている (Melamed 1997b)．この種の情報を利用するほとんどのアルゴリズムは，EM アルゴリズムの実装であるか，あるいはそれと類似した，語の対応の仮説となる辞書と，位置合わせがされたコーパスにおける語トークンのアライメントとの間を行き来する過程を含む．その例には，前節で述べた Chen (1993)，次節で述べる Brown et al. (1990) や，Dagan et al. (1993)，Kupiec (1993a)，Vogel et al. (1996) などがある．これらのアプローチの多くで，まず，位置合わせされたトークンから語の対応を再計算し，次に，改善された語の対応付けに基づいて，トークンのアライメントを再

句 (PHRASE)

計算するという過程が数回繰り返される．ほかの研究者たちは，句 (*phrase*) の間の対応関係を導出するというさらに複雑なものに取り組んでいる．なぜならば，多くの場合において，望ましい出力は術語表現のデータベースであり，術

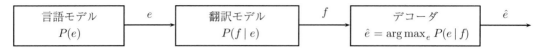

図 13.6 機械翻訳における雑音のある通信路モデル．言語モデルが英文 e を生成する．翻訳モデルが e をフランス語文 f として伝送する．デコーダ（decoder, 復号器）が，f を最もよく生起させる英文 $\hat{e}$ を探し出す．

語表現の多くは非常に複雑である (Wu 1995; Gaussier 1998; Hull 1998)．複数回の繰り返しが必要であるので，これらアルゴリズムのいずれも，純粋な関連度に基づく手法に比べて，多少なりとも効率が悪い．

結言として，今後の研究では，位置合わせされたテキストからすべてを導出する試みよりも，既存の対訳辞書に見られる事前知識を大いに活用することが行われそうであることに注意されたい．そのようなアプローチの例としては，Klavans and Tzoukermann (1995) を参照されたい．

13.3 統計的機械翻訳

雑音のある通信路モデル（ノイジーチャネルモデル，NOISY CHANNEL MODEL）

2.2.4 節では，**雑音のある通信路モデル（ノイジーチャネルモデル,** *noisy channel model*）を紹介した．自然言語処理におけるその応用の一つが，図 **13.6** に示す機械翻訳である．フランス語から英語へ翻訳するために，英文 e を入力として受け，それをフランス語文 f に変換し，そのフランス語文 f をデコーダに送るという，雑音のある通信路を設定する．デコーダは，f が最もよく生起する英文 $\hat{e}$ を決定する（そして，それは，必ずしも e と同一であるとは限らない）．

ここで，我々はフランス語から英語への翻訳のために三つの部品を構築する必要がある．すなわち，言語モデル，翻訳モデル，デコーダである．我々は，モデルのパラメータである**翻訳確率**（*translation probabilities*）も推定しなければならない．

言語モデル： 言語モデルは英文に対する確率 $P(e)$ を与える．我々はすでに，n–グラム（6 章）や確率的文法（11 章，12 章）に基づき言語モデルを構築する方法について学んでいるので，ここでは，我々は適切な言語モデルを有していると仮定する．

翻訳モデル： 語のアライメントに基づく簡単な翻訳モデルがあるとする．

(13.5)
$$P(f\,|\,e) = \frac{1}{Z} \sum_{a_1=0}^{l} \cdots \sum_{a_m=0}^{l} \prod_{j=1}^{m} P(f_j\,|\,e_{a_j})$$

ここで，Brown et al. (1993) の記法を用いている．すなわち，e は英文，l は語数で数えた e の長さ，f はフランス語の文，m は f の長さ，f_j は f 中の語 j，a_j は f_j が位置合わせされた e 中の位置，e_{a_j} は e 中の語で f_j が位置合わ

13.3 統計的機械翻訳 431

翻訳確率
(TRANSLATION
PROBABILITY)

せされたもの，$P(w_f \mid w_e)$ は**翻訳確率** (*translation probability*) で，英文中に w_e が観測された状況においてフランス語文の中に w_f を観測する確率，Z は正規化のための定数である．

この式の基本的な考え方は，かなり直截的である．m 個の和 $\sum_{a_1=0}^{l} \cdots \sum_{a_m=0}^{l}$ は，フランス語単語から英単語へのすべての可能なアライメントにわたって加算するものである．a_j に対する $a_j = 0$ は，フランス語文中の語 j が**空の** *cept* (*empty cept*) に位置合わせされること，すなわち，それが（明示された）翻訳を持たないことを意味する[4]．一つの英単語が，フランス語の複数の語と位置合わせされうるのに対し，フランス語の単語の各々はたかだか一つの英単語と位置合わせされることに注意されたい．

空の CEPT
(EMPTY CEPT)

ある一つのアライメントについては，各翻訳の独立性を仮定して，m 個の翻訳確率を掛け合わせる（翻訳確率の推定の仕方については以下を参照のこと）．例えば，

$$P(Jean\ aime\ Marie \mid John\ loves\ Mary)$$

をアライメント (*Jean, John*), (*aime, loves*), (*Marie, Mary*) に対して計算したいときには，対応する次の三つの翻訳確率を掛け合わせる．

$$P(Jean \mid John) \times P(aime \mid loves\ ) \times P(Marie \mid Mary)$$

要約すると，$P(f \mid e)$ はすべてのアライメントの確率の和を求めることにより計算される．各アライメントに対して，二つの（大胆な）簡略化の仮定を置く．すなわち，1) 各フランス語単語は，ちょうど一つの英単語（もしくは空の cept）によって生成され，2) 各フランス語単語の生起は，その文のほかのすべてのフランス語単語の生起とは独立である[5]．

デコーダ： 2.2.4 節でデコーダの例をいくつか見たが，本デコーダは同種の最大化を行うものであり，f が固定であるため最大化から $P(f)$ を省略できるという観察に基づく．

(13.6)
$$\hat{e} = \arg\max_e P(e \mid f) = \arg\max_e \frac{P(e)P(f \mid e)}{P(f)} = \arg\max_e P(e)P(f \mid e)$$

問題は探索空間が無限であることであり，そのために，ヒューリスティックに基づく探索アルゴリズムが必要である．一つの可能性は，スタックサーチを用いることである（12.1.10 節を参照のこと）．基本的な考え方は，英文を漸増的に構築する点にある．部分的な翻訳の仮説のスタックを管理する．各時点にお

---

[4] 訳注：Brown et al. (1993) によれば，「パッセージを見るとき，概念 (concept) を直接見ることはできず，それらが背後にある語を見ることができるだけである．これらの語がある一つの概念に関連してはいるが，一部始終を完全に表すわけではないことを示すために，これらが一つの cept を形成するという．」

[5] 逆方向に向かうときには，一つの英単語がフランス語の複数の語に対応しうることに注意されたい．

いて，少数の語とアライメントにより仮説を拡張した後，拡張された仮説のうち最もありえないものをいくつか捨て去り，スタックを刈り込み直前の大きさにもどす．このアルゴリズムは最良の翻訳を見つけることを保証しないが，効率よく実装できる．

翻訳確率：　翻訳確率は，EM アルゴリズムを用いて推定される（EM アルゴリズムに対する一般的な導入は 14.2.2 節を参照されたい）．文単位で位置合わせされたコーパスを有することを仮定する．

　前節で語のアライメントに関して議論したように，どの語がどの語に対応するのかということを推測する一つの方法は，χ^2 値のような関連度尺度を計算することである．しかし，この手法は多くの怪しい対応関係を生成してしまう．なぜならば，原言語側のある語が，目的言語側の二つ以上の語と関連付けられることに対してペナルティを与えないからである（*chambre↔house*, *chambre↔chamber* という例を思い出そう）．

貢献度分配問題
(CREDIT
ASSIGNMENT)

　この EM アルゴリズムの基本的な考え方は，それが**貢献度分配問題**（*credit assignment*）を解いている点にある．原文のある語が翻訳文のある語に強く位置合わせされているのであれば，翻訳文のほかの語と位置合わせすることはもうできない．これは，二重三重の位置合わせが行われる場合を回避しつつ，位置合わせされていない語の過剰な発生を防ぐ．

　翻訳確率 $P(w_f \,|\, w_e)$ を乱数で初期化するところから始める．E ステップにおいて，英文に w_e が存在することが所与のときに，フランス語文において w_f を見いだす回数の期待値を計算する．

$$z_{w_f, w_e} = \sum_{(e,f) \text{ s.t. } w_e \in e, w_f \in f} P(w_f \,|\, w_e)$$

ここで，英文が w_e を含み，フランス語文が w_f を含むような，位置合わせされた文対のすべてにわたって和を求めている（ここで少しだけ簡略化をしている．一文中にある語が 2 回以上出現する場合を無視しているからである）．

　M ステップでは，これら期待値から翻訳確率を再推定する．

$$P(w_f \,|\, w_e) = \frac{z_{w_f, w_e}}{\sum_v z_{v, w_e}}$$

ここで，加算の範囲はすべてのフランス語の単語 v である．

　我々が述べてきたものは，Brown et al. (1990) ならびに Brown et al. (1993) で述べられたアルゴリズムを非常に簡略化したものである（Kupiec (1993a) も参照のこと．アライメントに対する EM アルゴリズムに関する明解な記述がある）．これらのモデルにおいて，我々が簡略化した主たる部分は，疑わしいアライメントに対してペナルティを与える部分である．例えば，英文の先頭に存在するある英単語が，フランス語文の末尾にあるフランス語の単語と位置合わせ

歪み (DISTORTION)

されたとすると，位置合わせされた二つの語の位置に関する**歪み** (*distortion*) により，そのアライメントの確率が下がる．

産出力 (FERTILITY)

　同様に**産出力** (*fertility*) という概念が導入されている．これは，各英単語についてフランス語の語が通常いくつ生成されるかを表す．この制約を適用しないモデルにおいては，フランス語の各語がそれぞれ異なる英単語から生成されるか，もしくは，少なくともそれにほぼ似た状況の場合（ある意味通常の場合）と，フランス語のすべての語が単一の英単語から生成される場合とを区別しない．産出力という概念により，多くの場合，語のアライメントが1対1と1対2であるという傾向を掴むことができる（このモデルでは1対0がもう一つの可能性であるが）．例えば，これらモデルがテストされたコーパスにおいては，*farmers* の最尤の産出力は2であった．なぜならば，それが，2語 *les agriculteurs* に翻訳されることが最も多かったからである．ほとんどの英単語は，単一のフランス語単語に翻訳される傾向にあるので，最尤産出力は1である．

　位置合わせされた議会議事録コーパスにおける，このモデルの評価によれば，フランス語文の約48%だけが正確に復号化（つまり翻訳）された．誤りは，文 (13.7) にあるような間違った復号化であるか，文 (13.8) にあるような非文法的な復号化であった (Brown et al. 1990: 84)．

(13.7)　　a. **原文**： Permettez que je donne un example à la chambre.

　　　　　b. **正しい翻訳**： Let me give the House one example.

　　　　　c. **間違った復号化**： Let me give an example in the House.

(13.8)　　a. **原文**： Vous avez besoin de toute l'aide disponible.

　　　　　b. **正しい翻訳**： You need all the help you can get.

　　　　　c. **非文法的な復号化**： You need of the whole benefits available.

　Brown et al. (1990) ならびに Brown et al. (1993) における詳細な解析によって，このモデルにはいくつかの問題があることがわかった．

- **産出力の非対称性**：一つのフランス語単語は，しばしば，英語の複数の語に対応する．例えば，*to go* は *aller* に翻訳される．提案された定式化においては，これを一般化したものを獲得するすべがない．このモデルは，*to* を空集合に，*go* を *aller* に翻訳することにより，*to go* が含まれる個々の文を正しく得ることができる．しかし，個別対応による誤りやすい方法で行われており，これら二つの表現に関する一般的な対応関係に注意をはらっていない．

　ここに非対称性があることに注意されたい．なぜならば，ある一つの英単語がフランス語の複数の語に対応することを定式化することはできるからで

ある．これに相当するものが *farmers* の例である．すなわち，産出力が 2 であり，二つの語，*les* と *agriculteurs* を生成する．

- **独立性の仮定**：統計的自然言語処理においてしばしばそうであるように，確率モデルを構築する際に数多くの独立性の仮定がなされるが，これらは厳密には成立しない．その結果，モデルが短い文を不当に有利に扱ってしまう．簡単に言えば，より少ない個数の確率値が掛け合わせられるので，結果として得られた尤度がより大きな値となるからである．この問題は，文長 l に伴い増加する定数 c^l を最終の尤度に乗じることにより解決することもできるが，より原理的な解決策は，不適切な独立性の仮定を置く必要のない，より洗練されたモデルを開発することである．Brown et al. (1993: 293) ならびに 12.1.11 節の議論を参照されたい．

- **訓練データに対する鋭敏性**：モデルや訓練データにおける小さい変化（例えば，議会議事録の異なる部分から訓練データを取得することなど）がパラメータ推定における大きな変化を引き起こしうる．例えば，1990 年のモデルでは翻訳確率 $P(le \mid the)$ が 0.610 であったのに対し，1993 年のモデルでは 0.497 であった (Brown et al. 1993: 286)．必ずしも，そのような相違が翻訳性能に否定的な影響を与えるというわけではない．しかし，許容できる結果を得るためには訓練テキストと適用先のテキストがどれくらい類似している必要があるのかという問題を確かに提起している．品詞タグ付けの場合における訓練コーパスと適用先コーパスの間の相違の効果についての議論は 10.3.2 節を参照されたい．

- **効率性**：おそらく，復号するのに非常に長い時間がかかるためだと考えられるが，30 語より長い文は訓練セットから取り除かなければならなかった (Brown et al. 1993: 282)．

これらは，表面的にはモデルの問題であるが，いずれもモデルにおいて言語学的知識が欠けていることに関連している．例えば，統語解析によれば文の部分同士を関係付けることができるので，産出力の概念を用いてそのような関係を不適切に模擬しなくてよくなる．そして，より強力なモデルによれば独立性の仮定をより少なくでき，（より高いバイアスがパラメータ推定における分散を減らすため）訓練データをより有効活用できるとともに，復号時に探索空間を削減し，効率に関して潜在的な恩恵を得られる．

Brown et al. (1990) ならびに Brown et al. (1993) で見いだされたまた別の問題により，システムに符号化された言語知識の不足が多くの翻訳誤りを引き起こすということがまさに示された．

- **句の概念の欠如**：このモデルは個々の語を関係付けるだけである．高い産出力を持つ語の例が示すように，本当は句の間の関係をモデル化しなければならない．例えば，*to go* と *aller* の間の関係や，*farmers* と *les agriculteurs*

13.3 統計的機械翻訳　　　　　　　　　　　　　　　　　　　　　　　　　435

の間の関係などである.

- **非局所的依存関係**：非局所的な依存関係は，n–グラムモデルのような「局所的」なモデルでは捉えることが難しい（3 章の 89 ページを参照のこと）．それゆえ，翻訳モデルが正しい語の集合を生成したとしても，長距離依存が生じる場合には，言語モデルがそれらを正しく組み立てられない（つまり，再構成された文に低い確率が付与される）であろう.　ここで議論した二つのモデルの上に構築されている最近の研究では，この問題に対処するために文に前処理を施して長距離依存の数を削減している (Brown et al. 1992a).　例えば，*is she a mathematician* は前処理段階において *she is a mathematician* に変換される.

- **形態論**：形態的に関連する語が独立した記号として扱われる.　例えば，フランス語の動詞 *diriger* の 39 に及ぶ形態の各々は適切な文脈において *to conduct* や *to direct* などに翻訳されるということを，各々の形態に対して独立に学習しなければならない.

- **疎なデータの問題**：語に関するほかの情報源からの助けを得ずに，パラメータを訓練事例だけから推定するので，稀な語に対する推定は信頼性が低い.　Brown et al. (1990) においては稀な語を含む文を評価の対象外としている.　なぜならば，低頻度語の良い特徴を自動的に導出することが難しいからである.

まとめると，ここで述べた雑音のある通信路モデルに関する主たる問題は，自然言語についての領域知識をほんの少ししか取り入れていないことである.　これは，Brown et al. (1990) ならびに Brown et al. (1993) においてなされた議論の一つである.　そのため，（Brown et al. (1992a) から始まる）統計的機械翻訳に関するその後の研究においては，言語に内在する言語的な規則性を定式化するモデルを構築することに焦点を置いている.

その中でも Brown et al. (1993) で示されたように，非言語的なモデルは，語のアライメントに対してことのほか成功している.　本節で議論した研究成果によれば，それは機械翻訳に対しては上手くいかないということが示唆されている.

練習問題 13.4　　　　　　　　　　　　　　　　　　　　　　　　　　　　[⋆⋆]

このモデルのタスクはフランス語の入力文が与えられたときに，英文を見つけ出すことである.　なぜ，単に $P(e \mid f)$ を推定し，言語モデルなしで行わないのであろうか.　もし $P(e \mid f)$ によるとして，非文法的なフランス語の文について何が起こるであろうか.　$P(f \mid e)$ による上述のモデルにおいて，非文法的なフランス語の文について何が起こるであろうか.　これらの質問は Brown et al. (1993: 265) で解答が与えられている.

練習問題 13.5　　　　　　　　　　　　　　　　　　　　　　　　　　　　[⋆]

翻訳確率と産出確率はどの語が生成されるかを教えてくれるが，それらをどこに配置するかは教えてくれない.　少なくともほとんどの場合で，復号化された文において，生成された語が最終的には正しい位置となるのはなぜか.

練習問題 13.6 [★★]

ビタビ翻訳 (*Viterbi translation*) は，最尤アライメントから得られた翻訳結果として定義される．言い換えると，式 (13.5) の翻訳モデルのように，すべての可能なアライメントにわたって合計するのではない．ビタビ翻訳と式 (13.5) による最良の翻訳との間に顕著な差異があると期待するか．

ビタビ翻訳 (Viterbi translation)

練習問題 13.7 [★★]

EM アルゴリズムのための小さな訓練事例を構築し，少なくとも 2 回の反復計算を行え．

練習問題 13.8 [★★]

機械翻訳を目的とする場合，n–グラムモデルは短い文に対する合理的な言語モデルである．しかし，文が長くなると，語を並べて文法的な文にする（意味的には別の）やり方が複数ある可能性が高くなる．(a) 4 英単語の集合，ならびに (b) 10 英単語の集合のうち，文法的であり，かつ，意味的には異なる二つの系列にすることができるものを見つけよ．

13.4 さらに学ぶために

機械翻訳における統計的な手法に関する背景をさらに知りたければ，概説論文である Knight (1997) を勧める．効率のよいデコーディングアルゴリズム（実際問題として，統計的機械翻訳において最も難しい問題の一つ）に興味のある読者は Wu (1996)，Wang and Waibel (1997)，ならびに Nießen et al. (1998) を参考にすべきであろう．Alshawi et al. (1997)，Wang and Waibel (1998)，ならびに Wu and Wong (1998) では，（図 13.1 の用語でいうところの）統計的な逐語的アプローチを統計的トランスファーアプローチに置き換えることを試みている．統計的生成アルゴリズムが Knight and Hatzivassiloglou (1995) によって提案されている．

機械翻訳に対する「経験論的な」アプローチで，ここで扱った雑音のある通信路モデルとは異なるものとしては，**用例に基づく翻訳** (*example-based translation*) がある．用例に基づく翻訳においては，位置合わせのされたコーパスにおいて最も類似した照合結果をテンプレートとして用いて，文を翻訳する．位置合わせのされたコーパスにおいて完全一致するものがあれば，以前の翻訳結果を単に取り出し終了する．それ以外の場合は，以前の翻訳結果を適切に改訂する必要がある．用例に基づく機械翻訳システムの解説は，Nagao (1984) ならびに Sato (1992) を参照されたい．

用例に基づく翻訳 (EXAMPLE-BASED TRANSLATION)

語の対応を求める目的の一つは，未知語を翻訳する際に利用することである．しかし，位置合わせされたコーパスから自動的に獲得できたとしても，任意の新しいテキストにおいては，特に名称において，依然として未知語が現れうる．これは，異なる表記法を用いる言語間で翻訳をするときに固有の問題である．なぜならば，例えば日本語から英語への翻訳において，未知の文字列をそのまま用いることはできないからである．Knight and Graehl (1997) は，原言語の名称の表記形態から直接的に目的言語の表記形態を推論する**翻字** (*transliteration*) システムにより，どれくらいの数の固有名が扱えるかを示した．ラテン文字は，

翻字 (TRANSLITERATION)

キリルのような文字セットにかなり組織的に翻字されるので，しばしば，元の
ラテン文字による表記形態を完全に復元できる．

　語の対応を求めることは，機械翻訳用の知識獲得を行うというより一般的な
問題の一つの特殊事例とみなすことができる．我々がここで議論した個別の問
題を超えて，機械翻訳の文脈における知識獲得についてより高度な考え方を知
るためには，Knight et al. (1995) を参照されたい．

　並行テキストを語義曖昧性解消の知識源として用いることが Brown et al.
(1991b) ならびに Gale et al. (1992d) で述べられている（7.2.2 節も参照の
こと）．製品の文書を改訂している翻訳者への支援としてテキストアライメント
を用いる事例は，Shemtov (1993) から得たものである．本章冒頭のアライメ
ントの例は，Gale and Church (1993) によって考察された UBS データの例
文より得たものである．ただし，彼らは語のレベルのアライメントは議論して
いない．両言語で書かれたテキストは実際にはドイツ語の原本から翻訳された
ものであることに注意されたい．位置合わせされたフランス語と英語のカナダ
議会議事録の例文に対する検索インタフェースは，Web 上で利用可能である．
Web サイトを参照されたい．

ビーズ (BEAD)
二言語テキスト
(BITEXT)
二言語テキスト
マップ
(BITEXT MAP)

　ビーズ (*bead*) という用語は，Brown et al. (1991c) によって導入されたも
のである．**二言語テキスト** (*bitext*) の概念は Harris (1988) によるものであり，
二言語テキストマップ (*bitext map*) という用語は，Melamed (1997a) による．
並行テキストのアライメントに対する信号処理アプローチに関するさらなる研
究は Melamed (1997a) や Chang and Chen (1997) に見られる．数多くの
アライメントシステムについて近年の評価結果を Web 上で知ることができる
（Web サイトを参照のこと）．異なる並行コーパスにおいてシステムの性能差が
非常に大きいことは，アライメントにおいて異なる難しさの度合いがあること
を示しており，特に興味深い．

14章

クラスタリング

クラスタリングアルゴリズム は，対象物の集合をグループ群，すなわち，**クラスタ** (*cluster*) 群に分割する．**図 14.1** はブラウンコーパスから得た 22 個の高頻度語をクラスタリングした結果の例である．この図は**樹形図** (*dendrogram*, デンドログラム) の例となっている．樹形図は枝分かれをした図であり，最下部にあるノード間の類似度が，それらを繋ぐ結合部の高さによって示される．この木のノードは，各々，二つの子ノードを併合して生成された一つのクラスタを表現している．例えば，*in* と *on* が一つのクラスタを形成し，*with* と *for* もまた同様である．これら二つのサブクラスタは，その後，四つの対象物を含む一つのクラスタに併合されている．ノードの「高さ」は，併合された二つのクラスタの類似度を減少方向で見たもの（あるいは，同じことであるが，併合が実行されていく順番）に対応する．任意の二つのクラスタ間での最大の類似度は，*in* と *on* との間の類似度であり，図における一番下の横線に対応する．最小の類似度は，*be* とそれ以外の 21 語からなるクラスタとの間のものであり，図中の一番上の横線に対応する．

クラスタリングにおける対象物はすべてトークンとして区別されるが，対象物が記述され，クラスタリングされる際には，通常，属性・属性値の集合が用いられる（これは，しばしば**データ表現モデル** (*data representation model*) として知られる）．このモデルでは複数の対象物が同一の表現形を持つことがあるので，我々のクラスタリングアルゴリズムは**バッグ** (*bag*) に対して機能するように定義することにする．バッグは，集合に似ているが同一の要素を複数持つことを許す点が異なる．ここでの目標は，似た対象物を同じグループに配置し，似ていない対象物を違うグループに割り当てることである．

ここで用いられている，語の間の「類似度」とはどのような概念であろうか．まず，ブラウンコーパスにおいて，各語の個々の出現について，左側ならびに右側に近隣する語が集計されたとする．このような分布は，ファースの着想に対するかなり正確な実装を与える．その着想は，ある語をその周囲に現れる語

欄外語彙:

クラスタ
(CLUSTER)
樹形図
(DENDROGRAM,
デンドログラム)

データ表現モデル
(DATA
REPRESENTATION
MODEL)
バッグ (BAG)

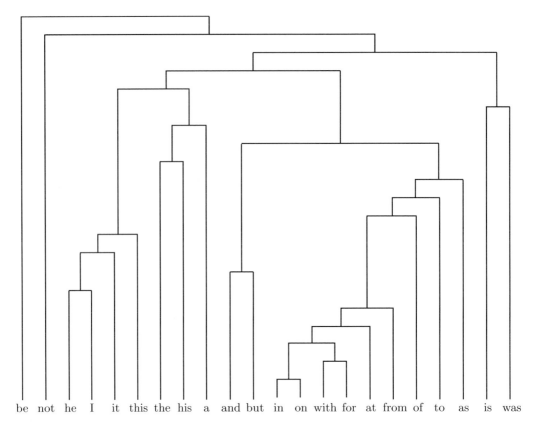

図 14.1　22 個の英語の頻出単語に対する単一リンク法でのクラスタリング結果を樹形図（デンドログラム）で示したもの．

群により分類できるというものである．ここでは，5 章のように異なる共起を見つけるのではなく，その語に関する総体的な分布パターンを獲得し，活用するものである．このとき，語の類似度は，当該の二つの語に対する近隣語群の分布における重複の度合いにより測られる．例えば，*in* と *on* の類似度は大きい．なぜならば，両単語は左側ならびに右側の近隣に，似た語を伴って現れるからである（例えば，両単語は前置詞であり，名詞句の先頭に現れる冠詞やその他の語が後続する傾向にある）．*is* と *he* の類似度は低い．なぜならば，文法的な機能が異なるために，直接隣接する語で共通するものがほとんどないからである．まず最初に，各語についてその語だけからなるクラスタを形成し，その後，クラスタリングの各ステップにおいて，最も近い二つのクラスタを併合し，新しいクラスタとする．

統計的自然言語処理において，クラスタリングには主に二つの使い方がある．先の図は，クラスタリングを**探索的データ解析** (*exploratory data analysis*: EDA) のために利用する方法を示している．英語を知らない人であっても，図 14.1 により語の粗いまとまりから品詞を導くことができるであろう．こ

探索的データ解析
(EXPLORATORY
DATA ANALYSIS)

のような直観的な理解は，これに続く分析をより容易にすることになろう．また，正しい品詞が何であるのかを知っていると仮定した場合には，この図を用いて近隣の語の重複を評価し，品詞の類似度の尺度とすることができる．このクラスタリングは，近隣語に基づく表現法の長所と短所の両者を明らかにしている．前置詞に対してはよく機能している（すべてが一つにグループ化されている）ものの，*this* や *the* などのほかの語については，文法的に近い語と一緒にグループ化されておらず，適切ではないように見える．

　探索的データ解析は，量的データを扱う取り組みにおいて重要な作業の一つとなる．我々が新しい問題に直面し，確率モデルを開発したり，単に現象の基本的な特徴を理解したいときには，探索的データ解析が最初のステップとなる．手元にあるデータがどのように見えるかという感触を得ることに対し，まず時間を割かないことは，いかなる場合でも間違いである．クラスタリングは，統計的自然言語処理における探索的データ解析に対して特に重要な技術である．なぜならば，言語的な対象物に対しては，図による直接的な可視化がしばしば存在しないからである．ほかの領域，特に数値や地理に関するデータを扱うものには，例えば，疫学における特定疾病の罹患地図などのように，理解しやすい可視化がしばしば存在する．データをよりよく可視化する技術は，新しい一般化を目立つようにし，データに対する誤った仮定を置くことを防止しやすくする．

　ほかにも，対象物の集合を（書籍のページのような）2 次元平面に提示するよく知られた技術がある．それらについては，14.3 節を参照されたい．探索的データ解析に用いる場合，クラスタリングは，採用する可能性のある数ある技術の一つに過ぎない．しかし，それは，より豊かな階層構造を生成することができるという利点を持つ．それはまた作業にあたってより利便性が高い．なぜならば，視覚的提示の方が複雑であるからである．視覚的提示では，ディスプレイに表示される対象物に対しどのようにラベル付けをするかということに気を遣わなければならず，また，クラスタリングとは対照的に，ある対象物の視覚的表現のそばにわかりやすい説明記述を与えることができない．

一般化
(GENERALIZATION)
　自然言語処理におけるクラスタリングのもう一つの主たる用途は，**一般化**（*generalization*）である．我々は 6.1 節においてこれを，**ビン**（*bin*），あるいは**同値類**を形成すると呼んでいた．そこでは，あらかじめ決められた何らかの方法によってデータ点がグループ化されるとしていたが，ここでは，データからビンを帰納する．

　例として，フランス語から英語にテキストを翻訳するために，名詞 *Friday* とともに用いるべき正しい前置詞を決定したいとする．また，*on Sunday, on Monday, on Thursday* という句が含まれるが *on Friday* は含まれない英語の訓練テキストが手元にあるとする．*on* が *Friday* とともに用いるべき正しい前置詞であることは，次のようにして推論できる．類似し

た統語的・意味的環境を持つグループに英語の名詞をクラスタリングできる
とすれば，曜日名は同じクラスタになるであろう．これは，曜日名が "un-
til 曜日名"，"last 曜日名"，"曜日名 morning" といった環境を共有するか
らである．クラスタ内の一つの要素に対する正しい環境はまた，そのクラス
タのほかの要素についても正しいという仮定の下，on Sunday, on Mon-
day, on Thursday の存在より，on Friday の正しさを推論することがで
きる．つまり，クラスタリングは**学習** (learning) の一手法なのである．我々
は対象物をクラスタにグループ分けし，クラスタのいくつかの要素について
我々が知っていること（例えば前置詞 on の適切性）をほかの要素へ一般化を
する．

対象物群をグループに分割するもう一つの方法は**クラス分類** (classification)
であり，それは 16 章の主題である．相違点は，クラス分類が**教師あり** (super-
vised) であり，各グループに対してラベル付きの訓練事例の集合を必要とする
ことにある．クラスタリングは訓練データを必要とせず，クラスラベルのつい
た訓練事例を提供する「教師」がいないので，**教師なし** (unsupervised) と呼
ばれる．クラスタリングの結果は，例えば，前述の樹形図における前置詞，冠
詞，代名詞に対する異なる近隣語のように，データにおける自然な区分にのみ
依存しており，あらかじめ存在するカテゴリわけの方式のいずれにも依存しな
い．クラスタリングは自動分類もしくは教師なしの分類と呼ばれることもある
が，混乱を避けるために我々はこれらの用語を使用しない．

クラスタリングアルゴリズムには，多くの異なるものがあるが，それらはいく
つかの基本的な型に分けられる．クラスタリングアルゴリズムによって生成さ
れる構造には二つの型がある．すなわち，**階層的クラスタリング** (hierarchical
clustering) と，**フラット** (flat) な，すなわち，**非階層的クラスタリング** (non-
hierarchical clustering) である．フラットクラスタリングは単純にいくつかの
クラスタから成り，クラスタ間の関係はしばしば未確定のままである．フラッ
トクラスタリングを生成する多くのアルゴリズムは**反復による** (iterative)．初
期クラスタの集合から始め，対象物の再割り当てを行う再配置操作を反復する
ことにより，初期クラスタを改善していく．

階層的クラスタリングの結果は，階層構造であり，各ノードがその親ノード
のサブクラスを表すという解釈が通常なされる．木の葉は，クラスタリングさ
れた集合に属する一つの対象物である．各ノードは，その子孫に当たるすべて
の対象物を含むクラスタを表す．図 14.1 は階層的クラスタ構造の一例である．

クラスタリングアルゴリズムにおけるもう一つの重要な区別は，**ソフトクラス
タリング** (soft clustering) を行うか，**ハードクラスタリング** (hard clustering)
を行うかである．ハードな割り当てでは，各対象物はただ一つのクラスタに割
り当てられる．ソフトな割り当てでは，所属度 (degree of membership) の概
念と複数のクラスタへの所属を許す．確率の枠組みにおいては，対象物 $\vec{x}_i$ はク

ラスタ群 c_j 上の確率分布 $P(\,\cdot\,|\,\vec{x}_i)$ を持つ．ここで，$P(c_j\,|\,\vec{x}_i)$ は，$\vec{x}_i$ が c_j の要素である確率である．ベクトル空間モデルにおいては，複数のクラスタにおける所属度は，各クラスタの中心に対する当該ベクトルの類似度として定式化できる．あるベクトル空間において，クラスタ c 中の M 個の点の中心は，**重心** (*centroid*) もしくは**質量中心** (*center of gravity*) としても知られ，次のように表される．

重心 (CENTROID)
質量中心 (CENTER OF GRAVITY)

$$\vec{\mu} = \frac{1}{M} \sum_{\vec{x} \in c} \vec{x}$$

(14.1)

言い換えると，重心ベクトル $\vec{\mu}$ の各成分は，単純に，c 中の M 個の点における対応する成分の値の平均値である．

　階層的なクラスタリングにおいては，割り当ては通常「ハード」である．非階層的なクラスタリングにおいては，両種の割り当てともに一般的である．ほとんどのソフトな割り当てモデルにおいてさえも，対象物はただ一つのクラスタに割り当てられる．ハードクラスタリングとの違いは，どのクラスタが正しいものであるのかということに関して不確定性がある点である．真に複数割当であるモデルもあり，いわゆる**選言的クラスタリング** (*disjunctive clustering*) モデルと呼ばれる．そこでは，一つの対象物がまさに複数のクラスタに属することができる．例えば，語のクラスタリングにおいては，統語的ならびに意味的カテゴリの混成がありえて，*book* は，意味的である「対象物」カテゴリと統語的である「名詞」カテゴリのどちらにも完全に属す．ここでは，選言的クラスタリングモデルは扱わないこととする．選言的クラスタリングモデルの例については，Saund (1994) を参照されたい．

選言的クラスタリング
(DISJUNCTIVE CLUSTERING)

　さて，多くのクラスタリングアルゴリズムにおける仮定に由来する限界について，まず最初に述べておくことには価値があるであろう．ハードクラスタリングアルゴリズムでは，対象物ごとに割り当てるクラスタを一つ選ばなければならない．これは自然言語処理における多くの問題にとっては，どちらかというと魅力のないものである．多くの語が二つ以上の品詞を持つことはありふれたことである．例えば，*play* は名詞や動詞になりうるし，*fast* は形容詞や副詞になりうる．そして，より大きな単位の多くもまた，混じり合った振る舞いを示す．名詞化した節は，動詞のような（節としての）振る舞いと，名詞のような（名詞化による）振る舞いを示す．7 章では，一つの語についていくつかの語義がしばしば同時に活性化されることを示唆した．ハードクラスタリングの枠組みの中で，そのような場合に我々ができる最善のことは，名詞と動詞のいずれにもなりうる語に対応する追加のクラスタを定義することである．そのため，ソフトクラスタリングのほうが，自然言語処理における多くの問題に対しては幾分か適切である．それは，ソフトクラスタリングアルゴリズムが *play* のように曖昧な語を，半ば動詞のクラスタへ，半ば名詞のクラスタへと割り当てることができるからである．

表 14.1 異なるクラスタリングアルゴリズムの特徴のまとめ.

階層的クラスタリング：

- 詳細なデータ解析に向いている.
- フラットクラスタリングより多くの情報を提供する.
- 単一の最良のアルゴリズムはない（我々が述べるアルゴリズムの各々が，ある応用において最適であることがわかっている）.
- フラットクラスタリングより効率が悪い（n 個の対象物に対して，$n \times n$ の類似度係数行列を計算し，過程が進むにつれてこの行列を更新しなくてはならない）.

非階層的クラスタリング：

- 効率を考慮しなければならないか，データセットが非常に大きい場合に向いている.
- K 平均法は概念的に最も単純な手法であり，新しいデータセットに対しておそらくまず最初に用いられるべきである. なぜならば，その結果が十分であることが多いからである.
- K 平均法は単純なユークリッド表現空間を仮定しており，そのため，例えば，色等の名義データのような多くのデータセットに対して用いることができない.
- そのような場合には，EM アルゴリズムが選択すべき方法である. それは，複雑な確率モデルに基づいて，クラスタの定義や対象物の配置を考慮に入れることができる.

表 14.2 クラスタリングの章で用いられる記号.

記法	意味
$\mathcal{X} = \{\vec{x}_i\}, i \leq n$	クラスタリングされる n 個の対象物の集合
$C = \{c_j\}, j \leq k$	クラスタ（もしくはクラスタの仮説）の集合
$\mathcal{P}(\mathcal{X})$	$\mathcal{X}$ のべき集合（部分集合の集合）
$\mathrm{sim}(\cdot, \cdot)$	類似度関数
$S(\cdot)$	群平均類似度関数
m	ベクトル空間 $\mathbb{R}^m$ の次元
M_j	クラスタ c_j 中の点の数
$\vec{s}(c_j)$	クラスタ c_j 中のベクトルのベクトル和
N	訓練コーパスにおける語トークンの数
$w_{i,\ldots,j}$	訓練コーパスにおける i 番目から j 番目までのトークン
$\pi(\cdot)$	語をクラスタに割り当てる関数
$C(w^1 w^2)$	単語列 $w^1 w^2$ の頻度
$C(c_1 c_2)$	$\pi(w^1) = c_1, \pi(w^2) = c_2$ となるような単語列 $w^1 w^2$ の頻度

　本章の残りの部分では，さまざまな階層的，非階層的クラスタリング手法と，自然言語処理におけるその応用事例のいくつかを見ていく. クラスタリングがすぐに必要な状況において，ただ素早く解決法を見つけようとしている読者のために，**表 14.1** にクラスタリングアルゴリズムの特徴のいくつかを簡単に述べておく.

　異なるクラスタリングアルゴリズムにおける利点と欠点に関する議論については，Kaufman and Rousseeuw (1990) を参照されたい. 本章で用いる主な記法を**表 14.2** にまとめておく.

1: Given: 対象物の集合 $\mathcal{X} = \{x_1, \dots x_n\}$
2: 関数 sim: $\mathcal{P}(\mathcal{X}) \times \mathcal{P}(\mathcal{X}) \to \mathbb{R}$
3: **for** $i = 1$ **to** n **do**
4: $c_i = \{x_i\}$
5: **end for**
6: $C = \{c_1, \dots , c_n\}$
7: $j = n + 1$
8: **while** $|C| > 1$ **do**
9: $(c_{n_1}, c_{n_2}) = \arg\max_{(c_u, c_v) \in C \times C} \mathrm{sim}(c_u, c_v)$
10: $c_j = c_{n_1} \cup c_{n_2}$
11: $C = C \backslash \{c_{n_1}, c_{n_2}\} \cup \{c_j\}$
12: $j = j + 1$
13: **end while**

図 14.2 ボトムアップ型階層的クラスタリング (Bottom-up hierarchical clustering).

14.1 階層的クラスタリング

凝集型クラスタリング (AGGLOMERATIVE CLUSTERING)

階層的クラスタリングの木構造は，個別の対象物から始めて最も類似しているものをグループ化するというボトムアップ型でも，対象物群全体から始めてそれをグループ内の類似度が最大になるように分割していくというトップダウン型でも，生成可能である．**図 14.2** はボトムアップ型のアルゴリズムを記述している．これは，**凝集型クラスタリング** (*agglomerative clustering*) と呼ばれる．凝集型クラスタリングは貪欲アルゴリズムの一つであり，各対象物に対応するばらばらのクラスタから始める (3, 4 行目)．各ステップにおいて，最も類似した二つのクラスタが決定され (9 行目)，新しい一つのクラスタとして併合される (10 行目)．このアルゴリズムは，$\mathcal{X}$ 中のすべての対象物を保持する一つの大きなクラスタが形成されたときに停止する．それは，C に残るただ一つのクラスタである (8 行目)．

混乱しそうな問題を一つ指摘しておこう．我々は，クラスタ間の類似度の観点により，クラスタリングアルゴリズムを表現してきた．それゆえ，**最大**の類似度を持つものを結合している (9 行目)．時には，クラスタ間の距離の観点から考え，距離が**最小**のものを結合したくなることもあろう．つまり，最大値をとるのか，それとも，最小値をとるのかで，容易に混乱してしまう．距離尺度 d から類似度尺度を生成することは，例えば，$\mathrm{sim}(x, y) = 1/(1 + d(x, y))$ のように簡単である．

分枝型クラスタリング (DIVISIVE CLUSTERING)

図 14.3 はトップダウン型階層的クラスタリングを述べたものである．これは，**分枝型クラスタリング** (*divisive clustering*) とも呼ばれる (Jain and Dubes 1988: 57)．凝集型クラスタリングのように，これは貪欲アルゴリズムである．すべての対象物を保持する一つのクラスタから始めて (4 行目)，各反復においてどのクラスタが一番まとまりがないかを決定し (7 行目)，そのクラスタを分割する (8 行目)．類似した対象物のクラスタは，類似していない対象物のクラ

```
1:   Given: 対象物の集合 $\mathcal{X} = \{x_1, \ldots x_n\}$
2:       関数 coh: $\mathcal{P}(\mathcal{X}) \to \mathbb{R}$
3:       関数 split: $\mathcal{P}(\mathcal{X}) \to \mathcal{P}(\mathcal{X}) \times \mathcal{P}(\mathcal{X})$
4:   $C = \{\mathcal{X}\}$ $(= \{c_1\})$
5:   $j = 1$
6:   while $\exists c_i \in C$ s.t. $|c_i| > 1$ do
7:       $c_u = \arg\min_{c_v \in C} \mathrm{coh}(c_v)$
8:       $(c_{j+1}, c_{j+2}) = \mathrm{split}(c_u)$
9:       $C = C \backslash \{c_u\} \cup \{c_{j+1}, c_{j+2}\}$
10:      $j = j + 2$
11: end while
```

図 14.3 トップダウン型階層的クラスタリング (Top-down hierarchical clustering).

表 14.3 クラスタリングで用いられる類似度関数. 群平均クラスタリングに対しては, すべての組にわたる平均をとっており, そこには同じクラスタに由来する組も含まれることに注意されたい. 単一リンクならびに完全リンククラスタリングに対しては, 異なるクラスタから得られた組からなる部分集合上で測っている.

関数	定義
単一リンク	最も類似している二つの要素の類似度
完全リンク	最も類似していない二つの要素の類似度
群平均	要素間の平均類似度

スタよりも, まとまりがあると考える. 例えば, 同一の要素を数多く持つクラスタは最もまとまりがある.

単調 (MONOTONIC)　階層的クラスタリングは, 類似度関数が**単調** (*monotonic*) である場合に限って意味がある.

(14.2)　　　　　**単調性 (Monotonicity)**

$$\forall c, c', c'' \subseteq \mathcal{X} : \min(\mathrm{sim}(c, c'), \mathrm{sim}(c, c'')) \geq \mathrm{sim}(c, c' \cup c'')$$

言い換えると, 併合の操作により類似度が増加しないことが保証される. この条件に従わない類似度関数は, 階層構造を解釈不能にする. なぜならば, 類似していないクラスタは, 木の中で離れた場所に配置されるが, その後の併合で類似するようになりうるので, 木の上での「近さ (closeness)」は, もはや, 概念上の近さに対応しなくなる.

多くの階層的クラスタリングは, 図 14.2 と図 14.3 に概説される方式による. 以降の節ではこれらのアルゴリズムの具体例について議論する.

14.1.1　単一リンククラスタリングと完全リンククラスタリング

表 14.3 は, 情報検索 (van Rijsbergen 1979: 36ff) で一般的に用いられる三つの類似度関数を示している. 類似度関数が, ボトムアップクラスタリングにおける各ステップでどのクラスタが併合されるのかを決定することを思い出そう. 単一リンククラスタリングにおいて, 二つのクラスタ間の類似度は, ク

14.1 階層的クラスタリング

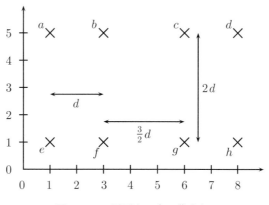

図 **14.4** 平面上の点の集まり.

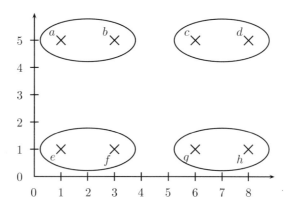

図 **14.5** 図 14.4 における点群に対する中間的なクラスタリング.

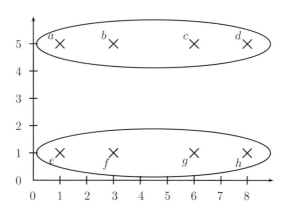

図 **14.6** 図 14.4 における点群に対する単一リンククラスタリング.

ラスタ中の最も近い二つの対象物の類似度である. 異なる二つのクラスタに由来する対象物の組のすべてにわたって探索し, 類似度が最も高い組を選ぶ.

類似度関数が局所的に定義されているので, 単一リンククラスタリングでは, **局所的にまとまりがよい** (*good local coherence*) クラスタが得られる. しかし,

局所的なまとまりの
よさ (LOCAL
COHERENCE)

図 **14.6** に示すようにクラスタが延びて,「まとまりがない」状態になりうる.単一リンククラスタリングがなぜこのような間延びしたクラスタを生成するのかを知るために,まず,図 **14.4** における最良の動きが,上部にある二つの点対を併合し,それから,下部の二つの点対を併合することであることを見てみよう.これは,$a/b, c/d, e/f, g/h$ の間の類似度が,対象物の任意の組の中で最大であるからである.これにより,図 **14.5** のクラスタを得る.次の二つのステップは,まず,上部の二つのクラスタを併合し,その後,下部の二つのクラスタを併合することである.これは,組 b/c と組 f/g が,同一のクラスタに所属しないほかのすべての組よりも近いからである(例えば,b/f や c/g よりも近い).これら 2 回の併合の後,図 14.6 を得る.最終的に二つのクラスタとなるが,これらは,(近い対象物が同じクラスタにあるという意味において)局所的なまとまりがあるものの,大域的な観点での質は悪いといえるであろう.大域的な質の悪さは,例えば,a が,d よりも e に近いのにも関わらず,a と d が同じクラスタにあって,a と e はそうではないところに表れている.

単一リンククラスタリングがこのような間延びしたクラスタを生成する傾向は,**鎖効果** (*chaining effect*) と呼ばれることがある.これは,大域的な文脈を考慮せず,大きな類似度の連鎖をたどるからである.

鎖効果 (CHAINING EFFECT)

最小全域木 (MINIMUM SPANNING TREE: MST)

単一リンククラスタリングは,点の集合の**最小全域木** (*minimum spanning tree*: MST) と密接に関係している.最小全域木は,類似度が最も大きいエッジ群ですべての対象物が結ばれている木構造である.すなわち,対象物の集合を結合するすべての木の中で,最小全域木はエッジの長さの和が最小となるものである.単一リンクの階層は,最小全域木からトップダウンに構築することができる.すなわち,最小全域木の中の最長のエッジを削除して,二つの未連結の構成要素を生成し,これらを二つのサブクラスタに対応させる.これら二つのサブクラスタ(これらもまた最小全域木である)に対し同じ操作を再帰的に適用する.

完全リンククラスタリングは,**大域的な**クラスタの質に焦点を当てた類似度関数を持つ(単一リンククラスタリングの場合のように**局所的**にまとまりのあるクラスタとは対照的である).二つのクラスタの間の類似度は,最も似ていない二つの要素の類似度である.完全リンククラスタリングは,間延びしたクラスタを回避する.例えば,完全リンククラスタリングにおいて図 14.5 における最もよい二つの併合は,左側の二つのクラスタをまず併合し,次に右側の二つのクラスタを併合することであり,これによって図 **14.7** のクラスタを得る.ここで,左側のクラスタにおける最小類似度を持つ組 (a/f もしくは b/e) は,上の二つのクラスタにおける最小類似度の組 (a/d) よりも「緊密 (tight)」である.

ここまで,「緊密な」クラスタは「まとまりのない (straggly)」クラスタよりもよいという仮定を置いてきた.これは,クラスタがある中心点の周りに集まっ

14.1 階層的クラスタリング

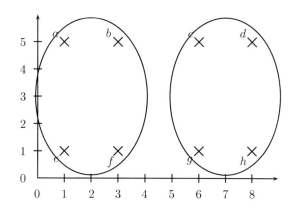

図 14.7 図 14.4 における点群に対する完全リンククラスタリング．

た対象物の群であり，それゆえ，密集したクラスタがより望ましいという直観を反映したものである．このような直観は，ガウス分布（2.1.9 節）のようなモデルに対応し，それは球状のクラスタを生じさせる．しかし，これは，良いクラスタとはどのようなものであるかということに関する基礎的なモデルの一つの可能性に過ぎない．これはまさに，データに関する事前知識とモデルの問題であり，それが，良いクラスタとは何であるのかを決める．例えば，ハワイ諸島は火山活動により形成された（そして，形成されつつある）が，その活動はある直線にそって移動しつつ，ほぼ規則正しい間隔で新しい火山を生成している．ここでは，単一リンクがまさに適切なクラスタリングモデルである．なぜならば，局所的なまとまりのよさが重要であり，間延びしたクラスタが我々が期待するものである（例えば，火山性諸島のいくつかの連鎖をグループ化したい場合）．我々が議論する異なるクラスタリングアルゴリズムは，そのアルゴリズムにおけるいくぶんかアドホックなバイアスを取り込んで，一般に異なる結果を生成することを心にとどめておくことが肝要である．それでも，完全リンククラスタリングによる球状のクラスタは，ほとんどの自然言語処理の応用において，単一リンククラスタリングにおける間延びしたクラスタよりも望ましい．

単一リンククラスタリングは $O(n^2)$ の計算量である[1]．すべての対象物に関する $n \times n$ の類似度行列を $O(n^2)$ で計算し，各併合の後にそれを $O(n)$ で更新する．クラスタ c_u, c_v が併合され $c_j = c_u \cup c_v$ になった場合，その併合結果と別のクラスタ c_k との間の類似度は，単純に，二つの個別の類似度の最大値となる．

$$\mathrm{sim}(c_j, c_k) = \max(\mathrm{sim}(c_u, c_k), \mathrm{sim}(c_v, c_k))$$

---

[1] '$O(n^2)$' は，アルゴリズムの計算量を表す「ビッグオー」表記の一例である．我々は，読者がこれについてよく知っているか，あるいはアルゴリズムの計算量の問題を飛ばしたいものと仮定する．これは，Cormen et al. (1990) を含むほとんどのアルゴリズムに関する書籍で定義されている．この記法は，あるアルゴリズムが，あるパラメータ群にどのように依存しているかを，定数項を無視して簡潔に記述したものである．

各クラスタについて，まず最良の併合候補を計算し，それを追跡することにより，次に併合するクラスタを選ぶことができるようにする．これは，併合に関与するクラスタについてのみ変化があるので，併合の 1 ステップあたり $O(n)$ である．つまり，類似度行列，ならびに $n-1$ 回の併合のステップは，いずれも $O(n^2)$ で計算可能である．

これに対して，完全リンククラスタリングは $O(n^2 \log n)$ の計算量である．これは，ある併合に関与しないクラスタについても，最良の併合相手が変わりうるからである．これに対応するために，類似度行列を生成した後に類似度行列の各行をそれぞれソートし，各々優先度付きのキューとする（$O(n^2 \log n)$ で）．これらのキュー群により，各併合ステップにおいて最良の併合を $O(n)$ で同定できる．そのため，全体の計算量は $O(n^2 \log n)$ となる．しかし，$O(n^2)$ で動作する近似的な完全リンクアルゴリズムもある (Frakes and Baeza-Yates 1992)．

単一リンククラスタリングと完全リンククラスタリングは，グラフ理論の観点により，それそれ，極大連結グラフ，ならびに極大完全グラフ（つまりクリーク）を見つけることであると解釈可能である．そのため，後者に「完全リンク」という用語を用いる．Jain and Dubes (1988: 64) を参照されたい．

14.1.2　群平均凝集型クラスタリング

群平均凝集型クラスタリングは，単一リンククラスタリングと完全リンククラスタリングの折衷案となっている．クラスタの要素間の類似度について，最大値（単一リンク法）や最小値（完全リンク法）ではなく，平均値を併合の基準としている．ある状況においては平均類似度が効率よく計算でき，アルゴリズムの計算量がわずか $O(n^2)$ となることを後ほど確認する．したがって，群平均による方法は，完全リンククラスタリングに対する効率の良い代替案になっているとともに，単一リンククラスタリングで生じる間延びしたまとまりのないクラスタを回避する．

群平均凝集型クラスタリングを実装するにあたり，いくつか注意すべき点がある．平均類似度を直接計算するときの計算量は $O(n^2)$ である．そのため，新しいグループが形成される度に，すなわち n 回の併合ステップの各々において，平均類似度を最初から計算するとアルゴリズムは $O(n^3)$ となる．しかし，対象物が m 次元の実数空間における長さが正規化されたベクトルで表現されており，類似度の尺度が式 (8.40) に定義される**コサイン値**（*cosine*）であるならば，

コサイン値
(COSINE)

(14.3)
$$\mathrm{sim}(\vec{x}, \vec{y}) = \cos(\vec{x}, \vec{y}) = \frac{\vec{x} \cdot \vec{y}}{|\vec{x}||\vec{y}|} = \frac{\sum_{i=1}^{m} x_i \times y_i}{\sqrt{\sum_{i=1}^{m} x_i^2} \times \sqrt{\sum_{i=1}^{m} y_i^2}} = \vec{x} \cdot \vec{y}$$

であるので，クラスタの平均類似度をその二つの子の平均類似度から定数時間で計算するアルゴリズムがある．個々の併合操作が定数時間であるとすれば，全体での時間計算量は $O(n^2)$ となる．

14.1 階層的クラスタリング

クラスタリングされる対象物の集合を $\mathcal{X}$ と記し，その対象物の各々が m 次元のベクトルで表現されるとする．

$$\mathcal{X} \subset \mathbb{R}^m$$

$c_j \subseteq \mathcal{X}$ なるクラスタ c_j について，c_j 中のベクトルの平均類似度 S は次式で定義される（項 $|c_j|(|c_j|-1)$ は，二重の和において加算される（非零の）類似度の個数を求めている）．

$$(14.4) \qquad S(c_j) = \frac{1}{|c_j|(|c_j|-1)} \sum_{\vec{x} \in c_j} \sum_{\vec{x} \neq \vec{y} \in c_j} \mathrm{sim}(\vec{x}, \vec{y})$$

C を現在のクラスタの集合としよう．各反復において，$S(c_u \cup c_v)$ を最大化する二つのクラスタ c_u, c_v を同定する．これは，図 14.2 の 9 行目に対応する．c_u と c_v を併合することにより，より小さな新しい分割 C' が構成される（図 14.2 の 11 行目）．

$$C' = (C \backslash \{c_u, c_v\}) \cup \{c_u \cup c_v\}$$

類似度尺度としてコサイン値を使う場合には，内側にある最大化は線形時間で行える (Cutting et al. 1992: 328)．クラスタ候補対の要素間の平均類似度は，各々のクラスタに対し，その要素の和 $\vec{s}(c_j)$ を事前計算することにより，定数時間で計算することができる．

$$\vec{s}(c_j) = \sum_{\vec{x} \in c_j} \vec{x}$$

ベクトルの和 $\vec{s}(c_j)$ は，次のような性質を持つような定義となっている．すなわち，(i) それは併合の後に簡単に更新でき（つまり，併合されるクラスタの $\vec{s}$ を単に加算する），(ii) それに基づきクラスタの平均類似度を簡単に計算できる．これは，$\vec{s}(c_j)$ と $S(c_j)$ の間に次の関係が成り立つからである．

$$(14.5) \qquad \begin{aligned} \vec{s}(c_j) \cdot \vec{s}(c_j) &= \sum_{\vec{x} \in c_j} \vec{x} \cdot \vec{s}(c_j) \\ &= \sum_{\vec{x} \in c_j} \sum_{\vec{y} \in c_j} \vec{x} \cdot \vec{y} \\ &= |c_j|(|c_j|-1)S(c_j) + \sum_{\vec{x} \in c_j} \vec{x} \cdot \vec{x} \\ &= |c_j|(|c_j|-1)S(c_j) + |c_j| \end{aligned}$$

$$\text{したがって，} \quad S(c_j) = \frac{\vec{s}(c_j) \cdot \vec{s}(c_j) - |c_j|}{|c_j|(|c_j|-1)}$$

このため，二つのグループ c_i, c_j について $\vec{s}(\cdot)$ が既知であるならば，それらの和集合の平均類似度は次のように定数時間で計算することができる．

$$(14.6) \qquad S(c_i \cup c_j) = \frac{\big(\vec{s}(c_i) + \vec{s}(c_j)\big) \cdot \big(\vec{s}(c_i) + \vec{s}(c_j)\big) - (|c_i| + |c_j|)}{(|c_i| + |c_j|)(|c_i| + |c_j| - 1)}$$

この結果により，群平均凝集型クラスタリングに対するこのアプローチは，計算量が $O(n^2)$ となる．これは，最初にすべての組の類似度が計算されなければならないという事実を反映している．それに続く n 回の併合を（各々線形時間で）実行するステップは線形計算量であるので，総合的な計算量は二次多項式時間となる．

この形式の群平均凝集型クラスタリングは，多数の素性（ベクトル空間の次元に対応する）や多数の対象物を扱うのに十分に効率がよい．（$\vec{s}(c_j)$ を用いて）二つのグループを併合する際に定数時間計算量になるかは，残念ながら，ベクトル空間の性質による．群平均クラスタリングに対する一般的なアルゴリズムで，クラスタリングされる対象物の表現方法とは独立に効率がよいものは存在しない．

14.1.3 応用：言語モデルの改善

階層的クラスタリングアルゴリズムのうち，よく知られたものをいくつかを紹介してきたので，ここで，クラスタリングが応用においていかに用いられるかという事例を一つ見てみよう．その応用は，よりよい**言語モデル**（*language model*）の構築である．言語モデルは，音声認識や機械翻訳において，複数の候補仮説の中から選択する際に有用であったことを思い出してほしい．例えば，*President Kennedy* と *precedent Kennedy* の両者から，ある特定の音響的観測結果が等しく生成されやすいと，音声認識器が判断することがあるかもしれない．しかし，言語モデルを使うと何が**先験的**（*a priori*）に尤もらしい英語の句であるのかを知ることができる．ここでは，*President Kennedy* のほうが *precedent Kennedy* よりもずっと尤もらしいことがわかるので，おそらく *President Kennedy* が実際に発話されたものであろうと結論付ける．この推論は，2.2.4 節で紹介した雑音のある通信路モデルの式によって定式化できる．それによれば，仮説 H のうち，言語モデルにより与えられる確率 $P(H)$ と，その仮説が与えられたときに音声信号 D（機械翻訳においては，外国語のテキスト）を観測する条件付き確率 $P(D \mid H)$ との積を最大化するものを選ばなければならない．

$$\hat{H} = \arg\max_{H} P(H \mid D) = \arg\max_{H} \frac{P(D \mid H)P(H)}{P(D)}$$
$$= \arg\max_{H} P(D \mid H)P(H)$$

言語モデル
(LANGUAGE
MODEL)

クラスタリングは，言語モデル（$P(H)$ の計算）を改善する際に**一般化**（*generalization*）を通じて重要な役割を担うことができる．6 章で述べたように，稀な事象が数多く存在し，正確な確率モデルを求めるのにあたって十分な訓練データを得ることができない．もしクラスタを媒介にして確率的推論を行うのであれば，クラスタに対しては訓練セット中でより多くの根拠が得られるので，稀な

14.1 階層的クラスタリング

事象に対する予測がもっと正確になる可能性が高い．このアプローチは Brown et al. (1992c) により採用されている．まず，言語モデルの定式化について述べ，その後に，クラスタリングアルゴリズムについて述べる．

言語モデル

ここで議論する言語モデルはバイグラムモデルであり，ある語は直前の語にのみ依存するという 1 階のマルコフ仮定を置く．我々が最適化する基準は，**交差エントロピー** (*cross entropy*)，あるいは同じことではあるが，**パープレキシティ** (*perplexity*) (2.2.8 節) の減少量である．これは，言語モデルが後続の語の不確定性を減少させる量である．我々の目標は，単純な語バイグラムモデルと比べてパープレキシティが減少するように，語をクラスタに割り当てる関数 π を見つけだすことである．

まず，ある語の出現が直前の語にのみ依存するというマルコフ仮定を置くことにより，クラスタ割り当て関数 π に対するコーパス $L = w_1 \ldots w_N$ の交差エントロピーを近似する．

交差エントロピー
(CROSS ENTROPY)
パープレキシティ
(PERPLEXITY)

$$(14.7) \qquad H(L,\pi) = -\frac{1}{N}\log P(w_{1,\ldots,N})$$

$$(14.8) \qquad \approx \frac{-1}{N-1}\log\prod_{i=2}^{N}P(w_i\,|\,w_{i-1})$$

$$(14.9) \qquad \approx \frac{-1}{N-1}\sum_{w^1 w^2}C(w^1 w^2)\log P(w^2\,|\,w^1)$$

ここで，クラスタに基づく一般化による基本的な仮定を置き，クラスタ c_2 に由来するある語の出現はその直前の語のクラスタ c_1 にのみ依存するとする[2].

$$(14.10) \qquad H(L,\pi) \approx \frac{-1}{N-1}\sum_{w^1 w^2}C(w^1 w^2)\log P(c_2\,|\,c_1)P(w^2\,|\,c_2)$$

式 (14.10) は次のように簡単化できる．

$$
\begin{aligned}
(14.11) \quad H(L,\pi) \approx &-\Bigg[\sum_{w^1 w^2}\frac{C(w^1 w^2)}{N-1}[\log P(w^2\,|\,c_2)+\log P(c_2)] \\
&+\sum_{w^1 w^2}\frac{C(w^1 w^2)}{N-1}[\log P(c_2\,|\,c_1)-\log P(c_2)]\Bigg] \\
(14.12) \quad = &-\Bigg[\sum_{w^2}\frac{\sum_{w^1}C(w^1 w^2)}{N-1}\log P(w^2\,|\,c_2)P(c_2) \\
&+\sum_{c_1 c_2}\frac{C(c_1 c_2)}{N-1}\log\frac{P(c_2\,|\,c_1)}{P(c_2)}\Bigg]
\end{aligned}
$$

---

[2] この式が，10 章で議論したタグ付けで用いられた確率モデルによく似ていることが見てとれるであろう．異なるのは，品詞に関する言語知識から語のクラスを得るのではなく，コーパスにおける根拠情報から語のクラスを導出する点である．

$$(14.13) \qquad \approx - \left[\sum_{w} P(w) \log P(w) + \sum_{c_1 c_2} P(c_1 c_2) \log \frac{P(c_1 c_2)}{P(c_1) P(c_2)} \right]$$

$$(14.14) \qquad = H(w) - I(c_1; c_2)$$

式 (14.13) は，近似 $\frac{\sum_{w^1} C(w^1 w^2)}{N-1} \approx P(w^2)$，ならびに $\frac{C(c_1 c_2)}{N-1} \approx P(c_1 c_2)$ による，これらは大きな n に対して成り立つ．さらに，$\pi(w^2) = c_2$ なので，$P(w^2 \,|\, c_2) P(c_2) = P(w^2 c_2) = P(w^2)$ が成り立つ．

式 (14.14) は，クラスタ割り当て関数 π を選ぶことにより，隣接クラスタ間の相互情報量 $I(c1; c2)$ を最大化すれば，交差エントロピーを最小化できることを示している．このため，この相互情報量の値を最大化するクラスタを選ぶことにより，最適な言語モデルを得ることができるはずである．

クラスタリング

このクラスタリングアルゴリズムはボトムアップ型であり，次のような併合基準による．この基準は，隣接するクラス間の相互情報量を最大化する．

$$(14.15) \qquad \text{MI-loss}(c_i, c_j) = \sum_{c_k \in C \setminus \{c_i, c_j\}} I(c_k; c_i) + I(c_k; c_j) - I(c_k; c_i \cup c_j)$$

各ステップにおいて，併合による相互情報量の損失が最小である二つのクラスタを選ぶ．図 14.2 におけるボトムアップクラスタリングの説明においては，これは，次に併合されるクラスタの組に対する以下の選定基準に対応する．

$$(c_{n_1}, c_{n_2}) = \operatorname*{arg\,min}_{(c_i, c_j) \in C \times C} \text{MI-loss}(c_i, c_j)$$

クラスタリングは，あらかじめ決めたクラスタ数 k に達したときに停止する（Brown et al. (1992c) では $k = 1000$）．大語彙のときに MI-loss 関数の計算とクラスタリングを効率化するためには，いくつかの便法が必要である．さらに，貪欲アルゴリズム（「最小の MI-loss となる併合を行え」）は最適なクラスタリング結果を保証しない．個々の語をクラスタ間で移動することによりクラスタは改善しうる（そして改善された）．興味のある読者は，Brown et al. (1992c) において，このアルゴリズムの詳細を調べてみるとよい．

以下は，Brown et al. (1992c) によって見つけ出された 1000 個のクラスタのうちの三つである．

- plan, letter, request, memo, case, question, charge, statement, draft
- day, year, week, month, quarter, half
- evaluation, assessment, analysis, understanding, opinion, conversation, discussion

14.1 階層的クラスタリング   455

これらのクラスタが統語的，ならびに意味的性質の両者で特徴付けられている
ことが見てとれる．例えば，時間を指し示す名詞などである．

　語に基づく言語モデルに対するパープレキシティが 244 であるのに比べて，
クラスタに基づく言語モデルに対するパープレキシティは 277 であり (Brown
et al. 1992c: 476)，クラスタリングによる直接的な改善は見られなかった．し
かし，語に基づくモデルとクラスタに基づくモデルとの間の線形補間（6.3.1 節
を参照のこと）においては，パープレキシティが 236 であり，語に基づくモデ
ルに対する改善となっている (Brown et al. 1992c: 476)．この例は，一般化
の目的でのクラスタリングの利用を実証するものである．

　クラスタリングとクラスタに基づく推論がここでは統合されていることを指
摘して，我々の議論を締めくくることとしよう．クラスタリングにおいて最適
化する基準，すなわち，$H(L, \pi) = H(w) - I(c_1; c_2)$ の最小化は，同時に，言
語モデルの質についての尺度ともなっており，これは，ここでのクラスタリン
グにおける究極の目標でもある．ほかの研究者たちは，最初にクラスタを帰納
し，そのあと，第二の独立したステップにおいて，これらのクラスタを一般化
のために用いている．クラスタリングとクラスタに基づく推論に対する統合的
なアプローチが望ましい．それは，我々がクラスタリングを利用する目的であ
るある種の一般化に対して，帰納されたクラスタ群が最適であることを保証す
るからである．

14.1.4　トップダウンクラスタリング

　図 14.3 に示されるトップダウン型階層的クラスタリングは，すべての対象
物を含む一つのクラスタから始まる．このアルゴリズムは，各反復において最
もまとまりのないクラスタを選び，それを分割する．表 14.3 で紹介した関数
群は，ボトムアップクラスタリングにおいて併合すべき最良のクラスタ対を選
択するためのものであるが，トップダウンクラスタリングにおいてもクラスタ
のまとまりのよさを測る尺度として役立つ．単一リンクの尺度によれば，ある
クラスタのまとまりのよさは，そのクラスタに対する最小全域木における類似
度の最小値で与えられる．完全リンクの尺度によれば，まとまりのよさは，ク
ラスタにおける任意の二つの対象物間の類似度の最小値である．群平均の尺度
によれば，まとまりのよさは，クラスタにおける対象物間の平均類似度である．
これら三つの尺度のすべてが，トップダウンクラスタリングの各反復において
最もまとまりのないクラスタを選ぶために使える．

　クラスタの分割もまたクラスタリングのタスクであり，あるクラスタの二つ
のサブクラスタを見つけるタスクである．前述のボトムアップ型アルゴリズム
や非階層的クラスタリングなど，任意のクラスタリングアルゴリズムがこの分
割操作に利用できる．おそらく，第二のクラスタリングアルゴリズムが再帰的
に必要となるからであるが，トップダウンクラスタリングはボトムアップクラ

スタリングに比べてあまり用いられない.

しかし,トップダウンクラスタリングがより自然な選択であるようなタスクがある.**カルバック・ライブラー (KL) ダイバージェンス** (*Kullback-Leibler divergence*) を用いた確率分布のクラスタリングがその一例である.2.2.5 節で紹介した KL ダイバージェンスは,次の式で定義されることを思い出そう.

$$D(\mathrm{p} \parallel \mathrm{q}) = \sum_{x \in \mathcal{X}} \mathrm{p}(x) \log \frac{\mathrm{p}(x)}{\mathrm{q}(x)}$$

この「非類似度」尺度は,$\mathrm{p}(x) > 0$ かつ $\mathrm{q}(x) = 0$ の場合は定義されない.個々の対象物が多く箇所で零となる確率分布を持つとき,全対象物についての類似度係数行列を計算することができない.それは,ボトムアップクラスタリングで必要とされる.

そのような状況の例は,Pereira et al. (1993) で提案された名詞についての分布クラスタリングへのアプローチである.目的語となる名詞は,動詞群上の確率分布で表現される.ここで,$\mathrm{q}_n(v)$ は,目的語の名詞 n が与えられたときに,動詞 v がその述部となる相対頻度により推定される.そのため,例えば,名詞 *apple* と動詞 *eat* について,目的語の名詞として現れているすべての *apple* のうち,1/5 が動詞 *eat* と共起しているのならば,$\mathrm{q}_n(v) = 0.2$ を得る.与えられた名詞が,限られた数の動詞としか出現しないのであれば,ここでも,KL ダイバージェンスを計算する際の特異点に関する上述の問題が生じ,ボトムアップクラスタリングを用いることができない.

この問題に対処するために,**名詞の分布クラスタリング** (*distributional noun clustering*) では,代わりにトップダウンクラスタリングを行う.クラスタの重心が,要素となる名詞に対する確率分布の(重み付きで,正規化された)和によって計算される.このことにより,クラスタの重心の分布がほとんど零をもたず,全要素に対して,定義された KL ダイバージェンスを持つようになる.このアルゴリズムについての完全な説明は Pereira et al. (1993) を参照されたい.

14.2 非階層的クラスタリング

非階層的アルゴリズムは,しばしば,(クラスタあたり一つ)無作為に選んだシードに基づいた分割から始められる.その後,この初期分割を洗練する.ほとんどの非階層的アルゴリズムでは,複数回のパス(反復)が採用されており,各パスでは対象物を目下の最良クラスタに**再割り当て** (*reallocating*) する.これに対し,階層的アルゴリズムは 1 パスだけである.しかし,あるクラスタから別のクラスタへ対象物を再割り当てすることにより,階層的クラスタリングも改善することができる.14.1.3 節において例を見たが,そこでは,各併合の後で対象物があちこち移動して,大域的な相互情報量が改善された.

14.2　非階層的クラスタリング　　　　　　　　　　　　　　　　　　　　　457

　非階層的アルゴリズムが複数のパスを持つのであれば，いつ停止するのかという疑問が湧いてくる．これは，よさ，つまり，クラスタの質に関する尺度に基づいて決定できる．我々はすでにこのような尺度の候補を見てきている．例えば，群平均類似度や隣接クラスタ間の相互情報量などがその例である．おそらく最も重要な停止基準は，クラスタリングモデルが所与のときのデータの尤度であるが，これは後に導入する．どのような尺度を選ぶにしても，各反復においてよさの尺度が十分に改善されている間は単にクラスタリングを継続する．改善の曲線が平坦になったりよさが減少し始めたときに停止する．

　よさの尺度は，最適なクラスタの数をどのように決めるのかという別の問題を扱うことができる．いくつかの状況においては，最適なクラスタの個数についての事前知識を持ちうる（例えば，品詞クラスタリングにおける適切な品詞数など）．もしそのような場合でなければ，データを n 個のクラスタに分けることを異なる値の n に対して行えばよい．しばしば，よさの値が n の値に応じて改善する．例えば，クラスタの数が多くなればなるほど，与えられたデータセットに対し到達可能な相互情報量の最大値がより大きくなる．しかし，データがある k 個のクラスタに自然になるならば，$k-1$ 個から k 個のクラスタに遷移するときによさの値が相当増加し，k 個から $k+1$ 個への遷移においては少しだけ増加することが，しばしば観察される．クラスタの数を自動的に決定するためには，このような性質を持つ k の値を探し，その結果として得られた k 個のクラスタに固定する．

AUTOCLASS　　　　クラスタの最適数を見つけるより原理的なアプローチが，*AUTOCLASS* シ
最小記述長　　　ステム (Cheeseman et al. 1988) における**最小記述長** (*minimum description*
(MINIMUM　　　*length*: MDL) アプローチである．（我々が見てきたほかの尺度が行っているよ
DESCRIPTION　　うに）対象物がいかによくクラスタに適合しているかということと，いくつの
LENGTH: MDL)　クラスタが存在するのかということの両者を，このよさの尺度が捉えていると
いうことが，その基本的な着想である．クラスタ数が多いときにはペナルティが与えられ，よさの値が低くなる．MDL の枠組みにおいては，クラスタと対象物の両者が符号語によって記述される．各符号語の長さはビット数で測られる．存在するクラスタの数が多くなればなるほど，対象物を符号化する際に必要なビット数が少なくなる．一つの対象物を符号化する際には，その対象物とそれが属するクラスタとの間の差分を符号化するだけである．クラスタがより多く存在するならば，クラスタが対象物群をよりよく記述しているので，対象物とクラスタとの間の差分を記述する際により少ないビット数で済む．しかし，クラスタ数が多くなれば，当然ながら，クラスタ群を符号化するビット数も増加する．コスト関数がデータとクラスタの両者に対する符号の長さを捉えるので，この関数を最小化すること（すなわち，クラスタリングのよさを最大化すること）により，クラスタ数ならびにクラスタに対する対象物の割り当ての両

```
1:    Given: 集合 $\mathcal{X} = \{\vec{x}_1, \ldots, \vec{x}_n\} \subset \mathbb{R}^m$
2:           距離尺度 $d : \mathbb{R}^m \times \mathbb{R}^m \to \mathbb{R}$
3:           平均を計算する関数 $\mu : \mathcal{P}(\mathbb{R}) \to \mathbb{R}^m$
4:    $k$ 個の初期中心 $\vec{f}_1, \ldots, \vec{f}_k$ を選ぶ.
5:    while 停止基準が満たされていない do
6:       for all クラスタ $c_j$ do
7:          $c_j = \{\vec{x}_i \mid \forall \vec{f}_l \; d(\vec{x}_i, \vec{f}_j) \le d(\vec{x}_i, \vec{f}_l)\}$
8:       end for
9:       for all 平均 $\vec{f}_j$ do
10:         $\vec{f}_j = \mu(c_j)$
11:      end for
12: end while
```

図 **14.8** K 平均クラスタリングアルゴリズム.

者が決定される[3].

クラスタ数を決める必要がないことが, 階層的クラスタリングの一つの利点であるように見える. しかし, 対象物集合の完全なクラスタ階層は, ある特定のクラスタリングを定義していない. それは, その木に対し数多くの異なった切り方ができるからである. 階層的クラスタリングにおいて, 利用可能なクラスタ集合を得るには, 望ましいクラスタ数か, あるいはその代わりに, 木のリンクを切断する際の類似度の値をしばしば決める必要がある. それゆえ, この点においては, 実際には, 階層的クラスタリングと非階層的クラスタリングの間に差はない. いくつかの非階層的クラスタリングアルゴリズムについては, その速さが利点となっている.

本節では, 二つの非階層的クラスタリングアルゴリズム, すなわち, K 平均法 (K-means) と EM アルゴリズムを扱う. K 平均クラスタリングは, おそらく, 最も簡単なクラスタリングアルゴリズムであり, 限界がいくつかあるものの, 多くの応用において十分によく機能する. EM アルゴリズムは, 一つのアルゴリズムの系統に対する一般的な雛型である. クラスタリングアルゴリズムとしてのその具体化についてまず述べ, その後に, 統計的自然言語処理において利用されてきたさまざまな具体化事例に関連付ける. 内側外側アルゴリズムや前向き後向きアルゴリズムなどのいくつかの事例については, 本書の別の章でより詳しく扱うことにする.

14.2.1 K 平均法

K 平均法
(K–MEANS)

K 平均法 (*K-means*) はハードクラスタリングアルゴリズムの一つであり, 要素群の重心によりクラスタを定義する. 図 **14.8** に示す. 初めにクラスタ中心の初期値の集合が必要である. その後, まず各対象物を中心が一番近いクラスタに割り当て, 次に各クラスタの中心を式 (14.1) により所属する要素の重心

---

[3] AUTOCLASS はインターネットからダウンロード可能である. Web サイトを参照されたい.

14.2 非階層的クラスタリング

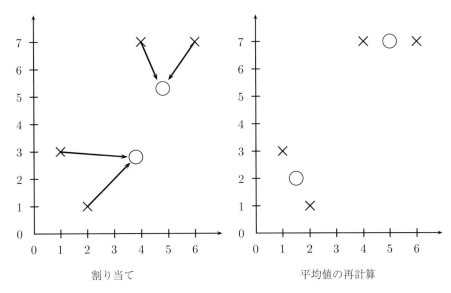

図 14.9 K 平均アルゴリズムにおける 1 回の反復．第一ステップでは，対象物が最寄りのクラスタ平均に割り当てられる．ここで，クラスタ平均は丸印で示されている．第二ステップでは，クラスタの要素になっている対象物群の重心としてクラスタ平均が再計算される．

再計算
(RECOMPUTATION)

(centroid)，すなわち，**平均** (*mean*) $\vec{\mu}$ として**再計算** (*recomputation*) するという過程を数回反復する．距離関数は，標準的には式 (8.43) で与えられるユークリッド距離である．

K 平均法の亜種の一つでは，その代わりに L_1 ノルムを用いる（8.5.2 節）．

$$L_1(\vec{x}, \vec{y}) = \sum_l |x_l - y_l|$$

MEDOID

このノルムは外れ値に対してより鈍感である．ユークリッド空間における K 平均クラスタリングは，しばしば外れ値に対して単一要素のクラスタを生成する．L_1 空間におけるクラスタリングは外れ値に対してさほど注意を払わない．そのため，対象物群を似たようなサイズのクラスタに分割するクラスタリングを得る尤度がより高くなる．L_1 ノルムは，しばしば *medoid* をクラスタ中心に用いることと組にして利用される[4]．重心と medoid の違いは，medoid がクラスタ中の一つの対象物，すなわち，そのクラスの典型的要素であることにある．重心は，クラスタの要素の平均であるので，多くの場合においてどの対象物とも一致しない．

K 平均法の時間計算量は $O(n)$ である．これは，反復の中の両ステップが $O(n)$ であり，反復も一定回数しか計算されないからである．

図 **14.9** は，K 平均アルゴリズムの 1 回の反復を例示している．まず，各対

---
[4] 訳注：あるクラスタ c の medoid は，c 中の一つの対象物 $\vec{x}$ であり，$\vec{x}$ 以外の c 内の対象物と $\vec{x}$ との間の非類似度の平均値が最小となるものである．

表 14.4 K 平均クラスタリングの例. 共起頻度ベクトルにより表現された 20 語が K 平均法により五つのクラスタにクラスタリングされている. クラスタの重心からの距離を各語の直後に示す.

クラスタ	要素
1	*ballot* (0.28), *polls* (0.28), *Gov* (0.30), *seats* (0.32)
2	*profit* (0.21), *finance* (0.21), *payments* (0.22)
3	*NFL* (0.36), *Reds* (0.28), *Sox* (0.31), *inning* (0.33), *quarterback* (0.30), *scored* (0.30), *score* (0.33)
4	*researchers* (0.23), *science* (0.23)
5	*Scott* (0.28), *Mary* (0.27), *Barbara* (0.27), *Edward* (0.29)

象物は, 平均が一番近いクラスタに割り当てられる. 次に, 平均が再計算される. この場合では, この先の反復においてクラスタリング結果に変化はない. 一番近い中心への割り当てにおいて, クラスタに対する対象物の所属関係が変化せず, 再計算のステップにおいていずれの中心も変化しないからである. しかし, これは一般的な状況ではない. 通常はアルゴリズムが収束するまでに数回の反復が必要である.

図 14.8 の記述で取り扱われていない実装に関する問題の一つが, ある対象物からの距離が等しい中心が複数存在する場合において同点を解消する仕方である. このような場合は, 候補となるクラスタのうちの一つに無作為に対象物を割り当てるか (これはアルゴリズムが収束しない可能性があるという欠点がある), あるいは対象物に少しゆらぎを与え新しい位置が同点とならないようにすることが可能である.

以下は, K 平均クラスタリングを利用する方法の例である. 5 章のニューヨークタイムズコーパスから得た次の 20 語を考える.

> Barbara, Edward, Gov, Mary, NFL, Reds, Scott, Sox, ballot, finance, inning, payments, polls, profit, quarterback, researchers, science, score, scored, seats

表 14.4 は, $k = 5$ とした K 平均法を用いてこれらの語群をクラスタリングした結果を示している. 8 章のデータ表現法を用いており, これは, 266 ページの表 8.8 の基礎となるものでもあった. 最初の四つのクラスタは, それぞれ, 「政治 (government)」, 「経済 (finance)」, 「スポーツ (sports)」, 「研究 (research)」に対応する. 最後のクラスタは「人名 (name)」を含む. クラスタリングの恩恵はここでは明らかである. クラスタリングされた語群の表示は, 標本の中にどのような種類の語が現れるのかということや, それらの関係がどのようなものであるのかということをより理解しやすくしている.

K 平均法における初期のクラスタ中心は, 通常, 無作為に選ばれる. 初期の中心の選択が重要であるか否かは, クラスタリングされる対象物の集合の構造による. 多くの集合では都合よく振る舞い, ほとんどの初期状態から同じ品質

14.2 非階層的クラスタリング

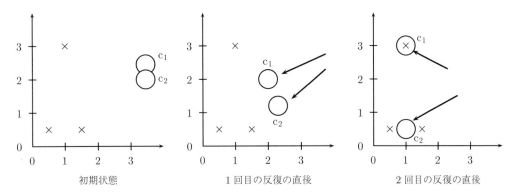

図 **14.10** ソフトクラスタリングに EM アルゴリズムを用いる例.

のクラスタリング結果が得られる.

BUCKSHOT
　都合よく振る舞わない集合については，まず階層的クラスタリングアルゴリズムを対象物の部分集合に対して実行し，良いクラスタ中心を計算すればよい．これは，*Buckshot* アルゴリズムの基本的な考え方である．Buckshot アルゴリズムでは，まず，全体集合の要素数の平方根の数になるようにデータを無作為抽出した標本に対し，群平均凝集型クラスタリング (group-average agglomerative clustering: GAAC) を適用する．GAAC は，二次多項式の時間計算量を持つが $(\sqrt{n})^2 = n$ なので，この標本に対して GAAC を適用することにより，最終的にはこのアルゴリズム全体の時間計算量が線形となる．K 平均法の再割り当てステップもまた線形時間計算量なので，全体の計算量は $O(n)$ となる．

14.2.2 EM アルゴリズム

　EM アルゴリズムを紹介する一つの方法は，K 平均クラスタリングの「ソフト版」としてである．図 **14.10** に例を示す．以前と同じく無作為に設定されたクラスタ中心の集合 c_1, c_2 から始めるとする．K 平均クラスタリングでは，1 回目の反復で右側に示される最終的な中心群に到達する．EM アルゴリズムでは，その代わりにソフトな割り当てを行うので，例えば，右下の点はほぼ c_2 の要素であるが部分的には c_1 の要素でもある．その結果，1 回目の反復において，両方のクラスタ中心が三つの対象物全体の重心に向かって移動する．2 回目の反復の後にやっと安定的な最終状態へと至る．

　EM アルゴリズムを理解するもう一つの方法は，モデルの隠れたパラメータの値を推定する方法としてである．データ $\mathcal{X}$ を観測すると，パラメータ Θ を持つモデル p に従ってそのデータが生起する確率 $P(\mathcal{X} \mid \mathrm{p}(\Theta))$ が推定できる．しかし，そのデータの尤度を最大化するモデルをどのようにして見つけるのであろうか．その点はパラメータ空間における最大値であるので，我々は確率曲面がそこで平坦になることを知っている．そのため，各モデルパラメータ θ_i に

ついて $\frac{\partial}{\partial \theta_i} \log P(\dots) = 0$ とし，θ_i に関して解きたい．残念ながら，これは（一般的に）非線形方程式の組を与えるので，解析的な解法が知られていない．しかし，EM アルゴリズムを用いると最大値が見つかると期待できる．

本節では，まず混合ガウス分布を推定する EM アルゴリズムを紹介する．これは，図 14.10 により例示されるソフトクラスタリングアルゴリズムである．その後，最も一般的な形式で EM アルゴリズムを述べ，その一般的な形式を内側外側アルゴリズムや前向き後向きアルゴリズムなどの個別事例に関連付ける．

混合ガウス分布に対する EM アルゴリズム

EM アルゴリズムをクラスタリングに適用する際には，クラスタリングを確率の混合分布の推定として捉える．この考え方は，観測データが複数の潜在的な要因により生成されているとするものである．各要因は独立して生成過程に寄与するが，どの要因が何に寄与するかという情報はなく，最終的な混合分布が観測されるだけである．データを組として表現することによりこの概念を定式化す

可観測な (OBSERVABLE)

る．**可観測な** (*observable*) データ $\mathcal{X} = \{\vec{x}_i\}$ があり，各 $\vec{x}_i = (x_{i1}, \dots, x_{im})^T$ は，単純に i 番目のデータ点に対応するベクトルであるとする．そして，**不可**

不可観測な (UNOBSERVABLE)

隠れた (HIDDEN)

観測な (*unobservable*)，すなわち，**隠れた** (*hidden*) データ $\mathcal{Z} = \{\vec{z}_i\}$ が存在するとする．ここで，各 $\vec{z}_i = (z_{i1}, \dots, z_{ik})^T$ において，成分 z_{ij} は，対象物 i がクラスタ j の要素であるとき（つまり，その潜在的な要因によって生成されたと仮定するとき）に 1 で，それ以外は 0 である．

個々のクラスタ（つまり要因）の分布の種類を知っているならば，EM アルゴリズムによりクラスタリングを行える．混合ガウス分布を推定するときには，各クラスタがガウス分布であることを仮定する．EM アルゴリズムは，このとき，確率分布のパラメータ（ここでは，各ガウス分布の平均と分散），ならびに各要因の事前確率（つまり，相対的な重要度もしくは重み）に対する最尤推定値を決定する．まとめると，クラスタリングされるデータは，n 個の m 次元の対象物 $\mathcal{X} = \{\vec{x}_1, \dots, \vec{x}_n\} \subset \mathbb{R}^m$ から成ると仮定する．そして，それらは，k 個のガウス分布 $\mathrm{n}_1 \dots \mathrm{n}_k$ により生成されるとする．

混合確率分布が推定されれば，各要因を一つのクラスタとして解釈することにより，その推定結果をクラスタリングとみなすことができる．各対象物 $\vec{x}_i$ に対して，クラスタ j が i を生成する確率 $P(\mathrm{n}_j \,|\, \vec{x}_i)$ を計算できる．一つの対象物は，値の異なる確信度により複数のクラスタに所属することができる．

ガウス分布 (GAUSSIAN)

共分散行列 (COVARIANCE MATRIX)

多変量正規分布： （多変量）m 次元**ガウス分布** (*Gaussian*) の系統は，平均すなわち中心 $\vec{\mu}_j$ と，$m \times m$ の可逆正定値対称行列である**共分散行列** (*covariance matrix*) Σ_j とによりパラメータ化される．ガウス分布に対する確率密度関数は次式によって与えられる．

14.2 非階層的クラスタリング 463

表 14.5 混合ガウス分布の一例．表 14.4 における 5 個のクラスタの重心は，その五つのクラスタの平均 $\vec{\mu}_j$ である．一様な対角共分散行列 $\Sigma = 0.05 \cdot I$ と一様な事前確率 $\pi_j = 0.2$ を用いる．事後確率 $P(w_i \,|\, c_j)$ はクラスタへの所属確率として解釈できる．

		\multicolumn{5}{c}{$P(w_i \,	\, c_j) = \mathrm{n}_j(\vec{x}_i; \vec{\mu}_j, \Sigma_j)$}
主クラスタ	語	1	2	3	4	5
1	*ballot*	0.63	0.12	0.04	0.09	0.11
1	*polls*	0.58	0.11	0.06	0.10	0.14
1	*Gov*	0.58	0.12	0.03	0.10	0.17
1	*seats*	0.55	0.14	0.08	0.08	0.15
2	*profit*	0.11	0.59	0.02	0.14	0.15
2	*finance*	0.15	0.55	0.01	0.13	0.16
2	*payments*	0.12	0.66	0.01	0.09	0.11
3	*NFL*	0.13	0.05	0.58	0.09	0.16
3	*Reds*	0.05	0.01	0.86	0.02	0.06
3	*Sox*	0.05	0.01	0.86	0.02	0.06
3	*inning*	0.03	0.01	0.93	0.01	0.02
3	*quarterback*	0.06	0.02	0.82	0.03	0.07
3	*score*	0.12	0.04	0.65	0.06	0.13
3	*scored*	0.08	0.03	0.79	0.03	0.07
4	*researchers*	0.08	0.12	0.02	0.68	0.10
4	*science*	0.12	0.12	0.03	0.54	0.19
5	*Scott*	0.12	0.12	0.11	0.11	0.54
5	*Mary*	0.10	0.10	0.05	0.15	0.59
5	*Barbara*	0.15	0.11	0.04	0.12	0.57
5	*Edward*	0.16	0.18	0.02	0.12	0.51

$$(14.17) \qquad \mathrm{n}_j(\vec{x}; \vec{\mu}_j, \Sigma_j) = \frac{1}{\sqrt{(2\pi)^m |\Sigma_j|}} \exp\left[-\frac{1}{2}(\vec{x} - \vec{\mu}_j)^T \Sigma_j^{-1} (\vec{x} - \vec{\mu}_j) \right]$$

データが k 個のガウス分布から生成されていると仮定しているので，次の形式の最尤モデルを見つけたい．

$$(14.18) \qquad \sum_{j=1}^{k} \pi_j \mathrm{n}_j(\vec{x}; \vec{\mu}_j, \Sigma_j)$$

このモデルでは，組み合わせられたガウス分布の全空間にわたる積分が 1 になるように，各ガウス分布に対して，事前確率すなわち重み π_j を仮定する必要がある．

表 14.5 に混合ガウス分布の一例を示す．ここでは，表 14.4 にある K 平均クラスタリングから得られた重心をクラスタ重心 $\vec{\mu}_j$ として用いている（これは，混合ガウス分布に対する EM アルゴリズムを初期化する一般的な方法の一つである）．各語に対して，表 14.4 のクラスタは，依然として支配的なクラスタである．例えば，*ballot* はほかのクラスタよりもクラスタ 1（K 平均クラスタリングから得られたクラスタ）においてより高い所属確率を持つ．しかし，各語はほかのすべてのクラスタにおいても非零の所属確率を持つ．これは，語

と話題の間の関連の強さを評価する際に有用である.「スポーツ (sports)」クラスタの二つの要素である *inning* と *score* を比較すると, *inning* が「スポーツ (sports)」と強く関連する ($p = 0.93$) 一方で, *score* はほかのクラスタともいくらかの関連性を持つ (例えば,「政治 (government)」クラスタにおいては $p = 0.12$). これは, ソフトクラスタリングの有用性を示す良い例である.

ここで, 混合ガウス分布のパラメータを推定する EM アルゴリズムについて話しを進めよう. $\theta_j = (\vec{\mu}_j, \Sigma_j, \pi_j)$ と記すとする. このとき, モデルのパラメータ群に対して $\Theta = (\theta_1, \ldots, \theta_k)^T$ とまとめる. パラメータ Θ が所与のときのデータ $\mathcal{X}$ の対数尤度は次式のとおりである.

$$(14.19) \qquad l(\mathcal{X} \mid \Theta) = \log \prod_{i=1}^{n} P(\vec{x}_i) = \log \prod_{i=1}^{n} \sum_{j=1}^{k} \pi_j \mathrm{n}_j(\vec{x}_i \, ; \, \vec{\mu}_j, \Sigma_j)$$

$$= \sum_{i=1}^{n} \log \sum_{j=1}^{k} \pi_j \mathrm{n}_j(\vec{x}_i \, ; \, \vec{\mu}_j, \Sigma_j)$$

最尤推定を与えるパラメータ群 Θ がデータの最良モデルを与える (データが k 個の混合ガウス分布により生成されたと仮定した場合). そのため, 我々の目標は, 上述の式によって与えられる対数尤度を最大化するパラメータ群 Θ を見つけることである. ここで, パラメータの値に関するさまざまな制約 (例えば, 確率密度関数の下の領域が 1 であり続ける, など) を満たしつつ各データ点の尤度を最大にするように, すべてのパラメータを調整しなければならない. これは, 制約付き最適化における扱いづらい問題の一つである. 和の対数が含まれるので, 最大値を直接計算できない. その代わりに, EM アルゴリズムを用いた反復により解を近似する.

EM アルゴリズムは, 次の循環した言明に対する反復による解法である.

推定: Θ の値が既知であれば, モデルの隠れた構造の期待値を計算できる.

最大化: モデルの隠れた構造の期待値が既知であれば, Θ の最尤値を計算できる.

期待値ステップ
(EXPECTATION
STEP)
最大化ステップ
(MAXIMIZATION
STEP)

Θ を推定するところから始め, **期待値ステップ** (*expectation step*) と**最大化ステップ** (*maximization step*) の間の行き来を繰り返すことにより循環性を断ち切るので, EM アルゴリズムという名前になっている. 期待値ステップにおいては, 隠れ変数 z_{ij} の期待値を計算する. これは, クラスタへの所属確率と解釈できる. 現在のパラメータが所与であるとして, ある対象物がそれぞれのクラスタに所属することが如何に尤もらしいかを計算する. 最大化のステップでは, クラスタへの所属確率が所与であるとしてモデルの最尤パラメータを計算する. この手続きは, パラメータの推定値を改善し, クラスタのパラメータが所属確率の高い対象物の性質をよりよく反映するようにする.

EM アルゴリズムの鍵となる性質は, 単調性である. すなわち, E ステップ

14.2 非階層的クラスタリング

と M ステップの各反復において，データが所与であるときのモデルの尤度が増加していく．このことにより，我々が観察するデータが所与であるとしたときに，反復の度により尤度の高いモデルパラメータが生成されることが保証される．しかし，このアルゴリズムはいずれは極大値に至るものの，それは，しばしば大域的な最良解を見つけださない．これは，SVD（15 章で扱う）のような最小二乗法に基づく方法との重要な差異である．それらは大域的な最良解を見つけることが保証されている．

以下では，混合ガウス分布を推定する EM アルゴリズムについて述べる．ここでは，Dempster et al. (1977) ならびに Mitchell (1997: ch. 6) における議論にならうとする．Duda and Hart (1973: 193) も参照されたい．

初めに，すべてのパラメータを**初期化**する．ここでは，各ガウス分布の共分散行列 Σ_j を単位行列で，各重み π_j を $\frac{1}{k}$ で初期化するのが適当であろう．また，k 個の平均値 $\vec{\mu}_j$ は，各々，$\mathcal{X}$ から無作為に選ばれたあるデータ点に対し乱数による揺らぎを与え，それから離れるように選ばれる．

E ステップ (E-step) は，パラメータ h_{ij} の計算である．h_{ij} は隠れ変数 z_{ij} の期待値であり，z_{ij} は n_j が $\vec{x}_i$ を生成したときに 1 であり，それ以外は 0 である．

$$(14.20) \quad h_{ij} = E(z_{ij} \mid \vec{x}_i; \Theta) = 1 \cdot P(z_{ij} = 1 \mid \vec{x}_i; \Theta) = P(n_j \mid \vec{x}_i; \Theta) = \frac{\pi_j n_j(\vec{x}_i; \Theta)}{\sum_l \pi_l n_l(\vec{x}_i; \Theta)}$$

M ステップ (M-step) は，期待値 h_{ij} が所与のときに，最尤推定により Θ（各ガウス分布に対する平均，分散，事前確率）を再計算する（式 (14.22) においては，式 (14.21) で計算された $\vec{\mu}_j'$ の値を用いる）．

$$(14.21) \quad \vec{\mu}_j' = \frac{\sum_{i=1}^n h_{ij} \vec{x}_i}{\sum_{i=1}^n h_{ij}}$$

$$(14.22) \quad \Sigma_j' = \frac{\sum_{i=1}^n h_{ij} (\vec{x}_i - \vec{\mu}_j')(\vec{x}_i - \vec{\mu}_j')^T}{\sum_{i=1}^n h_{ij}}$$

これらは，ガウス分布の平均と分散に対する最尤推定となっている (Duda and Hart 1973: 23).

ガウス分布の重みは次式で再計算される．

$$(14.23) \quad \pi_j' = \frac{\sum_{i=1}^n h_{ij}}{\sum_{j=1}^k \sum_{i=1}^n h_{ij}} = \frac{1}{n} \sum_{i=1}^n h_{ij}$$

平均，分散，事前確率が再計算されると，E ステップ，M ステップの次の反復を実行し，**繰り返し計算**を行う．各ステップで対数尤度が有意に改善し続ける限り，反復を継続する．

EM アルゴリズムと統計的自然言語処理における応用

ここでの EM アルゴリズムの説明は，クラスタリングと混合ガウス分布のた

めのものであった．しかし，読者は，EM アルゴリズムのほかの応用を，同じ汎用の方式に対する一つの具体化として捉えられるはずである．例えば，以前の章で扱った前向き後向きアルゴリズムや内側外側アルゴリズムがその例である．以下に述べるものは，EM アルゴリズムに対する最も一般化された定式化である (Dempster et al. 1977: 6)．

関数 Q を次のように定義する．

$$Q(\Theta \mid \Theta^k) = E(l(\mathcal{X}, \mathcal{Z} \mid \Theta) \mid \mathcal{X}, \Theta^k)$$

ここで，$\mathcal{Z}$ は隠れ変数群（上述のベクトル $\vec{z_i}$）であり，$\mathcal{X}$ は観測データ（上述のベクトル $\vec{x_i}$）である．Θ はモデルのパラメータ群であり，混合ガウス分布の場合には平均，分散，事前確率に当たる．$l(\mathcal{X}, \mathcal{Z} \mid \Theta)$ は，パラメータ Θ が所与の場合の可観測なデータと不可観測なデータの同時確率分布（の対数）である．

このとき，E ステップと M ステップは次の形式となる．

- E ステップ：$Q(\Theta \mid \Theta^k)$ を計算する．
- M ステップ：$Q(\Theta \mid \Theta^k)$ を最大化する Θ の値であるように，Θ^{k+1} を選ぶ．

混合ガウス分布の場合について言えば，Q の計算は，隠れ変数 $\mathcal{Z}$ の期待値である h_{ij} の計算に対応する．M ステップでは，$Q(\Theta \mid \Theta^k)$ を最大化するパラメータ Θ を選択する．

EM アルゴリズムのこの一般化された定式化は，文字どおりのアルゴリズムではない．M ステップを一般的に計算する方法についてはわかっていない（それを計算することができない場合もある）．しかし，問題群のある大きなクラスに対して，そのようなアルゴリズムが存在する．例えば，指数型分布族のすべての分布がそれに該当する．ガウス分布は指数型分布族の一例である．本節の残り部分では，本書において扱うほかのアルゴリズムが如何にして EM アルゴリズムの実例になっているのかを短く議論する．

Baum-Welch の再推定： Baum-Welch アルゴルリズム，すなわち，前向き後向きアルゴリズム（9.3.3 節を参照のこと）において，E ステップは，(i) 各状態 i について，観測データにおける i からの状態遷移数の期待値，ならびに (ii) 状態の各組 (i, j) について，状態 i から状態 j への遷移数の期待値を計算する．ここでの不可観測データは，不可観測な状態遷移である．E ステップでは，モデルの現在のパラメータを所与として，これら不可観測変数の期待値を計算する．

M ステップでは，不可観測変数の期待値を所与として，パラメータ群の新しい最尤推定値を計算する．Baum-Welch アルゴリズムでは，これらのパラメータ群は初期状態確率 π_i，状態遷移確率 a_{ij}，ならびに記号出力確率 b_{ijk} である．

14.2 非階層的クラスタリング

内側外側アルゴリズム： このアルゴリズム（11.3.4 節を参照のこと）における不可観測データは，ある語の部分系列 w_{pq} を生成する際に，ある規則 $N^j \to \zeta$ が用いられたか否かである．E ステップでは，これらのデータにわたって期待値を計算するが，それはある規則が用いられる回数の期待値に対応する．11.3.4 節では，これらの期待値として記号 f_i，ならびに g_i を用いた（f_i と g_i の違いは，f_i が非終端記号を生成する規則に対するものであるのに対して，g_i は前終端記号を生成する規則に対するものであることである．添え字 i は訓練セットにおける文 i を参照している）．

次に，M ステップが f_i と g_i に基づきパラメータ群の最尤推定値を計算する．ここでのパラメータ群は，規則の適用確率であり，その最尤推定は単純で，ある非終端記号に対する f_i もしくは g_i の加算と再正規化からなる．

教師なし語義曖昧性解消： 7.4 節の教師なし語義曖昧性解消アルゴリズムは，確率モデルが異なる点を除けば混合ガウス分布の EM 推定ととてもよく似たクラスタリングアルゴリズムである．E ステップは，ここでもクラスタへの所属関係を記録した二値の潜在変数 z_{ij} の期待値を計算するが，確率は，混合ガウス分布ではなく，7.4 節で述べたベイズ独立モデルに基づき計算される．M ステップにおいては，その期待値を所与としたときの最尤推定として，あるクラスタ（あるいは我々が各クラスタを解釈した結果としての語義）がある特定の語を生成する確率が再計算される．

K 平均法： K 平均法は，EM アルゴリズムによる混合ガウス分布の推定の特殊な場合として解釈できる．このことを見るために，アルゴリズムの各反復において各ガウス分布の平均値だけが再計算されるとしよう．事前確率や分散は固定とする．分散を非常に小さい値に固定すると，ガウス分布の形は，中心から急峻に下降していく鋭い峰の形になる．その結果，「一番よい」クラスタ j の確率 $P(\mathrm{n}_j \,|\, \vec{x}_i)$ と「二番目によい」クラスタ j' の確率 $P(\mathrm{n}_{j'} \,|\, \vec{x}_i)$ を見ると，二番目のものに比べて一番目のもののほうがはるかに大きい値となる．

これは，E ステップで計算された事後確率に基づくと，各対象物は，非常に 1.0 に近い確率で一つのクラスタの要素になることを意味する．言い換えると，平均を再計算するためにハードな割り当てを行っている．これは，非常に小さい所属確率値を持つ対象物は，平均の計算において無視できる程度の影響力しか持たないからである．

そのため，固定された小さい分散値を持つ混合ガウス分布の EM 推定は，K 平均法に非常に似ている．しかし，同点の扱いに関して異なるところがある．分散の値が小さい場合であっても，同点の対象物は，二つのクラスタに対して等しい所属確率を持つ．これに対して，K 平均法では，同点の場合でもハードな選択がなされる．

まとめ： EM アルゴリズムは非常に有用で，現在のところ非常に人気がある
が，その欠陥を意識することも賢明である．否定的な側面としては，このアル
ゴリズムがパラメータの初期化に対して非常に敏感である点があげられる．パ
ラメータがうまく初期化されないと，このアルゴリズムは通常，空間に存在す
る数多くの極大値の一つに捉えられてしまう．時に用いられる一つの可能性は，
ほかのクラスタリングアルゴリズムの結果を用いて，EM アルゴリズムのパラ
メータを初期化することである．例えば，K 平均アルゴリズムは，混合ガウス
分布に対する EM アルゴリズムにおいてクラスタ中心の初期推定を見つける効
果的な方法である．EM アルゴリズムの収束速度もまた，非常に遅くなること
がある．EM アルゴリズムによる再推定は，そのモデルによるデータの尤度を
改善する（あるいは少なくとも有害な影響を持たない）ことを保証するが，例
えば，外部の規則群に応じて品詞タグを付与するシステムの能力など，モデル
に実質的に含まれないほかの事柄を改善することは保証しないことを心にとど
めておくことも重要である．ここで，EM アルゴリズムが最大化しているもの
と，システムの性能が評価される目的関数との間に齟齬があり，当然のことな
がら，そのような環境においては，EM アルゴリズムは有害な影響を持ちうる．
最後に，当該の制約付き最適化問題を簡単に解くためのより直接的な方法がな
い状況に対してのみ，EM アルゴリズムを実際に用いるべきであるということ
を指摘することはおそらく重要であろう．解析的な解法が存在したり，ニュー
トン法などのような簡単な反復による方程式解法により解が見つかるような単
純な場合には，それを実行するほうがよい．

14.3 さらに学ぶために

クラスタリングに対する一般的な入門書には，Jain et al. (1999), Kaufman
and Rousseeuw (1990), Jain and Dubes (1988) がある．情報検索における
クラスタリングに関する研究の概論は，van Rijsbergen (1979), Rasmussen
(1992), Willett (1988) に見られる．

最小全域木
(MINIMUM
SPANNING TREE)

最小全域木 (*minimum spanning tree*) を構築するアルゴリズムは，Cormen
et al. (1990: 498) に見られる．一般的な場合，これらのアルゴリズムは $O(n^2)$
で動作する．ここで n はグラフ中のノードの数である．

クラスタリングは，データの解析や理解に用いられる範囲においては，高次元
空間を（通常は）2 次元もしくは 3 次元に射影する可視化技術に深く関連する．

主成分分析
(PRINCIPAL
COMPONENT
ANALYSIS: PCA)

よく用いられる技術には，主成分分析 (*principal component analysis*: PCA)
（コーパスに対する応用については Biber et al. (1998) を参照のこと），多次元
尺度構成法 (*Multi-Dimensional Scaling*: MDS) (Kruskal 1964a,b)，なら
びに，コホネンマップ，すなわち，自己組織化マップ (Self-Organizing Maps:
SOM) (Kohonen 1997) の三つがある．多次元空間に対するこれらの空間的表

現は図 14.1 の樹形図に対する代替物となる.

クラスタリングは，認知モデルにおけるカテゴリ帰納の一つの形態であるとみなすこともできる．多くの研究者が，コーパスから導出された語の表現形をクラスタリングすることにより，統語カテゴリを帰納する試みを行っている (Brill et al. 1990; Finch 1993)．図 14.1 を得るために，Schütze (1995) により提案されたクラスタリング法を用いた．Waterman (1995) では，統語的な根拠に基づき意味的に関連する語のクラスタを発見することを試みている．

Pereira et al. (1993) と似た方法で，目的語の名詞を動詞に基づきクラスタリングするという，初期の影響力のある論文が Hindle (1990) である．Li and Abe (1998) は，動詞–目的語の組のクラスタリングに対する対称的なモデルを開発している．そこでは，クラスタが名詞と動詞の両者を生成する．純粋な動詞のクラスタリングに基づくアプローチは，Basili et al. (1996) が採用している．形容詞のクラスタリングの例は，Hatzivassiloglou and McKeown (1993) に見られる．

テキストコレクションや自然言語処理用のデータセットのサイズが大きくなるにつれ，クラスタリングアルゴリズムの効率がより重要となってきている．Buckshot アルゴリズムは，Cutting et al. (1992) により提案された．（クラスタ階層の事前計算に基づく）より効率のよい定数時間アルゴリズムは Cutting et al. (1993) や Silverstein and Pedersen (1997) で述べられている．

14.4 練習問題

練習問題 14.1 [★★]
Web サイトから語空間のデータを得て，その部分集合に対して，単一リンク，完全リンク，群平均の各クラスタリングを行え．

練習問題 14.2 [★]
K 平均アルゴリズムが収束するまでに 2 回以上の反復を要するようなデータセットの例を構築せよ．

練習問題 14.3 [★]
平面上に 10 点を持つデータセットを構築せよ．各点は原点からの距離が 1 以下となること．次に，11 番目の点（外れ値）を原点から (a) 2, (b) 4, (c) 8, (d) 16 の距離に配置せよ．各々の場合に対して，(i) ユークリッド距離空間，ならびに (ii)L_1 空間において二つのクラスタを持つ K 平均法のクラスタリングを実行せよ（二つの初期中心は，原点に近い 10 点から選べ）．二つの距離尺度は違った結果を与えるか．外れ値のあるデータセットについての含意は何か．

練習問題 14.4 [★★]
EM アルゴリズムは，極小値を見つけるだけであるので，開始条件が異なれば，異なるクラスタリングになりうる．Web サイトから得た上位 1000 個の最頻出語に対し，異なる初期シードについて EM アルゴリズムを 10 回実行し，違いを調べよ．10 回のクラスタリングすべてにおいて，同じクラスタに配置される語の組の割合を求めよ．以下同様に，9 回のクラスタリング等々の場合についても求めてみよ．

練習問題 14.5 [★]
三つの凝集型アルゴリズム，ならびに K 平均法から一つ選ぶとして，計算時間と必要とされるクラスタリングの品質との間のトレードオフを考察せよ．

練習問題 14.6   [⋆]

Brown et al. (1992c) により提案されたモデルは，評価尺度を直接改善するクラスタを発見するという意味において最適である．しかし，彼らの実験においては，実際にはその尺度が改善されず，線形補間の後に改善された．考えられる理由は何か．

練習問題 14.7   [⋆]

同点がない場合，K 平均法が収束することを示せ．クラスタリングのよさを表す尺度として，各対象物をクラスタ中心に置き換えたときに生じる二乗和誤差を計算せよ．再割り当て，再計算の両ステップにおいて，このよさの尺度の値が減少する（か，変化しない）ことを示せ．

15章

情報検索における
いくつかの話題

　情報検索 (Information Retrieval: IR) の研究は，文書リポジトリから情報を検索するためのアルゴリズムやモデルを開発することに関心がある．情報検索は自然言語処理の自然な下位分野としてみなされている．なぜならば，それが自然言語処理のある特定の応用を扱うからである（音声や画像，動画の検索も次第に一般的になってきているが，伝統的な情報検索の研究では，テキストを扱う）．しかし，実際のところ，両分野間の相互の影響は限定的である．これは，一つには情報検索における特別な要求が自然言語処理における興味深い問題とみなされていなかったためであり，また，二つには情報検索における主要なアプローチである統計的手法が自然言語処理において好まれなかったためである．

　自然言語処理における量的な方法論の中興により，両分野の繋がりが増してきた．両分野における最近の相互作用の事例として次の四つを選んだ．(1) 文書におけるターム (term) の分布に関する確率モデル．これは，統計的自然言語処理と情報検索の両者において注目を浴びている問題である．(2) 談話のセグメンテーション．これは，より効果的な文書検索のために用いられる自然言語処理の技法である．(3) ベクトル空間モデル，ならびに (4) 潜在意味インデキシング (Latent Semantic Indexing: LSI)．これら二つの情報検索技法は，統計的自然言語処理において用いられる．潜在意味インデキシングは，**次元圧縮** (*dimensionality reduction*) の一例としてもまた役に立つが，それ自体が重要な統計的技法である．我々の選択はまったく主観的であり，ほかの話題をカバーするために読者は情報検索の文献を参照されたい (15.6 節を参照のこと)．以下の節では，情報検索に関する基本的な背景知識を与え，その後に四つの話題について議論する．

15.1 情報検索に関する背景知識

情報検索研究の目標は，文書リポジトリから情報，特にテキスト情報を検索するためのモデルやアルゴリズムを開発することである．情報検索における古典的な問題は，**アドホック検索問題** (*ad-hoc retrieval problem*) である．アドホック検索において，利用者は必要としている情報を記述する検索質問を入力する．その後，システムは文書のリストを返す．主たるモデルが二つある．**完全一致** (*exact match*) 型システムは，何らかの構造化された検索質問の式を正確に満たす文書を返す．その中で一番知られている種類のものが**ブーリアン検索質問** (*boolean query*) であり，それは商用の情報システムにおいて依然として広く用いられている．しかし，大規模で不均質な文書コレクションに対して，完全一致型システムの結果集合は，通常，空であるか膨大で扱いづらいかのいずれかであるので，近年のほとんどの研究は，検索質問に対する推定された関連性 (relevance)[1] に従って文書を順位付けするシステムに注力している．そのようなアプローチの中で確率に基づく方法論は有用であるので，ここからは，この種のシステムに注意を向けることとする．

アドホック検索の例を図 **15.1** に示す．検索質問は ' "glass pyramid" Pei Louvre' であり，インターネットサーチエンジンである Alta Vista に入力された．利用者はパリにあるルーブル美術館の入口の上にある I. M. Pei のガラスのピラミッドに関する Web ページを探している．サーチエンジンは関連するいくつかのページに加えて，関連性のないものも返す．これは，アドホック検索に対する典型的な結果であり，問題の難しさに起因する．

情報検索の研究において取り組みがなされるアドホック検索の課題には以下のものがある．(1) **関連性フィードバック** (*relevance feedback*) により如何にして利用者が検索質問の元の記述を対話的に改善できるか．(2) 如何にして複数のテキストデータベースから得られた結果を一つの結果リストに併合できるか（**データベース併合** (*database merging*)）．(3) OCR 読みとり文書のように部分的に間違いのあるデータに対してどのようなモデルが適切であるか．(4) 情報検索において英語以外の言語がもたらす特別な課題に対しどのように取り組むか．

情報検索の下位分野のいくつかは，訓練用の文書コーパスに依存しており，その文書コーパスでは，文書がある特定の検索質問に対する関連性の有無によって分類されている．**テキスト分類** (*text categorization*) においては，文書群に対して二つ以上のあらかじめ決められたカテゴリを割り当てようとする．その一例がロイターによってニュース記事に割り当てられた主題コードである (Lewis 1992)．CORP-NEWS (corporate news, 企業ニュース)，CRUDE (crude oil, 原油)，ACQ (acquisitions, 企業買収) といったコードによって，購読者

---

[1] 訳注：relevance は「適合性」と訳されることも多い．

15.1 情報検索に関する背景知識　　473

[AltaVista] [Advanced Query] [Simple Query] [Private eXtension Products] [Help with Query]

Search the **Web Usenet**
Display results **Compact Detailed**

Tip: When in doubt use lower-case. Check out Help for better matches.

Word count: glass pyramid:　about 200; Pei:9453; Louvre:26578

Documents 1-10 of about 10000 matching the query, best matches first.

Paris, France
　　Paris, France. Practical Info.-A Brief Overview. Layout: One of the most densely populated cities
　　in Europe, Paris is also one of the most accessible,...
　　http://www.catatravel.com/paris.htm - size 8K - 29 Sep 95

Culture
　　Culture. French culture is an integral part of France's image, as foreign tourists are the first to
　　acknowledge by thronging to the Louvre and the Centre..
　　http://www.france.diplomatie.fr/france/edu/culture.gb.html - size 48K - 20 Jun 96

Travel World - Science Education Tour of Europe
　　Science Education Tour of Europe. B E M I D J I S T A T E U N I V E R S I T Y Science
　　Education Tour of EUROPE July 19-August 1, 1995...
　　http://www.omnitravel.com/007etour.html - size 16K - 21 Jul 95
　　http://www.omnitravel.com/etour.html - size 16K - 15 May 95

FRANCE REAL ESTATE RENTAL
　　LOIRE VALLEY RENTAL. ANCIENT STONE HOME FOR RENT. Available to rent is a
　　furnished, french country decorated, two bedroom, small stone home, built in the..
　　http://frost2.flemingc.on.ca/~pbell/france.htm size 10K - 21 Jun 96

LINKS
　　PAUL'S LINKS. Click here to view CNN interactive and WEBNEWSor CNET. Click here to
　　make your own web site. Click here to manage your cash. Interested in...
　　http://frost2.flemingc.on.ca/~pbell/links.htm size 9K - 19 Jun 96

Digital Design Media, Chapter 9: Lines in Space
　　Construction planes... Glass-sheet models... Three-dimensional geometric transformations...
　　Sweeping points... Space curves... Structuring wireframe...
　　http://www.gsd.harvard.edu/~malcolm/DDM/DDM09.html size 36K - 22 Jul 95

No Title
　　Boston Update 94: A VISION FOR BOSTON'S FUTURE. Ian Menzies. Senior Fellow,
　　McCormack Institute. University of Massachusetts Boston. April 1994. Prepared..
　　http://www.cs.umb.edu/~serl/mcCormack/Menzies.html size 25K - 31 Jan 96

Paris - Photograph
　　The Arc de Triomphe du Carrousel neatly frames IM Pei's glass pyramid, Paris 1/6. © 1996
　　Richard Nebesky.

図 15.1　あるインターネットサーチエンジンにおける ' "glass pyramid" Pei Louvre'
　　　　　の検索結果.

が自分の興味のある記事を見つけることがより簡単になっている．企業買収に
興味のある金融アナリストは，ACQ とタグ付けされた文書だけを配信するよ
うにカスタマイズされたニュース配信を望むことができる．

フィルタリング　　**フィルタリング** (*filtering*) ならびに**ルーティング** (*routing*) は，テキスト分
(FILTERING)　　類の特別な場合であり，ある特定の検索質問（すなわち情報要求）に対する関
ルーティング　　連性の有無という二つのカテゴリだけがある．ルーティングにおいて望まれる
(ROUTING)　　出力は，推定された関連性に応じた文書の順位付けであり，図 15.1 に示され
るアドホック課題に対する順位付けに類似する．ルーティングとアドホックと
の間の違いは，ルーティングにおいては，関連性のラベルの形で訓練情報が利
用可能であるのに対して，アドホック検索においてはそうではないことである．

フィルタリングにおいては，関連性の推定が各文書になされる必要があり，それは典型的には確率推定の形で行われる．フィルタリングがルーティングより難しいのは，関連性について相対評価（「文書 d_1 は d_2 よりも関連性が高い」）ではなく，絶対評価（「文書 d は関連性がある」）が必要であるからである．多くの実用的な応用においては，個別の文書それぞれに対する関連性の絶対評価が必要とされる．例えば，ある特定の企業に関する記事を得るためにあるニュースグループをフィルタリングするとしたときに，利用者は，一か月の間待って，過去一か月間のその企業に関するすべての記事について最上位に最も関連性の高い記事がくるという順位付けリストを受け取るということはしたくないであろう．その代わりに，後続の記事に関する知識を使わずに，関連する記事が到着したらできるだけ速やかに届けることが望ましい．フィルタリングならびにルーティングは，分類の特別な場合として 16 章や本書のほかの部分で述べる任意の分類アルゴリズムを用いて遂行可能である．

15.1.1 情報検索システムに共通する設計の特徴点

転置インデックス
(INVERTED INDEX)

ポスティング
(POSTING)

ほとんどの情報検索システムは，主要なデータ構造として**転置インデックス**（*inverted index*) を持つ．転置インデックスは，文書集合の各語について，それを含むすべての文書（**ポスティング** (*posting*)）と各文書における出現頻度を記録したデータ構造である．転置インデックスは，ある検索語の「ヒット (hit, 該当箇所)」を探し出すことを簡単にする．転置インデックスにおいて検索語に対応する部分に行き，そこに列挙されている文書群を取り出すだけでよい．

位置情報
(POSITION
INFORMATION)

句 (PHRASE)

より洗練された版の転置インデックスには，**位置情報** (*position information*) も含まれる．ある語が出現する文書を単に列挙するだけではなく，文書中のすべての出現の位置もまた列挙する．出現位置は，文書の先頭を起点としたバイトオフセットとして符号化できる．位置情報を持つ転置インデックスを用いれば，**句** (*phrase*) を検索することができる．例えば，‘car insurance’ を検索する場合，転置インデックスにおける *car* と *insurance* の記載項目を同時に調べる．まず，二つの集合の積をとり両方の語が現れる文書だけを得る．次に，位置情報を見て，*insurance* が *car* の直後に現れているヒットだけを保持する．これは，コレクション中のすべての文書を読み込み，逐次的に処理するよりもはるかに効率がよい．

ここで用いている**句**の概念は，かなり素朴なものである．固定された句のみを検索できる．例えば，‘car insurance rates’ の検索は，*rates for car insurance* について述べている文書を見つけ出さない．これは，将来の統計的自然言語処理研究が情報検索に対して重要な貢献をする領域の一つである．情報検索における句に関する近年の研究では，句を同定する独立したモジュールを設計し，語に加えてに同定された句により文書を索引付けるアプローチを採っている．このようなシステムにおいては，句は普通の語と違うところなく処理される．句

表 15.1 英語の小規模なストップリスト．ストップ語（stop word, 除外語）とは，検索の正解率に大きな影響を与えることなしに，キーワードに基づく情報検索において無視することができる機能語である．

a	also	an	and	as	at	be	but	by
can	could	do	for	from	go			
have	he	her	here	his	how			
i	if	in	into	it	its			
my	of	on	or	our	say	she		
that	the	their	there	therefore	they			
this	these	those	through	to	until			
we	what	when	where	which	while	who	with	would
you	your							

の同定に対する最も単純なアプローチは，頻度の高いバイグラムの上位，例えば少なくとも 25 回出現するものを句として単純に選ぶというものであり，自然言語処理研究者に好まれないが，しばしば驚くほどに良好に働く．

句の同定が別のモジュールである場合，それは，連語を見つける課題に非常に似ている．そのため，5 章における連語を見つける技法の多くもまた，索引付けや検索に適する句を同定する際に適用可能である．

情報検索システムのいくつかでは，すべての語が転置インデックスに表現されているというわけではない．「文法的な」語，すなわち，**機能語**（*function word*）からなる**ストップリスト**（*stop list*, **除外リスト**）は，検索に有効ではないと思われる語を列挙している．一般的なストップ語は，*the, from, could* である．これらの語は，英語において重要な意味的役割を担っているが，検索の基準が単純な語ごとの照合であるならば，それらは情報として寄与しない．英語の小規模なストップリストを**表 15.1** に示す．

機能語
(FUNCTION WORD)
ストップリスト
(STOP LIST,
除外リスト)

ストップリストには，転置インデックスの大きさを削減するという利点がある．ジップの法則（Zipf's law, 1.4.3 節を参照のこと）によれば，数十語からなるストップリストにより，転置インデックスの大きさを半分に削減できる．しかし，ストップリストが適用されると，ストップ語を含む句を検索できなくなる．*when and where* のように時折用いられる句の**全体**が表 15.1 のストップリストにある語からなっていることもあることに注意されたい．そのため，多くの検索エンジンは索引付けにストップリストを用いない．

ステミング
(STEMMING)

情報検索システムに共通した別の特徴点は，4.2.3 節で簡単に議論した**ステミング**（*stemming*）である．情報検索においてステミングという言葉は，通常，形態素解析の簡略化された形式を指し，単に語を切って短くすることからなる．例えば，*laughing, laugh, laughs, laughed* はすべて *laugh-* にステミングされる．一般的なステマー（stemmer）としては，*Lovins* の**ステマー**（*Lovins stemmer*），*Porter* の**ステマー**（*Porter stemmer*）があるが，これらは，語を切り詰める場所を決定するために用いられるアルゴリズムが異なる（Lovins 1968; Porter 1980）．語を切り詰めるステマーに関する問題が二つある．それは，意

LOVINS のステマー
(LOVINS
STEMMER)

PORTER のステマー
(PORTER
STEMMER)

表 15.2 順位付けの評価の例．各列は 10 文書に対する三つの異なる順位付けを示しており，✓ が関連文書を示し，× が非関連文書を示している．順位付けは四つの尺度，すなわち，上位 5 件の精度，上位 10 件の精度，補間なしの平均精度，11 点補間平均精度によって評価されている．

評価法	順位付け 1	順位付け 2	順位付け 3
	d1: ✓	d10: ×	d6: ×
	d2: ✓	d9: ×	d1: ✓
	d3: ✓	d8: ×	d2: ✓
	d4: ✓	d7: ×	d10: ×
	d5: ✓	d6: ×	d9: ×
	d6: ×	d1: ✓	d3: ✓
	d7: ×	d2: ✓	d5: ✓
	d8: ×	d3: ✓	d4: ✓
	d9: ×	d4: ✓	d7: ×
	d10: ×	d5: ✓	d8: ×
上位 5 件の精度	1.0	0.0	0.4
上位 10 件の精度	0.5	0.5	0.5
補間なし平均精度	1.0	0.3544	0.5726
補間平均精度（11 点）	1.0	0.5	0.6440

味的に異なる語が同一になってしまうこと（例えば，*gallery* と *gall* はいずれも，*gall-* にステミングされる），ならびに切り詰められた語幹が利用者に理解不能になってしまうこと（例えば，*gallery* が *gall-* として示される場合）である．形態的に豊かな言語に対してよく機能するようにすることも，またさらに難しい．

15.1.2 評価尺度

多くの検索システムの品質は，如何にして非関連文書の前に関連文書をうまく順位付けできるかにかかっているので，情報検索の研究者は，順位付けを評価するために特に設計された評価尺度を開発してきた．これらの尺度のほとんどは，順位付けを考慮した方法で精度と再現率を組み合わせている．8.1 節で説明したように，精度は，出力集合における関連文書の比率であり，再現率は，コレクション中のすべての関連文書に対する，出力集合における関連文書の比率である．

表 15.2 は文書の順位付けがなぜ重要であるかを示している．三つの検索結果集合はいずれも，関連文書と非関連文書の数が同じになっている．精度による簡単な尺度では，（いずれも 50%が正しいとなってしまい）これらを区別することができない．しかし，上から下に向かって出力文書リストを調べる場合（これは，例えば Web 検索の場合のように，多くの実用的な状況において利用者が行うことである），利用者にとって順位付け 1 は，明らかに順位付け 2 よりもよい．

カットオフ
（CUTOFF）　利用される尺度の一つに，5 ないし 10 文書といった，ある**カットオフ**（*cutoff*）における精度がある（ほかの典型的なカットオフは 20 や 100 である）．順位付

15.1 情報検索に関する背景知識

きリストの先頭部分のいくつかについて精度を見ることにより，ある方法がどれくらいよく非関連文書の前に関連文書を順位付けられているのかという適切な感触が得られる．

補間なし平均精度

(UNINTERPO-
LATED AVERAGE
PRECISION)

補間なし平均精度（*Uninterpolated average precision*）は，多くの精度の値を一つの評価値に集約する．リストにおいて関連文書が見つかった各場所で精度を計算し，その後，それらの精度の値を平均する．例えば，順位付け 1 については，d1, d2, d3, d4, d5 において，精度が 1.0 となる．なぜならば，これらの文書の各々について，そこに至るまでに関連文書しか存在しないからである．そのため，補間なしの平均値もまた 1.0 である．順位付け 3 については，各関連文書に対して精度 1/2 (d1), 2/3 (d2), 3/6 (d3), 4/7 (d5), 5/8 (d4) を得て，平均値は 0.5726 となる．

リストのもっと下のほうにほかの関連文書が存在するならば，補間なし平均精度の計算においては，それらもまた考慮しなければならない．出力集合に含まれない関連文書における精度は 0 と仮定される．このことは，平均精度が間接的に**再現率**（*recall*），すなわち，関連文書について検索集合中に出力された割合を測っていることを意味する（なぜならば無視された文書は精度 0 であるとして算入されるからである）．

補間平均精度

(INTERPOLATED
AVERAGE
PRECISION)

再現率レベル

(LEVEL OF
RECALL)

補間平均精度（*interpolated average precision*）は，より直接的に再現率に基づいている．さまざまな**再現率レベル**（*level of recall*）に対して精度の値が計算される．例えば，（最も広く用いられている尺度である）11 点平均の場合には，0%, 10%, 20%, 30%, 40%, 50%, 60%, 70%, 80%, 90%, 100%の各レベルに対して計算される．再現率レベル α では，順位付けリストにおいて検索された関連文書の割合が α となる箇所で精度 β が計算される．しかし，リストの下方に移動している間に精度が再び高くなる場合は，**補間**（*interpolation*）

補間

(INTERPOLATION)

を行い，再現率レベルが最初に α に達した箇所よりも先にある箇所における精度の最大値を採用する．例えば，表 15.2 の順位付け 3 では，再現率レベルが 60%である場合の補間精度は 3/6（**図 15.2** の上図に示されるように再現率が最初に 60%達する場所の精度）ではない．図 15.2 の下図に示されるように 5/8 $(> 3/6)$ である（示されている五つの関連文書のみが関連文書であると仮定している）．ここでの考えは，精度が高くなっていくのであれば，利用者は，より多くの文書を見たくなるであろうということである．図 15.2 における二つのグラフは，いわゆる，**精度–再現率曲線**（*precision–recall curve*）である．表 15.2

精度–再現率曲線

(PRECISION–
RECALL
CURVE)

における順位付け 3 において，再現率が 0%, 20%, 40%, 60%, 80%, 100%のときに対する補間あり，ならびに補間なしの値となっている．

精度と再現率との間には明らかにトレードオフの関係がある．もし，コレクション全体が検索されたとすると，再現率は 100%となるが，精度は低い．一方で，ごく少数の文書が検索された場合には，最も関連性の高いと思われる文書が返され，高精度となるかもしれないが，再現率は低くなるであろう．

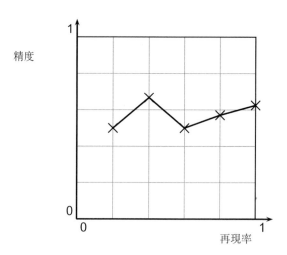

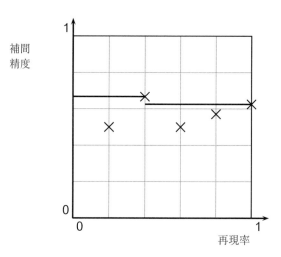

図 15.2 精度–再現率曲線の二つの事例．二つの曲線は表 15.2 における順位付け 3 のものであり，それぞれ，補間なし（上図）と補間あり（下図）である．

平均精度は，精度と再現率の両者を捉える尺度を計算する一つの方法である．別の方法には，8.1 節で紹介した次式で定義される F 値 (F measure) がある．

F 値 (F MEASURE)

(15.1)
$$F = \frac{1}{\alpha \frac{1}{P} + (1-\alpha)\frac{1}{R}}$$

ここで，P は精度，R は再現率であり，α により精度と再現率の重み付けを決定する．F 値は，再現率と精度の両者が重要な場合に，固定されたカットオフにおける評価のために用いることができる．

上述の尺度はいずれも，情報検索システムの性能を比較する際に利用できる．一般的なアプローチの一つに，あるコーパスと検索質問の集合に対してシステムを動作させ，検索質問群にわたって性能評価尺度を平均するというものがあ

15.1 情報検索に関する背景知識 479

る．もしシステム 1 の平均値がシステム 2 の平均値よりよければ，システム 1
のほうがシステム 2 よりもよいという証拠になる．

　残念ながら，この実験設計にはいくつかの問題がある．平均における差異は
偶然によるものでありえる．あるいは，ほかの検索質問についてはいずれも同
等であるが，システム 1 がシステム 2 に大差で勝ってしまうような検索質問が
一つ存在する場合，その検索質問が平均における差異を引き起こす．そのため，
（6.2.3 節に示したように）システムの比較において t 検定のような統計検定を
用いることが賢明である．

15.1.3　確率的順位付け原理

　文書の順位付けは，精度と再現率との間のトレードオフに対するある程度の
制御を利用者に与えるので，直観的に妥当である．結果の最初のページにおけ
る再現率が低く，望む情報が見つからない場合，利用者は次のページを見るこ
とができる．それは，ほとんどの場合において，低い精度の代わりに高い再現
率を得る．

　次の原理はガイドラインの一つであり，順位付けに基づく検索の設計に潜む
仮定を明文化するやりかたの一つである．van Rijsbergen (1979: 113) に基づ
き簡単化された形式により示す．

　　確率的順位付け原理 (The probability ranking principle: PRP)：
　　関連性の確率値の降順で文書を順位付けすることが，最適である．

基本的な考え方は，検索を，任意の与えられた時点で最も価値のある文書を同
定することを目的とする貪欲探索とみなすことである．最も価値がありそうな
文書 d は，（まだ検索されていないすべての文書を考慮した上で）関連性につ
いての最大推定確率を持つ文書，すなわち，$P(R \mid d)$ が最大値となる文書であ
る．このような決定を次々に数多く行うことにより，関連性の確率値の降順で
順位付けされた文書のリストを得る．

　多くの検索システムは確率的順位付け原理に基づいているので，それを受け
入れる場合になされる仮定について明らかにしておくことが重要である．

　確率的順位付け原理における仮定の一つに，文書が独立であるとすることが
あげられる．最も明白な反例は，重複である．二つの重複文書 d_1 と d_2 があっ
た場合，リストにおいてより上位に d_1 が提示された後でも，d_2 の関連性の確
率推定値は変化しない．しかし，d_2 は，d_1 に含まれていない情報を利用者に与
えはしない．より良い設計は，明らかに，同一文書の集合について一文書だけ
示すことであるが，それは，確率的順位付け原理に反している．

　確率的順位付け原理によるまた別の単純化は，複雑な情報要求が，各々個別
に最適化されたいくつかの検索質問に分割されるということである．実際には，
中間段階においては最適なものではなかったとしても，複雑な情報要求全体に

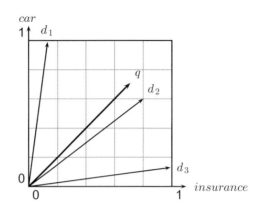

図 15.3 2次元のベクトル空間の例．二つの次元はターム *car* ならびに *insurance* に対応する．一つの検索質問と三つの文書がこの空間に表現されている．

対しては，文書が高く関連することがありうる．ここでの例は，利用者が最初の段階で曖昧な語を用いて記述した情報要求である．例えば，検索質問 *jaguar* で（車ではなく）動物の情報を検索する場合である．この検索質問に対する最適な回答は，その曖昧性を利用者に気が付かせ，その検索質問の曖昧性解消の機会を与えるような文書群を提示することであろう．一方で，確率的順位付け原理は，車もしくは動物のいずれか一方に高く関連する文書群を提示することを要求する．

　三番目の重要な欠点は，関連性の確率が推定されるだけであるという点である．情報検索のための確率モデルを設計する際，簡単化のために数多くの仮定をするので，それらを所与としたときに，確率推定を完全に信用することはできない．この問題に関する一つの見解は，関連性の確率推定の**分散** (*variance*) が検索のいくつかの文脈において重要な根拠の一つとなるかもしれないという点である．例えば，おそらく関連していると確信している（確率推定値の分散が低い）文書のほうが，関連性の推定確率がより高いものの推定値の分散もまたより大きいような文書に比べて，利用者に好まれるであろう．

分散 (VARIANCE)

15.2　ベクトル空間モデル

ベクトル空間モデル
(VECTOR SPACE
MODEL)

　ベクトル空間モデル (*vector space model*) は，アドホック検索に最も広く用いられているモデルの一つである．それは主に，概念の簡潔さと，意味的な近さに対して空間的な近さを用いるという，背景にある比喩の訴求力とが理由である．文書と検索質問は高次元空間中に表現され，空間の各次元は文書コレクション中のある語に対応する．ある検索質問に対して最も関連性の高い文書は，検索質問に最も近いベクトルにより表現される文書，すなわち，検索質問と類似した語群を用いている文書であることが期待される．ベクトルの長さは考慮されず，近さは，しばしば単に角度を見て，検索質問ベクトルと最小の角度を

なす文書を選ぶことにより計算される.

図 **15.3** では，二つの語，*car* と *insurance* に対応する二つの次元からなるベクトル空間が示されている．この空間に表現されているものは，ベクトル $(0.71, 0.71)$ により表される検索質問 q，ならびに座標 $(0.13, 0.99)$, $(0.8, 0.6)$, $(0.99, 0.13)$ を持つ三つの文書 d_1, d_2, d_3 である．座標，すなわち**タームの重み** (*term weighting*) は，以下に示すように出現回数から導出される．例えば，*insurance* は d_1 においては一度ほんのすこし触れるだけであるが，*car* についてはいくつかの出現が見られる．そのため，*insurance* は低い重み，*car* は高い重みとなる（情報検索の文脈においては，**ターム** (*term*) という語は，語と句の両者を指すものとして用いられる．**語の重み** (*word weight*) といわず，**タームの重み**というのは，ベクトル空間モデルの次元が語と同様に句にも対応しうるからである）.

タームの重み
(TERM
WEIGHTING)

ターム (TERM)

文書 d_2 は，この図において q と一番小さい角度をなすので，検索質問 *car insurance* に対する回答において最上位に順位付けられる文書となる．これは，両方の「概念」(*car* と *insurance*) がともに d_2 において顕著であり，そのため，高い重みを持つからである．ほかの二つの文書も両タームに言及しているが，各々の場合において，二つのタームのうちの一つはその文書において中核をなす重要なタームではない.

15.2.1 ベクトルの類似度

ベクトル空間モデルにおいて検索を行うために，文書は検索質問との類似度に従い順位付けられるが，その際に，類似度は**コサイン値** (*cosine*) すなわち**正規化相関係数** (*normalized correlation coefficient*) により測られる．8.5.1 節においてコサイン値をベクトルの類似度の尺度として導入したが，ここで改めてその定義を示す.

コサイン値
(COSINE)
正規化相関係数
(NORMALIZED
CORRELATION
COEFFICIENT)

(15.2)

$$\cos(\vec{q}, \vec{d}) = \frac{\sum_{i=1}^{n} q_i d_i}{\sqrt{\sum_{i=1}^{n} q_i^2} \sqrt{\sum_{i=1}^{n} d_i^2}}$$

ここで，$\vec{q}$ と $\vec{d}$ はある実数空間における n 次元ベクトルである．その空間は，ベクトル空間モデルの場合，全タームの空間である．(q_i と d_i により測られる）ターム i の出現がどれくらい検索質問と文書との間で相関しているのかを計算し，ユークリッド距離による二つのベクトルの長さで除することにより，個々の q_i と d_i の値の大きさを調整する.

同じく 8.5.1 節において，コサイン値とユークリッド距離が，正規化されたベクトルに対して同じ順位付けを与えたことを思い出してほしい.

表 15.3 情報検索においてタームの重み付けに一般的に用いられる三つの量.

量	記号	定義
ターム頻度	$\text{tf}_{i,j}$	w_i が d_j 中に現れる数
文書頻度	df_i	コレクションにおける w_i が現れる文書の数
コレクション頻度	cf_i	w_i がコレクション中に現れる総数

$$
\begin{aligned}
(|\vec{x} - \vec{y}|)^2 &= \sum_{i=1}^{n} (x_i - y_i)^2 \\
&= \sum_{i=1}^{n} x_i^2 - 2\sum_{i=1}^{n} x_i y_i + \sum_{i=1}^{n} y_i^2 \\
&= 1 - 2\sum_{i=1}^{n} x_i y_i + 1 \\
&= 2\left(1 - \sum_{i=1}^{n} x_i y_i\right)
\end{aligned}
$$

そのため,ある検索質問 $\vec{q}$ と任意の二つの文書 $\vec{d_1}, \vec{d_2}$ に対して次式を得る.

$$
\cos(\vec{q}, \vec{d_1}) > \cos(\vec{q}, \vec{d_2}) \quad \Leftrightarrow \quad |\vec{q} - \vec{d_1}| < |\vec{q} - \vec{d_2}| \tag{15.4}
$$

この式は,両順位付けが同じであることを意味している(ここで,正規化ベクトルを再び仮定している).

ベクトルが正規化されている場合,コサイン値は単純な内積として計算できる.正規化は一般に良いことであると考えられている.これを行わないと,(より長い文書に対応する)より長いベクトルが不当に優遇され,短いベクトルよりもより上位に順位付けられてしまう(図 15.3 においてベクトルが正規化されていること,すなわち,$\sqrt{\sum_i d_i^2} = 1$ であることを示すことは演習問題に残しておくことにする).

15.2.2 タームの重み付け

今度は,ベクトル空間モデルにおいて如何にして語に重みを付けるかという問題に取り組むことにする.文書内のある語の回数をそのままタームの重みとして用いることもできるが,もっと有効なタームの重み付け手法がいくつかある.

ターム頻度 (TERM FREQUENCY)

文書頻度 (DOCUMENT FREQUENCY)

コレクション頻度 (COLLECTION FREQUENCY)

タームの重み付けに用いられる基本的な情報には,**表 15.3** に定義される**ターム頻度** (*term frequency*) ならびに**文書頻度** (*document frequency*) があり,**コレクション頻度** (*collection frequency*) が用いられることもある.$\text{df}_i \leq \text{cf}_i$ ならびに $\sum_j \text{tf}_{i,j} = \text{cf}_i$ であることに注意されたい.文書頻度とコレクション頻度はコレクションが存在する場合にのみ用いることができることに注意することも重要である.この仮定は常に成り立つわけではない.例えば,(大規模なオンライン情報サービスの場合のように)大きな集合からいくつかのデータベー

15.2 ベクトル空間モデル

表 15.4 例となるコーパスにおける二つの語のコレクション頻度と文書頻度.

語	コレクション頻度	文書頻度
insurance	10440	3997
try	10422	8760

スを選び,それらを結合して一時的なコレクションにすることにより,コレクションが動的に生成される場合などではこの仮定は成り立たない.

ターム頻度によって捉えられる情報は,与えられた文書において,ある語がどれくらい顕著 (salient) であるかである.ターム頻度が高くなればなるほど(その語の出現が多くなればなるほど),その語がその文書の内容の良い説明となりやすい.ターム頻度は通常,$f(\mathrm{tf}) = \sqrt{\mathrm{tf}}$ や $f(\mathrm{tf}) = 1 + \log(\mathrm{tf})$(ここで $\mathrm{tf} > 0$)などの関数によって抑制される.これは,語がより多く現れることはより高い重要度を表すものの,抑制のない頻度が示すほどには相対的重要度が大きくはないからである.例えば,$\sqrt{3}$ もしくは $1 + \log 3$ の方が,頻度 3 そのものよりも,3 回現れる語の重要度をより良く反映している.そのような文書は,1 回だけ現れる文書よりいくぶんか重要であるが,3 倍も重要であるわけではない.

二番目の量である文書頻度は,報知性 (infromativeness) の指標として解釈できる.意味的に焦点が当たっている語は,もし現れたとすると,一つの文書に複数回現れることが多い.意味的に焦点が当たっていない語は,すべての文書にわたって均質に広がる.ニューヨークタイムズの記事コーパスからの例として,**表 15.4** に示す二つの語,*insurance* ならびに *try* がある.これら二つの語は,コレクション頻度,すなわち,ドキュメントコレクションにおける出現の総数が同じである.しかし,*insurance* は,*try* に比べて半数の文書に現れるだけである.これは,任意の文脈において,何かを試みる (*try*) ことができるため,語 *try* がほとんどどのような話題について語っている場合でも利用可能であるからである.一方で,*insurance* は,小さい話題集合にのみ関連する,より狭い範囲で定義された概念を指し示す.意味的に焦点が当たっている語の性質には,そのほかに,ある文書に一度現れると,それは複数回登場することが多いというものがある.*insurance* は,それが少なくとも 1 回は登場している文書にわたって平均すると,1 文書あたり約 3 回登場している.これは単に,health insurance(健康保険),car insurance(自動車保険),もしくは,それに類するトピックに関するほとんどの記事が insurance の概念を複数回参照しているという事実による.

ある語のターム頻度 $\mathrm{tf}_{i,j}$ と文書頻度 df_i を組み合わせて一つの重みにする方法の一つが次に示されるものである.

$$(15.5) \qquad \mathrm{weight}(i, j) = \begin{cases} (1 + \log(\mathrm{tf}_{i,j})) \log \frac{N}{\mathrm{df}_i} & (\mathrm{tf}_{i,j} \geq 1 \text{ のとき}) \\ 0 & (\mathrm{tf}_{i,j} = 0 \text{ のとき}) \end{cases}$$

表 15.5 tf.idf による重み付け方式の構成要素. $\text{tf}_{t,d}$ は文書 d におけるターム t の頻度, df_t は t が出現している文書の数, N は文書総数, w_i はターム i の重みである.

ターム頻度		文書頻度		正規化	
n (natural, 未加工)	$\text{tf}_{t,d}$	n (none, 無し)	1.0	n (no normalization, 非正規化)	
l (logarithm, 対数)	$1 + \log(\text{tf}_{t,d})$	t	$\log \frac{N}{\text{df}_t}$	c (cosine)	$\frac{1}{\sqrt{w_1^2 + w_2^2 + \dots + w_n^2}}$
a (augmented, 拡張)	$0.5 + \frac{0.5 \times \text{tf}_{t,d}}{\max_t (\text{tf}_{t,d})}$				

ここで N は文書の総数である. 最初の箇条は, 文書中に実際に出現する語に対して適用される. 一方で, 出現しない語 ($\text{tf}_{i,j} = 0$) に対しては, $\text{weight}(i,j) = 0$ とする.

文書頻度もまた対数により値の大きさが調整される. 式 $\log \frac{N}{\text{df}_i} = \log N - \log \text{df}_i$ は, 一つの文書だけに出現する語に対して, 最大限の重み ($\log N - \log \text{df}_i = \log N - \log 1 = \log N$) を与える. 全文書に現れる語は, 重み $0(\log N - \log \text{df}_i = \log N - \log N = 0)$ となる.

逆文書頻度
(INVERSE
DOCUMENT
FREQUENCY)
IDF
TF.IDF

この形式の文書頻度重みは, しばしば, **逆文書頻度** (*inverse document frequency*), もしくはidf重みと呼ばれる. もう少し一般的に言えば, 式 (15.5) における重み付け方式は, *tf.idf* とよばれるより大きな重み付け方式の系統の一例となっている. このような方式の各々は, ターム頻度の重み付け, 文書頻度の重み付け, ならびに正規化によって特徴付けることができる. ある記法では, tf.idf 法の各構成要素に対して一文字の符号を割り当てる. これによれば, 式 (15.5) の方式は, "ltn" と記され, 対数による出現頻度重み (l), 対数による文書頻度重み (t), ならびに非正規化 (n) を意味する. ほかの重みの候補を**表 15.5** に示す. 例えば, "ann" は, 拡張されたターム頻度の重み, 文書頻度の重み無し, 非正規化である. ベクトル長正規化は, コサイン正規化と呼ばれる. これは, 長さが正規化された二つのベクトルの間の内積 (ベクトル空間モデルで用いられる検索質問–文書間類似度の尺度) がそれらのコサイン値であるからである. 異なる重み付けの方式を検索質問と文書に対して適用することができる. "ltc.lnn" という名称において, 前半, 後半がそれぞれ文書の重み付け, 検索質問の重み付けを表す.

表 15.5 に示される重み付け方式の系統は, 時折「アドホック」であると批判される. それは, 語の分布や関連性に関する数学的モデルから直接導出されてはいないからである. しかし, これらの方式は現実問題として有効であり, 幅広い応用において頑健に機能する. そのため, これらは, 頻度ベクトル間の類似度に関する粗い尺度が必要な状況においてしばしば用いられる.

15.3 タームの分布のモデル

tf.idf による重み付けの代わりとなるものの一つに, 語の分布に関するモデル

を構築し，そのモデルを用いて検索のための語の重要度を特徴付けるというものがある．すなわち，語 w_i が一文書中に k 回現れるという事象の回数の比率である $P_i(k)$ を推定したい．その最も簡単な応用事例は，ベクトル空間モデルに使用するというものであり，分布モデルを用いて確率により動機付けられたタームの重み付け方式を導出できる．タームの分布のモデルは，情報検索のほかの枠組みに組み込むこともできる．

タームの重み付けとしての重要性とは別に，テキストにおける語の出現パターンを正確に特徴付けることが，少なくともジップの法則 (*Zipf's law*) と同じくらい統計的自然言語処理における重要なトピックの一つであることは，おそらく間違いない．ジップの法則は，**コーパス全体**における語の振る舞いを述べている．これに対して，タームの分布のモデルでは，（例えば文書や，本の章等の）**コーパスの部分単位**における語の出現に関する規則性を捉えようとする．情報検索の場合に加えて，あるテキスト単位においてある特定の語がある数だけ出現する尤度を調べたい場合には，分布パターンをよく知ることは有用である．例えばそれは，著者同定 (author identification) においても重要である．著者同定では，異なる著者らがある著者不明のテキストを生成する尤度を比較することが行われる．

ジップの法則
(ZIPF'S LAW)

多くのターム分布モデルは，ある語にどれくらい報知性があるのかということを特徴付けようとしており，それは，逆文書頻度が目的としている情報でもある．この問題は，内容語を非内容語（あるいは機能語）と区別する問題としてみなすこともできるが，多くのモデルでは，ある語にどれくらい報知性があるのかという度合いの概念がある．本節では，報知性の概念を定式化するいくつかのモデルを紹介する．そのうちの三つは，ポアソン分布に基づくものである．また別の一つは，逆文書頻度をベイジアン分類に最適化された重みとして動機付ける．最後のものは，**残差逆文書頻度** (*residual inverse document frequency*) であり，idf とポアソン分布の組合せとして解釈できる．

15.3.1 ポアソン分布

ポアソン分布
(POISSON
DISTRIBUTION)

（時区間や液体の体積などのように）決められた大きさの単位に起きるある種類の事象の分布に対する標準的な確率モデルが**ポアソン分布** (*Poisson distribution*) である．ポアソン分布の典型的な事例には，ある与えられた期間に不良品として返品される物品の数，1 ページ中のタイプ誤りの数，ある与えられた体積の水に発生する細菌の数がある．

ポアソン分布の定義は次式のとおりである．

ポアソン分布： $\quad \mathrm{p}(k\,;\lambda_i) = e^{-\lambda_i} \dfrac{{\lambda_i}^k}{k!} \quad$ （ある $\lambda_i > 0$ について）

情報検索におけるポアソン分布の最も一般的なモデルにおいては，パラメータ $\lambda_i(>0)$ は，一文書あたりの w_i の出現数の平均値である．すなわち，$\lambda_i = \frac{\mathrm{cf}_i}{N}$

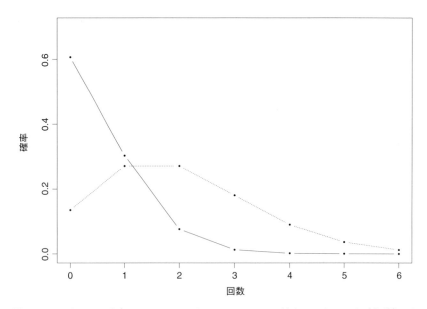

図 15.4 ポアソン分布．このグラフは，$0 \leq k \leq 6$ に対する $p(k; 0.5)$（実線），ならびに $p(k; 2.0)$（破線）を示している．情報検索におけるこの分布の最も一般的な利用法においては，k はターム i が一文書に現れる回数であり，$p(k; \lambda_i)$ は，一文書においてその回数出現している確率である．

である．ここで，cf_i は，コレクション頻度，N はコレクション中の文書の総数である．ポアソン分布の平均と分散はいずれも λ_i に等しい．

$$E(\mathrm{p}) = \mathrm{Var}(\mathrm{p}) = \lambda_i$$

図 **15.4** はポアソン分布の二つの事例である．

我々の場合，興味のある事象は，ある特定の語 w_i の生起であり，決められた単位は文書である．ポアソン分布は，ある文書においてある特定の回数だけある語が生起する確率はいくらかという質問に対する答を見積もるために用いることができる．$P_i(k) = p(k; \lambda_i)$ は，w_i がちょうど k 回生じる文書の確率であるといえる．ここで，λ_i は，語ごとに適切に推定される．

ポアソン分布は二項分布の極限である．二項分布 $b(k; n, p)$ に対し，np を値 $\lambda(>0)$ に固定した上で，$n \to \infty$ ならびに $p \to 0$ とすれば，$b(k; n, p) \to p(k; \lambda)$ となる．あるタームに対しポアソン分布を仮定することが適切であるのは，次の条件を満たすときである．

- （短い）テキスト断片にそのタームが 1 回だけ生起する確率は，そのテキストの長さに比例する．
- あるタームが短いテキスト断片に 2 回以上生起する確率は，1 回だけ生起する確率に比べると無視できる．
- テキスト中の重複しない区間における生起事象は独立である．

15.3 タームの分布のモデル 487

表 15.6 ニューヨークタイムズコーパスにおける 6 単語に対する文書頻度 (df) と
コレクション頻度 (cf). ポアソン分布により $N(1-p(0;\lambda_i))$ を計算する
ことは, 非内容語（例えば, *follows*）の df についての合理的な推定とな
るが, 内容語（例えば *soviet*）の df については, 非常に過大な推定となっ
てしまう. ポアソン分布のパラメータ λ_i は, 一文書あたりのターム i の平
均出現回数である. このコーパスは, $N=79291$ 文書を収録している.

語	df_i	cf_i	λ_i	$N(1-p(0;\lambda_i))$	過推定
follows	21744	23533	0.2968	20363	0.94
transformed	807	840	0.0106	835	1.03
soviet	8204	35337	0.4457	28515	3.48
students	4953	15925	0.2008	14425	2.91
james	9191	11175	0.1409	10421	1.13
freshly	395	611	0.0077	609	1.54

タームの分布をモデル化するにあたって, これらの仮定にまつわる問題点を手
短に議論しよう. まず, いくつかの例を見てみよう.

表 **15.6** は, ニューヨークタイムズのニュース配信における六つのタームに
対して, ポアソン分布がどれくらいよく文書頻度を予測するのかを示したもの
である. 各語に対して, 文書頻度 df_i, コレクション頻度 cf_i, λ の推定値（コ
レクション頻度を全文書数 (79291) で除した値）, 予測された df 値, 予測され
た df 値と実際の df 値との比を示す.

文書頻度を調べることは, あるタームがポアソン分布に従っているかもしれな
いということを調べる最も簡単な方法である. あるタームが少なくとも 1 回生起
していると予測される文書の数は, 1 回も生起しないものの予測数の補数として
計算できる. そのため, ポアソン分布によれば, 文書頻度は $\widehat{df_i} = N(1-P_i(0))$
であると予測される. ここで, N はコーパス中の文書数である. ポアソン分布
の当てはめのよさを確認するさらに良い方法は, 完全な分布, すなわち, 0 回, 1
回, 2 回, 3 回など出現している文書の数を見ることである. 以下で行ってみる.

表 15.6 において, ポアソン推定が *follows* や *transformed* のような非内容
語に対して有用であることを見てとれる. 我々は, 多少不正確ではあるが, **非
内容語** (*non-content word*) という用語を（多くの情報検索システムがするよ
うに）それだけを分離して取り上げたときに文書の内容に関する情報をほとん
ど与えない語を指すものとして用いる. しかし, 内容語に対する推定値は, 約
3 倍（3.48 倍 ならびに 2.91 倍）となり, とても高すぎる.

この結果は驚くものではない. それは, ポアソン分布がタームの出現の間に
独立性を仮定しているからである. この仮定はおおよそ非内容語に対して成り
立つ. しかし, ほとんどの内容語は, あるテキストで一度生起すると, 再び生
起することがはるかに起こりやすくなる. この性質は**バースト性** (*burstiness*),
もしくは, **タームのクラスタ化** (*term clustering*) と呼ばれる. しかし, 表にお
ける最後の二つの語に見られるように, 語の振る舞いにおいて捉えがたいとこ
ろがある. *james* の分布は驚くほどにポアソン分布に似ている. おそらく多く

バースト性
(BURSTINESS)
タームのクラスタ化
(TERM
CLUSTERING)

の場合において，人物の姓名は，新聞記事における最初の言及において与えられるが，続く言及においては，姓や代名詞のみが用いられるからである．一方で，*freshly* は驚くことにポアソン分布ではない．ここで，強い依存関係が見てとれる．それは，ニューヨークタイムズにおけるレシピのジャンルでは，*freshly* が複数回登場することがたびたび起っているからである．つまり，非ポアソン性は，レシピのようなある特定のジャンルにおける，タームのまとまった出現の表れでもありうる．

内容語の生起がクラスタを作るという傾向は，語に対してポアソン分布を用いる際の主たる問題となる．しかし，逆の効果もある．我々は，繰り返しの多い書き方を避けるように学校で教わった．多くの場合，あるテキストにおいてある語が最初に登場した直後にその語を再び用いる確率は，通常の場合に比べて低くなる．ポアソン分布にまつわる最後の問題は，多くのコレクションにおいて文書の長さが大いに異なる点である．つまり，文書は，時間に対する秒や質量に対するキログラムのように均質な計量の単位ではない．しかし，文書が均質な計量の単位であることは，ポアソン分布に関する仮定の一つである．

15.3.2　2–ポアソンモデル

2–ポアソンモデル
(TWO-POISSON
MODEL)

内容語の頻度分布によりよく当てはめる方法は，**2–ポアソンモデル** (*two-Poisson Model*)，すなわち，二つのポアソン分布の混合によって与えられる (Bookstein and Swanson 1975)．このモデルでは，あるタームに関連する文書に二つのクラスがあり，一つ目のクラスが出現平均数が低いもので（非特権 (non-privileged) クラス），もう一つのクラスが出現平均数が高いもの（特権 (privileged) クラス）であると仮定する．

$$\text{tp}(k\,;\pi,\lambda_1,\lambda_2) = \pi e^{-\lambda_1}\frac{\lambda_1{}^k}{k!} + (1-\pi)e^{-\lambda_2}\frac{\lambda_2{}^k}{k!}$$

ここで，π はある文書が特権クラスに属する確率，$(1-\pi)$ はある文書が非特権クラスに属する確率，λ_1 と λ_2 は，それぞれ特権クラスならびに非特権クラスにおける語 w_i の平均出現数である．

2–ポアソンモデルでは，内容語が文書において二つの異なる役割を担うことを前提としている．非特権クラスにおいては，その生起は偶発的であり，それゆえ，非内容語と同様に索引語としては用いるべきではない．このクラスの語の平均出現数は低い．特権クラスにおいては，その語が中心的な内容語となっている．このクラスの語は，平均出現数が高く，索引語に適している．

2–ポアソンモデルの実証的な検証によれば，頻度 2 のところで偽の「低下」が見られる．このモデルは，あるタームが 2 回登場する文書のほうが，3 ないし 4 回登場する文書よりも尤度が低いという誤った予測をしてしまう．実際には，ほとんどのタームの分布は単調に減少していく．$P_i(k)$ が，語 w_i が一文書中に k 回現れるという事象の回数の比率であるとすると，$P_i(0) > P_i(1) > P_i(2) >$

$P_i(3) > P_i(4) > \ldots$ である．解決方法として，三つ以上のポアソン分布を用いることができる．**負の二項分布** (*negative binomial*) は，無限個のポアソン分布からなるそのような混合分布の一つで (Mosteller and Wallace 1984)，ほかにもそのような混合分布が多数存在する (Church and Gale 1995)．負の二項分布は，ポアソン分布や 2–ポアソン分布よりもタームの分布に当てはまるが，大規模な二項係数の計算が含まれるので現実問題では取り扱いが難しくなりうる．

負の二項分布
(NEGATIVE
BINOMIAL)

15.3.3 K 混合分布

より簡単な分布で，負の二項分布とほぼ同じくらい経験的な語の分布に当てはまるものが，次に示す Katz の K 混合分布である．

$$P_i(k) = (1 - \alpha)\delta_{k,0} + \frac{\alpha}{\beta + 1}\left(\frac{\beta}{\beta + 1}\right)^k$$

ここで $k = 0$ の場合かつその場合に限って $\delta_{k,0} = 1$ であり，それ以外の場合は $\delta_{k,0} = 0$ である．また，α ならびに β はパラメータであり，観測された平均 λ と観測された逆文書頻度 IDF を用いて次のように当てはめることができる．

$$\lambda = \frac{\mathrm{cf}}{N}$$
$$\mathrm{IDF} = \log_2 \frac{N}{\mathrm{df}}$$
$$\beta = \lambda \times 2^{\mathrm{IDF}} - 1 = \frac{\mathrm{cf} - \mathrm{df}}{\mathrm{df}}$$
$$\alpha = \frac{\lambda}{\beta}$$

パラメータ β は，そのタームが現れる文書における（一文書に 1 回だけ現れる場合と比較したときの）一文書あたりの「余分なターム」の数である．減衰係数 $\frac{\beta}{\beta+1} = \frac{\mathrm{cf}-\mathrm{df}}{\mathrm{cf}}$（タームの出現あたりの余分なターム数）が比 $\frac{P_i(k)}{P_i(k-1)}$ を決める．例えば，タームの出現に対して $\frac{1}{10}$ 程度の余分なタームが出現しているとすると，2 回出現する文書に対して 1 回だけ出現している文書は 10 倍程度，3 回出現する文書に対して 2 回出現する文書も 10 倍程度存在することになる．余分なタームがない場合 ($\mathrm{cf} = \mathrm{df} \Rightarrow \frac{\beta}{\beta+1} = 0$) は，2 回以上出現する文書がないと予測する．

パラメータ α は，そのタームの絶対頻度を捉えるものである．β が同じである二つのタームは，コレクション頻度と文書頻度の比は同じであるが，コレクション頻度が異なれば，α の値は異なる．

表 15.7 は，以前に観察した六つの語についてニューヨークタイムズコーパスで k 回出現している文書の数を示したものである．$k = 0$ のときには，常に完全に当てはまることが確認できる．これが K 混合分布の一般的な性質であることを示すことは簡単である（練習問題 15.3 を参照のこと）．

K 混合分布はタームの分布，特に非内容語の分布に関するかなり良い近似と

表 15.7 六つの語について，k 回出現している文書の実際の数と推定した数．例えば，*follows* が 2 回出現している文書は 1435 ある．K 混合分布による推定値は 1527.3 である．

語							k				
		0	1	2	3	4	5	6	7	8	≥ 9
follows	実数	57552.0	20142.0	1435.0	148.0	18.0	1.0				
	推定数	57552.0	20091.0	1527.3	116.1	8.8	0.7	0.1	0.0	0.0	0.0
trans-formed	実数	78489.0	776.0	29.0	2.0						
	推定数	78489.0	775.3	30.5	1.2	0.0	0.0	0.0	0.0	0.0	0.0
soviet	実数	71092.0	3038.0	1277.0	784.0	544.0	400.0	356.0	302.0	255.0	1248.0
	推定数	71092.0	1904.7	1462.5	1122.9	862.2	662.1	508.3	390.3	299.7	230.1
students	実数	74343.0	2523.0	761.0	413.0	265.0	178.0	143.0	112.0	96.0	462.0
	推定数	74343.0	1540.5	1061.4	731.3	503.8	347.1	239.2	164.8	113.5	78.2
james	実数	70105.0	7953.0	922.0	183.0	52.0	24.0	19.0	9.0	7.0	22.0
	推定数	70105.0	7559.2	1342.1	238.3	42.3	7.5	1.3	0.2	0.0	0.0
freshly	実数	78901.0	267.0	66.0	47.0	8.0	4.0	2.0	1.0		
	推定数	78901.0	255.4	90.3	31.9	11.3	4.0	1.4	0.5	0.2	0.1

なっている．しかし，表 15.7 に示す実験による数値から明らかであるが，仮定

$$\frac{P_i(k)}{P_i(k+1)} = c, \quad k \geq 1$$

が内容語に対しては，完璧に成り立つというわけではない．2–ポアソン混合分布の場合のように，この分布でも基礎となる低い出現率と，まとまった出現を持つもう一つの文書クラスとの間で区別をしようとしている．K 混合分布では，$k = 0$ の場合は，基礎となる低い出現率に起因する特別な場合であり，多くの語に対するものであると認めつつも．$k \geq 1$ に対しては，$\frac{P_i(k)}{P_i(k+1)} = c$ を仮定している．しかし，内容語については，$k \geq 1$ の場合であっても比 $\frac{P_i(k)}{P_i(k+1)}$ の値が低くなるように見受けられる．例えば，*soviet* に対しては，次の値を得る．

$$\frac{P_i(0)}{P_i(1)} = \frac{71092}{3038} \approx 23.4 \qquad \frac{P_i(1)}{P_i(2)} = \frac{3038}{1277} \approx 2.38$$

$$\frac{P_i(2)}{P_i(3)} = \frac{1277}{784} \approx 1.63 \qquad \frac{P_i(3)}{P_i(4)} = \frac{784}{544} \approx 1.44$$

$$\frac{P_i(4)}{P_i(5)} = \frac{544}{400} \approx 1.36$$

つまり，あるテキストにおいてある内容語の出現を見つけるたびに，語をさらに追加で見つける確率が下がっていくが，その減少量は次第に小さくなっていく．これは，その中心的な話題が当該の内容語と関連している文書において，その内容語がまとまって現れる傾向にあるからである．出現の多さは，その内容語がその文書の中心概念を記述していることを示すものである．そのような中心概念は，「定数による減衰」モデルが予測する数よりも頻繁に述べられやすい．

ここでは，ポアソン分布や 2–ポアソンモデルよりも正確なターム分布モデルの事例として，Katz の K 混合分布を紹介してきた．テキスト中の内容語の性質や，経験的な分布によりよく当てはまるいくつかの確率モデルについてのさらなる議論が Katz (1996) にあるので，興味が湧いた読者は参照するとよい．

15.3.4 逆文書頻度

15.2.2 節において,ヒューリスティックとして逆文書頻度 (inverse document frequency: IDF) の動機付けをした.しかし,これはターム分布モデルから導出することもできる.ここで示す導出においては,**二値の出現情報**だけを用い,ターム頻度は考慮しない.

関連性のオッズ
(ODDS OF RELEVANCE)

IDF を導出するために,アドホック検索を,次式による**関連性のオッズ** (*odds of relevance*) に従い文書を順位付けするタスクとみなそう.

$$O(d) = \frac{P(R\,|\,d)}{P(\neg R\,|\,d)}$$

ここで,$P(R|d)$ は d が関連する確率であり,$P(\neg R\,|\,d)$ は,関連しない確率である.次に対数をとって対数オッズを計算しベイズ則を適用する.

$$\begin{aligned}
\log O(d) &= \log \frac{P(R\,|\,d)}{P(\neg R\,|\,d)} \\
&= \log \frac{\frac{P(d\,|\,R)P(R)}{P(d)}}{\frac{P(d\,|\,\neg R)P(\neg R)}{P(d)}} \\
&= \log P(d\,|\,R) - \log P(d\,|\,\neg R) + \log P(R) - \log P(\neg R)
\end{aligned}$$

検索質問 Q は,語の集合 $\{w_i\}$ であると仮定し,指標確率変数 X_i を 1 もしくは 0 とし,それぞれ d 中の w_i の出現,非出現に対応させる.そして,7.2.1 節で論じた条件付き独立性の仮定を置くと次のように記せる.

$$\log O(d) = \sum_i \big[\log P(X_i\,|\,R) - \log P(X_i\,|\,\neg R)\big] + \log P(R) - \log P(\neg R)$$

我々は,順位付けにのみ興味があるため,定数項 $\log P(R) - \log P(\neg R)$ を削除して新しい順位付け関数 $g(d)$ を構成することができる.略記 $p_i = P(X_i = 1|R)$ (i は関連文書に出現する語),ならびに $q_i = P(X_i = 1\,|\,\neg R)$ (i は非関連文書に出現する語) を用いると,$g(d)$ を次のように記せる(第 2 行目において,$P(X_i = 1\,|\,\_\,) = y = y^1(1-y)^0 = y^{X_i}(1-y)^{1-X_i}$,ならびに $P(X_i = 0\,|\,\_\,) = 1 - y = y^0(1-y)^1 = y^{X_i}(1-y)^{1-X_i}$ を用いて,式をより簡潔に記述している).

$$\begin{aligned}
g(d) &= \sum_i [\log P(X_i\,|\,R) - \log P(X_i\,|\,\neg R)] \\
&= \sum_i [\log (p_i^{X_i}(1-p_i)^{1-X_i}) - \log (q_i^{X_i}(1-q_i)^{1-X_i})] \\
&= \sum_i X_i \log \frac{p_i(1-q_i)}{(1-p_i)q_i} + \sum_i \log \frac{1-p_i}{1-q_i} \\
&= \sum_i X_i \log \frac{p_i}{1-p_i} + \sum_i X_i \log \frac{1-q_i}{q_i} + \sum_i \log \frac{1-p_i}{1-q_i}
\end{aligned}$$

上記の最後の式において，$\sum_i \log \frac{1-p_i}{1-q_i}$ も定数項であり文書の順位付けに影響を与えないので，省略して次の最終的な順位付け関数を得る．

$$(15.6) \qquad g'(d) = \sum_i X_i \log \frac{p_i}{1-p_i} + \sum_i X_i \log \frac{1-q_i}{q_i}$$

検索質問に対する関連性により分類された文書集合があれば，p_i と q_i を直接推定することができる．しかし，アドホック検索においては，そのような関連性の情報は無い．これは，簡単化のための仮定をいくつか置いて，文書の順位付けを意味ある形で行えるようにしなければならないことを意味する．

まず，p_i は小さく，すべてのタームに対して一定であると仮定する．このとき，g' の第 1 項は $\sum_i X_i \log \frac{p_i}{1-p_i} = c \sum_i X_i$，すなわち，検索質問と文書の間の一致を単に数え上げたものに，c による重み付けを行ったものになる．

第 2 項の中の分数は，ほとんどの文書は関連性が無いと仮定することにより近似できる．すなわち，$q_i = P(X_i = 1 \,|\, \neg R) \approx P(w_i) = \frac{\mathrm{df}_i}{N}$ であり，これは，関連性が条件となっていない w_i の生起確率である $P(w_i)$ の最尤推定となっている．

$$\frac{1-q_i}{q_i} = \frac{1 - \frac{\mathrm{df}_i}{N}}{\frac{\mathrm{df}_i}{N}} = \frac{N - \mathrm{df}_i}{\mathrm{df}_i} \approx \frac{N}{\mathrm{df}_i}$$

最後の近似 $\frac{N-\mathrm{df}_i}{\mathrm{df}_i} \approx \frac{N}{\mathrm{df}_i}$ は，ほとんどの語が相対的に低頻度であることから，ほとんどの語に対して成立する．これに対数を適用すると，我々が以前紹介した IDF の重みにたどり着く．これを g' の式に代入すると次式を得る．

$$(15.7) \qquad g'(d) \approx c \sum_i X_i + \sum_i X_i \mathrm{idf}_i$$

この導出は，万人を満足させるものではないかもしれない．それは，関連性の確率から直接計算するのではなく，非関連性の確率から「逆に」してタームの重み付けを行っているからである．しかし，アドホック検索において関連性の確率を推定することは不可能である．統計的自然言語処理のほかの多くの場合のように多少遠回りの経路をとって，より簡単に推定可能なほかの量から望みの量を得ているのである．

15.3.5 　残差逆文書頻度

残差逆文書頻度
(RESIDUAL
INVERSE
DOCUMENT
FREQUENCY:
RIDF)

逆文書頻度 (IDF) の代替物の一つが**残差逆文書頻度** (*residual inverse document frequency*: RIDF) である．RIDF は，実際の逆文書頻度の対数値と，ポアソン分布によって予測される逆文書頻度の対数値との差として定義される．

$$\mathrm{RIDF}_i = \mathrm{IDF}_i - \log_2 \frac{1}{1 - \mathrm{p}(0\,;\lambda_i)} = \mathrm{IDF}_i + \log_2\big(1 - \mathrm{p}(0\,;\lambda_i)\big)$$

ここで，$\mathrm{IDF}_i = \log_2 \frac{N}{\mathrm{df}_i}$ である．また，p はポアソン分布で，そのパラメータ値は $\lambda_i = \frac{\mathrm{cf}_i}{N}$，すなわち一文書あたりの w_i の平均出現回数である．$1 - \mathrm{p}(0\,;\lambda_i)$

表 15.8 内容の類似度計算における共起の利用の例．検索質問と二つの文書について，対応する行に保持するタームが並べられている．

	ターム 1	ターム 2	ターム 3	ターム 4
検索質問	*user*	*interface*		
文書 1	*user*	*interface*	*HCI*	*interaction*
文書 2			*HCI*	*interaction*

は，w_i が少なくとも 1 回出現している文書のポアソン確率である．例えば，表 15.4 における *insurance* と *try* の RIDF はそれぞれ 1.29 と 0.16 である（$N = 79291$ の場合．検証してみよ）．

以前見たように，ポアソン分布は非内容語の分布にのみよく当てはまる．そのため，ポアソン分布からの乖離は，ある語が内容語である度合いに対する良い予測値となっている．

15.3.6 ターム分布モデルの利用

ターム分布モデルを情報検索に活用する際には，ある特定のタームに当てはまるターム分布モデルのパラメータを関連性の指標として用いる．例えば，RIDF や K 混合分布における β を IDF 重みの代替物として用いることができる（内容語では β ならびに RIDF の値が大きくなり，非内容語はより小さな β と RIDF の値を持つからである）．

IDF よりも良いターム分布のモデルは，タームの性質をより正確に見積り，検索質問と文書の間の類似度に対するより良いモデルを導く可能性がある．情報検索において IDF とは異なるターム分布モデルを採用した研究はほとんどないが，やがては，そのようなモデルが内容の類似度のより良い尺度を導くのではないかと期待している．

15.4 潜在意味インデキシング

前節では，個々の語の出現パターンを見た．タームに関する異なる情報源であり情報検索において活用可能なものとしては，**共起** (*co-occurrence*) がある．これは，二つ以上のタームが同じ文書中に偶然によるもの以上に多く現れることである．**表 15.8** の例を考えよう．文書 1 は，検索質問中のすべてのタームを含んでいるので，検索質問に関連していそうである．一方で文書 2 もまた，検索の良い候補である．ターム *HCI* ならびに *interaction* は，*user* ならびに *interface* と共起しており，意味的な関連性の根拠となりうる．**潜在意味インデキシング** (*Latent Semantic Indexing*: LSI) は，検索質問と文書を「潜在的な」意味次元を持つ空間に射影する技術である．共起しているターム群は同じ次元に射影され，共起しないターム群は異なる次元に射影される．検索質問と文書は，タームを一つも共有していなくとも，共起解析の結果によりタームが

$$A = \left(\begin{array}{l|cccccc} & d_1 & d_2 & d_3 & d_4 & d_5 & d_6 \\ \hline \text{cosmonaut} & 1 & 0 & 1 & 0 & 0 & 0 \\ \text{astronaut} & 0 & 1 & 0 & 0 & 0 & 0 \\ \text{moon} & 1 & 1 & 0 & 0 & 0 & 0 \\ \text{car} & 1 & 0 & 0 & 1 & 1 & 0 \\ \text{truck} & 0 & 0 & 0 & 1 & 0 & 1 \end{array}\right)$$

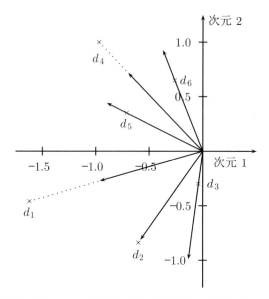

図 15.5　ターム–文書行列 A の例.

図 15.6　次元圧縮. 図 15.5 の行列における文書群が, 5 次元のターム空間を 2 次元に圧縮した結果として示されている. 圧縮された文書表現は図 15.11 から得たものである. 文書表現 $d_1, \ldots, d_6$ に加えて, 長さで正規化したベクトルも示している. これらは, LSI が適用された後に用いられるコサイン値による類似度をより直接的に示している.

意味的に類似しているのであれば, 潜在意味空間において高いコサイン類似度を持ちうる. tf.idf のような語の重複に基づく尺度の代わりとなる類似度尺度として, LSI を見ることもできる.

次元圧縮 (DIMENSIONALITY REDUCTION)

射影する先となる潜在意味空間は, (タームの数だけの次元を持つ) 元の空間よりも少ない次元を持つ. つまり, LSI は**次元圧縮** (*dimensionality reduction*) のための手法である. 次元圧縮手法は, 高次元空間に存在する対象物の集合を受けつけ, それらを低次元空間で表現する. 可視化の目的においては, しばしば 2 次元もしくは 3 次元空間とする. **図 15.5** の例は, 基本的な考え方を説明するものである. この行列は, 5 次元空間 (その各次元が五つの語 *astronaut*, *cosmonaut*, *moon*, *car*, *truck* となっている), ならびにその空間中の六つの対象物である文書 $d_1, \ldots, d_6$ を定義している. **図 15.6** は, SVD を適用した後の 2 次元空間で六つの対象物がどのように表示されうるかを示している (次元 1 ならびに次元 2 は後に説明する図 15.11 から得ている). この可視化は, 文書

15.4　潜在意味インデキシング　　495

間の関係のいくつか，特に d_4 と d_5（$car/truck$ に関する文書）の類似性，ならびに d_2 と d_3（宇宙開発の文書）の類似性を示している．図 15.5 ではこれらの関係は明確ではない．例えば，d_2 と d_3 は共通のタームを持たない．

　高次元空間から低次元空間への写像には数多くのさまざまなものがある．潜在意味インデキシングは，圧縮空間の次元数を所与として，この後すぐに説明される意味において最適な写像を選ぶ．この設定は，圧縮空間の次元が**最大変動の軸**に対応することを帰結する．1 次元に次元圧縮をする場合を考えてみよう．1 次元で可能な最良の表現を得るためには，元の空間における軸のうち，データにおける変動をなるべく多く捉えているものを探すであろう．二番目の次元は，一番目の軸が説明するものを除いた後に残った変動を最もよく捉える軸に対応する．以下同様である．この考え方は，潜在意味インデキシングが，もう一つの次元圧縮手法である**主成分分析**（*Principal Component Analysis*: PCA）との関係が深いことを示している．二つの手法の違いの一つは，PCA が正方行列にのみ適用可能であるのに対して，LSI は任意の行列に適用可能であることである．

主成分分析
(PRINCIPAL
COMPONENT
ANALYSIS: PCA)

　潜在意味インデキシングは，特異値分解 (Singular Value Decomposition: SVD) と呼ばれる数学上の手法を語–文書行列に適用したものである．SVD は（そして，そのため LSI も）最小二乗法の一つである．差異の二乗和で計測したときに，元空間の表現がなるべく変化しないように，潜在意味空間への射影が選ばれる．そのため，まず，最小二乗法の簡単な例を示し，その後，SVD を紹介する．

15.4.1　最小二乗法

　LSI で用いられている特定の最小二乗法を定義する前に，最も一般的な最小二乗近似法を学ぶことは有益であろう．それは，**線形回帰**（*linear regression*）によって平面上の点の集合に対し直線を当てはめることである．

線形回帰 (LINEAR
REGRESSION)

　次の問題を考えてみよう．**図 15.7** のように n 個の点の集合 (x_1, y_1), (x_2, y_2), …, (x_n, y_n) があるとする．我々は，パラメータ m ならびに b を持ち，これらの点に最もよく当てはまる直線

$$f(x) = mx + b$$

を見つけたい．最小二乗近似においては，最も当てはまるものとは，y_i と $f(x_i)$ との間の差の二乗和を最小化するものである．

(15.8)
$$SS(m, b) = \sum_{i=1}^{n} \left(y_i - f(x_i) \right)^2 = \sum_{i=1}^{n} \left(y_i - mx_i - b \right)^2$$

解析学の手法により，$\frac{\partial SS(m,b)}{\partial b} = 0$ を解くことにより b を計算できる．すなわち，$SS(m, b)$ が最小値になるときの b の値である．

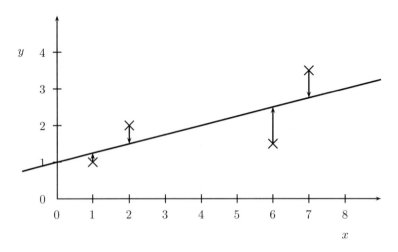

図 15.7 線形回帰の例．直線 $y = 0.25x + 1$ は，四つの点 $(1,1)$, $(2,2)$, $(6,1.5)$, $(7,3.5)$ に対する最小二乗法による最良の当てはめの結果である．矢印は，元の点が直線上のどの点に射影されたのかを示している．

$$\frac{\partial SS(m,b)}{\partial b} = \sum_{i=1}^{n}[2(y_i - mx_i - b)(-1)] = 0$$

$$\Leftrightarrow \left[\sum_{i=1}^{n} y_i\right] - \left[m\sum_{i=1}^{n} x_i\right] - [nb] = 0$$

(15.9)
$$\Leftrightarrow b = \bar{y} - m\bar{x}$$

ここで，$\bar{y} = \frac{\sum_{i=1}^{n} y_i}{n}$ ならびに $\bar{x} = \frac{\sum_{i=1}^{n} x_i}{n}$ は，それぞれ，x 座標，y 座標の平均値である．

式 (15.8) の b に式 (15.9) を代入し，$\frac{\partial SS(m,b)}{\partial b} = 0$ を m について解くと次のようになる．

$$\frac{\partial SS(m,b)}{\partial m} = \frac{\partial \sum_{i=1}^{n} (y_i - mx_i - \bar{y} + m\bar{x})^2}{\partial m} = 0$$

$$\Leftrightarrow \sum_{i=1}^{n} 2(y_i - mx_i - \bar{y} + m\bar{x})(-x_i + \bar{x}) = 0$$

$$\Leftrightarrow -\sum_{i=1}^{n} (x_i - \bar{x})(y_i - \bar{y}) + m\sum_{i=1}^{n} (x_i - \bar{x})^2 = 0$$

(15.10)
$$\Leftrightarrow m = \frac{\sum_{i=1}^{n} (x_i - \bar{x})(y_i - \bar{y})}{\sum_{i=1}^{n} (x_i - \bar{x})^2}$$

図 15.7 は，四つの点 $(1,1)$, $(2,2)$, $(6,1.5)$, $(7,3.5)$ に対する最小二乗法による当てはめの例である．$\bar{x} = 4$ ならびに $\bar{y} = 2$ であるので，

$$m = \frac{\sum_{i=1}^{n} (x_i - \bar{x})(y_i - \bar{y})}{\sum_{i=1}^{n} (x_i - \bar{x})^2} = \frac{6.5}{26} = 0.25$$

ならびに

$$b = \bar{y} - m\bar{x} = 2 - 0.25 \times 4 = 1$$

となる.

15.4.2 特異値分解

　ここまでに述べてきたとおり，潜在意味インデキシングは，語共起の解析手法としてみなすことができる．コサイン尺度のように語の重複による簡単な尺度を用いる代わりに，語の共起に基づきより良い類似判定が行える洗練された類似尺度を用いる．また，特異値分解 (Singular Value Decomposition: SVD) を次元圧縮の手法と同等のものとみなすことができる．これら二つの視点の間の関係は，次元圧縮の過程において共起しているタームが圧縮空間の同じ次元に写像され，それにより，意味的に類似している文書の表現形において類似度が増すことにある．

　共起解析と次元圧縮は，「機能」に注目して LSI を理解するための二つやり方である．ここで，LSI の正式な定義を見てみよう．LSI は，情報検索におけるターム–文書行列に対する特異値分解の応用である．SVD は，一つの行列 A を受け取り，それをより低次元の空間における $\hat{A}$ として表現する．このとき，L_2 ノルムで測ったときの二つの行列の間の「距離」を最小化している．

$$(15.11) \qquad \Delta = \|A - \hat{A}\|_2$$

行列に対する L_2 ノルムは，ベクトルに対するユークリッド距離と同等である．SVD は実際のところ，1 次元の対象物である直線を，2 次元平面上に存在する点の集合に当てはめることにとても似ている．図 15.7 は，元の点の各々が 1 次元の直線上のどの点に対応するのかを矢印により示している．

　図 15.7 における線形回帰が 2 次元空間を 1 次元の直線に射影することとして解釈可能であることと同様に，SVD は m 次元空間を $k \ll m$ なる k 次元空間に射影する．我々の応用（語–文書行列）においては，m は，コレクションにおける語タイプの数である．よく選ばれる k の値は 100 ならびに 150 である．この射影では，m 次元の語空間上の文書ベクトルを，k 次元の圧縮空間上のベクトルに変換する．

　混乱の元となりうることの一つに，式 (15.11) が元の行列とより低次元の近似結果とを比較していることがあげられる．二番目の行列がより少ない行や列を持ち，式 (15.11) は正しく定義されないのであろうか．ここで，直線の当てはめについての類推が再び役に立つ．当てはめられた直線は 1 次元的な対象物であるものの，それは，2 次元空間に内に存在する．同じことが $\hat{A}$ にも成り立つ．すなわち，それはより低い階数の行列であり，そのため，空間の軸を変換することにより，より低次元の空間中に表現可能である．しかし，今，選ばれている特定の軸においては，$\hat{A}$ は A と同じ数だけの行と列を持っている．

　SVD による射影は，文書–ターム行列 $A_{t \times d}$ を三つの行列 $T_{t \times n}, S_{n \times n}, D_{d \times n}$

$$
T = \begin{pmatrix}
\begin{array}{l|ccccc}
 & \text{次元 1} & \text{次元 2} & \text{次元 3} & \text{次元 4} & \text{次元 5} \\
\hline
\text{cosmonaut} & -0.44 & -0.30 & 0.57 & 0.58 & 0.25 \\
\text{astronaut} & -0.13 & -0.33 & -0.59 & 0.00 & 0.73 \\
\text{moon} & -0.48 & -0.51 & -0.37 & 0.00 & -0.61 \\
\text{car} & -0.70 & 0.35 & 0.15 & -0.58 & 0.16 \\
\text{truck} & -0.26 & 0.65 & -0.41 & 0.58 & -0.09
\end{array}
\end{pmatrix}
$$

図 15.8 図 15.5 の行列に SVD を施した結果の行列 T. 値は丸められている.

$$
S = \begin{pmatrix}
2.16 & 0.00 & 0.00 & 0.00 & 0.00 \\
0.00 & 1.59 & 0.00 & 0.00 & 0.00 \\
0.00 & 0.00 & 1.28 & 0.00 & 0.00 \\
0.00 & 0.00 & 0.00 & 1.00 & 0.00 \\
0.00 & 0.00 & 0.00 & 0.00 & 0.39
\end{pmatrix}
$$

図 15.9 図 15.5 の行列に SVD を施した結果の特異値行列. 値は丸められている.

$$
D^{\mathrm{T}} = \begin{pmatrix}
\begin{array}{l|cccccc}
 & d_1 & d_2 & d_3 & d_4 & d_5 & d_6 \\
\hline
\text{次元 1} & -0.75 & -0.28 & -0.20 & -0.45 & -0.33 & -0.12 \\
\text{次元 2} & -0.29 & -0.53 & -0.19 & 0.63 & 0.22 & 0.41 \\
\text{次元 3} & 0.28 & -0.75 & 0.45 & -0.20 & 0.12 & -0.33 \\
\text{次元 4} & 0.00 & 0.00 & 0.58 & 0.00 & -0.58 & 0.58 \\
\text{次元 5} & -0.53 & 0.29 & 0.63 & 0.19 & 0.41 & -0.22
\end{array}
\end{pmatrix}
$$

図 15.10 図 15.5 の行列に SVD を施した結果の行列 D^{T}. 値は丸められている.

の積に分解することにより計算される[2].

$$
(15.12) \qquad A_{t \times d} = T_{t \times n} S_{n \times n} (D_{d \times n})^{\mathrm{T}}
$$

ここで, $n = min(t, d)$ である. 次元は添字により示すことにする. A は, t 行 d 列, T は t 行 n 列などである. D^{T} は, D の転置であり, 対角のまわりに行列 D を回転させたものである. $D_{ij} = \left(D^{\mathrm{T}}\right)_{ji}$ が成り立つ.

A, T, S, D の例は図 15.5 ならびに**図 15.8**, **図 15.9**, **図 15.10** に与えられている. 図 15.5 は A の例を示している. A には, 文書ベクトルが含まれており, 各列が一つの文書に対応する. 言い換えると, その行列の要素 a_{ij} は, ターム i が文書 j にどれくらい頻繁に現れるかを記している. 頻度は, 適切に重み付けられるべきである (15.2 節での議論のように). 解説を簡潔にするために, 我々は重みを適用せず, ターム頻度を 1 であると仮定する.

図 15.8 と図 15.10 は, T ならびに D をそれぞれ示している. これらの行列は, **正規直交** (*orthonormal*) の列を持つ. すなわち, 列ベクトルは, 単位長さを持ち, すべて互いに直交している (もし, 行列 C が正規直交の列を持つなら

正規直交
(ORTHONORMAL)

---

[2] 技術的には, これは, いわゆる「縮退化された (reduced)SVD」の定義である. 完全な (full)SVD は, $A_{t \times d} = T_{t \times t} S_{t \times d} (D_{d \times d})^{\mathrm{T}}$ の形をとる. ここで, S における余分な行や列は零ベクトルであり, T と D は正方直交行列である (Trefethen and Bau 1997: 27).

ば，$C^{\mathrm{T}}C = I$ である．ここで，I は，対角成分が 1 でそれ以外が 0 であるような対角行列である．そのため，$T^{\mathrm{T}}T = D^{\mathrm{T}}D = I$ である）．

SVD は，n 次元空間の軸を回転させる方法であるとみなせる．この回転は，文書群の間で最大の変動がある方向に最初の軸が沿い，二番目の次元が二番目に大きな変動がある方向に沿う等となるようになされる．行列 T ならびに D は，新しい空間におけるタームと文書を表現している．例えば，T の最初の行は，A の最初の行に対応しており，D^T の最初の列は，A の最初の列に対応する．

対角行列 S は A の特異値を（図 15.9 にあるように）降順で保持している．i 番目の特異値は，i 番目の軸の方向での変動の量を表している．行列 T, S, D に対し，その最初の $k(< n)$ 列のみに限定すると，行列 $T_{t \times k}$, $S_{k \times k}$, $(D_{d \times k})^{\mathrm{T}}$ を得る．これらの積である $\hat{A}$ は，式 (15.11) において定義された意味において，階数 k の行列による A の最良の最小二乗近似となっている．SVD が「ほとんど」一意にきまること，すなわち，与えられた行列に対して，ただ一つの分解の可能性だけが存在することを証明することもできる[3]．最適性の証明を含む，SVD に関する広範な議論については，Golub and van Loan (1989) を参照されたい．

SVD が低次元空間への最適な射影を見つけることは，語の共起パターンを獲得するために鍵となる性質である．SVD は，できるかぎり上手に，より低い次元の空間でタームならびに文書を表現する．その過程で，似た共起パターンを持ついくつかの語が同じ次元に射影される（つまり，つぶされる）．その結果，たとえ同じトピックを記述するために違った語を用いていたとしても，この類似度尺度によれば，トピックが類似している文書と検索質問が類似していることがわかるようになる．図 15.8 の行列を最初の二つの次元に限定したとすると，二つのターム群を得ることになる．一つは，宇宙開発に関するターム群 (*cosmonaut, astronaut, moon*) で，第 2 次元において負の値を持つ．もう一つは，自動車に関するターム群 (*car* と *truck*) で，第 2 次元において正の値を持つ．第 2 次元は，これら二つの群における異なる共起パターンを直接反映している．すなわち，宇宙開発に関するタームは，ほかの宇宙開発に関するタームとのみ共起し，自動車に関するタームはほかの自動車に関する語とのみ共起している（一つの例外は，d_1 における *car* の生起である）．場合によっては，このような共起パターンによって惑わされ，意味的類似性を間違って推論してしまうかもしれない．しかし，多くの場合において，共起は話題の関連性に関する妥当な指標である．

これらタームの類似度は，文書の類似度に直接的な影響を持つ．2 次元への

---

[3] 任意の所与の SVD の解について，T ならびに D において対応している，左ならびに右の特異値ベクトルの符号をそれぞれ反転させることにより，別の異なる解を得ることができる．また，同一の特異値が二つ以上存在する場合，それに対応する特異値ベクトルにより定められる部分空間は唯一であるものの，その部分空間は任意の適切な正規直交基底ベクトルによって記述可能である．しかし，これらの場合を除いて，SVD は一意である．

	d_1	d_2	d_3	d_4	d_5	d_6
次元 1	-1.62	-0.60	-0.44	-0.97	-0.70	-0.26
次元 2	-0.46	-0.84	-0.30	1.00	0.35	0.65

図 15.11 特異値による大きさの調整，ならびに 2 次元への圧縮を行った後の文書行列 $B_{2 \times d} = S_{2 \times 2} D^{\mathrm{T}}_{2 \times d}$. 値は丸められている.

表 15.9 文書の相関行列 $E^{\mathrm{T}}E$. E は，B の列について長さの正規化を行ったものである. 例えば，（図 15.11 のように表現された場合の）d_3 と d_2 の正規化相関係数は，0.94 である. 値は丸められている.

	d_1	d_2	d_3	d_4	d_5	d_6
d_1	1.00					
d_2	0.78	1.00				
d_3	0.95	0.94	1.00			
d_4	0.47	-0.18	0.17	1.00		
d_5	0.74	0.16	0.49	0.94	1.00	
d_6	0.10	-0.54	-0.22	0.93	0.75	1.00

圧縮を仮定する. 特異値による大きさの調整の後，**図 15.11** に示される行列 $B = S_{2 \times 2} D^{\mathrm{T}}_{2 \times d}$ を得る. ここで，$S_{2 \times 2}$ は，S を 2 次元に限定したものである（その対角要素は 2.16, 1.59 である）. 行列 B は，元の行列 A 中にある文書の次元圧縮表現であり，図 15.6 に示されているものである.

表 15.9 は，この新しい空間で文書群が表現されたときの，文書間の類似度を示している. 当然のことながら，d_1 と d_2 の間，ならびに d_4 と d_5 と d_6 の間には高い類似度（それぞれ，0.78 ならびに 0.94, 0.93, 0.75）が見られる. これらの文書類似度は，元の空間におけるもの（すなわち，図 15.5 における元の文書ベクトルに対する相関を計算したもの）とほぼ同じである. 鍵となる変化は，元の空間では類似度が 0.00 であった d_2 と d_3 が，今度は非常に類似している (0.94) ことである. d_2 と d_3 は共通のタームを持たないが，コーパスにおける共起パターンのおかげでトピックが類似していると認識されている.

次元圧縮をせずに，変換された空間で類似度を計算すると，元の空間における場合と同じ類似度（すなわち，零の類似度）を得ることに注意されたい. 図 15.10 における完全なベクトルを用い，適切な特異値によりそれらの大きさの調整を行うと，次の値を得る.

$$-0.28 \times -0.20 \times 2.16^2 + -0.53 \times -0.19 \times 1.59^2 +$$

$$-0.75 \times 0.45 \times 1.28^2 + 0.00 \times 0.58 \times 1.00^2 + 0.29 \times 0.63 \times 0.39^2 \approx 0.00$$

（読者が実際にこの式を計算すると，答がまったく零であるというわけではなく，これが単に丸め誤差によるものであることに気が付くであろう. しかし，これは，多くの行列計算が丸め誤差にかなり敏感であることに気がつくことと同様に良いことである. ）

圧縮空間における文書の類似度は，S と D^{T} の積を用いて計算してきた. こ

15.4 潜在意味インデキシング

の手続きの正しさは，元の空間に対する全文書の相関行列である $A^\mathrm{T}A$ を見ることによって確認できる．

$$(15.13) \qquad A^\mathrm{T}A = (TSD^\mathrm{T})^\mathrm{T}TSD^\mathrm{T} = DS^\mathrm{T}T^\mathrm{T}TSD^\mathrm{T}$$
$$= DS^\mathrm{T}SD^\mathrm{T} = (SD^\mathrm{T})^\mathrm{T}(SD^\mathrm{T}) = B^\mathrm{T}B$$

T は，正規直交化された列を持っているので，$T^\mathrm{T}T = I$ を得る．さらに，S が対角行列であるので，$S = S^\mathrm{T}$ となる．タームの相関が次式で与えられることが分かるので，タームの類似度も同様に計算される．

$$(15.14) \qquad AA^\mathrm{T} = TSD^\mathrm{T}(TSD^\mathrm{T})^\mathrm{T} = TSD^\mathrm{T}DS^\mathrm{T}T^\mathrm{T} = (TS)(TS)^\mathrm{T}$$

実用的な応用に対する残された課題の一つは，検索質問や新しい文書を圧縮空間に畳み込む (fold in) 方法である．SVD による計算は，行列 A 中の文書ベクトルに対する圧縮された表現を与えるだけである．新しい検索質問が発せられるたびにまったく新しい SVD を実行したくはない．さらに，大きなコーパスを効率よく取り扱うために，文書群の標本にのみ SVD を実行したくなるかもしれない．このとき，残りの文書は，畳み込まれる．

文書を空間に畳み込むための式は，再び基本的な SVD の式から導出可能である．

$$(15.15) \qquad A = TSD^\mathrm{T}$$
$$\Leftrightarrow \ T^\mathrm{T}A = T^\mathrm{T}TSD^\mathrm{T}$$
$$\Leftrightarrow \ T^\mathrm{T}A = SD^\mathrm{T}$$

つまり，検索質問や文書のベクトルを（望みの次元数に切り詰められた後の）ターム行列 T の転置と掛け合わせるだけである．例えば，検索質問ベクトルが $\vec{q}$ で，k 次元に圧縮するときには，圧縮空間における検索質問の表現は $T_{t\times k}{}^\mathrm{T}\vec{q}$ である．

15.4.3　情報検索における潜在意味インデキシング

情報検索に対する SVD の応用は，もともと Bellcore の研究グループによって提案されたものであり (Deerwester et al. 1990)，この文脈においては，**潜在意味インデキシング (*Latent Semantic Indexing*: LSI) と呼ばれる．LSI は，いくつかの文書コレクションにおいて，標準的なベクトル空間による検索と比較されてきた．多くの場合，特に，高再現率の検索において，LSI はベクトル空間検索よりもよく機能することがわかっている (Deerwester et al. 1990; Dumais 1995)．高再現率検索における LSI の強さは，驚くべきことではない．なぜならば，共起を考慮に入れる方法は，より高い再現率を達成することが期待されるからである．一方で，間違った共起データにより加わった雑音のために，精度における低下が時折見受けられる．

潜在意味インデキシング (Latent Semantic Indexing: LSI)

LSI の適切さもまた，文書コレクションに依存する．表 15.8 における語彙の問題の例を思い出してほしい．不均質なコレクションにおいては，同表における HCI や *user interface* と同じトピックを参照する際に，各文書で異なる語が用いられるかもしれない．ここで，LSI は，見た目では似ていない文書の間に存在する潜在的な意味の類似性を見つける際に役に立つ．しかし，均質な語彙によるコレクションにおいては，LSI はさほど有用ではなさそうである．

情報検索に対する SVD の応用が，**潜在意味インデキシング** (*Latent Semantic Indexing*: LSI) と呼ばれるのは，元のターム空間における文書表現が新しい圧縮空間の表現へと変換されるからである．圧縮空間の次元は，元の次元の一次結合である（これは，式 (15.15) における行列の積が線形演算であるからである）．ここでの仮定は（主成分分析のような次元圧縮の別形式に対するものと同様に），これら新次元が文書と検索質問に対するより良い表現であるということである．「潜在的な」という用語の背後にある比喩は，これら新次元が真なる表現であるということである．ある特定の次元が，ある文書においてはある語の集合で，また，別の文書においては別の語の集合で表現されるという生成過程により，この真の表現が覆い隠されている．LSI による解析はその空間における元の意味構造と元の次元を復元するものである．同じ潜在的な次元に対して異なる語を割り当てる過程は，タームのソフトクラスタリングの一形態であると解釈されることもある．なぜならば，圧縮空間において語群を表現する次元に従って，語群がグループ化されるからである．

SVD による表現は，（「真の」次元に基づくので）よりよいだけではなく，より簡潔であると主張されることもある．多くの文書は，150 より多くの異なるタームを持つ．そのため，その疎なベクトル表現は，150 次元に圧縮した場合の SVD による簡潔な表現よりも多くの記憶空間を必要とする．しかし，簡潔な表現により得られる効率面での利得よりも，検索質問や新しい文書を圧縮空間に写像する際に生じる，高次元行列の乗算を行わなければならないという付加コストのほうがしばしばより高くつく．また，SVD 表現に対しては，転置インデックスを構築できないという別の問題もある．検索質問とすべての文書との間で類似度を計算しなければならないのだとすると，タームに基づき転置インデックスを検索するシステムよりも，SVD に基づくシステムのほうが低速になりうる．

SVD の実際の計算量は文書–ターム行列のランク（ランクは文書数とターム数の小さい方（で制限される））の二次多項式であり，計算される特異値の数の三次多項式である [4](Deerwester et al. 1990: 395)．非常に大きいコレクショ

---

[4] しかし，ほかの研究者は，情報検索において SVD が適用される行列にある特定の性質が所与であるとすれば，計算量が文書数の一次多項式であり，特異値の数の二次多項式となることを示唆している．この議論については，Oard and DeClaris (1996), Berry et al. (1995), Berry and Young (1995) を参照のこと．

15.4 潜在意味インデキシング

ンに対しては，特異値分解の計算コストを低減するために，文書のサブサンプリングや頻度に基づくタームの選別などがしばしば採用される.

正規性の仮定
(NORMALITY
ASSUMPTION)

SVD に対する一つの異論は，実際には**正規分布のデータ** (*normally-distributed data*) に向けて設計されていることである. これは，ほかのすべての最小二乗法と一緒である. しかし，本章のここまでの議論からわかるように，頻度データに対してそのような分布は適切ではない. そして，結局のところ，頻度データこそがターム–文書行列を構成するものである. 最小二乗法と正規分布の間の関連は，正規分布の定義（2.1.9 節）を見ることにより簡単に知ることができる.

$$ \mathrm{n}(x; \mu, \sigma) = \frac{1}{\sigma\sqrt{2\pi}} \exp\left[-\frac{1}{2}\left(\frac{x-\mu}{\sigma} \right)^2 \right] $$

ここで，μ は**平均**，σ は**標準偏差**である. 平均からの偏差の二乗値が小さくなればなるほど，確率値 $n(x; \mu, \sigma)$ が高くなる. そのため，最小二乗解が最尤解である. しかし，これは，背後にあるデータ分布が正規分布である（もしくは，正規分布によりよく近似される）場合に限って正しい. タームの頻度に対しては，ポアソン分布や負の二項分布などのほかの分布のほうがより適切である. SVD の問題のある性質としては，ターム文書行列 A の再構築 $\hat{A}$ が正規分布に基づいているために負の成分を持ちえて，明らかに頻度に対しては不適切な近似となってしまうことがあげられる. ポアソン分布に基づく次元圧縮は，そのようなありえない負の頻度を予測しない.

LSI（ならびに，一般に正規分布を仮定していると主張されることもあるベクトル空間モデル）に対する擁護としては，行列の要素は頻度ではなく，重みであると主張することができる. これは，組織的に調査された事柄ではないが，正規分布は，頻度ベクトルに対しては適切ではないとしても，重みベクトルに対しては適切でありうる.

疑似フィードバック
(PSEUDO-
FEEDBACK)

実用面からは，LSI に対して，ほかの語の共起に基づく手法（これがより有効であるというわけではないが）よりも計算量において高価であるという批判がなされてきた. 共起を用いるほかの手法として**疑似フィードバック** (*pseudo-feedback*) がある（**疑似関連性フィードバック** (*pseudo relevance feedback*) や**二段階検索** (*two-stage retrieval*) とも呼ばれる (Buckley et al. 1996; Kwok and Chan 1998)）. 疑似フィードバックにおいては，アドホック検索質問によって返された上位 n 件の文書（典型的には上位 10 件もしくは 20 件）を関連があると仮定し，それらを検索質問に加える. これら上位 n 件の文書のいくつかは実際には関連性が無いかもしれないが，十分に大きい部分によって，通常，検索質問の品質が改善される. 検索語と頻繁に共起する語は，上位 n 件の中で最頻の語のいずれかであろう. そのため，疑似フィードバックは，検索質問に特化した安価な方法の一つで，共起解析と共起に基づく検索質問の修正とを行

う方法であるとみなすことができる．

　それでも，タームの共起を情報検索に取り入れるための数多くのヒューリスティックな方法と比較して，LSI は綺麗な形式的枠組，ならびに明確に定義された最適化基準（最小二乗法）を持つ．そして，一つの大域的最適解を持ち，効率よく計算可能である．LSI は，その概念的な簡潔さ，ならびに明確さにより，検索質問–文書間のタームの照合の範囲を超えた，最も興味深い情報検索のアプローチの一つとなっている．

15.5　談話分割

　テキストコレクションはますます非均質となっている．非均質性に関する重要な観点に長さがある．WWW では文書のサイズが，ただ一文だけしかないホームページから，0.5 MB 程度のサーバログにまで及ぶ．

　15.2.2 節で議論した重み付けの枠組では，コサイン正規化を適用することにより，異なる長さを考慮にいれることができる．しかし，コサイン正規化やその他の文書長によりタームの重みを下げる正規化の形式では，文書内のターム分布を無視してしまう．血管形成術 (angioplasty) の短い説明を探しているとしよう．おそらく，血管形成術が一つないし二つの段落に集中して現れるような文書を望ましく思うであろう．なぜならば，そのように集中していることから，血管形成術とは何かという定義を最もよく含んでいそうであるからである．一方で，同じ長さの文書ではあるが，血管形成術が均質に分散して現れているものは，有用である可能性がより低そうである．

　文書構造を利用すると，文書全体ではなく節や段落といった構造に基づき定義された単位を検索することができる．しかし，利用者に返すべき最良の文書部分には，しばしば複数の段落が含まれることもある．例えば，血管形成術の検索質問に対する応答において，血管形成術に関して術語やその定義が導入されている節の最初の 2 段落を返したいという一方で，節の残りの部分は技術的な詳細を扱っているのでその限りでは無い，ということもあろう．

　文書には，段落や節に構造化されていないものもある．あるいは，HTML のようなマークアップ言語により構造化されている文書の場合においては，検索に適した単位に分割する方法は自明ではない．

　これらの考察が，文書をトピックに関して一貫した複数の段落からなる部分に分割するアプローチを動機付けている．この節の以降の部分では，複数段落からなる分割に対する一つのアプローチ，すなわち，**テキストタイリング** (*Text-Tiling*) アルゴリズムについて述べる (Hearst and Plaunt 1993; Hearst 1994; Hearst 1997).

テキストタイリング
(TextTiling)

15.5.1 テキストタイリング

下位話題
(SUBTOPIC)

このアルゴリズムの基本的な考え方は，ある**下位話題** (*subtopic*) から別の下位話題へと語彙の遷移が起こっているテキスト部分を探し出すことである．これらの箇所は，複数段落からなる構成単位の境界として解釈される．

トークン系列
(TOKEN
SEQUENCE)
ギャップ (GAP)

文の長さは相当に変化しうる．そのため，テキストは最初に小さな固定長の単位に分割される．これを**トークン系列** (*token sequence*) と呼ぶ．Hearst は，トークン系列のサイズとして 20 語を示唆している．トークン系列の間の箇所を**ギャップ** (*gap*) と呼ぶ．テキストタイリングアルゴリズムは，三つの主たる構成要素からなり，それぞれ，**結束性採点器** (*cohesion scorer*)，**深度採点器** (*depth scorer*)，**境界選択器** (*boundary selector*) と呼ばれる．

結束性採点器
(COHESION
SCORER)

結束性採点器 (*cohesion scorer*) は各ギャップにおける「話題の連続性」つまり結束性の量を測る．これはすなわち，ギャップの両側において同じ下位話題が主流であるとする根拠の量を測っている．直観的には，結束性の低いギャップが分割点候補であると考えたい．

深度採点器
(DEPTH SCORER)

深度採点器 (*depth scorer*) は，結束性のスコアが周囲のギャップに比べてどれくらい低いのかに応じて，各ギャップに深度スコアを割り当てる．当該ギャップにおける結束性が周囲のギャップよりも低いのであれば，深度スコアは高くなる．逆に，周囲のギャップと結束性がほぼ同じならば，深度スコアは低い．ここでの直観は，結束性は相対的なものであるということである．テキストのある部分（例えば，導入部）では，語彙の遷移が数多く連続して起こることもある．このような場所では下位話題の境界の選択を慎重に行い，周囲にくらべて結束性スコアが最も低い箇所だけを選びたい．テキストのほかの部分では，数ページにわたってほんの少しの遷移しか起こらないこともある．このような場所では，話題の変化，ならびに比較的高い結束性スコアを持つが周囲に比べれば低いといった変化の箇所に対し，より鋭敏であることが合理的である．

境界選択器
(BOUNDARY
SELECTOR)

境界選択器 (*boundary selector*) は，深度スコアを見て，最も良い分割点となるギャップを選択する構成部品である．

結束性の採点法についていくつかの手法が提案されている．

- **ベクトル空間採点法** (*Vector Space Scoring*)：ギャップの左側に対し，トークン系列から人工的な文書（**左ブロック**）を形成し，ギャップの右側に対してももう一つの人工的な文書（**右ブロック**）を形成する（Hearst は，各ブロックの長さとしてトークン系列二つ分を示唆している）．本章のはじめでベクトル空間法のために述べた重み付けの仕組を用いて，タームに基づくベクトルの相関係数を計算することで，これら二つのブロックを比較する．その着想は，二つのブロックがより多くのタームを共有すればするほど，結束性スコアがより高くなり，セグメントの境界として分類されづらくなるというもの

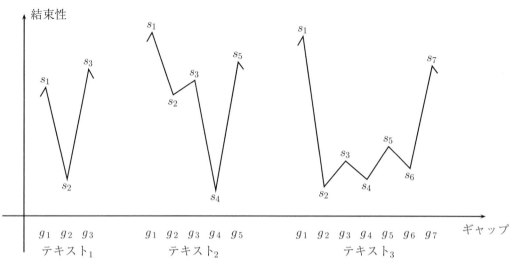

図 15.12 話題境界同定における結束性スコアに関する三つの分布.

である．ベクトル空間採点法は Hearst and Plaunt (1993) や Salton and Allen (1993) で用いられた．

- **ブロック比較法** (*Block comparison*)：ブロック比較法のアルゴリズムでもまた，ギャップの左ブロックと右ブロックの相関係数を計算するが，ブロック内のターム頻度のみを用いており，(逆) 文書頻度を考慮しない．
- **語彙導入法** (*Vocabulary introduction*)：このアルゴリズムにおけるギャップの結束性スコアは，当該の左右のブロックに現れた新しいターム，すなわち，テキストにおける当該箇所までに現れなかったタームの数の負数である．その考え方は，新しい語彙の使用がしばしば下位話題の変化のきっかけになるというものである (Youmans 1991)（このスコアを結束性スコアとするために，新しいタームの頻度に -1 を乗じて，スコアの値がより大きいこと（新しいタームがより少ないこと）がより高い結束性に対応し，スコアの値がより小さいこと（新しいタームがより多いこと）がより低い結束性に対応するようにしている）．

Hearst (1997) における実験結果によれば，ブロック比較法が三つのアルゴリズムの中で一番性能がよかった．

テキストタイリングの第二ステップは，結束性スコアを**深度スコア**に変換することである．あるギャップの深度スコアは，それが位置する谷の両側の高さを加算することにより計算される．例えば，図 15.12 におけるテキスト 1 では，g_2 に対して $(s_1 - s_2) + (s_3 - s_2)$ となる．

結束性スコアの絶対値が高いことは，それのみではセグメント境界の創出にはつながらない．テキストタイリングでは，下位話題の変化と分割を相対的なものとして見ている．段落から段落にわたる際に話題や語彙に急激な変動があ

るテキストにおいては，最も激しい変化のみがセグメント境界の資格を与えられる．このアルゴリズムは，下位話題に微妙な変化のみが現れるテキストにおいて，より細かい差異によって分割を行う．

実用的な実装においては，基本アルゴリズムに対していくつかの拡張が必要である．まず，図 15.12 のテキスト 2 のような状況に対応するために，結束性スコアのスムージングが必要である．直観的には，$s_1 - s_2$ 間の差は，ギャップ g_4 の深度スコアに寄与すべきである．これは，低域フィルタを用いたスムージングスコアにより果たせる．例えば，g_i に対する深度スコア s_i を $(s_{i-1} + s_i + s_{i+1})/3$ と置き換える．この手続きは，中心のギャップから距離 2 のところにあるギャップの結束性スコアを効果的に考慮に入れることができる．もし，それらが隣接する二つのギャップと同等かより高い場合には，それらが中心ギャップのスコアを増加させる．

多数の小さなセグメントの系列にならないようにヒューリスティックスを追加する必要もある（テキストを一貫性のある単位に分割する際に，この種の分割は，人間の判断によれば，ほとんど選ばれない）．最後に，取り扱おうとしているテキストの種類に応じて，結束性と深度スコアを計算する方法のパラメータ（トークン系列の長さ，ブロックの長さ，スムージング手法）を調整しなければならないこともある．例えば，長い文からなるコーパスにはより長いトークン系列が必要であろう．

テキストタイリングの三つ目の構成要素は，境界選択器である．これは，深度スコアの平均 μ と標準偏差 σ を推定し，定数 c（例えば，$c = 0.5$ ないし $c = 1.0$）に対して $\mu - c\sigma$ の値よりも大きな深度スコアを持つすべてのギャップを境界として選ぶ．ここで再び，絶対スコアを用いることを避けようとしている．この方法は，「有意に」低い深度スコアを持つギャップを選択する．ここでの有意性は，スコアの平均と分散の観点で定義される．

Hearst (1997) は，評価を行い，テキストタイリングが見つけたセグメントと，人間の判断により分けられたセグメントとの間に良い一致が見られることを見いだした．精度と再現率で評価したときに，セグメント検索が文書検索よりも良い情報検索性能をどの程度もたらすのかということは，未解決の問題として残ったままである．しかし，多くの利用者は，ヒットしたものの文脈をすばやく理解することを容易にしてくれるような，自然なセグメントを文脈としてヒットしたものを見ることを好む (Egan et al. 1989)．

テキスト分割はまた，自然言語処理のほかの領域において重要な応用を持ちうる．例えば，語義曖昧性解消においては，ある使用における正しい意味を決めるのに最も報知的で自然な単位を見つけるために，テキスト分割を用いることができるであろう．文書コレクションの多様性が増していく状況においては，談話の分割は，統計的自然言語処理や情報検索における重要な研究トピックとして確かに存続し続けるであろう．

15.6 さらに学ぶために

　情報検索における最新の研究を発表する二つの主要な場所は，米国政府により支援されたコンペティションの結果を報告する場である TREC 会議録 (Harman 1996, Web サイト上のリンクも参照のこと)，ならびに ACM SIGIR の会議録シリーズである．重要な雑誌としては，*Information Processing & Management, Journal of the American Society for Information Science, Information Retrieval* がある．

　情報検索に関する教科書で最も有名なものは，van Rijsbergen (1979), Salton and McGill (1983), Frakes and Baeza-Yates (1992) による書籍である．Losee (1998) ならびに Korfhage (1997) も参照されたい．重要な論文を集めた論文集が，近年，Sparck Jones and Willett (1998) によって編集された．Smeaton (1992) ならびに Lewis and Sparck Jones (1996) では，情報検索における自然言語処理の役割を議論している．情報検索システムの評価については，Cleverdon and Mills (1963), Tague-Sutcliffe (1992), Hull (1996) で議論されている．タームの重み付け手法としての逆文書頻度は Sparck Jones (1972) によって提案された．Gerard Salton が主宰する Cornell 大学の SMART プロジェクトにおいては，tf.idf による重み付け法の違った形式が広範囲にわたって研究された (Salton 1971b; Salton and McGill 1983)．最近の二つの研究が Singhal et al. (1996) ならびに Moffat and Zobel (1998) である．

　ポアソン分布については，ほとんどの確率論の入門書，例えば，Mood et al. (1974: 95) においてさらなる議論がなされている．クラスの所属関係についてラベル付けされた文書集合を仮定せずに，2–ポアソンモデルのパラメータ π, λ_1, λ_2 を推定する方法については，Harter (1975) を参照されたい．IDF に関する我々の導出は，Croft and Harper (1979) に基づいている．RIDF は Church (1995) によって導入された．

　良い句の抽出に関する研究を除いて，ここ数十年の情報検索における自然言語処理の影響力は驚くほどに小さく，ほとんどの情報検索の研究者は浅い解析技術に焦点を当てている．いくつかの例外が Fagan (1987), Bonzi and Liddy (1988), Sheridan and Smeaton (1992), Strzalkowski (1995), Klavans and Kan (1998) である．しかし，近年，単に文書をそのまま返すのではなく，文書を自動的に要約するようなタスクにより多くの興味が集まっていて (Salton et al. 1994; Kupiec et al. 1995)，そのような動向により，情報検索応用における自然言語処理の有用性が増す傾向にある．

言語横断情報検索
(CROSS-LANGUAGE
INFORMATION
RETRIEVAL:
CLIR)

　自然言語処理の技術の応用から恩恵を受けているタスクの一つに**言語横断情報検索** (*cross-language information retrieval*: CLIR) がある (Hull and Grefenstette 1998; Grefenstette 1998)．その考え方は，ある外国語について文書を理解するのに十分な知識を持つが，検索質問を構築できるほどには十分

15.6 さらに学ぶために

な流暢さがない利用者を支援するというものである．言語横断情報検索においては，そのような利用者が自身の母国語により検索質問を入力できる．システムは検索質問を目的言語に翻訳し，目的言語の文書を検索する．最近の研究としては，Sheridan et al. (1997)，Nie et al. (1998)，ならびに the Notes of the AAAI symposium on cross-language text and speech retrieval (Hull and Oard 1997) がある．Littman et al. (1998b) や Littman et al. (1998a) では，言語横断情報検索に潜在意味インデキシングを用いている．

情報検索におけるターム分布のモデル化については，関連研究の中から少数のものを選び，示したに過ぎない．より体系的な導入については，van Rijsbergen (1979: ch. 6) を参照されたい．ほかの重要な論文としては Robertson and Sparck Jones (1976)，ならびに Bookstein and Swanson (1975) がある（後者は決定論的なアプローチである）．情報理論もまた，IDF に対して動機付けを与えるために用いられてきた (Wong and Yao 1992)．索引タームの特徴付けのために RIDF を応用することは，Yamamoto and Church (1998) に述べられている．

表 15.8 の例は，Deerwester et al. (1990) から翻案したものである．SVD の例示のために我々が用いたターム–文書行列は小規模である．これは，標準的な統計パッケージのいずれかを用いて簡単に分解することができる（我々はS-plus を用いた）．大規模なコーパスに対しては，数十万のタームや文書を扱わなければならない．この目的のために特別なアルゴリズムが開発されている．そのようなアルゴリズムのいくつかに関する説明と実装については，Berry (1992) ならびに WWW 上の NetLib を参照されたい．

SVD は，ターム–文書行列のほかに，語対語行列 (Schütze and Pedersen 1997) や談話の分割 (Kaufmann 1998) に適用されてきた．Dolin (1998) は，コレクションの要約のための自動分類を用いて，検索質問の分類や分散検索を行っているが，そこにおいて LSI を利用している．

潜在意味インデキシングはまた人間の記憶に関する認知モデルとして提案されている．Landauer and Dumais (1997) は，学童期の子供に見られる語彙の急速な増大を説明可能であると主張している．

テキスト分割
(TEXT SEGMENTATION)

テキスト分割 (*text segmentation*) は活発な研究領域である．この問題に関するほかの研究には，Salton and Buckley (1991)，Beeferman et al. (1997)，Berber Sardinha (1997) がある．Kan et al. (1998) は，彼らの分割アルゴリズムの実装を広く公開している（Web サイトを参照のこと）．テキストタイリングで用いられている語の重複に基づく尺度とは異なる情報源としては，いわ

語彙連鎖
(LEXICAL CHAINS)

ゆる，**語彙連鎖** (*lexical chains*) がある．これは，テキストを通じた，意味的に関連する語の 1 回以上の使用による連鎖である．このような連鎖の開始，中断，終了を観察することにより，テキストにおける下位話題の構造に対する異なった種類の記述を導出することができる (Morris and Hirst 1991)．

階層的で線条的でない構造を持つことが多い書き言葉や音声対話の複雑さに対して，テキスト分割はどちらかというと粗雑な扱いをしている．このような複雑な構造を妥当に扱おうとする試みは，単に話題の変化を検出するよりも，はるかに難しいタスクである．この課題に対する最適なアプローチを見つけることは，統計的自然言語処理における活発な研究領域となっている．Walker and Moore (1997) によって編集された The special issue of Computational Linguistics on empirical *discourse analysis* は興味のある読者にとってのよい手がかりであろう．

談話解析
(DISCOURSE
ANALYSIS)

統計的自然言語処理手法が，1990 年代初頭に再び人気となった頃，談話のモデル化は，当初，統計に基づく研究の比率が低い領域であった．しかし，近年，量的な方法論の応用が急増している．いくつか例にあげれば，**談話のモデル化** (*dialog modeling*) に対する確率的なアプローチについては，Stolcke et al. (1998), Walker et al. (1998), Samuel et al. (1998) を参照するとよいし，**照応解析** (*anaphora resolution*) に対する確率的アプローチについては，Kehler (1997) ならびに Ge et al. (1998) を参照されたい．

談話のモデル化
(DIALOG
MODELING)
照応解析
(ANAPHORA
RESOLUTION)

15.7 練習問題

練習問題 15.1 [⋆]
さまざまなインターネット検索エンジンの特徴を調べてみよ．それらはストップリストを用いているか．ストップ語を検索してみよ．句 *the the* を検索することはできるか．そのエンジンはステミングを用いているか．それらは，語を小文字に正規化するか．例えば，*iNfOrMaTiOn* を検索すると何か返ってくるか．

練習問題 15.2 [⋆]
ベクトル空間法で句を処理する最も簡潔な方法は，それらを別のタームとして付け加えることである．例えば，検索質問 *car insurance rates* は，ターム *car, insurance, rates, car insurance, insurance rates* を含む内部表現に変換されるだろう．これは，句とその構成要素の語が独立した根拠情報として扱われることを意味する．このことがなぜ問題をはらむのか考察せよ．

練習問題 15.3 [⋆]
Katz の K 混合分布が，

$$P_i(0) = 1 - \frac{\mathrm{df}_i}{N}$$

を満たすこと，すなわち，頻度 0 である文書の数について，実際の数に対する推定による当てはめが常に完璧であることを示せ．

練習問題 15.4 [⋆]
表 15.7 の語について RIDF を計算せよ．内容語と非内容語はうまく分離されるか．

練習問題 15.5 [⋆]
非内容語，内容語，分類がいずれであるかが明らかではない語をそれぞれ一つずつ選び，(a) 文書頻度ならびにコレクション頻度，(b) IDF, (c) RIDF, (d) K 混合分布の α ならびに β を計算せよ（適度な大きさのコーパスを任意に選んで用いてよい）．

練習問題 15.6 [⋆]
ポアソン分布は，λ に応じて，単調減少，もしくは，最初に上昇し後に下降する曲線の形となる．各々の例を見つけよ．グラフの形を決定する λ の性質はどのようなものか．

15.7 練習問題 511

練習問題 15.7 [★]

S-Plus もしくはほかのソフトウェアパッケージを用いて，図 15.5 のターム–文書行列に対する SVD を計算せよ．

練習問題 15.8 [★★]

この練習問題では，下位話題の構造に関してテキストタイリングでなされた二つの仮定を考察する．

まず，テキストタイリングは**線条的**な分割を行う．すなわち，テキストはセグメントの系列に分割される．それ以上の構造を課する試みはなされていない．線状性の仮定が成り立たない例が Hearst によって言及されている．すなわち，三つの段落の系列があり，それらが 4 番目の段落に要約されている場合である．この要約の段落は，段落 1 ならびに段落 2 からの語彙で，段落 3 に現れないものを持つので，3 と 4 の間にセグメント境界があると推論される．段落 1 から 4 を一つの単位として認識するようなテキストタイリングの改訂を提案せよ．

テキストタイリングが依存するもう一つの仮定は，ほとんどのセグメント境界が，図 15.12 のテキスト 1 におけるような明確な谷によって特徴付けられるということである．しかし，二つのセグメントの間に長い平坦な領域が存在することもある．なぜ，これが，上述のアルゴリズムの定式化において問題となるのか．どのようにすれば改善できるか．

16章

テキスト分類

　本章では，自然言語処理の重要な課題であるテキスト分類 (text categorization) を紹介し，分類に関するより一般的な展望を提供する．本書のほかの箇所で扱わなかったいくつかの重要な分類手法もここには含まれる．**分類** (*classification, categorization*) は，ある領域の対象物に対して二つ以上の**クラス** (*class*) もしくは**カテゴリ** (*category*) を割り当てるタスクである．**表 16.1** に事例をいくつか示す．タグ付け，語義曖昧性解消，前置詞句付加など，我々がすでに詳しく学んできたタスクの多くが分類タスクである．タグ付けや曖昧性解消においては，文脈中の語を見て，可能な品詞タグのうちの一つの事例である，もしくは，語義のうちの一つの事例であると分類する．前置詞句付加においては，二つの異なる付加の状態が二つのクラスになる．自然言語処理におけるほかの分類タスクには，著者同定ならびに言語同定の二つがある．新しく発見された詩がシェークスピアによって書かれたものか，あるいはほかの著者によるものであるかを判別することは著者同定の一事例である．言語同定では，出典が不明な文書が記述されている言語を選択することを試みる（練習問題 16.6 を参照のこと）．

分類
(CLASSIFICATION,
CATEGORIZATION)
クラス (CLASS)
カテゴリ
(CATEGORY)

　本章では，もう一つの分類問題である**テキスト分類** (*text categorization*) に専念することにする．テキスト分類の目標は，文書の話題やテーマを分類する

テキスト分類
(TEXT
CATEGORIZATION)

表 16.1　自然言語処理における分類タスクの事例．この表では，分類される対象物の種類，ならびに可能なカテゴリの集合が事例ごとに示されている．

課題	対象物	カテゴリ
タグ付け	ある語の文脈	その語の品詞
曖昧性解消	ある語の文脈	その語の語義
前置詞句付加	文	構文木
著者同定	文書	著者
言語同定	文書	言語
テキスト分類	文書	話題

ことである．話題のカテゴリ集合の典型は，ロイターテキストコレクションで用いられたものである．以下で簡単に紹介する．その話題には "mergers and acquisitions"（合併と買収），"wheat"（小麦），"crude oil"（原油），"earnings reports"（決算報告書）などがある．テキスト分類の一つの応用は，ある特定の興味をもった集団に向けてニュースストリームをフィルタリングすることである．例えば，ある金融ジャーナリストは，カテゴリ "mergers and acquisitions"（合併と買収）に割り当てられた文書だけを見たいであろう．

一般に，統計的分類の問題は次のように特徴付けられる．対象物に関する**訓練セット** (*training set*) があるとする．その各要素は一つ以上のクラスでラベル付けされていて，**データ表現モデル** (*data representation model*) により符号化されている．典型的には，訓練セット中の各対象物は $(\vec{x}, c)$ の形式で表現される．ここで，$\vec{x} \in \mathbb{R}^n$ は測定値のベクトルであり，c はクラスラベルである．テキスト分類に対しては，データ表現として情報検索のベクトル空間モデルがよく用いられる．すなわち，各文書は語の（おそらくは重み付きの）頻度ベクトルとして表現される（15.2 節を参照のこと）．最後に，**モデルクラス** (*model class*) と**訓練手順** (*training procedure*) を定義する．モデルクラスは，パラメータ化された分類器の系統であり，訓練手順はその系統から分類器を一つ選択する[1]．そのような二値分類器の系統の例に，次の形式をとる線形分類器がある．

$$g(\vec{x}) = \vec{w} \cdot \vec{x} + w_0$$

ここで，$g(\vec{x}) > 0$ に対してクラス c_1 を，$g(\vec{x}) \leq 0$ に対してクラス c_2 を選ぶとする．この系統は，ベクトル $\vec{w}$ ならびに閾値 w_0 によってパラメータ化されている．

訓練手順は，良いパラメータ値の集合を探索する関数当てはめのアルゴリズムとして考えることができる．ここでの「よさ」は，誤分類率やエントロピーといった最適化基準により決定される．訓練手順のいくつかは最適なパラメータ集合を見つけ出すことを保証している．しかし，反復に基づく訓練手順の多くは，各反復において，より良い集合を見つけることだけを保証している．探索空間の間違った部分から出発すると，大域的最適解を見つけられず，局所的最適解にはまり込んでしまうことがある．そのような訓練手順の例で線形分類器のためのものとしては，**勾配降下法** (*gradient descent*) もしくは**山登り法** (*hill climbing*) と呼ばれるものがある．これについては，後のパーセプトロンの節で紹介する．

分類器のパラメータが選択できたとすると（つまり，我々が通常言うところの，分類器が**訓練できた** (*trained*) とすると），**テストセット** (*test set*) において，それがどれくらいよく機能するのかを見ることは良い考えである．テスト

---

[1] しかし，最近傍法による分類器などのいくつかの分類器は，パラメータを持たない．そのため，モデルクラスの観点で特徴付けることがより難しいことに注意されたい．

16.1 決定木   *515*

表 16.2 二値分類器を評価するための分割表. 例えば, a は, 注目しているカテゴリにおける対象物のうち, そのカテゴリに正しく割り当てられたものの数である.

	YES が正解	NO が正解
YES が割り当てられた	a	b
NO が割り当てられた	c	d

セットは訓練のときに用いなかったデータから構成されなければならない. 分類器が訓練されたデータ上でうまく動作することは自明である. 本当の意味でのテストは, 未知データにおける代表的な標本に対して行われる評価である. なぜならば, それが, ある応用における実際の性能について知ることができる唯一の手段であるからである.

正解率
(ACCURACY)

二値分類に対しては, 分類器は一般的に**表 16.2** に示すような頻度の表を用いて評価される. 重要な尺度の一つに分類**正解率** (*accuracy*) がある. これは, $\frac{a+d}{a+b+c+d}$ と定義され, 正しく分類された対象物の割合である. 別の尺度には, 精度 $\frac{a}{a+b}$, 再現率 $\frac{a}{a+c}$, フォールアウト $\frac{b}{b+d}$ がある. 8.1 節を参照されたい.

マクロ平均
(MACRO-
AVERAGING)
マイクロ平均
(MICRO-
AVERAGING)

二つより多いカテゴリに対する分類タスクにおいては, まず, 2×2 の分割表を各カテゴリ c_i ごとに別々に作成することから始める (すなわち, c_i 対 $\neg c_i$ の評価をする). その後は, とりうる方法が二つある. 各分割表について個別に正解率等の評価値を計算し, それら評価値をカテゴリにわたって平均することにより総合性能値を得ることができる. この過程は, **マクロ平均** (*macro-averaging*) と呼ばれる. あるいは, **マイクロ平均** (*micro-averaging*) を計算することもできる. この場合, まず, すべてのカテゴリに対する各マスの数字を足し合わせることにより, すべてのデータに対する一つの分割表を作成する. 次に, この大きな表に対して, 一つの評価値を求める. マクロ平均は各カテゴリに対して等しい重みを与えるのに対して, マイクロ平均では各対象物に等しい重みを与える. 異なる大きさのカテゴリにわたって精度を平均する場合には, 二種類の平均が異なる結果を与えることもある. マイクロ平均の精度は, 大きなカテゴリが優位となるが, マクロ平均の精度は, すべてのカテゴリにわたる分類品質についてより良い判断能力を与える.

本章においては, 四つの分類手法について述べる. すなわち, 決定木, 最大エントロピーモデル, パーセプトロン, k 最近傍法による分類である. これらは, それ自身が重要な分類手法であるか, あるいはパーセプトロンの場合では, 重要な手法のクラスであるニューラルネットワークの最も単純な例である. さらに学ぶための情報を紹介して締めくくることにする.

16.1 決定木

決定木
(DECISION TREE)

分類モデルの最初のクラスとして, **決定木** (*decision tree*) を紹介する. **図 16.1**

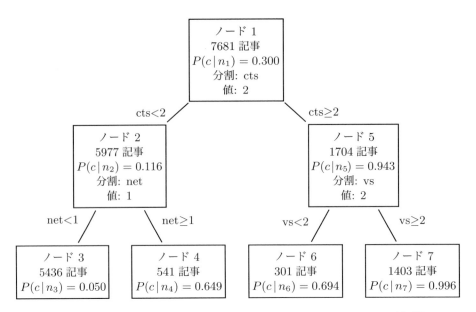

図 16.1 決定木の一例．この木は，ある文書が話題カテゴリ "earnings"（決算）の一部であるかどうかを決定する．$P(c|n_i)$ は，ノード n_i に位置する文書が "earnings" カテゴリ c に属する確率である．

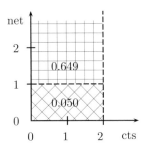

図 16.2 図 16.1 の木の一部に対する幾何学的な解釈．

に決定木の例を示す．この木は，文書がロイターのカテゴリ "earnings"（決算）に割り当てられるか否かを決定する．最上位ノードから出発し，その質問を調べて適切なノードへと分岐するといった過程を葉のノードに到達するまで繰り返すことにより文書を分類する．例えば，cts に対して重み 1，net に対して重み 3 をとる文書は，最上位ノードの左枝を採り，その子供のノードにおいては，右枝を採る．その確率，すなわち，文書がノード 4 に属するとしたときにカテゴリ "earnings" である確率 $P(c|n_4)$ は，0.649 と推定される．各ノードにおいて，そのノードに属する訓練セット中の記事の数，そのノードの要素がカテゴリ "earnings" である確率，そのノードで分割をする際の語（すなわち，次元），ならびに分割する際の語の重みの値が示されている．

木を可視化する別の方法を図 **16.2** に示す．横軸は，cts に対する重みに対応しており，縦軸は net の重みに対応している．質問は，ある素性の値がある値

16.1 決定木

```
<REUTERS NEWID="11">
<DATE>26-FEB-1987 15:18:59.34</DATE>
<TOPICS><D>earn</D></TOPICS>
<TEXT>
<TITLE>COBANCO INC &lt;CBCO> YEAR NET</TITLE>
<DATELINE>    SANTA CRUZ, Calif., Feb 26 - </DATELINE>
<BODY>Shr 34 cts vs 1.19 dlrs
    Net 807,000 vs 2,858,000
    Assets 510.2 mln vs 479.7 mln
    Deposits 472.3 mln vs 440.3 mln
    Loans 299.2 mln vs 327.2 mln
    Note: 4th qtr not available. Year includes 1985
extraordinary gain from tax carry forward of 132,000 dlrs,
or five cts per shr.
 Reuter
</BODY></TEXT>
</REUTERS>
```

図 **16.3** ロイターのニュース記事における話題カテゴリ "earnings"(決算)の例.
簡単のために,原文のいくつかの部分を省略している.

より小さいかどうかを尋ねている. 図 16.1 の最上位ノードは,図 16.2 におけ
る縦線 "$cts = 2$" に対応する判別境界を定義している. 左側の子ノードは,左
側の領域を "$net = 1$" の上下にある二つの領域に細分化している. 上側の小領
域($P(c \mid n) = 0.649$ と記されている)はノード 4 に対応し,下側の小領域は
ノード 3 に対応する. 判別境界 "$cts = 2$" の右側の領域は,さらに小領域に分
割されないことに注意されたい. ノード 5 は,vs において分割されるのであっ
て,net においてではないからである. ノード 5 の効果も示すには,3 次元の
グラフが必要である.

ロイター
(REUTERS)
　本章で例として用いているテキスト分類タスクは,**ロイター** ($Reuters$) コレ
クションにおける "earnings" カテゴリを識別する分類器を構築することであ
る. ロイターコレクションは,テキスト分類研究を評価するデータベースのう
ち,最も普及しているものである. 我々が用いている(いわゆる Modified Apte
Split (Apté et al. 1994) に基づく)版は,1987 年にロイターニュースワイヤー
で配信された訓練用記事 9603 件,ならびに,テスト用記事 3299 件からなる.
記事は,"mergers and acquisitions"(合併と買収)や "interest rates"(金
利)などの 100 以上の話題により分類されている. このカテゴリの記事の例を,
図 **16.3** に示す. ロイターコレクションの参照情報は Web サイトを参照され
たい.

　テキスト分類の最初のタスクは,適切なデータ表現モデルを見つけることで
ある. これは,それ自身,熟練の技であり,通常,用いる特定の分類手法に依
存するが,簡単のために本章を通じて単一のデータ表現を用いることにする.
それは,訓練セットにおいてカテゴリ "earnings" との χ^2 値が最も高い 20 語
に基づくものである(χ^2 値については,5.3.3 節を参照のこと). 選ばれた 20

表 16.3 図 16.3 に示された文書 11 の表現形. これは, 本章で分類のために用いる
データ表現モデルを示している.

$$
\begin{array}{cc}
\text{語 } w^j & \text{語の重み } s_{ij} \quad \text{分類}
\end{array}
$$

$$
\vec{x} =
\begin{array}{c}
\text{vs} \\
\text{mln} \\
\text{cts} \\
; \\
\& \\
000 \\
\text{loss} \\
, \\
" \\
3 \\
\text{profit} \\
\text{dlrs} \\
1 \\
\text{pct} \\
\text{is} \\
\text{s} \\
\text{that} \\
\text{net} \\
\text{lt} \\
\text{at}
\end{array}
\left(
\begin{array}{c}
5 \\
5 \\
3 \\
3 \\
3 \\
4 \\
0 \\
0 \\
0 \\
4 \\
0 \\
3 \\
2 \\
0 \\
0 \\
0 \\
0 \\
3 \\
2 \\
0
\end{array}
\right)
\quad c = 1
$$

語の中には, 語 *loss*, *profit*, ("cents" を表す) *cts* があり, いずれも, 明らか
に決算報告を表す良い指標に見える. 各文書は, $K = 20$ 個の整数値からなる
ベクトル $\vec{x}_j = (s_{1j}, \ldots, s_{Kj})$ として表現され, s_{ij} は次の量を計算したもので
ある.

$$
(16.1) \qquad s_{ij} = \text{round}\left(10 \times \frac{1 + \log\left(tf_{ij}\right)}{1 + \log\left(l_j\right)} \right)
$$

ここで, tf_{ij} は, 文書 j におけるターム i の出現頻度であり, l_j は文書 j の長
さである. スコア s_{ij} は, タームが出現しないときには, 0 に設定される. 例
えば, 89 語の長さを持つある文書中に *profit* が 6 回現れているならば, *profit*
のスコアは, $s_{ij} = 10 \times \frac{1 + \log(6)}{1 + \log(89)} \approx 5.09$ となり, 5 に丸められている. この
重み付けの方式は, 15 章で論じた方式と同様の対数による重み付けを行うと
同時に, 重みの正規化も組み入れている. 説明の都合により, 値を丸めており,
データを表現したり調べたりするのを簡単にしている.

図 16.3 の文書の表現形を**表 16.3** に示す. 自動的な素性選択手法を用いる際
に起こる傾向にあることであるが, 選ばれた語には, *that* や *s* のように, "earn-
ings" の指標として見込みがなさそうなものもある. "&", "lt", ";" という三つ
の記号は, 一般入手可能なロイターコレクションにおける整形にまつわる特性
により選ばれている. "earnings" カテゴリにおける記事の大部分は, `<CBCO>`
のような会社タグ (company tag) を title 行に持っており, その左山括弧は
SGML の文字実体に変換されている. この左山括弧が,「この文書がある特定

16.1 決定木

の企業についてのものである」ということを示すと考えることができる．我々は，この「メタタグ (meta-tag)」が分類に非常に有用であることを知ることになる．図 16.3 中の文書の title 行には，このメタタグの例がある [2].

モデルクラス（決定木）とデータの表現形（20 個の要素を持つベクトル）が得られたので，訓練手順を定義する必要がある．決定木は通常，まず大きな木を成長させ，その後に**枝刈り** (*pruning*) をして適当な大きさに戻すことにより構築される．非常に大きな木は訓練セットを**過学習** (*overfitting*) してしまうため，枝刈りの段階が必要である．分類器が訓練セットの非本質的な性質に基づき判断をしてしまい，テストセット（つまり任意の新しいデータ）において誤りとなってしまうようなときに過学習が起こっている．例えば，訓練セットに，語 *dlrs, pct*（"dollars" と "percent" を表す）の両者を持つ文書が一つだけあり，この文書がたまたま "earnings" カテゴリに入っていたとすると，訓練手順は，この特徴を持つすべての文書をこのカテゴリに属するとものとして分類する大きな木を成長させる可能性がある．しかし，訓練セットにそのような文書が一つだけ存在するのであれば，それは，おそらくただの偶然である．木が枝刈りされるときに，(*dlrs* と *pct* の両者を見つけたときに "earnings" に割り当てるという) これに対応する推論を行う部分は切り取られ，テストセットにおいてより良い性能を導く．

木を成長させるためには，分割を行う素性とその値とを見つけ出す**分割基準** (*splitting criterion*)，ならびに分割をいつ止めるのかを決めるための**停止基準** (*stopping criterion*) が必要である．停止基準としては，自明ではあるが，あるノードにあるすべての要素が，同一の表現形を持つか，あるいは同じカテゴリとなっており，分割をしても区別がもう行われないというものがある．

ここで我々が用いる分割基準は，あるノードにおける対象物群を情報利得が最大となるように二つの集まりに分割するというものである．**情報利得** (*information gain*)(Breiman et al. 1984: 25; Quinlan 1986: sec. 4; Quinlan 1993) は，情報理論的な尺度であり，親ノードのエントロピーと，子ノードたちのエントロピーの重み付和との差として定義される．

(16.2)
$$G(a, y) = H(t) - H(t \mid a) = H(t) - (p_L H(t_L) + p_R H(t_R))$$

ここで，a と y は，分割が行われる際の属性名とその値，t は，分割しようとしているノードにおける確率分布，p_L ならびに p_R は，左ノードもしくは右ノードに送られた要素数の比，t_L ならびに t_R は，左ノードならびに右ノードにおける確率分布である．例として，図 16.1 の決定木における最上位ノードについて，これらの変数の値と，結果として得られた情報利得の値を**表 16.4** に示す．

情報利得は，直観に訴えるものがある．なぜならば，不確実性の削減量の計

---
[2] 文字列 "<" は，実際には一つの単位としてトークン化されるべきであるが，これは，テキスト分類において頻繁に生じる低レベルのデータの問題の一事例となっている．

表 16.4　分割基準としての情報利得の例. この表は, 図 16.1 におけるノード 1, 2,
　　　　5 に対するエントロピー, 子ノードの重み付き和, ならびに 1 を 2, 5 に分
　　　　割する際の情報利得を示している.

ノード 1 のエントロピー, $P(C \mid N) = 0.300$	0.611
ノード 2 のエントロピー, $P(C \mid N) = 0.116$	0.359
ノード 5 のエントロピー, $P(C \mid N) = 0.943$	0.219
2 と 5 の重み付き和	$\frac{5977}{7681} \times 0.359 + \frac{1704}{7681} \times 0.219 = 0.328$
情報利得	$0.611 - 0.328 = 0.283$

測として解釈可能であるからである. 情報利得を最大にする分割を行うならば,
分類結果における不確実性が可能な限り減少する. 最適な分割値を効率よく見
つける一般的なアルゴリズムは存在しない. 実際には, 準最適な値を見つける
ヒューリスティックなアルゴリズムを用いる [3].

葉ノード
(LEAF NODE)
　　停止基準のためにアルゴリズムが分割しなかったノードは**葉ノード** (*leaf node*)
となる. 葉ノードにおいて行う予測は, その要素に基づく. 最尤推定を行うこ
とができるが, スムージングを行うことが適切な場合が多い. 例えば, ある葉
ノードがカテゴリ "earnings" の要素を六つもち, ほかの要素を二つ持つとすれ
ば, そのノードの新しい文書 d がそのカテゴリに属する確率を, 1–加算スムー
ジング (6.2.2 節) を用いて, $P(earnings \mid d) = \frac{6+1}{2+6+1+1} = 0.7$ と推定する.
　　いったん木が完全に伸びてしまったあと, それを枝刈りして過学習にならな
いようにし, 新しいデータに対する性能を最適化する. 各ステップにおいて,
残っている葉ノードのうち, 何らかの基準により正確な分類に対しほとんど役
に立たない (あるいは, むしろ有害である) と予想されるものを選択する. 一般
的な枝刈り基準の一つは, そのノードが「役に立つ」とする根拠がどれくらい存
在するのかということを表す信頼性尺度を計算するというものである (Quinlan
1993). ノードがなくなるまで枝刈りの過程を繰り返す. (完全な木から空の木
に至る) この過程の各ステップが, 一つの分類器, すなわち, その時点で残っ
ているノードから構成される決定木に対応する分類器を定義している. これら
n 個の木 (ここで, n は完全な木における内部ノードの数である) の中から最
良のものを選ぶ一つの方法は, ヘルドアウト (held out, とっておいた) データ
検証 (VALIDATION)　で**検証** (*validation*) を行うことである.

検証セット
(VALIDATION SET)
　　検証は, 分類器をヘルドアウトデータセット, すなわち, **検証セット** (*vali-
dation set*) 上で評価し, その正解率を見積もる. 独立したテストデータが必要
であるのと同じ理由で, どれくらい決定木を枝刈りするかを評価するために新
しいデータセットを調べる必要がある. それが, 検証セットでの評価で行って
いることである (スムージングにおいて用いられる同様の基礎技術については,
6.2.3 節を参照のこと).
　　決定木の枝刈りに対する代替案としては, 木全体を残しつつ, 分類器の確率推

---
[3] ここでは, s_{ij} は狭い範囲の整数値であるので, 最適な分割値を求めて全解探索を行う余地
　がある.

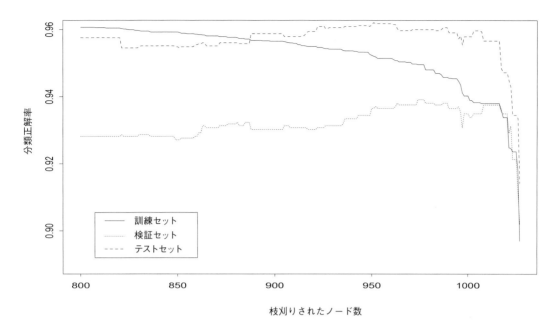

図 16.4 決定木の枝刈り．このグラフは決定木の分類正解率が如何に枝刈りに依存しているのかを示している．テストセットにおける最良の性能（正解率 96.21%）は，951 ノードを枝刈りした際に達せられている．検証セットにおける最良の性能（正解率 93.91%）は，974〜977 ノードを枝刈りしたときに達せられている．これら四つの枝刈りされた木において，テストセットにおける性能は 96.00% であり，最適な性能に近い．訓練セットにおける性能は，単調に減少している．

定を，葉ノードだけではなく内部ノードの関数とすることがあげられる．これは，より上位のノードにおけるより信頼のおける確率分布を用いることにより，それより下のノードを実際に枝刈りせずに済ませる方法である．各葉ノードに対して，そのノードから決定木の根に向かって，ノードとそれに結びつけられた確率分布の系列を読みだすことができる．ヘルドアウトデータを枝刈りに使うのではなく，各葉ノードに対して，これらすべての分布についての線形補間（6.3.1 節）のパラメータを訓練するために用いることができる．そして，補間された分布を最終的な分類関数として用いることができる．Magerman (1994) は，この手法が，少なくとも彼が取り組んでいる統計的構文解析課題について，枝刈りよりも優れた性能を示すと述べている（12.2.2 節を参照されたい）．

図 16.4 は，決定木の性能がどのように枝刈りに依存するかを示したものである．x 軸は，枝刈りされたノード数に，y 軸は，分類正解率にそれぞれ対応している．このグラフを作成する際には，訓練セットの 80%（7681 文書）を用いて木を成長させ，20%（1922 文書）を検証セットとしてとっておいた．最上位ノードの枝刈りはこのグラフでは示されていない[4]．

我々が見つけたパターンは標準的なものであった．すなわち，訓練セットに

---

[4] 枝刈り基準は，検証セットにおける情報利得が一番低い葉ノードを選ぶことであった．

表 16.5 ロイターのカテゴリ "earnings"（決算）に対する決定木の分割表．テスト
セットにおける分類正解率は 96.0%である．

"earnings"	"earnings" が正解か?	
が割り当てられたか?	YES	NO
YES	1024	69
NO	63	2143

おける性能は，完全な木において最大となり，その後，連続的に下降していく．
最初に行われる完全な木の構築を訓練セットにおいて最適化しているので，よ
り大きな木のほうが，枝刈りされた木よりも訓練セットの性質に当てはまる．
したがって，左から右に向かって進むと，訓練セットにおける性能が減少して
いる．

検証セットならびにテストセットに対する正解率は，中間地点のいずれかで
最大になっている．性能が頂点に達したときは，訓練セットの本質的ではない
性質に当てはまってしまった木の部分が枝刈りされた状況に至っている．すこ
し余計に単純化してしまうと，"earnings" カテゴリに関する正しい一般化を獲
得しているノードがさらなる枝刈りにより削除されてしまい，その結果として
性能が低下してしまう．

木を選ぶ戦略の一つに，検証セットにおける性能が最も良いものを選ぶとい
うものがある．図でわかるとおり，それは，テストセットに対する頂点と完全
に一致するわけではないが，十分に近いものとなっている．検証セットで最良
の性能を示す木は，すこし過学習であるか，あるいは少し学習不足であること
が多いが，通常，それは，最適な性能に近い．

表 16.5 は，50 個の内部ノードを持つ木の性能をテストセットで評価したも
のである．これは，検証セットで正解率 93.91%の最良性能を持つ最小の木で
ある．

検証セットを別に設置することに関する問題点は，全体の訓練セットの中の
比較的大きな部分を浪費してしまうことである．より良い方法は，n 分割**交差
検証** (*cross-validation*)（6.2.4 節を参照のこと）を用いて枝刈り後の決定木の
適切な大きさを見積もることである．例えば，5 分割交差検証においては，デー
タが五つの部分に分割される．一つの部分を検証セットとして残しておき，ほ
かの四つの部分で木を訓練する．そして，残しておいた部分に基づいて，枝刈
りを行う．この過程を，ほかの四つの部分の各々を検証セットとして用いて，4
回繰り返す．その後，最良の性能を示す枝刈された木の大きさの平均値を決定
する．最後に，訓練セット**全体**を用いて新しい木を成長させ，最良であると計
算された大きさになるまで枝刈りを行う．

交差検証 (CROSS-
VALIDATION)

学習装置の複雑さと訓練セットにおける正解率との間の相互依存性は，多く
の分類手法において重要な性質である．装置が複雑すぎる（つまりパラメータ
が多すぎる）ならば，過学習ならびに新しいデータに対する正解率の低さが危

16.1 決定木

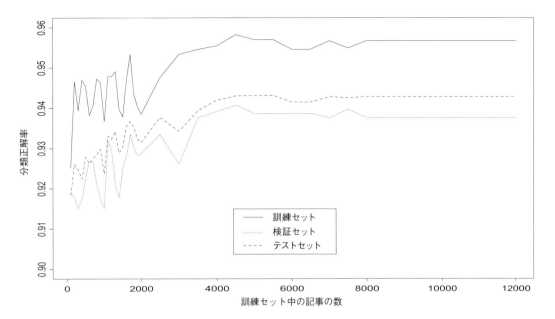

図 16.5 分類正解率は利用可能な訓練データの量に依存する. x 軸は，決定木を訓練する際の訓練文書の数に対応する. y 軸は，ある一定量の検証セットに基づき選ばれた決定木に対するテストセット上での正解率に対応する. 分類正解率は，訓練セットの量が少ないときに大きく変化するが，より量が多いセットに対しては，向上し，その後，飽和する.

惧される．装置が十分に複雑でなければ，訓練データを最大限に活用できないので，この場合でもまた，新しいデータにおいて最適な正解率よりも低くなってしまう．秘訣は，ただ正しいバランスを見つけることであり，交差検証はこれを行うための一つのアプローチである．

　分類手法のもう一つの一般的な性質は，図 **16.5** に示されるように，分類正解率が利用可能な訓練データの量に依存することである．当然のことながら，訓練データが多くなればなるほど，性能の向上が飽和する点まで次第に良くなっていく．小さいセットでも時には幸運に恵まれるが (それゆえ変動するが)，小さいデータセットで訓練された木がうまく機能するかどうかは確信が持てない．

学習曲線
(LEARNING
CURVE)
　図 16.5 のように**学習曲線** (*learning curve*) を計算することは，訓練セットの適切な大きさを決定するために重要である．多くの訓練手順は計算量の面で高価であるので，過度に大きな訓練セットを避けられれば都合がよい．しかし，一方で，不十分な訓練データは，準最適な分類正解率となる．この曲線を見ることによって，どれくらいの量のデータがあれば最良の性能を得るのに十分であるのかを判断することができる (もちろん，大きな訓練セットのほうがはるかに良い性能を与えるのではあるが，利用可能な訓練データの量に関して制御ができず，小さな訓練セットを受け入れなければならないような状況も数多くある)．

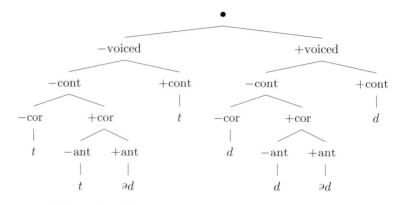

図 16.6 音韻規則学習の領域におけるデータを決定木が如何に非効率的に利用するのかという事例．英語の過去形に対する規則は，無声音の後に /t/ をとり，有声音の後に /d/ をとるが，例外としては，[−CONT, +COR, +ANT] という音（すなわち，/t/, /d/）の後では，/əd/ となるというものである．有声音の素性が最大の情報利得を持つので，まずその素性で木が分割されるが，これにより残りの条件を学習することがより難しくなる．なぜならば，関連するデータが異なるビン (bin) に細分化されてしまい，学習が独立に行われてしまうからである．

どのような場合に，決定木が自然言語処理における分類タスクに向いているのであろうか．決定木は，ナイーブベイズ（7.2.1 節），線形回帰（15.4.1 節），ロジスティック回帰等の分類器よりも複雑である．分類問題が単純であれば（特に，**線形分離可能** (*linearly separable*) であれば，下記を参照のこと），より単純な方法がしばしば望ましい．決定木はまた，訓練セットを次第に小さな部分集合に分割していく．これは，正しい一般化を難しくしている．なぜならば，信頼のおける予測のために十分なデータがないかもしれないからである．さらに，より小さなセットは，一般化されないはずの本質的ではない規則性を持つので，間違った一般化が行われやすい．図 16.6 は，音韻規則の学習に関する領域から得たもので，この問題の簡単な例を与えている．枝刈りはこの問題に対しある程度対応するが，学習の問題のいくつかは，すべての素性を同時に見る手法のほうがより適切に取り扱える．本章で紹介するほかの三つの手法は，いずれも，この性質を持っている．

決定木の最大の利点は，非常に簡単に解釈が可能であることである．根から葉ノードに至る経路を 2, 3 の記事について追跡することや，決定木がどのように機能するのかについての直観を養うことが簡単である．これは，自分のコードをデバッグしたり，新しい問題領域について理解することにおいて貴重であるばかりではなく，分類器を研究者にも門外漢にも同様に説明できるので，共同研究や実践的な応用において重要な性質となっている．

練習問題 16.1 [⋆]
"earnings"（決算）カテゴリに対応する一つの葉ノードしかない，自明な木における分類正解率はどれくらいか．

16.2 最大エントロピーモデル   525

練習問題 16.2   [⋆]
7.1 節において，特定の分類問題がどれくらい難しいのかを見積もる方法として，上限と下限を導入した．"earnings" カテゴリに対する上限と下限は何であるか．

練習問題 16.3   [⋆⋆]
テキスト分類の重要な応用の一つに，spam（勝手に送られてくる大量の電子メール）の検出がある．spam メッセージと非 spam メッセージを少なくとも 100 通集めてみて，訓練セットとテストセットに分け spam を検出する決定木を構築してみよ．このタスクにおいては，正しい素性を見つけることが非常に重要であるので，素性セットを注意深く設計せよ．

練習問題 16.4   [⋆⋆]
テキスト分類のもう一つの重要な応用は，「成人向け」コンテンツ，すなわち，性的に露骨であるために子供たちには不適切なコンテンツの検出である．成人向けならびに一般向けの素材からなる訓練セットとテストセットを WWW から収集し，成人向けの情報へのアクセスをブロックできる決定木を構成せよ．

練習問題 16.5   [⋆⋆]
読者ならびに友人の一人が書いたテキストを適量集めよ．個々の文書（例えば，期末レポート）をより小さい断片に分割し，十分に大きな集合を得てもよい．読者があるテキスト断片の著者であるか否かを自動的に判別する決定木を構築せよ．著者の正体を明らかにするのは，ほんの「とるに足りない」語であることが多い（例えば，*because* や *though* といった語の相対頻度など）．

練習問題 16.6   [⋆⋆]
英語ならびに英語ではないテキストの集合を WWW からダウンロードするか，あるいは何らかの別の多言語情報源を用いるとする．英語のテキストとそれ以外のテキストを区別できる決定木を構築せよ（練習問題 6.10 も参照のこと）．

16.2 最大エントロピーモデル

　最大エントロピーモデルは，多数の非均質な情報源からの情報を統合し分類に役立てる枠組みである．分類問題のデータは，（潜在的には多数の）素性により記述される．これら素性は，非常に複雑でありえて，分類に際してどのような種類の情報が重要であると期待されるのかという事前知識を実験者が用いる余地を残している．各素性はモデルにおける一つの制約に対応する．そして，**最大エントロピーモデル**が計算される．これは，そのような制約群を満たすすべてのモデルのうち，エントロピーが最大となるモデルである．この「（エントロピー）最大」という用語は最初はひねくれているように聞こえるかもしれない．なぜならば，我々は本書の多くの部分を費やし，モデルに従ってデータの（交差）エントロピーを最小化しようとしてきたからである．一方で，この考え方は，我々がデータの範囲を超えてしまいたくないということに当たる．もし，エントロピーのより低いモデルを選ぶのであれば，モデルに対し，我々の利用可能な経験的証拠によって正当化されない「情報」を付け加えてしまうだろう．エントロピーが最大のモデルを選ぶということは，不確実性をできるかぎり大きく保ったままにしておきたいという欲求により動機付けられている．

　本章では，簡単のために，素性選択の問題について無視をしている（同一の20 個の素性を終始用いる）．最大エントロピーモデルにおいては，通常，素性選

択と訓練とが統合されている．これにより理想的には，最初に潜在的に関連の
ある情報をすべて指定してしまい，最良の分類モデルを見つけ出す方法につい
ては，その後，訓練手順に考えさせるということが可能になる．ここでは，基
本的な方法を紹介することにとどめるので，素性選択については，「さらに学ぶ
ために」の節を参照されたい．

素性 f_i は二値関数で，組 $(\vec{x}, c)$ の任意の性質を特徴付けるために用いること
ができる．ここで，$\vec{x}$ は，入力要素を表現するベクトル（我々の場合，20次元
の語の重みのベクトルであり，ある記事を表 16.3 のように表現する），c は，ク
ラスラベルである（記事が "earnings"（決算）カテゴリであれば 1，それ以外
は 0）．テキスト分類に対しては，次のように素性を定義する．

$$(16.3) \qquad f_i(\vec{x}_j, c) = \begin{cases} 1 & (s_{ij} > 0 \text{ かつ } c = 1 \text{ のとき}) \\ 0 & (\text{上記以外のとき}) \end{cases}$$

s_{ij} がロイターの記事 j における語 i のターム重みであることを思い出そう．二
値素性を利用している点が，本章のほかの部分とは異なることに注意されたい．
ほかの分類器は単に語の有無ではなく，重みの値を用いている [5]．

経験的期待値
（EMPIRICAL
EXPECTATION）

与えられた素性の集合に対して，まず，訓練セットに基づき各素性の**期待値**を
計算する．この**経験的期待値**（*empirical expectation*）と，最終的な最大エント
ロピーモデルにおける対応する素性の期待値とが同じでなければならないという
制約を各素性が定義していると考える．これら制約群に従うすべての確率分布
の中で，最大のエントロピーを持つ**最大エントロピー分布**（*maximum entropy
distribution*）を見つけることを試みる．そのような最大エントロピー分布がた
だ一つ存在すること，ならびにそれ向けて収束することが保証されている一般
化反復スケーリングというアルゴリズムが存在することを示すことができる．

最大エントロピー分
布（MAXIMUM
ENTROPY
DISTRIBUTION）

対数線形モデル
（LOGLINEAR
MODEL）

ここで紹介する**対数線形モデル**（*loglinear model*）は，最大エントロピーモ
デルにおけるある種のモデルクラスであり，次の形式で与えられる．

$$(16.4) \qquad \mathrm{p}(\vec{x}, c) = \frac{1}{Z} \prod_{i=1}^{K} \alpha_i^{f_i(\vec{x}, c)}$$

ここで，K は素性の数，α_i は素性 f_i の重みであり，Z は（一般的に「分割関
数（partition function）」と呼ばれる）正規化定数で，確率分布となることを
保証するために用いられる．このモデルをテキスト分類のために用いる際には，
$\mathrm{p}(\vec{x}, 0)$ ならびに $\mathrm{p}(\vec{x}, 1)$ を計算し，最も簡単な場合では，確率値が大きい方の
クラスを選ぶ．

素性（FEATURE）

本節における**素性**（*feature*）には，分類したい対象物に関する「**測定値**（*mea-*

---

[5] 最大エントロピーに基づくアプローチは，原理的に二値素性に限定されるわけではない．後
に紹介する一般化反復スケーリングは，重みについて，非負，かつ，総計が有限であること
を要請するだけである．しかし，二値素性は計算量が大きい再推定手順の効率を改善するの
で，一般的に採用されてきている．

surement)」に加えて，その対象物の**クラス** (*class*) に関する情報も含められている点に注意されたい．ここでは，最大エントロピーモデルに関する多くの文献に従い，この意味で素性を定義する．用語「素性 (feature)」のより一般的な使い方（本書のほかの箇所で採用するもの）では，対象物の何らかの特徴量を参照するだけであって，対象物が所属するクラスとは独立である．

式 (16.4) は，対数線形モデルを定義している．これは，両辺の対数をとると，$\log \mathrm{p}$ が重みの対数の線形結合となるからである．

$$(16.5) \qquad \log \mathrm{p}(\vec{x}, c) = -\log Z + \sum_{i=1}^{K} f_i(\vec{x}, c) \log \alpha_i$$

対数線形モデルは，カテゴリ変数を有する分類に対するモデルのクラスであり，一般的かつ非常に重要である．このクラスのほかの例としては，ロジスティック回帰 (McCullagh and Nelder 1989)，分解可能モデル (decomposable models) (Bruce and Wiebe 1999)， ならびに以前の章の HMM と PCFG などがある．ここで最大エントロピーモデリングのアプローチを紹介するのは，最大エントロピーモデルが，統計的自然言語処理において，近年，幅広く用いられるようになり，最大エントロピー原理の重要な応用の一つであるためである．

16.2.1 一般化反復スケーリング法

一般化反復
スケーリング法
(GENERALIZED
ITERATIVE
SCALING: GIS)

一般化反復スケーリング法 (*Generalized iterative scaling*: GIS) は，式 (16.4)の形式をした最大エントロピー分布 p^* で，次の制約集合に従うものを発見する手順である．

$$(16.6) \qquad E_{\mathrm{p}^*} f_i = E_{\tilde{\mathrm{p}}} f_i$$

言い換えれば，p^* に対する f_i の期待値が経験分布 $\tilde{\mathrm{p}}$ に対する（すなわち，訓練セットに対する）期待値と同じであるということである．

このアルゴリズムでは，可能な $(\vec{x}, c)$ の素性の和がある定数 C に等しいことが要請される [6]．

$$(16.7) \qquad \forall \vec{x}, c \quad \sum_i f_i(\vec{x}, c) = C$$

この要請を満たすために，（観測されたデータだけではなく，可能性のあるすべてのデータにわたっての）可能な素性の和の最大値として C を定義し

$$C \stackrel{\mathrm{def}}{=} \max_{\vec{x}, c} \sum_{i=1}^{K} f_i(\vec{x}, c)$$

次のように定義される素性 f_{K+1} を追加する．

---

[6] この制約が課されない一般化反復スケーリングの変種である**改良反復スケーリング** (*Improved Iterative Scaling*：IIS) については，Berger et al. (1996) を参照のこと．

$$f_{K+1}(\vec{x}, c) = C - \sum_{i=1}^{K} f_i(\vec{x}, c)$$

この素性は，ほかのものとは対照的に二値ではないことに注意されたい．

$E_{\mathrm{p}} f_i$ は，次のように定義される（2.1.5 節）．

(16.8)
$$E_{\mathrm{p}} f_i = \sum_{\vec{x}, c} \mathrm{p}(\vec{x}, c) f_i(\vec{x}, c)$$

ここで，和は出来事の空間，すなわち，すべての可能なベクトル $\vec{x}$，ならびにクラスラベル c にわたって行われる．経験期待値は次のように簡単に計算される．

(16.9)
$$E_{\tilde{\mathrm{p}}} f_i = \sum_{\vec{x}, c} \tilde{\mathrm{p}}(\vec{x}, c) f_i(\vec{x}, c) = \frac{1}{N} \sum_{j=1}^{N} f_i(\vec{x}_j, c)$$

ここで，N は，訓練セットにおける要素の数である．また，訓練セットに現れない組の経験確率が 0 であるということを用いている．

一般に，最大エントロピー分布 $E_{\mathrm{p}} f_i$ を効率よく計算することはできない．なぜならば，$\vec{x}$ と c のすべての可能な組の集合上での和の計算が含まれ，その集合は，非常に大きいか，あるいは無限集合であるからである．その代わりに，次の近似が用いられ，経験的に観測された $\vec{x}$ のみが考慮される (Lau 1994: 25)．

(16.10)
$$E_{\mathrm{p}} f_i \approx \sum_{\vec{x}, c} \tilde{\mathrm{p}}(\vec{x}) \mathrm{p}(c \mid \vec{x}) f_i(\vec{x}, c) = \frac{1}{N} \sum_{j=1}^{N} \sum_{c} \mathrm{p}(c \mid \vec{x}_j) f_i(\vec{x}_j, c)$$

ここで，c は，やはりすべての可能なクラスを範囲とし，我々の場合では，$c \in \{0, 1\}$ である．

これで，一般化反復スケーリングアルゴリズムを記述するためのすべての要素が整った．

1. $\{\alpha_i^{(1)}\}$ を初期化する．任意の初期化でよいが，通常は，$\alpha_i^{(1)} = 1$　（$\forall 1 \leq i \leq K + 1$）のように選ぶ．先に示したように $E_{\tilde{\mathrm{p}}} f_i$ を求める．$n = 1$ とする．

2. $\{\alpha_i^{(n)}\}$ によって与えられる分布 $\mathrm{p}^{(n)}$ により，訓練セット中の各要素 $(\vec{x}, c)$ について $\mathrm{p}^{(n)}(\vec{x}, c)$ を計算する．

(16.11)
$$\mathrm{p}^{(n)}(\vec{x}, c) = \frac{1}{Z} \prod_{i=1}^{K+1} \left(\alpha_i^{(n)}\right)^{f_i(\vec{x}, c)} \quad \text{ここで } Z = \sum_{\vec{x}, c} \prod_{i=1}^{K+1} \left(\alpha_i^{(n)}\right)^{f_i(\vec{x}, c)}$$

3. 式 (16.10) により，すべての $1 \leq i \leq K + 1$ について，$E_{\mathrm{p}^{(n)}} f_i$ を求める．

4. 次式でパラメータ α_i を更新する．

(16.12)
$$\alpha_i^{(n+1)} = \alpha_i^{(n)} \left(\frac{E_{\tilde{\mathrm{p}}} f_i}{E_{\mathrm{p}^{(n)}} f_i} \right)^{\frac{1}{C}}$$

16.2 最大エントロピーモデル **529**

表 **16.6** 式 (16.4) の形式における最大エントロピー分布の一例.ベクトル $\vec{x}$ は,単一の成分から成っており,それは記事における語 *profit* の有無を表すものである.二つのクラス("earnings"(決算)の要素であるか,否か)がある.素性 f_1 は,記事が "earnings" に属し,かつ,*profit* が現れているとき,そしてそのときに限り,1 となる.f_2 は,「埋め草 (filler)」素性 f_{K+1} である.パラメータ群に対するある一つの選択,すなわち,$\log \alpha_1 = 2.0$ ならびに $\log \alpha_2 = 1.0$ に対して,正規化の後 ($Z = 2 + 2 + 2 + 4 = 10$),最大エントロピー分布 p$(0,0)$ = p$(0,1)$ = p$(1,0)$ = $2/Z = 0.2$,ならびに p$(1,1)$ = $4/Z = 0.4$ をうる.同じ経験分布を持つデータセットの例には,$((0,0),(0,1),(1,0),(1,1),(1,1))$ がある.

$\vec{x}$	c					
profit	"earnings"	f_1	f_2	$\beta = f_1 \log \alpha_1 + f_2 \log \alpha_2$		2^β
(0)	0	0	1	1		2
(0)	1	0	1	1		2
(1)	0	0	1	1		2
(1)	1	1	0	2		4

表 **16.7** 経験分布の一つで,対応する最大エントロピー分布が表 16.6 のものであるもの.

profit が出現しているか?	話題は "earnings" か?	
	YES	NO
YES	20	9
NO	8	13

5. 本手続きのパラメータが収束したら終了.そうでなければ,n を増加させて 2 に戻る.

読みやすさのために上記の形式でアルゴリズムを示した.実際の実装においては,対数を用いた計算を行うほうがより便利である.

この手続きが制約群(式 (16.6))を満たすある分布 p* に収束すること,およびそのようなすべての分布の中で p* がエントロピー $H(\mathrm{p})$,ならびにデータの尤度を最大化するものであることを証明することができる.Darroch and Ratcliff (1972) は,この分布が常に存在し,一意であることを示している.

最大エントロピー分布の小さな例で,一般化反復スケーリング法により収束するものを**表 16.6** に示す.

練習問題 16.7 [⋆]
表 16.6 の分布に対する分類の判定結果は何であるか.$P(\text{"earnings"} \mid profit)$ ならびに $P(\text{"earnings"} \mid \neg profit)$ を計算せよ.

練習問題 16.8 [⋆]
表 16.6 の分布が,一般化反復スケーリング法における不動点の一つであることを示せ.すなわち,1 回分の反復計算をしても,分布は変わらずそのままであることを示せ.

練習問題 16.9 [⋆]
表 16.7 の分布を考える.この分布においても,表 16.6 で定義された素性に対して,その期待値 E_p が表 16.6 のものと同じになることを示せ.

練習問題 16.10 [⋆]
(表 16.6 に定義されている素性を用いて)表 16.7 のデータに対する一般化反復ス

表 16.8 ロイターのカテゴリ "earnings"（決算）に対する最大エントロピーモデルにおける素性の重み.

語	素性の重み	
w^i	α_i	$\log_e \alpha_i$
vs	2.696	0.992
mln	1.079	0.076
cts	12.303	2.510
;	0.448	-0.803
&	0.450	-0.798
000	0.756	-0.280
loss	4.032	1.394
'	0.993	-0.007
"	1.502	0.407
3	0.435	-0.832
profit	9.701	2.272
dlrs	0.678	-0.388
1	1.193	0.177
pct	0.590	-0.528
is	0.418	-0.871
s	0.359	-1.025
that	0.703	-0.352
net	6.155	1.817
lt	3.566	1.271
at	0.490	-0.713
f_{K+1}	0.967	-0.034

ケーリング法の反復を数回計算せよ. この手順により, 表 16.6 の分布に向かって収束するはずである.

練習問題 16.11   [★★]
練習問題 16.3 から 16.6 までの範囲から一つを選び, 対応するテキスト分類タスクについて最大エントロピーモデルを構築せよ.

16.2.2 テキスト分類への応用

我々は, 式 (16.3) においてテキスト分類のための適切な素性を定義する方法をすでに示唆してきている. ロイターの "earnings"（決算）に関する記事を同定するタスクに対しては, 最終的に 20 個の素性となった. その各々は, 選択した語の一つに対応する. 前節の冒頭で導入された f_{K+1} 素性は, 素性群が加算されたときに $C = 20$ となるように定義される.

訓練セットにおける 9603 記事上で訓練を行った. 一般化反復スケーリング法で収束した（500 回反復）後に得られた重みを**表 16.8** に示す. 最大の重みを持つ素性は, *cts, profit, net, loss* である. $P(\text{"earnings"} \mid \vec{x}) > P(\neg\text{"earnings"} \mid \vec{x})$ を我々の決定規則として用いるとすれば, **表 16.9** に示す分類結果を得る. 分類正解率は 96.2% である.

実装における重要な疑問の一つは, いつ反復を停止するかである. 収束を検査する一つの方法は, 経験期待値と推定期待値の対数値の差 $(\log E_{\tilde{p}} - \log E_{p^{(n)}})$

16.2 最大エントロピーモデル

表 16.9 テストセットにおける表 16.8 に対応する分布に対する分類結果. 分類正解率は 96.2% である.

"earnings" が割り当てられたか?	"earnings" が正解か? YES	NO
YES	1014	53
NO	73	2159

を計算することであり，それは，零に近づいていくはずである．Ristad (1996) では，反復スケーリングを行うときに α の最大値を見ることも推奨している．重みの最大値が大きくなりすぎたならば，それは，データ表現法もしくは実装に問題があることを示している．

　本節で示した最大エントロピー法の枠組みは，どのようなときに分類手法として適切なのであろうか．目下のところ，最大エントロピーシステムが大きなデータセットに対して実用的であるためには，二値素性への限定が必要である．これは，いくつかの状況においては欠点となる．テキスト分類において，根拠の有無を単純に記すことを超えて，「根拠の強さ」の概念が必要となることがしばしばある．しかし，このことが我々にとってそれほど問題となるように見えない（このことは，おそらく，この分類問題がどれくらい簡単であるのかということを部分的に反映する．素性 *cts* が非零であるかどうかにより簡単に分類すると，91.2% の正解率となる）．

　一般化反復スケーリング法もまた，収束が遅いため計算量の観点で高価となりうる（なお，収束速度の向上に関する示唆については Lau (1994) を参照のこと）．二値分類に対して，対数線形モデルは，一つの線形分離器を定義する．これは，**ナイーブベイズ** (*Naive Bayes*) や**線形回帰** (*linear regression*) といったより効率よく訓練可能な分類器にくらべて，原理的に強力ではない．しかし，分類手法の理論的な能力とは別に，訓練手続きが肝心であることを強調することは重要であろう．ナイーブベイズとは異なり，一般化反復スケーリングは，素性間の依存性を考慮する．素性が重複しているならば，各事例の重みは半分になる．素性の依存性が問題になることが予期されないのであれば，ナイーブベイズは最大エントロピーモデルよりも良い選択肢である．

ナイーブベイズ (Naive Bayes) 線形回帰 (linear regression)

　最後に，スムージングの欠如もまた問題を起こす可能性がある．例えば，ある特定のクラスを常に予測する素性があったとすると，この素性は過度に高い重みを得るかもしれない．これに対処する方法の一つに，出現していない事象を付け加えることにより実験データを「スムージング」することがある．実践では，頻度 5 未満の素性は通常削除される．

　最大エントロピーモデルの強みの一つは，すべての可能な関連情報を明示する枠組みを提供している点である．この手法の魅力は，分類の判定に際して有用な情報を提供すると実験者が信じるのであれば，任意の複雑な素性を定義できることにある．例えば，Berger et al. (1996: 57) では，前置詞 *in* の英仏翻

訳に関する素性を定義している．それは，*in* が *pendant* に翻訳され，かつ，*in* の 3 語以内に *weeks* が続く場合，そして，その場合に限り 1 となるというものである．素性の非均質性や素性の重みについて心配する必要もない．これらの問題は，ほかの分類アプローチにおいては困難をもたらすことが多い．モデルの選択は，最大エントロピー原理において十分な根拠がある．そのため，経験的な根拠に見いだすもの以上の情報をなにも加えるべきでない．最大エントロピーモデルは，このため，不均質な情報源からの情報を統合するための十分に動機付けられた確率的な枠組みを提供する．

　この手法のもう一つの強みである，素性選択と分類に対する統合的な枠組みであるということについては，簡単に言及する程度のことしかできなかった（本節では最大エントロピー素性選択を行わなかったことが，おそらく，分類正解率がより低いことの主たる理由である）．ほとんどの分類手法は極めて多数の素性は扱えない．はじめにある素性が多すぎた場合，何らかの（しばしばアドホックな）手法を用いて素性集合を選別し処理できる量にしなければならない．これこそが，語に対する χ^2 検定を用いて我々が行ってきたことである．最大エントロピーモデルにおいては，その代わりに，潜在的に関連のありそうな素性をすべて記述し，Berger et al. (1996) で述べられたような基本手法の拡張を用いて，素性選択と分類モデルの当てはめを同時に行う．その二つは統合されているので，結果として得られる分類モデルの（最大エントロピーならびに最尤という観点での）明確な確率的解釈が存在する．パーセプトロンや k 近傍法などのほかの手法については，そのような解釈の明瞭さがより低い．

　本節では，ほかの分類手法と比較したときに，最大エントロピーモデルが読者の分類タスクに対する適切な枠組みであるかどうかを判断するのを手助けするのに十分な情報を提供することを試みるにとどめた．最大エントロピーモデルに関するより詳細な取り扱いについては，「さらに学ぶために」の節で述べている．

16.3　パーセプトロン

勾配降下法
(GRADIENT
DESCENT)
山登り法
(HILL CLIMBING)

　ここでは，パーセプトロンを反復学習アルゴリズムの重要なクラスである**勾配降下法**（*gradient descent*）（あるいは，よさの方向を反転して，**山登り法**（*hill climbing*））のアルゴリズムの簡単な事例として説明する．勾配降下法においては，二乗誤差や尤度といったよさの基準を計算するデータ関数を最適化しようとする．各ステップにおいて，その関数の導関数を計算し，最急勾配の方向（最適化関数に応じて，最急上昇もしくは最急降下の方向）となるようにモデルのパラメータを変える．これは良い考え方である．それは，最急勾配の方向が，よさの基準において最良の改善が期待できる方向であるからである．

　まずは，**図 16.7** にあるパーセプトロンの学習アルゴリズムを紹介する．以

16.3 パーセプトロン 533

```
1:  comment: 分類の決定
2:  function DECISION($\vec{x}, \vec{w}, \theta$)
3:      if $\vec{w} \cdot \vec{x} > \theta$ then
4:          return yes
5:      else
6:          return no
7:      end if
8:  end function
9:  comment: 初期化
10: $\vec{w} = 0$
11: $\theta = 0$
12: comment: パーセプトロン学習アルゴリズム
13: while 未収束 do
14:     for all 訓練セット中の要素 $\vec{x}_j$ do
15:         $d = $ DECISION($\vec{x}_j, \vec{w}, \theta$)
16:         if class($\vec{x}_j$) $== d$ then
17:             continue
18:         else if class($\vec{x}_j$) $==$ yes and $d ==$ no then
19:             $\theta = \theta - 1$
20:             $\vec{w} = \vec{w} + \vec{x}_j$
21:         else if class($\vec{x}_j$) $==$ no and $d ==$ yes then
22:             $\theta = \theta + 1$
23:             $\vec{w} = \vec{w} - \vec{x}_j$
24:         end if
25:     end for
26: end while
```

図 16.7 パーセプトロン学習アルゴリズム．パーセプトロンは，重みベクトルと
データベクトルの内積が θ よりも大きければ "yes" と，それ以外は，"no"
と判断する．学習アルゴリズムは，すべての事例をめぐり繰り返し実行さ
れる．現在の重みベクトルが事例に対して正しい判別をするならば，変化
させずにそのままにする．それ以外の場合は，誤りの方向に応じて，重み
ベクトルに対しデータベクトルが加算されたり減算されたりする．

前と同様に文書はタームに基づくベクトルで表現される．我々の目標は，重み
ベクトル $\vec{w}$ と閾値 θ を学習し，その重みベクトルとタームに基づくベクトルの
内積を閾値 θ と比較することによりカテゴリの判別ができるようにすることで
ある．"yes"（記事が "earnings"（決算）カテゴリに属す）と判断されるのは，
重みベクトルと文書ベクトルの内積が閾値よりも大きいときであり，それ以外
は "no" である．

$$\text{``yes'' と判断} \quad \text{iff} \quad \vec{w} \cdot \vec{x}_j = \sum_{i=1}^{K} w_i x_{ij} > \theta$$

ここで，K は素性数（以前と同様に我々の例では $K = 20$），x_{ij} はベクトル $\vec{x}_j$
の要素 i である．

　パーセプトロンの学習アルゴリズムは，基本的な考え方が単純である．重み
ベクトルが間違いを犯したならば，それ（と θ）を，最適化基準 $\sum_{i=1}^{K} w_i x_{ij} - \theta$
の変化が最大となる方向に動かす．**図 16.8** において $\vec{w}$ と θ の改変が最大変化
の方向になされていることを見るために，まず，θ を重みベクトルに組み入れ

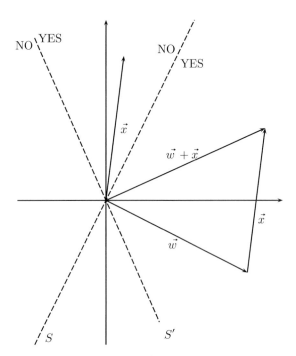

図 16.8 パーセプトロンの学習アルゴリズムにおける，誤り訂正の一ステップ．データベクトル $\vec{x}$ は，現在の重みベクトル $\vec{w}$ では誤分類されており，判別境界 S の "no" 側に位置している．訂正ステップで $\vec{x}$ が $\vec{w}$ に加算されると，（この例では）判別結果が修正され，今度は，新しい重みベクトル $\vec{w}+\vec{x}$ による判別境界 S' の "yes" 側に $\vec{x}$ が位置する．

た最適化基準 ϕ を定義する．

$$\phi(\vec{w}') = \phi\left(\begin{pmatrix} w_1 \\ w_2 \\ \vdots \\ w_K \\ \theta \end{pmatrix}\right) = \vec{w}' \cdot \vec{x}' = \begin{pmatrix} w_1 \\ w_2 \\ \vdots \\ w_K \\ \theta \end{pmatrix} \cdot \begin{pmatrix} x_1 \\ x_2 \\ \vdots \\ x_K \\ -1 \end{pmatrix}$$

ϕ の勾配（最大変化の方向）は，ベクトル $\vec{x}'$ である．

$$\nabla \phi(\vec{w}') = \vec{x}'$$

$\vec{w}'$ に加算することができる所与の長さのベクトルのうちで，$\vec{x}'$ が ϕ を最も大きく変化させるものである．つまり，これが勾配下降のためにとりたい方向であり，図 16.7 で実装されている改変そのものである．

図 16.8 は，ある 2 次元の問題に対する，このアルゴリズムの誤り訂正の 1 ステップを示している．この図はまた，パーセプトロンにより学習可能なモデルのクラスである線形分離器を示している．各重みベクトルは，それと直交する直線（もしくは，より高い次元においては平面，あるいは超平面）を定義し，

表 16.10 "earnings" カテゴリに対するパーセプトロン．ロイターのカテゴリ "earnings" に対して，パーセプトロン学習アルゴリズムにより学習されたパーセプトロンの重みベクトル $\vec{w}$ と θ である．

語 w^i	重み
vs	11
mln	6
cts	24
;	2
&	12
000	−4
loss	19
'	−2
"	7
3	−7
profit	31
dlrs	1
1	3
pct	−4
is	−8
s	−12
that	−1
net	8
lt	11
at	−6
θ	37

その直線は，一方が正値，他方が負値を持つ二つの部分にベクトル空間を分離する．図 16.8 においては，S が分離器であり，$\vec{w}$ により定義される．二つのクラスの要素がこのような超平面により完全に分離できる分類タスクは，**線形分離可能** (*linearly separable*) であるという．

線形分離可能
(LINEARLY
SEPARABLE)

　パーセプトロンの学習アルゴリズムが線形分離可能な問題に適用された場合，常に分離超平面に向けて収束することを示すことができる．これが，**パーセプトロンの収束定理** (*perceptron convergence theorem*) である．もし解が存在するのならば，パーセプトロンの学習アルゴリズムが最終的には一つの解を見つけだすということは，妥当そうに見える．なぜならば，それが誤分類した要素に対して重みを調整し続けるからである．しかし，ある一つの要素に対する調整が，ほかの要素に対する分類判別を反転してしまうこともしばしばあるので，その証明は自明ではない．

**パーセプトロンの
収束定理**
(PERCEPTRON
CONVERGENCE
THEOREM)

　表 **16.10** は "earnings" カテゴリに対し，パーセプトロン学習アルゴリズムにより約 1000 回の反復の後に学習された重みを示している．最大エントロピーモデルにおけるモデルパラメータと同様に，*cts*, *profit*, *lt* に対して高い重みが得られている．テストセットにおける分類結果を表 **16.11** に示す．全体の正解率は 83% である．これは，この課題が線形分離可能ではないことを示唆するものである．練習問題を参照されたい．

表 16.11　表 16.10 のパーセプトロンに対するテストセットにおける分類結果．分類正解率は 83.3%である．

"earnings" が割り当てられたか？	"earnings" が正解か？ YES	NO
YES	1059	521
NO	28	1691

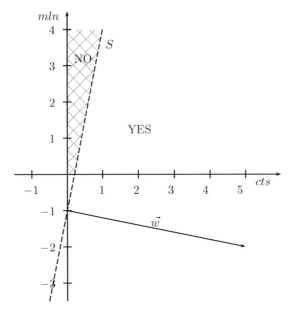

図 16.9　パーセプトロンの幾何学的な解釈．cts の重みは 5, mln の重みは −1, 閾値は 1 である．線形分離器 S は，右上の象限を NO と YES の領域に分割している．cts と比較したときに mln の頻度の方がはるかに多い文書だけが，"earnings" に属さないと分類される．

20 次元のパーセプトロンを可視化することは難しいので，2 次元，すなわち mln ならびに cts だけにして，このアルゴリズムを再び適用してみる．重みベクトルとそれによって定義される線形分離器を図 16.9 に示す．

　パーセプトロンの学習アルゴリズムは，線形分離可能な問題を学習できることが保証されている．ほかの勾配下降アルゴリズムのいくつかについて，同様の収束定理があるが，多くの場合，**局所最適解** (local optimum) に収束するだけである．局所最適解とは，重み空間における場所であり，局所的には最適であるが，大域的な最適解には劣る場所である．パーセプトロンは，単純なモデルのクラスである線形分離器から分類器を選ぶので，**大域的最適解** (global optimum) に収束する．線形分離可能ではない重要な問題が数多くあるが，最も有名なものが XOR 問題である．XOR (eXclusive OR) 問題は，二つの素性 C_1 ならびに C_2 を持つ分類器に関わるものであり，そこでは，C_1 が真，かつ，C_2 が偽である場合，もしくは，その逆の場合について，解が "yes" となる．決定木はこのような問題を簡単に学習できるが，パーセプトロンはできない．パーセプ

局所最適解
(LOCAL OPTIMUM)

大域的最適解
(GLOBAL
OPTIMUM)

16.3 パーセプトロン　　　　　　　　　　537

トロンに関する初期の熱狂 (Rosenblatt 1962) の後，研究者たちはこれらの限界について認識した．その結果，パーセプトロンや関連する学習アルゴリズムに対する興味は急速に消え去り，数十年にわたって低調に推移した．Minsky and Papert (1969) の出版が，このジャンルの学習アルゴリズムに対する興味が無くなりはじめた時点であるとみなされることが多い．歴史にまつわる概要については，Rumelhart and Zipser (1985) を参照されたい．

　線形分離可能ではない課題に対してパーセプトロンの学習アルゴリズムを実行すると，アルゴリズムがいたずらに完全に分離する平面を見つけ出そうとし，線形分離器が時折，不規則にあちこち移動する．これは，"earnings" のデータの上でこのアルゴリズムを実行したときに，実際に起こったことでもある．分類正解率は，72%から93%の間を揺れ動いた．表 16.10 と表 16.11 においては，正解率のスペクトルの中間に位置する状態を選んでいる．パーセプトロンは自然言語処理においてさほど使われてこなかった．なぜならば，自然言語処理の課題のほとんどが線形分離可能ではなく，パーセプトロンの学習アルゴリズムは，そのような場合，良い近似となる分離器を見つられないからである．しかし，問題が線形分離である場合，パーセプトロンは，その簡潔さと実装の容易さにより，適切な分類手法となりうる．

　勾配下降による学習アルゴリズムに関する研究の復興は，パーセプトロンの限界を克服するいくつかの学習アルゴリズムが提案された80年代に起きた．最も注目に値するものが**誤差逆伝播** (*backpropagation*) アルゴリズムであり，**多層パーセプトロン** (*muti-layer perceptron*: MLP)，別名**ニューラルネットワーク** (*neural network*) もしくは**コネクショニストモデル** (*connectionist model*) を学習するために用いられる．多層パーセプトロンに適用された誤差逆伝播法は，原理的には XOR を含む任意の分類関数を学習することができる．しかし，その収束はパーセプトロンの学習アルゴリズムより遅く，**局所最適解**に捕まる可能性がある．自然言語処理におけるニューラルネットワークの利用に関する文献情報は，「さらに学ぶために」の節にある．

誤差逆伝播 (BACK-
PROPAGATION)
ニューラルネット
ワーク (NEURAL
NETWORK)
コネクショニスト
モデル
(CONNECTIONIST
MODEL)

練習問題 16.12　　　　　　　　　　　　　　　　　　　　　　　　　　[★★]
パーセプトロンの判別境界が訓練中にどのように移動するのかを示すアニメーションによる可視化を構築し，2 次元の分類問題についてそれを実行してみよ．

練習問題 16.13　　　　　　　　　　　　　　　　　　　　　　　　　　[★★]
10 個の "earnings" の文書，ならびに 10 個の非 "earnings" の文書からなる部分集合を選べ．二つの語を選び，一つを x 軸，もう一つを y 軸として，その 20 文書をクラスラベルを付してプロットせよ．この集合は線形分離可能であるか．

練習問題 16.14　　　　　　　　　　　　　　　　　　　　　　　　　　[★]
二つのクラスに属すデータ点の集合が線形分離可能ではないことは，どのようにすれば示すことができるか．

練習問題 16.15　　　　　　　　　　　　　　　　　　　　　　　　　　[★]
"earnings" のデータセットが線形分離可能ではないことを示せ．

練習問題 16.16 [⋆]
ある問題を線形分離可能であると仮定し，収束するまでパーセプトロンを訓練する．このような場合，分類正解率はしばしば 100% ではない．なぜか．

練習問題 16.17 [⋆⋆]
練習問題 16.3 から 16.6 の中から一つを選び，対応するテキスト分類タスクについてのパーセプトロンを構築せよ．

16.4 k 最近傍分類

最近傍分類規則
(NEAREST
NEIGHBOR
CLASSIFICATION
RULE)

最近傍分類規則 (*nearest neighbor classification rule*) の論理的根拠は驚くほどに簡単である．新しい対象物を分類するために，訓練セット中から最も類似する対象物を見つけ出す．そして，その最も近いもののカテゴリを割り当てる．

基本的な考え方は，訓練セットに同一の記事（あるいは，少なくとも同じ表現形を持つもの）があったならば，自明な判断は，同じカテゴリを割り当てることであるということである．同一の記事がなければ，最も類似するものを選ぶのが最良の策である．

k 最近傍
(k NEAREST
NEIGHBOR)

最近傍規則を一般化したものが k **最近傍** (k *nearest neighbor*) 分類，あるいは KNN 分類である．ただ一つの最近傍要素を判断の根拠とする代わりに，k 個の最近傍要素を考慮に入れる．$k > 1$ に対する KNN は「1 最近傍」法よりも頑健である．

KNN の複雑さは，良い類似度尺度を見つけ出すことにある．うまくいかない事例として，画像中に鷲が存在するかどうかを判断するタスクを考えよう．分類したい鷲の絵を一枚持っており，また，データベース中の標本のすべてが鷲の写真だとしよう．このとき，KNN はその絵を鷲ではないと分類するであろう．なぜならば，画像特徴量に基づく低レベルの類似度尺度に従えば，内容が何であれ，絵と写真とでは非常に異なるからである（そして，高レベルの類似度を実装する方法については，未解決の問題である）．良い類似度尺度がなければ，KNN は使うことができないのである．

幸いにして，多くの自然言語処理のタスクには，かなり有効で簡単な類似度尺度がある．"earnings" のデータに対して，コサイン類似度（8.5.1 節を参照のこと）を実装し，$k = 1$ を選択した．二値分類に対する，この「1 最近傍アルゴリズム (1NN algorithm)」は次のように記述できる．

- 目標: 訓練セット X に基づき $\vec{y}$ を分類する．
- 訓練セット中の任意の要素との類似度について，最大値を決定する．すなわち，$\mathrm{sim}_{\max}(\vec{y}) = \max_{\vec{x} \in X} \mathrm{sim}(\vec{x}, \vec{y})$．
- $\vec{y}$ との類似度が最大値となる要素からなる X の部分集合を求める．すなわち，

$$A = \{\vec{x} \in X \mid \mathrm{sim}(\vec{x}, \vec{y}) = \mathrm{sim}_{\max}(\vec{y})\}$$

- 二つのクラス c_1 ならびに c_2 に属する A の要素の数を，それぞれ，n_1 なら

16.4 k 最近傍分類　　　　　　　　　　　　　　　　　　　　　539

表 16.12　"earnings" カテゴリに対する 1 最近傍法に基づく分類器の分類結果. 分
類正解率は 95.3%である.

"earnings"	"earnings" が正解か?	
が割り当てられたか?	YES	NO
YES	1022	91
NO	65	2121

びに n_2 とする. このとき, 帰属関係の条件付き確率を次のように推定する.

(16.13)
$$P(c_1 \mid \vec{y}) = \frac{n_1}{n_1 + n_2} \qquad\qquad P(c_2 \mid \vec{y}) = \frac{n_2}{n_1 + n_2}$$

• $P(c_1 \mid \vec{y}) > P(c_2 \mid \vec{y})$ であるならば, c_1 と, そうでなければ, c_2 と判別する.

　この版は, ただ一つの最近傍要素がある場合（この場合は, 単にそのカテゴリ
を採用する）に加えて, 同点のものがある場合も扱える. ロイターのデータに
ついて, テストセット中の 3299 記事のうち, 2310 記事が一つの最近傍要素を
持つ. 残りの 989 記事は, 二つ以上の要素からなる 1 最近傍群を持つ（最大の
近傍群には 247 記事が属し, それらは同一の表現形を持っていた）. また, 3299
記事のうち, 697 記事は同一の表現形を持つ最近傍を持つ. その理由は, テス
トセットに多くの重複があるためではない. これは, むしろ, 二つの異なる文
書に対して同一の表現を与えうるという素性表現によるものである.

　どのようにしてこのアルゴリズムが $k > 1$ の場合に一般化されるかは, 自明
であろう. 同点に対する適切な準備を同様に行った上で, k 個の最近傍要素を
単に選び, これら k 個の近傍要素の多数派のクラスに基づき決定する. 最遠方
にあるものよりも, 最近傍のほうがより高い重みを受け取るように, 類似度に
従って, 近傍要素に対し重み付けをすることがしばしば望ましい.

　十分に大きい訓練セットに対し, k 最近傍法の誤り率がベイズ誤り率の二倍の
値に近づいていくことを示すことができる. **ベイズ誤り率**（*Bayes error rate*）
は, データの真の分布が既知であり, 決定規則「$P(c_1 \mid \vec{y}) > P(c_2 \mid \vec{y})$ である
ならば, c_1, そうでないならば c_2」を用いるときに達成可能な最良の誤り率で
ある (Duda and Hart 1973: 98).

ベイズ誤り率
(BAYES ERROR
RATE)

　ロイターの "earnings" カテゴリに対して 1 最近傍法を適用した結果を
表 16.12 に示す. 分類正解率は 95.3%である.

　上で述べたように, k 最近傍法の主たる難しさは, その性能が適切な類似度
尺度に大いに依存することにある. ある問題に対し k 最近傍法を実装する多く
の研究では, 類似度尺度を調整すること（そして, k, すなわち, 使用される最
近傍要素の数をより小さくすること）を論じている. もう一つの潜在的な問題
は効率である. すべての訓練事例との類似度を計算することは, 線形分類関数
を計算したり, 決定木における適切な経路を決定したりすることよりも時間が
かかる.

　しかし, k 最近傍の検索を効率よく実装する方法がいくつかあり,（我々の場

合のように）類似度尺度に対して明らかな選択肢があることが多い．そのような場合，k 最近傍法は頑健で，概念として単純な方法論であり，しばしば驚くほどによく機能する．

練習問題 16.18 [⋆]
本章で導入した分類器のうちの二つが線形判別境界を持っている．どれか．

練習問題 16.19 [⋆]
分類器の判別境界が線形であるならば，線形分離可能ではない問題に対しては，完全な正解率を実現することはできない．このことは，より複雑な判別境界を持つ分類器よりも分類タスクにおいて性能が悪いことを必然的に意味しているのであろうか．なぜそうでないか（Roth (1998) における議論を参照のこと）．

練習問題 16.20 [⋆⋆]
練習問題 16.3 から 16.6 の中から一つを選び，対応するテキスト分類タスクのための最近傍法による分類器を構築せよ．

16.5 さらに学ぶために

本章の目的は，自然言語処理のための分類に興味を持った研究者にいくつかの方向付けの要点を示すことである．機械学習に対する最近の詳細な入門書の一つが Mitchell (1997) である．テキスト分類に適用されるいくつかの学習アルゴリズムの比較は，Yang (1999), Lewis et al. (1996), Schütze et al. (1995) に見られる．

本章で用いた素性と，その素性に基づくデータ表現は本書の Web サイトからダウンロード可能である．

我々が扱わなかった重要な分類技法には，ロジスティック回帰 (logistic regression) と線形判別分析 (linear discriminant analysis) (Schütze et al. 1995), 分類を変更する規則の順序付きリストが学習される決定リスト (decision lists) (Yarowsky 1994), 誤り駆動のオンラインの線形閾値学習アルゴリズムである winnow (Dagan et al. 1997a), Rocchio アルゴリズム (Rocchio 1971; Schapire et al. 1998) がある．

ナイーブベイズ
(Naive Bayes)
また別の重要な分類技法である**ナイーブベイズ** (*Naive Bayes*) は 7.2.1 節で紹介した．その性質，特に，ナイーブベイズが仮定する素性の独立性が成り立たないときであっても，しばしば驚くほどによく機能するという事実については，Domingos and Pazzani (1997) を参照されたい．

自然言語タスクに対する決定木のほかの応用事例には構文解析 (Magerman 1994) やタグ付け (Schmid 1994) がある．ヘルドアウト訓練データを用いて，ある葉ノードと根ノードとの間のすべての分布にわたる線形補間法を訓練するという考え方は，Magerman (1994) ならびに IBM における先駆研究の両者で

バギング
(bagging)
ブースティング
(boosting)
用いられた．ある別の手法では，単に交差検証を用いて最適な木の大きさを決定するのではなく，複数の決定木を成長させ，個々の木の判定結果を平均する．そのような技法は，**バギング** (*bagging*) や**ブースティング** (*boosting*) といった

16.5 さらに学ぶために 541

名称の下で行われており，近年，幅広く調査がなされ，非常に良い結果を示すことが知られている (Breiman 1994; Quinlan 1996)．決定木をテキスト分類に適用した最初の文献の一つが，Lewis and Ringuette (1994) である．

最大エントロピーモデル (MAXIMUM ENTROPY MODELING)

Jelinek (1997: ch. 13–14) は，**最大エントロピーモデル** (*maximum entropy modeling*) に関する詳細な入門となっている．Lau (1994) ならびに Ratnaparkhi (1997b) も参照されたい．Darroch and Ratcliff (1972) は，一般化反復スケーリングに関する手順を導入し，その収束に関する性質を明らかにした．素性選択アルゴリズムは，Berger et al. (1996) や Della Pietra et al. (1997) に記述されている．

最大エントロピーモデルは，タグ付け (tagging)(Ratnaparkhi 1996)，テキスト分割 (text segmentation) (Reynar and Ratnaparkhi 1997)，前置詞句付加 (prepositional phrase attachment) (Ratnaparkhi 1998)，文境界の検出 (sentence boundary detection) (Mikheev 1998)，共参照の決定 (determining coreference) (Kehler 1997)，固有表現認識 (named entity recognition) (Borthwick et al. 1998)，部分的構文解析 (partial parsing) (Skut and Brants 1998) などに用いられてきた．別の重要な応用としては，音声認識のための言語モデルがある (Lau et al. 1993; Rosenfeld 1994, 1996)．IPF 法 (Iterative proportional fitting, 反復比例当てはめ法) は，一般化反復スケーリング法に関連した技法であり，Franz (1996, 1997) によって，対数線形モデルをタグ付けや前置詞句付加に当てはめるために用いられた．

ニューラルネットワーク (NEURAL NETWORK)

ニューラルネットワーク (*neural network*)，あるいは多層パーセプトロンは，統計的技法の一つであり，Rumelhart and McClelland (1986) による英語の動詞の過去形を学習する研究や，Elman (1990) の論文 "Finding Structure in Time" における言語中の階層構造の概念化と獲得に向けた別の枠組みを見いだそうとする試みなどにより，80 年代において統計的自然言語処理への興味を復活させた．ニューラルネットワークや誤差逆伝播法への入門としては，Rumelhart et al. (1986)，McClelland et al. (1986)，Hertz et al. (1991) がある．自然言語処理の課題についてのニューラルネットワークの研究には，ほかに，タグ付け (Benello et al. 1989; Schütze 1993)，文境界検出 (Palmer and Hearst 1997)，構文解析 (Henderson and Lane 1998) がある．ニューラルネットワークをテキスト分類に用いる例としては，Wiener et al. (1995) や Schütze et al. (1995) がある．Miikkulainen (1993) は，自然言語処理に対する汎用のニューラルネットワークの枠組みを開発している．

図 16.7 におけるパーセプトロンの学習アルゴリズムは Littlestone (1995) からの翻案である．パーセプトロン収束定理の証明は Minsky and Papert (1988) や Duda and Hart (1973: 142) に見られる．

k 最近傍法は，時折記憶に**基づく学習**とも呼ばれるが，これもまた，広い範囲のさまざまな自然言語処理課題に適用されてきている．それには，発音 (Daelemans and van den Bosch 1996), タグ付け (Daelemans et al. 1996; van Halteren et al. 1998), 前置詞句付加 (Zavrel et al. 1997), 浅い構文解析 (Argamon et al. 1998), 語義曖昧性解消 (Ng and Lee 1996), 推定のスムージング (Zavrel and Daelemans 1997) などが含まれる。k 最近傍法に基づくテキスト分類については，Yang (1994, 1995), Stanfill and Waltz (1986), Masand et al. (1992), Hull et al. (1996) を参照されたい。Yang (1994, 1995) は，近傍要素をその類似度に応じて重み付けする方法を示唆している。我々は類似度尺度としてコサイン値を用いた。ほかの一般的な尺度には，(8.5.1 節で議論したとおり，ベクトルが正規化されていない場合にだけ異なる) ユークリッド距離や VDM（Value Difference Metric，値差尺度）(Stanfill and Waltz 1986) などがある。

簡易統計表

　ここに示したいくつかの小さな表は，統計学のちゃんとした教科書や計算機ソフトウェアの代用となるものではなく，統計的自然言語処理で最もよく使われる主な値をあげておくものである．

標準正規分布.　表の項目は，与えられた z の値について，$-\infty$ から z までの範囲の標準正規分布曲線の下の領域の割合を示している．

z	-3	-2	-1	0	1	2	3
割合	0.0013	0.023	0.159	0.5	0.841	0.977	0.9987

(ステューデント (Student) の) t 検定における棄却限界値.　自由度 d.f. の t 分布は $-t^*$ から t^* の間（両側）の範囲で曲線の下の領域のうち割合 C% を持ち，t^* から ∞ まで（片側）の範囲で，曲線の下の領域のうち割合 p を持つ．自由度が無限大の場合の値は，z 検定での棄却限界値に一致する．

	p	0.05	0.025	0.01	**0.005**	0.001	0.0005
	C	90%	95%	98%	**99%**	99.8%	99.9%
d.f.	1	6.314	12.71	31.82	63.66	318.3	636.6
	10	1.812	2.228	2.764	3.169	4.144	4.587
	20	1.725	2.086	2.528	2.845	3.552	3.850
(z)	∞	1.645	1.960	2.326	**2.576**	3.091	3.291

χ^2 における棄却限界値.　表の項目は，点 χ^{2*} と，自由度 d.f. の χ^2 曲線の χ^{2*} から ∞ までの右側すそ部分の，曲線の下の領域の割合 p を示している（r 行 c 列の表を用いた場合，自由度は $(r-1)(c-1)$ となる）．

	p	0.99	0.95	0.10	**0.05**	0.01	0.005	0.001
d.f.	1	0.00016	0.0039	2.71	**3.84**	6.63	7.88	10.83
	2	0.020	0.10	4.60	5.99	9.21	10.60	13.82
	3	0.115	0.35	6.25	7.81	11.34	12.84	16.27
	4	0.297	0.71	7.78	9.49	13.28	14.86	18.47
	100	70.06	77.93	118.5	124.3	135.8	140.2	149.4

参考文献

本参考文献において，いくつかの国際会議について，以下の略称を用いている．

ACL n Proceedings of the nth Annual Meeting of the Association for Computational Linguistics

ANLP n Proceedings of the nth conference on Applied Natural Language Processing

COLING n Proceedings of the nth International Conference on Computational Linguistics (COLING-*year*)

EACL n Proceedings of the nth Conference of the European Chapter of the Association for Computational Linguistics

EMNLP n Proceedings of the nth Conference on Empirical Methods in Natural Language Processing

WVLC n Proceedings of the nth Workshop on Very Large Corpora

これらの国際会議予稿集は，すべて the Association for Computational Linguistics, P.O. Box 6090, Somerset NJ 08875, USA, acl@aclweb.org, http://www.aclweb.org から入手できる．

SIGIR 'y Proceedings of the $(y-77)^{\text{th}}$ Annual International ACM/SIGIR Conference on Research and Development in Information Retrieval. Available from the Association for Computing Machinery, acmhelp@acm. org, http://www.acm.org.

多くの論文は，World Wide Web 上の電子印刷アーカイブ xxx.lanl.gov の一部である，the Computing Research Repository の the Computation and Language subject area からも入手できる．

Abney, Steven. 1991. Parsing by chunks. In Robert C. Berwick, Steven P. Abney, and Carol Tenny (eds.), *Principle-Based Parsing*, pp. 257–278. Dordrecht: Kluwer Academic.

Abney, Steven. 1996a. Part-of-speech tagging and partial parsing. In Steve Young and Gerrit Bloothooft (eds.), *Corpus-Based Methods in Language and Speech Processing*, pp. 118–136. Dordrecht: Kluwer Academic.

Abney, Steven. 1996b. Statistical methods and linguistics. In Judith L. Klavans and Philip Resnik (eds.), *The Balancing Act: Combining Symbolic and Statistical Approaches to Language*, pp. 1–26. Cambridge, MA: MIT Press.

Abney, Steven P. 1997. Stochastic attribute-value grammars. *Computational Linguistics* 23:597–618.

Ackley, D. H., G. E. Hinton, and T. J. Sejnowski. 1985. A learning algorithm for Boltzmann machines. *Cognitive Science* 9:147–169.

Aho, Alfred V., Ravi Sethi, and Jeffrey D. Ullman. 1986. *Compilers: Principles, Techniques, and Tools.* Reading, MA: Addison-Wesley.

Allen, James. 1995. *Natural Language Understanding.* Redwood City, CA: Benjamin Cummings.

Alshawi, Hiyan, Adam L. Buchsbaum, and Fei Xia. 1997. A comparison of head transducers and transfer for a limited domain translation application. In *ACL 35/EACL 8*, pp. 360–365.

Alshawi, Hiyan, and David Carter. 1994. Training and scaling preference functions for disambiguation. *Computational Linguistics* 20:635–648.

Anderson, John R. 1983. *The architecture of cognition.* Cambridge, MA: Harvard University Press.

Anderson, John R. 1990. *The adaptive character of thought.* Hillsdale, NJ: Lawrence Erlbaum.

Aone, Chinatsu, and Douglas McKee. 1995. Acquiring predicate-argument mapping information from multilingual texts. In Branimir Boguraev and James Pustejovsky (eds.), *Corpus Processing for Lexical Acquisition*, pp. 175–190. Cambridge, MA: MIT Press.

Appelt, D. E., J. R. Hobbs, J. Bear, D. Israel, and M. Tyson. 1993. Fastus: A finite-state processor for information extraction from real-world text. In *Proc. of the 13th IJCAI*, pp. 1172–1178, Chambéry, France.

Apresjan, Jurij D. 1974. Regular polysemy. *Linguistics* 142:5–32.

Apté, Chidanand, Fred Damerau, and Sholom M. Weiss. 1994. Automated learning of decision rules for text categorization. *ACM Transactions on Information Systems* 12:233–251.

Argamon, Shlomo, Ido Dagan, and Yuval Krymolowski. 1998. A memory-based approach to learning shallow natural language patterns. In *ACL 36/COLING 17*, pp. 67–73.

Atwell, Eric. 1987. Constituent-likelihood grammar. In Roger Garside, Geoffrey Leech, and Geoffrey Sampson (eds.), *The Computational Analysis of English: A Corpus-Based Approach.* London: Longman.

Baayen, Harald, and Richard Sproat. 1996. Estimating lexical priors for low-frequency morphologically ambiguous forms. *Computational Linguistics* 22: 155–166.

Bahl, Lalit R., Frederick Jelinek, and Robert L. Mercer. 1983. A maximum likelihood approach to continuous speech recognition. *IEEE Transactions on Pattern Analysis and Machine Intelligence* PAMI-5:179–190. Reprinted in (Waibel and Lee 1990), pp. 308–319.

Bahl, Lalit R., and Robert L. Mercer. 1976. Part-of-speech assignment by a statistical decision algorithm. In *International Symposium on Information Theory*, Ronneby, Sweden.

Baker, James K. 1975. Stochastic modeling for automatic speech understanding. In D. Raj Reddy (ed.), *Speech Recognition: Invited papers presented at the 1974 IEEE symposium*, pp. 521–541. New York: Academic Press. Reprinted in (Waibel and Lee 1990), pp. 297–307.

Baker, James K. 1979. Trainable grammars for speech recognition. In D. H. Klatt and J. J. Wolf (eds.), *Speech Communication Papers for the 97th Meeting of the Acoustical Society of America*, pp. 547–550.

Baldi, Pierre, and Søren Brunak. 1998. *Bioinformatics: The Machine Learning Approach.* Cambridge, MA: MIT Press.

Barnbrook, Geoff. 1996. *Language and computers: a practical introduction to the computer analysis of language.* Edinburgh: Edinburgh University Press.

Basili, Roberto, Maria Teresa Pazienza, and Paola Velardi. 1996. Integrating general-purpose and corpus-based verb classification. *Computational Linguistics* 22:559–568.

Basili, Roberto, Gianluca De Rossi, and Maria Teresa Pazienza. 1997. Inducing terminology for lexical acquisition. In *EMNLP 2*, pp. 125–133.

Baum, L. E., T. Petrie, G. Soules, and N. Weiss. 1970. A maximization technique occurring in the statistical analysis of probabilistic functions of Markov chains. *Annals of Mathematical Statistics* 41:164–171.

Beeferman, Doug, Adam Berger, and John Lafferty. 1997. Text segmentation using exponential models. In *EMNLP 2*, pp. 35–46.

Bell, Timothy C., John G. Cleary, and Ian H. Witten. 1990. *Text Compression.* Englewood Cliffs, NJ: Prentice Hall.

Benello, Julian, Andrew W. Mackie, and James A. Anderson. 1989. Syntactic category disambiguation with neural networks. *Computer Speech and Language* 3:203–217.

Benson, Morton. 1989. The structure of the collocational dictionary. *International Journal of Lexicography* 2:1–14.

Benson, Morton, Evelyn Benson, and Robert Ilson. 1993. *The BBI combinatory dictionary of English.* Amsterdam: John Benjamins.

Berber Sardinha, A. P. 1997. *Automatic Identification of Segments in Written Texts.* PhD thesis, University of Liverpool.

Berger, Adam L., Stephen A. Della Pietra, and Vincent J. Della Pietra. 1996. A maximum entropy approach to natural language processing. *Computational Linguistics* 22:39–71.

Berry, Michael W. 1992. Large-scale sparse singular value computations. *The International Journal of Supercomputer Applications* 6:13–49.

Berry, Michael W., Susan T. Dumais, and Gavin W. O'Brien. 1995. Using linear algebra for intelligent information retrieval. *SIAM Review* 37:573–595.

Berry, Michael W., and Paul G. Young. 1995. Using latent semantic indexing for multilanguage information retrieval. *Computers and the Humanities* 29: 413–429.

Bever, Thomas G. 1970. The cognitive basis for linguistic structures. In J. R. Hayes (ed.), *Cognition and the development of language.* New York: Wiley.

Biber, Douglas. 1993. Representativeness in corpus design. *Literary and Linguistic Computing* 8:243–257.

Biber, Douglas, Susan Conrad, and Randi Reppen. 1998. *Corpus Linguistics: Investigating Language Structure and Use.* Cambridge: Cambridge University Press.

Black, Ezra. 1988. An experiment in computational discrimination of English word senses. *IBM Journal of Research and Development* 32:185–194.

Black, E., S. Abney, D. Flickinger, C. Gdaniec, R. Grishman, P. Harrison, D. Hindle, R. Ingria, F. Jelinek, J. Klavans, M. Liberman, M. Marcus,

S. Roukos, B. Santorini, and T. Strzalkowski. 1991. A procedure for quantitatively comparing the syntactic coverage of English grammars. In *Proceedings, Speech and Natural Language Workshop*, pp. 306–311, Pacific Grove, CA. DARPA.

Black, Ezra, Fred Jelinek, John Lafferty, David M. Magerman, Robert Mercer, and Salim Roukos. 1993. Towards history-based grammars: Using richer models for probabilistic parsing. In *ACL 31*, pp. 31–37. Also appears in the Proceedings of the DARPA Speech and Natural Language Workshop, Feb. 1992, pp. 134–139.

Bod, Rens. 1995. *Enriching Linguistics with Statistics: Performance Models of Natural Language*. PhD thesis, University of Amsterdam.

Bod, Rens. 1996. Data-oriented language processing: An overview. Technical Report LP-96-13, Institute for Logic, Language and Computation, University of Amsterdam.

Bod, Rens. 1998. *Beyond Grammar: An experience-based theory of language*. Stanford, CA: CSLI Publications.

Bod, Rens, and Ronald Kaplan. 1998. A probabilistic corpus-driven model for lexical-functional analysis. In *ACL 36/COLING 17*, pp. 145–151.

Bod, Rens, Ron Kaplan, Remko Scha, and Khalil Sima'an. 1996. A data-oriented approach to lexical-functional grammar. In *Computational Linguistics in the Netherlands 1996*, Eindhoven, The Netherlands.

Boguraev, Bran, and Ted Briscoe. 1989. *Computational Lexicography for Natural Language Processing*. London: Longman.

Boguraev, Branimir, and James Pustejovsky. 1995. Issues in text-based lexicon acquisition. In Branimir Boguraev and James Pustejovsky (eds.), *Corpus Processing for Lexical Acquisition*, pp. 3–17. Cambridge MA: MIT Press.

Boguraev, Branimir K. 1993. The contribution of computational lexicography. In Madeleine Bates and Ralph M. Weischedel (eds.), *Challenges in natural language processing*, pp. 99–132. Cambridge: Cambridge University Press.

Bonnema, Remko. 1996. Data-oriented semantics. Master's thesis, Department of Computational Linguistics, University of Amsterdam.

Bonnema, Remko, Rens Bod, and Remko Scha. 1997. A DOP model for semantic interpretation. In *ACL 35/EACL 8*, pp. 159–167.

Bonzi, Susan, and Elizabeth D. Liddy. 1988. The use of anaphoric resolution for document description in information retrieval. In *SIGIR '88*, pp. 53–66.

Bookstein, Abraham, and Don R. Swanson. 1975. A decision theoretic foundation for indexing. *Journal of the American Society for Information Science* 26:45–50.

Booth, Taylor L. 1969. Probabilistic representation of formal languages. In *Tenth Annual IEEE Symposium on Switching and Automata Theory*, pp. 74–81.

Booth, Taylor L., and Richard A. Thomson. 1973. Applying probability measures to abstract languages. *IEEE Transactions on Computers* C-22: 442–450.

Borthwick, Andrew, John Sterling, Eugene Agichtein, and Ralph Grishman. 1998. Exploiting diverse knowledge sources via maximum entropy in named entity recognition. In *WVLC 6*, pp. 152–160.

Bourigault, Didier. 1993. An endogeneous corpus-based method for structural noun phrase disambiguation. In *EACL 6*, pp. 81–86.

参考文献 549

Box, George E. P., and George C. Tiao. 1973. *Bayesian Inference in Statistical Analysis*. Reading, MA: Addison-Wesley.

Brants, Thorsten. 1998. Estimating Hidden Markov Model Topologies. In Jonathan Ginzburg, Zurab Khasidashvili, Carl Vogel, Jean-Jacques Lévy, and Enric Vallduví (eds.), *The Tbilisi Symposium on Logic, Language and Computation: Selected Papers*, pp. 163–176. Stanford, CA: CSLI Publications.

Brants, Thorsten, and Wojciech Skut. 1998. Automation of treebank annotation. In *Proceedings of NeMLaP-98*, Sydney, Australia.

Breiman, Leo. 1994. Bagging predictors. Technical Report 421, Department of Statistics, University of California at Berkeley.

Breiman, L., J. H. Friedman, R. A. Olshen, and C. J. Stone. 1984. *Classification and Regression Trees*. Belmont, CA: Wadsworth International Group.

Brent, Michael R. 1993. From grammar to lexicon: Unsupervised learning of lexical syntax. *Computational Linguistics* 19:243–262.

Brew, Chris. 1995. Stochastic HPSG. In *EACL 7*, pp. 83–89.

Brill, Eric. 1993a. Automatic grammar induction and parsing free text: A transformation-based approach. In *ACL 31*, pp. 259–265.

Brill, Eric. 1993b. *A Corpus-Based Approach to Language Learning*. PhD thesis, University of Pennsylvania.

Brill, Eric. 1993c. Transformation-based error-driven parsing. In *Proceedings Third International Workshop on Parsing Technologies*, Tilburg/Durbuy, The Netherlands/Belgium.

Brill, Eric. 1995a. Transformation-based error-driven learning and natural language processing: A case study in part-of-speech tagging. *Computational Linguistics* 21:543–565.

Brill, Eric. 1995b. Unsupervised learning of disambiguation rules for part of speech tagging. In *WVLC 3*, pp. 1–13.

Brill, Eric, David Magerman, Mitch Marcus, and Beatrice Santorini. 1990. Deducing linguistic structure from the statistics of large corpora. In *Proceedings of the DARPA Speech and Natural Language Workshop*, pp. 275–282, San Mateo CA. Morgan Kaufmann.

Brill, Eric, and Philip Resnik. 1994. A transformation-based approach to prepositional phrase attachment disambiguation. In *COLING 15*, pp. 1198–1204.

Briscoe, Ted, and John Carroll. 1993. Generalized probabilistic LR parsing of natural language (corpora) with unification-based methods. *Computational Linguistics* 19:25–59.

Britton, J. L. (ed.). 1992. *Collected Works of A. M. Turing: Pure Mathematics*. Amsterdam: North-Holland.

Brown, Peter F., John Cocke, Stephen A. Della Pietra, Vincent J. Della Pietra, Fredrick Jelinek, John D. Lafferty, Robert L. Mercer, and Paul S. Roossin. 1990. A statistical approach to machine translation. *Computational Linguistics* 16:79–85.

Brown, Peter F., Stephen A. Della Pietra, Vincent J. Della Pietra, John D. Lafferty, and Robert L. Mercer. 1992a. Analysis, statistical transfer, and synthesis in machine translation. In *Proceedings of the 4th International Conference on Theoretical and Methodological Issues in Machine Translation*, pp. 83–100.

Brown, Peter F., Stephen A. Della Pietra, Vincent J. Della Pietra, Jennifer C. Lai, and Robert L. Mercer. 1992b. An estimate of an upper bound for the entropy of English. *Computational Linguistics* 18:31–40.

Brown, Peter F., Stephen A. Della Pietra, Vincent J. Della Pietra, and Robert L. Mercer. 1991a. A statistical approach to sense disambiguation in machine translation. In *Proceedings of the DARPA Workshop on Speech and Natural Language Workshop*, pp. 146–151.

Brown, Peter F., Stephen A. Della Pietra, Vincent J. Della Pietra, and Robert L. Mercer. 1991b. Word-sense disambiguation using statistical methods. In *ACL 29*, pp. 264–270.

Brown, Peter F., Stephen A. Della Pietra, Vincent J. Della Pietra, and Robert L. Mercer. 1993. The mathematics of statistical machine translation: Parameter estimation. *Computational Linguistics* 19:263–311.

Brown, Peter F., Vincent J. Della Pietra, Peter V. deSouza, Jenifer C. Lai, and Robert L. Mercer. 1992c. Class-based n-gram models of natural language. *Computational Linguistics* 18:467–479.

Brown, Peter F., Jennifer C. Lai, and Robert L. Mercer. 1991c. Aligning sentences in parallel corpora. In *ACL 29*, pp. 169–176.

Bruce, Rebecca, and Janyce Wiebe. 1994. Word-sense disambiguation using decomposable models. In *ACL 32*, pp. 139–145.

Bruce, Rebecca F., and Janyce M. Wiebe. 1999. Decomposable modeling in natural language processing. *Computational Linguistics*. to appear.

Brundage, Jennifer, Maren Kresse, Ulrike Schwall, and Angelika Storrer. 1992. Multiword lexemes: A monolingual and contrastive typology for natural language processing and machine translation. Technical Report 232, Institut fuer Wissensbasierte Systeme, IBM Deutschland GmbH, Heidelberg.

Buckley, Chris, Amit Singhal, Mandar Mitra, and Gerard Salton. 1996. New retrieval approaches using SMART: TREC 4. In D. K. Harman (ed.), *The Second Text REtrieval Conference (TREC-2)*, pp. 25–48.

Buitelaar, Paul. 1998. *CoreLex: Systematic Polysemy and Underspecification*. PhD thesis, Brandeis University.

Burgess, Curt, and Kevin Lund. 1997. Modelling parsing constraints with high-dimensional context space. *Language and Cognitive Processes* 12:177–210.

Burke, Robin, Kristian Hammond, Vladimir Kulyukin, Steven Lytinen, Noriko Tomuro, and Scott Schoenberg. 1997. Question answering from frequently asked question files. *AI Magazine* 18:57–66.

Caraballo, Sharon A., and Eugene Charniak. 1998. New figures of merit for best-first probabilistic chart parsing. *Computational Linguistics* 24:275–298.

Cardie, Claire. 1997. Empirical methods in information extraction. *AI Magazine* 18:65–79.

Carletta, Jean. 1996. Assessing agreement on classification tasks: The kappa statistic. *Computational Linguistics* 22:249–254.

Carrasco, Rafael C., and Jose Oncina (eds.). 1994. *Grammatical inference and applications: second international colloquium, ICGI-94*. Berlin: Springer-Verlag.

Carroll, Glenn, and Eugene Charniak. 1992. Two experiments on learning probabilistic dependency grammars from corpora. In Carl Weir, Stephen Abney, Ralph Grishman, and Ralph Weischedel (eds.), *Working Notes of the Workshop Statistically-Based NLP Techniques*, pp. 1–13. Menlo Park, CA: AAAI Press.

Carroll, John. 1994. Relating complexity to practical performance in parsing with wide-coverage unification grammars. In *ACL 32*, pp. 287–294.

Chang, Jason S., and Mathis H. Chen. 1997. An alignment method for noisy parallel corpora based on image processing techniques. In *ACL 35/EACL 8*, pp. 297–304.

Chanod, Jean-Pierre, and Pasi Tapanainen. 1995. Tagging French – comparing a statistical and a constraint-based method. In *EACL 7*, pp. 149–156.

Charniak, Eugene. 1993. *Statistical Language Learning*. Cambridge, MA: MIT Press.

Charniak, Eugene. 1996. Tree-bank grammars. In *Proceedings of the Thirteenth National Conference on Artificial Intelligence (AAAI '96)*, pp. 1031–1036.

Charniak, Eugene. 1997a. Statistical parsing with a context-free grammar and word statistics. In *Proceedings of the Fourteenth National Conference on Artificial Intelligence (AAAI '97)*, pp. 598–603.

Charniak, Eugene. 1997b. Statistical techniques for natural language parsing. *AI Magazine* pp. 33–43.

Charniak, Eugene, Curtis Hendrickson, Neil Jacobson, and Mike Perkowitz. 1993. Equations for part-of-speech tagging. In *Proceedings of the Eleventh National Conference on Artificial Intelligence*, pp. 784–789, Menlo Park, CA.

Cheeseman, Peter, James Kelly, Matthew Self, John Stutz, Will Taylor, and Don Freeman. 1988. AutoClass: A Bayesian classification system. In *Proceedings of the Fifth International Conference on Machine Learning*, pp. 54–64, San Francisco, CA. Morgan Kaufmann.

Chelba, Ciprian, and Frederick Jelinek. 1998. Exploiting syntactic structure for language modeling. In *ACL 36/COLING 17*, pp. 225–231.

Chen, Jen Nan, and Jason S. Chang. 1998. Topical clustering of MRD senses based on information retrieval techniques. *Computational Linguistics* 24: 61–95.

Chen, Stanley F. 1993. Aligning sentences in bilingual corpora using lexical information. In *ACL 31*, pp. 9–16.

Chen, Stanley F. 1995. Bayesian grammar induction for language modeling. In *ACL 33*, pp. 228–235.

Chen, Stanley F., and Joshua Goodman. 1996. An empirical study of smoothing techniques for language modeling. In *ACL 34*, pp. 310–318.

Chen, Stanley F., and Joshua Goodman. 1998. An empirical study of smoothing techniques for language modeling. Technical Report TR-10-98, Center for Research in Computing Technology, Harvard University.

Chi, Zhiyi, and Stuart Geman. 1998. Estimation of probabilistic context-free grammars. *Computational linguistics* 24:299–305.

Chitrao, Mahesh V., and Ralph Grishman. 1990. Statistical parsing of messages. In *Proceedings of the DARPA Speech and Natural Language Workshop, Hidden Valley, PA*, pp. 263–266. Morgan Kaufmann.

Chomsky, Noam. 1957. *Syntactic Structures*. The Hague: Mouton.

Chomsky, Noam. 1965. *Aspects of the Theory of Syntax*. Cambridge, MA: MIT Press.

Chomsky, Noam. 1980. *Rules and Representations.* New York: Columbia University Press.

Chomsky, Noam. 1986. *Knowledge of Language: Its Nature, Origin, and Use.* New York: Prager.

Chomsky, Noam. 1995. *The Minimalist Program.* Cambridge, MA: MIT Press.

Choueka, Yaacov. 1988. Looking for needles in a haystack or locating interesting collocational expressions in large textual databases. In *Proceedings of the RIAO*, pp. 43–38.

Choueka, Yaacov, and Serge Lusignan. 1985. Disambiguation by short contexts. *Computers and the Humanities* 19:147–158.

Church, Kenneth, William Gale, Patrick Hanks, and Donald Hindle. 1991. Using statistics in lexical analysis. In Uri Zernik (ed.), *Lexical Acquisition: Exploiting On-Line Resources to Build a Lexicon*, pp. 115–164. Hillsdale, NJ: Lawrence Erlbaum.

Church, Kenneth, and Ramesh Patil. 1982. Coping with syntactic ambiguity or how to put the block in the box on the table. *Computational Linguistics* 8:139–149.

Church, Kenneth W. 1988. A stochastic parts program and noun phrase parser for unrestricted text. In *ANLP 2*, pp. 136–143.

Church, Kenneth Ward. 1993. Char_align: A program for aligning parallel texts at the character level. In *ACL 31*, pp. 1–8.

Church, Kenneth Ward. 1995. One term or two? In *SIGIR '95*, pp. 310–318.

Church, Kenneth W., and William A. Gale. 1991a. A comparison of the enhanced Good-Turing and deleted estimation methods for estimating probabilities of English bigrams. *Computer Speech and Language* 5:19–54.

Church, Kenneth W., and William A. Gale. 1991b. Concordances for parallel text. In *Proceedings of the Seventh Annual Conference of the UW Centre for the New OED and Text Research*, pp. 40–62, Oxford.

Church, Kenneth W., and William A. Gale. 1995. Poisson mixtures. *Natural Language Engineering* 1:163–190.

Church, Kenneth Ward, and Patrick Hanks. 1989. Word association norms, mutual information and lexicography. In *ACL 27*, pp. 76–83.

Church, Kenneth Ward, and Mark Y. Liberman. 1991. A status report on the ACL/DCI. In *Proceedings of the 7th Annual Conference of the UW Centre for New OED and Text Research: Using Corpora*, pp. 84–91.

Church, Kenneth W., and Robert L. Mercer. 1993. Introduction to the special issue on computational linguistics using large corpora. *Computational Linguistics* 19:1–24.

Clark, Eve, and Herbert Clark. 1979. When nouns surface as verbs. *Language* 55:767–811.

Cleverdon, Cyril W., and J. Mills. 1963. The testing of index language devices. *Aslib Proceedings* 15:106–130. Reprinted in (Sparck Jones and Willett 1998).

Coates-Stephens, Sam. 1993. The analysis and acquisition of proper names for the understanding of free text. *Computers and the Humanities* 26:441–456.

Collins, Michael John. 1996. A new statistical parser based on bigram lexical dependencies. In *ACL 34*, pp. 184–191.

Collins, Michael John. 1997. Three generative, lexicalised models for statistical parsing. In *ACL 35/EACL 8*, pp. 16–23.

Collins, Michael John, and James Brooks. 1995. Prepositional phrase attachment through a backed-off model. In *WVLC 3*, pp. 27–38.

Copestake, Ann, and Ted Briscoe. 1995. Semi-productive polysemy and sense extension. *Journal of Semantics* 12:15–68.

Cormen, Thomas H., Charles E. Leiserson, and Ronald L. Rivest. 1990. *Introduction to Algorithms*. Cambridge, MA: MIT Press.

Cottrell, Garrison W. 1989. *A Connectionist Approach to Word Sense Disambiguation*. London: Pitman.

Cover, Thomas M., and Joy A. Thomas. 1991. *Elements of Information Theory*. New York: John Wiley & Sons.

Cowart, Wayne. 1997. *Experimental Syntax: Applying Objective Methods to Sentence Judgments*. Thousand Oaks, CA: Sage Publications.

Croft, W. B., and D. J. Harper. 1979. Using probabilistic models of document retrieval without relevance information. *Journal of Documentation* 35: 285–295.

Crowley, Terry, John Lynch, Jeff Siegel, and Julie Piau. 1995. *The Design of Language: An introduction to descriptive linguistics*. Auckland: Longman Paul.

Crystal, David. 1987. *The Cambridge Encyclopedia of Language*. Cambridge, England: Cambridge University Press.

Cutting, Doug, Julian Kupiec, Jan Pedersen, and Penelope Sibun. 1991. A practical part-of-speech tagger. In *ANLP 3*, pp. 133–140.

Cutting, Douglas R., David R. Karger, and Jan O. Pedersen. 1993. Constant interaction-time scatter/gather browsing of very large document collections. In *SIGIR '93*, pp. 126–134.

Cutting, Douglas R., Jan O. Pedersen, David Karger, and John W. Tukey. 1992. Scatter/gather: A cluster-based approach to browsing large document collections. In *SIGIR '92*, pp. 318–329.

Daelemans, Walter, and Antal van den Bosch. 1996. Language-independent data-oriented grapheme-to-phoneme conversion. In J. Van Santen, R. Sproat, J. Olive, and J. Hirschberg (eds.), *Progress in Speech Synthesis*, pp. 77–90. New York: Springer Verlag.

Daelemans, Walter, Jakub Zavrel, Peter Berck, and Steven Gillis. 1996. MBT: A memory-based part of speech tagger generator. In *WVLC 4*, pp. 14–27.

Dagan, Ido, Kenneth Church, and William Gale. 1993. Robust bilingual word alignment for machine aided translation. In *WVLC 1*, pp. 1–8.

Dagan, Ido, and Alon Itai. 1994. Word sense disambiguation using a second language monolingual corpus. *Computational Linguistics* 20:563–596.

Dagan, Ido, Alon Itai, and Ulrike Schwall. 1991. Two languages are more informative than one. In *ACL 29*, pp. 130–137.

Dagan, Ido, Yael Karov, and Dan Roth. 1997a. Mistake-driven learning in text categorization. In *EMNLP 2*, pp. 55–63.

Dagan, Ido, Lillian Lee, and Fernando Pereira. 1997b. Similarity-based methods for word sense disambiguation. In *ACL 35/EACL 8*, pp. 56–63.

Dagan, Ido, Fernando Pereira, and Lillian Lee. 1994. Similarity-based estimation of word cooccurrence probabilities. In *ACL 32*, pp. 272–278.

Damerau, Fred J. 1993. Generating and evaluating domain-oriented multiword terms from texts. *Information Processing & Management* 29:433–447.

Darroch, J. N., and D. Ratcliff. 1972. Generalized iterative scaling for log-linear models. *The Annals of Mathematical Statistics* 43:1470–1480.

de Saussure, Ferdinand. 1962. *Cours de linguistique générale*. Paris: Payot.

Deerwester, Scott, Susan T. Dumais, George W. Furnas, Thomas K. Landauer, and Richard Harshman. 1990. Indexing by latent semantic analysis. *Journal of the American Society for Information Science* 41:391–407.

DeGroot, Morris H. 1975. *Probability and Statistics*. Reading, MA: Addison-Wesley.

Della Pietra, Stephen, Vincent Della Pietra, and John Lafferty. 1997. Inducing features of random fields. *IEEE Transactions on Pattern Analysis and Machine Intelligence* 19:380–393.

Demers, A. J. 1977. Generalized left corner parsing. In *Proceedings of the Fourth Annual ACM Symposium on Principles of Programming Languages*, pp. 170–181.

Dempster, A. P., N. M. Laird, and D. B. Rubin. 1977. Maximum likelihood from incomplete data via the EM algorithm. *J. Royal Statistical Society Series B* 39:1–38.

Dermatas, Evangelos, and George Kokkinakis. 1995. Automatic stochastic tagging of natural language texts. *Computational Linguistics* 21:137–164.

DeRose, Steven J. 1988. Grammatical category disambiguation by statistical optimization. *Computational Linguistics* 14:31–39.

Derouault, Anne-Marie, and Bernard Merialdo. 1986. Natural language modeling for phoneme-to-text transcription. *IEEE Transactions on Pattern Analysis and Machine Intelligence* 8:742–649.

Dietterich, Thomas G. 1998. Approximate statistical tests for comparing supervised classification learning algorithms. *Neural Computation* 10:1895–1924.

Dini, Luca, Vittorio Di Tomaso, and Frédérique Segond. 1998. Error-driven word sense disambiguation. In *ACL 36/COLING 17*, pp. 320–324.

Dolan, William B. 1994. Word sense ambiguation: Clustering related senses. In *COLING 15*, pp. 712–716.

Dolin, Ron. 1998. *Pharos: A Scalable Distributed Architecture for Locating Heterogeneous Information Sources*. PhD thesis, University of California at Santa Barbara.

Domingos, Pedro, and Michael Pazzani. 1997. On the optimality of the simple Bayesian classifier under zero-one loss. *Machine Learning* 29:103–130.

Doran, Christy, Dania Egedi, Beth Ann Hockey, B. Srinivas, and Martin Zaidel. 1994. XTAG system – a wide coverage grammar for English. In *COLING 15*, pp. 922–928.

Dorr, Bonnie J., and Mari Broman Olsen. 1997. Deriving verbal and compositional lexical aspect for nlp applications. In *ACL 35/EACL 8*, pp. 151–158.

Dras, Mark, and Mike Johnson. 1996. Death and lightness: Using a demographic model to find support verbs. In *Proceedings of the 5th International Conference on the Cognitive Science of Natural Language Processing*, Dublin.

Duda, Richard O., and Peter E. Hart. 1973. *Pattern classification and scene analysis*. New York: Wiley.

Dumais, Susan T. 1995. Latent semantic indexing (LSI): TREC-3 report. In *The Third Text REtrieval Conference (TREC 3)*, pp. 219–230.

Dunning, Ted. 1993. Accurate methods for the statistics of surprise and coincidence. *Computational Linguistics* 19:61–74.

Dunning, Ted. 1994. Statistical identification of language. Technical report, Computing Research Laboratory, New Mexico State University.

Durbin, Richard, Sean Eddy, Anders Krogh, and Graeme Mitchison. 1998. *Biological sequence analysis: probabilistic models of proteins and nucleic acids.* Cambridge: Cambridge University Press.

Eeg-Olofsson, Mats. 1985. A probability model for computer-aided word class determination. *Literary and Linguistic Computing* 5:25–30.

Egan, Dennis E., Joel R. Remde, Louis M. Gomez, Thomas K. Landauer, Jennifer Eberhardt, and Carol C. Lochbaum. 1989. Formative design-evaluation of superbook. *ACM Transactions on Information Systems* 7:30–57.

Eisner, Jason. 1996. Three new probabilistic models for dependency parsing: An exploration. In *COLING 16*, pp. 340–345.

Ellis, C. A. 1969. *Probabilistic Languages and Automata.* PhD thesis, University of Illinois. Report No. 355, Department of Computer Science.

Elman, Jeffrey L. 1990. Finding structure in time. *Cognitive Science* 14: 179–211.

Elworthy, David. 1994. Does Baum-Welch re-estimation help taggers? In *ANLP 4*, pp. 53–58.

Estoup, J. B. 1916. *Gammes Sténographiques*, 4th edition. Paris.

Evans, David A., Kimberly Ginther-Webster, Mary Hart, Robert G. Lefferts, and Ira A. Monarch. 1991. Automatic indexing using selective NLP and first-order thesauri. In *Proceedings of the RIAO*, volume 2, pp. 624–643.

Evans, David A., and Chengxiang Zhai. 1996. Noun-phrase analysis in unrestricted text for information retrieval. In *ACL 34*, pp. 17–24.

Fagan, Joel L. 1987. Automatic phrase indexing for document retrieval: An examination of syntactic and non-syntactic methods. In *SIGIR '87*, pp. 91–101.

Fagan, Joel L. 1989. The effectiveness of a nonsyntactic approach to automatic phrase indexing for document retrieval. *Journal of the American Society for Information Science* 40:115–132.

Fano, Robert M. 1961. *Transmission of information; a statistical theory of communications.* New York: MIT Press.

Fillmore, Charles J., and B. T. S. Atkins. 1994. Starting where the dictionaries stop: The challenge of corpus lexicography. In B.T.S. Atkins and A. Zampolli (eds.), *Computational Approaches to the Lexicon*, pp. 349–393. Oxford: Oxford University Press.

Finch, Steven, and Nick Chater. 1994. Distributional bootstrapping: From word class to proto-sentence. In *Proceedings of the Sixteenth Annual Conference of the Cognitive Science Society*, pp. 301–306, Hillsdale, NJ. Lawrence Erlbaum.

Finch, Steven Paul. 1993. *Finding Structure in Language.* PhD thesis, University of Edinburgh.

Firth, J. R. 1957. A synopsis of linguistic theory 1930–1955. In *Studies in Linguistic Analysis*, pp. 1–32. Oxford: Philological Society. Reprinted in F. R. Palmer (ed), *Selected Papers of J. R. Firth 1952–1959*, London: Longman, 1968.

Fisher, R. A. 1922. On the mathematical foundations of theoretical statistics. *Philosophical Transactions of the Royal Society* 222:309–368.

Fontenelle, Thierry, Walter Brüls, Luc Thomas, Tom Vanallemeersch, and Jacques Jansen. 1994. DECIDE, MLAP-Project 93-19, deliverable D-1a: survey of collocation extraction tools. Technical report, University of Liege, Liege, Belgium.

Ford, Marilyn, Joan Bresnan, and Ronald M. Kaplan. 1982. A competence-based theory of syntactic closure. In Joan Bresnan (ed.), *The Mental Representation of Grammatical Relations*, pp. 727–796. Cambridge, MA: MIT Press.

Foster, G. F. 1991. Statistical lexical disambiguation. Master's thesis, School of Computer Science, McGill University.

Frakes, William B., and Ricardo Baeza-Yates (eds.). 1992. *Information Retrieval*. Englewood Cliffs, NJ: Prentice Hall.

Francis, W. Nelson, and Henry Kučera. 1964. *Manual of information to accompany a standard corpus of present-day edited American English, for use with digital computers*. Providence, RI: Dept of Linguistics, Brown University.

Francis, W. Nelson, and Henry Kučera. 1982. *Frequency Analysis of English Usage: Lexicon and Grammar*. Boston, MA: Houghton Mifflin.

Franz, Alexander. 1996. *Automatic Ambiguity Resolution in Natural Language Processing*, volume 1171 of *Lecture Notes in Artificial Intelligence*. Berlin: Springer Verlag.

Franz, Alexander. 1997. Independence assumptions considered harmful. In *ACL 35/EACL 8*, pp. 182–189.

Franz, Alexander Mark. 1995. *A Statistical Approach to Syntactic Ambiguity Resolution*. PhD thesis, CMU.

Frazier, Lyn. 1978. *On Comprehending Sentences: Syntactic Parsing Strategies*. PhD thesis, University of Connecticut.

Freedman, David, Robert Pisani, and Roger Purves. 1998. *Statistics*. New York: W. W. Norton. 3rd ed.

Friedl, Jeffrey E. F. 1997. *Mastering Regular Expressions*. Sebastopol, CA: O'Reilly & Associates.

Friedman, Jerome H. 1997. On bias, variance, 0/1–loss, and the curse-of-dimensionality. *Data Mining and Knowledge Discovery* 1:55–77. Also, Technical Report, Stanford University, 1996.

Fu, King-Sun. 1974. *Syntactic Methods in Pattern Recognition*. London: Academic Press.

Fung, Pascale, and Kenneth W. Church. 1994. K-vec: A new approach for aligning parallel texts. In *COLING 15*, pp. 1096–1102.

Fung, Pascale, and Kathleen McKeown. 1994. Aligning noisy parallel corpora across language groups: Word pair feature matching by dynamic time warping. In *Proceedings of the Association for Machine Translation in the Americas (AMTA-94)*, pp. 81–88.

Gale, William A., and Kenneth W. Church. 1990a. Estimation procedures for language context: Poor estimates of context are worse than none. In *Proceedings in Computational Statistics (COMPSTAT 9)*, pp. 69–74.

Gale, William A., and Kenneth W. Church. 1990b. Poor estimates of context are worse than none. In *Proceedings of the June 1990 DARPA Speech and Natural Language Workshop*, pp. 283–287, Hidden Valley, PA.

参考文献 557

Gale, William A., and Kenneth W. Church. 1991. A program for aligning sentences in bilingual corpora. In *ACL 29*, pp. 177–184.

Gale, William A., and Kenneth W. Church. 1993. A program for aligning sentences in bilingual corpora. *Computational Linguistics* 19:75–102.

Gale, William A., and Kenneth W. Church. 1994. What's wrong with adding one? In Nelleke Oostdijk and Pieter de Haan (eds.), *Corpus-Based Research into Language: in honour of Jan Aarts*. Amsterdam: Rodopi.

Gale, William A., Kenneth W. Church, and David Yarowsky. 1992a. Estimating upper and lower bounds on the performance of word-sense disambiguation programs. In *ACL 30*, pp. 249–256.

Gale, William A., Kenneth W. Church, and David Yarowsky. 1992b. A method for disambiguating word senses in a large corpus. *Computers and the Humanities* 26:415–439.

Gale, William A., Kenneth W. Church, and David Yarowsky. 1992c. A method for disambiguating word senses in a large corpus. Technical report, AT&T Bell Laboratories, Murray Hill, NJ.

Gale, William A., Kenneth W. Church, and David Yarowsky. 1992d. Using bilingual materials to develop word sense disambiguation methods. In *Proceedings of the 4th International Conference on Theoretical and Methodological Issues in Machine Translation (TMI-92)*, pp. 101–112.

Gale, William A., Kenneth W. Church, and David Yarowsky. 1992e. Work on statistical methods for word sense disambiguation. In Robert Goldman, Peter Norvig, Eugene Charniak, and Bill Gale (eds.), *Working Notes of the AAAI Fall Symposium on Probabilistic Approaches to Natural Language*, pp. 54–60, Menlo Park, CA. AAAI Press.

Gale, William A., and Geoffrey Sampson. 1995. Good-Turing frequency estimation without tears. *Journal of Quantitative Linguistics* 2:217–237.

Gallager, Robert G. 1968. *Information theory and reliable communication*. New York: Wiley.

Garside, Roger. 1995. Grammatical tagging of the spoken part of the British National Corpus: a progress report. In Geoffrey N. Leech, Greg Myers, and Jenny Thomas (eds.), *Spoken English on computer: transcription, mark-up, and application*. Harlow, Essex: Longman.

Garside, Roger, and Fanny Leech. 1987. The UCREL probabilistic parsing system. In Roger Garside, Geoffrey Leech, and Geoffrey Sampson (eds.), *The Computational Analysis of English: A Corpus-Based Approach*, pp. 66–81. London: Longman.

Garside, Roger, Geoffrey Sampson, and Geoffrey Leech (eds.). 1987. *The Computational analysis of English: a corpus-based approach*. London: Longman.

Gaussier, Éric. 1998. Flow network models for word alignment and terminology extraction from bilingual corpora. In *ACL 36/COLING 17*, pp. 444–450.

Ge, Niyu, John Hale, and Eugene Charniak. 1998. A statistical approach to anaphora resolution. In *WVLC 6*, pp. 161–170.

Ghahramani, Zoubin. 1994. Solving inverse problems using an EM approach to dnesity estimation. In Michael C. Mozer, Paul Smolensky, David S. Touretzky, and Andreas S. Weigend (eds.), *Proceedings of the 1993 Connectionist Models Summer School*, Hillsdale, NJ. Erlbaum Associates.

Gibson, Edward, and Neal J. Pearlmutter. 1994. A corpus-based analysis of psycholinguistic constraints on prepositional-phrase attachment. In Charles

Clifton, Jr., Lyn Frazier, and Keith Rayner (eds.), *Perspectives on Sentence Processing*, pp. 181–198. Hillsdale, NJ: Lawrence Erlbaum.

Gold, E. Mark. 1967. Language identification in the limit. *Information and Control* 10:447–474.

Goldszmidt, Moises, and Mehran Sahami. 1998. A probabilistic approach to full-text document clustering. Technical Report SIDL-WP-1998-0091, Stanford Digital Library Project, Stanford, CA.

Golub, Gene H., and Charles F. van Loan. 1989. *Matrix Computations*. Baltimore: The Johns Hopkins University Press.

Good, I. J. 1953. The population frequencies of species and the estimation of population parameters. *Biometrika* 40:237–264.

Good, I. J. 1979. Studies in the history of probability and statistics. XXXVII: A. M. Turing's statistical work in World War II. *Biometrika* 66:393–396.

Goodman, Joshua. 1996. Parsing algorithms and metrics. In *ACL 34*, pp. 177–183.

Greenbaum, Sidney. 1993. The tagset for the International Corpus of English. In Eric Atwell and Clive Souter (eds.), *Corpus-based Computational Linguistics*, pp. 11–24. Amsterdam: Rodopi.

Greene, Barbara B., and Gerald M. Rubin. 1971. Automatic grammatical tagging of English. Technical report, Brown University, Providence, RI.

Grefenstette, Gregory. 1992a. Finding semantic similarity in raw text: the deese antonyms. In Robert Goldman, Peter Norvig, Eugene Charniak, and Bill Gale (eds.), *Working Notes of the AAAI Fall Symposium on Probabilistic Approaches to Natural Language*, pp. 61–65, Menlo Park, CA. AAAI Press.

Grefenstette, Gregory. 1992b. Use of syntactic context to produce term association lists for text retrieval. In *SIGIR '92*, pp. 89–97.

Grefenstette, Gregory. 1994. *Explorations in Automatic Thesaurus Discovery*. Boston: Kluwer Academic Press.

Grefenstette, Gregory. 1996. Evaluation techniques for automatic semantic extraction: Comparing syntactic and window-based approaches. In Branimir Boguraev and James Pustejovsky (eds.), *Corpus Processing for Lexical Acquisition*, pp. 205–216. Cambridge, MA: MIT Press.

Grefenstette, Gregory (ed.). 1998. *Cross-language information retrieval*. Boston, MA: Kluwer Academic Publishers.

Grefenstette, Gregory, and Pasi Tapanainen. 1994. What is a word, what is a sentence? Problems of tokenization. In *Proceedings of the Third International Conference on Computational Lexicography (COMPLEX '94)*, pp. 79–87, Budapest. Available as Rank Xerox Research Centre technical report MLTT-004.

Grenander, Ulf. 1967. Syntax-controlled probabilities. Technical report, Division of Applied Mathematics, Brown University.

Günter, R., L. B. Levitin, B. Shapiro, and P. Wagner. 1996. Zipf's law and the effect of ranking on probability distributions. *International Journal of Theoretical Physics* 35:395–417.

Guthrie, Joe A., Louise Guthrie, Yorick Wilks, and Homa Aidinejad. 1991. Subject-dependent co-occurrence and word sense disambiguation. In *ACL 29*, pp. 146–152.

参考文献　　　　　　　　　　　　　　　　　　　　　　　　　559

Guthrie, Louise, James Pustejovsky, Yorick Wilks, and Brian M. Slator. 1996. The role of lexicons in natural language processing. *Communications of the ACM* 39:63–72.

Halliday, M. A. K. 1966. Lexis as a linguistic level. In C. E. Bazell, J. C. Catford, M. A. K. Halliday, and R. H. Robins (eds.), *In memory of J. R. Firth*, pp. 148–162. London: Longmans.

Halliday, M. A. K. 1994. *An introduction to functional grammar*, 2nd edition. London: Edward Arnold.

Harman, D. K. (ed.). 1996. *The Third Text REtrieval Conference (TREC-4)*. Washington DC: U.S. Department of Commerce.

Harman, D. K. (ed.). 1994. *The Second Text REtrieval Conference (TREC-2)*. Washington DC: U.S. Department of Commerce. NIST Special Publication 500-215.

Harnad, Stevan (ed.). 1987. *Categorical perception: the groundwork of cognition*. Cambridge: Cambridge University Press.

Harris, B. 1988. Bi-text, a new concept in translation theory. *Language Monthly* 54.

Harris, T. E. 1963. *The Theory of Branching Processes*. Berlin: Springer.

Harris, Zellig. 1951. *Methods in Structural Linguistics*. Chicago: University of Chicago Press.

Harrison, Philip, Steven Abney, Ezra Black, Dan Flickinger, Claudia Gdaniec, Ralph Grishman, Donald Hindle, Robert Ingria, Mitch Marcus, Beatrice Santorini, and Tomek Strzalkowski. 1991. Natural Language Processing Systems Evaluation Workshop, Technical Report RL-TR-91-362. In Jeannette G. Neal and Sharon M. Walter (eds.), *Evaluating Syntax Performance of Parser/Grammars of English*, Rome Laboratory, Air Force Systems Command, Griffis Air Force Base, NY 13441-5700.

Harter, Steve. 1975. A probabilistic approach to automatic keyword indexing: Part II. an algorithm for probabilistic indexing. *Journal of the American Society for Information Science* 26:280–289.

Haruno, Masahiko, and Takefumi Yamazaki. 1996. High-performance bilingual text alignment using statistical and dictionary information. In *ACL 34*, pp. 131–138.

Hatzivassiloglou, Vasileios, and Kathleen R. McKeown. 1993. Towards the automatic identification of adjectival scales: clustering adjectives according to meaning. In *ACL 31*, pp. 172–182.

Hawthorne, Mark. 1994. The computer in literary analysis: Using TACT with students. *Computers and the Humanities* 28:19–27.

Hearst, Marti, and Christian Plaunt. 1993. Subtopic structuring for full-length document access. In *SIGIR '93*, pp. 59–68.

Hearst, Marti A. 1991. Noun homograph disambiguation using local context in large text corpora. In *Seventh Annual Conference of the UW Centre for the New OED and Text Research*, pp. 1–22, Oxford.

Hearst, Marti A. 1992. Automatic acquisition of hyponyms from large text corpora. In *COLING 14*, pp. 539–545.

Hearst, Marti A. 1994. *Context and Structure in Automated Full-Text Information Access*. PhD thesis, University of California at Berkeley.

Hearst, Marti A. 1997. TextTiling: Segmenting text into multi-paragraph subtopic passages. *Computational Linguistics* 23:33–64.

Hearst, Marti A., and Hinrich Schütze. 1995. Customizing a lexicon to better suit a computational task. In Branimir Boguraev and James Pustejovsky (eds.), *Corpus Processing for Lexical Acquisition*, pp. 77–96. Cambridge, MA: MIT Press.

Henderson, James, and Peter Lane. 1998. A connectionist architecture for learning to parse. In *ACL 36/COLING 17*, pp. 531–537.

Hermjakob, Ulf, and Raymond J. Mooney. 1997. Learning parse and translation decisions from examples with rich context. In *ACL 35/EACL 8*, pp. 482–489.

Hertz, John A., Richard G. Palmer, and Anders S. Krogh. 1991. *Introduction to the theory of neural computation*. Redwood City, CA: Addison-Wesley.

Herwijnen, Eric van. 1994. *Practical SGML*, 2nd edition. Dordrecht: Kluwer Academic.

Hickey, Raymond. 1993. Lexa: Corpus processing software. Technical report, The Norwegian Computing Centre for the Humanities, Bergen.

Hindle, Donald. 1990. Noun classification from predicate argument structures. In *ACL 28*, pp. 268–275.

Hindle, Donald. 1994. A parser for text corpora. In B. T. S. Atkins and A. Zampolli (eds.), *Computational Approaches to the Lexicon*, pp. 103–151. Oxford: Oxford University Press.

Hindle, Donald, and Mats Rooth. 1993. Structural ambiguity and lexical relations. *Computational Linguistics* 19:103–120.

Hirst, Graeme. 1987. *Semantic Interpretation and the Resolution of Ambiguity*. Cambridge: Cambridge University Press.

Hodges, Julia, Shiyun Yie, Ray Reighart, and Lois Boggess. 1996. An automated system that assists in the generation of document indexes. *Natural Language Engineering* 2:137–160.

Holmes, V. M., L. Stowe, and L. Cupples. 1989. Lexical expectations in parsing complement-verb sentences. *Journal of Memory and Language* 28:668–689.

Honavar, Vasant, and Giora Slutzki (eds.). 1998. *Grammatical inference: 4th international colloquium, ICGI-98*. Berlin: Springer.

Hopcroft, John E., and Jeffrey D. Ullman. 1979. *Introduction to automata theory, languages, and computation*. Reading, MA: Addison-Wesley.

Hopper, Paul J., and Elizabeth Closs Traugott. 1993. *Grammaticalization*. Cambrige: Cambridge University Press.

Hornby, A. S. 1974. *Oxford Advanced Learner's Dictionary of Current English*. Oxford: Oxford University Press. Third Edition.

Horning, James Jay. 1969. *A study of grammatical inference*. PhD thesis, Stanford.

Huang, T., and King Sun Fu. 1971. On stochastic context-free languages. *Information Sciences* 3:201–224.

Huddleston, Rodney. 1984. *Introduction to the Grammar of English*. Cambridge: Cambridge University Press.

Hull, David. 1996. Stemming algorithms – A case study for detailed evaluation. *Journal of the American Society for Information Science* 47:70–84.

Hull, David. 1998. A practical approach to terminology alignment. In Didier Bourigault, Christian Jacquemin, and Marie-Claude L'Homme (eds.), *Proceedings of Computerm '98*, pp. 1–7, Montreal, Canada.

参考文献 561

Hull, David, and Doug Oard (eds.). 1997. *AAAI Symposium on Cross-Language Text and Speech Retrieval.* Stanford, CA: AAAI Press.

Hull, David A., and Gregory Grefenstette. 1998. Querying across languages: A dictionary-based approach to multilingual information retrieval. In Karen Sparck Jones and Peter Willett (eds.), *Readings in Information Retrieval.* San Francisco: Morgan Kaufmann.

Hull, David A., Jan O. Pedersen, and Hinrich Schütze. 1996. Method combination for document filtering. In *SIGIR '96*, pp. 279–287.

Hutchins, S. E. 1970. *Stochastic Sources for Context-free Languages.* PhD thesis, University of California, San Diego.

Ide, Nancy, and Jean Véronis (eds.). 1995. *The Text Encoding Initiative: Background and Context.* Dordrecht: Kluwer Academic. Reprinted from *Computers and the Humanities* 29(1–3), 1995.

Ide, Nancy, and Jean Véronis. 1998. Introduction to the special issue on word sense disambiguation: The state of the art. *Computational Linguistics* 24: 1–40.

Ide, Nancy, and Donald Walker. 1992. Introduction: Common methodologies in humanities computing and computational linguistics. *Computers and the Humanities* 26:327–330.

Inui, K., V. Sornlertlamvanich, H. Tanaka, and T. Tokunaga. 1997. A new formalization of probabilistic GLR parsing. In *Proceedings of the Fifth International Workshop on Parsing Technologies (IWPT-97)*, pp. 123–134, MIT.

Isabelle, Pierre. 1987. Machine translation at the TAUM group. In Margaret King (ed.), *Machine Translation Today: The State of the Art*, pp. 247–277. Edinburgh: Edinburgh University Press.

Jacquemin, Christian. 1994. FASTR: A unification-based front-end to automatic indexing. In *Proceedings of RIAO*, pp. 34–47, Rockefeller University, New York.

Jacquemin, Christian, Judith L. Klavans, and Evelyne Tzoukermann. 1997. Expansion of multi-word terms for indexing and retrieval using morphology and syntax. In *ACL 35/EACL 8*, pp. 24–31.

Jain, Anil K., and Richard C. Dubes. 1988. *Algorithms for Clustering Data.* Englewood Cliffs, NJ: Prentice Hall.

Jain, A. K., M. N. Murty, and P. J. Flynn. 1999. Data clustering: A review. *ACM Computing Surveys* 31:264–323.

Jeffreys, Harold. 1948. *Theory of Probability.* Oxford: Clarendon Press.

Jelinek, Frederick. 1969. Fast sequential decoding algorithm using a stack. *IBM Journal of Research and Development* pp. 675–685.

Jelinek, Frederick. 1976. Continuous speech recognition by statistical methods. *IEEE* 64:532–556.

Jelinek, Frederick. 1985. Markov source modeling of text generation. In J. K. Skwirzynski (ed.), *The Impact of Processing Techniques on Communications*, volume E91 of *NATO ASI series*, pp. 569–598. Dordrecht: M. Nijhoff.

Jelinek, Fred. 1990. Self-organized language modeling for speech recognition. Printed in (Waibel and Lee 1990), pp. 450–506.

Jelinek, Frederick. 1997. *Statistical Methods for Speech Recognition.* Cambridge, MA: MIT Press.

Jelinek, Frederick, Lalit R. Bahl, and Robert L. Mercer. 1975. Design of a linguistic statistical decoder for the recognition of continuous speech. *IEEE Transactions on Information Theory* 21:250–256.

Jelinek, F., J. Lafferty, D. Magerman, R. Mercer, A. Ratnaparkhi, and S. Roukos. 1994. Decision tree parsing using a hidden derivation model. In *Proceedings of the 1994 Human Language Technology Workshop*, pp. 272–277. DARPA.

Jelinek, Fred, and John D. Lafferty. 1991. Computation of the probability of initial substring generation by stochastic context-free grammars. *Computational Linguistics* 17:315–324.

Jelinek, F., J. D. Lafferty, and R. L. Mercer. 1990. Basic methods of probabilistic context free grammars. Technical Report RC 16374 (#72684), IBM T. J. Watson Research Center.

Jelinek, F., J. D. Lafferty, and R. L. Mercer. 1992a. Basic methods of probabilistic context free grammars. In P. Laface and R. De Mori (eds.), *Speech Recognition and Understanding: Recent Advances, Trends, and Applications*, volume 75 of *Series F: Computer and Systems Sciences*. Springer Verlag.

Jelinek, Fred, and Robert Mercer. 1985. Probability distribution estimation from sparse data. *IBM Technical Disclosure Bulletin* 28:2591–2594.

Jelinek, Frederick, Robert L. Mercer, and Salim Roukos. 1992b. Principles of lexical language modeling for speech recognition. In Sadaoki Furui and M. Mohan Sondhi (eds.), *Advances in Speech Signal Processing*, pp. 651–699. New York: Marcel Dekker.

Jensen, Karen, George E. Heidorn, and Stephen D. Richardson (eds.). 1993. *Natural language processing: The PLNLP approach*. Boston: Kluwer Academic Publishers.

Johansson, Stig, G. N. Leech, and H. Goodluck. 1978. *Manual of information to accompany the Lancaster-Oslo/Bergen Corpus of British English, for use with digital computers*. Oslo: Dept of English, University of Oslo.

Johnson, Mark. 1998. The effect of alternative tree representations on tree bank grammars. In *Proceedings of Joint Conference on New Methods in Language Processing and Computational Natural Language Learning (NeMLaP3/CoNLL98)*, pp. 39–48, Macquarie University.

Johnson, W. E. 1932. Probability: deductive and inductive problems. *Mind* 41:421–423.

Joos, Martin. 1936. Review of *The Psycho-Biology of Language*. *Language* 12:196–210.

Jorgensen, Julia. 1990. The psychological reality of word senses. *Journal of Psycholinguistic Research* 19:167–190.

Joshi, Aravind K. 1993. Tree-adjoining grammars. In R. E. Asher (ed.), *The Encyclopedia of Language and Linguistics*. Oxford: Pergamon Press.

Justeson, John S., and Slava M. Katz. 1991. Co-occurrences of antonymous adjectives and their contexts. *Computational Linguistics* 17:1–19.

Justeson, John S., and Slava M. Katz. 1995a. Principled disambiguation: Discriminating adjective senses with modified nouns. *Computational Linguistics* 24:1–28.

Justeson, John S., and Slava M. Katz. 1995b. Technical terminology: some linguistic properties and an algorithm for identification in text. *Natural Language Engineering* 1:9–27.

参考文献 563

Kahneman, Daniel, Paul Slovic, and Amos Tversky (eds.). 1982. *Judgment under uncertainty: heuristics and biases*. Cambridge: Cambridge University Press.

Kan, Min-Yen, Judith L. Klavans, and Kathleen R. McKeown. 1998. Linear segmentation and segment significance. In *WVLC 6*, pp. 197–205.

Kaplan, Ronald M., and Joan Bresnan. 1982. Lexical-Functional Grammar: A formal system for grammatical representation. In Joan Bresnan (ed.), *The Mental Representation of Grammatical Relations*, pp. 173–281. Cambridge, MA: MIT Press.

Karlsson, Fred, Atro Voutilainen, Juha Heikkilä, and Arto Anttila. 1995. *Constraint Grammar: A Language-Independent System for Parsing Unrestricted Text*. Berlin: Mouton de Gruyter.

Karov, Yael, and Shimon Edelman. 1998. Similarity-based word sense disambiguation. *Computational Linguistics* 24:41–59.

Karttunen, Lauri. 1986. Radical lexicalism. Technical Report 86–68, Center for the Study of Language and Information, Stanford CA.

Katz, Slava M. 1987. Estimation of probabilities from sparse data for the language model component of a speech recognizer. *IEEE Transactions on Acoustics, Speech, and Signal Processing* ASSP-35:400–401.

Katz, Slava M. 1996. Distribution of content words and phrases in text and language modelling. *Natural Language Engineering* 2:15–59.

Kaufman, Leonard, and Peter J. Rousseeuw. 1990. *Finding groups in data*. New York: Wiley.

Kaufmann, Stefan. 1998. Second-order cohesion: Using wordspace in text segmentation. Department of Linguistics, Stanford University.

Kay, Martin, and Martin Röscheisen. 1993. Text-translation alignment. *Computational Linguistics* 19:121–142.

Kehler, Andrew. 1997. Probabilistic coreference in information extraction. In *EMNLP 2*, pp. 163–173.

Kelly, Edward, and Phillip Stone. 1975. *Computer Recognition of English Word Senses*. Amsterdam: North-Holland.

Kempe, André. 1997. Finite state transducers approximating hidden markov models. In *ACL 35/EACL 8*, pp. 460–467.

Kennedy, Graeme. 1998. *An Introduction to Corpus Linguistics*. London: Longman.

Kent, Roland G. 1930. Review of *Relative Frequency as a Determinant of Phonetic Change*. *Language* 6:86–88.

Kilgarriff, Adam. 1993. Dictionary word sense distinctions: An enquiry into their nature. *Computers and the Humanities* 26:365–387.

Kilgarriff, Adam. 1997. "I don't believe in word senses". *Computers and the Humanities* 31:91–113.

Kilgarriff, Adam, and Tony Rose. 1998. Metrics for corpus similarity and homogeneity. Manuscript, ITRI, University of Brighton.

Kirkpatrick, S., C. D. Gelatt, and M. P. Vecchi. 1983. Optimization by simulated annealing. *Science* 220:671–680.

Klavans, Judith, and Min-Yen Kan. 1998. Role of verbs in document analysis. In *ACL 36/COLING 17*, pp. 680–686.

Klavans, Judith L., and Evelyne Tzoukermann. 1995. Dictionaries and corpora: Combining corpus and machine-readable dictionary data for building bilingual lexicons. *Journal of Machine Translation* 10.

Klein, Sheldon, and Robert F. Simmons. 1963. A computational approach to grammatical coding of English words. *Journal of the Association for Computing Machinery* 10:334–347.

Kneser, Reinhard, and Hermann Ney. 1995. Improved backing-off for *m*-gram language modeling. In *Proceedings of the IEEE Conference on Acoustics, Speech and Signal Processing*, volume 1, pp. 181–184.

Knight, Kevin. 1997. Automating knowledge acquisition for machine translation. *AI Magazine* 18:81–96.

Knight, Kevin, Ishwar Chander, Matthew Haines, Vasileios Hatzivassiloglou, Eduard Hovy, Masayo Iida, Steve Luk, Richard Whitney, and Kenji Yamada. 1995. Filling knowledge gaps in a broad-coverage MT system. In *Proceedings of IJCAI-95*.

Knight, Kevin, and Jonathan Graehl. 1997. Machine transliteration. In *ACL 35/EACL 8*, pp. 128–135.

Knight, Kevin, and Vasileios Hatzivassiloglou. 1995. Two-level, many-paths generation. In *ACL 33*, pp. 252–260.

Knill, Kate M., and Steve Young. 1997. Hidden markov models in speech and language processing. In Steve Young and Gerrit Bloothooft (eds.), *Corpus-Based Methods in Language and Speech Processing*, pp. 27–68. Dordrecht: Kluwer Academic.

Kohonen, Teuvo. 1997. *Self-Organizing Maps*. Berlin, Heidelberg, New York: Springer Verlag. Second Extended Edition.

Korfhage, Robert R. 1997. *Information Storage and Retrieval*. Berlin: John Wiley.

Krenn, Brigitte, and Christer Samuelsson. 1997. The linguist's guide to statistics. manuscript, University of Saarbrucken.

Krovetz, Robert. 1991. Lexical acquisition and information retrieval. In Uri Zernik (ed.), *Lexical Acquisition: Exploiting On-Line Resources to Build a Lexicon*, pp. 45–64. Hillsdale, NJ: Lawrence Erlbaum.

Kruskal, J. B. 1964a. Multidimensional scaling by optimizing goodness of fit to a nonmetric hypothesis. *Psychometrika* 29:1–27.

Kruskal, J. B. 1964b. Nonmetric multidimensional scaling: A numerical method. *Psychometrika* 29:115–129.

Kučera, Henry, and W. Nelson Francis. 1967. *Computational Analysis of Present-Day American English*. Providence, RI: Brown University Press.

Kupiec, Julian. 1991. A trellis-based algorithm for estimating the parameters of a hidden stochastic context-free grammar. In *Proceedings of the Speech and Natural Language Workshop*, pp. 241–246. DARPA.

Kupiec, Julian. 1992a. An algorithm for estimating the parameters of unrestricted hidden stochastic context-free grammars. In *COLING 14*, pp. 387–393.

Kupiec, Julian. 1992b. Robust part-of-speech tagging using a Hidden Markov Model. *Computer Speech and Language* 6:225–242.

Kupiec, Julian. 1993a. An algorithm for finding noun phrase correspondences in bilingual corpora. In *ACL 31*, pp. 17–22.

参考文献 565

Kupiec, Julian. 1993b. MURAX: A robust linguistic approach for question answering using an on-line encyclopedia. In *SIGIR '93*, pp. 181–190.

Kupiec, Julian, Jan Pedersen, and Francine Chen. 1995. A trainable document summarizer. In *SIGIR '95*, pp. 68–73.

Kwok, K. L., and M. Chan. 1998. Improving two-stage ad-hoc retrieval for short queries. In *SIGIR '98*, pp. 250–256.

Lafferty, John, Daniel Sleator, and Davy Temperley. 1992. Grammatical trigrams: A probabilistic model of link grammar. In *Proceedings of the 1992 AAAI Fall Symposium on Probabilistic Approaches to Natural Language*.

Lakoff, George. 1987. *Women, fire, and dangerous things*. Chicago, IL: University of Chicago Press.

Landauer, Thomas K., and Susan T. Dumais. 1997. A solution to Plato's problem: The latent semantic analysis theory of acquisition, induction and representation of knowledge. *Psychological Review* 104:211–240.

Langacker, Ronald W. 1987. *Foundations of Cognitive Grammar*, volume 1. Stanford, CA: Stanford University Press.

Langacker, Ronald W. 1991. *Foundations of Cognitive Grammar*, volume 2. Stanford, CA: Stanford University Press.

Laplace, Pierre Simon marquis de. 1814. *Essai philosophique sur les probabilites*. Paris: Mme. Ve. Courcier.

Laplace, Pierre Simon marquis de. 1995. *Philosophical Essay On Probabilities*. New York: Springer-Verlag.

Lari, K., and S. J. Young. 1990. The estimation of stochastic context-free grammars using the inside-outside algorithm. *Computer Speech and Language* 4: 35–56.

Lari, K., and S. J. Young. 1991. Applications of stochastic context free grammars using the inside-outside algorithm. *Computer Speech and Language* 5: 237–257.

Lau, Raymond. 1994. Adaptive statistical language modelling. Master's thesis, Massachusetts Institute of Technology.

Lau, Ray, Ronald Rosenfeld, and Salim Roukos. 1993. Adaptive language modeling using the maximum entropy principle. In *Proceedings of the Human Language Technology Workshop*, pp. 108–113. ARPA.

Lauer, Mark. 1995a. Corpus statistics meet the noun compound: Some empirical results. In *ACL 33*, pp. 47–54.

Lauer, Mark. 1995b. *Designing Statistical Language Learners: Experiments on Noun Compounds*. PhD thesis, Macquarie University, Sydney, Australia.

Leacock, Claudia, Martin Chodorow, and George A. Miller. 1998. Using corpus statistics and Wordnet relations for sense identification. *Computational Linguistics* 24:147–165.

Lesk, Michael. 1986. Automatic sense disambiguation: How to tell a pine cone from an ice cream cone. In *Proceedings of the 1986 SIGDOC Conference*, pp. 24–26, New York. Association for Computing Machinery.

Lesk, M. E. 1969. Word-word association in document retrieval systems. *American Documentation* 20:27–38.

Levin, Beth. 1993. *English Verb Classes and Alternations*. Chicago: The University of Chicago Press.

Levine, John R., Tony Mason, and Doug Brown. 1992. *Lex & Yacc*, 2nd edition. Sebastopol, CA: O'Reilly & Associates.

Levinson, S. E., L. R. Rabiner, and M. M. Sondhi. 1983. An introduction to the application of the theory of probabilistic functions of a Markov process to automatic speech recongition. *Bell System Technical Journal* 62:1035–1074.

Lewis, David D. 1992. An evaluation of phrasal and clustered representations on a text categorization task. In *SIGIR '92*, pp. 37–50.

Lewis, David D., and Marc Ringuette. 1994. A comparison of two learning algorithms for text categorization. In *Proc. SDAIR 94*, pp. 81–93, Las Vegas, NV.

Lewis, David D., Robert E. Schapire, James P. Callan, and Ron Papka. 1996. Training algorithms for linear text classifiers. In *SIGIR '96*, pp. 298–306.

Lewis, David D., and Karen Sparck Jones. 1996. Natural language processing for information retrieval. *Communications of the ACM* 39:92–101.

Li, Hang, and Naoki Abe. 1995. Generalizing case frames using a thesaurus and the mdl principle. In *Proceedings of Recent Advances in Natural Language Processing*, pp. 239–248, Tzigov Chark, Bulgaria.

Li, Hang, and Naoki Abe. 1996. Learning dependencies between case frame slots. In *COLING 16*, pp. 10–15.

Li, Hang, and Naoki Abe. 1998. Word clustering and disambiguation based on co-occurrence data. In *ACL 36/COLING 17*, pp. 749–755.

Li, Wentian. 1992. Random texts exhibit Zipf's-law-like word frequency distribution. *IEEE Transactions on Information Theory* 38:1842–1845.

Lidstone, G. J. 1920. Note on the general case of the Bayes-Laplace formula for inductive or *a priori* probabilities. *Transactions of the Faculty of Actuaries* 8:182–192.

Light, Marc. 1996. Morphological cues for lexical semantics. In *ACL 34*, pp. 25–31.

Littlestone, Nick. 1995. Comparing several linear-threshold learning algorithms on tasks involving superfluous attributes. In A. Prieditis (ed.), *Proceedings of the 12th International Conference on Machine Learning*, pp. 353–361, San Francisco, CA. Morgan Kaufmann.

Littman, Michael L., Susan T. Dumais, and Thomas K. Landauer. 1998a. Automatic cross-language information retrieval using latent semantic indexing. In Gregory Grefenstette (ed.), *Cross Language Information Retrieval*. Kluwer.

Littman, Michael L., Fan Jiang, and Greg A. Keim. 1998b. Learning a language-independent representation for terms from a partially aligned corpus. In Jude Shavlik (ed.), *Proceedings of the Fifteenth International Conference on Machine Learning*, pp. 314–322. Morgan Kaufmann.

Losee, Robert M. (ed.). 1998. *Text Retrieval and Filtering*. Boston, MA: Kluwer Academic Publishers.

Lovins, Julie Beth. 1968. Development of a stemming algorithm. *Translation and Computational Linguistics* 11:22–31.

Luhn, H. P. 1960. Keyword-in-context index for technical literature (KWIC index). *American Documentation* 11:288–295.

Lyons, John. 1968. *Introduction to Theoretical Linguistics*. Cambridge: Cambridge University Press.

参考文献 567

MacDonald, M. A., N. J. Pearlmutter, and M. S. Seidenberg. 1994. The lexical nature of syntactic ambiguity resolution. *Psychological Review* 101:676–703.

MacKay, David J. C., and Linda C. Peto. 1990. Speech recognition using hidden Markov models. *The Lincoln Laboratory Journal* 3:41–62.

Magerman, David M. 1994. *Natural language parsing as statistical pattern recognition*. PhD thesis, Stanford University.

Magerman, David M. 1995. Statistical decision-tree models for parsing. In *ACL 33*, pp. 276–283.

Magerman, David M., and Mitchell P. Marcus. 1991. Pearl: A probabilistic chart parser. In *EACL 4*. Also published in the Proceedings of the 2nd International Workshop for Parsing Technologies.

Magerman, David M., and Carl Weir. 1992. Efficiency, robustness, and accuracy in Picky chart parsing. In *ACL 30*, pp. 40–47.

Mandelbrot, Benoit. 1954. Structure formelle des textes et communcation. *Word* 10:1–27.

Mandelbrot, Benoit B. 1983. *The Fractal Geometry of Nature*. New York: W. H. Freeman.

Mani, Inderjeet, and T. Richard MacMillan. 1995. Identifying unknown proper names in newswire text. In Branimir Boguraev and James Pustejovsky (eds.), *Corpus Processing for Lexical Acquisition*, pp. 41–59. Cambridge, MA: MIT Press.

Manning, Christopher D. 1993. Automatic acquisition of a large subcategorization dictionary from corpora. In *ACL 31*, pp. 235–242.

Manning, Christopher D., and Bob Carpenter. 1997. Probabilistic parsing using left corner language models. In *Proceedings of the Fifth International Workshop on Parsing Technologies (IWPT-97)*, pp. 147–158, MIT.

Marchand, Hans. 1969. *Categories and types of present-day English word-formation*. München: Beck.

Marcus, Mitchell, Grace Kim, Mary Ann Marcinkiewicz, Robert MacIntyre, Ann Bies, Mark Ferguson, Karen Katz, and Britta Schasberger. 1994. The Penn Treebank: Annotating predicate argument structure. In *ARPA Human Language Technology Workshop*, pp. 110–115.

Marcus, Mitchell P., Beatrice Santorini, and Mary Ann Marcinkiewicz. 1993. Building a large annotated corpus of English: The Penn treebank. *Computational Linguistics* 19:313–330.

Markov, Andrei A. 1913. An example of statistical investigation in the text of 'Eugene Onyegin' illustrating coupling of 'tests' in chains. In *Proceedings of the Academy of Sciences, St. Petersburg*, volume 7 of *VI*, pp. 153–162.

Marr, David. 1982. *Vision: A Computational Investigation into the Human Representation and Processing of Visual Information*. New York: W. H. Freeman.

Marshall, Ian. 1987. Tag selection using probabilistic methods. In Roger Garside, Geoffrey Sampson, and Geoffrey Leech (eds.), *The Computational analysis of English: a corpus-based approach*, pp. 42–65. London: Longman.

Martin, James. 1991. Representing and acquiring metaphor-based polysemy. In Uri Zernik (ed.), *Lexical Acquisition: Exploiting On-Line Resources to Build a Lexicon*, pp. 389–415. Hillsdale, NJ: Lawrence Erlbaum.

Martin, W. A., K. W. Church, and R. S. Patil. 1987. Preliminary analysis of a breadth-first parson algorithm: Theoretical and experimental results.

In Leonard Bolc (ed.), *Natural Language Parsing Systems*. Berlin: Springer Verlag. Also MIT LCS technical report TR-261.

Masand, Brij, Gordon Linoff, and David Waltz. 1992. Classifying news stories using memory based reasoning. In *SIGIR '92*, pp. 59–65.

Maxwell, III, John T. 1992. The problem with mutual information. Manuscript, Xerox Palo Alto Research Center, September 15, 1992.

McClelland, James L., David E. Rumelhart, and the PDP Research Group (eds.). 1986. *Parallel Distributed Processing. Explorations in the Microstructure of Cognition. Volume 2: Psychological and Biological Models*. Cambridge, MA: The MIT Press.

McCullagh, Peter, and John A. Nelder. 1989. *Generalized Linear Models*, 2nd edition, chapter 4, pp. 101–123. Chapman and Hall.

McDonald, David D. 1995. Internal and external evidence in the identification and semantic categorization of proper names. In Branimir Boguraev and James Pustejovsky (eds.), *Corpus Processing for Lexical Acquisition*, pp. 21–39. Cambridge MA: MIT Press.

McEnery, Tony, and Andrew Wilson. 1996. *Corpus Linguistics*. Edinburgh: Edinburgh University Press.

McGrath, Sean. 1997. *PARSEME.1ST: SGML for Software Developers*. Upper Saddle River, NJ: Prentice Hall PTR.

McMahon, John G., and Francis J. Smith. 1996. Improving statistical language model performance with automatically generated word hierarchies. *Computational Linguistics* 22:217–247.

McQueen, C. M. Sperberg, and Lou Burnard (eds.). 1994. *Guidelines for Electronic Text Encoding and Interchange (TEI P3)*. Chicago, IL: ACH/ACL/ALLC (Association for Computers and the Humanities, Association for Computational Linguistics, Association for Literary and Linguistic Computing).

McRoy, Susan W. 1992. Using multiple knowledge sources for word sense disambiguation. *Computational Linguistics* 18:1–30.

Melamed, I. Dan. 1997a. A portable algorithm for mapping bitext correspondence. In *ACL 35/EACL 8*, pp. 305–312.

Melamed, I. Dan. 1997b. A word-to-word model of translational equivalence. In *ACL 35/EACL 8*, pp. 490–497.

Mel'čuk, Igor Aleksandrovich. 1988. *Dependency Syntax: theory and practice*. Albany: State University of New York.

Mercer, Robert L. 1993. Inflectional morphology needs to be authenticated by hand. In *Working Notes of the AAAI Spring Syposium on Building Lexicons for Machine Translation*, pp. 99–99, Stanford, CA. AAAI Press.

Merialdo, Bernard. 1994. Tagging English text with a probabilistic model. *Computational Linguistics* 20:155–171.

Miclet, Laurent, and Colin de la Higuera (eds.). 1996. *Grammatical inference: learning syntax from sentences: Third International Colloquium, ICGI-96*. Berlin: Springer.

Miikkulainen, Risto (ed.). 1993. *Subsymbolic Natural Language Processing*. Cambridge MA: MIT Press.

Mikheev, Andrei. 1998. Feature lattices for maximum entropy modelling. In *ACL 36*, pp. 848–854.

参考文献   569

Miller, George A., and Walter G. Charles. 1991. Contextual correlates of
    semantic similarity. *Language and Cognitive Processes* 6:1–28.

Miller, Scott, David Stallard, Robert Bobrow, and Richard Schwartz. 1996.
    A fully statistical approach to natural language interfaces. In *ACL 34*, pp.
    55–61.

Minsky, Marvin Lee, and Seymour Papert (eds.). 1969. *Perceptrons: an in-
    troduction to computational geometry.* Cambridge, MA: MIT Press. Partly
    reprinted in (Shavlik and Dietterich 1990).

Minsky, Marvin Lee, and Seymour Papert (eds.). 1988. *Perceptrons: an intro-
    duction to computational geometry.* Cambridge, MA: MIT Press. Expanded
    edition.

Mitchell, Tom M. 1980. The need for biases in learning generalizations. Tech-
    nical Report Department of Computer Science. CBM-TR-117, Rutgers Uni-
    versity. Reprinted in (Shavlik and Dietterich 1990), pp. 184–191.

Mitchell, Tom M. (ed.). 1997. *Machine Learning.* New York: McGraw-Hill.

Mitra, Mandar, Chris Buckley, Amit Singhal, and Claire Cardie. 1997. An
    analysis of statistical and syntactic phrases. In *Proceedings of RIAO*, pp.
    200–214.

Moffat, Alistair, and Justin Zobel. 1998. Exploring the similarity space. *ACM
    SIGIR Forum* 32.

Mood, Alexander M., Franklin A. Graybill, and Duane C. Boes. 1974. *Intro-
    duction to the theory of statistics.* New York: McGraw-Hill. 3rd edition.

Mooney, Raymond J. 1996. Comparative experiments on disambiguating word
    senses: An illustration of the role of bias in machine learning. In *EMNLP
    1*, pp. 82–91.

Moore, David S., and George P. McCabe. 1989. *Introduction to the practice
    of statistics.* New York: Freeman.

Morris, Jane, and Graeme Hirst. 1991. Lexical cohesion computed by thesaural
    relations as an indicator of the structure of text. *Computational Linguistics*
    17:21–48.

Mosteller, Frederick, and David L. Wallace. 1984. *Applied Bayesian and
    Classical Inference – The Case of The Federalist Papers.* Springer Series in
    Satistics. New York: Springer-Verlag.

Nagao, Makoto. 1984. A framework of a mechanical translation between
    Japanese and English by analogy principle. In Alick Elithorn and Ranan B.
    Banerji (eds.), *Artificial and Human Intelligence*, pp. 173–180. Edinburgh:
    North-Holland.

Neff, Mary S., Brigitte Bläser, Jean-Marc Langé, Hubert Lehmann, and Is-
    abel Zapata Dominguez. 1993. Get it where you can: Acquiring and main-
    taining bilingual lexicons for machine translation. In *Working Notes of the
    AAAI Spring Syposium on Building Lexicons for Machine Translation*, pp.
    98–98, Stanford, CA. AAAI Press.

Nevill-Manning, Craig G., Ian H. Witten, and Gordon W. Paynter. 1997.
    Browsing in digital libraries: a phrase-based approach. In *Proceedings of
    ACM Digital Libraries*, pp. 230–236, Philadelphia, PA. Association for Com-
    puting Machinery.

Newmeyer, Frederick J. 1988. *Linguistics: The Cambridge Survey.* Cambridge,
    England: Cambridge University Press.

Ney, Hermann, and Ute Essen. 1993. Estimating 'small' probabilities by leaving-one-out. In *Eurospeech '93*, volume 3, pp. 2239–2242. ESCA.

Ney, Hermann, Ute Essen, and Reinhard Kneser. 1994. On structuring probabilistic dependencies in stochastic language modeling. *Computer Speech and Language* 8:1–28.

Ney, Hermann, Sven Martin, and Frank Wessel. 1997. Statistical language modeling using leaving-one-out. In Steve Young and Gerrit Bloothooft (eds.), *Corpus-Based Methods in Language and Speech Processing*, pp. 174–207. Dordrecht: Kluwer Academic.

Ng, Hwee Tou, and John Zelle. 1997. Corpus-based approaches to semantic interpretation in natural language processing. *AI Magazine* 18:45–64.

Ng, Hwee Tou, and Hian Beng Lee. 1996. Integrating multiple knowledge sources to disambiguate word sense: An exemplar-based approach. In *ACL 34*, pp. 40–47.

Nie, Jian-Yun, Pierre Isabelle, Pierre Plamondon, and George Foster. 1998. Using a probablistic translation model for cross-language information retrieval. In *WVLC 6*, pp. 18–27.

Nießen, S., S. Vogel, H. Ney, and C. Tillmann. 1998. A DP based search algorithm for statistical machine translation. In *ACL 36/COLING 17*, pp. 960–967.

Nunberg, Geoffrey. 1990. *The Linguistics of Punctuation*. Stanford, CA: CSLI Publications.

Nunberg, Geoff, and Annie Zaenen. 1992. Systematic polysemy in lexicology and lexicography. In *Proceedings of Euralex II*, Tampere, Finland.

Oaksford, M., and N. Chater. 1998. *Rational Models of Cognition*. Oxford, England: Oxford University Press.

Oard, Douglas W., and Nicholas DeClaris. 1996. Cognitive models for text filtering. Manuscript, University of Maryland, College Park.

Ostler, Nicholas, and B. T. S. Atkins. 1992. Predictable meaning shift: Some linguistic properties of lexical implication rules. In James Pustejovsky and Sabine Bergler (eds.), *Lexical Semantics and Knowledge Representation: Proceedings fof the 1st SIGLEX Workshop*, pp. 76–87. Berlin: Springer Verlag.

Paik, Woojin, Elizabeth D. Liddy, Edmund Yu, and Mary McKenna. 1995. Categorizing and standardizing proper nouns for efficient information retrieval. In Branimir Boguraev and James Pustejovsky (eds.), *Corpus Processing for Lexical Acquisition*, pp. 61–73. Cambridge MA: MIT Press.

Palmer, David D., and Marti A. Hearst. 1994. Adaptive sentence boundary disambiguation. In *ANLP 4*, pp. 78–83.

Palmer, David D., and Marti A. Hearst. 1997. Adaptive multilingual sentence boundary disambiguation. *Computational Linguistics* 23:241–267.

Paul, Douglas B. 1990. Speech recognition using hidden markov models. *The Lincoln Laboratory Journal* 3:41–62.

Pearlmutter, N., and M. MacDonald. 1992. Plausibility and syntactic ambiguity resolution. In *Proceedings of the 14th Annual Conference of the Cognitive Society*.

Pedersen, Ted. 1996. Fishing for exactness. In *Proceedings of the South-Central SAS Users Group Conference*, Austin TX.

Pedersen, Ted, and Rebecca Bruce. 1997. Distinguishing word senses in untagged text. In *EMNLP 2*, pp. 197–207.

Pereira, Fernando, and Yves Schabes. 1992. Inside-outside reestimation from partially bracketed corpora. In *ACL 30*, pp. 128–135.

Pereira, Fernando, Naftali Tishby, and Lillian Lee. 1993. Distributional clustering of English words. In *ACL 31*, pp. 183–190.

Pinker, Steven. 1994. *The Language Instinct*. New York: William Morrow.

Pollard, Carl, and Ivan A. Sag. 1994. *Head-Driven Phrase Structure Grammar*. Chicago, IL: University of Chicago Press.

Pook, Stuart L., and Jason Catlett. 1988. Making sense out of searching. In *Information Online 88*, pp. 148–157, Sydney. The Information Science Section of the Library Association of Australia.

Porter, M. F. 1980. An algorithm for suffix stripping. *Program* 14:130–137.

Poznański, Victor, and Antonio Sanfilippo. 1995. Detecting dependencies between semantic verb subclasses and subcategorization frames in text corpora. In Branimir Boguraev and James Pustejovsky (eds.), *Corpus Processing for Lexical Acquisition*, pp. 175–190. Cambridge, MA: MIT Press.

Press, W. H., B. P. Flannery, S. A. Teukolsky, and W. T. Vetterling. 1988. *Numerical Recipes in C*. Cambridge: Cambridge University Press.

Procter, P. (ed.). 1978. *Longman dictionary of contemporary English*. Harlow, England: Longman Group.

Prokosch, E. 1933. Review of selected studies of the principle of relative frequency in language. *Language* 9:89–92.

Pustejovsky, James. 1991. The generative lexicon. *Computational Linguistics* 17:409–441.

Pustejovsky, James, Sabine Bergler, and Peter Anick. 1993. Lexical semantic techniques for corpus analysis. *Computational Linguistics* 19:331–358.

Qiu, Yonggang, and H. P. Frei. 1993. Concept based query expansion. In *SIGIR '93*, pp. 160–169.

Quinlan, J. R. 1986. Induction of decision trees. *Machine Learning* 1:81–106. Reprinted in (Shavlik and Dietterich 1990).

Quinlan, John Ross. 1993. *C4.5: Programs for machine learning*. San Mateo, CA: Morgan Kaufmann Publishers.

Quinlan, J. R. 1996. Bagging, boosting, and C4.5. In *Proceedings of the Thirteenth National Conference on Artificial Intelligence (AAAI '96)*, pp. 725–730.

Quirk, Randolf, Sidney Greenbaum, Geoffrey Leech, and Jan Svartvik. 1985. *A Comprehensive Grammar of the English Language*. London: Longman.

Rabiner, Lawrence, and Biing-Hwang Juang. 1993. *Fundamentals of Speech Recognition*. Englewood Cliffs, NJ: PTR Prentice-Hall.

Rabiner, Lawrence R. 1989. A tutorial on hidden markov models and selected applications in speech recognition. *Proceedings of IEEE* 77:257–286. Reprinted in (Waibel and Lee 1990), pp. 267–296.

Ramsey, Fred L., and Daniel W. Schafer. 1997. *The statistical sleuth: a course in methods of data analysis*. Belmont, CA: Duxbury Press.

Ramshaw, Lance A., and Mitchell P. Marcus. 1994. Exploring the statistical derivation of transformational rule sequences for part-of-speech tagging. In

The Balancing Act. Proceedings of the Workshop, pp. 86–95, Morristown NJ. Association of Computational Linguistics.

Rasmussen, Edie. 1992. Clustering algorithms. In William B. Frakes and Ricardo Baeza-Yates (eds.), *Information Retrieval*, pp. 419–442. Englewood Cliffs, NJ: Prentice Hall.

Ratnaparkhi, Adwait. 1996. A maximum entropy model for part-of-speech tagging. In *EMNLP 1*, pp. 133–142.

Ratnaparkhi, Adwait. 1997a. A linear observed time statistical parser based on maximum entropy models. In *EMNLP 2*, pp. 1–10.

Ratnaparkhi, Adwait. 1997b. A simple introduction to maximum entropy models for natural language processing. Technical Report IRCS Report 97–08, Institute for Research in Cognitive Science, Philadelphia, PA.

Ratnaparkhi, Adwait. 1998. Unsupervised statistical models for prepositional phrase attachment. In *ACL 36/COLING 17*, pp. 1079–1085.

Ratnaparkhi, Adwait, Jeff Reynar, and Salim Roukos. 1994. A maximum entropy model for prepositional phrase attachment. In *Proceedings of the ARPA Workshop on Human Language Technology*, pp. 250–255, Plainsboro, NJ.

Read, Timothy R. C., and Noel A. C. Cressie. 1988. *Goodness-of-fit statistics for discrete multivariate data*. New York: Springer Verlag.

Resnik, Philip. 1992. Probabilistic tree-adjoining grammar as a framework for statistical natural language processing. In *COLING 14*, pp. 418–425.

Resnik, Philip. 1996. Selectional constraints: an information-theoretic model and its computational realization. *Cognition* 61:127–159.

Resnik, Philip, and Marti Hearst. 1993. Structural ambiguity and conceptual relations. In *WVLC 1*, pp. 58–64.

Resnik, Philip, and David Yarowsky. 1998. A perspective on word sense disambiguation methods and their evaluation. In *Proceedings of the SIGLEX workshop Tagging Text with Lexical Semantics*, pp. 79–86, Washington, DC.

Resnik, Philip Stuart. 1993. *Selection and Information: A Class-Based Approach to Lexical Relationships*. PhD thesis, University of Pennsylvania.

Reynar, Jeffrey C., and Adwait Ratnaparkhi. 1997. A maximum entropy approach to identifying sentence boundaries. In *ANLP 5*, pp. 16–19.

Riley, Michael D. 1989. Some applications of tree-based modeling to speech and language indexing. In *Proceedings of the DARPA Speech and Natural Language Workshop*, pp. 339–352. Morgan Kaufmann.

Riloff, Ellen, and Jessica Shepherd. 1997. A corpus-based approach for building semantic lexicons. In *EMNLP 2*, pp. 117–124.

Ristad, Eric Sven. 1995. A natural law of succession. Technical Report CS-TR-495-95, Princeton University.

Ristad, Eric Sven. 1996. Maximum entropy modeling toolkit. Manuscript, Princeton University.

Ristad, Eric Sven, and Robert G. Thomas. 1997. Hierarchical non-emitting Markov models. In *ACL 35/EACL 8*, pp. 381–385.

Roark, Brian, and Eugene Charniak. 1998. Noun-phrase co-occurrence statistics for semi-automatic semantic lexicon construction. In *ACL 36/COLING 17*, pp. 1110–1116.

Robertson, S. E., and K. Sparck Jones. 1976. Relevance weighting of search terms. *Journal of the American Society for Information Science* 27:129–146.

Rocchio, J. J. 1971. Relevance feedback in information retrieval. In Gerard Salton (ed.), *The Smart Retrieval System – Experiments in Automatic Document Processing*, pp. 313–323. Englewood Cliffs, NJ: Prentice-Hall.

Roche, Emmanuel, and Yves Schabes. 1995. Deterministic part-of-speech tagging with finite-state transducers. *Computational Linguistics* 21:227–253.

Roche, Emmanuel, and Yves Schabes. 1997. *Finite-State Language Processing*. Boston, MA: MIT Press.

Roget, P. M. 1946. *Roget's International Thesaurus*. New York: Thomas Y. Crowell.

Rosenblatt, Frank (ed.). 1962. *Principles of neurodynamics; perceptrons and the theory of brain mechanisms*. Washington, DC: Spartan Books.

Rosenfeld, Ronald. 1994. *Adaptive Statistical Language Modeling: A Maximum Entropy Approach*. PhD thesis, CMU. Technical report CMU-CS-94-138.

Rosenfeld, Roni. 1996. A maximum entropy approach to adaptive statistical language modelling. *Computer Speech and Language* 10:187–228.

Rosenfeld, Ronald, and Xuedong Huang. 1992. Improvements in stochastic language modeling. In *Proceedings of the DARPA Speech and Natural Language Workshop*, pp. 107–111. Morgan Kaufmann.

Rosenkrantz, Stanley J., and Philip M. Lewis, II. 1970. Deterministic left corner parser. In *IEEE Conference Record of the 11th Annual Syposium on Switching and Automata*, pp. 139–152.

Ross, Ian C., and John W. Tukey. 1975. Introduction to these volumes. In John Wilder Tukey (ed.), *Index to Statistics and Probability*, pp. iv–x. Los Altos, CA: R & D Press.

Roth, Dan. 1998. Learning to resolve natural language ambiguities: A unified approach. In *Proceedings of the Fiftenth National Conference on Artificial Intelligence*, Menlo Park CA. AAAI Press.

Rumelhart, D. E., and J. L. McClelland. 1986. On learning the past tenses of English verbs. In James L. McClelland, David E. Rumelhart, and the PDP Research Group (eds.), *Parallel Distributed Processing. Explorations in the Microstructure of Cognition. Volume 2: Psychological and Biological Models*, pp. 216–271. Cambridge, MA: The MIT Press.

Rumelhart, David E., James L. McClelland, and the PDP research group (eds.). 1986. *Parallel Distributed Processing. Explorations in the Microstructure of Cognition. Volume 1: Foundations*. Cambridge, MA: The MIT Press.

Rumelhart, David E., and David Zipser. 1985. Feature discovery by competitive learning. *Cognitive Science* 9:75–112.

Russell, Stuart J., and Peter Norvig. 1995. *Artificial Intelligence: A Modern Approach*. Englewood Cliffs, NJ: Prentice Hall.

Sakakibara, Y., M. Brown, R. Hughey, I. S. Mian, K. Sjölander, R. C. Underwood, and D. Haussler. 1994. Stochastic context-free grammars for tRNA modeling. *Nucleic Acids Research* 22:5112–5120.

Salton, Gerard. 1971a. Experiments in automatic thesaurus construction for information retrieval. In *Proceedings IFIP Congress*, pp. 43–49.

Salton, Gerard (ed.). 1971b. *The Smart Retrieval System – Experiments in Automatic Document Processing*. Englewood Cliffs, NJ: Prentice-Hall.

Salton, Gerard. 1989. *Automatic Text Processing: The Transformation, Analysis, and Retrieval of Information by Computer.* Reading, MA: Addison Wesley.

Salton, G., J. Allan, C. Buckley, and A. Singhal. 1994. Automatic analysis, theme generation and summarization of machine-readable texts. *Science* 264:1421–1426.

Salton, Gerard, and James Allen. 1993. Selective text utilization and text traversal. In *Proceedings of ACM Hypertext 93*, New York. Association for Computing Machinery.

Salton, Gerard, and Chris Buckley. 1991. Global text matching for information retrieval. *Science* 253:1012–1015.

Salton, Gerard, Edward A. Fox, and Harry Wu. 1983. Extended boolean information retrieval. *Communications of the ACM* 26:1022–1036.

Salton, Gerard, and Michael J. McGill. 1983. *Introduction to modern information retrieval.* New York: McGraw-Hill.

Salton, Gerard, and R. W. Thorpe. 1962. An approach to the segmentation problem in speech analysis and language translation. In *Proceedings of the 1961 International Conference on Machine Translation of Languages and Applied Language Analysis*, volume 2, pp. 703–724, London. Her Majesty's Stationery Office.

Sampson, Geoffrey. 1989. How fully does a machine-usable dictionary cover English text? *Literary and Linguistic Computing* 4:29–35.

Sampson, Geoffrey. 1995. *English for the Computer.* New York: Oxford University Press.

Sampson, Geoffrey. 1997. *Educating Eve.* London: Cassell.

Samuel, Ken, Sandra Carberry, and K. Vijay-Shanker. 1998. Dialogue act tagging with transformation-based learning. In *ACL 36/COLING 17*, pp. 1150–1156.

Samuelsson, Christer. 1993. Morphological tagging based entirely on bayesian inference. In *9th Nordic Conference on Computational Linguistics*, Stockholm University, Stockholm, Sweden.

Samuelsson, Christer. 1996. Handling sparse data by successive abstraction. In *COLING 16*, pp. 895–900.

Samuelsson, Christer, and Atro Voutilainen. 1997. Comparing a linguistic and a stochastic tagger. In *ACL 35/EACL 8*, pp. 246–253.

Sanderson, Mark, and C. J. van Rijsbergen. 1998. The impact on retrieval effectiveness of the skewed frequency distribution of a word's senses. *ACM Transactions on Information Systems.* To appear.

Sankoff, D. 1971. Branching processes with terminal types: applications to context-free grammars. *Journal of Applied Probability* 8:233–240.

Santorini, Beatrice. 1990. Part-of-speech tagging guidelines for the Penn treebank project. 3rd Revision, 2nd printing, Feb. 1995. University of Pennsylvania.

Sapir, Edward. 1921. *Language: an introduction to the study of speech.* New York: Harcourt Brace.

Sato, Satoshi. 1992. CTM: An example-based translation aid system. In *COLING 14*, pp. 1259–1263.

Saund, Eric. 1994. Unsupervised learning of mixtures of multiple causes in binary data. In J. Cowan, G. Tesauro, and J. Alspector (eds.), *Advances in*

Neural Information Processing Systems 6. San Mateo, CA: Morgan Kaufmann Publishers.

Schabes, Yves. 1992. Stochastic lexicalized tree-adjoining grammars. In *COLING 14*, pp. 426–432.

Schabes, Yves, Anne Abeillé, and Aravind Joshi. 1988. Parsing strategies with lexicalized grammars: Tree adjoining grammars. In *COLING 12*, pp. 578–583.

Schabes, Yves, Michal Roth, and Randy Osborne. 1993. Parsing the Wall Street Journal with the Inside-Outside algorithm. In *EACL 6*, pp. 341–347.

Schapire, Robert E., Yoram Singer, and Amit Singhal. 1998. Boosting and Rocchio applied to text filtering. In *SIGIR '98*, pp. 215–223.

Schmid, Helmut. 1994. Probabilistic part-of-speech tagging using decision trees. In *International Conference on New Methods in Language Processing*, pp. 44–49, Manchester, England.

Schütze, Carson T. 1996. *The empirical base of linguistics: grammaticality judgments and linguistic methodology*. Chicago, IL: University of Chicago Press.

Schütze, Hinrich. 1992a. Context space. In Robert Goldman, Peter Norvig, Eugene Charniak, and Bill Gale (eds.), *Working Notes of the AAAI Fall Symposium on Probabilistic Approaches to Natural Language*, pp. 113–120, Menlo Park, CA. AAAI Press.

Schütze, Hinrich. 1992b. Dimensions of meaning. In *Proceedings of Supercomputing '92*, pp. 787–796, Los Alamitos, CA. IEEE Computer Society Press.

Schütze, Hinrich. 1993. Part-of-speech induction from scratch. In *ACL 31*, pp. 251–258.

Schütze, Hinrich. 1995. Distributional part-of-speech tagging. In *EACL 7*, pp. 141–148.

Schütze, Hinrich. 1997. *Ambiguity Resolution in Language Learning*. Stanford, CA: CSLI Publications.

Schütze, Hinrich. 1998. Automatic word sense discrimination. *Computational Linguistics* 24:97–124.

Schütze, Hinrich, David A. Hull, and Jan O. Pedersen. 1995. A comparison of classifiers and document representations for the routing problem. In *SIGIR '95*, pp. 229–237.

Schütze, Hinrich, and Jan O. Pedersen. 1995. Information retrieval based on word senses. In *Fourth Annual Symposium on Document Analysis and Information Retrieval*, pp. 161–175, Las Vegas, NV.

Schütze, Hinrich, and Jan O. Pedersen. 1997. A cooccurrence-based thesaurus and two applications to information retrieval. *Information Processing & Management* 33:307–318.

Schütze, Hinrich, and Yoram Singer. 1994. Part-of-speech tagging using a variable memory Markov model. In *ACL 32*, pp. 181–187.

Shannon, Claude E. 1948. A mathematical theory of communication. *Bell System Technical Journal* 27:379–423, 623–656.

Shannon, Claude E. 1951. Prediction and entropy of printed English. *Bell System Technical Journal* 30:50–64.

Shavlik, Jude W., and Thomas G. Dietterich (eds.). 1990. *Readings in Machine Learning*. San Mateo, CA: Morgan Kaufmann.

Shemtov, Hadar. 1993. Text alignment in a tool for translating revised documents. In *EACL 6*, pp. 449–453.

Sheridan, Paraic, and Alan F. Smeaton. 1992. The application of morphosyntactic language processing to effective phrase matching. *Information Processing & Management* 28:349–370.

Sheridan, Paraic, Martin Wechsler, and Peter Schäuble. 1997. Cross language speech retrieval: Establishing a baseline performance. In *SIGIR '97*, pp. 99–108.

Shimohata, Sayori, Toshiyuko Sugio, and Junji Nagata. 1997. Retrieving collocations by co-occurrences and word order constraints. In *ACL 35/EACL 8*, pp. 476–481.

Siegel, Sidney, and N. John Castellan, Jr. 1988. *Nonparametric Statistics for the Behavioral Sciences*, 2nd edition. New York: McGraw Hill.

Silverstein, Craig, and Jan O. Pedersen. 1997. Almost-constant-time clustering of arbitrary corpus subsets. In *SIGIR '97*, pp. 60–66.

Sima'an, Khalil. 1996. Computational complexity of probabilistic disambiguation by means of tree-grammars. In *COLING 16*, pp. 1175–1180.

Sima'an, Khalil, Rens Bod, S. Krauwer, and Remko Scha. 1994. Efficient disambiguation by means of stochastic tree substitution grammars. In *Proceedings International Conference on New Methods in Language Processing*.

Simard, Michel, G. F. Foster, and P. Isabelle. 1992. Using cognates to align sentences in bilingual corpora. In *Proceedings of the Fourth International Conference on Theoretical and Methodological Issues in Machine Translation (TMI-92)*, pp. 67–81.

Simard, Michel, and Pierre Plamondon. 1996. Bilingual sentence alignment: Balancing robustness and accuracy. In *Proceedings of the First Conference of the Association for Machine Translation in the Americas (AMTA-96)*, pp. 135–144.

Sinclair, John (ed.). 1995. *Collins COBUILD English dictionary*. London: Harper Collins. New edition, completely revised.

Singhal, Amit, Gerard Salton, and Chris Buckley. 1996. Length normalization in degraded text collections. In *Fifth Annual Symposium on Document Analysis and Information Retrieval*, pp. 149–162, Las Vegas, NV.

Sipser, Michael. 1996. *Introduction to the theory of computation*. Boston, MA: PWS Publishing Company.

Siskind, Jeffrey Mark. 1996. A computational study of cross-situational techniques for learning word-to-meaning mappings. *Cognition* 61:39–91.

Skut, Wojciech, and Thorsten Brants. 1998. A maximum-entropy partial parser for unrestricted text. In *WVLC 6*, pp. 143–151.

Smadja, Frank. 1993. Retrieving collocations from text: Xtract. *Computational Linguistics* 19:143–177.

Smadja, Frank, Kathleen R. McKeown, and Vasileios Hatzivassiloglou. 1996. Translating collocations for bilingual lexicons: A statistical approach. *Computational Linguistics* 22:1–38.

Smadja, Frank A., and Kathleen R. McKeown. 1990. Automatically extracting and representing collocations for language generation. In *ACL 28*, pp. 252–259.

Smeaton, Alan F. 1992. Progress in the application of natural language processing to information retrieval tasks. *The Computer Journal* 35:268–278.

Smith, Tony C., and John G. Cleary. 1997. Probabilistic unification grammars. In *1997 Australasian Natural Language Processing Summer Workshop*, pp. 25–32, Macquarie University.

Snedecor, George Waddel, and William G. Cochran. 1989. *Statistical methods.* Ames: Iowa State University Press. 8th edition.

Sparck Jones, Karen. 1972. A statistical interpretation of term specificity and its application in retrieval. *Journal of Documentation* 28:11–21.

Sparck Jones, Karen, and Peter Willett (eds.). 1998. *Readings in Information Retrieval.* San Francisco: Morgan Kaufmann.

Sproat, Richard William. 1992. *Morphology and computation.* Cambridge, MA: MIT Press.

Sproat, Richard W., Chilin Shih, William Gale, and Nancy Chang. 1996. A stochastic finite-state word-segmentation algorithm for Chinese. *Computational Linguistics* 22:377–404.

St. Laurent, Simon. 1998. *XML: A Primer.* Foster City, CA: MIS Press/IDG Books.

Stanfill, Craig, and David Waltz. 1986. Toward memory-based reasoning. *Communications of the ACM* 29:1213–1228.

Steier, Amy M., and Richard K. Belew. 1993. Exporting phrases: A statistical analysis of topical language. In R. Casey and B. Croft (eds.), *Second Annual Symposium on Document Analysis and Information Retrieval*, pp. 179–190, Las Vegas, NV.

Stolcke, Andreas. 1995. An efficient probabilistic context-free parsing algorithm that computes prefix probabilities. *Computational Linguistics* 21: 165–202.

Stolcke, Andreas, and Stephen M. Omohundro. 1993. Hidden Markov model induction by Bayesian model merging. In S. J. Hanson, J. D. Cowan, and C. Lee Giles (eds.), *Advances in Neural Information Processing Systems 5*, pp. 11–18, San Mateo, CA. Morgan Kaufmann.

Stolcke, Andreas, and Stephen M. Omohundro. 1994a. Best-first model merging for hidden Markov model induction. Technical Report TR-94-003, International Computer Science Institute, University of California at Berkeley.

Stolcke, Andreas, and Stephen M. Omohundro. 1994b. Inducing probabilistic grammars by Bayesian model merging. In *Grammatical Inference and Applications: Proceedings of the Second International Colloquium on Grammatical Inference.* Springer Verlag.

Stolcke, A., E. Shriberg, R. Bates, N. Coccaro, D. Jurafsky, R. Martin, M. Meteer, K. Ries, P. Taylor, and C. Van Ess-Dykema. 1998. Dialog act modeling for conversational speech. In *Applying Machine Learning to Discourse Processing*, pp. 98–105, Menlo Park, CA. AAAI Press.

Stolz, Walter S., Percy H. Tannenbaum, and Frederick V. Carstensen. 1965. A stochastic approach to the grammatical coding of English. *Communications of the ACM* 8:399–405.

Strang, Gilbert. 1988. *Linear algebra and its applications*, 3rd edition. San Diego: Harcourt, Brace, Jovanovich.

Strzalkowski, Tomek. 1995. Natural language information retrieval. *Information Processing & Management* 31:397–417.

Stubbs, Michael. 1996. *Text and corpus analysis: computer-assisted studies of language and culture.* Oxford: Blackwell.

Suppes, Patrick. 1970. Probabilistic grammars for natural languages. *Synthese* 22:95–116.

Suppes, Patrick. 1984. *Probabilistic Metaphysics*. Oxford: Blackwell.

Suppes, Patrick, Michael Böttner, and Lin Liang. 1996. Machine learning comprehension grammars for ten languages. *Computational Linguistics* 22: 329–350.

Tabor, Whitney. 1994. *Syntactic Innovation: A Connectionist Model*. PhD thesis, Stanford.

Tague-Sutcliffe, Jean. 1992. The pragmatics of information retrieval experimentation, revisited. *Information Processing & Management* 28:467–490. Reprinted in (Sparck Jones and Willett 1998).

Talmy, Leonard. 1985. Lexicalization patterns: Semantic structure in lexical form. In Timothy Shopen (ed.), *Language Typology and Syntactic Description III: Grammatical Categories and the Lexicon*, pp. 57–149. Cambridge, MA: Cambridge University Press.

Tanenhaus, M. K., and J. C. Trueswell. 1995. Sentence comprehension. In J. Miller and P. Eimas (eds.), *Handbook of Perception and Cognition*, volume 11, pp. 217–262. San Diego: Academic Press.

Tesnière, Lucien. 1959. *Éléments de Syntaxe Structurale*. Paris: Librairie C. Klincksieck.

Tomita, Masaru (ed.). 1991. *Generalized LR parsing*. Boston: Kluwer Academic.

Towell, Geoffrey, and Ellen M. Voorhees. 1998. Disambiguating highly ambiguous words. *Computational Linguistics* 24:125–146.

Trask, Robert Lawrence. 1993. *A dictionary of grammatical terms in linguistics*. London: Routledge.

Trefethen, Lloyd N., and David Bau, III. 1997. *Numerical Linear Algebra*. Philadelphia, PA: SIAM.

van Halteren, Hans, Jakub Zavrel, and Walter Daelemans. 1998. Improving data driven wordclass tagging by system combination. In *ACL 36/COLING 17*, pp. 491–497.

van Riemsdijk, Henk, and Edwin Williams. 1986. *Introduction to the Theory of Grammar*. Cambridge, MA: MIT Press.

van Rijsbergen, C. J. 1979. *Information Retrieval*. London: Butterworths. Second Edition.

Velardi, Paola, and Maria Teresa Pazienza. 1989. Computer aided interpretation of lexical cooccurrences. In *ACL 27*, pp. 185–192.

Viegas, Evelyne, Boyan Onyshkevych, Victor Raskin, and Sergei Nirenburg. 1996. From submit to submitted via submission: On lexical rules in large-scale lexicon acquisition. In *ACL 34*, pp. 32–39.

Viterbi, A. J. 1967. Error bounds for convolutional codes and an asymptotically optimum decoding algorithm. *IEEE Transactions on Information Theory* IT-13:260–269.

Vogel, Stephan, Hermann Ney, and Christoph Tillmann. 1996. HMM-based word alignment in statistical translation. In *COLING 16*, pp. 836–841.

Voutilainen, A. 1995. A syntax-based part of speech analyser. In *EACL 7*, pp. 157–164.

Waibel, Alex, and Kai-Fu Lee (eds.). 1990. *Readings in Speech Recognition.* San mateo, CA: Morgan Kaufmann.

Walker, Donald E. 1987. Knowledge resource tools for accessing large text files. In Sergei Nirenburg (ed.), *Machine Translation: Theoretical and methodological issues*, pp. 247–261. Cambridge: Cambridge University Press.

Walker, Donald E., and Robert A. Amsler. 1986. The use of machine-readable dictionaries in sublanguage analysis. In Ralph Grishman and Richard Kittredge (eds.), *Analyzing language in restricted domains: sublanguage description and processing*, pp. 69–84. Hillsdale, NJ: Lawrence Erlbaum.

Walker, Marilyn A., Jeanne C. Fromer, and Shrikanth Narayanan. 1998. Learning optimal dialogue strategies: A case study of a spoken dialogue agent for email. In *ACL 36/COLING 17*, pp. 1345–1351.

Walker, Marilyn A., and Johanna D. Moore. 1997. Empirical studies in discourse. *Computational Linguistics* 23:1–12.

Wang, Ye-Yi, and Alex Waibel. 1997. Decoding algorithm in statistical machine translation. In *ACL 35/EACL 8*, pp. 366–372.

Wang, Ye-Yi, and Alex Waibel. 1998. Modeling with structures in statistical machine translation. In *ACL 36/COLING 17*, pp. 1357–1363.

Waterman, Scott A. 1995. Distinguished usage. In Branimir Boguraev and James Pustejovsky (eds.), *Corpus Processing for Lexical Acquisition*, pp. 143–172. Cambridge, MA: MIT Press.

Weaver, Warren. 1955. Translation. In William N. Locke and A. Donald Booth (eds.), *Machine Translation of Languages: Fourteen Essays*, pp. 15–23. New York: John Wiley & Sons.

Webster, Mort, and Mitch Marcus. 1989. Automatic acquisition of the lexical semantics of verbs from sentence frames. In *ACL 27*, pp. 177–184.

Weinberg, Sharon L., and Kenneth P. Goldberg. 1990. *Statistics for the behavioral sciences.* Cambridge: Cambridge University Press.

Weischedel, Ralph, Marie Meteer, Richard Schwartz, Lance Ramshaw, and Jeff Palmucci. 1993. Coping with ambiguity and unknown words through probabilistic models. *Computational Linguistics* 19:359–382.

Wiener, Erich, Jan Pedersen, and Andreas Weigend. 1995. A neural network approach to topic spotting. In *Proc. SDAIR 95*, pp. 317–332, Las Vegas, NV.

Wilks, Yorick, and Mark Stevenson. 1998. Word sense disambiguation using optimized combination of knowledge sources. In *ACL 36/COLING 17*, pp. 1398–1402.

Willett, Peter. 1988. Recent trends in hierarchic document clustering: A critical review. *Information Processing & Management* 24:577–597.

Willett, P., and V. Winterman. 1986. A comparison of some measures for the determination of inter-molecular structural similarity. *Quantitative Structure-Activity Relationships* 5:18–25.

Witten, Ian H., and Timothy C. Bell. 1991. The zero-frequency problem: Estimating the probabilities of novel events in adaptive text compression. *IEEE Transactions on Information Theory* 37:1085–1094.

Wittgenstein, Ludwig. 1968. *Philosophical Investigations [Philosophische Untersuchungen]*, 3rd edition. Oxford: Basil Blackwell. Translated by G. E. M. Anscombe.

Wong, S. K. M., and Y. Y. Yao. 1992. An information-theoretic measure of term specificity. *Journal of the American Society for Information Science* 43:54–61.

Wood, Mary McGee. 1993. *Categorial Grammars.* London: Routledge.

Woolf, Henry Bosley (ed.). 1973. *Webster's new collegiate dictionary.* Springfield, MA: G. & C. Merriam Co.

Wu, Dekai. 1994. Aligning a parallel English-Chinese corpus statistically with lexical criteria. In *ACL 32*, pp. 80–87.

Wu, Dekai. 1995. Grammarless extraction of phrasal examples from parallel texts. In *Sixth International Conference on Theoretical and Methodological Issues in Machine Translation.*

Wu, Dekai. 1996. A polynomial-time algorithm for statistical machine translation. In *ACL 34*, pp. 152–158.

Wu, Dekai, and Hongsing Wong. 1998. Machine translation with a stochastic grammatical channel. In *ACL 36/COLING 17*, pp. 1408–1415.

Yamamoto, Mikio, and Kenneth W. Church. 1998. Using suffix arrays to compute term frequency and document frequency for all substrings in a corpus. In *WVLC 6*, pp. 28–37.

Yang, Yiming. 1994. Expert network: Effective and efficient learning from human decisions in text categorization and retrieval. In *SIGIR '94*, pp. 13–22.

Yang, Yiming. 1995. Noise reduction in a statistical approach to text categorization. In *SIGIR '95*, pp. 256–263.

Yang, Yiming. 1999. An evaluation of statistical approaches to text categorization. *Information Retrieval* 1:69–90.

Yarowsky, David. 1992. Word-sense disambiguation using statistical models of Roget's categories trained on large corpora. In *COLING 14*, pp. 454–460.

Yarowsky, David. 1994. Decision lists for lexical ambiguity resolution: Application to accent restoration in Spanish and French. In *ACL 32*, pp. 88–95.

Yarowsky, David. 1995. Unsupervised word sense disambiguation rivaling supervised methods. In *ACL 33*, pp. 189–196.

Youmans, Gilbert. 1991. A new tool for discourse analysis: The vocabulary-management profile. *Language* 67:763–789.

Younger, Daniel H. 1967. Recognition and parsing of context free languages in time n^3. *Information and Control* 10:189–208.

Zavrel, Jakub, and Walter Daelemans. 1997. Memory-based learning: Using similarity for smoothing. In *ACL 35/EACL 8*, pp. 436–443.

Zavrel, Jakub, Walter Daelemans, and Jorn Veenstra. 1997. Resolving PP attachment ambiguities with memory-based learning. In *Proceedings of the Workshop on Computational Natural Language Learning*, pp. 136–144, Somerset, NJ. Association for Computational Linguistics.

Zernik, Uri. 1991a. Introduction. In *Lexical Acquisition: Exploiting On-Line Resources to Build a Lexicon*, pp. 1–26. Hillsdale, NJ: Lawrence Erlbaum.

Zernik, Uri. 1991b. Train1 vs. train2: Tagging word sense in corpus. In Uri Zernik (ed.), *Lexical Acquisition: Exploiting On-Line Resources to Build a Lexicon*, pp. 91–112. Hillsdale, NJ: Lawrence Erlbaum.

Zipf, George Kingsley. 1929. Relative frequency as a determinant of phonetic change. *Harvard Studies in Classical Philology* 40:1–95.

Zipf, George Kingsley. 1935. *The Psycho-Biology of Language.* Boston, MA: Houghton Mifflin.

Zipf, George Kingsley. 1949. *Human Behavior and the Principle of Least Effort.* Cambridge, MA: Addison-Wesley.

訳者あとがき

　本書は，1999 年に The MIT Press より出版された，Christopher D. Manning と Hinrich Schütze との共著による *Foundations of Statistical Natural Language Processing* の全訳である．原著は「統計的自然言語処理を徹底的に論じた教科書」として意図され，その基礎となる，確率論，統計学，情報理論，言語学の主要な概念から説き起こされ，n–グラムモデル，語義曖昧性解消，タグ付け，確率的構文解析など統計的自然言語処理が取り組んでいる中心的な問題を記述し，さらに情報検索や分類などの応用技術までが扱われている．

　前世紀 80 年代末から 90 年代にかけて，自然言語処理の枠組みを揺るがす変化として，統計的手法が提案された．自然言語処理と関連の深い情報検索や分類技術においては，統計的手法はそれ以前から当然のものであったが，そもそもその時代まではそれらと自然言語処理とは枠組みが異なるのだという雰囲気も強く（15 章冒頭を参照のこと），自然言語処理は記号処理であるとされ統計的手法はほとんど無視されていた．品詞タグ付けや構文解析など，選好の扱いと捉えうるものを越えて，機械翻訳への統計的なアプローチが提案されるに至り，あまり前向きでなかった私もさすがにもの凄いことが起きようとしていると実感したのを記憶している．そんな私の驚きと来るべきものへの不安の中で出版された原著は，その厚さとも相俟って（紙質の違いであろうか，当時のものは現在入手できるものの 1.5 倍ほどの厚みがあった），これを通読すれば新しい時代に立ち向かえるという想いを起こさせ，早速，輪読を始めたものである．当時，同じような想いをされた研究者もおられると思う．原著の輪読会を催した企業や大学の研究室は少なくなかったと推察する．もちろん，統計的手法がその後の自然言語処理の主流となったことと合わせて，本書の利用もその時代の一過性のブームというわけではなく，最近でも，この本を大学院レベルの講義の教科書や参考書として利用しているという話を耳にする．

　ほぼ同時期の 1997 年に出版された Emmanuel Roche と Yves Schabes 編の *Finite-State Language Processing* に代表される有限状態機械に基づく自

然言語処理もその時代を特徴付けるものであったが，そのいずれに対しても，当時の私は，ある種の「掟破り」もしくは「工学的方便」と捉えていたように思う．もちろん，「自然言語処理は工学なのであるから，『工学的方便』ではなく『工学的正論』である」というのが正論でもある．今回の翻訳を通じて，著者らが，「もし統計的な手法が単なる実用的工学的方法論であり，科学が未だ明らかにすることができない言語の困難な問題への近似的解法に過ぎないのであるとしたら，その重要性は比較的限られたものとなるだろう」（1.2節冒頭）と，そうでないことを強調していることに改めて気づかされた．フレーゲの意味に対するファースの意味，チョムスキーを中心とする生成言語学に対する認知言語学という対立に並行するものとして，まさに新しい枠組みとして統計的自然言語処理があることから説き起こす本書は，その黎明期の息吹を生き生きと伝えている．余談であるが，対する有限状態機械に基づく自然言語処理は，やはり工学的正論であったように思うが，その工学的正論を正論として提出したところに自然言語処理を変革する力があった．その流れは，昨今のニューラルネットワーク技術にも繋がっていると考えている．

　原著の執筆はすでに20年ほど以前になるので，本書の内容の一部は歴史的な記録となっており，現在の状況に照らして異なる含意を読み取るべき言及もある．4.1節において，コーパス処理を始めるためのハードウェアとソフトウェアに触れている．「世の中は急速に変化しているので」としてハードウェアに対する要求条件を具体的に述べていないのは適切な判断であった．「ある程度のパーソナルコンピュータに安価に行える程のRAMの拡張を施した程度のもの」はそのとおりであるが，その内実は当時から大きく変化している．ソフトウェアについては，原著出版当時の状況であることは間違いない．それでも当時はまだメジャーではなかったと記憶しているPythonへの言及は筆者らの慧眼であろうか．6.2.1節にある「実際，4–グラムモデルは数千万単語のデータで学習できない限り使えない」もそのとおりであるが，数千万単語のデータがむしろ小規模なものである現在では「数千万単語程度のデータがあれば，4–グラムモデルを学習できる」と読まれるべきで，5–グラムモデルでさえ，日常的に利用されている．13章の機械翻訳については，単語に基づく翻訳モデルだけが議論されており，「雑音のある通信路モデルに関する主たる問題は，自然言語についての領域知識をほんの少ししか取り入れていないこと」であるとして，「本節で議論した研究成果によれば，それ［非言語的モデル］は機械翻訳に対しては上手くいかないということが示唆されている」（13.3節）と結論付けられている．これについても，その後の統計的機械翻訳研究の興隆において，句に基づく翻訳モデルや木に基づく翻訳モデルなどによって行われた自然言語の領域知識の導入の必要性を正しく指摘していたと理解すべきで，統計的機械翻訳そのものに否定的な見方をしていると読むべきではない．

　そのような若干の注意書きを要するとはいえ，本書の重要性，今日性は高い．

1章に含まれているいわゆる学問的基礎の記述の豊かさに加えて，マルコフモデルや確率文脈自由文法など，統計的自然言語処理の基盤となる概念について，丁寧な式の導出を含めたわかりやすい説明がなされている．そのような理論的基盤と合わせて，n–グラムモデルにおけるスムージングや分類学習における過学習など，実際に研究を進める上では重要でありながら，えてして短めの注意書きになりがちな部分についても，十分な量が割かれている．これを通読すれば，「新しい」時代に立ち向かえるという想いは，決して的をはずしたものではなかった．現在となっては，「今」の自然言語処理研究をその基礎から正しく理解し，その上に新たな積み上げを行うための基盤を提供してくれる良書となっている．

翻訳は，加藤恒昭（I編），菊井玄一郎（II編），林良彦（III編），森辰則（IV編）の分担で行った．各人で担当部分を翻訳した後，お互いに読み合わせを行っている．索引に掲載されている項目を含めて，いわゆる専門用語については，訳者の間で揺れがないように統一を図っている．基本的な正書法も統一したつもりである．一方で，多少の専門性があるものを含めて一般的日常的な語の選択や言い回し，文体については，訳者個々人の趣味と嗜好にまかせている．幸いにして，各人の担当部分が比較的長く，連続しているので，大きな違和感はないであろうことを期待している．原著は何回か版を重ねているとはいえ，ところどころに誤りが残っていたが，それらはどちらかと言えば，参照する図表番号や記号の誤りなど自明なものが多かったので，訳注をつけることなく修正した．この点を含めて，翻訳内容については，訳者全員で十分に気を配り注意したつもりであるが，それでも幾ばくかの誤解や誤りがあるかもしれないことを恐れている．読者の皆様の忌憚のないご指摘とご意見をお待ちしている．

最後に，訳書出版の時期について一言述べておきたい．原書出版からかなりの時間が経っており，それが翻訳に時間を要したからだと推察される方も多いと思う．特に，本文執筆者である私を個人的にご存知の方はその想いを強くされているに違いない．少なくとも本書については，それはまったくの誤解であり，共立出版社からお話しを頂いて約2年間で翻訳出版にこぎ着けている．訳者らの多忙な活動を思えばまずはお許しいただける時間ではないかと思っている．それでも最初にお約束した期日には遅れてしまっており，その間，辛抱強く見守っていただくと同時に親身にご援助いただいた担当の日比野元氏には，厚く御礼申し上げる次第である．他にも，訳者それぞれに感謝を伝えたい方々は多いと思うが，ここでは，おのおのの家族と職場の同僚にそのご理解とご支援への感謝を伝えるにとどめることとする．

訳者のひとりとして，緑が濃くなる季節にしるす

加藤 恒昭

索　引

【数字・英字】

χ^2 検定 (χ^2 test) , 152, 543

ϵ 遷移 (epsilon transition) , 285, 297

* 非文法的であることを示す記号, 9

? 文法的であるかが疑わしいことを示す記号, 9

1–加算 (add one) , 180, 200

20 の質問 (twenty questions) , 56

2–ポアソンモデル (two-Poisson Model) , 488

Abney (1991) , 332, 364, 398, 545

Abney (1996a) , 332, 545

Abney (1996b) , 31, 545

Abney (1997) , 403, 545

Ackley et al. (1985) , 355, 545

Aho et al. (1986) , 71, 546

Allen (1995) , 71, 356, 546

Alshawi and Carter (1994) , 231, 546

Alshawi et al. (1997) , 436, 546

Anderson (1983) , 32, 546

Anderson (1990) , 32, 546

Aone and McKee (1995) , 275, 546

Appelt et al. (1993) , 276, 546

Apresjan (1974) , 228, 546

Apté et al. (1994) , 517, 546

Argamon et al. (1998) , 542, 546

Atwell (1987) , 303, 402, 546

AUTOCLASS, 457

A*探索 (A* search) , 389

Baayen and Sproat (1996) , 272, 546

bag-of-words, 210

Bahl and Mercer (1976) , 335, 546

Bahl et al. (1983) , 197, 546

Baker (1975) , 299, 335, 546

Baker (1979) , 356, 546

Baldi and Brunak (1998) , 299, 546

Barnbrook (1996) , 132, 547

Basili et al. (1996) , 469, 547

Basili et al. (1997) , 274, 547

Baum et al. (1970) , 299, 547

Baum-Welch の再推定 (Baum-Welch reestimation) ,
⇒ 前向き後向きアルゴリズム (forward-backward
algorithm)

Beeferman et al. (1997) , 509, 547

Bell et al. (1990) , 198, 547

Benello et al. (1989) , 327, 541, 547

Benson et al. (1993) , 165, 547

Benson (1989) , 164, 547

Berber Sardinha (1997) , 509, 547

Berger et al. (1996) , 527, 531, 532, 541, 547

Berry and Young (1995) , 502, 547

Berry et al. (1995) , 502, 547

Berry (1992) , 509, 547

Bever (1970) , 98, 547

Biber et al. (1998) , 132, 468, 547

Biber (1993) , 132, 547

Black et al. (1991) , 403, 547

Black et al. (1993) , 395, 396, 548

Black (1988) , 216, 547

BNC, ⇒ ブリティッシュ・ナショナル・コーパス
(British National Corpus)

Bod and Kaplan (1998) , 404, 548

Bod et al. (1996) , 404, 548

Bod (1995) , 393, 395, 548

Bod (1996) , 393, 548

Bod (1998) , 393, 548

Boguraev and Briscoe (1989) , 274, 276, 548

Boguraev and Pustejovsky (1995) , 274, 548

Boguraev (1993) , 274, 548

Bonnema et al. (1997) , 385, 548

Bonnema (1996) , 385, 548

Bonzi and Liddy (1988) , 508, 548

Bookstein and Swanson (1975) , 488, 509, 548

Booth and Thomson (1973) , 356, 548

Booth (1969) , 356, 548

Borthwick et al. (1998) , 541, 548
Bourigault (1993) , 274, 548
Box and Tiao (1973) , 182, 548
Brants and Skut (1998) , 332, 549
Brants (1998) , 313, 549
Breiman et al. (1984) , 213, 519, 549
Breiman (1994) , 541, 549
Brent (1993) , 239–242, 549
Brew (1995) , 403, 549
Brill and Resnik (1994) , 251, 274, 326, 404, 549
Brill et al. (1990) , 327, 469, 549
Brill (1993a) , 404, 549
Brill (1993b) , 326, 404, 549
Brill (1993c) , 549
Brill (1995a) , 320, 323, 327, 549
Brill (1995b) , 322, 549
Briscoe and Carroll (1993) , 377, 549
Britton (1992) , 201, 549
Brown Corpus, ⇒ ブラウンコーパス (Brown corpus)
Brown et al. (1990) , 429, 432–435, 549
Brown et al. (1991a) , 212, 550
Brown et al. (1991b) , 208, 212, 213, 221, 223, 224,
    437, 550
Brown et al. (1991c) , 416, 419, 423, 427, 437, 550
Brown et al. (1992a) , 435, 549
Brown et al. (1992b) , 72, 549
Brown et al. (1992c) , 453–455, 470, 550
Brown et al. (1993) , 430–435, 550
Bruce and Wiebe (1994) , 230, 550
Bruce and Wiebe (1999) , 527, 550
Brundage et al. (1992) , 164, 550
Buckley et al. (1996) , 503, 550
Buckshot, 461
Buitelaar (1998) , 228, 550
Burgess and Lund (1997) , 266, 550
Burke et al. (1997) , 333, 550

Caraballo and Charniak (1998) , 361, 390, 550
Cardie (1997) , 131, 333, 550
Carletta (1996) , 208, 550
Carrasco and Oncina (1994) , 402, 550
Carroll and Charniak (1992) , 403, 550
Carroll (1994) , 390, 551
Chang and Chen (1997) , 437, 551
Chanod and Tapanainen (1995) , 330, 551
Charniak et al. (1993) , 303, 305, 310, 313, 329,
    335, 551
Charniak (1993) , 355, 356, 551
Charniak (1996) , 130, 383, 391, 392, 401, 551
Charniak (1997a) , 333, 401–403, 551
Charniak (1997b) , 403, 551
Cheeseman et al. (1988) , 457, 551
Chelba and Jelinek (1998) , 361, 404, 551
Chen and Chang (1998) , 230, 231, 551

Chen and Goodman (1996) , 185, 189, 194, 195,
    197, 198, 201, 551
Chen and Goodman (1998) , 188, 198–200, 551
Chen (1993) , 416, 425, 429, 551
Chen (1995) , 357, 551
Chi and Geman (1998) , 343, 551
Child Language Data Exchange System, 107
CHILDES, 107
Chitrao and Grishman (1990) , 402, 551
Chomsky (1957) , 3, 15, 334, 371, 551
Chomsky (1965) , 6, 31, 551
Chomsky (1980) , 31, 551
Chomsky (1986) , 5, 31, 552
Chomsky (1995) , 371, 552
Choueka and Lusignan (1985) , 229, 552
Choueka (1988) , 164, 552
Church and Gale (1991a) , xiv, 181, 189, 194, 200,
    552
Church and Gale (1991b) , 154, 161, 429, 552
Church and Gale (1995) , 489, 552
Church and Hanks (1989) , 150, 152, 159, 167, 552
Church and Liberman (1991) , 552
Church and Mercer (1993) , 31, 152, 274, 552
Church and Patil (1982) , 17, 253, 552
Church et al. (1991) , 152, 159, 167, 552
Church (1988) , 312, 313, 332, 335, 399, 402, 552
Church (1993) , 416, 420, 421, 552
Church (1995) , 508, 552
Clark and Clark (1979) , 335, 552
CLAWS1, 126
Cleverdon and Mills (1963) , 508, 552
CLIR, ⇒ 言語横断情報検索 (cross-language
    information retrieval)
Coates-Stephens (1993) , 168, 275, 552
Collins and Brooks (1995) , 274, 552
Collins (1996) , 367, 398–402, 552
Collins (1997) , 367, 398, 400, 401, 403, 552
Copestake and Briscoe (1995) , 228, 553
Cormen et al. (1990) , 71, 110, 288, 388, 416, 449,
    468, 553
Cottrell (1989) , 231, 553
Cover and Thomas (1991) , xiv, 60, 65, 68, 70, 72,
    163, 553
Cowart (1997) , 31, 553
Croft and Harper (1979) , 508, 553
Crowley et al. (1995) , 131, 553
Crystal (1987) , 103, 553
Cutting et al. (1991) , 297, 553
Cutting et al. (1992) , 451, 469, 553
Cutting et al. (1993) , 469, 553
c5 タグセット (c5 tag set) , 126

Daelemans and van den Bosch (1996) , 541, 553
Daelemans et al. (1996) , 327, 542, 553

索　引

Dagan and Itai (1994) , 214, 219, 553
Dagan et al. (1991) , 219, 553
Dagan et al. (1993) , 429, 553
Dagan et al. (1994) , 230, 553
Dagan et al. (1997a) , 540, 553
Dagan et al. (1997b) , 230, 267–269, 553
Damerau (1993) , 157, 553
Darroch and Ratcliff (1972) , 529, 541, 553
de Saussure (1962) , 103, 554
Deerwester et al. (1990) , 501, 502, 509, 554
DeGroot (1975) , 71, 554
Della Pietra et al. (1997) , 541, 554
Demers (1977) , 374, 405, 554
Dempster et al. (1977) , 465, 466, 554
Dermatas and Kokkinakis (1995) , 297, 328, 554
DeRose (1988) , 335, 554
Derouault and Merialdo (1986) , 335, 554
Dice 係数 (Dice coefficient) , 263
Dietterich (1998) , 187, 554
Dini et al. (1998) , 230, 326, 554
Dolan (1994) , 230, 231, 554
Dolin (1998) , 509, 554
Domingos and Pazzani (1997) , 210, 540, 554
Doran et al. (1994) , 332, 554
Dorr and Olsen (1997) , 275, 554
Dras and Johnson (1996) , 166, 554
DTD, 124
Duda and Hart (1973) , 206, 209, 465, 539, 541, 554
Dumais (1995) , 501, 554
Dunning (1993) , 155, 554
Dunning (1994) , 202, 555
Durbin et al. (1998) , 299, 555

Eeg-Olofsson (1985) , 335, 555
Egan et al. (1989) , 507, 555
Eisner (1996) , 403, 555
Ellis (1969) , 356, 555
Elman (1990) , 541, 555
ELRA, 107
Elworthy (1994) , 317, 318, 329, 555
EM アルゴリズム (EM algorithm)
　—PCFG のための (for PCFGs) , 352
　—曖昧性解消のための (for disambiguation) , 224, 467
　—構文解析における (in parsing) , 392
　—混合ガウス分布に対する (for Gaussian mixtures) 462
　—テキストアライメントのための (for text alignment) 419, 426, 432
Estoup (1916) , 23, 555
European Language Resources Association, 107
Evans and Zhai (1996) , 169, 555
Evans et al. (1991) , 168, 555
E 値 (E measure) , 237

Fagan (1987) , 333, 508, 555
Fagan (1989) , 168, 555
Fano (1961) , xiv, 159, 163, 555
Fillmore and Atkins (1994) , 227, 555
Finch and Chater (1994) , 270, 555
Finch (1993) , 469, 555
Firth (1957) , 6, 137, 555
Fisher (1922) , 201, 555
Fontenelle et al. (1994) , 163, 168, 169, 556
Ford et al. (1982) , 251, 556
Foster (1991) , 335, 556
Frakes and Baeza-Yates (1992) , 110, 450, 508, 556
Francis and Kučera (1964) , 131, 556
Francis and Kučera (1982) , 107, 131, 132, 302, 556
Franz (1995) , 331, 556
Franz (1996) , 251, 310, 541, 556
Franz (1997) , 252, 274, 310, 541, 556
Frazier (1978) , 342, 367, 556
Freedman et al. (1998) , 71, 556
Friedl (1997) , 108, 556
Friedman (1997) , 210, 556
Fu (1974) , 403, 556
Fung and Church (1994) , 422, 556
Fung and McKeown (1994) , 416, 422, 556
F 値 (F measure) , 237, 478

Günter et al. (1996) , 27, 558
Gale and Church (1990a) , 183, 556
Gale and Church (1990b) , 183, 556
Gale and Church (1991) , 417, 556
Gale and Church (1993) , 416, 417, 419, 420, 423, 425–428, 437, 557
Gale and Church (1994) , 200, 557
Gale and Sampson (1995) , 189–191, 201, 557
Gale et al. (1992a) , 207, 227, 557
Gale et al. (1992b) , 208–211, 224, 229, 557
Gale et al. (1992c) , 211, 557
Gale et al. (1992d) , 437, 557
Gale et al. (1992e) , 206, 557
Gallager (1968) , 163, 557
Garside and Leech (1987) , 402, 557
Garside et al. (1987) , 131, 132, 335, 557
Garside (1995) , 132, 557
Gaussier (1998) , 430, 557
Ge et al. (1998) , 510, 557
Ghahramani (1994) , 557
Gibson and Pearlmutter (1994) , 251, 557
GIS, ⇒ 一般化反復スケーリング法 (Generalized iterative scaling)
Gold (1967) , 342, 558
Goldszmidt and Sahami (1998) , 265, 558
Golub and van Loan (1989) , 499, 558
Good-Turing 推定法 (Good-Turing estimator) , 189
Good (1953) , 189, 190, 558

Good (1979) , 201, 558
Goodman (1996) , 403, 558
Greenbaum (1993) , 129, 558
Greene and Rubin (1971) , 303, 329, 334, 558
Grefenstette and Tapanainen (1994) , 132, 558
Grefenstette (1992a) , 266, 558
Grefenstette (1992b) , 266, 558
Grefenstette (1994) , 332, 558
Grefenstette (1996) , 262, 558
Grefenstette (1998) , 508, 558
Grenander (1967) , 356, 558
Guthrie et al. (1991) , 230, 558
Guthrie et al. (1996) , 230, 558

Halliday (1966) , 138, 559
Halliday (1994) , 31, 559
Harman (1994) , 559
Harman (1996) , 508, 559
Harnad (1987) , 32, 559
Harris (1951) , 6, 559
Harris (1963) , 356, 559
Harris (1988) , 437, 559
Harrison et al. (1991) , 403, 559
Harter (1975) , 508, 559
Haruno and Yamazaki (1996) , 416, 427, 428, 559
Hatzivassiloglou and McKeown (1993) , 469, 559
Hawthorne (1994) , 169, 559
Hearst and Plaunt (1993) , 504, 506, 559
Hearst and Schütze (1995) , 275, 559
Hearst (1991) , 231, 559
Hearst (1992) , 275, 559
Hearst (1994) , 504, 559
Hearst (1997) , 504, 507, 559
Henderson and Lane (1998) , 541, 560
Hermjakob and Mooney (1997) , 385, 404, 560
Hertz et al. (1991) , 541, 560
Herwijnen (1994) , 132, 560
Hickey (1993) , 132, 560
Hindle and Rooth (1993) , 245, 247, 250–253, 259, 560
Hindle (1990) , 159, 263, 469, 560
Hindle (1994) , 332, 560
Hirst (1987) , 231, 560
HMM, ⇒ 隠れマルコフモデル (Hidden Markov models)
Hodges et al. (1996) , 163, 560
Holmes et al. (1989) , 257, 560
Honavar and Slutzki (1998) , 402, 560
Hopcroft and Ullman (1979) , 108, 356, 372, 560
Hopper and Traugott (1993) , 32, 560
Hornby (1974) , 239, 243, 272, 560
Horning (1969) , 342, 356, 560
Huang and Fu (1971) , 356, 560
Huddleston (1984) , 335, 560

Hull and Grefenstette (1998) , 168, 508, 561
Hull and Oard (1997) , 509, 560
Hull et al. (1996) , 542, 561
Hull (1996) , 119, 508, 560
Hull (1998) , 430, 560
Hutchins (1970) , 356, 561

ICAME, 107
ICE, 129
Ide and Véronis (1998) , 230, 231, 561
Ide and Véronis (1995) , 132, 561
Ide and Walker (1992) , 273, 274, 561
idf, ⇒ 逆文書頻度 (inverse document frequency)
International Computer Archive of Modern
  English, 107
International Corpus of English, 129
Inui et al. (1997) , 377, 561
Isabelle (1987) , 410, 561

Jaccard 係数 (Jaccard coefficient), 263
Jacquemin et al. (1997) , 276, 333, 561
Jacquemin (1994) , 276, 561
Jain and Dubes (1988) , 445, 450, 468, 561
Jain et al. (1999) , 468, 561
Jeffreys-Perks の法則 (Jeffreys-Perks law) , 182
Jeffreys (1948) , 201, 561
Jelinek and Lafferty (1991) , 357, 562
Jelinek and Mercer (1985) , 183, 188, 562
Jelinek et al. (1975) , 299, 561
Jelinek et al. (1990) , 357, 562
Jelinek et al. (1992a) , 357, 562
Jelinek et al. (1992b) , 562
Jelinek et al. (1994) , 367, 397, 562
Jelinek (1969) , 388, 389, 561
Jelinek (1976) , 299, 561
Jelinek (1985) , 315, 335, 561
Jelinek (1990) , 200, 284, 561
Jelinek (1997) , 103, 200, 299, 541, 561
Jensen et al. (1993) , 276, 562
Johansson et al. (1978) , 131, 562
Johnson (1932) , 201, 562
Johnson (1998) , 386, 395, 562
Joos (1936) , 32, 562
Jorgensen (1990) , 208, 227, 562
Joshi (1993) , 234, 562
Justeson and Katz (1991) , 275, 562
Justeson and Katz (1995a) , 229, 562
Justeson and Katz (1995b) , 139, 140, 276, 562

Kahneman et al. (1982) , 227, 562
Kan et al. (1998) , 509, 563
Kaplan and Bresnan (1982) , 403, 563
Karlsson et al. (1995) , 330, 563
Karov and Edelman (1998) , 230, 563

Karttunen (1986) , 234, 563

Katz (1987) , 195, 199, 200, 563

Katz (1996) , 490, 563

Kaufman and Rousseeuw (1990) , 444, 468, 563

Kaufmann (1998) , 509, 563

Kay and Röscheisen (1993) , 131, 416, 423, 424, 427, 563

Kehler (1997) , 510, 541, 563

Kelly and Stone (1975) , 231, 563

Kempe (1997) , 326, 328, 563

Kennedy (1998) , 132, 563

Kent (1930) , 32, 563

Kilgarriff and Rose (1998) , 154, 563

Kilgarriff (1993) , 227, 228, 563

Kilgarriff (1997) , 203, 227, 563

Kirkpatrick et al. (1983) , 355, 563

Klavans and Kan (1998) , 508, 563

Klavans and Tzoukermann (1995) , 430, 563

Klein and Simmons (1963) , 334, 564

KL ダイバージェンス (KL divergence) , ⇒ カルバック・ライブラー・ダイバージェンス (Kullback-Leibler divergence)

Kneser and Ney (1995) , 199, 564

Knight and Graehl (1997) , 436, 564

Knight and Hatzivassiloglou (1995) , 436, 564

Knight et al. (1995) , 437, 564

Knight (1997) , 410, 436, 564

Knill and Young (1997) , 299, 564

KNN, ⇒ k 最近傍法 (k nearest neighbors)

Kohonen (1997) , 468, 564

Korfhage (1997) , 508, 564

Krenn and Samuelsson (1997) , 71, 564

Krovetz (1991) , 168, 564

Kruskal (1964a) , 468, 564

Kruskal (1964b) , 468, 564

Kučera and Francis (1967) , 112, 131, 564

Kupiec et al. (1995) , 140, 508, 565

Kupiec (1991) , 357, 564

Kupiec (1992a) , 357, 564

Kupiec (1992b) , 312, 315, 330, 337, 564

Kupiec (1993a) , 429, 432, 564

Kupiec (1993b) , 333, 564

KWIC, ⇒ 文脈付きキーワード (Key Word In Context) , 33

Kwok and Chan (1998) , 503, 565

K 混合分布 (K mixture) , 489

k 最近傍法 (k nearest neighbors) , 260, 538, 541
—曖昧性解消のための (for disambiguation) , 230
—タグ付けにおける (in tagging) , 327

K 平均法 (K–means) , 458, 461, 467

L_1 ノルム (L_1 norm) , 268, 459

L_p ノルム (L_p norm) , 271

Lafferty et al. (1992) , 403, 565

Lakoff (1987) , 18, 32, 228, 565

Landauer and Dumais (1997) , 509, 565

Langacker (1987) , 32, 565

Langacker (1991) , 565

Laplace (1814) , 180, 565

Laplace (1995) , 180, 565

Laplace の法則 (Laplace's law) , 180

Lari and Young (1990) , 342, 355, 356, 565

Lari and Young (1991) , 356, 565

Lau et al. (1993) , 201, 541, 565

Lau (1994) , 528, 531, 541, 565

Lauer (1995a) , 252, 253, 377, 565

Lauer (1995b) , 32, 377, 565

LDC, 107

Leacock et al. (1998) , 229, 565

Leaving-One-Out, 189

Lesk (1969) , 266, 565

Lesk (1986) , 214, 565

Levin (1993) , 240, 258, 565

Levine et al. (1992) , 276, 565

Levinson et al. (1983) , 297, 299, 566

Lewis and Ringuette (1994) , 541, 566

Lewis and Sparck Jones (1996) , 168, 508, 566

Lewis et al. (1996) , 540, 566

Lewis (1992) , 472, 566

Li and Abe (1995) , 275, 566

Li and Abe (1996) , 275, 566

Li and Abe (1998) , 469, 566

Li (1992) , 26, 566

Lidstone (1920) , 201, 566

Lidstone の法則 (Lidstone's law) , 182, 193

Light (1996) , 275, 566

Linguistic Data Consortium, 107

Littlestone (1995) , 541, 566

Littman et al. (1998a) , 509, 566

Littman et al. (1998b) , 509, 566

LOB コーパス (LOB Corpus) , ⇒ ランカスター–オスロ–ベルゲン・コーパス (Lancaster-Oslo-Bergen corpus)

Losee (1998) , 508, 566

Lovins (1968) , 475, 566

Lovins のステマー (Lovins stemmer) , 475

LSI, ⇒ 潜在意味インデキシング (Latent Semantic Indexing)

Luhn (1960) , 33, 566

Lyons (1968) , 3, 131, 566

MacDonald et al. (1994) , 99, 566

MacKay and Peto (1990) , 198, 567

Magerman and Marcus (1991) , 342, 390, 402, 567

Magerman and Weir (1992) , 342, 567

Magerman (1994) , 397, 521, 540, 567

Magerman (1995) , 367, 397, 398, 401, 402, 567

Mandelbrot (1954) , 23, 24, 32, 567

Mandelbrot (1983) , 32, 567
Mani and MacMillan (1995) , 168, 567
Manning and Carpenter (1997) , 376, 377, 567
Manning (1993) , 242, 243, 567
Marchand (1969) , 103, 567
Marcus et al. (1993) , 132, 403, 567
Marcus et al. (1994) , 403, 567
Markov (1913) , 279, 567
Marr (1982) , 409, 567
Marshall (1987) , 335, 567
Martin et al. (1987) , 17, 567
Martin (1991) , 275, 567
Masand et al. (1992) , 542, 568
Maxwell (1992) , 161, 568
MBL, ⇒ 記憶に基づく学習 (memory-based learning)
　—DOP との類似性 (similarity to DOP) , 394
McClelland et al. (1986) , 541, 568
McCullagh and Nelder (1989) , 527, 568
McDonald (1995) , 168, 568
McEnery and Wilson (1996) , 132, 568
McGrath (1997) , 132, 568
McMahon and Smith (1996) , 327, 568
McQueen and Burnard (1994) , 132, 568
McRoy (1992) , 568
MDL, ⇒ 最小記述長 (minimum description length)
MDS, ⇒ 多次元尺度構成法 (multi-dimensional
　scaling)
medoid, 459
Mel'čuk (1988) , 234, 568
Melamed (1997a) , 437, 568
Melamed (1997b) , 429, 568
Mercer (1993) , 271, 568
Merialdo (1994) , 314, 316, 568
Miclet and de la Higuera (1996) , 402, 568
Miikkulainen (1993) , 541, 568
Mikheev (1998) , 122, 541, 568
Miller and Charles (1991) , 227, 260, 568
Miller et al. (1996) , 404, 569
Minsky and Papert (1969) , 537, 569
Minsky and Papert (1988) , 541, 569
Mitchell (1980) , 31, 569
Mitchell (1997) , 72, 210, 465, 540, 569
Mitra et al. (1997) , 168, 569
Moffat and Zobel (1998) , 508, 569
Mood et al. (1974) , 156, 508, 569
Mooney (1996) , 187, 229, 569
Moore and McCabe (1989) , 71, 167, 569
Morris and Hirst (1991) , 509, 569
Mosteller and Wallace (1984) , 489, 569
MST, ⇒ 最小全域木 (minimum spanning tree)

n–グラムモデル (n–gram model) , 69, 172, 279, 337,
　435
n–ベストリスト (n–best list) , 293, 360

Nagao (1984) , 436, 569
Neff et al. (1993) , 271, 569
Nevill-Manning et al. (1997) , 168, 569
New York Times コーパス (New York Times
　Corpus) , ⇒ ニューヨークタイムズコーパス (New
　York Times Corpus)
Newmeyer (1988) , 103, 569
Ney and Essen (1993) , 192, 200, 569
Ney et al. (1994) , 192, 570
Ney et al. (1997) , 189, 201, 570
Ng and Lee (1996) , 230, 542, 570
Ng and Zelle (1997) , 404, 570
Nie et al. (1998) , 509, 570
Nießen et al. (1998) , 436, 570
Nunberg and Zaenen (1992) , 228, 570
Nunberg (1990) , 131, 570

$O(n)$, 449
Oaksford and Chater (1998) , 32, 570
Oard and DeClaris (1996) , 502, 570
OCR, 111
Ostler and Atkins (1992) , 228, 570
OTA, 107
Oxford Text Archive, 107

Paik et al. (1995) , 168, 275, 570
Palmer and Hearst (1994) , 122, 570
Palmer and Hearst (1997) , 122, 230, 541, 570
PARSEVAL 指標 (PARSEVAL measure) , 381, 403
Paul (1990) , 299, 570
PCA, ⇒ 主成分分析 (principal component analysis)
PCFG, 338, ⇒ 確率文脈自由文法 (probabilistic
　context free grammar)
　—HMM と比較した予測能力 (predictive power
　compared to HMMs) , 342
　—訓練 (training) , 352
　—言語モデルとしての (as a language model) , 342
　—ツリーバンクから推定された (estimated from a
　treebank) , 391
Pearlmutter and MacDonald (1992) , 367, 570
Pedersen and Bruce (1997) , 230, 570
Pedersen (1996) , 157, 169, 570
Penn Treebank, ⇒ ペンツリーバンク (Penn
　Treebank)
Pereira and Schabes (1992) , 392, 396, 571
Pereira et al. (1993) , 230, 258, 267, 456, 469, 571
Pinker (1994) , 103, 571
Pollard and Sag (1994) , 403, 571
Pook and Catlett (1988) , 215, 571
Porter (1980) , 475, 571
Porter のステマー (Porter stemmer) , 475
Poznański and Sanfilippo (1995) , 275, 571
Press et al. (1988) , 195, 571
Procter (1978) , 216, 230, 571

索　引

Prokosch (1933) , 32, 571
Pustejovsky et al. (1993) , 274, 571
Pustejovsky (1991) , 228, 571

Qiu and Frei (1993) , 266, 571
Quinlan (1986) , 519, 571
Quinlan (1993) , 519, 520, 571
Quinlan (1996) , 541, 571
Quirk et al. (1985) , 103, 571

Rabiner and Juang (1993) , 103, 297, 299, 423, 571
Rabiner (1989) , 299, 571
Ramsey and Schafer (1997) , 167, 571
Ramshaw and Marcus (1994) , 323, 571
Rasmussen (1992) , 468, 572
Ratnaparkhi et al. (1994) , 251, 572
Ratnaparkhi (1996) , 327, 399, 541, 572
Ratnaparkhi (1997a) , 403, 572
Ratnaparkhi (1997b) , 541, 572
Ratnaparkhi (1998) , 251, 541, 572
Read and Cressie (1988) , 157, 572
Resnik and Hearst (1993) , 251, 252, 572
Resnik and Yarowsky (1998) , 228, 572
Resnik (1992) , 403, 572
Resnik (1993) , 254, 572
Resnik (1996) , 254–259, 572
Reynar and Ratnaparkhi (1997) , 122, 541, 572
RIDF, ⇒ 残差逆文書頻度 (residual inverse document frequency)
Riley (1989) , 121, 122, 572
Riloff and Shepherd (1997) , 275, 572
Ristad and Thomas (1997) , 313, 334, 572
Ristad (1995) , 193, 200, 201, 572
Ristad (1996) , 531, 572
Roark and Charniak (1998) , 275, 572
Robertson and Sparck Jones (1976) , 509, 572
Rocchio (1971) , 540, 573
Roche and Schabes (1995) , 324, 325, 573
Roche and Schabes (1997) , 276, 573
ROC 曲線 (ROC curve) , 238
Roget (1946) , 216, 573
Rosenblatt (1962) , 537, 573
Rosenfeld and Huang (1992) , 196, 573
Rosenfeld (1994) , 201, 541, 573
Rosenfeld (1996) , 201, 541, 573
Rosenkrantz and Lewis (1970) , 374, 573
Ross and Tukey (1975) , 140, 573
Roth (1998) , 540, 573
Rumelhart and McClelland (1986) , 541, 573
Rumelhart and Zipser (1985) , 537, 573
Rumelhart et al. (1986) , 541, 573
Russell and Norvig (1995) , 390, 573

S′ (S Bar) , 95
Sakakibara et al. (1994) , 357, 573
Salton and Allen (1993) , 506, 574
Salton and Buckley (1991) , 509, 574
Salton and McGill (1983) , 508, 574
Salton and Thorpe (1962) , 334, 574
Salton et al. (1983) , 271, 574
Salton et al. (1994) , 508, 574
Salton (1971a) , 266, 573
Salton (1971b) , 508, 573
Salton (1989) , 119, 573
Sampson (1989) , 272, 273, 574
Sampson (1995) , 131, 574
Sampson (1997) , 31, 574
Samuel et al. (1998) , 510, 574
Samuelsson and Voutilainen (1997) , 329, 330, 574
Samuelsson (1993) , 311, 574
Samuelsson (1996) , 198, 574
Sanderson and van Rijsbergen (1998) , 227, 574
Sankoff (1971) , 356, 574
Santorini (1990) , 132, 574
Sapir (1921) , 4, 574
Sato (1992) , 436, 574
Saund (1994) , 443, 574
Schütze and Pedersen (1995) , 225, 229, 575
Schütze and Pedersen (1997) , 262, 509, 575
Schütze and Singer (1994) , 312, 575
Schütze et al. (1995) , 540, 541, 575
Schütze (1992a) , 207, 575
Schütze (1992b) , 266, 575
Schütze (1993) , 541, 575
Schütze (1995) , 270, 327, 469, 575
Schütze (1996) , 31, 575
Schütze (1997) , 32, 227, 575
Schütze (1998) , 223, 226, 230, 232, 575
Schabes et al. (1988) , 234, 575
Schabes et al. (1993) , 392, 393, 575
Schabes (1992) , 403, 575
Schapire et al. (1998) , 540, 575
Schmid (1994) , 327, 540, 575
Senseval, 229
SGML, 124
Shannon (1948) , 54, 575
Shannon (1951) , 171, 575
Shavlik and Dietterich (1990) , 569, 571, 575
Shemtov (1993) , 417, 437, 575
Sheridan and Smeaton (1992) , 270, 508, 576
Sheridan et al. (1997) , 509, 576
Shimohata et al. (1997) , 169, 576
Siegel and Castellan (1988) , 71, 208, 576
Silverstein and Pedersen (1997) , 469, 576
Sima'an et al. (1994) , 393, 576
Sima'an (1996) , 394, 576
Simard and Plamondon (1996) , 427, 576

Simard et al. (1992) , 420, 576
Sinclair (1995) , 168, 576
Singhal et al. (1996) , 508, 576
Sipser (1996) , 108, 576
Siskind (1996) , 275, 576
Skut and Brants (1998) , 332, 541, 576
Smadja and McKeown (1990) , 576
Smadja et al. (1996) , 168, 576
Smadja (1993) , 146, 159, 168, 576
Smeaton (1992) , 333, 508, 576
Smith and Cleary (1997) , 403, 576
Snedecor and Cochran (1989) , 155, 167, 187, 577
Sparck Jones and Willett (1998) , 508, 552, 577, 578
Sparck Jones (1972) , 508, 577
SPATTER, 397
Sproat et al. (1996) , 276, 577
Sproat (1992) , 132, 577
St. Laurent (1998) , 132, 577
Standard Generalized Markup Language, 124
Stanfill and Waltz (1986) , 542, 577
Steier and Belew (1993) , 168, 577
Stolcke and Omohundro (1993) , 299, 577
Stolcke and Omohundro (1994a) , 313, 577
Stolcke and Omohundro (1994b) , 357, 577
Stolcke et al. (1998) , 510, 577
Stolcke (1995) , 357, 577
Stolz et al. (1965) , 334, 577
Strang (1988) , 71, 577
Strzalkowski (1995) , 168, 333, 508, 577
Stubbs (1996) , 31, 132, 138, 167, 577
Suppes et al. (1996) , 275, 578
Suppes (1970) , 356, 577
Suppes (1984) , 32, 578
SVD, ⇒ 特異値分解 (singular value decomposition)
　　—完全な (full) , 498
　　—縮退化された (reduced) , 498
Synset, ⇒ 同義語集合 (Synset)

t 検定 (t test) , 147, 167, 543
　　—システム比較のための (for system comparison) , 187
Tabor (1994) , 32, 578
TAGGIT, 334
TAGs, ⇒ 木接合文法 (Tree-Adjoining Grammars)
Tague-Sutcliffe (1992) , 508, 578
Talmy (1985) , 411, 578
Tanenhaus and Trueswell (1995) , 99, 367, 578
Tanimoto 係数 (Tanimoto coefficient) , 263
Tesnière (1959) , 403, 578
tf.idf, 484
Tomita (1991) , 377, 578
Towell and Voorhees (1998) , 229, 578
Trask (1993) , 103, 234, 578

Trefethen and Bau (1997) , 498, 578

van Halteren et al. (1998) , 542, 578
van Riemsdijk and Williams (1986) , 10, 578
van Rijsbergen (1979) , 237, 262, 446, 468, 479, 508, 509, 578
Velardi and Pazienza (1989) , 275, 578
Viegas et al. (1996) , 275, 578
Viterbi (1967) , 299, 578
Vogel et al. (1996) , 429, 578
Voutilainen (1995) , 276, 330, 578

Waibel and Lee (1990) , 103, 546, 561, 571, 578
Walker and Amsler (1986) , 273, 579
Walker and Moore (1997) , 510, 579
Walker et al. (1998) , 510, 579
Walker (1987) , 216, 579
Wang and Waibel (1997) , 436, 579
Wang and Waibel (1998) , 436, 579
Waterman (1995) , 469, 579
Weaver (1955) , 579
Webster and Marcus (1989) , 275, 579
Web サイト (website), xxxi
Weinberg and Goldberg (1990) , 167, 579
Weischedel et al. (1993) , 310, 311, 579
wh–移動 (wh-extraction) , 90
Wiener et al. (1995) , 541, 579
Wilks and Stevenson (1998) , 231, 579
Willett and Winterman (1986) , 263, 579
Willett (1988) , 468, 579
Witten and Bell (1991) , 198, 579
Witten-Bell スムージング (Witten-Bell smoothing) , 198
Wittgenstein (1968) , 3, 16, 579
Wong and Yao (1992) , 509, 579
Wood (1993) , 234, 580
Woolf (1973) , 203, 580
WordNet, 19, 100
Wu and Wong (1998) , 436, 580
Wu (1994) , 416, 420, 580
Wu (1995) , 430, 580
Wu (1996) , 436, 580

XML, 124
XOR 問題 (XOR problem) , 536
X′ 理論 (X′ theory) , 96
　　—依存文法との等価性 (equivalences with dependency grammar) , 379

Yamamoto and Church (1998) , 509, 580
Yang (1994) , 542, 580
Yang (1995) , 542, 580
Yang (1999) , 540, 580
Yarowsky (1992) , 214, 217–219, 230, 580

索　引　　　　　　　　　　　　　　　　　　　　　　　　595

Yarowsky (1994) , 221, 540, 580
Yarowsky (1995) , 220, 221, 232, 580
Youmans (1991) , 272, 506, 580
Younger (1967) , 580

z スコア (z score) , 169
Zavrel and Daelemans (1997) , 230, 394, 542, 580
Zavrel et al. (1997) , 251, 542, 580
Zernik (1991a) , 274, 580
Zernik (1991b) , 230, 580
Zipf (1929) , 32, 580
Zipf (1935) , 32, 580
Zipf (1949) , 22, 32, 33, 581

【ア行】

アーク出力型 HMM(arc emission HMM) , 285
曖昧性 (ambiguity) , 100, 203, ⇒ 曖昧性解消
　(disambiguation)
　—句の付加の (of phrase attachment) , 97
　—言語において広くみられる構文解析の曖昧性
　(widespread parsing ambiguity in language) , 362
　—自然言語処理の主たる困難さとしての (as a major
　difficulty for NLP) , 16
　—前置詞句の付加 (PP attachment) , 245
　—と意味的類似性 (and semantic similarity) , 261
曖昧性解消 (disambiguation) , 203
　—教師あり (supervised) , 208
　—教師なし (unsupervised) , 223
　—構文解析における (in parsing) , 360
　—辞書に基づく (dictionary-bsed) , 214
　—シソーラスに基づく (thesaurus-based) , 216, 230
　—シソーラスに基づく (thesaurus-based) , 適応的
　(adaptive) , 217
　—選択選好 (selectional preference) , 255
　—第二言語のコーパスに基づく (based on a
　second-language corpus) , 219
浅い構文解析 (shallow parsing) , ⇒ 部分的構文解析
　(partial parsing)
圧縮率 (compression) , 61
アドホック検索問題 (ad-hoc retrieval problem) , 472
誤り率 (error rate) , 237
アライメント (alignment) , ⇒ テキストアライメント
　(text alignment) ならびに単語アライメント (word
　alignment) , 413, 415
アルゴリズムの計算量 (algorithmic complexity) , 449
アルファベット (alphabet) , 54
暗黙的目的語の交替 (implicit object alternation) , 258

依存 (dependency) , 91
依存構造に基づく構文解析モデル (dependency-based
　models for parsing) , 398
依存文法 (dependency grammar) , 377, 403
　—句構造文法 (vs. phrase structure grammar) , 377
位置合わせ (alignment) , ⇒ アライメント (alignment)

位置情報 (position information) , 474
一様分布 (uniform distribution) , 37
一致 (agreement) , 79
一致係数 (matching coefficient) , 263
一般化 (generalization) , 441
　—意味的類似性 (semantic similarity) , 259
一般化反復スケーリング法 (Generalized iterative
　scaling) , 527
意味 (sense) , 100
意味階層, 自動獲得 (semantic hierarchies, automatic
　acquisition) , 275
意味タグの付与 (sense tagging) , 223
意味的構文解析 (semantic parsing) , 404
意味的類似性 (semantic similarity) , 259, ⇒ 話題分野
　の類似性 (topical similarity)
意味トランスファーアプローチ (semantic transfer
　approach) , 411
意味の使用理論 (use theory of meaning) , 16
意味の文脈理論 (contextual theory of meaning) , 138
意味役割 (semantic role) , 92
意味領域 (semantic domain) , 260

受け手 (recipient) , 92
迂言形 (periphrastic form) , 79, 81
後向き計算 (backward procedure) , 290
内側アルゴリズム (inside algorithm) , 347
内側確率 (inside probabilities) , 347
内側外側アルゴリズム (inside-outside algorithm) ,
　352, 355, 466
運用 (performance)
　—言語 (linguistic) , 6

英語制約文法 (English Constraint Grammar) , 330
枝刈り (pruning) , 519
枝分かれ過程 (branching process) , 356
エルゴード過程 (ergodic) , 68
エルゴディックモデル (ergodic model) , 298
エントロピー (entropy) , 55
　—英語の (of English) , 69, 72
　—結合 (joint) , 57
　—条件付き (conditional) , 57
エントロピーレート (entropy rate) , 59

オートマトン (automata)
　—および変換に基づく学習 (and
　transformation-based learning) , 324
大文字, テキスト処理における (uppercase, in text
　processing) , 111
大文字化, テキスト処理における (capitalization, in
　text processing) , 111
驚き (surprise) , 66
音声コーパス (speech corpus) , 118
音声認識 (speech recognition) , 404

【カ行】

下位関係 (hyponymy) , 100
下位語 (hyponym) , 100
開始記号 (start symbol) , 87
階層的クラスタリング (hierarchical clustering) , 442
開発用テストセット (development test set) , 185
下位範疇化 (subcategorization) , 95
下位範疇化する (subcategorize for) , 238
下位範疇化フレーム (subcategorization frame) , 95, 238, 275
下位話題境界 (subtopic boundary)
　—テキスト分割における (in text segmentation) , 505
ガウス分布 (Gaussian) , 48
　—多変量 (multivariate) , 462
過学習 (overfitting) , 519
過学習 (overtraining) , 184
可観測な (observable) , 462
書換規則 (rewrite rule) , 87
可逆性 (reversibility)
　—タグ付けにおける (in tagging) , 313
格 (case) , 76
学習 (learning) , 442
学習曲線 (learning curve) , 523
確率過程 (stochastic process) , 41
確率関数 (probability function) , 37
確率空間 (probability space) , 37
確率質量関数 (probability mass function) , 41
確率的木構造置き換え文法 (probabilistic tree substitution grammar) , 395
確率的左隅文法 (probabilistic left-corner grammars) , 373
確率的順位付け原理 (probability ranking principle) , 479
確率的正規文法 (probabilistic regular grammar) , 344
確率分布 (probability distribution) , 37
確率文法における不整合な分布 (inconsistent distribution (probabilistic grammars)) , 343
確率文法における不適切な分布 (improper distribution (probabilistic grammars)) , 343
確率文脈自由文法 (probabilistic context free grammar) , 338
確率変数 (random variable) , 41
確率モデル (probabilistic model)
　—および変換に基づく学習 (and transformation-based learning) , 323
確率論 (probability theory) , 36
隠れた (hidden) , 462
隠れマルコフモデル (Hidden Markov models) , 279, 282
　—マルコフモデル（用語）(Markov models (terminology)) , 309
　—PCFG と比較した予測能力 (predictive power

compared to PCFGs) , 342
　—タグ付け (tagging) , 315
下限 (lower bound) , 208
過去完了 (past perfect) , 81
可視的マルコフモデル (Visible Markov Models) , 279
仮説検定 (hypothesis testing) , 147
　—下位範疇化 (subcategorization) , 240
偏った意味分布 (skewed distribution of senses) , 227
括弧交差数 (crossing brackets) , 381
括弧付け (bracketing) , 89
カットオフ (cutoff) , 476
カテゴリ (category) , 513
カテゴリカル (categorical) , 7
カテゴリカル知覚 (categorical perception) , 10
カテゴリカルでない言語現象 (non-categorical phenomena in language) , 11
カナダ議会議事録 (Canadian Hansard) , 19
可変長履歴 (variable memory)
　—タグ付けにおける (in tagging) , 312
加法性 (additivity) , 39
カルバック・ライブラー・ダイバージェンス (Kullback-Leibler divergence) , 64
　—意味的類似性の尺度としての (as a measure of semantic similarity) , 267
　—クラスタリングにおける (in clustering) , 456
関係節 (relative clause) , 86
冠詞 (article) , 78
慣習性 (conventionality) , 9
間接目的語 (indirect object) , 92
完全一致 (exact match) , 472
完全加法族 (σ-field) , 36
完全リンククラスタリング (complete-link clustering) , 446
慣用句 (idiom) , 101
関連 (association)
　—語のアライメントにおける (in word alignment) , 429
関連性のオッズ (odds of relevance) , 491
関連性フィードバック (relevance feedback) , 472

木 (tree)
　—句構造表現としての (for representing phrase structure) , 88
偽陰性 (false negatives) , 236
記憶に基づく学習 (memory-based learning) ,
　⇒ k 最近傍法 (k nearest neighbors)
　—曖昧性解消のための (for disambiguation) , 230
機械可読辞書 (machine-readable dictionaries)
　—語彙獲得における (in lexical acquisition) , 276
議会議事録 (Hansard) , 19, 412
幾何平均 (geometric mean)
　—導出確率の計算のための (for computing the probability of a derivation) , 390
記号出力確率 (emission probability) , 282

擬似語 (pseudowords) , 206
疑似フィードバック (pseudo-feedback) , 503
木接合文法 (Tree-Adjoining Grammar) , 403
規則 (rule) , 3
規則的な多義性 (systematic polysemy) , 228
規則の確率質量 (probability mass of rules) , 343
期待値 (expectation) , 42, 163
期待値最大化法 (Expectation Maximization method)
　　—HMM に対する (for HMMs) , 293
期待値ステップ (expectation step) , 464
期待頻度の推定値 (expected frequency estimate) , 181
期待尤度推定 (expected likelihood estimation) , 182
帰納 (induction) , 7
機能語 (function word) , 20, 475
機能的カテゴリ (functional category) , 74
帰納的バイアス (inductive bias) , 31
基本結果 (basic outcome) , 36
帰無仮説 (null hypothesis) , 147
疑問限定詞 (interrogative determiner) , 79
疑問代名詞 (interrogative pronoun) , 79
疑問文 (interrogative) , 87
逆文書頻度 (inverse document frequency) , 484, 491
客観的基準 (objective criterion) , 381
ギャップ (gap) , 505
境界選択器 (boundary selector) , 505
共起 (co-occurrence) , 165, 493
教師あり曖昧性解消 (supervised disambiguation) , 208
教師あり学習 (supervised learning) , 206
教師なし学習 (unsupervised learning) , 206
凝集型クラスタリング (agglomerative clustering) , 445
偽陽性 (false positives) , 236
共分散行列 (covariance matrix) , 462
共有化アーク (tied arcs) , 298
共有化状態 (tied states) , 285, 298
行列 (matrix) , 261
極限における同定 (identification in the limit) , 342
局所木 (local tree) , 88
局所最適解 (local optimum) , 536
局所的最大値 (local maxima) , 295, 355
局所的展開 (local extension) , 325
　（クラスタリングにおける）局所的なまとまりのよさ
　　(local coherence (in clustering)) , 447
均一コスト探索 (uniform-cost search) , 388
均衡コーパス (balanced corpus) , 19, 107

句 (phrase) , 84, 429
　　—情報検索における (in information retrieval) , 474
空遷移 (null transition) , 297
空の cept(empty cept) , 431
空ノード (empty node) , 91
空白文字 (whitespace) , 113
　　—語の境界を示していない (not indicating a word
　　break) , 117
句構造文法 (phrase structure grammar)

　　—依存文法 (dependency grammar) , 377
鎖効果 (chaining effect) , 448
屈折 (inflection) , 75
句動詞 (phrasal verb) , 83, 166
　　—テキスト処理における (in text processing) , 117
句読法 (punctuation) , 131
句の生成 (generation of phrases) , 97
クラス (class) , 513
クラスタ (cluster) , 439
クラスタ化 (clustering)
　　—文書におけるタームの (of terms in documents) ,
　　487
クラスタリング (clustering) , 206, 439
　　—階層的 (hierarchical) , 442
　　—教師なし学習としての (as unsupervised learning)
　　442
　　—凝集型 (agglomerative) , 445
　　—選言的 (disjunctive) , 443
　　—ソフト (soft) , 442
　　—単語の意味多義解消のための (for word sense
　　disambiguation) , 223
　　—ハード (hard) , 442
クラスに基づく一般化 (class-based generalization) ,
　　260
クラス分類 (classification) , 442
群平均凝集型クラスタリング (group-average
　　agglomerative clustering) , 450
訓練 (training) , 293
訓練セット (training set) , ⇒ 訓練データ (training
　　data) , 514
訓練データ (training data) , 184, 293, 305
　　—機械翻訳における鋭敏性 (sensitivity to in
　　tagging) , 434
　　—タグ付けにおける鋭敏性 (sensitivity to in
　　tagging) , 328, 434
訓練手順 (training procedure) , 514

経験的期待値 (empirical expectation) , 526
経験論者 (empiricist) , 5
計算論的辞書編纂学 (computational lexicography) ,
　　167
形態論 (morphology)
　　—機械翻訳における (in machine translation) , 435
　　—語彙獲得における (in lexical acquisition) , 275
　　—テキスト処理における (in text processing) , 119
形態論的過程 (morphological process) , 74
形容詞 (adjective) , 73, 78
形容詞句 (adjective phrase) , 86
軽量動詞 (light verb) , 166
系列の自然則 (natural law of succession) , 193
結合 (association) , ⇒ 選択的結合 (selectional
　　association)
結合エントロピー (joint entropy) , 57
結合分布 (joint distribution) , 43

結束性採点器 (cohesion scorer) , 505
決定木 (decision tree) , 515
　——および変換に基づく学習 (and transformation-based learning) , 322
決定理論 (decision theory) , ⇒ ベイズ決定理論 (Bayesian decision theory)
原級 (positive) , 79
原形 (base form) , 80
原形 (root form) , 75
言語 (language)
　——確率的現象としての (as a probabilistic phenomenon) , 14, 32
言語 (linguistic)
　——運用 (performance) , 6
　——能力 (competence) , 6
言語横断情報検索 (cross-language information retrieval) , 508
言語資源 (lexical resource) , 18
言語に対するカテゴリカルな見方 (categorical view of language) , 11
言語能力文法 (competence grammar) , 8
言語変化, カテゴリカルでない言語現象としての (language change, as a non-categorical phenomenon) , 12
言語モデル (language model) , 63, 452
　——構文解析モデル (parsing model) , 366
　——機械翻訳における (in machine translation) , 430
　——クラスタリングによる改善 (improvement through clustering) , 452
言語モデルの構築 (language modeling) , 171
現在完了 (present perfect) , 80
現在時制 (present tense) , 80
検証 (validation) , ⇒ 交差検証 (cross-validation) , 520
検証セット (validation set) , 520
限定詞 (determiner) , 78
限定的形容詞 (attributive adjective) , 78
厳密な一致 (exact match) , 381
限量子 (quantifier) , 79

語 (word)
　——図形的語 (graphic word) , 112
　——テキスト処理における (in text processing) , 112
語彙意味論 (lexical semantics) , 99
（文法の）語彙化 (lexicalization (of grammars)) , 368, ⇒ 語彙化されていない (non-lexicalized)
語彙獲得 (lexical acquisition) , 233
語彙化された依存構造に基づく言語モデル (lexicalized dependency-based language models) , 400
語彙化されていないツリーバンク文法 (non-lexicalized treebank grammars) , 391
語彙機能文法 (Lexical-Functional Grammar) , 403
語彙項目 (lexical entry) , 234
語彙素 (lexeme) , 75, 116, 119

語彙的 (lexical) , 233
語彙的カテゴリ (lexical category) , 74
語彙的文アライメント手法 (lexical methods of sentence alignment) , 423
コーパスにおける語彙のカバー範囲の収束 (lexical coverage of words in a corpus) , 272
語彙連鎖 (lexical chains) , 509
項 (argument) , 93
貢献度分配問題 (credit assignment) , 432
交差依存関係 (crossing dependency) , 415
交差エントロピー (cross entropy) , 67, 453
交差検証 (cross-validation) , 188, 522
構成性 (compositionality) , 100, 137
構成要素 (constituent) , 84
構造主義者, アメリカ (structuralist, American) , 6
勾配降下法 (gradient descent) , 514, 532
構文解析 (parsing) , 97, ⇒ PCFG, ⇒ 意味的構文解析 (semantic parsing)
　——依存構造に基づくモデル (dependency-based models) , 398
　——構文木の確率 vs. 導出確率 (probability of a tree vs. a derivation) , 371
　——評価 (evaluation) , 380
　——部分的構文解析 (partial parsing) , 331
構文解析器 (parser) , 360
構文解析の三角表 (parse triangle) , 348
構文解析モデル (parsing model) , 365
構文木 (parse) , 16, 97
構文木における支配 (domination in a parse tree) , 339
構文木の確率 (tree probability) , 371
構文木の正解率 (tree accuracy) , 381
構文トランスファーアプローチ (syntactic transfer approach) , 410
合理主義者 (rationalist) , 5
コーパス (corpus) , 6, 106
コーパス言語学 (corpus linguistics) , 132
コーポラ (corpora) , 6
語義 (senses) , 203
語義 (word sense)
　——概念の議論 (discussion of concept) , 226
弧語 (hapax legomena) , 21, 178
コサイン (cosine) , 263, 264, 450, 481
　——およびユークリッド距離 (and Euclidean distance) 265
誤差逆伝播 (backpropagation) , 537
語順 (word order) , 84
語タイプ (word type) , 20
語トークン (word token) , 20
コネクショニストモデル (connectionist model) , 537
コネクショニズム (connectionism) , ⇒ ニューラルネットワーク (neural networks)
語のアライメント (word alignment) , 429
語のビーズ (word bead) , 426
語分割 (word segmentation) , 116

索　引　　　　　　　　　　　　　　　　　　　　　　　　　　　　599

小文字，テキスト処理における (lowercase, in text processing) , 111
固有名 (proper name) , 78, 111, 166
固有名詞 (proper noun) , ⇒ 固有名 (proper name)
語用論 (pragmatics) , 102
コレクション頻度 (collection frequency) , 482
混合モデル (mixture model) , 194
コンコーダンス (concordance) , 30
混同行列 (confusion matrix) , 331

【サ行】

再帰性 (recursivity) , 89
再帰代名詞 (reflective pronoun) , 77
最近傍分類規則 (nearest neighbor classification rule) 538
再現率 (recall) , 236, 381
再現率レベル (level of recall) , 477
最終テストセット (final test set) , 185
最小記述長 (minimum description length) , 357, 457
最上級 (superlative) , 79
最小全域木 (minimum spanning tree) , 448, 468
最小二乗 (least squares) , 495
再正規化 (renormalize) , 190
最大エントロピー分布 (maximum entropy distribution) , 526
最大エントロピーモデル (maximum entropy model) , 541
　　—タグ付けにおける (in tagging) , 327
　　—文境界検出のための (for sentence boundary detection) , 122
最大エントロピーモデルにおける素性 (feature in maximum entropy modeling) , 526
最大化ステップ (maximization step) , 464
最大値 (maximum) , ⇒ 局所的最大値 (local maxima)
最適に効率的 (optimally efficient) , 390
最尤推定 (maximum likelihood estimation) , 49
　　—タグ付けにおける 系列 vs. タグごと (sequences vs. tag by tag in tagging) , 314
最尤推定値 (maximum likelihood estimate) , 176
最良優先探索 (best-first search) , 389
再割り当て (reallocating) , 456
左隅構文解析器 (left corner parser) , 374
左隅構文解析におけるシフト (shifting in left-corner parsing) , 374
左隅構文解析における付加 (attaching in left-corner parsing) , 374
左隅構文解析における予測 (projecting in left-corner parsing) , 374
削除推定 (deleted estimation) , 188
削除補間 (deleted interpolation) , 195
雑音のある通信路モデル (noisy channel model) , 61, 430
三角不等式 (triangle inequality) , 65
残差逆文書頻度 (residual inverse document frequency) , 492
産出力 (fertility) , 433

時間的な不変性 (time invariance) , 280
　　—タグ付けにおける (in tagging) , 304
刺激の不足 (poverty of stimulus) , 5
次元，マルコフモデルの (order, of a Markov model) , 282
次元圧縮 (dimensionality reduction) , 494
試行 (trial) , 36
自己エントロピー (pointwise entropy) , 66
事後確率 (posterior probability) , 38, 209
自己情報量 (self-information) , 55
自己相互情報量 (pointwise mutual information) , 61, 159
指示詞 (demonstrative) , 78
辞書 (dictionary) , 74
事象 (event) , 36
事象空間 (event space) , 36
辞書に基づく曖昧性解消 (Dictionary-Based Disambiguation) , 214
辞書編纂学 (lexicography)
　　—計算 (computational) , 167
事前確率 (prior probability) , 38, 209
事前信念 (prior belief) , 49
シソーラスに基づく曖昧性解消 (thesaurus-based disambiguation) , ⇒ 曖昧性解消 (disambiguation)
実験 (experiment) , 36
ジップの法則 (Zipf's law) , 22, 177, 485
　　—間隔について (for intervals) , 26
　　—語義について (for senses) , 25
質問応答 (question answering) , 333
質問拡張 (query expansion)
　　—意味的類似性を用いた (using semantic similarity) 260
質量中心 (center of gravity) , 443
指定辞 (specifier) , 96
自動詞 (intransitive) , 93
指標確率変数 (indicator random variable) , 41
社会言語学 (sociolinguistics) , 102
シャノンゲーム (Shannon game) , 171
重音省略 (haplology) , 113
自由語順 (free word order) , 87
修飾語空間 (modifier space) , 261
重心 (centroid) , 443, 458
従属詞 (dependent) , 91
従属節 (subordinate clause) , 94
従属接続詞 (subordinating conjunction) , 84
終端ノード (terminal node) , 88
周辺確率 (marginal probability) , 50, 153
周辺分布 (marginal distribution) , 43
主格 (nominative) , 77
主格 (subjective case) , 77
樹形図 (dendrogram) , 439

主語 (subject) , 92
主効果 (main effect) , 311
主語と動詞の一致 (subject-verb agreement) , 89
主辞 (head) , 86, 96, 379
主辞駆動句構造文法 (Head-driven Phrase Structure Grammar) , 403
主成分分析 (principal component analysis) , 468, 495
受動態 (passive voice) , 93
順位 (rank) , 22
上位関係 (hypernymy) , 100
上位語 (hyperonym) , 100
照応解析 (anaphora resolution) , 510
照応関係 (anaphoric relation) , 101
照応形 (anaphor) , 77
上限 (upper bound) , 207
条件付きエントロピー (conditional entropy) , 57
条件付き確率 (conditional probability) , 38
条件付き独立 (conditional independence) , 39
状態出力型 HMM(state emission HMM) , 285
冗長性 (redundancy) , 61
情報源 (information source)
　—曖昧性解消に利用される (used in disambiguation) 229
　—タグ付けにおける (in tagging) , 303
情報検索 (information retrieval) , 471
　—タグ付けの適用先としての (as an application for tagging) , 333
情報抽出 (information extraction) , 101, 118, 332
情報半径 (information radius) , 268
情報利得 (information gain) , 519
剰余規則 (multiplication rule) , 38
除外リスト (stop list) , ⇒ ストップリスト (stop list)
初期化 (initialization)
　—HMM 訓練における効果 (effect of in HMM training) , 317
　—前向き後向きアルゴリズムの (of the Forward-Backward algorithm) , 298
初期に最大化する HMM 訓練のパターン (initial maximum pattern in HMM training) , 318
叙述的 (predicative) , 78
助動詞 (auxiliary) , 81
所有代名詞 (possessive pronoun) , 77
シンク状態 (sink state) , 345
進行形 (progressive) , 80
深度採点器 (depth scorer) , 505
真の陰性 (true negatives) , 236
真の陽性 (true positives) , 236

推定 (estimation) , 44
推定式 (estimator)
　—統計的 (statistical) , 175
　—の組み合わせ (combination of) , 194
図形的語 (graphic word) , 112
スケーリング係数 (scaling coefficient) , 296

スコープ (scope) , 101
スザンヌコーパス (Susanne corpus) , 19, 123, 131
スタック復号化アルゴリズム (stack decoding algorithm) , 388
ステミング (stemming) , 119, 174, 475
ステューデントの t 検定 (Student's t test) , ⇒ t 検定 (t test)
ストップリスト (stop list) , 475
スパースデータ問題 (sparse data problem) , ⇒ 稀な事象 (rare events)
スムージング (smoothing) , 178
　—タグ付けにおける (in tagging) , 313

正解率 (accuracy) , 237, 515
　—タグ付けにおける (in tagging) , 328
正規化 (normalization)
　—ベクトルの (of vectors) , 265
正規化係数 (normalization factor) , 51
正規化相関係数 (normalized correlation coefficient) , ⇒ cosine, 264, 481
正規化定数 (normalizing constant) , 39
正規言語 (regular language) , 108
正規性の仮定 (normality assumption)
　—SVD に対する (for SVD) , 503
正規直交 (orthonormal) , 498
正規表現 (regular expression) , 108
正規分布 (normal distribution) , ⇒ ガウス分布 (Gaussian) , 47, 543
整合性 (consistency) , 343
生産性 (productivity)
　—語彙獲得の動機としての言語の (of language as motivation for lexical acquisition) , 272
正準導出 (canonical derivation) , 372
性状詞 (qualifier) , 82
生成言語学者 (generative linguist) , 6
精度 (precision) , 236, 381
精度–再現率曲線 (precision–recall curve) , 477
節 (clause) , 84
接語 (clitic) , 76
　—テキスト処理における (in text processing) , 114
絶対ディスカウント (absolute discounting) , 192
接頭辞 (prefix) , 75
接尾辞 (suffix) , 75
遷移行列 (transition matrix) , 280
線形回帰 (linear regression) , 495, 531
線形逐次抽象化 (linear successive abstraction) , 198
線形ディスカウント (linear discounting) , 193
線形分離可能 (linearly separable) , 535
線形補間 (linear interpolation)
　—一般的な (general) , 196
　—n-グラム推定 (n-gram estimates) , 284
　—単純 (simple) , 194
選言的クラスタリング (disjunctive clustering) , 443
全語形辞書 (full-form lexicon) , 120

潜在意味インデキシング (Latent Semantic Indexing) , 493, 501, ⇒ 特異値分解 (Singular Value Decomposition) , 509
前終端 (preterminal) , 350
全体語 (holonym) , 100
選択制限 (selectional restriction) , 18, 96, 254
選択選好 (selectional preference) , 96, 254, 274
選択選好の強度 (selectional preference strength) , 254
選択的な結合 (selectional association) , 255
前置詞 (preposition) , 82
前置詞句 (prepositional phrase) , 86
前置詞句の付加の曖昧性 (PP attachment ambiguity) , ⇒ 曖昧性 (ambiguity) , 前置詞句の付加 (PP attachment)
専門用語 (technical term) , 138
専門用語 (terminological)
　—句 (phrase) , 138
専門用語抽出 (terminology extraction) , 138

早期に最大化する HMM 訓練のパターン (early maximum pattern in HMM training) , 318
相互作用 (interactions) , 311
相互情報量 (mutual information) , 60
　—曖昧性解消のための (for disambiguation) , 212
相対エントロピー (relative entropy) , 64
相対頻度 (relative frequency) , 44, 157, 176
外側アルゴリズム (outside algorithm) , 349
外側確率 (outside probabilities) , 348
ソフトクラスタリング (soft clustering) , 442

【タ行】

ターム (term) , 481
タームの重み付け (term weighting) , 481, 482
タームのクラスタ化 (term clustering) , 487
ターム頻度 (term frequency) , 482
ターム分布モデル (term distribution model) , 484, 509
大域的な最適解 (global optimum) , 536
第一種の過誤 (Type I errors) , 236
対応付け (correspondence) , 415
対格 (accusative) , 77
ダイグラム (digram) , 173
体系的集成 (syntagma) , 85
対数加算 (log_add) , 297
対数線形モデル (loglinear model) , 526
　—曖昧性解消のための (for disambiguation) , 230
第二種の過誤 (Type II errors) , 236
代表的な標本 (representative sample) , 107
タイプ (type) , 21
代名詞 (pronoun) , 76
対訳辞書 (bilingual dictionary)
　—コーパスからの導出 (derivation from corpora) , 429
代用検査 (substitution test) , 73

多義語 (polyseme) , 100
多義性 (polysemy)
　—規則的な (systematic) , 228
タグ (tag) , 74
　—品詞の混成 (blending of parts of speech) , 11
タグセット (tag set) , 126, 132
　—設計 (design of) , 130
　—タグ付け正解率への影響 (effect on accuracy in tagging) , 328
タグ付け (tagging) , 205, 301
　—意味タグの付与 (sense tagging) , 223
　—隠れマルコフモデルによるタグ付け器 (Hidden Markov model taggers) , 315
　—可変長履歴モデル (variable memory models) , 312
　—最尤推定: 系列 vs. タグごと (maximum likelihood: sequences vs. tag by tag) , 314
　—初期の研究 (early work) , 334
　—推定のスムージング (smoothing of estimates) , 313
　—正解率 (accuracy) , 328
　—タグセットの概要 (overview of tag sets) , 125
　—適用先 (applications) , 331
　—トライグラムタグ付け器 (trigram tagger) , 305, 311
　—ベースライン (baseline) , ⇒ 単純なタグ付け器 (dumb tagger)
　—変換に基づく学習 (transformation-based learning) , 319
　—マルコフ連鎖の可逆性 (reversibility of Markov chains) , 313
　—未知語 (unknown words) , 310
　—モデルの内挿 (interpolation of models) , 312
タグ付けにおける未知語 (unknown words in tagging) 310
タグ付けのための連辞的情報 (syntagmatic information for tagging) , 303
多項分布 (multinomial distribution) , 46
多次元尺度構成法 (multi-dimensional scaling) , 468
多層パーセプトロン (multi-layer perceptrons) , ⇒ ニューラルネットワーク (neural networks)
他動詞 (transitive) , 93
タブロー (tableau) , 387
単一リンククラスタリング (single-link clustering) , 446
単語空間 (word space) , 261
単語数 (word count) , 19
単語ラティス (word lattice) , 360
探索的データ解析 (exploratory data analysis) , 440
単純なタグ付け器 (dumb tagger) , 329
単数形 (singular) , 74
単調 (monotonic) , 446
談話 (discourse) , 101
談話解析 (discourse analysis) , 101, 510
談話内単一意味制約 (one sense per discourse

constraint) , 221
談話のモデリ化 (dialog modeling) , 510
談話分割 (discourse segmentation) , 504

逐語的 (word for word) , 410
知識源 (knowledge source) , 206
チャンキング (chunking) , 359, 364
中間言語 (interlingua) , 411
注釈付け (markup) , ⇒ マークアップ (markup)
長距離依存関係 (long-distance dependency) , 90
重複係数 (overlap coefficient) , 263
直接目的語 (direct object) , 92
著者同定 (author identification) , 485
チョムスキー標準形 (Chomsky Normal Form) , 344

通信路確率 (channel probability) , 63
ツリーバンク (treebank) , 363
　　—PCFG を推定するための (to estimate a PCFG) ,
　　391
釣鐘曲線 (bell curve) , 47

停止基準 (stopping criterion) , 519
定常性 (stationary) , 280
定常的 (stationary) , 69
ディスカウント (discounting) , 178
　　—絶対 (absolute) , 192
　　—線形 (linear) , 193
程度の副詞 (degree adverb) , 82
提喩 (synecdoche) , 204
データ指向構文解析 (data-oriented parsing) , 393
データ表現モデル (data representation model) , 439,
　　514
データベース併合 (database merging) , 472
テキストアライメント (text alignment) , 412
　　—小規模な対訳辞書の利用 (using a small bilingual
　　dictionary) , 422
テキストコーパス (text corpus) , 106
テキストタイリング (TextTiling) , 504
テキスト分割 (text segmentation) , 504, 509
テキスト分類 (text categorization) , 472, 513
テストセット (test set) , ⇒ テストデータ (test data) ,
　　514
　　—開発 (development) , 185
　　—最終 (final) , 185
テストデータ (test data) , 184
典型的な HMM 訓練のパターン (classical pattern in
　　HMM training) , 318
転置 (transpose) , 261, 498
転置インデックス (inverted index) , 474
デンドログラム (dendrogram) , ⇒ 樹形図
　　(dendrogram)
電話番号 (phone number)
　　—テキスト処理における (in text processing) , 117

等位接続 (coordinate) , 84
等位接続詞 (coordinating conjunction) , 83
同一連語単一意味制約 (one sense per collocation
　　constraint) , 221
同音同綴異義語 (homonym) , 100
同義語 (synonym) , 100
同義語集合 (Synset) , 19
統計的自然言語処理 (statistical natural language
　　processing), xxvii
統計的推定式 (statistical estimator) , 175
統計的推論 (statistical inference) , 171
統合的関係 (syntagmatic relationship) , 85
統合的形式 (synthetic form) , 81
統語カテゴリ (syntactic category) , 73
同語源語 (cognate) , 420
統語的曖昧性 (syntactic ambiguity) , 97
統語論 (syntax) , 84
動作主 (agent) , 92
動詞 (verb) , 73
同時活性化 (co-activation of senses) , 227
動詞句 (verb phrase) , 86
動詞群 (verb group) , 81
動詞–不変化詞構造 (verb particle construction) , 166
導出確率 (derivational probability) , 371
倒置 (inversion) , 87
動的計画法 (dynamic programming) , 288
同綴異義語 (homograph) , 100
　　—テキスト処理における (in text processing) , 116
動名詞 (gerund) , 80
到来ベクトル (arrival vector) , 422
トークン (token) , 21, 112
トークン化 (tokenization) , 112
トークン系列 (token sequence) , 505
特異値分解 (singular value decomposition) , 497, 509
　　—正規性の仮定 (normality assumption) , 503
独立 (independence) , 39
独立性の仮定 (independence assumption) , 172
　　—機械翻訳における (in machine translation) , 434
閉じたクラス (closed word class) , 74
ドットプロット (dot-plot) , 421
トップダウンクラスタリング (top-down clustering) ,
　　455
トップダウン構文解析 (top-down parsing) , 373
トライグラム (trigram) , 173
トライグラムタグ付け器 (trigram tagger) , 311
トレリス (trellis) , 288

【ナ行】

ナイーブベイズ (Naive Bayes) , 210, 531, 540
ナイーブベイズの仮定 (Naive Bayes assumption) , 210
内挿 (interpolation)
　　—タグ付けにおける (in tagging) , 312
長さに基づく方法 (length-based method)
　　—テキストアライメントのための (for text

alignment）, 416

二言語コーパス (bilingual corpus), 19
二言語テキスト (bitext), 412, 437
二言語テキストマップ (bitext map), 422, 437
二項分布 (binomial distribution), 46, 241
二値ベクトル (binary vector), 262
ニューヨークタイムズコーパス (*New York Times Corpus*), 139
ニューラルネットワーク (neural network), 537, 541
　—タグ付けにおける (in tagging), 327
認知 (cognition)
　—確率的現象としての (as a probabilistic phenomenon), 14, 32

ノイジーチャネルモデル (noisy channel model), ⇒ 雑音のある通信路モデル (noisy channel model)
能動態 (active voice), 93
能力 (competence)
　—言語 (linguistic), 6
ノンパラメトリック (non-parametric), 45

【ハ行】

バースト性 (burstiness), 487
パーセプトロン (perceptrons), 532
パーセプトロンの収束定理 (perceptron convergence theorem), 535
ハードクラスタリング (hard clustering), 442
パープレキシティ (perplexity), 70, 453
バイアス (bias), 31
バイグラム (bigram), 28, 173
バイグラムタグ付け器 (bigram tagger), 305, 311
ハイフネーション (hyphenation), 114
バギング (bagging), 540
場所に関する不変性 (place invariance), 340
派生 (derivation), 75
バッグ (bag), 439
バックオフモデル (back-off model), 195
ハッシュ表 (hash table), 109
葉ノード (leaf node), 520
パラメータ (parameter), 45
　—n-グラムモデルの (of an n-gram model), 173
パラメータの共有化 (parameter tying), 298
パラメトリック (parametric), 44
反意語 (antonym), 100
範疇 (paradigm), 85
反復による (iterative), 442
範列的関係 (paradigmatic relationship), 85

ビーズ (bead), 414, ⇒ 語のビーズ (word bead), 437
ビームサーチ (beam search), 389, 400
非階層的クラスタリング (non-hierarchical clustering), 442, 456
比較級 (comparative), 79

非局所的依存関係 (non-local dependency), 89
　—機械翻訳における (in machine translation), 435
非終端ノード (nonterminal node), 88
歪み (distortion), 433
ビタビアルゴリズム (Viterbi algorithm), 292, 387
　—PCFG のための (for PCFGs), 350
　—タグ付けにおける (in tagging), 308
ビタビ翻訳 (Viterbi translation), 436
ビッグオー表記 (big oh notation), 449
否定的証拠 (negative evidence), 342
非テキスト (non-textual data)
　—語彙獲得における (in lexical acquisition), 275
被動者 (patient), 92
非独立 (dependence of events), 39
非文法的 (ungrammatical), 99
評価 (evaluation), 235
　—構文解析の (of parsing), 380
　—情報検索における (in information retrieval), 476
標準正規分布 (standard normal distribution), 48
標準偏差 (standard deviation), 42
標本空間 (sample space), 36
標本偏差 (sample deviation), 144
開いたクラス (open word class), 74
ビン (bins), 172
品詞 (part of speech), 73
　—概念 (notion of), 130
　—タグ付けにおける (in tagging), 304
品詞タグ (part-of-speech tag), 品詞タグ付け (part-of-speech tagging), ⇒ タグ (tag), タグ付け (tagging)
品詞の混成 (blending of parts of speech), 11
頻度の頻度 (count-counts), 191
頻度論者の統計 (frequentist statistics), 49

ファース (Firth), 31
フィードフォワードモデル (feed forward model), 298
フィルタリング (filtering), 473
ブースティング (boosting), 540
ブーリアン検索質問 (boolean query), 472
フォーグラム (four gram), 173
フォールアウト (fallout), 237
付加 (adjunction), 97
不可観測な (unobservable), 462
付加語 (adjunct), 94
付加の曖昧性 (attachment ambiguity), 97, 245, 274
　—名詞複合語 (noun compounds), 252
　—情報源 (information sources), 250
不規則変化 (irregular)
　—動詞 (verb), 81
　—名詞 (noun), 76
複合 (compounding), 75
復号化 (decoding), 64, 287, ⇒ ビタビアルゴリズム (Viterbi algorithm), ⇒ スタック復号化アルゴリズム (stack decoding algorithm), ⇒ 雑音のある通信

路モデル (noisy channel model) , 431
　—構文解析における (in parsing) , 388
複合名詞 (noun compound) , 252
副詞 (adverb) , 82
副詞性名詞 (adverbial noun) , 78
複数形 (plural) , 74
複数の語からなる単位 (multiword unit) , ⇒ 連語 (collocation)
複製タグ (ditto tag) , 117
袋小路 (garden path) , 98
不定詞 (infinitive) , 80
負の二項分布 (negative binomial) , 489
部分語 (meronym) , 100
部分全体関係 (meronymy) , 100
部分的構文解析 (partial parsing) , 331, ⇒ チャンキング (chunking)
不変化詞 (particle) , 83, 331
不変性 (invariance)
　— （マルコフモデルの）時間に関する (of time (Markov models)) , 304
　—場所（文法）に関する (of place (grammars)) , 340
プライミング (priming) , 367
　—と意味的類似性 (and semantic similarity) , 266
ブラウンコーパス (Brown corpus) , 18, 131
　—タグ付けに用いられた (used for tagging) , 334
ブラウンタグセット (Brown tag set) , 126
フラットクラスタリング (flat clustering) , 442
フリップフロップ・アルゴリズム (Flip-Flop algorithm) 212
ブリティッシュ・ナショナル・コーパス (British National Corpus) , 126
文 (sentence)
　—コーパスにおける長さの分布 (distribution of lengths in a corpus) , 122
分割 (partition) , 40
分割基準 (splitting criterion) , 519
文境界同定 (sentence boundary identification) , 230
　—テキスト処理における (in text processing) , 121
分散 (variance) , 42, 143, 480
　—システム性能の (of system performance) , 186
分詞 (participle) , 80
分枝型クラスタリング (divisive clustering) , 445
文書型定義 (Document Type Definition) , 124
文書空間 (document space) , 261
文書頻度 (document frequency) , 482
分析的形式 (analytical form) , 81
分布 (distribution) , 45
分布によらない (distribution-free) , 45
文法化 (grammaticalization) , 32
文法カテゴリ (grammatical category) , 73
文法推論 (grammar induction) , 342, 359
文法性 (grammaticality) , 8, 15, 31
文法的ゼロ (grammatical zero) , 197
文法的タグ付け (grammatical tagging) , ⇒ タグ付け

(tagging)
文脈グループ識別 (context-group discrimination) , 223
文脈自由 (context-free) , 91
文脈自由の仮定 (context-free assumption) , 341
　—緩和 (weakening of) , 367
文脈自由文法 (context free grammar) , 88
文脈自由文法における先祖からの独立性の仮定 (ancestor-free assumption (context-free grammars)) , 341
文脈付きキーワード (Key Word In Context) , 30, 33
文脈的交換可能性 (contextual interchangeability) , 260
分類 (categorization) , 513
分類 (classification) , 206, 513
分類用の特徴 (classificatory feature) , 172

平均 (mean) , 42, 143
平均精度 (average precision)
　—補間 (interpolated) , 477
　—補間なし (uninterpolated) , 477
平均の再計算 (recomputation of means) , 459
並行テキスト (parallel text) , 19, 412
平叙文 (declarative) , 87
ベイズ誤り率 (Bayes error rate) , 539
ベイズ決定則 (Bayes decision rule) , 209
ベイズ更新 (Bayesian updating) , 49, 51
ベイズ則 (Bayes' rule) , ⇒ ベイズの定理 (Bayes' theorem) , 209, 306, 419
ベイズ統計 (Bayesian statistics) , 49
ベイズ決定理論 (Bayesian decision theory) , 51
ベイズの最適決定 (Bayes optimal decision) , 53
ベイズの定理 (Bayes' theorem) , 39, 40
ベイズ分類器 (Bayes classifier) , 209
ベイズモデル併合 (Bayesian model merging) , 357
ベースライン (baseline)
　—タグ付けにおける (in tagging) , ⇒ 単純なタグ付け器 (dumb tagger)
べき法則 (power laws) , 26, ⇒ ジップの法則 (Zipf's law)
ベクトル (vector) , 264
　—長さ (length) , 264
　—二値 (binary) , 262
ベクトル空間 (vector space) , 264
　—主名詞を表現するための (for representing head nouns) , 261
　—二値ベクトル (binary vector) , 262
　—文書を表現するための (for representing documents) , 261
　—ベクトル空間モデル (vector space model) , 480
ベクトルの長さ (length of a vector) , 264
ベルカーブ (bell curve) , ⇒ 釣鐘曲線 (bell curve)
ヘルドアウト推定 (held out estimator) , 183
ヘルドアウトデータ (held out data) , 185

索　引　　　605

検証データ (validation data) , 185
ベルヌーイ試行 (Bernoulli trial) , 41
変換に基づく学習 (transformation-based learning) ,
319
　—曖昧性解消のための (for disambiguation) , 230
　—およびオートマトン (and automata) , 324
　—および確率モデル (and probabilistic models) ,
323
　—および決定木 (and decision trees) , 322
　—構文解析における (in parsing) , 404
ペンツリーバンク (Penn Treebank) , 19, 123, 363
ペンツリーバンク・タグセット (Penn Treebank tag
set) , 126
弁別 (discreminate) , 172

ポアソン分布 (Poisson distribution) , 485
法助動詞 (modal auxiliary, modal) , 81
包絡 (envelope) , 424
補間 (interpolation) , 477
補語 (complement) , 86, 94
ポスティング (posting) , 474
補文標識 (complementizer) , 84
翻字 (transliteration) , 436
翻訳確率 (translation probability) , 431, 432

【マ行】

マークアップ (markup) , 110, 123
　—枠組み (schemes for) , 123
マイクロ平均 (micro-averaging) , 515
前向き後向きアルゴリズム (forward-backward
algorithm) , 293, 466
前向き計算 (forward procedure) , 288
マクロ平均 (macro-averaging) , 515
交わりのない集合 (disjoint sets) , 37
マルコフ近似 (Markov approximation) , 69
マルコフ性の仮定 (Markov assumption) , 172, 280
マルコフモデル (Markov models) , 279, 280
　—隠れマルコフモデル（用語）(Hidden Markov
models (terminology)) , 309
　—vs. PCFG, 337
　—タグ付け器 (taggers) , 304
マルコフ連鎖 (Markov chain) , 69
丸め誤差 (rounding errors)
　—行列における, 500
稀な事象 (rare events) , 177
マンデルブロの式 (Mandelbrot's formula) , 24
マンハッタンノルム (Manhattan norm) , 268

未指定の目的語の交替 (unspecified object alternation)
　⇒ 暗黙的な目的語の交替 (implicit object
alternation)
見出し語 (lemma) , 119
見出し語化 (lemmatization) , 119

名詞 (noun) , 73
名詞句 (noun phrase) , 86
名詞の分布クラスタリング (distributional noun
clustering) , 456
名詞派生動詞 (denominal verb) , 335
名詞–名詞複合語 (noun-noun compound) , 29, 75
命令文 (imperative) , 87
メモ化 (memoization) , 288

目的格 (objective case) , 77
目的語 (object) , 92
目標とする特徴 (target feature) , 172
モデル (model) , 49
モデルクラス (model class) , 514
モデルマージ (model merging) , 313
モンテカルロ・シミュレーション (Monte Carlo
simulation) , 394

【ヤ行】

焼きなましのスケジュール (annealing schedule) , 424
山登り法 (hill climbing) , 514, 532

有意水準 (significance level) , 147
ユークリッド距離 (Euclidean distance) , 265
有限状態オートマトン (finite-state automata) , 276
有限状態トランスデューサ (finite state transducer) ,
324
尤度関数 (likelihood function) , 177
尤度比 (likelihood ratio) , 52, 155, 246

用語 (term) , 138
用語 (terminological)
　—表現 (expression) , 166
用語データベース (terminology database)
　—コーパスからの導出 (derivation from corpora) ,
429
容量 (capacity) , 62
用例に基づく翻訳 (example-based translation) , 436

【ラ行】

ラティス (lattices) , 288
ランカスター-オスロ-ベルゲン・コーパス
(Lancaster-Oslo-Bergen corpus) , 19, 117, 126,
131

離散的標本空間 (discrete sample space) , 36
履歴 (history)
　—次の単語を予測するための (to predict next
word) , 172
履歴に基づく文法 (history-based grammar) , 373,
395, ⇒ SPATTER
履歴の限定性 (limited horizon) , 280
　—タグ付けにおける (in tagging) , 304

リンク文法 (link grammar) , 403

ルーティング (routing) , 473

歴史言語学 (historical linguistics) , 102
レキシコン (lexicon) , 74, 88, 234
連語 (collocation) , 27, 85, 100, 137
連鎖法則 (chain rule) , 38
連想 (association) , 165
連続的標本空間 (continuous sample space) , 36
連体的形容詞 (adnominal adjective) , 78

ロイター (Reuters) , 517

【ワ行】

話題に独立な区別 (topic-independent distinction) ,
  219
話題の類似性 (topical similarity) , 261
話題分野 (topic) , 260

【訳者紹介】

加藤恒昭（かとう つねあき）　東京大学 大学院総合文化研究科
菊井玄一郎（きくい げんいちろう）　岡山県立大学 情報工学部
林　良彦（はやし よしひこ）　早稲田大学 理工学術院
森　辰則（もり たつのり）　横浜国立大学 大学院環境情報研究院

統計的自然言語処理の基礎

（原題：*Foundations of Statistical Natural Language Processing*）

2017年11月25日　初 版 1 刷発行

検印廃止
NDC 007.636
ISBN 978-4-320-12421-9

訳　者　加藤恒昭・菊井玄一郎
　　　　林　良彦・森　辰則　　ⓒ 2017

原著者　Christopher D. Manning
　　　　Hinrich Schütze

発行者　南條光章

発行所　共立出版株式会社
　　　　郵便番号 112–0006
　　　　東京都文京区小日向 4-6-19
　　　　電話 03-3947-2511（代表）
　　　　振替口座 00110-2-57035
　　　　URL http://www.kyoritsu-pub.co.jp/

印　刷　藤原印刷
製　本　ブロケード

一般社団法人
自然科学書協会
会員

Printed in Japan

JCOPY ＜出版者著作権管理機構委託出版物＞
本書の無断複製は著作権法上での例外を除き禁じられています．複製される場合は，そのつど事前に，出版者著作権管理機構（TEL：03-3513-6969，FAX：03-3513-6979，e-mail：info@jcopy.or.jp）の許諾を得てください．

三木光範[編]

情報工学テキストシリーズ
第5巻 自然言語処理

加藤恒昭[著]

B5判・並製・208頁・定価(本体2,500円＋税)・ISBN978-4-320-12265-9

自然言語処理技術の教科書として，学部後期課程や大学院修士課程の1セメスタに最適な構成になっている。自然言語処理技術の基礎から始まり，できるだけ現在の技術に近づけるような内容とし，あわせて処理の対象である言語そのものについても一定の理解が得られることを目指している。

第1章で自然言語処理の概要を述べ，その役割と基本技術を明らかにした後，第2章以降では，形態素処理，統語処理，句構造解析，依存構造解析，意味処理，文脈処理といった技術を解説し，最後に応用技術として機械翻訳を取り上げている。本文で扱えなかった情報抽出やテキスト要約等については，コラムとして取り上げている。また，各章末の演習問題も充実しており，それらの解答・解説，言語資源・ツールについての情報，参考文献は巻末に掲載されている。

＊目次＊

第1章　自然言語処理とは
応用分野／要素技術／課題／コラム1：統語と意味

第2章　形態素処理
言語の構造／語と形態素／制約適用／選好適用／単語尤度と連接尤度の位置づけ／辞書の構造
コラム2：コーパス

第3章　情報検索
文書の特徴表現／検索モデル／検索システムの評価
コラム3：テキスト要約

第4章　情報検索の関連技術
質問拡張と適合性フィードバック／クラスタリング／Web検索／コラム4：語とトピック

第5章　統語処理とチャンキング
句構造と依存構造／統語構造と統語関係／チャンキング／コラム5：情報抽出，コラム6：機械学習

第6章　句構造解析
文法と句構造解析／shift-reduce法／CYK法／チャート法／句構造解析における選好
コラム7：チョムスキーの階層
コラム8：文脈自由文法の拡張

第7章　依存構造解析
依存構造／グラフに基づく手法／遷移に基づく手法
コラム9：並列構造の扱い

第8章　意味処理
意味役割付与／意味の表現／アブダクションとしての意味処理／コラム10：限量子のスコープの曖昧性

第9章　語の意味
語の意味の表現／語の意味の曖昧性解消／語の類似度／コラム11：出現のパタンと共起

第10章　文脈処理
共参照解決と照応解決／中心化理論／修辞構造
コラム12：言語行為論

第11章　機械翻訳
古典的機械翻訳／用例に基づく機械翻訳／統計的機械翻訳／機械翻訳システムの評価
コラム13：テキスト生成

（価格は変更される場合がございます）

http://www.kyoritsu-pub.co.jp/　　共立出版　　 https://www.facebook.com/kyoritsu.pub